高等职业教育本科药学类专业规划教材

药物合成反应

（供制药工程技术及相关专业用）

主　编　陈　维

主　审　何军邀

副主编　芦小燕

编　者　（以姓氏笔画为序）

芦小燕（宁波市第二医院）

张　昊（上海师范大学附属宁波实验学校）

陈　维（浙江药科职业大学）

周子牛（浙江药科职业大学）

周惠燕（浙江药科职业大学）

赵　海（宁波诺柏医药有限公司）

中国健康传媒集团

中国医药科技出版社　·北京

内 容 提 要

本教材是"高等职业教育本科药学类专业规划教材"之一，系根据高等职业教育本科人才培养要求和本套教材的编写原则编写而成。全书共八章：第一章绪论，主要介绍药物合成反应的起源与发展，以及有机反应机理的书写和简介；后续七章分别为卤化反应、烷基化反应、酰化反应、缩合反应、重排反应、氧化反应、还原反应等，是药物合成的重要单元反应教学内容。本教材为书网融合教材，即纸质教材有机融合电子教材、教学配套资源（PPT、微课、视频、图片等）、数字化教学服务，使教学资源更加多样化、立体化。

本教材主要供高等职业教育本科院校制药工程技术及相关专业师生作为教材使用，也可作为相关从业人员的参考用书。

图书在版编目（CIP）数据

药物合成反应 / 陈维主编. -- 北京：中国医药科技出版社，2025.7. -- ISBN 978-7-5214-5431-4

Ⅰ. TQ460.31

中国国家版本馆 CIP 数据核字第 2025DU7298 号

美术编辑　陈君杞

版式设计　友全图文

出版　**中国健康传媒集团** | 中国医药科技出版社

地址　北京市海淀区文慧园北路甲 22 号

邮编　100082

电话　发行：010 - 62227427　邮购：010 - 62236938

网址　www.cmstp.com

规格　889mm×1194mm $^1/_{16}$

印张　26 $^1/_2$

字数　754 千字

版次　2025 年 8 月第 1 版

印次　2025 年 8 月第 1 次印刷

印刷　天津市银博印刷集团有限公司

经销　全国各地新华书店

书号　ISBN 978-7-5214-5431-4

定价　**89.00 元**

获取新书信息、投稿、为图书纠错，请扫码联系我们。

数字化教材编委会

主　编　陈　维
副主编　芦小燕
编　者　（以姓氏笔画为序）
　　　　芦小燕（宁波市第二医院）
　　　　张　昊（上海师范大学附属宁波实验学校）
　　　　陈　维（浙江药科职业大学）
　　　　周子牛（浙江药科职业大学）
　　　　周惠燕（浙江药科职业大学）
　　　　赵　海（宁波诺柏医药有限公司）

前言 PREFACE

药物合成反应是制药工程技术专业的一门重要的专业核心课程，着重培养学生能正确应用基本化学原理，解决新药研发及原料药生产中遇到的有机合成技术问题的能力。本课程对于学生掌握和应用药物合成的基本原理、规律，以及对其实验技能、科研能力的培养，乃至提升就业核心竞争力方面都至关重要。

本教材加强有机化学知识的总结和提炼，编写了大量的反应机理和药物合成实例，继续夯实有机化学、药学等知识。本教材有利于学生更快掌握药物合成反应的规律和特点，并根据反应的特征选择控制条件，也有利于学生运用药物合成知识分析和解决生产实际问题。通过药物合成反应实例的剖析和解读，使学生触类旁通地掌握各种药物合成单元反应操作技术、产品分离纯化方法、收率计算、产品分析方法应用等技能，初步具备确定最佳工艺条件的能力，培养学生团结协作、实事求是的工作作风，为将来从事生产一线的技术工作打下基础。

本教材的编排从介绍药物合成重要反应的发现和历史开始，然后归纳反应通式，再到阐述反应机理和分析反应特点、适用范围和影响因素，最后介绍反应的发展和改进，以及剖析该反应的实际应用和技术亮点。

本教材主要作为高等院校制药工程技术及相关专业的课程教学用书。全书编有八个章节，以重要的药物合成单元反应为基石，以官能团变换为纲要，以反应通式、反应机理、反应特点及应用实例为主线编写。主要安排学生需要掌握的典型反应和基本原理，特别是从机理出发思考问题的药物合成知识体系。篇幅控制在 72 学时以内，不同学校或专业可按实际教学选择不同章节内容。本教材为书网融合教材，即纸质教材有机融合电子教材、教学配套资源（PPT、微课、视频、图片等）、数字化教学服务，使教学资源更加多样化、立体化。

本教材由陈维担任主编，芦小燕担任副主编。教材编写及配套数字化资源的制作具体分工如下：陈维、张昊（第一章绪论），芦小燕（第二章卤化反应），周子牛（第三章烷基化反应），周惠燕（第四章酰化反应），陈维（第五章缩合反应、第六章重排反应、第七章氧化反应），赵海（第八章还原反应），何军邀教授主审。

在此，衷心感谢为本书做出贡献的所有编者及所在单位的大力支持。同时，书中例举的反应和应用实例参考引用了大量文献资料，但是由于篇幅关系无法在书中一一列出，在此对文献资料作者表示诚挚的感谢和深深的歉意。药物合成反应发展极快，受编者能力所限，本书难免存在不全面之处，敬请广大读者批评和指正，以便于今后的修订和充实。

编 者
2025 年 3 月

CONTENTS 目录

第一章　绪　论

PPT　　微课

第一节　药物合成反应的起源与发展

药物是一类结构明确的具有预防、治疗、诊断疾病，或为了调节人体功能、提高生活质量、保持身体健康的特殊化学品，包括天然药物（植物药、抗生素、生化药物）、合成药物和基因工程药物等。其中化学药物可以是无机的矿物质或合成的有机化合物，或是从天然药物中提取得到的有效单体，也可以是通过发酵方法得到的抗生素等。药物大多数都是有机化合物，现在的化学合成药物也主要是由有机化学的合成方法制备的。目前，化学合成药物仍然是有效、常用、使用较多且重要的治疗药物。当今世界大多数科研院所及各大制药公司的新药研发主题仍是化学合成药物。

在化学合成药物的开发阶段，制药工艺、药物分析、稳定性试验、剂型开发、体外试验等研究均需要充足的原料药。一旦上市，药物的使用量急剧增长，因此原料药的商业化生产需要一条价廉、简洁、高效的合成路线和安全、环保、稳定的生产工艺来进行操作。药物合成反应是以有机化学为基础，按照反应类型和反应机理，系统地研究化学药物生产中常用合成反应的一般规律和特殊性质，全面探讨合成路线的选择、合成工艺的优化等化学药物合成中的反应物内在结构因素与反应条件之间的辩证关系，指导化学药物及其中间体的化学合成，同时为药品生产融入安全、环保、绿色化学、高效智能等先进理念。药物合成反应的研究成果让人们能够使用疗效确切、质量优良、价格便宜的化学药物。药物合成反应不仅仅是基于有机化学研究如何合成化学药物，同时也是发明新药及药物化学、制药工程、精细化工、应用化学、药学等学科的重要内容。

一、药物合成反应发展历史与现状

1828 年，德国化学家弗里德里希·维勒（Friedrich Wohler）用无机物质氰酸钾与硫酸铵来合成氰酸铵，结果却无意中得到了有机物尿素。这是历史上第一个纯粹从无机物制备得到有机物的例子，打破了"生命力"学说，开创了有机物人工合成的新纪元，也拉开了药物合成的序幕。从此，药物合成逐渐发展成一门科学，对人类文明和科学的发展开始产生巨大影响。

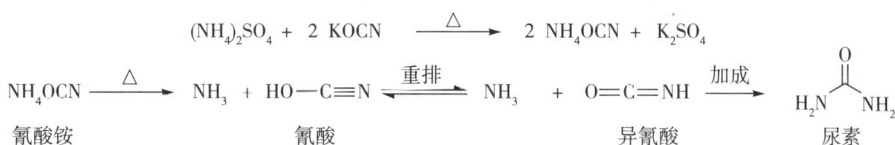

$$(NH_4)_2SO_4 + 2\ KOCN \xrightarrow{\triangle} 2\ NH_4OCN + K_2SO_4$$

$$\underset{\text{氰酸铵}}{NH_4OCN} \xrightarrow{\triangle} NH_3 + \underset{\text{氰酸}}{HO\!-\!C\!\equiv\!N} \underset{\text{重排}}{\rightleftharpoons} NH_3 + \underset{\text{异氰酸}}{O\!=\!C\!=\!NH} \xrightarrow{\text{加成}} \underset{\text{尿素}}{H_2N\overset{\overset{\textstyle O}{\|}}{C}NH_2}$$

1856 年，英国化学家威廉·亨利·帕金（William Henry Perkin），在合成抗疟疾药物金鸡纳霜（奎宁）的过程中，意外得到了苯胺染料——苯胺紫；同年，威廉姆斯（G. Williams）发现菁染料（亦称花菁）；1880 年，阿道夫·冯·拜耳（Adolf von Baeyer）首次人工合成了有机染料靛蓝，因在有机染料和芳香化合物合成领域的开创性成就，荣获 1905 年诺贝尔化学奖；1890 年，埃米尔·费歇尔（Emil Fisher）合成了六碳糖的各种异构体以及嘌呤等杂环化合物，凭借糖和嘌呤的合成所做出的巨大贡献，荣获 1902

年诺贝尔化学奖。

进入 20 世纪，有机合成和药物合成领域取得了巨大的进步和突飞猛进的发展。20 世纪之后的有机合成和药物合成发展可以分为四个阶段，第二次世界大战前为第一阶段。第一阶段的合成便以惊人的进步和不断增加的分子复杂性和合成策略设计的精密性开始。托品酮（Willstätter，1901 年；Robinson，1917 年）、α-萜品醇（Perkin，1904 年）、樟脑（Komppa，1903 年；Perkin，1904 年）、血红素（H. Fischer，1929 年）、吡哆醇盐酸盐（维生素 B_6）（Folkers，1939 年）和马萘雌酮（Bachmann，1939 年）等众多具有重要生理活性的天然产物和药物被成功地人工全合成。

萜品醇
（α-terpineol）
［Perkin，1904年］

樟脑
（camphor）
［Komppa，1903年；
Perkin，1904年］

托品酮
（Tropinone）
［Willstatter，1901年；
Robinson，1917年］

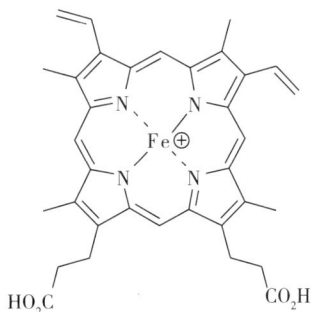

血红素
（haemin）
［H. Fischer，1929年］

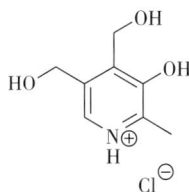

吡哆醇盐酸盐（维生素B_6）
（pyridoxine hydrochloride）
［Folkers，1939年］

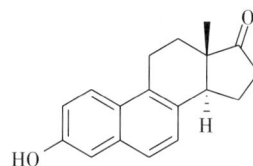

马萘雌酮
（equilenin）
［Bachmann，1939年］

特别是在 1901 年，德国化学家理查德·威尔斯泰特（Richard Martin Willstätter）以环庚酮作为起始原料，经过 15 步反应第一次全合成了托品酮，这标志着多步全合成的诞生。1917 年，英国化学家罗伯特·鲁宾逊（Robert Robinson）利用曼尼希反应（Mannich 反应），以结构简单的丁二醛、甲胺和 3-氧代戊二酸为原料出发，仅通过两步反应一锅法（one-pot synthesis）简洁、高效地第二次合成了托品酮（tropinone）。因为在生物合成托品酮的过程中也使用类似的化合物，反应条件也近似于生物体内的条件，用此法合成托品酮标志着仿生合成的开始。英国化学家罗伯特·鲁宾逊因生理活性的植物成分特别是生物碱的研究方面所做出的杰出贡献，荣获 1947 年诺贝尔化学奖。德国化学家汉斯·费歇尔（Hans Fischer）因血红素（1929 年）的人工合成所做出的巨大贡献，获得 1930 年诺贝尔化学奖。

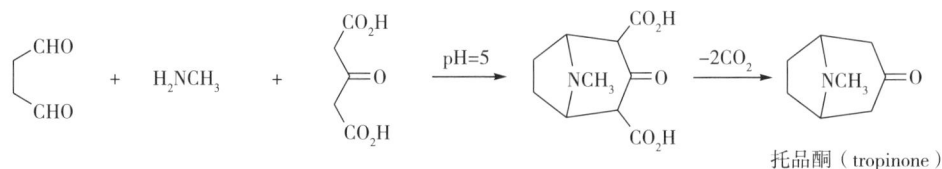

托品酮（tropinone）

反应机理：

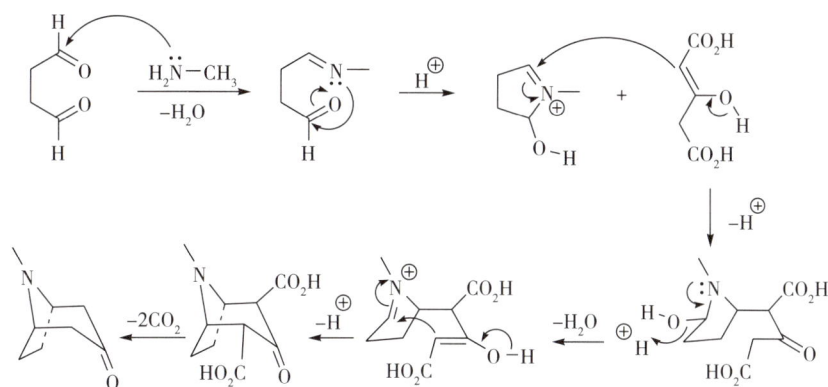

20 世纪之后的有机合成和药物合成，第二阶段为 Woodward（伍德沃德）时代。罗伯特·伯恩斯·伍德沃德（Robert Burns Woodward）合成了许多复杂的天然产物分子，包括奎宁、胆固醇、可的松、番木鳖碱、羊毛甾醇、麦角酸、利血平、秋水仙碱、叶绿素 α、培南（青霉烯类）、头孢菌素 C、四环素、红霉素 A、前列腺素 $F_{2\alpha}$ 以及维生素 B_{12} 等。1973 年，伍德沃德与瑞士化学家阿尔伯特·艾申莫瑟（Albert Eschenmoser）合作，领导 100 多位化学家，经过 12 年努力，成功完成维生素 B_{12} 的全合成，将有机合成艺术最完美地展现在世人面前。伍德沃德运用高超的有机合成艺术，开创了有机合成和药物合成的一个新纪元，并被人们称为"伍德沃德时代"。1965 年，凭借着有机合成艺术的非凡成就，罗伯特·伯恩斯·伍德沃德获得当年的诺贝尔化学奖。

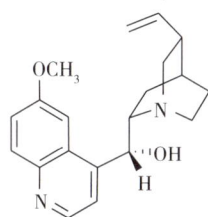

奎宁（quinine）
［Woodward, 1944年］

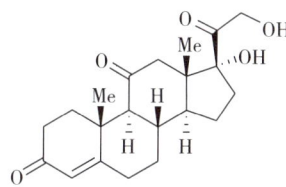

可的松（cortisone）
［Woodward, 1951年］

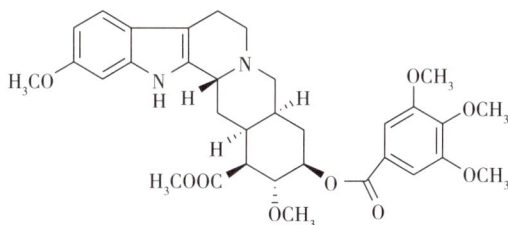

利血平（reserpine）
［Woodward, 1958年]

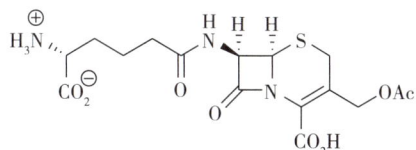

头孢菌素C（cephalosporin C）
［Woodward, 1966年］

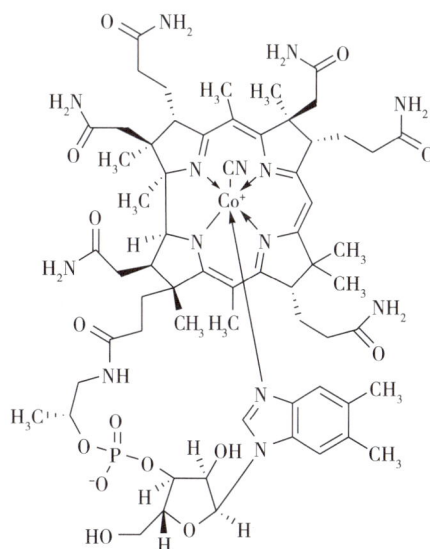

维生素B₁₂（vitamin B₁₂）
［Woodward, A. Eschenmoser, 1973年］

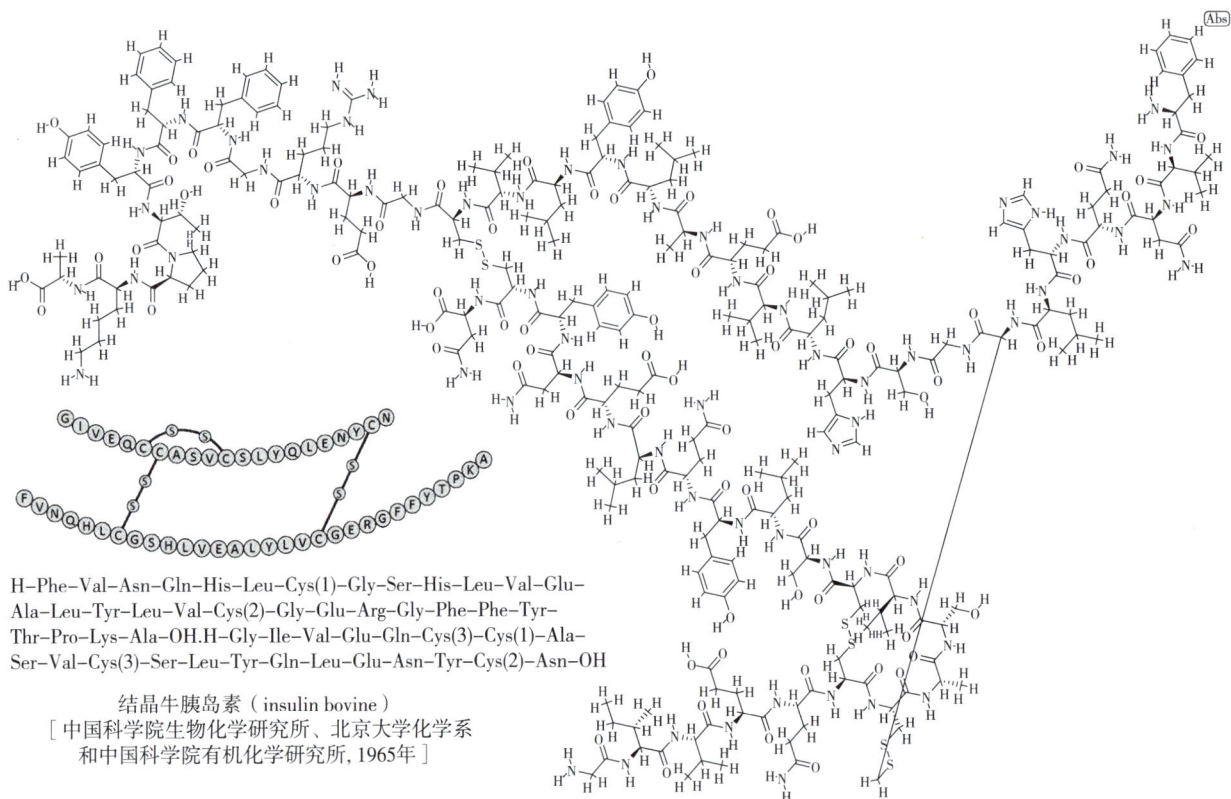

H–Phe–Val–Asn–Gln–His–Leu–Cys(1)–Gly–Ser–His–Leu–Val–Glu–
Ala–Leu–Tyr–Leu–Val–Cys(2)–Gly–Glu–Arg–Gly–Phe–Phe–Tyr–
Thr–Pro–Lys–Ala–OH.H–Gly–Ile–Val–Glu–Gln–Cys(3)–Cys(1)–Ala–
Ser–Val–Cys(3)–Ser–Leu–Tyr–Gln–Leu–Glu–Asn–Tyr–Cys(2)–Asn–OH

结晶牛胰岛素（insulin bovine）
［中国科学院生物化学研究所、北京大学化学系
和中国科学院有机化学研究所，1965年］

　　与此同时，我国化学家的全合成工作同样令世界瞩目。牛胰岛素是由 17 种 51 个氨基酸组成的两条肽链所构成，其中 A 链 21 个氨基酸，B 链 30 个氨基酸，两条多肽链间由两个二硫键连接，在 A 链上也形成一个二硫键，分子式 $C_{254}H_{377}N_{65}O_{75}S_6$，分子量 5733.5。1965 年 9 月 17 日，中国科学院生物化学研究所、北京大学化学系和中国科学院有机化学研究所三个单位的有关科学工作者合作，在世界上首次实现用人工方法全合成蛋白质结晶牛胰岛素（insulin bovine）。从 1958 年 12 月正式立项至 1965 年 9 月观察到结晶，该研究前后历时近 7 年。这是世界上第一次人工合成与天然胰岛素分子相同化学结构并具有完整生物活性的蛋白质，这也是当时人工合成的具有生物活力的最大的天然有机化合物，实验的成功使中国成为第一个人工合成蛋白质的国家，标志着人类在揭示生命本质的征途上实现了里程碑式的飞跃。

　　20 世纪之后的有机合成和药物合成，第三阶段为 Corey（科里）时代。艾里亚斯·詹姆斯·科里（Elias James Corey）从 1961 年开始，完成了长叶烯、保幼激素、银杏内酯 B、生物素（又称维生素 B_7 或维生素 H 或辅酶 R）、红霉内酯 B、番红霉素 A、喜树碱、阿普拉斯霉素、前列腺素类化合物前列腺素 $F_{2\alpha}$、血栓素 B_2，以及白三烯类化合物等复杂天然产物和药物的全合成。他的鼎盛时期被人们称为有机合成史上的 "Corey（科里）时代"。科里的最大贡献在于将伍德沃德创立的有机合成艺术变为有机合成科学，创建了独特的系统化有机合成理论——逆合成分析法（retrosynthesis analysis），综合运用各类合成反应、有机合成设计原则和策略、计算机辅助有机合成设计技术等，对目标分子进行合理的逆向剖析，反推出起始原料和关键中间体，进行复杂反应的创造性合成设计。1990 年，凭借着独创的有机合成的理论和方法学，艾里亚斯·詹姆斯·科里获得当年的诺贝尔化学奖。

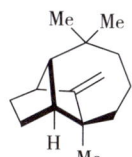

长叶烯（longifolene）
［Corey, 1961年］

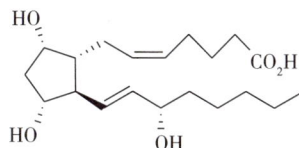

dl-前列腺素 F$_{2\alpha}$
（*dl*-prostaglandin F$_{2\alpha}$）
［Corey, 1969年］

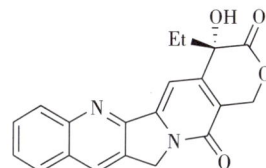

喜树碱
（camptothecin）
［Corey, 1975年］

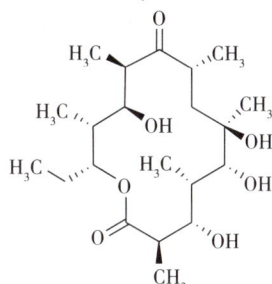

红霉内酯 B（erythronolide B）
［Corey, 1975年］

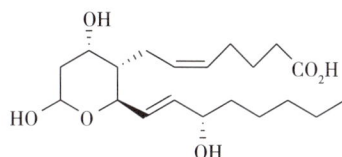

血栓素B$_2$（thromboxane B$_2$）
［Corey, 1977年］

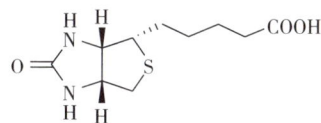

生物素（biotin）
［Corey, 1988年］

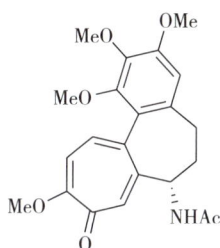

秋水仙碱（colchicine）
［Echenmoser, 1961年］

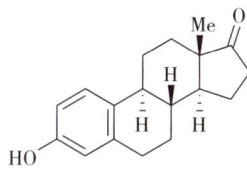

雌酮（estrone）
［Torgov, 1963年］
［Smith, 1963年］

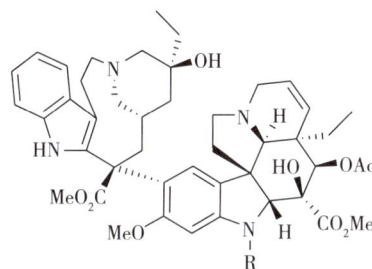

R=Me：长春碱（vinblastine）
R=CHO：长春新碱（vincristine）
［Potier, 1976年］

从 20 世纪 60 年代到 80 年代，合成化学家们向更为复杂化学结构的活性天然产物分子的全合成发起挑战，先后合成了秋水仙碱（Echenmoser，1961 年）、雌酮（Torgov，1963 年；Smith，1963 年）、长春碱和长春新碱（Potier，1976 年）、莫能霉素（Kishi，1979 年）、冈田软海绵酸（Isobe，1986 年）、两性霉素 B（Nicolaou，1987 年）等众多高难度的具有重要生理活性的化合物。

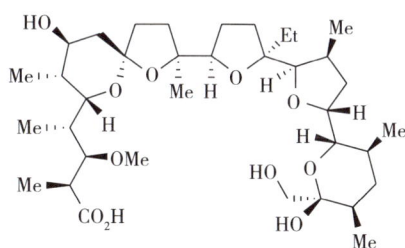

莫能霉素（monensin）
［Kishi, 1979年］

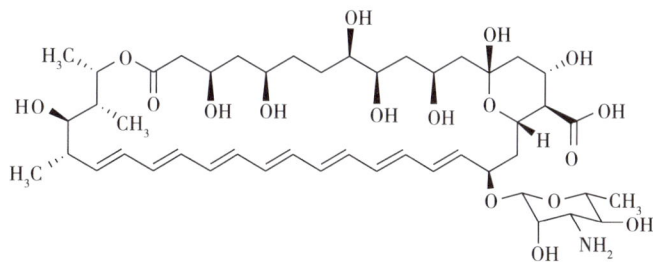

两性霉素B（amphotericin B）
［Nicolaou, 1987年］

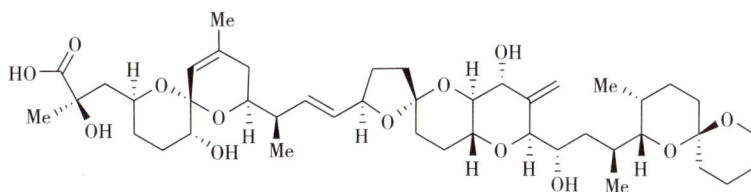

冈田软海绵酸（okadaic acid）
［Isobe, 1986年］

20 世纪 60 年代初，疟疾肆虐，我国组织了 60 多个单位的 500 名科研人员一起参与寻找抗疟新药。屠呦呦就是科研大军中的一员，她是抗疟有效单体青蒿素的重要发现者。屠呦呦于 1972 年发现了提取和纯化青蒿素的方法，有效地降低了疟疾患者的死亡率，挽救了全球特别是发展中国家的数百万人的生命，因此荣获 2015 年度诺贝尔生理学或医学奖。青蒿素（artemisinin）是一种含过氧基团的倍半萜烯内酯，从黄花蒿（*Artemisia annua* L.）植物的地上部分分离的抗疟疾活性分子。青蒿素具有奇特的结构，分子式 $C_{15}H_{22}O_5$，15 个碳中 7 个是手性碳，罕见的过氧以内型的方式固定在 2 个四级碳上而成"桥"，人工合成的难度很大。1983 年，瑞士霍夫曼·罗氏集团（Hoffmann La Roche）公司的研究员 Schmid 和 Hofheinz 以薄荷醇（menthol）为原料首次完成了青蒿素的人工全合成。1983 年，上海有机所的周维善、许杏祥等研究人员从青蒿酸出发实现了青蒿素的半合成，1984 年实现了以香茅醛（citronellal）为原料完成了青蒿素的全合成。青蒿素这一新药的发现、提纯和临床应用，结构和构型的阐明，以至人工全合成的实现，都是由我国科学家完成，意义非常重大。

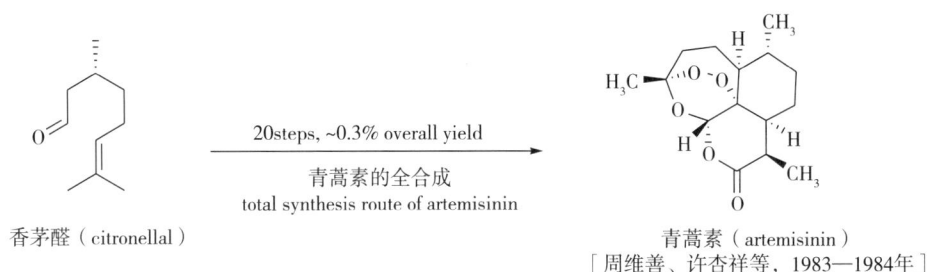

香茅醛（citronellal）

20steps, ~0.3% overall yield

青蒿素的全合成
total synthesis route of artemisinin

青蒿素（artemisinin）
[周维善、许杏祥等，1983—1984 年]

20 世纪之后的有机合成和药物合成，第四阶段为 20 世纪 90 年代以后。合成化学家们在天然药物的全合成方面取得了重大的成就，首次全合成了胞变霉素（David A. Evans，1990 年）、紫杉醇（Robert A. Holton，Kyriacos Costa Nicolaou，1994 年）、海葵毒素（Yoshito Kishi，1994 年）、短裸甲藻毒素 B（Kyriacos Costa Nicolaou，1995 年）、万古霉素（David A. Evans，Kyriacos Costa Nicolaou，Dale L. Boger，1999 年）等众多活性复杂天然产物分子。

1990 年，David A. Evans（Chemdraw 的创始人之一，Chemdraw 是全世界的化学家都会使用的一款绘制分子结构的软件）在胞变霉素（cytovaricin）的合成中使用噁唑烷酮类辅基通过 1 次不对称烷基化和 4 次不对称羟醛缩合构建了 9 个手性中心。

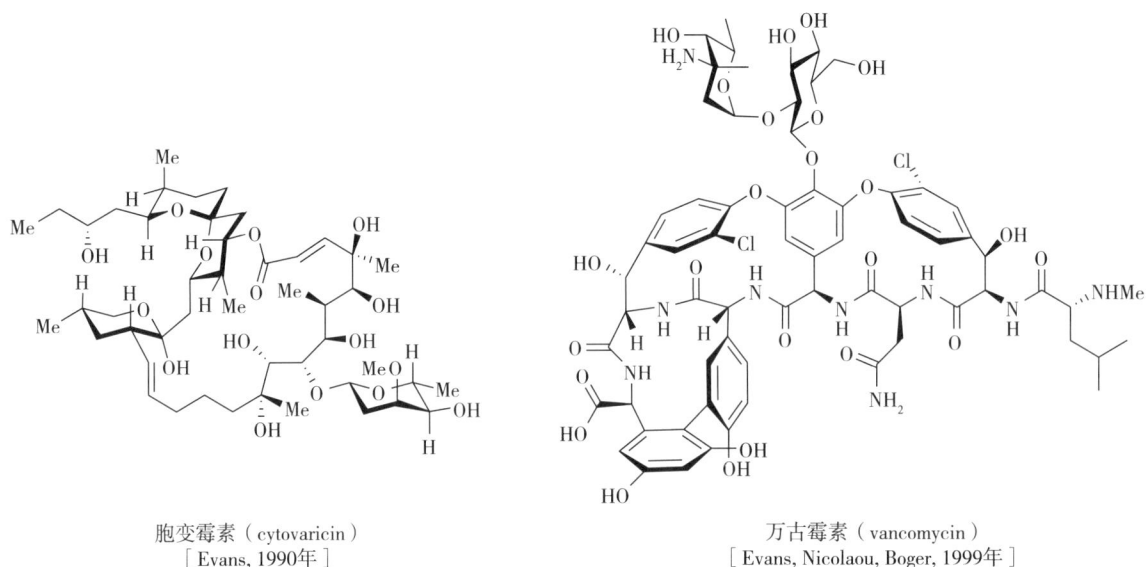

胞变霉素（cytovaricin）
[Evans，1990 年]

万古霉素（vancomycin）
[Evans，Nicolaou，Boger，1999 年]

距离伍德沃德在 1954 年开创性合成（−）-Strychnine（士的宁，番木鳖碱）大约 40 年后，Overman

于 1993 年运用钯催化反应（palladium catalyzed reactions）和串联反应（tandem reaction）等高效获得关键中间体和快速构建复杂立体化学分子骨架的新反应和新策略，优雅地完成了（−）−Strychnine 的全合成，也见证了有机合成的巨大进步。

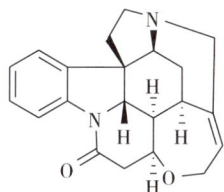

(−)-Strychnine（士的宁，番木鳖碱）
[Woodward, 1954年; Overman, 1993年]

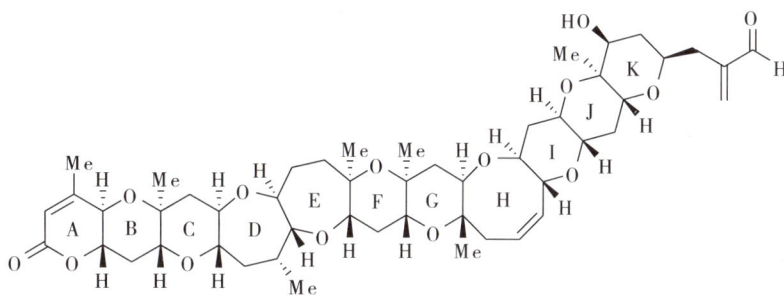

短裸甲藻毒素B（brevetoxin B）
[Nicolaou, 1995年]

　　20 世纪 90 年代，合成化学家完成的结构最复杂、合成难度最大的当属海葵毒素（palytoxin，PTX）的合成。1986—1994 年，岸义人（Yoshito Kishi）领导的团队成功全合成了海葵毒素，海葵毒素分子式 $C_{129}H_{223}N_3O_{54}$，分子量 2680.1，有 64 个手性中心和 7 个骨架内双键，理论上可能存在的异构体数目至少为 2 的 71 次方个之多，因此合成海葵毒素是一项极具挑战性的工作，被化学界称为"世纪工程"。海葵毒素是目前已完成化学全合成中相对分子质量最大、手性碳最多的天然产物之一，不论从反应路线设计还是反应难度上看，其全合成过程堪称攀登有机化学和药物合成领域的珠穆朗玛峰。海葵毒素是一个复杂的超级长链聚醚类（polyethers）化合物，也是目前发现的毒性最强的非肽类化合物。海葵毒素是目前最强的冠脉收缩剂，其作用比血管紧张素强 100 倍。因此，海洋聚醚类化合物有望在研制新型心血管药物和抗肿瘤药物中发挥重要作用。

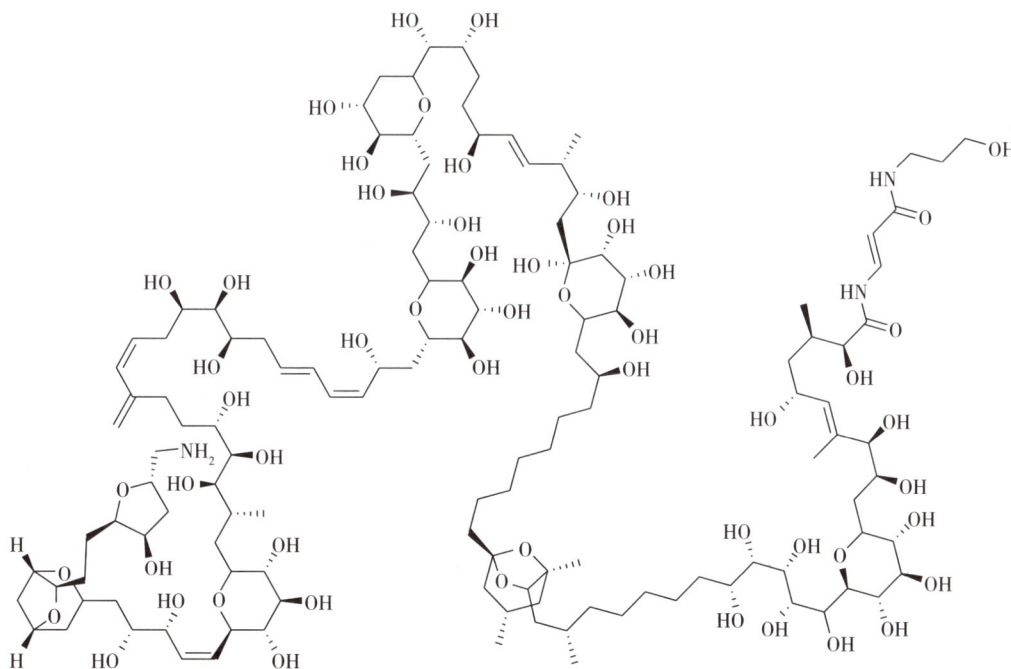

海葵毒素（palytoxin）
[Kishi, 1989年, 1994年]

　　天然药物紫杉醇（taxol），是从短叶红豆杉（taxus brevifolia）中分离得到的紫杉烷二萜类天然产物。紫杉醇具有优秀的抗肿瘤活性，特别是对癌症发病率较高的卵巢癌、子宫癌和乳腺癌、非小细胞肺癌等有特效。紫杉醇原料匮乏，目前主要通过植物提取分离及半合成的方法来获得，因而该药品的价格昂贵，医药市场需求巨大，年销售额约为 330 亿元，是全球销量第一的植物抗癌药。紫杉醇分子高度氧化，具有独特的［6-8-6-4］四环核心骨架，11 个手性中心，其中 4 个为季碳中心，其双环［5.3.1］的桥环骨架与桥头双键的结构单元亦非常新颖，这些结构特点造成了紫杉醇的合成具有非常大的挑战性。因此，紫杉醇被公认为天然产物合成历史上最难的分子之一。1994 年，侯尔顿（Robert A. Holton）和尼克劳（Kyriacos Costa Nicolaou）分别宣布独立完成了紫杉醇的全合成。R. A. Holton 使用樟脑为起始原料，历经 30 多步合成得到最终产物紫杉醇。K. C. Nicolaou 使用相似的起始化合物，也是经过 30 多步反应完成紫杉醇的全合成，但合成路线完全不同。紫杉醇除了具有优异的抗肿瘤生物活性外，还含有极具特色高度官能团化的四环骨架结构，不同氧化态的官能团密布在四环骨架上。近 30 年来，紫杉醇作为一个明星分子，吸引了无数合成化学家对其进行药物合成研究。从 1994 年到 2023 年期间，紫杉醇的全合成研究一直都非常活跃，全世界有超过 60 个课题组对其全合成的研究付出了巨大的努力，一共开发了 11 条不同的全合成路线。2020 年，美国斯克利普斯研究所（the Scripps Institute）化学家菲尔·巴兰（Phil S. Baran）团队完成的紫杉醇全合成。Phil S. Baran 团队采用"两相合成法"（该仿生合成策略的灵感源于在酶的参与下，大自然中萜类天然产物的两相生物合成过程），以经典的 Diels-Alder 反应为关键策略，经过 13 年的努力，通过 24 步反应（总产率为 0.001%），把紫杉醇的全合成推向了一个新的高度。值得骄傲的是，2021 年，南方科技大学李闯创团队利用二碘化钐介导的频哪醇（四甲基乙二醇）偶联反应为关键策略，通过 21 步反应（总产率为 0.118%），高效简洁地完成了紫杉醇的不对称全合成，这是我国首次实现紫杉醇的高效不对称全合成，这也是迄今为止国际上最短的紫杉醇全合成路线。

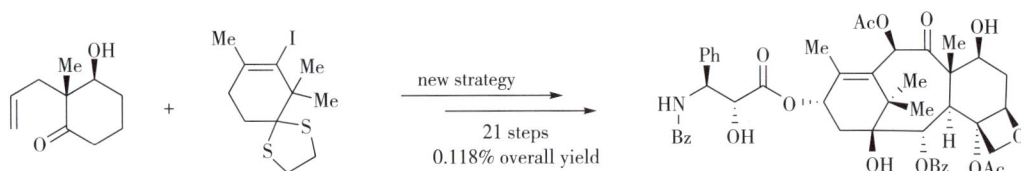

紫杉醇（taxol）
［李闯创，2021年］

二、药物合成反应发展趋势与新技术

在过去的近 200 年里，药物合成及合成化学为人类社会的可持续发展和进步做出了巨大贡献，为人类文明的存续和进步发挥了不可替代的作用。药物合成化学制造的药物使人类的平均寿命和生存质量都得到空前提高；药物合成化学还为探索生命科学的奥秘提供了重要的方法和物质基础。药物合成及合成化学的发展是新药发现的主要动力和制药工业技术进步的源泉。进入 21 世纪，药物合成反应发展趋势与新技术可以概括为以下几个方面。

（1）绿色制药技术广泛应用于药物合成中。在药物合成过程中，运用绿色制药技术尽量减少或避免应用和产生有害物质的化学产品与工艺设计。以安全环保为目的，降低能源消耗及三废排放，实现环境可持续发展、经济与社会效益共同提升的先进绿色制药理念，大幅提高了制药行业现代化水平，已成为重要的发展趋势。

（2）生物催化（酶催化）技术能快速合成传统有机化学不易制造的复杂药物分子。

（3）连续流反应技术及连续流反应器等药物合成设备的小型化、智能化、自动化技术将完全颠覆未来药品研发和生产的模式。

（4）应用不对称催化和碳氢键活化策略，无辅助配位条件下（无定位基团）直接不对称官能团化，高化学、区域和立体选择性地制备手性药物。

（5）通过借鉴和模拟天然产物生物合成途径中的关键环节，特别是一些精妙和高效的仿生串联反应，实现从学习自然、模仿自然，到超越自然的仿生合成，极大地增强了药物合成的有效性和合理性。

（6）高通量试验（high-throughput experimentation，HTE）。在合成候选药物目标分子时，通常有许多参数和因素会发生变化，因此这一过程需要进行大量的试验来验证决定反应结果的各种离散变量（催化剂、试剂、溶剂、添加剂等）和连续变量（温度、浓度、化学当量等）的不同参数。高通量试验（HTE）可以自动完成并加快筛选样品制备速度，从而在根本上加速革命性的药物合成新方法的发现。

（7）计算化学和人工智能。交叉学科是未来学科发展的新趋势，药物合成领域也不例外。计算化学和人工智能的交叉与结合发展正在为药物合成化学带来革命性影响。我们可以通过人工智能技术（机器学习算法）在海量合成数据中寻找"隐藏"的因果关系，并应用人工智能技术解决药物合成科研中的种种问题，例如用来筛选目标分子的合成路线，揭示新的药物合成反应以及扩大对新候选药物分子的获取。通过化学合成与生物合成优势互补，并借助当今蓬勃发展的人工智能技术，实现药物全合成的智能化、自动化、高效化将是药物合成领域发展的新趋势。

总之，绿色制药、生物催化（酶催化）、碳氢键活化及其不对称催化、人工智能、仿生合成、高通量试验（HTE）、点击化学、分子机器等突破性成果和药物合成交叉融合，这些突破传统边界的新趋势与新技术的发展和应用将持续推动药物合成化学的革新，必将创造更加美好的未来世界。

第二节 有机反应机理的书写和简介

一、有机反应机理

有机反应机理（organic reaction mechanism），又称有机反应历程，是有机分子从反应物通过化学反应变成产物所经历的全部过程的详细描述。在表述有机合成反应机理时，首先需要写出 Lewis 结构式并标明形式电荷（formal charge）；其次，因为在有机化学反应过程中基本上都是电子的流动，所以还需指出反应时电子的流向，通常用箭头表示一对电子的转移或用鱼钩箭头表示单电子的转移。电子的流向是从电子云密度高的地方转移到电子云密度低的地方。

例如：

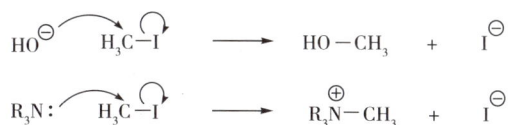

上述两个反应的机理描述的是对具有 1° 的 sp^3 碳原子的伯卤代烃来说，亲核反应主要以 S_N2 机理发生，反应可在碱性（HO^-）或中性条件（$R_3N:$）下发生。在 S_N2 机理中，亲核试剂 Nu^-（HO^- 或 $R_3N:$）从 C—I 键的反方向接近碳原子，并与 C—I 键在同一条直线上。Nu^-（HO^- 或 $R_3N:$）上的孤对电子用来形成新的 C—Nu 键（C—O 或 C—N），与此同时 C—I 键发生断裂，C—I 键的这对电子转移至 I 上。图中的弯箭头展示了电子对是怎样从亲核试剂 Nu^-（HO^- 或 $R_3N:$）转移到缺电子中心碳原子上的。反应后，亲核原子的形式正电荷增加 1（例如亲核原子氧由 HO^- 变成了 HO；例如亲核原子氮由 R_3N 变成了 R_3N^+），而离去基团碘的形式电荷减少 1，由 I 变 I^-。因此，亲核试剂 Nu^- 上的负号既表示它带有 1 个形式负电荷，也暗示了它有一对电子。如果亲核试剂不带电的话（例如含亲核原子氮的

R_3N：），最好把这对电子画出来，这样更明确。

二、书写结构惯例

有机化学反应和化学结构中常见的基团的书写经常使用缩写或缩略语，表1-1例举了部分常用化学结构、中文名、英文名及缩写，更详细的内容请参考本书附录《药物合成反应中常用的英文缩略语及英文和中文对照表》。

表1-1 常用化学结构、中英文名及缩写

缩写	英文名	中文名	结构
Me	methyl	甲基	CH_3—
Et	ethyl	乙基	CH_3CH_2—
Pr	propyl	丙基	$CH_3CH_2CH_2$—
i-Pr	isopropyl	异丙基	Me_2CH—
Bu，n-Bu	butyl	丁基，正丁基	$CH_3CH_2CH_2CH_2$—
i-Bu	isobutyl	异丁基	Me_2CHCH_2—
s-Bu	sec-butyl	仲丁基	（Et）（Me）CH—
t-Bu	$tert$-butyl	叔丁基	Me_3C—
Pen，Am	pentyl，amyl	戊基	$CH_3CH_2CH_2CH_2CH_2$—
Cp	cyclopenyl	环戊基	（图）--
Hex	hexyl	己基	$CH_3CH_2CH_2CH_2CH_2CH_2$—
Chx，Cy	cyclohexyl	环己基	（图）--
Hep	heptyl	庚基	$CH_3CH_2CH_2CH_2CH_2CH_2CH_2$—
Oct	octyl	辛基	$CH_3CH_2CH_2CH_2CH_2CH_2CH_2CH_2$—
Ph	phenyl	苯基	C_6H_5—
Tr	trityl	三苯甲基	（C_6H_5）$_3C$—
Ar	aryl，heteroaryl	芳基，杂芳基	环闭共轭体系电子对数为奇数
Ac	acetyl	乙酰基	CH_3C（=O）—
Bz	benzoyl	苯甲酰基	PhC（=O）—
Bn	benzyl	苄基	$PhCH_2$—
Cbz，Z	benzyloxycarbonyl	苄氧羰基	$PhCH_2OC$（=O）—
Ts	tosyl	对甲苯磺酰基	$4-Me$（C_6H_4）SO_2—
Ms	mesyl	甲磺酰基	CH_3SO_2—
Tf	triflyl	三氟甲磺酰基	CF_3SO_2—
Hal	halo，halide	卤素，卤化物	X—（F—，Cl—，Br—，I—）

三、Lewis 结构式、形式电荷、共振式

1. Lewis 结构式　书写 Lewis 结构式（Lewis structures）时需要特别注意计算形式电荷。形式电荷的计算方法如下：

形式电荷 =（元素的价层电子数）-（σ 键和 π 键的数量）-（未共用的价层电子数）

这个公式是通用的，一般情况下常见元素的形式电荷通常能够一眼看出来。例如：碳原子"通常"有四根键，氮原子有三根，氧原子有两根，氢原子有一根，带有"通常"价键数的原子没有形式电荷。当看到带有"异常"价键数的原子时，可以立即确定它的形式电荷。例如，对于一个连有两根键的氮

原子，可以立即确定它的形式电荷为 −1，因此常见元素的形式电荷比较容易判断。非金属元素带有 ±2 及以上形式电荷的情况是很少见的，虽然硫原子偶尔带有 +2 的形式电荷。

2. 形式电荷 形式电荷（formal charge）与描述化学反应实质相比，形式电荷更侧重于描述化合物电荷状态（例如电负性的元素常常带着正的形式电荷，比如：NH_4^+，H_3O^+ 和 MeO^+＝CH_2）。虽然形式电荷可用来确保反应中的电子守恒，但它们描述的化学反应性却并不可信。比如，NH_4^+ 和 CH_3^+ 的中心原子上都带有正的形式电荷，但这两个原子的反应性却截然不同。为了理解反应性，必须注意有机物中原子的其他性质，如电负性、缺电子性和亲电性，而非形式电荷。例如，亲核试剂可以带负电，也可以是电中性的；亲电试剂可以是电中性的，也可以带正电。

电负性是一种元素性质，一般与元素的成键形式无关。

缺电子性是指一个原子的价电子层缺少电子，没有达到八隅体（对于氢则是两电子）。

亲电性是指一个原子具有能量较低的空轨道。

电负性、缺电子性、亲电性与形式电荷相互独立，不要弄混。NH_4^+ 与 CH_3^+ 中的碳原子和氮原子都有正形式电荷，但 CH_3^+ 中的碳原子具有缺电子性，NH_4^+ 中的氮原子则没有。$CH_3 \cdot$ 和 BF_3 中的碳原子和硼原子都具有缺电子性，但都没有正形式电荷。虽然硼原子具有电正性而氮原子具有负电性，但 BH_4^- 和 NH_4^+ 都是稳定的离子，因为中心原子都是八隅体。CH_3^+、CH_3I 和 H_2C＝O 中的碳原子都具有正电性，但只有 CH_3^+ 中的碳原子具有缺电子性。MeO^+＝CH_2 中的氧原子有一个正形式电荷，但具有亲电性的是碳原子，而不是氧原子。

3. 共振式 对于任何一个 σ 骨架，π 键与孤对电子的分布方式都有许多种，这些不同的分布方式称为共振式（resonance structure，又称共振结构、极限式）。在有机化学领域，共振式是解释物质结构，尤其是共轭体系电子结构的有力工具。当一个分子、离子或自由基（游离基）按价键规则可以写成两个及以上的 Lewis 结构式时，则真实的结构就不能用一个经典结构式表述，这些 Lewis 结构式称为共振结构。而分子（或离子、或自由基）的真实结构就是这些极限式的共振杂化体（resonance hybrid）。因此，共振式是对单个化合物的多种描述，共振的结果使体系能量降低，共振杂化体的能量较任何一个共振结构为低。每个共振式对于化合物的真实结构都有一定贡献，但任何单个的共振式都不是真实结构，因为无法准确地表述真实的结构。一个化合物真实的电子分布情况是所有共振式的加权平均（共振杂化）。每个共振式的权重体现出它在描述化合物时的重要性，优势共振式权重最大。两个共振式之间用双向箭头连接（↔）。双向箭头仅用来表示共振，不要把它与表示化学平衡的可逆箭头弄混（⇌：分隔两种及以上的不同物质，例如后续要介绍的互变异构现象）。再次强调，共振式是对单个化合物的多种描述。在不同的共振式之间不存在类似互变异构的化学平衡相互转化。共振结构的书写除符合价键规则外，还必须遵守各共振结构的原子核位置不变，各共振结构的配对电子数或未共享电子数不变的原则。

例如，重氮甲烷既不是左边结构式也不是右边结构式，而是左边和右边结构式的加权平均。

$$\overset{\ominus}{H_2C}-N\overset{\oplus}{\equiv}N: \quad\longleftrightarrow\quad H_2C=\overset{\oplus}{N}=\overset{\ominus}{N}:$$

当存在与有孤对电子的原子连接的缺电子原子时，孤对电子可以通过形成 π 键的方式与缺电子原子共用。例如：

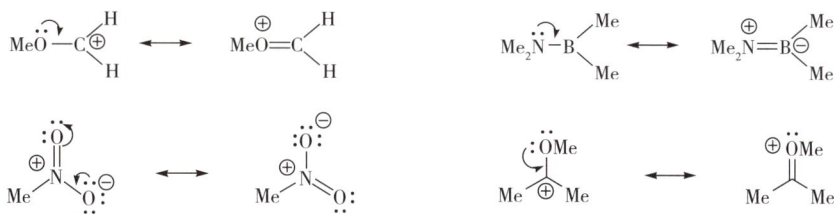

以上共振式中的弯箭头用来表示在产生新共振式的过程中，原有共振式中的电子是如何流动的。显而易见，以上共振式中的弯箭头完全是"形式上"的电子流动，而不是真实情况；而事实上电子并非从一个固定的位置流动到另一个，因为以上化合物的真正的 π 键与孤对电子的分布方式是不同共振式的加权平均。但是对于有机反应机理的书写，这种弯箭头的表示方法可以防止在书写共振式的过程中丢掉或添加电子。

当存在与 π 键相连的缺电子原子时，π 键中的电子可以流动到缺电子原子上，形成新的 π 键，旧 π 键的另一个末端原子则变得缺电子。此时，需要注意缺电子原子的形式电荷变化，因此缺电子原子上需要相应地标上"⊕"号。

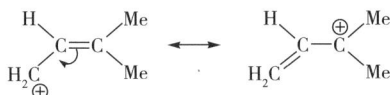

当存在与 π 键相连的自由基时，自由基的单电子与 π 键中的一个电子可以形成新的 π 键。旧 π 键中的另一个电子流动到另一个末端原子上，形成新的自由基。这个过程中没有形式电荷的变化。其中半箭头（鱼钩箭头）表示单电子转移（均裂），与表示一对电子转移（异裂）的弯箭头（全箭头）相区别。

当存在与 π 键相连并有孤对电子的原子。孤对电子移向 π 键，π 键中的电子移向另一个末端原子，形成新的孤对电子。带有孤对电子的原子可能带有负的形式电荷。

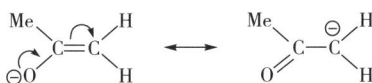

在芳香化合物中，π 键可以发生交替变动，形成新的共振式。

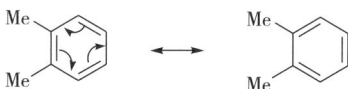

当成键的两个原子不同时，π 键中的电子对将移向负电性更大的原子。例如，丙酮的以下共振式，此时，需要注意缺电子的羰基碳原子的形式电荷变化，因此缺电子的羰基碳原子上需要相应地标上"⊕"号。而负电性更大的氧原子由于接纳了羰基 π 键中的电子对，因此富电子的氧原子上需要相应地标上"⊖"号。

又如，环丙烯酮是迄今为止具有 Hückel 芳香性的最小三元环状化合物。芳香族化合物环丙烯酮，由于电子发生离域，并且具有稳定的偶极共振式，分子间作用力强，是较强的极性分子。

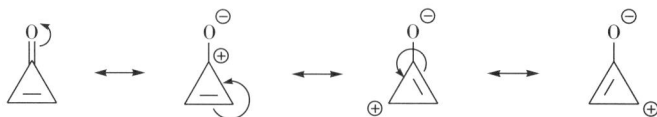

参与共振的两个或多个共振式必须具有相同的原子数和相同的电子总数，形式电荷的总和也要相同。因此，共振式之间仅仅是 π 键与孤对电子的位置不同，其 σ 骨架保持不变。如果两个结构式的 σ 骨架不同，那么这两个结构式则代表两个异构体，而非共振式。

四、互变异构现象

当丙酮被碱脱去一个质子，得到一个碳原子上带有孤对电子和负形式电荷的化合物，还可以画出一个孤对电子和负形式电荷均在氧上的共振式。当然，该负离子的真实结构是这两个共振式的加权平均。如果这个负离子与 H⁺ 反应，H⁺ 就有可能与氧负离子或碳负离子连接。如果质子与碳负离子相连则重新得到丙酮，如果质子与氧负离子相连，则能够得到一个仅在氢的连接位置以及相关 π 体系与丙酮不同的化合物（烯醇）。因此，丙酮与对应的烯醇互称为互变异构体（tautomer）。

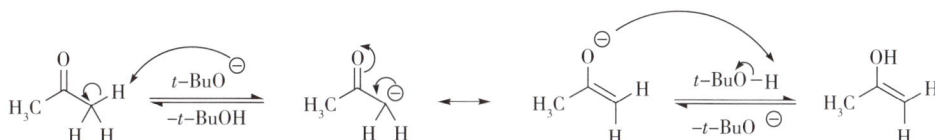

互变异构体是异构体的一种，与共振式有着明显的不同，互变异构体和共振式具有不同的 σ 骨架。最常见的互变异构体是羰基化合物—烯醇互变异构体，正如之前丙酮的互变异构现象（tautomerism）例子。互变异构是一种在酸性或碱性条件下快速转化的化学平衡；不要把它与根本不是化学平衡的共振弄混淆。

五、有机反应分类

有机反应按照反应物与产物的关系进行分类，一共有四种基本反应类型：加成反应、消除反应、取代反应和重排反应。

1. 加成反应　一般发生在有双键或叁键（不饱和键）的物质中，两个或多个分子互相作用，生成一个加成产物的反应称为加成反应（addition reaction）。加成反应可以是离子型的，自由基型的和协同的。离子型加成反应是化学键异裂引起的，分为亲电加成（electrophilic addition）和亲核加成（nucleophilic addition）。在加成反应中，两种反应物结合生成一种产物。通常，一种反应物中的一根 π 键被两根新的 σ 键取代。

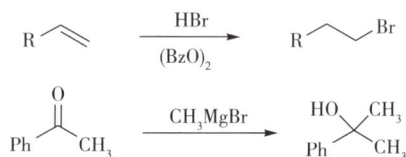

2. 消除反应　消除反应（elimination reaction）是指有机化合物分子和其他物质反应，失去部分原子或官能团（称为离去基），形成不饱和有机化合物的反应。1,2-消除（β-消除）较常见，为处于相邻原子上的两个基团失去后在这两个原子之间生成 π 键的反应。当两个原子都是碳原子时就发生成烯的消除反应。例如，在下列 β-消除（β-elimination）反应中，反应物一分为二，通常是反应物中的两根 σ 键被一根新形成的 π 键取代。

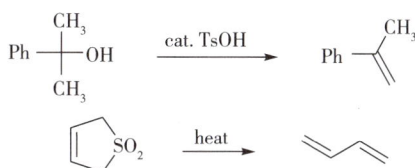

还有一种常见的消除反应为 1,1-消除反应，又称为 α-消除（α-elimination）反应，为同一原子上

的两个基团失去后该原子形成卡宾（carbene）或氮烯（nitrene）类等化合物的反应。其离去基所接的碳为 α-碳，其上的氢为 α-氢。

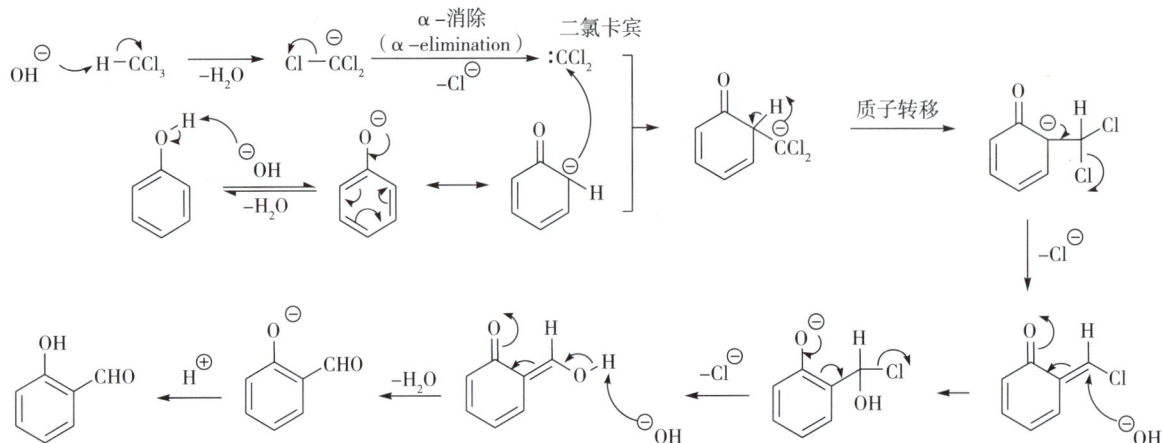

该类 α-消除反应中生成的活泼中间体碳烯又称卡宾，碳烯（卡宾，carbene）为电中性，是一类二价碳反应中间体的总称。例如，在上图所示的瑞穆尔-悌曼（Reimer-Tiemann）反应中，三氯甲烷在碱的作用下，脱去一个质子生成三氯碳负离子，该碳负离子失去一个氯离子经 α-消除反应生成活泼中间体二氯碳烯（二氯卡宾，dichlorocarbene）。二氯碳烯中的碳是二价的碳，碳周围只有 6 个电子，有强烈的形成 8 电子稳定结构的倾向，因此是极度活泼的缺电子试剂，易发生亲电加成反应或亲电取代反应。

3. 取代反应 取代反应（substitution reaction）是指化合物或有机物分子中的一个原子或原子团被试剂中同类型的其它原子或原子团所替代的反应。在取代反应中，反应物中靠 σ 键连接的一个原子或原子团被另一个原子或原子团取代。取代反应按反应机理，主要可分为亲核取代、亲电取代和均裂取代（自由基链式反应）三类。

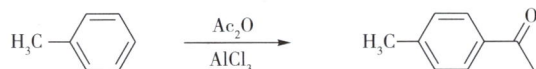

比如以下 Bu_3SnH 的自由基反应是链反应机理，属于均裂取代反应。

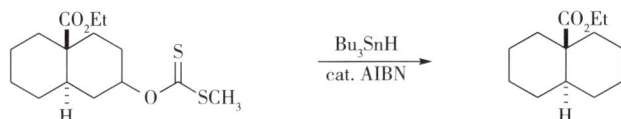

4. 重排反应 重排反应（rearrangement reaction）是指在同一分子内，某一原子或基团从一个原子迁移到另一个原子而形成新分子的反应。

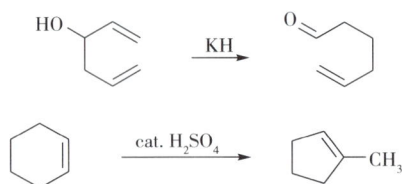

六、有机反应机理分类

有机反应机理（organic reaction mechanisms）有四种基本类型：极性机理、自由基机理、周环机理、金属催化或以金属为媒介的机理。

（一）极性机理

极性反应通过电子从高密度位置向低密度位置流动而进行，或从充满的轨道流向空轨道。在极性反应中，极性机理（polar mechanisms）指亲核试剂（nucleophile）与亲电试剂（electrophile）发生反应的机理。亲电试剂和亲核试剂既可以指整个分子，也可以指分子中的特定原子或官能团。

1. 亲核试剂　指具有亲核性的化学试剂，可用 :Nu 表示。一些带有未共享电子对的中性分子或负离子，与正电性碳反应时称为亲核试剂。所谓亲核试剂就是一种电子对供体，即路易斯碱（lewis base）。在反应过程中，亲核试剂倾向于与电正性物种结合，因为原子核是电正性的，所以"亲核"即是指亲"电正性"。

在极性反应中，亲核试剂提供能量较高的电子对，用于形成新键。亲核试剂的电子对可以是亲核原子上的未共用电子对或负电荷，也可来自试剂分子中 σ 键或 π 键的异裂。根据亲核试剂如何提供电子对，将亲核试剂分成三种类型：未共用电子对（孤对电子）型亲核试剂（lone-pair nucleophiles），σ 键型亲核试剂（σ-bond nucleophiles）和 π 键型亲核试剂（π-bond nucleophiles）。

（1）未共用电子对（孤对电子）型　孤对电子型亲核试剂的亲核原子上有未共用的电子对，可用于与亲电试剂的亲电原子形成新键，孤对电子用来与亲电原子成键。醇（ROH）、醇盐（RO⁻）、碳负离子（R_3C^-）、胺（R_3N）、卤离子（X^-）、硫醇（RSH）、硫醚（R_2S）和膦（R_3P）等都是孤对电子亲核试剂的例子，也包括羰基化合物的氧原子（$X_2C=O$）。当这些化合物作为亲核试剂参与反应，产物中亲核原子的形式电荷上升 1。

例如，以下亲核反应中，胺作为未共用电子对型亲核试剂提供电子，与亲电试剂成键：

例如，以下亲核反应中，氢氧根离子作为未共用电子对型亲核试剂提供电子，与亲电试剂成键：

机理中的弯箭头用来表示反应中电子从亲核试剂流向亲电试剂。因此，以上两个孤对电子亲核试剂的亲核反应的箭头应从用于成键的孤对电子开始，指向亲电原子或两原子之间新键形成的位置。

（2）σ 键型亲核试剂　当非金属原子与金属原子之间形成共价键时，由于非金属原子的电负性通常较大，使得非金属原子带部分负电荷，金属原子带部分正电荷。在极性反应中，这类化合物分子中非金属原子与金属原子之间的共价键可以异裂，非金属原子作为亲核原子带着成键电子对参与反应，因此称这类亲核试剂为 σ 键型亲核试剂。σ 键亲核试剂含有金属与非金属之间的键，这根键中的电子被用来在非金属与亲电试剂间成键。亲核原子的形式电荷不变，金属的形式电荷上升 1。σ 键型亲核试剂的亲核原子可以是杂原子（如 $NaNH_2$ 或 KOH），也可以是碳原子（如 RMgBr、RLi 和 R_2CuLi）或氢原子（如 $NaBH_4$ 或 $LiAlH_4$）。但是，强极性的非金属 - 金属键（Nu—M）通常被认为是离子键（Nu^-M^+）。因此，$PhC\equiv C—Li$，$H_3C—MgBr$ 和 $LiAlH_4$ 有时被写为 $PhC\equiv C^-$，H_3C^- 和 H^-。因此，这类 σ 键亲核试剂也可看作未共用电子对（孤对电子）型。

例如，氢化铝锂与羰基化合物反应时，氢化铝锂分子中的 Al—H 键发生异裂，氢带着成键电子与羰基碳发生亲核加成。

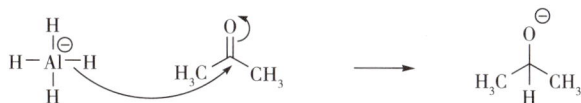

（3）π键型亲核试剂　利用π键的成键电子对与亲电试剂的亲电原子形成σ键，因此称这类亲核试剂为π键亲核试剂。π键亲核试剂使用π键中的电子对，通常是C═C键，在亲电原子与原π键中一个原子之间成键。亲核原子的形式电荷与电子总数均未发生变化，但原π键中的另一个原子变得缺电子，形式电荷上升1。简单烯烃或芳烃的π键具有弱亲核性，直接与杂原子相连的π键，如烯醇盐（C═C—O⁻）、烯醇（C═C—OH）、烯醇醚（C═C—OR）和烯胺（C═C—NR₂）都是更好的亲核试剂。例如，烯烃的π键在反应中可以发生异裂，其中的一个双键碳原子带着成键电子对与亲电试剂反应。因此，富电子烯烃是亲核试剂。

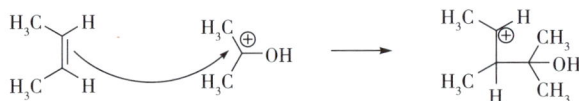

如果烯烃是不对称的，该亲核试剂烯烃与亲电试剂反应时，总是电子云密度高的双键碳与亲电试剂形成新键。

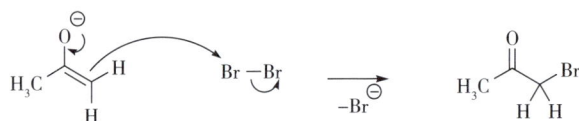

因此，对于纯烷基取代的烯烃，取代较少的碳亲核性强，优先与亲电试剂结合，在π键与亲电试剂反应后，取代多的碳变得缺电子。并且烯烃与亲核试剂成键后总是生成最稳定的碳正离子。

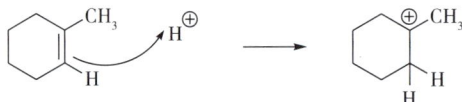

2. 亲电试剂　是指具有能量相对较低，一般都是带正电荷的试剂或具有空的p轨道或者d轨道，或能够接受电子对的中性分子的化合物。因为亲电试剂可以接受电子，所以它们是路易斯酸（Lewis acid）。大多数亲电试剂为正电性，有一个原子带正电；或有一个原子不具备八隅体相对稳定结构。常见的亲电子试剂有阳离子（如碳正离子）、极性分子（如氯化氢、卤代烃、酰卤和羰基化合物）、可极化中性分子（如Cl₂和Br₂）、氧化剂（如有机过氧酸RCO₃H，过氧键中的末端氧具有亲电性）、不具备八隅体电子的试剂（如二价六电子的化合物卡宾 :CR₂和自由基），以及某些路易斯酸（如BF₃、AlCl₃）。

亲电试剂可分为三类：Lewis酸亲电试剂、π键亲电试剂和σ键亲电试剂。

（1）Lewis酸亲电试剂　Lewis酸亲电试剂（Lewis-acid electrophiles）具有一个非八隅体的原子E，该原子上有低能量的未成键轨道，通常是p轨道。亲核试剂上的一对电子被用来与E成键，使其达到八隅体。E的形式电荷降低1。碳正离子，硼化合物和铝化合物是常见的Lewis酸亲电试剂。

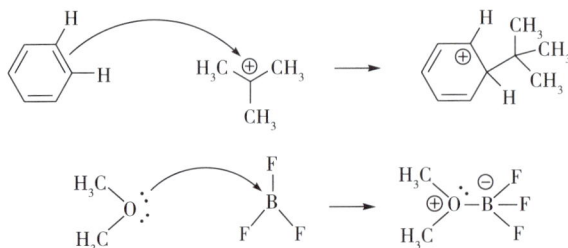

（2）π键亲电试剂　在π键亲电试剂（π-bond electrophiles）中，亲电原子E达到了八隅体，但它通过π键与一个能够接受一对电子的原子或原子团相连。π键亲电试剂通常具有C═O，C═N或C≡

N 键，其中电负性小的原子是亲电原子。若 C＝C 和 C≡C 与亲电原子相连，则其也具有亲电性。其他的 π 键亲电试剂还有 SO_3 和 RN＝O 等。某些阳离子亲电试剂归入 Lewis 酸亲核试剂还是 π 键亲核试剂，取决于它使用最优共振式还是次优共振式（如 $R_2C＝O^+H \leftrightarrow R_2C^+—OH$，或 $H_2C＝N^+Me_2$，$RC≡O^+$，$O＝N^+＝O$，$N≡O^+$）。当亲核试剂进攻 π 键亲电试剂时，π 键断裂，电子流向 π 键另一端的原子，使其形式电荷下降 1。

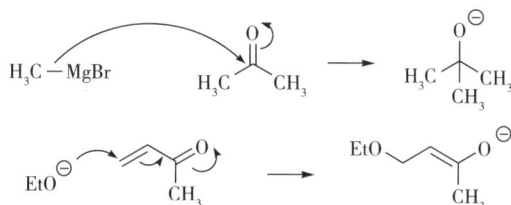

（3）σ 键亲电试剂 σ 键亲电试剂（σ-bond electrophiles）具有 E—X 的结构。亲电原子 E 已达到八隅体，但它通过 σ 键与一个原子或原子团 X 相连，X 被称为离去基团（Leaving Groups），有带着 E—X 键的电子离去形成独立分子的倾向。亲核试剂使用自身的一对电子与亲电原子 E 成键，自身的形式电荷上升 1。同时，X 带着 E—X 键的电子离去，自身的形式电荷下降 1。总体来看，E 的电子总数不变。

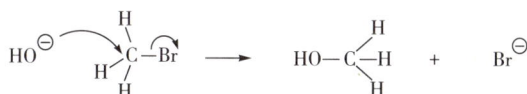

σ 键亲电试剂也可能自发断开 C—X 键，产生碳正离子，例如：

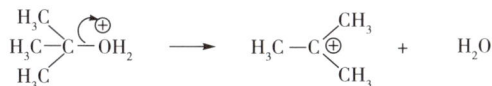

（二）自由基机理

自由基（free radical），也称为"游离基"，是指化合物的分子在光热等外界条件下，共价键发生均裂而形成的具有不成对电子的原子或基团。在书写时，一般在原子符号或者原子团符号旁边加上一个"·"表示没有成对的电子。自由基的产生方式主要有：引发剂引发、热引发、光引发、一个电子的还原或氧化（如金属或有还原性的金属盐）、辐射引发、等离子体引发、微波引发等。药物合成反应中常用的自由基产生方式主要是引发剂引发、热引发和光引发。

有机过氧化物和偶氮化合物分子中的氧氧键和碳氮键的键能很低，很容易均裂为自由基，常用来作为自由基反应的引发剂。药物合成反应中常用的自由基引发剂有：偶氮类引发剂（偶氮二异丁腈等），有机过氧类引发剂（过氧化苯甲酰等）。这些化合物在光照（$h\nu$）或加热条件下很容易发生 σ 键的均裂，生成自由基。

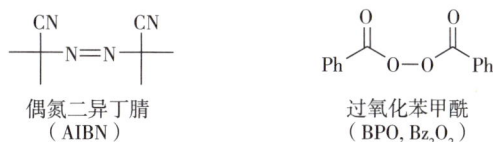

偶氮二异丁腈
（AIBN）

过氧化苯甲酰
（BPO，Bz_2O_2）

偶氮二异丁腈（AIBN）加热后，两端的 C—N 键都发生均裂（注意：书写均裂所表示的单电子转移的机理时，通常使用鱼钩箭头），生成两分子异丁腈自由基和一分子氮气。

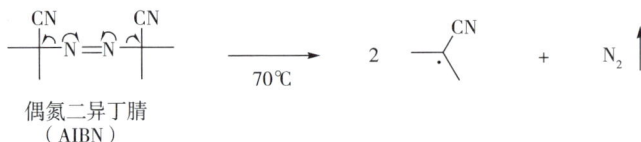

偶氮二异丁腈
（AIBN）

过氧化苯甲酰（BPO，Bz$_2$O$_2$）加热后，过氧键发生均裂，生成两分子苯甲酰氧基自由基，进一步分解为两分子苯基自由基和两分子二氧化碳，最后苯自由基通过攫氢反应（hydrogen abstraction）生成苯；或者苯甲酰氧基自由基直接通过攫氢反应得到苯甲酸。

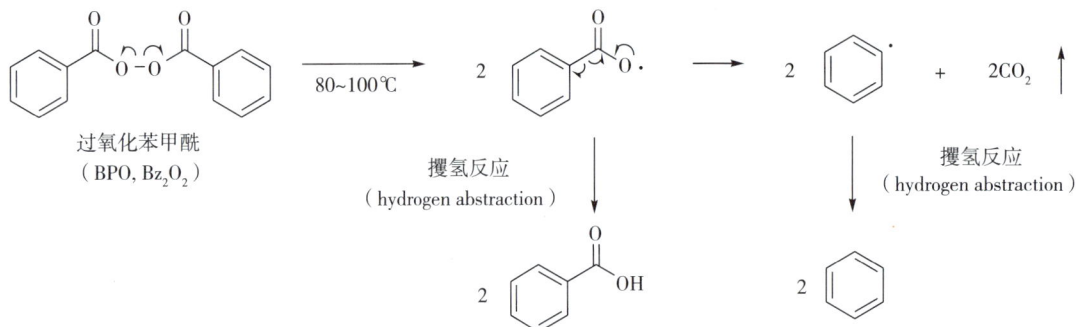

过氧化苯甲酰
（BPO，Bz$_2$O$_2$）

攫氢反应
（hydrogen abstraction）

攫氢反应
（hydrogen abstraction）

可见光（$h\nu$）拥有足够的能量使弱的 σ 键（如 Br—Br 键、C—I 键等）发生均裂，生成自由基。弱的 σ 键，特别是杂原子 – 杂原子间的 σ 键（如 O—O，N—O 等）或有较大张力的 σ 键，仅仅在加热条件下便能发生均裂，通过非链式的自由基反应进行分子内重排。

自由基反应通过单电子的转移进行，新键通常由一个半满轨道中的单电子和一个全满轨道中的电子形成。自由基反应（free-radical reactions）基于反应路径的不同，可以分为链式反应和非链反应。

1. 自由基链式反应　因为自由基含未配对的电子，所以极不稳定，会从邻近的分子上夺取电子，让自己处于稳定的状态。这样一来，邻近的分子又变成一个新的自由基，然后再去夺取别的分子中的电子。这样的反应像链子一样不断地"传递"下去，即自由基链式反应。所有的自由基链式反应都要有引发剂，广泛使用的引发剂主要包括 O$_2$、过氧化物、AIBN 和光照。此外，三级的碘代烷在轻微加热时也能通过 C—I 断裂而引发链反应；有机 Sn 化合物（例如 Bu$_3$SnH）的自由基反应也是链反应机理。所以这些引发剂的出现往往是链反应的标志。自由基引发剂作用下的反应通常为链式反应，如自由基加成、取代反应通常为链式反应。链式反应一般包括链引发（initiation）、链增长（propagation）、链终止（termination）三个过程。

例如：使用 Br$_2$ 或 NBS 对烷烃进行溴化是最典型的自由基链反应之一。

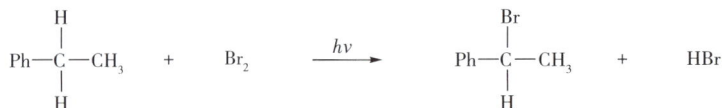

链引发（initiation）：

链增长（propagation）：

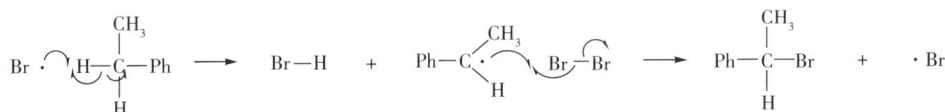

链终止（termination）：

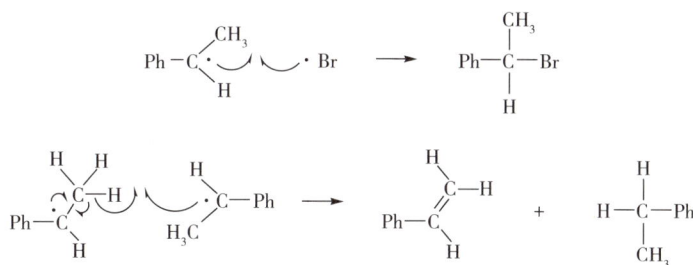

其中，自由基链式反应的链增长部分，可以看作一种催化循环（catalytic cycle），自由基链式反应机理（a free-radical chain mechanism）如下图所示。

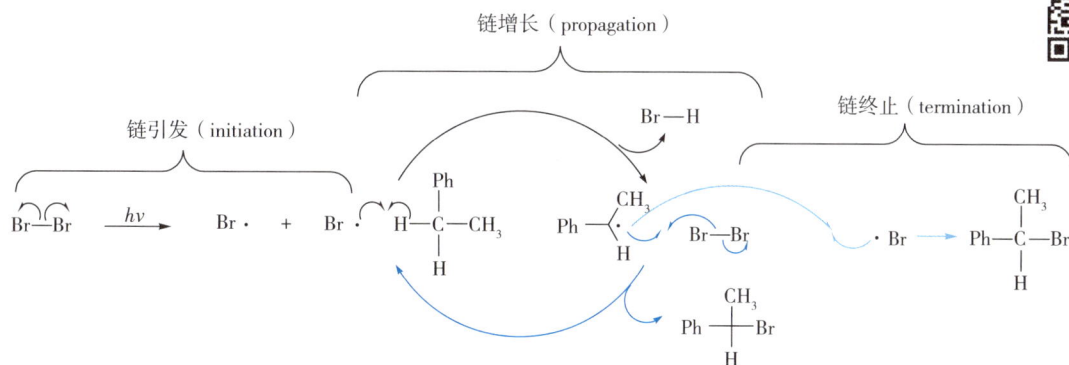

自由基链式反应机理（a free-radical chain mechanism）

2. 自由基非链反应 一个电子的还原或氧化（如金属或有还原性的金属盐）也可发生自由基反应。单电子氧化还原反应是形成自由基最常见及最简便的方法。单电子转移过程首先生成阳离子自由基（氧化）或阴离子自由基（还原），再分解成自由基和离子。这类使用化学计算量的单电子氧化剂或还原剂所进行的自由基反应一般是非链反应，如单分子重排或消除反应、Birch（伯奇）还原等。

例如，Birch 还原的机理就是一种自由基非链反应。

反应机理：

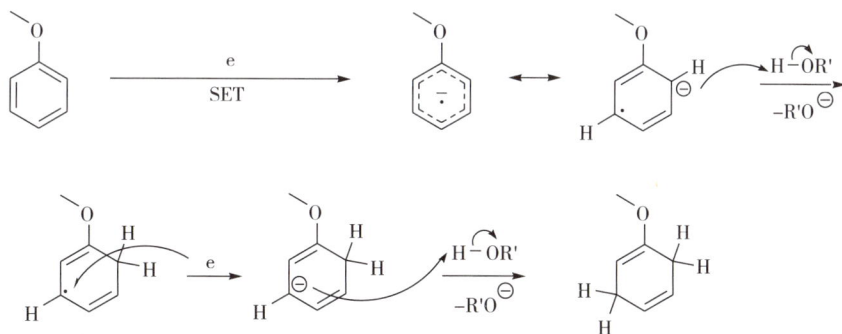

例如，酮在金属的作用下，经单电子转移（SET），还原生成的自由基负离子（radical anion），称作羰游基（ketyl）。例如在蒸馏制取无水无氧的四氢呋喃（THF）时，常用二苯甲酮作为指示剂。其原理是深蓝色的二苯甲酮羰游基（benzophenone ketyl）在用钠干燥溶剂时用作脱氧剂和显色剂。当溶液变成蓝色时，说明体系中已经没有水了。

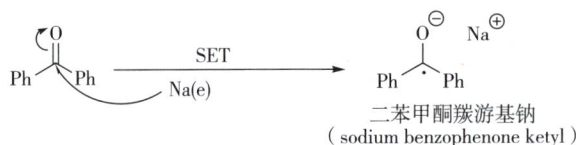

二苯甲酮羰游基钠
（sodium benzophenone ketyl）

例如，可溶性金属还原，如金属钠还原酯为醇的 Bouveault–Blanc 反应，其中也经单电子转移（SET），还原生成了 ketyl（radical anion），即羰游基（自由基负离子）。

反应通式：

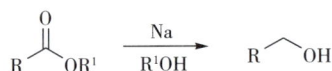

反应机理：

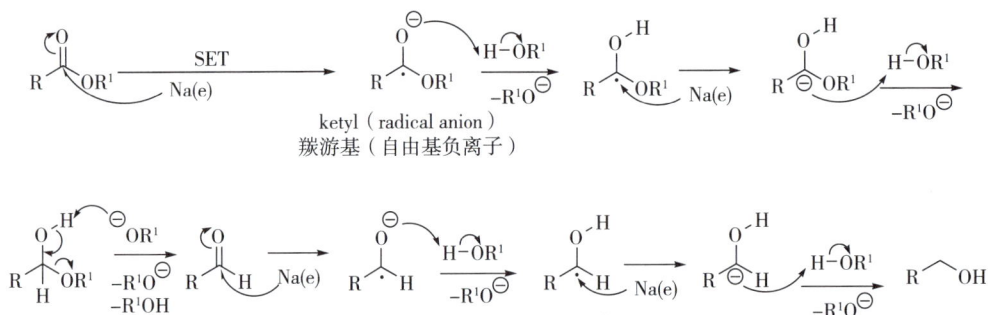

ketyl（radical anion）
羰游基（自由基负离子）

金属钠作为单电子还原试剂，金属钠每次转移一个电子，因此由酯完全还原成醇需要四个钠原子进行单电子转移（SET）。在该反应中，R¹OH 为质子供体（proton donor）。

（三）周环机理

周环机理（pericyclic mechanisms）是不同于离子型反应（亲核反应、亲电反应）和自由基反应的另一种反应机理，属于协同反应（concerted reaction）机理。周环反应由热或光引发，旧键断裂与新键生成是同步的，在周环反应中不存在电荷或缺电子的中间体，而是通过形成环状过渡态，而且按反应物分子轨道的对称性进行的，通过一步完成的多中心反应，具有立体专一性。有时很难判断一个反应是否按周环机理进行，因为对于同一个反应可以写出合理的自由基机理或极性机理。周环反应主要分为电环化反应、环加成反应和 σ-迁移反应。

1. 电环化反应 例如：

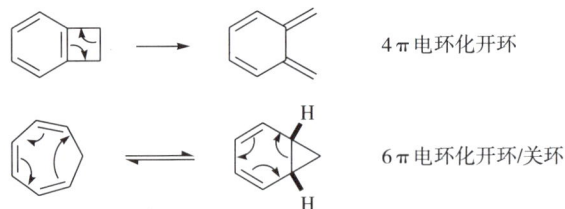

4π电环化开环

6π电环化开环/关环

2. 环加成反应 例如：

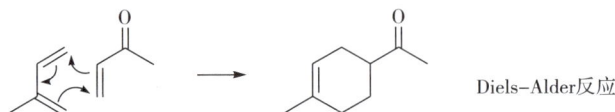

Diels–Alder反应

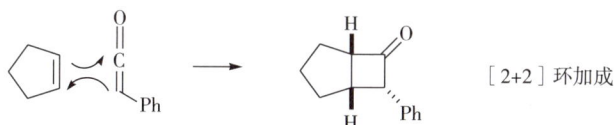

［2+2］环加成

3. σ–迁移反应　例如：下图所示的 Cope 重排和 Claisen 重排均属于周环反应机理，［3,3］-σ 迁移重排的协同反应历程。Cope 重排（Cope rearrangement）与 Claisen 重排（Claisen rearrangement）的反应机理相类似，Cope 重排可看作 Claisen 重排中的 O 替换成 CH$_2$ 的重排反应。

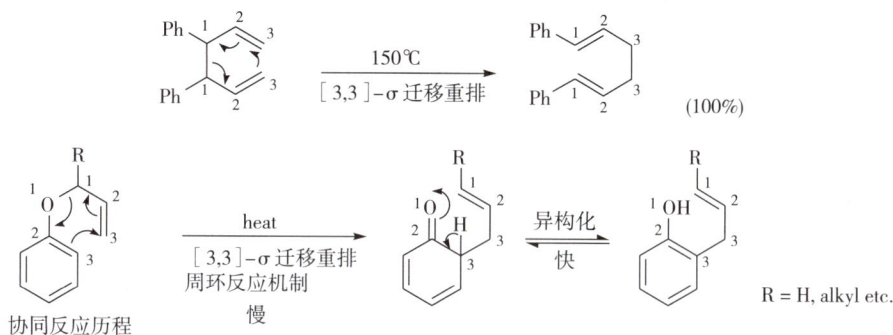

当画出周环反应中成键方式的改变时，电子的转移无论画成顺时针还是逆时针，一般都是没关系的，因为周环反应是不以电子的转移方向为特征的。弯曲的箭头只是展示出从反应物到产物成键方式的变化。

（四）过渡金属催化机理

过渡金属（transition metal）由于具有未充满的价层的轨道，性质与其他元素有明显差别，由于空的 d 轨道的存在，过渡金属很容易形成配合物。

一些应用广泛的有机反应是由过渡金属催化或以过渡金属为媒介的。例如，烯烃的催化氢化、烯烃的双羟基化以及 Pauson-Khand 反应分别需要 Pd、Os 和 Co 化合物的参与。由于过渡金属具有 d 轨道，所以它们能够完成主族元素所不能进行的反应。

例如，硫脲 – 钯配合物催化的 Pauson-Khand 反应。

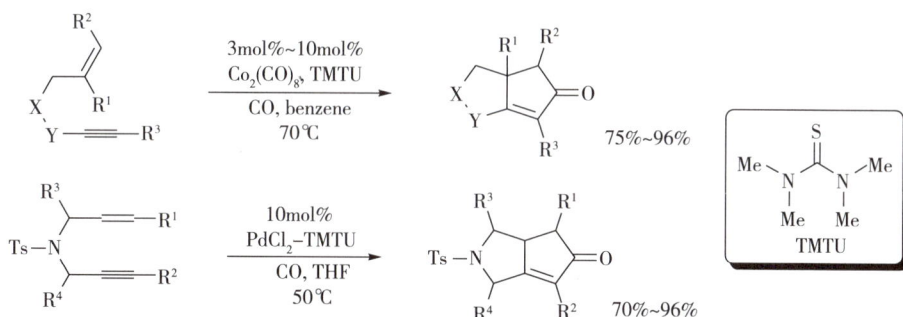

例如，过渡金属催化的偶联反应（transition-metal-catalyzed coupling reactions），常见的有 Pd 催化的 Heck 反应；过渡金属（Ni，Pd，Cu 等）催化的亲核试剂和 C（sp^2）-X 之间的偶联反应：Kumada 反应、Stille 反应、Suzuki 反应、Negishi 反应、Buchwald – Hartwig 反应、Sonogashira 反应、Hiyama 反应和 Ullmann 反应等。

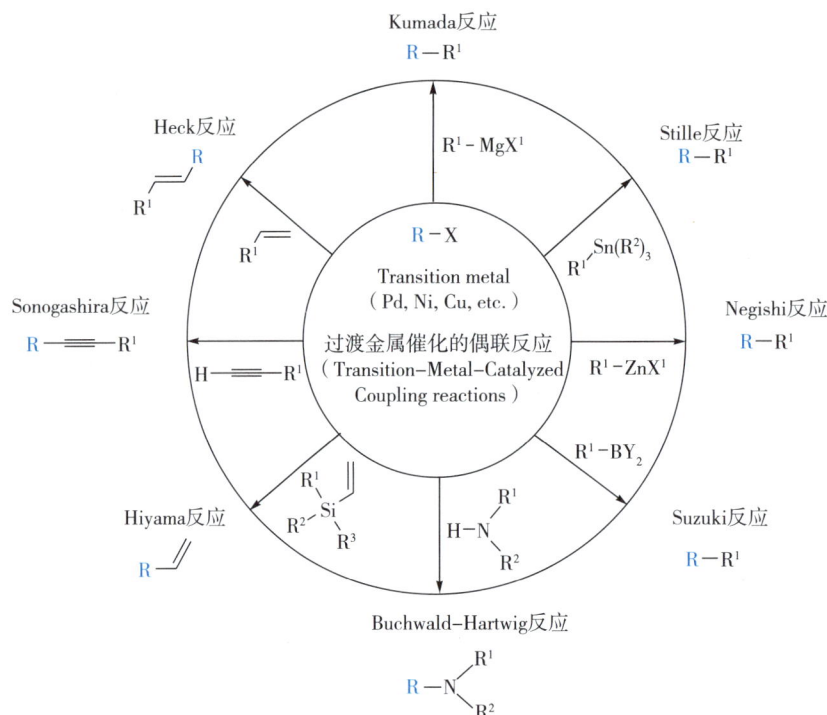

通常把在碱性条件下钯催化的芳基或乙烯基卤代物和活性烯烃之间的偶联反应称为 Heck 反应（Heck reaction）。

反应通式：

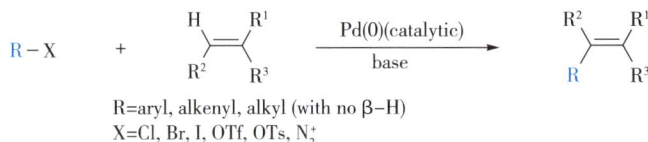

例如：

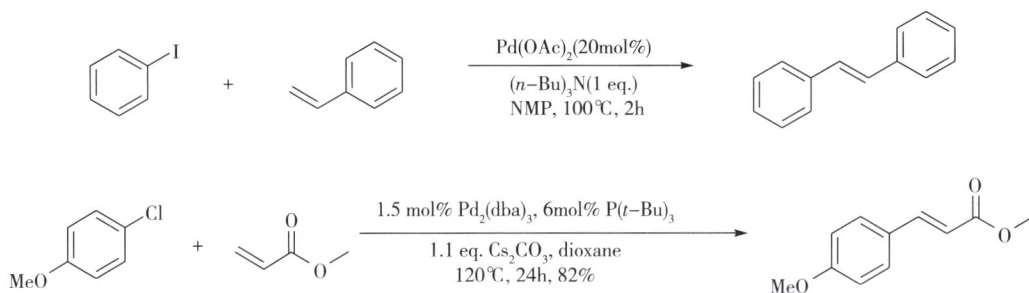

以 Heck 反应的机理为例，偶联反应的催化循环包括对 Ar−X 的氧化加成（oxidative addition）、转金属化（transmetallation），以及还原消除（reductive elimination）。这种催化循环对于 Suzuki，Negishi，Stille，Buchwald−Hartwig 氨基化反应以及其他烷基金属偶联反应是非常相似的。

Heck 反应具有很好的反式（trans）选择性，其反应机理通常认为分为以下 5 步：①氧化加成（oxidative addition）：RX（R 为烯基或芳基等，活性大小通常为 X = I > TfO > Br≫Cl）与 $L_nPd(0)$ 的加成，形成 $L_nPd(II)$Pd 配合物中间体。②同侧迁移插入（syn migratory insertion）：烯键插入 Pd−R 键的过程。③C—C 键旋转（C—C bond rotation）。④同侧 β−H 的消除（syn−β−elimination）。⑤还原消除（reductive elimination）：催化剂的再生，加碱催化使重新得到 $L_nPd(0)$。Heck 反应的催化循环（the catalytic cycle）如下图所示。

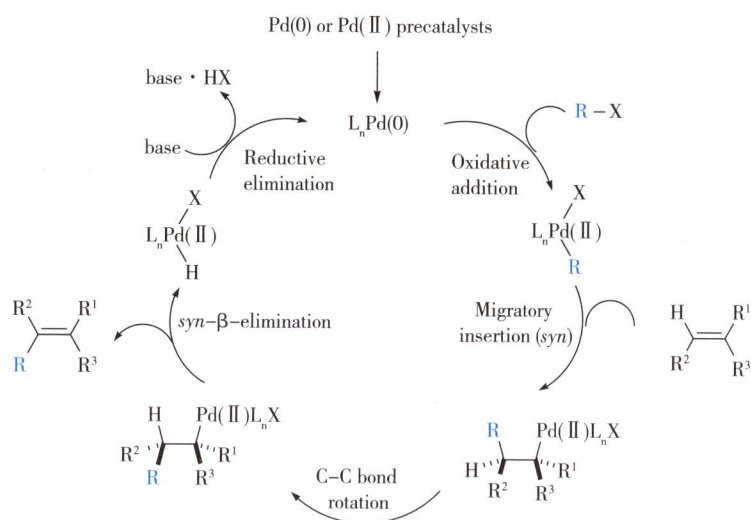

Pd(0) or Pd(Ⅱ) precatalysts

base·HX

base

Reductive
elimination

L$_n$Pd(0)

R－X

Oxidative
addition

X

L$_n$Pd(Ⅱ)

X

L$_n$Pd(Ⅱ)

H

R

syn-β-elimination

Migratory
insertion (syn)

R^2　R^1

R　R^3

H　　R^1

R^2　　R^3

H　Pd(Ⅱ)L$_n$X

R^2　　　R^1

R　　R^3

R　Pd(Ⅱ)L$_n$X

H　　　R^1

R^2　　R^3

C－C bond
rotation

第二章　卤化反应

PPT　　微课

　　卤化反应是指在有机物分子中建立碳-卤键的反应。按照卤素原子的不同，又可具体分为氟化、氯化、溴化和碘化四种卤化反应。将卤素原子引入有机物后形成的极性碳-卤键使得该有机卤化物的理化性质和生理活性都发生了明显的改变。卤化反应在药物合成中有着非常广泛的应用，除了可以直接合成含卤素的有机药物以外，有机卤化物还可以作为关键的药物中间体，能够非常灵活地转换成其他官能团，也能方便地被消除或者还原除去。

　　结构中含有卤素（碳-卤键），具有不同生理活性的有机药物有很多，例如：

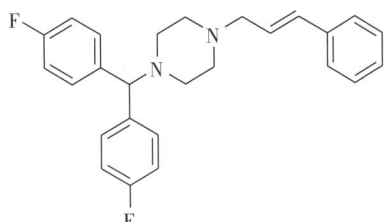

氟桂利嗪（flunarizine）
钙拮抗剂，脑血管扩张药

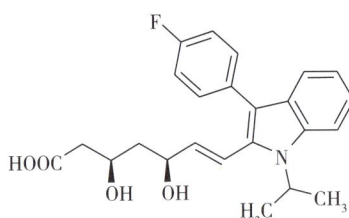

氟伐他汀（fluvastatin）
羟甲戊二酰辅酶A（HMG-CoA）
还原酶抑制剂，降血脂药

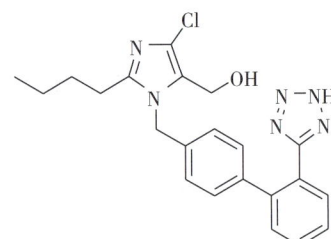

氯沙坦（losartan, 洛沙坦）
血管紧张素Ⅱ（AngⅡ）受体拮抗剂
抗高血压药

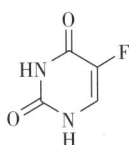

氟尿嘧啶（fluorouracil）
嘧啶类抗代谢药，抗肿瘤药

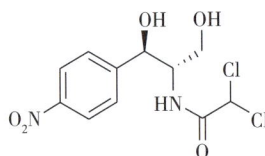

氯霉素（chloramphenicol）
广谱抗生素

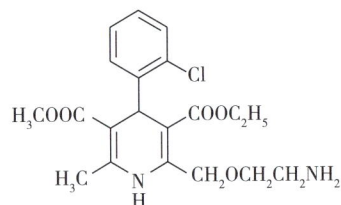

氨氯地平（amlodipine）
钙拮抗剂，抗心绞痛、抗高血压药

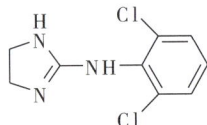

可乐定（clonidine）
中枢 α-肾上腺素受体激动剂，
中枢性降压药

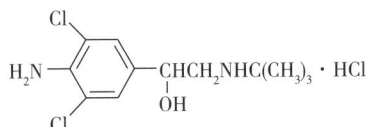

盐酸克仑特罗（clenbuterol hydrochloride）
β₂受体激动剂，支气管哮喘、
慢性支气管炎用药

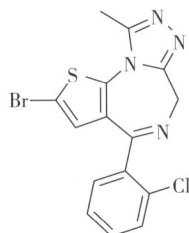

吲哚美辛（indomethacin）
解热镇痛、非甾体抗炎药

溴替唑仑（brotizolam）
镇静催眠药

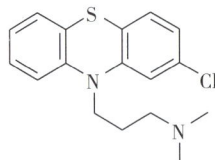

氯丙嗪（chlorpromazine）
中枢多巴胺受体的拮抗药
抗精神失常药

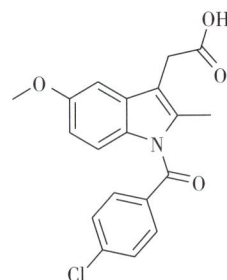

溴己新（bromhexine）
祛痰药

氨溴索（ambroxol）
祛痰药

盐酸胺碘酮（amiodarone hydrochloride）
抗心律失常、抗心绞痛药

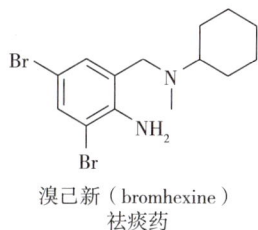

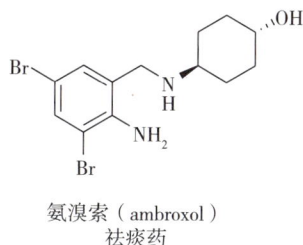

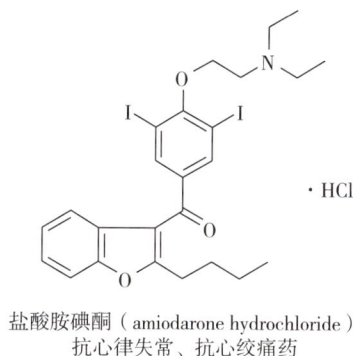

卤化反应从反应机理上分类，主要包括亲电加成（大多数不饱和烃的卤加成）、亲电取代（芳烃和羰基 α 位的卤取代）、亲核取代（醇羟基、羧羟基等的卤置换）、自由基反应（饱和烃、苄位和烯丙位卤取代、某些不饱和烃的卤加成，羧基、重氮基的卤置换）。

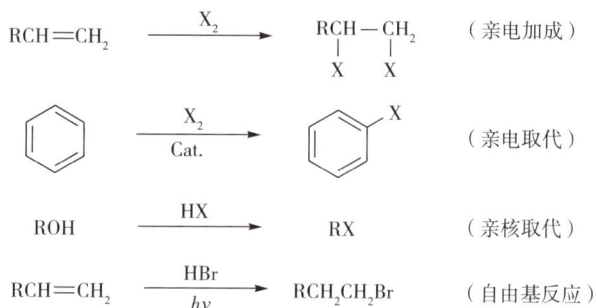

$$RCH{=}CH_2 \xrightarrow{X_2} \underset{\overset{|}{X}\ \overset{|}{X}}{RCH{-}CH_2} \quad （亲电加成）$$

$$\bigcirc \xrightarrow[Cat.]{X_2} \bigcirc{-}X \quad （亲电取代）$$

$$ROH \xrightarrow{HX} RX \quad （亲核取代）$$

$$RCH{=}CH_2 \xrightarrow[h\nu]{HBr} RCH_2CH_2Br \quad （自由基反应）$$

第一节　不饱和化合物的卤化加成反应

一、卤素与烯烃加成

1. 反应通式

$$\underset{R^2\quad R^4}{\overset{R^1\quad R^3}{C{=}C}} \xrightarrow{X_2} \underset{R^2\ X\ R^4}{\overset{R^1\ X\ R^3}{C{-}C}}$$

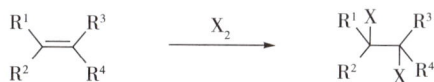

卤素与烯烃的亲电加成反应是大多数不饱和烃的卤加成反应的机理，包括卤素对不饱和烃、次卤酸及次卤酸酯对烯烃，N–卤代酰胺对烯烃和卤化氢对烯烃的加成均属于亲电加成反应机理。

某些卤化氢或卤素对不饱和烃的加成反应属于自由基加成的机理。在加热、光照或自由基引发剂作用下的不饱和烃自由基卤加成反应通常为链式反应。链式反应一般包括链引发（initiation）、链增长（propagation）、链终止（termination）三个过程。首先引发生成的卤素自由基对不饱和烃的一个碳原子进攻，生成 C—X 键和碳自由基，然后碳自由基与卤化剂反应生成卤加成产物和新的自由基，接着再去夺取别的分子中的电子。这样的反应像链子一样不断地"传递"下去，即自由基链式反应。

卤素与烯烃发生亲电加成反应，产物为邻二卤代烷烃。

F$_2$：加成反应激烈，副产物多，实用性小。

I$_2$：C—I 键不稳定，易消除，不实用。

Cl$_2$ 和 Br$_2$ 与烯烃发生加成反应最常用，在药物合成中非常重要，且 Cl$_2$ 和 Br$_2$ 资源丰富（Cl$_2$ 来自氯碱工业，Br_2 来自海洋化工），活泼程度适中，反应相对容易控制。

2. 亲电加成反应机理

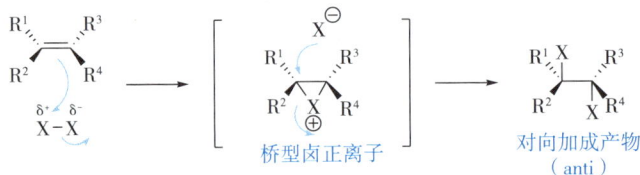

氯和溴与烯烃的双键进行亲电加成，主要形成桥型卤正离子（三元环正离子中间体），卤负离子从三元环正离子中间体的背面亲核进攻碳原子，主要生成反式加成产物（对向加成产物）——反式 1,2-二卤代物。

Cl_2 和 Br_2 与烯烃亲电加成反应历程如下。

第一步： Br_2 在 π 电子云的诱导下发生极化，Br—Br 键发生异裂，溴正离子先加到双键上，Br^- 离去，生成三元环正离子中间体，称作溴鎓离子。

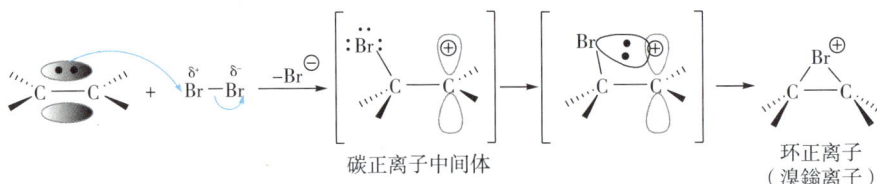

第二步： Br^- 从背面亲核进攻加成到三元环正离子上，完成加成反应。

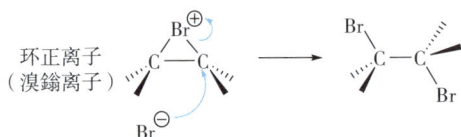

氯和溴与烯烃的加成产物主要是反式加成产物（对向加成产物）。但是，随着作用物的结构、试剂和反应条件的不同，也可得到不同比例的顺式加成物（同向加成产物）。

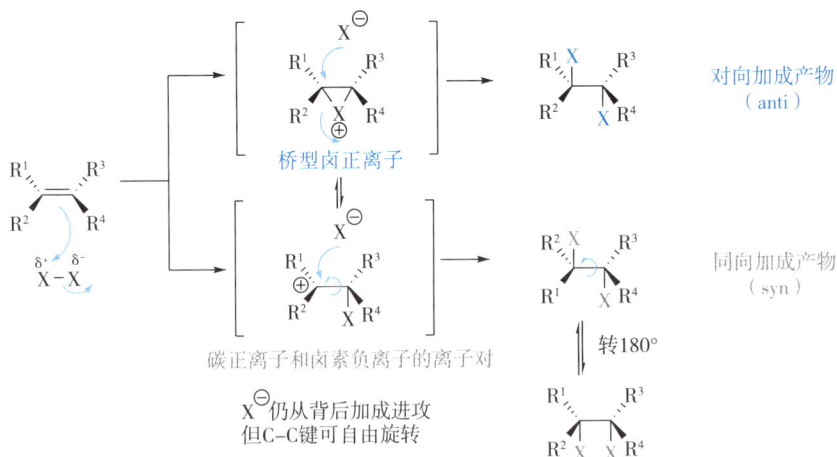

3. 主要影响因素

（1）**烯烃的结构**　卤素与烯烃的亲电加成，双键碳原子上有给电子基团时，反应活性提高。烯烃的活性次序：$RCH\!=\!CH_2 > CH_2\!=\!CH_2 > CH_2\!=\!CHX$。

卤素与烯烃的加成产物的反式加成产物（对向加成产物）和顺式加成物（同向加成产物）的选择性或比例，取决于所形成的中间体碳正离子的稳定性。例如：当烯烃的双键上连有芳基时，使碳正离子受芳环共轭效应影响而更加稳定，碳-碳单键因此来得及自由旋转，顺式加成产物（同向加成产物）的比例增加，按三元环正离子过渡态进行的可能性减小。当苯环上有甲氧基等推电子基取代时，该碳正离子的稳定性显著增强，顺式加成产物（同向加成产物）的比例明显增加。

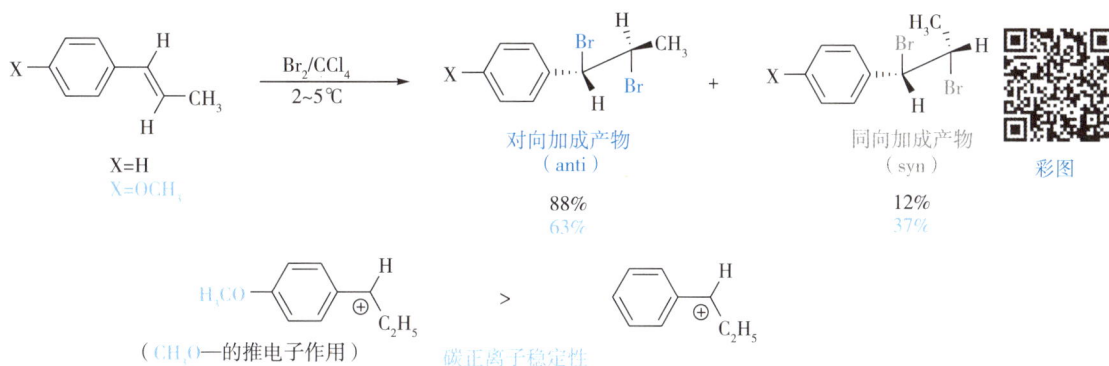

	对向加成产物（anti）	同向加成产物（syn）
X=H	88%	12%
X=OCH₃	63%	37%

H_3CO—（CH_3O—的推电子作用）$> $ （碳正离子稳定性）

对于脂肪环状烯烃，尤其是刚性稠环烯烃与卤素加成时，桥型卤正离子在空间位阻小的一面形成，最后选择性地得到反式加成产物（对向加成产物）。

例如：

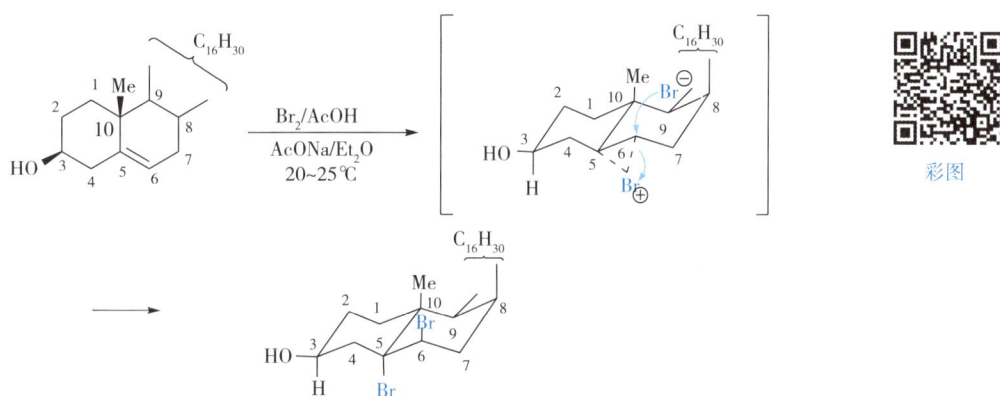

（2）卤素　氯与烯烃的加成反应速度比溴快，但反应选择性比溴差。Cl_2对烯烃同向加成产物一般多于Br_2。Br 半径大，极性强，易成三元环桥型溴正离子，而 Cl 相对较小，不易形成三元环桥型氯正离子。

（3）溶剂　①常用四氯化碳、三氯甲烷、二硫化碳、乙醚等惰性溶剂；②在亲核性溶剂（如 H_2O、RCO_2H、ROH 等）中进行卤加成反应时，得到 1,2-二卤化物和溶剂中的亲核性基团（OH^-、RCO_2^-、RO^-）进攻桥型卤正离子（三元环正离子中间体）而生成其他加成物的混合物。因此，如果想要提高1,2-二卤化物的比例，应尽量避免使用这些亲核试剂作为溶剂，或者在反应中添加同一卤素的无机卤化物，以增加相同卤负离子浓度。

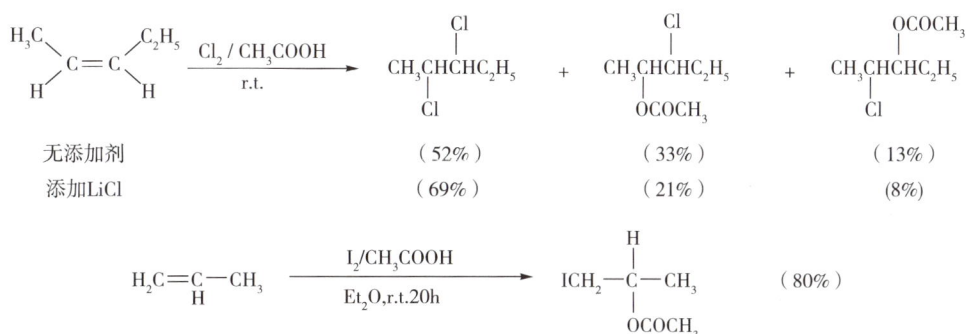

	(52%)	(33%)	(13%)
无添加剂			
添加LiCl	(69%)	(21%)	(8%)

（4）催化剂　当双键碳原子上连有吸电子基时，可加入少量路易斯酸或叔胺等进行催化，提高卤素的活性，促使反应顺利进行。

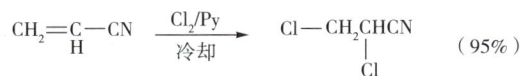

（5）温度　反应应在较低温度下进行。

（6）以形成更稳定的碳正离子为动力，发生重排和消除反应。

例如：

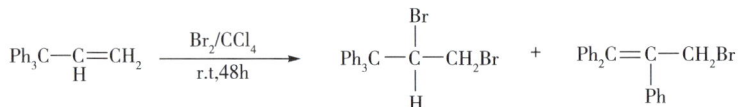

反应机理：

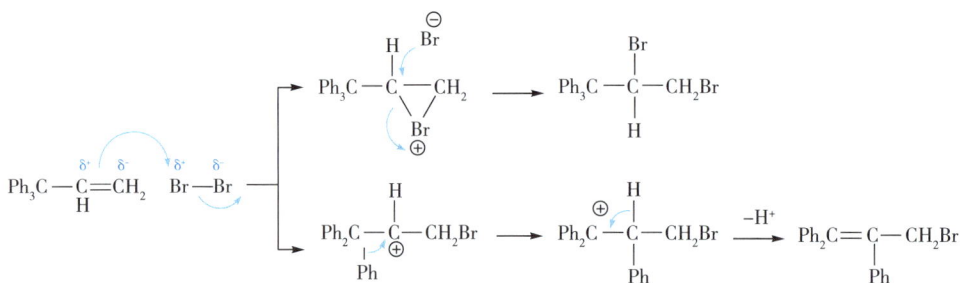

彩图

（7）卤素对炔烃的加成与烯烃的卤素加成反应相似，主要得到反式二卤烯烃。

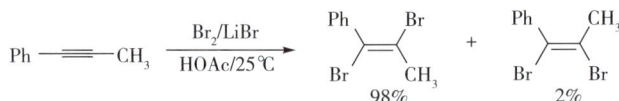

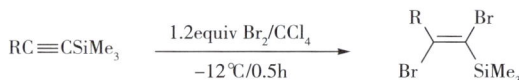

4. 卤素与不饱和烃的自由基加成反应　自由基，也称为"游离基"，是指化合物的分子在光热等外界条件下，共价键发生均裂而形成的具有不成对电子的原子或基团。药物合成反应中常用的自由基产生方式主要是引发剂引发、热引发和光引发。

在光照或自由基引发剂条件下，不饱和烃可以与卤素进行自由基加成反应。尤其是双键上有吸电子基的烯烃直接亲电卤加成困难，氯、溴或碘在光照或自由基引发剂下可进行自由基加成。

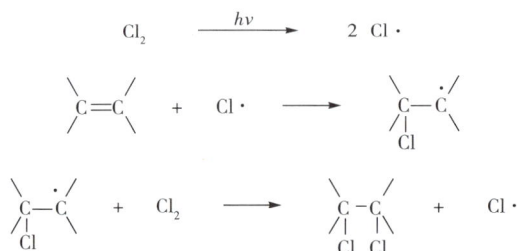

例如：

$$ClCH=CCl_2 + Cl_2 \xrightarrow[60\sim70\text{℃}]{h\nu} Cl_2CH-CCl_3 \quad (95\%)$$

$$HC\equiv CH_2OH + I_2 \xrightarrow[CCl_4]{h\nu} \underset{H}{\overset{I}{C}}=\underset{I}{\overset{CH_2OH}{C}} \quad (75\%)$$

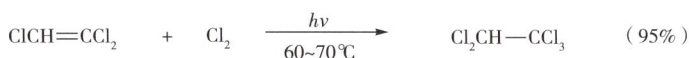

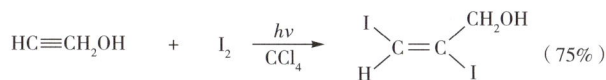

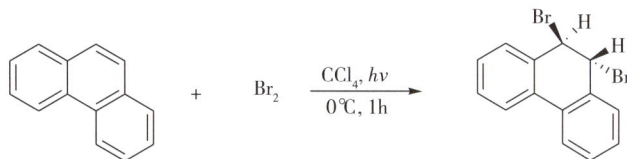

例如，丙烯腈直接卤加成很困难，在光照下通氯气或加入溴素可顺利得到相应加成产物。

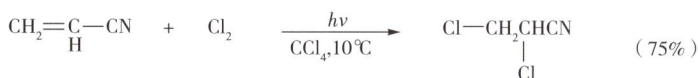

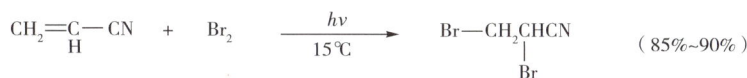

$$CH_2=\underset{H}{\overset{}{C}}-CN + Cl_2 \xrightarrow[CCl_4,10\text{℃}]{h\nu} Cl-CH_2\underset{Cl}{\overset{}{CHCN}} \quad (75\%)$$

$$CH_2=\underset{H}{\overset{}{C}}-CN + Br_2 \xrightarrow[15\text{℃}]{h\nu} Br-CH_2\underset{Br}{\overset{}{CHCN}} \quad (85\%\sim90\%)$$

常用自由基引发剂有偶氮类引发剂（偶氮二异丁腈等）、有机过氧类引发剂（过氧化苯甲酰等）。这些化合物在光照（$h\nu$）或加热条件下很容易发生均裂，生成自由基。

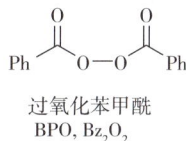

偶氮二异丁腈
AIBN

过氧化苯甲酰
BPO，Bz_2O_2

需要注意的是：偶氮二异丁腈（AIBN）易燃有毒，当加热至100℃熔融时急剧分解，可能引起爆炸，释放出的有机氰化物，对人体危害较大，反应机理详见第一章第二节。

需要注意的是：过氧化苯甲酰（BPO，Bz_2O_2）为强氧化剂，对冲击和摩擦敏感，爆炸的危险性很大，反应机理详见第一章第二节，因此应避免与金属粉末、活性炭及还原剂接触。

二、不饱和羧酸的卤内酯化反应

当某些不饱和羧酸的双键上形成环状卤正离子时，若在未受到立体障碍的条件下，亲核性羧酸负离子向其进攻可生成卤代五元或六元内酯，称为卤内酯化反应（halolactonization）。

1. 反应通式

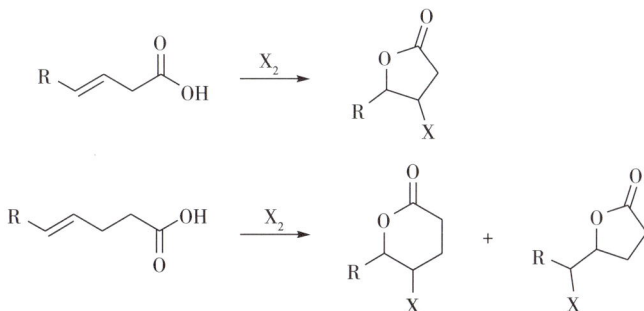

2. 反应机理 此反应与烯烃的对向卤加成历程相似，在碱性条件下是高度立体选择性的。在有机合成上，利用这一方法，可将不饱和羧酸转化成用其他方法难以制得的内酯或半缩醛。以 γ，δ-不饱和羧酸的卤内酯化反应为例：I_2 与不饱和羧酸的双键进行亲电加成，生成三元环碘鎓离子中间体，羧基氧负离子从三元环碘鎓离子中间体的背面亲核进攻碳原子，最后生成碘代五元内酯（a 路线）或者六元内酯（b 路线）。一般情况下，a 路线形成碘代五元环内酯占优。

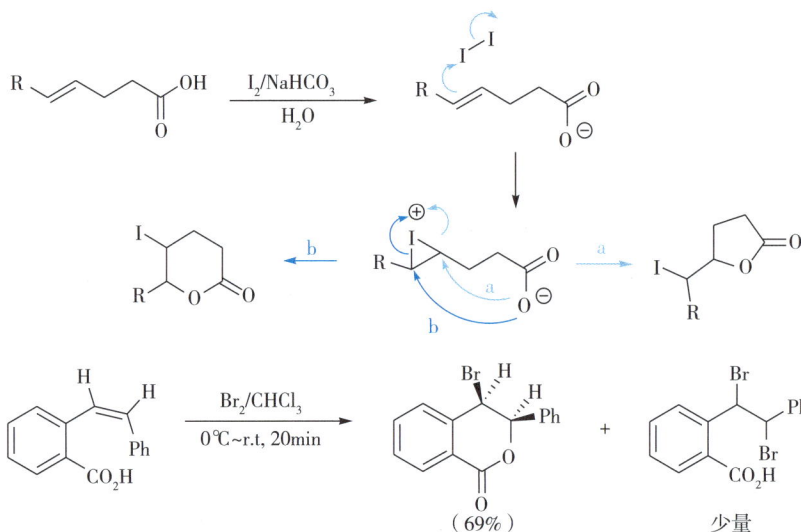

3. 应用实例 1969 年，艾里亚斯·詹姆斯·科里（Elias James Corey）课题组报道了 *dl*–前列腺素 $F_{2\alpha}$（*dl*–prostaglandin F_{2a}）的全合成，其中关键的一步运用了碘内酯化反应。

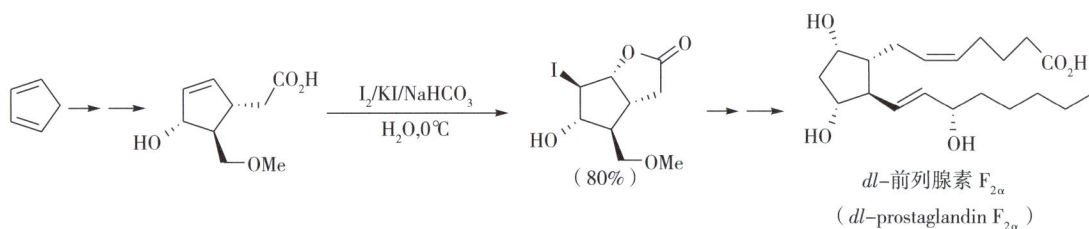

三、不饱和烃与次卤酸（酯）、N–卤代酰胺的反应

（一）次卤酸（酯）为卤化剂

次卤酸对烯烃的加成，由于氧的电负性较大（3.5），卤素的电负性较小（氯 3.15，溴 2.85，碘 2.65），使得次卤酸分子被极化成形成 $HO^{\delta-}-X^{\delta+}$，与烯烃发生亲电加成生成 β–卤醇，其反应本质及选择性相同于卤素加成反应。卤素正离子首先对烯烃的双键作亲电进攻，生成桥卤三元环过渡态（卤鎓离子），然后，氢氧根负离子从卤鎓离子的背面亲核进攻碳原子，得到反式 β–卤醇。按照马氏定位法则，卤素加成在双键的取代较少的一端。

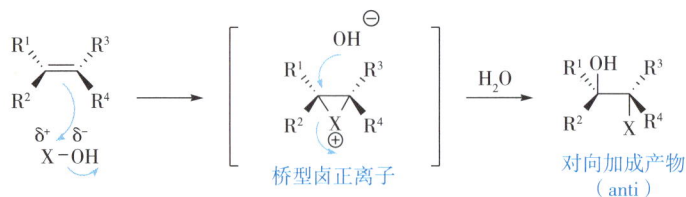

马氏规则（Markovnikov's rule）是有机化学中一个基于扎伊采夫（Zaitsev）规则的区域选择性经验规则：当发生亲电加成反应（如卤化氢和烯烃的反应）时，亲电试剂中的正电基团（如氢）总是加在连氢最多（取代最少）的碳原子上，而负电基团（如卤素）则会加在连氢最少（取代最多）的碳原子上。马氏规则成立的基础是碳正离子中间体的稳定性。

碳正离子的稳定性（主要考虑电子效应的影响）：碳正离子的中心碳原子是缺电子的，使正离子中心碳原子上电子云密度增加的结构因素将使正电荷分散，使碳正离子稳定性增高。

1. 影响碳正离子稳定性的主要因素

（1）来自取代基的给电子效应，有利于碳正离子稳定性。

（2）由 σ–p 超共轭（hyperconjugation）导致的电子离域而产生的稳定性，更多的取代基能提供更多超共轭的机会使电子离域，使正电荷分散，因此，碳正离子稳定性次序：$R_3C^+ > R_2CH^+ > R—CH_2^+ > CH_3^+$。

（3）碳正离子中心碳原子与双键或苯环共轭时，电子离域使正电荷分散，从而稳定性增大。烯丙基正离子 $CH_2\!=\!CH—CH_2^+$ 和苄基正离子 $Ph—CH_2^+$ 都比较稳定，稳定性次序：$Ph_3C^+ > Ph_2CH^+ > PhCH_2^+$。

碳负离子是碳原子上带有负电荷的活性中间体，是有机化学反应中另外一类重要的活性中间体，一般为共价键异裂后中心碳原子上带有负电荷的离子，实际常常是失去质子后所形成的共轭碱。

2. 影响碳负离子稳定性的主要因素

（1）杂化效应　由于杂化轨道中轨道成分的不同所造成的，所以也叫 S-性质效应。S 轨道比相应的 P 轨道更靠近原子核，处于较低的能级，这种差别也表现在杂化轨道中，在杂化轨道中 S 轨道成分越多，则轨道相应越靠近原子核，能级也越低。因此，在 C—H 键中，一对成键电子处于不同杂化轨道时，S 轨道成分越多，氢原子质子化的趋势也就越大。例如在烷、烯、炔中，与不同杂化状态的碳原子相连的氢原子质子化离去的难易程度，即酸性的强弱是不同的，所生成的碳负离子的稳定性也不同。而相应碳负离子稳定性的次序为：$HC\!\equiv\!C^- > H_2C\!=\!CH^- > H_3C—CH_2^-$。

（2）电子效应　当反应物分子中碳原子上连有强的吸电基时，由于吸电的诱导效应，使碳原子上所连的氢酸性增强，容易质子化离去而形成碳负离子。同样，当生成的碳负离子在中心碳原子上连有强的吸电基时，也可以分散负电荷，而使碳负离子稳定。

相反，当碳原子上连有供电基时，由于供电诱导效应的影响，与碳原子相连的氢原子质子化趋势变小，酸性减弱，生成的碳负离子其负电荷难于分散，稳定性减小。碳负离子稳定性次序：$CH_3^- > R-CH_2^- > R_2CH^- > R_3C^-$。

当碳负离子中带有负电荷的中心碳原子与 π 键直接相连时，由于未共用电子对与 π 键共轭，电子离域的结果，使碳负离子得到稳定。烯丙基负离子 $CH_2\!=\!CH\!-\!CH_2^-$ 和苄基负离子 $Ph—CH_2^-$ 都是比较稳定的，而且连接的 π 键（或苯环）越多则离域越充分，碳负离子越稳定。碳负离子稳定性次序：$Ph_3C^- > Ph_2CH^- > PhCH_2^-$。

腈基、羰基和氮-氧 π 键（—NO$_2$）与负碳离子的中心碳原子直接相连时，也有同样的影响，而且由于氮和氧与碳比较具有较大的电负性，能更好地分散负电荷，所以更能使碳负离子稳定。$^-CH_2—C\!\equiv\!N$，$^-CH_2COCH_3$，$^-CH_2—NO_2$ 都是比较稳定的。

（3）芳香性　环状碳负离子是否具有芳香性，对其稳定性也有明显影响，如环戊二烯的酸性（$pK_a = 14.5$）比一般烯烃的酸性（$pK_a = 37$）要大得多，当然这与环戊二烯中存在超共轭的影响有关，但更重要的是因为环戊二烯负离子符合休克尔规则（Hückel，$4n+2$）具有芳香性所致。环壬四烯负离子和环辛四烯两价负离子与上述情况类似，也具有芳香性，因而也是较稳定的碳负离子。

（4）溶剂效应　碳负离子在极性非质子溶剂中将更为活泼。极性的非质子溶剂，如二甲基亚砜（DMSO）。

次卤酸制备方法：常用氯气或溴素与中性或含汞盐的碱性水溶液反应而生成。在实验室则可直接采用次氯酸盐在中性或弱酸性条件下反应。

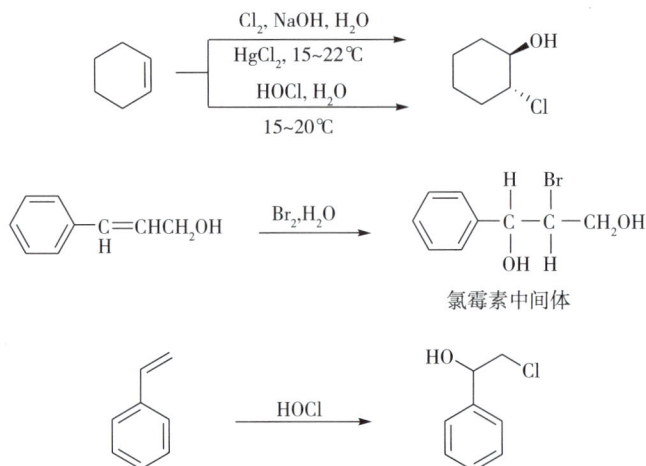

在氧化汞或碘酸盐的存在下，碘与烯烃反应，可得 β-碘代醇。碘酸盐、氧化汞的作用是除去还原性较强的碘负离子。

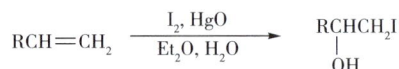

应用次卤酸酯（ROX）作为卤化剂，其机理相同于次卤酸（HOX）的反应，但可在非水溶液中进行反应。根据溶剂的亲核基团不同，可生成相应的 β-卤醇衍生物。最常用的次卤酸酯为次卤酸叔丁酯（t-BuOCl），它可由叔丁醇和 NaOCl，AcOH 反应而得，或用叔丁醇的碱性溶液中通入氯气后制得。

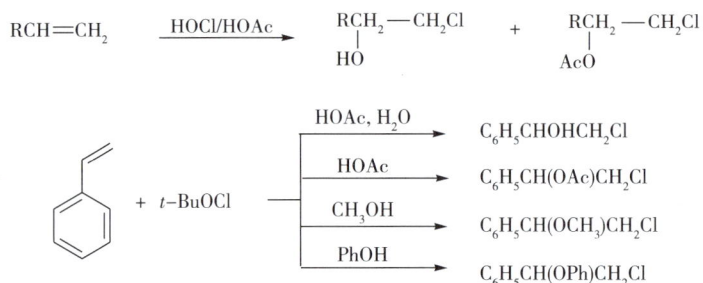

（二）N-卤代酰胺为卤化剂

在由烯烃制备 β-卤醇及其衍生物的许多反应中，N-卤代酰胺类，如 N-溴代乙酰胺（NBA）、N-氯代乙酰胺（NCA）、N-溴代丁二酰亚胺（NBS）、N-氯代丁二酰亚胺（NCS）为应用较多的卤化剂。

N-溴代乙酰胺 N-氯代乙酰胺 N-溴代丁二酰亚胺 N-氯代丁二酰亚胺
NBA   NCA   NBS   NCS

N-卤代酰胺和烯烃在酸催化下于不同亲核性溶剂中反应，生成 β-卤醇或其他衍生物，其卤素和羟基的定位也遵循马氏法则，卤素加在含取代基较少的双键碳上，羟基加在含取代基较多的双键碳上。N-卤代酰胺的加成反应，相似于卤素加成反应，其中卤正离子由质子化 N-卤代酰胺提供，而羟基、烷氧基等负离子来自反应溶剂。

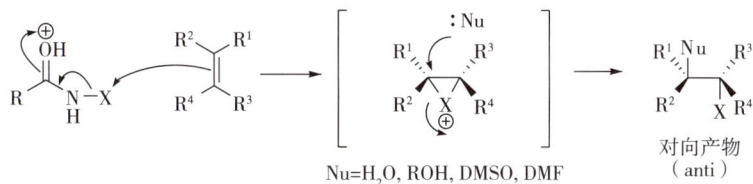

Nu=H$_2$O, ROH, DMSO, DMF

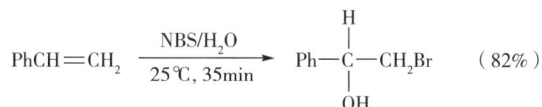

水溶性差的烯烃（如甾体化合物）可在有机溶剂中与 N-卤代酰胺成为均相，制得 β-卤醇。

应用实例： 甾体烯烃难溶于水，不宜用次卤酸水溶液，而在含水的二氧六环中用酸催化 NBA 进行反应，得到收率很好的甾体化合物。

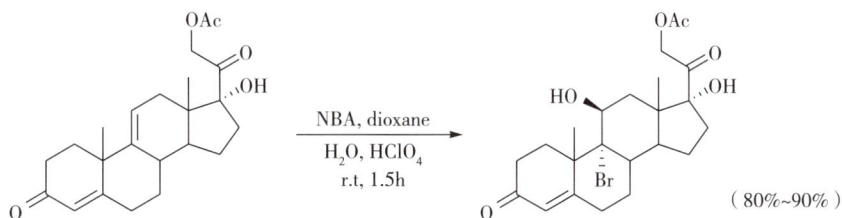

四、卤化氢与烯烃加成

卤化氢与烯烃加成生成卤素取代的饱和烃。

反应通式：

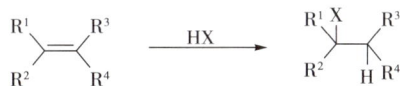

（一）亲电加成

卤化氢与烯烃的亲电加成，按马氏规则，氢加到含氢较多的双键一端，卤素加到取代较多的碳原子上，生成卤素取代的饱和烃。

1. 反应历程 由于 H$^+$ 半径小不易形成三元环，因此加成反应机理分为离子对机理和三分子协同机理。

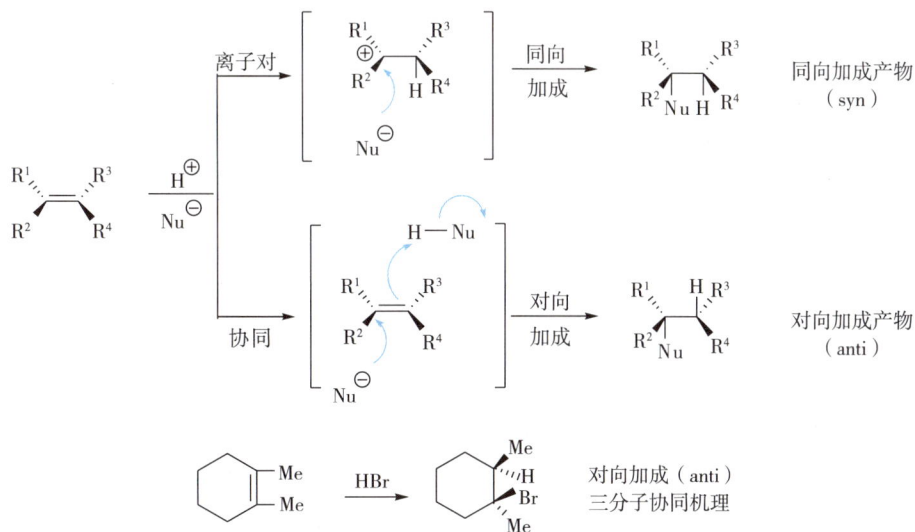

同向加成（syn）　　　对向加成（anti）
9　　　　：　　　1
离子对机理　　　三分子协同机理

同向加成（syn），离子对机理的产物与对向加成（anti），三分子协同机理的产物比值为 9∶1，以上两种加成反应的历程差别，主要与苯基（Ph）存在有关，因苄位、烯丙位等的碳正离子更为稳定，因此，该反应主要按离子对机理，主要生成同向加成（syn）产物。

某些季碳取代的烯烃和卤化氢的加成反应还可能发生重排反应。例如：

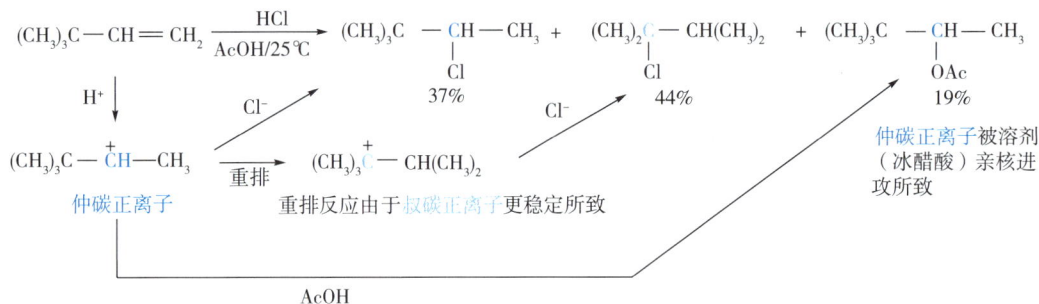

这是因为 H⁺ 相对较小，不易形成三元环桥型正离子，反应主要按离子对机理，即反应取向由碳正离子稳定性控制。由于仲碳正离子倾向于重排为更稳定的叔碳正离子，再加上亲核性溶剂（例如冰醋酸等）也会进攻碳正离子，因此重排反应和溶剂分子参与的副反应最终导致产物得到混合物。

2. 影响因素　卤化氢对烯烃加成反应的速度，主要取决于烯烃的结构和卤化氢的活性。

（1）卤化氢的活性　$HI > HBr > HCl > HF$。HF 与烯加成副反应多，一般不常用，HI、HBr 和 HCl 常用。条件：可采用卤化氢气体或其饱和的有机溶剂，或用浓的卤化氢水溶液；反应困难，可加 Lewis 酸催化，或采用封管加热。

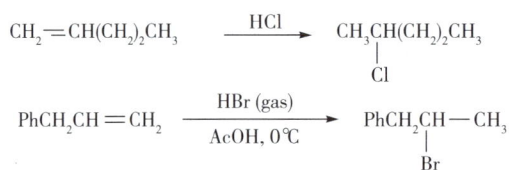

（2）烯烃的结构　双键碳原子上含有给电子基，有利于反应；双键碳原子上有吸电子基，如 —COOH、—CN、—CF₃ 等时，得到与马氏规则相反的产物。共轭效应、超共轭效应、诱导效应等影响碳正离子稳定性和反应的活性，反应取向由碳正离子稳定性控制。

卤化氢与烯烃的亲电加成，烯烃的活性次序：$RCH{=}CH_2 > CH_2{=}CH_2 > CH_2{=}CHCl$。

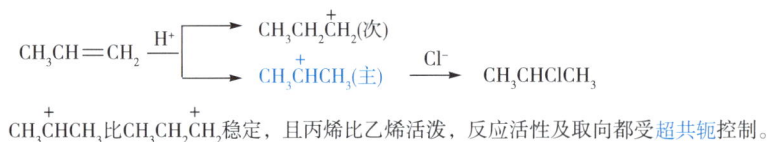

$CH_3\overset{+}{C}HCH_3$ 比 $CH_3CH_2\overset{+}{C}H_2$ 稳定，且丙烯比乙烯活泼，反应活性及取向都受超共轭控制。

$CH_3\overset{+}{C}HCl$比$\overset{+}{C}HCH_2Cl$稳定，这是由于前者中存在P–P共轭，
(A)氯上的未共用电子对离域到碳原子的空的p轨道中，使正电荷
得以部分分散，使其较后者更稳定，反应取向受共轭效应控制。
(B) 由于Cl的（–I）诱导效应，氯乙烯反应活性较乙烯小，$CH_3\overset{+}{C}HCl$
稳定性比$CH_3CH_2^+$小，反应活性受诱导效应控制。

(A)由于P–P共轭，氧上的未共用电子对离域到碳上的空P轨道中，部分分散正电荷，
使碳正离子$CH_3\overset{..+}{O}CHCH_3$(主)比$CH_3OCH_2\overset{+}{C}H_2$(次)稳定，取向受共轭效应控制。
(B)甲基乙烯基醚活性较乙烯大，氧的给电子共轭效应（+C）超过了氧的拉电子诱导
效应（–I），使$CH_3\overset{..+}{O}CHCH_3$比$CH_3CH_2^+$稳定，因此其活性受共轭效应控制。

(A) 由于CF_3强烈的拉电子效应，使得$CF_3CH_2\overset{+}{C}H_2$比$CF_3\overset{+}{C}HCH_3$稳定，取向受诱导效应控制。

(B)同样由于CF_3强烈的拉电子效应，$CF_3CH_2\overset{+}{C}H_2$的稳定性大大低于$CH_3CH_2^+$，其活性受诱导效应控制。

3. 应用实例 操作时，于低温下通入干燥的氯化氢，反应结束后除去多余的氯化氢即得产品。

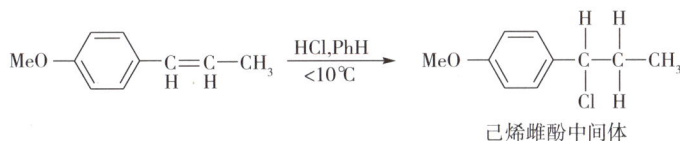

己烯雌酚中间体

（二）自由基加成

在光照或过氧化物（过氧化物效应）等自由基引发剂存在下，溴化氢与不对称的烯烃经过自由基历程，加成得到反马氏规则（anti–Markovnikov's rule）的产物。

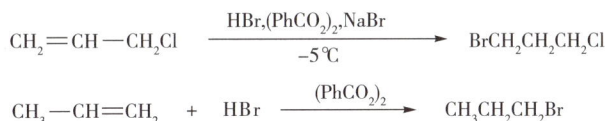

卤化氢与不对称烯烃的自由基加成得反马氏产物，其特点如下。

1. 碳自由基可与苯环、双键或烃基发生共轭和超共轭（δ–π或δ–P）从而更稳定，而自由基历程时反应的定位主要由碳自由基的稳定性决定，因此溴倾向于加在含氢较多的烯烃碳原子上，而生成取代程度高的稳定自由基，其结果得到反马氏方向的加成产物，属于反马氏规则。这种反常加成，常称为过氧化物效应，一般只出现在与HBr的加成反应中，HCl和HI的加成不发生过氧化物效应。其主要原因：氯自由基较难均裂产生；HI虽然能很容易地均裂产生碘自由基，但是碘自由基却不够活泼，很难继续反应；而溴自由基则较容易均裂产生，并且在链增长（propagation）过程的两步反应都是放热反应，活化能很低。

（1）反应通式

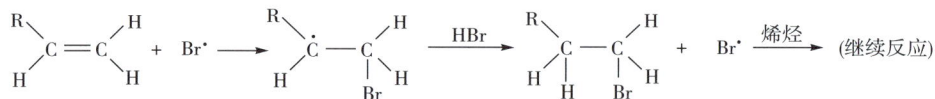

例如：

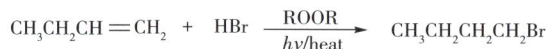

（2）反应历程

链引发（initiation）：

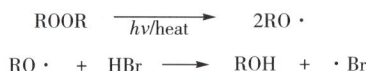

链增长（propagation）：

链终止（termination）：

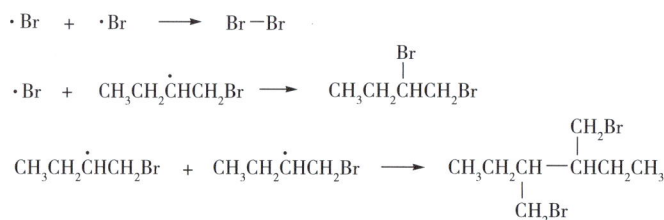

碳自由基稳定性的主要影响因素如下。①稳定性：叔碳自由基＞仲碳自由基＞伯碳自由基，主要是由于超共轭和诱导效应作用，分散了碳自由基的孤电性，使之稳定性提高；②碳自由基的中心碳原子如果与π键共轭，同样可以分散孤电性，而使碳自由基稳定。

2. 自由基的稳定性可根据键离解能数据来判断　键离解能越大，自由基相互结合的趋势越大，自由基独存的可能性越小，稳定性也就越差。

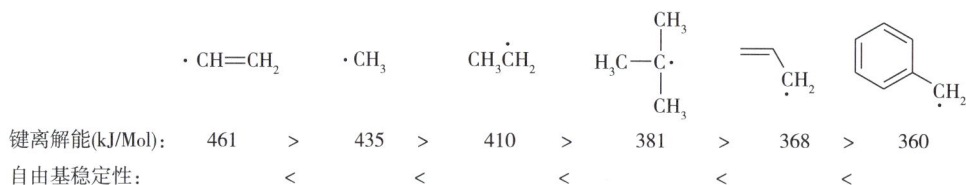

键离解能(kJ/Mol)：	461	>	435	>	410	>	381	>	368	>	360
自由基稳定性：		<		<		<		<		<	

五、不饱和烃的硼氢化-卤解反应

不饱和烃的硼氢化-卤解反应包括：首先将烯烃进行硼氢化，然后用卤解反应转化成卤代饱和烃或卤代烯烃，整个反应过程均是立体和区域选择性的。利用这个方法，常可方便的制备用不饱和烃正常氢卤化加成反应难以得到的某些卤化物，其中卤素和氢的定位属反马氏法则。

不饱和烃的硼氢化常用试剂：硼烷（BH_3）、乙硼烷（或二硼烷，B_2H_6）、BH_3/THF、BH_3/Me_2S（DMS）等。硼烷（BH_3）一般溶于四氢呋喃（tetrahydrofuran，THF）或乙醚（Et_2O）、二甲硫醚（Me_2S，DMS）等醚类溶剂中使用。

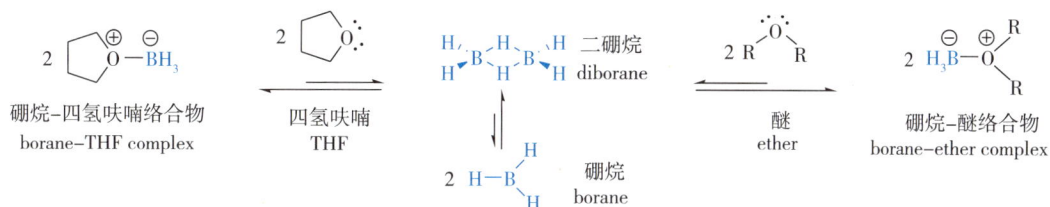

硼烷的制备：乙硼烷（或二硼烷）是硼烷的二聚体，是一种在空气中能自燃的有毒气体，通常是由硼氢化钠和三氟化硼反应或者由硼氢化钠和碘反应制备。

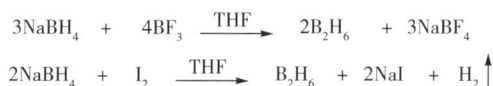

$$3NaBH_4 + 4BF_3 \xrightarrow{THF} 2B_2H_6 + 3NaBF_4$$

$$2NaBH_4 + I_2 \xrightarrow{THF} B_2H_6 + 2NaI + H_2\uparrow$$

不饱和烃的硼氢化–卤解反应是顺式硼氢化加成机理，硼原子优先处于位阻小的空间位置，得反马氏加成产物。

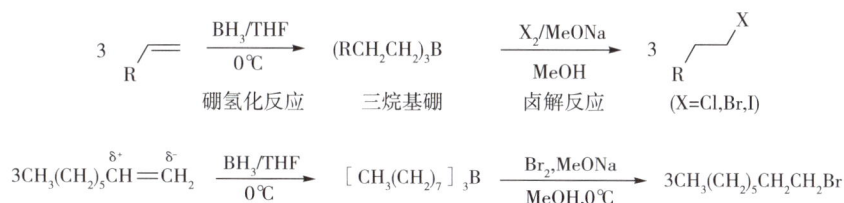

不对称烯烃与硼烷加成时，反应具有立体和区域选择性，硼原子主要加到烷基取代较少的双键碳上（空间位阻较小的位置），这一加成方式是反马氏规则的。因为硼的电负性（2.0）比氢（2.1）略小，且具有空 p 轨道，表现出亲电性，加之硼烷体积较大，因此加成时硼加到电子云密度较大而空间位阻较小的含氢较多的双键碳上。实验证明，烯烃的硼氢化并不生成碳正离子中间体，反应是通过形成一个四中心过渡态（four-centered transition state）的协同过程（concerted process）进行的。在不饱和烃的硼氢化反应中不会发生重排，因此这是一个典型的顺式加成（syn-addition）反应。

不对称烯烃与硼烷的顺式硼氢化加成机理：

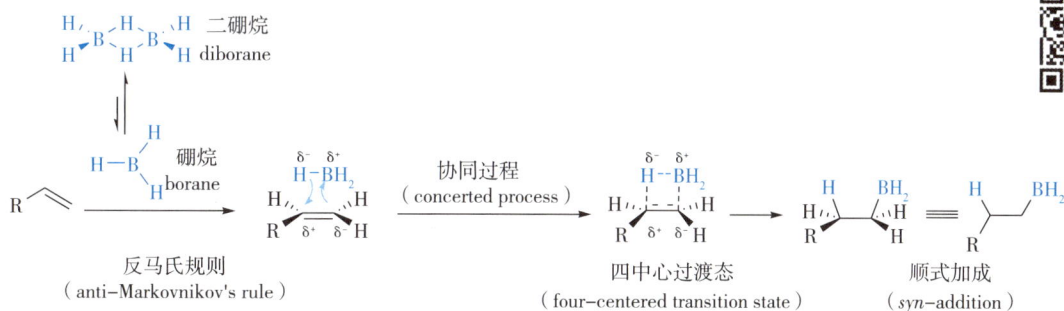

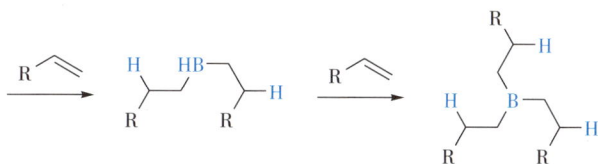

烯烃经硼氢化得三烷基硼烷，然后与碘、溴素或其他亲电性卤代试剂一起反应，硼烷基被卤素原子置换成相应的碘代烷或溴代烷等。

第二节　烃类的卤取代反应

一、脂肪烃及烯丙位、苄位碳上的卤取代反应

饱和烷烃性质比较稳定，一般情况下不发生卤取代反应。但是在光照、高温加热或自由基引发剂存在下，可能会发生自由基卤取代反应，但是由于产物复杂，收率较低，应用较为有限。

而烯丙位和苄位氢原子比较活泼，在较高温度或存在自由基引发剂（如光照、过氧化物、偶氮二异丁腈等）的条件下，可用卤素、N-卤代酰胺、次卤酸酯、硫酰卤、卤化铜等卤化剂于非极性惰性溶剂中进行卤取代反应。

例如：

$$Cl-\underset{}{\bigcirc}-CH_3 + Cl_2 \xrightarrow[\text{AIBN, 回流}]{hv} Cl-\underset{}{\bigcirc}-CH_2Cl$$

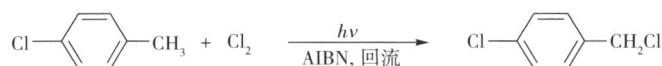

1. 烯丙位自由基卤取代反应

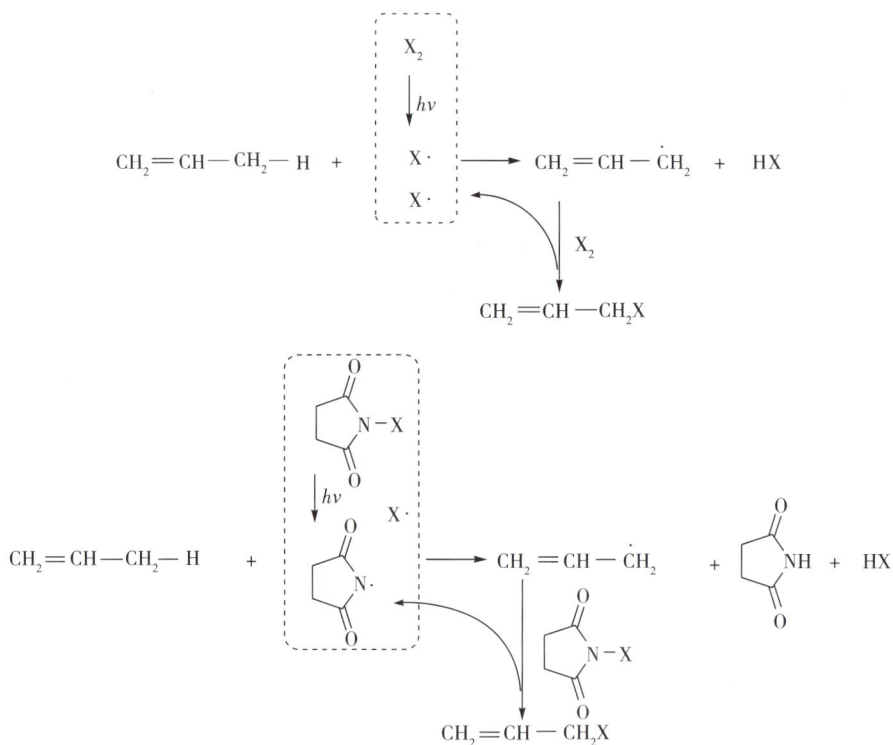

$$CH_2=CH-CH_2-H + \boxed{\begin{array}{c} X_2 \\ \downarrow hv \\ X\cdot \\ X\cdot \end{array}} \longrightarrow CH_2=CH-\overset{\cdot}{C}H_2 + HX$$

$$\downarrow X_2$$

$$CH_2=CH-CH_2X$$

$$CH_2=CH-CH_2-H + \boxed{\begin{array}{c} N-X \\ \downarrow hv \\ X\cdot \\ N\cdot \end{array}} \longrightarrow CH_2=CH-\overset{\cdot}{C}H_2 + \text{（丁二酰亚胺）} + HX$$

$$CH_2=CH-CH_2X$$

2. 苄位自由基卤取代反应

自由基引发剂作用下的反应通常为链式反应。链式反应一般包括链引发（initiation）、链增长（propagation）、链终止（termination）三个过程。

例如：使用 Br_2 或 NBS 对烷烃进行溴化是最典型的自由基链反应之一。

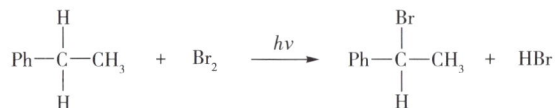

$$Ph-\underset{H}{\overset{H}{C}}-CH_3 + Br_2 \xrightarrow{hv} Ph-\underset{H}{\overset{Br}{C}}-CH_3 + HBr$$

反应历程：

链引发（initiation）：

$$Br \overset{\frown}{} Br \xrightarrow{hv} 2\ Br\cdot$$

链增长（propagation）：

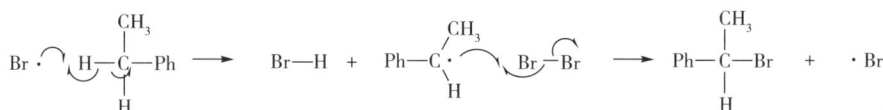

链终止（termination）：

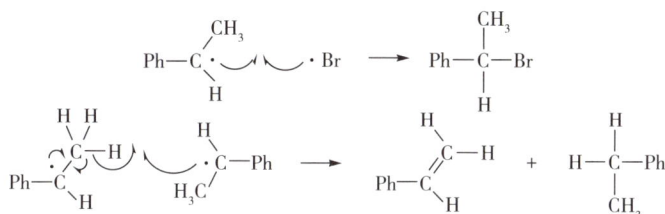

其中，自由基链式反应的链增长部分，可以看作一种催化循环（catalytic cycle），自由基链式反应机理（a free-radical chain mechanism）如下图所示。

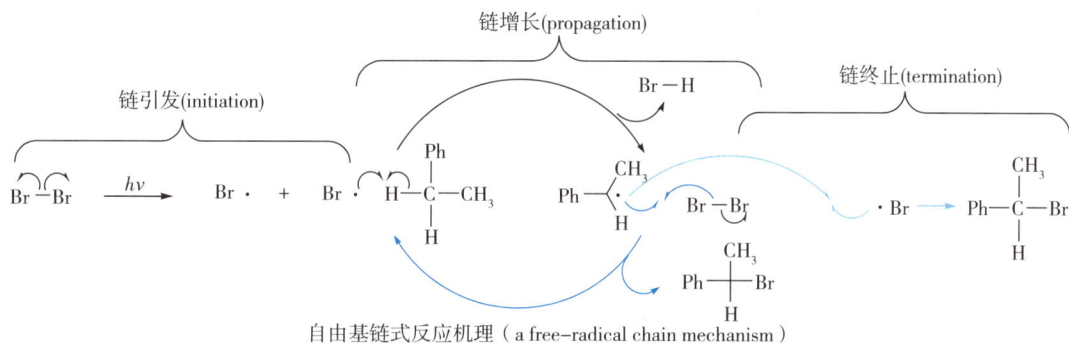

自由基链式反应机理（a free-radical chain mechanism）

3. 影响因素与反应条件

（1）引发条件　高温、光照或自由基引发剂

（2）引发剂　分为两大类。

1）过氧化物　如过氧化二苯甲酰、二叔丁基过氧化物等。

2）对称的偶氮化合物　如偶氮二异丁腈（AIBN）等，引发剂用量一般为 5% ~ 10%。

在具体的应用中，三种引发条件常常同时使用，得到最佳反应条件。

（3）催化剂及杂质的影响　用干燥的、不含氧的卤化试剂，因为氧气和水分不利于该自由基卤取代反应。为了避免在不饱和键上发生亲电加成或苯环上发生亲电卤化等副反应，通常要避免反应物与金属接触。一般不能使用金属及金属卤化物类的催化剂，也不能使用普通的钢制反应设备。通常应用玻璃、搪瓷、石墨为内衬的反应器，而且原料中不能含杂质铁。

（4）卤化试剂与溶剂

1）卤化试剂　卤素、N-卤代酰胺（NBS、NCS）、次卤酸酯、硫酰氯、卤化铜等。N-卤代酰胺和次卤酸酯效果较好。

2）溶剂　四氯化碳、三氯甲烷、苯、石油醚等非极性惰性溶剂，以免自由基反应终止。

（5）作用物结构　被卤化物氢原子活性次序：$ArCH_2$—H > CH_2═CH—CH_2—H ≫ 叔 C—H > 仲 C—H > 伯 C—H。

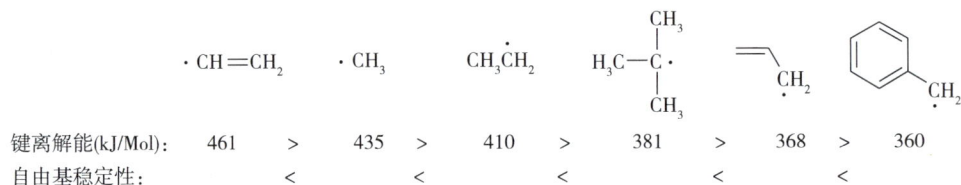

键离解能(kJ/Mol)： 461 ＞ 435 ＞ 410 ＞ 381 ＞ 368 ＞ 360
自由基稳定性： ＜ ＜ ＜ ＜ ＜

例如：

1）α 位亚甲基一般比 α 位甲基易取代

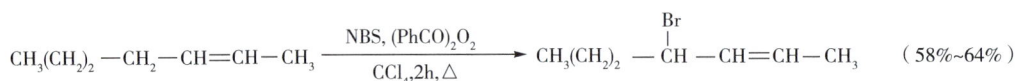

因为 α 位亚甲基所形成的自由基具有共轭加超共轭效应更多地分散了自由基的孤电性，一般比 α 位甲基所形成的自由基只有共轭效应的要稳定一些。

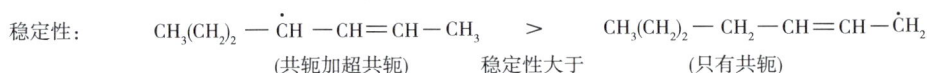

2）如果苄位或烯丙位上有吸电子取代基，则降低该自由基的稳定性。

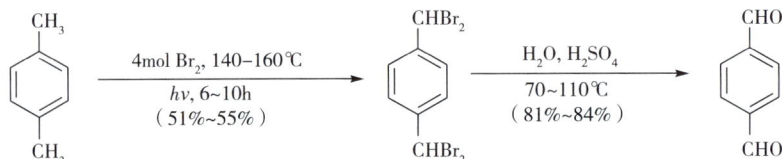

上述对二甲苯的苄位双溴代产物需要长时间高温才能成功制备，就是因为 Br 为吸电子基，使其苄基单溴代自由基中间体不稳定，因此生成苄基双溴代产物需要在高温下长时间反应。

3）为了形成更稳定的自由基中间体或者反应活性更高的自由基中间体，可能会有重排反应发生。

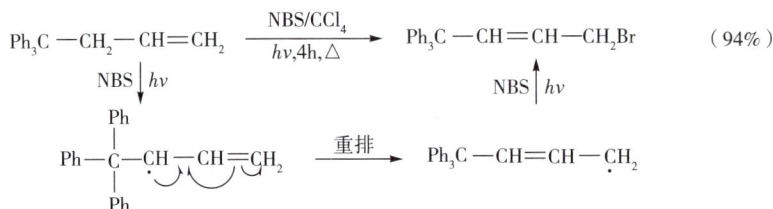

以上反应产生重排的原因：三苯甲基邻位的仲碳自由基立体位阻很大，卤化试剂不易接近。因此该反应重排形成位阻更小的伯碳自由基中间体，最后主要得到端基卤取代的产物。

由于烯丙基和苄基自由基能量很低，所以自由基卤化反应是对它们进行卤化的常用手段。但是，在烯丙基自由基卤化反应中，双键移位很容易发生，导致有些烯丙基自由基卤化反应可能得到混合物。

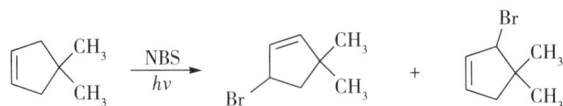

反应历程：

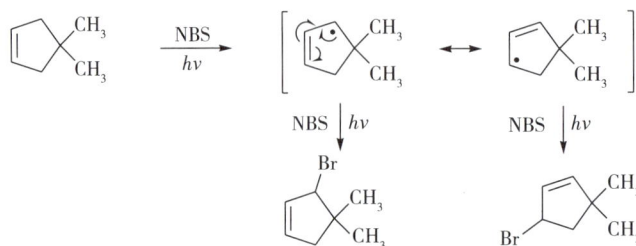

应用实例：多扎格列艾汀（dorzagliatin）是一种由我国研发的全球首创（first-in-class）的葡萄糖激酶激活剂（GKA），通过对 2 型糖尿病患者血糖传感器葡萄糖激酶的功能修复，重塑人体血糖稳态平衡，控制糖尿病的渐进性退变性特征，达到治疗 2 型糖尿病的目的。多扎格列艾汀的一种合成方法中，应用了而烯丙位氢原子比较活泼，在自由基引发剂 AIBN（偶氮二异丁腈）存在下，用 NBS（N–溴代丁二酰亚胺）作为卤化剂于非极性惰性溶剂 DCM（二氯甲烷）中进行烯丙位的溴取代反应。

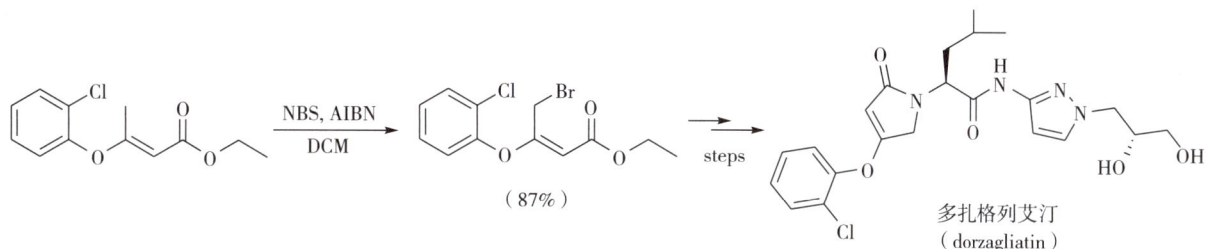

（87%）

多扎格列艾汀
（dorzagliatin）

二、芳烃的卤取代反应

反应机理：芳烃的亲电卤取代反应。

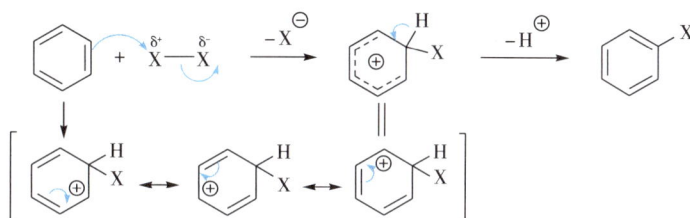

1. 影响因素与反应条件

（1）卤化剂活性大小：$F_2 > Cl_2 > BrCl > Br_2 > ICl > I_2$。

芳烃的卤取代反应主要是氯化和溴化反应。碘的活性低，而且芳烃的碘化反应是可逆的，因为生成的碘化氢具有还原性，对芳烃碘化物有脱碘作用，得到原料芳烃。因此，只有在反应体系中不断移除产生的碘化氢，芳烃的碘化反应才能顺利进行。芳烃的碘取代反应过程中碘化氢的去除方法主要有：在反应体系中加入氧化剂，如硝酸、过氧化氢、次氯酸钠等；或者加入碱性物质中和碘化氢，如氨水、氢氧化钠、碳酸钠等；或者能与碘化氢形成难溶于水的碘化物，如氧化镁、氧化汞等；或者采用强碘化剂，如三氟乙酸碘、氯化碘等。

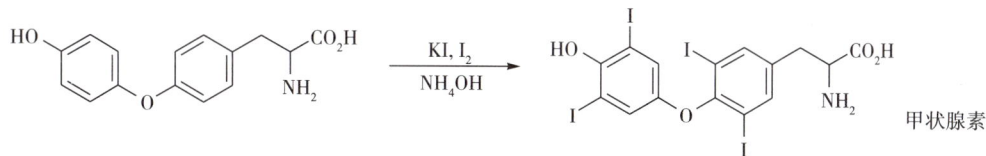

甲状腺素

氟和芳烃直接氟化反应，非常剧烈，难以控制，缺少实用价值。但是在低温下，将氟在惰性气体稀释下，某些底物的氟化反应可以顺利进行。例如，用氮气将氟稀释后，直接与尿嘧啶发生氟化反应，生成抗代谢类抗肿瘤药氟尿嘧啶（5–氟尿嘧啶，5–FU）。

氟尿嘧啶（fluorouracil）
嘧啶类抗代谢药，抗肿瘤药

（2）极性溶剂对该反应有利，常用醋酸溶液、盐酸溶液、三氯甲烷、二氯甲烷、1,2-二氯乙烷等卤代烃等作为溶剂。

（3）可以直接使用卤素进行芳烃的亲电取代反应，也可以使用其他的卤化剂，主要包括 HOCl（次氯酸）、CH_3COOCl（酰基次氯酸酐）、Cl_2O（次氯酸酐）、S_2Cl_2（二氯化二硫）、SO_2Cl_2（硫酰氯）、t-BuOCl（次氯酸叔丁酯）、HOBr（次溴酸）、CH_3COOBr（酰基次溴酸酐）、NBS（N-溴代丁二酰亚胺）等，通过释放卤正离子作为亲电试剂。

（4）路易斯酸可加速芳烃的亲电取代反应进行。

路易斯酸，电子受体（亲电试剂），不一定需质子（H^+）转移，常用的有 $AlCl_3$、$FeCl_3$、$TiCl_4$、$ZnCl_2$、$FeBr_3$、$SnCl_4$、$SbCl_5$ 等。

布朗斯特酸（Bronsted acid），给出质子（H^+），常用的有 HCl、H_2SO_4、CH_3COOH 等。

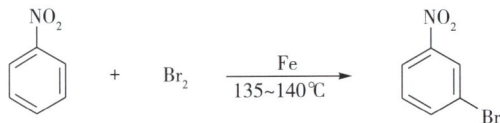

当芳烃上连有吸电子基时（如—COR、—NO_2、—CHO 等）亲电卤代反应较难进行，需要加入催化剂和在较高的反应温度下才能反应。例如：硝基苯的溴代反应比较困难，可加入铁粉催化，实际作为催化剂的是反应中产生的 $FeBr_3$。

路易斯酸催化机理：

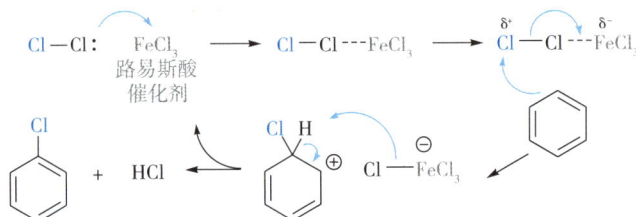

彩图

（5）遵循定位规律

Ⅰ类定位基，邻、对位（O、P 位）定位基，如：—OCH_3、—OH、-NH_2、—X、—NR_2、—OCOR、—NHCOR、—CH_3、—Ar 等。

Ⅱ类定位基，间位（M 位）定位基，如：—NO_2、—COOH、—CN、—N^+R_3、—CF_3、—SO_3H、—CHO、—COR 等。

2. 芳烃上取代基的电子效应和卤代定位规律　与一般的芳烃的亲电取代反应相同。

（1）当芳烃上存在释电子基时（如—OH，—OCH_3，—NH_2 等）亲电卤代反应变得容易，常发生多卤代反应。

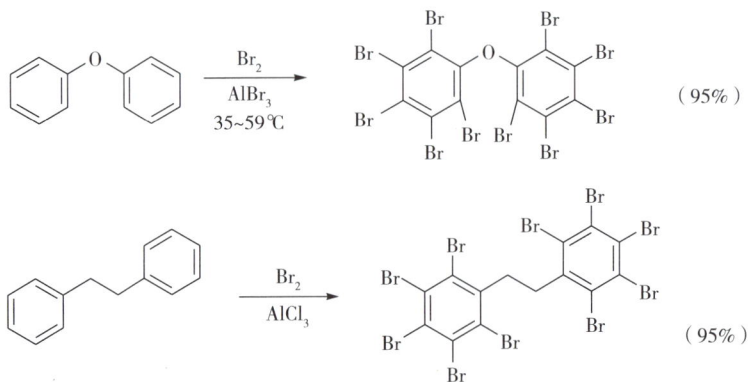

如果选择适当的试剂和控制反应条件（如反应温度，卤化剂的当量的改变等），可以选择性的得到单卤代物，双卤代物和三卤代物。

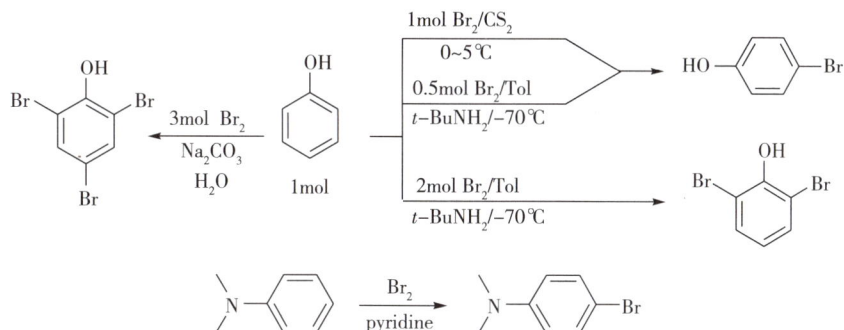

在 NBS/HBF$_4$·Et$_2$O/CH$_3$CN、NBS/DMF、NCS/DMF、NBS/NH$_4$OAc/CH$_3$CN、NBS/THF 等反应体系中，可以高选择性和苯酚、苯胺、萘、蒽等活泼芳烃进行卤取代反应，高收率得到单溴代产物或单氯代产物。

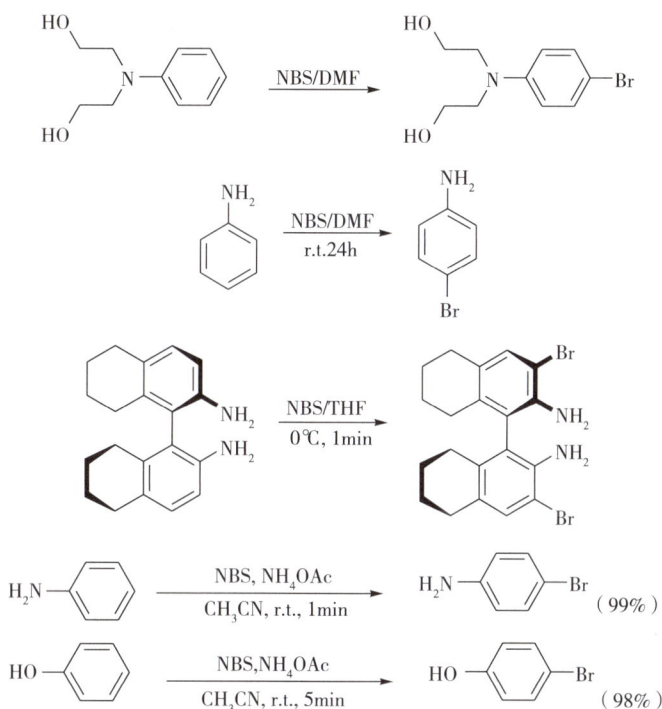

应用实例： 司美替尼（selumetinib）属于 MEK1/2 抑制剂，是神经纤维瘤病的治疗药。该药的适应证为 2 岁及以上儿童的 1 型神经纤维瘤病（NF1）且有症状的、无法手术的丛状神经纤维瘤（PN）。司美替尼的一种合成方法中，应用了 NBS/DMF、NCS/DMF 对芳烃进行卤取代反应，分别得到单溴代芳烃和单氯代芳烃中间体。

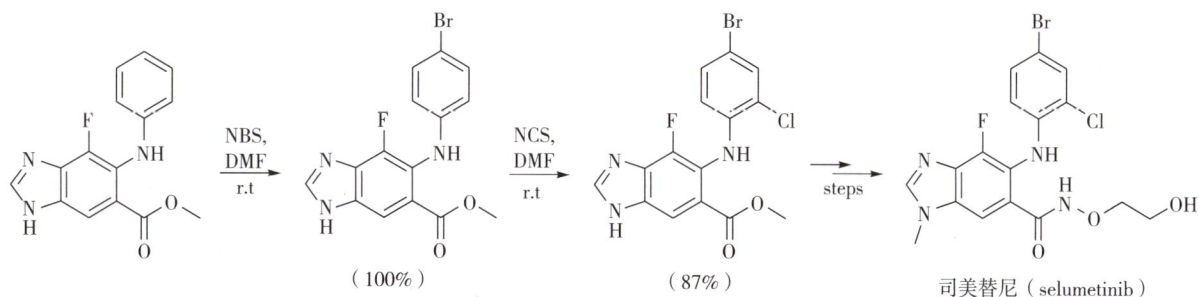

（2）当芳烃上存在吸电子基时（如—COR、—NO₂、—CHO 等）亲电卤代反应变得困难。

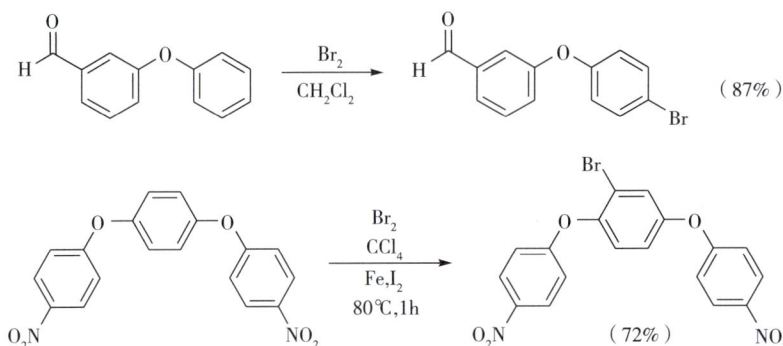

（87%）

（72%）

一般需要用路易斯酸催化，反应温度较高或选用活性较大的卤化剂。

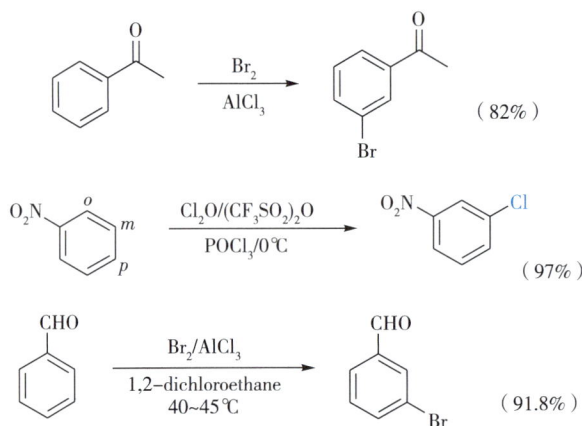

（82%）

（97%）

（91.8%）

（3）如果芳烃上同时存在给电子基和吸电子基两种取代基，当两种取代基的定位效应不一致时，若两种取代基属于同一类定位基，则应由定位效应强的定位基决定基团进入位置；若两种取代基不属于同一类定位基，则由邻、对位定位基决定基团进入位置；同时，还需要考虑空间位阻因素对基团进入位置的影响。

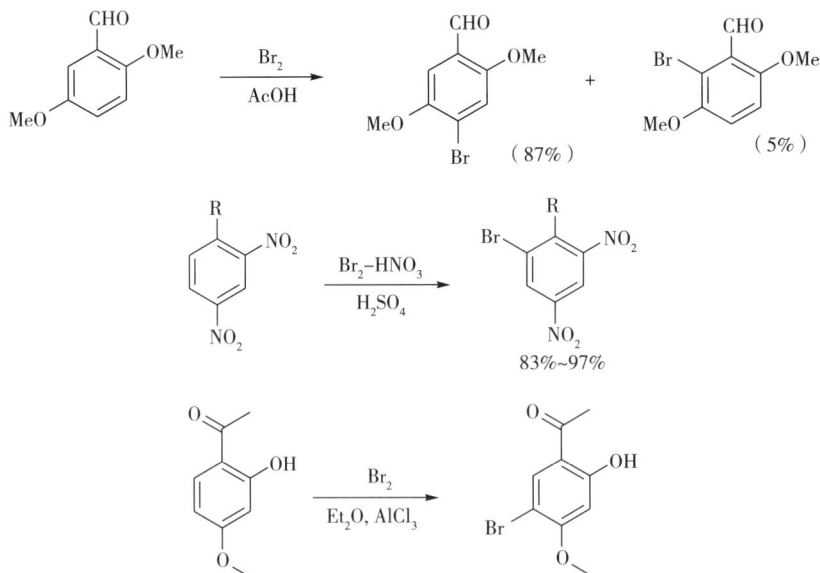

（87%）　　　　（5%）

83%~97%

应用实例：洛那法尼（lonafarnib）是一种口服有效的法尼基蛋白转移酶（FPTase）抑制剂，是基于肿瘤细胞信号转导的抗肿瘤药物。研究还发现洛那法尼能延长儿童早衰症患者的寿命。洛那法尼的一种合成方法中，应用了同时存在给电子基和吸电子基两种取代基的芳烃的亲电溴取代反应。

（87% for 2 steps）

（98%）　（96%）

洛那法尼（lonafarnib）

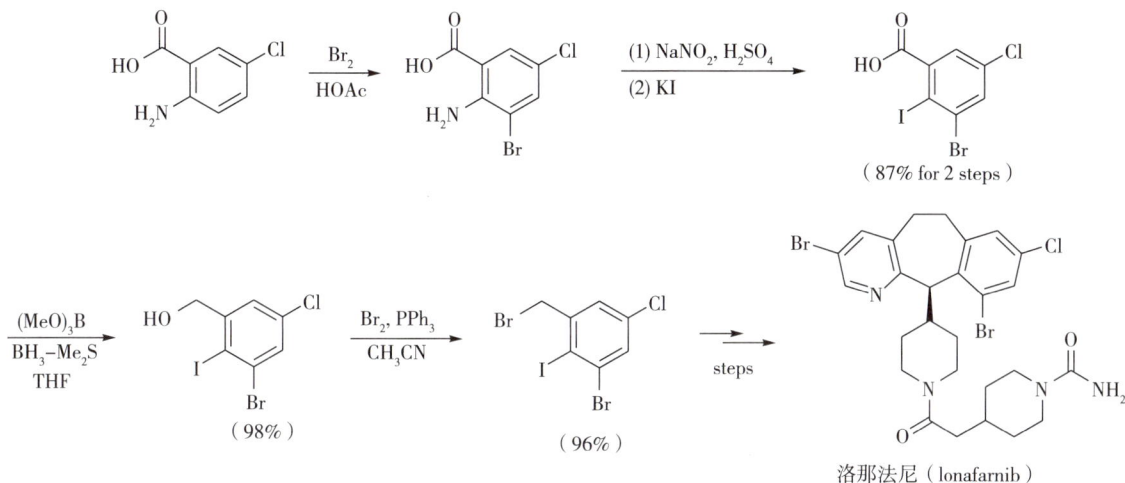

（4）富 π 芳杂环如吡咯、呋喃、噻吩等，如果这些环上无取代基的富 π 芳杂环，直接进行亲电卤取代反应将发生多卤代反应，合成价值有限。

pyrrole　furan　thiophene
吡咯　呋喃　噻吩

当富 π 芳杂环上有吸电子基取代时，可以控制反应条件，得到单卤代产物。

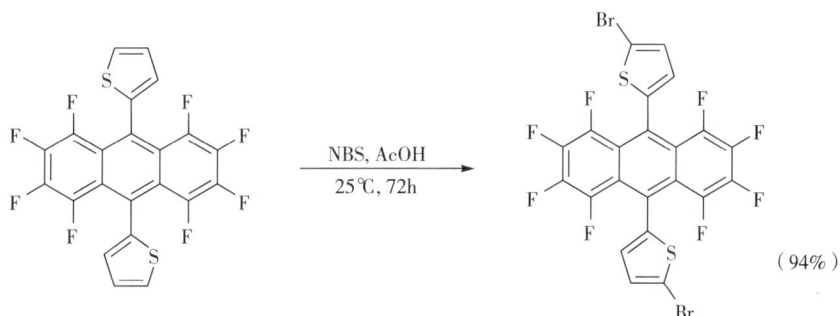

NBS, AcOH
25℃, 72h

（94%）

（-）-Agelastatin A 是一种从海绵 Agelas dendromorpha 中分离出来的四环生物碱，可诱导细胞凋亡（apoptosis）并使细胞停滞在细胞周期的 G2/M 期，具有抗肿瘤活性。它的全合成最后一步就是在 THF 中用 NBS 反应 12 小时得到单溴代目标产物。

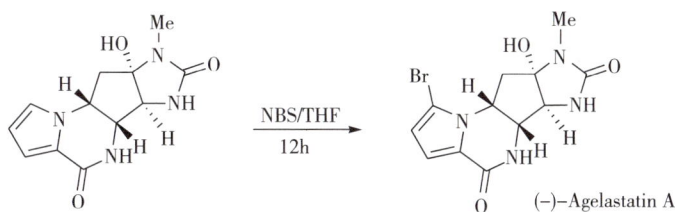

NBS/THF
12h

（-）-Agelastatin A

（5）缺 π 芳杂环如吡啶等，卤取代反应相当困难。当缺 π 芳杂环上连有给电子基取代时，卤取代反应变得比较容易，可以顺利地得到单卤代产物。

吡啶卤化时，由于生成的卤化氢或者催化剂与吡啶环上的氮原子结合，进一步降低了吡啶环上的电子云密度，使得反应更难进行。在吡啶溴化时，加入三氧化硫等氧化剂，除去生成的溴化氢，收率得到明显提高。

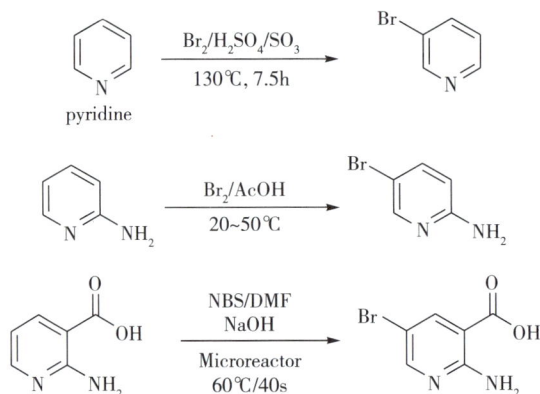

第三节 羰基化合物的 α 位卤取代

一、醛和酮的 α 位卤取代反应

反应通式：

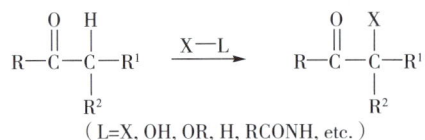

（L=X, OH, OR, H, RCONH, etc.）

由于酮羰基的吸电子诱导效应，羰基 α-H 具有一定的酸性，用卤素、*N*-卤代酰胺、次卤酸酯（例如：*t*-BuOCl 等）、硫酰卤化物（例如：SO₂Cl₂等）等卤化剂，在四氯化碳、三氯甲烷、乙醚、醋酸等溶剂中发生羰基化合物的 α-卤取代反应。反应机理属于亲电取代反应。

（一）酮的 α-卤取代

1. 基本原理 羰基 α-H 被卤素取代的反应属于卤素的亲电取代反应，可由酸催化或碱催化卤代。

2. 影响因素

（1）催化剂

1）酸催化 常用质子酸或 Lewis 酸，生成的 HBr 或 HI 具有还原作用，加适量的乙酸钠或吡啶、氧化钙、氢氧化钠等碱性物质，或加入适量的氧化剂。

酸催化机理：

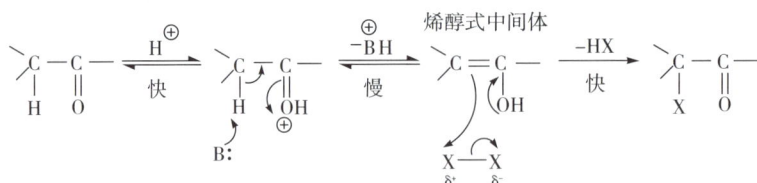

酸催化中，需要适当的碱（B:）参与，帮助 α-H 质子的脱去。B:可为底物酮，可看成一种路易斯碱。

2）碱催化 可用 NaOH、Ca（OH）₂等无机碱，也可用有机碱。

碱催化机理：

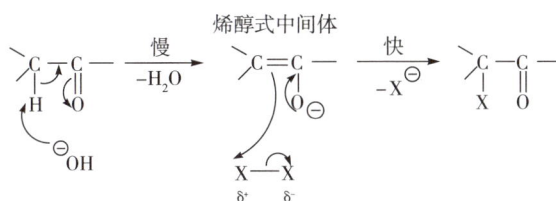
烯醇式中间体

Lewis 酸催化剂的用量可能会对反应的历程产生决定性的影响，例如：苯乙酮的溴化反应时，催化量的 AlCl₃作用下，主要生成 α-溴代苯乙酮。但是在过量 AlCl₃作用下，由于羰基化合物和 AlCl₃完全形成稳定的络合物而难以烯醇化，导致不发生羰基的 α-溴代反应，而进行芳烃卤取代反应，主要生成间溴苯乙酮。

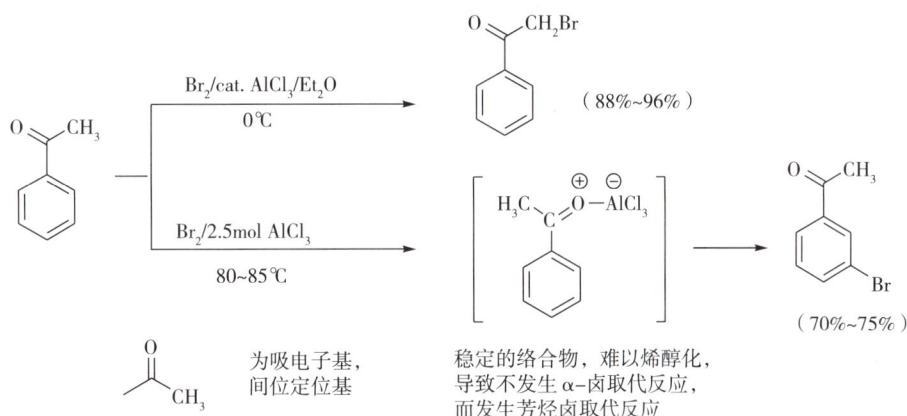

（2）α-碳上取代基　酸催化时，α 位有供电子基，有利于烯醇化，卤代反应较容易；因此不对称酮的 α-卤代主要发生在与给电子基相连的 α-碳原子上。

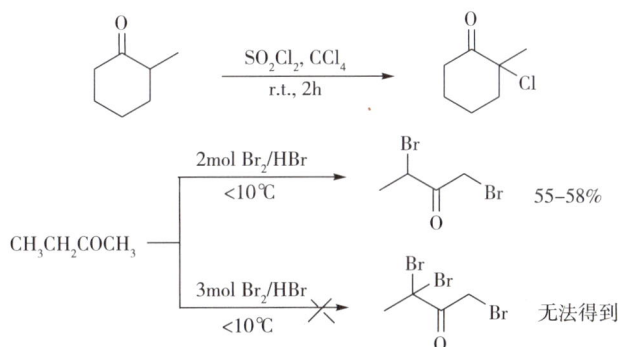

酸催化时，在 α 位有卤素等吸电子基团时，卤代反应变得困难，因此在同一个碳原子上引入第二个卤原子就比较难实现，只能制备同一碳原子上单卤代的产物。

例如，芳基乙酮的无水乙醚溶液，在冰浴下缓慢滴入溴素，0℃搅拌反应 3 小时，可以高收率（80%~95%）地制备 α-溴代（取代）苯乙酮。

R=H, yield=86.4%
R=o-Cl, yield=80%
R=p-Cl, yield=95%
R=p-Br, yield=92%

例如，氯霉素的合成是以对硝基苯乙酮为原料，经溴代生成关键中间体对硝基-α-溴代苯乙酮。

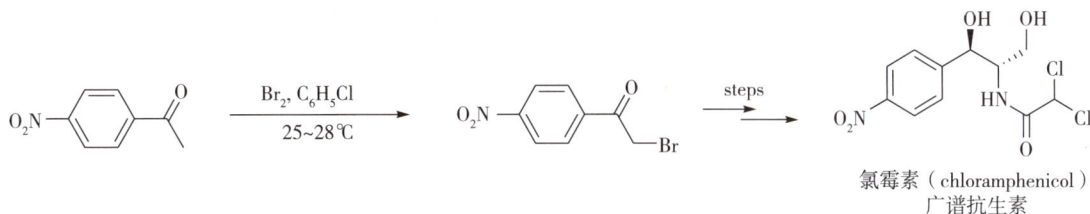

氯霉素（chloramphenicol）
广谱抗生素

碱催化时，如果 α 位有吸电子基，将有利于烯醇化，卤代反应易进行。α-卤代易发生在与吸电子取代基相连的 α-碳上，因此当羰基 α-碳原子上连有卤素时，反应变得容易，常得到同一碳原子上多卤代产物。

利用这一性质，碱催化时，在过量卤素存在下，反应不停留在 α-单卤代阶段，可制备同碳原子的多卤代产物。而同碳原子的多卤代物在碱性水溶液中不稳定，水解成羧酸盐——卤仿反应。例如，可利用甲基酮类化合物在氢氧化钠水溶液中 α-氢原子被全部卤代和所得三卤化合物水解的卤仿反应，制备少一个碳原子的、结构特殊的羧酸。

卤仿反应（haloform reaction）是甲基酮类化合物，即含有乙酰基的化合物（RCOCH₃，R 可为氢、烃基或芳基）在碱性条件下卤化并生成三卤甲烷（卤仿，haloform）的有机反应。甲基酮和乙醛等在碱性条件下，与氯、溴、碘反应，分别生成三氯甲烷（chloroform）、三溴甲烷（bromoform）、三碘甲烷（iodoform）。卤仿反应的本质是酮的水解，因此卤仿反应可用来利用甲基酮类化合物合成相应的少一个碳原子的羧酸。

反应通式：

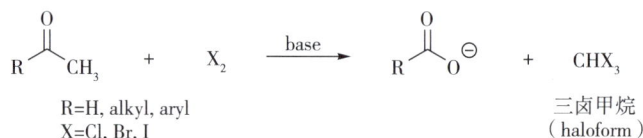

反应机理：

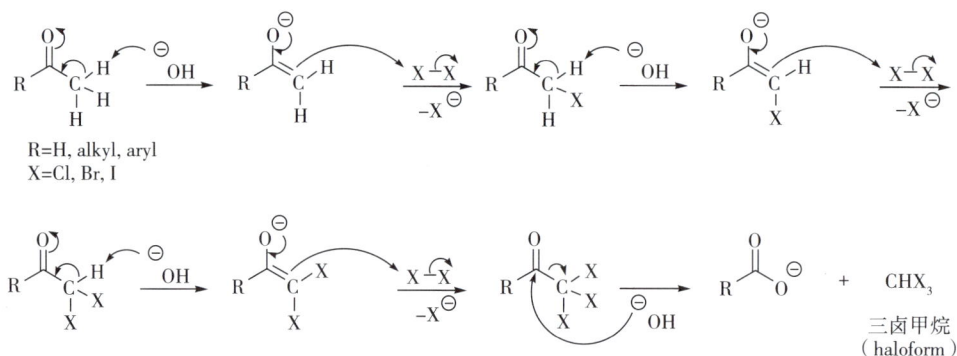

应用实例：

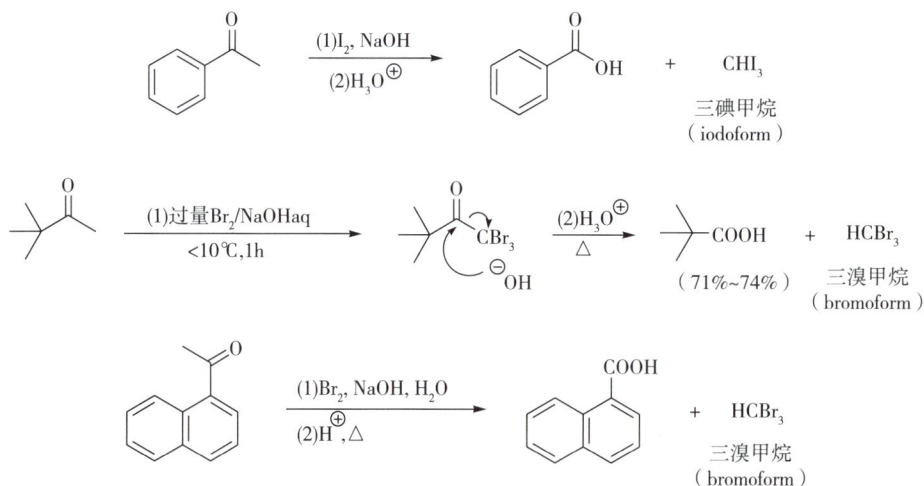

但是，如果需要选择性制备 α-单卤代酮时，我们就要避免在碱性条件下产生的多卤代反应。例如，由 3,3-二甲基-2-丁酮（频哪酮，pinacolone）制备 α-溴代频哪酮，控制反应条件和温度，可以顺利获

得单溴代产物。反应烧瓶中加入 750ml 无水乙醚和 0.6mol 频哪酮，瓶外用冰水充分冷却。持续搅拌下，将 0.6mol 的溴素缓慢滴入 0.6mol 频哪酮的乙醚溶液中，反应温度应控制在 0℃，约 2 小时滴完，再继续反应 0.5 小时。反应液转入分液漏斗，用 300ml 冰水洗涤后除去水层，水泵减压蒸馏除去溶剂后，进行真空分馏得 α-溴代频哪酮，收率 84.7%。

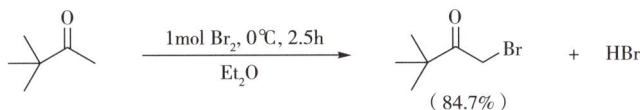

（3）卤化试剂与溶剂

1）常用卤化试剂　卤素、硫酰氯、N-卤代酰胺、次卤酸等。

2）常用溶剂　四氯化碳、三氯甲烷、乙醚、乙酸等。

四溴环己二烯酮是一种选择性的卤化试剂，主要用于 α′-溴代-α,β 不饱和酮的制备，能够减少双键加成副反应。

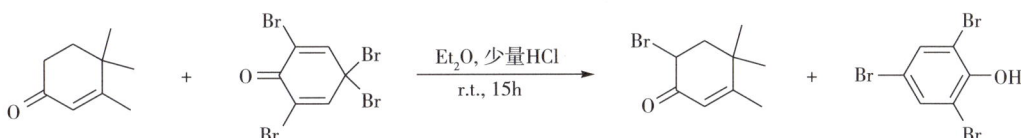

（二）醛的 α-卤取代

在酸或碱催化下，醛基氢和醛的 α-位氢都可以被卤素取代，而且可能发生缩合等副反应。为了得到预期的 α-卤代醛，常在碱性条件下先将醛转化成烯醇醋酸酯，然后再与卤素反应得到 α-卤代醛。

反应通式：

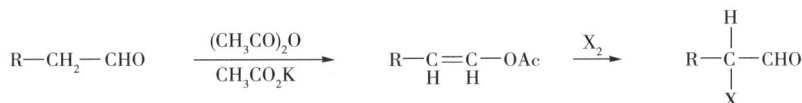

反应机理：

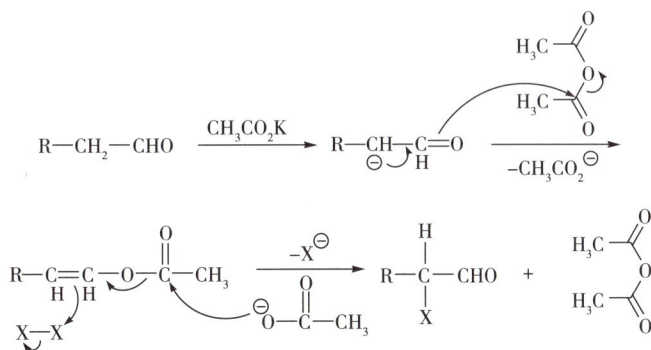

例如：

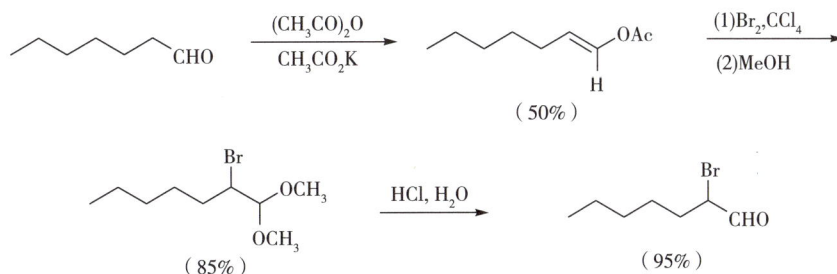

二、烯醇和烯胺衍生物的卤化反应

顾名思义，热力学控制的产物是热力学上有优势的，表现为产物能量低，但是过渡态能量高；而动力学控制的产物是动力学上有优势的，表现为产物能量高，但是过渡态能量低。例如，卤代烃的 β-消除中，扎伊采夫产物（Zaitsev product）就是热力学控制产物，霍夫曼产物（Hoffmann product）是动力学控制产物。一般情况下，卤代烃的 β-消除时使用位阻较小的碱（例如，乙醇钠等），主要得到热力学上稳定的取代更多的烯烃，扎伊采夫产物为主产物，符合扎伊采夫规则（Zaitsev's rule）；但当使用体积较大的碱时（例如，叔丁醇钾等），更倾向于生成热力学不稳定的取代较少的霍夫曼产物烯烃（例如，末端双键），符合反扎伊采夫规则/霍夫曼规则（Hoffmann's rule）。

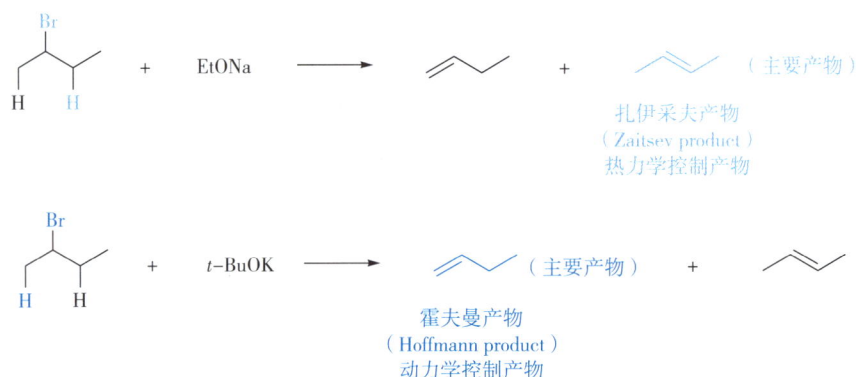

1. 烯醇酯的卤化反应 将不对称酮转化为烯醇醋酸酯，在酸催化下以热力学控制生成稳定的取代较多的烯醇酯为主，然后再进行卤化反应。例如，下列不对称酮先和醋酸异丙烯酯反应制得对应的烯醇醋酸酯，再在室温下和碘、醋酸亚铊在二氯甲烷中反应，主要得到取代较多的热力学控制的 α-碘代产物。

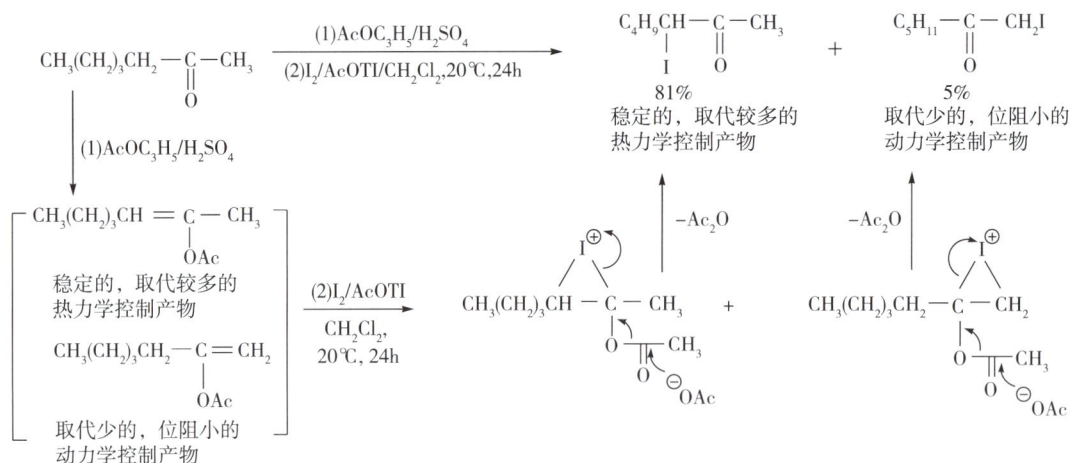

2. 烯胺的卤化反应 酮的烯胺衍生物的亲核能力比酮要强，而且烯胺衍生物在卤代反应中的区域选择性通常不同于羰基化合物或其烯醇衍生物，因此多用于不对称酮的选择性 α-卤代反应。

例如，不对称酮的烯胺衍生物和六氯丙酮（hexachloroacetone，HCA）进行氯代反应，其区域选择性为优先生成取代较少的动力学控制 α-氯代产物。因此该反应中的不对称酮的烯胺衍生物其选择性完全不同于该不对称酮的直接氯化反应。例如，不对称酮在 SO_2Cl_2/CCl_4 或 Cl_2/CCl_4 条件下直接氯化反应，优先生成取代较多的热力学控制 α-氯代产物。

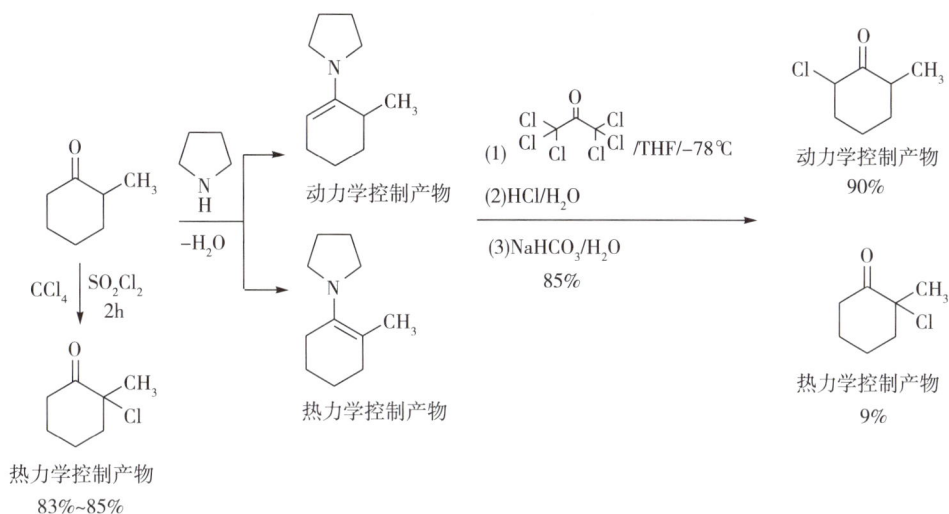

三、羧酸及其衍生物的 α 位卤取代反应

赫尔-乌尔哈-泽林斯基反应（Hell-Volhard-Zelinsky 反应，HVZ 反应）是羧酸与卤素在催化量的三溴化磷、三氯化磷（也可用磷和卤素代替）等试剂的作用下，α-氢被卤素取代生成 α-卤代羧酸的反应。此反应的关键中间产物为 α-卤代酰卤，经过水解后处理得到相应的 α-卤代羧酸。在其他亲核试剂（醇、硫醇和胺）存在下进行后处理，则生成相应的酯、硫代酯和酰胺。

反应通式：

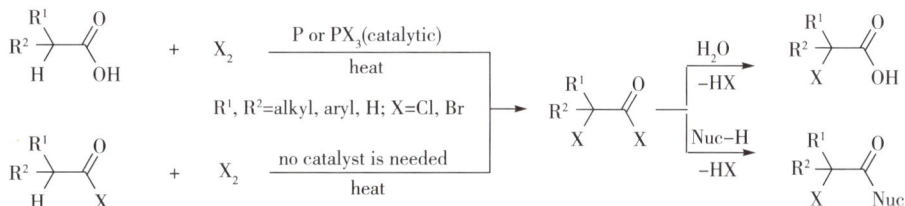

反应机理：首先卤素（主要是氯和溴）先和三卤化磷（或者磷和卤素原位反应生成三卤化磷），然后与羧酸转化为酰基卤。酰基卤在质子催化下烯醇化，此烯醇化互变异构体在 α-位与卤素进行卤代反应，得到 α-单卤素取代酰卤。生成的 α-卤代酰基卤通过与未反应的羧酸进行卤素交换分别生成 α-卤代羧酸和新的酰基卤，新的酰基卤继续烯醇化后与卤素进行卤代反应，完成催化循环；或者 α-卤代酰基卤直接水解得到产物 α-卤代羧酸。

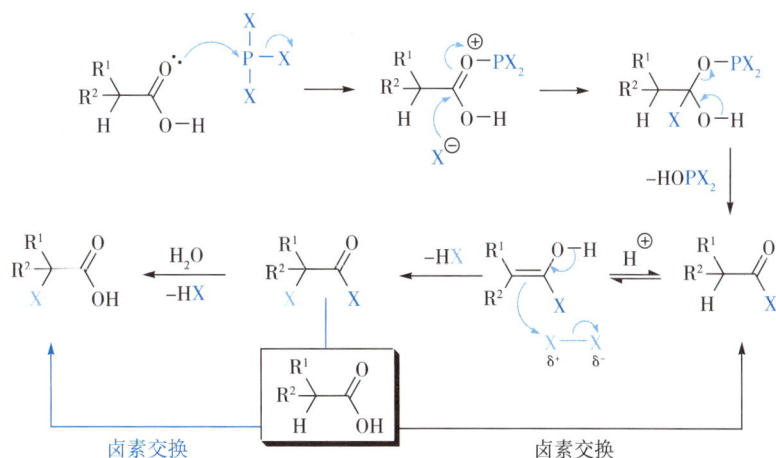

彩图

反应特点：①此反应条件相对苛刻，需要较高的反应温度（通常高于100℃）和较长的反应时间；②通常需要少量的红磷或三卤化磷催化，三氯化磷和三溴化磷催化剂在该类卤化反应中均可使用，当催化剂卤素原子和产物卤素原子不同时，并不影响最终产物的质量。因为按照以上机理，催化剂的卤素原子不会取代羧酸或羧酸衍生物的α-H；③某些活化的羧酸或活化羧酸衍生物（如酸酐、酰卤、1,3-二酯）在没有催化剂条件下，通过加热反应也可以卤代。

1. 羧酸的 α-位卤取代

应用实例：制药工业上各种卤代乙酸就是通过这个反应制备的。

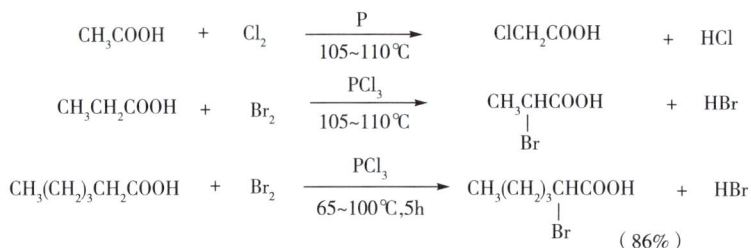

$$CH_3COOH \ + \ Cl_2 \ \xrightarrow[105\sim110℃]{P} \ ClCH_2COOH \ + \ HCl$$

$$CH_3CH_2COOH \ + \ Br_2 \ \xrightarrow[105\sim110℃]{PCl_3} \ CH_3\underset{\underset{Br}{|}}{C}HCOOH \ + \ HBr$$

$$CH_3(CH_2)_3CH_2COOH \ + \ Br_2 \ \xrightarrow[65\sim100℃,5h]{PCl_3} \ CH_3(CH_2)_3\underset{\underset{Br}{|}}{C}HCOOH \ + \ HBr \quad (86\%)$$

2. 酰卤、腈、丙二酸及其酯类反应　直接进行 α-卤取代反应。

方法特点："一锅法"，具有方便、实用、操作工序少等优点。

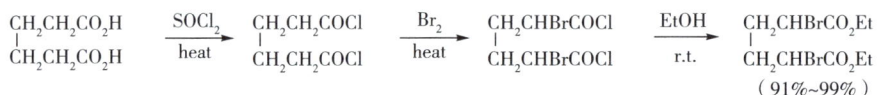

$$\begin{matrix} CH_2CH_2CO_2H \\ | \\ CH_2CH_2CO_2H \end{matrix} \xrightarrow[heat]{SOCl_2} \begin{matrix} CH_2CH_2COCl \\ | \\ CH_2CH_2COCl \end{matrix} \xrightarrow[heat]{Br_2} \begin{matrix} CH_2CHBrCOCl \\ | \\ CH_2CHBrCOCl \end{matrix} \xrightarrow[r.t.]{EtOH} \begin{matrix} CH_2CHBrCO_2Et \\ | \\ CH_2CHBrCO_2Et \end{matrix}$$
$$(91\%\sim99\%)$$

第四节　醇、酚和醚的卤置换反应

一、醇羟基的卤置换反应：亲核取代

（一）醇和卤化氢或氢卤酸反应

1. 可逆的平衡反应

反应通式：

$$R^2-\underset{\underset{R^3}{|}}{\overset{\overset{R^1}{|}}{C}}-OH \ + \ HX \ \rightleftharpoons \ R^2-\underset{\underset{R^3}{|}}{\overset{\overset{R^1}{|}}{C}}-X \ + \ H_2O$$

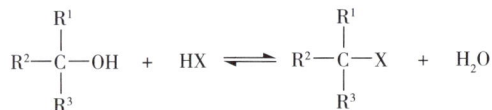

处理可逆反应方法：增加反应物醇或 HX 的浓度，不断将产物或生成的水从平衡混合物中移走。例如移走水的方法：可加脱水剂或采用共沸带水。常用的脱水剂有浓硫酸、磷酸、无水氯化锌、氯化钙等；常用的共沸溶剂有苯、甲苯、环己烷、三氯甲烷等。

醇羟基的卤置换反应是可逆的，反应的难易程度取决于醇和氢卤酸的活性。

醇活性：苄醇、烯丙醇 > 叔醇 > 仲醇 > 伯醇。

卤化氢的活性：HI > HBr > HCl > HF。

2. 反应机理　醇羟基被卤素负离子亲核取代。

亲核取代反应（nucleophilic substitution，SN）有三种机理，即单分子亲核取代反应（S_N1）、双分子亲核取代反应（S_N2）和分子内亲核取代反应（S_Ni）。

（1）**单分子亲核取代反应（S_N1）** 是亲核取代反应的一类，其中 S 代表取代（substitution），N 代表亲核（nucleophilic），1 代表反应的决速步涉及一种分子。醇羟基的卤置换 S_N1 反应是两步反应：第一步是反应物（底物）在溶剂中离解成为碳正离子和离去基团（水），这是慢反应，是决定反应速度的一步；第二步是碳正离子立即与亲核试剂（卤素负离子）结合，速度极快，是快反应。在 S_N1 反应中，亲核试剂从 SP^2 杂化的碳正离子平面所垂直的正反两面进攻，因此得到构型翻转和构型保持的两种产物，如果是具在手性碳原子上发生的 S_N1 反应，则得到外消旋混合物。

（2）**双分子亲核取代反应（S_N2）** 是亲核取代反应的一类，其中 S 代表取代（substitution），N 代表亲核（nucleophilic），2 代表反应的决速步涉及两种分子。醇羟基的卤置换 S_N2 的反应是协同过程，亲核试剂（卤素负离子）从反应物离去基团的背面向与它连接的碳原子进攻，先于碳原子形成较弱的键（C—X 键没有完全形成），同时离去基团与碳原子的键有一定程度的减弱（C—$^+OH_2$ 也没有完全断裂），两者与碳原子形成一直线，碳原子上另外三个键逐渐由伞形转变成平面，这需要消耗能量，即活化能，当反应进行和达到能量最高状态即过渡态后，亲核试剂（卤素负离子）与碳原子形成 C—X 键，同时碳原子与离去基团（$^+OH_2$）之间的键断裂，碳原子上三个键由平面向另一边翻转，此时构型发生改变，这个翻转叫作瓦尔登翻转（Walden inversion）。在 S_N2 反应中，将只得到构型翻转的产物。

（3）**分子内亲核取代反应（S_Ni）** 是亲核取代反应的一类，其中 S 代表取代（substitution），N 代表亲核（nucleophilic），i（internal）代表反应是分子内亲核取代反应。

醇羟基被卤素负离子亲核取代，伯醇主要按 S_N2 机理，叔醇主要按 S_N1 机理，仲醇二者都有可能。

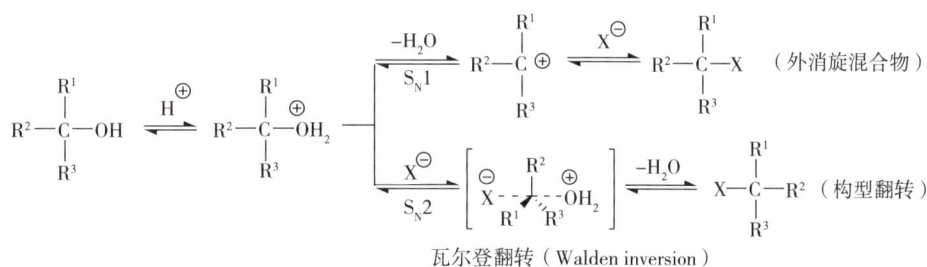

瓦尔登翻转（Walden inversion）

3. 应用实例

（1）**碘置换** 由于生成的碘化氢具有还原性，为了避免生成的碘代烃被还原为烷烃。可将生成的产物碘代烃蒸出反应体系。常用的碘化试剂为碘化钾和磷酸或多聚磷酸、碘和红磷等。

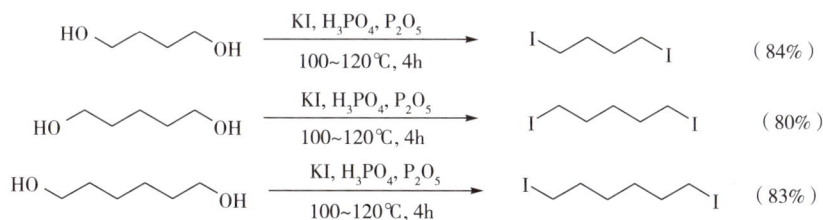

（2）**溴置换** 采用恒沸氢溴酸，加入浓硫酸作催化剂。

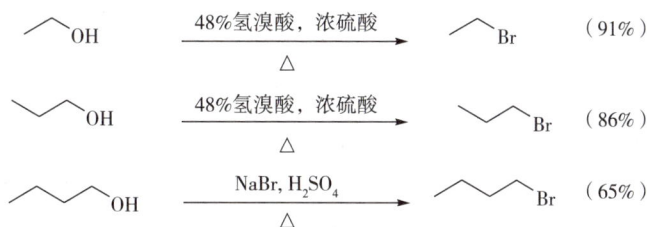

（3）**氯置换** 活性大的叔醇、苄醇可直接用浓盐酸或氯化氢气体。

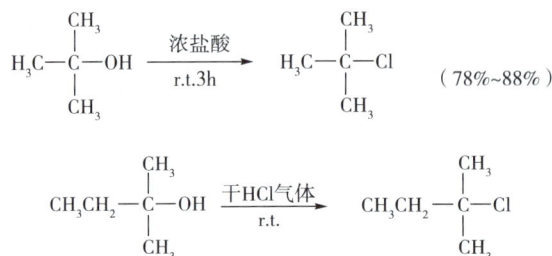

而伯醇常用 Lucas 试剂（浓盐酸-氯化锌）进行氯置换反应，浓盐酸与伯醇反应时，加入氯化锌作为催化剂，锌原子与醇羟基形成配位键，使得伯醇中的碳-氧键变弱，羟基更容易被氯取代。

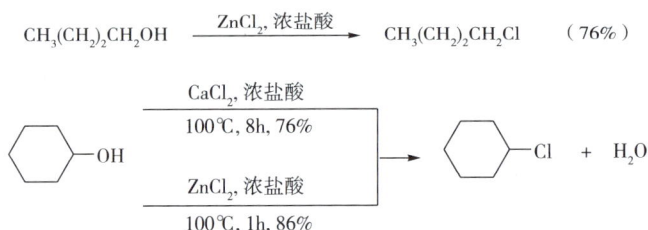

温度过高，会产生脱卤化氢、异构化、重排等副反应。

（二）醇和卤化亚砜反应

1. 基本原理

$$ROH + SOCl_2 \longrightarrow RCl + SO_2\uparrow + HCl\uparrow$$

优点：①反应活性高；②产物容易分离纯化，且异构化等副反应少，收率较高；③选用不同溶剂，可得到指定构型的产物；④与其他试剂合用增强其选择性等。

缺点：①反应中大量的 HCl 和 SO_2 气体逸出污染环境；②氯化亚砜（$SOCl_2$）易水解，需在无水条件下反应。

2. 应用实例

（1）含有碱性官能团化合物反应　例如，镇痛药盐酸哌替啶（pethidine hydrochloride，杜冷丁）的合成路线中的第二步反应，关键中间体二氯化物的合成使用了氯化亚砜（$SOCl_2$）。

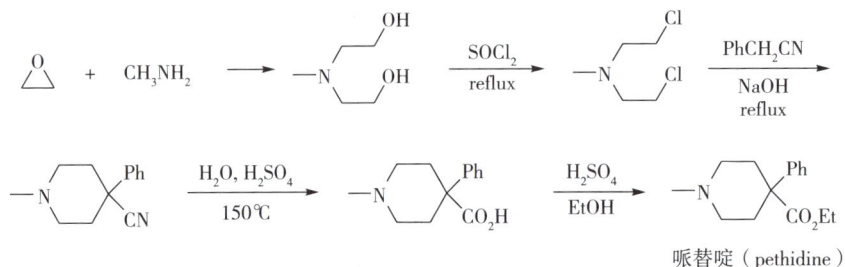

哌替啶（pethidine）

例如，盐酸美沙酮（methadone hydrochloride）为阿片受体激动剂，镇痛效果比盐酸吗啡（morphine hydrochloride）、盐酸哌替啶强，适用于各种剧烈疼痛，并有显著的镇咳作用。临床上常用其消旋体，主要用于海洛因成瘾的戒除治疗（脱瘾疗法）。盐酸美沙酮的一种合成方法，首先用环氧丙烷和二甲胺进行二甲胺的羟乙基化反应，再经过氯化亚砜（$SOCl_2$）氯化，接下来发生活性亚甲基化合物的 α 位 C-烷基化制得 4-二甲氨基-2,2-二苯基戊腈，最后与溴化乙基镁格氏试剂反应，再经过水解和成盐制得盐酸美沙酮。

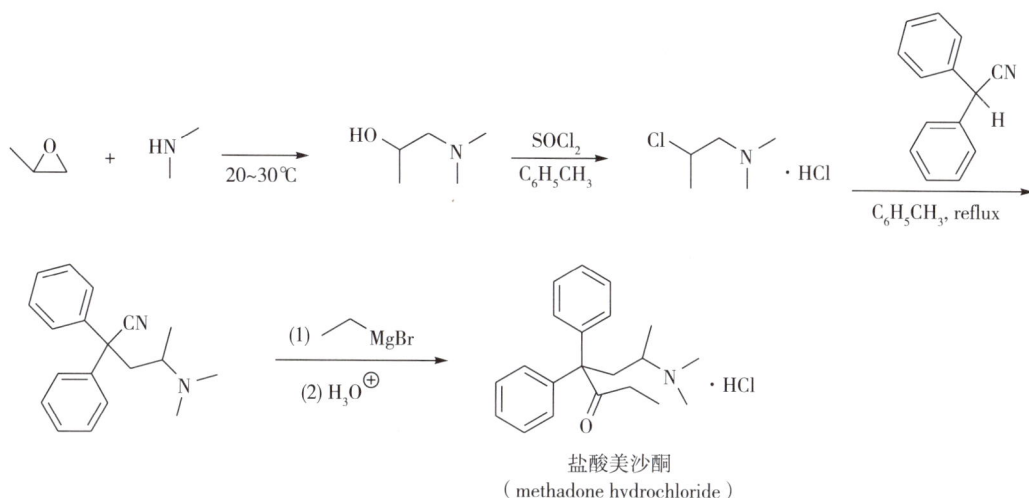

又如：卡莫司汀（carmustine）又名卡氮芥、BCNU，是典型的亚硝基脲类烷化剂，广谱抗肿瘤药。其作用机制一方面通过烷化作用与 DNA 结合，另一方面通过氨甲酰基化作用于蛋白质，可抑制 DNA 聚合酶作用，从而阻止 DNA 和 RNA 合成，为细胞周期非特异性药。因为卡莫司汀结构中的两个 β-氯乙基具有较强亲脂性，故本品脂溶性好，解离度低，能透过血-脑脊液屏障，其代谢产物仍有抗癌作用，与蛋白质结合后缓慢释放，故作用持久、抗瘤谱广，对脑膜性白血病、恶性肿瘤的脑及脊髓转移、霍奇金病（霍奇金淋巴瘤）、急性白血病疗效好。卡莫司汀的一种合成方法，首先以氨基乙醇和脲反应，制得的噁唑烷酮再和氨基乙醇经开环、氯化亚砜（SOCl₂）氯化、最后亚硝化制得卡莫司汀。

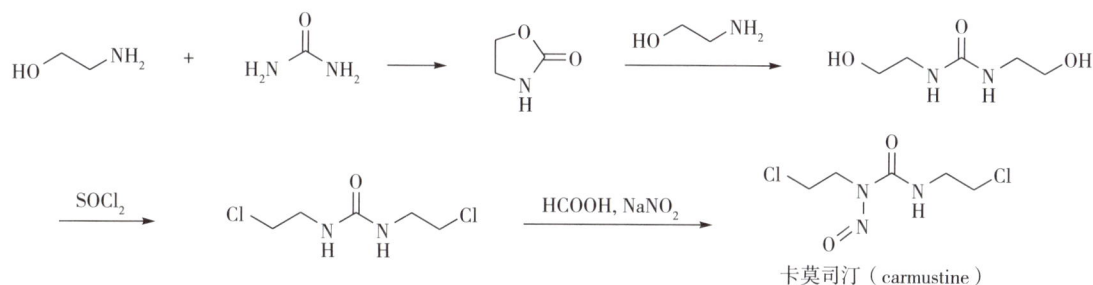

例如，本维莫德（benvitimod）是一种芳香烃受体（AhR）激动剂，是从土壤线虫的共生细菌代谢产物中分离出的天然化合物，属于非甾体类抗炎药，也是一种不含类固醇类激素的银屑病局部治疗药物。本维莫德作为源自中国的 first-in-class（原创创新）原创新药和我国自主研发的国家 1 类新药，具有全新作用机制，为全球第一个批准同时治疗银屑病和湿疹的非激素外用药。本维莫德的一种合成方法中，应用了氯化亚砜（SOCl₂）氯化苄醇化合物为苄氯中间体。

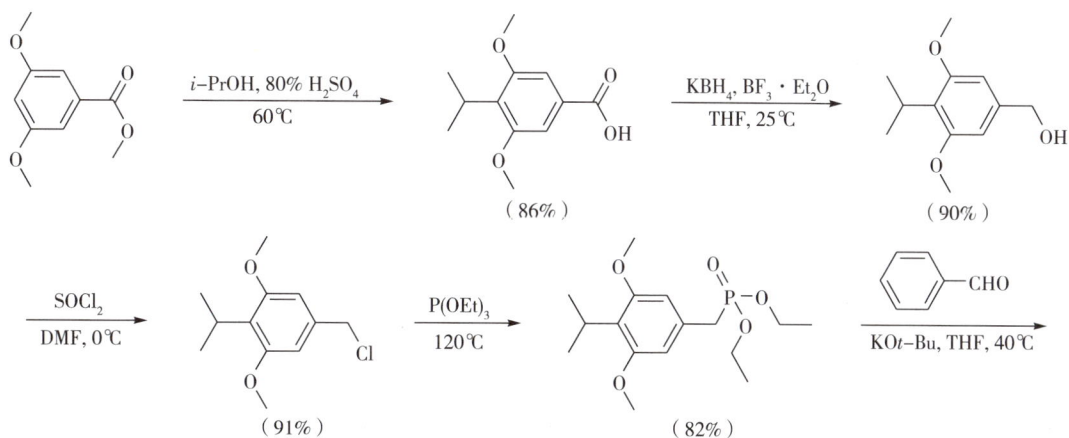

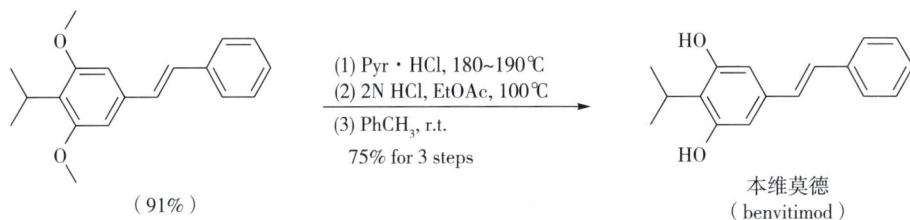

（91%）　　　　　　　　　　　　　　　　　　本维莫德
（benvitimod）

（2）对酸敏感的醇类的氯置换反应　例如 2-羟甲基四氢呋喃用氯化亚砜（SOCl$_2$）和吡啶（Py）在室温下反应，生成 2-氯甲基四氢呋喃，结构中对酸敏感的四氢呋喃环不受影响。

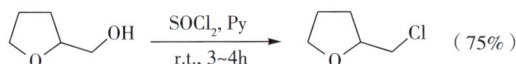

（三）醇和含磷卤化物反应

卤化磷主要是指五氯化磷、三氯化磷、三溴化磷、三碘化磷。它们和三氯氧磷一样都是常用的卤化试剂。由于红磷和溴或碘能够迅速反应生成三溴化磷或三碘化磷，所以在实际应用中往往用红磷和溴或碘来替代三溴化磷或三碘化磷。

1. 醇和三卤化磷、五卤化磷反应　卤化磷活性比卤化氢大，且活性 PX$_5$ > PX$_3$。同醇和氢卤酸的反应相比，由于避免了强酸性介质，有利于按 S$_N$2 机理进行反应，具有重排副反应少、收率高等优点。

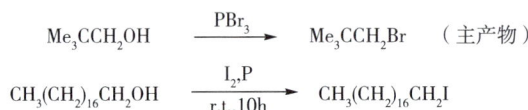

2. 醇和 Vilsmeier-Haack 试剂反应　N,N-二甲基甲酰胺（DMF）和五氯化磷（PCl$_5$）或三氯氧磷（POCl$_3$）等酸性氯化物反应生成氯代亚胺盐（ClCH=NMe$_2^+$），该氯代亚胺盐称为 Vilsmeier-Haack 试剂，在二氧六环或乙腈等溶剂中和光学活性的仲醇反应，可高收率得到构型反转的氯代烃。酸性氯化物除了常用的五氯化磷（PCl$_5$）或三氯氧磷（POCl$_3$），还可以是光气（COCl$_2$）、二（三氯甲基）碳酸酯（三光气）、氯化亚砜（SOCl$_2$）、草酰氯[（COCl）$_2$]、三氯化磷（PCl$_3$）等。

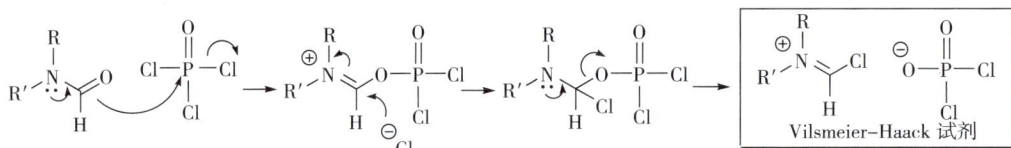

例如：

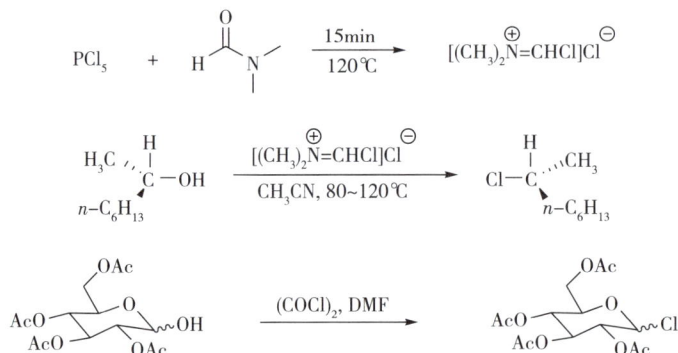

应用实例：辅酶 Q$_{10}$（coenzyme Q$_{10}$）又称泛醌（ubiquinone，UQ），是一种存在于自然界的脂溶性醌类化合物，在人体细胞内参与能量制造及活化，是预防动脉硬化形成的有效抗氧化成分。辅酶 Q$_{10}$ 是

一种脂溶性抗氧化剂，能激活人体细胞和细胞能量的营养，具有提高人体免疫力、增强抗氧化、延缓衰老和增强人体活力等功能，医学上广泛应用于心血管系统疾病的预防和辅助治疗，国内外广泛将其用于营养保健品及食品添加剂。

辅酶 Q$_{10}$ 的一种合成方法，可以用 Vilsmeier–Haack 反应进行甲酰化、三氯化铝催化的区域选择性去甲基化、还原、氧化和 Vilsmeier 氯化等反应进行苯醌关键中间体的合成。

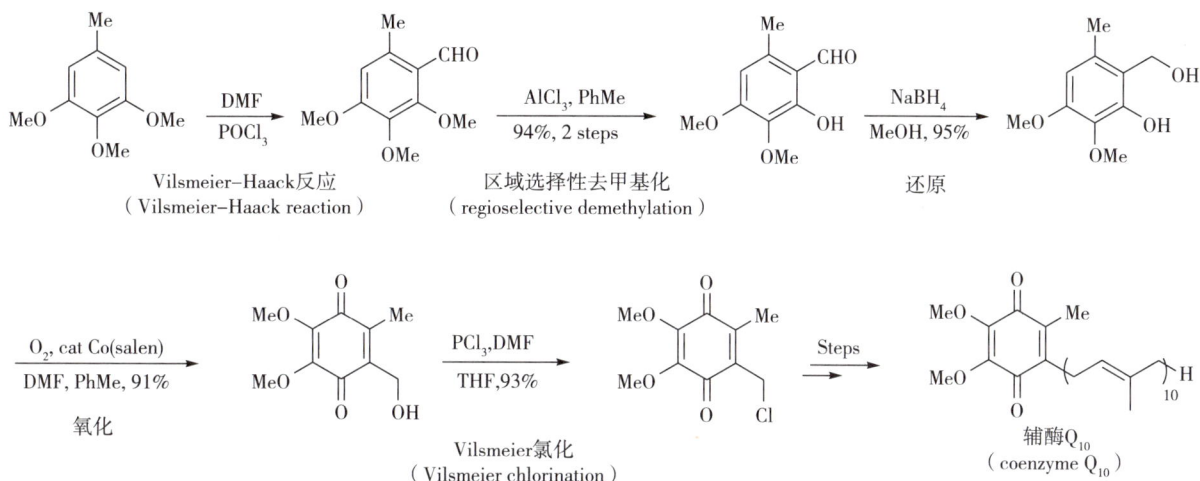

三氯蔗糖，俗称蔗糖素，是卤代蔗糖衍生物的一种，属于高倍甜味剂，广泛应用于食品、饮料工业及化妆品和口腔护理产品。三氯蔗糖的合成是以蔗糖为起始原料，经 6-位羟基选择性乙酰化首先合成蔗糖-6-乙酸酯，再用双（三氯甲基）碳酸酯（三光气、triphosgene，简称 BTC）或氯化亚砜（SOCl$_2$）与 N,N-二甲基甲酰胺（DMF）构成的 Vilsmeier 试剂氯化制备三氯蔗糖-6-乙酸酯，由于使用 Vilsmeier 试剂进行光学活性的仲醇反应时，可高收率得到构型反转的氯代烃，因此该步 Vilsmeier 氯化试剂能很好地取代蔗糖-6-乙酸酯中的 4-位羟基并使蔗糖由葡萄糖构型转变为半乳糖构型（半乳糖与葡萄糖相比，是 C-4 位的差向异构体），最后经脱乙酰基制得三氯蔗糖。

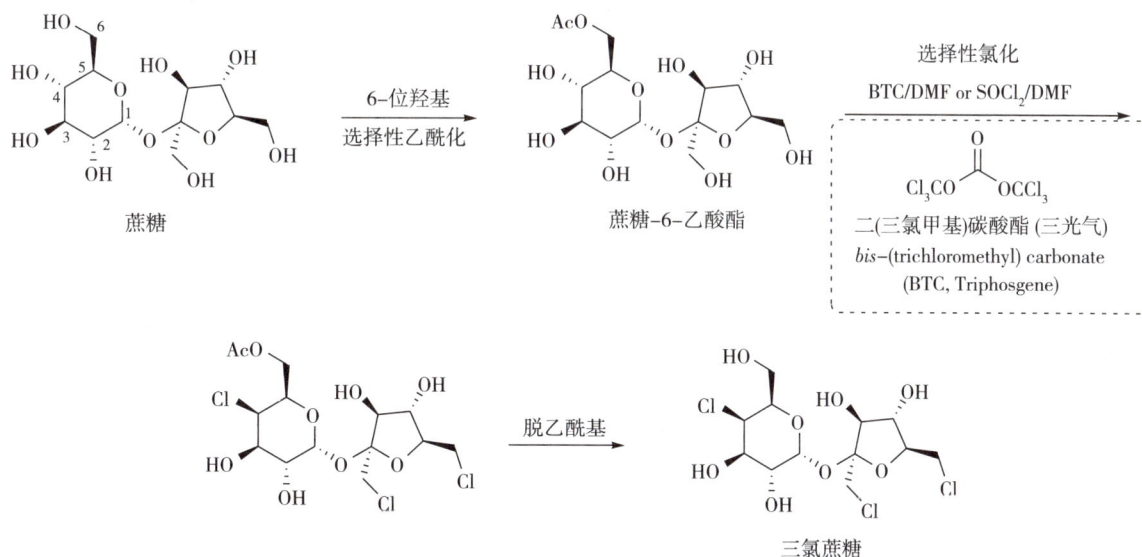

当酮类化合物在酸催化下烯醇化后，也能和 Vilsmeier–Haack 试剂发生类似醇的 Vilsmeier 氯化反应，得到氯代烯烃。

反应机理：

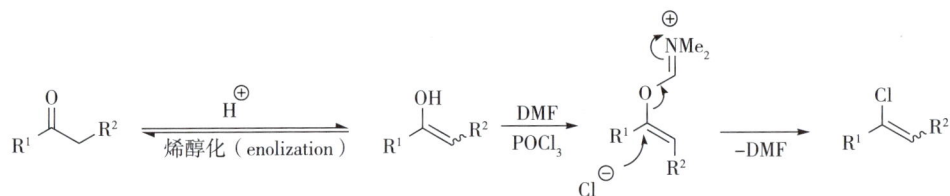

例如：

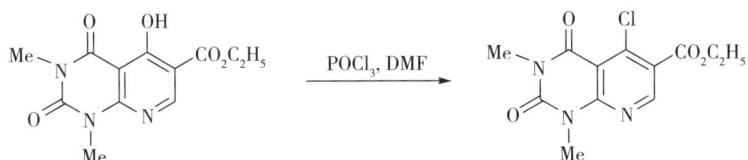

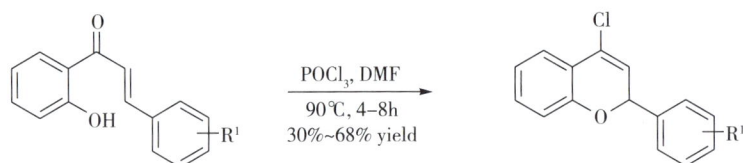

R¹=H, *p*–Cl, *m*–Cl, *p*–Cl, *o*–F, *p*–OMe, *m*–NO₂, *o*–Me, *p*–Me, etc.

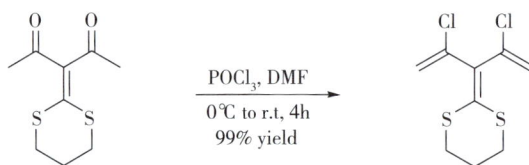

二、酚羟基的置换卤化

由于酚羟基的活性比醇羟基小，因此在醇的卤置换反应中应用的氢卤酸、卤化亚砜等卤负离子试剂都不宜使用。酚羟基的卤置换反应应使用强卤化试剂，常用五卤化磷、三卤氧磷或其混合物，在较剧烈的条件下反应。用五卤化磷进行卤置换反应时，温度不宜过高，因为五卤化磷受热易分解为三卤化磷和卤素，导致卤置换能力降低。

例如：2,3–二氯吡嗪的制备（酚羟基的置换卤化）。

2,3–二氯吡嗪是抗菌药磺胺甲氧吡嗪（sulfamethoxypyridazine，SMPZ）的重要中间体，由2,3–二羟基吡嗪与三氯氧磷进行卤置换而得。

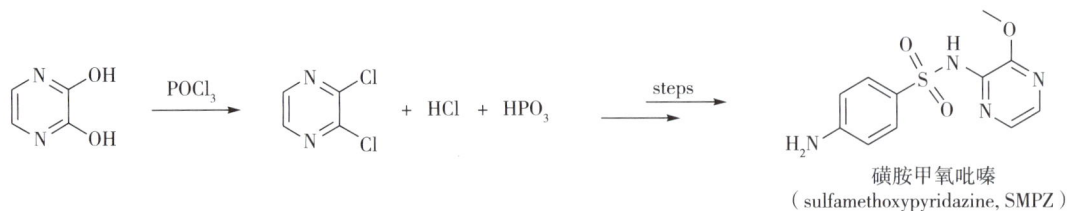

磺胺甲氧吡嗪
（sulfamethoxypyridazine, SMPZ）

缺π电子杂环上的羟基或芳环上有强吸电子基时，酚羟基容易被取代。

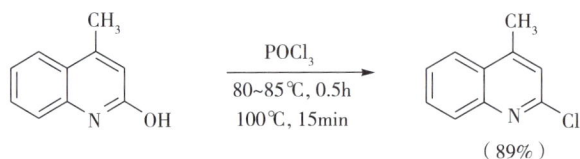

（89%）

通常，酚和有机磷卤化物的反应较为温和，如果需要置换活性较小的酚羟基，因为有机磷卤化物的沸点较高，可在较高温度下和不加压条件下进行卤化。

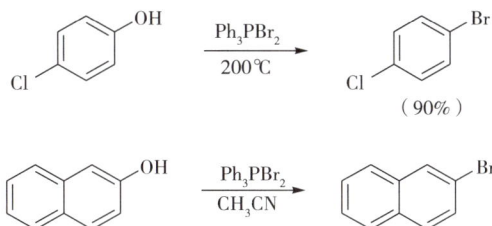

三、醚的置换卤化

1. 反应通式

2. 反应机理

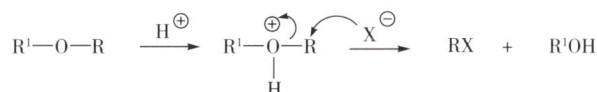

3. 常用卤化试剂

（1）浓的氢卤酸　例如，四氢呋喃的开环碘置换反应，可得良好收率的1,4-二碘丁烷。

碘盐或氢碘酸的价格较高，有时也可采用氢溴酸和浓硫酸来断裂醚键。

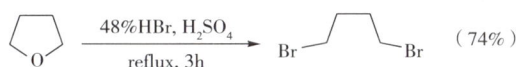

（2）路易斯酸　比如 BF_3、BBr_3、BCl_3 等，能够切断醚键，生成相应的卤代烷或醇（酚）类化合物。例如，BBr_3 可在二氯甲烷的回流温度或室温下切断醚键，反应选择性好，因此能在其他官能团存在下裂解甲醚。

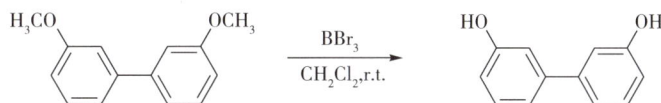

（3）吡啶盐酸盐

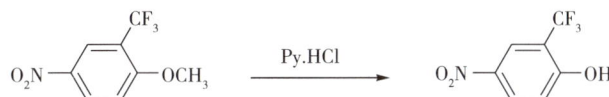

（4）三卤化磷　芳基烷基醚在 PBr_3 和 DMF 作用下可断裂醚键，直接生成溴代芳烃。

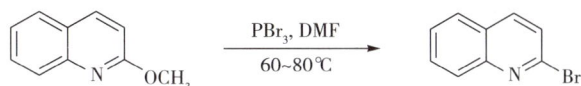

4. 应用实例

（1）在官能团保护中脱去醚类保护基。

（2）制备卤代烃及酚类化合物。

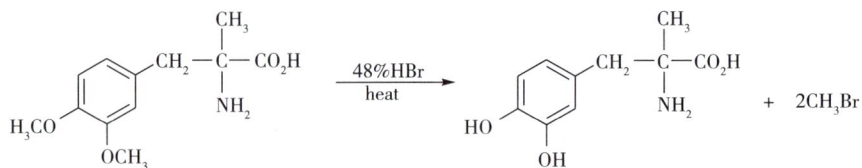

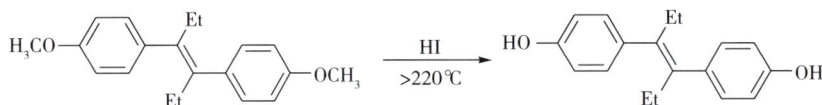

第五节 羧羟基的置换卤化

一、羧羟基的卤置换反应——酰卤的制备

反应通式：

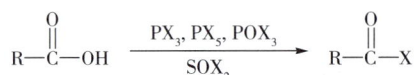

和醇羟基的卤取代反应类似，羧羟基也能用无机酰卤，例如：三卤化磷、五卤化磷、三卤氧磷、卤化亚砜进行羧酸的卤置换反应，用于酰卤的制备。

进行羧羟基卤置换常用的试剂的活性次序大致为：$PCl_5 > PCl_3 > POCl_3 > SOCl_2$。

不同结构羧酸的卤置换活性不同，一般规律是：脂肪酸 > 芳酸；芳环上含给电子基的芳酸 > 无取代的芳酸 > 芳环上含吸电子取代基的芳酸。

1. 五氯化磷为卤化试剂

五氯化磷主要用于活性小的羧酸转化成相应的酰氯，如芳环上含吸电子取代基的芳酸、多元芳酸、烯丙酸等。

反应机理：

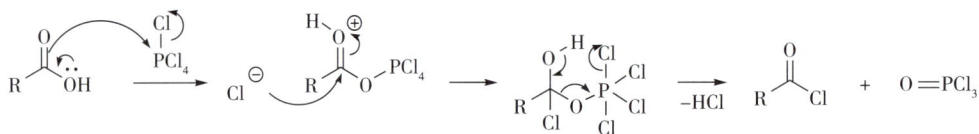

例如：

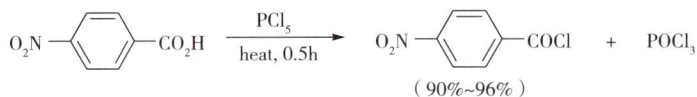

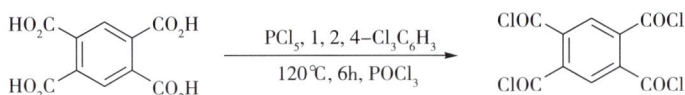

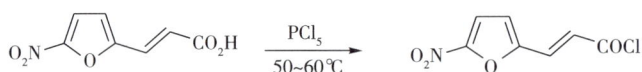

注意：①要求生成酰氯的沸点应与反应生成的 $POCl_3$ 的沸点有较大差距；②羧酸分子中不应含有羟

基、醛基、酮基或烷氧基等敏感官能团，以免发生氯置换反应。

2. 三氯（溴）化磷为卤化剂 三氯（溴）化磷的活性比五氯（溴）化磷小，适用于脂肪羧酸的卤置换反应。如镇咳药喷托维林的中间体合成。

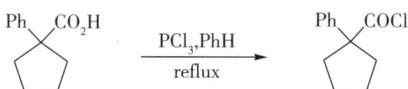

3. 三氯氧磷卤化剂 三氯氧磷活性更弱，主要与活性大的羧酸盐类反应得到相应的酰氯。特别适用于制备不饱和脂肪酰氯以及含有对酸敏感的官能团。例如镇咳祛痰药呱西替柳中间体的合成。

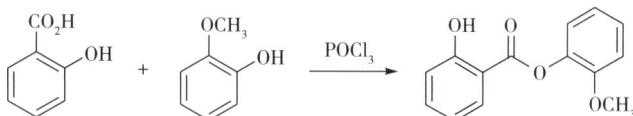

4. 氯化亚砜为卤化试剂 氯化亚砜是由羧酸制备对应酰氯的最常用试剂。

反应通式：

$$RCO_2H \ + \ SOCl_2 \longrightarrow RCOCl \ + \ SO_2 \uparrow \ + \ HCl \uparrow$$

优点：氯化亚砜可过量作为溶剂和卤化试剂，也可用石油醚，二硫化碳等作溶剂；对其他官能团影响小；操作简单；反应速度快，氯化亚砜沸点低（76℃）易蒸馏回收，反应生成的二氧化硫和氯化氢气体（注意用碱液吸收处理）易溢出，无残留副产物，产品易纯化。

反应机理：

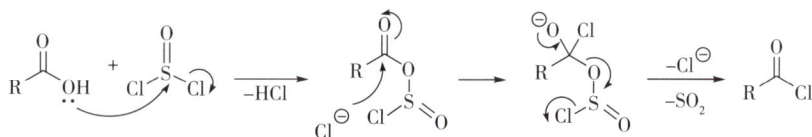

例如：抗生素苯唑西林（oxacillin）的侧链合成。

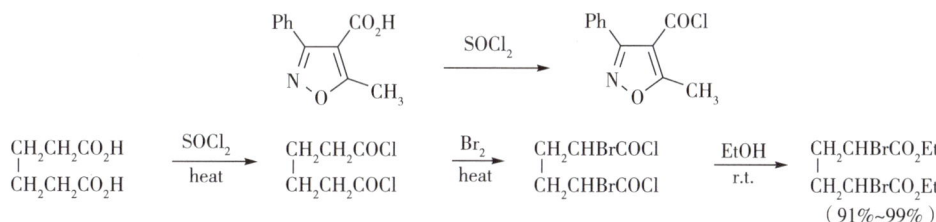

氯化亚砜和羧羟基的卤置换反应中可加入催化量的吡啶、DMF、$ZnCl_2$等作为催化剂加速反应。

DMF 催化反应机理：

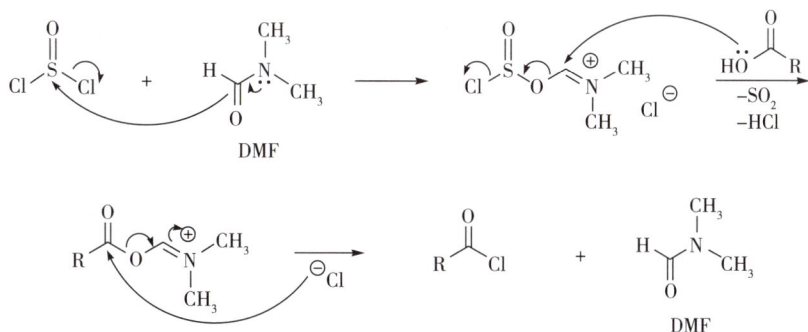

应用实例： 乙酰水杨酰氯的制备（羧羟基的置换卤化）。

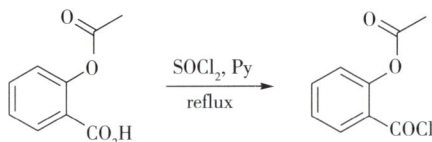

操作方法：①干燥的反应器中，依次加入吡啶、阿司匹林、氯化亚砜；②装上冷凝器；③加热，反应，冷却，倾入干燥的锥型瓶中，加无水丙酮混匀，密封备用。

注意：需安装有害气体（二氧化硫和氯化氢）吸收装置；无水操作、保持干燥。

5. 草酰氯为卤化剂　草酰氯和羧酸或其盐之间的交换反应是一个平衡反应，因反应生成的草酸易分解为一氧化碳和二氧化碳，因此平衡点向右移动，有利于生成对应羧酸的酰氯。草酰氯为卤化剂，和羧酸制备酰氯的反应条件温和。草酰氯也易于从无水草酸和五氯化磷反应制备。

反应通式：

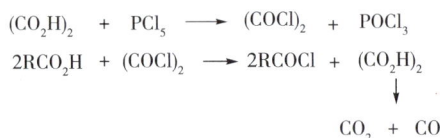

例如：

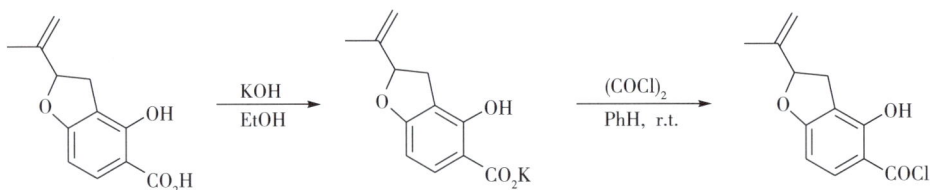

应用实例：造血干细胞移植往往是血液系统恶性肿瘤，如急性白血病、淋巴瘤、多发性骨髓瘤和非恶性肿瘤，如再生障碍性贫血等患者实现疾病治愈的主要手段和希望。但是有 30%～70% 接受异基因造血干细胞移植的患者会出现慢性移植物抗宿主病（cGVHD），cGVHD 是移植后的主要并发症之一，严重时会导致移植失败、疾病复发甚至死亡。贝舒地尔（belumosudil）是一种 Rho 相关蛋白激酶的 ROCK₂ 激酶抑制剂，抑制 ROCK₂ 和 ROCK₁，是治疗 cGVHD 的靶向药物，用于治疗对糖皮质激素或其他系统治疗应答不充分的 12 岁及以上 cGVHD 患者。贝舒地尔的一种合成方法中，应用了草酰氯和羧酸制备酰氯中间体，然后再和胺反应生成酰胺中间体。

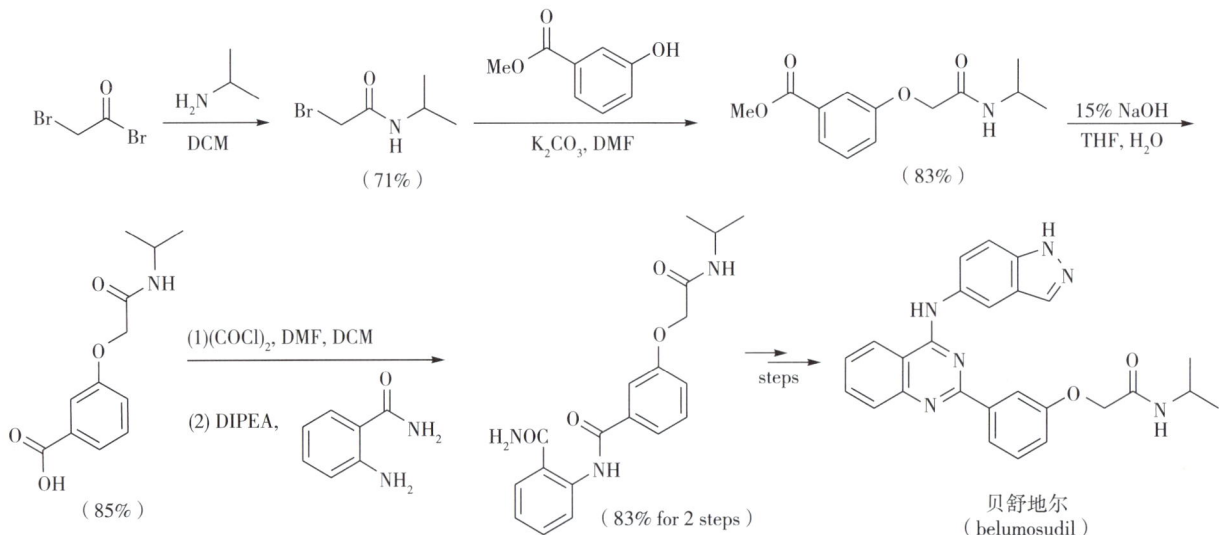

二、羧酸的脱羧－卤置换反应

羧酸银盐和溴或碘反应，脱去二氧化碳，生成比原反应物少一个碳原子的卤代烃，这称为 Huns-diecker 反应（汉斯狄克反应）。

1. 反应通式

$$RCO_2Ag \ + \ X_2 \ \xrightarrow{\triangle} \ RX \ + \ AgX \ + \ CO_2 \quad (X=Br,I)$$

这类反应属于自由基历程，可能包括中间体酰基次卤酸酐（RCOOX）发生均裂，生成酰氧自由基，然后脱羧成烷基自由基，再和卤素自由基结合成卤化物。

2. 反应机理

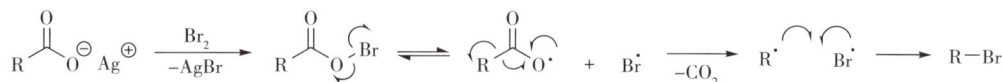

3. 反应特点及应用

（1）C 原子数为 2~18 的脂肪羧酸，均能获得对应的少一个碳的卤化物，故范围广；可将芳香羧酸转变成少一个碳原子的卤代芳烃，实现间接卤化芳烃。

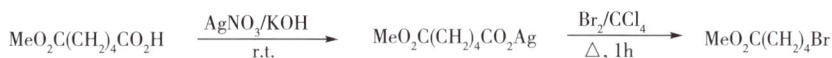

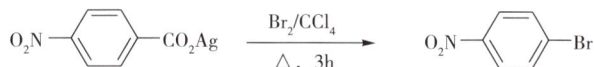

$$MeO_2C(CH_2)_4CO_2H \xrightarrow[r.t.]{AgNO_3/KOH} MeO_2C(CH_2)_4CO_2Ag \xrightarrow[\triangle,\ 1h]{Br_2/CCl_4} MeO_2C(CH_2)_4Br$$

（2）需要严格的无水操作，否则影响收率。并且可改用 Hg、Pb 盐等，光照可促进反应。

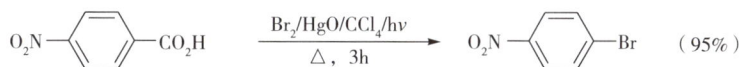

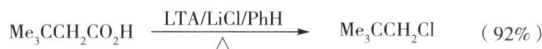

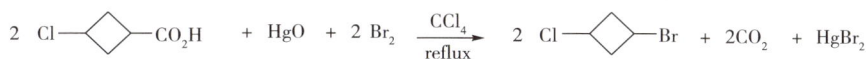

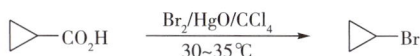

（3）加 I_2 加热，可生成碘代烃；羧酸用碘和四醋酸铅（LTA）在四氯化碳中进行光照反应，也能得到脱羧碘置换产物碘代烃。

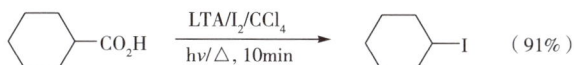

（4）缺点：Ag 盐昂贵，Pb 盐及 Hg 盐有毒，从化学原子经济性角度看，不是当今提倡的化学工艺，因失掉 CO_2 而浪费了一个碳原子。

例如：

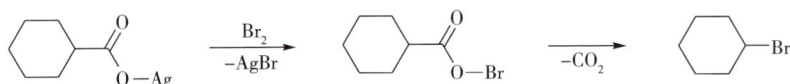

自由基链式反应机理（free-radical chain mechanism）：

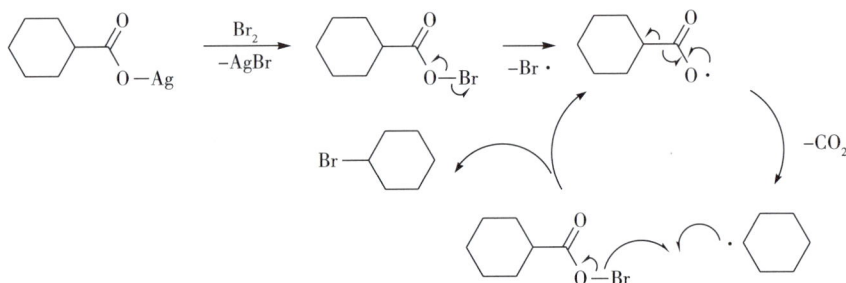

第六节　其他官能团化合物的卤置换反应

一、卤化物的卤素交换反应

1. 反应通式

$$RX + X'^{\ominus} \longrightarrow RX' + X^{\ominus}$$

（X=Cl, Br；X'=I, F）

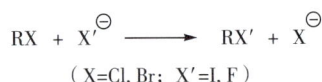

例如：碘代烃的制备。

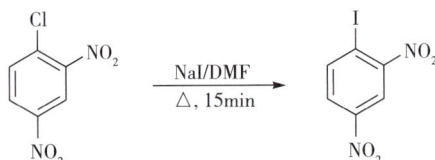

有机卤化物与无机卤化物之间进行卤原子的交换反应，称为 Finkelstein 卤素交换反应。在药物合成中，常常利用该反应制备某些直接用卤化方法难以得到的碘代烃或氟代烃。此反应为可逆反应，大多数的反应机理属于 S_N2 机理。影响反应平衡移动方向的因素有：金属卤代物的卤离子的亲核性，好的离去基团和其中一种离子在反应溶剂的稳定性更高。

比如，利用 KF 制备氟代烷烃的反应，是因为 C—F 键稳定氟离子的离去性较低。反应的平衡也和金属卤代盐在反应溶剂中的溶解度有关。用无水 KF，F 可以取代分子中的 Cl、Br 生成氟化物。例如，抗癌药 5-氟尿嘧啶中间体氟乙酸乙酯的合成。

$$ClCH_2CO_2C_2H_5 + KF \xrightarrow{\text{乙酰胺}} FCH_2CO_2C_2H_5 \quad （50\%）$$

比如利用 NaI，KI 在丙酮中将溴代或氯代烷烃取代为碘代烷烃的反应，就是由于 NaCl、KCl 和 KBr 在丙酮中溶剂度很低，使反应平衡移向产物方向。

$$ClCH_2CH_2OH + NaI \xrightarrow{CH_3COCH_3} ICH_2CH_2OH + NaCl$$

2. 反应特点及应用

（1）加 Lewis 酸可加速反应

$$Me_2C{=}\underset{H}{C}{-}CH_2Cl \xrightarrow[CS_2/20℃/2.5h]{NaI/ZnCl_2} Me_2C{=}\underset{H}{C}{-}CH_2I \quad（96\%）$$

$$\text{环己基—Cl} \xrightarrow[CH_2Cl_2,\,25℃]{HBr/FeBr_3} \text{环己基—Br} \quad 99\%$$

ZnCl₂，FeBr₃路易士酸催化剂

（2）加冠醚可促进反应

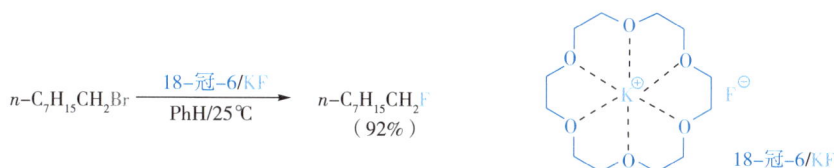

$$n{-}C_7H_{15}CH_2Br \xrightarrow[PhH/25℃]{18\text{-}冠\text{-}6/KF} n{-}C_7H_{15}CH_2F \quad（92\%）$$

18-冠-6/KF

彩图

如果用 NaF 代替 KF，则反应效果不好，主要原因是 Na⁺半径小。

冠醚促进反应的原因：①使氟电子云更加集中，亲核性增强，更易反应；②所形成的配位络合物比碱金属卤化物的脂溶性好，有利于非极性卤置换反应的进行。

二、磺酸酯的卤置换反应

1. 反应通式

$$R^1SO_3R^2 + X^- \longrightarrow R^2{-}X + R^1SO_3^-$$

磺酸酯（如对甲苯磺酸酯、甲磺酸酯等）与亲核性卤化剂（如卤化钠、卤化钾、卤化锂等）反应，可得到对应的卤代烃。反应溶剂常用丙酮、醇类、DMF 等极性溶剂。

2. 反应机理　磺酸酯的卤置换反应为亲核取代反应，卤化剂作为提供卤负离子的亲核试剂，而磺酸酯基作为离去基团。磺酰氯（如：对甲苯磺酰氯 TsCl、甲烷磺酰氯 MsCl 等）及其酯（如：对甲苯磺酸酯、甲磺酸酯等）活性高，在温和条件下易被卤置换，且比直接卤素交换的效率更高。

3. 应用实例　例如：常用的芳磺酸酯为对甲苯磺酸酯（TsOR，Tosylates），其制备方法为：对甲苯磺酰氯（TSCl，Tosyl chloride，4-toluene sulfonyl chloride）和醇成酯。然后对甲苯磺酸酯再进行卤置换反应。

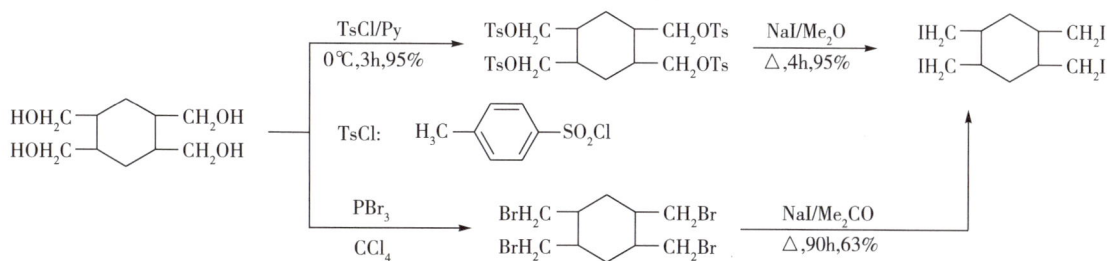

例如，甲烷磺酰氯 MsCl 首先和醇反应制得甲磺酸酯（Mesylates，R-OMs），然后甲磺酸酯再进行卤置换反应。

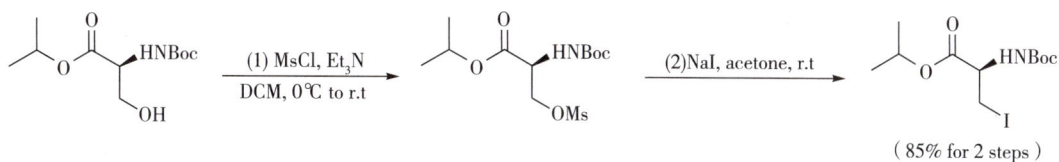

（85% for 2 steps）

三、芳香重氮化合物的卤置换反应

脂肪族、芳香族和杂环等的伯胺在无机酸存在下，与亚硝酸钠作用产生的亚硝酸，低温下产生重氮盐的反应，叫作重氮化反应（diazotization reaction）。脂肪族重氮盐很不稳定，能迅速自发分解；芳香族重氮盐较为稳定。芳香族重氮基可以被其他基团取代，生成多种类型的产物，因此芳香族重氮化反应在有机合成上非常重要。

因为亚硝酸不稳定，通常在低温下使用亚硝酸钠和无机酸（如盐酸、硫酸、高氯酸、氟硼酸、六氟磷酸等）反应，原位生成亚硝酸。同时为了避免亚硝酸的分解，一般立即与伯胺反应制成重氮盐。通常在工业上，利用亚硝酸钠和盐酸在低温下原位反应（in-situ reaction）制备亚硝酸来进行伯胺的重氮化反应。

1. 反应通式

$$R—NH_2 \ + \ NaNO_2 \ + \ 2HCl \ \longrightarrow \ R—\overset{\oplus}{N_2}\overset{\ominus}{Cl} \ + \ 2H_2O \ + \ NaCl$$

R=烃基、芳基、杂环等

重氮化试剂的形式与所用的无机酸有关。当用较弱的酸时，亚硝酸在溶液中与三氧化二氮达成平衡，有效的重氮化试剂是三氧化二氮。

$$2NaNO_2 \xrightarrow[-2NaX]{2HX} 2HO—N=O \longrightarrow \ \overset{\ominus}{O}—\overset{\overset{O}{\parallel}}{\underset{\oplus}{N}}—N=O \equiv N_2O_3 \ + \ H_2O$$

当用较强的酸时，重氮化试剂是质子化的亚硝酸和亚硝酰正离子。因此重氮化反应中，控制适当的pH是很重要的。芳香族伯胺的碱性较弱，因此需要用较强的亚硝化试剂，通常在较强的酸性条件下进行反应。

2. 反应机理

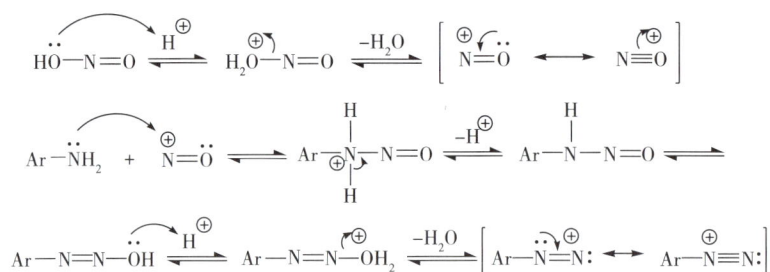

3. 反应特点 重氮化反应的反应温度通常需要控制在 $0 \sim 5℃$ 的低温下，因为在较低的温度下，重氮盐的稳定性较高，可以减缓其分解速度。此外，亚硝酸在较高温度下容易分解，因此 $0 \sim 5℃$ 的低温条件也有助于减少亚硝酸的分解。

除了无机酸与亚硝酸钠产生亚硝酸以外，近年来又开发出一种新的制备重氮盐的方法，即使用亚硝酸叔丁酯或亚硝酸异戊酯或硫代（亚）硝酸酯等替代亚硝酸钠，该方法简单易行，在较温和的反应条件下即可成功实现重氮化反应。

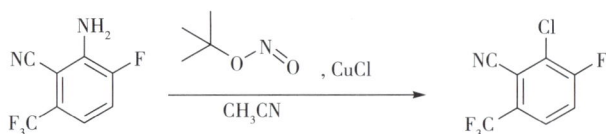

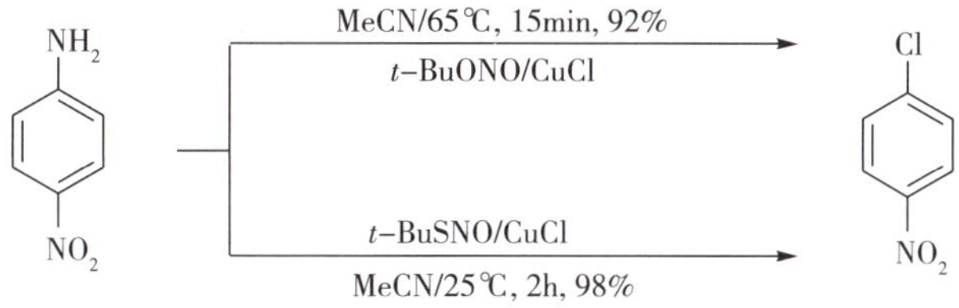

4. 应用实例 由于重氮盐的活性很大，可利用它合成各种有价值的化合物。因此，它在药物合成中占有重要的地位。

芳香族重氮盐的用途很广，其反应主要可分为两大类：①用适当试剂处理，重氮基被—Ar、—H、—OH、—SH、—X（卤素）、—CN、—NO$_2$、—N$_3$、—CF$_3$、—SAr、—SCN 等基团取代，生成相应的取代芳香化合物，因此芳基重氮盐被称为芳香族的"Grignard 试剂（格氏试剂）"；②保留氮的反应，即与相应的芳胺或酚发生偶联反应，生成偶氮染料（或指示剂），如常用的酸碱指示剂甲基橙、甲基红、刚果红，常用染料坚固红 A、锥虫蓝等。

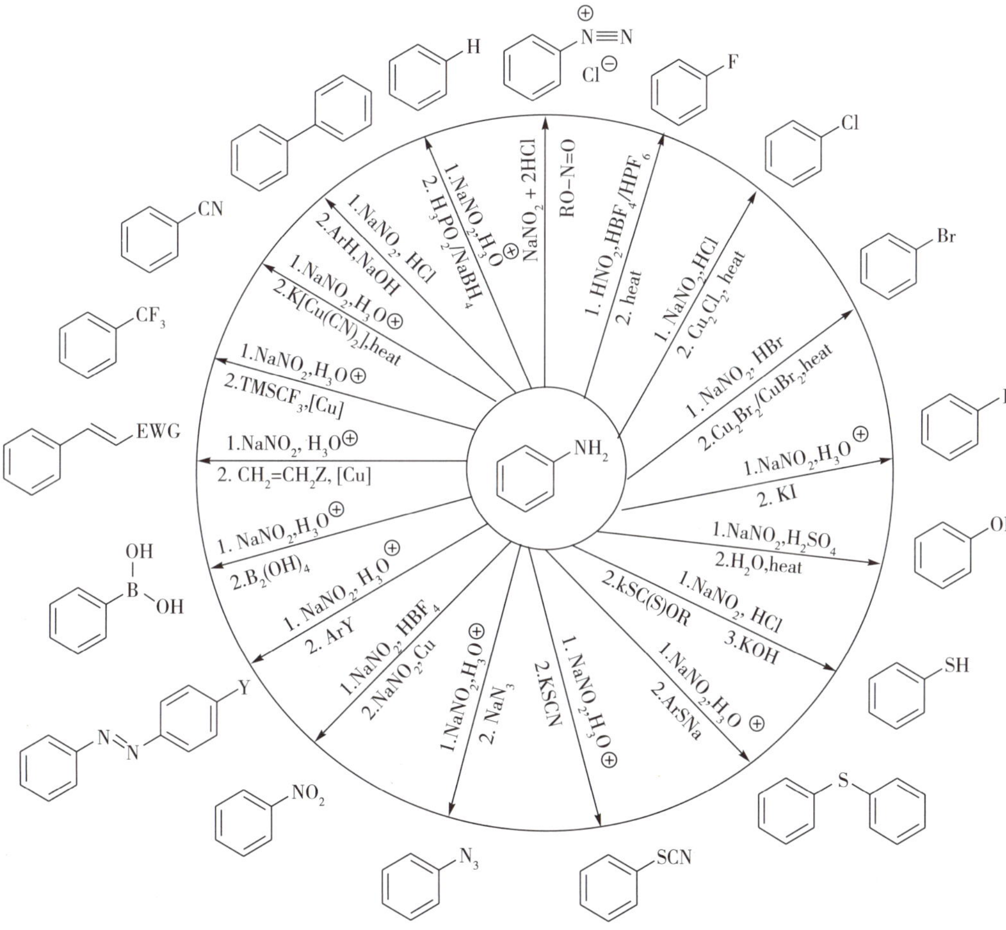

重氮盐的取代反应，有它特殊的重要性，这是制备芳香族多取代物的一种很普遍的方法。

由芳胺经重氮盐取代合成相应的氯或溴化物，这对于一些不能直接采用卤素进行亲电取代，或者取代后，得到的异构体难以分离纯化的卤化物是很有价值的。

重氮盐溶液与氯化亚铜（CuCl）的浓盐酸液作用后，加热分解为氯化物和氮气，这就是桑德迈尔（Sandmeyer）反应。反应通式如下：

$$\text{Ar}-\text{N}_2^+\text{X}^- \xrightarrow{\text{CuX/HX}} \text{Ar}-\text{X} + \text{N}_2$$

一般认为，反应的中间过程是重氮盐和氯化亚铜形成分子络合物，加热后被分解，放出氯化亚铜、氮气和卤代烃。

制备溴化物时，一般先制成重氮硫酸盐，然后加入溴化亚铜和过量的溴氢酸，加热分解而得溴化物。例如：

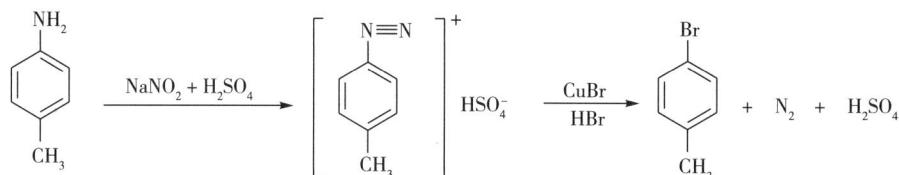

1890年，L. Gattermann 发现直接用铜粉和盐酸或氢溴酸也能从苯胺得到相应的氯苯或溴苯，这种类型的反应称为加特曼反应（Gattermann）反应。

1927年，同样是德国的化学家 G. Balz 和 G. Schiemann 发现直接加热苯胺的硼氟酸重氮盐能得到氟苯，这就是巴尔茨-席曼（Balz-Schiemann）反应。

（1）反应机理 桑德迈尔反应的机理一般认为是自由基历程。首先，重氮盐正离子 $Ar-N_2^+$ 与亚铜盐负离子 $[CuCl_2]^-$ 形成配合物 $Ar-N_2^+CuCl_2^-$，经电子转移、释放氮气生成芳基自由基 $Ar\cdot$，亚铜盐被氧化成卤化铜，然后该芳基自由基与卤化铜发生电子转移生成卤代芳烃，同时使卤化铜还原成卤化亚铜，再作为催化剂继续参与自由基反应。

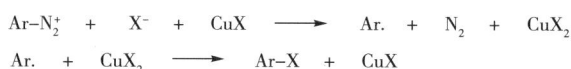

$$Ar-N_2^+ \ + \ X^- \ + \ CuX \longrightarrow Ar\cdot \ + \ N_2 \ + \ CuX_2$$
$$Ar\cdot \ + \ CuX_2 \longrightarrow Ar-X \ + \ CuX$$

（2）应用实例

1）制备氯代芳烃与溴代芳烃 例如，抗疟药阿的平的中间体 2,4-二氯甲苯的合成。

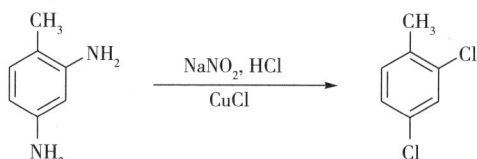

重氮化和卤化反应在同一反应器中完成。先把 2,4-二氨基甲苯溶解，加盐酸和氯化亚铜，再均匀加入亚硝酸钠溶液，维持60℃，反应完毕分层分离，粗品再进行水蒸气蒸馏。

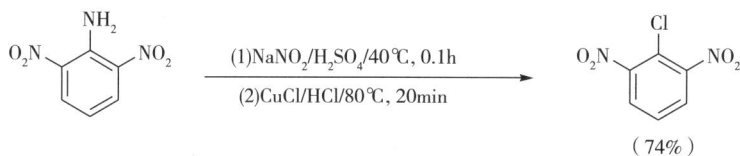

例如，加诺沙星（garenoxacin）为第四代喹诺酮类抗菌药物，其适应证主要为肺炎。本药具有强抗菌活性和广谱抗菌谱，是首次被批准允许记载适用于耐青霉素肺炎链球菌（penicillin resistant streptococcus pneumoniae，PRSP）的药物，对流感杆菌、支原体、衣原体、军团菌也有较强的活性。加诺沙星的一种合成方法中，应用了桑德迈尔反应由芳胺制备溴代芳烃。

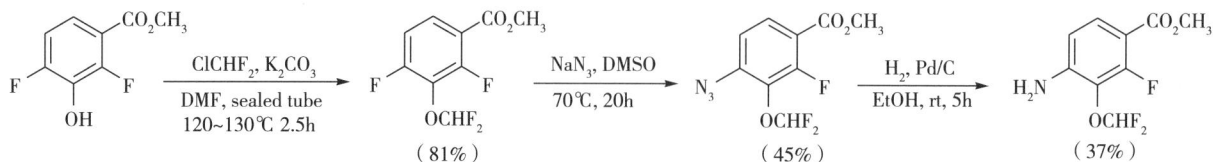

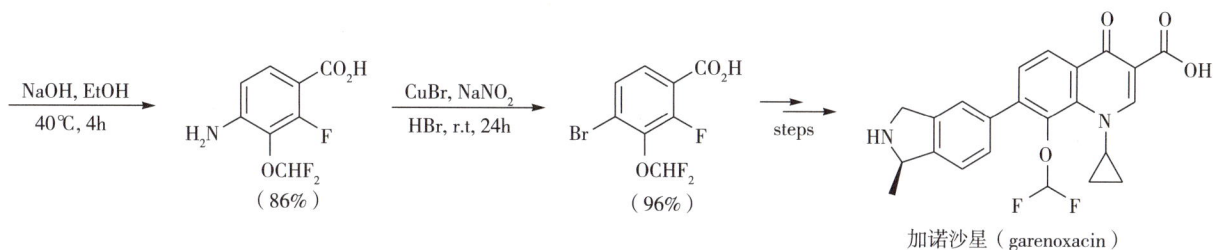

加诺沙星（garenoxacin）

例如，Xeglyze（abametapir）是一种金属蛋白酶抑制剂，而金属蛋白酶是对虫卵发育、若虫和成虫虱子存活等至关重要的生理过程所必需的酶。因此该药主要用于 6 个月及以上患者的头虱感染的局部治疗。Xeglyze 的一种合成方法中，同样应用了桑德迈尔反应由芳胺制备溴代芳烃。

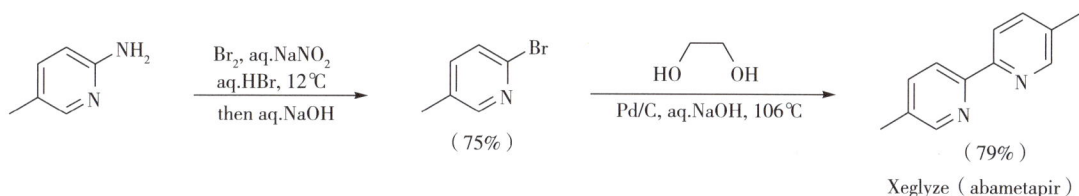

Xeglyze（abametapir）

2）制备碘代芳烃与氟代芳烃 桑德迈尔反应是在芳环上引入氟原子、碘原子的有效方法。

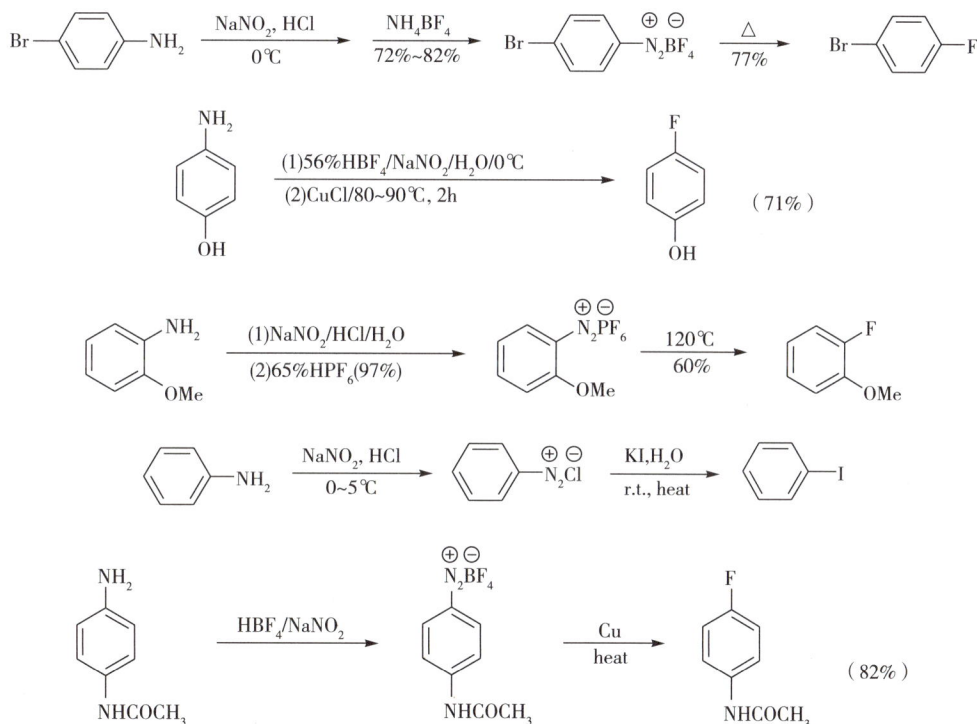

应用实例：洛那法尼（lonafarnib）的一种合成方法中，应用了桑德迈尔反应由芳胺制备碘代芳烃，详见第二章第二节。

第三章　烷基化反应

PPT　微课

用烷基取代有机物分子中的氢原子，包括某些官能团（如羟基、氨基、巯基等）或碳架上的氢原子，均称为烷基化反应。

第一节　氧-烷基化反应

一、卤代烃为烷基化剂

氧原子上的烷基化反应的应用最广泛，其原因有两点：① 性质活泼；② 容易制备。

Williamson 反应：醇或酚在碱（钠、氢氧化钠、氢氧化钾等）存在下，与卤代烃反应生成醚的反应，是制备混合醚的有效方法。

该反应用于引入分子量不太大的烃基。

1. 反应通式

$$ROH + B^{\ominus} \longrightarrow RO^{\ominus} + HB$$

$$RO^{\ominus} + R'X \longrightarrow R'OR + X^{\ominus}$$

2. 反应机理　伯卤代烷 RCH_2X 按 S_N2 历程，随着与 X 相连的 C 的取代基数目的增加越趋向 S_N1 机理反应。

（1）S_N1 历程

$$R\text{—}L \xrightarrow{\text{慢}} R^{\oplus} + L^{\ominus} \quad \text{决定反应速率}$$

$$R^{\oplus} + R'OH \xrightarrow{\text{快}} \left[\begin{array}{c} \oplus \\ R\text{—}O\text{—}R' \\ | \\ H \end{array} \right] \xrightarrow{\text{快}} R\text{—}O\text{—}R' + H^{\oplus}$$
$$\text{消旋产物}$$

叔卤代烷、$Ph\text{—}CH_2X$、$R\text{—}CH\text{=}CH\text{—}CH_2X$ 按 S_N1 历程

S_N1 历程，该反应分两步进行，反应速率仅与 R–L 的物质的量浓度有关。其中，L 可以是卤素（Cl，Br，I）、芳基磺酰氧基、三氟甲磺酰氧基等好的离去基团。

单分子亲核取代反应（S_N1）：是亲核取代反应的一类，其中 S 代表取代（substitution），N 代表亲核（nucleophilic），1 代表反应的决速步涉及一种分子。当 L 为卤素（Cl，Br，I）时，以卤代烃为例，单分子亲核取代反应（S_N1 机理）通常分两步完成：第一步，卤代烃先解离生成烃基碳正离子和卤素负离子，这一步反应速度较慢，是决定反应速度的一步；第二步，生成的烃基碳正离子很快与亲核试剂醇反应，在此 S_N1 反应中，亲核试剂醇从 sp^2 杂化的碳正离子平面所垂直的正反两面进攻，因此得到构型翻转和构型保持的两种产物，如果是在手性碳原子上发生的 S_N1 反应，则得到外消旋混合物，这一步速度很快。因此，该反应的速率仅与第一步碳正离子形成的速率有关，也就是仅与卤代烃的物质的量浓度有关。

（2）S_N2 历程

$$R'O^{\ominus} + R\text{—}CH_2\text{—}L \longrightarrow \left[R'O\text{-}\overset{\overset{\displaystyle R}{|}}{\underset{\underset{\displaystyle H}{|}}{C}}\text{-}\text{-}\text{-}L \right] \longrightarrow R'O\text{—}CH_2R + L^{\ominus}$$

$R'O^{\ominus}$ 从L的背面进攻　　　　瓦尔登翻转　　　　构型翻转
（Walden inversion）

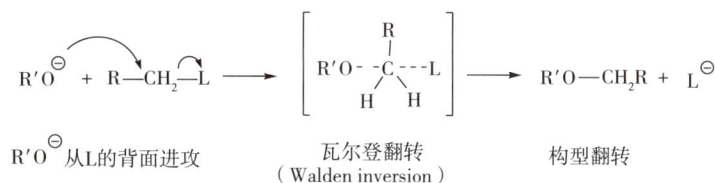

双分子亲核取代反应（S_N2）：是亲核取代反应的一类，其中 S 代表取代（substitution），N 代表亲核（nucleophilic），2 代表反应的决速步涉及两种分子。在此反应中，反应速率与反应物亲核试剂（烃基氧负离子，RO^-）和反应物 R–L 的物质的量浓度乘积成正比。当 L 为卤素（Cl，Br，I）时，以卤代烃为例，伯卤代烃通常按照 S_N2 的历程，该反应是协同过程，亲核试剂（烃基氧负离子）从反应物离去基团（卤素负离子）的背面向与它连接的碳原子进攻，先与碳原子形成较弱的键（C—O 键没有完全形成），同时离去基团（卤素负离子）与碳原子的 C—X 键有一定程度的减弱（C—X 键也没有完全断裂），两者与碳原子形成一直线，碳原子上另外三个键逐渐由伞形转变成平面，这需要消耗能量，即活化能，当反应进行和达到能量最高状态即过渡态后，亲核试剂（烃基氧负离子）与碳原子形成 C—O 键，同时碳原子与离去基团（卤素负离子）之间的 C—X 键断裂，碳原子上三个键由平面向另一边翻转，此时构型发生改变，这个翻转叫作瓦尔登翻转（Walden inversion）。在 S_N2 反应中，将只得到构型翻转的产物。

当烷基化试剂为卤代烃时，也就是 L 是卤素（Cl，Br，I）时，RL（即 RX）与醇成醚的反应称为 Williamson 醚合成法，可用于制备混合醚。

3. 醇或酚的影响

（1）醇的结构

1）活性大的醇，可直接反应：例如，苯海拉明（diphenhydramine）属于抗组胺药，就是我们俗称的抗过敏药。苯海拉明是氨基醚类组胺 H_1 受体拮抗剂中较早的药物。苯海拉明的合成可以采用两种不同的方式。由于两种醇羟基的氢原子活性（酸性）不同，进行烃化反应时所需的条件也不相同。第一个反应的二甲氨基乙醇的醇羟基活性低，因此先制成醇钠；第二个反应的二苯甲醇，由于苯基的吸电子效应，羟基氢原子的活性增大，酸性增大，在反应中加入氢氧化钠作为除酸剂即可。显然，第二个反应优于第一个反应，因此苯海拉明的合成采用了第二种方法。

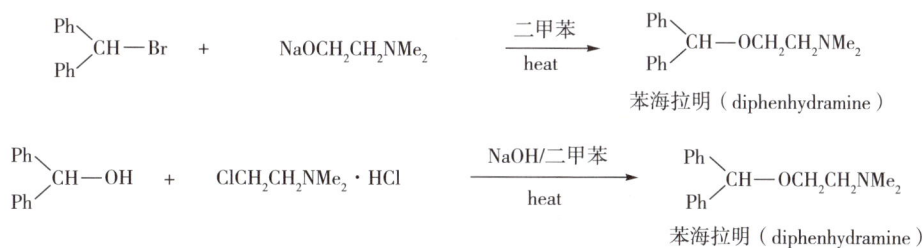

$$\underset{Ph}{\overset{Ph}{>}}CH\text{—}Br + NaOCH_2CH_2NMe_2 \xrightarrow[\text{heat}]{\text{二甲苯}} \underset{Ph}{\overset{Ph}{>}}CH\text{—}OCH_2CH_2NMe_2$$

苯海拉明（diphenhydramine）

$$\underset{Ph}{\overset{Ph}{>}}CH\text{—}OH + ClCH_2CH_2NMe_2 \cdot HCl \xrightarrow[\text{heat}]{\text{NaOH/二甲苯}} \underset{Ph}{\overset{Ph}{>}}CH\text{—}OCH_2CH_2NMe_2$$

苯海拉明（diphenhydramine）

2）活性小的醇，先制成醇钠。

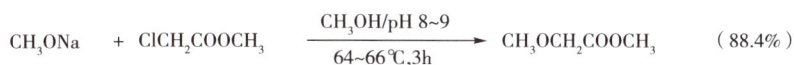

$$CH_3ONa + ClCH_2COOCH_3 \xrightarrow[\text{64~66℃,3h}]{\text{CH}_3\text{OH/pH 8~9}} CH_3OCH_2COOCH_3 \quad （88.4\%）$$

3）某些具有光学活性的醇，采用不同的碱，生成的产物构型不同，如有些刚性结构的具有光学活性的醇，用 NaH 时，都得到立体专一性的甲醚；如果把碱换成金属钠，产物差向异构化。

（2）酚的结构

酸性：酚 > 醇。

反应活性：酚 > 醇。

1）反应常用的碱：氢氧化钠、碳酸钠（钾），不必使用金属钠或醇钠。

2）反应常用的溶剂：水、醇、丙酮或非质子性溶剂、芳烃等。

4. 卤代烃的选择

（1）卤代烃的活性　RF < RCl < RBr < RI。

（2）卤代烃的选择　当 X 相同时，卤代丙烯、苄卤 > 卤代烷 > 卤代芳烃。

1）制备脂肪醚混合醚时，理论上存在以下 A 路线和 B 路线两种方法。

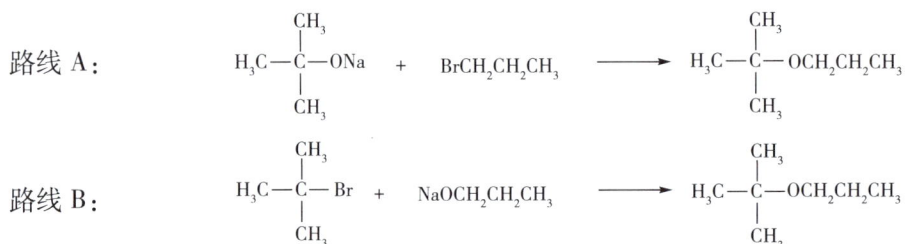

路线 A：$H_3C-\underset{CH_3}{\overset{CH_3}{C}}-ONa$ + $BrCH_2CH_2CH_3$ —→ $H_3C-\underset{CH_3}{\overset{CH_3}{C}}-OCH_2CH_2CH_3$

路线 B：$H_3C-\underset{CH_3}{\overset{CH_3}{C}}-Br$ + $NaOCH_2CH_2CH_3$ —→ $H_3C-\underset{CH_3}{\overset{CH_3}{C}}-OCH_2CH_2CH_3$

上图中的 A 反应，或者说脂肪醚混合醚目标分子的逆合成分析时，采用 A 路线是更优的合成路线。而 B 路线中的正丙醇的醇羟基活性低，因此要先制成醇钠，而所使用的溴代叔丁烷，容易在醇钠这样的强碱性条件下发生消除反应，得到异丁烯。

2）卤代醇在碱性条件下的环化反应即分子内威廉森（Williamson）反应，是制备环氧乙烷、环氧丙烷及高环醚类化合物的方法。由于分子内威廉森反应也是在强碱条件下进行的，因此，和分子间威廉森反应一样，也不能使用叔卤代烃作为烷基化试剂，因为很容易发生消除反应，得到副产物烯烃。

3）制备芳基-脂肪混合醚（Ar—O—R）时，一般应选用酚类与脂肪族的卤代烃反应。

例如：镇痛药邻乙氧基苯甲酰胺（ethenzamide）的合成。

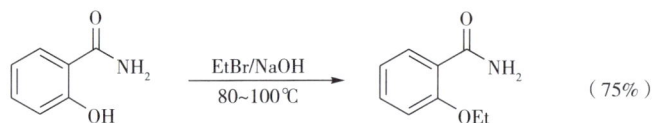

4）卤代芳烃：邻、对位有吸电子基，较易烃化。

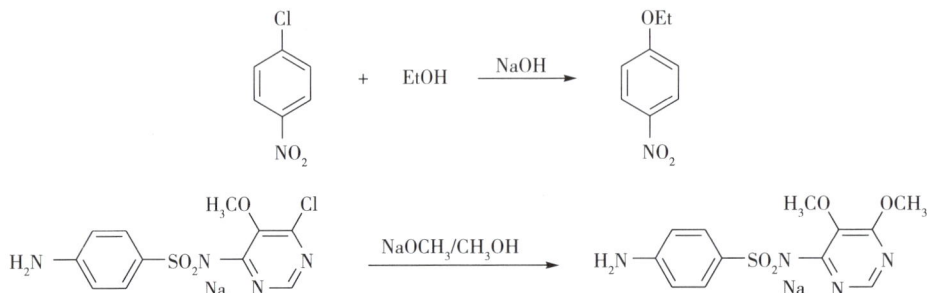

5）S_N2 机理：伯卤代烃 > 仲卤代烃 > 叔卤代烃。

S_N1 机理：叔卤代烃 > 仲卤代烃 > 伯卤代烃。

5. 碱和溶剂

（1）醇的氧-烷基化　反应中加入的碱：氢氧化钠、氢氧化钾、金属钠（和醇生成醇钠）等强碱。

（2）酚的氧-烷基化　反应中加入的碱：强碱（如氢氧化钠等）或弱碱（如碳酸钠等）。

应用实例：贝舒地尔的一种合成方法中，应用了酚在碱（碳酸钾）存在下，与溴代烃反应制备混合醚中间体的 Williamson 反应，详见第二章第五节。

非选择性 β-受体拮抗剂（同一剂量对 β_1 和 β_2-受体产生相似幅度的拮抗作用）普萘洛尔（Propranolol）在临床上主要用于治疗高血压、心绞痛和心律失常。盐酸普萘洛尔（propranolol hydrochloride）的一种合成方法中，应用了 α-萘酚在碱（氢氧化钾）存在下，与环氧氯丙烷反应制备混合醚中间体 1,2-环氧-3-（1-萘氧基）丙烷的 Williamson 反应，再与异丙胺缩合得 1-异丙氨基-3-（1-萘氧基）-2-丙醇，最后与盐酸成盐得到目标产物。

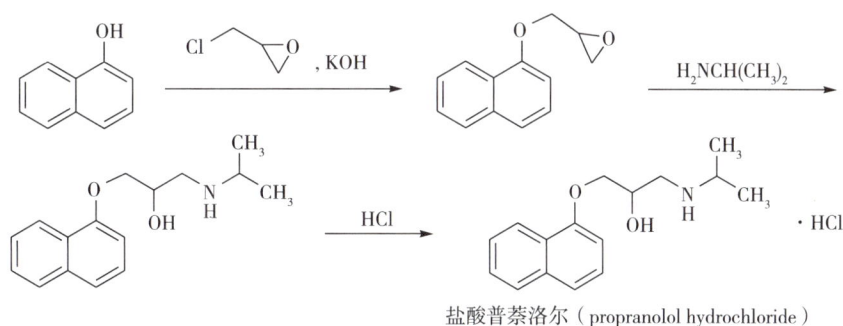

盐酸普萘洛尔（propranolol hydrochloride）

选择性 β_1-受体拮抗剂美托洛尔（metoprolol）主要用于治疗高血压、心绞痛、心肌梗死、肥厚型心肌病、心律失常等。酒石酸美托洛尔（metoprolol tartrate）的一种合成方法是以 4-（2-甲氧基）乙基苯酚为原料在碱（氢氧化钠）存在下，首先与环氧氯丙烷发生 O-烃化反应（Williamson 反应），所得混合醚中间体再与异丙胺反应生成美托洛尔，最后与酒石酸成盐得到目标产物。

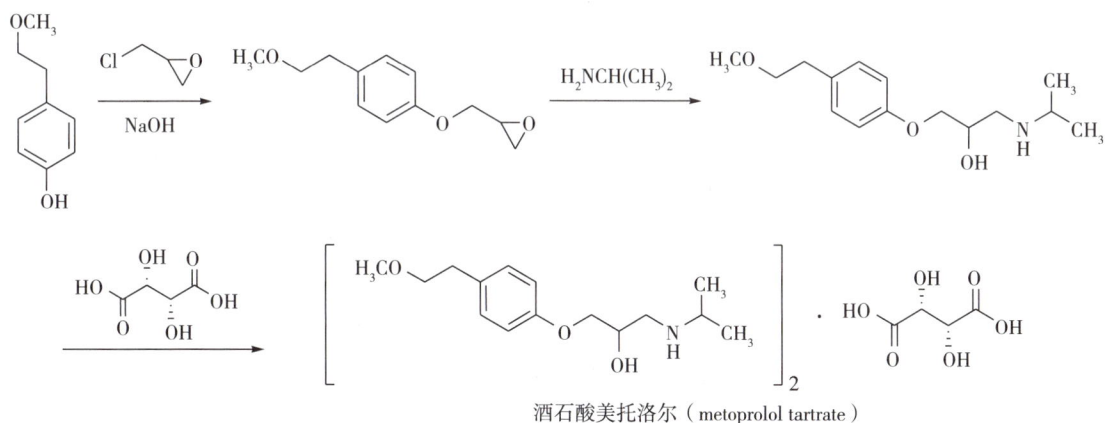

酒石酸美托洛尔（metoprolol tartrate）

二、酯类为烷基化剂

芳磺酸酯（$ArSO_2OR$）、硫酸酯（$ROSO_2OR$）为常用烷基化试剂。

1. 芳磺酸酯烷基化剂

用于引入分子量较大的烷基，其中 $-OTs$（对甲苯磺酸酯基）是很好的离去基团。

常用的芳磺酸酯为对甲苯磺酸酯（TsOR，Tosylates），其制备方法为：对甲苯磺酰氯（TSCl，Tosyl chloride，4-toluene sulfonyl chloride）和醇成酯。

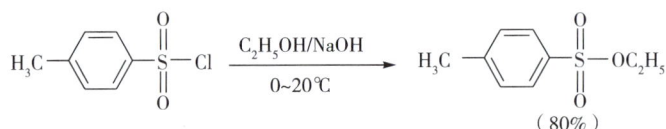

对甲苯磺酸酯的应用范围广泛，常用于引入较大的烃基。

例如：抗抑郁药盐酸茚洛秦（indeloxazine hydrochloride）中间体的制备。

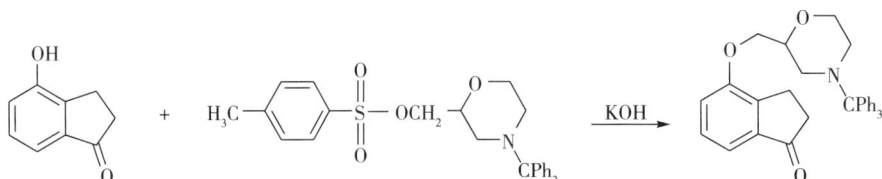

2. 硫酸酯烷基化剂 硫酸二甲酯（Me$_2$SO$_4$）：甲基化试剂。硫酸二乙酯（Et$_2$SO$_4$）：乙基化试剂。

特点：只有一个烷基参加反应，在碱性条件下，酚氧负离子向显电正性的甲基亲核进攻，MeOSO$_2$O$^-$离去，酚氧负离子和甲基正离子结合生成芳基甲基醚；硫酸二甲酯沸点（188℃）比相应的卤代烃高；活性大，反应活性：ROSO$_2$OR > ArSO$_2$OR > RX；毒性大；一般滴加在碱性水溶液中进行。

例如：抗高血压药甲基多巴（methyldopa）中间体的合成，使用硫酸二甲酯进行甲基化反应。

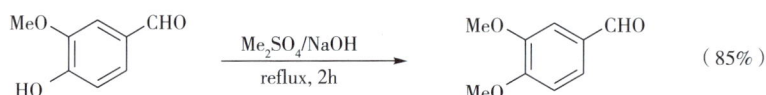

例如：非甾体抗炎药萘普生（naproxen）中间体的合成，也是使用硫酸二甲酯进行甲基化反应。

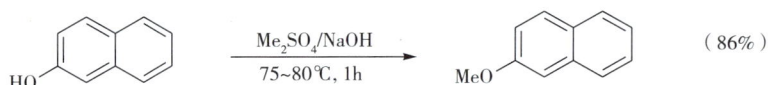

例如：甲氧苄啶（trimethoprim，TMP）为广谱抗菌药，抗菌谱与磺胺药类似，有抑制二氢叶酸还原酶的作用，使二氢叶酸还原为四氢叶酸的过程受阻，影响辅酶 F 的形成，从而影响微生物 DNA、RNA 及蛋白质的合成，使其生长繁殖受到抑制。但细菌较易产生耐药性，因此甲氧苄啶很少单独使用。而磺胺药则抑制二氢叶酸合成酶，两者合用可使细菌的叶酸代谢受到双重阻断，因而抗菌作用大幅度提高，可增效数倍至数十倍，故有"磺胺增效剂"之称，并可减少抗药菌株的出现。后来，又发现该药和其他一些抗菌药物（包括部分抗生素如四环素、庆大霉素等）合用也能起到增效作用，所以又将该药称为"抗菌增效剂"。甲氧苄啶的一种合成方法是以没食子酸（gallic acid，亦称五倍子酸或棓酸）为原料，用硫酸二甲酯进行甲基化反应得到 3，4，5-三甲氧基苯甲酸。接下来在浓硫酸催化下与甲醇进行甲酯化，与水合肼反应制得 3，4，5-三甲氧基苯甲酰肼，再在氨碱性溶液中用铁氰化钾氧化制得 3，4，5-三甲氧基苯甲醛。在甲醇钠作用下，与甲氧基丙腈进行缩合，最后与硝酸胍环合得到甲氧苄啶。

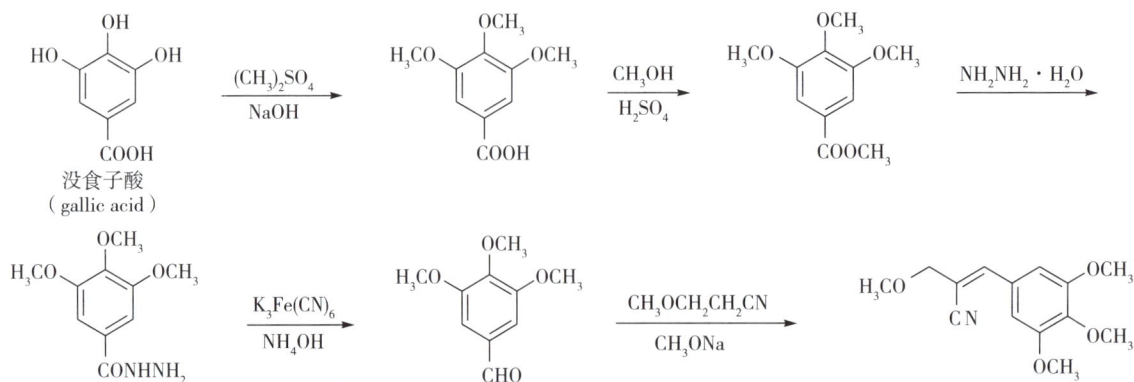

甲氧苄啶（trimethoprim，TMP）

工业应用实例一： 藜芦醛的工业合成。

藜芦醛主要用于合成维拉烟肼（verazine）、甲基多巴（methyldopa）、甲基多巴乙酯（methyldopate）、卡比多巴（carbidopa）和二氨藜芦啶（diaveridine）等药物或医药中间体。

制备方法：

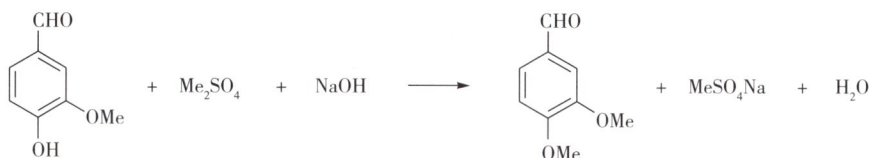

工业应用实例二： 萘夫西林（nafcillin）中间体 β-乙氧基萘甲酸的生产过程。

制备方法：

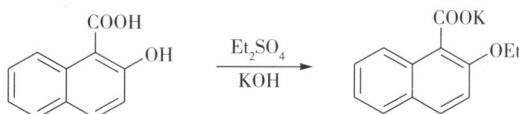

三、环氧烷类为烷基化剂

1. 羟乙基化反应的概念 在酸或碱的催化下，环氧乙烷很易与水、醇和酚发生反应，在氧原子上引入羟乙基，此反应称为氧原子上的羟乙基化反应。

反应机理如下。

（1）碱催化 双分子亲核取代反应机理（S_N2 机理）。

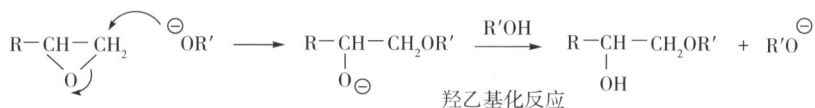

当用碱催化时，经过 S_N2 双分子亲核取代历程，开环单一，立体位阻原因为主，反应发生在取代较少的碳原子上。

（2）酸催化 单分子亲核取代反应机理（S_N1 机理）。

当用酸催化时，分为两种情况：①R 为供电子基或苯时，在 a 处断裂；②R 为吸电子基时，得 b 处断裂产物。

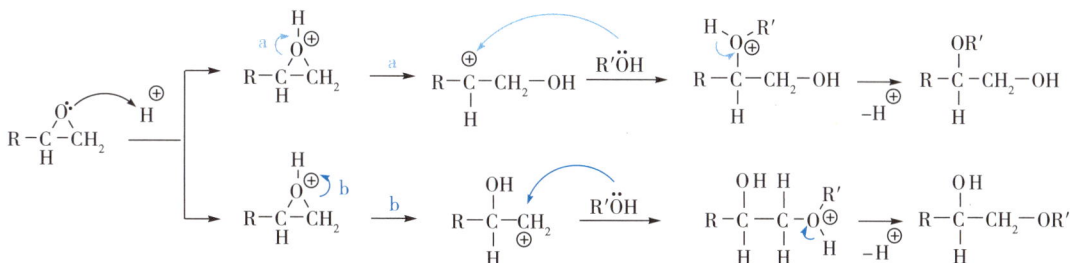

彩图

具体历程如上图所示，当用酸催化时，属于单分子亲核取代反应，S_N1 历程。

若 R 为给电子基或苯时，环氧乙烷三元环正离子，先从 a 处断裂，开环方向取决于电子因素（主要考虑碳正离子稳定性），而与空间位阻因素关系不大，因此 C—O 键优先从分子左边的 C—O 键 a 处断裂，形成更稳定的仲碳正离子，接下来亲核试剂也优先进攻左边这个取代较多的碳原子，最后生成伯醇；

但是 R 为吸电子基时，环氧乙烷三元环正离子，先从 b 处断裂，开环方向还是取决于电子因素（主要考虑碳正离子稳定性），而与空间位阻因素关系不大，因此 C—O 键优先从分子右边的 C—O 键 b 处断裂，形成更稳定的伯碳正离子，接下来亲核试剂也优先进攻右边这个取代较多的碳原子，最后生成仲醇。

例如：

B 路线，酸催化：S_N1 历程。

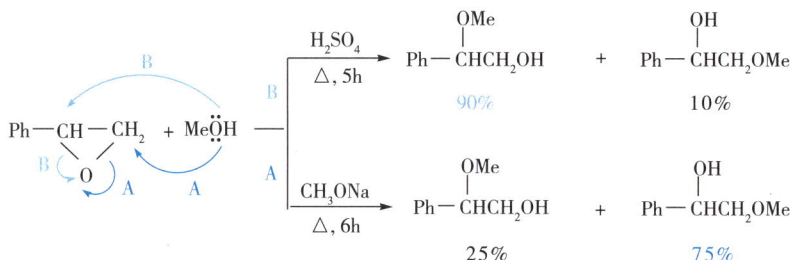

A 路线，碱催化：S_N2 历程。

2. 反应的优点　反应条件温和，速度快，反应压力也不高，可在常压或不太高的压力下进行。

3. 生成产物

（1）酸催化　属于单分子亲核取代反应，主要考虑电子效应和碳正离子稳定性。若 R 为给电子基或苯时，主要生成伯醇；R 为吸电子基主要生成仲醇。

（2）碱催化　属于双分子亲核取代，考虑立体位阻原因为主，反应发生在取代较少的碳原子上，主要生成仲醇。

4. 羟乙基化反应在药物合成中的应用

（1）抗高血压药盐酸贝凡洛尔（bevantolol hydrochloride）中间体的制备。

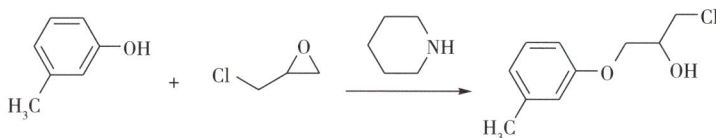

（2）抗巨细胞病毒药更昔洛韦（ganciclovir）中间体的制备。

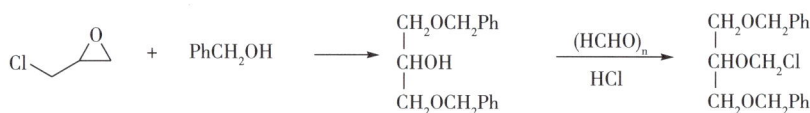

（3）药用辅料吐温-80 的制备。

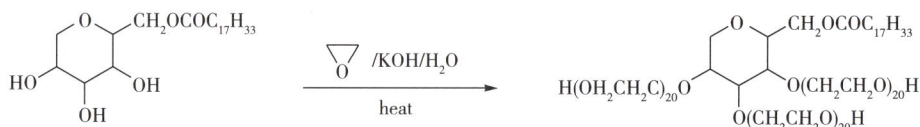

进行工业生产时的注意事项：①副反应是易与环氧乙烷继续反应生成聚醚衍生物；副反应的避免办法为使用大大过量的醇；②制备单醚时，产品可以用减压蒸馏法进行分离精制；③应用副反应制备聚醚

时，不能用精馏法分离精制，因此必须优选反应条件。

四、其他烃化剂

1. 烯烃为烃化剂 双键 α 位有腈基、羰基、酯基、羧基等吸电子基时，才较容易发生烃化反应。双键 α 位没有吸电子基时，反应不易进行。例如甲醇在甲醇钠中对丙烯腈的加成反应。

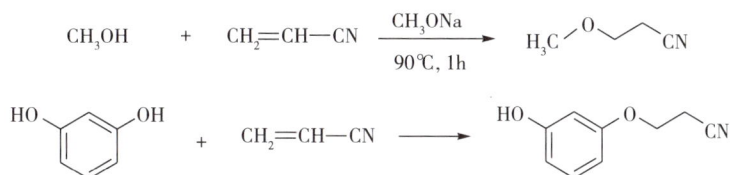

2. 重氮甲烷烃化剂 重氮甲烷是实验室中经常使用的甲基化试剂。反应过程可能是羟基解离出质子，转移到活性亚甲基上而形成重氮盐，经分解放出氮气而形成甲醚或甲酯。由此可见，羟基的酸性越大，则质子越容易发生转移，反应也越易进行。因此，羧酸比酚类更容易与重氮甲烷甲基化。

重氮甲烷作为烃化剂的反应特点是除了放出氮气以外，无其他副产物产生，因此后处理简单，产品纯度高，收率高。但是，重氮甲烷有毒，不宜大量制备，因而是实验室中经常使用的甲基化试剂。

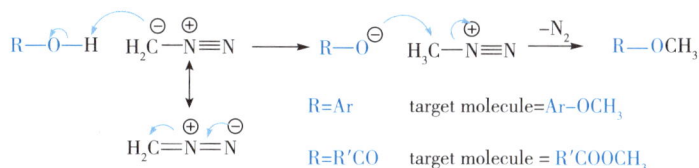

例如：3,4-二羟基苯甲酸与不同摩尔比的重氮甲烷反应产物的差异，可以比较出羧酸与酚活性的不同。反应活性：羧酸大于酚羟基。

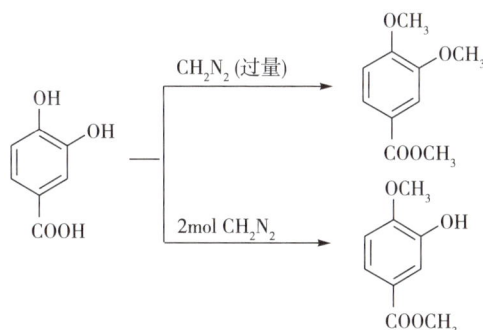

五、螯合酚及多元酚的选择性烷基化

1. 酚的螯合及其对烷基化的影响

（1）螯合酚的概念 当酚羟基的邻位有羰基存在时，羰基和羟基之间容易形成分子内氢键，此时由于六元环的稳定性使酚羟基的酸性降低，具有这种结构的酚即为螯合酚。

例如：水杨酸的酚羟基邻位有羧基存在，酚羟基与羧基的羰基可以形成分子内氢键，此时如果用碘甲烷/氢氧化钠条件进行烷基化反应，产物主要是水杨酸甲酯，而不是邻甲氧基苯甲酸。

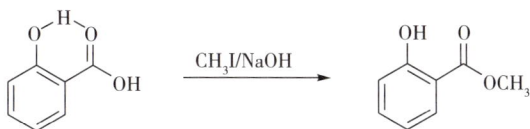

例如：天然产物分离得到的黄酮类化合物，其羰基邻位的酚羟基在较温和的条件下也不容易烷基化，这也是形成分子内氢键的结果。

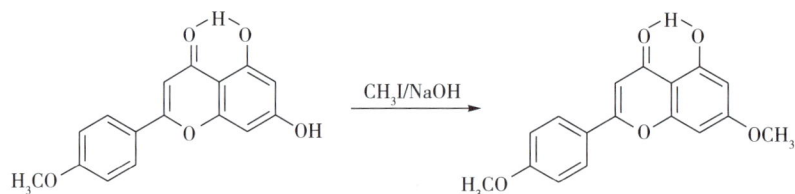

（2）解除螯合作用对酚的氧烷基化影响的办法　应用芳磺酸酯和硫酸酯为烷基化试剂，在激烈的条件下（高温等）可以甲基化有螯合作用的酚。

例如：

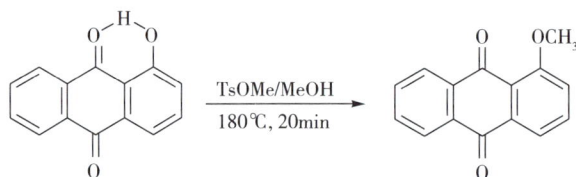

2. 多元酚的选择性烷基化

（1）多元酚的烷基化　在进行多元酚的烃化时，为了避免 C-烃化副产物，必须注意选择适当的条件。

例如，间苯三酚在强碱液中滴加碘甲烷，得到以碳-甲基化为主的产物；如果将间苯三酚与碘甲烷预先溶于甲醇中，在加热条件下滴加计算量的甲醇钠的甲醇溶液，得到的是以氧-甲基化为主的产物。

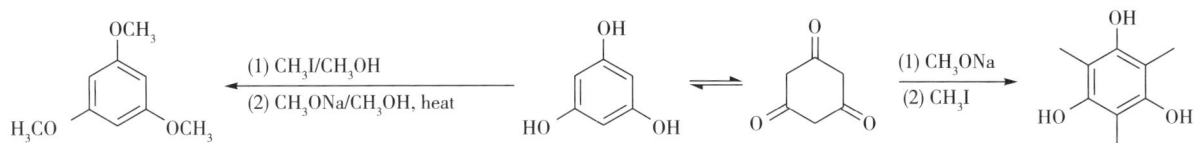

（2）选择性烷基化　由于具有螯合作用的酚较难烃化，所以，可以利用此性质对多元酚进行选择性烃化。

例如，抗血小板药维脑路通（troxerutin，曲克芦丁），以芦丁（rutin）为原料用环氧乙烷进行选择性羟烷基化反应得到。

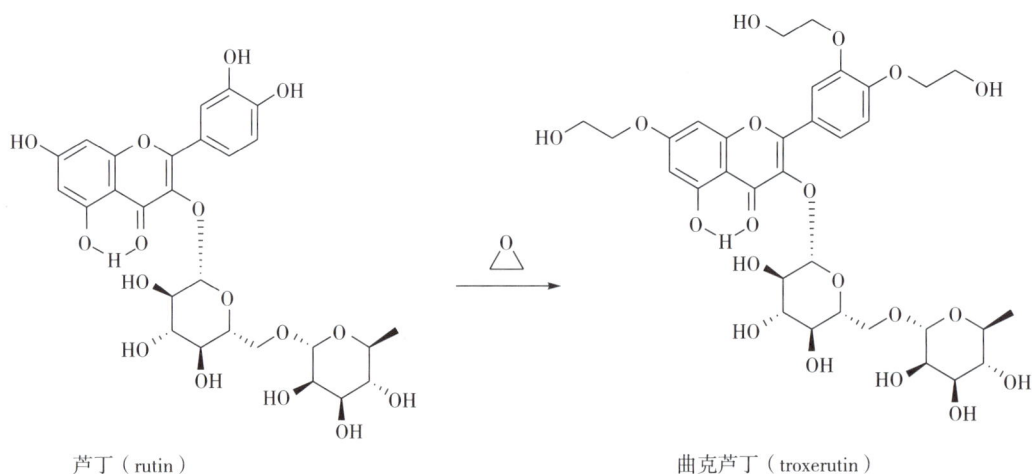

芦丁（rutin）　　　　　　　　　　　　　　曲克芦丁（troxerutin）

第二节 氮-烷基化反应

卤代烃与氨或伯、仲胺之间进行的烃化反应是合成胺类的主要方法之一。氨或胺都具有碱性，亲核能力较强。因此，它们比羟基更容易进行烃化反应。

一、氨及脂肪胺的 N-烃化

（一）卤代烃为烷基化剂

氨及脂肪胺的 N-烃化，与卤代烃反应：

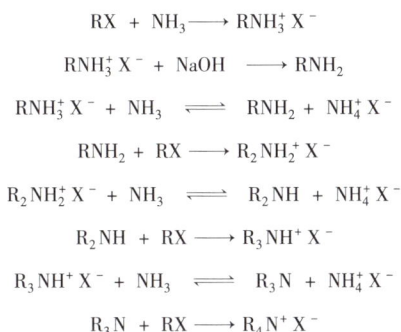

$$RX + NH_3 \longrightarrow RNH_3^+ X^-$$

$$RNH_3^+ X^- + NaOH \longrightarrow RNH_2$$

$$RNH_3^+ X^- + NH_3 \rightleftharpoons RNH_2 + NH_4^+ X^-$$

$$RNH_2 + RX \longrightarrow R_2NH_2^+ X^-$$

$$R_2NH_2^+ X^- + NH_3 \rightleftharpoons R_2NH + NH_4^+ X^-$$

$$R_2NH + RX \longrightarrow R_3NH^+ X^-$$

$$R_3NH^+ X^- + NH_3 \rightleftharpoons R_3N + NH_4^+ X^-$$

$$R_3N + RX \longrightarrow R_4N^+ X^-$$

反应机理：氨或伯、仲、叔胺上的带有未用电子对的氮原子向显电正性的烷基（R）亲核进攻，得到胺盐或季铵盐，反应机理属于 S_N2 亲核取代反应。

由于上述机理，虽然卤代烃与胺反应易得伯、仲、叔胺和季铵盐的混合物，但是经过长期实践，找到了制备伯、仲或叔胺的方法。

1. 伯胺的制备

（1）控制反应物料配比　大大过量的氨和卤代烃反应，可抑制生成的伯胺进一步烃化，主要得到伯胺。

$$NH_3（大量过量） + RX \longrightarrow RNH_2$$

例如：

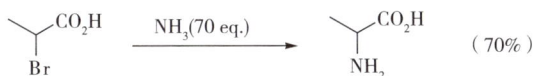

反应特点如下。

1）当 R 相同时，卤代烃的活性顺序为：RI > RBr > RCl > RF；因此，用溴代烃或氯代烃进行烷基化反应时，在反应混合物中加入碘盐，可促进溴代烃或氯代烃交换为碘代烃，增加卤代烃的反应活性。

2）当 X 相同时，直链伯卤烃为原料时，而氨不足时，仲胺和叔胺的比例较大。

3）当位阻较大的伯卤代烃或仲卤代烃为原料时，增大氨过量的比例，卤代烃和氨的反应可停留在伯胺或仲胺阶段，其中生成伯胺比例较大，而生成叔胺较少。

（2）Gabriel 合成法　由相应的卤代烃等烃化试剂和邻苯二甲酰亚胺（phthalimide）反应温和地分两步制备伯胺，首先烷基化邻苯二甲酰亚胺钾盐（potassium phthalimide）得到 N-烃基邻苯二甲酰亚胺（N-alkyl phthalimide），然后经酸水解、碱水解得到伯胺和邻苯基二甲酸，或肼解得到伯胺和邻苯二甲酰肼（phthalyl hydrazide）的反应，称为 Gabriel 合成（Gabriel synthesis）。

反应通式：

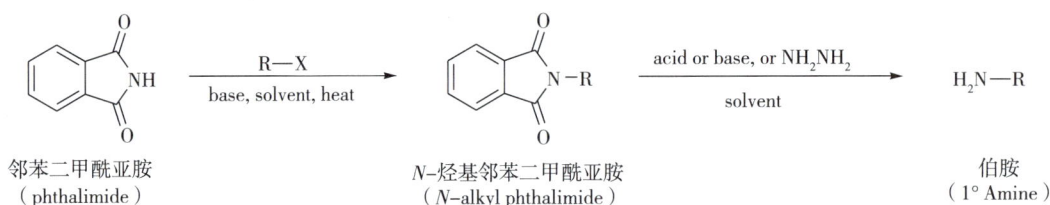

邻苯二甲酰亚胺
（phthalimide）　　　　　　N-烃基邻苯二甲酰亚胺
（N-alkyl phthalimide）　　　　　　伯胺
（1° Amine）

X=halogen(I>Br>Cl), OTf, OMs, OTs, etc.;
R=1°, 2° alkyl, allylic, benzylic, etc.
solvent=EtOH, DMF, NMP, DMSO, HMPA, CH$_3$CN, etc.

反应机理（碱水解法）：

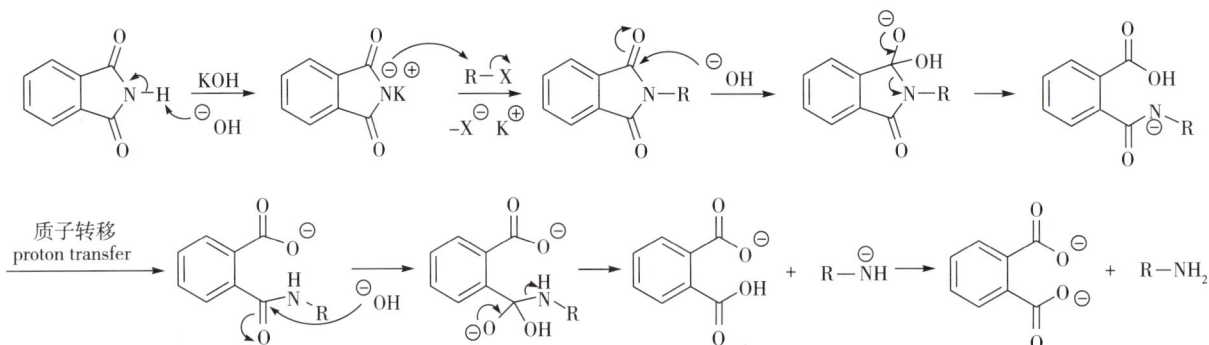

质子转移
proton transfer

反应机理（肼解法）：

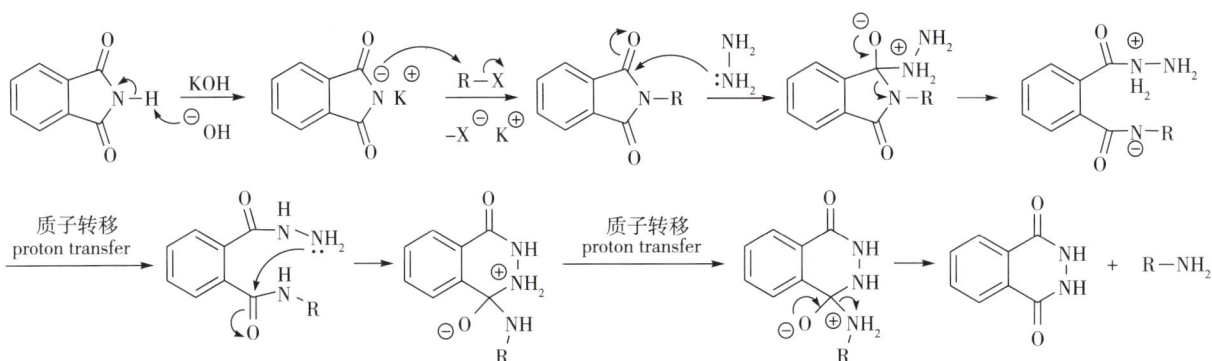

质子转移
proton transfer

质子转移
proton transfer

　　Gabriel 合成的特点：①使用的卤代烃范围广，除活性较差的芳卤代烃以外，其他带有各种取代基的卤代烃都可以应用 Gabriel 合成法来合成伯胺，尤其是无空间位阻的 1° 和 2° 烷基卤化物的效果最好，其中又以烷基碘化物的反应活性最强（RI > RBr > RCl），其次是烯丙基、苄基和丙炔卤化物；②卤代烃上若带有—X、—OH、—CN 等活性官能团时可进一步和另外物质反应，再经酸水解或肼解，制得结构较为复杂的伯胺衍生物；③烷基磺酸酯，例如三氟甲磺酸酯（Triflates，R-OTf）、甲磺酸酯（Mesylates，R-OMs）、对甲苯磺酸酯（Tosylates，R-OTs）等，通常比烷基卤化物有更高的产率，而且底物更容易获得；④具有多个吸电子基团（electron-withdrawing groups）的芳基卤化物，可通过芳香族亲核取代反应（S$_N$Ar reaction）制备芳伯胺；⑤在烷基卤化物与邻苯二甲酰亚胺钾盐的反应混合物中加入催化量的冠醚，几乎可以得到定量的产率；⑥该反应的酸性水解往往需要较高的反应温度，有时甚至高达 180～200℃，利用肼解法则反应条件温和很多且收率较高，特别适合于对强酸、强碱和高温比较敏感的化合物制备伯胺。

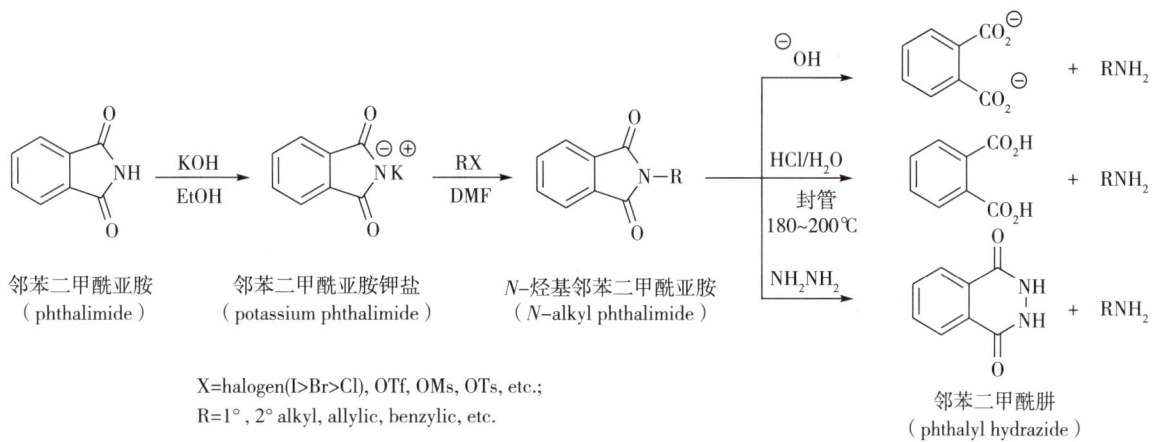

X=halogen(I>Br>Cl), OTf, OMs, OTs, etc.;
R=1°, 2° alkyl, allylic, benzylic, etc.

例如：

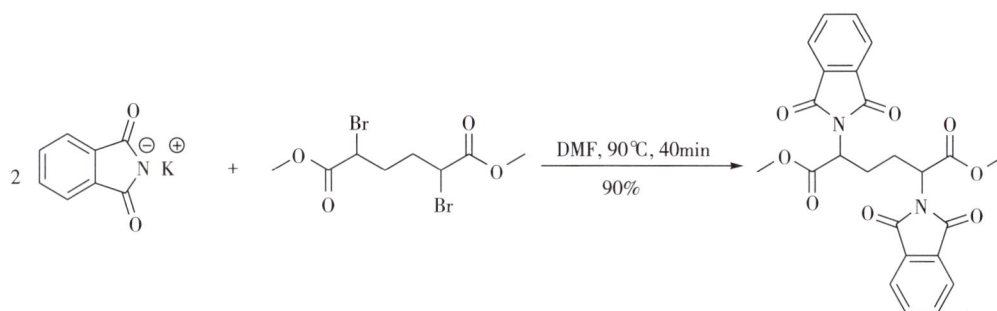

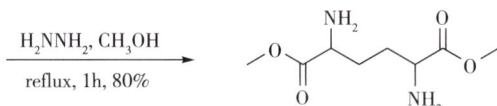

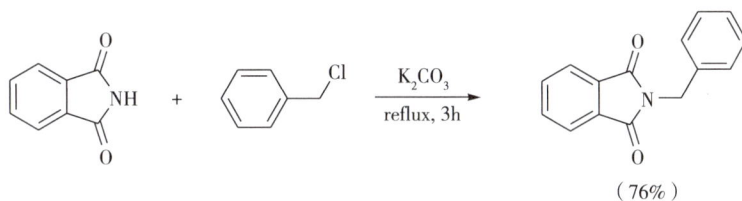

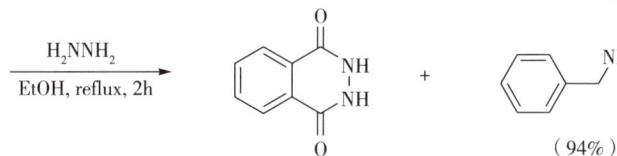

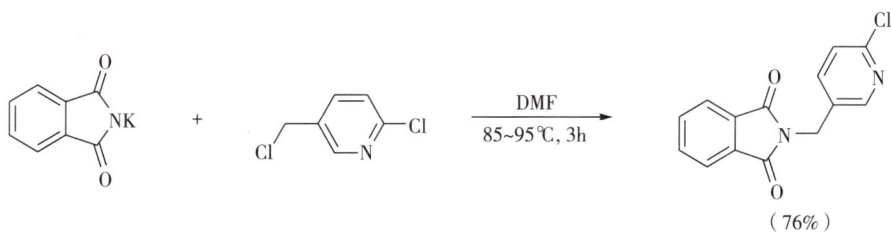

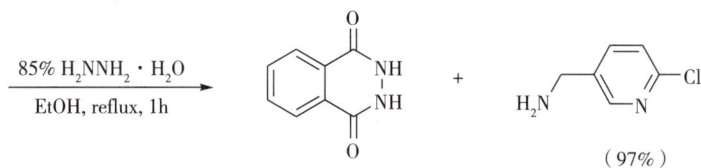

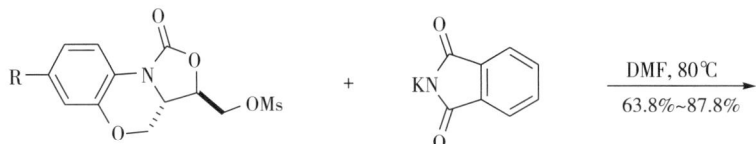

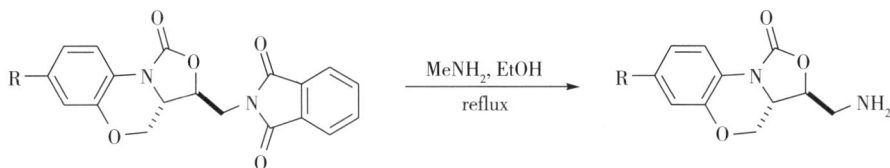

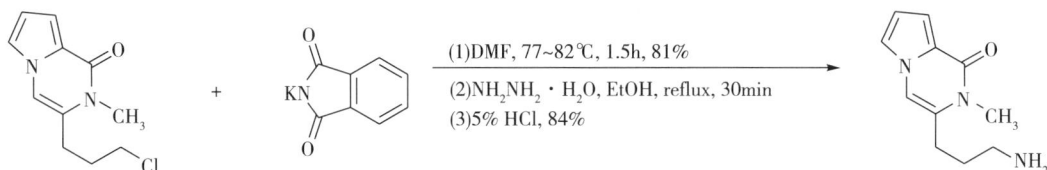

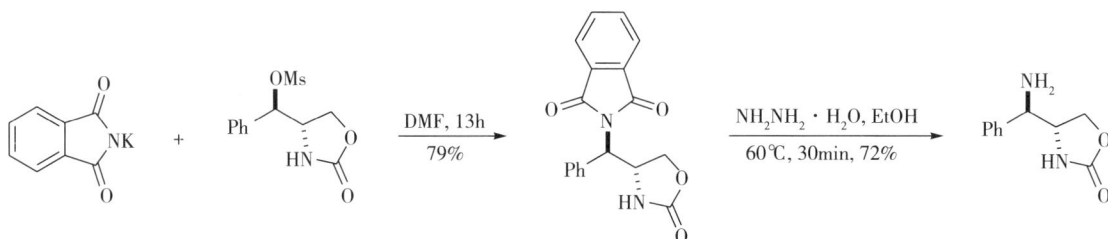

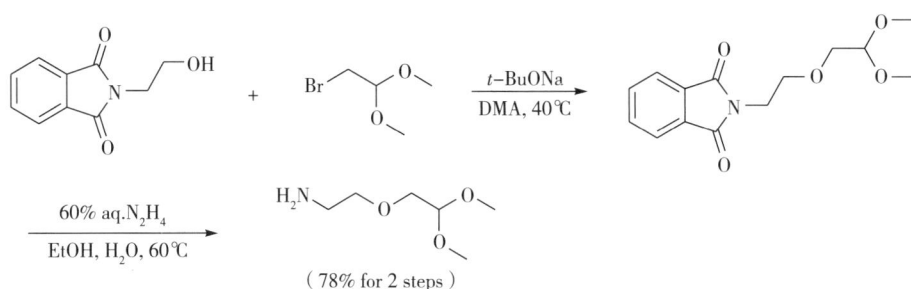

例如，利用 Gabriel 合成法来合成 α-氨基酸。

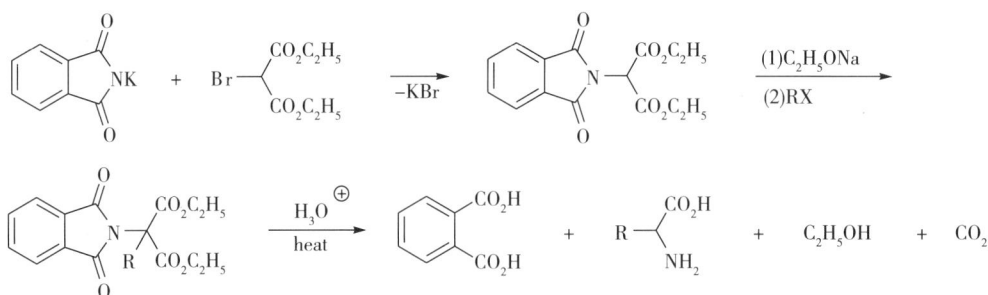

例如，抗疟药伯氨喹（primaquine）的制备，利用卤化物的两个不同活性基团，制备同时含有伯胺和仲胺的化合物。

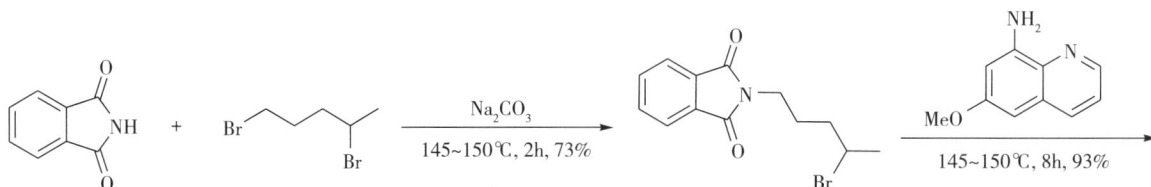

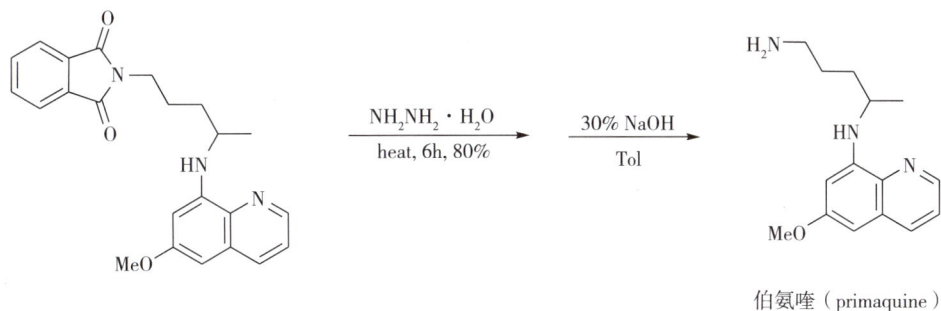

伯氨喹（primaquine）

又如：抗高血压药硫酸胍那决尔（guanadrel sulfate）的制备。

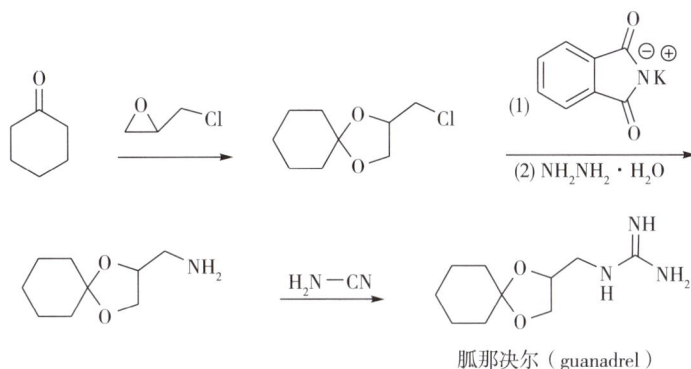

胍那决尔（guanadrel）

（3）Delepine 反应 六亚甲基四胺（乌洛托品，methenamine）由氨和甲醛缩合生成，以几乎定量的产率形成。六亚甲基四胺与卤代烃反应得季铵盐，盐酸水解后得到伯胺盐酸盐，称为 Delepine（德莱潘）反应。反应优点为底物易得、副反应少、反应步骤简单，以及条件温和。六亚甲四胺已为叔胺，第一步只能在氮上引入一个烷基，不能发生多取代反应，因此水解后生成比较纯净的伯胺。Delepine 反应常用的卤代烃为活泼卤代烃，即在 β-位碳原子上应具有活化基团，例如烯丙基卤代烃、苄基卤代烃、α-卤代酮和炔丙基卤代烃等，因此其应用范围不及 Gabriel 合成。Delepine 反应不适用于仲卤代烃和叔卤代烃，当使用活性稍差的溴代烃或氯代烃时，可加入碘化钠作催化剂。

反应通式：

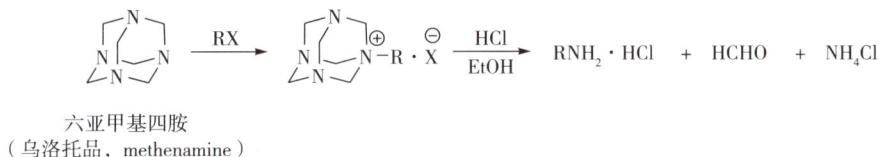

六亚甲基四胺
（乌洛托品，methenamine）

例如：

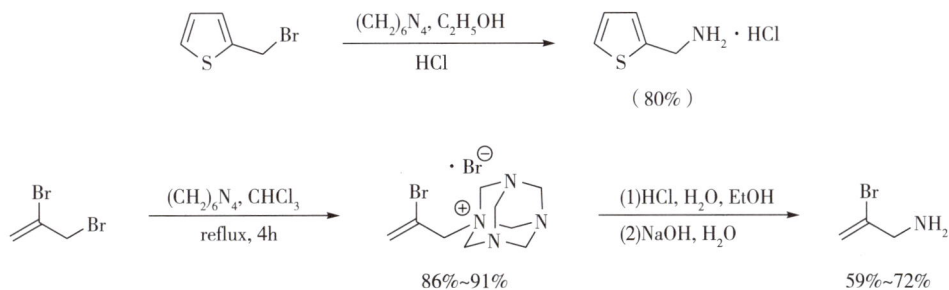

应用实例：抗菌药氯霉素（chloramphenicol）中间体的制备。

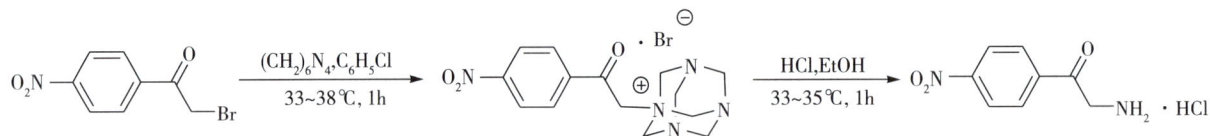

应用实例：医药中间体苄胺的制备。

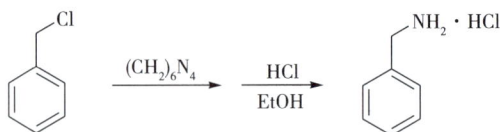

应用实例：地西泮（diazepam）是一种 GABA（γ-氨基丁酸）受体激动剂，化学结构上属于苯二氮 䓬类 GABA$_A$ 受体激动剂，具有镇静、催眠、抗焦虑、肌肉松弛和抗惊厥作用，主要用于治疗癫痫、焦 虑症以及癫痫持续状态等。地西泮的一种合成方法中应用了 Delepine 反应，其最后一步反应中用"一锅 法"将所得的伯胺和羰基反应，经脱水后关环生成目标产物。

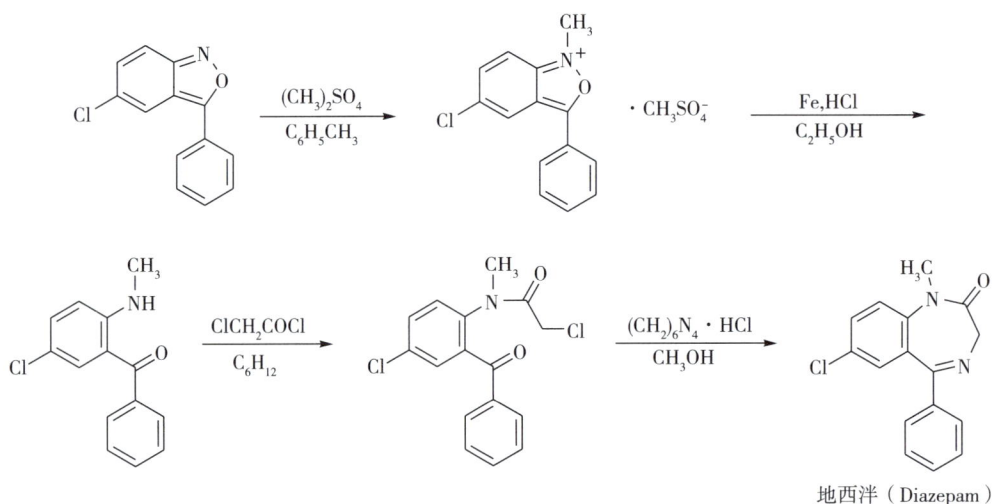

地西泮（Diazepam）

2. 仲胺的制备

（1）利用反应物的活性及位阻　由于仲卤代烃的位阻，和伯胺反应时较难形成叔胺，主要得到 仲胺。

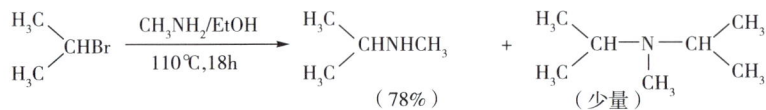

应用实例：抗疟药阿的平（mepacrine）中间体的制备。

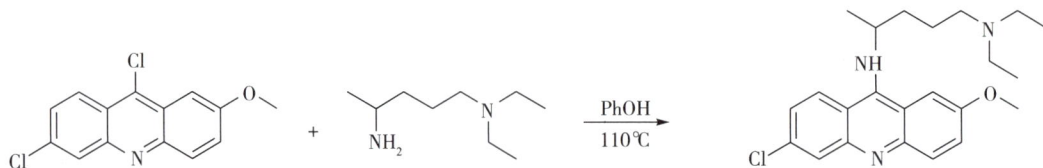

应用实例：局麻药丁卡因（tetracaine）中间体的制备。

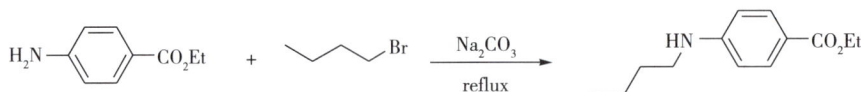

（2）利用阻断基

1）三氟甲磺酸酐法

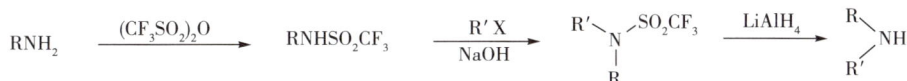

$$RNH_2 \xrightarrow{(CF_3SO_2)_2O} RNHSO_2CF_3 \xrightarrow[NaOH]{R'X} R'\underset{R}{N}SO_2CF_3 \xrightarrow{LiAlH_4} \underset{R'}{\overset{R}{N}}H$$

2）Hinsberg 反应法　Hinsberg 试验（兴斯堡试验）是一种胺的化学鉴定方法。它可以很好地区分伯胺、仲胺和叔胺。伯胺或仲胺能与苯磺氯作用生成相应的磺酰胺，伯胺所形成的苯磺酰胺能与碱作用生成盐而溶于碱溶液中。若再酸化碱液至酸性，则呈不溶性的苯磺酰胺固体析出。仲胺所形成的苯磺酰胺不能与碱作用仍为固体，不溶于碱溶液中。而叔胺不与苯磺酰氯反应，也不溶于碱液，酸化时可溶解于稀酸中。这就是兴斯堡试验，此反应常用于分离及鉴定伯胺、仲胺和叔胺。

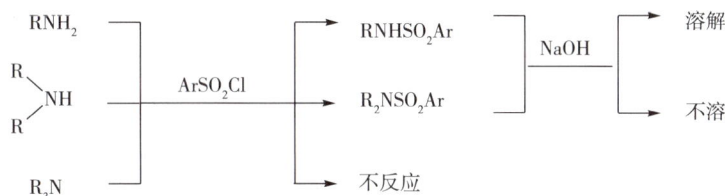

兴斯堡试验：利用芳基磺酰氯与伯胺反应，形成芳基磺酰胺阻断基，只能再与一分子卤代烃反应后再酸或者碱水解得到仲胺。

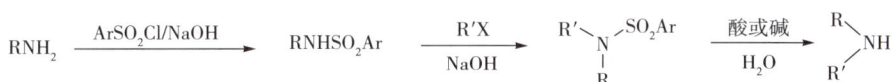

$$RNH_2 \xrightarrow{ArSO_2Cl/NaOH} RNHSO_2Ar \xrightarrow[NaOH]{R'X} R'\underset{R}{N}SO_2Ar \xrightarrow[H_2O]{酸或碱} \underset{R'}{\overset{R}{N}}H$$

3. 叔胺的制备　可由卤代烃与仲胺反应直接反应制备叔胺。

例如，镇咳药氯哌斯汀（cloperastine）又称咳平、氯哌啶、氯苯息定，为非成瘾性中枢镇咳药，抑制咳嗽中枢，有 H_1 受体阻断作用，能轻度缓解支气管平滑肌痉挛及支气管黏膜充血水肿，有助于镇咳作用。其镇咳作用较可待因弱，但无耐受性及成瘾性，适用于治疗急性上呼吸道炎症、慢性支气管炎和结核病所致的频繁咳嗽。氯哌斯汀的一种合成方法如下图所示。

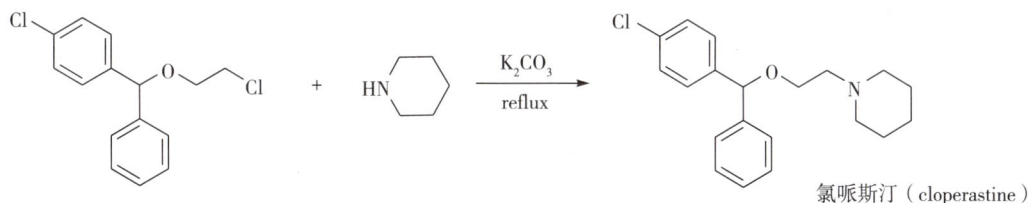

氯哌斯汀（cloperastine）

应用实例：N,N-二乙基乙醇胺的制备。以氯乙醇和二乙胺为原料进行生产，合成叔胺。

生产原理：

$$HO\underset{}{\diagup}Cl + HN \xrightarrow{NaOH} HO\underset{}{\diagup}N + NaCl + H_2O$$

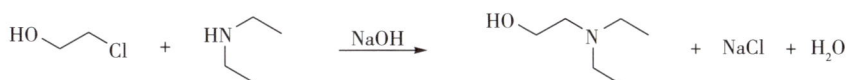

（二）酯类为烷基化剂

1. 硫酸酯为烷基化剂　N 原子上的选择性烷基化。

例如，非甾体抗炎药吡罗昔康（piroxicam）的一种制备方法中，应用硫酸二甲酯进行氮甲基化。

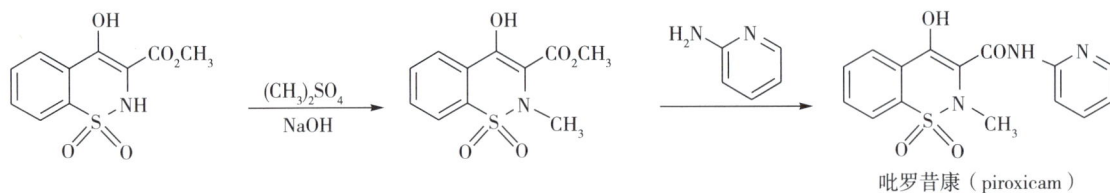

吡罗昔康（piroxicam）

例如：局麻药甲哌卡因（mepivacaine）的制备，也可使用硫酸二甲酯进行氮甲基化。

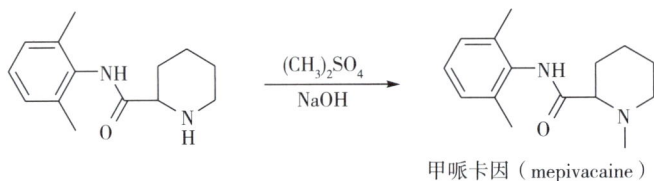

甲哌卡因（mepivacaine）

当分子中含有多个 N 原子时，通常可根据 N 原子的碱性不同进行选择性烷基化。

例如，控制反应溶液的 pH 可以进行选择性烷基化，分别得到中枢兴奋药咖啡因（caffeine）和可可碱（theobromine）。

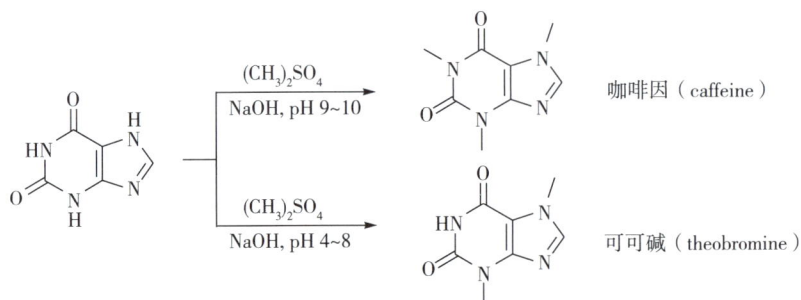

咖啡因（caffeine）

可可碱（theobromine）

2. 烷基磺酸酯及其他酯类烷基化剂　用于引入大的烷基或较难反应的情况。

烷基磺酸酯类主要包括三氟甲磺酸酯（Triflates，R–OTf）、甲磺酸酯（Mesylates，R–OMs）、对甲苯磺酸酯（Tosylates，R–OTs）等。

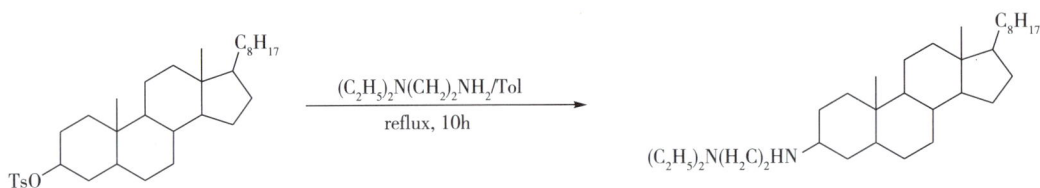

比拉斯汀（bilastine）是一种非镇静的长效抗组胺药，可选择性地拮抗外周 H_1 受体，主要用于治疗过敏性鼻结膜炎（季节性和常年性）和荨麻疹。比拉斯汀的一种合成方法中，应用了甲磺酸酯作为烷基化试剂制备叔胺中间体。

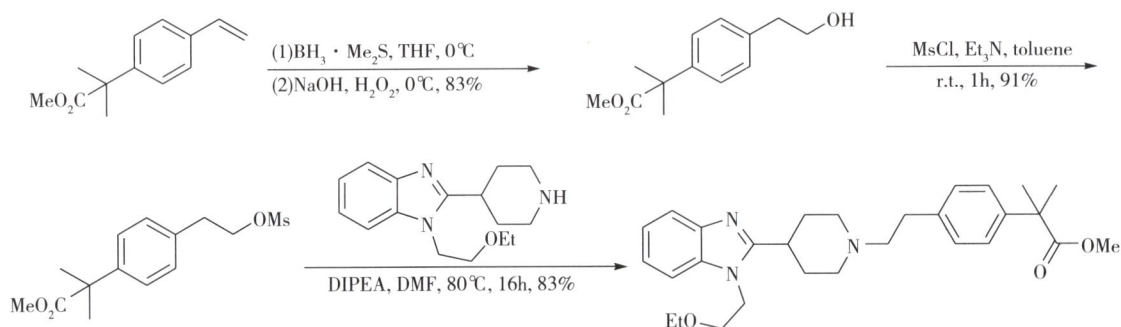

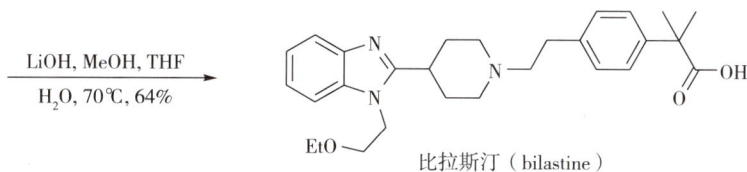

比拉斯汀（bilastine）

多聚磷酸酯（可由 P_2O_5 和相应的醇直接制得）与胺类在 120～160℃共热，既能脱水又能兼作烷基化剂。

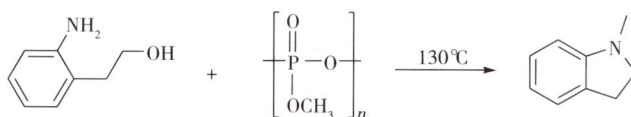

（三）环氧烷类烷基化剂

优点：环氧烷类烷基化剂原料价廉易得，操作简便、条件温和、收率高，应用十分广泛，是常用的羟乙基化试剂。

例如：N,N-二乙基乙醇胺是制备局麻药盐酸普鲁卡因的重要中间体，同时也广泛应用于制备如咳必清、咳美芬等药物。

理化性质：N,N-二乙基乙醇胺为无色液体，凝固点为 -70℃。易吸湿，溶于水、醇、醚和丙酮，有氨味。

制备方法：

例如：镇痛药美沙酮的中间体的制备。

例如：抗肿瘤药嘧啶苯芥（uraphetin）中间体的制备。

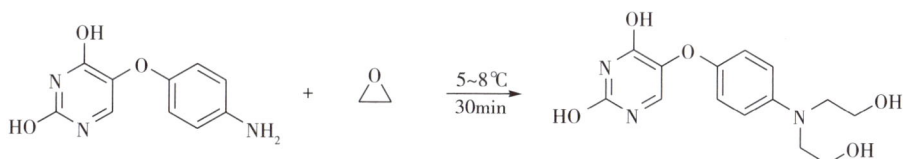

应用实例：镇痛药盐酸哌替啶（pethidine hydrochloride，度冷丁）的合成，如下图所示的第一步反应，甲胺的双羟乙基化关键中间体的制备。

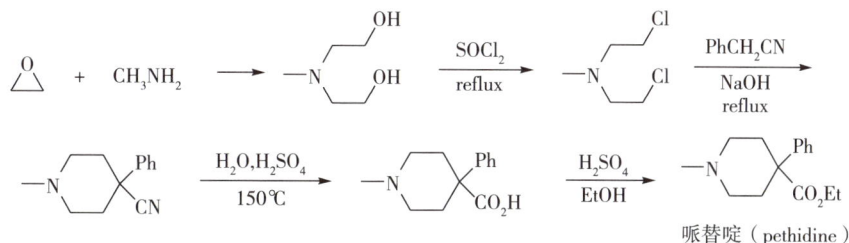

哌替啶（pethidine）

抗感染药甲硝唑（mctronidazole）是以环氧乙烷为烷基化试剂，氮原子上进行羟乙基化制得。

甲硝唑（metronidazole）

盐酸普萘洛尔（propranolol hydrochloride）的一种合成方法中，应用了环氧乙烷混合醚中间体 1,2- 环氧-3-（1-萘氧基）丙烷与异丙胺反应得 1-异丙氨基-3-（1-萘氧基)-2-丙醇，最后与盐酸成盐得到目标产物，详见第三章第一节。

美托洛尔的一种合成方法中，应用了环氧乙烷混合醚中间体与异丙胺反应生成美托洛尔，最后与酒石酸成盐得到目标产物，详见第三章第一节。

（四）醛、酮为烷基化剂

醛或酮在还原剂的作用下，能够与氨、伯胺、仲胺反应，在氮原子上引入烃基的反应称为还原胺化反应（reductive amination)，也称为还原烃化反应或 Borch 还原胺化反应。通过还原胺化反应，可制备伯胺、仲胺、叔胺。反应机理是氨或胺对醛或酮的羰基进行亲核进攻，再经脱水生成亚胺（Schiff 碱），亚胺经还原得到相应的 N-烃化物。

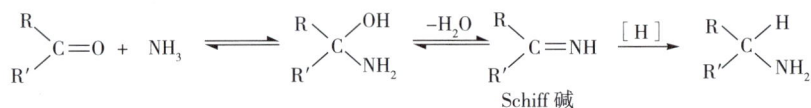

1. 反应中采用的还原剂　催化氢化（常用 Raney Ni 催化剂）；金属钠（或钠汞齐）加乙醇；锌粉；金属复氢化物：$LiAlH_4$、$NaBH_4$、$NaBH_3CN$、$NaBH(OAc)_3$ 等；甲酸及甲酸衍生物，例如：甲酸、甲酰胺、甲酸铵等。当使用甲酸类（甲酸及甲酸衍生物）为还原剂时，反应称为 Leuckart 胺烷基化反应。其中催化氢化和甲酸类还原法应用较多。

2. 反应溶剂　常用水或醇为溶剂，反应条件温和。但是由于催化氢化法常用到氢气，易燃易爆，且需加压，因而应特别注意通风和安全操作。

3. 催化氢化法的应用

反应过程：

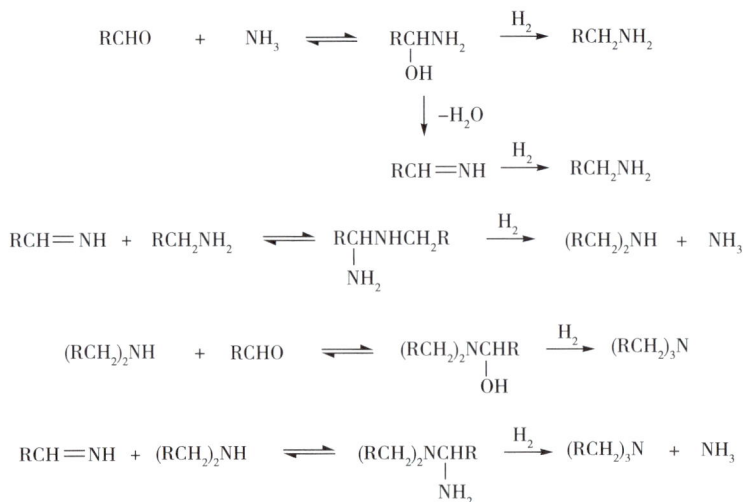

催化氢化法的反应特点如下。

（1）N 上引入的碳数与醛酮的碳数一致。还原胺化反应中的催化氢化法不产生季铵盐。

（2）低级脂肪醛（4 个碳以下）与 NH_3 在 H_2/Raney Ni 条件下还原烃化，得混合物。当四个碳以上的脂肪醛或芳香醛，与 NH_3 在 H_2/Raney Ni 条件下还原烃化，主要得伯胺，仲胺很少，因为受到位阻的影响较大。

$$PhCHO \quad + \quad NH_3 \quad + \quad H_2 \quad \xrightarrow{\text{Raney Ni}} \quad \underset{(90\%)}{PhCH_2NH_2} \quad + \quad \underset{(7\%)}{(PhCH_2)_2NH}$$

（3）脂肪酮与 NH_3 在 H_2/Raney Ni 条件下还原烃化生成伯胺，但其产物收率与酮的空间位阻有关，空间位阻越大则收率越低。

（4）反应活性：醛 > 酮；脂肪族 > 芳香族；无立体位阻 > 有立体位阻。

应用实例： 例如，BRCA 基因在调节人体细胞的复制、遗传物质 DNA 的损伤修复、细胞的正常生长方面有重要作用，能抑制恶性肿瘤的发生；而 BRCA 基因突变可能引发某些癌症，比如卵巢癌。芦卡帕尼（rubraca/rucaparib）是一种聚腺苷二磷酸-核糖聚合酶（PARP）抑制剂，可阻断修复受损 DNA 的酶。这种酶受到阻断，可能会阻止携带 BRCA 基因突变的癌细胞进行 DNA 修复，从而促使癌细胞死亡并减缓或抑制肿瘤的生长。靶向治疗是通过靶向药精准地针对突变基因进行治疗。芦卡帕尼可靶向抑制 PARP1、PARP2、PARP3，利用 DNA 修复途径的缺陷，优先杀死癌细胞。芦卡帕尼的一种合成方法，采用了 $NaBH_4$ 作为还原剂的还原胺化反应。

例如，阿贝西利（abemaciclib）是乳腺癌靶向药物，适用于激素受体（HR）阳性、人表皮生长因子受体 2（HER2）阴性的局部晚期或转移性乳腺癌。阿贝西利的一种合成方法，其中关键的一步反应中采用了 $NaBH(OAc)_3$ 作为还原剂的还原胺化反应。

阿贝西利（abemaciclib）

例如，黄连素中间体的制备应用了 Raney Ni 催化氢化的还原胺化反应。

例如，解热镇痛药氨基比林（aminopyrine）的一种合成方法中，也用到甲醛作为甲基化试剂。

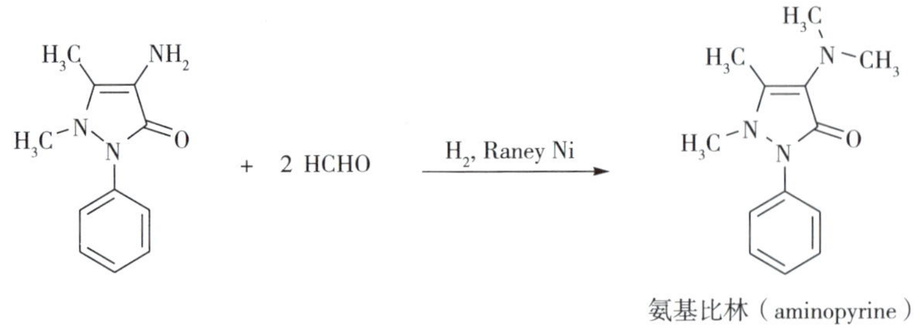

氨基比林（aminopyrine）

应用实例：以甲醛为烷基化试剂，制备4-丙基古液酸盐酸盐（N-甲基-L-脯氨酸盐酸盐）。

用途：用于合成洁霉素类抗生素，如克林霉素、林可霉素盐酸盐。

制备方法：

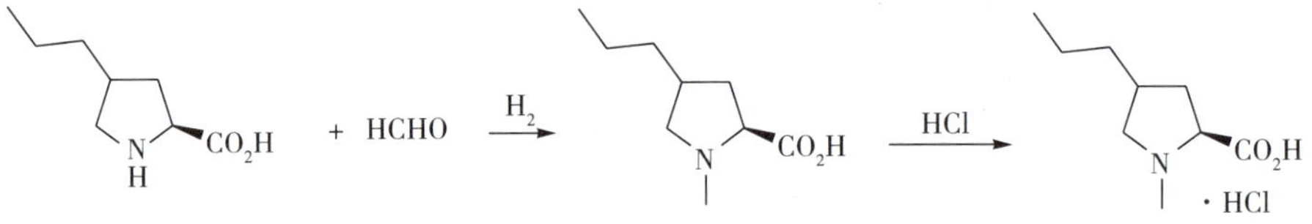

4. Leuckart–Wallach 反应和 Eschweiler–Clarke 反应　在过量甲酸及其衍生物（甲酸铵、甲酰胺等）作用下，羰基化合物（醛或酮）与氨或胺类的还原胺化反应称为 Leuckart–Wallach 反应。其中甲酸及其衍生物作为氢源，起到还原剂的作用。

甲酸作为还原剂的还原胺化反应通式：

甲酸作为还原剂的还原胺化反应机理：

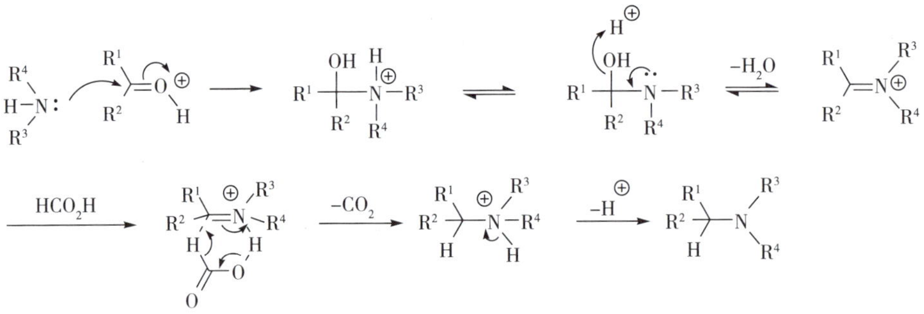

例如：

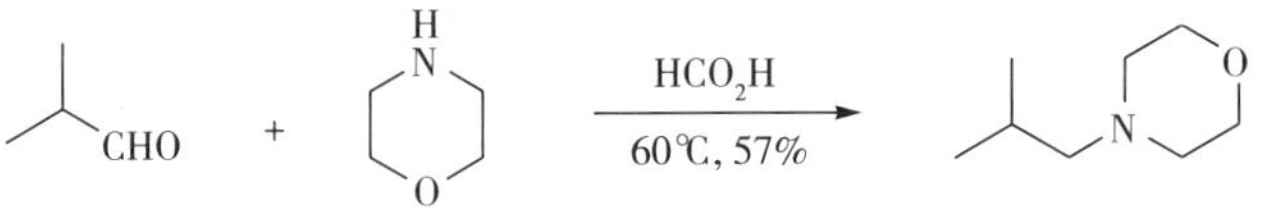

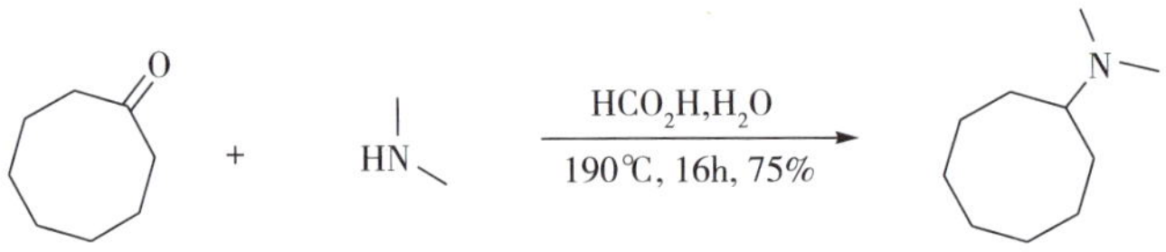

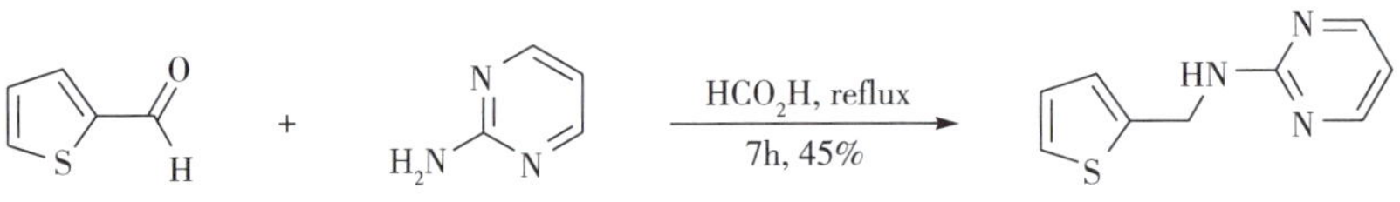

甲酰胺/甲酸体系的还原胺化反应通式：

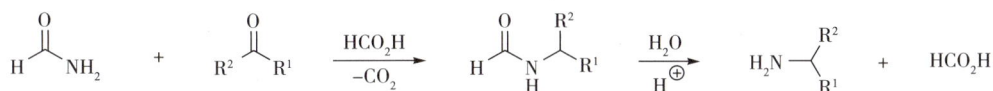

甲酰胺/甲酸体系的还原胺化反应机理：

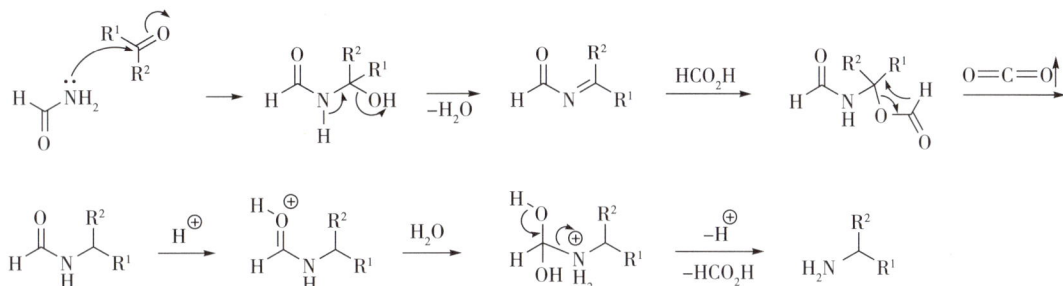

例如：

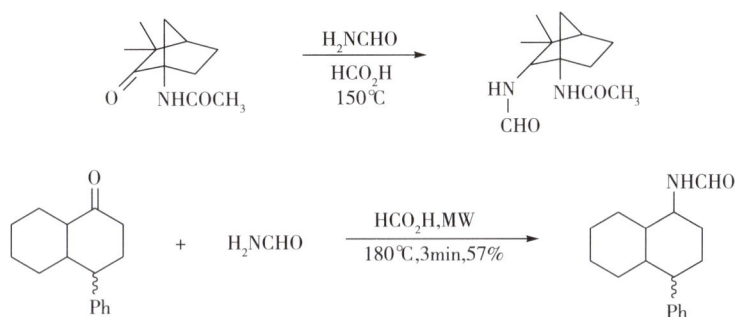

在过量甲酸作用下，甲醛和伯胺或仲胺反应，生成甲基化的胺的反应称为 Eschweiler-Clarke 反应。其中甲酸同样是作为氢源，起到还原剂的作用。

反应通式：

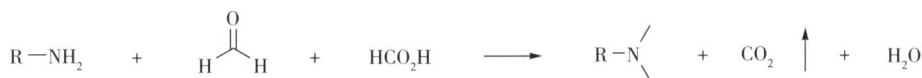

反应机理：

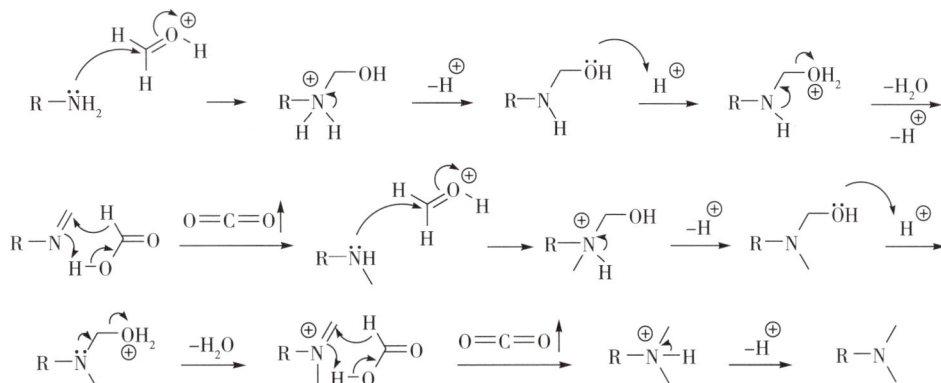

应用实例：达泊西汀（dapoxetine）是一种选择性 5-羟色胺再摄取抑制剂（SSRI），用于治疗男性早泄。下列达泊西汀的两条不同的合成路线中，都运用了 Eschweiler-Clarke 反应，由伯胺使用甲酸和甲醛还原甲基化制备二甲基叔胺，收率良好。

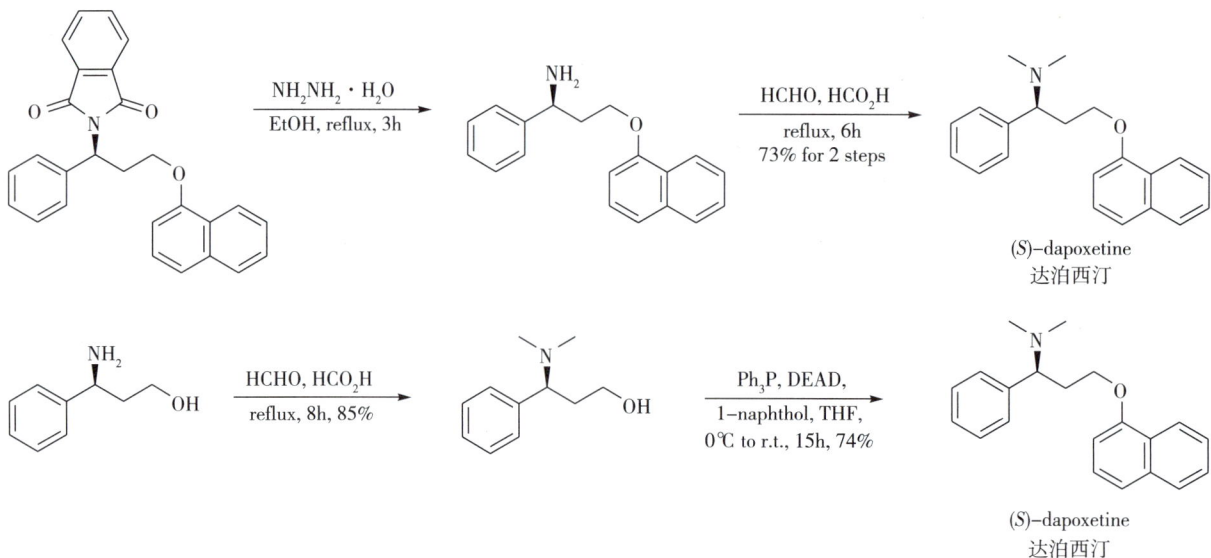

5. 金属复氢化物　例如 LiAlH$_4$、NaBH$_4$、NaBH$_3$CN、NaBH(OAc)$_3$ 等也能进行还原胺化反应。

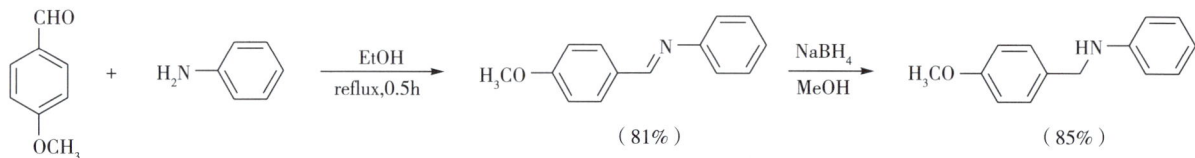

二、芳香胺及杂环胺的 N–烃化

1. N–烷基及 N,N–双烷基芳香胺的制备

（1）苯胺与卤代烃反应

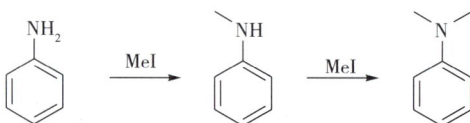

（2）芳胺与脂肪伯醇反应

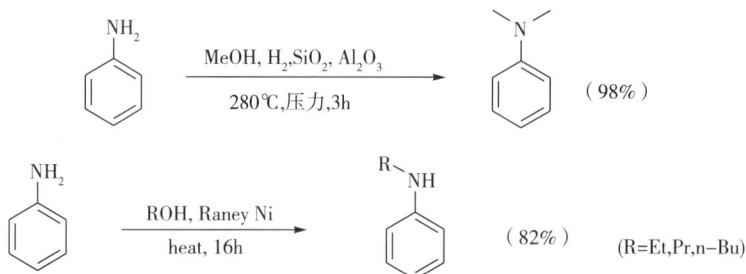

（3）酰胺法　芳香仲胺可以用类似脂肪仲胺的方法制备。先将芳伯胺乙酰化或苯磺酰化，然后用碱制成碱金属盐，再 N–烃化，最后水解得芳香仲胺。

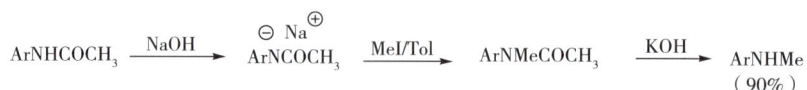

$$\text{ArNHCOCH}_3 \xrightarrow{\text{NaOH}} \overset{\ominus}{\text{ArNCOCH}_3} \overset{\oplus\text{Na}}{} \xrightarrow{\text{MeI/Tol}} \text{ArNMeCOCH}_3 \xrightarrow{\text{KOH}} \underset{(90\%)}{\text{ArNHMe}}$$

（4）还原烃化法　芳胺与羰基化合物反应，然后经还原，可制备仲胺和叔胺。

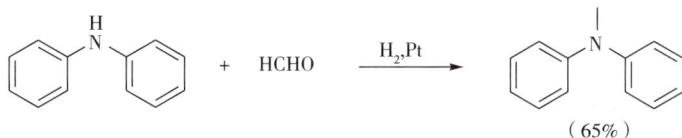

例如：芳伯胺与羰基化合物缩合生成 Schiff 碱，再用 Raney Ni 或 Pt 催化氢化，得到芳香仲胺。

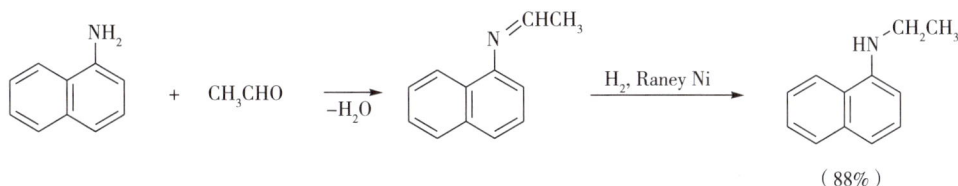

2. 芳香胺的 *N*-芳烃化反应　Ullmann 反应（乌尔曼反应）。

碘代芳烃在 Cu、Ni 或 Pd 等催化下进行自身偶联得到二芳基化合物的反应，例如碘苯与铜共热得到联苯。该反应以德国化学家 Fritz Ullmann 的名字命名，称为 Ullmann 反应（乌尔曼反应）。本反应是合成联芳基化合物的方法之一，该偶联反应多用于同种芳基卤的自身偶联，不常用于两种卤代芳烃的偶联去合成不同官能团的联芳基化合物。卤代芳烃活性顺序为 ArI > ArBr > ArCl，且芳环上有吸电子取代基时更容易发生偶联反应。

反应通式：

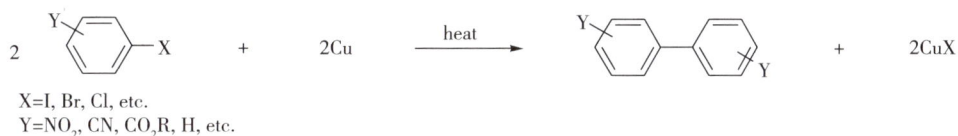

X=I, Br, Cl, etc.
Y=NO₂, CN, CO₂R, H, etc.

例如：

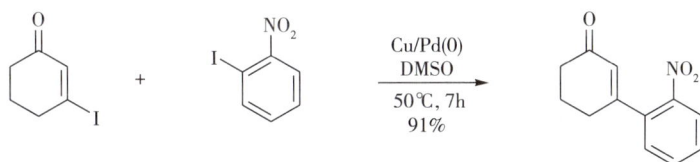

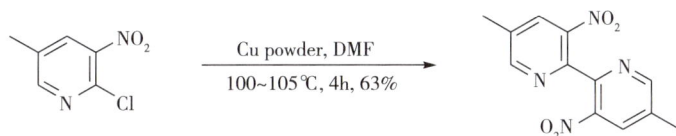

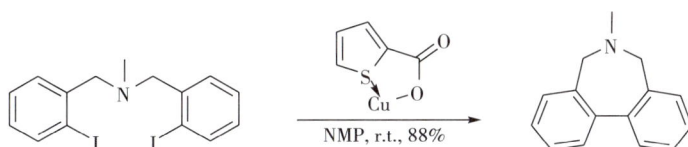

在铜催化下，亲核试剂（如酚、胺、酰胺、醇、硫酚等）对芳基卤代物进行芳基亲核取代的反应，称为"Ullmann 型"反应（乌尔曼型反应）。

反应通式：

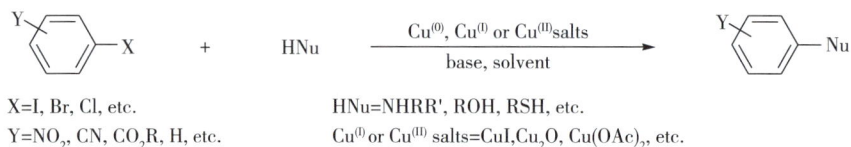

X=I, Br, Cl, etc.
Y=NO$_2$, CN, CO$_2$R, H, etc.

HNu=NHRR', ROH, RSH, etc.
Cu$^{(I)}$ or Cu$^{(II)}$ salts=CuI, Cu$_2$O, Cu(OAc)$_2$, etc.

其中，比较经典有 Ullmann 成醚反应，即 C—O 键形成的 Ullmann 反应，例如：苯酚或醇类与卤代芳烃之间通过铜催化形成芳基醚的合成。

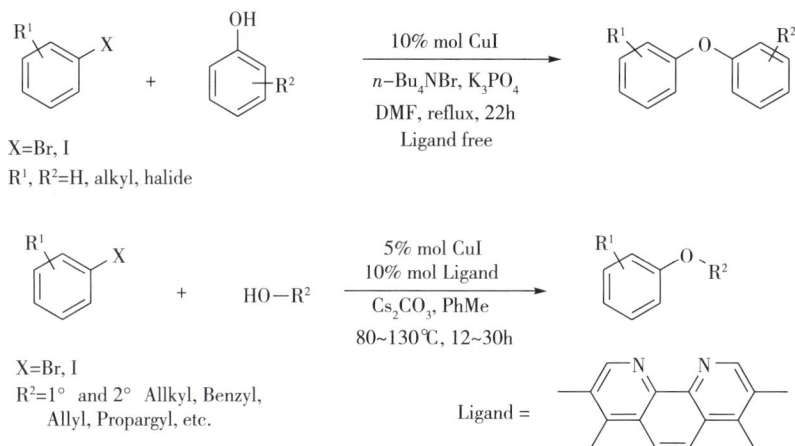

X=Br, I
R^1, R^2=H, alkyl, halide

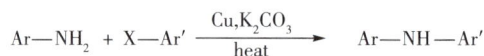

X=Br, I
R^2=1° and 2° Allkyl, Benzyl,
Allyl, Propargyl, etc.

另外，常见的还有铜催化的 C—N 偶联反应，比如芳胺与卤代芳烃经过偶联生成二苯胺衍生物。例如，由于卤代芳烃活性低，又有位阻，不易与芳伯胺反应。若加入铜粉（或铜盐）催化，并与无水碳酸钾共热，可得二苯胺及其同系物，这个 C—N 偶联反应也属于"Ullmann 型"反应。

反应通式：

$$Ar-NH_2 + X-Ar' \xrightarrow[\text{heat}]{Cu, K_2CO_3} Ar-NH-Ar'$$

例如：

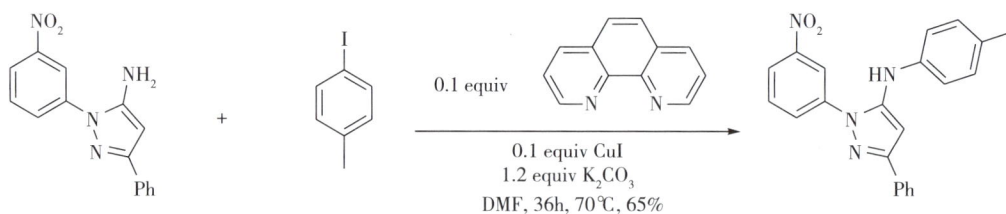

例如：

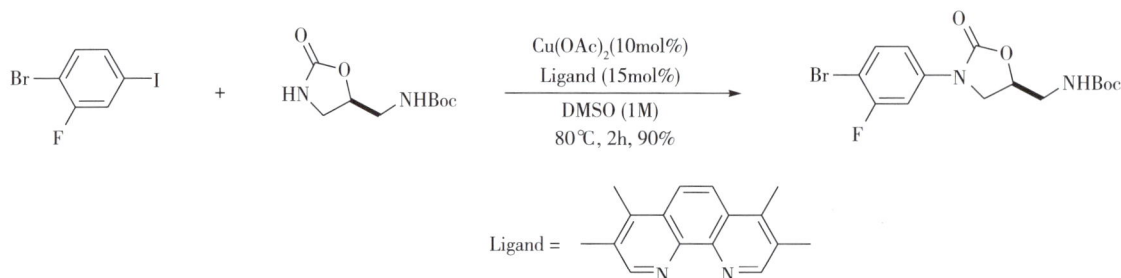

例如，邻氨基苯甲酸类（灭酸类）非甾体抗炎药：氯灭酸（氯芬那酸，clofenamic acid）的制备。

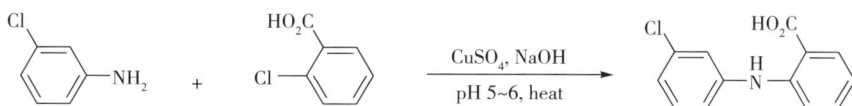

例如，邻氨基苯甲酸类（灭酸类）非甾体抗炎药：抗炎酸（甲氯灭酸、甲氯芬那酸，meclofenamic acid）的制备。

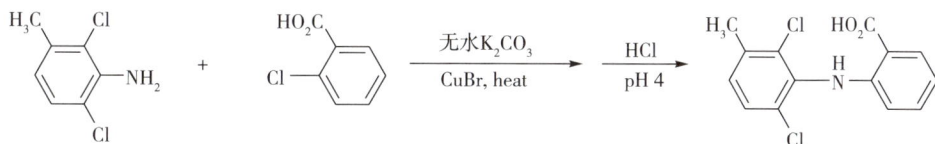

例如，邻氨基苯甲酸类（灭酸类）非甾体抗炎药：氟灭酸（氟芬那酸，flufenamic acid）的制备。

此外，还有 C—S 键、C—C 键形成的 Ullmann 反应。例如：

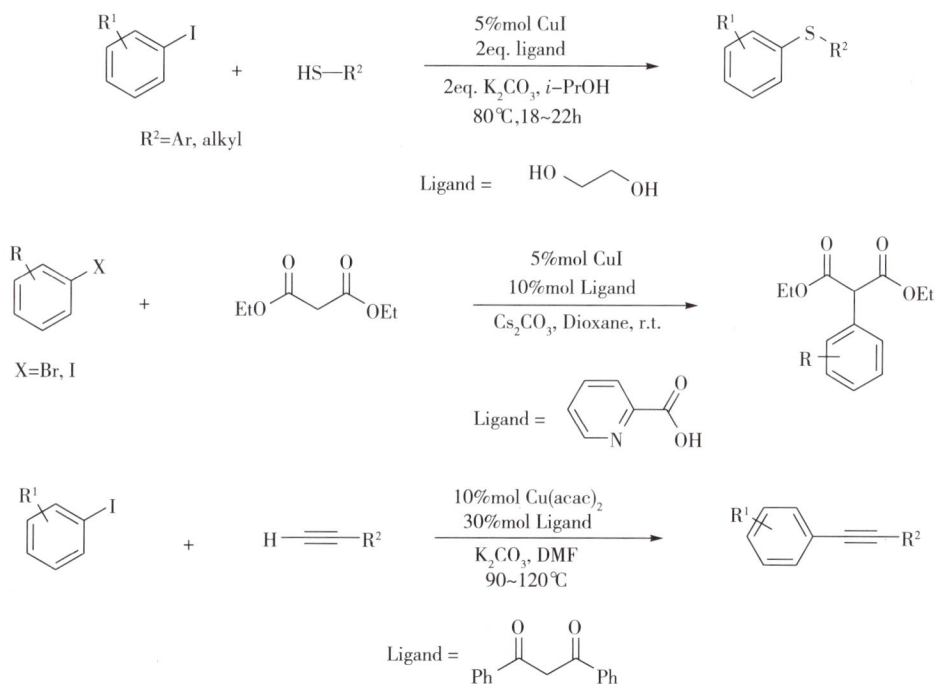

第三节　碳-烷基化反应

一、芳烃的碳-烷基化

在 Lewis 酸或质子酸催化下由卤代烃或羧酸及羧酸衍生物与芳香族化合物反应，在芳环上引入烷基或酰基的反应称为傅瑞德尔-克拉夫茨（Friedel-Crafts）反应，简称为傅克反应或 F-C 反应。前者在芳环上引入烷基的被称为 Friedel-Crafts 烷基化（Friedel-Crafts alkylation）反应，后者在芳环上引入酰基的被称为 Friedel-Crafts 酰化（Friedel-Crafts acylation）反应（详见第四章酰化反应）。

常用的烷基化剂有卤代烃、醇、烯烃、醚、酯等。Friedel-Crafts 反应一般在酸催化下进行，常用 Lewis 酸或质子酸作催化剂。

当烷基化剂为卤代烃时的反应通式：

Friedel-Crafts 烃化反应属于亲电取代反应，是碳正离子对芳环的亲电进攻。Friedel-Crafts 烃化反应中的碳正离子主要来自卤代烃与 Lewis 酸形成的络合物。

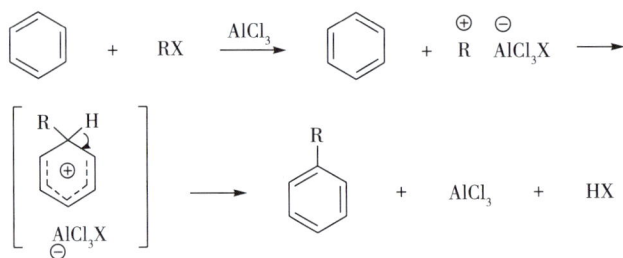

反应机理：

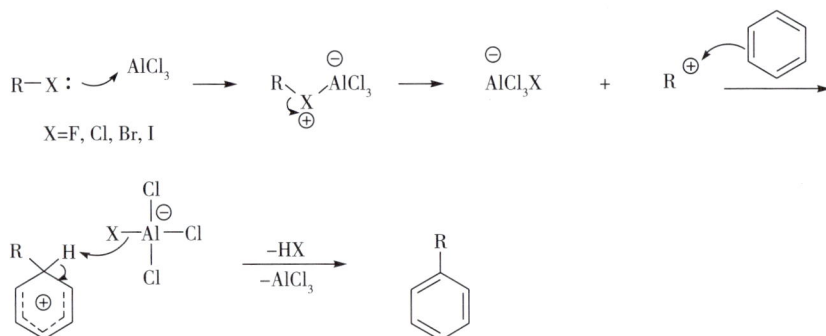

例如：

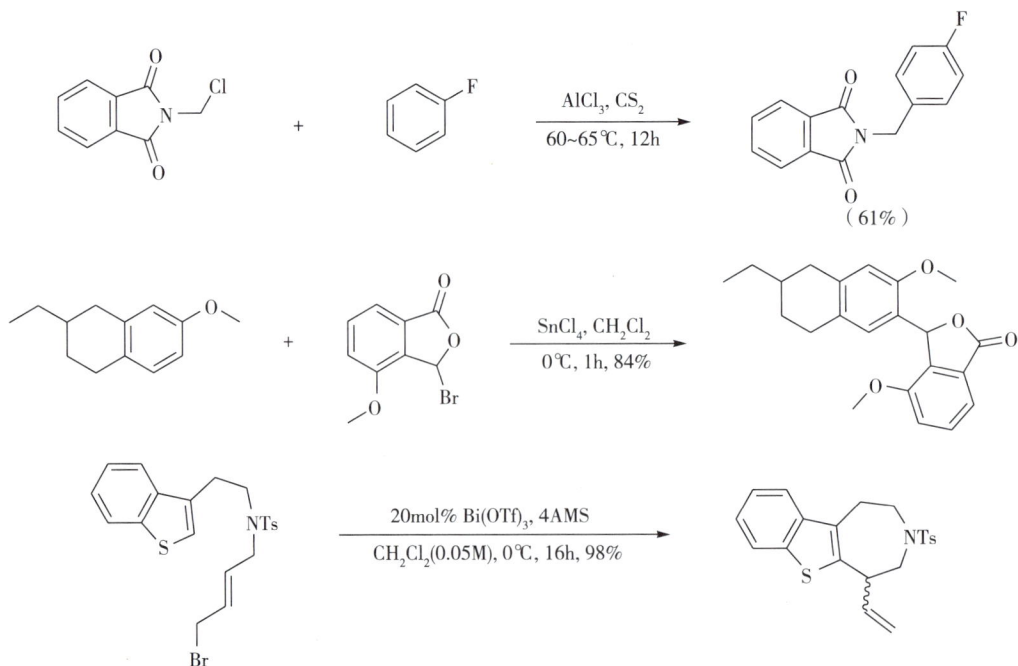

1. 反应主要影响因素

（1）烷基化剂的结构 最常用的烷基化剂为卤代烃、醇、烯烃，当烷基化剂为卤代烃时：

1）烷基的影响 反应活性顺序为苄基＞叔烷基＞仲烷基＞伯烷基。卤代苯因为活性太小，不能进行 Friedel-Crafts 烷基化反应。即卤原子相同，而 R（烷基）不同时，RX 的活性顺序为：$CH_2{=}CHCH_2X \approx$ $PhCH_2X > R_3CX > R_2CHX > RCH_2X > CH_3X > PhX \approx CH_2{=}CHX$。

例如，可以通过苄基氯（氯化苄）的 Friedel-Crafts 烷基化反应，再经过钯-碳催化脱氢芳构化得到蒽（Anthracene）。

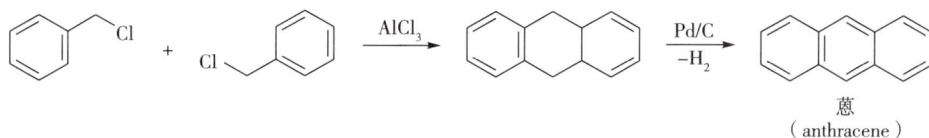

2）卤原子的影响 用三氯化铝催化卤代正丁烷或叔丁烷与苯反应时，当 R 相同时，活性为 $RF > RCl > RBr > RI$。

当烯烃作为 Friedel-Crafts 烃化反应的烷基化剂时：工业上常用烯烃作为烷基化试剂生成乙苯、异丙苯等。

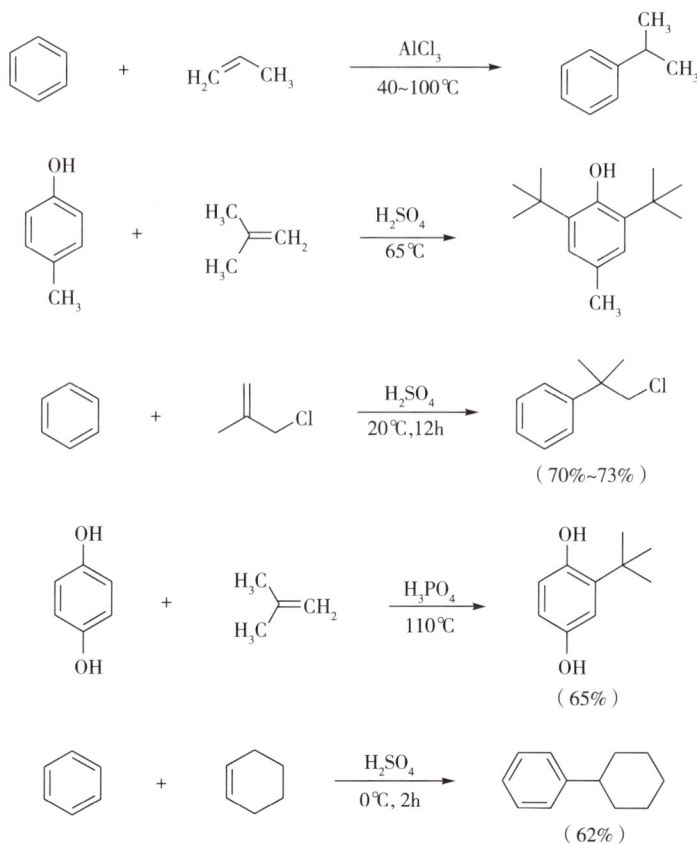

当醇作为 Friedel-Crafts 烃化反应的烷基化剂时：例如，叔丁醇在酸性下生成的叔丁基阳离子和苯的反应，其反应机理如下所示。

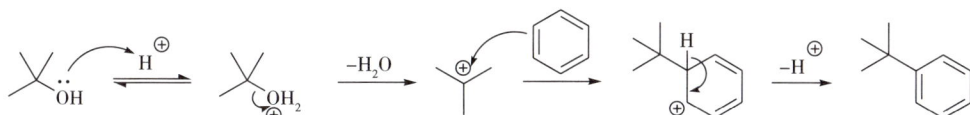

因此，醇类化合物作烷基化试剂时，由于常用酸作为催化剂，容易产生碳正离子，反应可能会发生异构化。

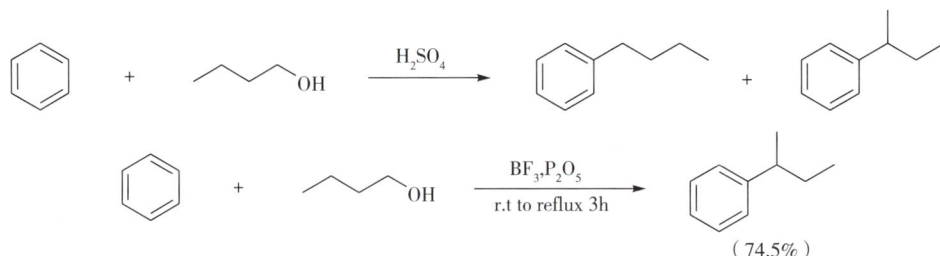

用三氯化铝作催化剂时，卤代烃和烯烃只需要催化量的三氯化铝即可，而醇则需要较大量的催化剂，因为醇与三氯化铝能发生反应。用三氯化铝催化醇作为烷基化剂的 Friedel–Crafts 烃化反应时，反应速度取决于与醇生成配合物的速度，通常反应速度为叔醇 > 仲醇 > 伯醇。

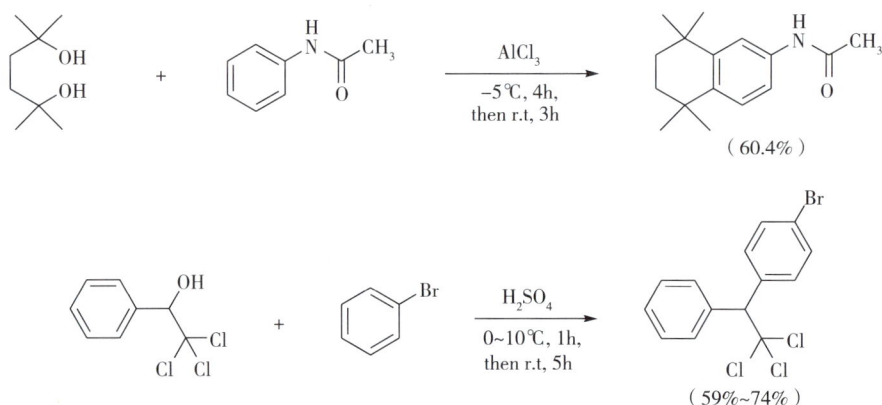

应用实例：本维莫德的一种合成方法中，应用了异丙醇（i-PrOH）在硫酸催化下，在芳环上引入异丙基的 Friedel–Crafts 烃化反应，详见第二章第四节。

（2）芳香族化合物的结构

1）反应活性　供电子基取代的芳烃 > 无供电子基取代的芳烃 > 吸电子基取代的芳烃。

当芳环上含有给电子基时，反应易发生，且容易得到多烷基化产物；但也要考虑空间位阻因素。例如，间二甲苯和叔戊基氯在三氯化铝的催化下制备 5-叔戊基-1,3-二甲苯时，由于叔戊基氯较大的空间位阻，因而得到几乎定量的间二甲苯的间位单烷基化产物。

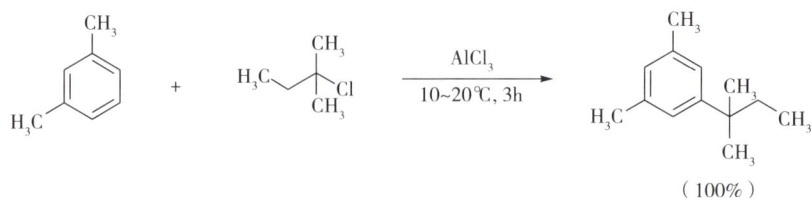

例如，苯和叔丁基氯在三氯化铝的催化下制备叔丁基苯时，可以使用大大过量的苯来兼作溶剂，用以减少多烷基化的副反应，并且反应需要控制在低温下进行。

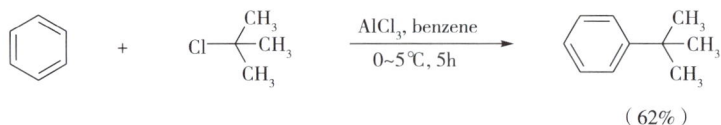

而在制备对二叔丁基苯时，就不需要加入大大过量的苯，反应时加入化学计量的苯作为原料即可，

反应温度也可以比制备叔丁基苯时稍高。

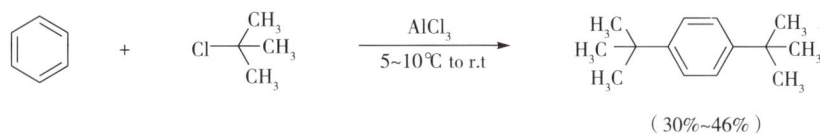

（30%~46%）

当芳环上含有吸电子基时，吸电子基对苯环有致钝作用，因而反应难以进行，或者反应必须在非常强烈的条件下才能进行。例如，多卤代苯、硝基苯以及单独带有酯基、羧基、腈基的吸电子基团的苯环，一般不发生傅－克烷基化反应，因此这些钝化的苯环化合物，例如硝基苯等可作为 Friedel–Crafts 反应的反应溶剂使用。但是当芳环上含有吸电子基的同时还连有供电子基时，则可发生 Friedel–Crafts 反应。

例如：硝基苯不能和异丙醇发生傅克烃化反应，但是邻硝基苯甲醚可以在氟化氢催化下，和异丙醇反应引入异丙基，收率较好。

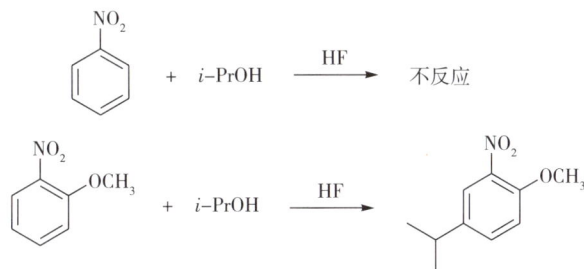

又如，邻硝基苯甲醚可以在三氯化铝催化下和氯代异丁烷发生 Friedel–Crafts 烃化反应。

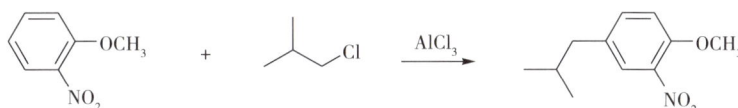

2）含有—NH$_2$、—NR$_2$的苯环　一般不发生 Friedel–Crafts 反应。

由于—OH、—OR、—NH$_2$、—NHR、—NR$_2$等基团带有未共用电子对的氧或氮原子，易和 Lewis 酸形成配合物而降低芳环的反应活性，进行 Friedel–Crafts 反应时可能并不比苯更容易。例如，酚的 Friedel–Crafts 反应可得到邻、对位产物，而苯胺的烃化反应则收率很低。这是因为催化剂可以与氮原子络合，既降低了催化剂的活性，也使得—NH$_2$、—NR$_2$等失去释电子能力。因此，这类苯胺化合物的傅克烃化反应基本无应用价值。

（3）催化剂

1）催化剂活性　Lewis 酸＞质子酸。

2）常用的质子酸的催化活性顺序　HF＞H$_2$SO$_4$＞P$_2$O$_5$＞H$_3$PO$_4$。

3）常用的 Lewis 酸的催化活性顺序　AlBr$_3$＞AlCl$_3$＞SbCl$_5$＞FeCl$_3$＞TeCl$_2$＞SnCl$_4$＞TiCl$_4$＞TeCl$_4$＞BiCl$_3$＞ZnCl$_2$。

Lewis 酸中最常用的催化剂为三氯化铝，优点为廉价易得和高催化活性。缺点是三氯化铝不太适用于酚、某些含硫化合物及芳香胺等的碳烷基化反应。呋喃、噻吩等具有多电子 p－π 共轭体系的芳杂环化合物的烷基化反应一般不用三氯化铝作为催化剂，因为这些芳杂环非常容易分解。三氯化铝的高催化活性也易导致多烷基化。此外，芳环上的苄基醚、烯丙基醚在三氯化铝存在下会发生脱烃基的副反应。

烯烃和醇也可作为 Friedel–Crafts 烃化反应的烃化剂，一般用酸（质子酸）作催化剂，形成质子化的醇或质子化的烯烃，作为碳正离子源。

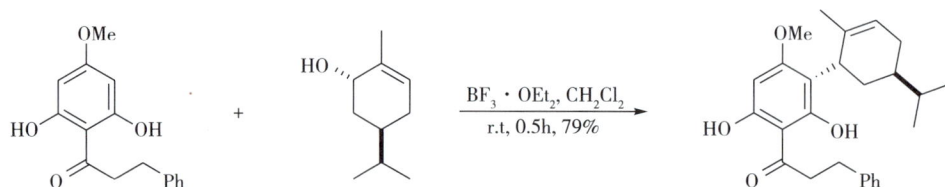

（4）溶剂

1）当芳烃本身为液体时，可过量使用，既可作反应物又兼作溶剂。

2）当芳烃为固体时，可用二硫化碳、石油醚、四氯化碳作溶剂。

3）对酚类化合物，则可用醋酸、石油醚、硝基苯以及苯作溶剂。

2. 烷基的异构化　Friedel–Crafts 烷基化反应中有两种烷基异构化现象：①烷基化试剂发生碳正离子重排而生成不同烷基取代的芳香化合物，是由碳正离子稳定性引发的重排反应；②芳环上的烷基发生位置移动而生成的不同位置的烷基取代的芳香化合物的位置异构体，这是由于 Friedel–Crafts 烷基化反应是可逆的，在一定条件下生成热力学稳定的产物。

（1）烷基化试剂　当使用三个或三个以上碳的伯卤代烃为烷基化试剂时，常发生烷基的异构化现象。

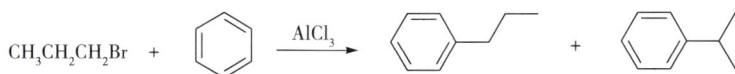

反应机理：

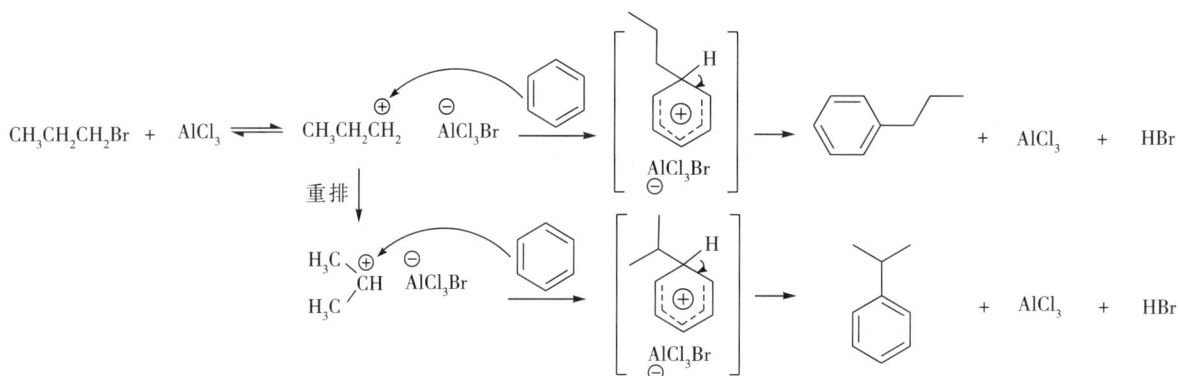

其中，重排反应导致了异丙基苯的生成（注意 H 的迁移），反应机理如下：

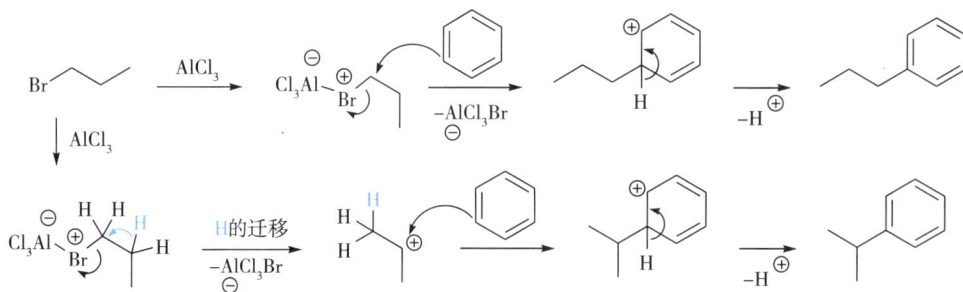

（2）温度　反应温度越高越容易发生异构化，异构化产物的比例越大。

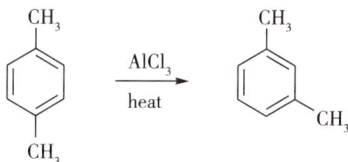

（3）催化剂　当催化剂用量越多、活性越大时，也越容易发生异构化，异构化产物的比例越大。

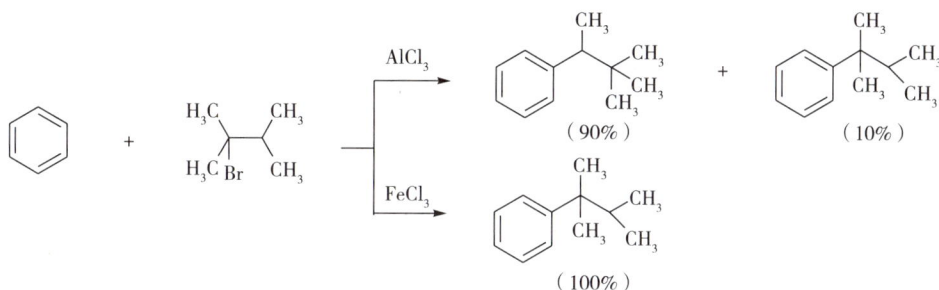

（4）烃基的定位　间位产物生成：当苯环上引入的烃基不止一个时，除了正常的邻、对位产物，还常有相当比例的间位产物。

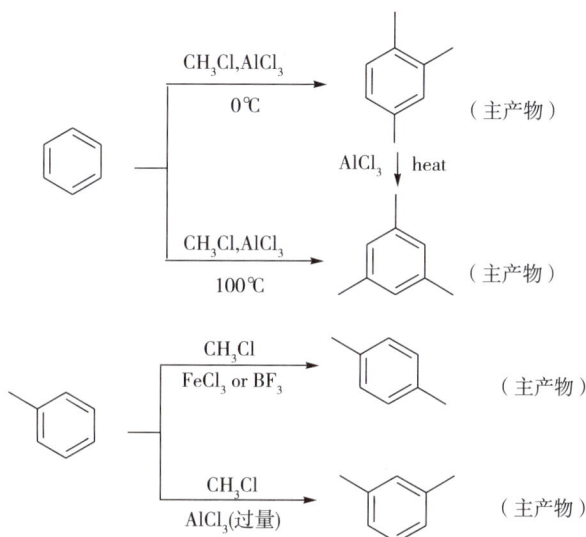

3. Friedel-Crafts 烃化反应在药物合成中的应用　例如：阿司咪唑（astemizole）是一种强效及长效组胺 H_1 受体拮抗剂，适用于过敏性鼻炎、过敏性结膜炎、慢性荨麻疹和其他过敏症状。阿司咪唑关键中间体的合成，是在二硫化碳中，以无水三氯化铝催化，经过傅克烃化反应制得。

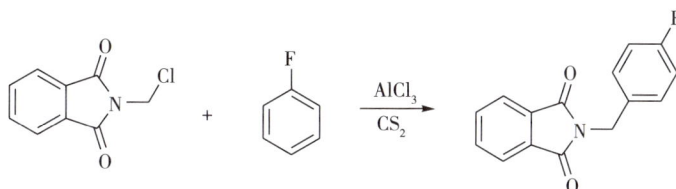

例如：镇咳药地布酸钠（sodium dibunate）中间体的制备。

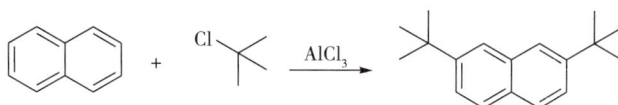

例如：镇痛药四氢帕马丁（tetrahydropalmatine，延胡索乙素）中间体的制备。

例如：冠状动脉扩张药派克昔林（perhexiline）中间体的制备。

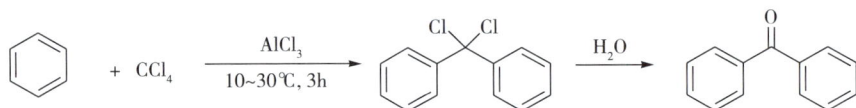

应用实例：辅酶 Q_{10} 的一种合成方法，第一步就是应用三氯化铁催化的 Friedel-Crafts 烷基化反应，进行关键中间体的合成。

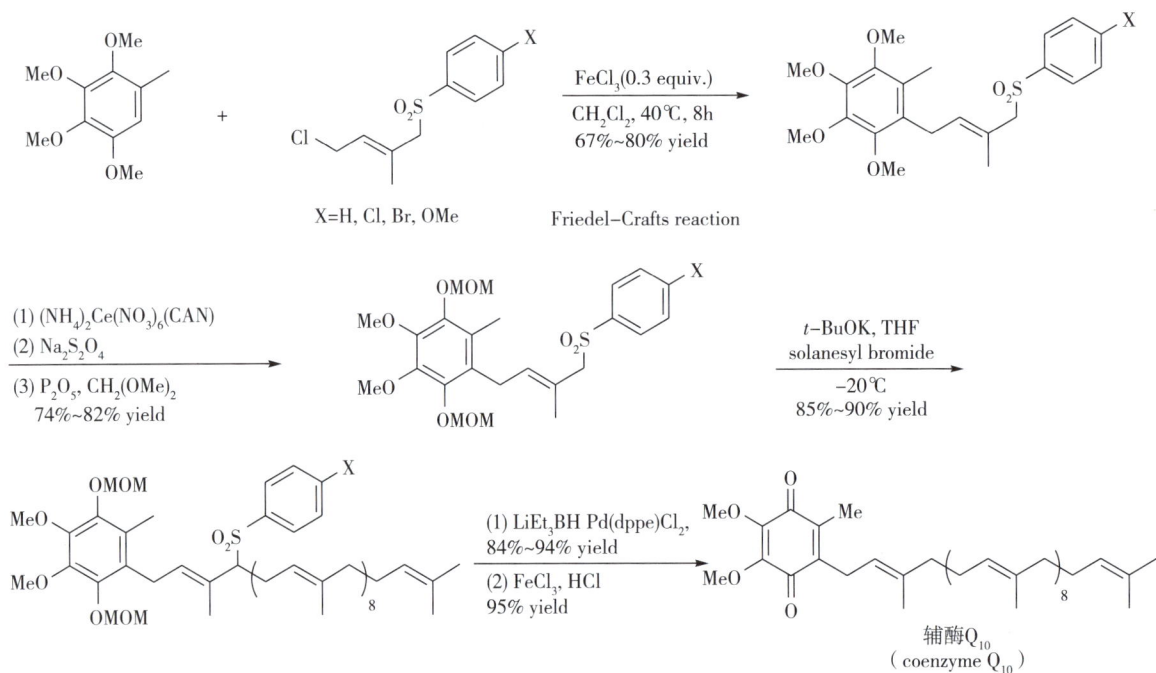

4. Friedel-Crafts 反应的操作

（1）反应前，必须将所用原料及反应装置充分干燥，并防止湿气进入。

（2）此反应一般为放热反应，通常在室温下将烷基化剂滴加到芳香族化合物、催化剂和溶剂的混合物中；当反应剧烈放热时，宜用冰冷却反应物；烷基化试剂全部加完后，将反应物加热 15 ~ 30 分钟，以便使反应完全；反应完毕，冷却反应物，并将其倒入冰和盐酸混合物中。

二、炔烃的碳-烷基化

1. 反应通式

$$H-C\equiv C-H + NaNH_2 \longrightarrow H-C\equiv C-Na \xrightarrow{R-X} H-C\equiv C-R + NaX$$

2. 反应机理　如上式所示，在乙炔钠的 C—Na 键中，C 是显电负性的，向卤代烃中显电正性的 R 亲核进攻，最终卤负离子离去生成卤化钠，完成碳烃化反应。

炔离子常由端基炔烃与强碱，比如氨基钠反应制得。也可以利用端基炔氢的酸性与格氏试剂生成炔基格氏试剂炔基卤化镁 $R-C\equiv CMgX$。

3. 影响因素

（1）烷基化剂 卤代烃的活性：RI > RBr > RCl > RF，伯卤代烃好，仲、叔卤代烃在强碱作用下易发生消除反应。溴代烃用来烃化炔离子效果最好，因为溴代烃比氯代烃活泼，容易发生烃化反应，而使用碘代烃时，因氨解副反应导致氨解产物较多。

卤代芳烃不易烃化炔基，有些是因为活性低不能反应，比如氯苯。有些是与液氨发生氨解副反应，比如邻硝基氯苯。

（2）溶剂及副反应 常用溶剂为液氨，注意：需无水操作，否则生成醇及醚等。

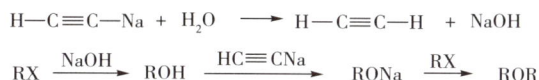

$$H-C\equiv C-Na + H_2O \longrightarrow H-C\equiv C-H + NaOH$$

$$RX \xrightarrow{NaOH} ROH \xrightarrow{HC\equiv CNa} RONa \xrightarrow{RX} ROR$$

4. 在药物合成中的应用 增长碳链，在碳原子上引入炔基。

例如：长效避孕药18-甲基炔诺酮（norgestrel）中间体的合成。

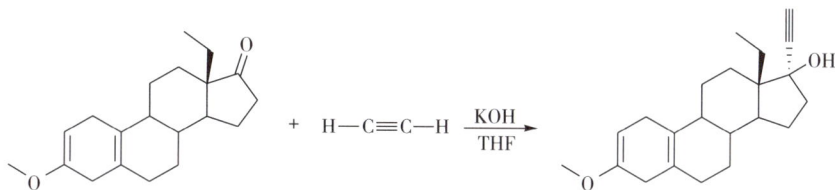

例如：长效避孕药18-甲基炔诺酮的合成。

例如：口服避孕药炔诺酮（norethindrone）的合成。

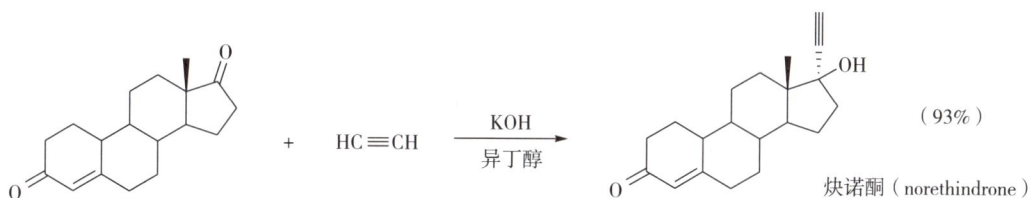

例如：双炔的制备，用二卤代烃与乙炔钠在液氨中反应，可得到二炔类化合物。

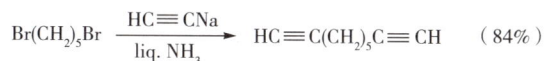

$$Br(CH_2)_5Br \xrightarrow[\text{liq. NH}_3]{HC\equiv CNa} HC\equiv C(CH_2)_5C\equiv CH \quad （84\%）$$

例如：相同及不同取代炔的制备。

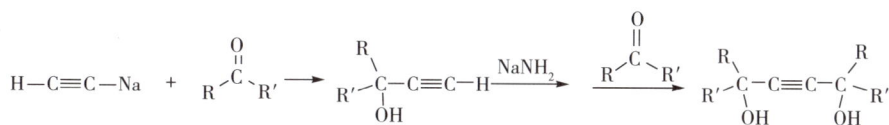

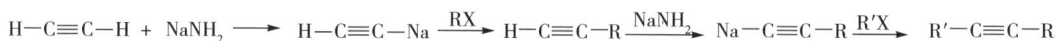

$$H-C\equiv C-H + NaNH_2 \longrightarrow H-C\equiv C-Na \xrightarrow{RX} H-C\equiv C-R \xrightarrow{NaNH_2} Na-C\equiv C-R \xrightarrow{R'X} R'-C\equiv C-R$$

另外，利用格氏试剂与金属锂也可以对炔烃进行烃化

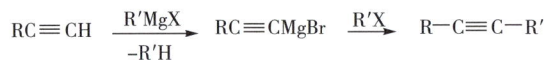

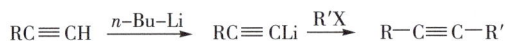

三、格氏试剂的碳–烷基化

1. Grignard 反应 简称格氏反应。有机卤化物（卤代烷烃、活泼卤代芳烃等）与金属镁在无水醚（乙醚、丁醚、戊醚等）存在下，生成烷基卤化镁 RMgX，这种有机镁化合物被称作格氏试剂（Grignard reagent）。格氏试剂作为亲核试剂可以与醛、酮、羧酸等化合物发生加成反应，这类反应被称作格氏反应（Grignard reaction）。

$$RX \ + \ Mg \xrightarrow{\text{Et}_2\text{O}} RMgX$$

例如，羰基化合物（醛或酮等）反应得到相应的醇的反应。与一个当量的格氏反应后，醛可以得到仲醇（甲醛得到伯醇），酮得到叔醇，腈得到酮，二氧化碳得到羧酸；羧酸类衍生物和两个当量格氏试剂反应：酯和酰氯转化为叔醇。其中，格氏试剂和羰基化合物的加成产物水解，常用稀盐酸或稀硫酸，但当反应产物是叔醇时，最好用氯化铵水溶液或水来水解反应物，以避免强酸使叔醇脱水成烯烃。

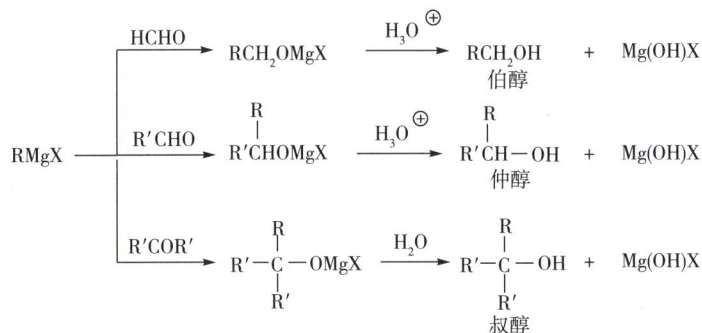

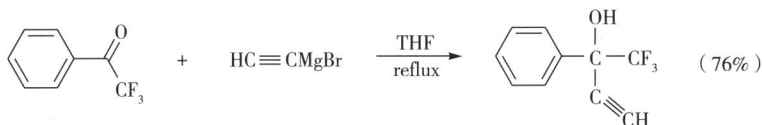

本节主要讨论格氏试剂的 C–烷基化反应。

如下式所示，当 R 为伯、仲、叔烷基时，X 可以为碘、溴、氯。当 R 为芳基时，X 可以为碘、溴，因为氯代芳烃及氯乙烯活性较低，难以和金属镁反应。

$$RMgX \ + \ R'{-}X \longrightarrow R'{-}R \ + \ MgX_2$$

2. 反应机理 制备格氏试剂的原料卤代烃的碳原子带有部分正电荷，但是在制备格氏试剂的过程中卤代烃碳原子极性反转，因镁是电正性很大的元素，C—Mg 键高度极化，碳原子带部分负电荷，因此格氏试剂是非常活泼的碳亲核试剂，具有强碱性。因此格氏试剂能与不饱和键，如羰基发生加成反应，并能迅速与—OH、—NH—、—C≡C—H、—COOH 等基团中的活泼氢反应生成烃，也能和卤代烃发生碳烃化反应。

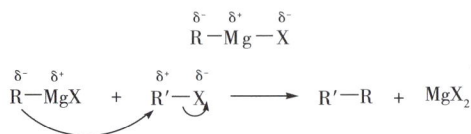

3. 影响因素 格氏试剂生成的活性顺序：在制备格氏试剂时，卤代烃的反应活性由卤素 X 和 R 的结构共同决定。

当卤素相同时：$ArCH_2X$，$CH_2\!=\!CH_2CH_2X > 3°RX > 2°RX > 1°RX > CH_2\!=\!CHX$（R·自由基越稳定则越易形成，反应越容易进行）。

当卤代烃的 R 相同时，不同卤代烃的活性顺序为：R–I > R–Br > R–Cl ≫ RF。碘代烷最贵，而氯代烷的反应性差，所以，实验室中常采用反应性居中的溴代烷来合成格氏试剂。

制备格氏试剂时，需要特别注意以下内容。

（1）在惰性气体保护下，无水操作并隔绝空气制备和进行格氏反应，因为格氏试剂非常活泼，可以和空气中的水、氧、二氧化碳发生反应。

（2）对 $R\!-\!CH\!=\!CH\!-\!X$ 或 $R\!-\!C\!\equiv\!C\!-\!X$ 的格氏试剂，金属镁和乙醚中不能制备，在四氢呋喃（THF）中可制备（normant 改进）。

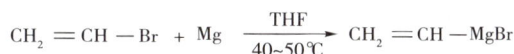

（3）格氏试剂一般使用镁屑跟卤代烷反应制备，不用镁粉，因为镁粉反应太过剧烈，且易形成氧化膜。活泼卤代烷制备格氏试剂时，可直接加热引发，不太活泼的卤代烷可加入少量碘或者 1,2-二溴乙烷引发。尤其是 1,2-二溴乙烷非常适合作为活泼卤化物来引发格氏反应，因为 1,2-二溴乙烷活化镁后分解为气态的乙烯离去，不会生成其他格氏试剂而干扰反应。

除了卤代烃，也可以使用硫酸酯或磺酸酯作为烃化剂进行格氏试剂的 C-烷基化反应。

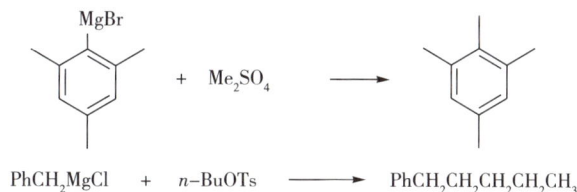

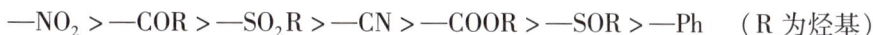

四、活性亚甲基化合物的 α 位碳-烷基化

1. 活性亚甲基的概念

（1）活性亚甲基 一个饱和的碳原子上含有两个或一个强的吸电子取代基时，使亚甲基上氢原子的活性增大，常被称为活性亚甲基化合物。

（2）常见吸电子基团的强弱顺序

$$—NO_2 > —COR > —SO_2R > —CN > —COOR > —SOR > —Ph \quad （R\ 为烃基）$$

（3）常见的活性亚甲基的化合物 β-二酮、β-羰基酸酯、丙二酸酯、丙二腈、氰乙酸酯、乙酰乙酸乙酯、苄腈、脂肪硝基化合物等。

（4）反应条件 醇钠等碱性条件。

（5）常用烷基化试剂 伯卤代烷。

例如：

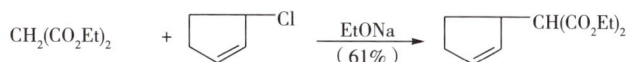

例如：

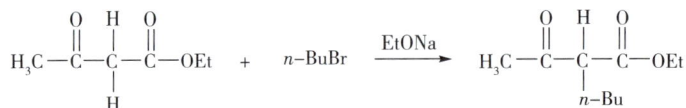

例如：

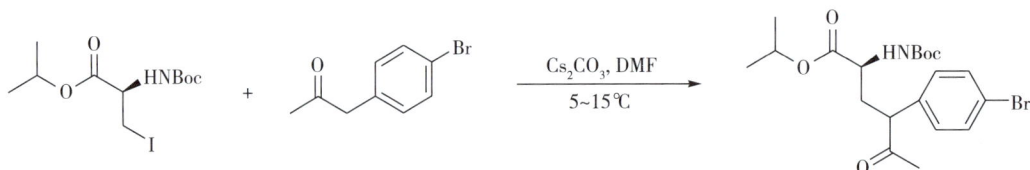

反应机理：

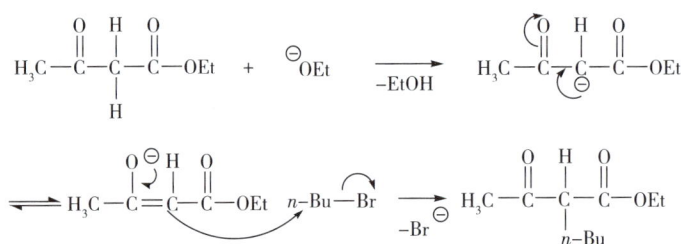

反应实例：可用来合成酮和羧酸。

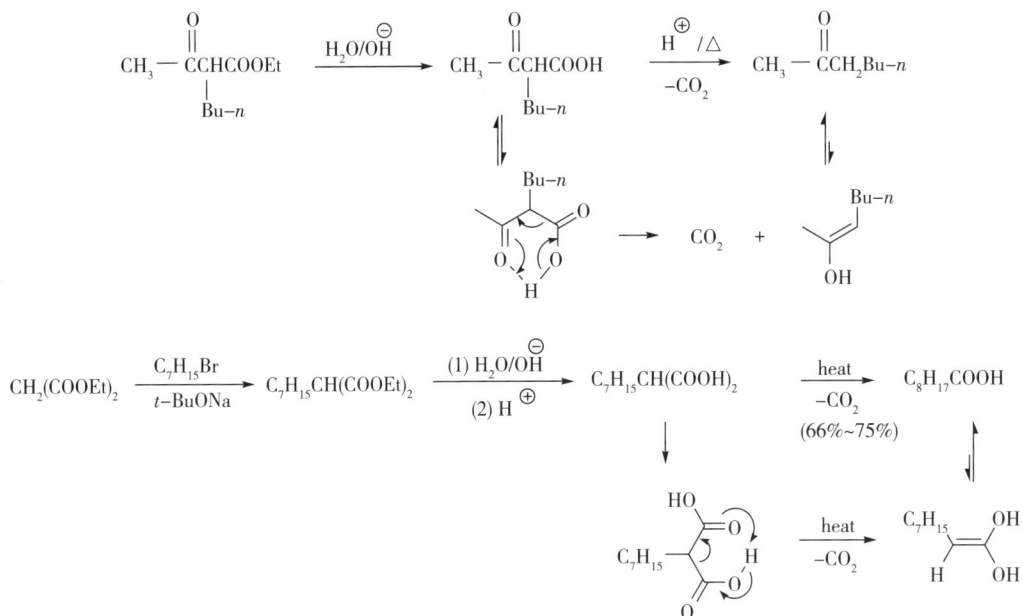

2. 主要影响因素

（1）碱　根据活性亚甲基上氢原子的活性可以选用不同的碱。一般常用醇与碱金属所生成的盐，其中醇钠是最常用的碱。不同醇的碱金属盐碱性顺序为：$t-BuOK(Na) > i-PrONa > EtONa > MeONa$。

（2）溶剂

1）用醇钠作碱，则用相应的醇作溶剂。

2）对于在醇中难于烃化的活性亚甲基化合物，则采用苯、甲苯、二甲苯或石油醚等溶剂，用氢化钠或金属钠催化。

3）对于难反应的化合物，也可以在石油醚中加入甲醇钠/甲醇溶液。

（3）烷基化试剂及被烷基化物的结构　该反应为 S_N2 机理，因此伯卤代烃和伯醇的磺酸酯是好的烃化剂。用仲卤代烃进行烃化，收率较低，这是消除反应与烃化反应之间竞争的结果。叔卤代烃及叔醇磺酸酯在强碱条件下，通常发生消除反应。

活性亚甲基上有两个活泼氢原子，反应后主要得单烷基化产物，在足够量的碱和烃化剂存在下可以发生双烷基化。

单烃化反应：

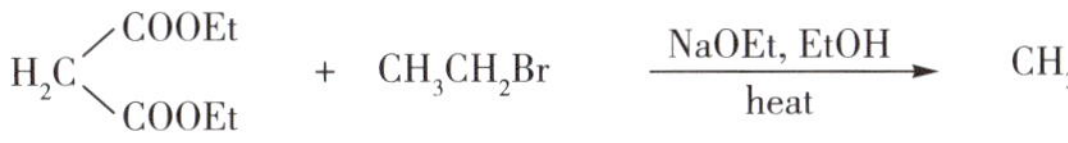

双烃化反应：

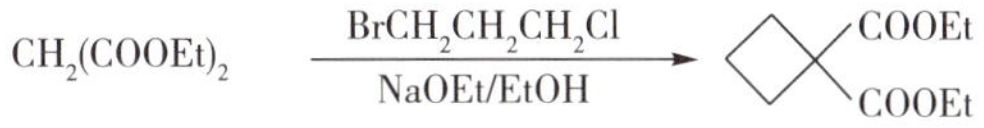

若用二卤代烷作烃化试剂，则得环状化合物。例如，镇咳药喷托维林（pentoxyverine），又名咳必清，它的关键中间体的合成就是由苯乙腈与二溴丁烷在氢氧化钠作用下，双烃化环化制得。

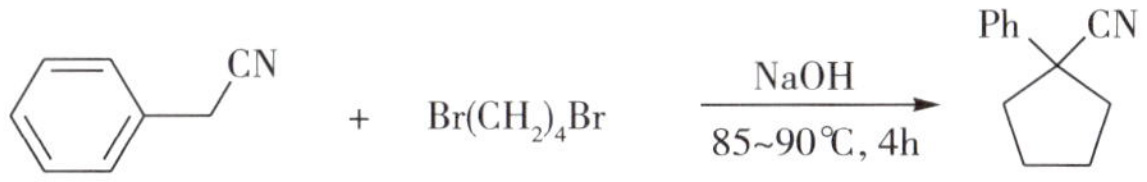

例如：镇痛药盐酸哌替啶（pethidine hydrochloride，度冷丁）的合成，如下图所示的第三步反应，双烃化成环反应合成了关键的哌啶环，详见第三章第二节。

（4）引入烷基的次序　不同的双烃化丙二酸二乙酯是合成巴比妥类镇静催眠药的关键中间体，可由丙二酸二乙酯或腈乙酸乙酯与不同的卤代烃进行烃化反应制得。但是，两个烃基的引入次序可直接影响产品的纯度和收率。因此，引入两个烃基需要根据两个烃基的大小和取代情况，按先后和分步进行。

当 R＝R′时，分两步反应进行：第一步先用等物质的量的原料反应，即 $R_2C(COOEt)_2$：碱：RX＝1∶1∶1，等反应液接近中性，即第一步烃化反应完成，蒸出生成醇；再加入等物质的量的碱和卤代烃，即碱：RX＝1∶1，进行第二步烃化反应。最终得到丙二酸二乙酯的双烃化产物 $R_2C(COOEt)_2$。

巴比妥类镇静催眠药的一般合成方法：

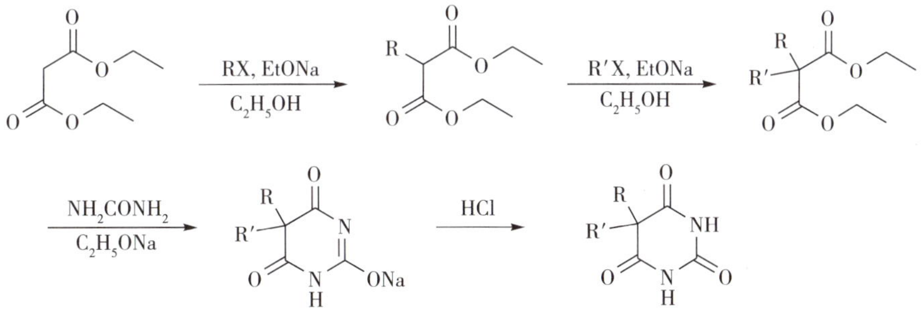

当 R≠R′时，烃基引入的先后次序对产物的收率和纯度有重要影响。

1）如若引入两个不同的伯烷基时，应先引较大的伯烷基，后引较小的伯烷基。

例如，镇静催眠药异戊巴比妥（amobarbital）中间体的合成时，丙二酸二乙酯在乙醇钠作用下，引入两个不同的伯烷基。

方法一：先引入较大的异戊基，再引入较小的乙基，收率分别为88%和87%，两步总收率为76.56%。

$$CH_2(COOEt)_2 \xrightarrow[\substack{EtONa/EtOH,75\sim78℃,6h \\ \text{第一步收率：}88\%}]{Me_2CHCH_2CH_2Br} Me_2CHCH_2CH_2\underset{H}{\overset{}{C}}(COOEt)_2$$

$$\xrightarrow[\substack{EtOH,35℃,10h,65\sim70℃,1h \\ \text{第二步收率：}87\%}]{EtBr/EtONa} Me_2CHCH_2CH_2\underset{Et}{\overset{}{C}}(COOEt)_2$$

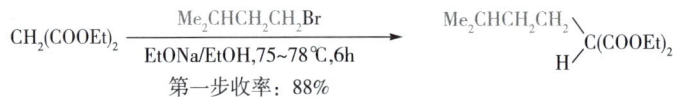

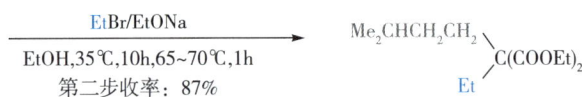

总收率＝第一步收率×第二步收率

先大后小　总收率＝88%×87%＝76.56%

方法二：先引入较小的乙基，再引入较大的异戊基，收率分别为89%和75%，两步总收率为66.75%。显然，方法一优于方法二，收率更高。

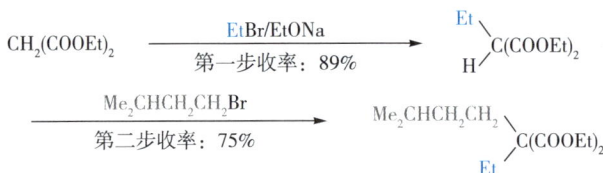

$$CH_2(COOEt)_2 \xrightarrow[\text{第一步收率：}89\%]{EtBr/EtONa} \underset{H}{\overset{Et}{C}}(COOEt)_2$$

$$\xrightarrow[\text{第二步收率：}75\%]{Me_2CHCH_2CH_2Br} Me_2CHCH_2CH_2\underset{Et}{\overset{}{C}}(COOEt)_2$$

总收率＝第一步收率×第二步收率

先小后大　总收率＝89%×75%＝66.75%

2）引入的两个烷基一为伯烷基一为仲烷基时，则应先引入伯烷基，再后引入仲烷基。因仲烷基丙二酸二乙酯的酸性比伯烷基丙二酸二乙酯的酸性小，所以，前者生成烯醇盐比后者困难。

3）若引入的两个烷基都是仲烷基，使用丙二酸二乙酯收率低，需改用活性较大的氰乙酸乙酯在乙醇钠或叔丁醇钠存在下进行。

例如，当引入两个异丙基时，氰乙酸乙酯的第二次烃化反应的收率可达95%，而丙二酸二乙酯的第二次烃化反应收率只有4%。

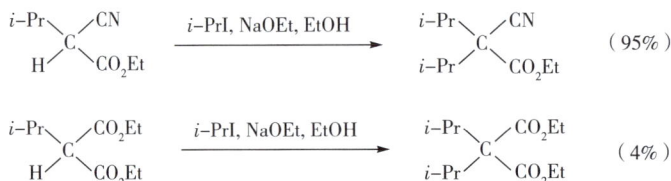

$$\underset{H}{\overset{i\text{-}Pr}{C}}\overset{CN}{\underset{CO_2Et}{}} \xrightarrow{i\text{-}PrI, NaOEt, EtOH} \underset{i\text{-}Pr}{\overset{i\text{-}Pr}{C}}\overset{CN}{\underset{CO_2Et}{}} \quad （95\%）$$

$$\underset{H}{\overset{i\text{-}Pr}{C}}\overset{CO_2Et}{\underset{CO_2Et}{}} \xrightarrow{i\text{-}PrI, NaOEt, EtOH} \underset{i\text{-}Pr}{\overset{i\text{-}Pr}{C}}\overset{CO_2Et}{\underset{CO_2Et}{}} \quad （4\%）$$

3. 应用实例

例如：抗菌增效剂甲氧苄啶（tirmethoprim，TMP）中间体的制备。

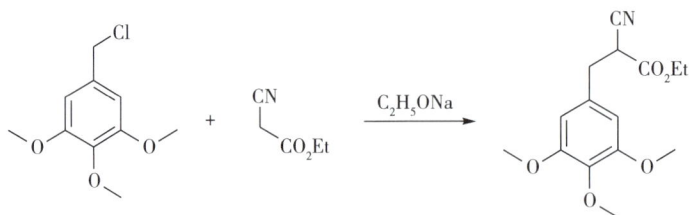

例如：镇咳药喷托维林（pentoxyverine，咳必清）中间体的合成。

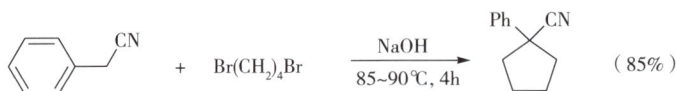

例如：镇痛药美沙酮的中间体的合成。

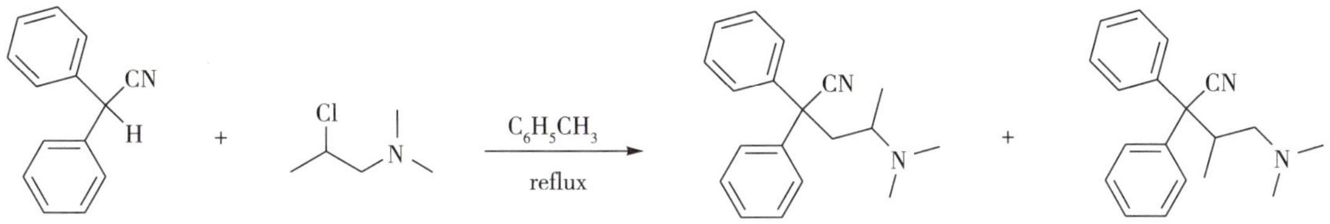

（主要产物）　　　　　（次要产物）

例如：镇静催眠药格鲁米特的中间体的合成。

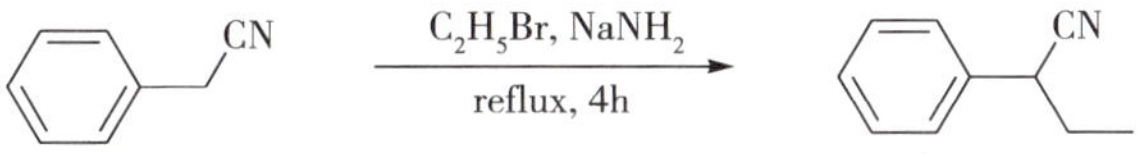

例如：抗心律失常药维拉帕米的中间体的合成。

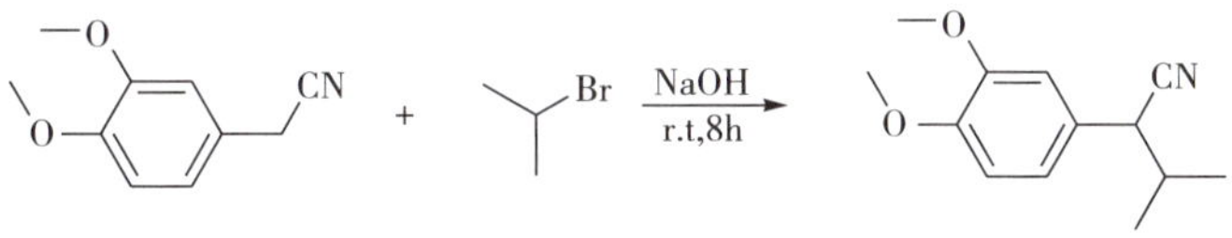

应用实例：3-噻吩甲基丙二酸二乙酯的工业生产，可用于合成肾上腺素类药物。
反应原理：

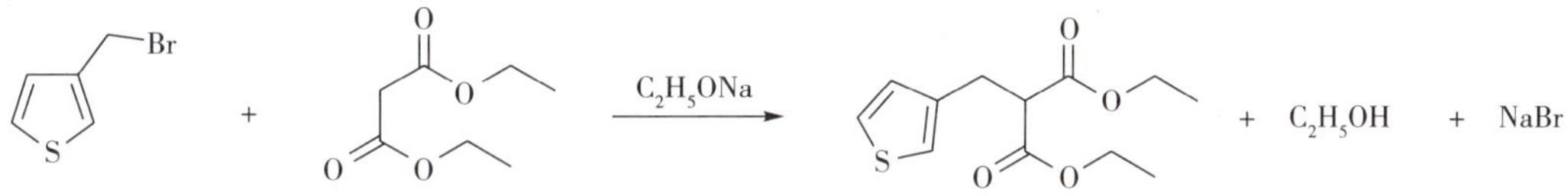

五、醛酮以及羧酸衍生物的 α-C 烃化

1. 反应通式和反应机理　当亚甲基旁只有一个吸电子基团存在时，如醛、酮、羧酸衍生物等，如果进行 α-C 烃化反应，情况比较复杂，要得到高收率的 α-C 烃化产物，需要严格控制反应条件。

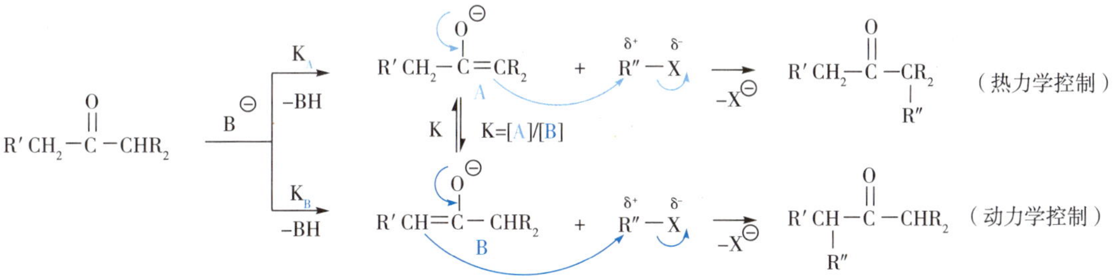

例如，酮在碱存在下，可以生成烯醇 A 和烯醇 B 的混合物，其组成由动力学因素或热力学因素决定。当动力学因素决定时，产物的组成决定于两个竞争性夺取氢的反应的相对速率（即 K_A 和 K_B），产物比例由动力学控制决定。如果烯醇 A 和烯醇 B 能互相迅速转变，将达到平衡，产物组成决定于烯醇的相对热力学稳定性，此为热力学控制。

2. 影响因素　控制反应条件，可控制酮被碱夺取氢形成烯醇的过程，是受动力学控制或是受热力学控制。当用强碱如三苯甲基锂在非质子溶剂中，酮不过量时，将为动力学控制，烯醇一旦生成，互相转换较慢，体积小的锂离子紧密地与烯醇离子的氧原子结合，降低了质子转移反应的速率。当用质子溶剂及酮过量时，不利于动力学控制，烯醇 A 和烯醇 B 将通过质子转移达到平衡，这时为热力学控制。

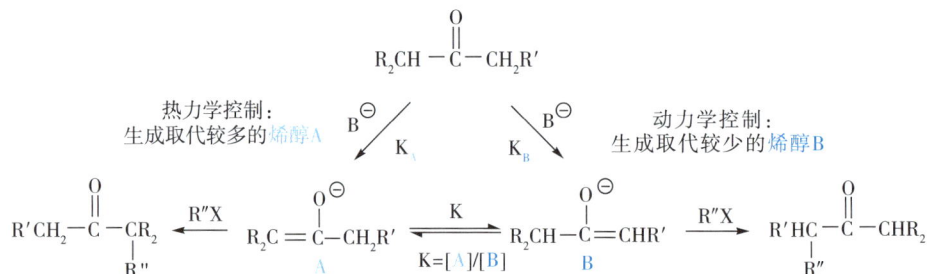

$$R_2CH-\overset{\overset{\displaystyle O}{\|}}{C}-CH_2R'$$

热力学控制：
生成取代较多的烯醇A

动力学控制：
生成取代较少的烯醇B

彩图

$$R'CH_2-\overset{\overset{\displaystyle O}{\|}}{C}-\overset{\overset{\displaystyle R''}{|}}{C}R_2 \xleftarrow{R''X} R_2C=\overset{\overset{\displaystyle O^{\ominus}}{|}}{C}-CH_2R' \underset{K=[A]/[B]}{\overset{K}{\rightleftharpoons}} R_2CH-\overset{\overset{\displaystyle O^{\ominus}}{|}}{C}=CHR' \xrightarrow{R''X} R'HC-\overset{\overset{\displaystyle O}{\|}}{C}-\overset{\overset{\displaystyle R''}{|}}{C}R_2$$

A　　　　　　　　　　B

因此，当使用非质子溶剂，酮不过量，夺取位阻较小的氢比夺取位阻较大的氢更快更为有利，生成较少取代的烯醇B占优势，α-C烃化反应主要生成动力学控制产物。当使用质子溶剂，酮过量，生成多取代的烯醇A占优势，碳碳双键的稳定性随取代增加而增大，因此较多取代的烯醇A具有较大稳定性，α-C烃化反应主要生成热力学控制产物。

3. 应用实例

| 动力学控制： | 28% | 72% |
| 热力学控制(酮略过量)： | 94% | 6% |

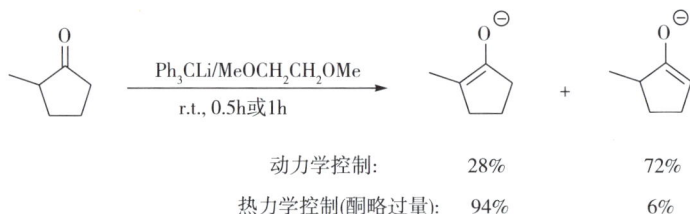

第四节　相转移催化反应

在药物合成中，经常遇到非均相反应，由两种反应物互不相溶导致反应物之间的接触面积过小，浓度过低，反应速度很慢，甚至不反应。传统的解决办法是加入另外一种溶剂，使整个体系混溶，从而提高两种互不相溶反应物的浓度和接触面积，达到加快反应速率的目的，但是该方法会增加合成成本、或引入新的杂质，带来新的问题。比如采用非质子极性溶剂作为反应溶剂使整个体系混溶，虽然能克服溶剂化，但是这些非质子极性溶剂普遍存在价格昂贵、不易回收、后处理麻烦等诸多缺点，因此不是一种理想的方法，而相转移催化技术提供了解决的方法。使用相转移催化剂（季铵盐或季磷盐等）使一种反应物由一相转移到能够发生反应的另一相中，促使一个可溶于有机溶剂的底物和一个不溶于此溶剂的离子型试剂转移到同一相中，促使两者之间发生反应，这就是相转移催化（phase transfer catalysis，PTC）。相转移催化反应是应用相转移催化剂把一种实际参加反应的实体（如负离子）从一相转移到另一相中，以便使它与底物相遇而发生反应。相转移催化作用能使离子型化合物与不溶于水的有机物在低极性溶剂中反应，从而加速这些异相系统反应的速率，使反应能顺利进行。因此，相转移催化技术能够很好地解决互不相溶的两种试剂的反应问题。

一、相转移催化的原理

1. 反应过程及特点

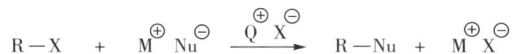

$$R-X \quad + \quad \overset{\oplus}{M}\overset{\ominus}{Nu} \xrightarrow{\overset{\oplus}{Q}\overset{\ominus}{X}} R-Nu + \overset{\oplus}{M}\overset{\ominus}{X}$$

相转移催化的原理是催化剂在两相之间不断来回运输，把反应物从一相转移到另一相（通常以离子对的形式），使原来分别处于两相的反应物能够频繁地碰撞而发生反应，从而提高反应效率，增加反应收率。

以季铵盐型相转移催化剂催化的亲核取代反应为例，反应过程如下图所示。仅溶于水相的亲核试剂（盐）M^+Nu^- 与仅溶于有机相的反应物 R—X 作用，由于有机反应物 R—X 和亲核试剂（盐）M^+Nu^- 在不同的相中而不能相遇，该反应难以进行。Q^+X^- 为季铵盐型相转移催化剂，由于季铵盐既溶于水又溶于有机溶剂，能够在有机相和水相中自由移动。在水相中，M^+Nu^- 与 Q^+X^- 可以发生离子交换，生成盐 M^+X^- 和离子对 Q^+Nu^-。Q^+Nu^- 由于含有季铵盐，可以移动到有机相中，实现相转移。接下来在有机相中离子对 Q^+Nu^- 与有机反应物 R—X 发生亲核取代反应，生成产物 R—Nu 和 Q^+X^-。再生的 Q^+X^- 回到水相，完成催化循环。本反应中，Q^+X^- 作为季铵盐型相转移催化剂，加快了两相间的传质速率，从而加速了互不相溶的两种溶剂中物质的亲核取代反应，而相转移催化剂本身没有发生变化。

相转移催化反应过程：

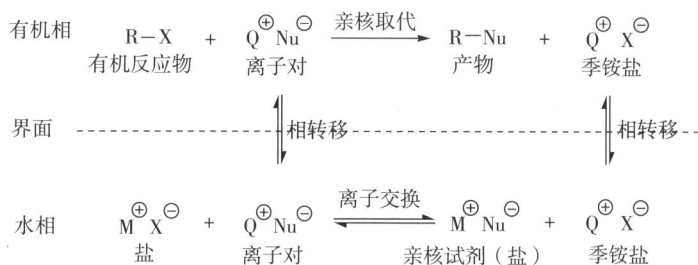

$$
\begin{array}{cccccc}
\text{有机相} & R{-}X & + & \overset{\oplus}{Q}\overset{\ominus}{Nu} & \xrightarrow{\text{亲核取代}} & R{-}Nu & + & \overset{\oplus}{Q}\overset{\ominus}{X} \\
 & \text{有机反应物} & & \text{离子对} & & \text{产物} & & \text{季铵盐}
\end{array}
$$

界面 ------------ ⇅相转移 ------------ ⇅相转移--

$$
\begin{array}{cccccc}
\text{水相} & \overset{\oplus}{M}\overset{\ominus}{X} & + & \overset{\oplus}{Q}\overset{\ominus}{Nu} & \underset{}{\overset{\text{离子交换}}{\rightleftharpoons}} & \overset{\oplus}{M}\overset{\ominus}{Nu} & + & \overset{\oplus}{Q}\overset{\ominus}{X} \\
 & \text{盐} & & \text{离子对} & & \text{亲核试剂（盐）} & & \text{季铵盐}
\end{array}
$$

相转移催化的优点：非均相反应由于反应物处于不同的相中，所以这类反应速度慢、效率低、反应不完全。解决办法是选用非质子极性溶剂，但又存在价格昂贵、不易回收及后处理麻烦。使用相转移催化剂可节约昂贵的非质子极性溶剂，可以克服溶剂化反应，不需要无水操作，又可取得采用非质子极性溶剂相似的效果，还可用碱金属氢氧化物水溶液代替醇盐、氨基钠、氢化钠及金属钠等，反应快，条件温和，后处理容易还可提高反应的选择性，抑制副反应，提高收率等。

2. 实现相转移催化具备的条件

条件一：有一个互不相溶的二相系统（液 - 液两相体系或固 - 液两相体系），其中一相（一般是水相）含有亲核试剂的盐类（例如 M^+Nu^-）；另一相为有机相，其中含有与上述盐类起反应的有机反应物（例如 R—X）。

条件二：亲核试剂盐（例如 M^+Nu^-）一定要与相转移催化剂（例如 Q^+X^-）形成离子对（例如 Q^+Nu^-），并且离子对必须能萃取进入有机相。

3. 相转移催化的应用

$$
\begin{array}{ccccc}
1{-}C_8H_{17}Cl & + & NaCN & \longrightarrow & 1{-}C_8H_{17}CN & + & NaCl \\
\text{有机相} & & \text{水相} & & \text{有机相} & & \text{水相}
\end{array}
$$

例如，1-氯辛烷和氰化钠水溶液的反应，如果只加热搅拌 1-氯辛烷和氰化钠水溶液的两相混合物，即使反应几天也得不到壬腈，加入少量相转移催化剂季铵盐 $R_4N^+Cl^-$ 后，2 小时即可定量收率得到壬腈。

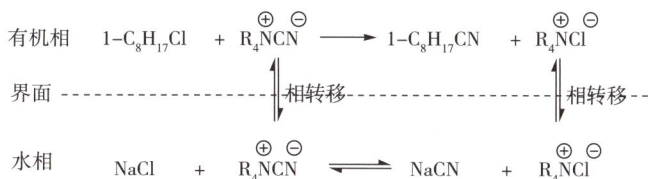

$$
\begin{array}{ccccc}
\text{有机相} & 1{-}C_8H_{17}Cl & + & \overset{\oplus}{R_4N}\overset{\ominus}{CN} & \longrightarrow & 1{-}C_8H_{17}CN & + & \overset{\oplus}{R_4N}\overset{\ominus}{Cl}
\end{array}
$$

界面 ------------ ⇅相转移 ------------ ⇅相转移--

$$
\begin{array}{ccccc}
\text{水相} & NaCl & + & \overset{\oplus}{R_4N}\overset{\ominus}{CN} & \rightleftharpoons & NaCN & + & \overset{\oplus}{R_4N}\overset{\ominus}{Cl}
\end{array}
$$

在该反应中 NaCN 不溶于有机相，而反应物 1-氯辛烷不溶于水，因此加热搅拌时间很长也难以反应。但是加入相转移催化剂季铵盐 $R_4N^+Cl^-$ 后，通过同水相中的 NaCN 进行离子交换，可将 CN^- 以 $R_4N^+CN^-$ 的离子对形式转运到有机相中，大大增加了 CN^- 在有机相中的溶解度，可以与有机相中的 1-氯辛烷顺利反应生成壬腈。同时有机相中再生的相转移催化剂季铵盐 $R_4N^+Cl^-$ 可自由移动到水相中，通过再次与水相中的 NaCN 进行离子交换，再变为 $R_4N^+CN^-$ 并转移到有机相中与原料 1-氯辛烷反应，从而再次完成催化循环。从上述催化循环可以看出，相转移催化剂季铵盐 $R_4N^+Cl^-$ 并没有被消耗，只需要极少的催化量就能极大地提高异相系统反应的效率。因此，将相转移催化技术应用于药物合成领域，有着重要的意义。

二、相转移催化剂

1. 相转移催化剂的要求 具备形成离子对的条件；能与反应物形成复合离子；有足够的碳原子，以便形成的离子对具有亲有机溶剂的能力；R 的结构位阻应尽可能小，R 基为直链居多，稳定并便于回收。

2. 常用的相转移催化剂 常用的相转移催化剂主要有鎓盐、冠醚和非环多醚三大类。

（1）鎓盐类 由中心原子、中心原子上的取代基和负离子三部分组成。其特点为价廉，毒性小，应用广泛，主要有季铵盐、季磷盐、季砷盐等，其中季铵盐（$R_4N^+X^-$）应用最广。常用鎓盐类相转移催化剂见表 3-1。

表 3-1 常用鎓盐类相转移催化剂

催化剂	英文缩写	催化剂	英文缩写
$(CH_3)_4N^+Br^-$	TMAB	$(C_8H_{17})_3N^+CH_3Cl^-$	TOMAC
$(C_3H_7)_4N^+Br^-$	TPAB	$C_6H_{13}N^+(C_2H_5)_3Br^-$	HTEAB
$(C_4H_9)_4N^+Br^-$	TBAB	$C_8H_{17}N^+(C_2H_5)_3Br^-$	OTEAB
$(C_4H_9)_4N^+I^-$	TBAI	$C_{10}H_{21}N^+(C_2H_5)_3Br^-$	DTEAB
$(C_4H_9)_4N^+Cl^-$	TBAC	$C_{12}H_{25}N^+(C_2H_5)_3Br^-$	LTEAB
$(C_2H_5)_3C_6H_5CH_2N^+Cl^-$	TEBAC	$C_{16}H_{33}N^+(C_2H_5)_3Br^-$	CTEAB
$(C_2H_5)_3C_6H_5CH_2N^+Br^-$	TEBAB	$C_{16}H_{33}N^+(CH_3)_3Br^-$	CTMAB
$(C_4H_9)_4N^+HSO_4^-$	TBAHS	$(C_8H_{17})_3N^+CH_3Br^-$	TOMAB

（2）冠醚类 也称非离子型相转移催化剂，其具有特殊的复合性能。

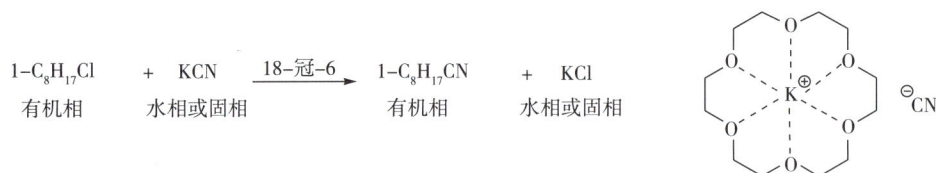

冠醚与 K^+ 络合，使 CN^- 转移至有机相中，加速反应进行。

常见的冠醚：

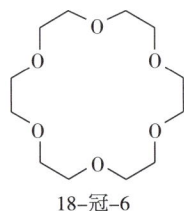

18-冠-6

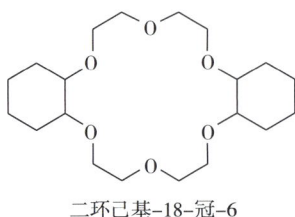

二环己基-18-冠-6

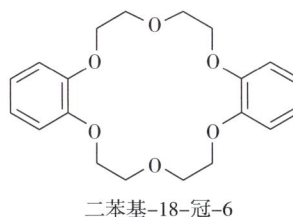

二苯基-18-冠-6

冠醚的相转移催化作用：冠醚与正离子络合将整个分子转移至有机相。

（3）非环多醚类 属于非离子型表面活性剂，主要有聚乙醇醚、杂环聚醚类等化合物。该类化合物属于中性配体，具有价格低、稳定性好、合成方便等优点。

例如，聚乙二醇类。聚乙二醇（PEG）是一种高分子聚合物，化学式是 $HO(CH_2CH_2O)_nH$，无刺激性，味微苦，具有良好的水溶性，并与很多有机物组分有良好的相溶性，常用的有 PEG100、PEG200、PEG400、PEG800 等。

类似的还有聚乙二醇脂肪醚类，化学式是 $C_{12}H_{25}O(CH_2CH_2O)_nH$；聚乙二醇烷基苯醚类，化学式是 $C_3H_7—C_6H_4—O(CH_2CH_2O)_nH$。

常用的三大类相转移催化剂具有截然不同的化学结构和理化性质，催化性能也各具特色，因此在相转移催化反应中应根据具体反应的情况，灵活地选择和运用。鎓盐类具有适应性广（对阳离子选择性小）、价廉、毒性小等特点，应用最广，可用于液－液、液－固体系；冠醚对阳离子的选择性大，适应性广；非环多醚类具有稳定性好、合成方便等优点。

三、相转移催化技术在药物合成中的应用

1. C-烷基化

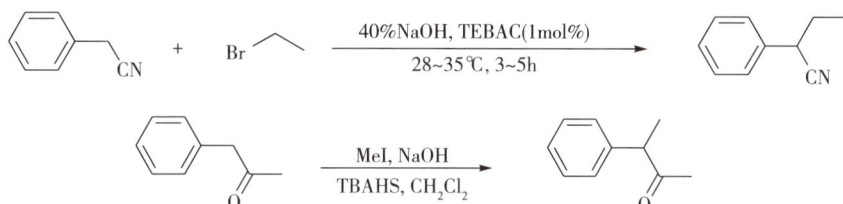

例如，抗癫痫药丙戊酸钠（sodium valproate）的合成，采用 TBAB 催化的 C-烷基化反应。

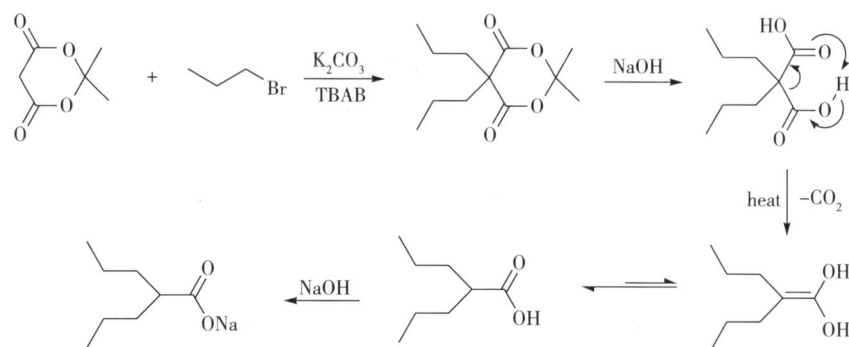

丙戊酸钠（sodium valproate）

例如，抗组胺药氯苯那敏（chlorpheniramine）的合成，应用 PEG800 作为相转移催化剂，高效地催化关键的 C-烷基化反应。

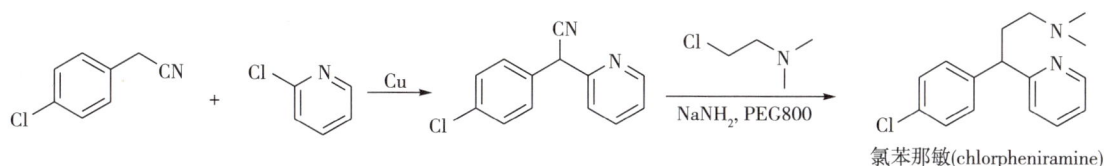

氯苯那敏（chlorpheniramine）

2. O-烷基化（生产醚类产品）

例如，传统的 Williamson 法：用正丁醇和氯化苄在氢氧化钠水溶液中进行烃化反应，如果不加相转移催化剂，45℃反应6小时仅仅得到4%产物。而采用相转移催化法

（PTC 法）新技术：在氢氧化钠水溶液中使用相转移催化剂季铵盐（C_4H_9）$_4$$N^+$$HSO_4^-$（TBAHS）催化，35℃反应 1.5 小时即可得到 92% 产物。相转移催化法（PTC 法）大大缩短了反应时间、提高了收率，且操作简单，优势十分明显。

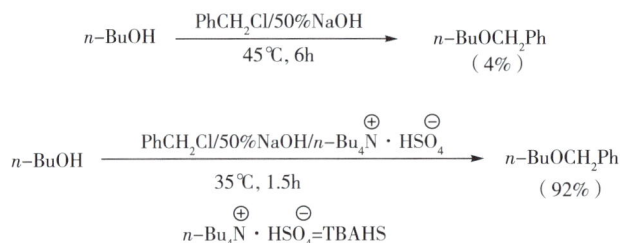

$$n-BuOH \xrightarrow[45℃, 6h]{PhCH_2Cl/50\%NaOH} n-BuOCH_2Ph \quad （4\%）$$

$$n-BuOH \xrightarrow[35℃, 1.5h]{PhCH_2Cl/50\%NaOH/n-Bu_4\overset{\oplus}{N}\cdot\overset{\ominus}{HSO_4}} n-BuOCH_2Ph \quad （92\%）$$

$$n-Bu_4\overset{\oplus}{N}\cdot\overset{\ominus}{HSO_4}=TBAHS$$

例如，醇不能直接与硫酸二甲酯反应得到甲醚，醇盐也较困难，但是加入相转移催化剂可以顺利制得甲醚。

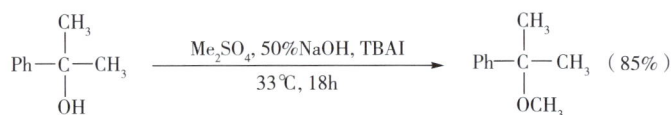

$$\underset{\underset{OH}{|}}{\overset{\overset{CH_3}{|}}{Ph-C-CH_3}} \xrightarrow[33℃, 18h]{Me_2SO_4, 50\%NaOH, TBAI} \underset{\underset{OCH_3}{|}}{\overset{\overset{CH_3}{|}}{Ph-C-CH_3}} \quad （85\%）$$

例如，在盐酸小檗碱（黄连素）中间体的生产中，甲基化一步采用相转移催化法后，避免了 Cannizaro 副反应，使收率提高了 25%，单耗降低了 37%，三废排放减少三分之一。

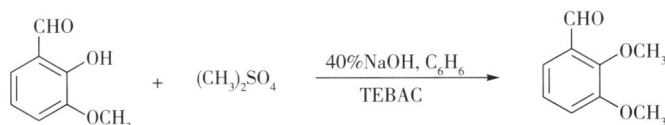

例如，降血脂药吉非罗齐（gemfibrozil）中间体的合成，如果不加相转移催化剂时，合成收率仅 49%，如果采用相转移催化法制备，可以将收率提高到 85%。

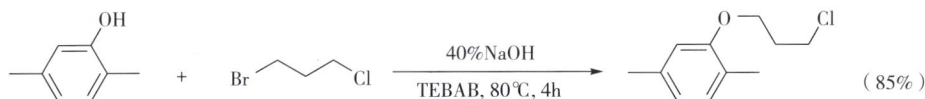

3. N-烃化反应　例如，抗精神失常药氯丙嗪（chlorpromazine）的合成也可采用相转移催化法完成。

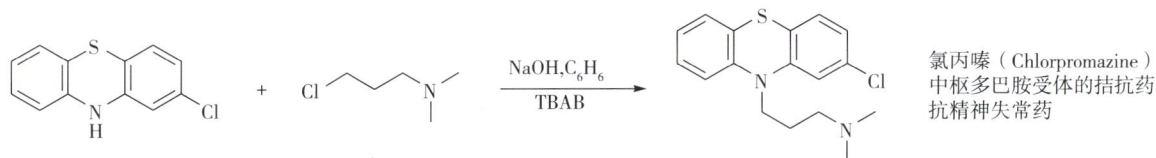

氯丙嗪（Chlorpromazine）
中枢多巴胺受体的拮抗药
抗精神失常药

例如，吲哚和溴化苄（苄基溴）在季铵盐 TBAHS 的催化下，高收率得到 N-苄基化产物：1-苄基吲哚。

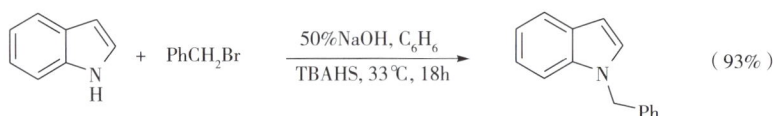

相转移催化不仅用于烷基化反应，而且还可广泛应用于卤化、生成卡宾、缩合、氧化、还原、消除、水解等药物合成反应。

第四章　酰化反应

酰化反应（acylation reaction）是指有机物分子中与碳、氮、氧、硫等原子相连的氢被酰基取代的反应，酰化反应的产物分别是酮（醛）、酰胺、酯、硫醇酯等。

反应通式：

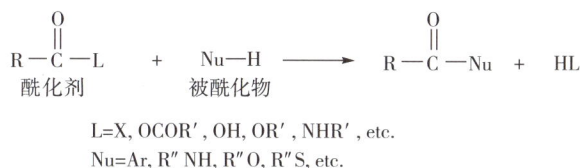

$$L=X, OCOR', OH, OR', NHR', \text{etc.}$$
$$Nu=Ar, R''NH, R''O, R''S, \text{etc.}$$

1. 反应类型　主要是亲电酰化，另外还有亲核酰化反应、自由基酰化反应。

2. 酰化机理　属于加成－消除机理。

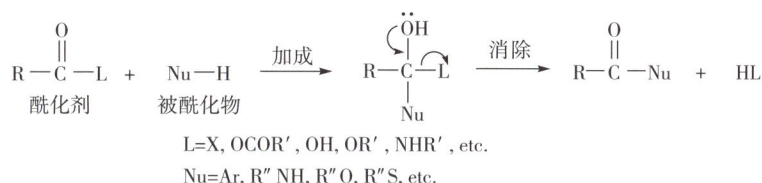

$$L=X, OCOR', OH, OR', NHR', \text{etc.}$$
$$Nu=Ar, R''NH, R''O, R''S, \text{etc.}$$

3. 酰化剂和被酰化物

（1）酰化剂　离去基团 L 的影响：酰化剂的酰化能力与离去基团 L 的电负性和离去能力有关。L 的电负性越大，离去能力越大，其酰化能力越强。当 L 为吸电子基团，有利于反应进行；当 L 为给电子基团，不利于反应。

酰化剂的活性：$RCOX > RCO_2COR^1 > RCOOH$、$RCOOR^1 > RCONH_2$、$RCONHR^1$。

R 的影响：①电性效应：吸电子基团利于进行反应；给电子基团不利于反应。②立体位阻效应：R 的体积若庞大则不利于反应进行。

（2）被酰化物　被酰化物的活性：$RCH_2^- > RNH^- > RO^- > RNH_2 > ROH > RH$。

4. 酸、碱催化酰化　碱催化作用是可以使较弱的亲核试剂 H－Nu 转化成亲核性较强的亲核试剂 Nu^-，从而加速反应。

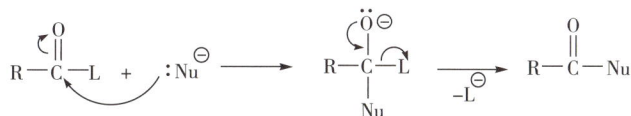

酸催化的作用是它可以使羰基质子化，转化成羰基碳上带有更大正电性、更容易受亲核试剂进攻的基团，从而加速反应进行。

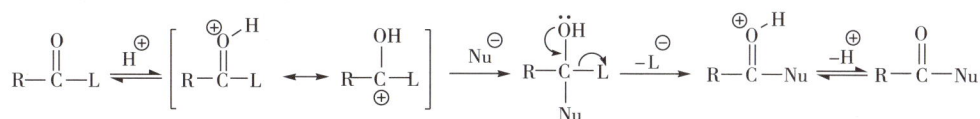

第一节　氧原子上的酰化反应

反应通式：

$$ROH \ + \ R'\!-\!\overset{\overset{\displaystyle O}{\|}}{C}\!-\!L \ \longrightarrow \ R'\!-\!\overset{\overset{\displaystyle O}{\|}}{C}\!-\!OR \ + \ HL$$

氧原子上的酰化反应，是一类形成羧酸酯的反应；是羧酸的酯化反应；是羧酸衍生物的醇解反应。

一、醇的 *O*-酰化

　　醇的 *O*-酰化反应可得酯，其反应难易取决于醇的亲核能力及酰化剂的活性。一般情况下伯醇易于反应，仲醇次之，而叔醇则由于立体位阻较大且在酸性介质中又易于脱去羟基而形成叔碳正离子，使酯化按酸催化下烃氧断裂的单分子反应历程，而难以完成。另外，伯醇中的苄醇、烯丙醇虽然不是叔醇，但由于易于脱羟基而形成稳定的碳正离子，所以也表现出与叔醇相类似的性质。

　　反应活性：伯醇 > 仲醇 > 叔醇、苄醇、烯丙醇。

　　醇的结构对酰化反应的影响，立体位阻决定反应速度：伯醇 > 仲醇 > 叔醇。电子效应的影响：醇羟基的 α 位如果有吸电子基（比如卤素、硝基等）可以通过诱导效应降低羟基氧原子的电子云密度，从而降低其亲核能力，导致醇的活性降低。对于苄醇和烯丙醇，由于它们分子结构中均存在 p-π 共轭体系，使得羟基氧原子的亲核能力降低，因此反应活性较低。具体见表 4–1。

表 4–1 常用醇的酰化反应相对速度

醇	反应速度	醇	反应速度
CH_3OH	1	$PhCH_2OH$	0.68
EtOH	0.84	异丙醇	0.47
$n\text{-}C_3H_7OH$	0.84	叔丁醇	0.026
$CH_2\!=\!CHCH_2OH$	0.64		

　　醇的酰化剂常用的有酰氯、酸酐、羧酸、羧酸酯、酰胺、烯酮等。

1. 羧酸为酰化剂

　　（1）质子酸催化法　反应机理为直接亲电酰化。质子酸类催化剂通过与羧酸羰基形成质子化羰基，使羰基的碳原子的电正性增强，从而提高羧酸的反应活性。醇羟基的氧原子对羰基碳原子进行亲核进攻，再经过质子交换及脱水得质子化羰基中间体，最后脱质子得酰化产物酯。

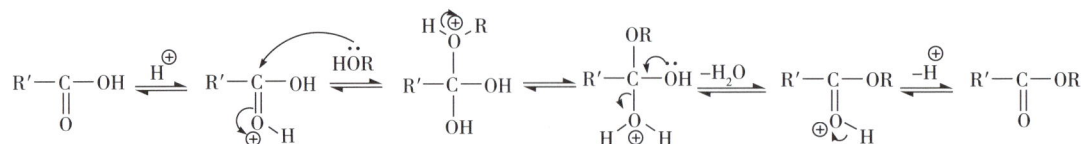

　　羧酸为酰化剂的酰化反应为可逆平衡反应，为促使平衡向生成酯的方向移动，通常可采用的方法有：增加反应物浓度（比如使用大过量的醇），减少生成物的浓度，蒸除反应生成的产物酯，除去反应中生成的水（比如化学脱水剂或共沸蒸馏除水）。

　　常用的质子酸有浓硫酸、干燥的氯化氢气体、磷酸、四氟硼酸、对甲苯磺酸、萘磺酸等。

例如，局部麻醉药苯佐卡因（benzocaine）中间体对硝基苯甲酸乙酯的合成过程中，采用浓硫酸催化酯化反应。

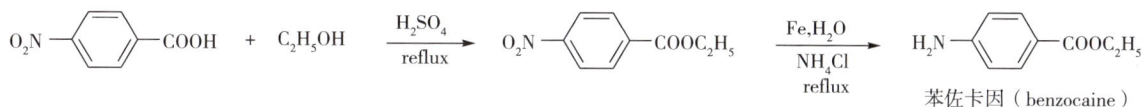

（2）Lewis 酸（AlCl$_3$，BF$_3$，SnCl$_4$，FeCl$_3$等）催化法

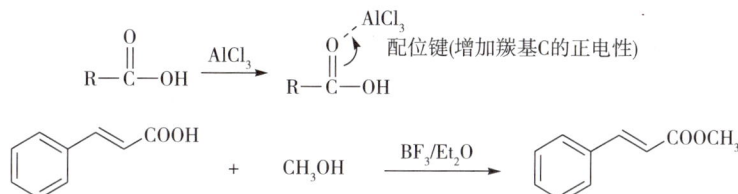

（3）Vesley 法　强酸型离子交换树脂加硫酸钙法，可加快反应速度提高收率。

例如，乙酸甲酯的制备，采用对甲苯磺酸催化，需要 14 小时，得收率82%产物，而使用 Vesley 法仅需 10 分钟即可以高达 94% 收率得到产物，催化加速优势明显。

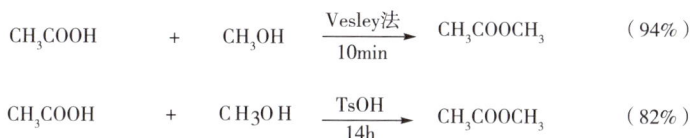

（4）DCC（二环己基碳二亚胺）及其类似物脱水法　二环己基碳二亚胺（dicyclohexyl carbodiimide，DCC）是一个良好的酯化缩合剂，在过量酸或有机碱催化下，羧酸和醇缩合成酯，并生成 N,N'-二环己基脲（N,N'-dicyclohexylurea，DCU）。

其反应历程如下：

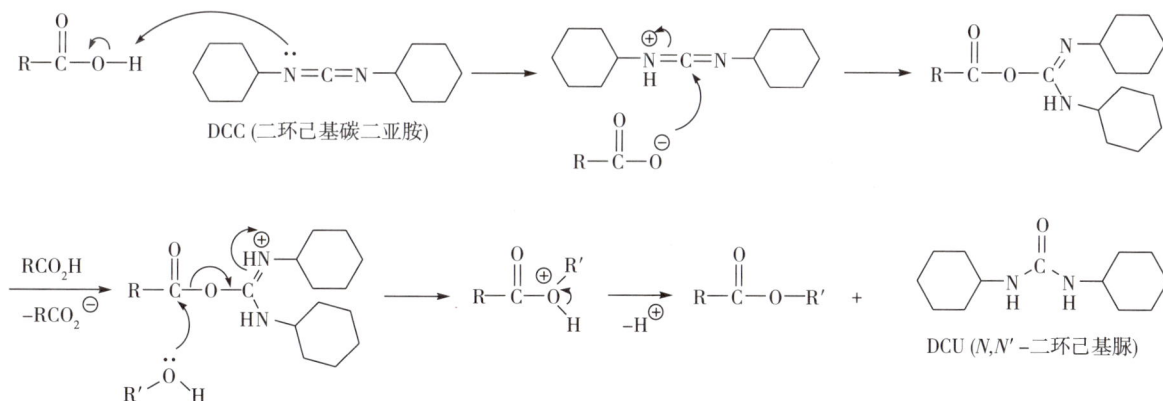

如果在反应体系内加入对二甲氨基吡啶（DMAP）、4-吡咯烷基吡啶（PPY）等催化剂，则可以增强酰化反应活性，提高收率，反应可在室温下顺利进行。

DCC 的碳二亚胺类似物：

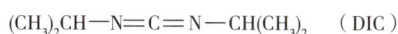

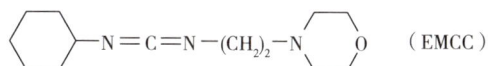

结构通式：　　R—N=C=N—R'

这些试剂多用于酸、醇的价格较高或具有敏感基团的某些结构复杂的酯及大环内酯类等化合物的合

成上，在半合成抗生素及多肽类化合物的合成中亦有广泛的应用。

（5）偶氮二羧酸二乙酯（DEAD）法

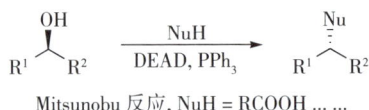

Mitsunobu 反应，NuH = RCOOH … …

当亲核试剂（nucleophiles，NuH）为羧酸时，伯醇或仲醇利用偶氮二羧酸二乙酯（diethyl azodicar-boxylate，DEAD）和三苯基膦反应制备羧酸酯，此时应用的 Mitsunobu reaction（光延反应）是用以活化醇来制备羧酸酯的有效方法。

反应机理： 三苯基膦与偶氮羧酸酯生成两性离子加合物，随后从亲核试剂中夺取质子，生成亲核阴离子；接着醇与磷结合生成磷氧化合物，同时释放出氢化偶氮羧酸酯，最后亲核阴离子从醇的背面进攻，得到构型完全翻转（complete inversion of configuration）的产物。

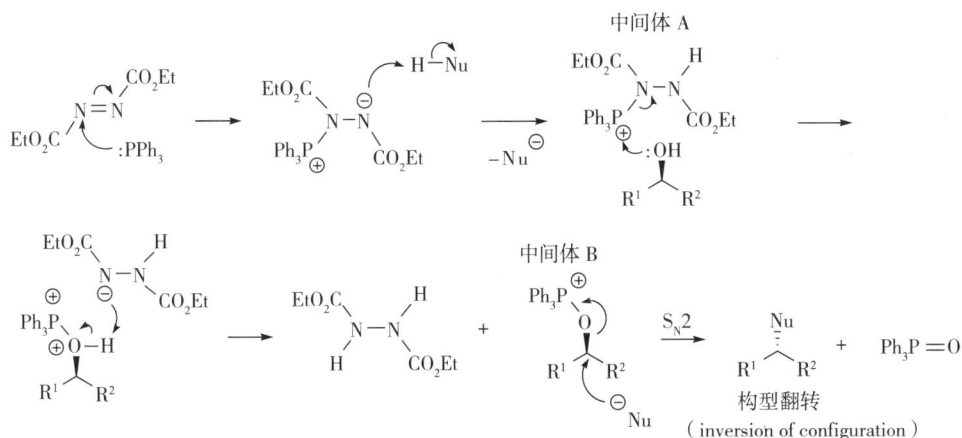

当中间体 A 与醇相作用时，由于三苯基膦的位阻影响可对伯、仲醇进行选择性酰化，当中间体 B 与亲核试剂（如：羧酸）作用时，由于三苯基膦的屏蔽作用，亲核试剂（如：羧酸负离子）从背后进攻，使原来仲醇的构型发生翻转，利用这一性质，可对光学活性仲醇进行构型转化反应。

例如：

R^1CO_2H: AcOH, CF$_3$CO$_2$H, O$_2$N———CO$_2$H, etc.

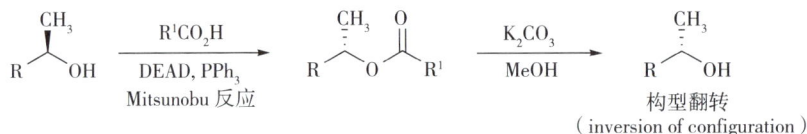

应用实例： 布瑞诺龙（brexanolone）是一种内源性孕烷神经类固醇，为突触和外突触 γ-氨基丁酸 A 型（GABAa）受体正向变构调节剂（positive allosteric modulator，PAM），用于治疗产后抑郁症（postparturm depression，PPD）。布瑞诺龙是一种人工合成的四氢孕酮类似物，其合成方法中应用了中间体仲醇（别孕烯醇酮，isopregnanolone）利用偶氮二羧酸二乙酯（DEAD）、三苯基膦及三氟乙酸（TFA）作为亲核试剂反应的 Mitsunobu reaction（光延反应）制备与原来仲醇的构型发生翻转的三氟乙酸酯，再经水解后得到得到构型完全翻转（complete inversion of configuration）的仲醇布瑞诺龙。

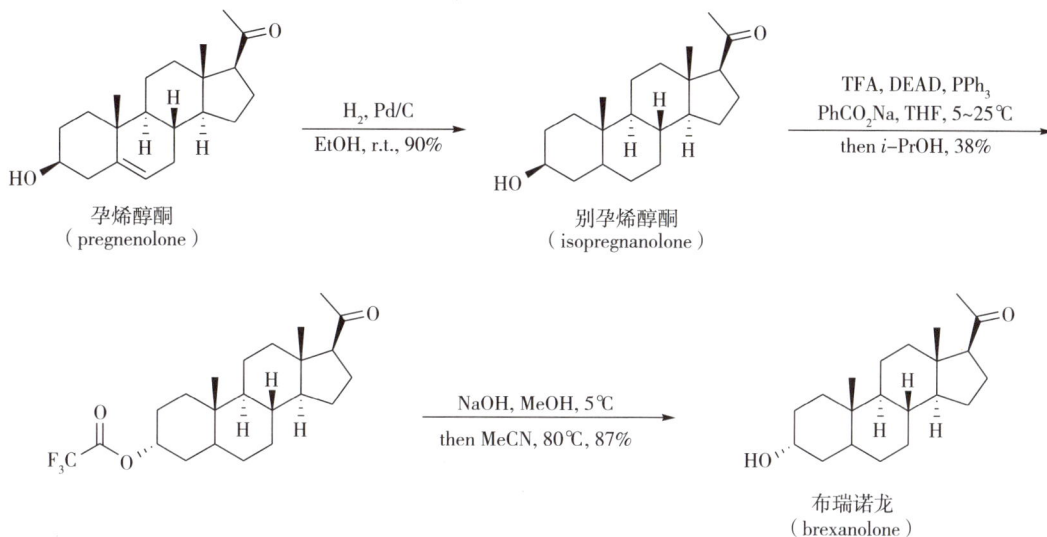

孕烯醇酮
（pregnenolone）

别孕烯醇酮
（isopregnanolone）

H_2, Pd/C
EtOH, r.t., 90%

TFA, DEAD, PPh$_3$
PhCO$_2$Na, THF, 5~25℃
then i-PrOH, 38%

NaOH, MeOH, 5℃
then MeCN, 80℃, 87%

布瑞诺龙
（brexanolone）

在偶氮二羧酸二烷基酯（dialkyl azodicarboxylate）和三烷基膦（trialkyl phosphine）或三芳基膦（triaryl phosphine）存在下，伯醇或仲醇（1°or 2°alcohol）被亲核试剂（NuH）取代的反应被称为 Mitsunobu reaction（光延反应）。在该反应条件下，具有光学活性的仲醇（optically active secondary alcohols）的构型发生了完全的翻转，可用来合成具有旋光活性（optically active）的仲醇、胺、叠氮化物、醚、硫醚、卤代烃甚至烷烃等化合物。

反应通式：

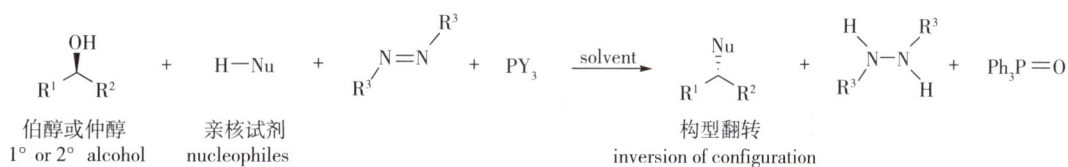

伯醇或仲醇
1° or 2° alcohol

亲核试剂
nucleophiles

构型翻转
inversion of configuration

R^1, R^2=alkyl, aryl, heteroaryl, alkenyl
H-Nu: O-, S-, N- and C-nucleophiles
　RCO$_2$H, ROH, RSH, R$_2$NH, HN$_3$, DPPA, active methylene compounds（β-diketones, β-keto esters, etc.）
R^3=CO$_2$Et(DEAD), CO$_2$i-Pr (DIAD), CON(CH$_2$)$_5$(ADDP), CONMe$_2$ (TMAD)
Y=alkyl, aryl, heteroaryl, O-alkyl; PY$_3$=PPh$_3$ or P(n-Bu)$_3$, etc.
solvent: THF, dioxane, DCM, CHCl$_3$, DMF, toluene, benzene, HMPA

反应特点：在 Mitsunobu reaction（光延反应）中，伯、仲醇是最佳底物，特别是仲醇的构型将完全翻转，而叔醇一般不发生反应。另一反应物可以是 O—、N—、S—、C—等亲核试剂，且这些亲核试剂为偏酸性的化合物（pK_a≤15）。在氧亲核试剂（oxygen nucleophiles）中，羧酸生成酯，醇或酚生成醚，而硫醇或硫酚生成硫醚。常见的氮亲核试剂（nitrogen nucleophiles）有仲胺、亚胺、异羟肟酸、氮杂环、叠氮酸、叠氮磷酸二苯酯（diphenylphosphoryl azide，DPPA）等。也可以形成碳碳键，但亲核试剂主要是活性亚甲基化合物（active methylene compounds），例如β-二酮、β-酮酯等（β-diketones，β-keto esters，etc.），然而β-二酯（β-diesters）的反应活性较低。最常用的三烷基膦（trialkyl phosphine）和三芳基膦（triaryl phosphine）分别为 P（n-Bu）$_3$ 和 PPh$_3$。常用溶剂有四氢呋喃、二氧六环、二氯甲烷、三氯甲烷、DMF（N,N-二甲基甲酰胺）、甲苯、苯、HMPA（六甲基磷酰三胺）等。分子内光延反应也是可以进行的，可制备三元、四元、五元、六元、七元等环醚和环胺化合物。当卤化物离子源（如烷基、酰基卤化物、卤化锌）与 DEAD/Ph$_3$P 一起使用时，醇底物会转化为相应的伯卤化物和仲卤化物。

例如：

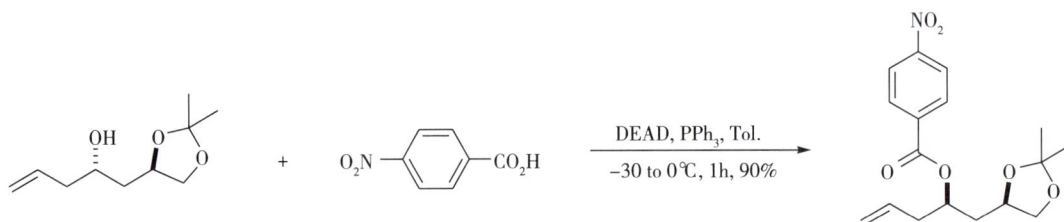

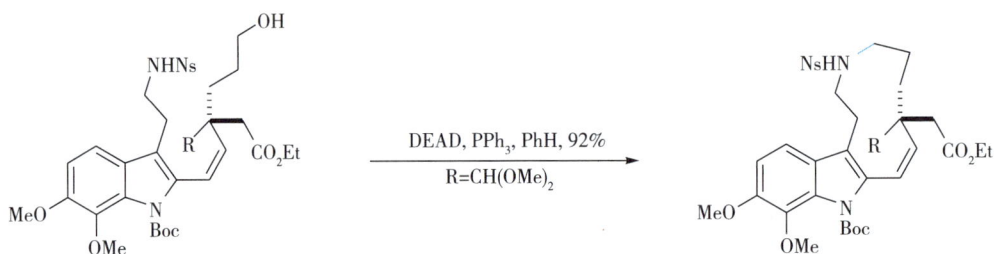

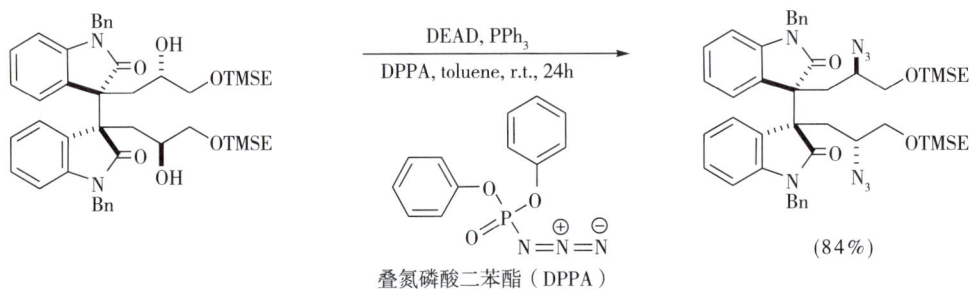

叠氮磷酸二苯酯（DPPA）

(84%)

例如，含手性伯胺的奎宁衍生物，不对称有机小分子催化剂 9-amino-9-deoxyepiquinine 的合成首先应用 Mitsunobu reaction（光延反应），使用氮亲核试剂（nitrogen nucleophiles）叠氮酸（由叠氮化钠和硫酸反应，在低温下原位制备）将奎宁的仲羟基转化为构型翻转的叠氮基，再运用 Staudinger 反应将叠氮基还原为伯胺。

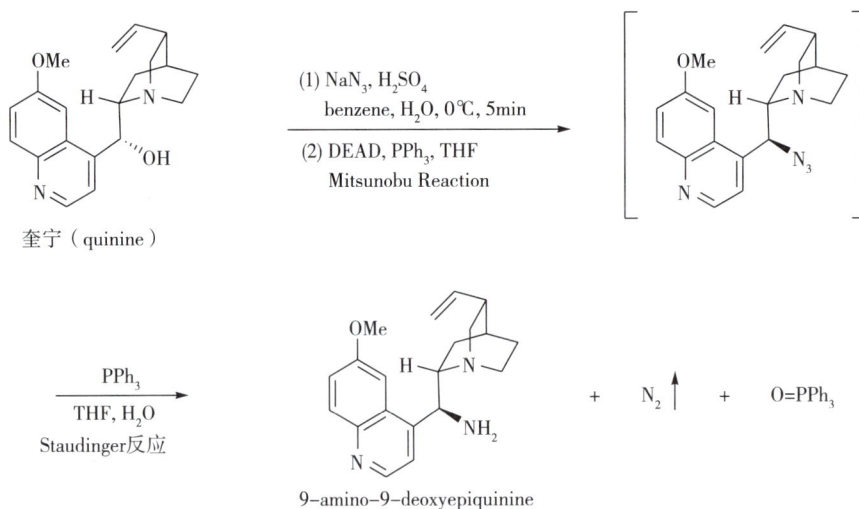

9-amino-9-deoxyepiquinine

2. 羧酸酯为酰化剂
反应通式：

$$RCOOR' + R''OH \rightleftharpoons RCOOR'' + R'OH$$

$$R'OH=CH_3OH, CH_3CH_2OH \text{（沸点低）}$$

酯交换反应在酸性和碱性条件下都可以进行。

例如：

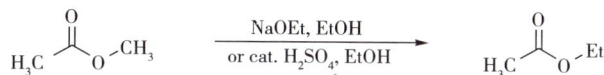

碱催化反应机理：

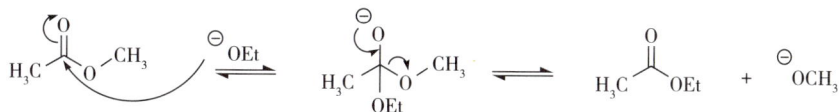

酸催化反应机理：

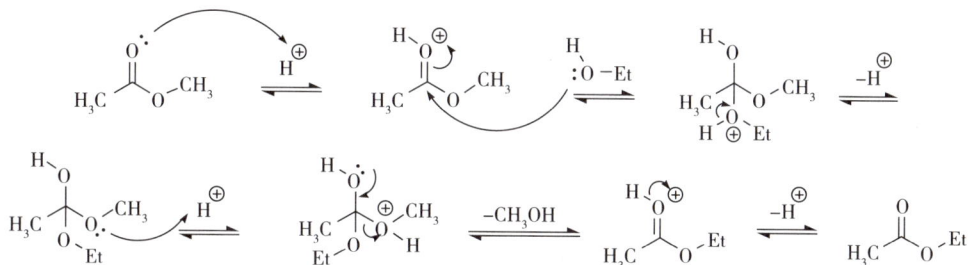

应用实例：

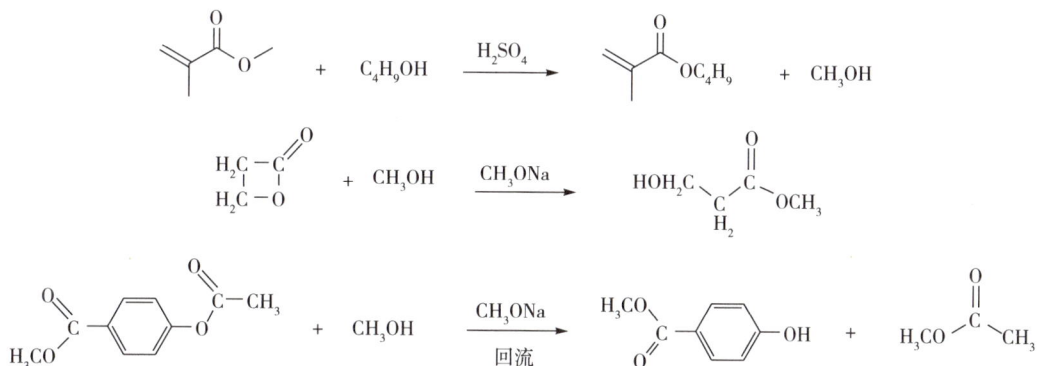

活性羧酸酯法（肽类、大环内酯类合成）如下。

（1）羧酸硫醇酯　例如，以下方法都可以制备 2-吡啶硫醇酯，该活性酯是一种活性较强的酰化试剂，可用于合成大环内酯类以及 β-内酰胺类化合物，收率较高，但是硫醇酯类化合物由于具有特殊的臭味和毒性使其应用受到一定的限制。

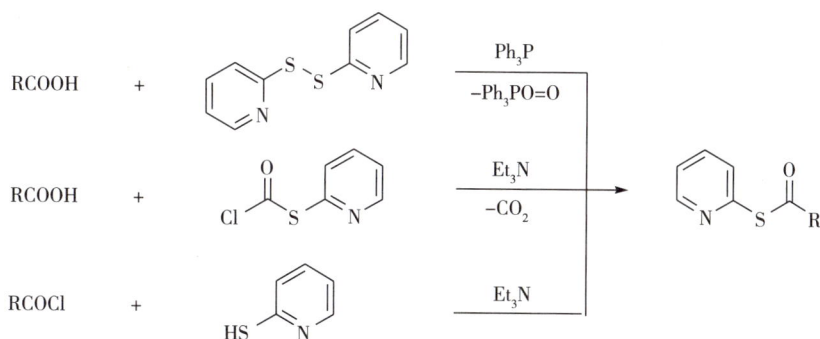

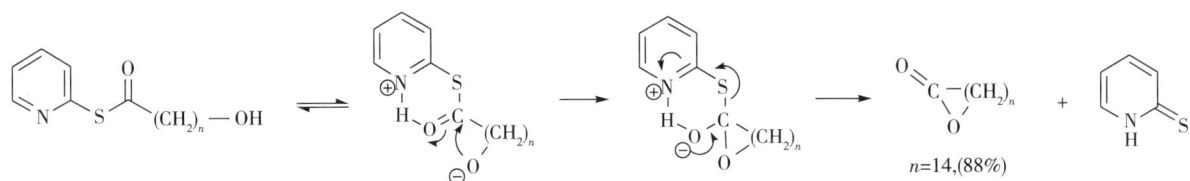

$n=14,(88\%)$

（2）羧酸吡啶酯　羧酸与 2-卤代吡啶季铵盐或氯甲酸-2-吡啶酯反应，可制得相应的羧酸吡啶酯类化合物，由于杂环中正电荷的作用使其活性增加，一般在加热后羧酸吡啶酯与醇可顺利进行酯交换反应，也可用于合成大环内酯类等化合物。

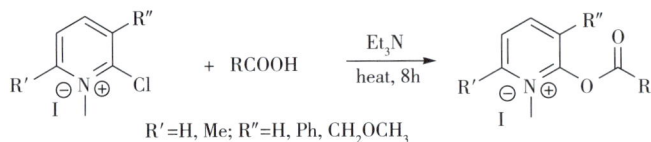

$R'=H, Me; R''=H, Ph, CH_2OCH_3$

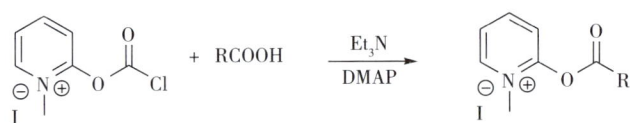

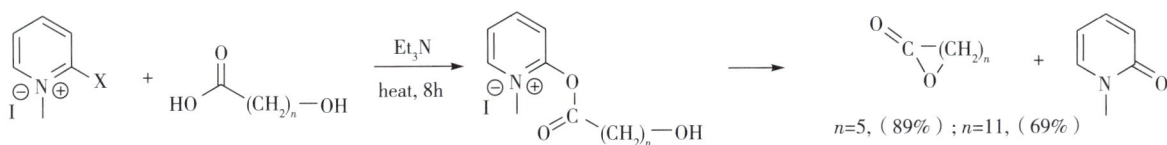

$n=5,（89\%）；n=11,（69\%）$

（3）羧酸三硝基苯酯　2,4,6-三硝基氯苯（Cl-TNB）与羧酸（盐）反应生成羧酸2,4,6-三硝基苯酯，该活性酯由于其结构具有三个强吸电子的硝基，活性较强，可高效的和醇进行酯交换反应。

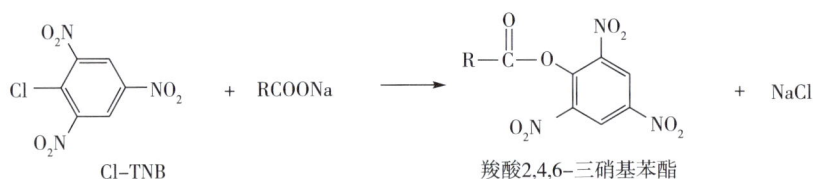

如果羧酸2,4,6-三硝基苯酯在酰化反应体系内不经分离，可直接用该活性酯进行酯交换反应。因此，实际操作中可以将羧酸（盐）、醇、2,4,6-三硝基氯苯（Cl-TNB）混合，原位制备羧酸2,4,6-三硝基苯酯，活性酯不经分离直接进行酰化反应。

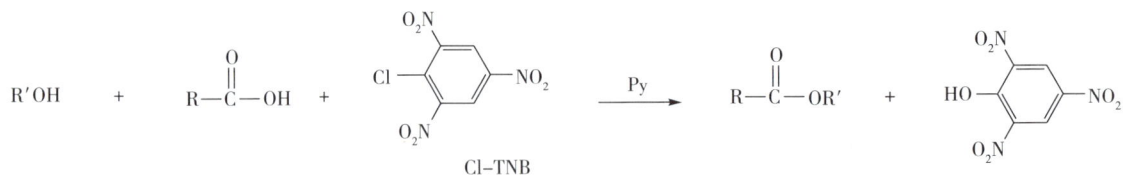

例如：

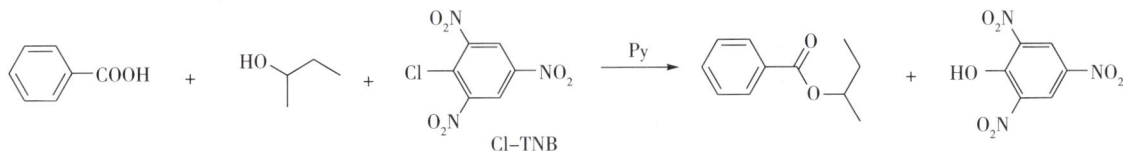

（4）羧酸异丙烯酯（适用于立体障碍大的羧酸）

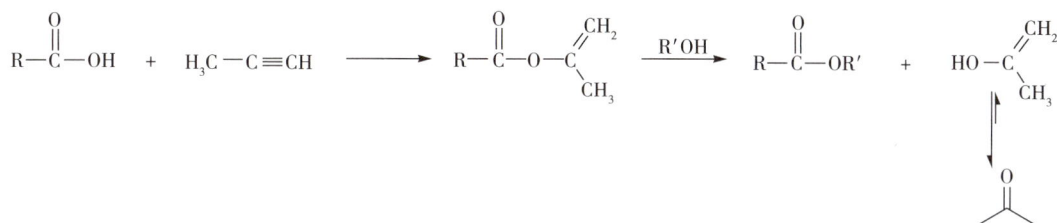

羧酸异丙烯酯适用于立体障碍大的羧酸的酯交换反应，收率较高。

（5）其他活性酯　1-羟基苯并三唑（HOBt）的羧酸酯是一个非常有效的选择性酰化氨基、伯醇的酰化试剂。该活性酯反应条件温和，并且在伯醇和仲醇同时存在时选择性地酰化伯醇，在氨基及羟基同时存在时选择性地酰化氨基，收率较高。

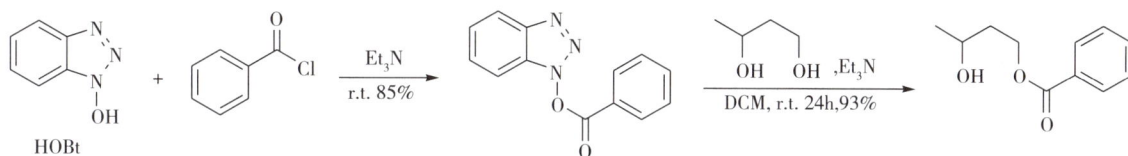

3. 酸酐为酰化剂
反应通式：

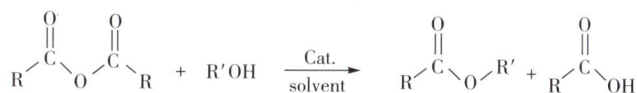

（1）H⁺催化，酸酐被质子酸催化后生成酰化能力更强的酰基阳离子，再和醇进行亲电反应得到酰化产物酯。

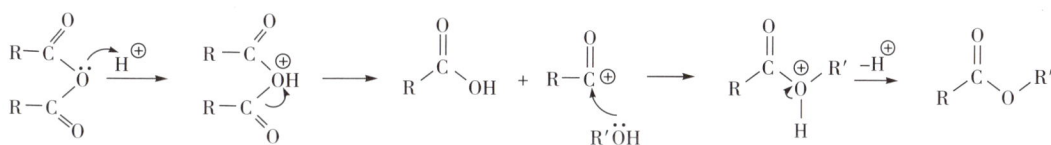

（2）Lewis 酸催化

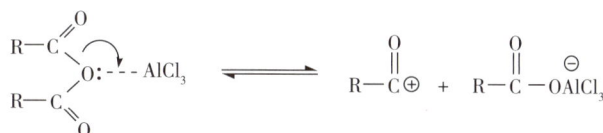

（3）碱催化

1）无机碱　Na₂CO₃、NaHCO₃、NaOH 等作为去酸剂。

2）有机碱　吡啶（Py）、三乙胺（Et₃N，TEA）、对二甲氨基吡啶（DMAP）、4-吡咯烷基吡啶（PPY）等。

常用有机碱催化剂的结构：

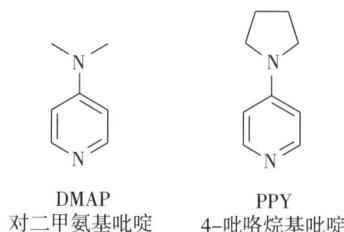

DMAP
对二甲氨基吡啶

PPY
4-吡咯烷基吡啶

常用有机碱催化剂的应用：

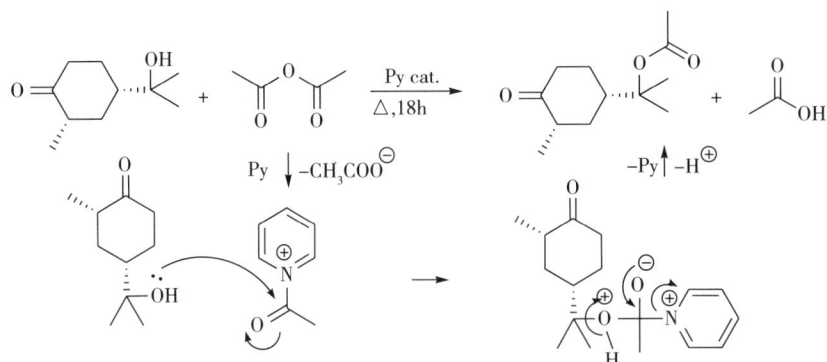

混合酸酐的应用：由于单一酸酐的数量有限，因此利用单一酸酐进行酰化反应的应用范围受到限制，但是将某些羧酸制成混合酸酐后，其酰化能力增强，具有更广泛的应用。

例如，羧酸-三氟乙酸混合酸酐的制备，及其被质子酸催化后生成酰化能力更强的酰基阳离子。

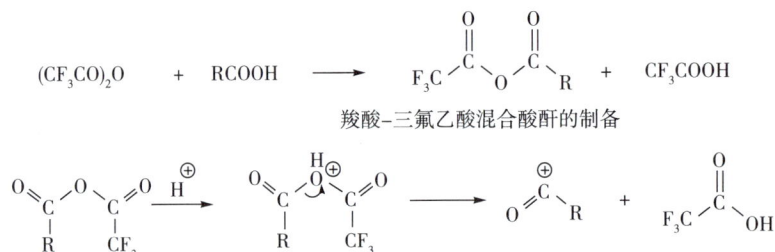

羧酸-三氟乙酸混合酸酐的制备

Ⅰ. 羧酸-三氟乙酸混合酸酐（适用于立体位阻较大的羧酸的酯化）

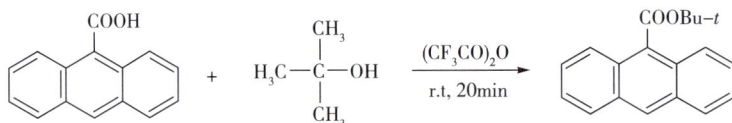

Ⅱ. 羧酸-磺酸混合酸酐　羧酸与磺酰氯在吡啶的催化下，可制得羧酸-磺酸混合酸酐，该混合酸酐是一种高活性的酰化试剂，用于各种立体位阻较大的醇的酰化，由于反应在吡啶等碱性条件下进行，特别适用于对酸敏感的叔醇、丙炔醇、烯丙醇、苄醇等的酰化反应。

反应通式：

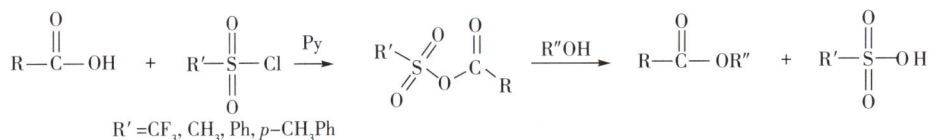

$R' = CF_3, CH_3, Ph, p-CH_3Ph$

例如：

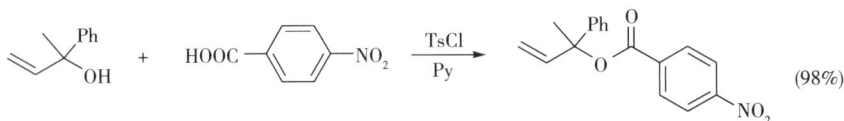

4. 酰氯为酰化剂　酰氯的酰化能力很强，其酰化反应一般不可逆。酰氯参与的酰化反应会产生氯化氢，因此一般需要加碱中和生成的氯化氢。酸酐、酰氯均适于位阻较大的醇，虽然某些酰氯不如酸酐稳定，但酰氯制备比较方便，因此对于某些难制备的酸酐，用酰氯作为酰化试剂是非常高效的。

反应通式：

（1）Lewis 酸催化

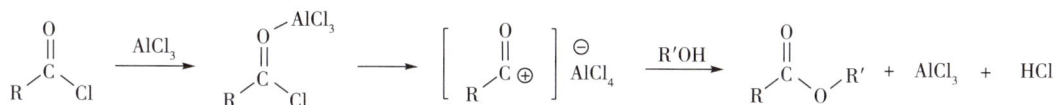

（2）碱催化

1）无机碱　主要有 Na$_2$CO$_3$、NaHCO$_3$、NaOH 等，作为去酸剂可中和酰氯酰化时产生的氯化氢。

2）有机碱　主要有吡啶（Py），三乙胺（Et$_3$N，TEA），对二甲氨基吡啶（DMAP）、4-吡咯烷基吡啶（PPY）等，采用吡啶类有机碱催化，不仅可以中和酰氯酰化时产生的氯化氢，还具有催化作用，增强酰化反应活性。

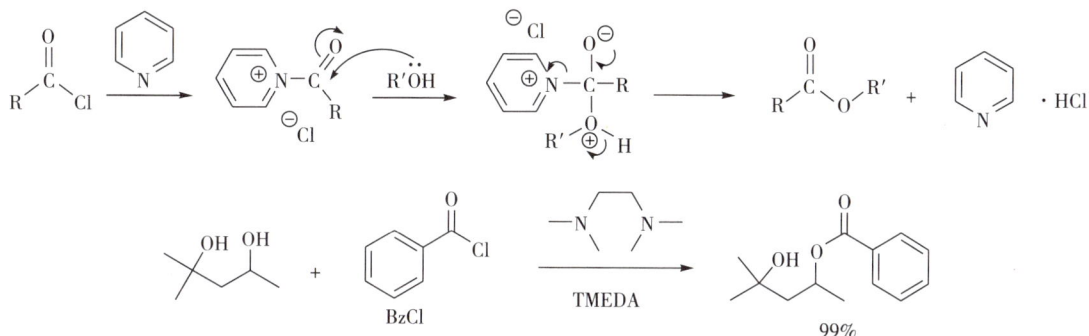

二、酚的 *O*-酰化

反应通式：

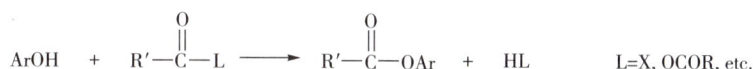

受 p-π 共轭的影响，酚羟基氧的亲核性降低，其酰化比醇要困难，使酚羟基不易被酰化。因此，需用强酰化剂，例如酰氯、酸酐、活性酯等。

1. 酰氯为酰化剂　酰氯在碱性催化剂（氢氧化钠、碳酸钠、三乙胺、吡啶等）存在下可将酚羟基酰化，例如：

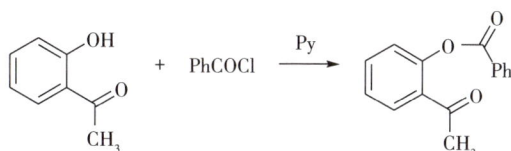

例如，解热镇痛药贝诺酯（benorilate），又名扑炎痛，可由对乙酰氨基酚（paracetamol），又名扑热息痛，在氢氧化钠溶液中，以乙酰水杨酰氯酰化而制得。

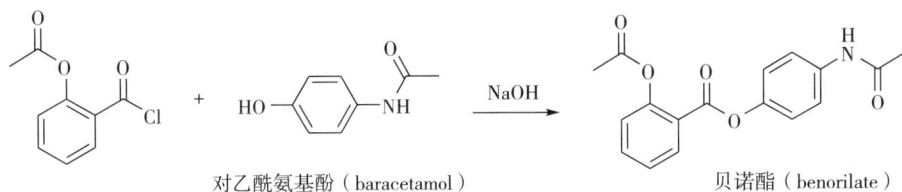

还可以采用间接方法进行酰化反应，该法操作简单，反应高效。例如，羧酸可以先和五氯化磷、三氯化磷、氧氯化磷、氯化亚砜等氯化试剂反应，使用"一锅法"原位先制成酰氯，再和酚进行氧酰化反应。

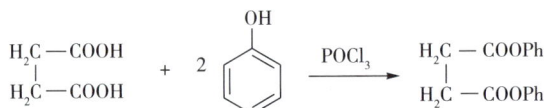

2. 酸酐为酰化剂　混合酸酐或单一酸酐均可对酚羟基进行氧酰化反应，其反应条件同醇羟基的氧酰化反应，可以加入浓硫酸等质子酸或吡啶等有机碱进行催化。例如，运用羧酸-三氟乙酸混合酸酐法，可对立体位阻较大的羧酸和酚进行氧酰化反应。

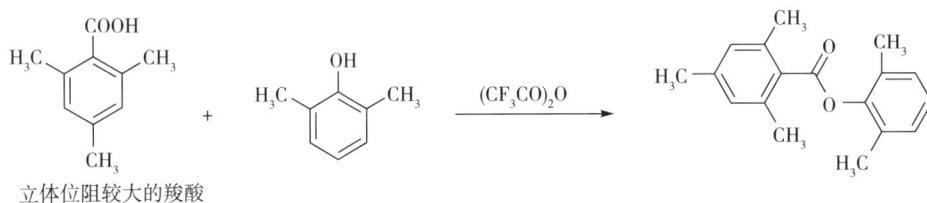

例如，解热镇痛药、抗血小板聚集药乙酰水杨酸（acetylsalicylic acid），又名阿司匹林（aspirin），经近百年的临床应用，证明对缓解轻度或中度疼痛，如牙痛、头痛、神经痛、肌肉酸痛及痛经效果较好，亦用于感冒、流感等发热疾病的退热，治疗风湿痛等，能阻止血栓形成，临床上用于预防短暂脑缺血发作、心肌梗死、人工心脏瓣膜和静脉瘘或其他手术后血栓的形成。阿司匹林的合成，可以用乙酸酐在浓硫酸的催化下进行制备。

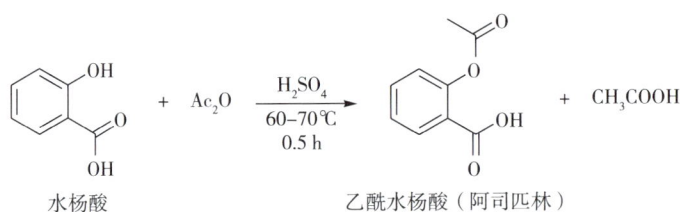

由于水杨酸酚羟基氧原子的未共用电子对与苯环共轭，使其自身电子云密度下降，乙酰阳离子难以进攻，又因水杨酸分子内氢键形成，氢原子不易除去。故在室温下乙酰化反应难以发生。因此该反应需要加入少量浓 H_2SO_4 催化，并加热搅拌，可在较低温度下进行乙酰化反应，反应时间较短，60~70℃的水浴上加热，约30分钟即可完成反应。

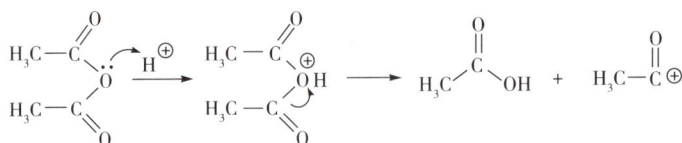

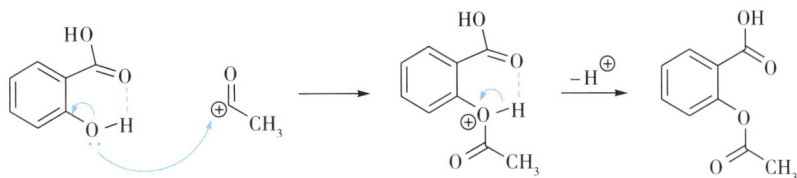

因此，在该反应中，浓硫酸的催化作用：①水杨酸分子中的酚羟基和邻位羧基的羰基氧，可能会形成分子内氢键，浓 H_2SO_4 打破水杨酸分子内的氢键，利于反应的进行；②把乙酸酐变成乙酰阳离子，利于进攻酚羟基，利于反应的进行；③浓硫酸有脱水作用。

本反应可能发生的副反应：①多个水杨酸分子之间成酯，变成多聚物；②多个水杨酸分子及乙酰水杨酸分子之间成酯，变成多聚物；③乙酰水杨酸分子之间脱水成乙酰水杨酸酐；④水杨酸分子脱羧，成苯酚，苯酚可以与水杨酸成酯，变成水杨酸苯酯；苯酚可以与乙酰水杨酸成酯，变成乙酰水杨酸苯酯；苯酚可以与乙酸酐成酯，变成乙酸苯酯等。

需要注意的是，本反应中不能有水，因为阿司匹林的酯键不稳定，有水会导致它的水解，反应到不了终点，另外，有水还会水解乙酸酐，减弱浓 H_2SO_4 的催化能力。反应过程不能碰到铁制仪器，因为 Fe^{3+} 可以与水杨酸分子中的酚羟基形成紫堇色络合物，阻碍反应的发生，使反应不能到终点。本反应的终点检测可以从反应液取样后，加入少量1%的三氯化铁试剂，混合均匀后观察混合物颜色。利用 Fe^{3+} 可以与水杨酸分子中的酚羟基形成紫堇色络合物的原理，取样混合物遇 Fe^{3+} 不呈现深紫色或显轻微的淡紫色，即达到反应终点。

第二节　氮原子上的酰化反应

反应通式：

常用酰化剂：羧酸酰化剂、羧酸酯酰化剂、酸酐酰化剂和酰氯酰化剂。

反应活性：胺 > 醇。

影响因素（酰化剂的种类与强弱顺序）：$RCOCl > (RCO)_2O > RCO_2R' > RCONR'_2 > RCO_2H$。

被酰化物的结构对反应的影响：伯胺 > 仲胺；脂肪胺 > 芳胺。

p-π 共轭的影响：

一、脂肪胺 N-酰化

在 β-内酰胺抗生素（β-lactam antibiotics）的青霉素类（penicillins）药物氨苄西林（ampicillin）的半合成过程中，可以使用三苯甲基保护（氨基保护基）的苯甘氨酸为酰化剂，在 DCC 的作用下与6-氨基青霉烷酸（6-aminopenicillanic acid，6-APA）进行氮酰化反应，然后在酸性条件下脱三苯甲基保护基得氨苄西林。

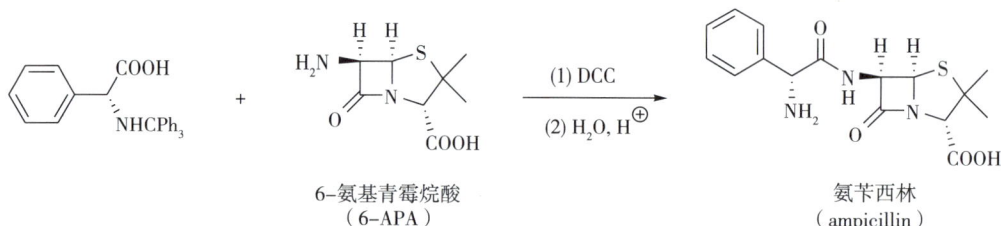

6-氨基青霉烷酸
（6-APA）

氨苄西林
（ampicillin）

二、芳胺 *N*-酰化

芳胺亲核性比脂肪胺弱，因此常用酰氯、酸酐等强酰化剂。

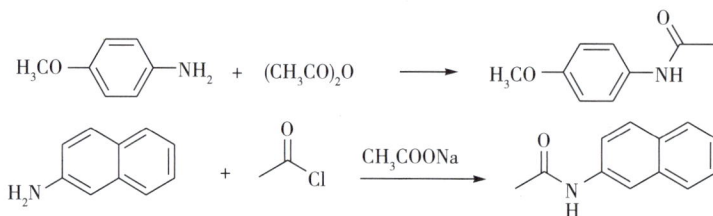

（一）羧酸酰化剂

1. 反应通式

2. 反应机理

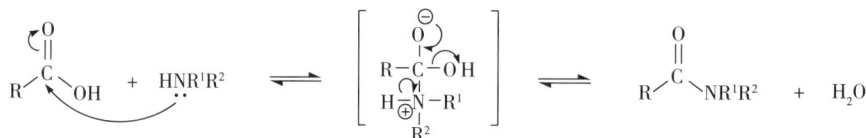

3. 反应条件及催化剂

（1）反应条件

1）酸过量　为了加速反应，并使反应向生成酰胺的方向移动，必须使反应物之一过量，通常是酸过量。

2）脱水

Ⅰ. 脱水剂法　可以加入脱水剂，如三氯化磷、三氯氧磷、多聚磷酸、DCC 等脱水剂，反应可以在二甲苯、甲苯、DMF 等溶剂中进行。

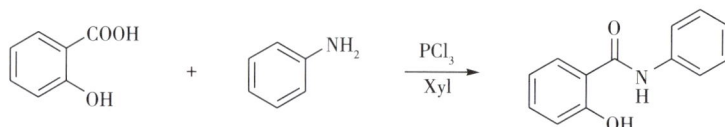

Ⅱ. 高温熔融脱水酰化法　适用于稳定铵盐的脱水，例如苯甲酸和苯胺加热到 225℃ 进行脱水，可制得 *N*-苯甲酰苯胺。

Ⅲ. 反应精馏脱水法　主要用于乙酸与芳胺的 *N*-酰化。如，将乙酸和苯胺加热至沸腾，用蒸馏法先蒸出含水乙酸，然后减压蒸出多余的乙酸，即可得 *N*-乙酰苯胺。

Ⅳ. 溶剂共沸脱水法　主要用于甲酸（沸点 100.8℃）与芳胺的 *N*-酰化反应。

（2）催化剂

1）强酸作催化剂　适用于活性较强的胺类的酰化。

2）缩合剂作催化剂　适用于活性弱的胺类、热敏性的酸或胺类 。常用的此类缩合剂有：DCC；DIC（Diisopropylcarbodiimide，二异丙基碳二亚胺）；EDC·HCl［1-（3-Dimethylaminopropyl）-3-ethylcarbodiimide hydrochloride，1-乙基-（3-二甲基氨基丙基）碳二亚胺盐酸盐］等。DCC 是一个良好的脱水剂，以 DCC 作脱水剂用羧酸直接酰化，条件温和，收率高，在复杂结构的酰胺、半合成抗生素及多肽的合成中有较多的应用。EDC·HCl 作为酯化、酰胺化反应中常用的缩合剂，广泛应用于药物合成、蛋白联接、核酸联接等。常用的几个碳二亚胺类缩合剂，结构式如下图所示。

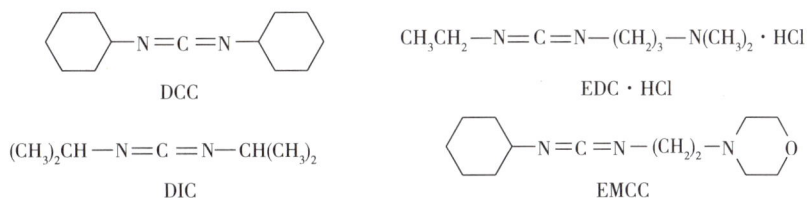

反应机理：

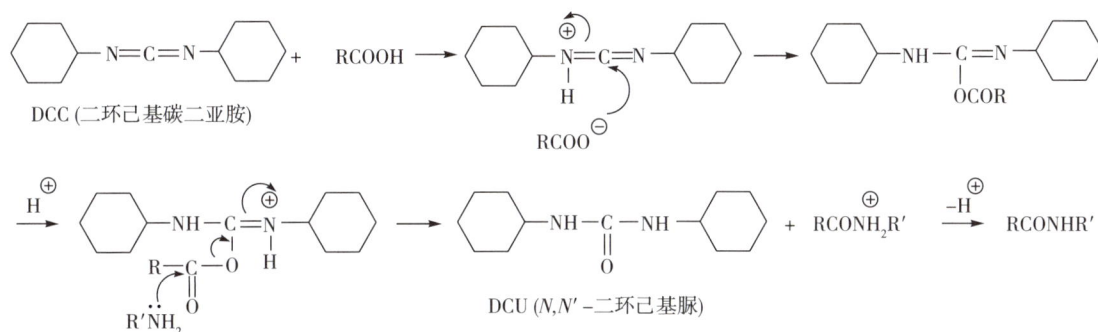

应用实例： 脑啡肽酶抑制剂、止泻药消旋卡多曲（racecadotril）的合成以羧酸为酰化剂，在缩合剂 DCC 和溶剂 DMF 中室温反应制得。

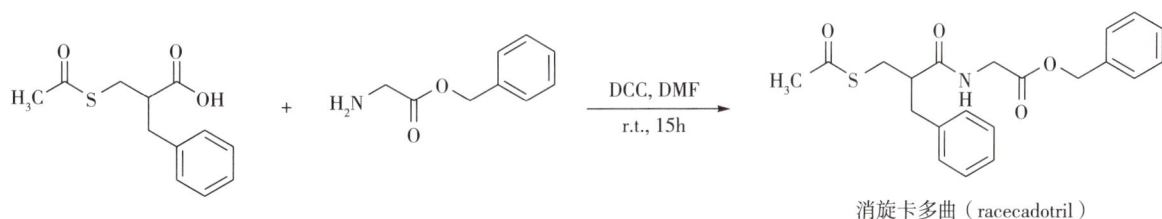

消旋卡多曲（racecadotril）

抗癌药伏立诺他（vorinostat）是一种新型的分子靶向抗肿瘤药物，能特异性地结合并阻断组蛋白去乙酰化酶（histone deacetylases，HDAC）作用，进而阻止肿瘤细胞的基因表达，诱导肿瘤细胞凋亡。主要用于治疗加重、持续和复发或用两种全身性药物治疗后无效的皮肤 T 细胞淋巴瘤（cutaneous T-cell lymphomas，CTCL）。伏立诺他（vorinostat）的一种合成方法中，首先辛二酸单甲酯和苯胺于 DMF 中，在 DCC 及 1-羟基苯并三唑（HOBt）作用下室温搅拌 4 小时，先缩合成生成酰胺关键中间体，然后再和盐酸羟胺和氢氧化钾于甲醇中室温反应 1 小时得到目标产物。

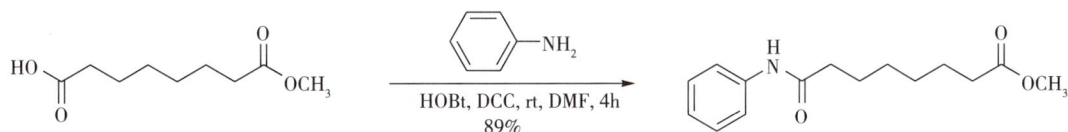

$$\xrightarrow[\text{90\%}]{\text{NH}_2\text{OH} \cdot \text{HCl, KOH, MeOH, rt, 1h}}$$

伏立诺他
（vorinostat）

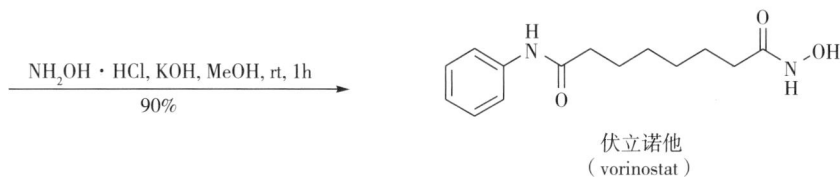

　　DCC 作为最早被开发应用的碳二亚胺类缩合剂，由于其价格低廉早已被大规模用于化学制药等行业。尽管如此，其反应后生成的副产物 DCU 难以清除干净的缺陷越来越突出，势必影响其在药物合成中的大规模应用。而 EDC·HCl，其反应后生成的副产物 EDU，可以溶于几乎所有有机溶剂，并且在水中亦有非常好的溶解性，因此可以非常方便地将其从产物中清除干净。另外，相较于其他碳二亚胺类，EDC·HCl 的优势还包括：①没有毒性；②结晶性固体粉末易于操作。而 DCC 为坚硬的蜡状固体，DIC 虽为液体，但其蒸气可破坏眼角膜。基于这些方面的优点，EDC·HCl 已被越来越多地选择作为药物合成中的关键试剂。尤其是一些对产物纯度要较高，以及必须在水中反应的情况，如蛋白、抗体的连接等。随着生产工艺的日益成熟，其生产成本也将逐步降低。可以预见的是，EDC·HCl 将成为药物合成中应用最为广泛的碳二亚胺类缩合剂。

　　例如，抗肿瘤药尼洛替尼（nilotinib），别名尼罗替尼，临床上主要用于治疗对格列卫（伊马替尼）耐药的慢性粒细胞性白血病，是强效精准的第二代酪氨酸激酶抑制剂，有效治疗产生耐药的或不耐受的慢性髓性白血病患者。尼洛替尼的合成采用芳香羧酸和芳胺在缩合剂 EDC·HCl 和 1-羟基苯并三唑（HOBt）存在下室温搅拌过夜，先缩合成酰胺关键中间体，所得中间体再脱去 Boc 保护基制得目标产物（Boc 是 *t*-Butyloxy carbonyl 的缩写，即叔丁氧羰基，是一种有机合成，特别是多肽合成中常用的氨基保护基团）。

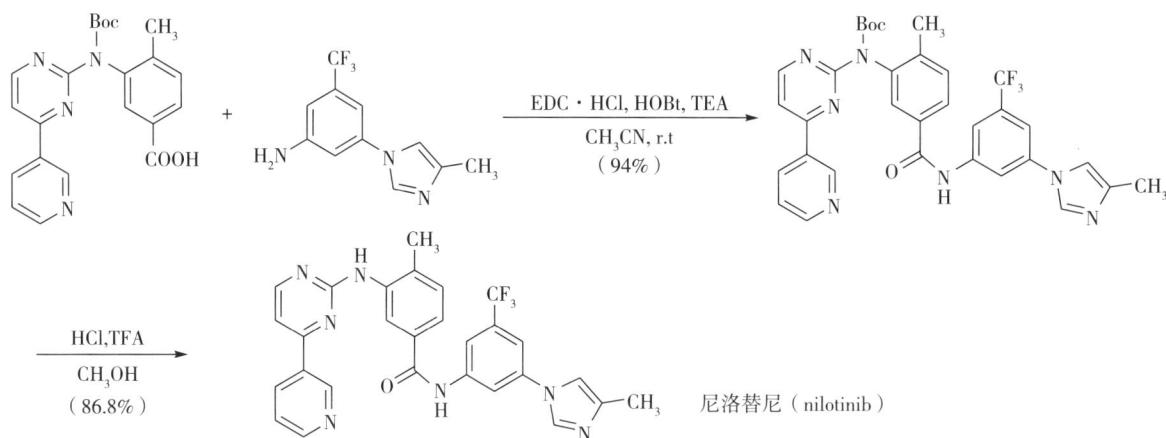

尼洛替尼（nilotinib）

　　例如，马拉维若（maraviroc）是趋化因子受体 CCR5 的一个有效的、选择性拮抗剂，适用于与抗逆转录病毒联合治疗成人的 CCR5-向性的 HIV-1 感染。马拉维若的一种合成方法中，应用了 EDC 作为缩合剂合成关键中间体酰胺。

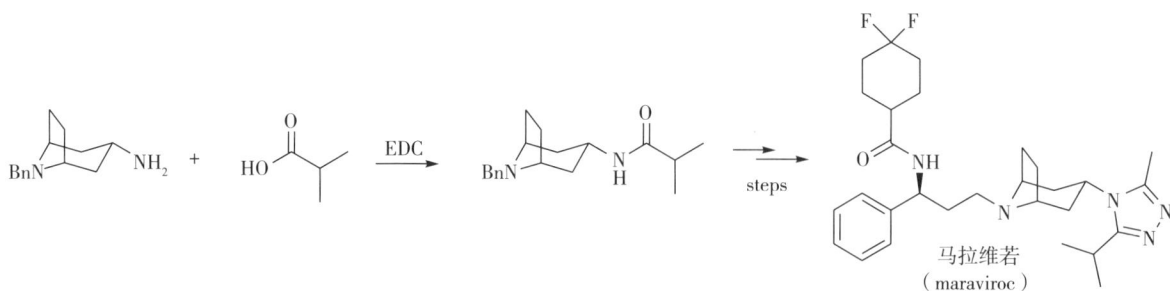

马拉维若
（maraviroc）

基团保护在药物合成中的应用如下。

基团保护的含义：当一个化合物有不止一个官能团，想在官能团 A 处进行转换反应，又不希望影响分子中其他官能团 B、C 时，常先使官能团 B、C 与某些试剂反应，生成其衍生物，此衍生物在下一步官能团 A 进行反应时是稳定的，当反应完成后可以再恢复。这样引入的基团叫保护基（protective group）。

理想保护基的要求：①引入保护基的试剂应易得、稳定及无毒；②保护基不带有或不引入手性中心；③保护基在整个反应系列中是稳定的；④保护基的引入及脱去，收率是定量的；⑤脱保护后，保护基部分易从化合物分离。

（二）羧酸酯酰化剂

1. 反应通式

$$R-COOR^1 + HNR^3R^2 \rightleftharpoons R-CONR^3R^2 + HOR^1$$

羧酸酯的酰化活性虽然低于酸酐和酰氯，但是羧酸酯易于制备，且具有在反应中不与胺成盐的优点。

2. 反应机理

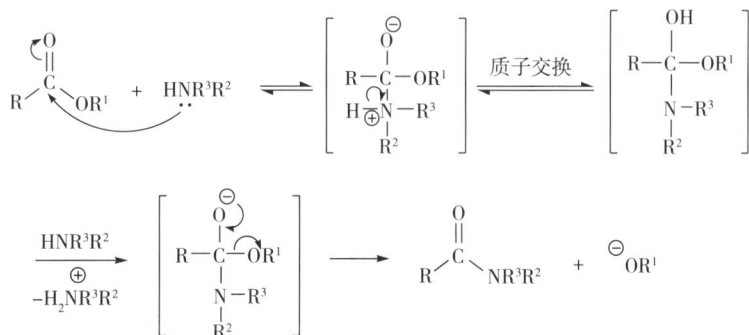

应用实例：甲酸甲酯和二甲胺发生氨解反应，可用于 N,N-二甲基甲酰胺（DMF）的工业生产。

$$(CH_3)_2NH + HCOOCH_3 \longrightarrow (CH_3)_2NCHO + CH_3OH$$

例如，非甾体抗炎药吡罗昔康（piroxicam）的合成，采用羧酸酯为酰化剂制得。

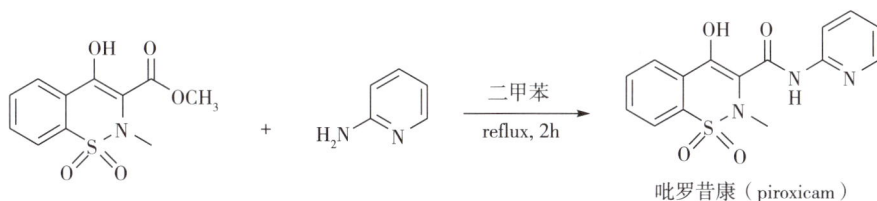

吡罗昔康（piroxicam）

3. 反应物活性

（1）对于羧酸酯（RCOOR′），位阻的影响：若酰基中 R 空间位阻大，则活性小；电子效应的影响：有吸电子取代基则活性高，易酰化。离去基团的稳定性：离去基团越稳定，则活性越高。

（2）对于胺类，如果胺的碱性越强，则活性越高；如果空间位阻越小，则活性越高。

（3）羧酸二酯与二胺类化合物，如果反应后能得到稳定的六元环，则反应易发生。

例如，哌拉西林等青霉素药物中间体乙基-2,3-哌嗪二酮的合成。

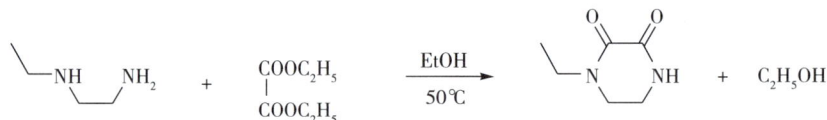

例如，镇静催眠药苯巴比妥（phenobarbital）等的合成。

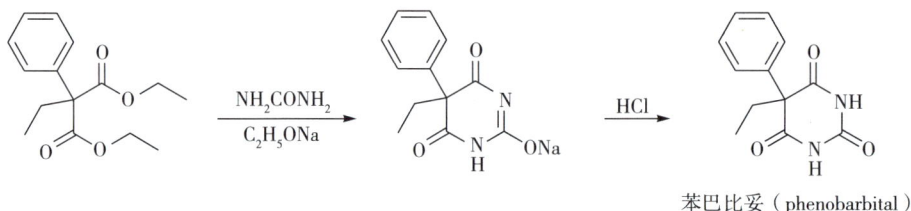

苯巴比妥（phenobarbital）

4. 催化剂

（1）强碱作催化剂　由于酯的活性较弱因此在反应中常用碱作为催化剂脱掉质子，以增加胺的亲核性。使用的碱性催化剂有醇钠或更强的碱，如 $NaNH_2$、$n\text{-}BuLi$、$LiAlH_4$、$NaOCH_2CH_3$、NaH、金属钠等。

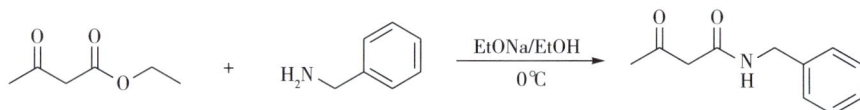

（2）反应物胺作催化剂　过量的反应物胺也可起催化作用。

（3）催化剂的选择与反应物的活性有关。反应物活性越高，则可选用较弱的碱催化；反之，则需用较强的碱催化。

（4）在此类酰化反应中还可加入 BBr_3 等 Lewis 酸来活化酯羰基，催化提高酰化的收率。

应用实例：癌症恶病质是一种复杂的代谢紊乱综合征，是癌症的常见并发症，以体重下降（尤其是肌肉质量下降）和与癌症相关的厌食为特征，可影响高达 80% 的晚期癌症患者，严重影响患者的生活质量和生存率。阿那莫林或阿纳莫林（adlumiz, anamorelin）是一种新型的癌症恶病质治疗药物，主要用于治疗非小细胞肺癌、胃癌、胰腺癌、结直肠癌等恶性肿瘤患者癌症恶病质。该药通过激活饥饿感受器 Ghrelin 受体，促进胰岛素样生长因子-1（IGF-1）的释放，从而增加食欲、食物摄入和肌肉的增长。这一独特机制使得阿纳莫林成为治疗癌症恶病质的新希望。阿纳莫林的一种合成方法中，应用了甲酸乙酯和 1,1-二甲基肼进行甲酰化反应，制备 N',N'-二甲基甲酰肼关键中间体。

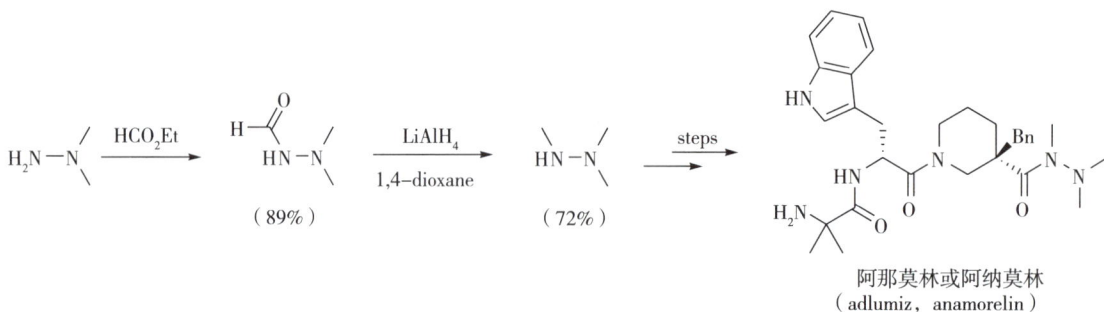

阿那莫林或阿纳莫林
（adlumiz, anamorelin）

5. 活性酯及活性酰胺类作为酰化试剂

制备活性酯时主要考虑增加酯分子中离去基团的稳定性，以促使其离去。当芳环上具有强吸电子基的取代酚和羧酸所成的酚酯，比如羧酸对硝基苯酯、五氟酚酯等大多是结晶化合物，该类活性酯常应用于酰胺的合成。

例如，抗精神失常药舒必利（sulpiride）的合成，以羧酸 2,4-二硝基苯酯活性酯作为酰化剂制得。

舒必利（sulpiride）

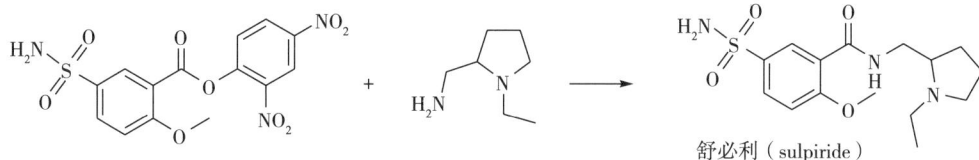

具有取代羟基胺的 *O* - 酰基衍生物活性酯可高效地进行 *N* - 酰化反应。例如，*N* - 羟基琥珀酰亚胺（*N* - hydroxysuccinimide，HOSU）和羧酸缩合生成的 *N* - 羟基琥珀酸酯（*N* - hydroxysuccinate ester），其酰亚胺羰基与胺可形成氢键，使胺对羰基的亲核进攻变得更容易，而且该邻位促进作用使得光学活性化合物几乎不会消旋化，反应效率非常高。

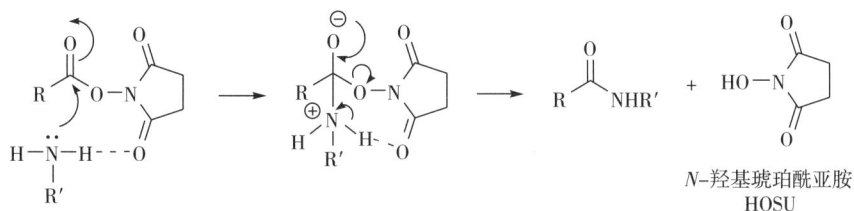

N - 羟基琥珀酰亚胺
HOSU

例如，朗妥昔单抗（loncastuximab tesirine）是一种人簇分化 19（CD19）靶向的抗体 - 活性分子偶联物（ADC），主要用于治疗复发和难治性 B 细胞淋巴瘤。该药的一种合成方法中，首先由氯甲酸烯丙酯（alloc-Cl）和 L - 缬氨酸（L-valine）反应制备烯丙氧基羰基保护基（allyloxycarbonyl，Alloc）保护的 L - 缬氨酸，然后由 *N* - 羟基琥珀酰亚胺（HOSU）和烯丙氧基羰基保护的 L - 缬氨酸在 DCC 作用下，缩合生成 *N* - 羟基琥珀酸酯。接下来，应用所制得的该活性酯（*N* - 羟基琥珀酸酯）和 L - 丙氨酸（L-alanine）进行 *N* - 酰化反应制备酰胺关键中间体。

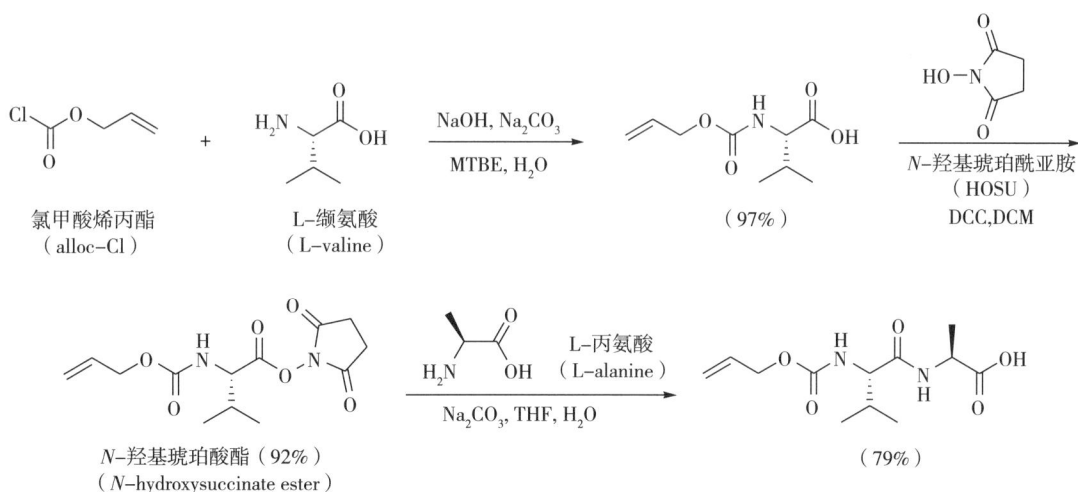

氯甲酸烯丙酯
（alloc-Cl）

L - 缬氨酸
（L-valine）

（97%）

N - 羟基琥珀酰亚胺
（HOSU）
DCC，DCM

N - 羟基琥珀酸酯（92%）
（*N* - hydroxysuccinate ester）

L - 丙氨酸
（L-alanine）

（79%）

另外，还有羧酸异丙烯酯，1 - 羟基苯并三唑（HOBt）的羧酸酯（可参考本章前述内容，醇的 *O* - 酰化反应的活性酯相关应用），活性磷酸酯（例如苯并三唑基磷酸二乙酯、BOP 试剂、TBTU 试剂等），肟酯等其他活性酯广泛地应用于多肽、*β* - 内酰胺类化合物及酰胺基糖等的合成。

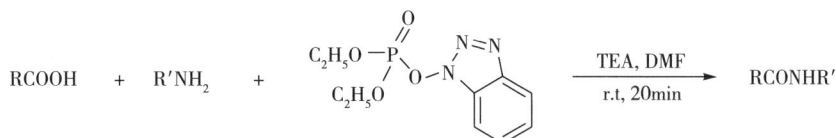

$RCOOH + R'NH_2 +$ $\xrightarrow[\text{r.t, 20min}]{\text{TEA, DMF}} RCONHR'$

其他活化方式：芳核上有硝基、卤素等吸电子基团取代，氨基的酰化变慢，可以加入浓硫酸进行催化。例如，下列反应可能是浓硫酸催化生成乙酰阳离子，从而加快酰化反应。

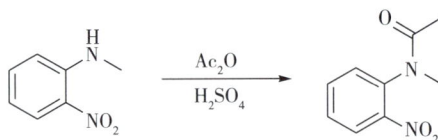

（三）酸酐酰化剂

1. 反应通式

酸酐作为酰化剂包括脂肪酸酐、芳香酸酐和活性更强的混合酸酐。酸酐作为强酰化剂，活性比相应的酰氯稍弱，但是性质比较稳定，且反应中产生羧酸，可以进行自催化反应。

2. 反应机理

（1）无催化剂

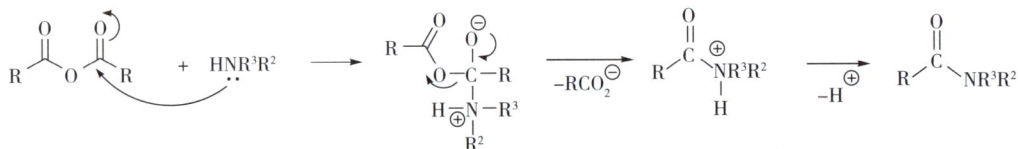

（2）质子酸催化

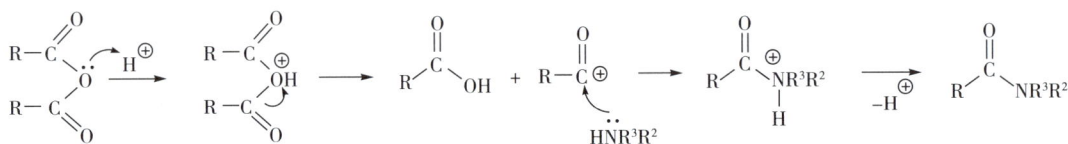

3. 反应条件与催化剂　酸酐用量一般略高于理论量的 5% ~ 10%（不可逆），最常用的酸酐是乙酸酐，通常在 20 ~ 90℃ 可顺利进行反应（活性高）；溶剂方面，当被酰化的胺和酰化产物熔点不太高时，可不另加溶剂；当被酰化的胺和酰化产物熔点较高时，可用非水惰性有机溶剂；当被酰化的胺和酰化产物易溶于水时，因乙酰化速度比乙酸酐的水解速度快，可用水做溶剂。

4. 应用实例　因为酸酐酰化能力强，脂肪族酸酐主要用于较难酰化的胺类。

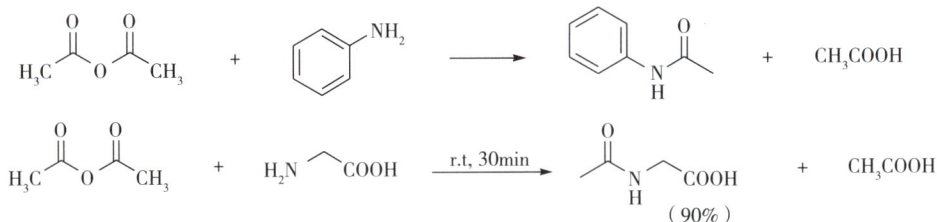

当使用环状的酸酐为酰化剂时，高温反应制得二酰亚胺类化合物。

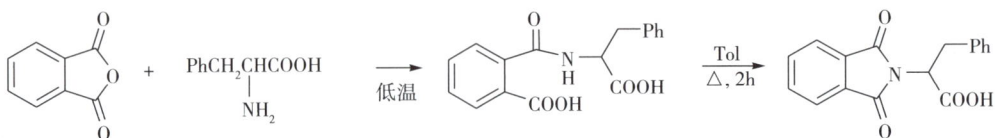

5. 混合酸酐

特点：反应活性更强；应用范围更广；适用于某些位阻大的羧酸，混合酸酐离去基团的离去能力要强。

制备：混合酸酐由羧酸与磺酰氯、磷酸衍生物、氯甲酸酯等试剂作用制得。

应用实例：例如，羧酸–磺酸混合酸酐由羧酸和磺酰氯反应制得，是最常用的混合酸酐之一。常用的磺酰氯有对甲苯磺酰氯（TsCl）、对硝基苯磺酰氯（NsCl）等。

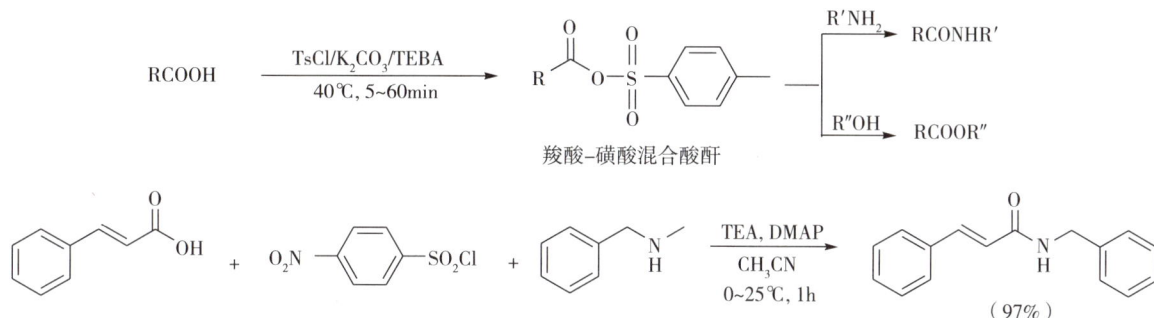

例如，羧酸中加入氯甲酸酯生成羧酸–碳酸混合酸酐，不经分离直接与胺反应生成酰胺。由于羧酸–碳酸混合酸酐分子中含有一个降低亲电性的碳酸单酯，使得碳酰基发生转移的概率降低，产品相对较纯。

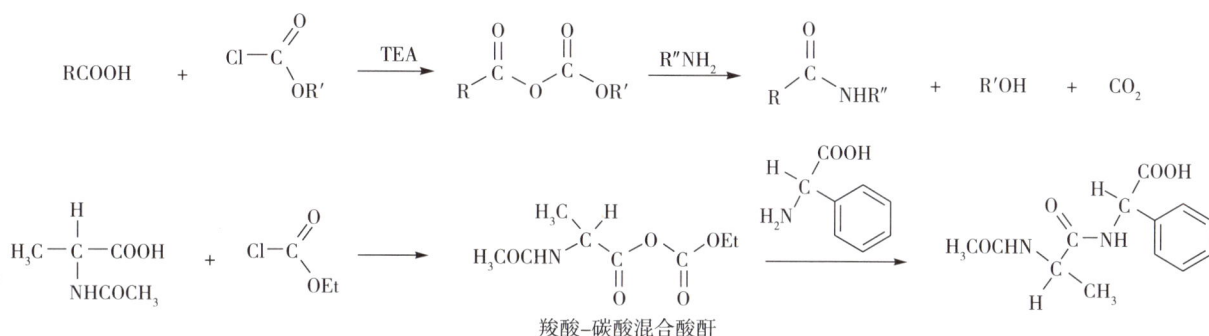

例如，抗抑郁药吗氯贝胺（moclobemide）的合成中，对氯苯甲酸和氯甲酸乙酯原位生成羧酸–碳酸混合酸酐不经分离直接与胺反应生成酰胺。

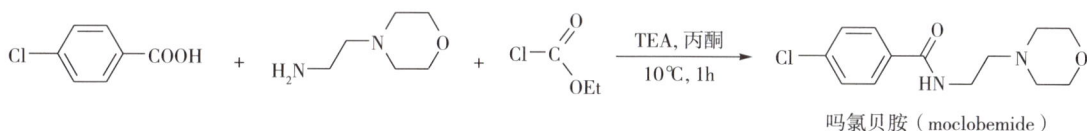

（四）酰氯酰化剂

酰氯性质活泼，多用于位阻大的胺及热敏性物质的酰化，很容易与胺反应生成酰胺反应，为不可逆反应。

1. 反应通式

2. 反应机理

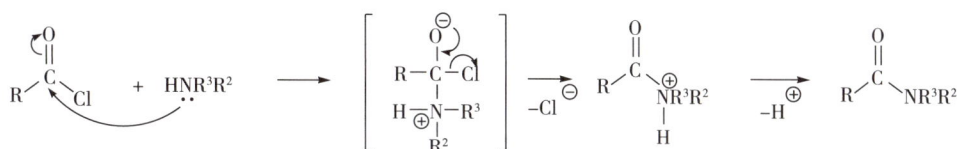

3. 反应特点

碱的作用：作为缚酸剂，除去 HCl，防止和胺成盐而降低氮原子的亲核能力。

常用无机碱：NaOH、Na_2CO_3、NaOAc 等。

常用有机碱：吡啶、三乙胺等。

（1）加入碱性试剂以中和生成的氯化氢，防止氯化氢与胺反应成铵盐。中和生成的氯化氢可采用三种形式：使用过量的胺反应；加入有机碱，同时可起到催化作用；加入无机碱。

（2）反应采用的溶剂常常根据所用的酰化试剂而定。

对于高级的脂肪酰氯：由于其亲水性差，而且容易分解，应在无水有机溶剂如三氯甲烷、乙酸、苯、甲苯、乙醚、二氯乙烷以及吡啶等中进行。吡啶既可作溶剂，又可中和氯化氢，还能促进反应，但由于其毒性大，在工业上应尽量避免使用。

对于乙酰氯等低级的脂肪酰氯：由于其反应速度快，反应可以在水中进行。为了减少酰氯水解的副反应，常在滴加酰氯的同时，不断滴加氢氧化钠溶液、碳酸钠溶液或固体碳酸钠，始终控制反应体系的 pH 在 7~8。

对于芳酰氯：芳酰氯的活性比低级的脂肪酰氯稍差，反应温度需要高一些，但一般不易水解，可以在强碱性水介质中进行反应。

例如，血管扩张药桂哌齐特（cinepazide）的合成以 3,4,5-三甲氧基肉桂酰氯为酰化剂，酰化 1-（吡咯烷基羰基甲基）哌嗪而制得。

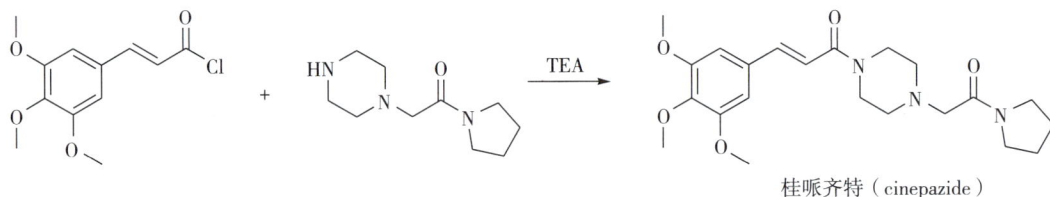

桂哌齐特（cinepazide）

除了酰氯以外，酰溴也常用来和胺反应生成酰胺。例如，贝舒地尔的一种合成方法中，两次分别用到酰溴和酰氯酰化剂，首先应用溴乙酰溴和异丙胺反应制备相应的酰胺关键中间体，其后应用了草酰氯和羧酸制备酰氯中间体，然后再和胺反应生成酰胺中间体，详见第二章第五节。

（五）酰化反应小结

如何判断酰化反应的活性：被酰化物，如醇、酚、胺等，综合考虑立体效应和电子效应的影响。

酰化规律：被酰化物的 N、O 的电子云密度越大，空间位阻越小，就易于酰化。

电子效应影响，反应速度：一般来说，胺基＞羟基；脂胺＞芳胺；醇＞酚。

立体效应影响，反应速度：通常情况下，伯醇＞仲醇＞叔醇；伯胺＞仲胺。

第三节 碳原子上的酰化反应

一、芳烃的 C-酰化

芳烃的 C-酰化：在芳环上引入酰基制取芳醛、芳酮的反应。

反应的实质：①羧酸衍生物（酰氯、酸酐、羧酸等）直接亲电酰化。例如：傅瑞德尔-克拉夫茨（Friedel-Crafts）酰化反应。②碳正离子活性中间体间接亲电酰化。例如：赫施（Hoesch）反应、伽特曼（Gattermann）反应、维尔斯迈尔-哈克反应（Vilsmeier-Haack）反应、瑞穆尔-悌曼反应（Reimer-Tiemann）反应。

1. 傅-克反应（Friedel-Crafts reaction） 是傅克烷基化（Friedel-Crafts alkylation）反应和傅克酰基化（Friedel-Crafts acylation）反应的统称，简称傅克反应或 F-C 反应。Friedel-Crafts 反应是芳香族亲电取代反应，在 Lewis 酸或质子酸催化下由卤代烃或羧酸及羧酸衍生物与芳香族化合物反应，在芳环上引入烷基或酰基的反应。前者被称为 Friedel-Crafts 烷基化反应（详见第三章烷基化反应），后者被称为 Friedel-Crafts 酰化反应。

酰氯、酸酐、羧酸、烯酮等酰化剂在 Lewis 酸或质子酸催化下，对芳烃进行亲电取代生成芳酮的反应，称作傅瑞德尔-克拉夫茨（Friedel-Crafts）酰化反应。

（1）反应通式

$$Z=X, R'COO, OH, R'O$$

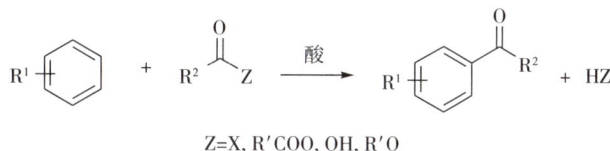

芳烃与酰化剂的活性中间体在芳环上发生的亲电取代反应，当酰氯为酰化剂，三氯化铝为催化剂时，反应机理如下：

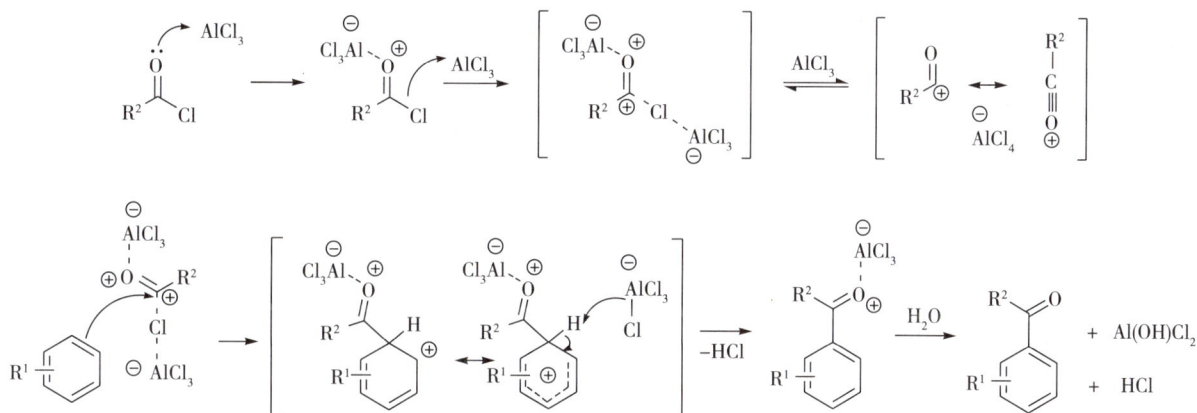

芳烃和酰氯在三氯化铝催化下，芳环上的亲电取代反应首先生成 σ 络合物，接下来脱去氯化氢后得羰基络合物，最后经水解得酰化产物脂-芳酮。

（2）影响因素

1）酰化剂的影响 酰化剂的活性大小：酰卤>酸酐>羧酸>酯。酰卤和酸酐是最常用的酰化剂，酰卤中最常用的是酰氯，其次是酰溴。用酸酐作酰化剂时，实际上一般只有一个酰基参加反应。

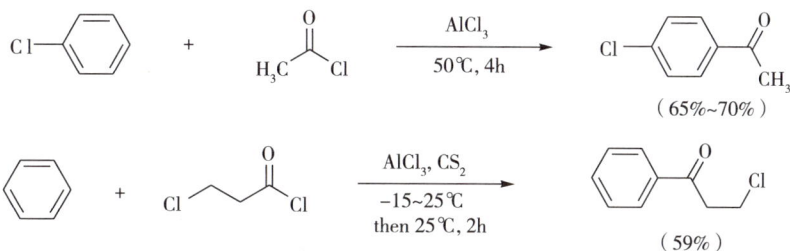

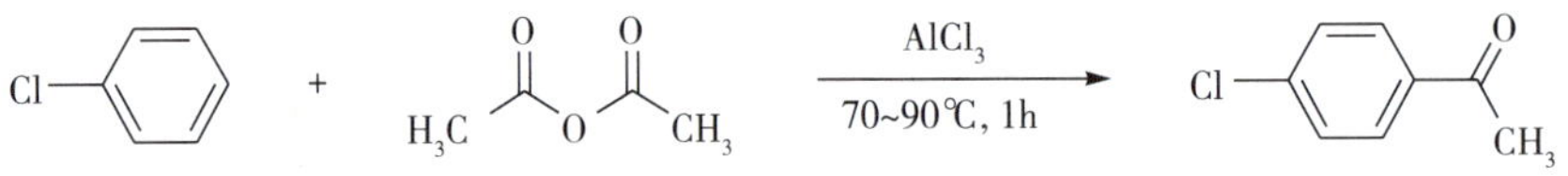

(83%)

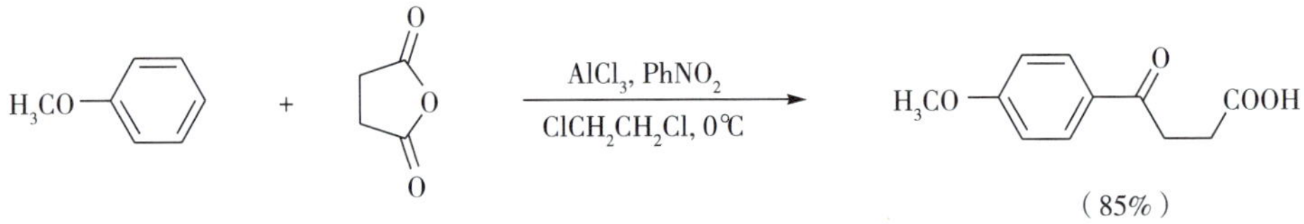

(85%)

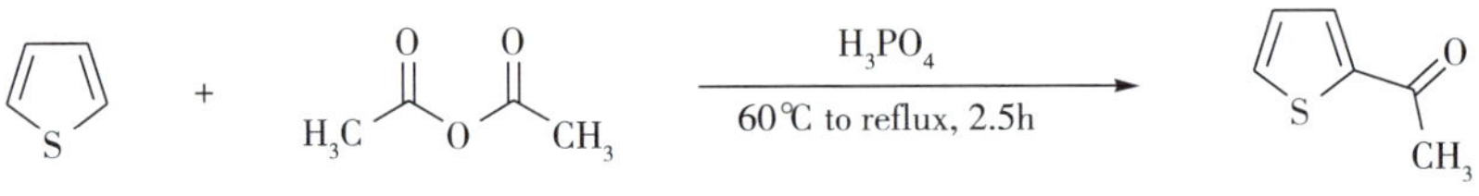

(82%)

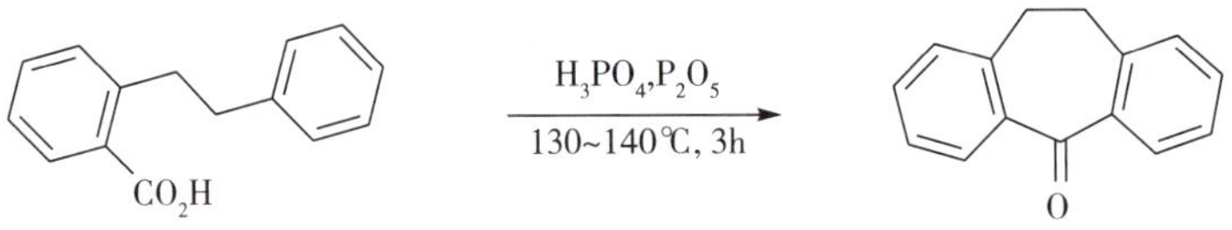

(95%)

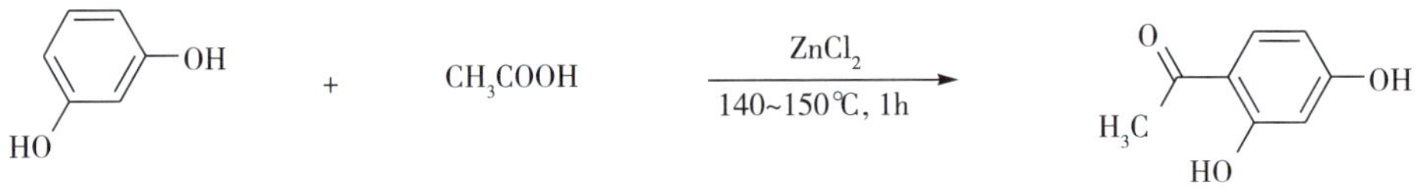

(72%)

羧酸酯作为酰化剂时，芳烃的 Friedel-Crafts 酰化反应主要以分子内酰化较为常见，可用来制备芳基环酮衍生物。

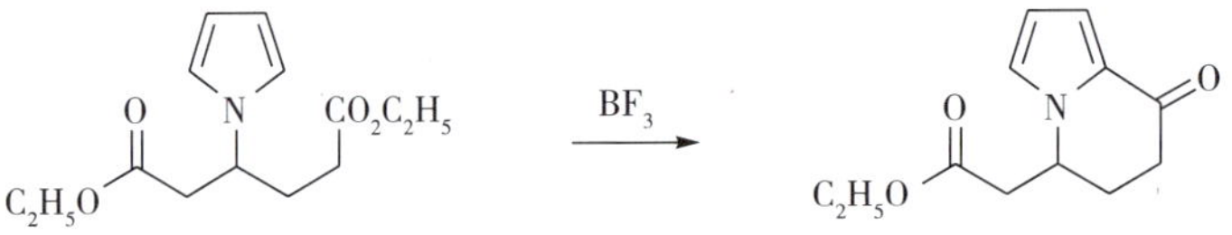

(88%)

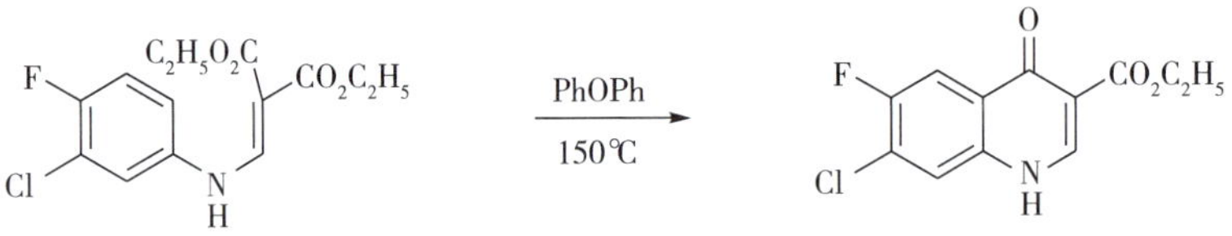

脂肪酰氯中的烃基结构对反应有影响，当脂肪酰基的 α 位为叔丁基时，受 $AlCl_3$ 拉电子作用，易脱去羰基（生成一氧化碳）形成稳定的叔碳正离子，因此得到傅克烃化反应产物。

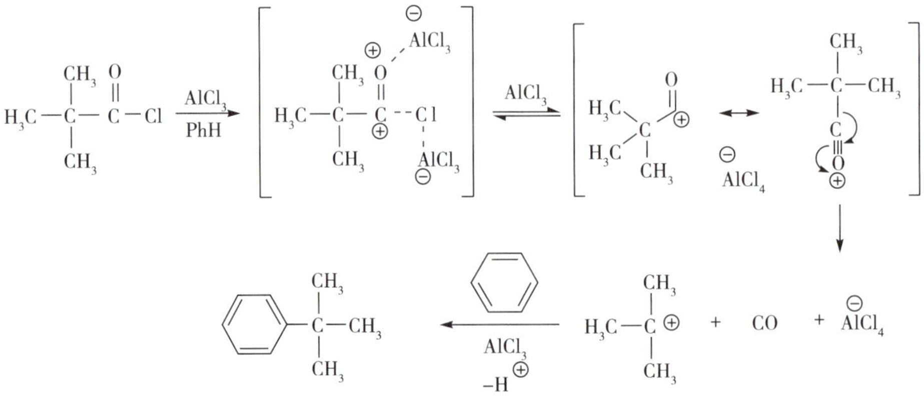

酰氯分子上的羟基、卤素或 α,β 不饱和双键易发生分子内傅克烃化反应而得到环合产物。

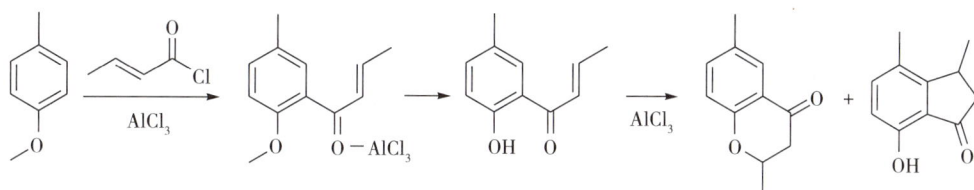

酰化剂的烃基上连有芳基时，且芳基取代在酰化剂（如酰氯）的 β、γ、δ 位时，易发生分子内的傅克酰化反应生成相应的环酮。一般来说成环的难易顺序为：六元环 > 五元环 > 七元环，与环的大小等因素相关。

例如，苯丙（丁、戊）酰氯易发生分子内傅克酰化反应，分别相应得到苯并五元（六元、七元）环酮。

雷美替胺（ramelteon）是首个应用于临床治疗失眠的褪黑激素受体激动剂，可用于治疗难以入睡型失眠症，对慢性失眠和短期失眠也有确切疗效。本品能选择性激动褪黑激素 1 型受体和 2 型受体（MT$_1$、MT$_2$），增加慢波睡眠（SWS）和快动眼睡眠（REM），从而减少失眠。雷美替胺的一种合成方法中，应用苯丙酸衍生物制备的苯丙酰氯中间体，进行分子内傅克酰化反应，以 92% 的高收率得到相应的苯并五元环酮中间体。

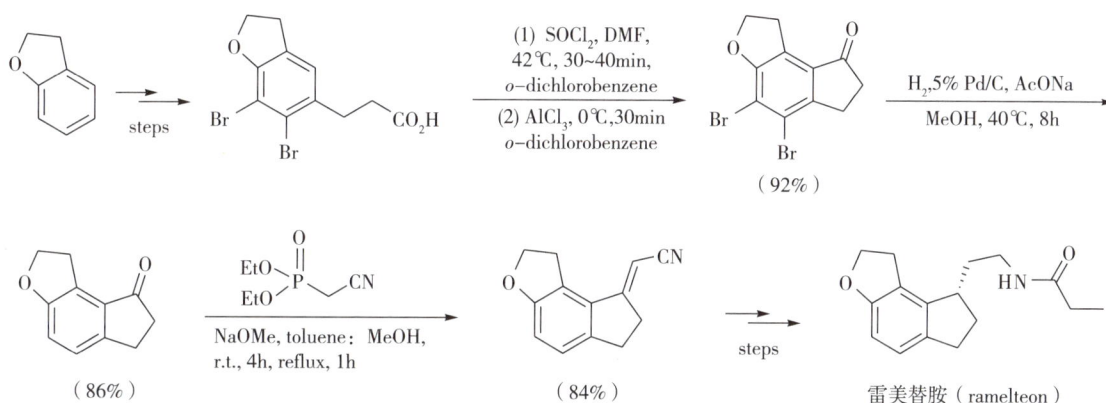

但是，如果反应体系内有其他电子云密度较高的芳杂环同时存在时，则以富电子芳杂环（比如噻吩）和酰氯的分子间酰化反应为主，得到开链芳酮。

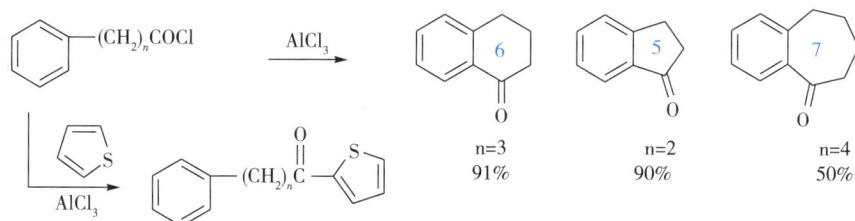

常用的酸酐有顺丁烯二酸酐（又名马来酸酐）、邻苯二甲酸酐、丁二酸酐（又名琥珀酸酐）等。羧酸也可以直接作为酰化试剂。例如，脂肪酸酐和芳烃进行 Friedel-Crafts 酰基化反应可制备芳酰脂肪羧酸，经还原后，芳基脂肪羧酸可进一步发生分子内 Friedel-Crafts 酰基化反应得到芳基环酮衍生物。

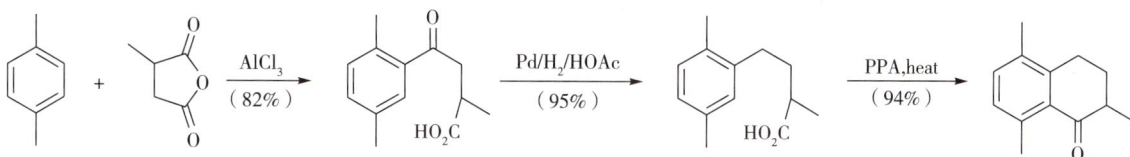

这种芳烃与丁二酸酐（琥珀酸酐）首先进行 Friedel-Crafts 酰化，然后羰基还原为烃基后，所得取代芳烃再和另一个羧基进行分子内酰化反应形成1-四氢萘酮或1-萘满酮（1-tetralone）的反应被称为 Haworth reaction。

1-萘满酮可再次利用克莱门森（Clemmensen）还原反应生成四氢萘（tetralin），最后经钯-碳或硒催化，脱氢芳构化得到萘（naphthalene）。

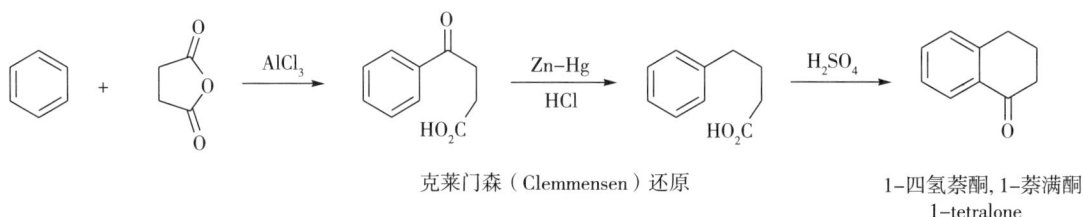

1-四氢萘酮, 1-萘满酮
1-tetralone

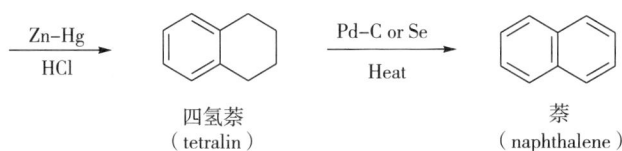

四氢萘
（tetralin）

萘
（naphthalene）

克莱门森（Clemmensen）还原

菲（phenanthrene）的合成策略和上述萘的合成方法相似。

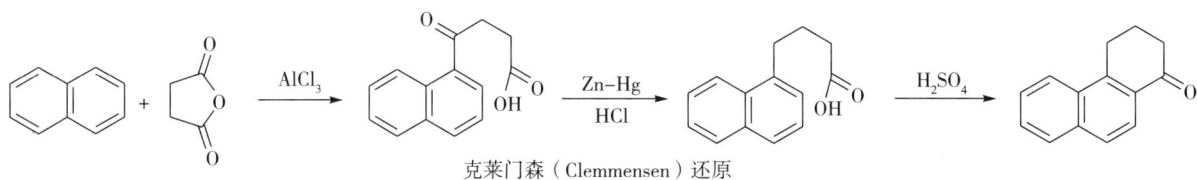

克莱门森（Clemmensen）还原

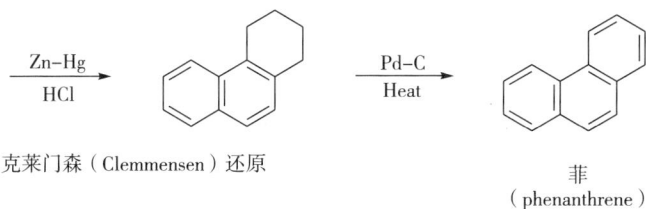

菲
（phenanthrene）

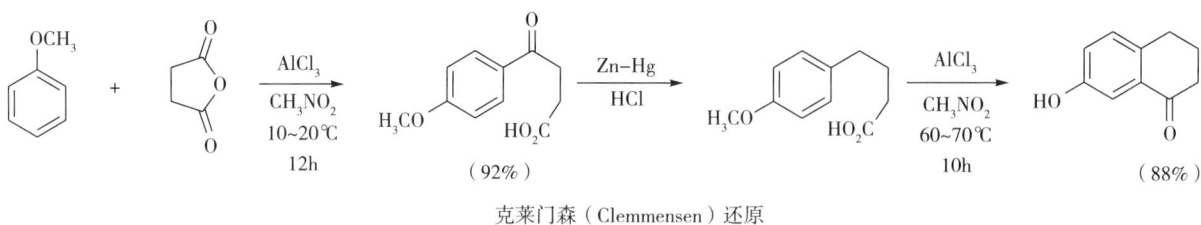

克莱门森（Clemmensen）还原

通过以上应用，我们可以看出 Friedel-Crafts 酰基化反应是制备开链芳酮或环状芳酮的最重要的方法之一。与 Friedel-Crafts 烷基化反应相比，酰基化反应既不会生成多重酰化产物，也不会发生碳正离子重排，修饰的酰基还可利用克莱门森（Clemmensen）还原反应、沃尔夫-凯惜纳-黄鸣龙（Wolff-Kishner-Huang）还原反应或者催化氢化等反应转化为烷基，在一定程度上弥补了烷基化反应的不足。

2）被酰化物的影响（主要是电子效应，空间位阻效应）

Ⅰ. 芳环上的酰化反应为亲电取代反应，因此芳环上连有邻、对位定位基（给电子基团）时，对 Friedel-Crafts 酰化反应有利，酰基主要进入供电子基的邻位、对位。

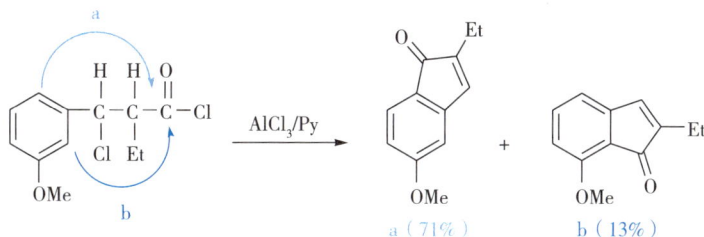

a（71%）　　b（13%）

Ⅱ. 芳环上的氨基虽然是给电子基团，却难以进行反应，因为氨基的氮原子上的未共用电子对能与三氯化铝以配位键结合，从而使反应活性下降，而且氨基容易发生 *N*-酰化反应，变为酰胺。

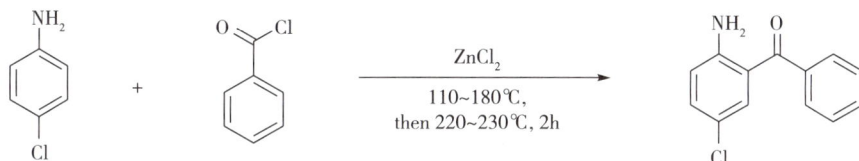

因此有游离氨基（—NH₂）的芳胺类化合物进行 Friedel-Crafts 酰化反应时，通常需要事先保护氨基。

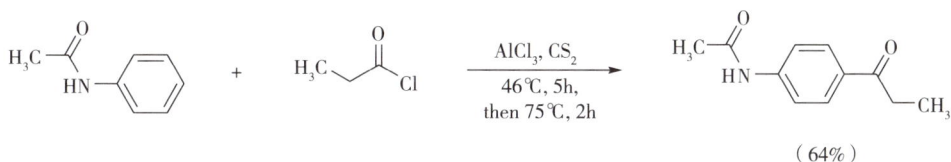

（64%）

Ⅲ. 芳环上连有间位定位基（吸电子基）时（比如—NO₂、—CN、—CF₃等），一般不发生 Friedel-Crafts 酰化反应，因此当芳环上进行第一次 Friedel-Crafts 酰化反应后，由于芳环上引入的酰基降低了芳环的电子云密度，一般很难通过第二次 Friedel-Crafts 酰化反应引入第二个酰基。但是，如果芳环上除了吸电子基外，同时还存在供电子基时，是可以进行 Friedel-Crafts 酰化反应的，只是反应条件要剧烈一些。

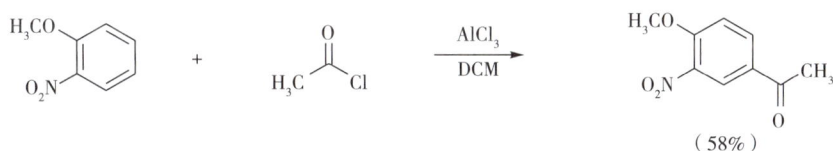

（58%）

Ⅳ. 虽然第一次 Friedel-Crafts 酰化反应导入一个酰基后，使芳环钝化，一般不再进行傅－克反应，但芳酮的分子内酰化相对容易，因此第二次 Friedel-Crafts 酰化反应还是有可能的。

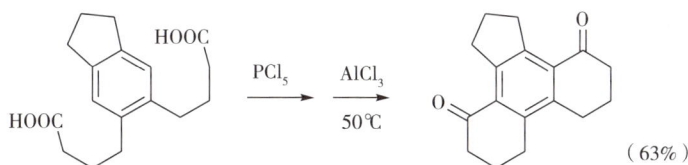

（63%）

Ⅴ. 多 π 芳杂环如呋喃、噻吩、吡咯等电子云密度高于苯环，因此易于发生芳杂环上的 Friedel-Crafts 酰化反应。而缺 π 芳杂环如吡啶、嘧啶、喹啉等则难以发生 Friedel-Crafts 酰化反应。

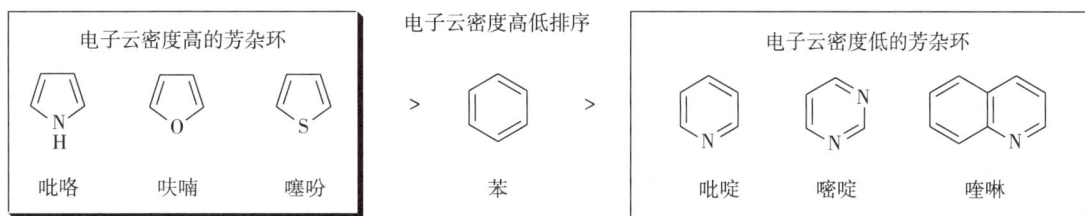

例如，吲哚衍生物原料的 5 位被占据时，并且由于吲哚结构中的吡咯环的电子云密度比苯环高，因此下列吲哚化合物可以选择性地得到吲哚 3 位酰化的分子内 Friedel-Crafts 酰化环酮衍生物。

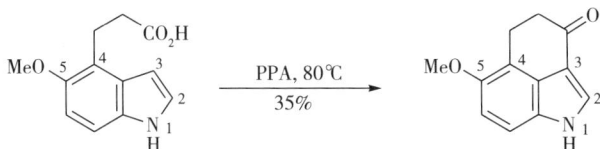

又如，在三氯氧磷作用下，由吲哚和 N,N-二甲基酰胺取代基衍生化的 Vilsmeier-Haack 试剂（Vilsmeier-Haack reagents）也可进行分子内 Friedel-Crafts 酰化反应。虽然吲哚衍生物原料的 5 位没有被占据，但是由于吲哚结构中的吡咯环的电子云密度比苯环高，因此也能选择性地得到吲哚 3 位酰化的分子内 Friedel-Crafts 酰化环酮衍生物。

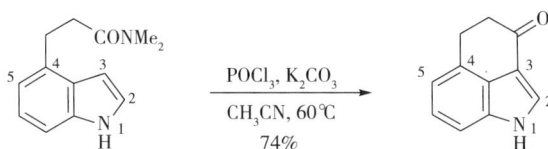

但是，当吲哚的 2 位被吸电子的羧酸甲酯基团取代后，导致吲哚的吡咯环部分的电子云密度下降，且 2 位的取代基还导致 3 位的位阻增大。综合以上电子效应和位阻效应的影响，下列吲哚化合物的分子内 Friedel-Crafts 酰化反应将发生在 5 位，即在吲哚的苯环部分进行 5 位酰化反应得到对应的环状芳酮。

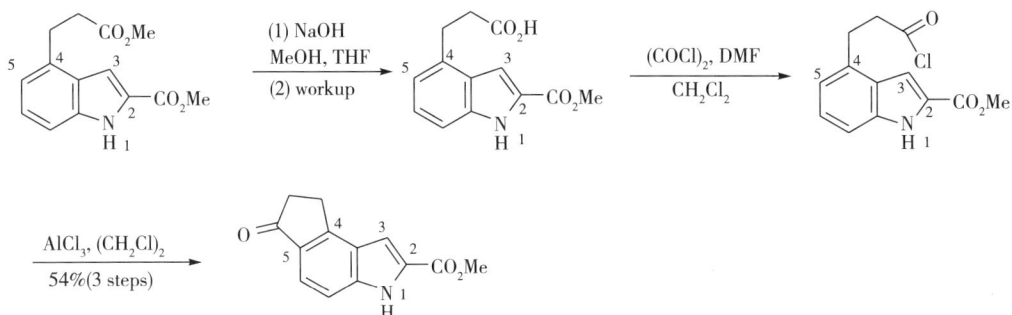

同样由于电子效应的影响，如果吲哚的 1 位的氮原子被酰基、羰基衍生物、磺酰基等吸电子取代基保护，比如 Ns（对硝基苯磺酰基）、Ac（乙酰基）、Ts（对甲苯磺酰基）、CO_2Me（羧酸甲酯基）等吸电子取代基，则导致吲哚的吡咯环部分的电子云密度下降。因此下列 N-吸电子保护基取代吲哚衍生物的分子内 Friedel-Crafts 酰化反应都将发生在 5 位，即在吲哚的苯环部分进行 5 位酰化反应得到对应的芳基取代环酮。

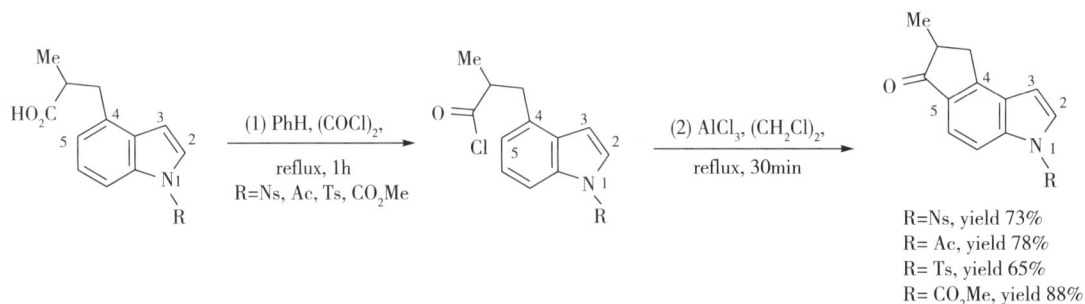

R=Ns, yield 73%
R= Ac, yield 78%
R= Ts, yield 65%
R= CO_2Me, yield 88%

Ⅵ. 具有邻、对位定位基（供电子基）的芳环上引入酰基时，由于酰基的空间位阻较大，所以酰基主要进入空间位阻更小的对位，如果对位被占时则进入空间位阻较小的邻位。

（95%）

（50%~55%）

3）催化剂的影响 Friedel-Crafts 酰化反应常用的催化剂为 Lewis 酸或质子酸。一般情况下，Lewis 酸的催化作用强于质子酸。一般以酰氯或酸酐为酰化剂时多用 Lewis 酸作催化剂，以羧酸为酰化剂时多选用质子酸为催化剂。常用质子酸有 HF、HCl、H_2SO_4、H_3BO_3、$HClO_4$、CF_3COOH、CH_3SO_3H、CF_3SO_3H、多聚磷酸（PPA）等。Lewis 酸的催化活性顺序为：$AlBr_3 > AlCl_3 > FeCl_3 > BF_3 > SnCl_4 > ZnCl_2$。Lewis 酸中以无水 $AlCl_3$ 和 $AlBr_3$ 最为常用。尤其是 Lewis 酸中的无水 $AlCl_3$，价格低廉，但是不适用于多 π 芳杂环如呋喃、噻吩、吡咯等这些电子云密度高于苯环的芳杂环的酰化反应。因为这些多 π 芳杂环在三氯化铝存在下会开环分解，因此，一般采用活性较弱的催化剂，比如四氯化锡、三氟化硼等，可生成相应的酰化产物。

例如，度洛西汀（duloxetine）是一种 5-羟色胺-去甲肾上腺素再摄取抑制剂（SNRIS）的杂环类抗抑郁药，主要用于重度抑郁症、广泛性焦虑症。度洛西汀的一种合成方法中，应用了噻吩和酰氯在 Lewis 酸四氯化锡的催化下进行 Friedel-Crafts 酰化反应。

（40%）

度洛西汀
（duloxetine）

当使用 Lewis 酸为催化剂时，由于反应过程中 Lewis 酸类催化剂能与反应产物醛或酮的羰基形成络合物，因此 Lewis 酸的用量需要 1mol 以上。如果 Lewis 酸催化的同时，选用酸酐为酰化剂，由于酸酐解离时还需要再消耗 Lewis 酸 1mol，因此此时的 Lewis 酸催化剂需要 2mol 以上。

例如，利尿药氯噻酮（Chlortalidone）的中间体的合成，采用邻苯二甲酸酐为酰化剂 Friedel-Crafts 酰化氯苯，需要加入 Lewis 酸无水三氯化铝 2.4mol。

（92%）

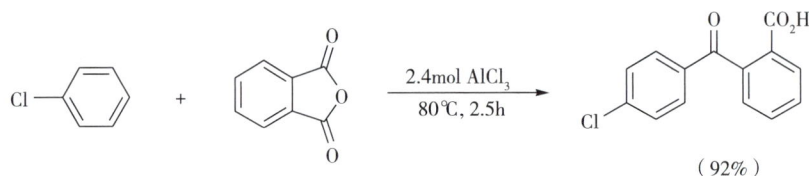

4）溶剂的影响　Friedel-Crafts 酰化反应可选用惰性溶剂，常用惰性溶剂有 CCl$_4$、CS$_2$、石油醚、四氯乙烷、二氯乙烷、硝基苯等，其中硝基苯与三氯化铝可形成复合物，反应呈均相，极性强收率高，应用较广。但是硝基苯沸点较高（210.9℃），不易回收，且毒性大，使用时应特别注意安全。

Friedel-Crafts 酰化反应也可选用低沸点的反应物芳烃，过量后直接作为反应溶剂；当使用醋酐作为酰化剂时，还可采用过量的醋酐直接作为溶剂。

Friedel-Crafts 酰基化反应的特点：①相较于 Friedel-Crafts 烷基化反应容易发生多烃基化、碳正离子重排导致的烃基异构化等副反应（详见上一章：烷基化反应），而 Friedel-Crafts 酰基化反应在反应过程中取代基不会发生碳骨架重排，比如用直链的酰化剂，总是得到直链的酰基连在芳环上的芳酮化合物；②相较于 Friedel-Crafts 烷基化反应容易发生可逆反应，从而导致产物复杂。不同于 Friedel-Crafts 烷基化的另一个特点是 Friedel-Crafts 酰化反应是不可逆的；③芳香烃的 Friedel-Crafts 酰基化反应是制备芳香酮的重要方法。

应用实例：例如，镇吐药帕洛诺司琼（palonosetron）属于新型高选择性、高亲和性 5-HT$_3$ 受体拮抗剂（5-HT 是英文 5-hydroxytryptamine 的缩写，中文名 5-羟色胺，5-HT$_3$ 受体是 5-HT 受体的一种特殊的亚型）。该药的中间体合成采用多聚磷酸（PPA）催化的分子内 Friedel-Crafts 酰基化反应。

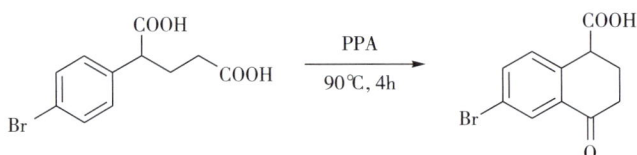

例如，糖尿病性神经病变治疗药物非达司他（fidarestat）是一种醛糖还原酶（aldose reductase）抑制剂，非达司他中间体的合成采用顺丁烯二酸酐（又名马来酸酐）为酰化剂，在无水三氯化铝催化下与对氟苯甲醚发生芳环的酰化反应，同时甲氧基发生脱烷基化反应。

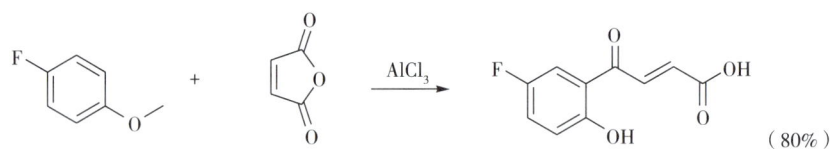

（80%）

克氏锥虫（trypanoma cruzi），又译枯氏锥虫，主要分布于南美洲和中美洲，属人体粪源性锥虫，是克氏锥虫病或称恰加斯病（Chagas' disease，也称为美洲锥虫病）的病原体，传播媒介包括锥蝽和吻虫。每年大约有 600 万人会患上恰加斯病，这种寄生虫病也是该地区的主要死亡原因之一。天然产物 salvia-speranol 具有非常显著的体外杀灭锥虫活性，其环状芳酮中间体的合成采用三氯化铝催化的分子内 Friedel-Crafts 酰基化反应。

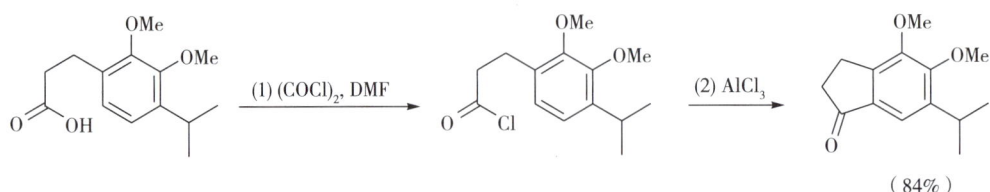

（84%）

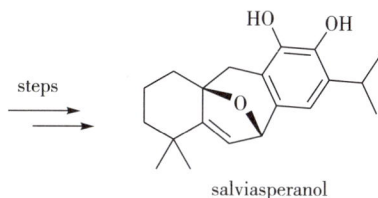

salviasperanol

马来酸匹衫琼（pixantrone dimaleate）是一种新颖的蒽类化合物，具有抗肿瘤活性，是一种拓扑异构酶Ⅱ（topoisomerase Ⅱ）的抑制剂和 DNA 嵌入剂，主要用于复发性、侵袭性非霍奇金淋巴瘤（NHL）的治疗。马来酸匹衫琼的一种合成方法中，先后两次运用了 Lewis 酸（AlCl$_3$）催化的分子间 Friedel-Crafts 酰基化反应和质子酸（H$_2$SO$_4$）催化的分子内 Friedel-Crafts 酰基化反应。

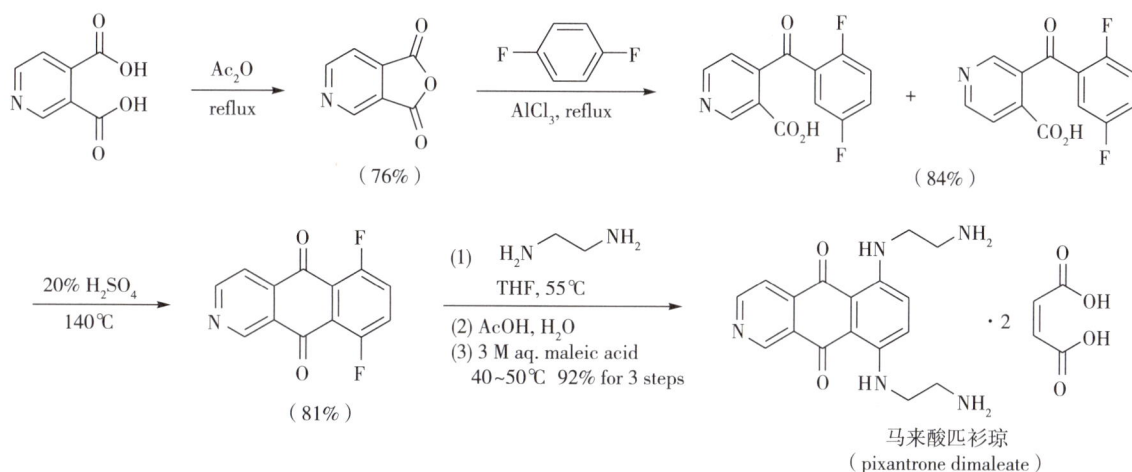

钾通道阻滞剂，广谱抗心律失常药、抗心绞痛药盐酸胺碘酮（amiodarone hydrochloride）的一种合成方法中，先后两次运用了质子酸（H$_3$PO$_4$）催化的分子间 Friedel-Crafts 酰基化反应和 Lewis 酸（AlCl$_3$）催化的分子间 Friedel-Crafts 酰基化反应。首先，由苯并呋喃与丁酸酐在质子酸催化下进行第一次 Friedel-Crafts 酰基化反应，所得产物经水合肼还原后（Wolff-Kishner-黄鸣龙还原反应）制得 2-丁基苯并呋喃。然后在 Lewis 酸催化下与对甲氧基苯甲酰氯进行第二次 Friedel-Crafts 酰基化反应并发生甲氧基脱甲基制得 2-丁基-3-（4-羟基苯甲酰基）苯并呋喃，再经碘代后的产物与二乙氨基氯乙烷发生 O-烷基化反应，最后与盐酸成盐得目标产物。

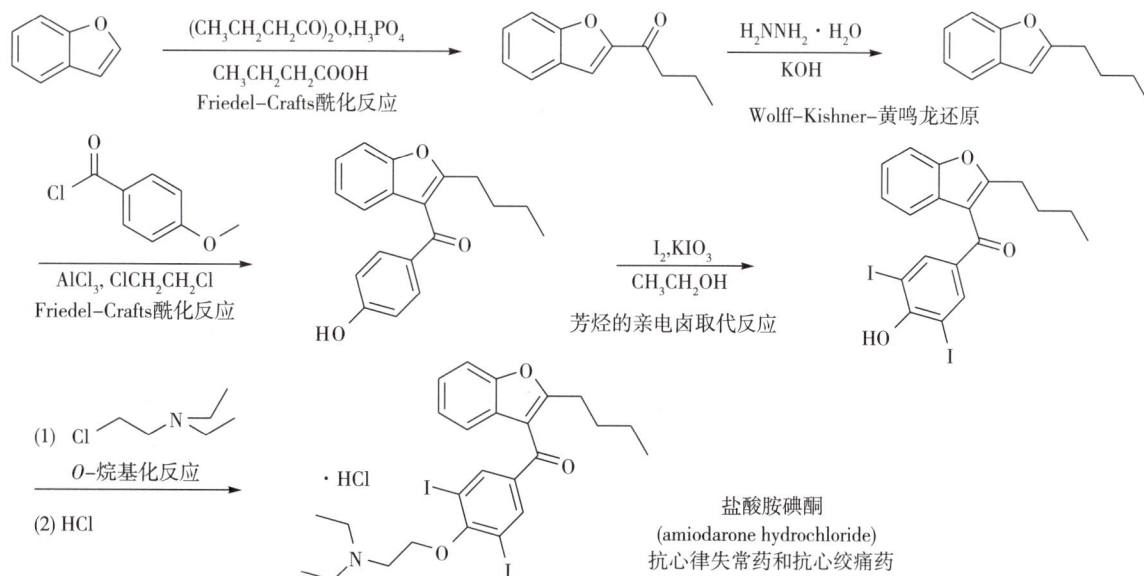

盐酸胺碘酮
(amiodarone hydrochloride)
抗心律失常药和抗心绞痛药

2. 赫施（Hoesch）反应 酚或酚醚和氯化氢在氯化锌等 Lewis 酸的存在下，与腈作用生成亚胺，随后进行水解，得到酰基酚或酰基酚醚。

反应通式：

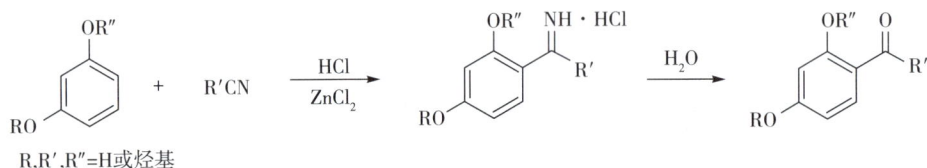

反应机理：

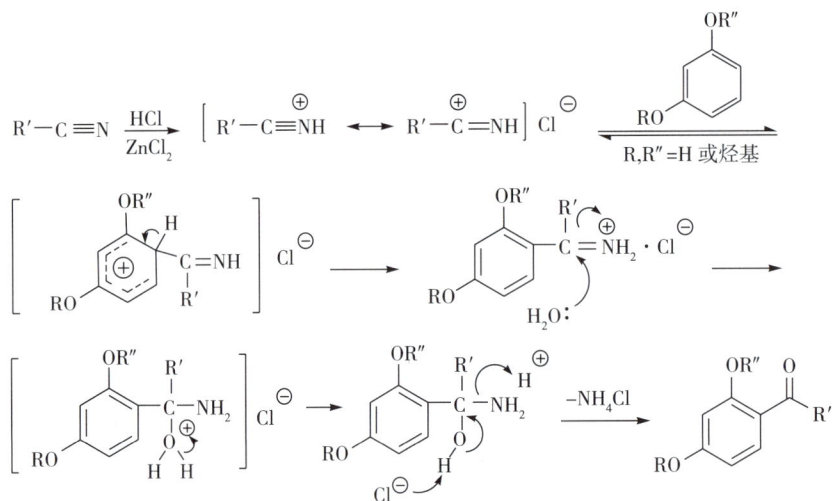

影响因素：要求芳环上电子云密度高，即苯环上一般要有 2 个供电子基，一元酚或醚一般不发生赫施（Hoesch）反应，但是某些电子云密度较高的芳稠环如 α-萘酚，虽然是一元酚，也可以发生赫施反应。对于一元酚或苯胺，一般不发生赫施反应而得不到酮，通常得到 O-酰化或 N-酰化产物。但是采用 BCl_3 或 BF_3 为催化剂时，一元酚和苯胺可得邻位酰化产物。

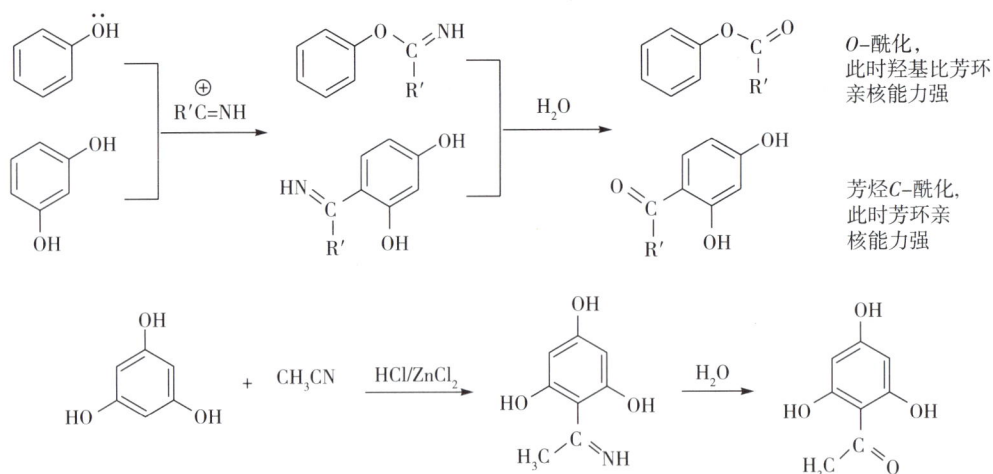

例如，脱氧安息香（deoxybenzoin）衍生物的合成。

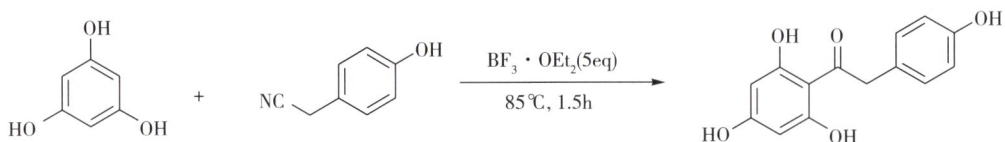

又如：

R=H, yield 43%
R=OH, yield 36%
R=OMe, yield 15%

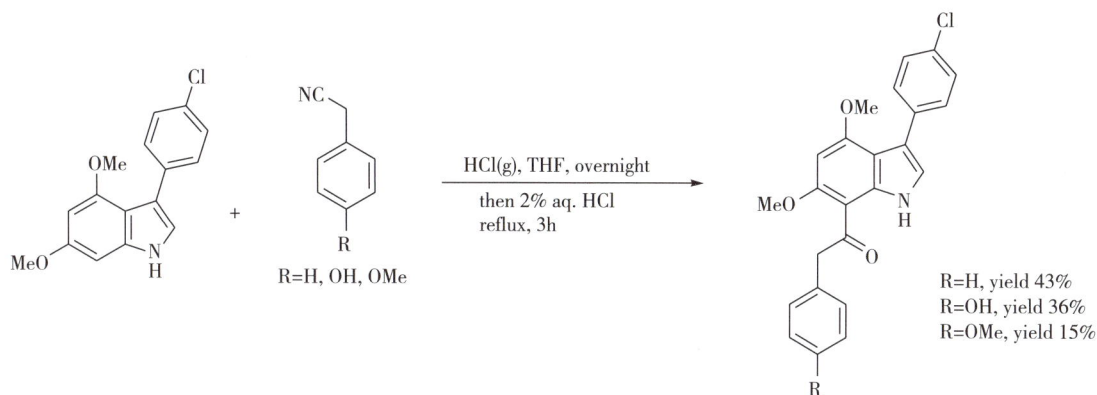

分子内赫施反应也可以顺利进行，该法也是高效构建芳香环酮的重要方法。

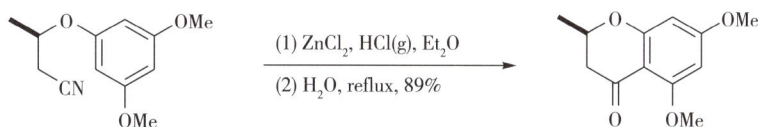

例如，抗生素葡萄孢镰菌素（bostrycoidin）的三甲醚衍生物的合成。

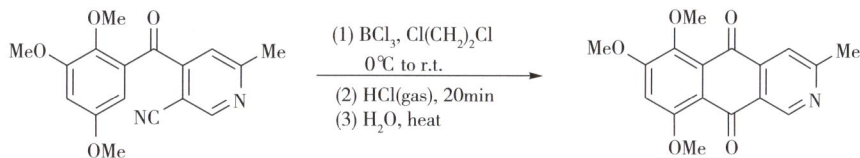

又如，Trigonoliimines A–C 是从云南产大戟科三宝木属植物孟仑三宝木（Trigonostemon. Lii Y. T. Chang）的叶片中分离得到的三个具有全新多环结构的吲哚类生物碱。其中 Trigonoliimine A 具有显著的抗 HIV–1 活性和对 HBV–DNA 复制的抑制作用，其全合成中的关键一步采用了分子内的赫施反应。

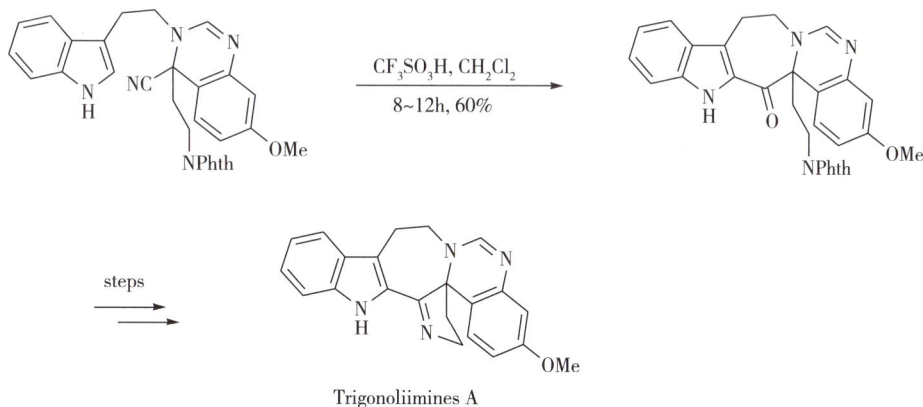

Trigonoliimines A

3. 伽特曼（Gattermann）反应
反应通式：

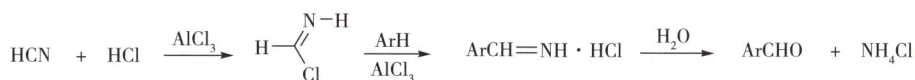

伽特曼（Gattermann）反应是 Hoesch 反应的特例，即 Hoesch 反应的反应物为 RCN，当 R = H 时，伽特曼反应的反应物是 HCN。

伽特曼反应是酚或酚醚在三氯化铝或二氯化锌存在下与 HCN 和 HCl 作用所发生的芳环氢被甲酰基

取代得芳醛的反应。反应的中间产物（ArCH＝NH·HCl）通常不经分离而直接加水使之转化成醛，收率一般较好。伽特曼反应中的酰化剂 HCN 的活性较赫施反应的 RCN 强，因此苯环上有一个供电子基时即可顺利反应。

反应机理：

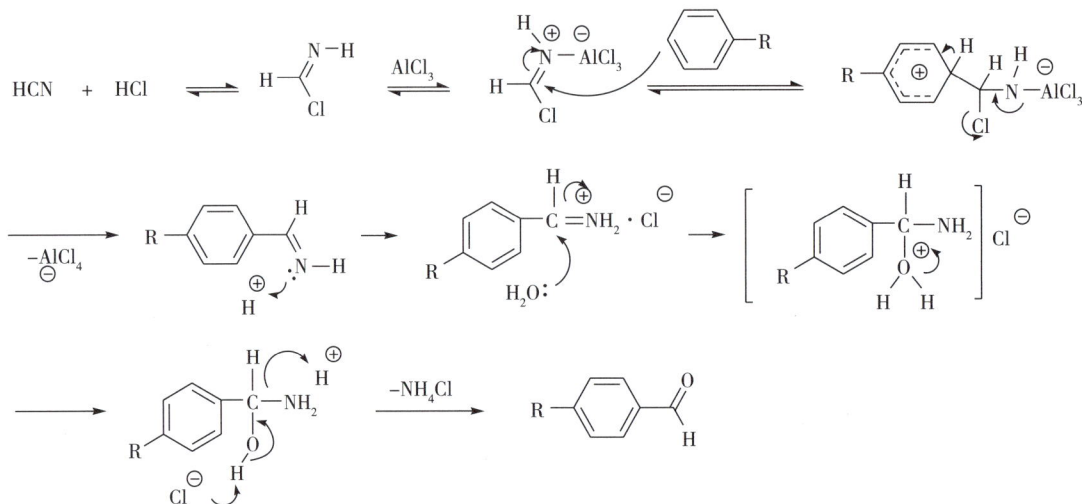

伽特曼反应中剧毒的 HCN/HCl 可以用 Zn(CN)₂/HCl 替代。

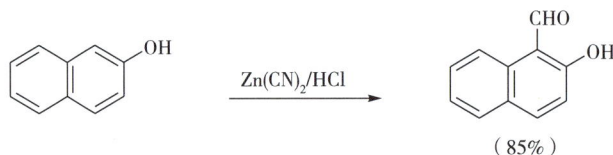

（85%）

4. 维尔斯迈尔–哈克（Vilsmeier-Haack）反应 用 *N*, *N*-二取代（甲）酰胺作酰化剂，在三氯氧磷等作用下，在电子云密度较高的芳（杂）环上引入（甲）酰基的反应称为维尔斯迈尔–哈克（Vilsmeier-Haack）反应。

反应通式：

Vilsmeier-Haack 反应最常见的是使用 DMF（*N*, *N*-二甲基甲酰胺或二甲基甲酰胺）和 POCl₃（三氯氧磷），在水中将富电子芳香族化合物转化为相应的芳基醛，因此该反应又称为 Vilsmeier-Haack 甲酰化。首先，DMF 和 POCl₃ 反应形成亚胺盐（ClCH＝NMe₂⁺），即 Vilsmeier-Haack 试剂（Vilsmeier-Haack reagent），接下来芳香族化合物进攻 Vilsmeier-Haack 试剂破坏自身的芳香性，然后经过脱质子可恢复其芳香性，并释放出氯离子形成芳基亚胺盐中间体，最后水解得到芳基醛。

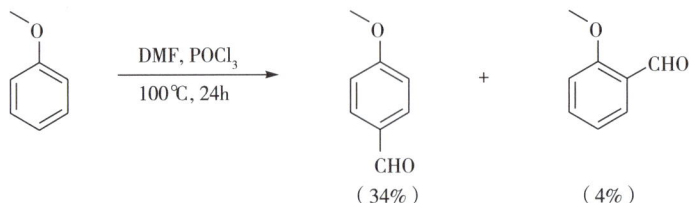

反应底物芳烃以苯甲醚为例，维尔斯迈尔–哈克（Vilsmeier-Haack）反应机理为：

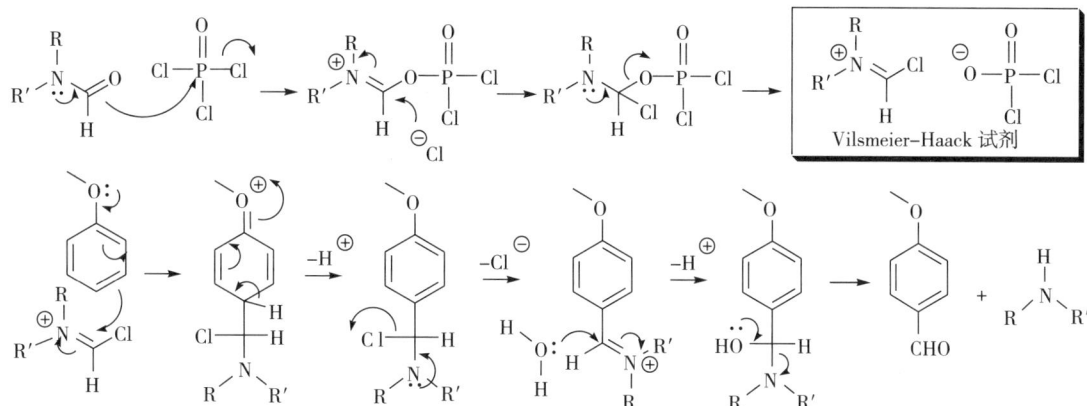

影响因素如下。

（1）被酰化物 Vilsmeier-Haack 试剂是弱亲电试剂，对于大多数的富电子芳烃或杂环芳烃、富电子烯烃和1,3-二烯烃都可以发生此反应。因此，被酰化物一般为 N,N-二烷基取代芳胺、酚、酚醚、多环芳烃等电子云密度较高、活化的芳环，即芳环上至少需要带有一个供电子基团，例如—NR_2，—OH，—O—alkyl（—O—烃基），—O—aryl（—O—芳基）等。

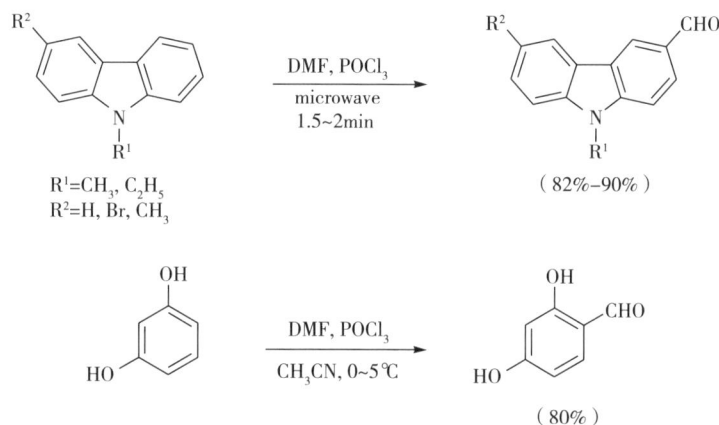

$R^1=CH_3, C_2H_5$
$R^2=H, Br, CH_3$

（82%-90%）

（80%）

当被酰化物是吡咯、呋喃、噻吩、吲哚等富电子芳杂环时，反应得到芳杂醛。常见的五元杂环芳烃的反应活性顺序为：吡咯 > 呋喃 > 噻吩。该反应的常用溶剂为卤代烃，例如：二氯甲烷（dichloromethane，DCM），1,2-二氯乙烷（dichloroethane，DCE）或二氯苯等。

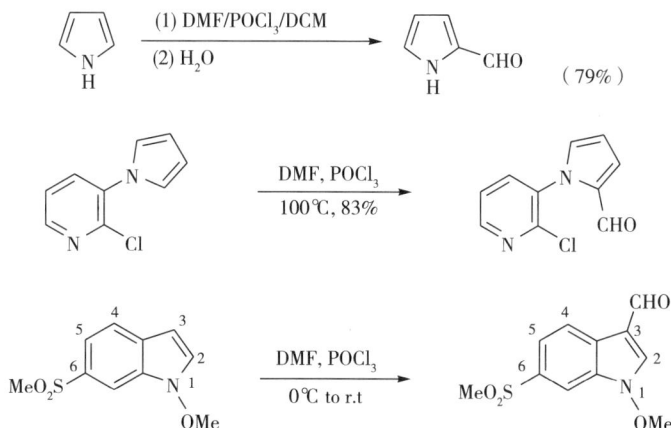

（79%）

（2）酰化剂 除了最常用的 DMF（N,N-二甲基甲酰胺或二甲基甲酰胺），其他 N,N-二取代（甲）酰胺也可作为有效的酰化剂，例如：

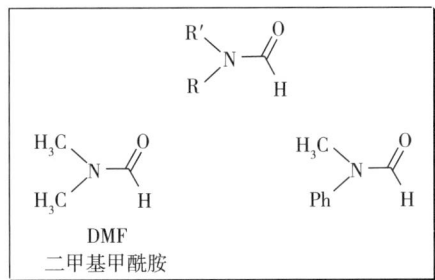
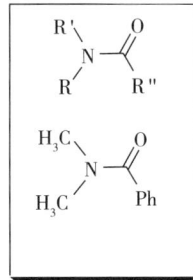

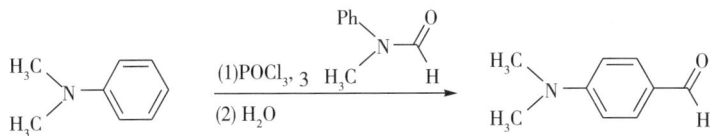

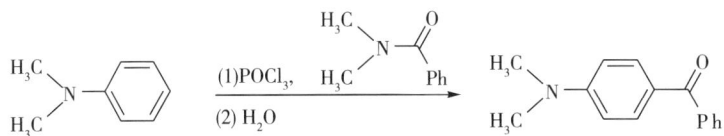

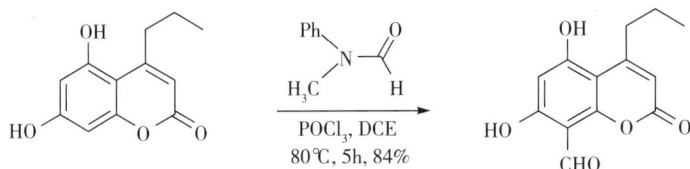

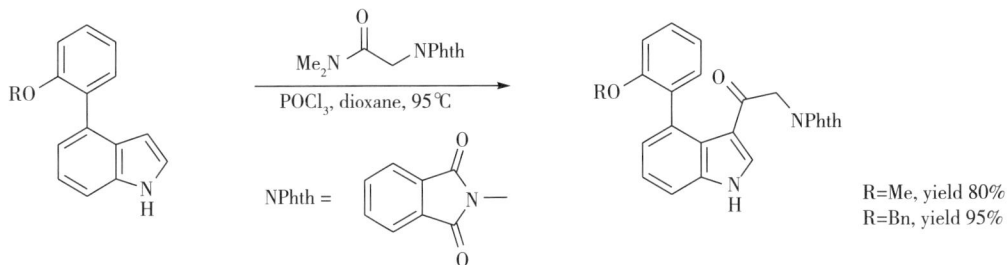

R=Me, yield 80%
R=Bn, yield 95%

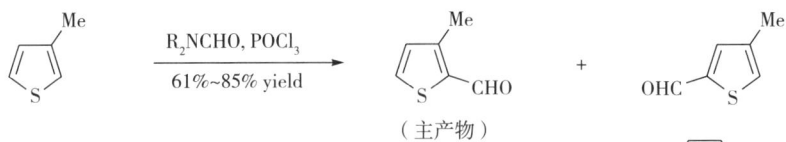

（主产物）

R₂NCHO=Me₂NCHO

PhNMeCHO, etc.

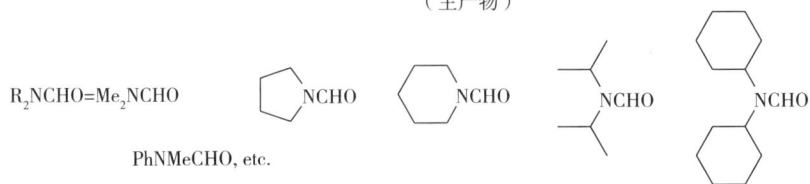

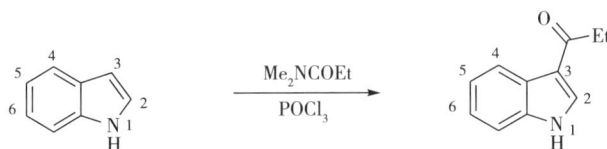

（3）酸性氯化物　酸性氯化物除了常用的三氯氧磷（POCl₃），还可以是光气（COCl₂）、二（三氯甲基）碳酸酯（三光气）、氯化亚砜（SOCl₂）、草酰氯［(COCl)₂］等。

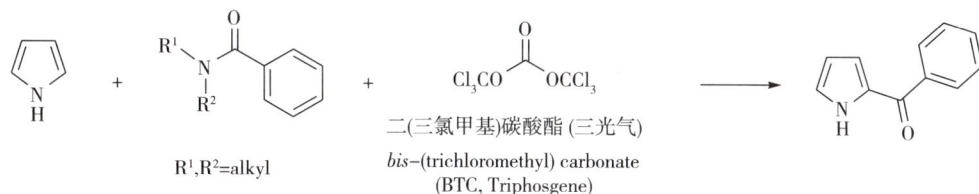

二(三氯甲基)碳酸酯 (三光气)
bis–(trichloromethyl) carbonate
(BTC, Triphosgene)

应用实例：辅酶Q₁₀的一种合成方法，可以用Wolff–Kishner–黄鸣龙还原，Vilsmeier–Haack反应和Dakin反应等人名反应进行关键中间体的合成，其中Wolff–Kishner–黄鸣龙还原（Wolff–Kishner–Huang Minlon Reduction）是第一个以中国化学家命名的反应。

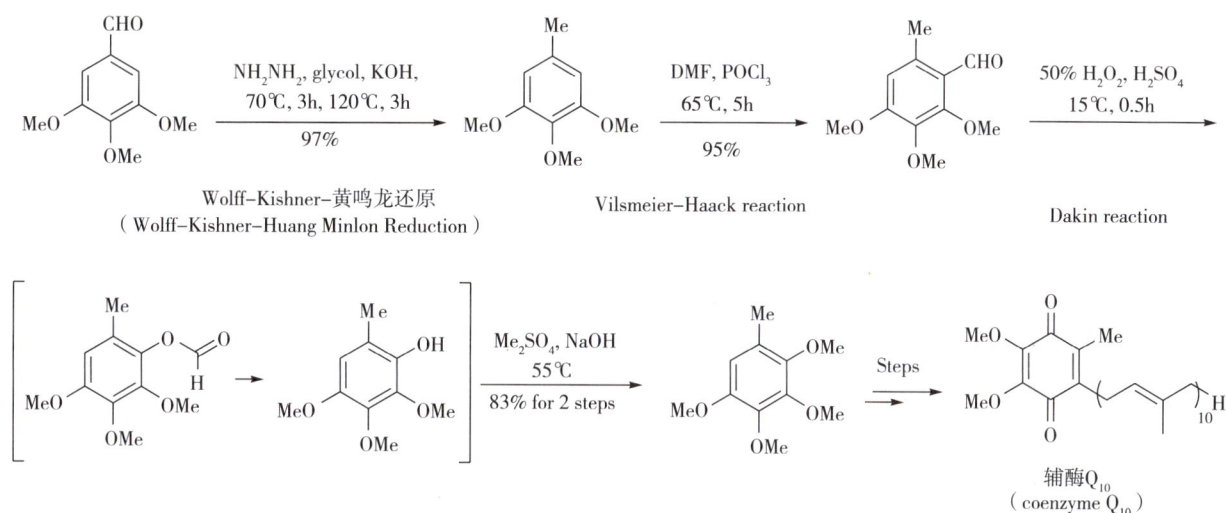

雷美替胺的一种合成方法中，应用了DMF（*N*,*N*-二甲基甲酰胺或二甲基甲酰胺）和POCl₃（三氯氧磷）制备芳基醛关键中间体的Vilsmeier–Haack反应。

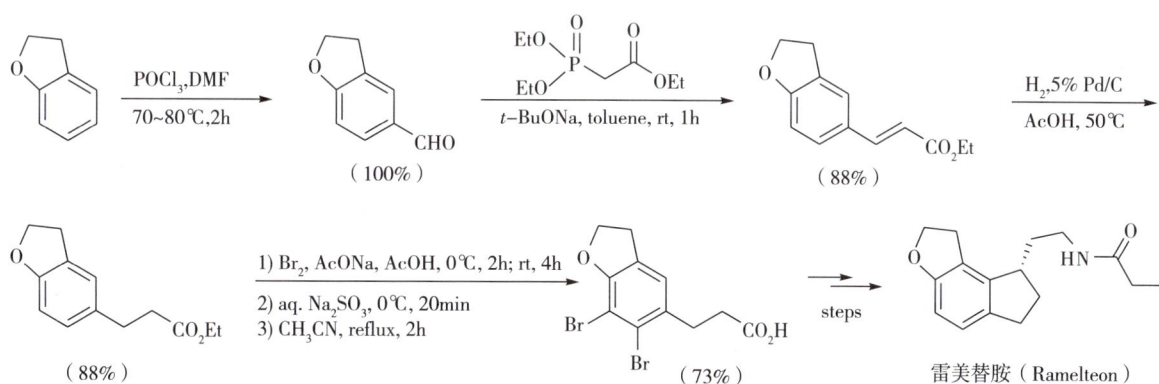

5. 瑞穆尔–悌曼（Reimer–Tiemann）反应　酚或含酚羟基芳杂环以及富π芳杂环（如吡咯、吲哚等）在碱溶液中与三氯甲烷作用，发生芳（杂）环氢被甲酰基亲电取代的反应，得到芳（杂）醛，该反应称为瑞穆尔–悌曼反应。

反应通式：

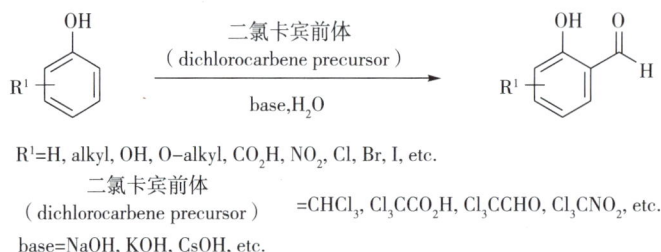

R¹=H, alkyl, OH, O−alkyl, CO₂H, NO₂, Cl, Br, I, etc.

二氯卡宾前体
（dichlorocarbene precursor）=CHCl₃, Cl₃CCO₂H, Cl₃CCHO, Cl₃CNO₂, etc.
base=NaOH, KOH, CsOH, etc.

瑞穆尔−悌曼反应底物酚类的芳环上的取代基可以是氢、烃基、氧烃基、羧基、硝基、卤素（Cl、Br、I）等。二氯卡宾前体（dichlorocarbene precursor）除了常用的 CHCl₃，还可以是 Cl₃CCO₂H、Cl₃CCHO、Cl₃CNO₂ 等试剂。该反应常用的碱为氢氧化钠、氢氧化钾、氢氧化铯等。

例如：

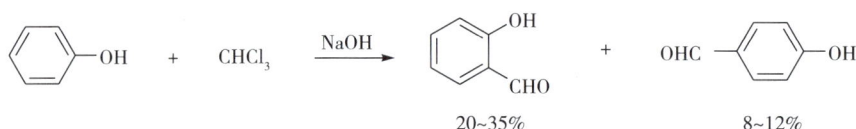

苯酚通常溶解在 10% ~40% 的碱性氢氧化物水溶液中，向其中加入过量的三氯甲烷，所得的两相溶液应在 60℃ 左右剧烈搅拌约 3h。苯酚的邻位甲酰基产物通常是主要产物，但当苯酚的邻位已被取代时，会得到对甲酰基苯酚。烷基、烷氧基和卤代苯酚、萘酚、水杨酸衍生物、杂环酚如羟基喹啉和羟基嘧啶、吡咯和吲哚等底物也可以在上述反应条件下发生甲酰化。

反应机理：

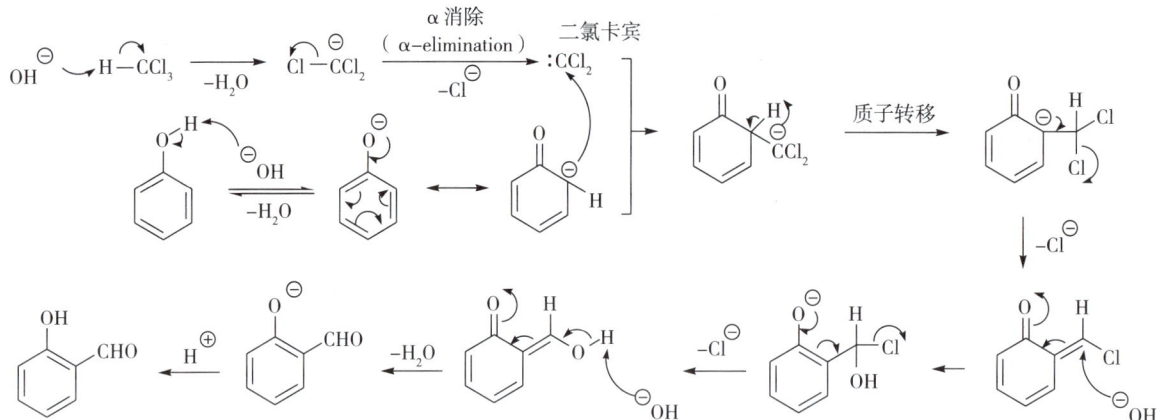

反应的实质：三氯甲烷在碱的作用下，脱去一个质子生成三氯碳负离子，该碳负离子失去一个氯离子经 α 消除（α−elimination）反应生成活泼中间体二氯碳烯（二氯卡宾，dichlorocarbene）。然后苯酚被碱去质子化，使电子离域到环的邻位或对位，二氯碳烯与芳环上电子云密度较高的邻位或对位进行亲电取代反应生成 σ-络合物。再通过内部质子转移并释放一个氯离子，形成碳碳双键，随后氢氧根加成，并脱去另一个氯离子。最后在碱性条件下水解、芳构化，制得芳醛。

该反应中生成的活泼中间体碳烯又称卡宾（carbene），碳烯（卡宾，carbene）为电中性，是一类二价碳反应中间体的总称。二氯碳烯（二氯卡宾，dichlorocarbene）中的碳是二价的碳，碳周围只有 6 个电子，有强烈的形成 8 电子稳定结构的倾向，因此是极度活泼的缺电子试剂，易发生亲电加成反应。但是二氯碳烯（二氯卡宾，dichlorocarbene）极易水解，因此收率较低，可在相转移条件（phase transfer conditions）下，生成的碳烯进入有机层，可大大增强其稳定性。

应用实例：

40% NaOH (aq.)
EtOH, CHCl₃
80℃, 24h, 26%

CHCl₃(2 equiv)
NaOH(6 equiv)
H₂O, reflux, 4h, 51%

40% NaOH (aq.)
EtOH, CHCl₃
reflux, 17%

NaOH (aq.)
EtOH, CHCl₃
75℃

（38%~48%）

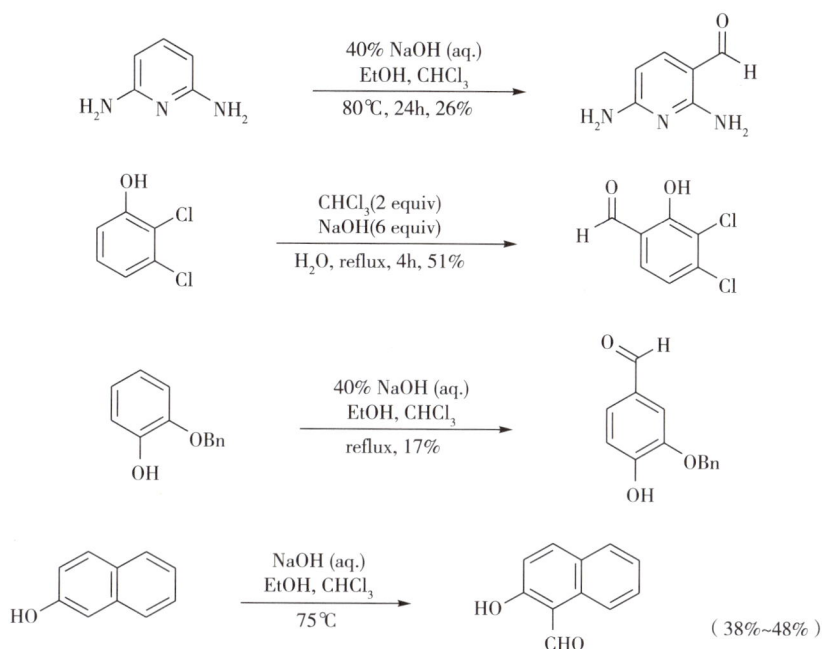

　　香草醛（vanillin），又名香兰素，是香草豆的香味成分。存在于甜菜、香草豆、安息香胶、秘鲁香脂、妥卢香脂等中，是一种重要的香料。白色针状结晶或浅黄色晶体粉末，有浓烈的香气。微溶于冷水、溶于热水，溶于乙醇、乙醚、三氯甲烷、二硫化碳、冰醋酸等。其水溶液遇三氯化铁呈蓝紫色。香草醛广泛用作化妆品的香精和定香剂，也是食品香料和调味剂。香草醛亦可作为抗癫痫药，具有镇静及抗癫痫作用，可用于治疗各种癫痫病，尤其对癫痫小发作效果较好。此外，还可用于多动症、眩晕等，其制剂多为片剂。愈创木酚（guaiacol）又名邻甲氧基酚、甲基儿茶酚，是一种重要的精细化工中间体，广泛应用于医药、香料及染料的合成。香草醛（vanillin）的合成可采用愈创木酚（guaiacol）、三氯甲烷、氢氧化钠为原料，应用形状选择性催化剂沸石（shape-selective catalyst zeolite）催化的瑞穆尔-悌曼（Reimer-Tiemann）反应制备。其中，形状选择性催化剂沸石（shape-selective catalyst zeolite）ZSM-5 非常关键，该催化剂大幅度提高了愈创木酚（guaiacol）的对位甲酰化产物香草醛（vanillin）的合成选择性，不加该催化剂时则主要生成愈创木酚的邻位甲酰化产物邻香草醛（O-vanillin）。

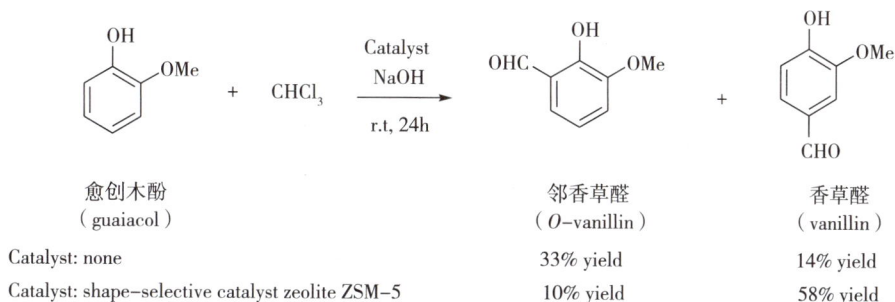

愈创木酚
（guaiacol）
+ CHCl₃

Catalyst
NaOH
r.t, 24h

邻香草醛
（O-vanillin）

+

香草醛
（vanillin）

Catalyst: none　　　　　　　　　　　　　　　　　　　33% yield　　　　14% yield
Catalyst: shape-selective catalyst zeolite ZSM-5　　10% yield　　　　58% yield

二、烯烃的 C-酰化

实质：烯烃的傅瑞德尔-克拉夫茨（Friedel-Crafts）反应。

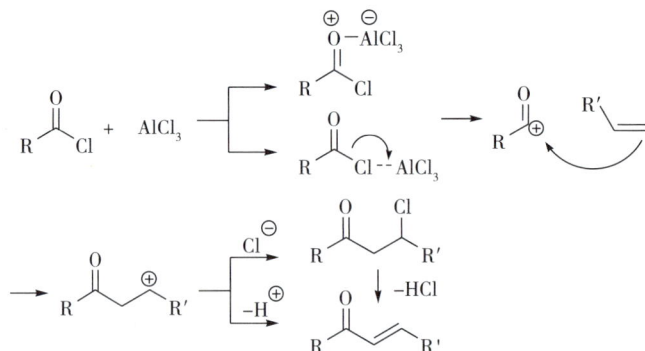

加成方向服从马氏规则，酰基优先进攻氢原子较多的碳原子。

例如：

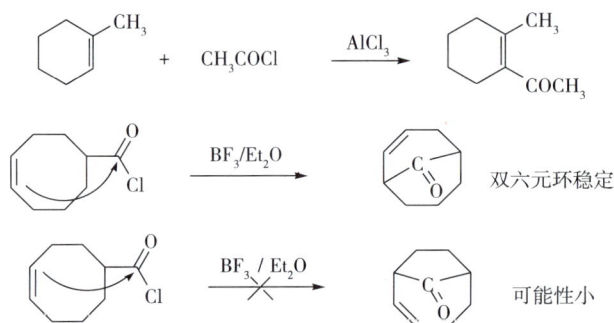

三、羰基 α 位 C-酰化

羰基 α 位的氢，由于受相邻的羰基的影响而具有一定的酸性，α 位的碳原子比较活泼，可与酰化试剂发生 C-酰化反应得到 1,3-二羰基化合物。

1. 活性亚甲基化合物的 α 位 C-酰化

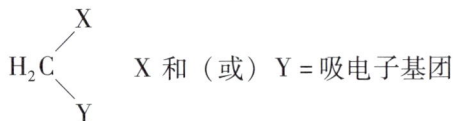

X 和（或）Y = 吸电子基团

活性亚甲基的概念：一个饱和的碳原子上含有两个或一个强的吸电子取代基时，使亚甲基上氢原子的活性增大，常被称为活性亚甲基化合物。

常见吸电子基团的强弱顺序为：

$$—NO_2 > —COR > —SO_2R > —CN > —COOR > —SOR > —Ph （R 为烃基）$$

常见的活性亚甲基的化合物：β-二酮、β-羰基酸酯、丙二酸酯、丙二腈、氰乙酸酯、乙酰乙酸乙酯、苄腈、脂肪硝基化合物等。活性亚甲基化合物的活性大小与其相连的两个吸电子基（即 X 和 Y）的吸电子能力强弱相关。吸电子基的吸电能力越强，其 α 位的氢原子酸性则越强，越容易发生反应。α 位的氢原子酸性可通过活泼亚甲基化合物的 pK_a 值来判断，其 pK_a 值越小酸性越强，则反应活性越高。

反应中作为催化剂的碱的选择和活性亚甲基化合物的 α 位氢原子酸性有关，活性亚甲基化合物的 α 位氢原子酸性越强，则可选择相对较弱的碱，活性亚甲基化合物的 α 位氢原子酸性越弱，则需选择相对较强的碱。常用的碱有 RONa、NaH、NaNH$_2$、NaCPh$_3$、t-BuOK、TEA（三乙胺）、Py（吡啶）等。

常用的酰化剂为酰氯、酸酐、羧酸、活性酯、活性酰胺等羧酸衍生物，反应中一般采用酰氯、酸酐为酰化剂。

反应通式：

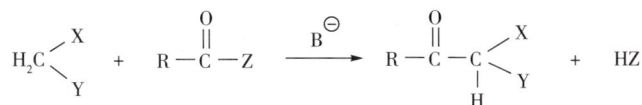

反应机理：

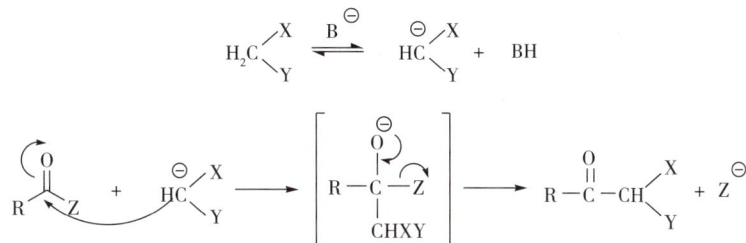

在上一章烷基化反应中，我们学习了醛、酮、羧酸衍生物等的羰基 α 位 C-烷基化反应可以用来制备 β-二羧酸（酯）或 β-酮酸（酯），经过脱羧反应可制备不对称酮、羧酸等化合物。

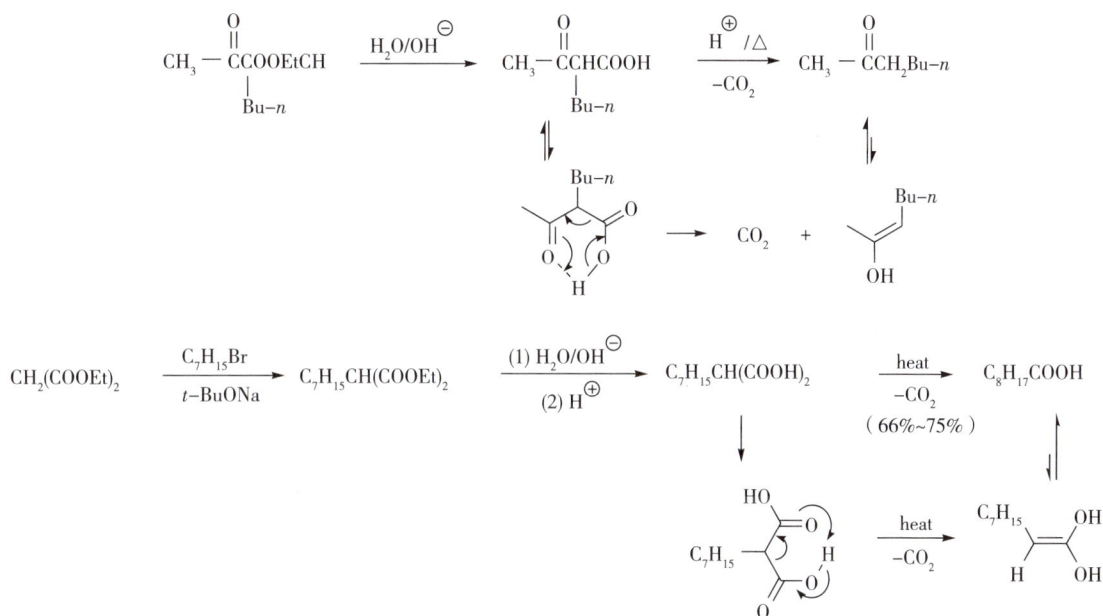

羰基 α 位 C-酰化反应则可以用来制备 β-二羧酸（酯）或 β-酮酸（酯），经过脱羧反应可制备 1,3-二酮（β-二酮）、不对称酮等化合物。

例如，羰基 α 位 C-酰化反应可通过不同的脱羧等衍生方式，制得 β-二酮、β-酮酸酯等不同 1,3-二羰基化合物。

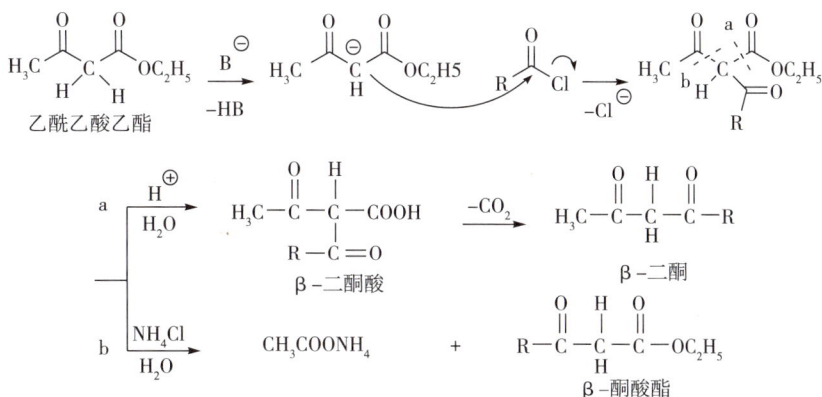

例如，β_2 受体激动剂、平喘药氯丙那林（clorprenaline）又名邻氯异丙肾上腺素、喘通、邻氯喘息定、氯喘、氯喘通，该药的中间体的合成即采用活泼亚甲基化合物乙酰乙酸乙酯的酰化反应，再经脱乙酰基，脱羧得中间体邻氯苯乙酮。

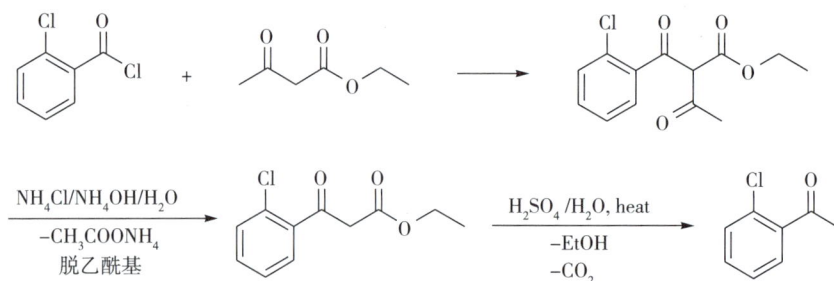

例如，第四代喹诺酮类抗菌药加替沙星（gatifloxacin）中间体的合成，也可采用活泼亚甲基化合物丙二酸二乙酯的酰化反应。

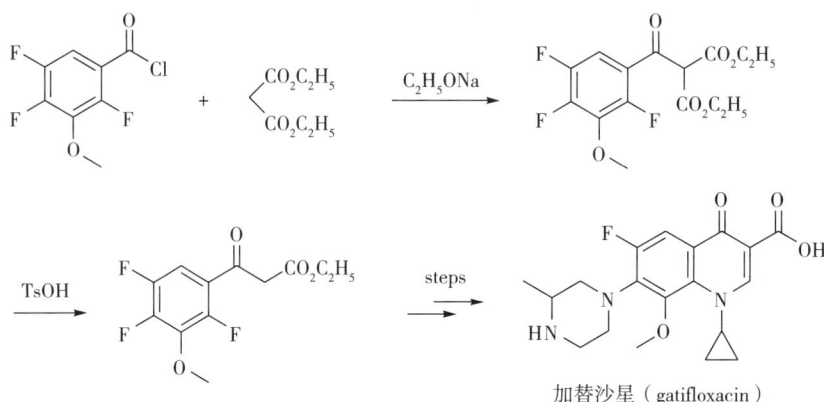

加替沙星（gatifloxacin）

2. 酮及羧酸衍生物的 α 位 C-酰化

（1）Claisen 反应和 Dieckmann 反应　羧酸酯和另一分子具有 α-活泼氢的酯进行缩合得到 β-酮酸酯（β-keto esters）的反应，称为 Claisen 反应，亦称为 Claisen 缩合（克莱森缩合反应）。Dieckmann 反应（狄克曼反应）是同一分子内的两个酯羰基发生的分子内的 Claisen 反应。

Claisen 反应通式：

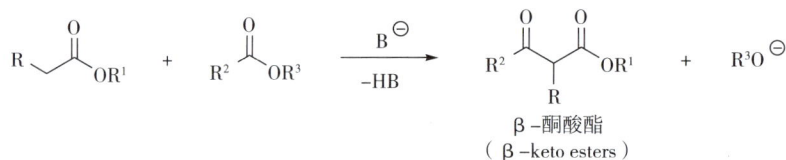

β-酮酸酯
（β-keto esters）

反应机理：

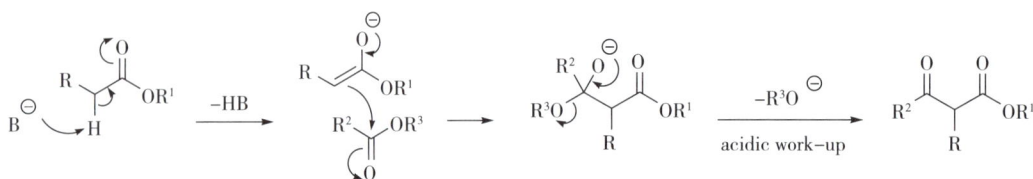

Claisen 反应主要用于合成 1,3-二羰基化合物：

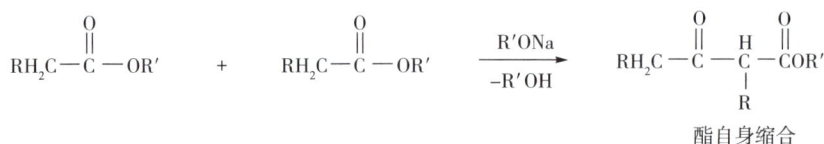

酯自身缩合

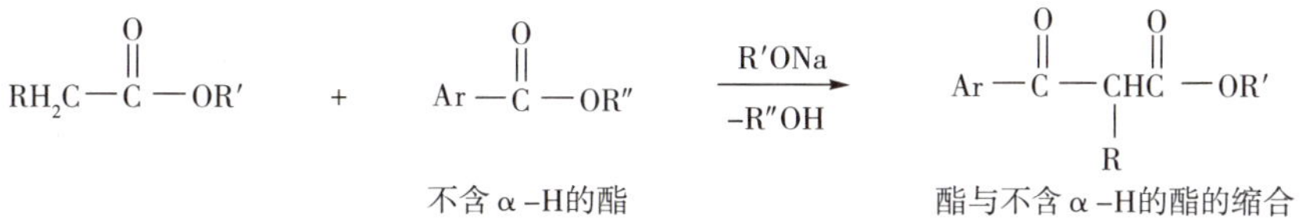

Claisen 反应的同酯缩合：在无水条件下，使用活性更强的碱（如 RONa、NaNH$_2$等）作催化剂，结构相同的两分子酯会发生缩合，同时消除一分子的醇。

反应通式：

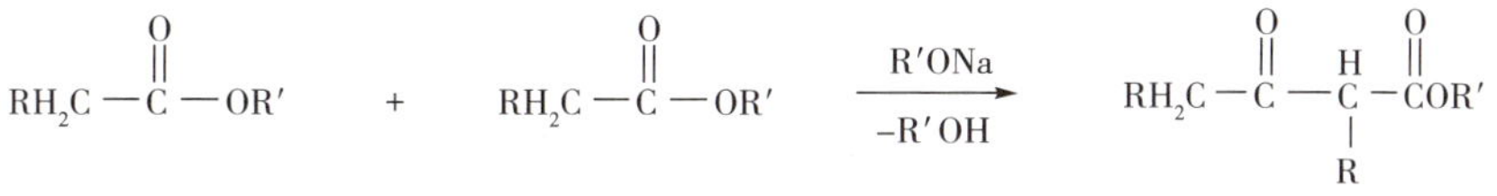

例如：

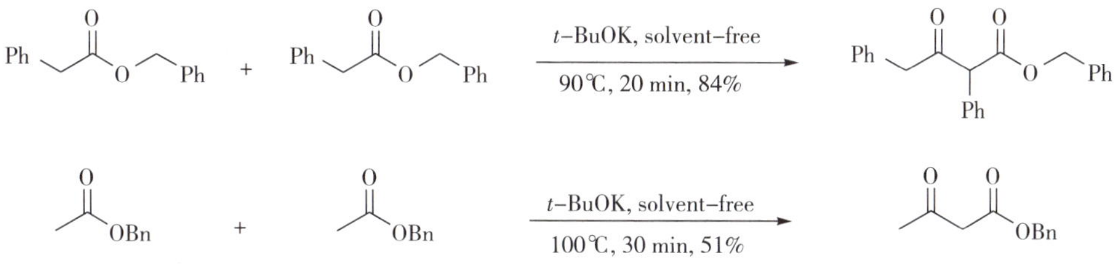

反应机理：

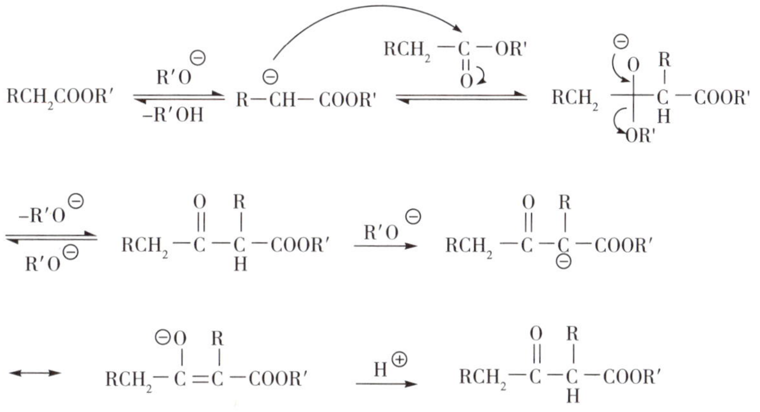

主要影响因素如下。

1）反应物的结构　具有 α-活泼氢的相同酯之间的同酯 Claisen 缩合产物为结构单一的 β-酮酸酯，具有实用价值。例如，乙酸乙酯的自身 Claisen 缩合可以合成乙酰乙酸乙酯。

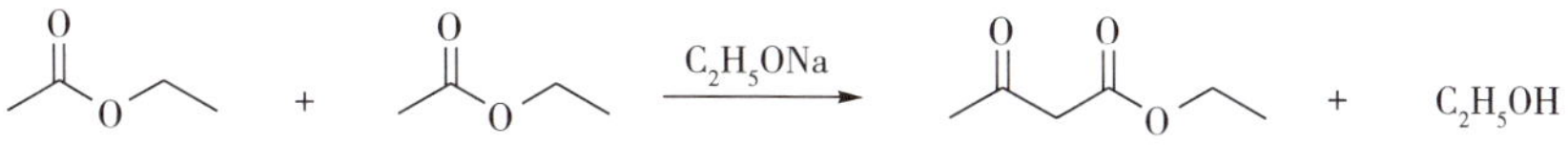

2）催化剂　催化剂碱的选择与酯羰基的 α-活泼氢的酸性强弱有关，常用的强碱有醇钠、氨基钠、氢化钠和三苯甲基钠等。对于酯羰基的 α 位只有一个氢的酯的 Claisen 缩合，因为 α-活泼氢的酸性较弱，且其反应产物 β-酮酸酯的 α 位为二烃基取代，所以一般要使用三苯甲基钠等强碱才能得到满意结果。

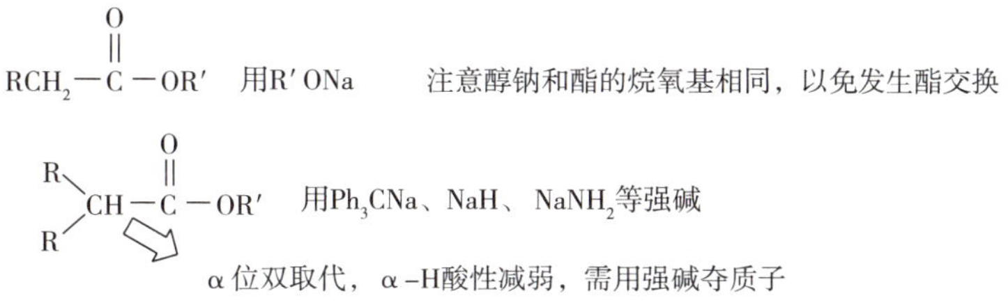

例如：

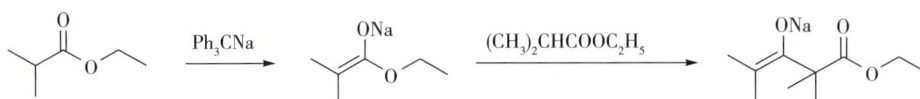

3）溶剂及其他　常用的溶剂有醇类、乙醚、四氢呋喃、苯及其同系物、二甲亚砜、二甲基甲酰胺等。

Claisen 反应的异酯缩合：

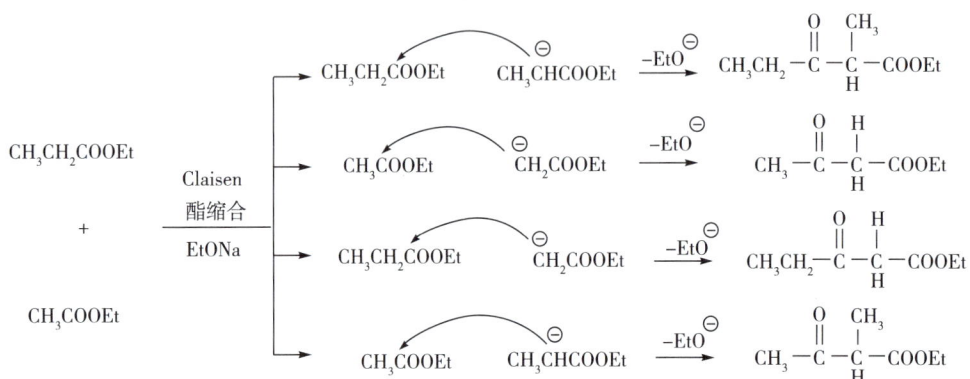

两种都具有 α-H 的不同酯之间的交叉缩合，理论上有四种不同的缩合反应，产物复杂，无实用价值。只有两种酯之间一个含 α-H 而另一个不含 α-H，这种交叉酯缩合才有意义。

异酯缩合中应用最多的是一种含 α-活泼氢的酯与另一种不含 α-活泼氢的酯在碱催化下缩合，生成 β-酮酸酯，此时收率较高。常见不含 α-活泼氢的酯有甲酸酯、乙二酸二酯（草酸二酯）、碳酸二酯、芳香族羧酸酯等。例如：$HCOOC_2H_5$、$(COOC_2H_5)_2$、$CO(OC_2H_5)_2$、$ArCOOC_2H_5$ 等。

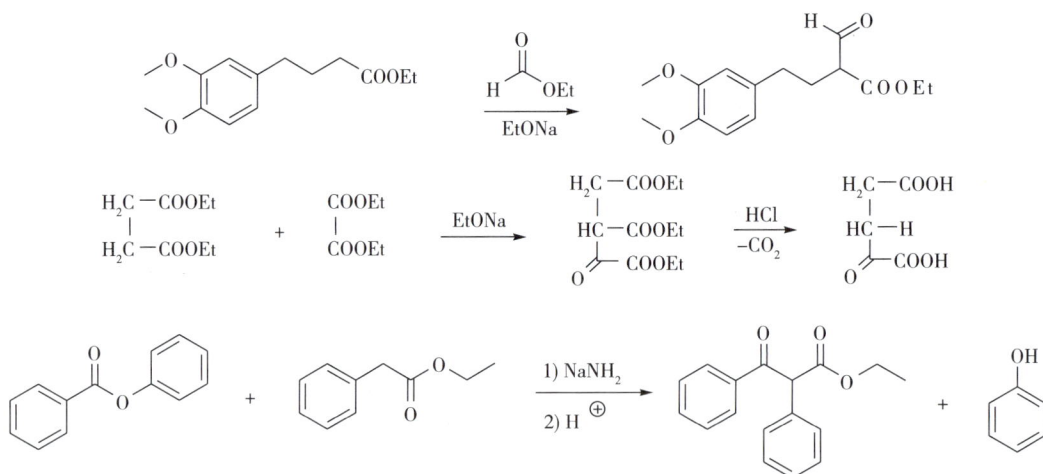

应用实例：例如，镇静催眠药苯巴比妥（phenobarbital）的中间体苯基丙二酸二乙酯的合成，可采用不同路线的 Claisen 反应的异酯缩合进行制备。

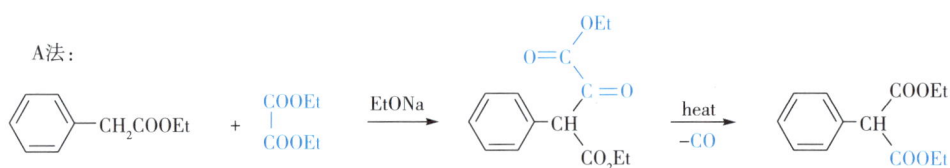

A法：

B法:

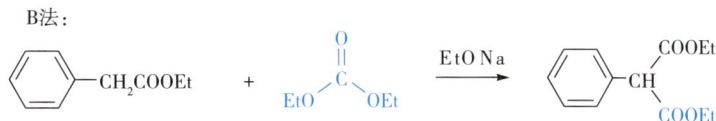

Dieckmann 反应（狄克曼反应）：同一分子内的两个酯羰基，可以发生分子内的 Claisen 反应，得到环状 β-酮酸酯的反应。

其反应机理和反应条件与 Claisen 缩合一样。

反应通式：

反应通式中，碱通常用 $NaNH_2$，NaOR，NaH，Ph_3CNa，$t-BuOK$ 等。当合成五元环或六元环时，Dieckmann 反应的效果好；当合成三元环、四元环，及九元环到十二元环时，则收率很低，甚至不反应；七元环及更大环如果严格控制反应条件，也可用 Dieckmann 反应制备。

反应实质：Dieckmann 反应是分子内的 Claisen 缩合（intramolecular Claisen condensation）。

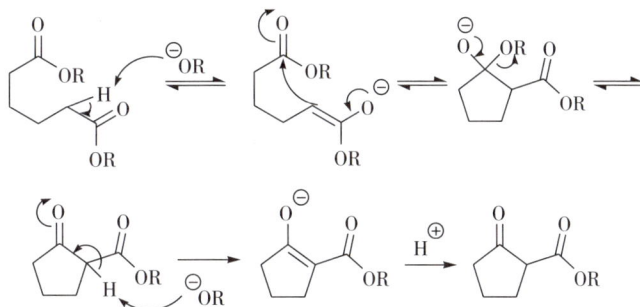

反应机理：碱夺取酯羰基的 α-H，生成碳负离子或其共振式烯醇氧负离子并进攻分子内的另一个羰基碳，发生加成，随后烷氧负离子离去。碱再夺取羰基 α 位的一个 α-H，不可逆地生成稳定的烯醇负离子，最后经酸处理得到产物环状 β-酮酸酯。

例如：

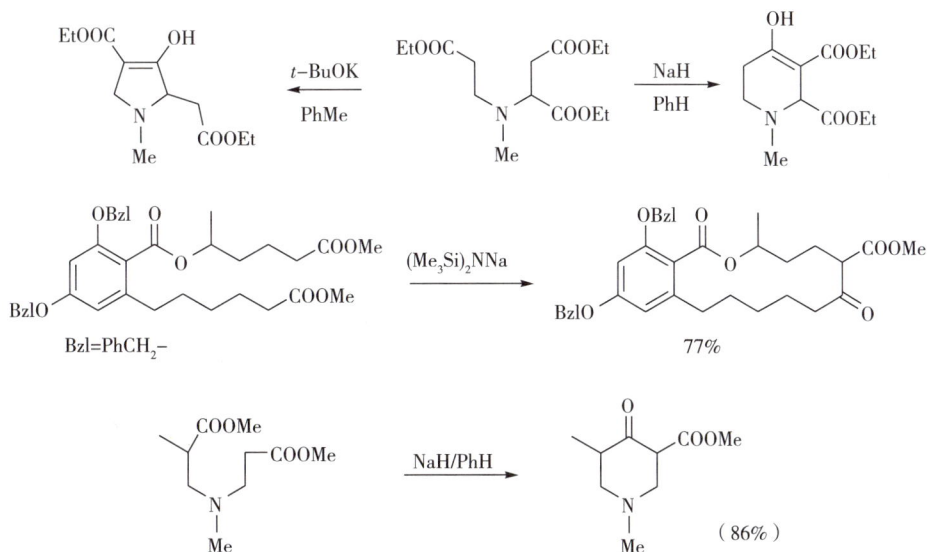

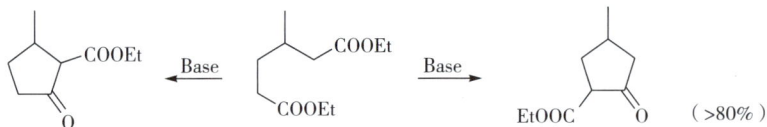

应用实例： 托伐普坦磷酸钠（tolvaptan sodium phosphate）是一种静脉利尿剂，该药的一种合成方法中，应用了 Dieckmann 反应（狄克曼反应）得到关键中间体环状 β-酮酸酯。

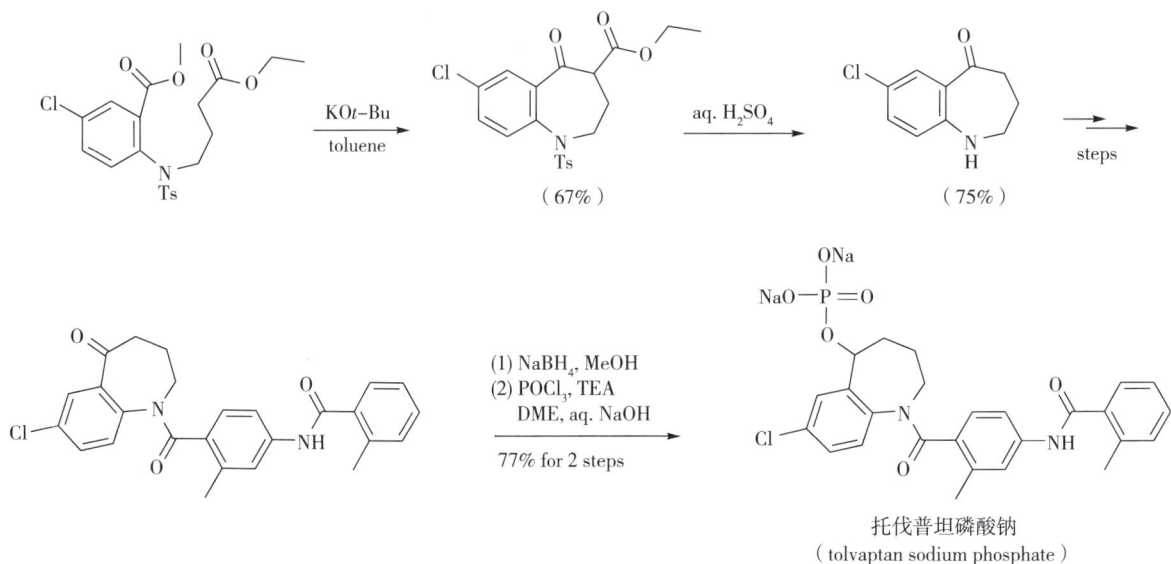

过氧化物酶体增殖物激活受体（peroxisome proliferator-activated receptors，PPARs）是调控能量代谢、炎症反应、细胞发育和分化相关基因表达的重要核受体。其激动剂已被开发用于治疗糖尿病，血脂异常和动脉粥样硬化等代谢性疾病。虽然当前市场上已有多种影响 PPARγ 受体的药物，然而由于它们缺乏足够的选择性，可导致一些副作用例如体重增加和心血管问题等。Amorfrutin A 是一种从甘草（Glycyrrhiza foetida）的根和紫穗槐（Amorpha fruticosa）的果实中提取的具有显著抗糖尿病活性的天然产物。后续研究发现，Amorfrutin A 不仅具有降低血糖的特性，还具有抗炎效应以及预防脂肪肝的作用。Amorfrutin A 分子选择性结合到过氧化物酶体增殖物激活受体 γ（peroxisome proliferator-activated receptor γ，PPARγ）上，激活各种参与降低血浆中某些脂肪酸和葡萄糖浓度的基因，降低血糖水平防止形成胰岛素耐受——成年糖尿病主要的病因。因此，Amorfrutin A 的全合成研究具有非常高的应用价值。在 Amorfrutin A 的一种合成方法中就采用了 Dieckmann 反应进行关键的六元环的构建。

该合成路线首先使用苯丙醛和膦酰基乙酸三乙酯（triethyl phosphonoacetate）在 PEG-400 相转移催化剂（phase transfer catalyst）催化下，通过 Wittig-Horner 反应生成反式 α,β-不饱和羧酸酯。接下来，再经过迈克尔加成（Michael addition）以及 Dieckmann 反应（分子内的 Claisen 反应，intramolecular Claisen condensation）制得关键的 1,3-环己二酮衍生物。再经过芳构化、甲基化、异戊烯基化，最后通过碱水解得到目标产物 Amorfrutin A。

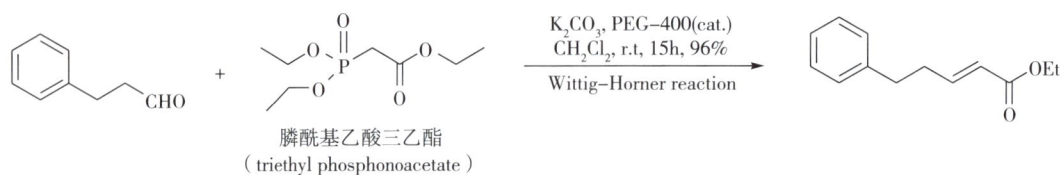

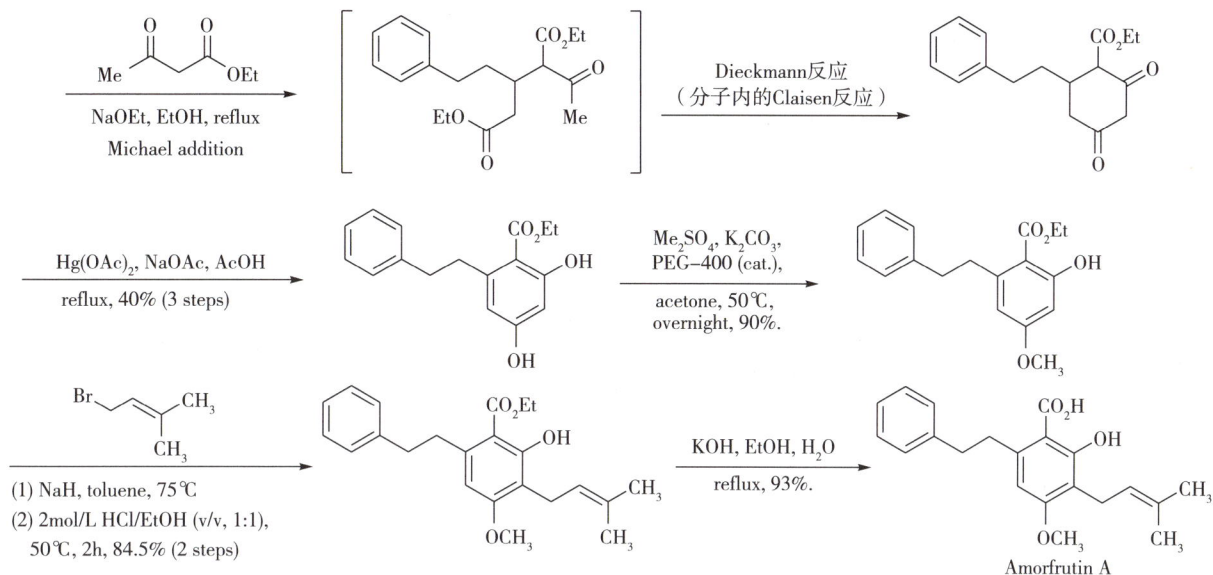

Amorfrutin A

（2）酯与有 α-活泼氢的酮、腈的 *C*-酰化　在碱性条件下，含有 α-活泼氢的酮、腈的 α 位可以与羧酸酯发生 *C*-酰化反应，用来合成 β-二酮、β-酮醛或 β-羰基腈。

反应通式：

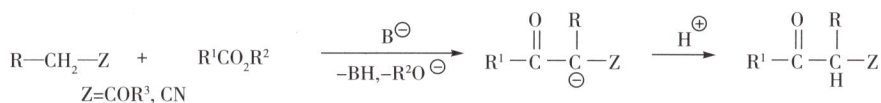

反应机理：

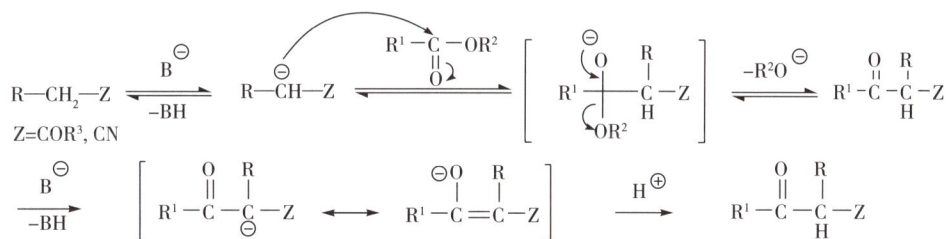

应用实例：例如，可合成 β-酮醛。

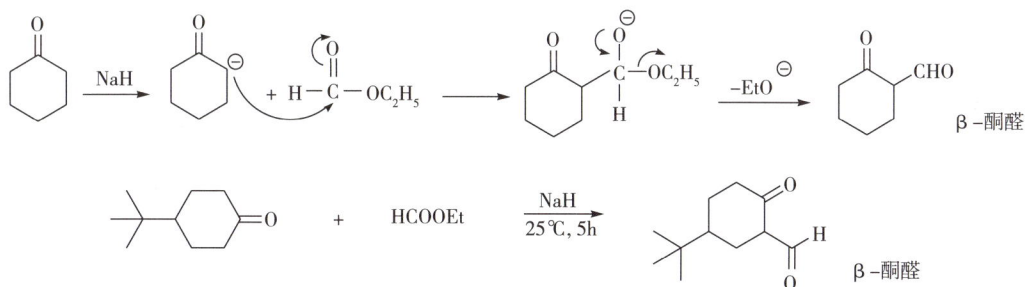

如果酮和酯都含有 α-活泼 H 时，由于酮的 α-H 的酸性较强，在碱中酮比酯更易于脱质子形成碳负离子，因此酮羰基的 α-碳酰化反应占优势。

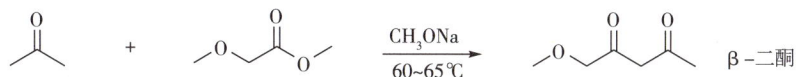

当不对称酮进行 α-碳酰化反应时，一般情况下酮的 α 位活性顺序为 CH_3CO- > RCH_2CO- >

R_2CHCO—，即甲基酮的 α-碳酰化反应活性较高。

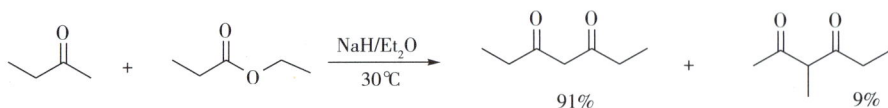

91%　+　9%

应用实例： 本维莫德，又称苯烯莫德（Benvitimod，Tapinarof）是我国全球首创新一代治疗银屑病（俗称"牛皮癣"）的全新非激素小分子化学药，属国家 1 类新药，具有自主知识产权保护的新型化合物。该药为皮肤芳香烃受体（AhR）激动剂，其作用机制是通过激活芳香烃受体（AhR），调节免疫平衡，抑制银屑病关键因子白介素-17（IL-17）起到治疗银屑病皮损的作用。本维莫德已于 2019 年 5 月在我国获批用于成人轻中度寻常型银屑病的外用治疗，并于 2022 年 5 月获美国食品药品管理局（FDA）批准用于成人斑块状银屑病的外用治疗。本维莫德的一种合成方法中，应用碱性条件下，含有 α-活泼氢的酮的 α 位与羧酸酯发生分子内的 C-酰化反应，用来合成环状 β-二酮关键中间体。

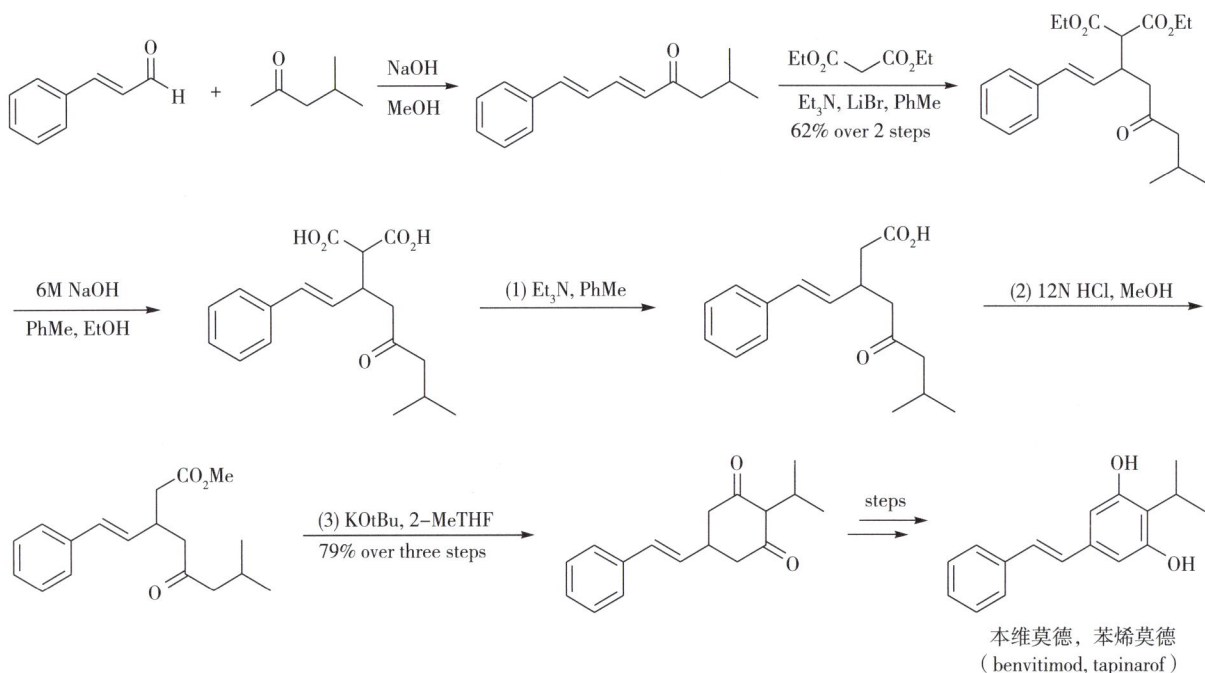

本维莫德，苯烯莫德
（benvitimod, tapinarof）

含有 α-活泼氢的腈类化合物与酮一样，其 α 位也可以和羧酸酯发生 C-酰化反应，生成 β-羰基腈。

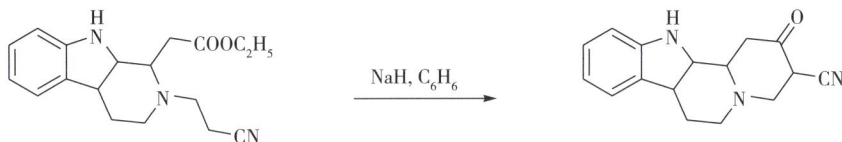

（3）烯胺的 α 位 C-酰化

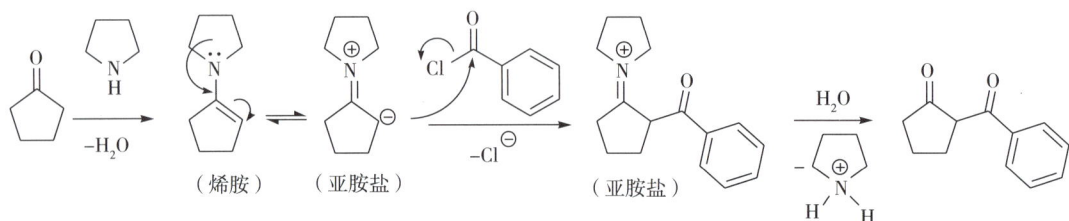

（烯胺）　　（亚胺盐）　　　　　（亚胺盐）

醛或酮与仲胺缩合脱水成烯胺后，其 β 位碳原子（原羰基的 α 位）具有强亲核性，易于和卤代烃、酰卤等亲电试剂发生反应。常用的仲胺有哌啶、吗啉、四氢吡咯等，常用的酰化试剂有酰氯、酸酐、氯甲酸酯等。

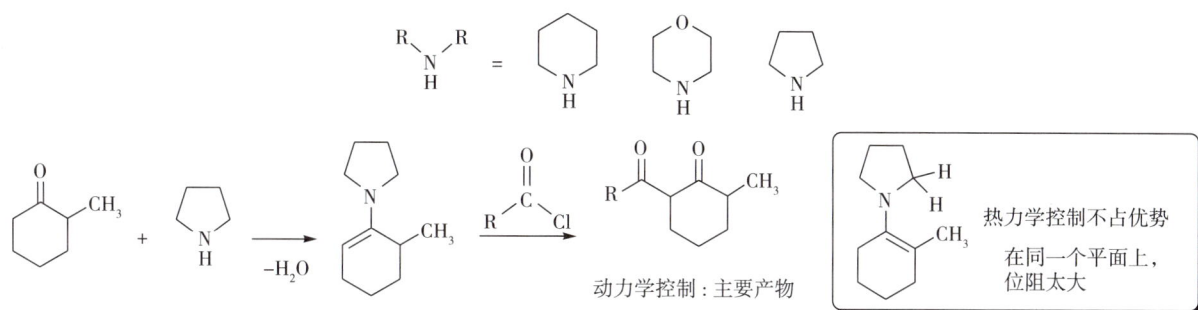

四、"极性反转" 在酰化反应中的应用

定义：两个具有相同反应性（亲电或亲核）的原子或原子团之间在一般情况下是不能成键的，但是用某些手段、方法使介入反应的相同反应性的双方之一的原子或原子团的特征反应性（亲电性或亲核性）发生暂时性的反转（或逆转），即可完成这一反应，这种方法叫作极性反转（polarity inversion）。

例如，羰基的极性反转：

1. 直接转换

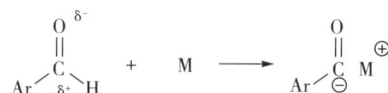

2. 羰基被屏蔽形成酰基负离子等价体

（1）转化成 1,3-二噻烷衍生物（适用于醛）

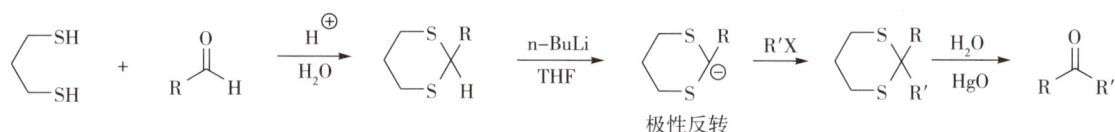

（2）转化成 α-氰醇衍生物

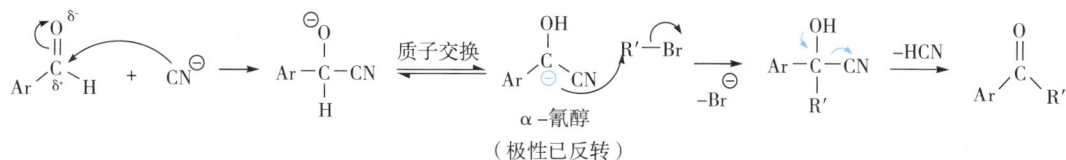

（3）转化成烯醇醚衍生物

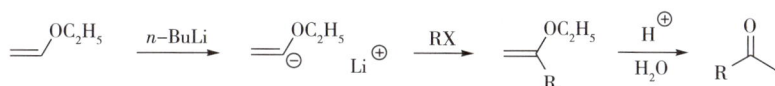

（4）以硝基前体为屏蔽羰基的 C-亲核酰化（Nef 酸式硝基烷裂解反应）

内夫酸式硝基烷的裂解（Nef reaction）

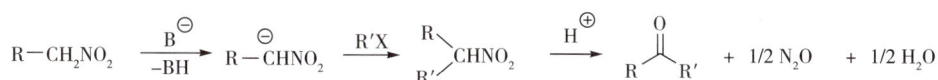

一级或二级脂肪族硝基化合物的盐用硫酸处理分别得到醛或酮，这个反应称为内夫酸式硝基烷裂解（Nef reaction）。

硝基 α-碳上的氢由于硝基的吸电子作用酸性增强，在碱作用下生成的碳负离子进行亲核反应后，再通过 Nef 反应时酸式硝基水解成羰基。

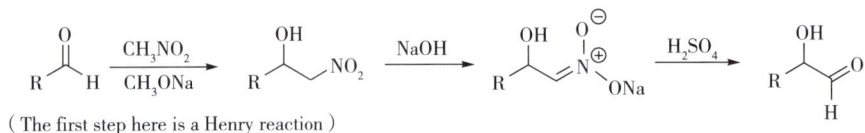

（The first step here is a Henry reaction）

以下列反应通式为例：

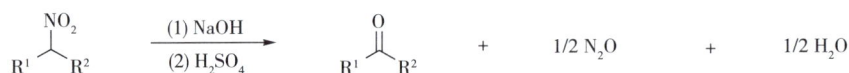

反应机理：

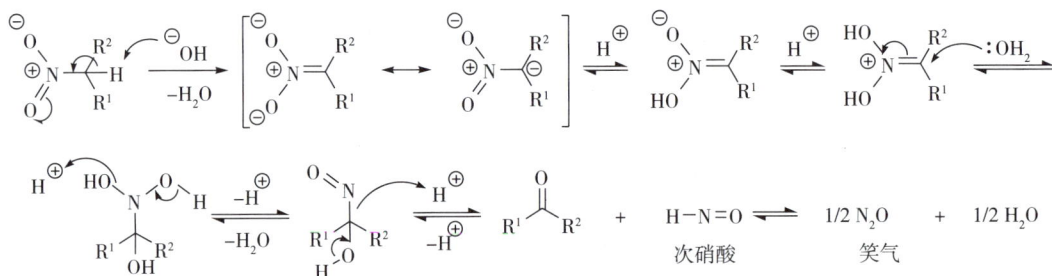

应用实例：

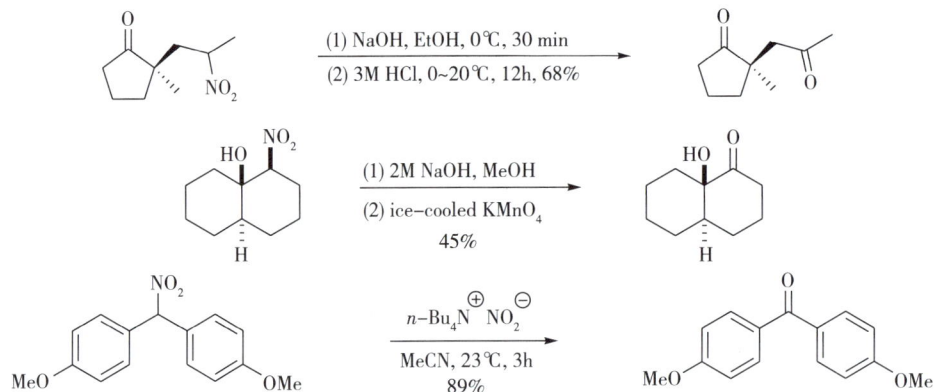

也可以使用 $TiCl_3$ 水解等方法使硝基水解成羰基。

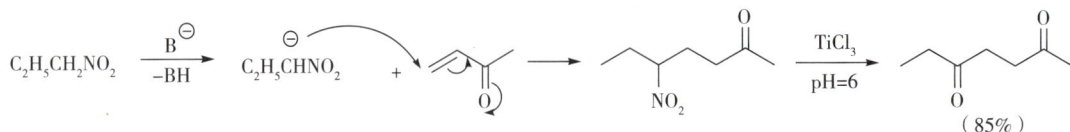

第五章 缩合反应

缩合反应（condensation Reaction）：两个或两个以上的化合物分子通过反应生成一个新的较大分子，或同一个分子发生分子内反应生成一个新分子，反应过程往往同时脱去一个或多个简单小分子（如水、醇），或发生加成缩合，不脱去任何小分子。

通过缩合反应可以建立碳–碳键和碳–杂键，例如：Claisen 反应（克莱森缩合反应）和羧酸和醇的酯化反应都属于广义的缩合反应。但是本章主要讨论狭义的缩合反应，主要是涉及有新的碳–碳键形成的缩合反应。

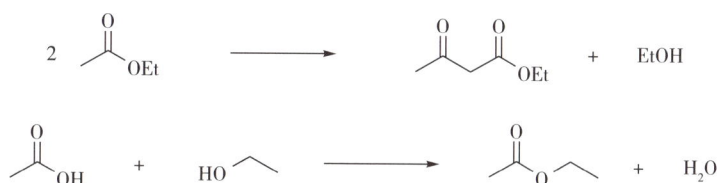

第一节　α-羟烷基、卤烷基、氨烷基化反应

一、α-羟烷基化反应

1. 羰基 α 位碳原子的 α-羟烷基化反应　具有活性 α-氢的醛或酮在酸或碱催化作用下生成 β-羟基醛（或酮）的 α-羟烷基化反应称为羟醛缩合反应或醇醛缩合反应，β-羟基醛（或酮）不稳定，容易发生消除反应脱水生成 α,β-不饱和醛（酮），这类反应也叫作 Aldol 反应或 Aldol 缩合反应。该反应是由法国有机化学家 Charles Adolphe Wurtz（查尔斯·阿道夫·武尔茨）于 1872 年发现的一个在有机合成和药物合成中非常重要的基础反应。由于该反应的一类应用可以是烯醇化合物对醛（aldehyde）亲核加成而得到 β-羟基醛，即产物分子中既有醛又有醇（alcohol），所以此反应得名 Aldol 反应，又称为羟醛缩合反应或醇醛缩合反应。

反应通式：

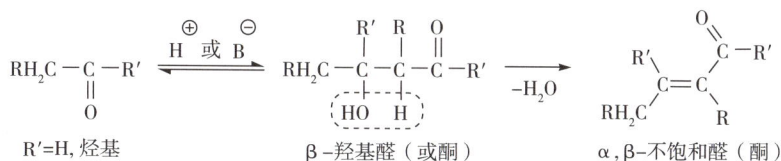

碱催化机理：常用的无机碱有 NaOH、Na_2CO_3、NaH 等。常用的有机碱有 EtONa、MeONa 等。

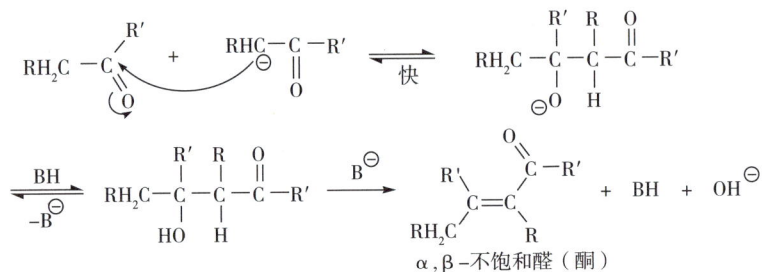

酸催化机理：常用的酸有 H_2SO_4，HCl，TsOH 等。

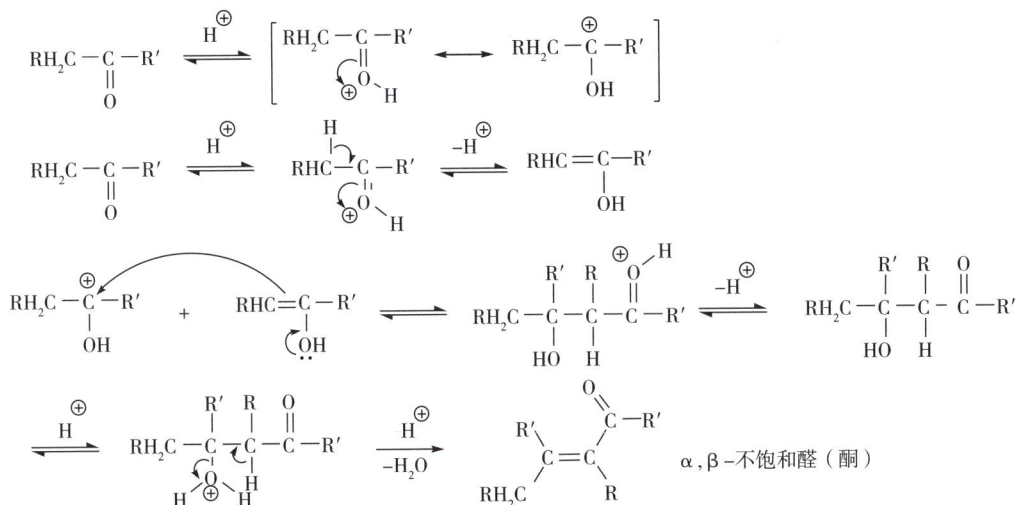

（1）同分子醛、酮自身缩合（一般用碱性催化剂）

例如：

$$2\ CH_3CH_2CH_2CHO \xrightarrow{\text{NaOH} \atop 25℃} CH_3CH_2CH_2CH-CH-CHO$$

$$\xrightarrow{\text{NaOH} \atop 80℃} CH_3CH_2CH_2CH=C-CHO$$

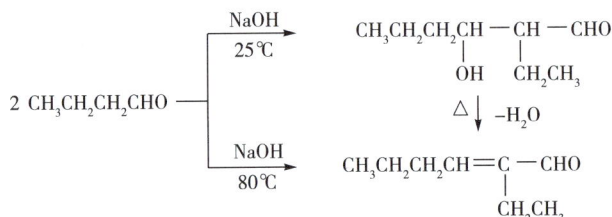

在羟醛缩合反应中，转变成碳负离子的醛或酮称为亚甲基组分；提供羰基的醛或酮称为羰基组分。含 α-活泼氢的酮分子间的自身缩合，因其反应活性低，加成过程中和产物的空间位阻大，所以其自身缩合的速度慢，平衡偏向左边。为了打破这种平衡，可用索氏（Soxhlet）提取器等方法分水或除去反应中生成的水，从而提高缩合反应的收率。

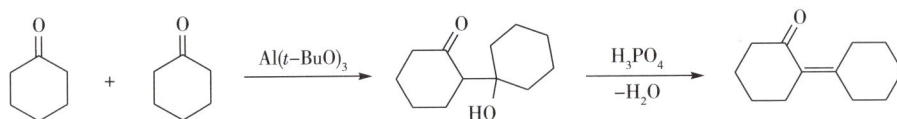

应用实例：2-乙基己醇（异辛醇）的生产

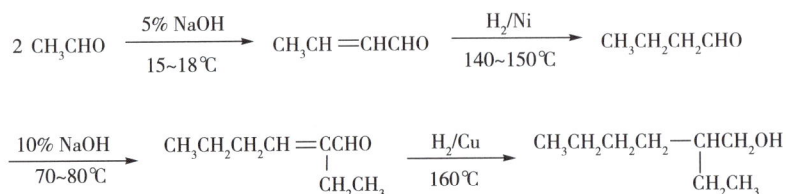

$$2\ CH_3CHO \xrightarrow{5\% \text{ NaOH} \atop 15\sim18℃} CH_3CH=CHCHO \xrightarrow{H_2/Ni \atop 140\sim150℃} CH_3CH_2CH_2CHO$$

$$\xrightarrow{10\% \text{ NaOH} \atop 70\sim80℃} CH_3CH_2CH_2CH=CCHO \xrightarrow{H_2/Cu \atop 160℃} CH_3CH_2CH_2CH_2-CHCH_2OH$$

酮的自身缩合，若是对称酮，产品较单一。如果发生自身缩合的是不对称酮，反应主要发生在羰基取代少的 α 位碳原子上得 β-羟基酮或其脱水产物（α,β-不饱和酮）。

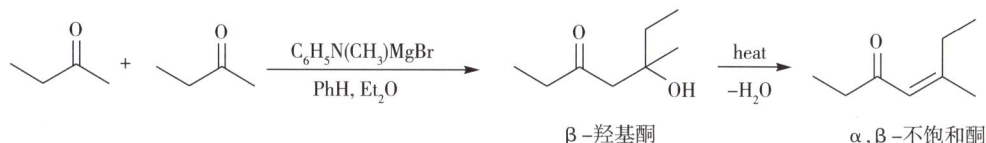

（2）芳醛与含 α-活泼氢的醛、酮的交叉缩合：克莱森-斯密特（Claisen-Schimidt）反应

芳醛与含 α-活泼氢的醛或酮在碱催化下缩合 β-羟基醛或酮并脱去一分子水后生成 α,β-不饱和醛或酮的反应称为 Claisen-Schimidt 反应。

反应通式：

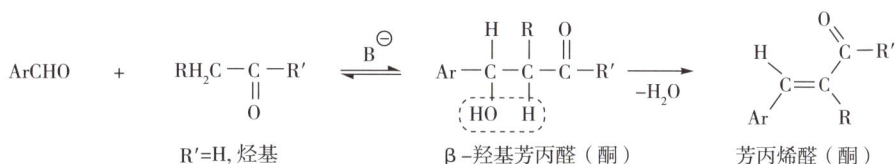

通过 Claisen-Schimidt 反应可以得到芳丙烯醛（酮），产物一般为反式构型。

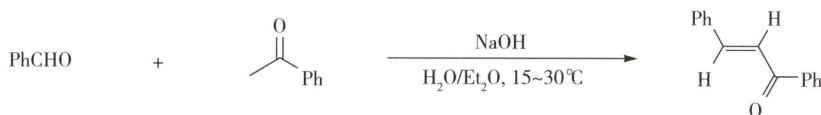

当芳香醛与不对称酮缩合时，如果不对称酮只有一个 α 位有活性氢原子，则缩合产物单一，无论是酸或碱催化都得到相同产物。

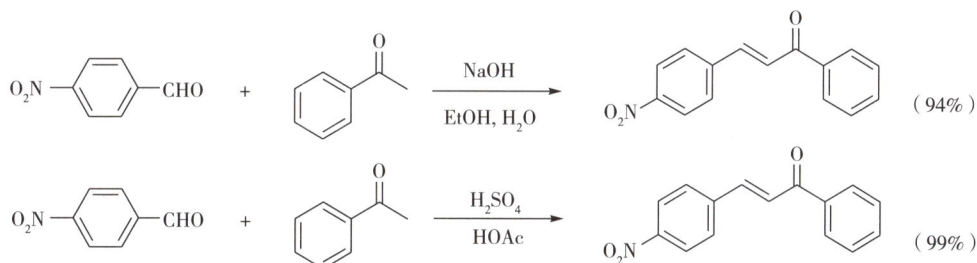

但是，当不对称酮的 α 位都有活性氢原子时，则可能产生两种不同的缩合产物。例如，苯甲醛与甲基脂肪酮（CH_3COCH_2R）缩合时，如果以碱为催化剂，一般得到甲基位上的缩合产物（1-位缩合）；如果以酸位催化剂，一般得到亚甲基位上的缩合产物（3-位缩合）。

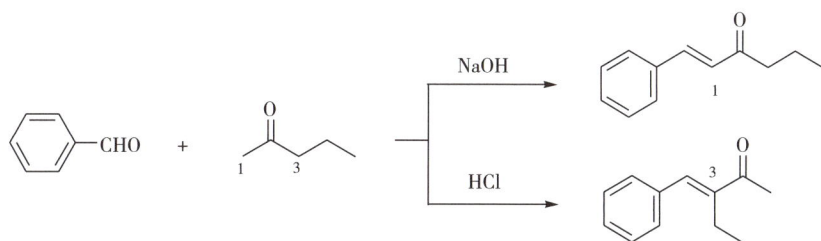

因为，当以碱为催化剂，1-位比 3-位更容易生成碳负离子，因此缩合反应主要发生在 1-位上得到直链的不饱和酮。如果以酸为催化剂，不对称酮形成烯醇式的稳定性为 $CH_3C(OH)H =CHCH_2CH_3$ 大于 $CH_3CH_2CH_2C(OH)H =CH_2$，因此缩合反应主要发生在 3-位上得到带支链的不饱和酮。

应用举例：肉桂醛（Cinnamaldehyde）在医药、化工、食品工业等领域应用非常广泛，其合成属于

典型的芳醛与含 α-活泼氢的醛（酮）的交叉缩合反应，经消除脱水得反式构型产物。

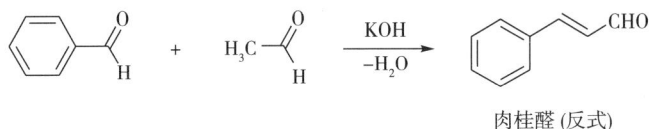

肉桂醛（反式）

例如，醛糖还原酶抑制剂，糖尿病治疗药依帕司他（epalrestat）的中间体 α-甲基肉桂醛的合成也可采用 Claisen-Schimidt 反应。

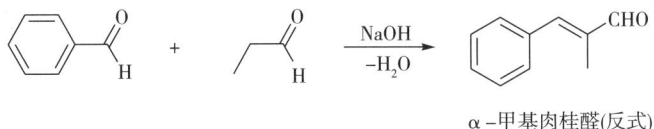

α-甲基肉桂醛（反式）

含 α-H 的不同醛、酮之间的缩合：情况复杂，交叉缩合和自身缩合同时发生，无应用价值，即使不计算脱水产物就有 8 个 β-羟基醛（或酮）缩合产物，如果继续脱水则产物还会更复杂。

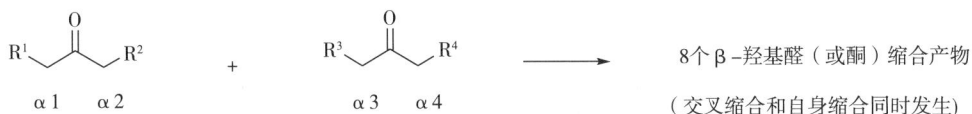

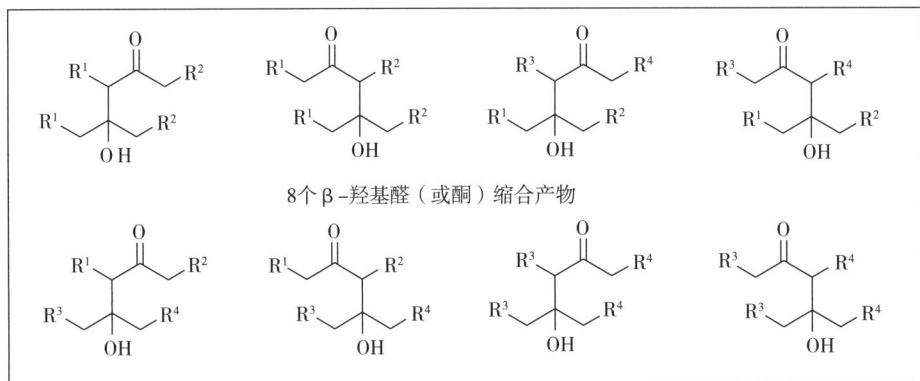

交叉缩合因为反应机理与自身缩合机理相似，当反应物为含 α-活泼氢的两种不同的醛时，若反应活性差异小，交叉缩合会生成四种产物；当反应物一种为含 α-活泼氢的醛，另一种为含 α-活泼氢的酮时，在碱作催化剂的条件下缩合，醛作为羰基组分，酮是亚甲基组分，产物主要为 β-羟基酮或其脱水产物；当反应物为含 α-活泼氢的两种不同的酮时，若反应活性差异小，交叉缩合和自身缩合同时发生，会生成八种产物。

为了避免含 α-活泼氢的醛或酮的自身缩合，可采取以下措施，通过控制反应条件来达到选择性缩合的目的。可以先将等摩尔的芳醛与另一种醛或酮混合均匀，然后均匀地滴加到碱的水溶液中；或先将芳醛或酮与碱的水溶液混合后，再慢慢加入另一种醛或酮，并控制在低温（0~6℃）下反应。

例如，解痉药辛戊胺（octamylamine）中间体的合成，采用异戊醛和丙酮的交叉缩合制得。由于醛比酮活泼，反应时醛易发生自身缩合的副反应，而含 α-活泼氢的酮分子间的自身缩合，因其反应活性低，加成过程中和产物的空间位阻大，所以其自身缩合的速度非常慢。例如丙酮的自身缩合反应达到平衡时，自身缩合物的浓度仅为丙酮的 0.01%。因此，我们可以选择合适的加料方式从而达到控制反应时的物料比，将醛缓慢滴加到含有催化剂的过量的酮中，增大醛和酮交叉缩合的概率，可以有效地抑制醛的自身缩合，大大降低醛发生自身缩合产生的副产物。

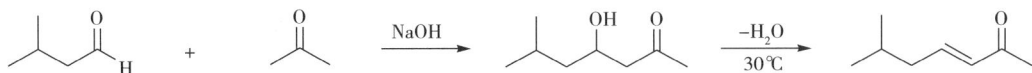

（3）甲醛与含 α–H 醛、酮的缩合：多伦斯缩合（Tollens 缩合）

甲醛在碱，比如 NaOH、Ca(OH)₂、K₂CO₃、NaHCO₃、R₃N 等催化下，可与含 α-活泼氢的醛、酮进行缩合，在醛、酮的 α-碳原子上引入羟甲基。此反应称为 Tollens 缩合。其产物是 β-羟基醛、酮或其脱水产物 α,β-不饱和醛或酮。

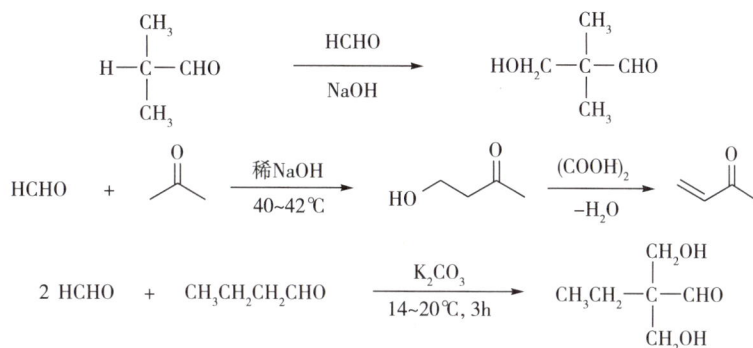

例如，利尿药依他尼酸（ethacrynic acid），又称利尿酸，该药的合成中的关键一步采用甲醛与含α-H 的酮进行多伦斯缩合而制得。

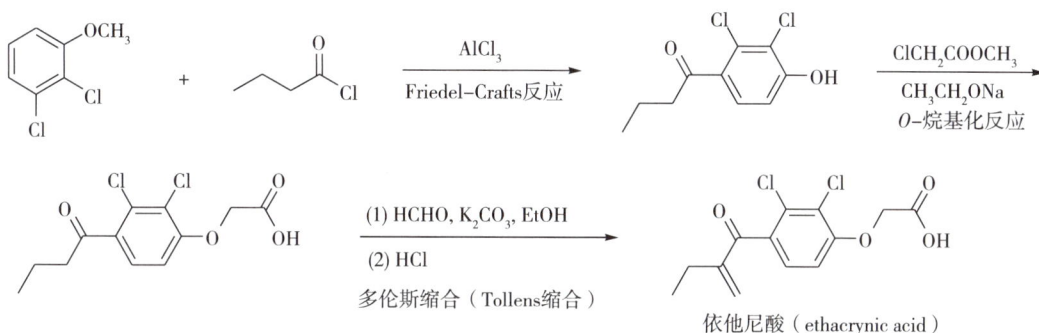

Cannizzaro 反应，也译作康尼扎罗反应，是无 α-活泼氢的醛在强碱作用下发生分子间氧化还原反应，生成一分子羧酸和一分子醇的有机歧化反应。

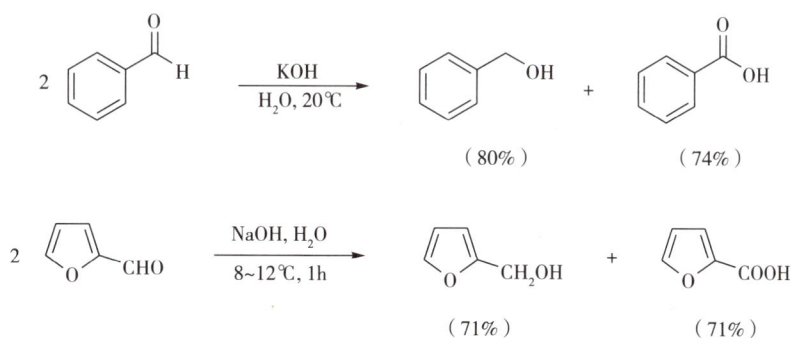

反应中常用的醛有芳香醛（如苯甲醛）和甲醛。对于有活泼氢的醛来说，碱会夺取活泼氢，从而发生羟醛缩合反应，降低 Cannizzaro 反应的收率。分子内的 Cannizzaro 反应也是可以发生的，有时产物羟基酸可以进一步失水环化生成内酯。

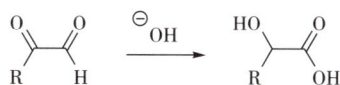

甲醛和不含 α-活泼氢的醛在浓碱中，生成甲酸和醇。羟甲基化反应和交叉 Cannizzaro 反应可以同时发生，因此该法是制备多羟基化合物的有效方法。

反应机理：属于负氢离子进行的还原反应。

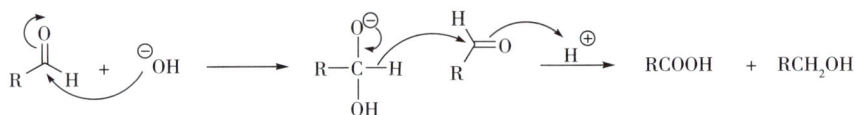

混合两个不同的且都不含 α-活性氢的醛，例如甲醛和对甲基苯甲醛，使其在碱性条件下发生交叉氧化还原反应，这称为交叉 Cannizzaro 反应。由于甲醛在醛类中的还原性最强，因此交叉 Cannizzaro 反应总是甲醛自身被氧化为甲酸，而另一个不含 α-活性氢的醛则被还原为相应的醇。

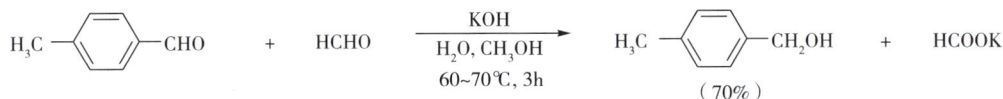

由于具有 α-活泼氢的醛在碱性条件下与甲醛反应时，首先发生的是羟醛缩合反应，待 α-活泼氢反应完后再发生歧化反应。即过量的甲醛和羟醛缩合反应所生成的不含 α-活性氢的醛在强碱中还能继续发生 Cannizzaro 反应，因此甲醛的羟甲基化反应和交叉 Cannizzaro 反应往往能同时发生，最后产物为多羟基化合物。

例如：

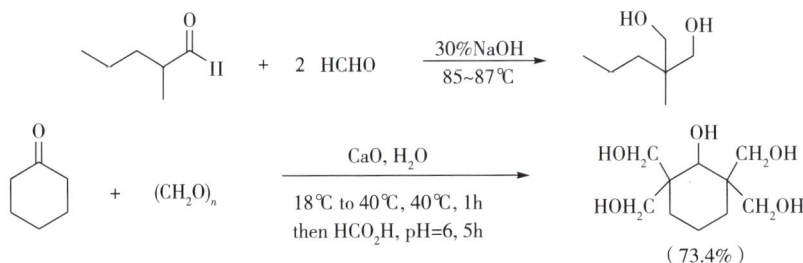

应用实例：血管扩张药、长效硝酸酯类抗心绞痛药硝酸戊四醇酯（pentaerythritol tetranitrate）中间体季戊四醇的合成。

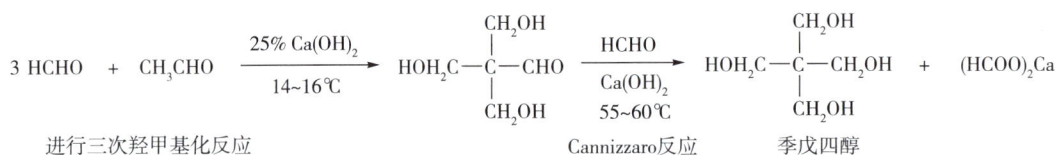

（4）分子内的羟醛缩合：含 α-H 的二羰基化合物发生的分子内缩合反应。

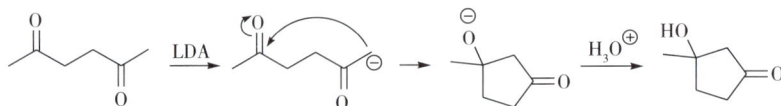

鲁宾逊环化（Robinson annulation）反应：脂环酮与 α,β-不饱和酮的共轭加成产物（Michael 加成）所发生的分子内羟醛缩合反应，可以在原来环结构的基础上再引入一个环，主要用于甾体、萜类化合物的合成。

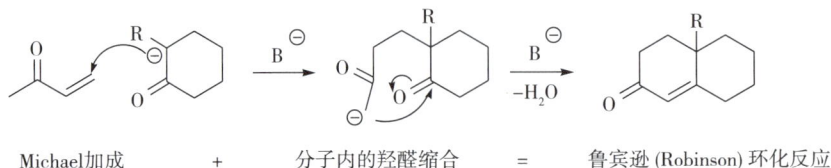

Michael加成　　　+　　　分子内的羟醛缩合　　　=　　　鲁宾逊（Robinson）环化反应

碱催化的鲁宾逊环化反应机理：首先 Michael 供体亲核酮（nucleophilic ketone）在碱的作用下生成烯醇盐，该烯醇盐亲核进攻 Michael 受体 α,β-不饱和酮（α,β-unsaturated ketones），发生 Michael 加成。所制得的 Michael 加成产物不经分离通过异构化形成新的烯醇盐，随即进行分子内 Aldol 缩合，再脱去一分子水，最终得到 Robinson 增环产物。

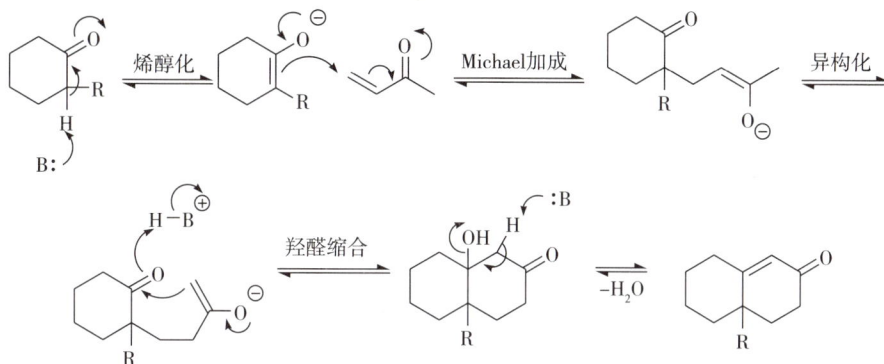

例如：

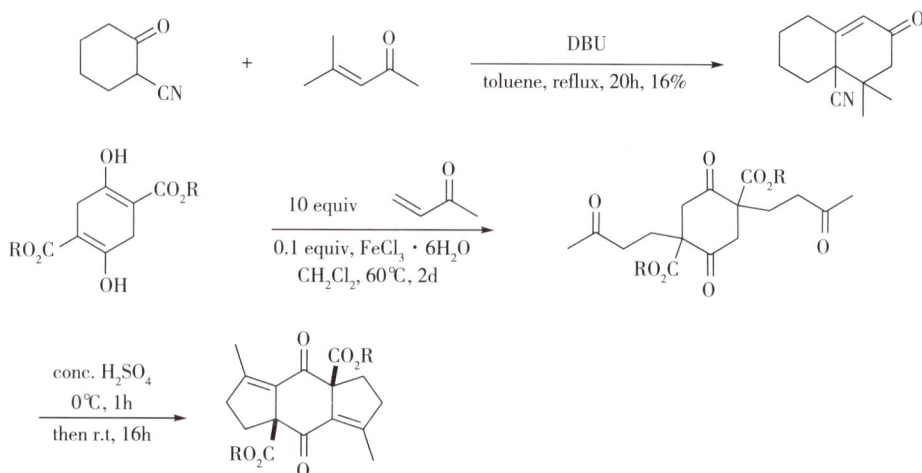

应用实例：具有降血糖作用的天然产物柠条醇 A（carainterol A）的关键中间体的合成，可以采用鲁宾逊环化反应。

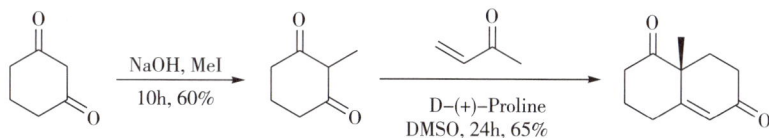

2. 不饱和烃的 α-羟烷基化反应：普林斯反应（Prins 反应） 烯烃与甲醛（或其他醛）在酸催化下加成而得 1,3-二醇或其环状缩醛 1,3-二氧六环或 α-烯醇的反应称为 Prins 反应。

反应通式：

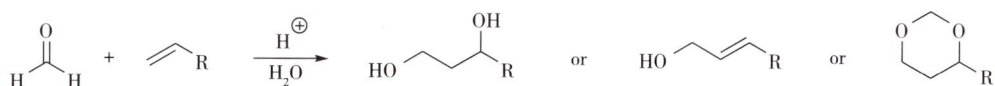

反应机理：

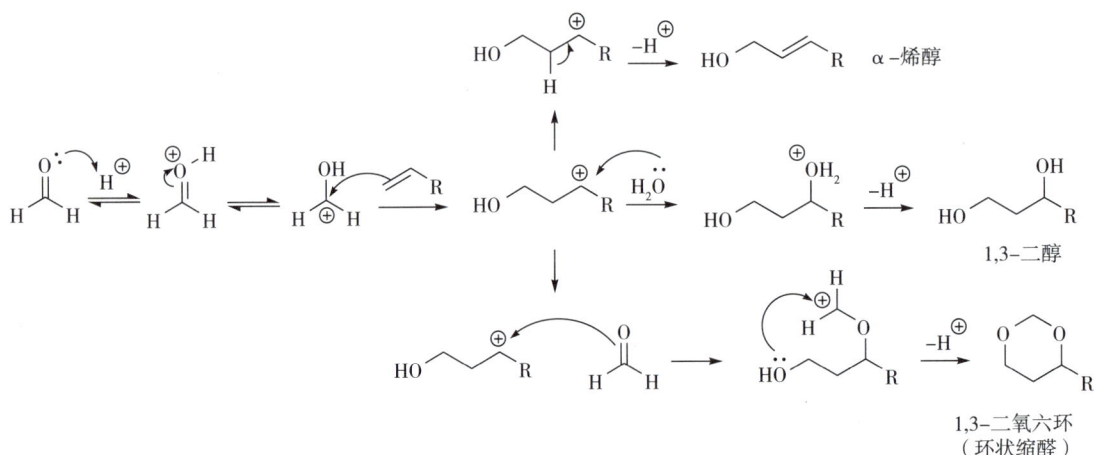

应用实例：

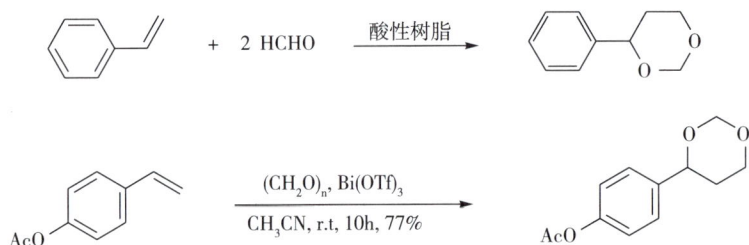

3. 芳醛的 α-羟烷基化（芳醛的自身缩合，安息香缩合）　某些芳醛在含水乙醇中，以氰化钠或氰化钾为催化剂，加热后发生双分子缩合生成 α-羟基酮的反应称为安息香缩合（benzoin condensation）。

反应通式：

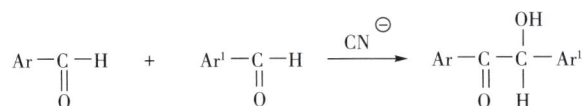

反应历程：

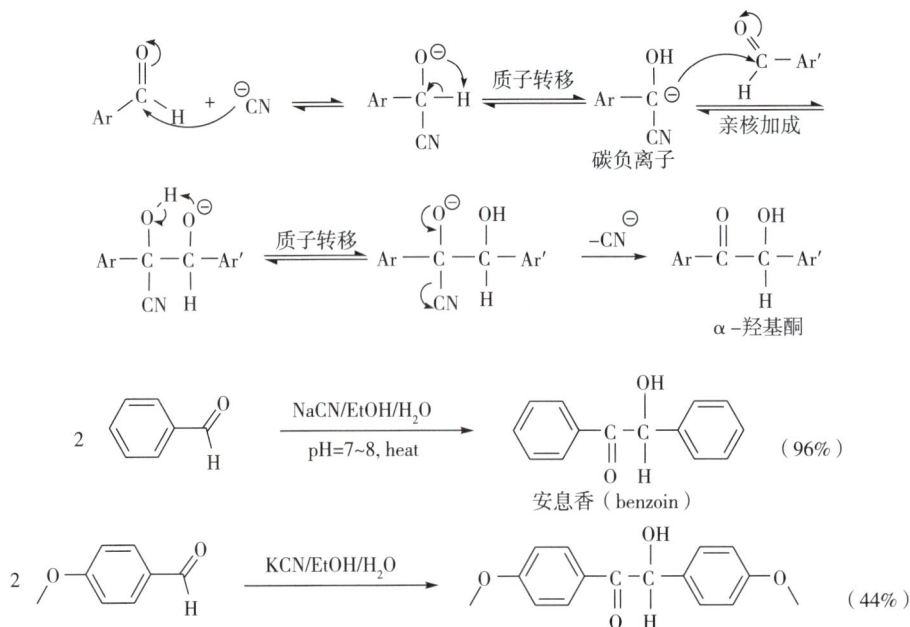

当芳环上带有强的供电子基（electron–donating group，EDG）如对二甲氨苯甲醛等，或强的吸电子基（electron–withdrawing group，EWG）如对硝基苯甲醛等时，均很难发生安息香缩合反应。因为当芳环上带有强的供电子基时，供电子基降低了羰基的正电性不利于亲核加成；而当芳环上带有吸电子基时，虽然吸电子基能增加羰基的活性有利于氰负离子对羰基的加成，但是加成后生成的碳负离子由于芳环上的强吸电子基，而降低了碳负离子的亲核性，同样不利于亲核加成。

但分别带有供电子基和吸电子基两种不同的芳香醛之间则可以顺利地发生混合的安息香缩合反应，并得到一种主要产物，即羟基连在含有活泼羰基芳香醛一端，例如：

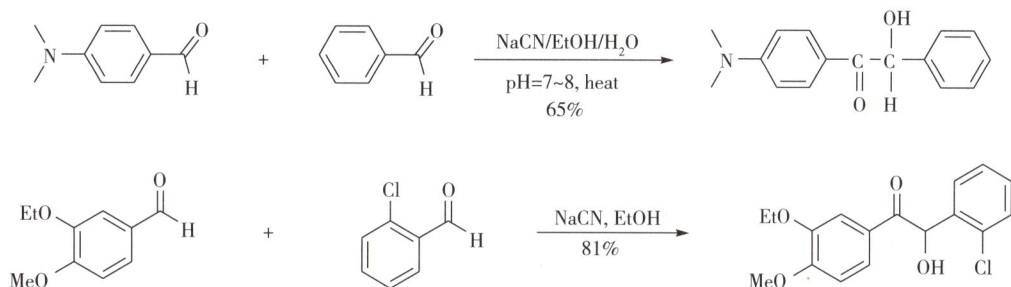

由于氰化钠（钾）剧毒，工业生产中使用 N–烷基噻吩鎓盐、咪唑鎓盐、硫胺（维生素 B$_1$）等作为催化剂，可使反应条件温和，收率较高，且无毒性。

例如：

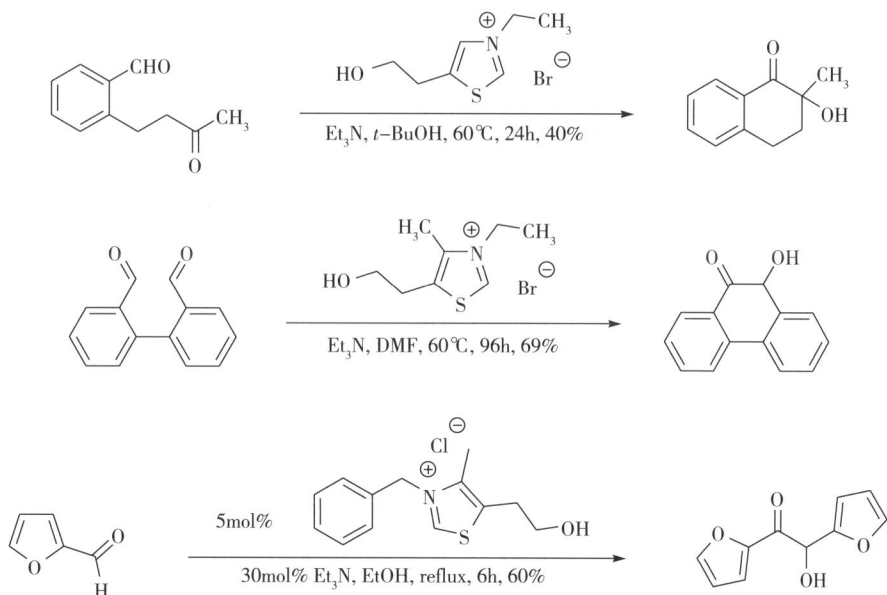

维生素 B$_1$（vitaminB$_1$）又称硫胺素或噻胺（thiamine），是一种辅酶，作为生物化学反应的催化剂，在生命过程中起着非常重要的作用，其结构如下图所示。

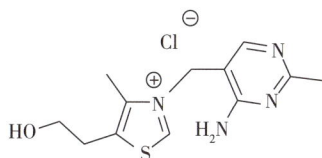

除氰离子（CN$^-$）外，噻唑生成的季铵盐，例如维生素 B$_1$ 也可以对安息香缩合起催化作用。噻唑盐催化的安息香缩合机理如下图所示：

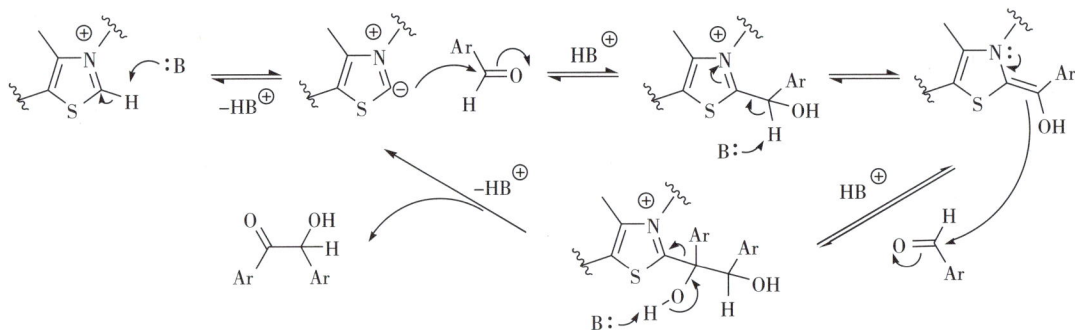

例如，苯妥英钠（phenytoin sodium）是治疗癫痫大发作和局限性发作的首选药，对小发作无效。该药的制备是以苯甲醛为原料，在维生素 B_1 或 NaCN 存在下，经安息香缩合（benzoin condensation），生成安息香（benzoin）又称苯偶姻、苯甲酰苯甲醇，通过浓硝酸或三氯化铁氧化生成二苯基乙二酮，再与尿素在碱液中加热缩合，经二苯基乙二酮-二苯乙醇酸型重排反应（又称 Benzil 重排反应或 Benzilic acid 重排）及缩合，稀盐酸调弱酸性后得苯妥英（phenytoin），最后与氢氧化钠成盐得到苯妥英钠（phenytoin sodium）。

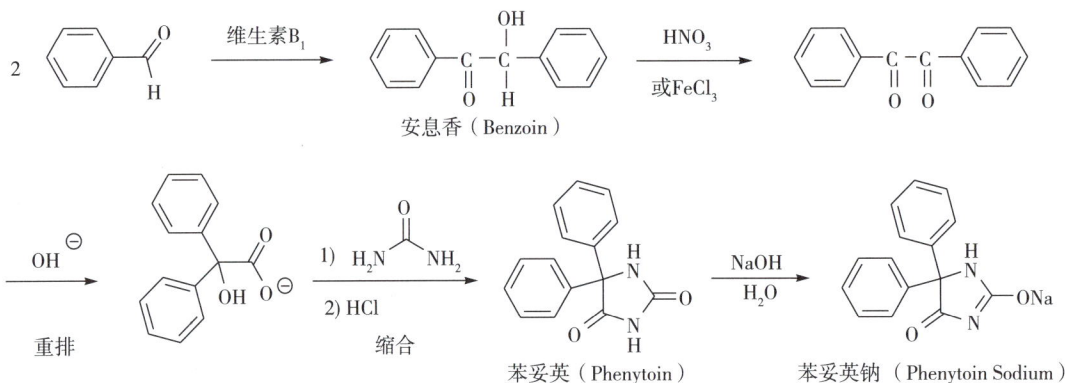

4. 有机金属化合物的 α-羟烷基化

（1）Reformatsky 反应　醛或酮与 α-卤代酸酯和锌发生缩合反应，经水解后得到 β-羟基酸酯或脱水得 α,β-不饱和酸酯的反应叫 Reformatsky（雷福尔马特斯基）反应。其通式为：

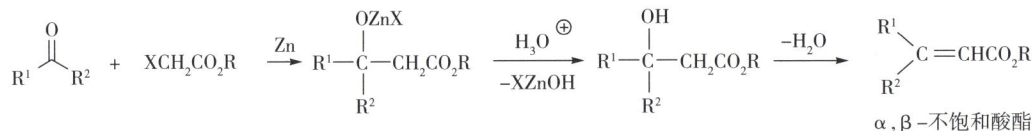

反应历程：

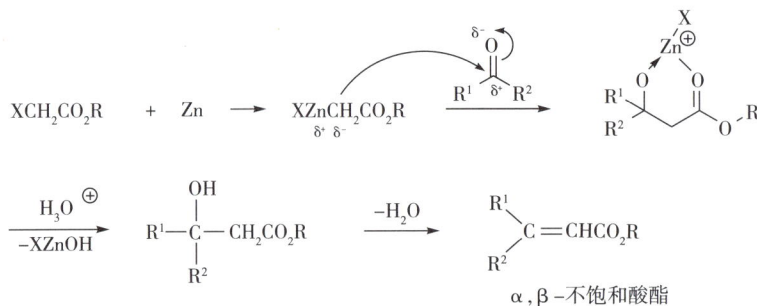

例如：

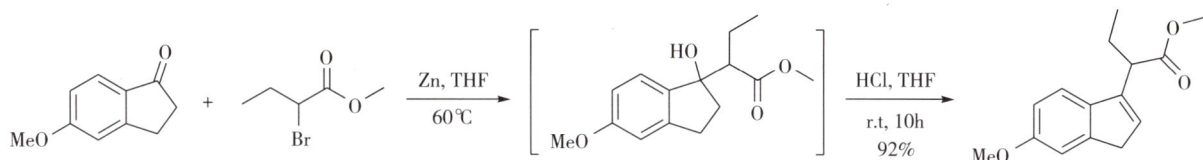

影响因素及反应条件如下。

1）反应物　α-卤代酸酯的活性次序为：

$$ICH_2COOEt > BrCH_2COOEt > ClCH_2COOEt$$

$$XCH_2COOC_2H_5 < XCHCOOC_2H_5 < XCCOOC_2H_5$$
$$\qquad\qquad\qquad\quad | \qquad\qquad\quad |$$
$$\qquad\qquad\qquad\ R \qquad\qquad\quad R'$$

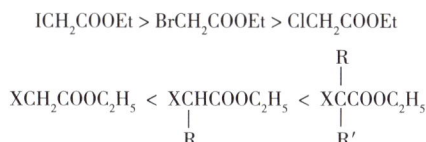

羰基化合物的结构，可以是各种醛、酮，但醛的活性一般要大于酮，活性大的脂肪醛在反应条件下易发生自身缩合等副反应。

2）反应条件　首先，需要无水操作，且使用金属锌粉时必须活化。活化的方法：用20%的盐酸处理，再用丙酮、乙醚洗涤，真空干燥而得。其次，除了用金属锌以外，还可以使用金属镁、锂、铝等试剂。用金属镁时，常会引起卤代酸酯的自身缩合，但采用叔丁基或其他位阻较大的醇或酸形成的酯可以避免此类副反应。由于镁的活性比锌大，往往用于一些有机锌化合物难以完成的反应，例如：

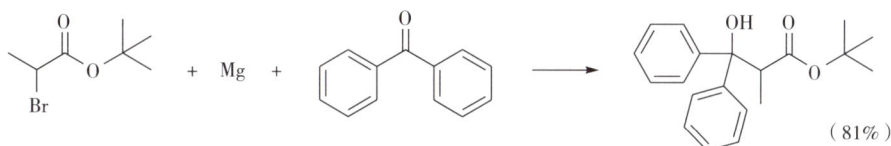

反应溶剂的选择方面，α-卤代酸酯与锌的反应基本上与制备格氏试剂（RMgX）的条件相似，需要无水操作和在有机溶剂中进行。常用的有机溶剂有苯、二甲苯、乙醚、四氢呋喃（THF）、二氧六环、二甲氧基甲（乙）烷、二甲基亚砜（DMSO）、二甲基甲酰胺（DMF）等。

应用实例： 主要是制备 β-羟基酸酯和 α,β-不饱和酸酯。可在醛或酮的羰基上引入一个含取代基的二碳侧链。可制得比原来的醛或酮多两个碳原子的醛。例如：维生素 A（vitamin A，视黄醇）的一种工业化合成路线，采用 β-紫罗兰酮和锌粉、溴乙酸乙酯经过 Reformatsky 反应制得十五碳酯。再经过四氢铝锂还原成醇，三氧化铬氧化成醛，和丙酮 aldol 缩合得十八碳酮。最后和锌粉、溴乙酸乙酯经第二次 Reformatsky 反应及四氢铝锂还原制得维生素 A（视黄醇）。

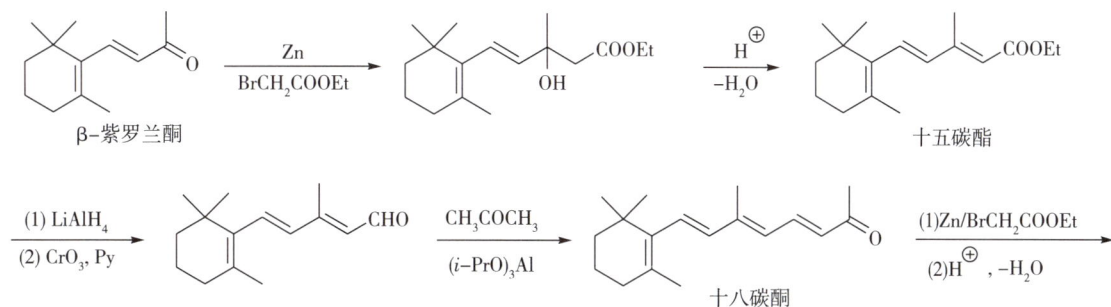

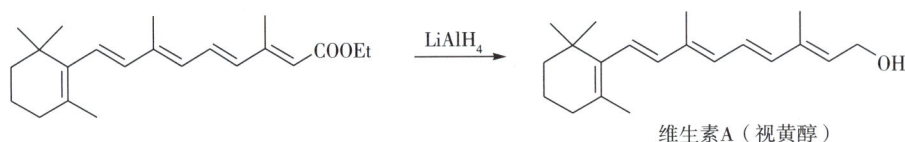

维生素A（视黄醇）

常见副反应：卤代酸酯的自身缩合。

（2）Grignard（格利雅）反应　简称格氏反应（Grignard reaction）。格氏反应通常是由有机卤素化合物（卤代烷、活性卤代芳烃等）与金属镁在无水醚（乙醚、丁醚、戊醚等）或四氢呋喃（2-甲基四氢呋喃等）等溶剂存在下反应生成 RMgX 称为格氏试剂（Grignard reagent），格氏试剂再与羰基化合物（醛、酮等）反应而得到相应醇类的反应。

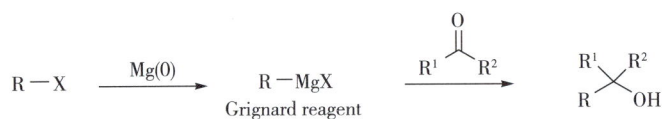

例如：

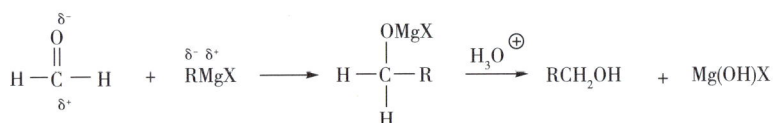

反应通式：

$$RX \ + \ Mg \xrightarrow{\text{乙醚(干燥)}} RMgX$$

反应机理：格氏试剂的制备机理是通过单电子转移（SET）过程实现的，格氏试剂的形成反应是在金属镁的表面实现的。

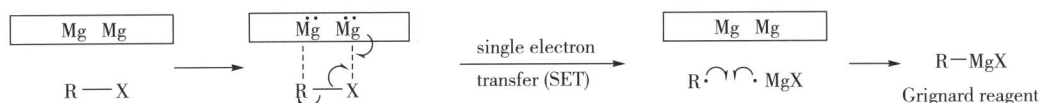

格氏试剂和羰基化合物的反应，可能是通过两种机理实现，一种是协同反应离子机理（ionic mechanism），另一种是自由基单电子转移机理（radical mechanism）。低电子亲核力的底物和格氏试剂反应是通常是经过环状过渡态进行协同反应离子机理进行。空间位阻较大的底物和大位阻格氏试剂（C—Mg 键较弱）更倾向于进行自由基单电子转移机理，格氏试剂向底物进行电子转移引发反应。

格氏反应的协同反应离子机理：

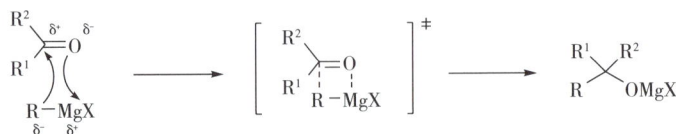

格氏反应的自由基单电子转移机理：

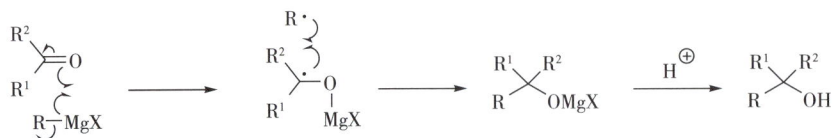

常见的应用：与一个当量的格氏反应后，醛可以得到仲醇（甲醛得到伯醇），酮得到叔醇，腈得到酮，二氧化碳得到羧酸；羧酸类衍生物和两个当量格氏试剂反应：酯和酰氯转化为叔醇。其中，格氏试剂和羰基化合物的加成产物水解，常用稀盐酸或稀硫酸，但当反应产物是叔醇时，最好用氯化铵水溶液或水来水解反应物，以避免强酸使叔醇脱水成烯烃。

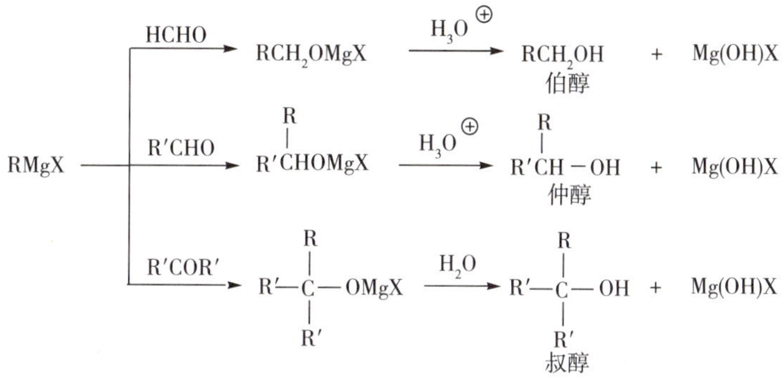

格氏试剂与酯的反应分阶段进行。当 1mol 的酯和 1mol 的格氏试剂反应时，反应物水解后生成相应的酮；当 1mol 的酯和 2mol 及以上的格氏试剂反应时，反应物水解后生成相应的叔醇，其中如果格氏试剂是和甲酸酯反应，则得到仲醇。

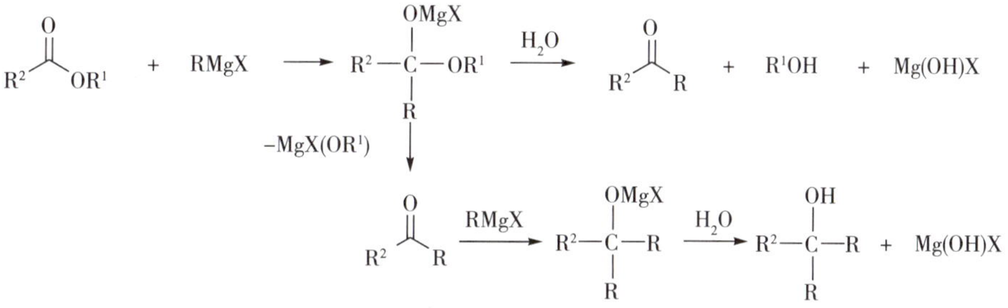

当 3mol 格氏试剂与 1mol 碳酸二烷基酯（例如碳酸二乙酯）反应，可得叔醇。

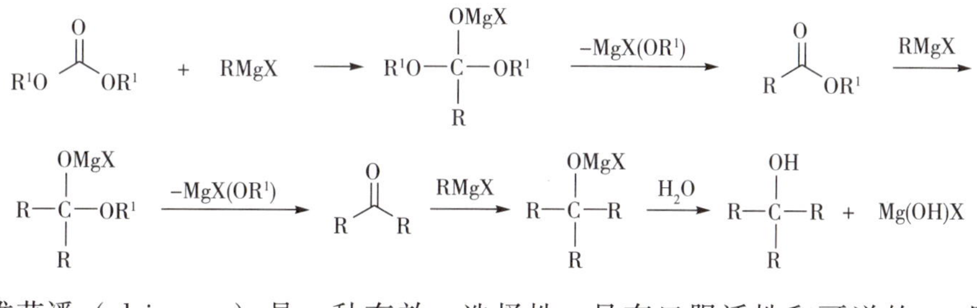

例如，爱维莫潘（alvimopan）是一种有效，选择性，具有口服活性和可逆的 μ-阿片受体（μ-opioid receptor）拮抗剂，适用于手术以及使用阿片类药物导致的胃肠功能紊乱，特发性便秘以及肠易激综合征等。爱维莫潘的一种合成方法，应用了格氏反应，由苯基格氏试剂和酮反应得到叔醇。

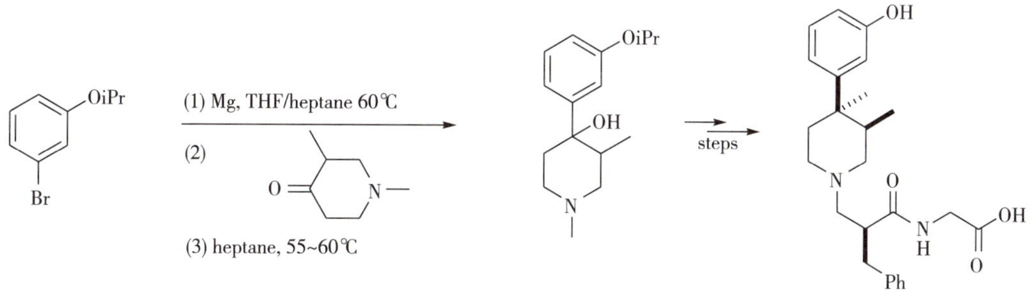

爱维莫潘（alvimopan）

多发性硬化症（MS）是一种人体免疫系统异常攻击大脑、脊髓、视神经的神经细胞髓鞘而引起的慢性疾病，表现为肌肉虚弱、疲劳、视物困难，是一种严重的、终身进行性的、致残率极高的自身免疫性中枢神经系统（CNS）的慢性疾病。辛波莫德（siponimod）又名西尼莫德，主要用于治疗成人复发型多发性硬化症。辛波莫德的一种合成方法中，两次应用格氏试剂和格氏反应合成关键中间体。

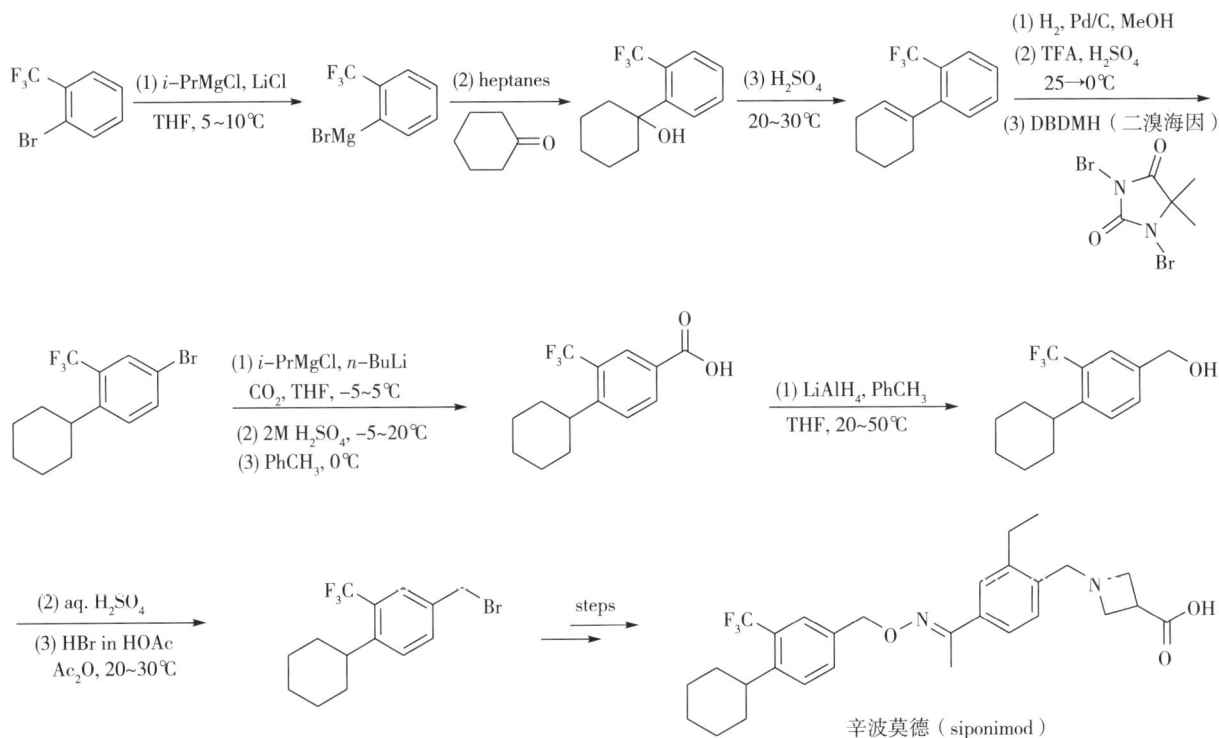

影响因素如下。

1）格氏试剂生成的活性顺序：在制备格氏试剂时，卤代烃的反应活性由卤素 X 和 R 的结构共同决定。

2）当卤素相同时，$ArCH_2X$，$CH_2\!=\!CH_2CH_2X > 3°RX > 2°RX > 1°RX > CH_2\!=\!CHX$（R·自由基越稳定则越易形成，反应越容易进行）。

3）当卤代烃的 R 相同时，不同卤代烃的活性顺序为：R—I > R—Br > R—Cl≫RF。碘代烷最贵，而氯代烷的反应性差，所以，实验室中常采用反应性居中的溴代烷来合成格氏试剂。

制备格氏试剂时，需要特别注意以下要点。

Ⅰ．在惰性气体保护下，无水操作并隔绝空气制备和进行格氏反应，因为格氏试剂非常活泼，可以和空气中的水、氧、二氧化碳发生反应。

Ⅱ．对 R—CH＝CH—X 或 R—C≡C—X 的格氏试剂，金属镁和乙醚中不能制备，在四氢呋喃（THF）中可制备（Normant 改进）。

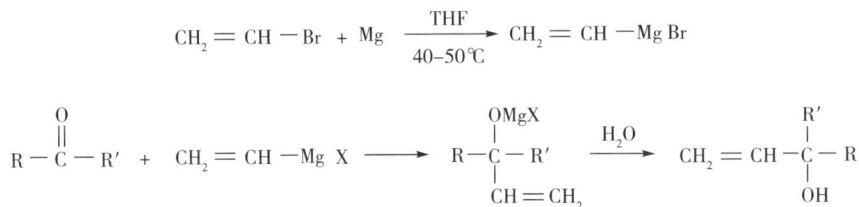

$$CH_2\!=\!CH\!-\!Br + Mg \xrightarrow[40-50℃]{THF} CH_2\!=\!CH\!-\!MgBr$$

Ⅲ. 格氏试剂一般使用镁屑跟卤代烷反应制备，不用镁粉，因为镁粉反应太过剧烈，且易形成氧化膜。活泼卤代烷制备格氏试剂时，可直接加热引发，不太活泼的卤代烷可加入少量碘或者1,2-二溴乙烷引发。尤其是1,2-二溴乙烷非常适合作为活泼卤化物来引发格氏反应，因为1,2-二溴乙烷活化镁后分解为气态的乙烯离去，不会生成其他格氏试剂而干扰反应。制得的格氏试剂一般不经分离即可直接用于有机合成。

$$Br{\frown}Br + Mg \longrightarrow \left[BrMg{\frown}Br \right] \longrightarrow H_2C{=}CH_2 + MgBr_2$$

格氏试剂是有机合成中非常重要的试剂，格氏试剂作为亲核试剂可以和许多有机物、无机物发生反应，应用范围非常广泛。

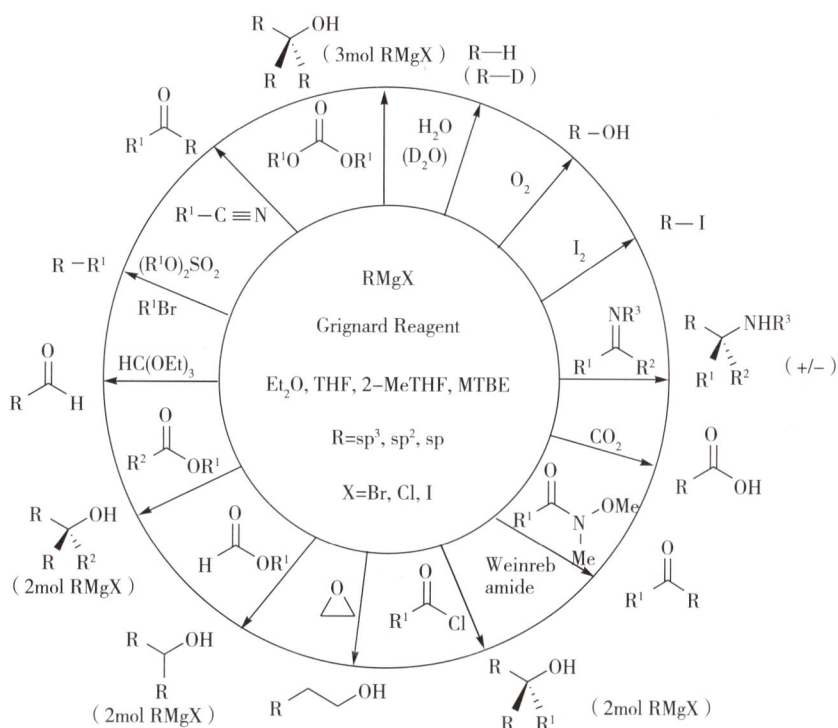

例如，Garner's aldehyde 是合成手性纯天然产物的重要中间体，可以和烷基格氏试剂反应得到仲醇。

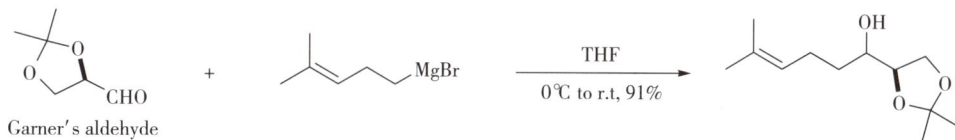

例如，多项研究表明，食欲素体系（orexin system）对于睡眠、成瘾、食欲、压力、焦虑、疼痛以及奖赏等多个方面都有重要的影响。该体系包括两个 G 蛋白偶联受体：食欲素-1 受体（OX1R）和食欲素-2 受体（OX2R），以及两个神经递质肽激动剂：食欲素-A（OX-A）和食欲素-B（OX-B）。其中 OX-A 和 OX-B 产生于下丘脑部位，对 OX2R 受体均有激活作用，而 OX2R 受体功能的丧失与嗜睡症之间有必然的联系。在此背景下研发的苏沃雷生（suvorexant）为全球上市的首个食欲素受体拮抗剂（Dual orexin antagonists，DORA），原研企业为默沙东，于 2014 年在美国批准上市，适应证为失眠症。苏沃雷生通过阻断食欲素受体从而抑制内源性促醒食欲素神经肽 OX-A 和 OX-B 的作用，在失眠症的治疗中发挥其治疗作用。

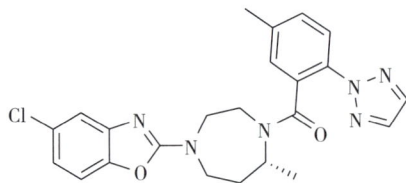

苏沃雷生（suvorexant）

经研究发现，在失眠症的新型治疗药苏沃雷生等食欲素受体拮抗剂（DORA）的专利中，很多的原料药（active pharmaceutical ingredients，APIs）都具有相同的结构单元：2-(2H-1,2,3-三唑-2-基)苯甲酸。例如：

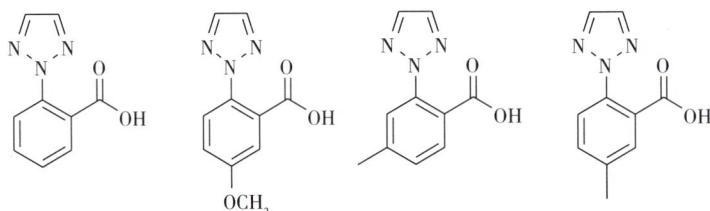

因此，2-(2H-1,2,3-三唑-2-基)苯甲酸衍生物的合成方法研究受到极大的重视，该类化合物的合成中关键的一步羧基化就采用了格氏反应。首先，2-氟硝基苯衍生物和4,5-二溴-1,2,3-三唑进行 N-2 位高选择性芳基化反应，接下来用 H_2 和 Pd/C 还原苯环上的硝基为氨基及同时脱溴氢解得到邻位三唑苯胺衍生物。再通过和亚硝酸反应制得的重氮盐继续与碘化钾进行桑德迈尔反应（Sandmeyer reaction）制备邻位三唑碘苯衍生物。该碘苯衍生物和异丙基格氏试剂 i-PrMgCl（Isopropylmagnesium chloride）经卤素-镁交换制得邻位三唑苯基格氏试剂，最后和二氧化碳反应得到 2-(2H-1,2,3-三唑-2-基)苯甲酸衍生物。

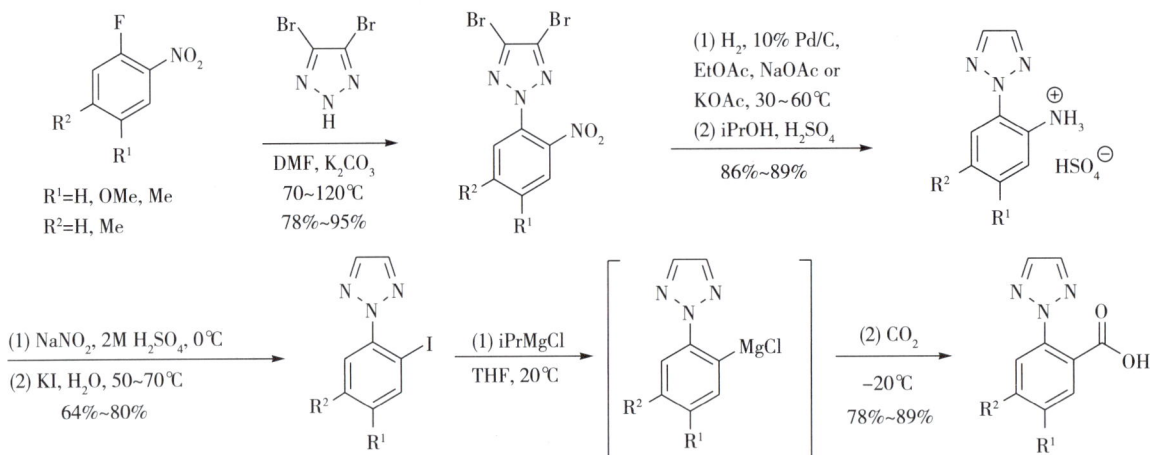

例如，氟康唑（fluconazole）是治疗真菌感染的一种药物。氟康唑是根据咪唑类抗真菌药物的构效关系研究结果，以三氮唑替换咪唑环后得到的广谱抗真菌药。其作用机制主要为高度选择性干扰真菌的细胞色素 P-450 的活性，从而抑制真菌细胞膜上麦角固醇的生物合成。然而，固醇是构成真菌和哺乳动物细胞膜的重要成分，同时对细胞膜上酶和离子转运蛋白的功能执行起着重要的作用。真菌与哺乳动物中的固醇的区别是哺乳动物细胞膜的固醇是胆固醇，而真菌细胞膜的固醇则是麦角固醇，因此唑类抗真菌药会导致真菌细胞膜的渗透性改变，发生泄漏，并使膜中蛋白的功能失常，从而导致真菌细胞死亡。氟康唑的一种合成方法中非常重要的一步就是应用卤代芳烃和金属镁制备的格氏试剂与酮经格氏反应得到叔醇关键中间体。

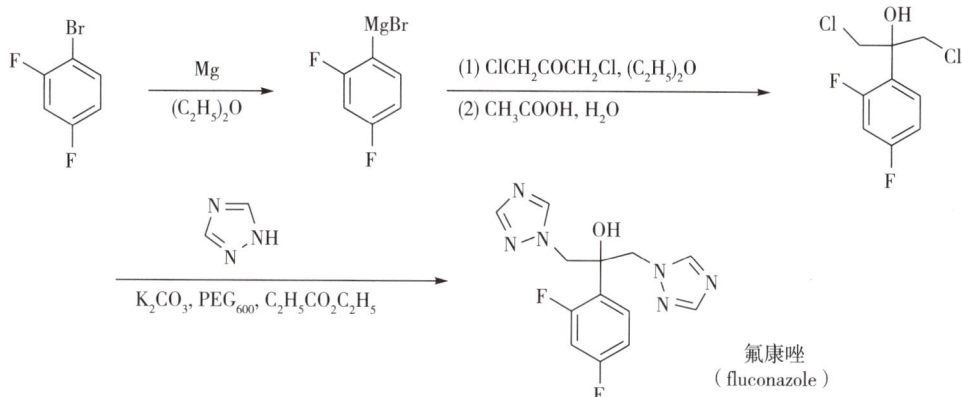

例如，盐酸美沙酮的一种合成方法，最后与溴化乙基镁格氏试剂反应，再经过水解和成盐制得盐酸美沙酮，详见第二章第四节。

二、芳烃的卤甲基化反应

1. 卤甲基化反应的概念　芳烃在甲醛、卤化氢及无水 $ZnCl_2$（或 $AlCl_3$、$SnCl_4$ 等 lewis 酸）或质子酸（H_2SO_4、H_3PO_4、HOAc）等缩合剂存在下，可以在芳环上引入卤甲基（—CH_2X），此反应称为 Blanc 反应，又称为 Blanc 卤甲基化反应（X＝Cl、Br、I）。

反应通式：

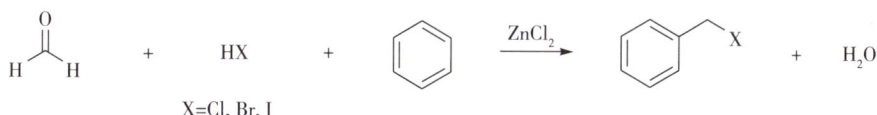

反应机理：

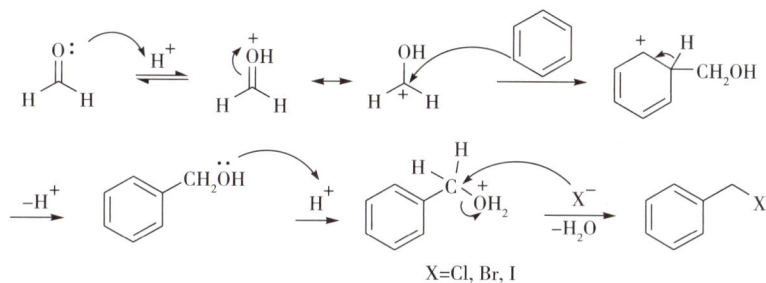

2. 影响反应的因素

（1）**芳烃结构**　芳环上卤甲基化反应的难易程度和芳环上的取代基有关。若芳环上存在有给电子基团时（如烷基、烷氧基等），反应容易进行。对于活性大的芳香胺类、酚类，反应极易进行，但生成的卤甲基化产物往往进一步缩合，生成二芳基甲烷，甚至得到聚合物；若芳环上存在有吸电子基团时（如硝基、羧基、卤素等），将阻碍卤甲基化反应的进行，如间二硝基苯、对硝基氯苯等不能发生卤甲基化反应。

（2）**卤甲基化试剂（醛的结构）**　常用试剂：甲醛、多聚甲醛、甲醛缩二甲醇、甲醛缩二乙醇、氯甲醚、二氯甲醚等。若用其他的醛如乙醛、丙醛等代替甲醛，则可得到相应的 α-取代的卤甲基衍生物。

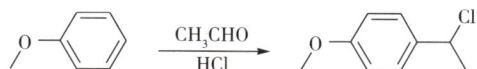

（3）**反应温度和卤甲基化试剂的当量**　随着反应温度的升高，更有利于发生多卤甲基化反应，尤其是当醛和卤化氢过量时，升高温度、延长反应时间更容易生成两个或多个卤甲基化衍生物。

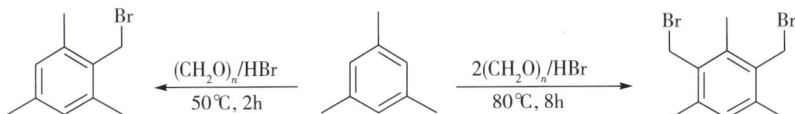

3. 应用实例 例如：硝卡芥（nitrocaphane）属于烷化剂类抗肿瘤药，是溶肉瘤素脂肪族的异构体，是我国创制的氮芥类抗肿瘤药；是细胞周期非特异性药物，对癌细胞分裂各期均有影响，其中以前期及中期的分裂相下降最为明显；能抑制 DNA 和 RNA 的合成，对 DNA 的合成更为显著；对多种肿瘤有抑制作用，抗瘤谱广，毒性较低。抗肿瘤药硝卡芥中间体的制备中，采用二氯甲醚和对硝基甲苯的 Blanc 氯甲基化反应制得关键中间体。

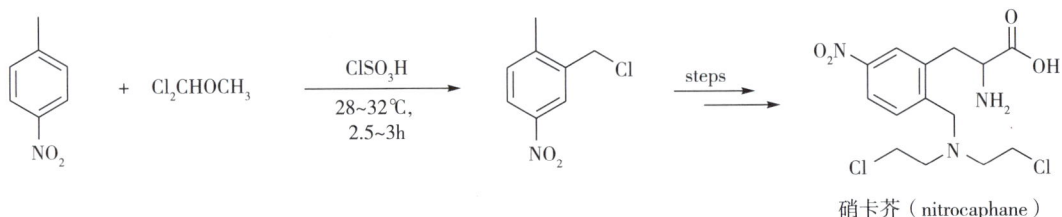

硝卡芥（nitrocaphane）

三、α-氨烷基化反应

1. α-氨烷基化反应 具有活泼氢的化合物与甲醛（或其他醛）和胺缩合，生成氨烷基衍生物的反应称 Mannich 反应，亦称氨烷基化反应。

反应的胺可以是伯氨、仲氨或氨。反应生成的产物通常称为 Mannich 碱或 Mannich 盐。其通式为：

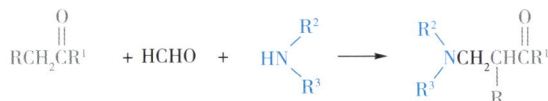

Mannich 反应既可以在酸催化下反应，又可以在碱催化下反应。

酸催化下的反应机理：

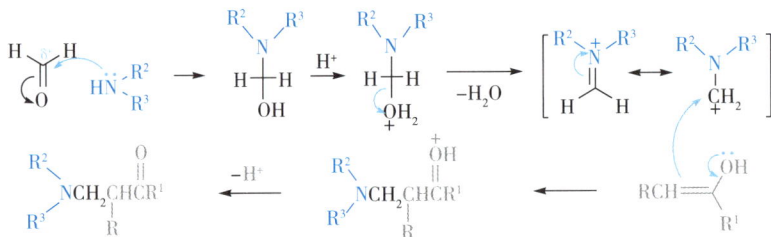

碱催化下的反应机理：

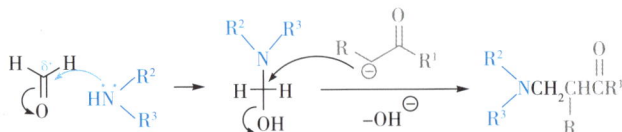

（1）影响因素及反应条件

1）活泼氢化合物的结构 含活泼氢的化合物可以是醛、酮、酸、酯、腈、硝基烷、炔、酚类以及某些杂环化合物等。

2）胺的结构 仲胺氮原子上仅有一个氢原子，产物单纯；伯胺分子中氮原子上有两个氢原子，在酮和甲醛过量时，生成叔胺的 Mannich 盐。

（2）Mannich 反应的应用　托品酮（tropinone）是一个莨菪烷类生物碱，是用作合成抗胆碱药阿托品（atropine）的关键中间体。托品酮是有机合成史上具有重要历史意义的一个生物碱分子。1901 年，德国化学家理查德·威尔斯泰特（Richard Martin Willstätter）以环庚酮作为起始原料，经过 15 步反应，以总产率 0.75% 第一次全合成了托品酮，这标志着多步全合成的诞生。1917 年，英国化学家罗伯特·鲁宾逊（Robert Robinson）利用曼尼希反应（Mannich 反应），仅以结构简单的丁二醛、甲胺和 3-氧代戊二酸为原料出发，仅通过两步反应一锅法（one-pot synthesis）简洁、高效地第二次合成了托品酮，总产率达到 17%，经改进后可以超过 90%。因为在生物合成托品酮的过程中也使用类似的化合物，反应条件也近似于生物体内的条件，用此法合成托品酮标志着仿生合成的开始。

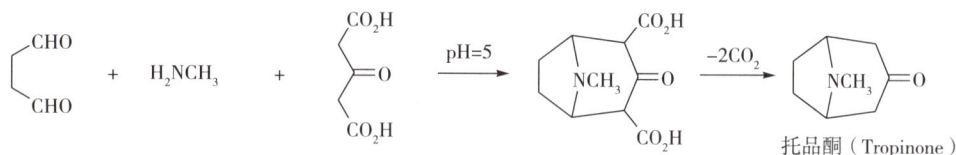

托品酮（Tropinone）

反应机理：①一级胺对醛的亲核加成，而后失水生成亚胺；②亚胺分子内的亲核加成，构建出第一个环；③烯醇负离子与亚胺之间的分子间 Mannich 反应；④失水生成一个新的烯醇负离子和一个新的亚胺；⑤分子内 Mannich 反应，生成第二个环；⑥脱去两个羧基生成托品酮。

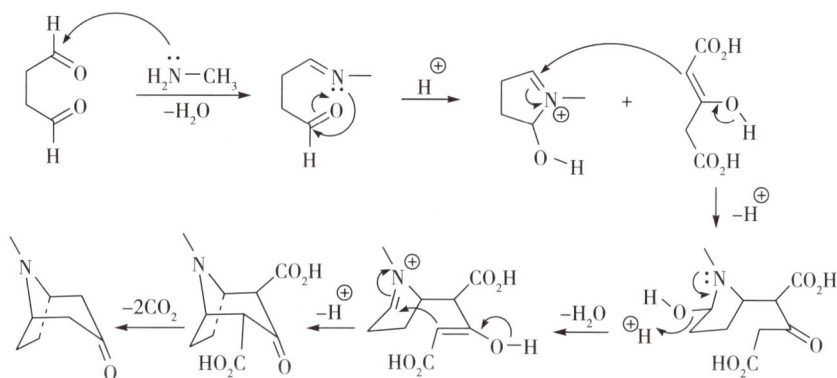

Mannich 反应可用来制备 C-氨甲基化产物；Michael 加成的反应物；转化（如亲核试剂置换）；制备多一个碳的同系物。

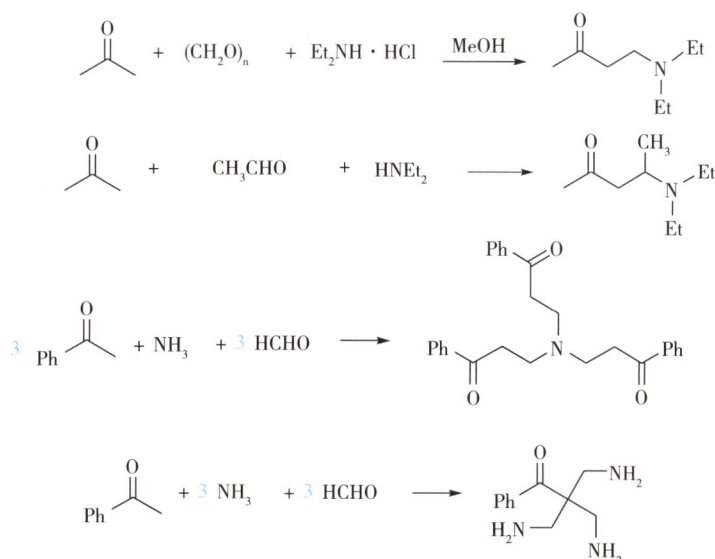

应用实例：例如，非甾体抗炎药吲哚美辛（indometacin）中间体的合成应用了 Mannich 反应。

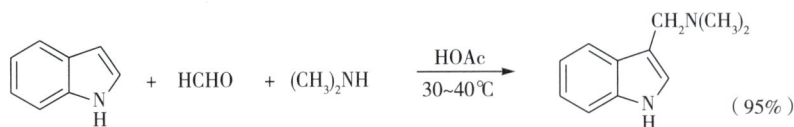

例如，常咯啉是我国对抗疟中药常山（Dichroa Febrifuga Lour.）中的有效成分常山乙碱（Febrifugine）进行结构改造后而获得。常咯啉对人的疟原虫红内期有良好的杀灭作用，同时还具有减少心脏异位搏动的作用，属于新型抗心律失常的药物，其抗心律失常作用与奎尼丁相似，都属钠通道阻滞剂。常咯啉的合成应用了 Mannich 反应。

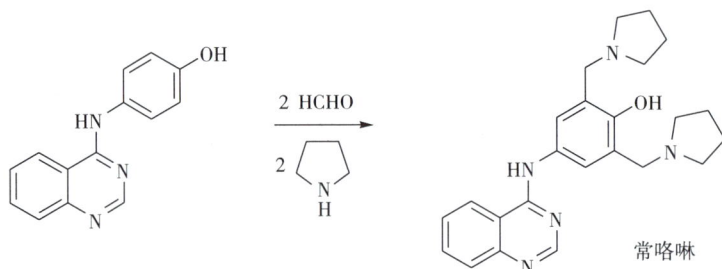

例如，癌症化疗药物和放射治疗可造成小肠释放 5-HT（5-hydroxytryptamine 的缩写，中文名 5-羟色胺），经由 5-HT$_3$ 受体激活迷走神经的传入支，触发呕吐反射。昂丹司琼是一种高强度、高选择性的 5-羟色胺$_3$（5-HT$_3$）受体拮抗剂，能抑制由癌症化疗和放疗引起的恶心、呕吐。因此昂丹司琼（Ondansetron）具有强镇吐作用，能阻断这一反射的触发，还可用于预防和治疗手术后的恶心和呕吐。昂丹司琼的一种合成方法，首先将 2-硝基苯胺在亚硝酸钠、对甲苯磺酸（p-TSA）和碘化钾作用下，通过 Sandmeyer 反应制备 2-硝基碘苯。所得 2-硝基碘苯和 1,3-环己二酮在碳酸钾作用下制得 3-羟基-2-（2-硝基苯基）环己烯酮，再经过铁粉和冰醋酸进行还原环化得到 1,2,3,9-四氢咔唑-4-酮。接下来用碘甲烷在氢氧化钾和 DMF 中对 1,2,3,9-四氢咔唑-4-酮进行 N-甲基化。最后在多聚甲醛、二甲胺盐酸盐和 2-甲基咪唑作用下，N-甲基化咔唑化合物经过分步法的 Mannich 反应及亲核取代反应，或经过一锅法的加成 - 消除反应及亲核取代反应，都能制得最终产物昂丹司琼。

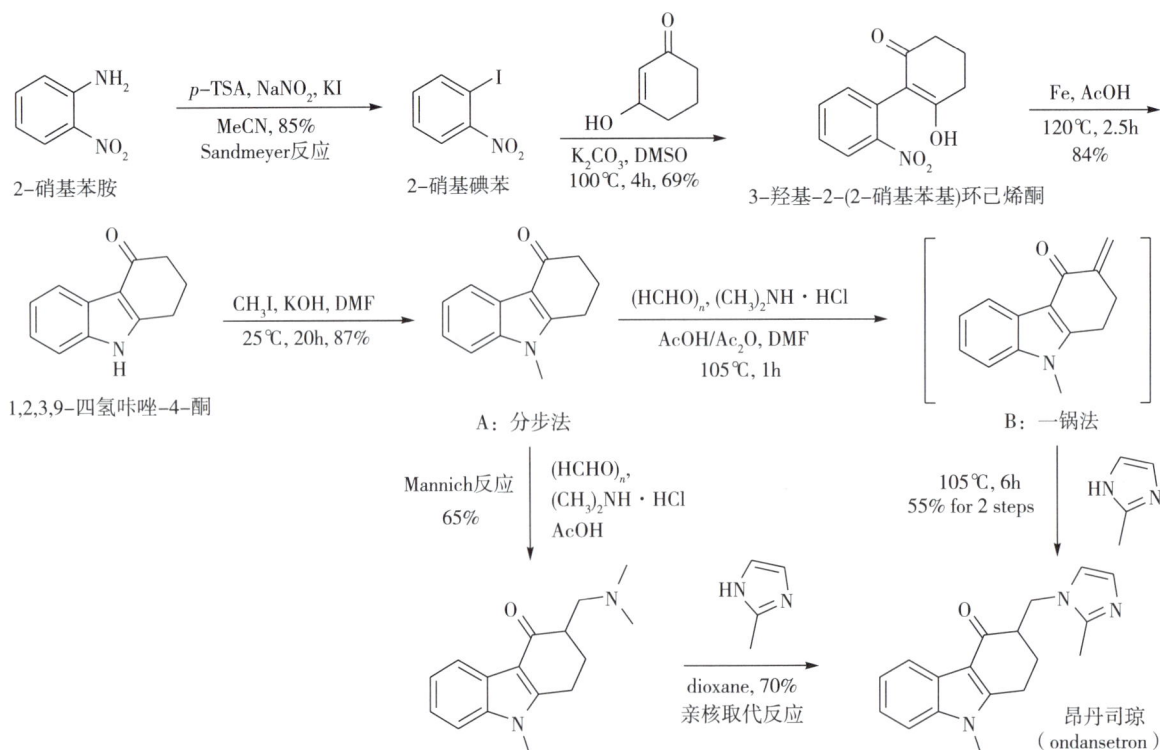

（3）不对称有机催化反应和 Mannich 反应的发展　手性是自然界的基本属性，构成生命体系生物大分子的基本单元例如碳水化合物、氨基酸等大部分都是手性分子。生物体内的酶和细胞表面的受体也是手性的，因而具有生物活性的物质例如杀虫剂、植物生长调节剂、药物等，与它们的受体部分以手性的方式相互作用。这种识别作用，使得手性化合物的对映体以不同的方式参与作用并导致不同的效果。因此，获得光学纯的化合物对于化学、生物学、药学等领域都是至关重要的。

化合物样品的对映体组成可用术语"对映体过量（enantiomeric excess）"或"e. e. %"来描述。它表示一个对映体对另一个对映体的过量，通常用百分数表示。

$$\text{计算公式：ee} = \frac{[R] - [S]}{[R] + [S]} \times 100\%$$

催化不对称合成是最理想的不对称合成方法之一，它仅使用少量的手性催化剂便可获得大量种类繁多的手性产物。从理论上讲，通过这种方法可以合成人们所需要的任何手性物质。手性催化剂中除了过渡金属催化剂和酶催化剂以外，便是有机催化剂。有机催化剂是指纯粹的有机分子，主要由碳、氢、氮、硫和磷等元素组成。相比较在过渡金属配合物中的有机配体来说，有机催化剂的催化活性就是低分子量的有机分子本身而不需要过渡金属或其他金属。由此，有机催化剂具有一些较金属催化剂更好的优点，并且它们通常是廉价、易得且无毒的。经过近一个世纪的发展，有机催化已经逐渐发展成熟，并被公认为和有机金属、酶催化具有同等地位的第三类有潜力的不对称催化方法。由于具有开创性的研究工作而推动了不对称有机小分子催化研究，德国科学家本杰明·李斯特（Benjamin List）和美国科学家戴维·麦克米伦（David W. C. MacMillan）荣膺 2021 年诺贝尔化学奖。

光学活性 β-氨基羰基化合物是合成许多药物和天然产物的重要中间体。其中，手性有机小分子催化剂催化的不对称 Mannich 反应，是合成光学活性 β-氨基羰基化合物的有效手段。从 2000 年开始，陆续报道的催化不对称 Mannich 反应的有机催化剂主要包括脯氨酸及其衍生物、手性磷酸、手性（硫）脲和金鸡纳碱衍生物等，均取得了良好的催化活性和对映选择性。例如，L-脯氨酸（L-Proline）在催化不对称 Mannich 反应中的应用，这是文献报道的第一个有机催化的不对称 Mannich 反应。各种未修饰的醛和酮均可作为反应组分参与 L-脯氨酸（L-Proline）催化的三组分不对称 Mannich 反应，获得 35% ~ 96% 收率、61% ~ 99% ee 值和大于 19∶1 的顺式非对映选择性的优异结果。

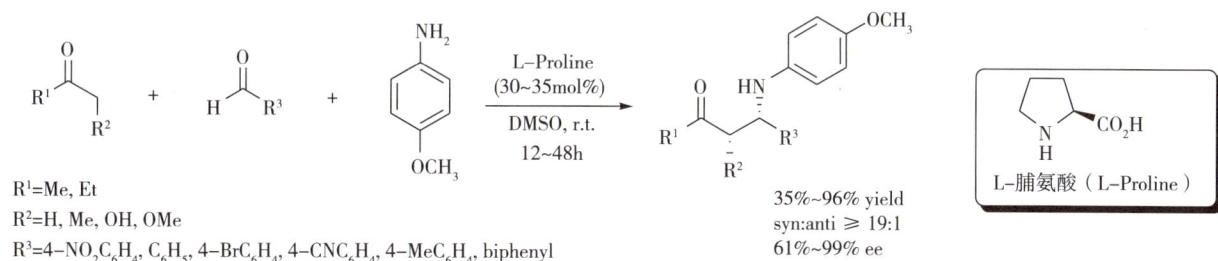

R^1=Me, Et
R^2=H, Me, OH, OMe
R^3=4-$NO_2C_6H_4$, C_6H_5, 4-BrC_6H_4, 4-CNC_6H_4, 4-MeC_6H_4, biphenyl

35%~96% yield
syn:anti ≥ 19:1
61%~99% ee

例如：

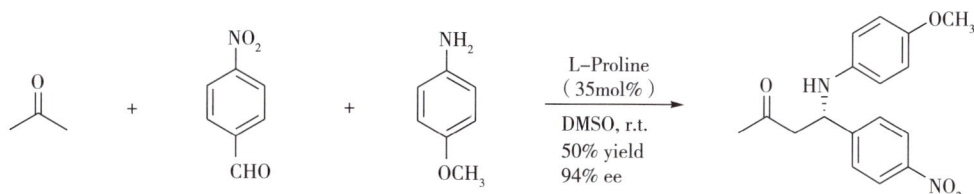

2. Pictet–Spengler 反应　分子内 Mannich 反应的特例。β-芳乙胺与羰基化合物在酸性溶液中缩合生成 1,2,3,4-四氢异喹啉的反应称为 Pictet–Spengler 反应。1,2,3,4-四氢异喹啉用钯-碳脱氢得异喹啉。

反应通式:

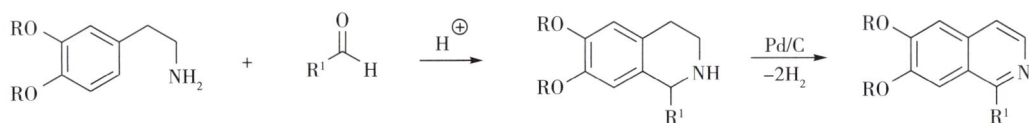

反应历程:

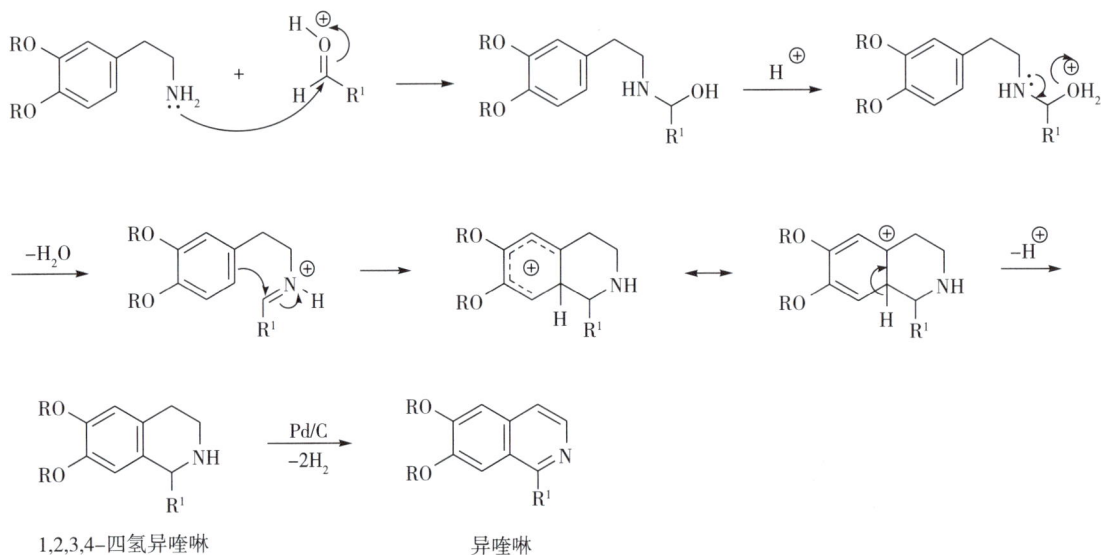

1,2,3,4-四氢异喹啉　　　异喹啉

例如:

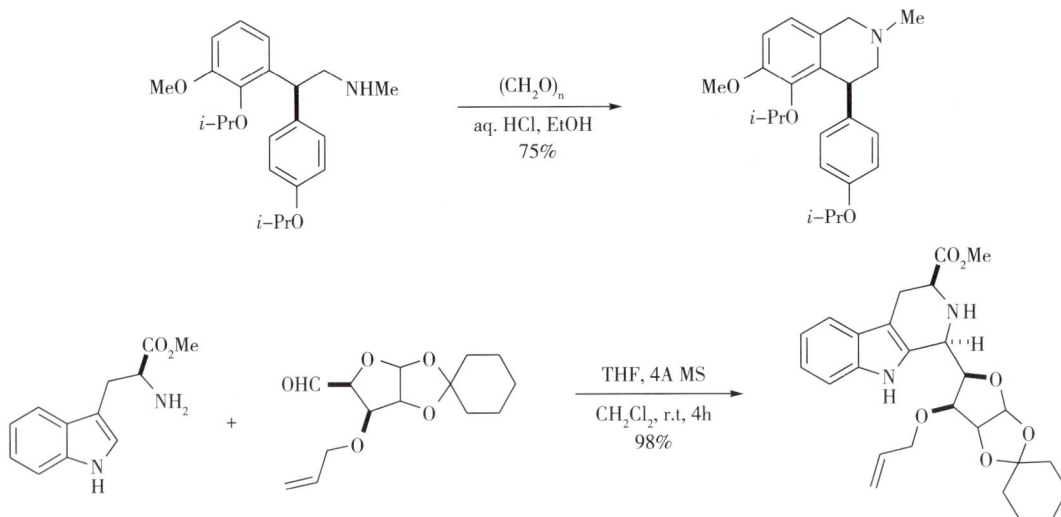

3. Strecker 反应　脂肪族或芳香族醛、酮类与氰化氢和过量氨(或胺类)作用生成 α-氨基腈,再经酸或碱水解得到 (dl)-α-氨基酸类的反应称为 Strecker 反应。

反应通式:

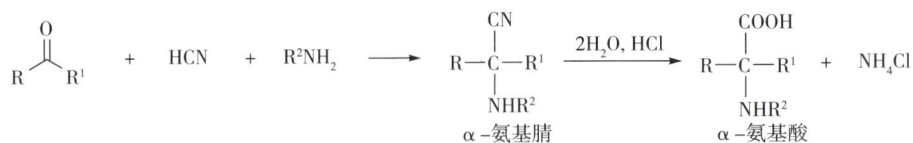

α-氨基腈　　　　　α-氨基酸

反应历程:在弱酸性条件下,氨(或胺)向醛或酮的羰基碳原子亲核进攻,生成 α-氨基醇。α-氨基醇不稳定,经脱水生成亚胺离子,然后氰基负离子与亚胺发生亲核加成,生成 α-氨基腈,最后水解

为 α-氨基酸。

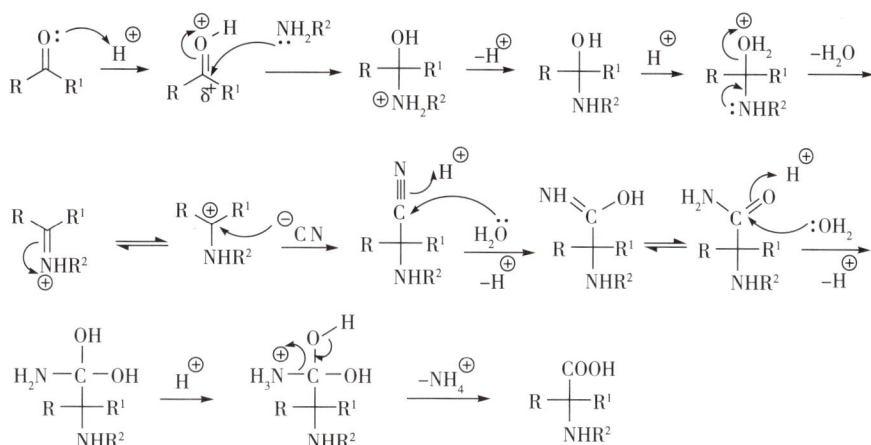

例如：

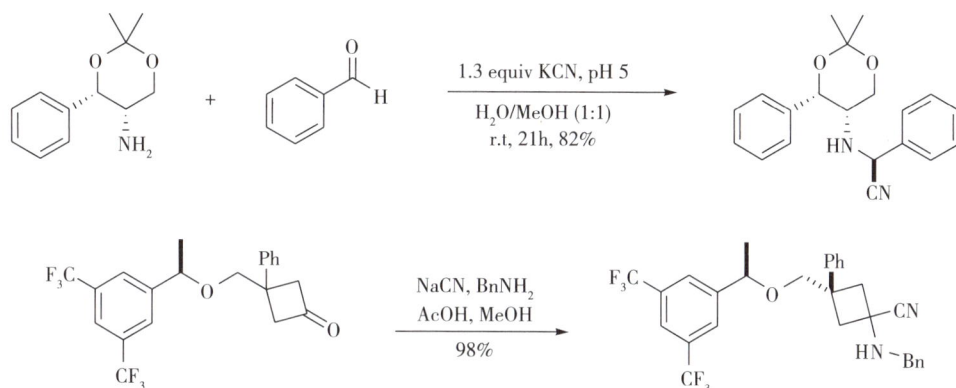

反应中可使用能与多数有机溶剂混溶的氰源（soluble cyanide source）的氰基磷酸二乙酯（diethyl cyanophosphonate）替代剧毒的氰化钠（钾）。

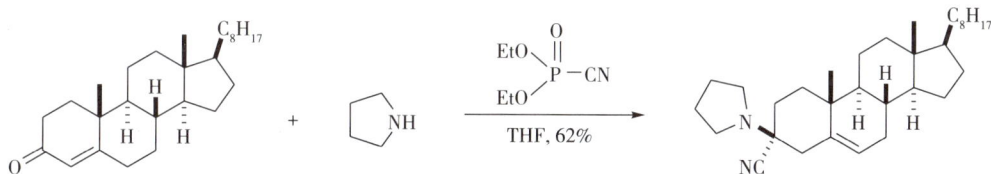

应用实例：当用伯胺或仲胺代替氨，则得 N-单取代或 N，N-二取代的 α-氨基酸。若采用氰化钠（或钾）和氯化铵的混合水溶液代替氰化氢和氨，则操作简便、安全，反应后也生成 α-氨基腈，最后水解为 α-氨基酸。

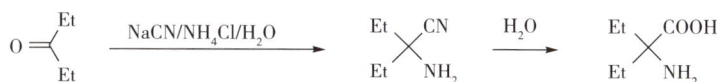

氯吡格雷（clopidogrel，CPG）系新型的二磷酸腺苷（adenosine diphosphate，ADP）受体拮抗剂，属噻吩吡啶类药物。氯吡格雷通过抑制 ADP 诱导的血小板活化和聚集，阻断二磷酸腺苷与 ADP 受体结合，从而降低血小板活化和黏附的能力。该药物主要用于抗血小板治疗，以减少动脉粥样硬化患者的心血管事件发生率。1997 年被美国 FDA 认证心肌梗死、卒中、外周动脉疾病二级预防用药，成为冠心病患者经皮冠脉介入手术（PCI）及急性冠脉综合征患者的主要治疗药物之一。1998 年 6 月在美国首先上市，2001 年 8 月在我国上市。氯吡格雷的合成可采用 Strecker 反应制备，其中使用能与多数有机溶剂混溶的氰源的丙酮氰醇（acetone cyanohydrin）替代氰化钠（钾）。

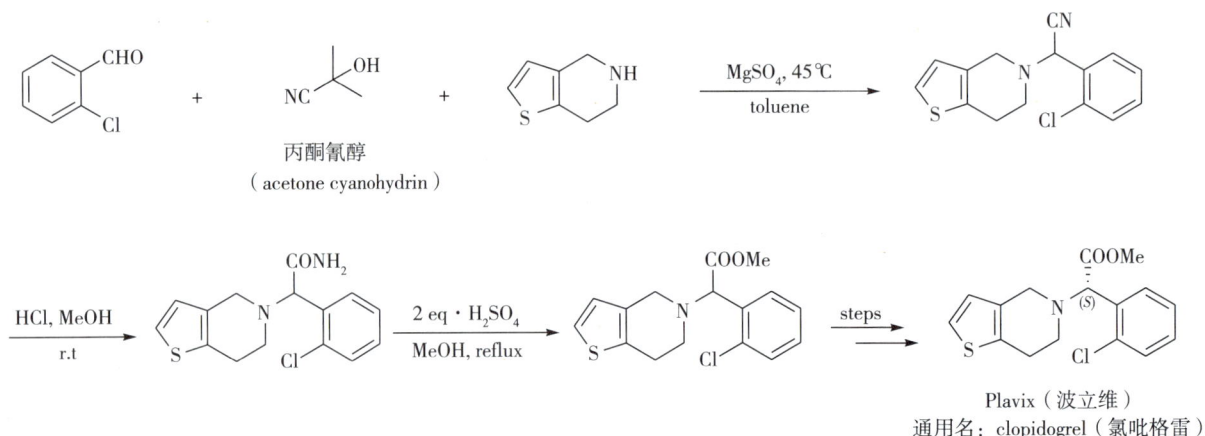

Plavix（波立维）
通用名：clopidogrel（氯吡格雷）

第二节　β-羟烷基、β-羰烷基化反应

一、β-羟烷基化反应

1. 芳烃的 β-羟烷基化　在 lewis 酸（如三氯化铝、四氯化锡等）催化下，芳烃可与环氧乙烷发生 Friedel-Crafts 反应，生成 β-芳基乙醇，例如：

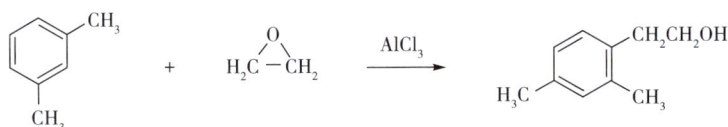

反应历程：β-羟烷基化反应属于芳环的亲电取代反应。在 lewis 酸（如三氯化铝、四氯化锡等）催化下，环氧乙烷与 lewis 酸形成鎓盐，生成碳正离子，随后和苯环发生亲电取代反应，脱去质子后生成 β-芳基乙醇。

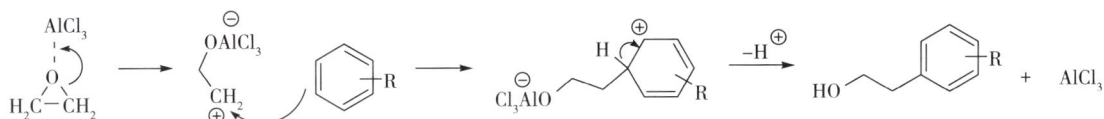

应用举例：

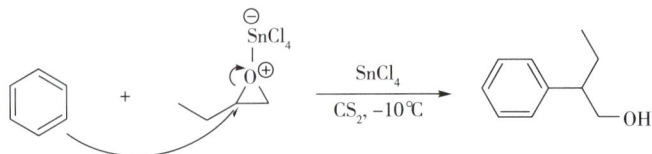

2. 活性亚甲基化合物的 β-羟烷基化　活性亚甲基化合物与环氧乙烷在碱催化下也能发生的 β-羟烷基化反应。例如：不对称环氧乙烷和活性亚甲基化合物反应时，烯醇负离子通常进攻环氧乙烷中取代基较少的碳原子。如果活性亚甲基化合物具有酯基，则经分子内醇解环合成 γ-内酯衍生物。

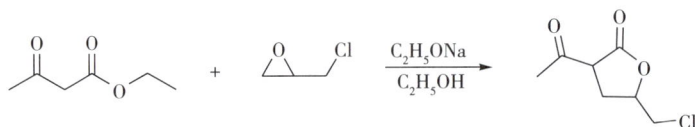

反应历程：碱催化下类似于 S_N2 反应，亲核试剂（活性亚甲基化合物）进攻环氧乙烷位阻较小的碳原子。

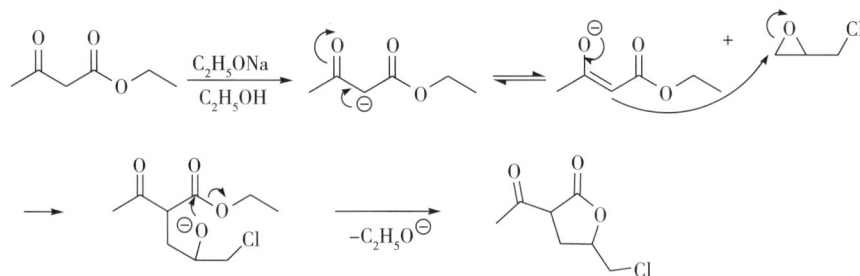

3. 有机金属化合物的 β-羟烷基化

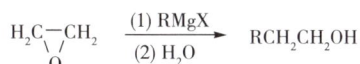

格氏试剂亲核进攻取代基少的碳原子，属于 S_N2 反应实质，亲核试剂攻进位阻小的位置。

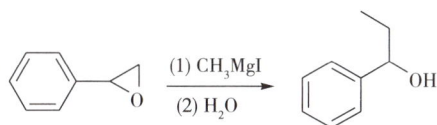

二、β-羰烷基化反应

1. 迈克尔反应　在催化量的碱的作用下，活性亚甲基化合物（activated methylene）转变成碳负离子，碳负离子再与 α,β-不饱和羰基化合物发生亲核加成而缩合成 β-羰烷基化合物的反应，称为迈克尔反应（Michael reaction）或迈克尔加成（Michael addition）。迈克尔反应是合成 1,5-二羰基化合物常用的反应。

反应通式：

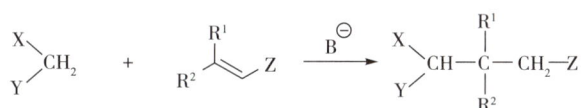

反应通式中，X、Y、Z 均为吸电子取代基（electron-withdrawing group，EWG）。

活性亚甲基化合物为常见的 Michael 供体（Michael donor），主要有丙二酸酯类、腈乙酸酯类、β-酮酯类、乙酰丙酮类、硝基烷类、砜类等。

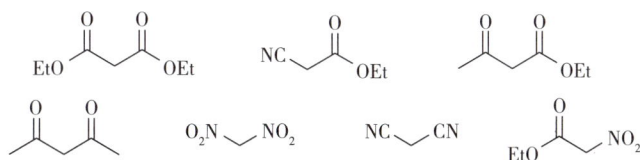

活性亚甲基化合物（activated methylene）
Michael供体（Michael donor）

α,β-不饱和羰基化合物及其衍生物为常见的 Michael 受体（Michael acceptor），主要有 α,β-烯醛类、α,β-烯酮类、α,β-炔酮类、α,β-烯腈类、α,β-烯酯类、α,β-烯酰胺类、α,β-不饱和硝基化合物、杂环以及醌类等。

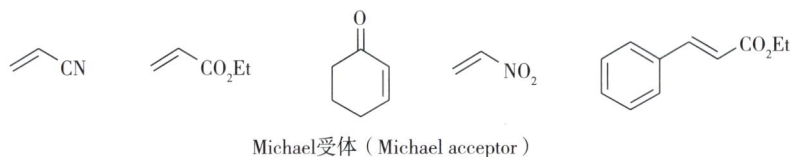

Michael受体（Michael acceptor）

反应机理：

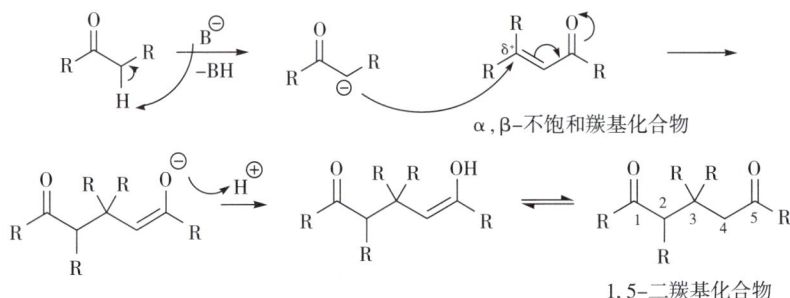

Michael 加成反应催化剂有醇钠（钾）、氢氧化钠（钾）、金属钠、氨基钠、氢化钠、哌啶、吡啶、三乙胺以及季铵碱等碱性催化剂。碱性催化剂的选择与 Michael 供体的活性和反应条件相关。Michael 加成反应也可以选择酸性催化剂，比如质子酸（如三氟甲磺酸）、Lewis 酸等催化反应。

Michael 加成反应使用碱性催化剂时，一般来说，Michael 供体的酸性强，则容易形成碳负离子，其活性亦大；而 Michael 受体的活性则与 α,β-不饱和键上所连官能团的性质相关，所连官能团吸电子能力越强，Michael 受体的活性越大。因此同一 Michael 加成产物可由两个不同的反应物（Michael 供体和 Michael 受体）组成。例如：Michael 供体丙二酸二乙酯的 pK_a 值为 13，大于苯乙酮 pK_a 值 19，丙二酸二乙酯的酸性大于苯乙酮。如果采用哌啶或吡啶等弱碱催化，在同一反应条件下，Michael 供体丙二酸二乙酯可得高收率的 Michael 加成产物，而 Michael 供体苯乙酮则反应较困难，收率较低。

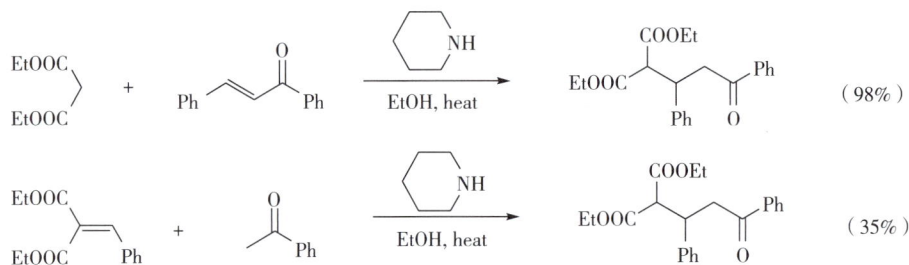

因此，丙二酸二乙酯为常见的 Michael 供体，如以下反应所示。

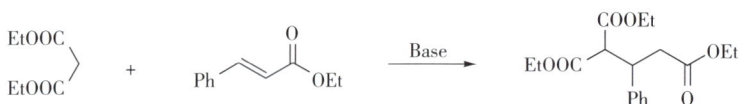

反应机理：

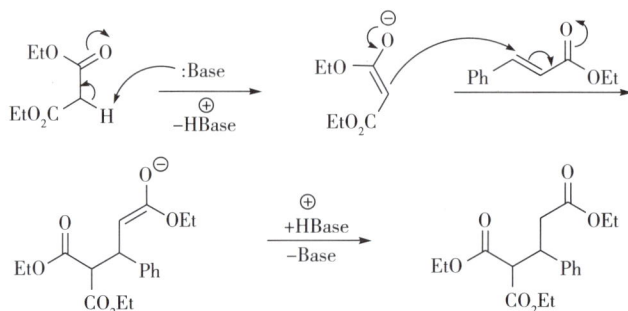

通过 Michael 加成反应可在活性亚甲基上引入至少含三个碳原子的侧链。例如，镇静催眠抗惊厥药格鲁米特（glutethimide）中间体的合成。

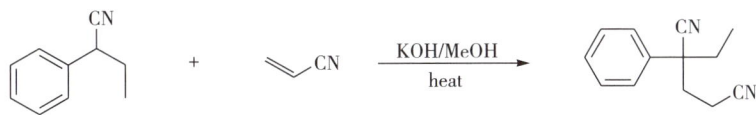

例如，非甾体抗炎药卡洛芬（carprofen）的合成，采用 2-环己烯-1-酮和甲基丙二酸二乙酯在金属钠和乙醇作用下，经 Michael 加成反应、醋酸酸化得 α-甲基-3-氧代环己基丙二酸二乙酯，然后和对氯苯肼盐酸盐进行 Fischer 吲哚合成得 6-氯-1,2,3,4-四氢-2-咔唑-甲基丙二酸二乙酯，再经氯酸钠氧化脱氢制得 6-氯-2-咔唑-甲基丙二酸二乙酯，最后在酸中水解得卡洛芬。

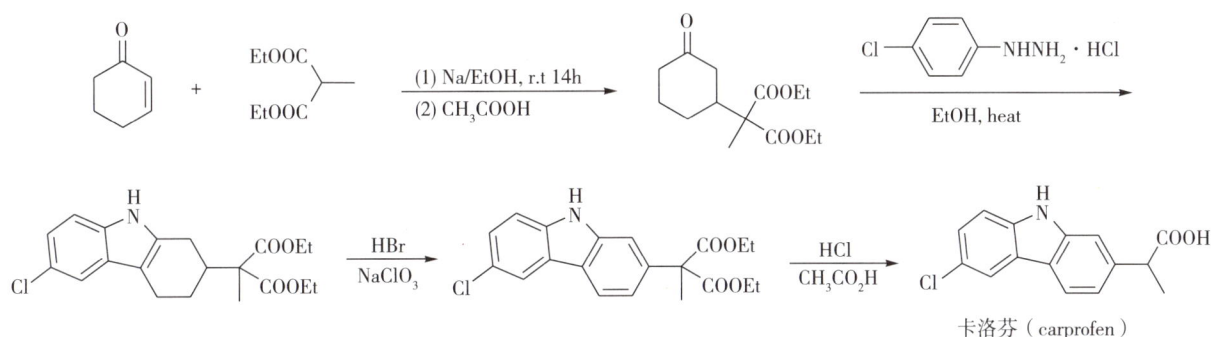

卡洛芬（carprofen）

例如，本维莫德的一种合成方法中，应用丙二酸二乙酯为 Michael 供体和 α,β-不饱和酮作为 Michael 受体的 Michael 加成反应制备 1,5-二羰基化合物关键中间体，详见第四章第三节。

使用手性配体-金属络合物可以实现催化不对称 Michael 加成反应。例如，Cu(Ⅱ) 催化的不对称 Michael 加成反应 [Cu(Ⅱ)-catalyzed asymmetric Michael addition]。

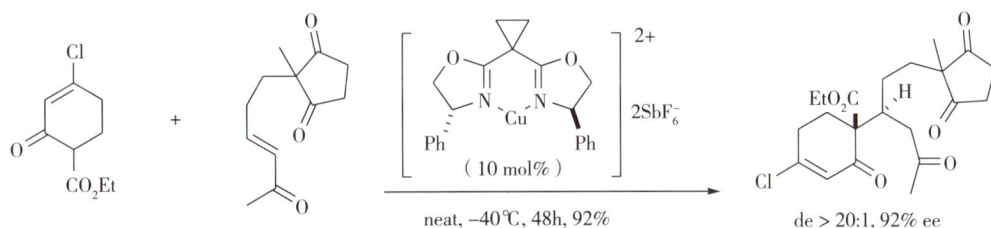

de > 20:1, 92% ee

2. 不对称有机催化反应和 Michael 加成反应的发展　德国科学家本杰明·李斯特（Benjamin List）和美国科学家戴维·麦克米伦（David W. C. MacMillan）因开发了一种新的、独创的分子构建工具——不对称有机小分子催化，而荣膺 2021 年诺贝尔化学奖。不对称有机小分子催化的重要用途就包括新药的研究，这项革命性的成果将有助于使药物合成变得更加高效、绿色、环保。近年来，不对称有机小分子催化在 Michael 加成反应方面的取得了丰硕的成果，实现了许多重要的手性骨架和天然产物及关键中间体的不对称合成。

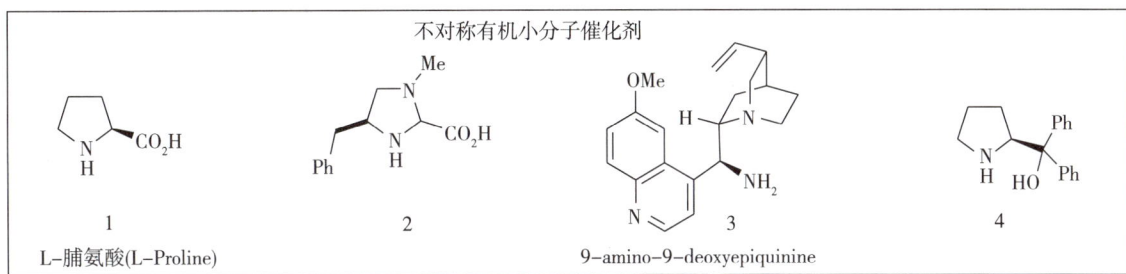

不对称有机小分子催化剂

1
L-脯氨酸(L-Proline)

2

3
9-amino-9-deoxyepiquinine

4

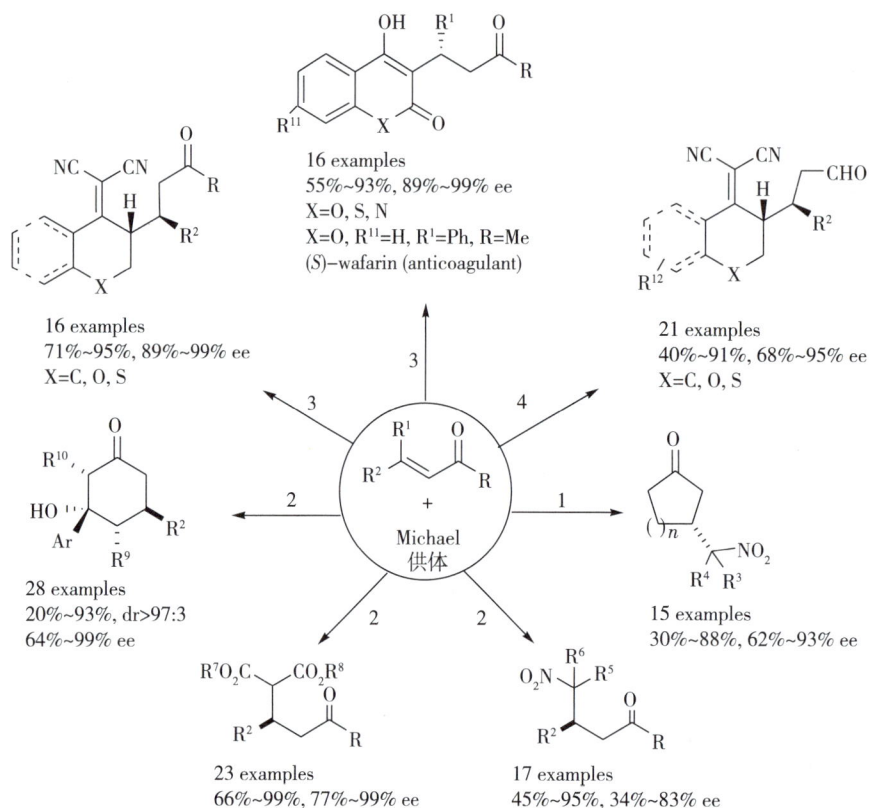

例如，华法林（warfarin）属于香豆素类抗凝血药，临床上一直使用的都是外消旋体。但是消旋的香豆素类抗凝药会引起许多副作用，因此如何高效简洁地合成光学纯的香豆素类抗凝药具有非常重要的研究意义和应用价值。光学纯的(S)-warfarin 可以采用手性伯胺 9-氨基奎宁催化 4-羟基香豆（4-hydroxycoumarin）和苄叉丙酮（benzylidene actone）的不对称 Michael 加成反应制得，收率 88%，ee 值 96%。

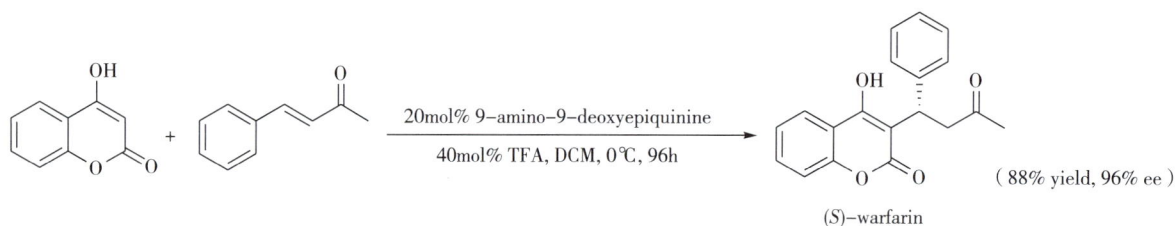

3. Michael（迈克尔）加成反应的重要应用　不对称酮的 Michael 加成反应主要发生在取代基多的碳原子上，由于烷基取代基的存在大大增强了烯醇负离子的活性，因此有利于加成。例如，脂环酮和 α,β-不饱和酮经过 Michael 加成反应后，再分子内进行羟醛缩合（Aldol 反应），得到原来环结构基础上再引入一个新的环，该反应称为鲁宾逊环化（Robinson Annulation）反应。

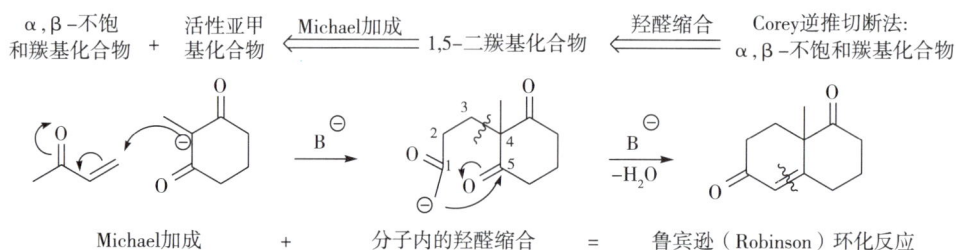

例如：

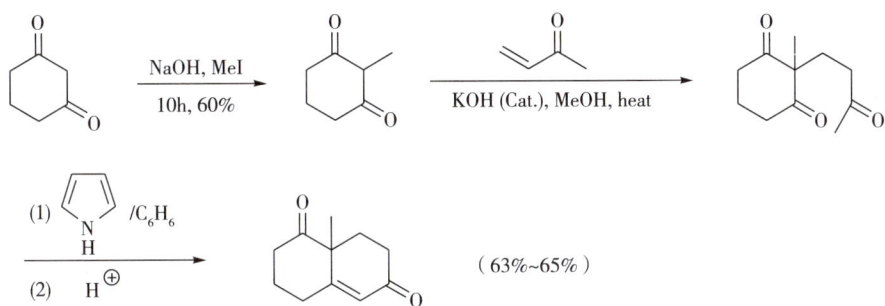

碱催化的鲁宾逊环化反应机理：详见第五章第一节。

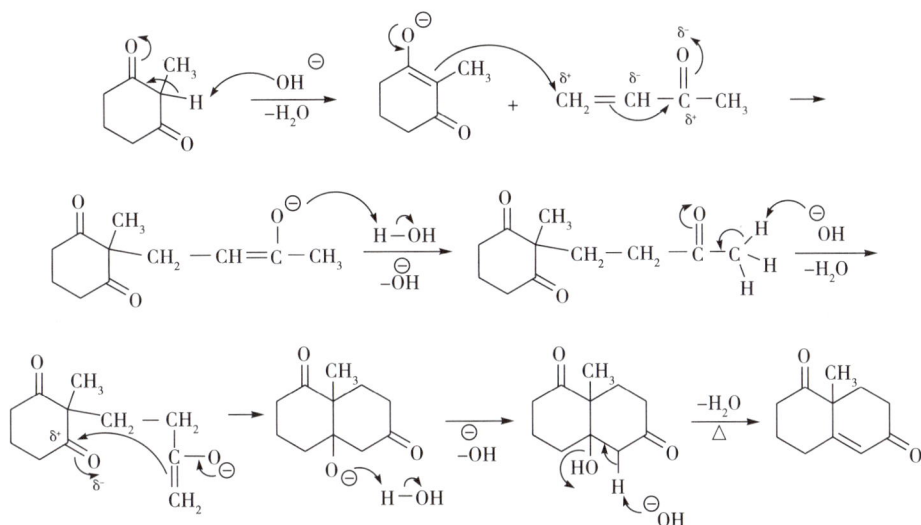

应用实例：

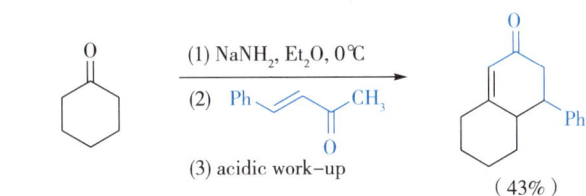

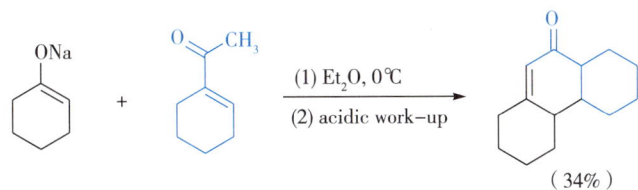

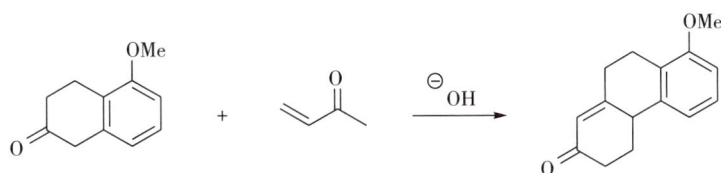

例如，在(+)-可待因[(+)-codeine]的一种不对称全合成方法中，应用了碱催化的 Robinson 环化反应。

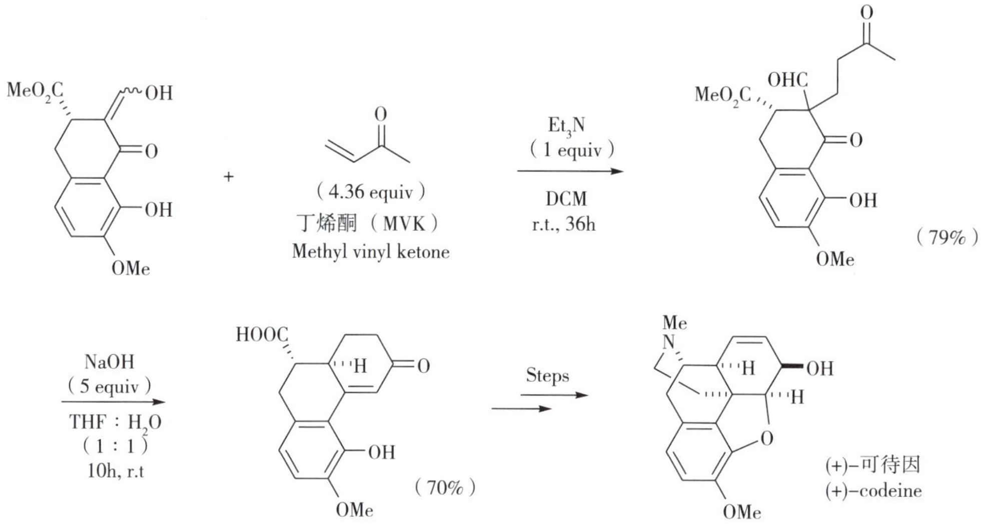

由于烯醇（enol）对碳基化合物和亲电烯烃如 α,β-不饱和碳基化合物的反应性特别强。因此除了碱催化外，Michael 加成反应和 Robinson 环化反应也可以在质子酸或 Lewis 酸等催化下进行。在酸性条件下，亲电的羰基化合物在被烯醇进攻之前，羰基氧上被质子化，亲电的羰基化合物形成碳正离子。

例如：

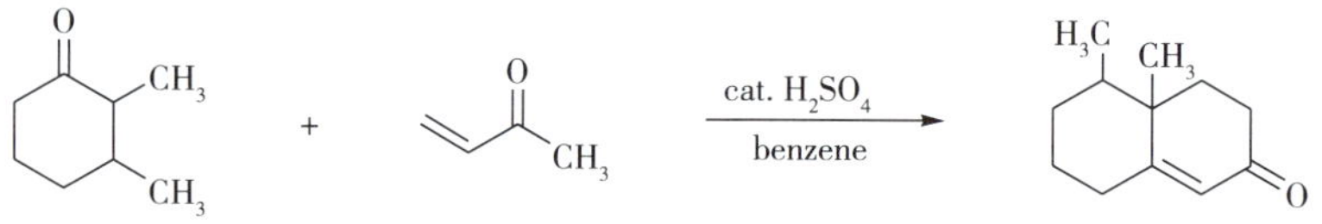

反应机理： 酸催化的 Robinson 环化同样包括 Michael 加成，Aldol 反应和脱水三个阶段。在 Michael 加成反应时，Michael 供体亲核酮（nucleophilic ketone）通过质子化（protonation）和脱质子化（deprotonation）转化为烯醇（enol），然后烯醇加成到质子化的 Michael 受体中。在 Aldol 反应中，亲核酮首先通过质子化和脱质子化转化为烯醇，然后烯醇在醇醛缩合反应中加成到质子化酮上。在脱水过程中，酮首先通过质子化和脱质子化转化为烯醇。接下来醇的氧原子上进行质子化，然后是 E1 消除反应（失去水，然后脱去 H⁺）得到最终产物。

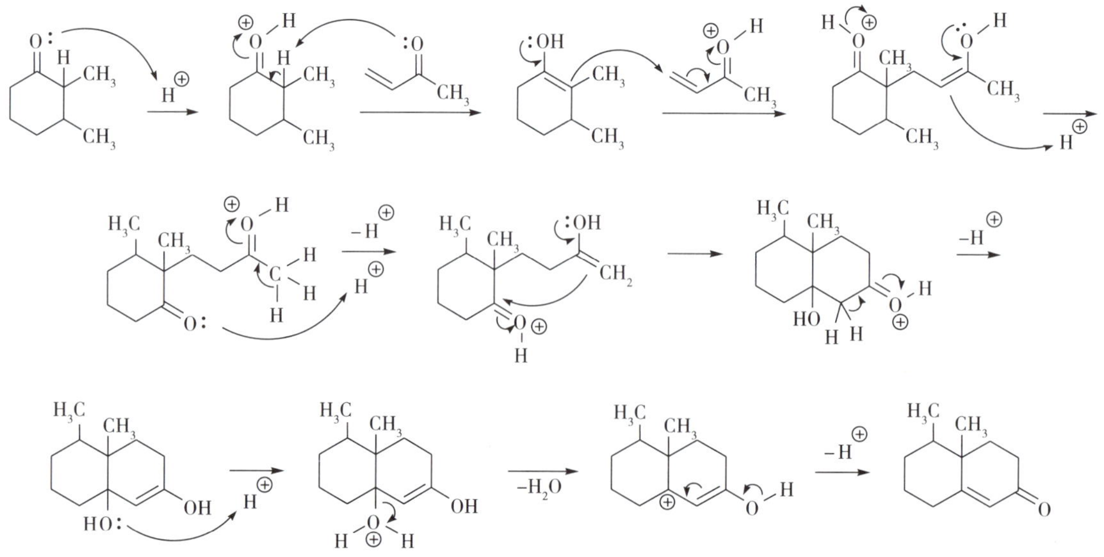

应用实例：Hajos–Parrish reaction（或称为 Hajos–Parrish–Eder–Sauer–Wiechert reaction）可以看作鲁宾逊环化反应的对映选择性版本。该反应最早是在 20 世纪 70 年代由 Hajos 和 Parrish 等发现，是有机小分子催化的早期例子，也是第一个实现的非金属催化的羟醛缩合反应。

反应通式：

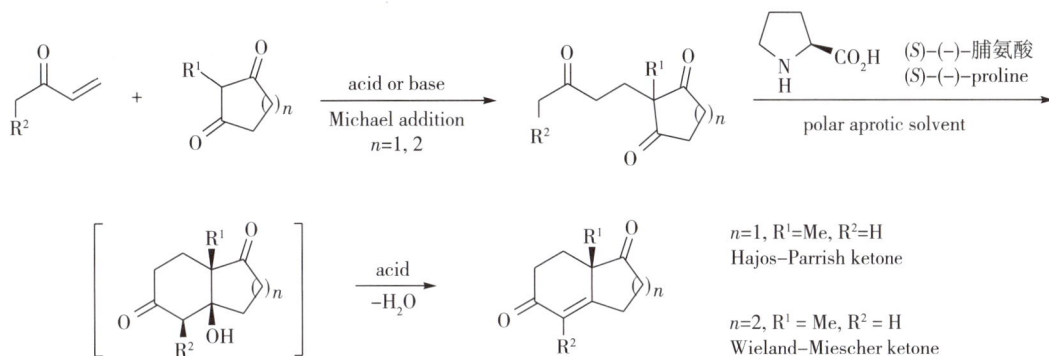

$n=1$, $R^1=Me$, $R^2=H$
Hajos–Parrish ketone

$n=2$, $R^1 = Me$, $R^2 = H$
Wieland–Miescher ketone

例如：

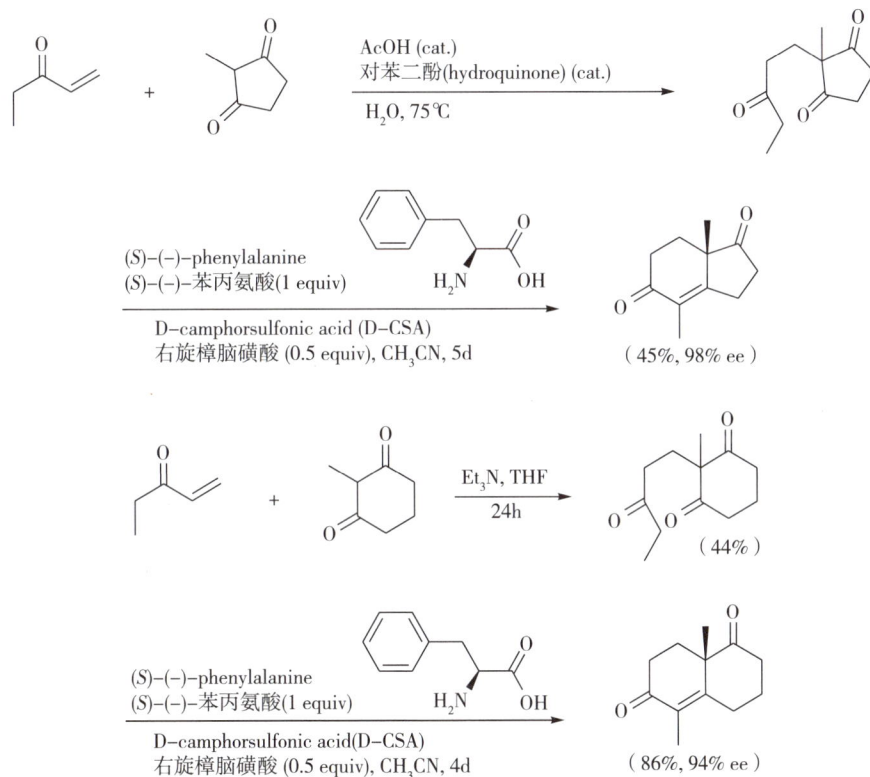

应用实例：（+）-desogestrel（去氧孕烯）为第三代口服强效孕激素，许多口服避孕制剂中含有该药。该药的一种合成方法中，应用了 (S)-(–)-脯氨酸催化的 Hajos–Parrish reaction 制备关键中间体。

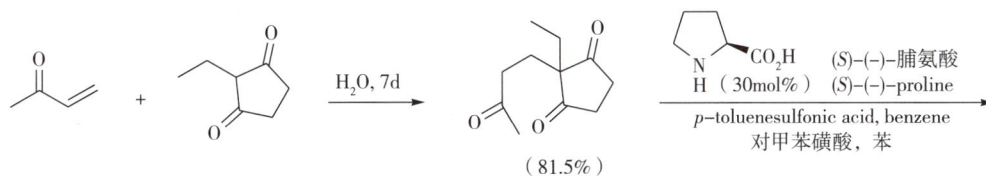

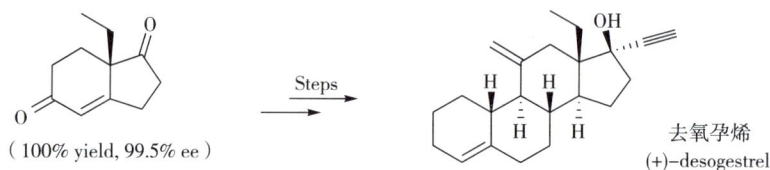

（100% yield, 99.5% ee）　　去氧孕烯 (+)–desogestrel

例如，在维生素 D$_3$ 的 CD 侧链部分的合成中，应用了（S）–（-）–苯丙氨酸催化的 Hajos–Parrish reaction 制备关键中间体。

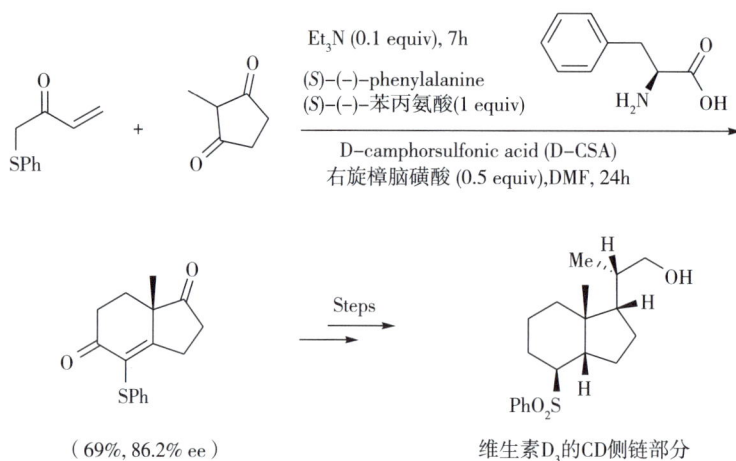

（69%, 86.2% ee）　　维生素D$_3$的CD侧链部分

第三节　亚甲基化反应

一、羰基烯化反应

醛或酮与含磷试剂烃（代）亚甲基三苯膦（磷叶立德，Wittig 试剂）反应，醛、酮分子中的羰基的氧原子被亚甲基（或取代亚甲基）所取代，生成相应的烯类化合物及氧化三苯膦，此类反应称为羰基烯化反应，又称为 Wittig 反应。

反应通式：

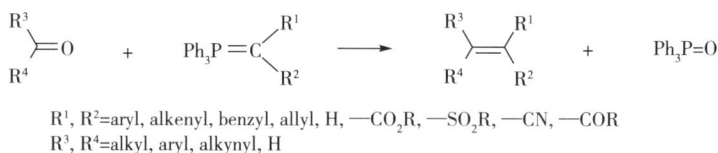

R^1, R^2=aryl, alkenyl, benzyl, allyl, H, —CO$_2$R, —SO$_2$R, —CN, —COR
R^3, R^4=alkyl, aryl, alkynyl, H

硫和磷与碳结合时，碳带负电荷，硫或磷带正电荷彼此相邻，这种分子中有两个相反电荷的原子相互连接成键的内鎓盐结构的化合物称为 Ylide（叶立德）。由磷形成的 Ylide 称为磷叶立德，又称为 Wittig 试剂，其结构可表示如下：

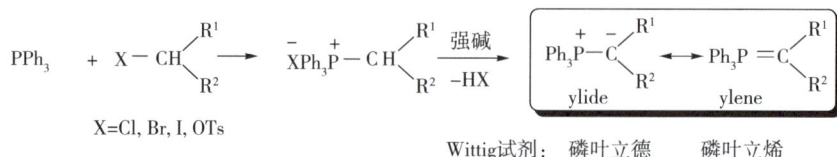

X=Cl, Br, I, OTs

Wittig试剂：磷叶立德　磷叶立烯

Wittig 试剂可由三芳基膦（例如三苯基膦）与有机卤化物等（例如 Cl、Br、I、OTs 等）作用，再在非质子溶剂中加碱处理，失去一分子卤化氢制得。常用的碱有正丁基锂、苯基锂、氨基钠、氢化钠、醇钠、氢氧化钠、叔丁醇钾、二甲基亚砜盐（$CH_3SOCH_2^-$）、叔胺等；非质子溶剂有 THF、DMF、DM-SO、乙醚等。

反应历程：

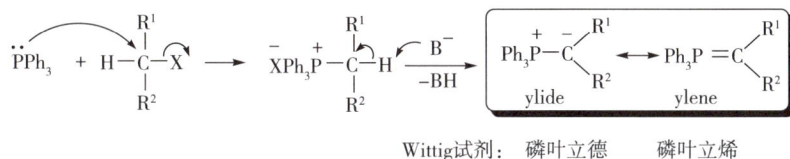

Wittig试剂： 磷叶立德　磷叶立烯

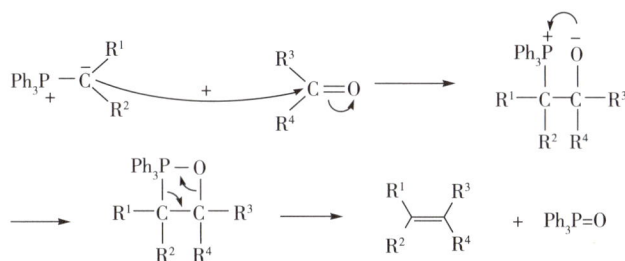

应用实例：

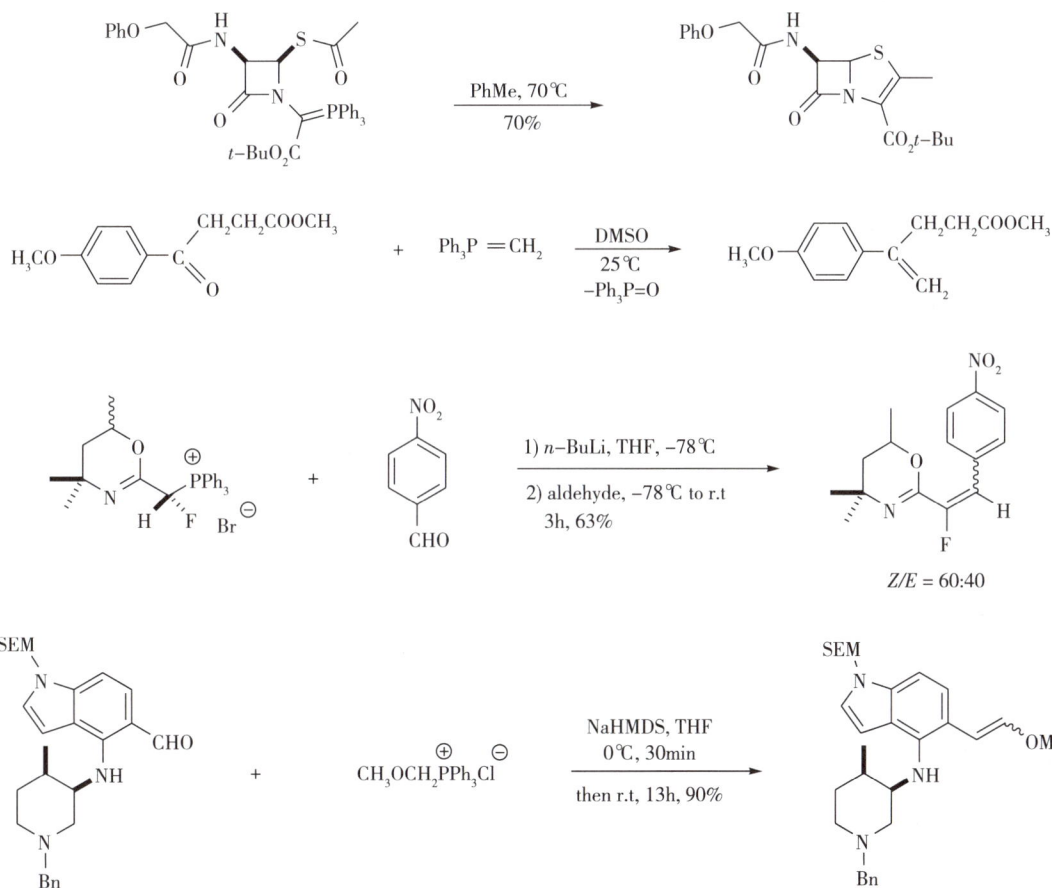

反应特点如下。

（1）Wittig 试剂的 α-碳原子上虽然带负电荷，但其性质较碳负离子稳定。因为磷叶立德的磷原子具有低能量的 3d 空轨道，与碳上有孤对电子的 p 轨道通过 d-p 共轭分散了碳上的负电荷，从而使整个分子趋于稳定。但是 Wittig 试剂的稳定性是相对的，其反应活性和稳定性随着 α-碳原子上取代基的不同而不同，因此 Wittig 试剂的 α-碳原子上的取代基 R^1 和 R^2 对 Ylide 活性（稳定性）有显著影响。当取代基 R^1 和 R^2 为供电子基如烃基（alkly）或 H 等时，Ylide 反应活性高，但稳定性低，属于"nonstabilized"ylide（不稳定叶立德）；当取代基 R^1 和 R^2 为芳基（aryl）、烯基（alkenyl）、苄基（benzyl）、烯丙基（allyl）或 H 时，属于"semi-stabilized"ylide（半稳定叶立德）；当取代基 R^1 和 R^2 为—CO_2R、—SO_2R、—CN、—COR 等吸电子基时，Ylide 反应活性低，但稳定性高，属于"stabilized"ylide（稳定叶立德）；磷原子上取代基影响与碳原子上取代基的影响相同，磷原子上一般都是芳基（aryl）取代。

"nonstabilized"ylide（不稳定叶立德）的 Wittig 反应在无水条件下进行，所得 Wittig 试剂对水、空气都不稳定，因此在合成时一般不分离出不稳定叶立德，直接用于下一步和醛或酮的反应。

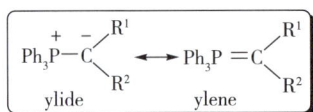

Wittig 试剂：　磷叶立德　　磷叶立烯
if R^1, R^2 = alkyl, H : "nonstabilized" ylide (不稳定叶立德)
if R^1, R^2 = aryl, alkenyl, benzyl, allyl, H : "semi-stabilized" ylide (半稳定叶立德)
if R^1, R^2 =—CO_2R, —SO_2R, —CN, —COR : "stabilized" ylide (稳定叶立德)

例如，对硝基苄基三苯基膦比亚乙基三苯基膦稳定得多，前者可由三苯基（对硝基苄基）卤化膦在弱碱三乙胺（Et_3N，TEA）中处理制得，后者则需要将三苯基乙基溴化膦在惰性非质子溶剂，如四氢呋喃（THF）中用强碱正丁基锂（n-BuLi）处理才能制得。

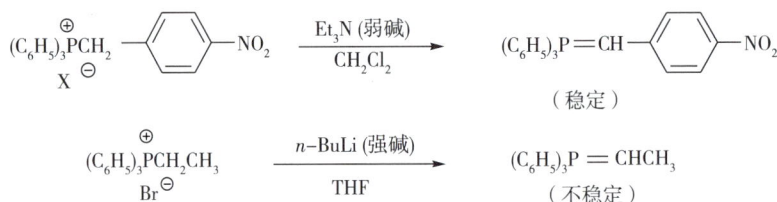

（2）在 Wittig 反应中，反应产物烯烃可能有顺式（Z）、反式（E）异构体生成，影响（Z）、（E）两种异构体组成比例的因素很多，例如 Wittig 试剂和羰基化合物的反应活性、反应条件（比如溶剂类型、有无盐存在等）等。因此，利用不同的试剂、溶剂，控制反应条件等措施，可获得一定构型的产物。Wittig 反应在一般情况下的立体选择性可归纳见表 5-1。

表 5-1　Wittig 反应立体选择性参数表

反应条件		稳定的活性较小的试剂	不稳定的活性较大的试剂
极性溶剂	无质子	选择性差，以 E 式为主	选择性差
	有质子	Z 式异构体的选择性增加	E 式异构体的选择性增加
非极性溶剂	无盐	高度选择性，E 式占优势	高度选择性，Z 式占优势
	有盐	Z 式异构体的选择性增加	E 式异构体的选择性增加

（3）Wittig 反应的速率：醛 > 酮 > 酯。

Wittig 反应的应用：构建烯烃，增长碳链。

例如：维生素 A（vitamin A）中间体的合成，可采用 Wittig 反应合成共轭多烯。

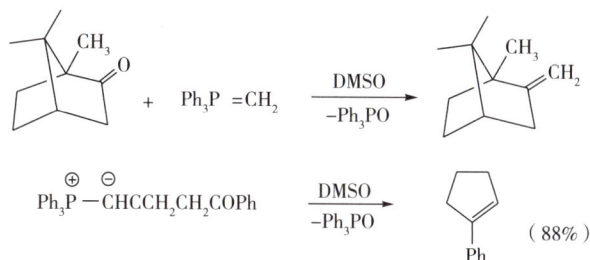

应用实例：艾氟康唑（efinaconazole）是一种新型的三唑类抗真菌药物，主要用于甲真菌病，俗称"灰趾（指）甲"的治疗。该药通过抑制真菌的 14α-脱甲基酶，阻止真菌细胞膜主要成分麦角甾醇的合成，破坏真菌细胞膜的完整性，从而发挥抗真菌作用。艾氟康唑的一种合成方法中，应用了 Wittig 反应合成关键的 4-亚甲基哌啶中间体。

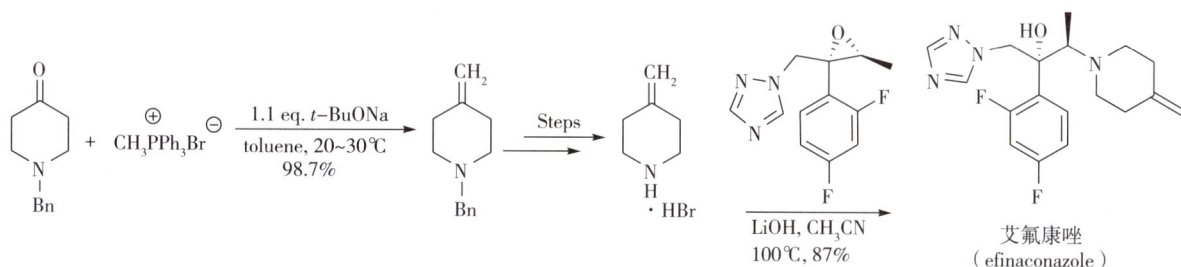

Wittig 反应的改进和发展：近年来，Wittig 反应的研究得到了很大的发展，尤其是针对 Wittig 试剂的制备比较麻烦，而且后处理比较困难（例如 Wittig 反应所生成的副产物三苯基氧化膦，难以分离除去等）等缺点进行了很多的改进。例如，Wittig 试剂可采用膦酸酯、硫代膦酸酯和膦酰胺等替代磷叶立德。

其中，利用膦酸酯与醛或酮类化合物在碱性条件下作用生成烯烃的反应称为 Horner-Wadsworth-Emmons反应，简称 HWE 反应，也常称为 Wittig-Horner 反应。该反应用稳定的膦酸酯碳负离子代替磷叶立德，与醛、酮反应生成烯烃，主要产生 E-型烯烃。

反应通式：

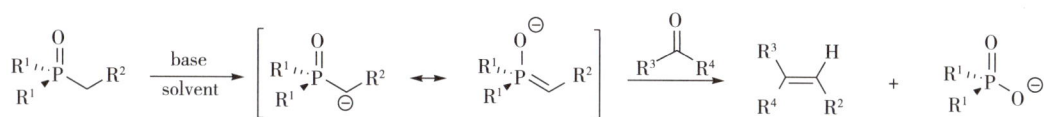

例如：

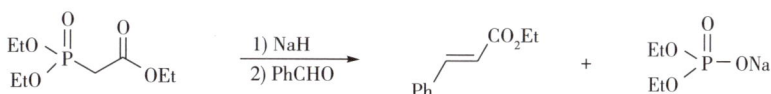

反应机理：

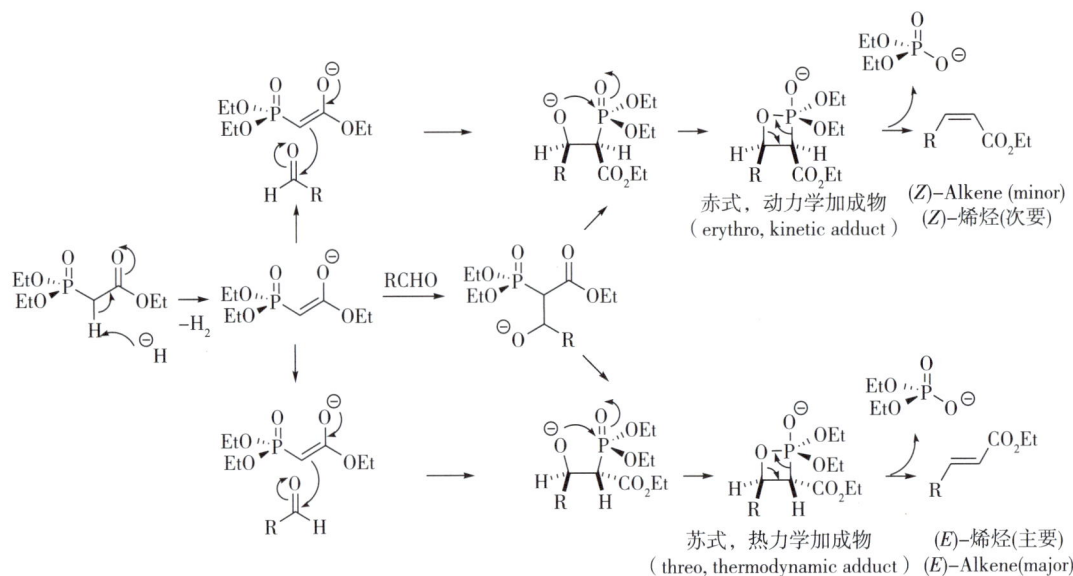

Wittig-Horner 反应和传统的 Wittig 反应相比有如下优点：①磷酸酯比原来的鏻盐更容易制备，并且更加经济；②磷酸酯负离子比原来的磷叶立德亲核性更强，因此它几乎可以和所有的醛酮在温和的条件下进行反应；③位阻较大的酮在 Wittig 反应中是不反应的，但在 Wittig-Horner 反应中可以进行；④磷酸酯的 α-碳负离子在成烯反应之前可以进一步修饰（例如和一些亲电试剂反应，如烷基卤化物等），而磷叶立德一般是不容易进行烃化的；⑤ Wittig-Horner 反应的副产物磷酸二烷基酯是水溶性的，因此可以很容易地从脂溶性的烯烃产物中分离，而 Wittig 反应的副产物是非水溶性的三苯氧膦则很难与脂溶性的烯烃产物分离。

Wittig-Horner 反应特点：①选择性地制备 E 构型的二取代烯烃比 Wittig 反应的条件更温和（R^2 需要和期初的双键进行共轭）；②可以通过增大烷基取代基（R^1 或 R^2），来增加 E 构型的选择性（例如，R = 异丙基时为佳）；③立体选择性主要和底物相关，但可以通过使用更小位阻的取代基（如 R^1，R^2 = 甲基）或使用强的游离碱（如 t-BuOK）使之主要生成 Z 构型的烯烃。

三价的磷酸酯与卤代烷烃反应生成五价的烷基磷酸酯的反应称为 Arbuzov 反应（Michaelis-Arbuzov 反应）。其中最常用的应用就是亚磷酸酯和卤代烷反应得到膦酸酯。因此，Wittig-Horner 反应的原料膦酸酯便可通过 Arbuzov 反应来制备。

反应通式：

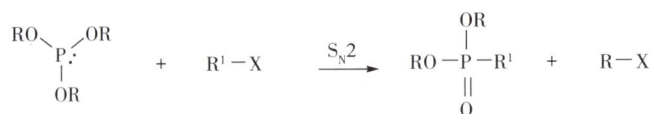

反应机理：亚磷酸三酯首先对卤代烃进行 S_N2 反应生成鏻盐，在加热条件下，鏻盐的卤离子对一个酯烷基进行 S_N2 亲核取代，异构化并伴随着 C—O 键的断裂，脱去卤代烃得到膦酸酯。

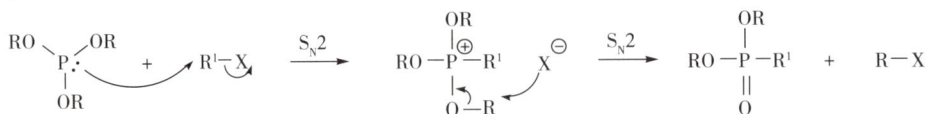

例如：

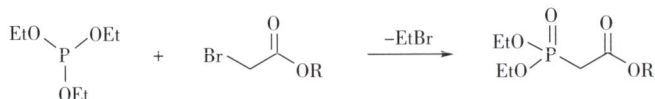

总之，Wittig-Horner 反应的反应机理和 Wittig 反应的反应机理非常相似，除了酯以外，腈、芳基、乙烯基、硫化物、胺、醚等官能团也能使用。通常情况下，Wittig-Horner 反应产物一般是 E - 式，该反应的磷化合物副产物为磷酸二烷基酯能溶于水，可在萃取分液等操作时方便地除去，这个优点使其副产物比 Wittig 反应的副产物不溶于水的三苯氧膦更好分离除去。

例如：

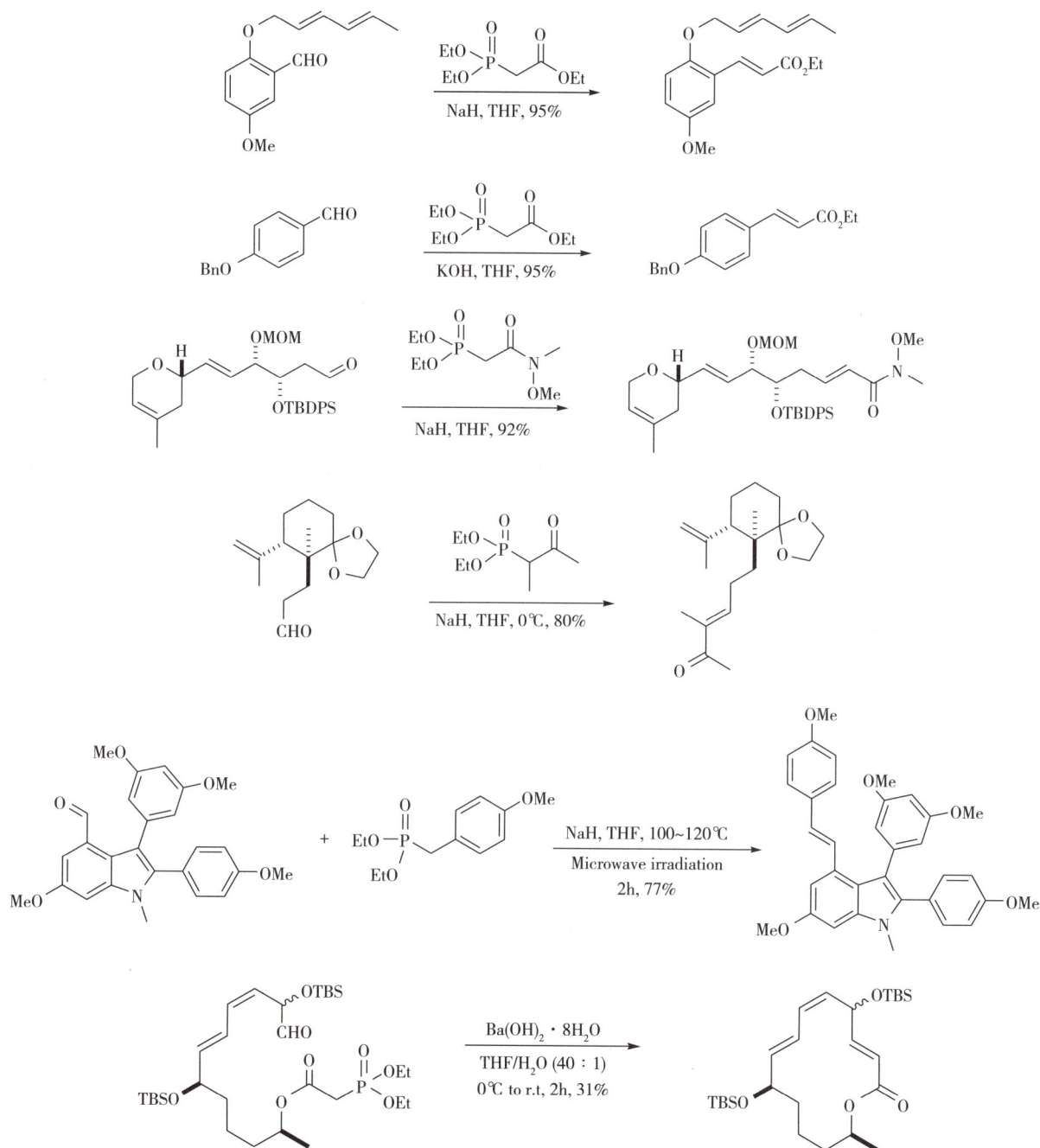

应用实例： 吡咯替尼（pyrotinib）是首个由中国自主研发的新一代人表皮生长因子受体-2（HER2 受体）抑制剂，是新一代抗 HER2 治疗乳腺癌靶向药，具有靶点全面，且对靶点造成不可逆抑制，能更强效地抑制肿瘤生长，因此具有全能、强效的抗肿瘤作用。马来酸吡咯替尼（pyrotinib maleate）的一种合成方法中，应用了醛和磷酰基乙酸三乙酯的 Wittig-Horner 反应（Horner-Wadsworth-Emmons 反应）制备关键中间体 α,β-不饱和酯。

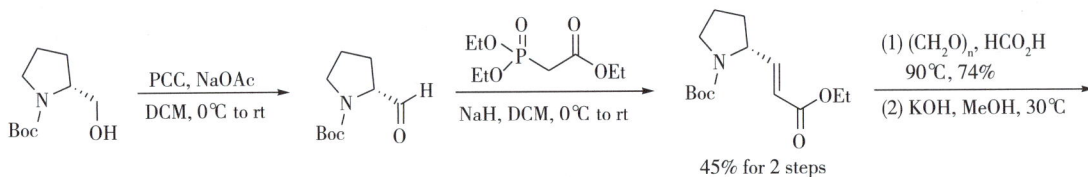

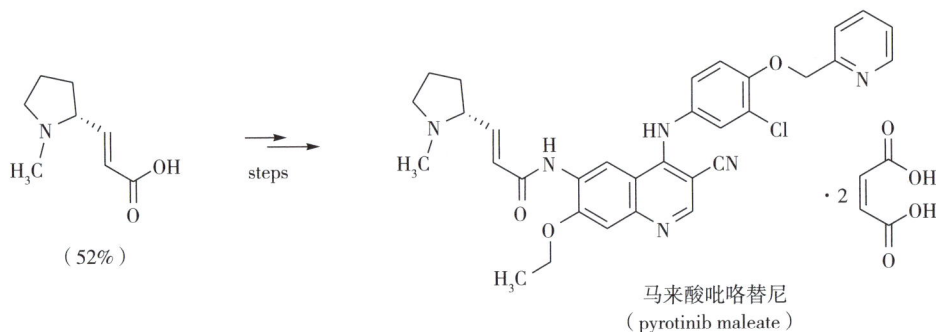

本维莫德的一种合成方法中，应用了亚磷酸三乙酯和苄氯衍生物反应得到膦酸酯的 Arbuzov 反应及苯甲醛和膦酸酯的 Wittig-Horner 反应，制备关键中间体 1,2-二苯乙烯衍生物，详见第二章第四节。

在 3-（羟甲基）碳头孢菌素［3-(hydroxymethyl) carbacephalosporin］抗生素的高效不对称全合成中，β-内酰胺环首先通过 Mitsunobu 反应环化而成，然后六元不饱和环通过分子内的 Wittig-Horner 反应环化形成。该步分子内的烯烃化反应以 85% 的产率制得了单一的非对映异构体关键中间体。

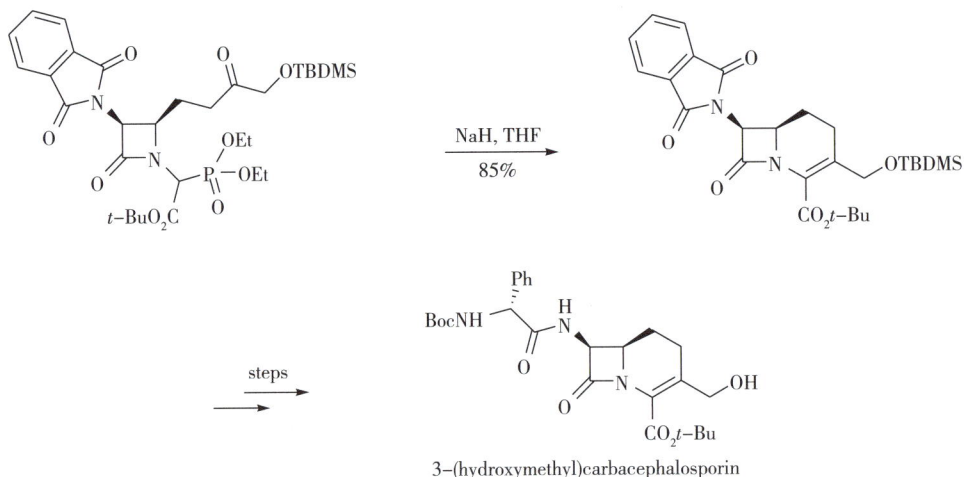

3-(hydroxymethyl)carbacephalosporin

雷美替胺的一种合成方法中，先后两次应用了膦酸酯与醛或酮的 Wittig-Horner 反应。

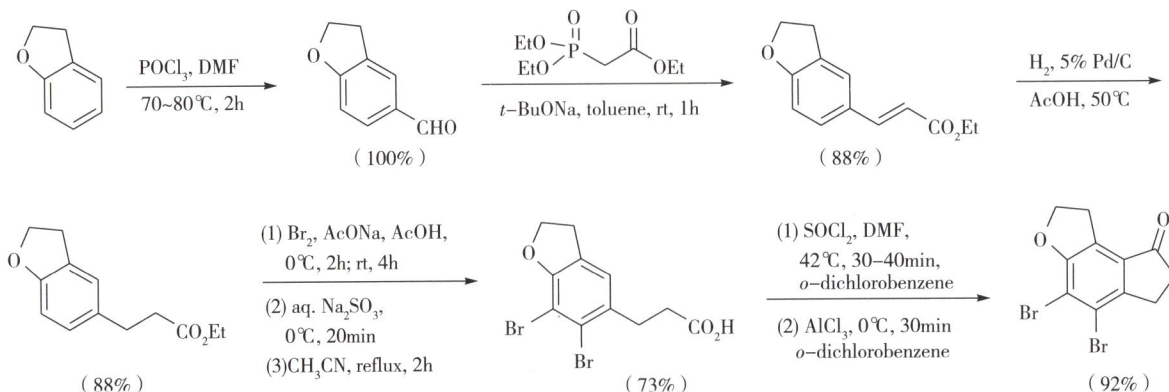

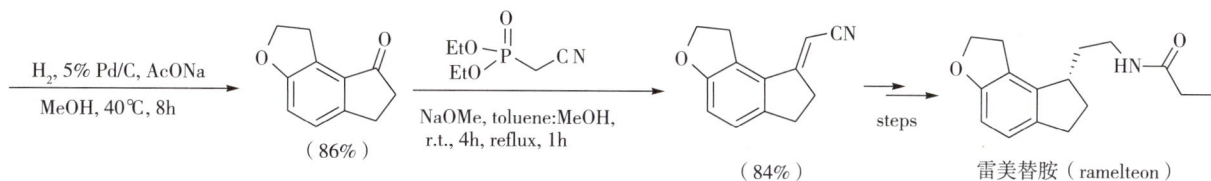

Ylide（叶立德）除了由磷形成的 Ylide 称为磷 Ylide，还有由硫形成的 Ylide 称为硫 Ylide（硫叶立德）。例如，二甲基亚甲基硫叶立德（dimethylsulfonium methylide）可以通过二甲基硫醚与碘甲烷形成锍鎓盐（sulfonium salts）三甲基碘化锍（trimethylsulfonium iodide），然后用强碱（如氢化钠或正丁基锂）去质子化形成。

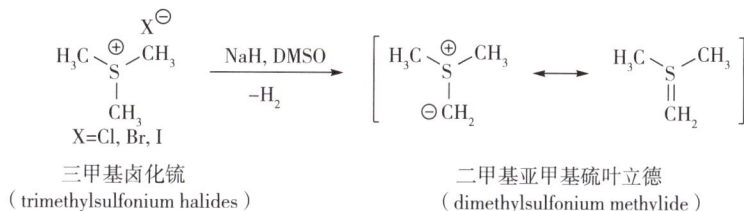

三甲基卤化锍
（trimethylsulfonium halides）

二甲基亚甲基硫叶立德
（dimethylsulfonium methylide）

二甲基亚砜（DMSO）和碘甲烷反应得到三甲基亚砜碘化锍（trimethylsulfoxonium iodide），然后与强碱（如氢化钠）反应得到亚砜叶立德试剂——二甲基亚砜亚甲基叶立德，即 Corey-Chaykovsky 试剂。Corey-Chaykovsky 试剂不稳定，一般在反应中原位制备并进行反应。

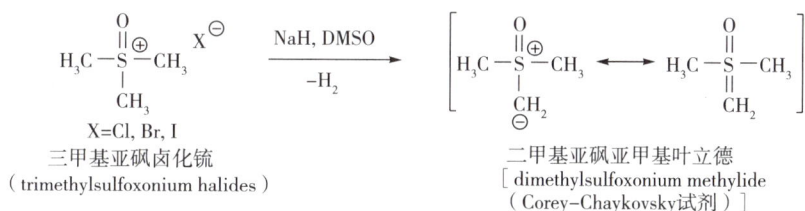

三甲基亚砜卤化锍
（trimethylsulfoxonium halides）

二甲基亚砜亚甲基叶立德
［dimethylsulfoxonium methylide
（Corey-Chaykovsky 试剂）］

应用实例：

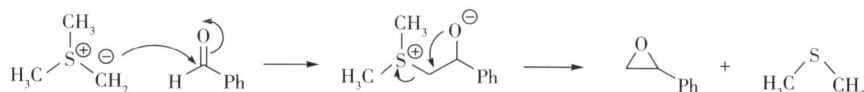

例如，Corey-Chaykovsky 试剂与 α,β-不饱和酮（烯酮）的反应是 1,4-加成，然后闭环得到环丙烷衍生物。

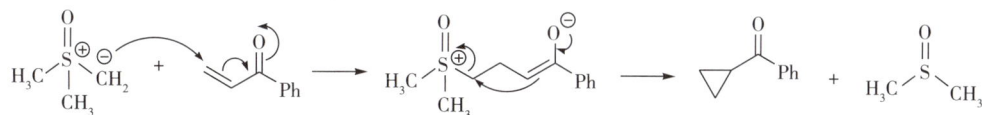

二、羰基 α 位亚甲基化

1. 活性亚甲基化合物的亚甲基化反应 含活性亚甲基的化合物在弱碱性催化剂（氨、伯胺、仲胺、吡啶等有机碱）作用下，与醛或酮的羰基发生羟醛型缩合，脱水得到 α,β-不饱和化合物的反应，称为 Knoevenagel 反应。该反应的结果在羰基 α-碳上引入亚甲基。

反应通式：

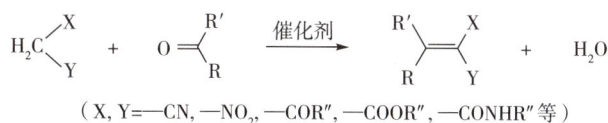

（X, Y＝—CN，—NO₂，—COR″，—COOR″，—CONHR″等）

胺催化反应历程：

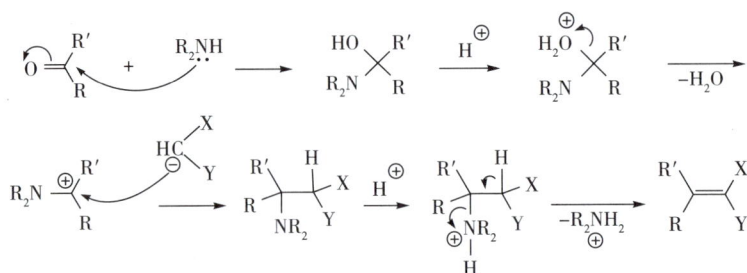

碱催化反应历程：

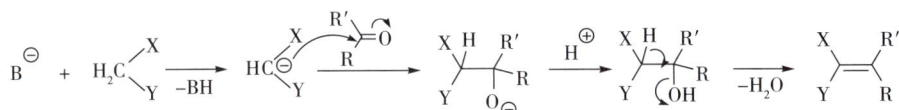

影响因素及反应条件如下。

（1）反应物结构　包括亚甲基及羰基组分的结构。

1）亚甲基组分的结构　常用的活性亚甲基化合物有乙酰乙酸及其酯、丙二酸及其酯、丙二腈、丙二酰胺、苄酮、脂肪族硝基化合物等。

2）羰基组分的结构　醛中芳醛和脂肪醛均可顺利地进行反应，其中芳醛的收率高一些。

（2）反应条件

1）催化剂　常用的催化剂有乙酸铵、吡啶、丁胺、哌啶、甘氨酸、氨-乙醇、氢氧化钠、碳酸钠等。

2）溶剂　常用苯、甲苯等有机溶剂。

应用实例： 主要用于制备 α,β-不饱和羧酸及其衍生物，α,β-不饱和腈和硝基化合物等。

例如：多巴胺（dopamine，DA）中间体的合成。

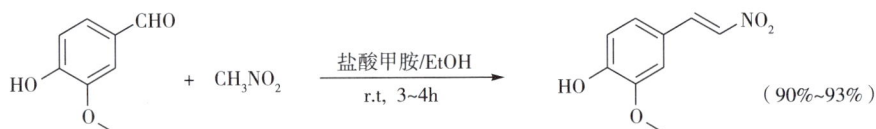

例如，苯芴醇（lumefantrine）主要用于恶性疟疾，尤其适用于抗氯喹的恶性疟的治疗。苯芴醇的一种合成方法中，应用了活性亚甲基化合物在碱催化下，与芳醛进行羟醛型缩合，脱水得到 α,β-不饱和化合物的 Knoevenagel 反应。

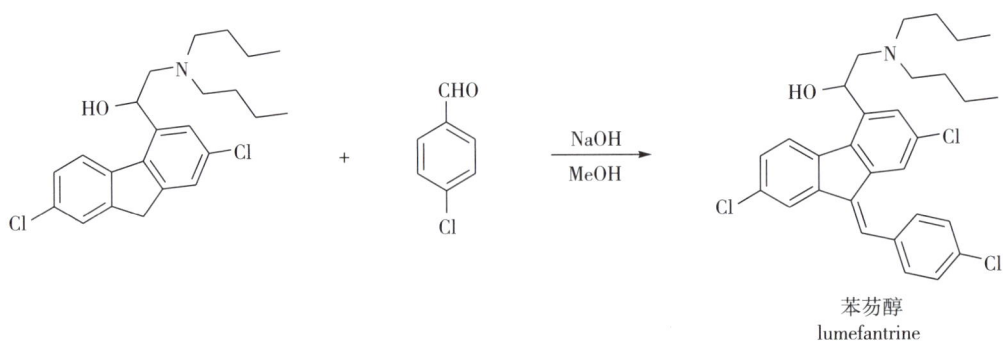

苯芴醇
lumefantrine

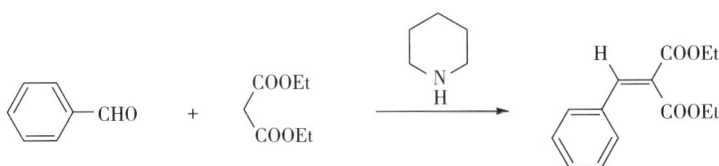

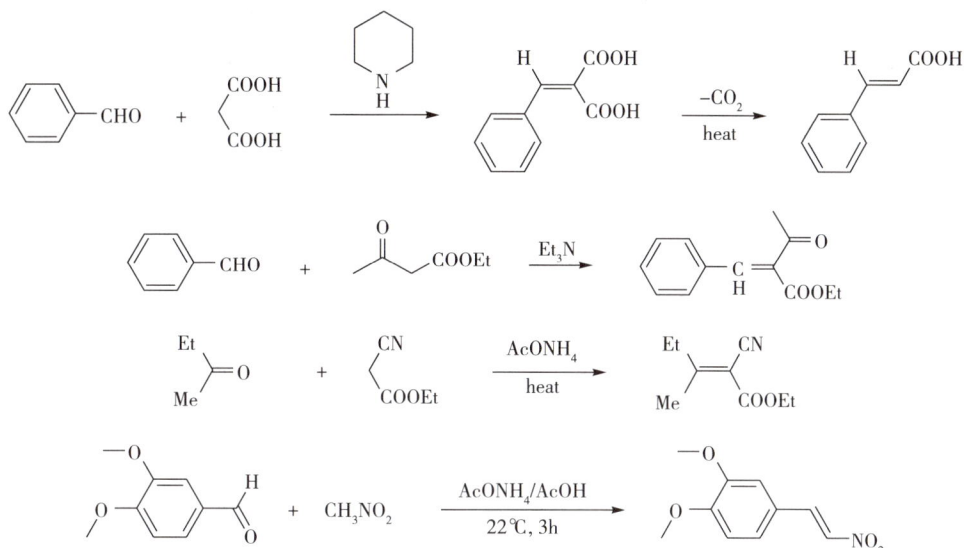

应用实例：盐酸多奈哌齐（donepezil hydrochloride）是第二代特异的可逆性中枢乙酰胆碱酯酶（AChE）抑制剂，对外周 AChE 作用很小。本品通过抑制 AChE 活性，使突触间隙乙酰胆碱（ACh）的分解减慢，从而提高 ACh 的含量，改善阿尔茨海默病（Alzheimer's disease，AD）患者的认知功能，适用于轻度或中度阿尔茨海默型痴呆症状（老年痴呆症）的治疗。盐酸多奈哌齐的一种合成方法，首先由 3,4-二甲氧基苯甲醛与丙二酸在吡啶催化下进行 Knoevenagel 反应，接下来经过 Raney Ni 的催化氢化和多聚磷酸（PPA）催化的分子内 Friedel-Crafts 酰化反应制得 5,6-二甲氧基-1-茚酮。另外，由苄基哌啶酮和三甲基亚砜碘化锍与氢氧化钠反应得到的亚砜叶立德试剂（二甲基亚砜亚甲基叶立德），即 Corey-Chaykovsky 试剂反应得到环醚。再经溴化镁催化重排生成 N-苄基-4-哌啶基甲醛。将 5,6-二甲氧基-1-茚酮和 N-苄基-4-哌啶基甲醛进行 Aldol 缩合，最后经催化氢化和盐酸成盐得到盐酸多奈哌齐。

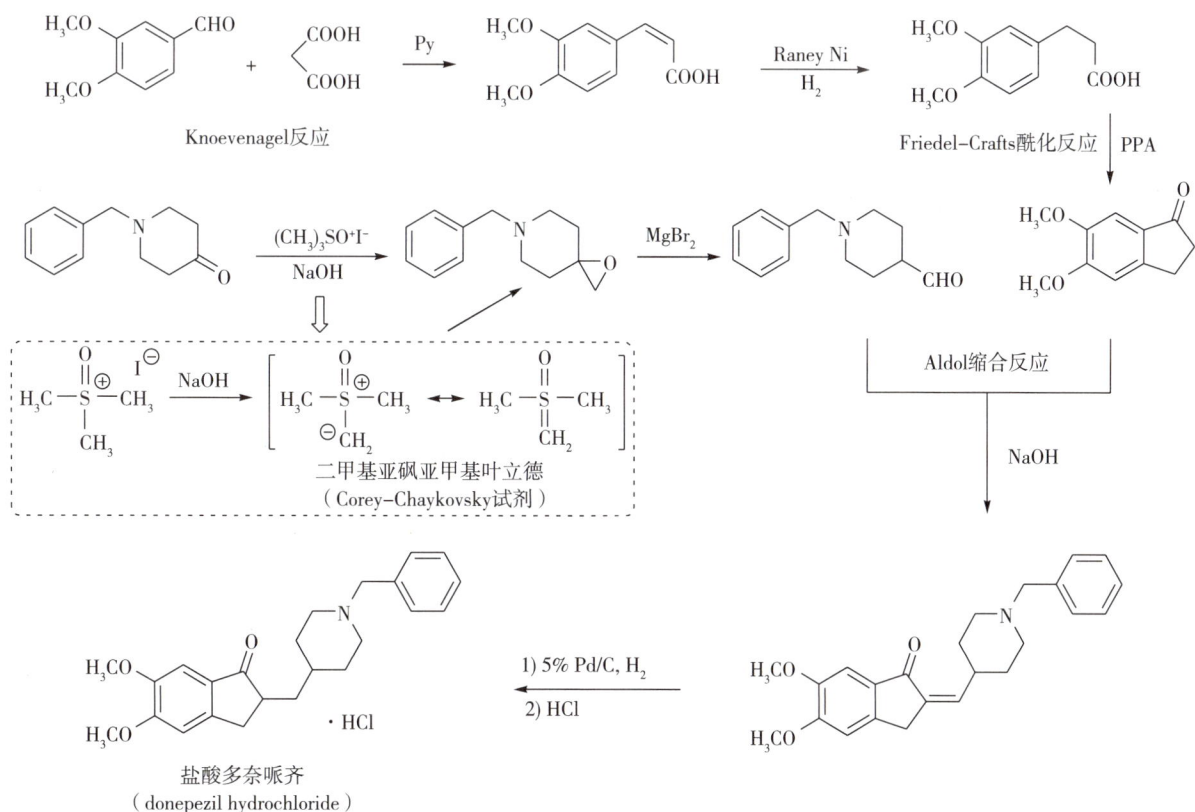

盐酸多奈哌齐
（donepezil hydrochloride）

2. Stobbe 反应　丁二酸酯或 α-烃基取代的丁二酸酯在碱性试剂存在下，与羰基化合物（醛或酮）进行缩合而得到 α-烷烃（或芳烃）亚甲基丁二酸单酯的反应称为 Stobbe 反应。其反应通式为：

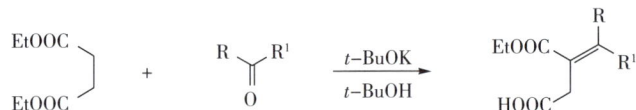

Stobbe 反应常用的碱性试剂有叔丁醇钠、叔丁醇钾、氢化钠和三苯甲基钠等强碱。

反应历程：首先叔丁醇钾夺取丁二酸二乙酯的一个 α-氢原子，形成烯醇负离子，然后该烯醇负离子进攻醛或酮的羰基发生 Aldol 亲核加成，得到的 β-醇氧负离子与分子内的酯缩合反应形成内酯，内酯在叔丁醇钾的催化下开环、消除、酸化得目标产物 α-亚烃基丁二酸单酯衍生物。

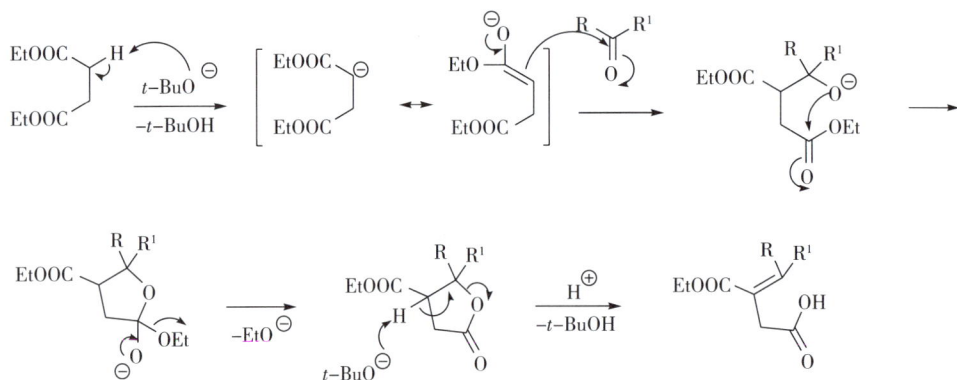

当 Stobbe 反应应用于酮类化合物时，如果反应物是对称酮分子，则只得到一种产物，收率很好。

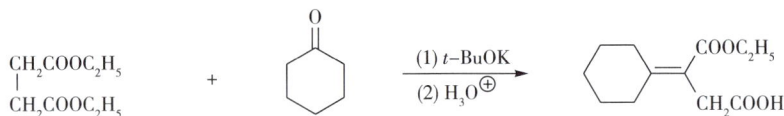

如果反应物是不对称酮，则得到顺、反异构体的混合物。

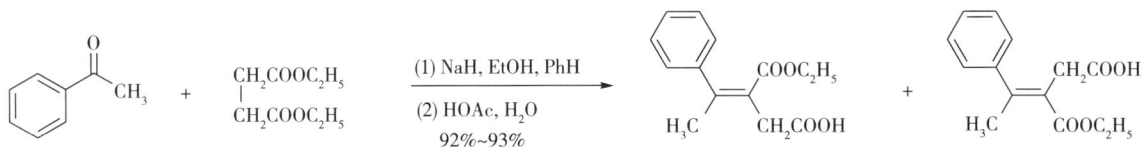

应用实例：Stobbe 反应的产物在 48% 氢溴酸-醋酸溶液中加热水解并脱羧，得到比原来起始原料羰基化合物（醛或酮）多 3 个碳原子的不饱和羧酸（烯酸）。

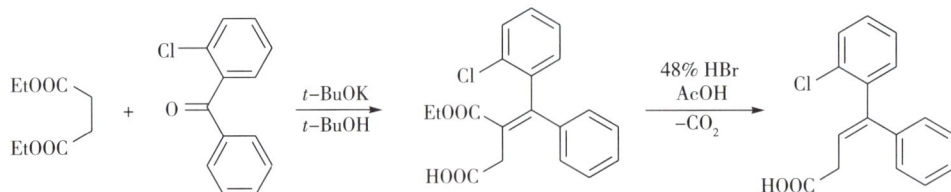

除了酮以外，芳香醛及芳杂醛也能发生 Stobbe 反应，得到亚甲基丁二酸单酯衍生物。

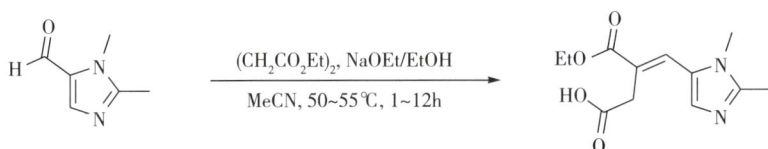

有些芳香醛底物在发生第一次 Stobbe 反应生成亚甲基丁二酸单酯衍生物后，经过甲酯化制得亚甲基丁二酸二甲酯衍生物，再加入新的芳香醛，在碱性条件下可以进行第二次 Stobbe 反应，得到新的亚甲基丁二酸单酯衍生物。

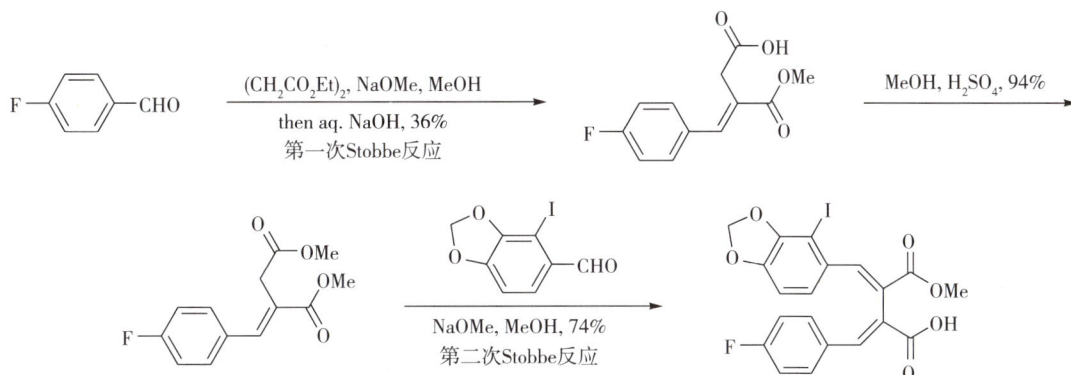

例如，在(+)-可待因[(+)-codeine]的一种不对称全合成方法中，应用了 Stobbe 反应。首先，丁二酸二甲酯（又称琥珀酸二甲酯，dimethyl succinate）和异香兰素（isovanillin）在过量甲醇钠存在下回流反应，所得反应混合物经酸化得到 Stobbe 反应产物单甲基酯。然后，再通过亚烷基琥珀酸单甲基酯衍生物的不对称加氢等反应制得(+)-可待因[(+)-codeine]。

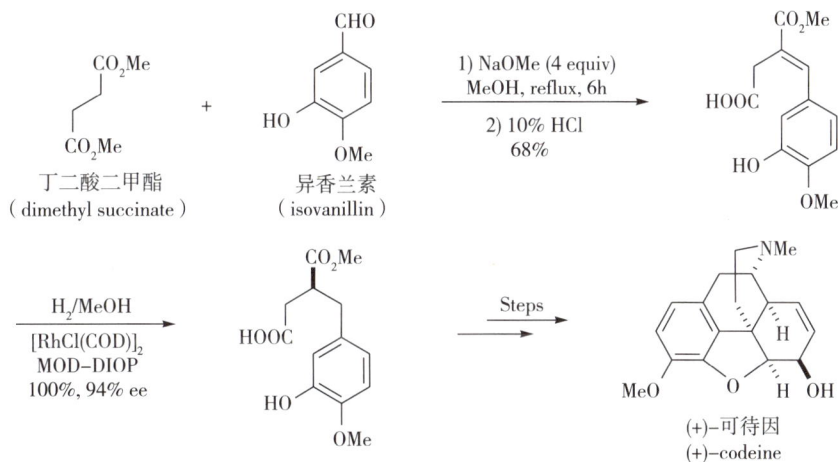

3. 柏琴反应（Perkin 反应）

芳香醛与酸酐在同酸酐相应的酸的羧酸钠盐、钾盐（或叔胺）的存在下进行缩合反应，生成 β-芳丙烯酸类化合物（α,β-不饱和羧酸）的反应称为 Perkin 反应。其反应通式为：

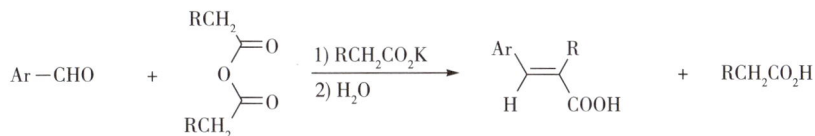

本反应的实质是酸酐的亚甲基与芳醛进行羟醛缩合。在碱的作用下，酸酐经烯醇化后与芳醛发生 Aldol 缩合，经酰基转移、消除、水解得 β-芳丙烯酸类化合物（α,β-不饱和羧酸）。

反应机理： 羧酸盐的负离子作为质子接受体，与酸酐作用夺去酸酐的 α-碳上的质子，在得到羧酸的同时生成酸酐的 α-碳负离子，该负离子经烯醇化后所得烯醇氧负离子与醛发生亲核加成产生烷氧负离子，然后向分子内的羰基进攻并关环，再从另一侧开环，得到羧酸根负离子，接下来与酸酐反应产生混酐，这个混酐在羧酸盐的负离子作用下发生 E2 消除，失去质子及酰氧基，产生一个不饱和的酸酐。该不饱和的酸酐受亲核试剂（水）进攻发生加成-消除，再经酸化，最后得到芳基 α,β-不饱和羧酸，

产物主要是反式 α,β-不饱和羧酸。

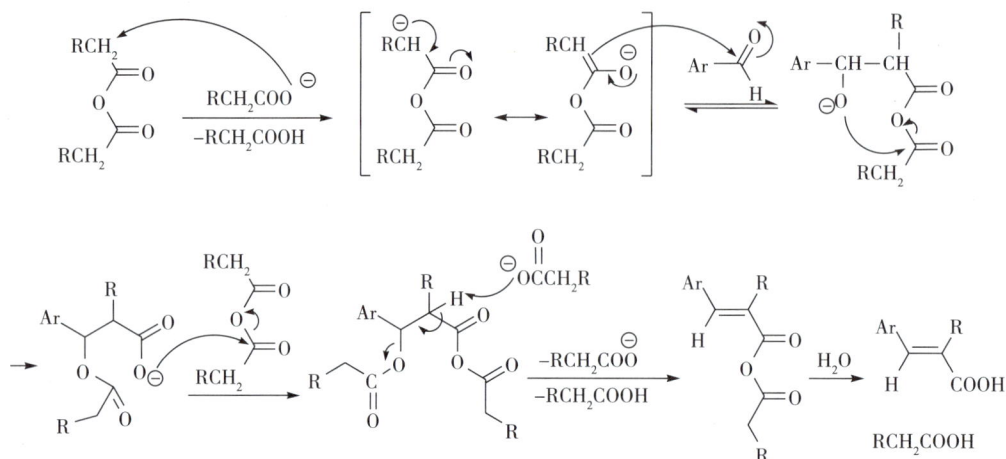

影响因素及反应条件如下。

（1）反应物

1）芳醛的结构　芳醛连有吸电子基时使芳醛的活性增加，可获得高收率，连有给电子基时，活性降低，反应速度减慢。

2）酸酐的结构　一般为具有两个或两个以上 α-活泼氢的低级单酐。若酸酐具有两个以上 α-活泼氢时，其产物均是 α,β-不饱和羧酸。某些高级酸酐来源少、制备难，可采用该羧酸盐与乙酸酐反应先制得混合酸酐后再发生缩合反应。

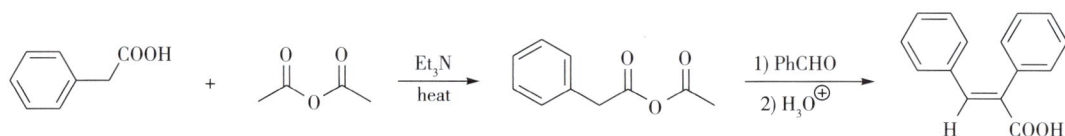

（2）反应条件

1）催化剂　使用与羧酸酐相应的羧酸钠盐或钾盐。钾盐的效果比钠盐好，但 Cs 盐的催化效果更好，反应速度快，收率也较高。

2）温度及其他　温度一般要求较高（150～200℃）。但是反应温度太高，又可能发生脱羧和消除副反应，生成烯烃。在无水条件下进行。

应用实例：Perkin 反应主要用于制备 β-芳丙烯酸类化合物。例如，钙拮抗剂、抗心绞痛药普尼拉明（prenylamine）的中间体肉桂酸（cinnamic acid）的合成可采用 Perkin 反应制得。

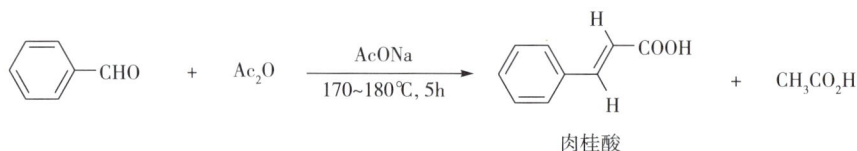

肉桂酸

例如，造影剂是介入放射学操作中最常使用的药物之一，主要用于血管、体腔的显示。造影剂种类多样，目前用于介入放射学的造影剂多为含碘制剂。碘番酸（iopanoic acid）为 X 线诊断用阳性造影剂，用于胆囊及胆管等造影。该药由间硝基苯甲醛经缩合（Perkin 反应）、还原、酸化、碘化而得。该合成路线的关键第一步为缩合（Perkin 反应）合成 α-乙基-3-硝基肉桂酸。将正丁酸酐及干燥的正丁酸钠加入干燥的反应锅内，搅拌加热去水分。加入间硝基苯甲醛，在 135～140℃下反应 7 小时左右。冷却，放入冰水中析出黑褐色沉淀。甩滤，洗净焦性油，得缩合物粗品。将其溶于稀氨水中，在搅拌下加活性炭加热脱色，趁热抽滤后滤液用稀硫酸酸化结晶。甩滤，用水洗涤滤饼，干燥，得 α-乙基-3-硝基肉桂酸，为淡黄色结晶，熔点 141～143℃，收率 70%～75%。

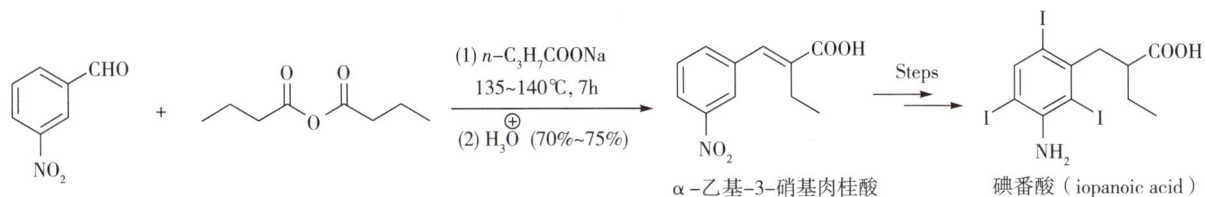

4. Erlenmeyer-plöchl 反应

α-酰胺基乙酸在醋酸和醋酸钠（或碳酸钾）存在下，与芳香醛（或其他醛）缩合，先制得二氢噁唑酮中间体，再经水解、还原等反应，生成 α-氨基酸或 α-酮酸等衍生物，称为 Erlenmeyer-plöchl 反应。

反应通式：

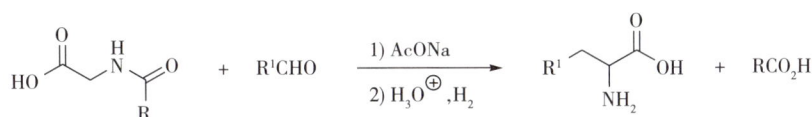

反应机理：

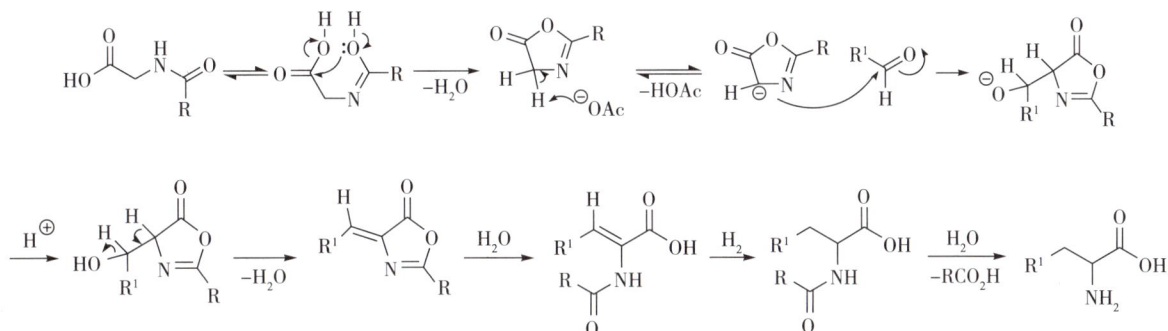

应用实例：

第四节　α,β-环氧烷基化反应

1. 定义

醛或酮与 α-卤代酸酯在强碱（如醇钠、醇钾、氨基钠等）作用下发生缩合反应生成 α,β-环氧酸酯（缩水甘油酸酯）的反应叫 Darzens（达参）反应。

反应通式：

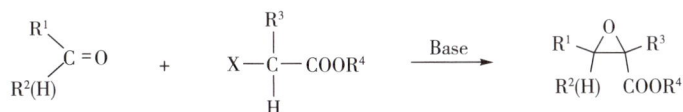

2. 反应历程

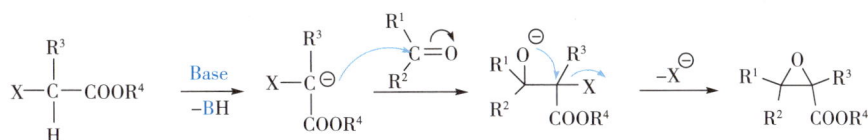

3. 影响因素及反应条件

（1）反应物

1）羰基化合物的结构　脂肪醛的收率不高，其他芳香醛、脂肪酮、脂环酮以及 α,β-不饱和酮等均可顺利进行反应。

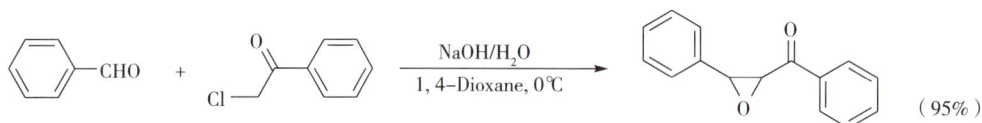

（95%）

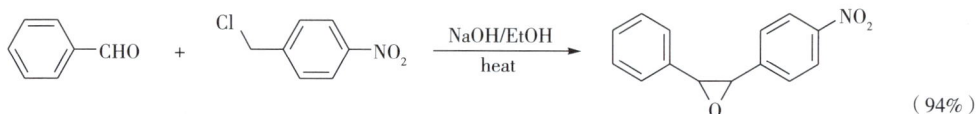

（94%）

2）α-卤代酸酯的结构　除常用 α-氯代酸酯外，α-卤代酮、α-卤代腈、α-卤代亚砜和砜、α-卤代 N,N-二取代酰胺、苄基卤化物等均能进行类似 Darzens 反应。

（2）催化剂　Darzens 反应常用的碱性催化剂有醇钠和醇钾，叔丁醇钾效果好，还可以使用氨基钠、LDA（lithium diisopropylamide，二异丙基胺基锂）等。

例如：安立生坦（Ambrisentan）是一种用于治疗肺动脉高压（PAH）的高选择性内皮素 A（ETA）受体拮抗剂。该药中间体的合成可采用 Darzens 反应制得。

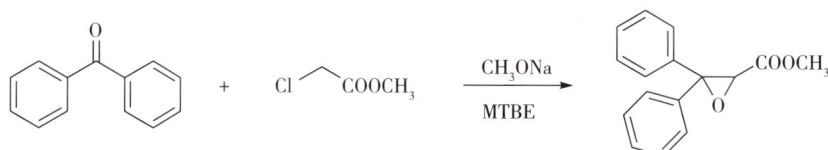

4. Darzens 反应的应用　Darzens 反应的结果主要是得到 α,β-环氧酸酯。

例如：

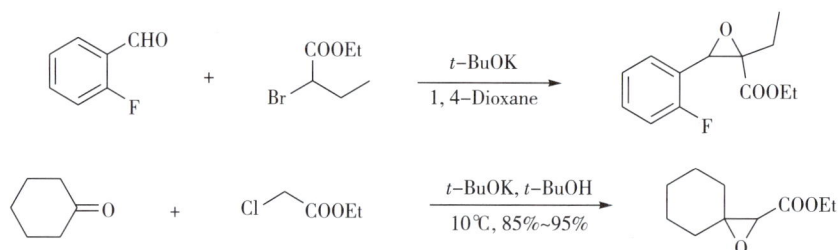

α,β-环氧酸酯是非常重要的有机合成、药物合成的中间体，可以通过水解、脱羧，制得新的醛或酮。因此，Darzens 反应可用来制备比原来的醛或酮多一个碳原子的醛或酮。

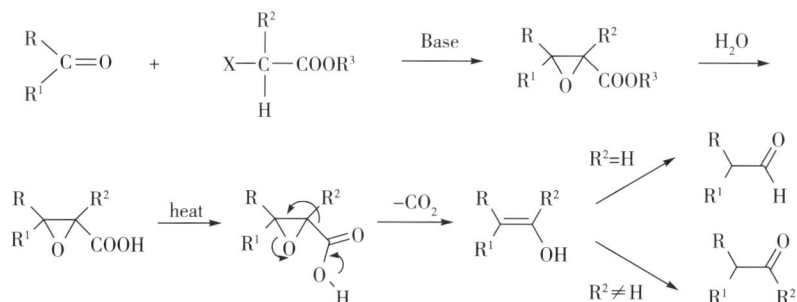

例如，抗焦虑药、镇吐药大麻隆（nabilone）中间体的合成可采用首先进行 Darzens 反应，再通过水

解、脱羧，制得比原来的酮多一个碳原子的醛。

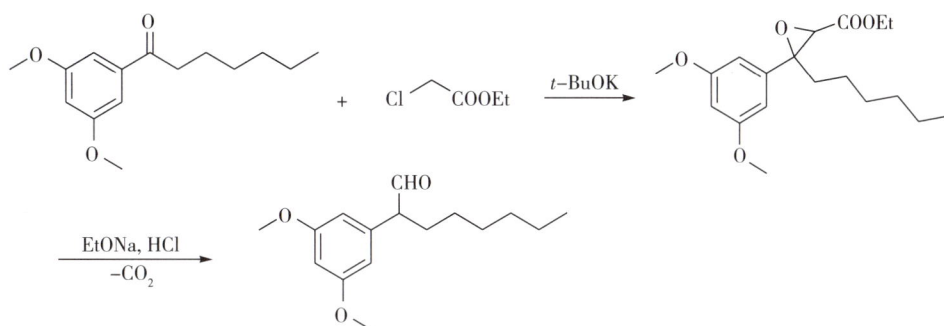

例如，对甲氧基苯基丙酮是长效选择性 β_2 受体激动剂平喘药福莫特罗、钙拮抗剂抗心绞痛药乳酸心可定等药物的关键中间体。对甲氧基苯基丙酮的合成也可采用首先进行 Darzens 反应，接下来水解和脱羧反应，制得比原料对甲氧基苯甲醛多一个碳原子的酮。

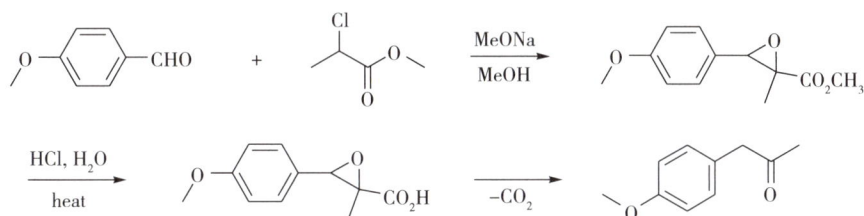

第六章　重排反应

定义：受试剂或介质的影响，同一有机分子内的一个基团或原子从一个原子迁移到另一个原子上，使分子构架发生改变而形成一个新的分子的反应称为重排反应（rearrangement reaction）。

$$\underset{A-B}{\overset{W}{|}} \longrightarrow \underset{A-B}{\overset{W}{|}}$$

A 表述重排的起点原子，B 表示重排的终点原子，W 表示迁移的基团（重排基团）。

重排反应按照反应机理可以分为亲核重排、亲电重排、自由基重排、协同重排（周环反应机理）四种机理。

当一个化学反应（尤其是有机化学反应）被某人所发现或加以推广，便以他的名字来命名作为纪念，这样命名的化学反应称为人名反应（name reaction）。重排反应（rearrangement reaction）多为人名反应，在有机合成和药物合成领域起着非常重要的作用。

亲核重排：一般分为三步进行。第一步，反应物在催化剂作用下失去离去基团而在重排终点原子 B 上形成不稳定的缺电子中心。第二步，其相邻原子（重排起点原子 A）上的迁移基带着一对电子向不稳定的缺电子中心（重排终点原子 B）迁移，相邻原子上由于一对电子的迁移形成新的缺电子中心（重排起点原子 A）。第三步，新的缺电子中心（重排起点原子 A）与其他试剂反应或经反应物分子内电子转移而形成稳定的化合物。其中，真正的亲核重排实际发生在第二步，如下图所示。因为迁移基团 W 着一对成键电子向重排终点原子 B 迁移，所以重排终点原子 B 必须是外层含六个电子（称为开放六隅体）的缺电子原子。因此，亲核重排的第一步就是获得一个开放六隅体系，其中最重要的是形成碳正离子或氮烯（nitrene，又称乃春、氮宾，是卡宾又称碳烯的氮类似物）。

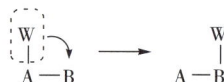

$$\underset{A-B}{\overset{\fbox{W}}{}} \longrightarrow \underset{A-B}{\overset{W}{|}}$$

常见的亲核重排反应：Wagner–Meerwein 重排、Pinacol 重排、Curtius 重排、Hofmann 重排、Lossen 重排、二苯乙醇酸重排（Benzilic Acid Rearrangement）、Wolff 重排、Beckmann 重排、Schmidt 重排、Baeyer–Villiger 重排等。

亲电重排反应的第一步是在分子中（重排终点原子 B）消去一个正离子，在重排终点原子 B 上形成一个负离子（碳负离子或其他负离子）或具有未共用电子对的活泼中心（富电子中心）。第二步与重排终点原子 B 相邻的（也有些迁移距离较远）重排起点原子 A 上的迁移基团 W 不带着其成键电子迁移，以正离子的形式迁移到重排终点原子 B 上。重排起点原子 A 上遗留一对电子形成新的负离子（碳负离子或其他负离子）或具有未共用电子对的活泼中心（富电子中心）与其他试剂反应或经反应物分子内电子转移而形成稳定的化合物。其中，真正的亲电重排实际发生在第二步，迁移基团 W 不带着一对成键电子，以正离子的形式向重排终点原子 B 迁移，如下图所示。

$$\underset{A-B}{\overset{\fbox{W}}{}} {}^{\ominus} \longrightarrow {}^{\ominus}\underset{A-B}{\overset{W}{|}}$$

常见的亲电重排反应：Favorskii 重排、Stevens 重排、Sommelet–Hauser 重排等。

自由基重排反应的研究较少。底物的重排终点原子 B 首先在自由基引发剂作用下，产生自由基，然后迁移基团 W 带着单电子转移到单电子的重排终点原子 B 上，在重排起点原子 A 上产生新的自由基。最后，新生成的自由基进一步反应而形成稳定的化合物。

协同重排（周环反应机理）机理：周环机理（pericyclic mechanisms）是不同于离子型反应（亲核反应、亲电反应）和自由基反应的另一种反应机理，属于协同反应（concerted reaction）机理。周环反应由热或光引发，旧键断裂与新键生成是同步的，在周环反应中不存在电荷或缺电子的中间体，而是通过形成环状过渡态，而且按反应物分子轨道的对称性进行的，通过一步完成的多中心反应，具有立体专一性。有时很难判断一个反应是否按周环机理进行，因为对于同一个反应可以写出合理的自由基机理或极性机理。周环反应主要分为：电环化反应，环加成反应和 σ-迁移反应，本章主要讨论 σ-迁移重排反应。常见的 σ-迁移重排反应有 Claisen 重排和 Cope 重排，二者均属于 [3,3]-σ 迁移重排。

第一节　从碳原子到碳原子的重排

一、Wagner–Meerwein 重排

1. 定义　终点碳原子上羟基、卤原子或重氮基等，在质子酸或 Lewis 酸催化下离去形成碳正离子，其邻近的基团作 1,2-迁移至该碳原子，同时形成更稳定的起点碳正离子，后经亲核取代或质子消除而生成新化合物的反应称为 Wagner–Meerwein（瓦格涅尔-麦尔外因）重排反应。

反应通式：

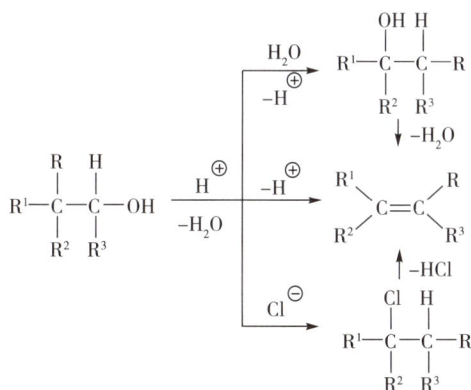

Wagner–Meerwein 重排为亲核重排反应机理，主要按照 S_N1 反应机理进行，即首先形成碳正离子（比如醇在酸作用下，脱水形成碳正离子），再重排为较稳定的碳正离子，然后亲核试剂进攻碳正离子形成新的化合物或失去质子形成烯烃。

2. 反应机理

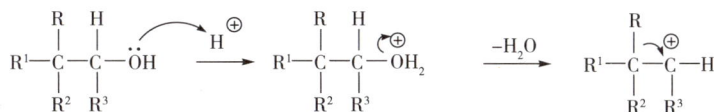

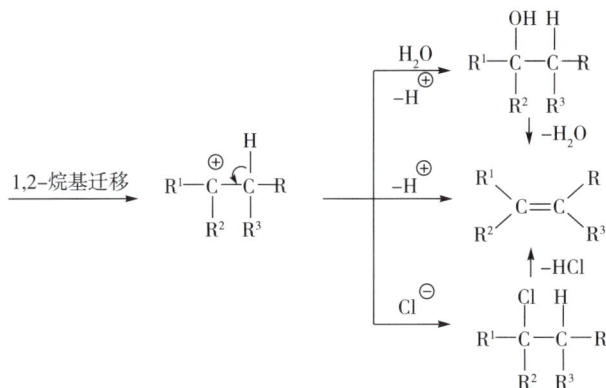

由此可见，Wagner-Meerwein 重排反应的主要影响因素为碳正离子的稳定性。

碳正离子的稳定性（主要考虑电子效应的影响）：碳正离子的中心碳原子是缺电子的，使正离子中心碳原子上电子云密度增加的结构因素将使正电荷分散，使碳正离子稳定性增高。因此，碳正离子的稳定性主要受以下几个方面的影响。

（1）来自取代基的给电子效应，有利于碳正离子稳定性。

（2）由 σ-p 超共轭（hyperconjugation）导致的电子离域而产生稳定性，更多的取代基能提供更多超共轭的机会使电子离域，使正电荷分散，因此，碳正离子稳定性次序：$R_3C^+ > R_2CH^+ > R-CH_2^+ > CH_3^+$。

（3）碳正离子中心碳原子与双键或苯环共轭时，电子离域使正电荷分散，从而稳定性增大。烯丙基正离子 $CH_2=CH-CH_2^+$ 和苄基正离子 $Ph-CH_2^+$ 都是比较稳定的，稳定性顺序：$Ph_3C^+ > Ph_2CH^+ > PhCH_2^+$。

3. 反应特点　Wagner-Meerwein 重排反应的碳正离子形成主要有以下几种形式。

（1）醇在酸性条件下的重排

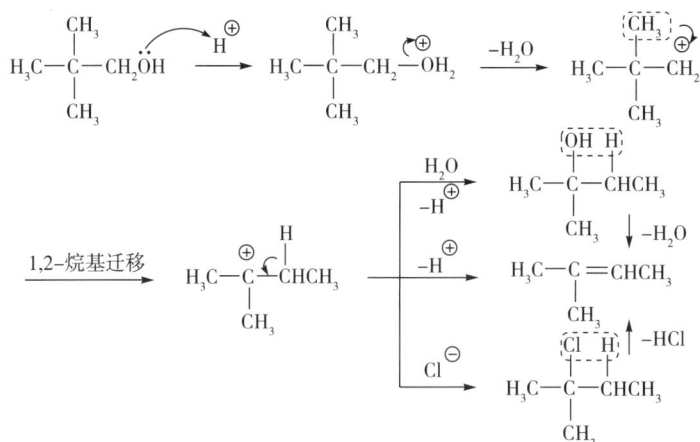

（2）烯加成过程中的重排

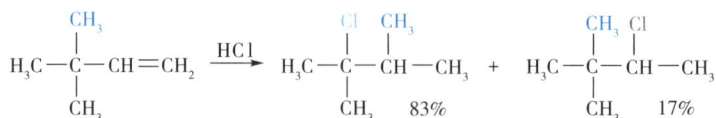

彩图

反应机理：

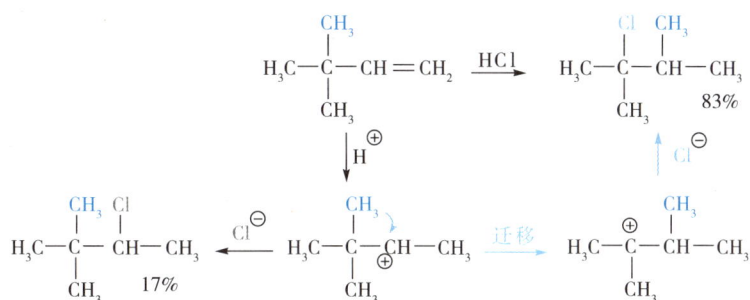

彩图

（3）脂肪伯胺重氮化后重排

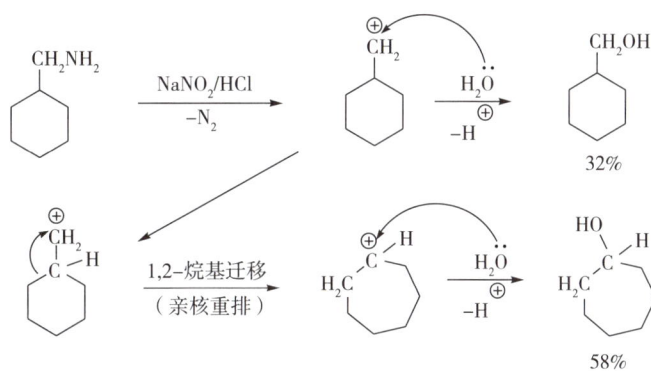

（4）卤代烃在银离子作用下重排

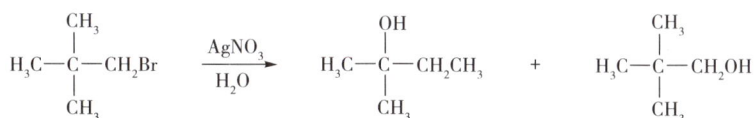

反应机理：

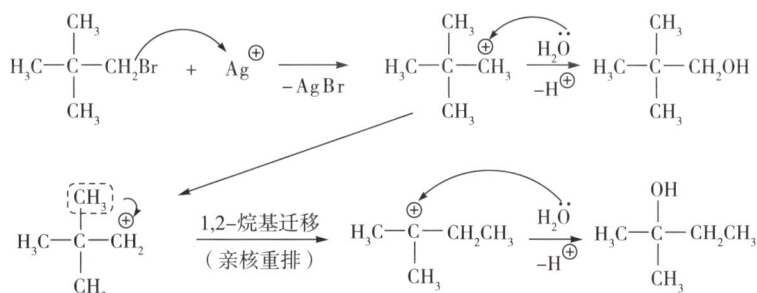

Wagner-Meerwein 重排迁移基团活性顺序：

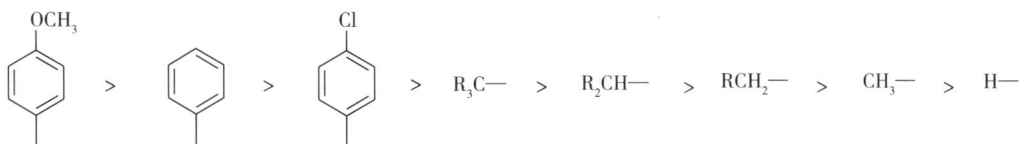

4. 应用实例

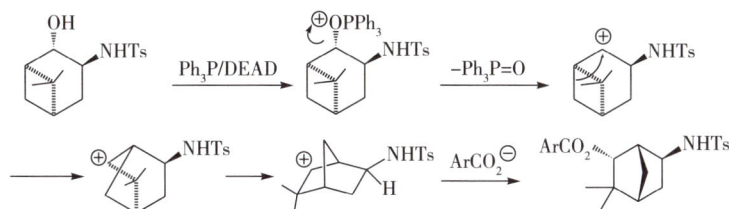

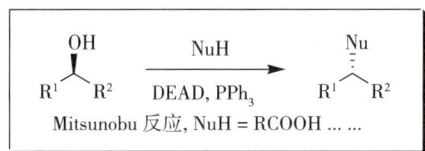

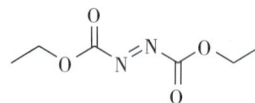

Diethyl azodicarboxylate
DEAD：偶氮二甲酸二乙酯

Mitsunobu 反应（光延反应）详见第四章内容，其机理为：

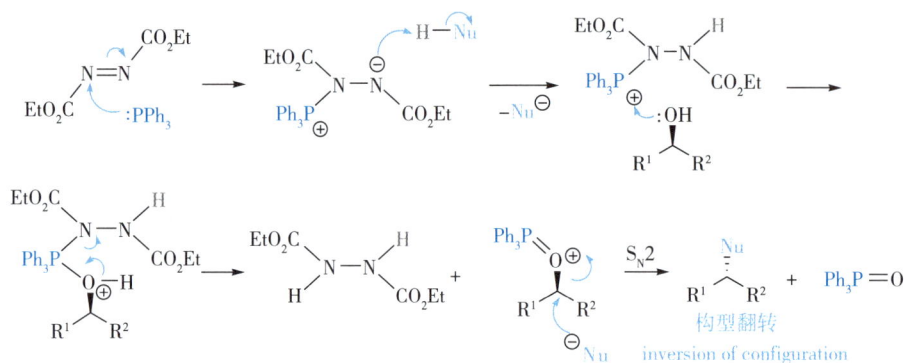

彩图

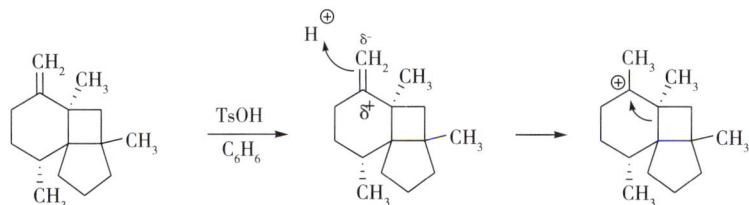

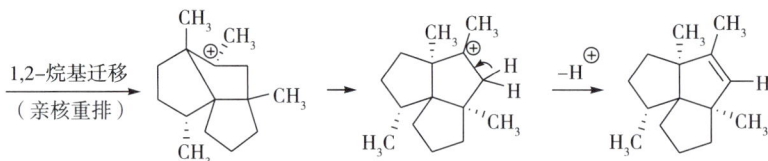

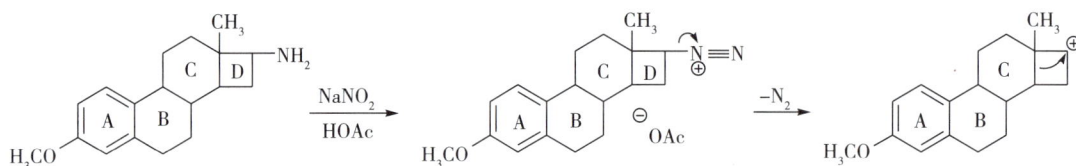

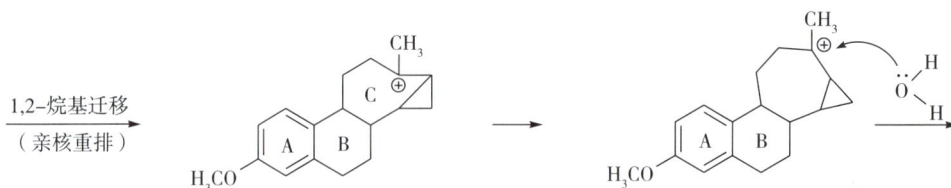

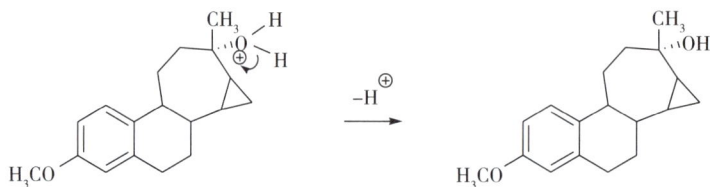

木兰藤目（Austrobaileyales），五味子科（Schisandraceae）中的中国五味子种（*Schisandrachinensis*）

的五味子为著名滋补强壮中药，其应用已有 2000 多年的历史，一直为《中华人民共和国药典》所收载，该科其他许多种也在民间广泛应用。五味子属植物的主要特征成分为萜类成分和木脂素，其中在五味子属植物中存在的萜类成分有单萜、倍半萜和三萜以及降三萜。五味子中的这些萜类成分分别具有抗艾滋病病毒、抗癌、抑制胆固醇生物合成和抗生育等作用。因此研究这些多环萜类天然产物的合成和衍生化，对于进一步阐明五味子及同属植物在传统中医应用中的功效及发现新的天然药物活性成分具有重要的意义，并为进一步研究植物化学成分与生物活性的对应关系，进而设计更安全、更高效的新型药物提供更多的借鉴。例如：五味子降三萜（schinortritepenoids，SNTs）是五味子科（Schisandraceae）植物特有的次生代谢产物，其化学结构通常具有高氧化度、高度重排、含柔性侧链及立体化学复杂等特点，为其结构解析，尤其是立体构型的确证、全合成等带来极大挑战。五味子降三萜（Schisandra nortriterpenoids or schinortriterpenoids）化合物 propindilactone G 的全合成中，其重要中间体合成的关键的一步应用了 Wagner–Meerwein 重排。

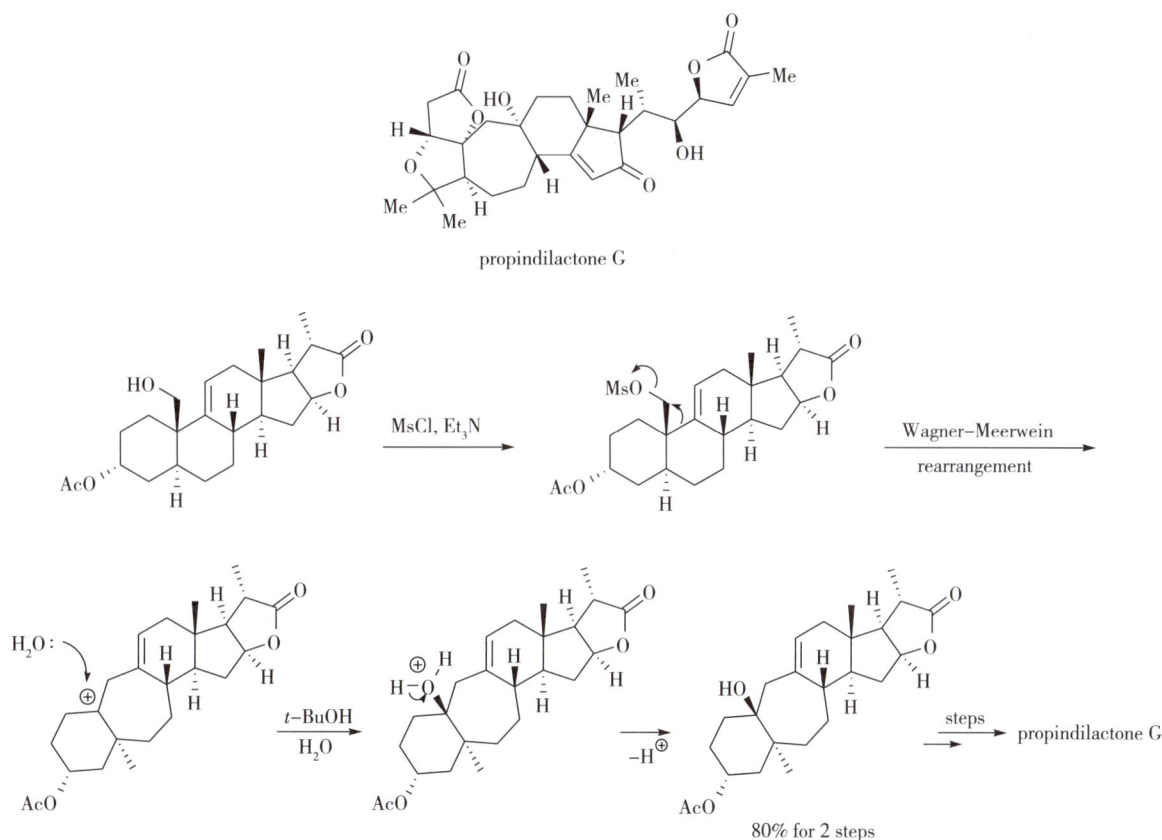

propindilactone G

80% for 2 steps

二、Pinacol 重排

连乙二醇类化合物在酸催化下，失去一分子水重排生成醛或酮的反应，称为 Pinacol 重排反应。Pinacol 重排源于 pinacol（频哪醇，四甲基乙二醇、2,3-二甲基-2,3-丁二醇）重排成 pinacolone（频哪酮，甲基叔丁基酮，3,3-二甲基-2-丁酮）的反应。

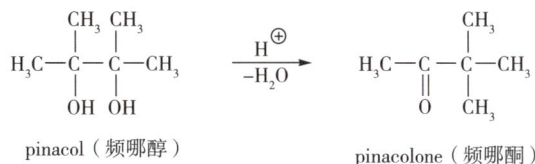

pinacol（频哪醇）　　　　pinacolone（频哪酮）

反应通式：

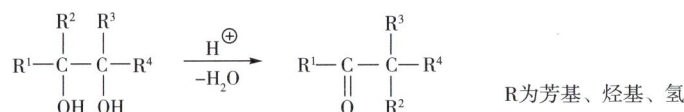

R为芳基、烃基、氢

例如：

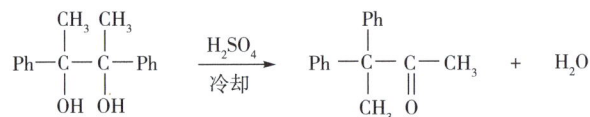

如果连乙二醇上的一个羟基连接在脂环上，另外一个羟基在环外，则经过 Pinacol 重排可以得到扩环的脂肪酮类化合物。

例如：

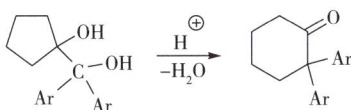

反应机理：

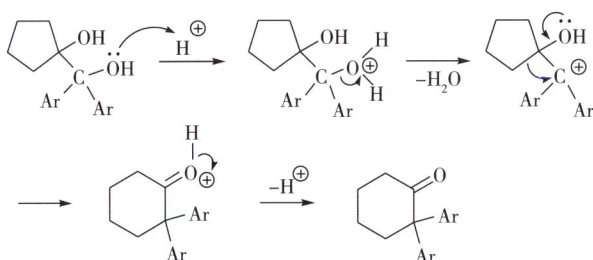

如果连乙二醇结构为相连的两个环上各连有一个羟基时，那么重排后生成螺环酮类化合物。

例如：

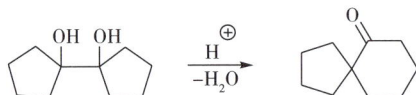

反应机理：

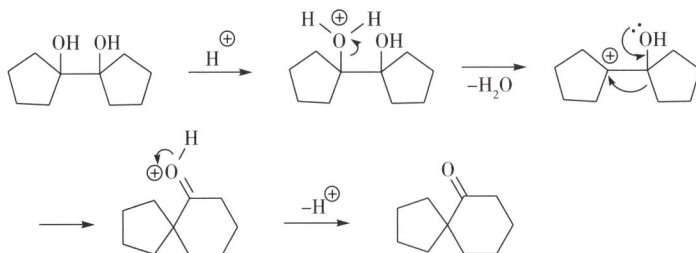

1. 反应机理 Pinacol 重排为亲核重排反应机理。连乙二醇类化合物的一个羟基在酸催化下脱去一分子水，生成碳正离子中间体。该碳正离子中间体通过 1,2-迁移生成更稳定的碳正离子，再脱去质子生成醛或酮类化合物。

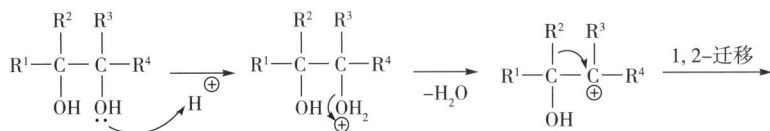

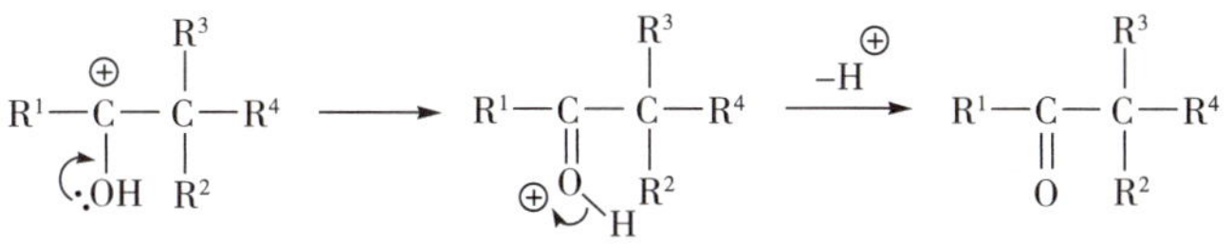

2. 重排的方向　羟基离去后形成的碳正离子越稳定，越有利于重排。碳正离子稳定性：芳基取代的碳正离子＞烷基取代的碳正离子。有给电子基团取代的芳基取代的碳正离子＞有吸电子基团取代的芳基取代的碳正离子。叔碳正离子＞仲碳正离子＞伯碳正离子。

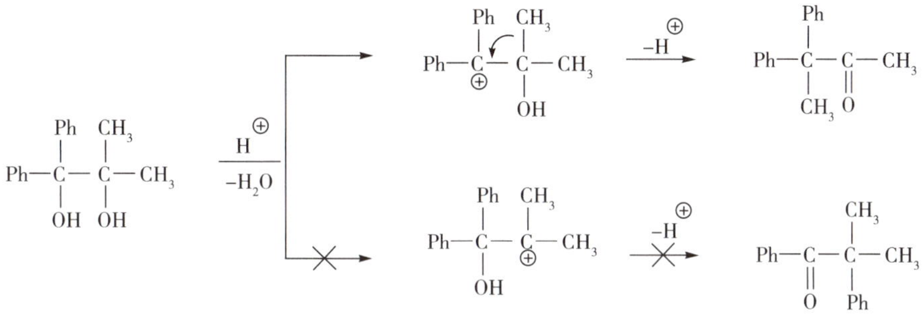

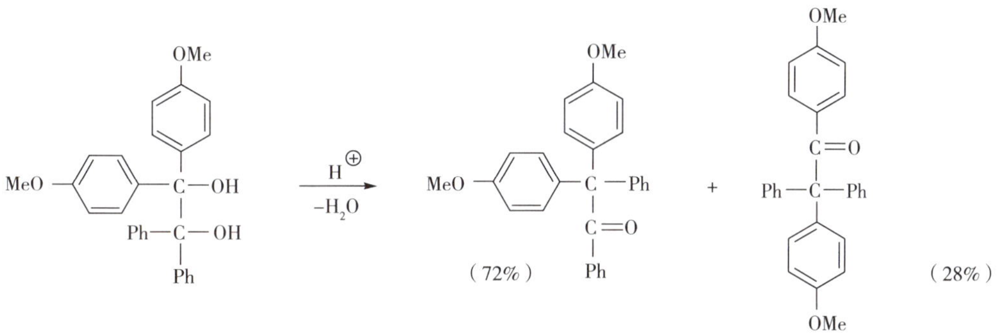

3. 基团的迁移能力　在酸催化下脱去任一羟基，得到相同碳正离子的情况下，生成的重排产物主要取决于迁移基团的迁移能力。能提供电子、稳定正电荷的基团优先迁移，成为主产物。基团的相对迁移能力：芳基≈氢≈乙烯基（烷烯基）＞叔丁基＞＞环丙基＞仲烷基＞伯烷基。供电子取代芳基＞芳基＞吸电子取代芳基。

例如，基团的迁移能力：芳基＞烃基。

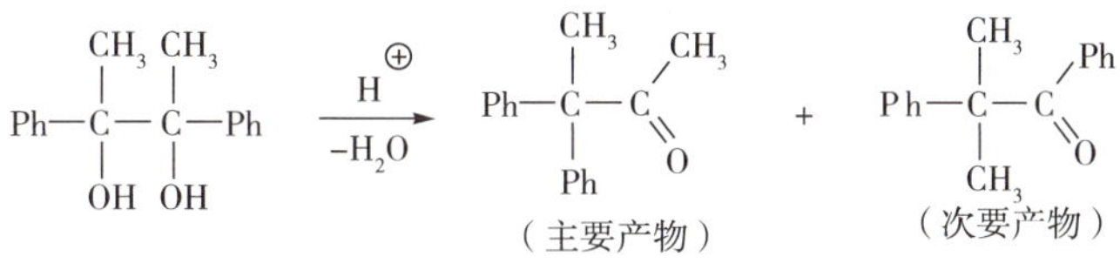

反应机理：

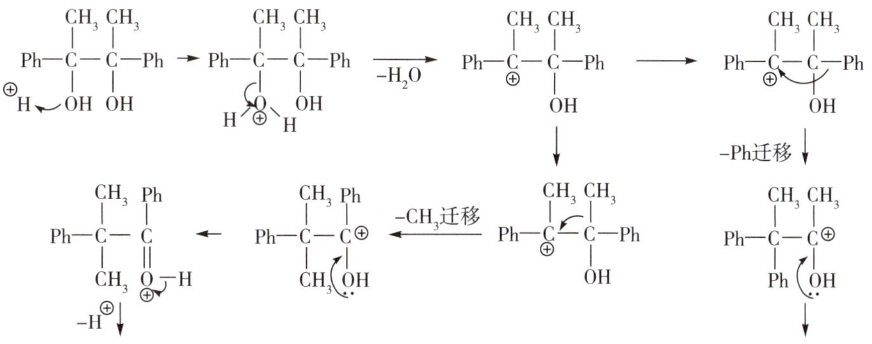

例如，基团的迁移能力：供电子取代芳基 > 吸电子取代芳基。

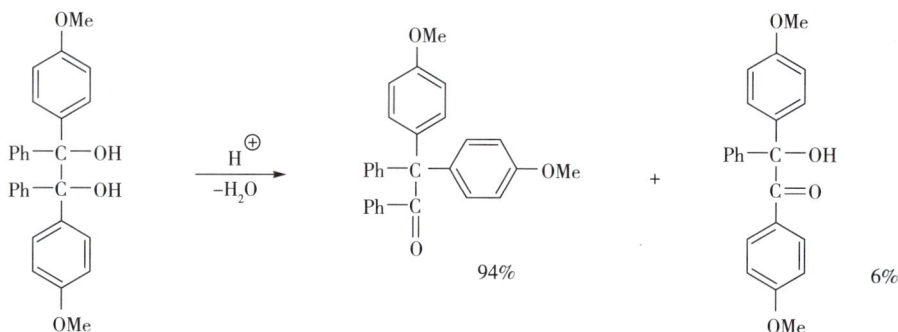

基团的迁移能力除了考虑上述电子效应情况以外，还需要结合迁移基团的空间位阻效应综合考虑。例如，基团的相对迁移能力：无位阻的芳基 > 有位阻的芳基。如果在芳环的邻位有取代基，无论是供电子基还是吸电子基，由于空间位阻效应，都使芳基的迁移能力下降，甚至不能发生重排反应。

例如，以下 Pinacol 重排反应中发生迁移的基团是氢，而不是苯环，就是受到空间位阻效应的影响。因为苯环迁移后，将形成空间位阻非常大的三苯甲基，故限制了苯环的迁移，而发生氢的迁移。

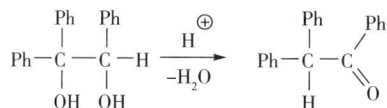

反应机理：

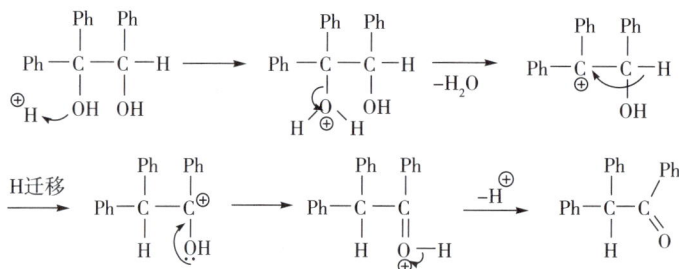

4. Semipinacol（半频哪醇）重排　当频哪醇的一个羟基换成其他易离去的基团（例如：Cl，Br，I，OMs，OTs，SR，NH$_2$等）时，也能使羟基的β-碳原子上形成碳正离子，从而进行 Pinacol 重排得到醛或酮类化合物，这类重排反应称为 Semipinacol（半频哪醇）重排。

反应通式：

R=芳基, 烃基, 氢
Y=Cl, Br, I, OMs, OTs, SR, NH$_2$

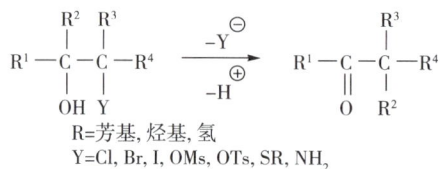

反应机理： Semipinacol 重排为亲核重排反应机理。半频哪醇类化合物的羟基的β-碳原子上脱去离去基团 Y 负离子，形成碳正离子中间体。该碳正离子中间体通过 1,2-迁移生成更稳定的碳正离子，再脱去质子生成醛或酮类化合物。

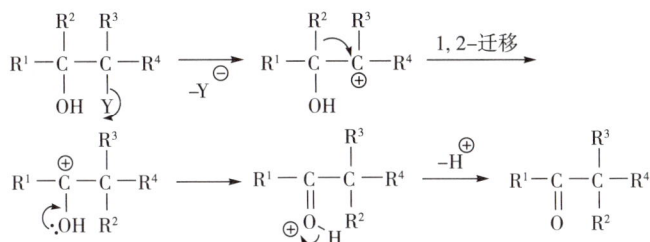

例如，α-氨基醇在低温下，经亚硝酸钠和稀盐酸作用原位产生亚硝酸，通过重氮化反应，再放出氮气产生碳正离子中间体，通过1,2-迁移生成更稳定的碳正离子，再脱去质子生成醛或酮类化合物。

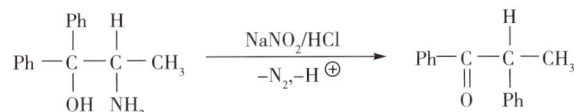

反应机理：

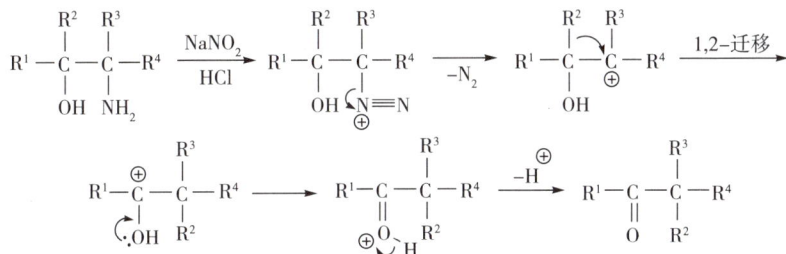

例如，β-卤代醇用 Lewis 酸（氧化汞或硝酸银）处理，脱去卤素负离子（例如硝酸银以形成卤化银沉淀的形式，脱去 β-卤代醇的卤素负离子），形成碳正离子中间体。该碳正离子中间体通过1,2-迁移生成更稳定的碳正离子，再脱去质子生成醛或酮类化合物。

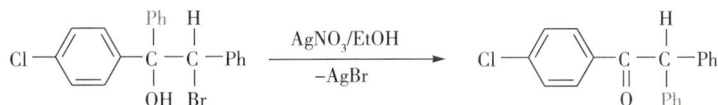

反应机理：

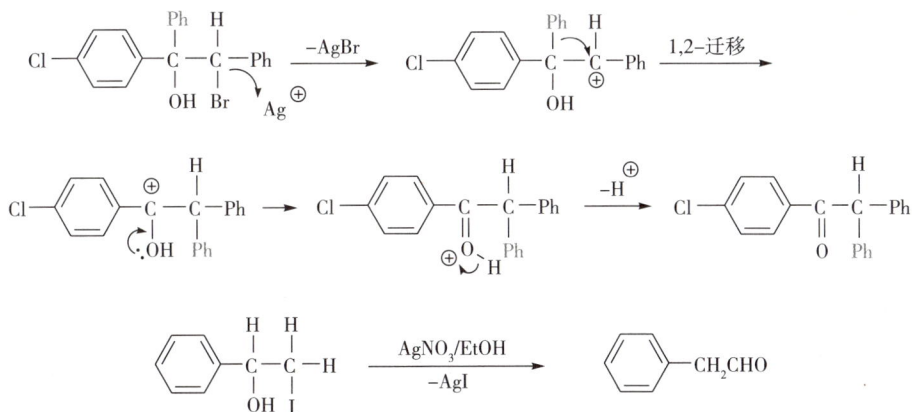

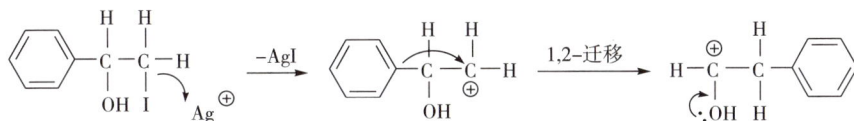

反应机理：

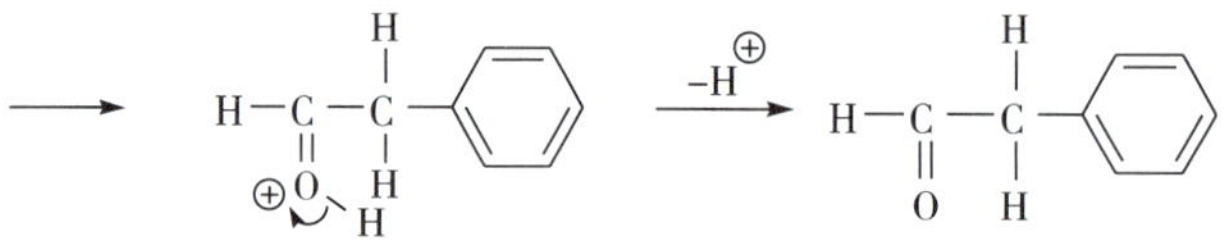

1-去氧紫杉醇（1-deoxypaclitaxel）是天然抗肿瘤药物紫杉醇（paclitaxel or taxol）非常重要的类似物，其合成的关键一步采用了 Pinacol 重排。

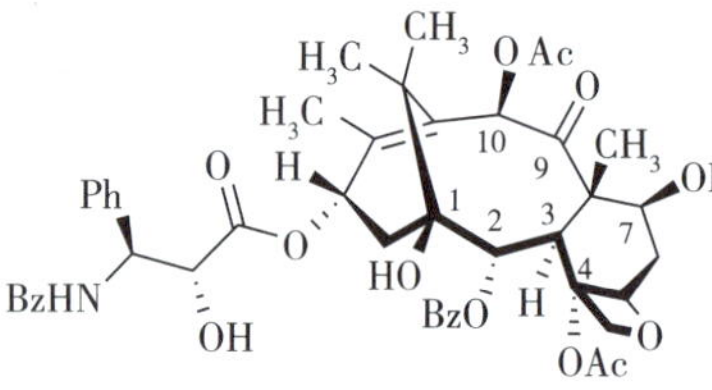

paclitaxel（taxol）
紫杉醇

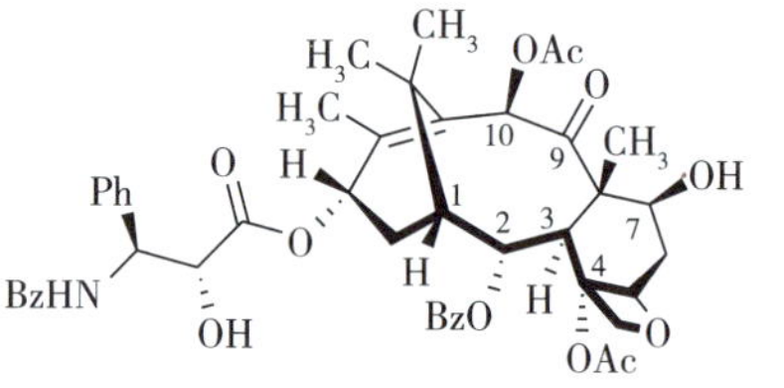

1-deoxypaclitaxel
1-去氧紫杉醇

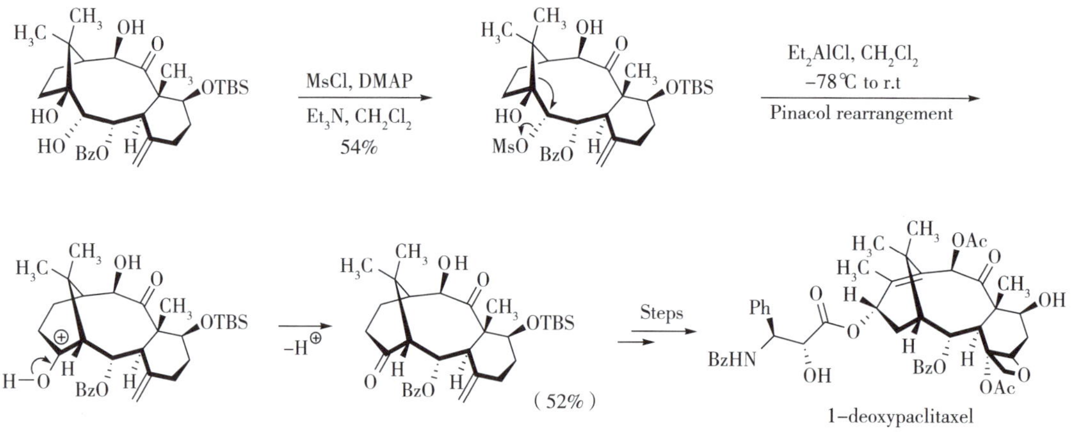

MsCl, DMAP
Et₃N, CH₂Cl₂
54%

Et₂AlCl, CH₂Cl₂
−78℃ to r.t
Pinacol rearrangement

−H⊕

Steps

（52%）

1-deoxypaclitaxel
1-去氧紫杉醇

三、二苯基乙二酮-二苯乙醇酸型重排

二苯基乙二酮（苯偶酰）类化合物用碱处理，生成二苯基-α-羟基酸（二苯乙醇酸）的反应称为二苯基乙二酮-二苯乙醇酸型重排反应，又称 Benzil 重排反应或 Benzilic acid 重排。

反应通式：

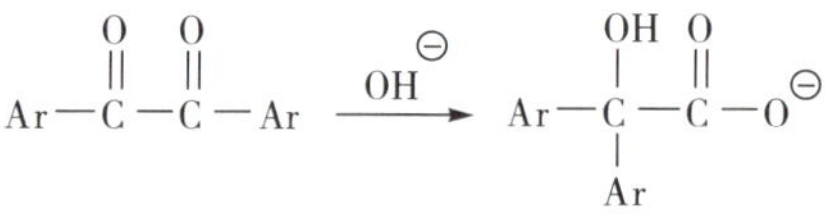

反应机理： 该重排为亲核重排反应机理。首先碱对二芳基乙二酮的羰基进行亲核加成，被加成的碳上的芳基受临近带负电电荷的氧的影响，亲核性增强了，于是带着原来的成键电子对，向相邻的带有部分正电荷的另一羰基碳上迁移，发生芳基的 1,2-迁移，重排后经质子转移生成 α-羟基酸负离子。最后经酸化，得到二芳基-α-羟基酸（二芳基乙醇酸）。其中质子转移的一步是不可逆的，所以整个重排不能逆向进行。

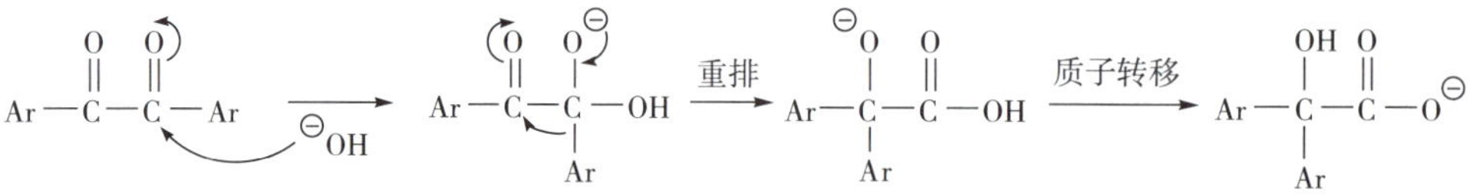

二芳基乙二酮用苛性碱（如氢氧化钾、氢氧化钠等）作用，经重排、酸化，制得二芳基-α-羟基酸（二芳基乙醇酸）。例如：

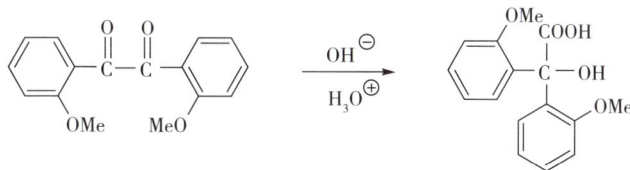

Benzil 重排反应的底物可以是脂肪族和芳香族的 α-二酮或 α-酮醛。通常二芳基乙二酮会以优异的产率进行 Benzilic acid 重排，但由于脂肪族 α-二酮或 α-酮醛存在竞争性的醛醇缩合反应，因此具有可烯化的质子的脂肪族邻二酮的重排反应产率较低，有时甚至只生成醛醇缩合产物。

环状的邻二酮在该反应条件下，会发生缩环 Benzilic acid 重排，得缩环的环状 α-羟基酸。例如：

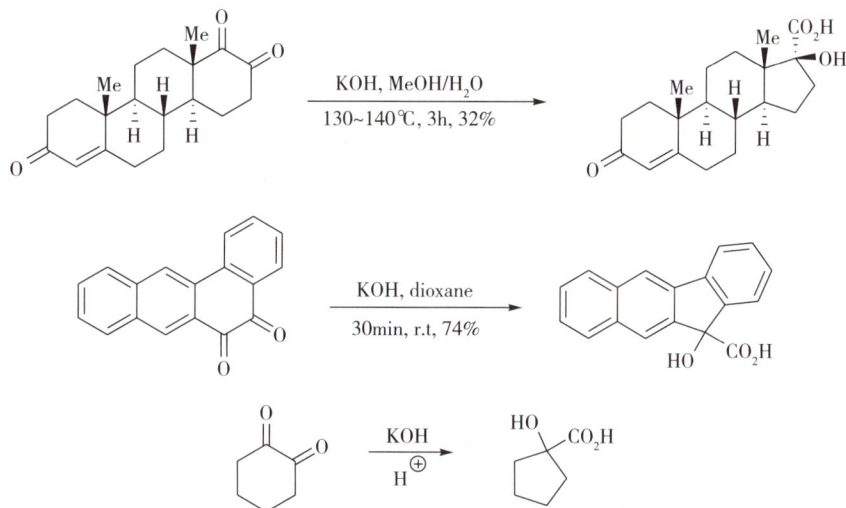

反应机理：

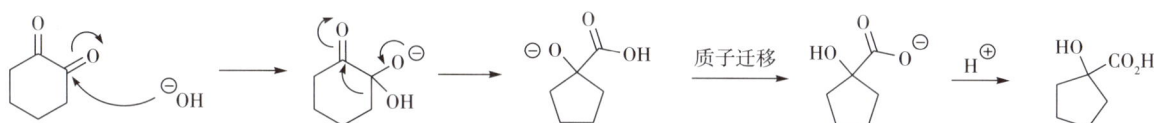

当用醇盐（醇钠、醇钾等）或酰胺阴离子代替苛性碱（如氢氧化钾、氢氧化钠等）时，会形成相应的酯或酰胺，这个过程称为二苯乙醇酸酯重排（benzilic ester rearrangement）。例如，二苯基乙二酮在叔丁醇钾作用下，制得二苯基乙醇酸叔丁酯。

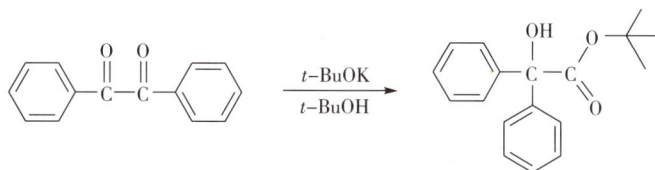

当使用醇钠、醇钾等碱与 α-二酮反应制备酯时。由于含有 α-氢而容易被氧化的醇类化合物的碱（如乙醇钠或异丙醇钠等）易发生氧化还原反应，常常得不到重排反应产物。因为这些易被氧化的醇类化合物所对应的碱（例如乙醇钠或异丙醇钠等）会被氧化成醛或酮，而 α-二酮会被醇盐提供的氢负离子还原为相应的 α-羟基酮。

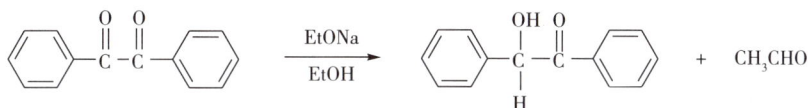

反应机理：

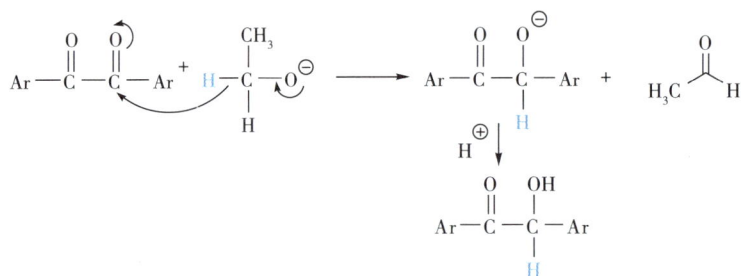

芳基往往比烷基迁移得更快，当二芳基乙二酮有两个不同的芳基时，其主要产物通常是具有更强吸电子基团的芳香环的迁移。如果二芳基乙二酮中，有一个为给电子取代的芳基，而另一个为无取代基的苯环，则无取代基的苯环发生迁移。因此，重排方向（芳基基团迁移顺序）可总结为：有吸电子取代基的苯环 > 无取代基的苯环 > 有供电子取代基的苯环。

例如：二芳基乙二酮的 Benzil 重排反应时，在相同情况下，芳基基团的迁移能力为间氯苯基优于苯基，而苯基又优于对甲氧基苯基。

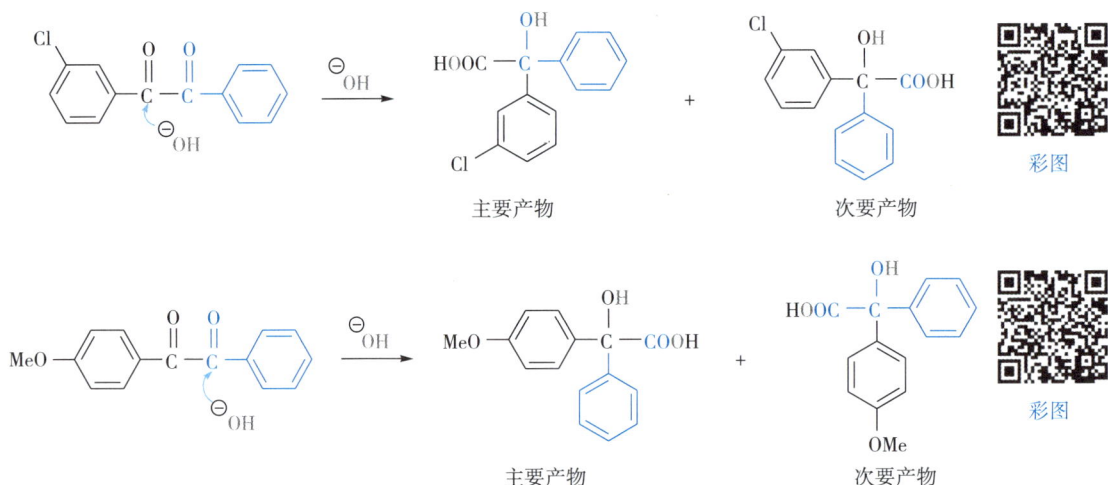

应用实例：二苯基乙二酮经二苯基乙二酮–二苯乙醇酸型重排反应（又称 Benzil 重排反应或 Benzilic acid 重排）及缩合，稀盐酸调弱酸性后得苯妥英（phenytoin），详见第五章第一节。

四、Favorskii 重排

α-卤代酮（氯、溴、碘）在碱（NaOH，RONa，NaNH₂ 等）存在下脱去卤素原子，重排分别得到羧酸盐、酯或酰胺的反应称为 Favorskii（法沃尔斯基）重排反应。

反应通式：

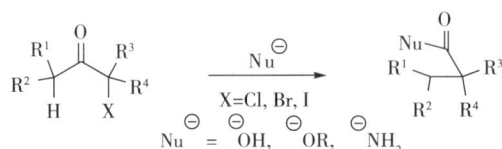

反应机理：Favorskii 重排反应为亲电重排反应机理。在碱作用下，α-卤代酮在羰基的 α 位碳上脱去质子。所形成碳负离子或烯醇负离子进攻羰基另一侧的卤素所在的碳原子，卤素负离子离去，发生分子内环合形成一个环丙酮衍生物中间体。环丙酮衍生物中间体的羰基碳再受亲核试剂进攻，烷基迁移，三元环中间体从利于形成更稳定的碳负离子一侧开环得到新的碳负离子，最后从溶剂中获得一个质子得到最终产物。Favorskii 重排反应使用的碱可以是氢氧根离子、醇盐负离子或氨基钠，产物分别为羧酸、酯或酰胺。

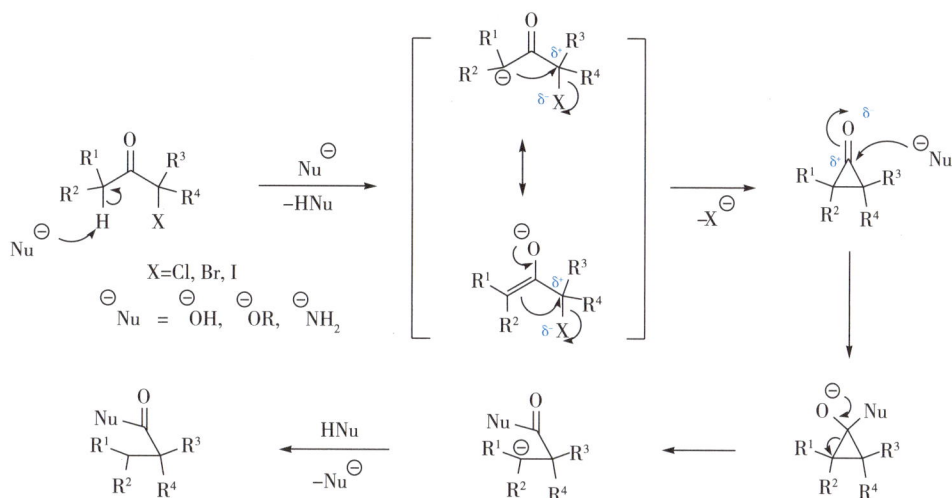

当 α-卤代酮在碱作用下形成环丙酮中间体后，如果羰基两端的取代基不相同，则环丙酮中间体的开环断键方向决定了产物的结构。三元环中间体从利于形成更稳定的碳负离子一侧开环，通常优先选择形成与 π 键（或苯环）相连的碳负离子、吸电子基相连的碳负离子、取代基较少的碳负离子等。如下图所示，碳负离子稳定性的顺序决定着 Favorskii 重排反应的产物结构。

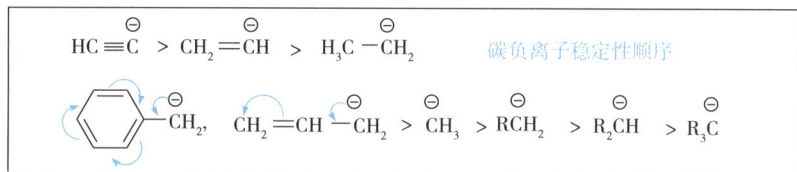

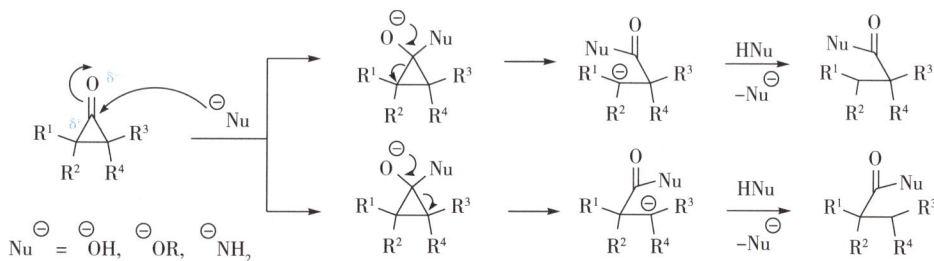

例如，如果 α-卤代酮的羰基一端为苄基，那么环丙酮衍生物中间体的羰基碳再受亲核试剂进攻，烷基迁移，三元环中间体从利于形成更稳定的苄基碳负离子一侧开环为主要方向，生成的苯丙酸类化合物为主要产物，而苯乙酸类化合物为次要产物。

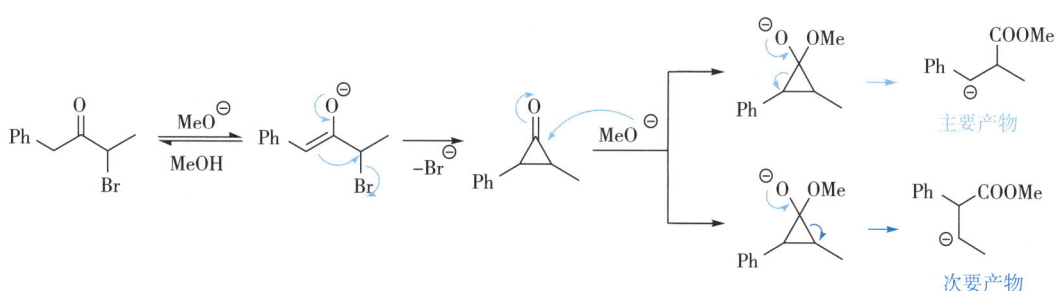

碳负离子是碳原子上带有负电荷的活性中间体，是有机化学反应中另外一类重要的活性中间体，一般为共价键异裂后中心碳原子上带有负电荷的离子，实际常常是失去质子后所形成的共轭碱。

碳负离子的稳定性主要受以下几个方面的影响。

1. 杂化效应 由于杂化轨道中轨道成分的不同所造成的，所以也叫 S–性质效应。

S 轨道比相应的 P 轨道更靠近原子核，处于较低的能级，这种差别也表现在杂化轨道中，在杂化轨道中 S 轨道成分越多，则轨道相应越靠近原子核，能级也越低。因此，在 C—H 键中，一对成键电子处于不同杂化轨道时，S 轨道成分越多，氢原子质子化的趋势也就越大。例如在烷、烯、炔中，与不同杂化状态的碳原子相连的氢原子质子化离去的难易程度，即酸性的强弱是不同的，所生成的碳负离子的稳定性也不同。而相应碳负离子稳定性的次序为：

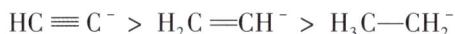

$$HC \equiv C^- > H_2C = CH^- > H_3C—CH_2^-$$

2. 电子效应 当反应物分子中碳原子上连有强的吸电基时，由于吸电的诱导效应，使碳原子上所连的氢酸性增强，容易质子化离去而形成碳负离子。同样，当生成的碳负离子在中心碳原子上连有强的吸电基时，也可以分散负电荷，而使碳负离子稳定。

相反，当碳原子上连有供电基时，由于供电诱导效应的影响，与碳原子相连的氢原子质子化趋势变小，酸性减弱，生成的碳负离子其负电荷难于分散，稳定性减小。碳负离子稳定性次序：

$$CH_3^- > R—CH_2^- > R_2CH^- > R_3C^-$$

当碳负离子中带有负电荷的中心碳原子与 π 键直接相连时，由于未共用电子对与 π 键共轭，电子离域的结果，使碳负离子得到稳定。烯丙基负离子 $CH_2 = CH—CH_2^-$ 和苄基负离子 $Ph—CH_2^-$ 都是比较稳定的，而且连接的 π 键（或苯环）越多则离域越充分，碳负离子越稳定。碳负离子稳定性次序：

$$Ph_3C^- > Ph_2CH^- > PhCH_2^-$$

腈基、羰基和氮–氧 π 键（—NO_2）与负碳离子的中心碳原子直接相连时，也有同样的影响，而且由于氮和氧与碳比较具有较大的电负性，能更好地分散负电荷，所以更能使碳负离子稳定。$^-CH_2—C \equiv N$，$^-CH_2COCH_3$，$^-CH_2—NO_2$ 都是比较稳定的。

3. 芳香性 环状碳负离子是否具有芳香性，对其稳定性也有明显影响，如环戊二烯的酸性（$pKa = 14.5$）比一般烯烃的酸性（$pK_a = 37$）要大得多，当然这与环戊二烯中存在超共轭的影响有关，但更重要的是因为环戊二烯负离子符合休克尔规则（Hückel，$4n + 2$）具有芳香性所致。环壬四烯负离子和环辛四烯两价负离子与上述情况类似，也具有芳香性，因而也是较稳定的碳负离子。

4. 溶剂效应 碳负离子在极性非质子溶剂中将更为活泼。极性的非质子溶剂如：二甲基亚砜（DMSO）。

如果反应物为环状 α–卤代酮，则会发生缩环反应，生成环上少一个碳原子的环状羧酸或其衍生物。

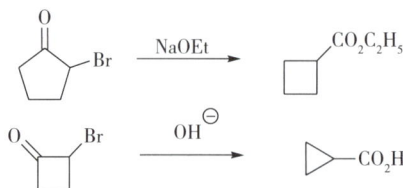

反应机理：

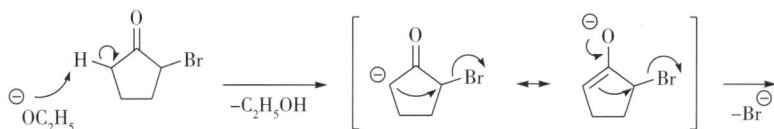

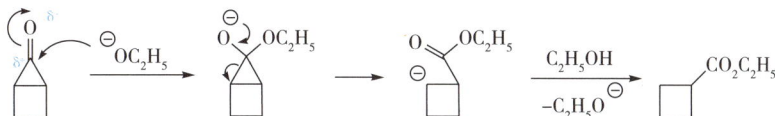

该方法在合成具有张力的环状羧酸及其衍生物时具有较大的应用价值。例如，在合成重要的医药中间体 2-哌嗪羧酸时，可以应用 Favorskii 重排反应。合成路线如下图所示：4-哌啶酮衍生物和叠氮酸（由叠氮化钠与硫酸原位制备）进行 Schmidt 重排反应得七元环内酰胺中间体，再经溴代、氢解脱溴得到单溴代七元环内酰胺中间体，最后在碱催化下进行 Favorskii 重排反应制得 2-哌嗪羧酸。

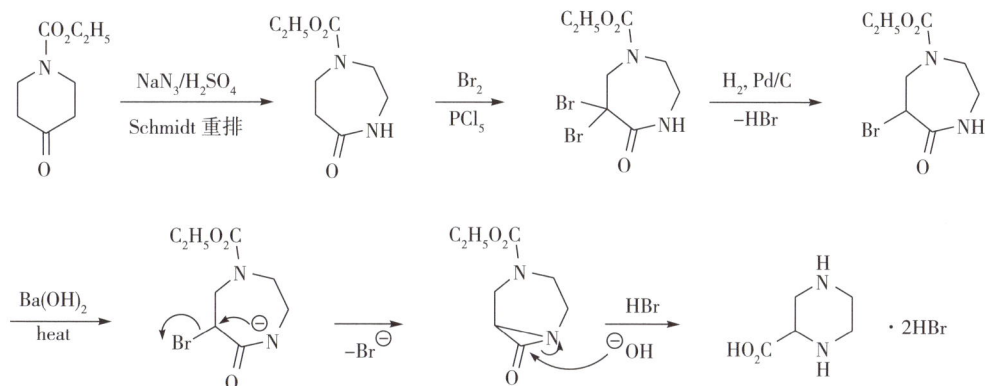

如果反应物为含有 α-氢的 α,α′-二卤代酮或为含有 α′-氢的 α,α-二卤代酮，在烷氧负离子作用下进行 Favorskii 重排，最终消去卤化氢生成 α,β-不饱和羧酸酯。因此，含有 α-氢的二卤代酮进行 Favorskii 重排反应，如果使用的碱是氢氧根离子、醇盐负离子或氨基钠，产物分别为 α,β-不饱和羧酸、α,β-不饱和羧酸酯或 α,β-不饱和酰胺。

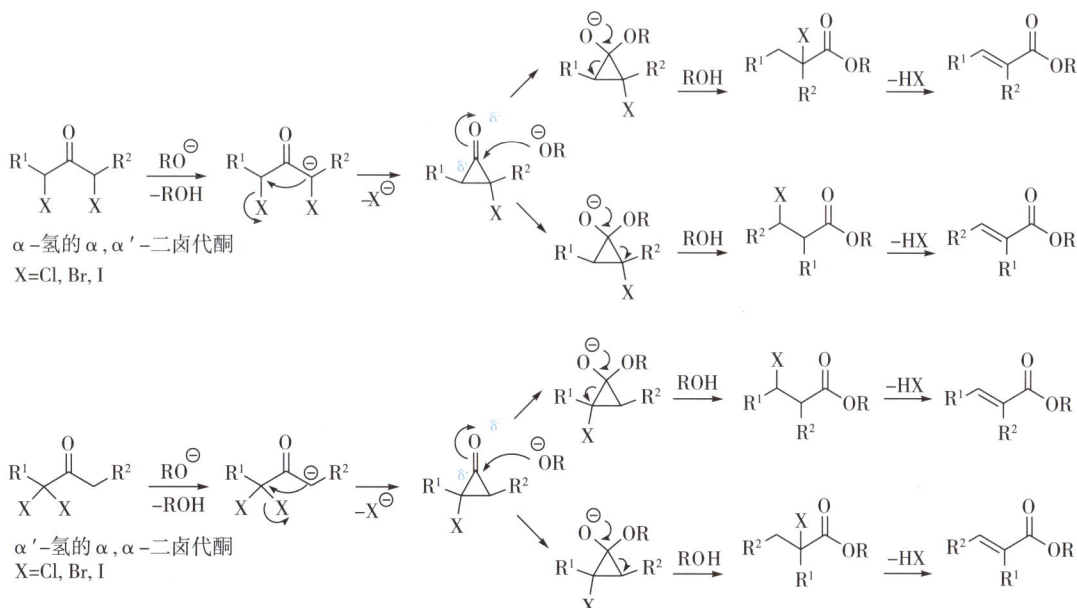

五、Wolff 重排

α-重氮酮在氧化银或过渡金属盐催化下，或用光照射或热分解脱去一分子氮气而重排为烯酮的反应称为 Wolff 重排反应。

反应通式：

α-重氮酮 ——hv or Ag₂O or heat——> 烯酮 + N₂↑

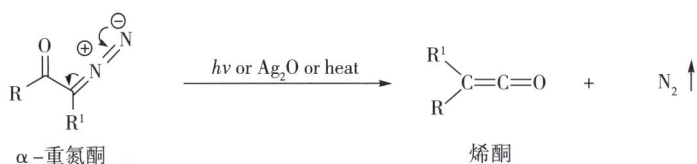

Wolff 重排为亲核重排反应机理，可能的反应机理有两种：一种是 α-重氮酮先裂解放出氮气生成卡宾（carbene），再进行重排的分步反应（stepwise reaction）机理；另一种是 α-重氮酮的整个重排过程协同进行，属于协同反应（concerted reaction）机理。

分步反应机理：

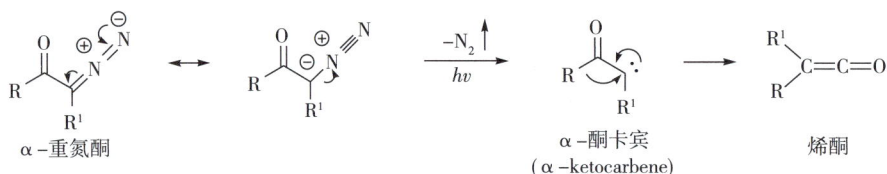

α-重氮酮 / α-酮卡宾（α-ketocarbene）/ 烯酮

α-重氮酮先裂解失去氮气，生成卡宾活性中间体，迁移基团 R 带着其成键电子向缺电子的卡宾碳原子迁移，经重排得到烯酮。卡宾又名碳烯，是电中性的，其中的碳原子是二价的碳，碳原子周围只有 6 个电子，有强烈的形成 8 电子稳定结构的倾向，因此卡宾是极度活泼的缺电子试剂，易发生亲电反应。

协同反应机理：

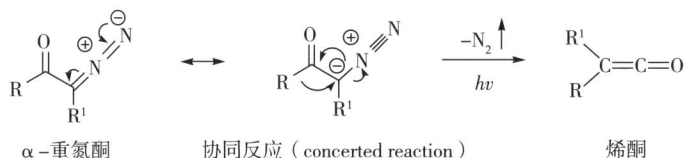

α-重氮酮 / 协同反应（concerted reaction）/ 烯酮

α-重氮酮的整个重排过程以协同反应机理进行时，迁移基团 R 的迁移、失去氮气等电子转移过程同时完成。

Wolff 重排反应（沃尔夫重排反应）生成的烯酮有很高的反应活性，可以和不同的亲核试剂反应得到不同的产物。如下图所示，烯酮中间体和胺、卤化氢、水、醇等反应，分别得到对应的酰胺、酰卤、羧酸、酯等化合物。在 Woff 重排中，如果迁移基团具有手性，迁移后其构型保持。

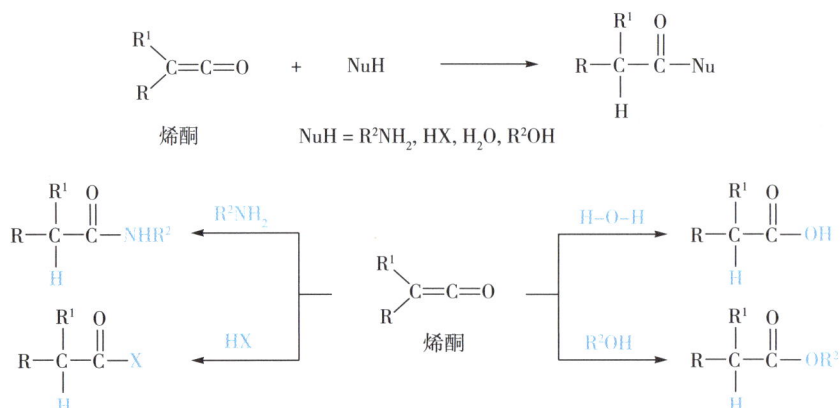

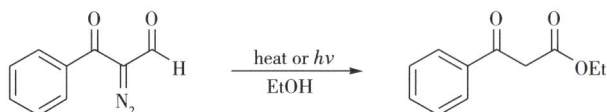

烯酮 + NuH ——> R-C-C-Nu

NuH = R²NH₂, HX, H₂O, R²OH

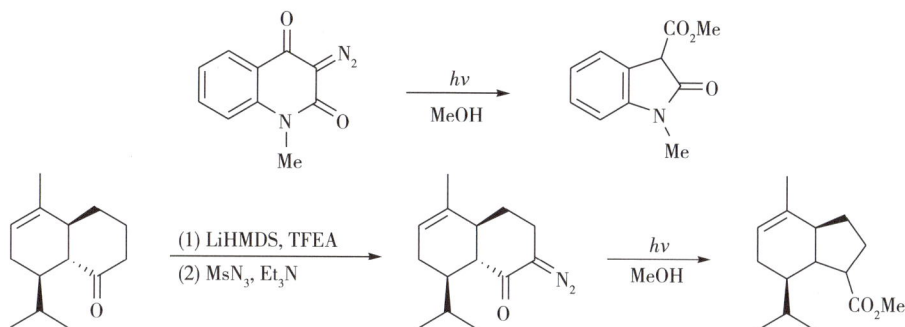

环状 α-重氮酮通过 Wolff 重排反应可得到缩环的烯酮，继续和水或醇反应，分别得到缩环的羧酸或羧酸酯类化合物。

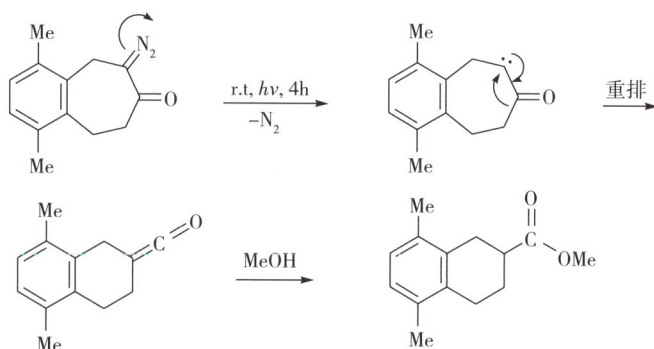

应用实例：番石榴作为一味广泛使用的中药，具有解痉止泻、抗菌防癌等功效。复杂天然产物 (+)-psiguadial B 是由来自暨南大学药学院的叶文才课题组于 2010 年从传统中药番石榴叶中分离鉴定的，是一种含有二酚结构的萜类化合物。(+)-psiguadial B 显示出对阿霉素敏感型肝癌细胞较强的细胞毒活性，具有抑制肝癌细胞增殖的功能。2016 年，Sarah E. Reisman 课题组报道了 (+)-psiguadial B 的首例不对称全合成。该合成路线中的第一步反应，就应用了串联 Wolff 重排反应/催化不对称烯酮加成反应。原料重氮酮化合物在 254 nm 光照射下，先发生 Wolff 重排反应得到含有四元环的烯酮中间体，再在手性胺催化剂 (+)-cinchonine (辛可宁) 的作用下，和 8-胺基喹啉发生加成反应得到第一步产物四元环取代手性酰胺化合物，虽然 ee 值不高，但经过一次重结晶后，就可以得到光学纯的重要中间体，同时这也是一类非常重要的构建四元环的方法。

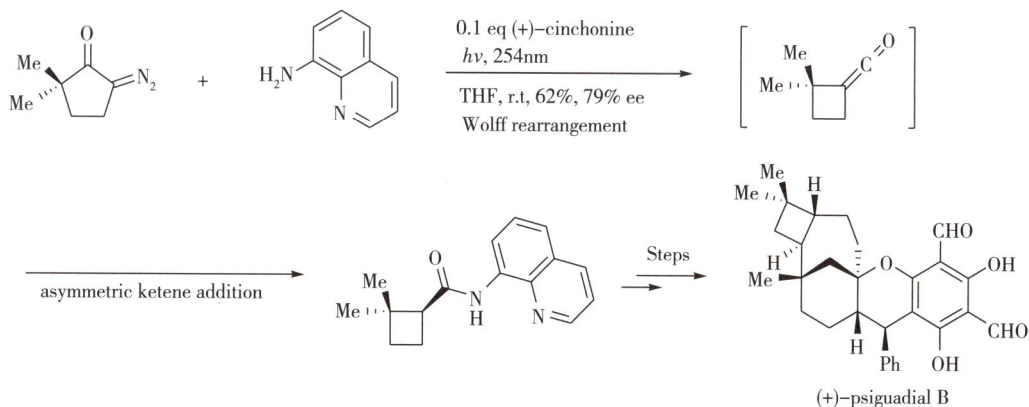

六、Arndt–Eistert 反应

由于 α-重氮酮不易制备，使该重排反应受到一定限制，Arndt–Eistert 等用酰氯与重氮甲烷反应得到

α-重氮酮，再经过 Wolff 重排，在氧化银和水中共热，生成比原来酰氯多一个碳原子的羧酸，该反应称为 Arndt-Eistert 反应。

反应通式：

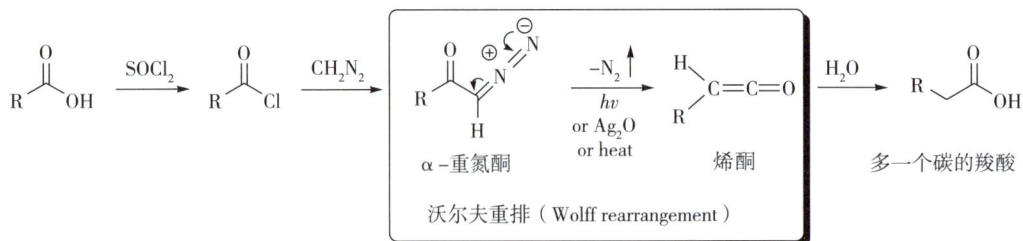

沃尔夫重排（Wolff rearrangement）

由上述反应通式可见，沃尔夫重排（Wolff rearrangement）是阿恩特-埃斯特尔特反应（Arndt-Eistert reaction）的关键步骤。Arndt-Eistert 反应适用范围较广，可耐受广泛的非质子化官能团，例如烷基、芳基、杂环化合物和双键等。质子化的官能团因能和重氮甲烷或重氮酮反应，而不适用于该反应。因此，通式中 R 基团可以是烷基、烯烃、杂环化合物、芳基等，例如 R 为硝基苯时，对反应无影响。但是 R 基团中不能含有能与重氮甲烷反应的羟基、羧基等酸性基团。

反应机理：

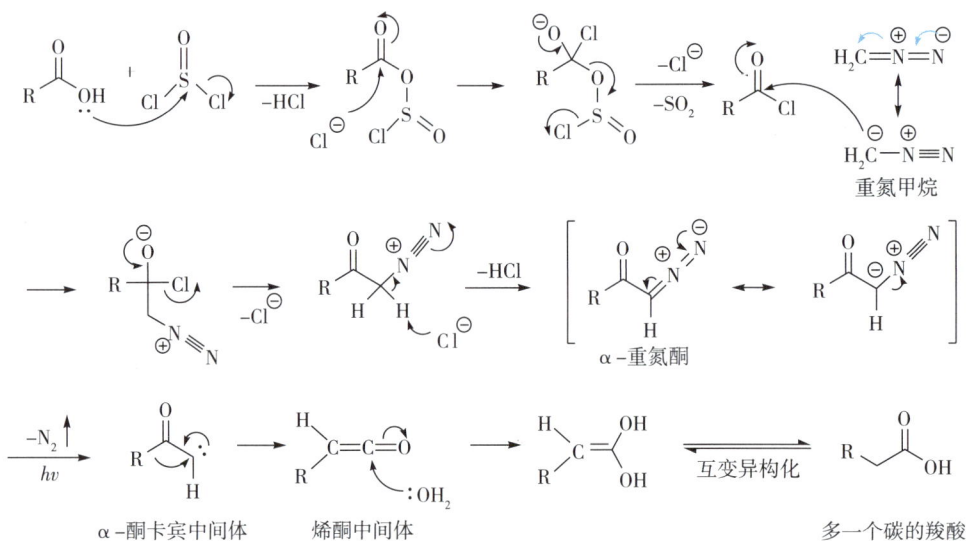

类似于 Wolff 重排反应，Arndt-Eistert 重排反应时，如果用醇或胺替换水，则生成相应的酯或酰胺。另外，其它金属（例如铜，钯等）也能催化重氮酮的分解。

例如，1-萘甲酸通过 Arndt-Eistert 重排反应，由酰氯制得相应的 α-重氮酮，再与水或乙醇反应分别得到 1-萘乙酸或 1-萘乙酸乙酯。

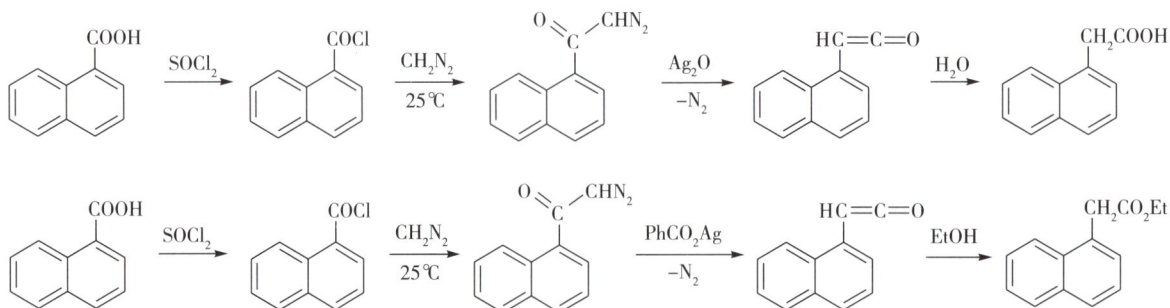

手性螺环化合物的合成在药物合成领域具有非常重要的意义，因为手性螺环化合物其良好的刚性骨架结构，不仅在具有生物活性的分子中作为立体构型控制和手性药物分子的基本骨架，还可以作为手性配体催化不对称合成反应。例如，北京大学的课题组 2003 年报道的手性螺环化合物（R）-螺[4,5]癸-2, 7-二酮的合成方法。该合成路线从环己烯酮出发，经配体（R,R）-La-H-linked-BINOL 催化的不对称 Michael 加成反应，经 Arndt-Eistert 重排反应（关键步骤为 Wolff 重排）延长碳链，再利用重氮化合物的 C—H 插入反应，以 8 步反应 28.5% 的总收率合成了手性 β,β′-螺二酮化合物（R）-螺 [4,5] 癸-2,7-二酮。该合成路线非常关键的是经过多步反应，手性中心的构型保持不变，在最后的检测中未发现另一对映体，第一步不对称 Michael 加成反应产生的手性中心在合成过程中没有消旋化。

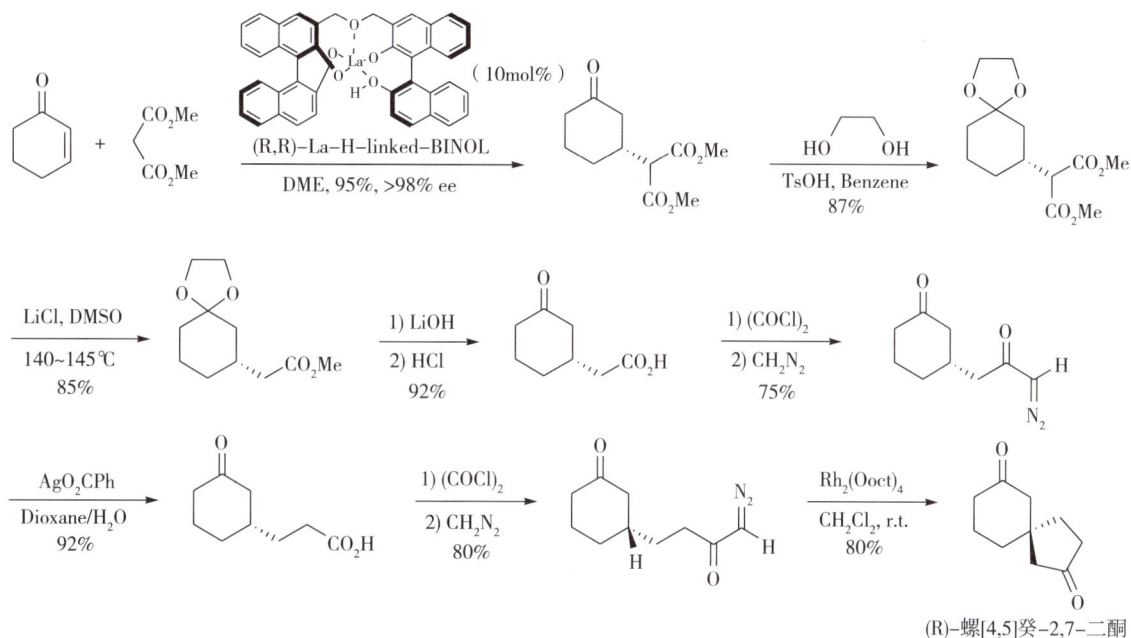

（R）-螺[4,5]癸-2,7-二酮

第二节　从碳原子到杂原子的重排

一、Beckmann 重排

醛肟或酮肟类化合物在酸性催化剂的作用下，重排成取代酰胺的反应称为 Beckmann 重排（贝克曼重排）。

反应通式：

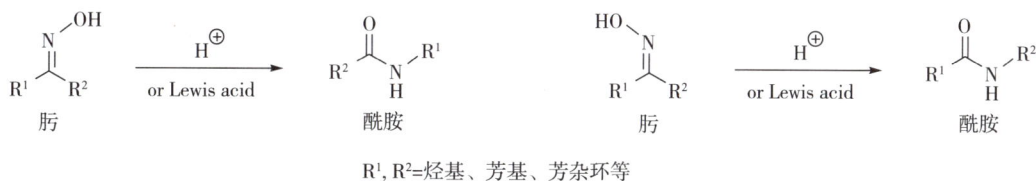

R^1，R^2=烃基、芳基、芳杂环等

反应机理：首先酸活化肟中的羟基使其形成水或氯化物等易离去基团离去，接着，处于羟基反侧的基团带着一对电子迁移到氮原子上，得到亚胺碳正离子和氰基氮正离子二者的共振式。水进攻亚胺碳正离子，失去质子后再互变异构化得到酰胺。通常认为，该反应中基团反式迁移和离去基离去是协同的过程，同时发生的。如果迁移的基团中带有手性基团，则构型保持不变。

质子酸催化的反应机理：

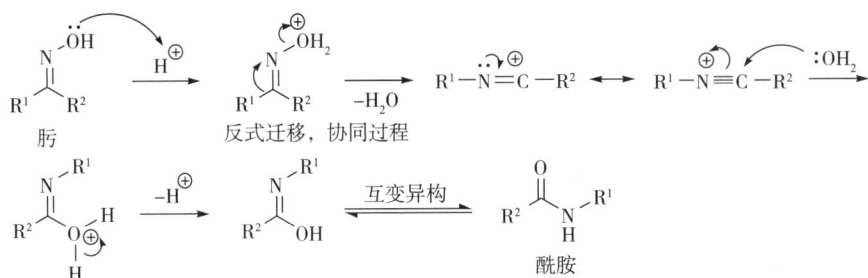

Lewis 酸催化的反应机理：

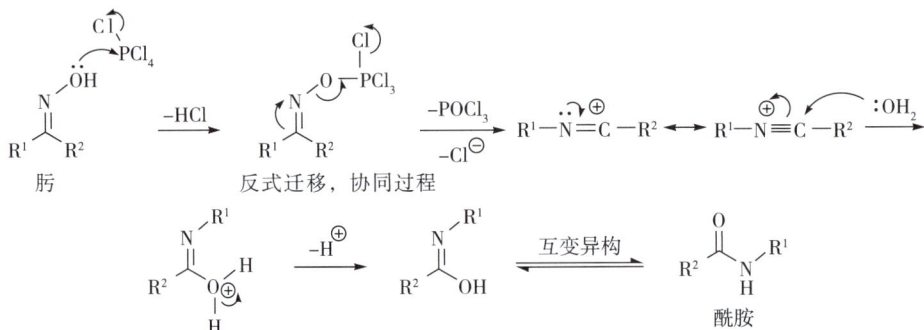

Beckmann 重排反应的主要影响因素是催化剂。常用的催化剂有质子酸：H_2SO_4，HCl，H_3PO_4，$H_{n+2}P_nO_{3n+1}$（多聚磷酸，PPA）等。Lewis 酸或氯化剂例如 $AlCl_3$，BF_3，$SOCl_2$，TsCl，PCl_5，$POCl_3$，$MeSO_2Cl$，$PhSO_2Cl$ 等可将肟羟基转化成易于离去的基团也可催化 Beckmann 重排。

Beckmann 重排反应所使用的溶剂也是主要的影响因素。虽然从理论上讲，Beckmann 重排反应得到酮肟羟基反侧的烷基迁移的酰胺，但如果在反应条件中，不对称的酮肟先发生异构化，则有可能得到两种酰胺的混合物。例如，在极性质子溶剂中，用质子酸催化，常使不对称肟发生异构化，重排后得到不同酰胺的混合物。

反应机理：

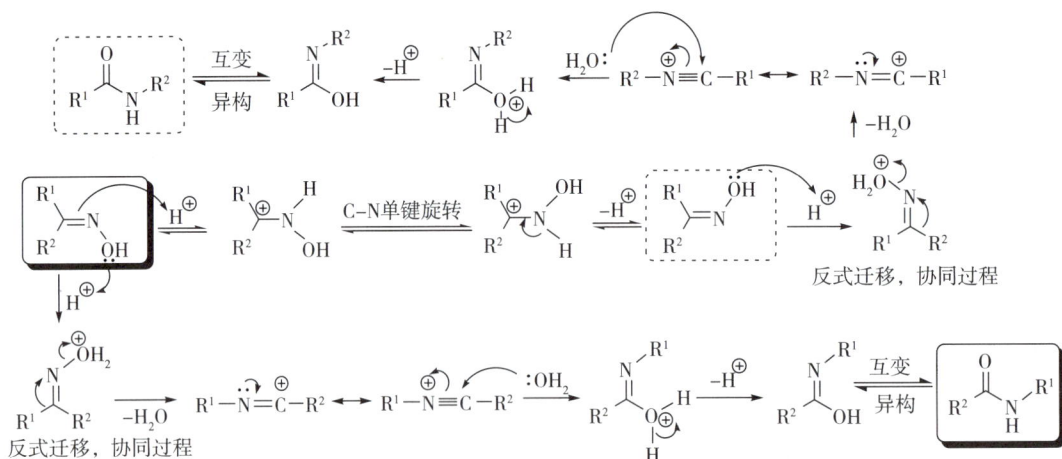

因此用质子酸在极性溶剂中催化 Beckmann 重排反应时，存在肟的顺反异构化问题，得到混合产物；而在非极性或极性小的非质子溶剂中使用 lewis 酸或氯化剂催化 Beckmann 重排反应时，例如使用 BF_3，$SOCl_2$，PCl_5，$POCl_3$ 等催化时可避免肟的顺反异构化，几乎全部重排成单一的产物。

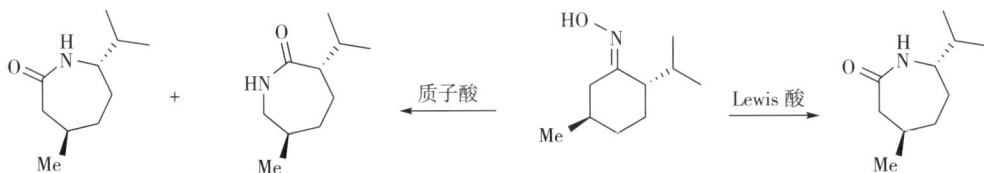

反应机理：

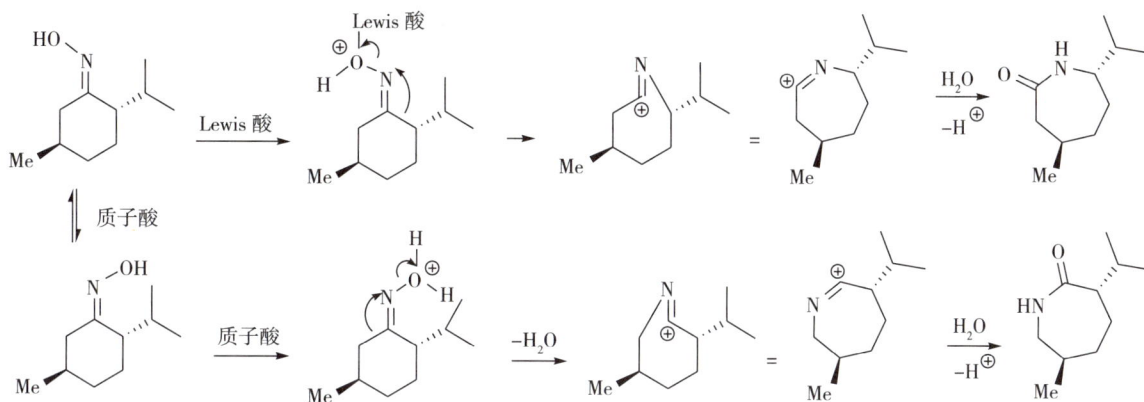

脂环酮肟发生扩环反应生成内酰胺：

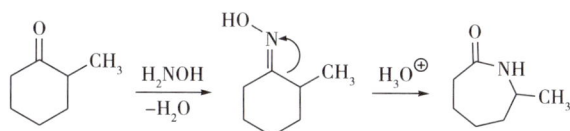

长春碱类生物碱伊菠胺 Ibogamine 是从夹竹桃科植物长春花（Catharanthus roseus）中分离得到的具有抗癌活性的生物碱。2000 年，James D. White 教授等以丁炔为起始原料，经儿茶酚硼烷（catechol-borane）硼氢化，Suzuki 偶联后通过(S)-BINOL-TiCl$_2$ 不对称催化对苯醌（benzoquinone）的 Diels-Alder 反应、Beckmann 重排反应等 10 步反应，以 10% 的总收率成功地实现了 (−)-ibogamine 的不对称全合成。其中关键的一步，由六元环酮肟中间体在对甲苯磺酰氯、三乙胺、4-二甲氨基吡啶（DMAP）条件下先把酮肟羟基转化为易离去的对甲苯磺酸酯基-OTs，接着发生 Beckmann 重排反应得到七元环内酰胺中间体，再经胺基取代反应关环，最后通过 Fischer 吲哚合成法简洁高效地完成了 (−)-ibogamine 的不对称全合成。

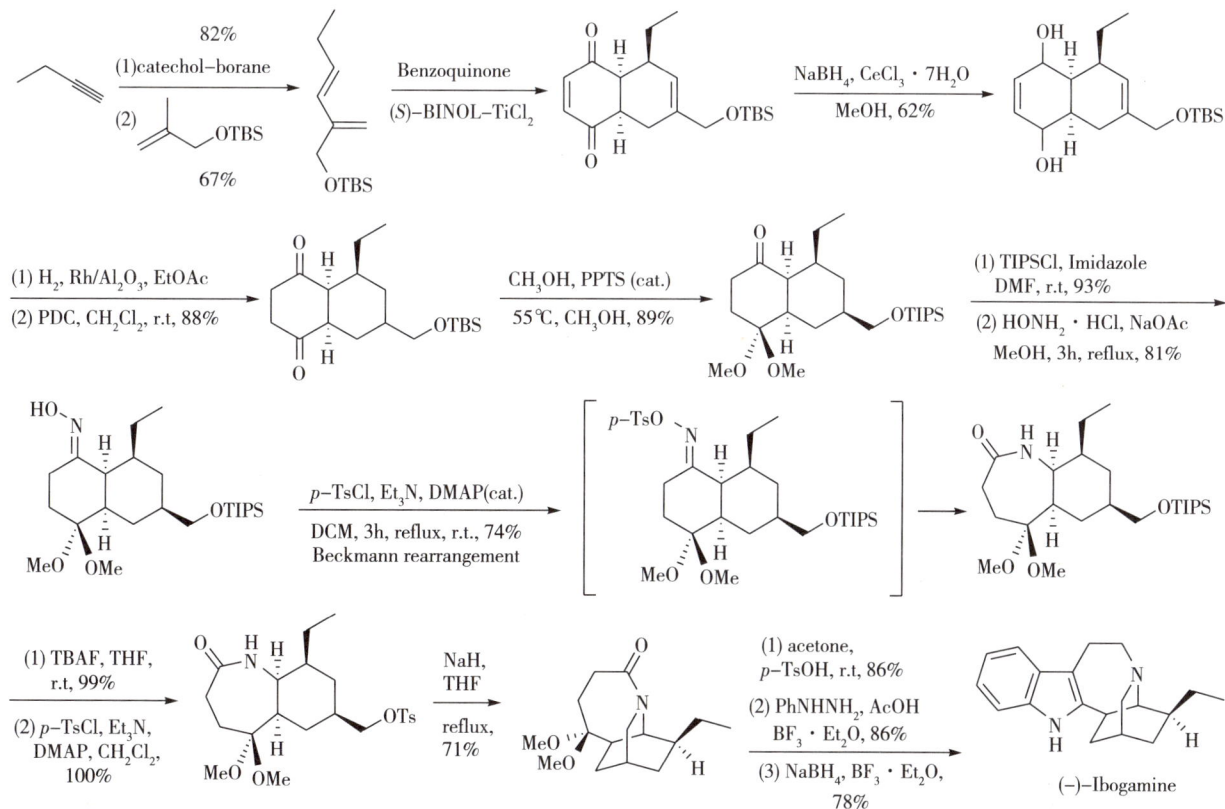

红霉素（erythromycin）属于大环内酯类抗生素，是由链霉菌产生的弱碱性抗生素，作用机制主要是抑制细菌蛋白质的合成。红霉素的半合成衍生物研究得到了一系列新的药物，这是 20 世纪 70 年代以来半合成抗生素研究中的最重要进展之一。红霉素的 C-9 羰基和羟胺反应可以制得红霉素肟（erythromycin oxime）。红霉素肟是众多半合成红霉素衍生物的关键中间体，虽然稳定性较红霉素强，但是体外抗菌活性较弱，当 C-9 的肟羟基被取代后体内抗菌活性增强。接下来，研究人员从一系列红霉素肟的氧取代衍生物中，筛选出其中活性最好的罗红霉素（roxithromycin），该药为红霉素的肟醚衍生物，可以由红霉素肟和 2-甲氧基乙氧基甲基氯反应制得。将红霉素肟经贝克曼重排（Beckmann rearrangement）得扩环（由十四元环重排成十五元环）产物，所得酰胺衍生物再经还原、N-甲基化，将氮原子引入大环内酯骨架中制得第一个环内含氮的十五元环的大环内酯类红霉素衍生物阿奇霉素（azithromycin）。红霉素肟的 C-9 的肟羟基还可以被还原制得 9(S)-红霉素胺（erythromycylamine），再和 2-（2-甲氧基乙氧基）乙醛反应，利用 C-9 氨基和 C-11 的羟基与醛基形成噁嗪环，制得长效的地红霉素（dirithromycin）。

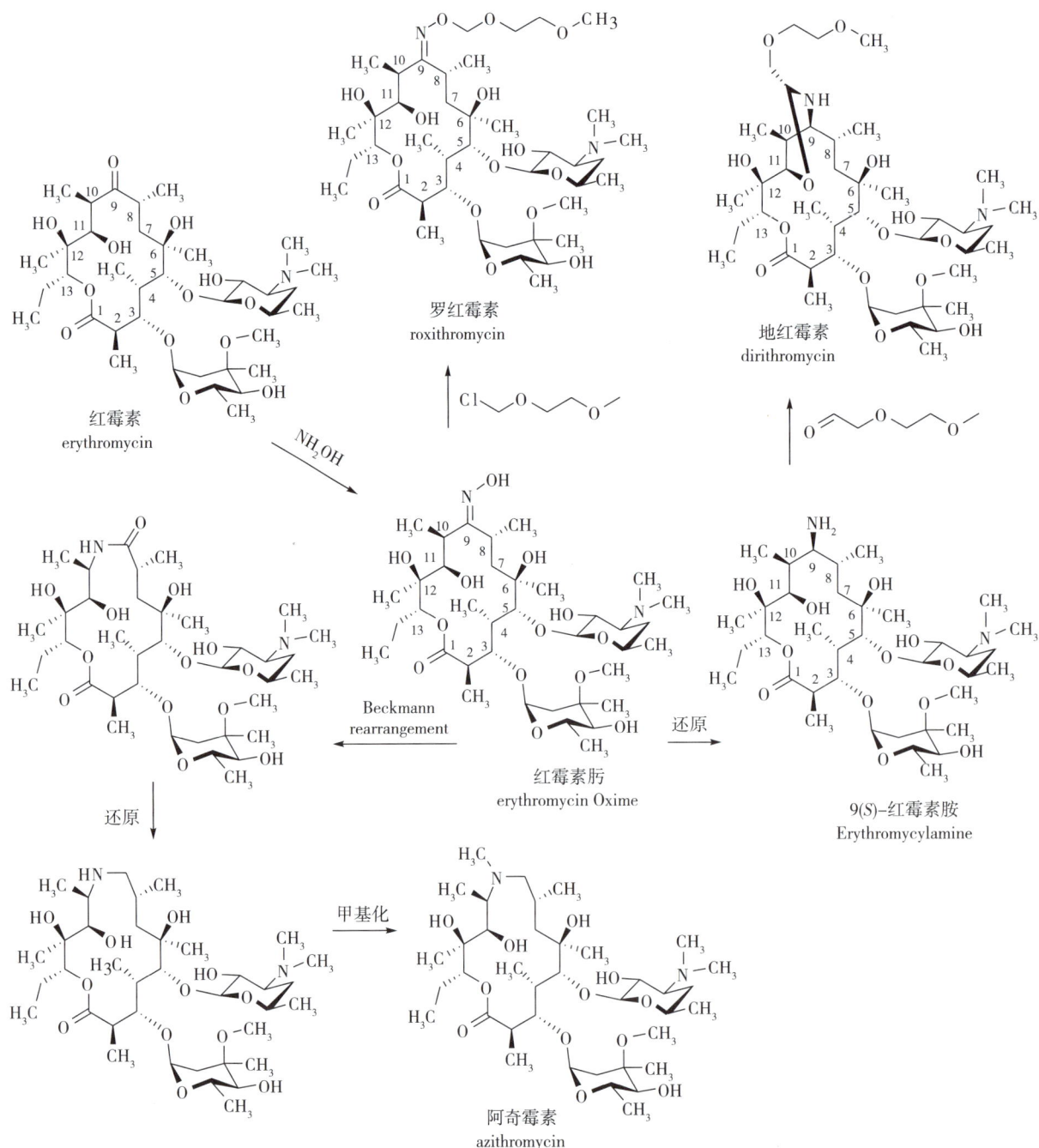

红霉素 erythromycin

罗红霉素 roxithromycin

地红霉素 dirithromycin

红霉素肟 erythromycin Oxime

9(S)-红霉素胺 Erythromycylamine

阿奇霉素 azithromycin

二、Hofmann 重排

1. 定义　氮上无取代的酰胺在次卤酸（HClO，HBrO）或溴（或氯）与碱（NaOH）作用下，生成少一个碳原子（脱羧）伯胺的反应称 Hofmann 重排反应或称为 Hofmann 降解反应。

反应通式：

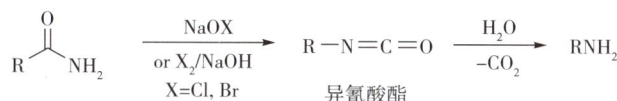

反应机理： 首先是碱夺取酰胺 N 上的一个质子，所生成酰胺氮负离子作为亲核试剂进攻体系中存在的亲电试剂 X_2 或者 NaOX，形成 N–卤代酰胺（N–haloamide）。由于卤原子和酰基的吸电子效应，N–卤代酰胺中的 N—H 键酸性更强，更加容易地被碱夺取剩下的一个质子，生成的 N–卤代酰胺负离子在失去卤素的同时由于中间体氮原子处于严重的缺电子不稳定状态，易发生分子内重排从邻近碳原子获得电子，因此迁移基团带着一对电子迁移到氮原子上，这一系列协同反应过程生成重要的中间体异氰酸酯（isocyanate），该步协同反应通常被认为是 Hofmann 重排反应的决速步。由于该重排需要两次夺取质子，所以底物必须是氮上无取代的酰胺，而氮上有取代的酰胺不能发生 Hofmann 重排反应。最后，异氰酸酯作为一个活泼中间体被体系中存在的水、醇、胺、酰胺等其他亲核试剂进攻，分别得到伯胺、氨基甲酸酯、脲、酰脲等不同的衍生物。其中水与异氰酸酯的碳–氮双键加成生成的 N–取代氨基甲酸（carbamic acid）易脱羧，脱除二氧化碳后最终生成伯胺。Hofmann 重排的反应机理与 Curtius 重排，Lossen 重排和 Schmidt 重排反应密切相关，都属于亲核重排反应机理，都涉及关键中间体异氰酸酯（isocyanate）。

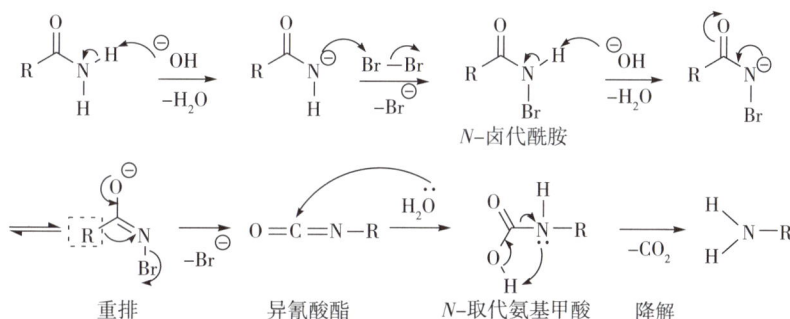

2. Hofmann 重排反应适用范围　本重排的酰胺包括脂肪、脂环、芳脂、芳香及或杂环等的氮上无取代的酰胺，用以制备各类伯胺。若酰胺的 α–C 具有手性，Hofmann 重排后则构型保持。

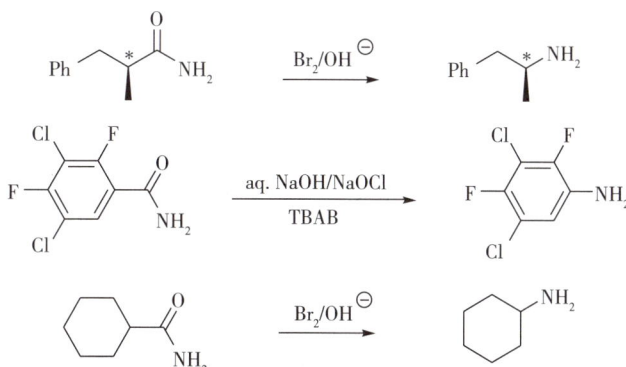

3. Hofmann 重排反应的最终产物取决于亲核试剂的种类　异氰酸酯（isocyanate）是一种非常活泼

的中间体，如果体系中存在有水、醇、胺、酰胺等其他亲核试剂时，将分别得到伯胺、氨基甲酸酯、脲、酰基脲等不同的最终产物。

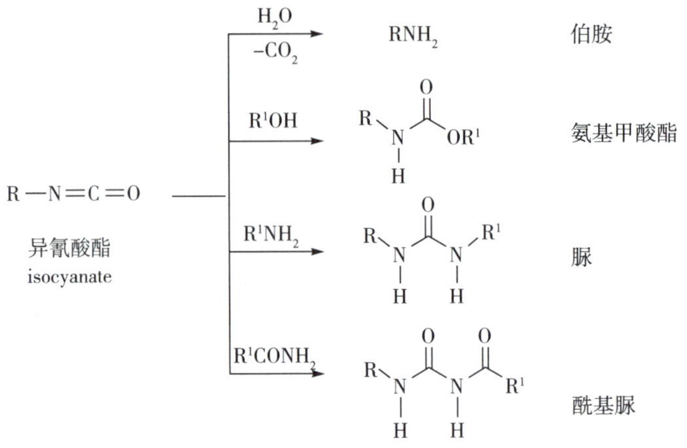

例如：

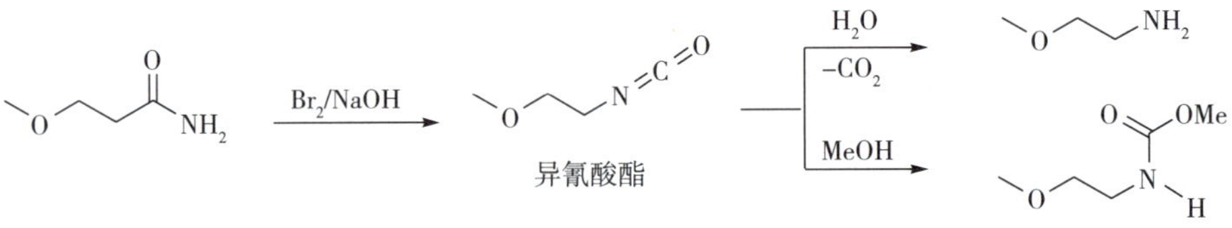

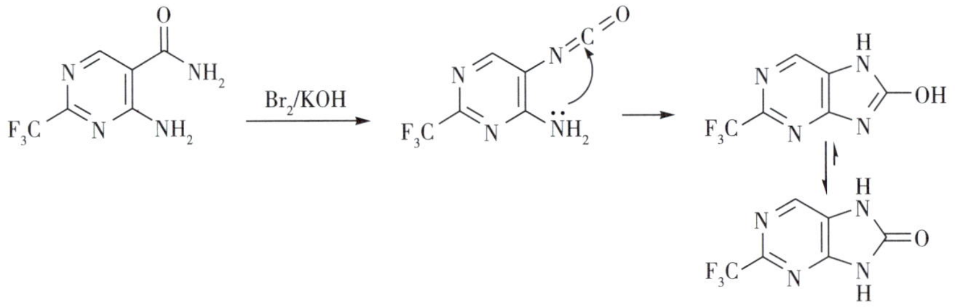

4. Hofmann 重排反应在药物合成中的应用　帕珠沙星（pazufloxacin）为新型氟喹诺酮类抗菌药，它的主要作用机制是通过抑制细菌 DNA 螺旋酶和拓扑异构酶Ⅳ的活性，阻碍细菌 DNA 的复制而达到抗菌作用。帕珠沙星的合成路线中，经 Hofmann 重排反应得到最终产物是非常关键的一步。

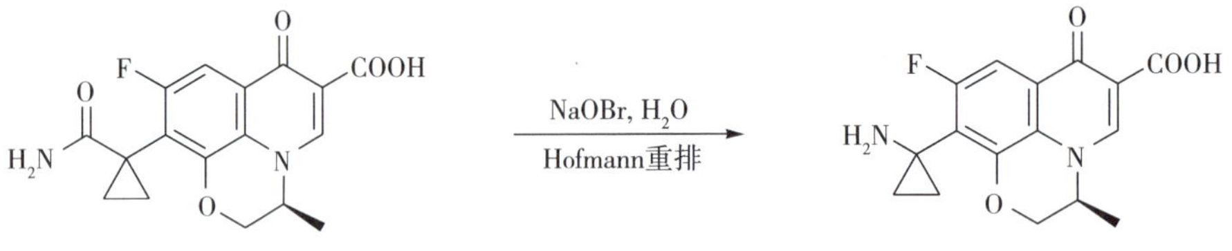

帕珠沙星（pazufloxacin）

三、Curtius 重排

酰基叠氮化合物在光照或加热分解放出氮气，重排生成相应的异氰酸酯（isocyanate）的反应称为 Curtius 重排。

反应通式：

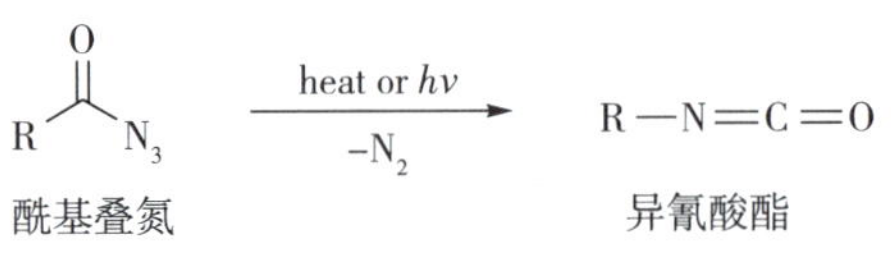

制备 Curtius 重排反应所需的酰基叠氮一般有以下几种途径：酰氯或混合酸酐与碱金属的叠氮盐或叠氮三甲基硅烷反应制备；羧酸与叠氮磷酸二苯酯（diphenylphosphoryl azide，DPPA）反应制备；醛在氧化剂作用下与碱金属的叠氮盐或叠氮三甲基硅烷反应制备；酰肼与亚硝酸或亚硝鎓四氟硼酸盐反应制备；羧酸酯与叠氮二乙基铝反应制备等方法。合成酰基叠氮的常用方法如下图所示：

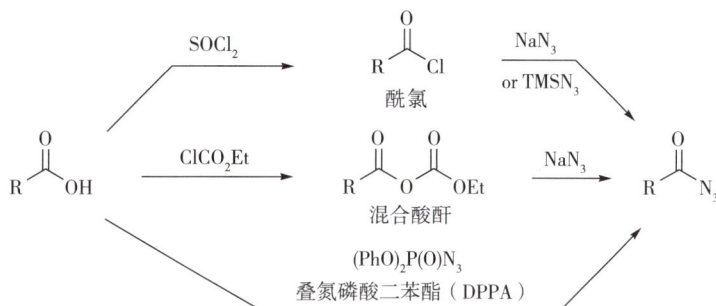

Curtius 重排反应对多种含有不同官能团的羧酸均有良好的适用性。如果希望分离 Curtius 重排的产物异氰酸酯（isocyanate），反应需在无亲核性的溶剂中进行。如果将水、胺或醇引入 Curtius 重排反应体系，反应产物则会是相应的比原料酰氯少一个碳原子的伯胺，脲衍生物或氨基甲酸酯。

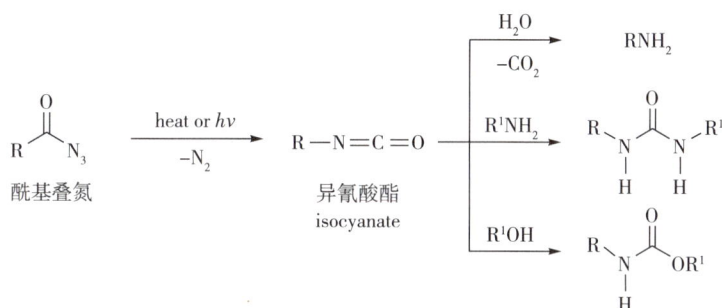

由于缺少足够的证据证明 Curtius 的热重排反应经由氮烯中间体，所以一般认为该反应的热重排过程是一个协同历程，Curtius 热重排的反应机理如下图所示：

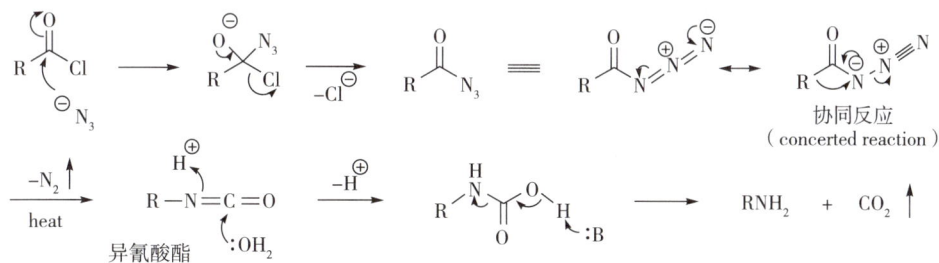

光照条件下也可以进行 Curtius 重排反应，酰基叠氮在光照条件下先生成氮烯，而后重排为异氰酸酯（isocyanate）。氮烯为活性中间体，参与多种化学反应。其中氮周围有 6 个电子，具有亲电性。Curtius 光照重排的反应机理如下图所示：

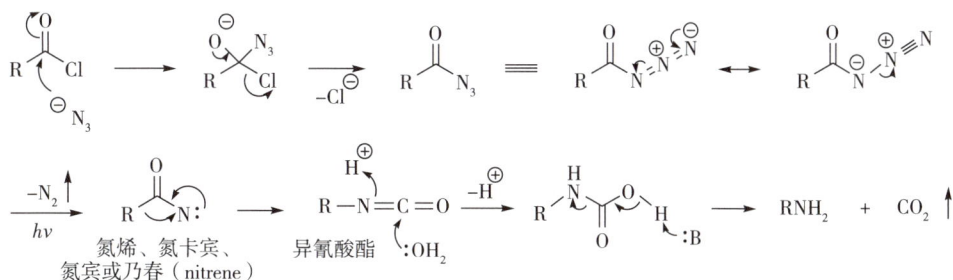

Curtius 重排反应能使羧酸经酰基叠氮转换为异氰酸酯，而异氰酸酯非常活泼又可方便的转换为比原料羧酸少一个碳原子的伯胺，脲衍生物或氨基甲酸酯，因而在有机化学和药物合成中具有重要的地位。

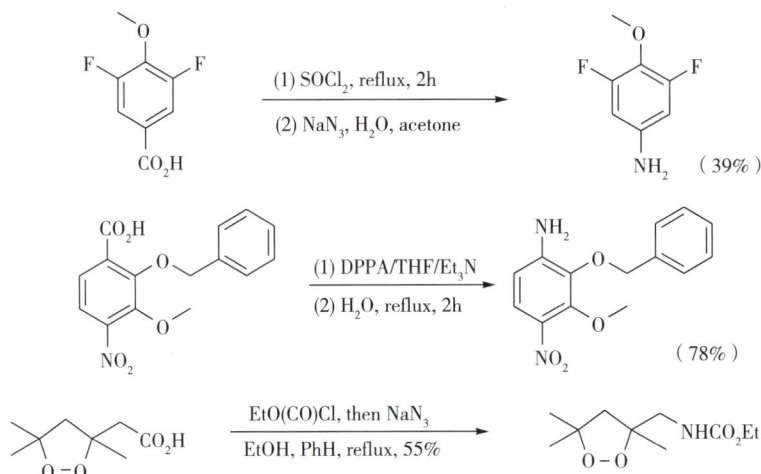

其中，Curtius 重排反应能使羧酸方便地转换为氨基甲酸酯衍生物，而氨基甲酸酯保护基（Carbamate protecting group）是一类重要的氨基保护基，尤其在药物合成中应用非常广泛。代表性的氨基甲酸酯保护基是：氨基甲酸叔丁酯和氨基甲酸苄酯。

氨基甲酸叔丁酯中的 Boc 是叔丁氧羰基（t-Butyloxy carbonyl）的缩写，是一种有机合成，特别是多肽合成中常用的氨基保护基团。叔丁氧羰基具有以下优点：Boc-氨基酸除个别外都能得到结晶；易于酸解除去，但又具有一定的稳定性，Boc-氨基酸能较长期的保存而不分解；酸解时产生的是叔丁基阳离子再分解为异丁烯，它一般不会带来副反应；对碱水解、肼解和许多亲核试剂稳定；Boc 对催化氢解稳定，但比 Cbz 对酸要敏感得多。当 Boc 和 Cbz 同时存在时，可以用催化氢解脱去 Cbz，Boc 保持不变，或用酸解脱去 Boc 而 Cbz 不受影响，因而两者能很好地搭配进行氨基的选择性保护和脱保护。

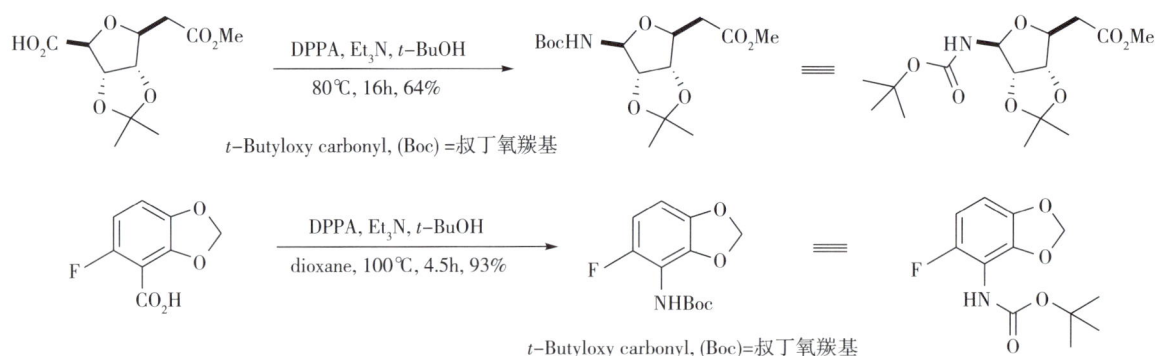

Cbz/Z 是氨基甲酸苄酯中的氨基保护基苄氧基羰基保护基（benzyloxycarbonyl）的缩写，也是有机合成和药物合成中非常重要的保护基。苄氧基羰基保护基的脱除主要有以下几种方法：①催化氢解；②酸解裂解；③Na/NH$_3$（液）还原。一般而言目前实验室常用简洁的方法就是催化氢解，但当分子中存在对催化氢解敏感或钝化的基团时，我们就必须采用化学方法如酸解裂解或 Na/NH$_3$（液）还原等。氨基甲酸苄酯的特点是酸性下稳定，但用钯碳催化氢化或钯碳/甲酸铵可以将甲酸苄酯切除，值得一提的是在钯碳催化氢化时，氨基甲酸叔丁酯则不受影响。因此，利用两者的性质不同可以选择性保护氨基和去保护。

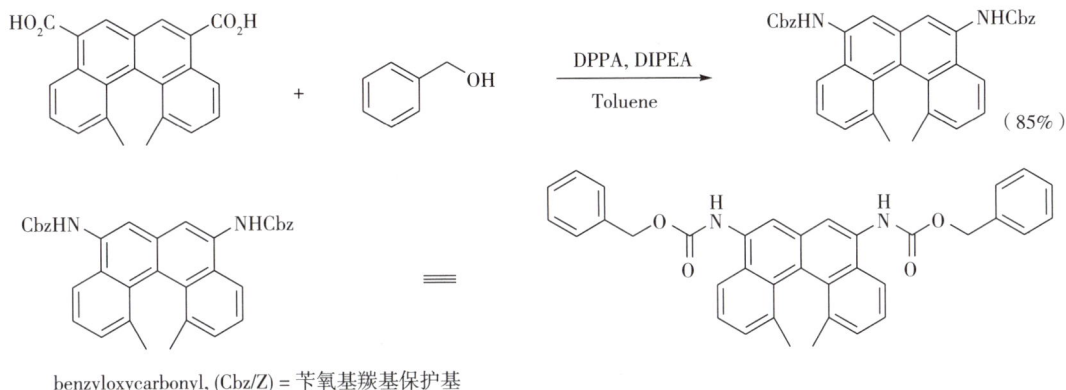

benzyloxycarbonyl, (Cbz/Z) = 苄氧基羰基保护基

　　流感病毒感染所致的急性呼吸道疾病（流感）是一种严重危害人类健康的传染病，在全世界范围流行，患病率和病死率均居高不下。由于流感病毒抗原变异性和特异性的疫苗研制的滞后性，常规的疫苗不能有效地预防流感暴发与流行。因此药物治疗是抵御流感病毒的重要防线。我国目前上市的抗流感病毒药物有三类，分别为神经氨酸酶抑制剂（奥司他韦、扎那米韦、帕拉米韦）、血凝素抑制剂（阿比多尔）和 M2 离子通道阻滞剂（金刚烷胺、金刚乙胺）。其中神经氨酸酶抑制剂（neuraminidase inhibitors，NAIs）对甲型、乙型流感均有效，奥司他韦为目前国内主流抗流感病毒药物，一线用药。奥司他韦的合成，可由奎宁酸为原料经多步反应合成，其关键步骤包括酰基叠氮化物的制备和 Curtius 重排反应。

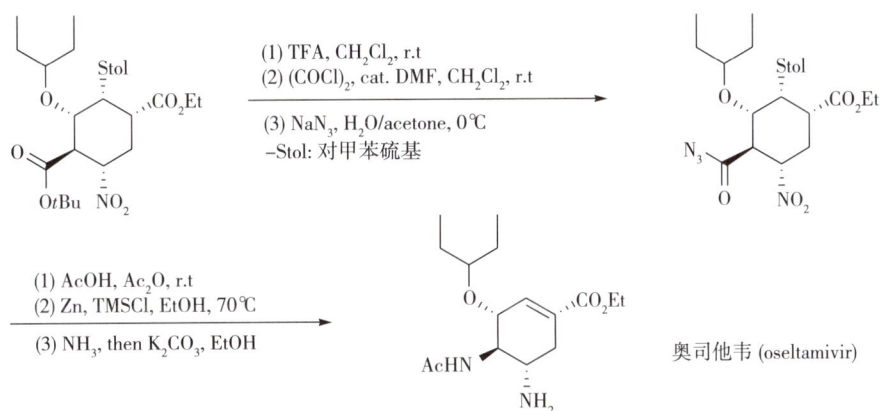

四、Lossen 重排

　　异羟肟酸的 O-酰基衍生物在加热或碱性条件下重排生成异氰酸酯，然后水解、脱羧得到伯胺的反应，称为 Lossen 重排。

反应通式：

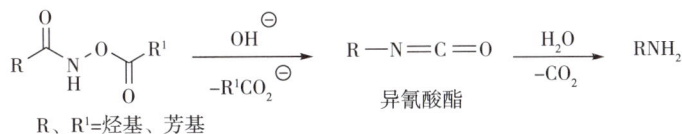

反应机理：

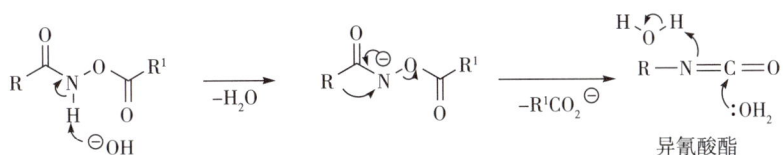

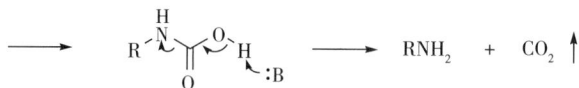

$$\longrightarrow \quad R{-}\overset{H}{\underset{\underset{:B}{H}}{N}}{-}\overset{O}{\underset{}{C}}{-}O{-}H \quad \longrightarrow \quad RNH_2 \quad + \quad CO_2 \uparrow$$

异羟肟酸在此反应条件下不会发生重排，也不是只有异羟肟酸的 O-酰基衍生物才能发生 Lossen 重排。反应原料只需满足氧原子上衍生活化的异羟肟酸衍生物，就有可能发生 Lossen 重排反应，且氮原子上离去基团的离去能力对 Lossen 重排反应至关重要。常见的活化方法有：O-酰基化、O-芳基化、氯化、O-磺酰基化、多聚磷酸活化、碳二酰亚胺活化、Mitsunobu 反应条件、硅基化等。

Lossen 重排的机理与 Curtius 重排、Hofmann 重排和 Schmidt 重排反应类似。第一步是酰基氧肟酸的氮原子上脱质子化生成相应的氮负离子，此氮负离子相当活泼，迅速协同重排通过一个桥接阴离子中间体生成异氰酸酯。重排的速率很大程度上取决于取代基的电子性质，R^2 吸电子能力越强，R 的给电子能力越强，反应速率越高。

异羟肟酸　　　　　　　　　　　　　　　　　　　　　　　异氰酸酯

R=烃基、芳基

酰化试剂=酸酐，酰卤（酰氯、磺酰氯、磷酰氯），氯化亚砜，（吸电子取代）活性卤代芳烃，R^4NCNR^4（碳二亚胺）等

R^2=烃酰基，芳酰基，氯代亚硫酰基，三烷基硅，（吸电子取代）活性芳烃基，磺酰基，磷酰基，$C{=}NR^4(NHR^4)$

碱=NaOH，KOH，DBU，$(i\text{-Pr})_2$NEt

缩写：DBU
中文名称：1,8-二氮杂二环［5.4.0］十一碳-7-烯
英文名称：1,8-Diazabicyclo［5.4.0］undec-7-ene

Lossen 重排反应生成的异氰酸酯中间体非常活泼，同 Hofmann 重排、Curtius 重排、Schmidt 重排反应类似容易和亲核试剂（HNu）发生反应生成最终产物。例如异氰酸酯中间体可以和胺反应转化为脲或者水解并脱羧得到比原来异羟肟酸少一个碳的伯胺，或者和醇反应制得相应的氨基甲酸酯（保护的胺）。

2013 年，Scott J. Miller 等报道了 N-甲基咪唑（N-methylimidazole，NMI）催化异羟肟酸、对硝基苯磺酰氯（4-NsCl）和烯丙醇（allyl alcohol）反应，经异氰酸酯中间体"一锅法"Lossen 重排合成氨基甲酸酯（包括烯丙酯、苄酯、烷基酯等）的反应。该催化体系尤其适用于氨基甲酸烯丙酯的制备。所生成的氨基保护基烯丙氧羰基（allyloxycarbonyl，Alloc）保护基同前面提到的 Cbz、Boc 和 Fmoc 保护基不同，它对酸、碱等都很稳定，在它的存在下，Cbz、Boc 和 Fmoc 等可选择性去保护，而它的脱去则通常在 Pd(0) 的存在下进行。

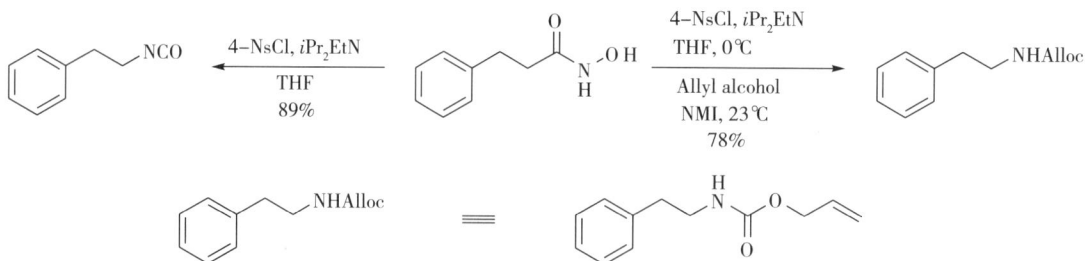

另外，该方法的亮点在于在较低温度（0～23℃）下 2 小时内可高收率获得异氰酸酯，且在较温和的条件下（0～35℃）和烯丙醇反应得到氨基甲酸烯丙酯衍生物。该方法温和的反应条件，极大地降低了传统的 Lossen 重排反应加热条件下产生的异羟肟酸-异氰酸酯二聚体杂质。

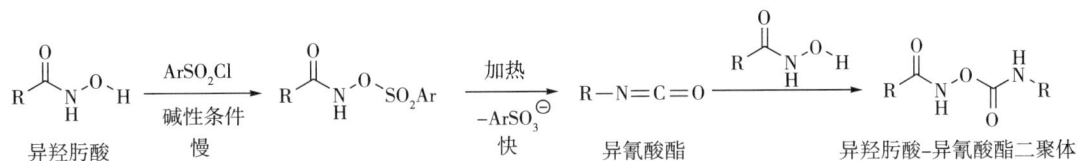

复杂分子的多步合成主要有两种合成策略：①采用"直线式合成法"（linear synthesis），一步一步地进行反应，每一步增加目标分子的一个新单元，最后构建整个分子；②采用"汇聚式合成法"（convergent synthesis），分别合成目标分子的主要部分，并使这些部分在接近合成结束时再连接到一起，完成目标分子的构建。

Freselestat（ONO-6818）是一种有效且具有口服活性的嗜中性粒细胞弹性蛋白酶（neutrophil elastase）抑制剂，具有有效的抗炎活性，目前处于临床试验阶段。Freselestat（ONO-6818）的合成采用效率更高的"汇聚式合成法"，把目标分子分为左和右两部分进行分别合成，最后再"组装"起来，从而完成目标分子的构建。

（1）应用 Lossen 重排反应，进行"左半部分"的合成：

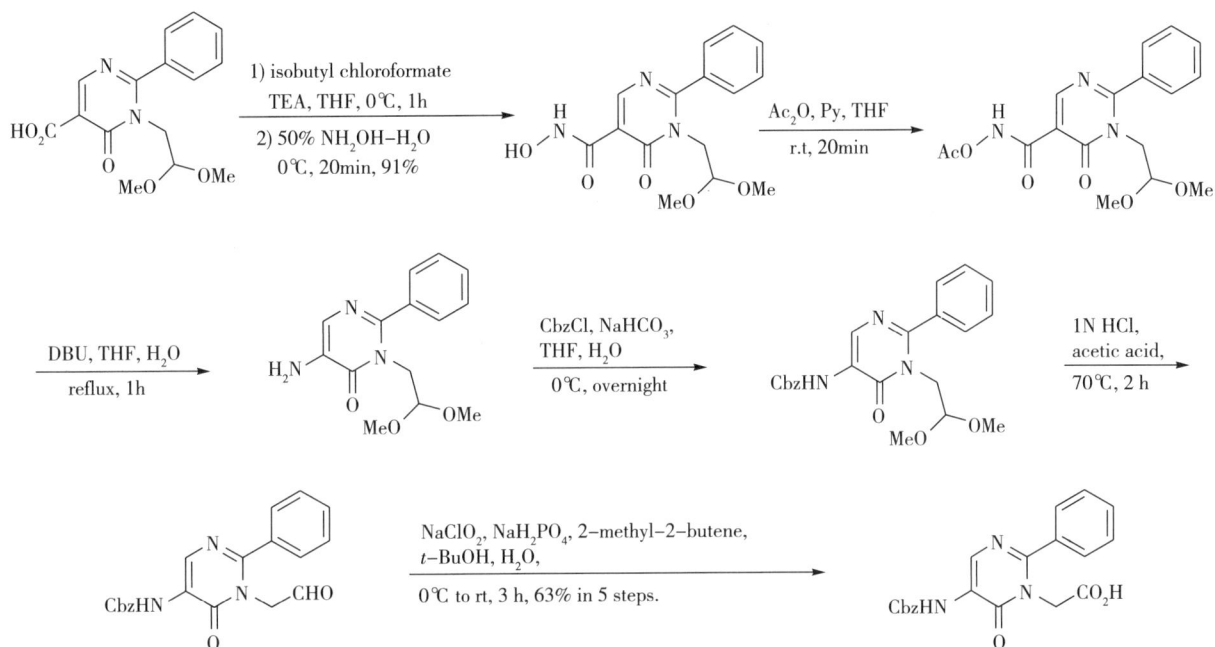

（2）"右半部分"的合成：

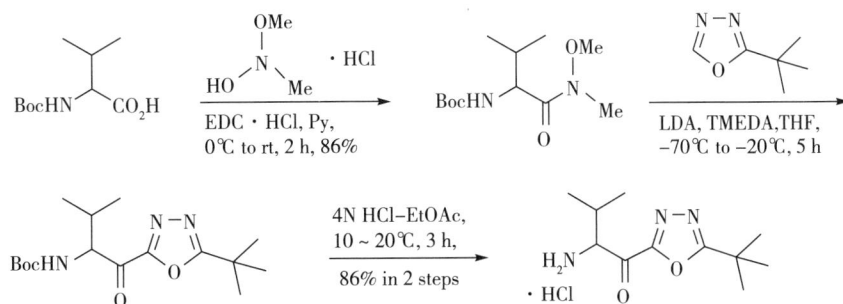

（3）将"左半部分"和"右半部分"进行"组装"，从而完成目标分子的构建：

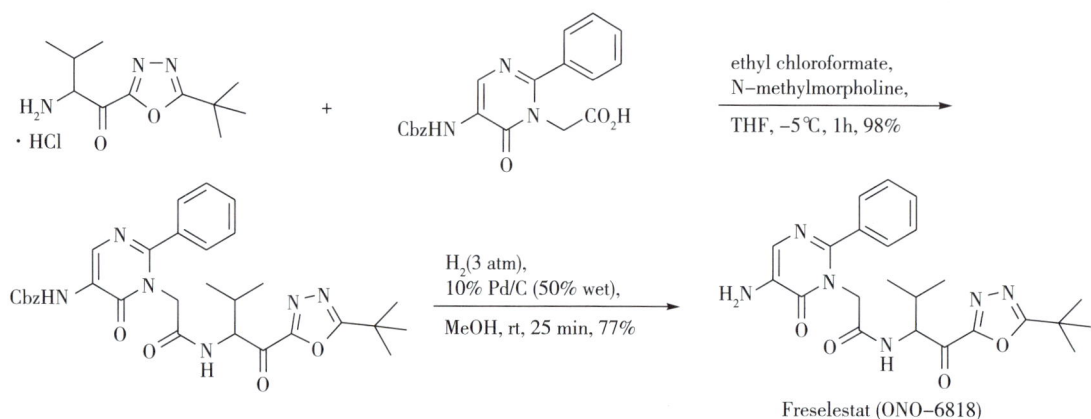

以上 Freselestat（ONO -6818）的合成实例中，首先将原料的羧基转换成异羟肟酸，再用醋酐酰化羟基活化得到异羟肟酸的 O-酰基衍生物，应用 Lossen 重排反应，在加热和碱性条件下重排生成异氰酸酯，然后水解、脱羧得到伯胺中间体。在工业化生产中，因为避开了 Curtius 重排反应中易爆的酰基叠氮中间体，Lossen 重排反应比类似的 Curtius 重排反应安全性更高。

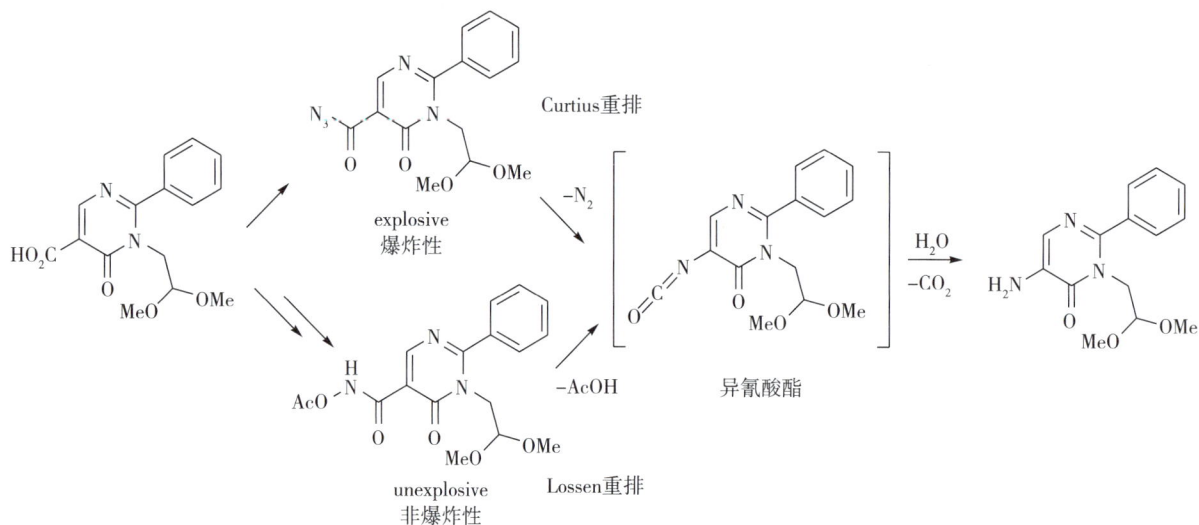

Freselestat（ONO -6818）的合成中还巧妙地利用 Boc 和 Cbz 保护氨基，很好地搭配进行了氨基的选择性保护和脱保护。

五、Schmidt 重排

1. 定义　在酸催化下，叠氮酸或叠氮化合物和羧酸、醛、酮反应重排放出氮气得到比原料羧酸少一个碳原子的伯胺、腈、酰胺的反应，称为 Schmidt 重排反应。

反应通式：

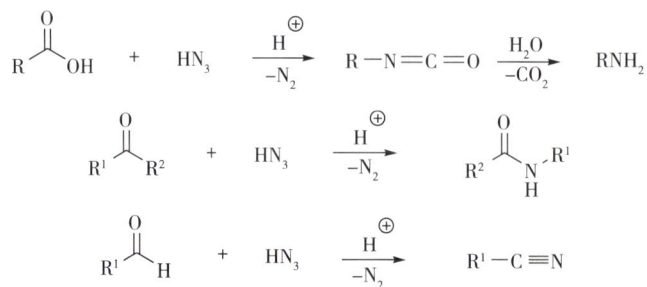

2. 反应机理 Schmidt 重排为亲核重排反应机理。

（1）羧酸和叠氮酸的反应机理　Schmidt 重排反应的机理和 Hofmann 重排、Lossen 重排与 Curtius 重排相类似。都可以由羧酸或羧酸衍生物制备比原来羧酸或羧酸衍生物少一个碳原子的伯胺。这四种方法可以根据原料情况进行合理的选择，其中 Schmidt 重排反应的优势是只需要一步反应即可由羧酸制得少一个碳原子的伯胺，但是缺点也很明显，该反应较剧烈，且原料叠氮酸或叠氮化钠剧毒并具爆炸性。

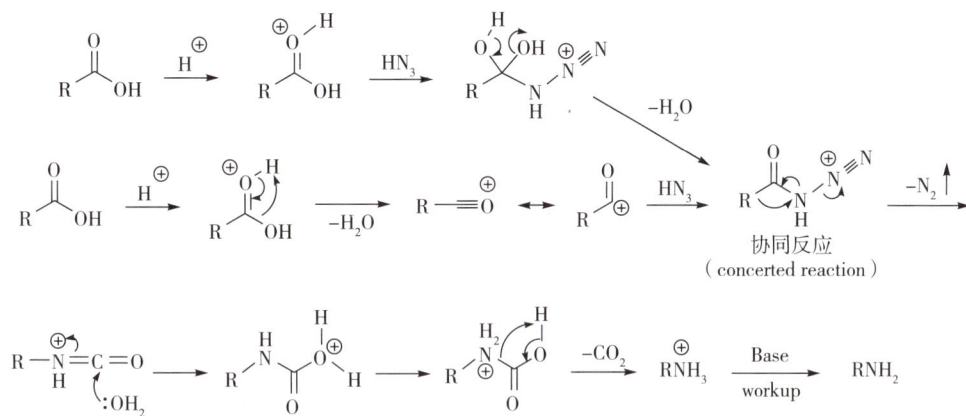

（2）酮和叠氮酸的反应机理

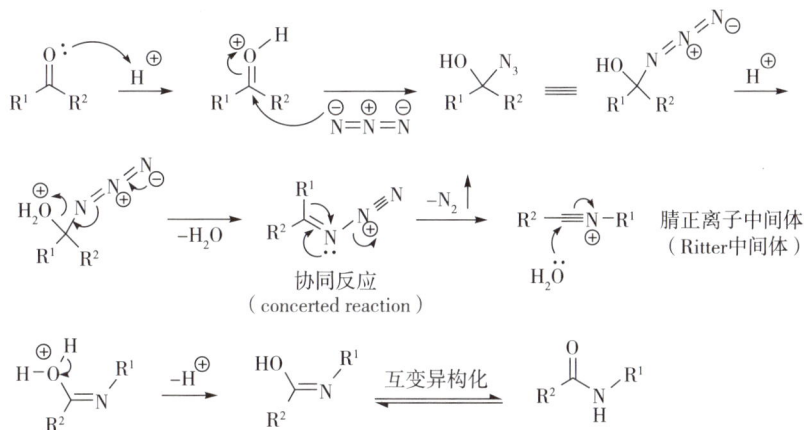

（3）醛和叠氮酸的反应机理

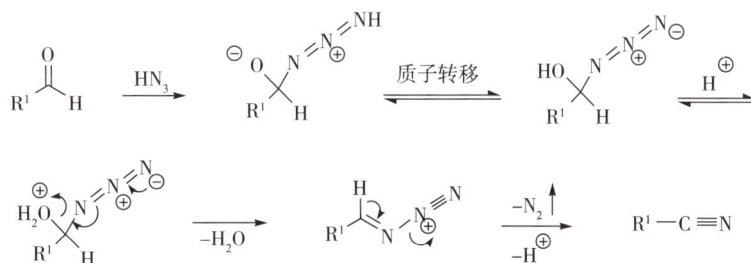

　　Schmidt 重排反应可采用叠氮酸的惰性溶液（如三氯甲烷、苯等）的溶液作为反应原料，也可将叠氮化钠加入酸性的反应混合物中原位生成叠氮酸。Schmidt 重排反应是在酸催化下进行的，常用质子酸为催化剂，例如浓硫酸、多聚磷酸、三氟乙酸、三氟乙酸酐等，其中浓硫酸最为常用。

3. 反应特点

（1）Schmidt 重排反应可以由羧酸制备比原来羧酸少一个碳原子的伯胺。

（2）酮和叠氮酸的 Schmidt 重排反应可制备酰胺，相当于在羰基和烃基之间插入 NH。当底物为环酮时，Schmidt 重排反应产物为内酰胺。例如，环己酮和叠氮酸的 Schmidt 重排反应可制备己内酰胺。

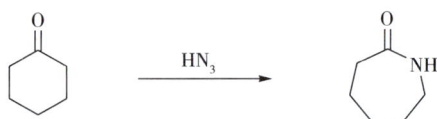

通常二芳基酮反应较慢，二烷基酮和脂环酮较烷基芳酮反应快。在烷基芳酮的 Schmidt 重排反应中，除非烷基的体积很大，一般都是芳基优先迁移。

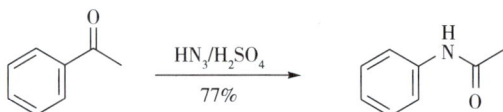

但是也有一些情况下是烷基优先发生迁移，例如：1,2,3,4-四氢喹啉-4-酮衍生物是一类非常重要的医药中间体，该类衍生物在叠氮化钠和浓硫酸作用下，在二氯甲烷中室温反应，可发生烃基迁移（alkyl migration）为主的 Schmidt 重排。

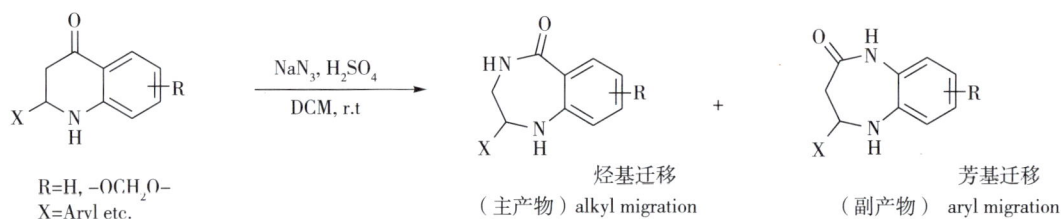

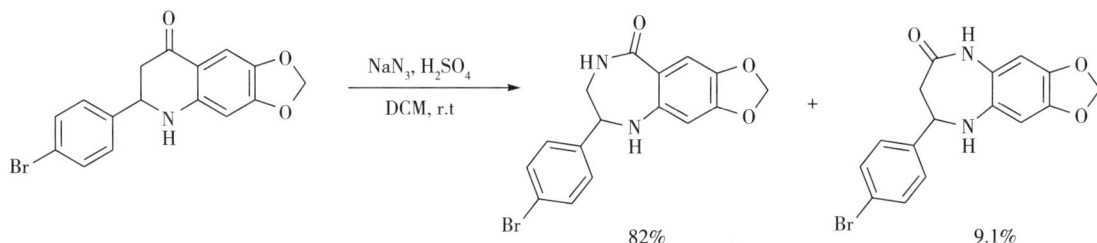

反应机理：

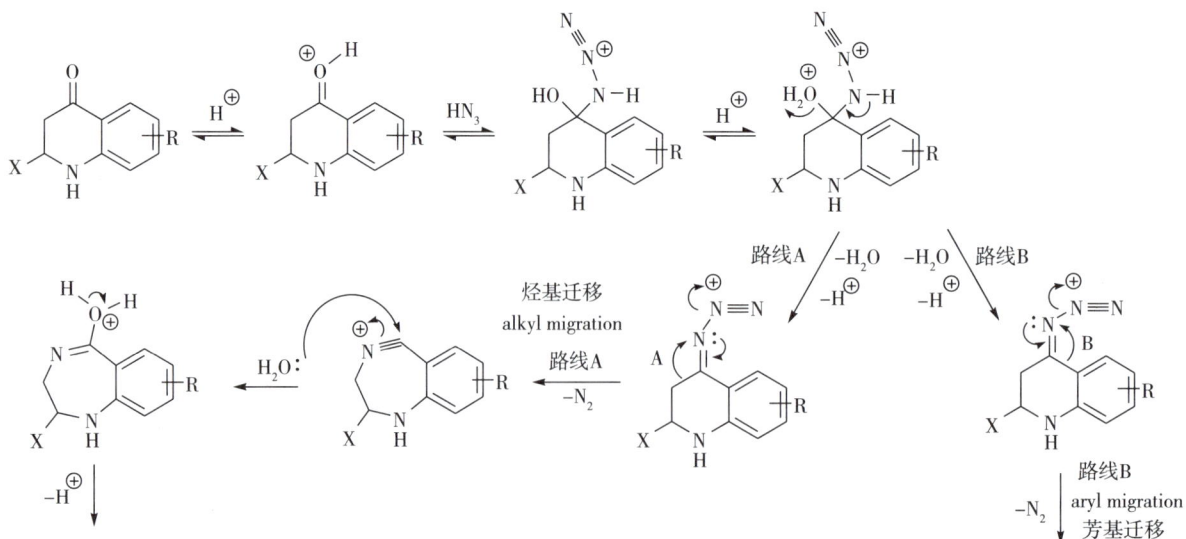

当烷基芳酮的底物或取代基发生改变时，Schmidt 重排反应的烷基迁移（alkyl migration）或芳基迁移（aryl migration）选择性将发生明显的改变，甚至是底物不变的情况下，只改变酸的种类也会对烷基迁移或芳基迁移选择性产生决定性的影响。例如：医药中间体苯并环己酮及其类似物的 Schmidt 重排反应，通过改变酸、取代基及取代位置等，都对迁移产物酰胺的结构产生显著的影响，往往得到酰胺的混合物。

Reagents=HCl/NaN$_3$, 52% yield of major product, Migration ratio (alkyl：aryl)=96：4
Reagents=H$_2$SO$_4$/NaN$_3$, 75% yield of major product, Migration ratio (alkyl：aryl)=12：88

Reagents=HCl/NaN$_3$, 18% yield of major product, Migration ratio (alkyl：aryl) = 100：0
Reagents=H$_2$SO$_4$/NaN$_3$, 83% yield of major product, Migration ratio (alkyl：aryl) = 97：3

Reagents=HCl/NaN$_3$, 71% yield of major product, Migration ratio (alkyl：aryl)=100：0
Reagents=H$_2$SO$_4$/NaN$_3$, 21% yield of major product, Migration ratio (alkyl：aryl)=89：11

Reagents=HCl/NaN$_3$, 53% yield of major product, Migration ratio (alkyl：aryl) = 70：30
Reagents=H$_2$SO$_4$/NaN$_3$, 38% yield of major product, Migration ratio (alkyl：aryl) = 67：33

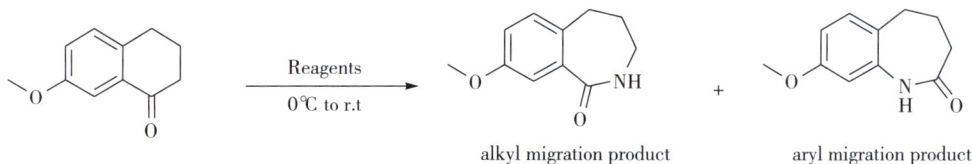

Reagents =HCl/NaN$_3$, 54% yield of major product, Migration ratio (alkyl：aryl)=95：5
Reagents=H$_2$SO$_4$/NaN$_3$, 38% yield of major product, Migration ratio (alkyl：aryl)=16：84

从以上实例可以看出，烷基芳酮的 Schmidt 重排反应的反应机理受到底物、取代基和反应条件的显著影响，将会得到不同酰胺的混合物，且烷基迁移或芳基迁移到底哪个是优先迁移并不明确，因此产物以哪种结构为主，较难预测。

六、Baeyer–Villiger 氧化重排

1. 定义　用过氧酸（如过氧乙酸、过氧三氟醋酸、过氧苯甲酸，间氯过氧苯甲酸等）将醛或酮氧化，在烃基与羰基之间插入氧原子重排而成酯；或将环酮氧化重排转化为内酯或羟基酸的反应称为 Baeyer–Villiger 反应，又称 Baeyer–Villiger 氧化重排（Baeyer–Villiger oxidation or rearrangement）。

反应通式：

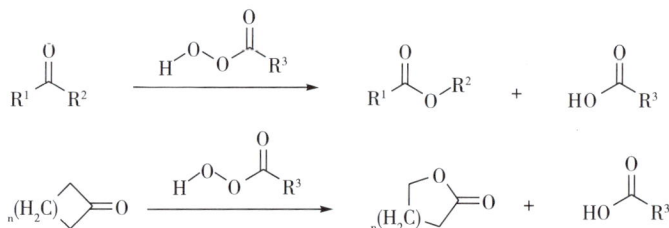

例如：

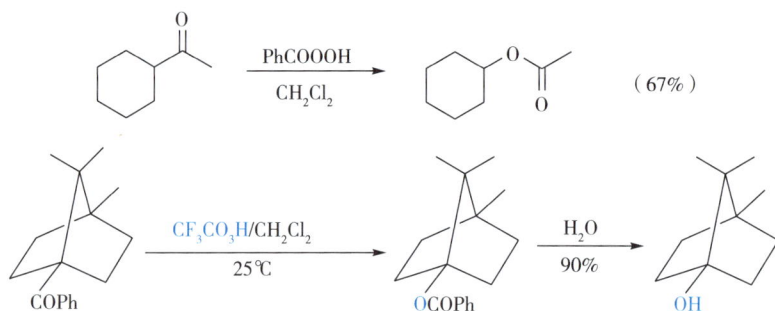

除了过氧酸以外，还可以使用过氧化氢和 Lewis 酸进行 Baeyer–Villiger 氧化重排，例如：

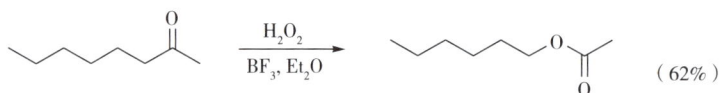

质子酸催化反应机理：

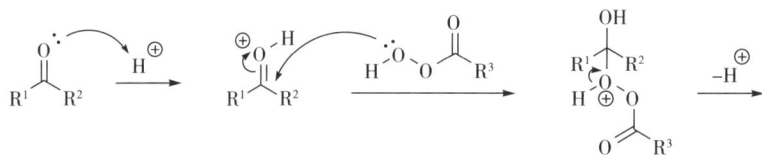

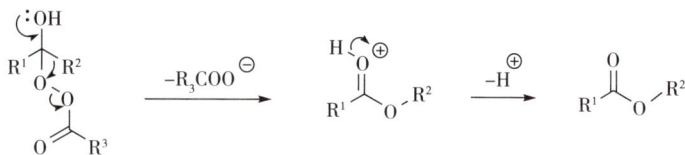

Lewis 酸催化反应机理：

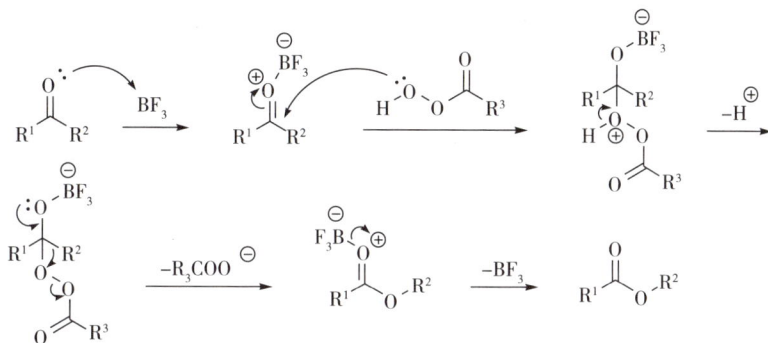

2. 常用的过氧酸

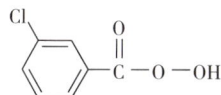

过氧乙酸　　　　　过氧三氟醋酸　　　　　过氧苯甲酸　　　　间氯过氧苯甲酸
（MCPBA or *m*-CPBA）

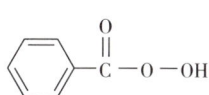

3. 反应特点 迁移基团的迁移能力：不对称酮进行 Baeyer–Villiger 氧化重排时，更能提供电子云的基团优先迁移。迁移基团为烷基时，烷基的迁移顺序为：叔烷基 > 环己基、仲烷基、苄基、苯基 > 伯烷基 > 甲基。

迁移基团为芳环时，芳环的迁移顺序为：给电子基取代芳基 > 苯基 > 吸电子基取代芳基。例如：
p-CH$_3$OC$_6$H$_4$- > p-CH$_3$C$_6$H$_4$- > C$_6$H$_5$- > p-ClC$_6$H$_4$- > p-NO$_2$C$_6$H$_4$-。

酮类与过氧酸作用，经过 Baeyer–Villiger 氧化重排，相当于在烃基和羰基之间插入氧原子得到酯。例如：

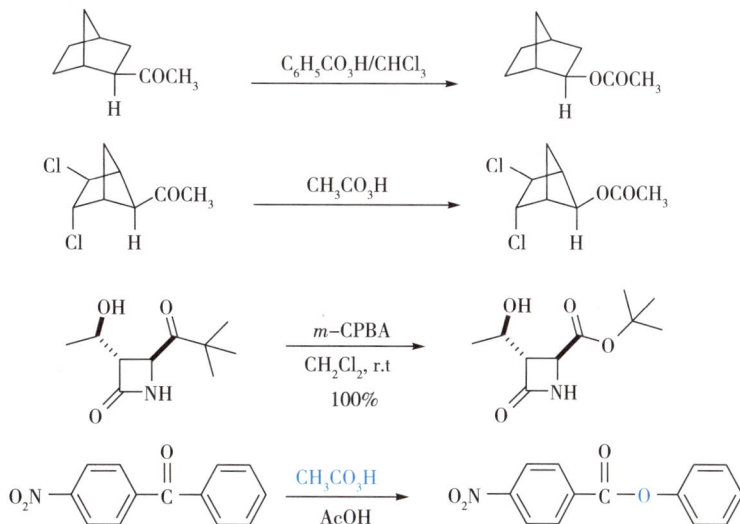

如果是环状酮与过氧酸作用，经过 Baeyer-Villiger 氧化重排，则得到内酯。例如：

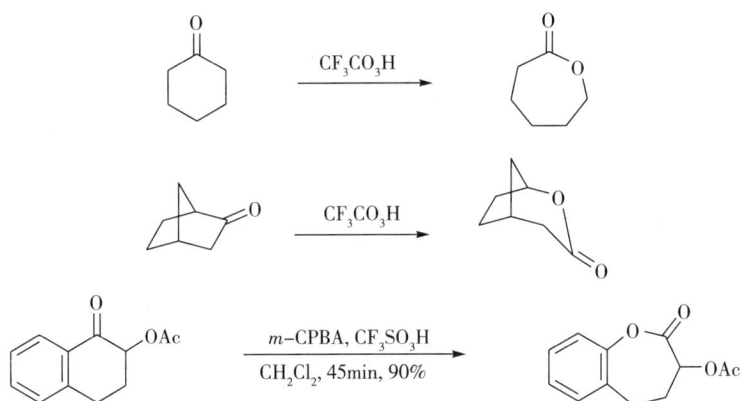

又如：2012 年，冯小明课题组应用 5mol% 的三氟甲磺酸钪和冯氏手性双氮氧配体（Ligand）1∶1 络合物实现了首例稀土金属配合物催化的不对称 Baeyer-Villiger 反应。由环酮化合物在手性双氮氧-金属配合物（冯催化剂）体系和间氯过氧苯甲酸（m-CPBA）共同作用下，高收率（71%~99%）、高对映选择性（80%~95% ee 值）地不对称合成了一系列手性内酯衍生物。

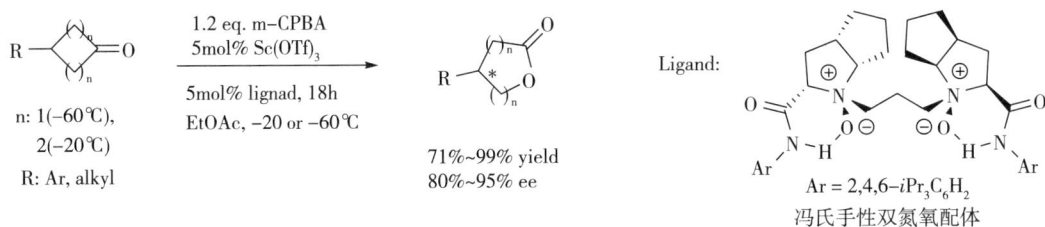

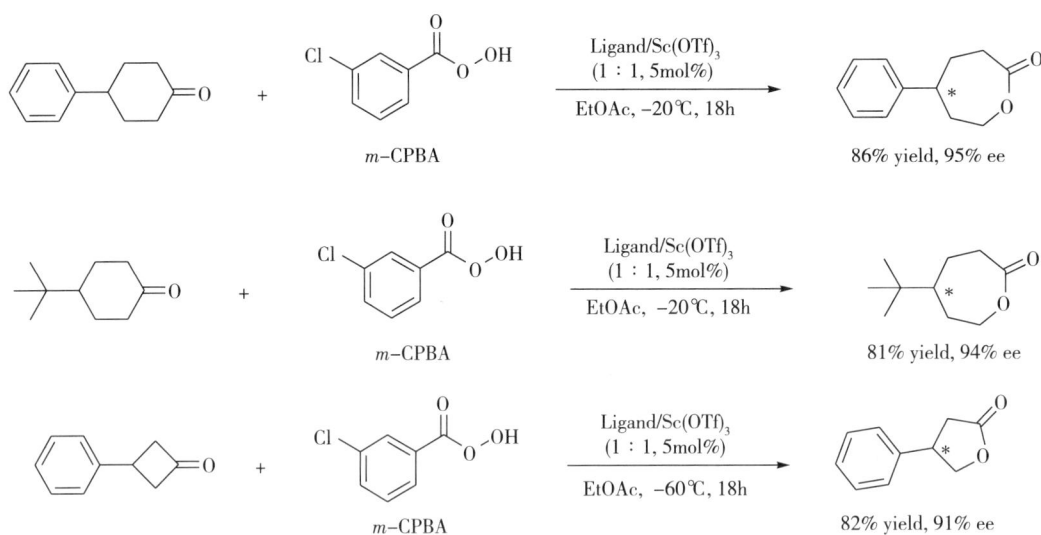

如果迁移基团具有手性结构，进行 Baeyer-Villiger 氧化重排时，迁移基团的构型保持不变。例如：

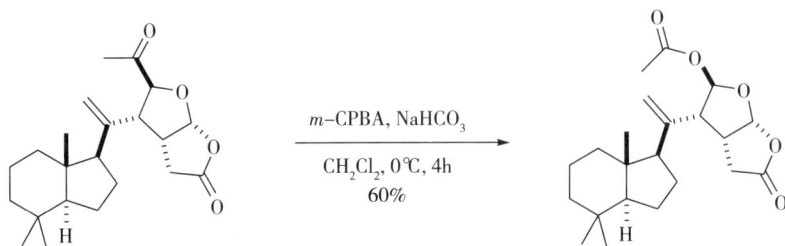

醛与过氧酸反应，因氢的迁移较烷基容易，进行 Baeyer-Villiger 氧化重排时常得到羧酸，相当于醛直接被氧化为羧酸。但是醛与间氯过氧苯甲酸在室温下进行 Baeyer-Villiger 氧化重排，主要得到甲酸酯，且手性碳构型不变。

4. 应用实例 曲伏前列素（travoprost）是一种选择性的 FP 前列腺素类受体激动剂，据报道 FP 前列腺素类受体激动剂可通过增加葡萄膜巩膜通路房水外流的机制来降低眼压。曲伏前列素滴眼液是用于降低开角型青光眼或高眼压症患者升高的眼压的典型药物。曲伏前列素是前列腺素 $F_{2\alpha}$ 的一种合成类似物。曲伏前列素的合成路线涉及一步关键的 Baeyer-Villiger 氧化重排反应。该路线由环酮经 Baeyer-Villiger 反应制备内酯中间体时，所需的内酯异构体与次要且不需要的内酯区域异构体以 3：1 的比例生成区域异构的内酯混合物。这步关键的 Baeyer-Villiger 重排反应能够以百克级规模，47% 的总收率制备所需的内酯中间体。该中间体再进一步通过酯羰基的 DIBAL-H 还原（DIBAL-H：diisobutylaluminum hydride，二异丁基氢化铝）、Wittig 反应、酯化反应及 TBDMS 保护基的脱除最终完成曲伏前列素的合成。曲伏前列素的该合成路线总共经过 22 步反应，其中最长的线性合成包括 16 步反应，总收率为 4.0% ~ 6.9%。

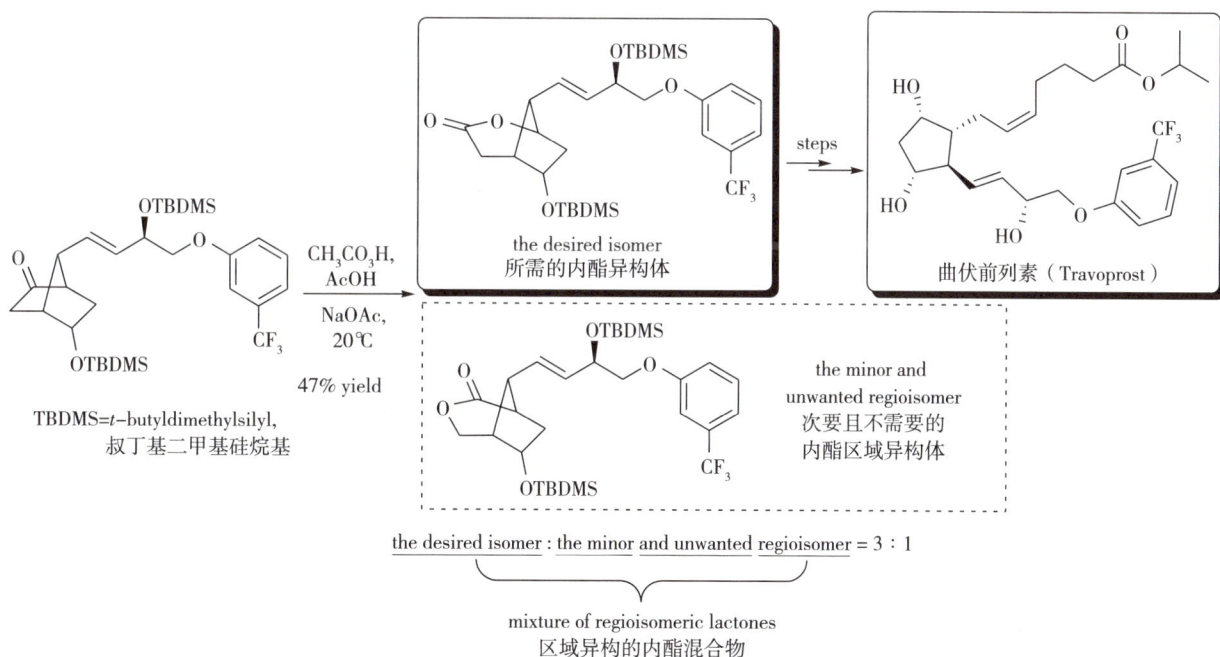

第三节　从杂原子到碳原子的重排

一、Stevens 重排

1. 定义 α-位带有吸电子基团（electron-withdrawing group，EWG）的季铵盐或锍盐在强碱性条件下，可重排生成叔胺或硫醚的反应称为 Stevens 重排反应。

反应通式：

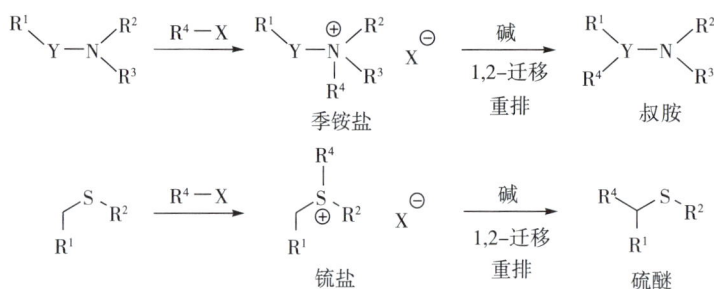

R¹=Ar, heteroaryl, COR, COOR, CN, Electron-withdrawing group (EWG);
R²/R³=alkyl, aryl; R⁴=CH₃, alkyl, allyl, benzyl, CH₂COAr;
X=Cl, Br, I, OTs, OMs; Y=CH₂, CHR, NH;
Base=NaH, KH, RLi, ArLi, RONa, ROK.

2. 特点　Stevens 重排常用的碱有 NaOH、RONa、NaNH₂等。各类 α-位带有吸电子基团的季铵盐或锍盐，在碱的作用下都可以发生 Stevens 重排。吸电子基团（EWG）可以是芳基、杂芳基、酰基、酯基、腈基、乙烯基、炔基、硝基等。如果没有 α-吸电子基团或者 α-位基团吸电子能力较弱，使用更强的碱如氢化钠、氨基钠或正丁基锂等有机锂试剂，同样也可以发生 Stevens 重排。

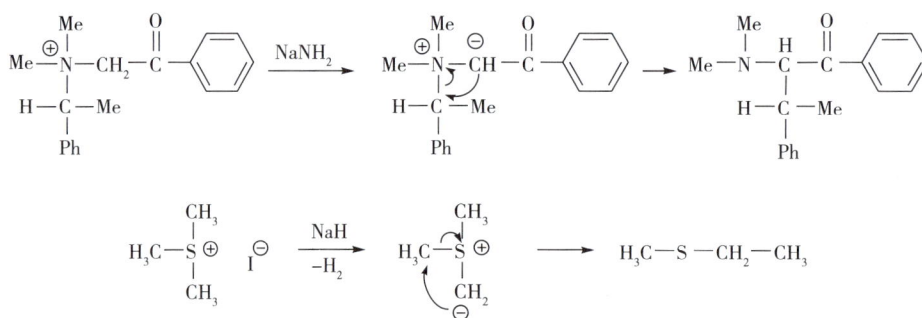

Stevens 重排常见的迁移基团有烯丙基、苄基、二苯甲基、3-苯基炔丙基和苯甲酰甲基等。

3. Stevens 重排的亲电重排离子机理

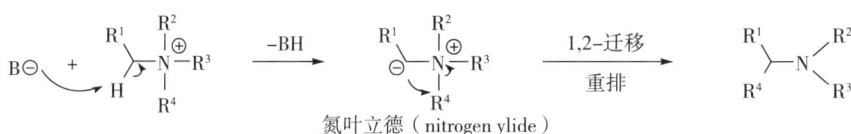

R¹=Ar, heteroaryl, COR, COOR, CN, Electron-withdrawing group (EWG);
R²/R³=alkyl, aryl; R⁴=CH₃, alkyl, allyl, benzyl, CH₂COAr;
B=NaH, KH, RLi, ArLi, RONa, ROK.

4. Stevens 重排的自由基机理

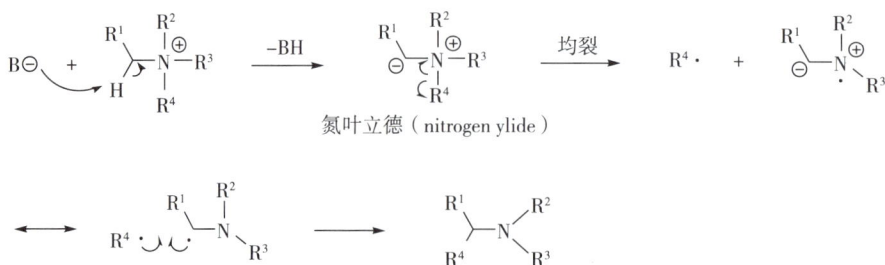

R¹=Ar, heteroaryl, COR, COOR, CN, Electron-withdrawing group (EWG);
R²/R³ = alkyl, aryl; R⁴ = CH₃, alkyl, allyl, benzyl, CH₂COAr;
B=NaH, KH, RLi, ArLi, RONa, ROK

季铵盐的 Stevens 重排，其迁移基团的大小顺序一般为：烯丙基 > 苄基 > 二苯甲基 > 3-苯基炔丙基 > 苯甲酰甲基。如果迁移基团形成的正离子越稳定，则基团的迁移能力越强。例如下列季铵盐化合物在氢氧化钠作用下，首先形成氮叶立德（nitrogen ylide），再经过 Stevens 重排反应，得到苄基迁移的叔胺产物。

铔盐也能发生类似的反应，例如下列铔盐化合物在甲醇钠作用下，首先形成硫叶立德（sulfur ylide），再经过 Stevens 重排反应，得到苄基迁移的硫醚产物。

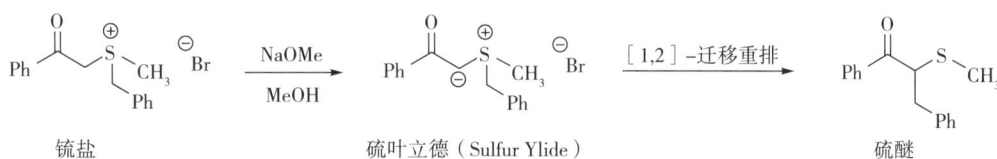

由于烯丙基取代的季铵盐所形成的氮叶立德存在共振式，因此 Stevens 重排往往得到 [1,2]-迁移重排和 [1,4]-迁移重排的混合物。[1,2]-迁移重排和 [1,4]-迁移重排的产物比例受到反应条件的显著影响，例如增加溶剂的极性和提高反应温度都将有利于 [1,4]-迁移重排产物的生成。

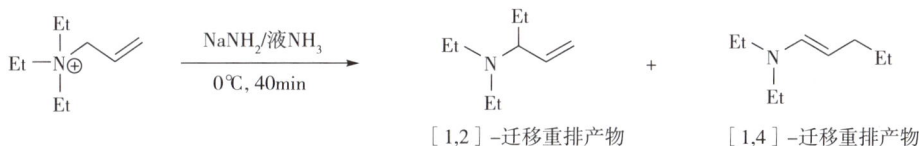

反应机理：

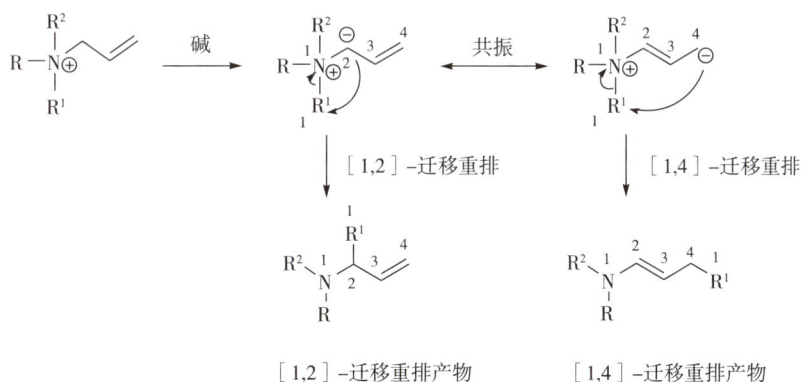

环内具有烯丙基结构单元的季铵盐所形成的氮叶立德也可发生共振，因此下列季铵盐在碱的作用下，发生 Stevens 重排也得到 [1,2]-迁移重排和 [1,4]-迁移重排的混合物。

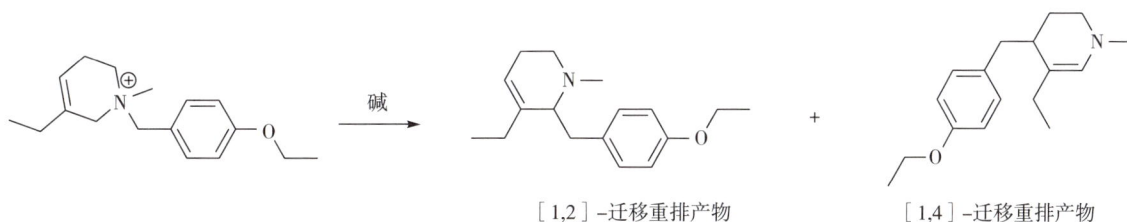

反应机理：

$[1,2]$-迁移重排产物

$[1,4]$-迁移重排产物

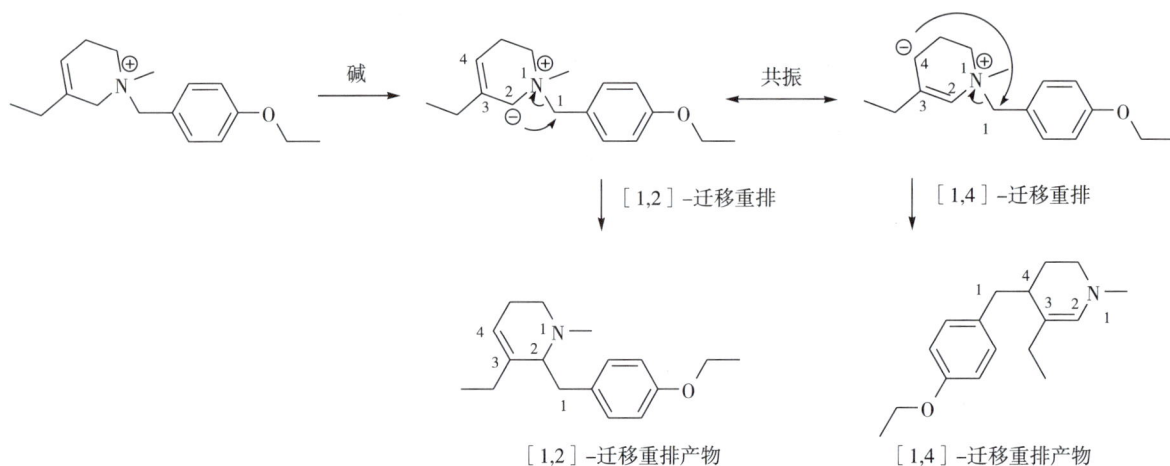

5. 应用实例　具有苄基异喹啉、四氢原小檗碱、氮杂菲并喹喏里西啶等母核的多环生物碱均属于非常重要的生物活性生物碱，具有抗炎、抗过敏、平喘、抗菌、抗肿瘤、抗真菌、抗病毒等活性。2013年，Till Opatz 研究小组运用腈基稳定的铵叶立德，经 Stevens 重排得到 $[1,2]$-迁移重排产物，然后经 $NaCNBH_3$ 或 $NaBH_4$ 还原去除腈基，可制得多种多环生物碱。例如，7-methoxycryptopleurine（7-甲氧基小穗苎麻素）、laudanidine（劳丹尼定）、armepavine（亚美罂粟碱）、tylophorine（娃儿藤碱）、laudanosine（劳丹素）、xylopinine（番荔枝宁）等多环生物碱的结构和部分合成路线如下图所示。

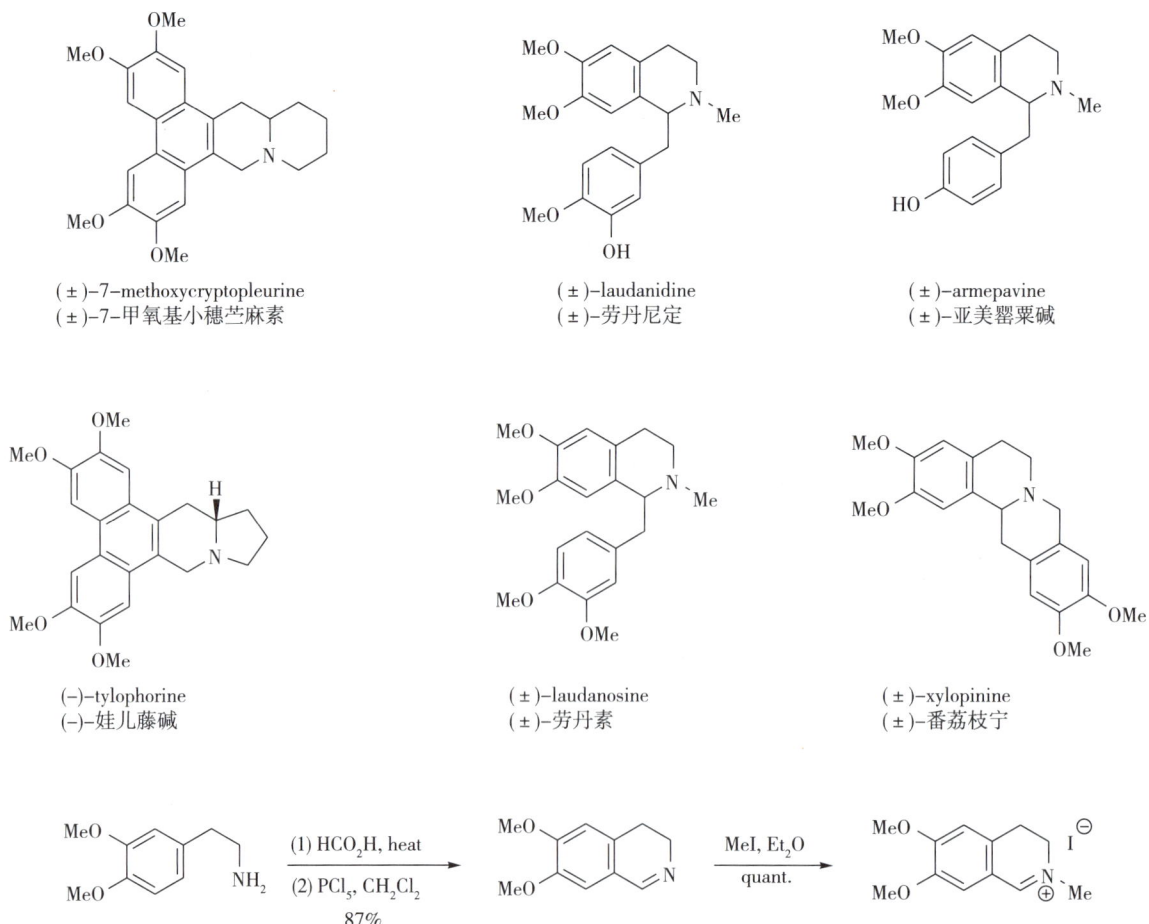

($\pm$)-7-methoxycryptopleurine
($\pm$)-7-甲氧基小穗苎麻素

($\pm$)-laudanidine
($\pm$)-劳丹尼定

($\pm$)-armepavine
($\pm$)-亚美罂粟碱

(−)-tylophorine
(−)-娃儿藤碱

($\pm$)-laudanosine
($\pm$)-劳丹素

($\pm$)-xylopinine
($\pm$)-番荔枝宁

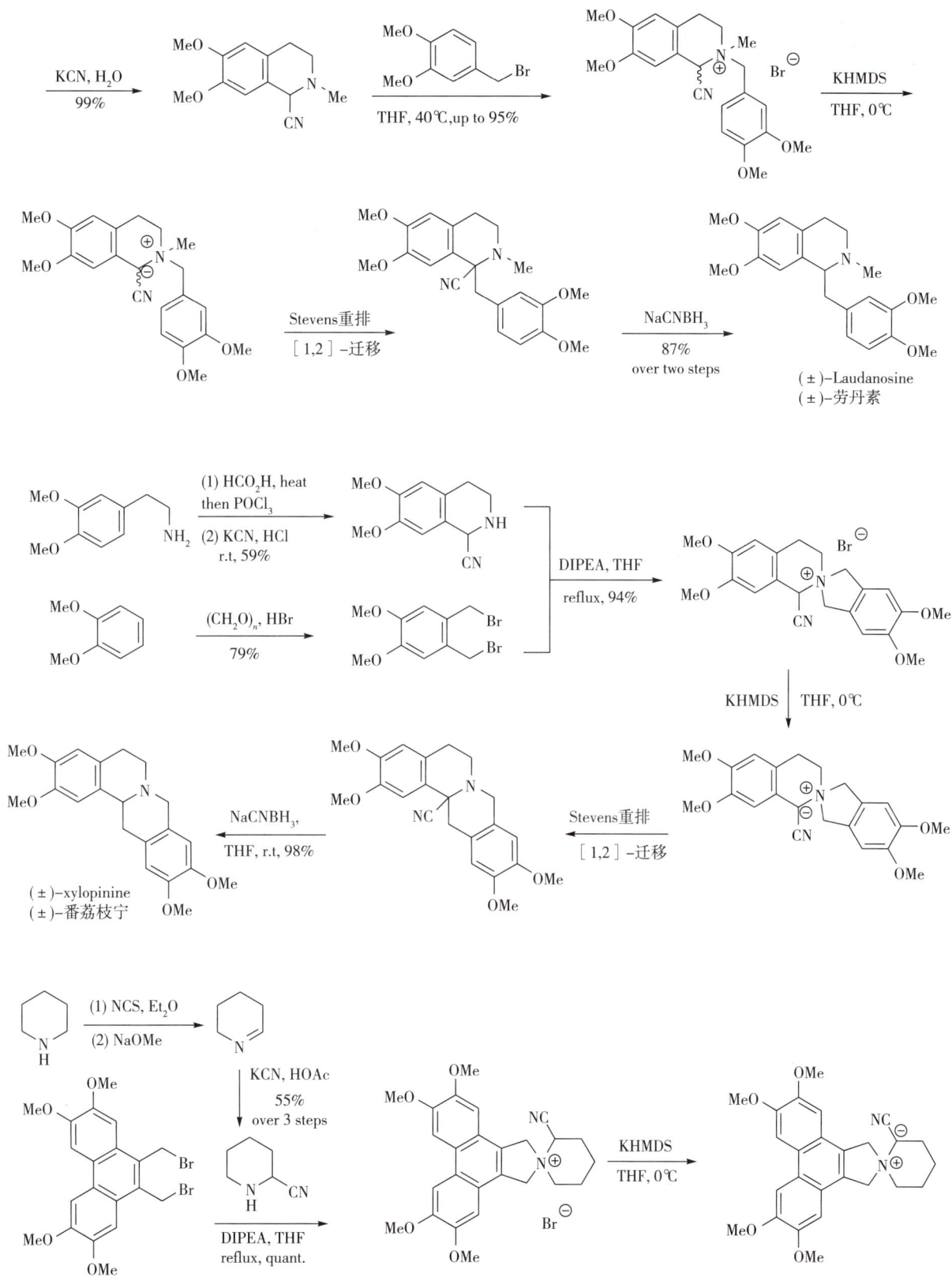

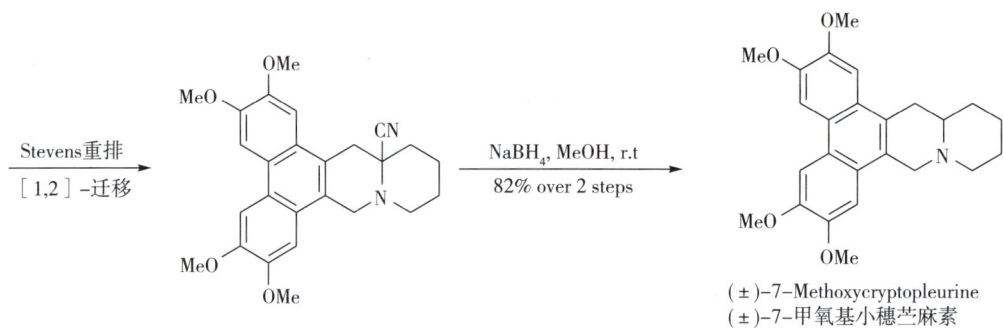

（±）-7-Methoxycryptopleurine
（±）-7-甲氧基小穗苎麻素

二、Sommelet–Hauser 重排

某些苄基季铵盐在氨基钠等强碱催化下，一个烃基迁移到芳环上的邻位，重排生成邻位取代的苄基叔胺的反应，称为 Sommelet–Hauser 重排。

反应通式：

反应机理：

Sommelet–Hauser 重排为亲电重排反应机理。季铵盐分子中的苄基或甲基失去一个质子形成氮叶立德（Nitrogen Ylide），接下来发生［2,3］-σ 迁移重排，生成邻位取代的苄基叔胺化合物。由于某些情况下，季铵盐分子中的苄基或甲基都可能失去一个质子，因此 Stevens 重排和 Sommelet–Hauser 重排互为竞争性反应。

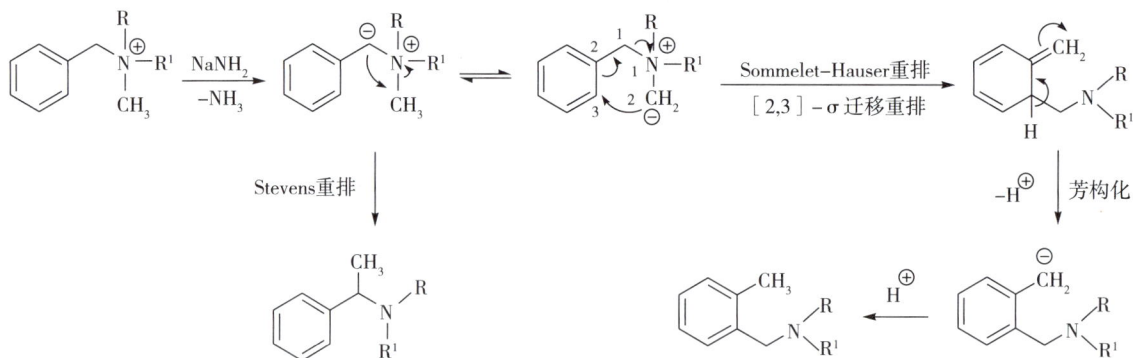

在 Stevens 重排和 Sommelet–Hauser 重排可同时发生的情况下，控制反应条件可使一种反应占优势：在极性溶剂（如 NH_3、DMSO、HMPA）中和低温条件下，Sommelet–Hauser 重排反应为主；在非极性溶剂（如环己烷、乙醚）中和高温条件下，主要发生 Stevens 重排。例如含苄基的季铵盐在氨基钠/液氨中反应，Sommelet–Hauser 重排产物为主。

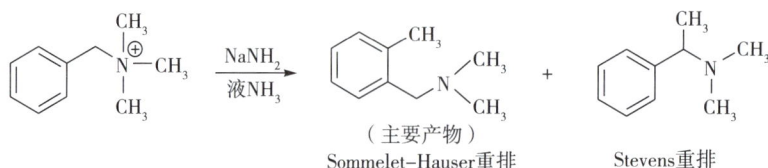

又如含二苯甲基的季铵盐在氨基钠/液氨中反应，也是 Sommelet–Hauser 重排产物为主。

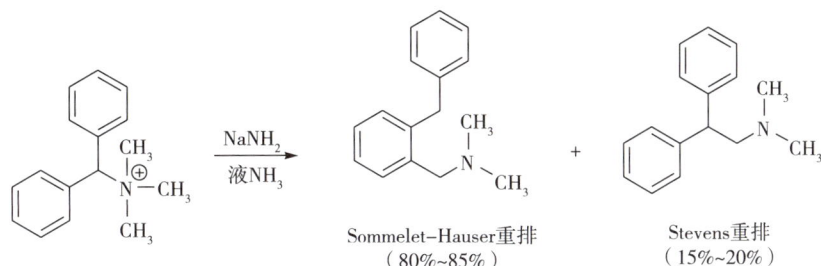

反应机理：

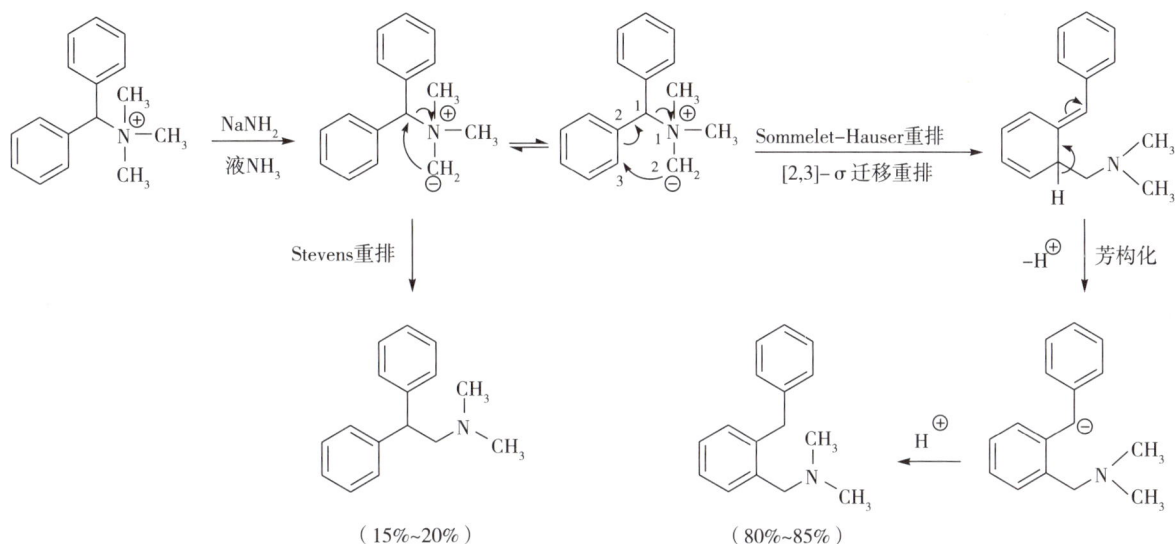

三、Wittig 重排

1. 定义 醚类化合物在烃基锂或氨基钠等强碱的作用下，醚分子中的一个烷基发生迁移生成醇的反应，称为 Wittig 重排。Wittig 重排反应可分为 [1,2]-Wittig 重排，[1,4]-Wittig 重排和 [2,3]-Wittig 重排。其中 [1,2]-Wittig 重排和 [1,4]-Wittig 重排是通过自由基离解–重组机理进行；[2,3]-Wittig 重排按照周环反应机理和协同机理进行重排。

[1,2]-Wittig 重排反应通式：

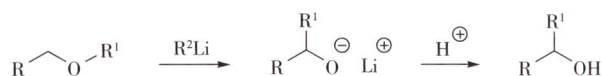

[1,2]-Wittig 重排反应，是指醚在强碱作用下重排为烷氧基化合物，常用的强碱有烷基锂或 LDA 等。[1,2]-Wittig 重排反应是个经典的碳负离子重排反应，它的机理是自由基反应过程，涉及碳碳键的断裂–重组。[1,2]-Wittig 重排反应是通过形成新的 C—C 键来制备醇的非常有用的方法。该反应在化学键形成或者断裂过程中具有独特的高立体选择性和高效性，因此广泛应用于有机合成和药物中间体的合成，尤其是醇的合成。一般认为 [1,2]-Wittig 重排是通过自由基离解–重组机理进行的碳负离子重排。反应底物醚在强碱作用下失去一个质子，生成的 α–碳负离子发生碳氧键均裂形成两个自由基中间体，之后自由基 [1,2]-迁移重排后两个自由基再偶联为最终的烷氧基化合物。烃基迁移顺序与碳自由基稳定性相吻合，即甲基 < 伯烷基 < 仲烷基 < 叔烷基 < 苄基。

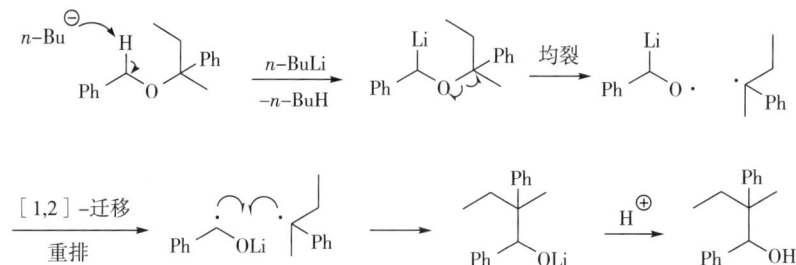

醚的烃基取代基决定了反应的活性和区域选择性。醚的烃基取代基必须能够和强碱形成稳定的碳负离子或促进迁移步骤的稳定自由基。例如，醚上连有苄基时，能够形成稳定的苄基碳负离子和苄基自由基。又如，醚上连有叔烷基取代基时，能够形成稳定的叔烷基自由基，因此叔烷基与苄基的组合可以为[1,2]-Wittig重排提供理想的底物。

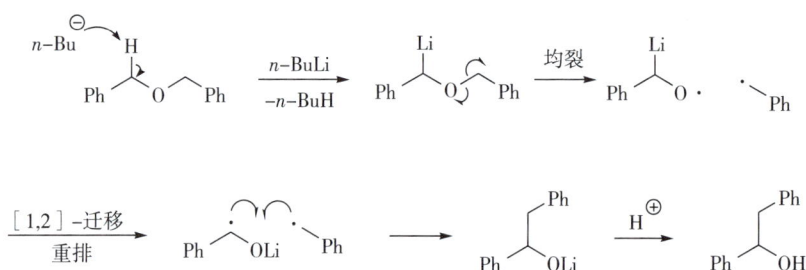

基团的迁移能力顺序为：烯丙基 > 苄基 > 叔丁基 > 异丙基 > 乙基 > 甲基 > 对硝基苯基 > 苯基。该顺序与碳自由基的稳定性顺序一致，而与碳正离子稳定性顺序不一致，说明了[1,2]-Wittig重排反应是按照自由基机理进行的。

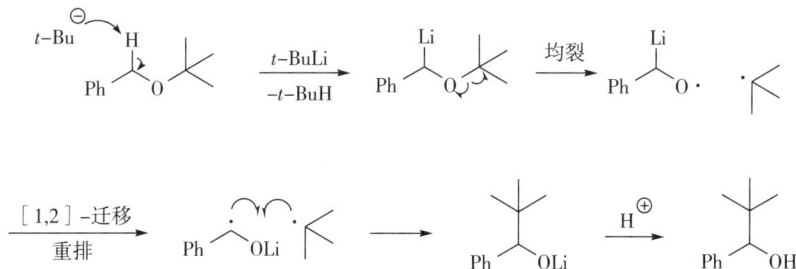

2. 反应特点　　[1,2]-Wittig重排反应，[1,4]-Wittig重排和[2,3]-Wittig重排反应均需要在强碱性条件下，产生关键的中间体碳负离子。由于底物醚的吸电子能力较弱，因此Wittig重排反应中使用的碱一般为超强的碱，例如：正丁基锂（n-BuLi）、仲丁基锂（sec-BuLi）、叔丁基锂（t-BuLi）、二异丙基氨基锂（LDA）等超强碱。1,6-己二胺或六亚甲基二胺（HMDA或HMEDA）等添加剂的加入也能促进反应的进行。需要特别注意的是，涉及烃基锂的反应，应在氮气或氩气保护下进行，且必须严格无水操作。因为烃基锂高度易燃，可在空气中自燃，因此储存时也必须以干燥氮气保护，使用时务必非常小心。

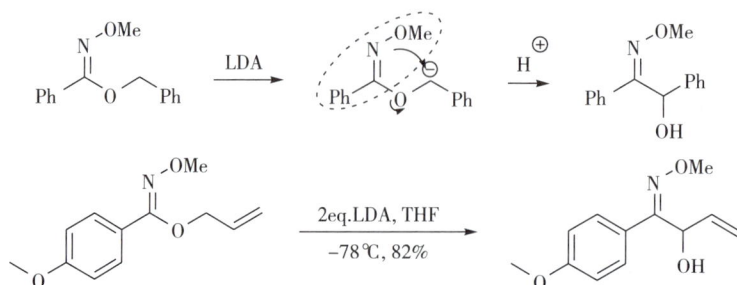

3. 反应机理 ［1,2］-Wittig 重排可能的机理有两种：一种是［1,2］-单电子转移重排；另一种可能的机理是自由基重排。目前，一般认为［1,2］-Wittig 重排是通过自由基离解-重组机理进行的碳负离子重排。

［1,2］-Wittig 重排反应自由基机理：

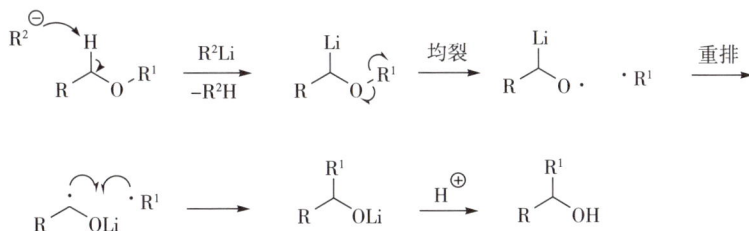

［1,2］-Wittig 重排反应单电子转移机理：

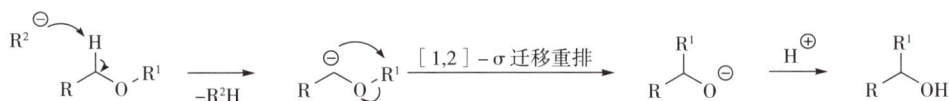

当底物醚属于烯丙基醚时，［1,2］-Wittig 重排反应和［1,4］-Wittig 重排反应互为竞争反应。

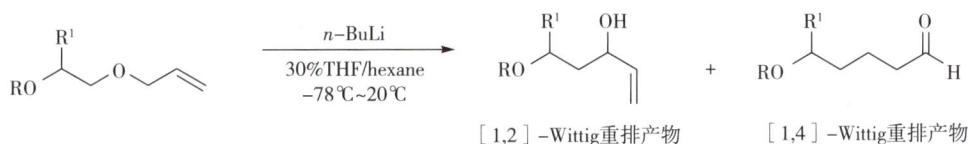

［1,2］-Wittig重排产物   ［1,4］-Wittig重排产物

反应机理： ［1,2］-Wittig 重排和［1,4］-Wittig 重排是通过自由基离解-重组机理进行重排。

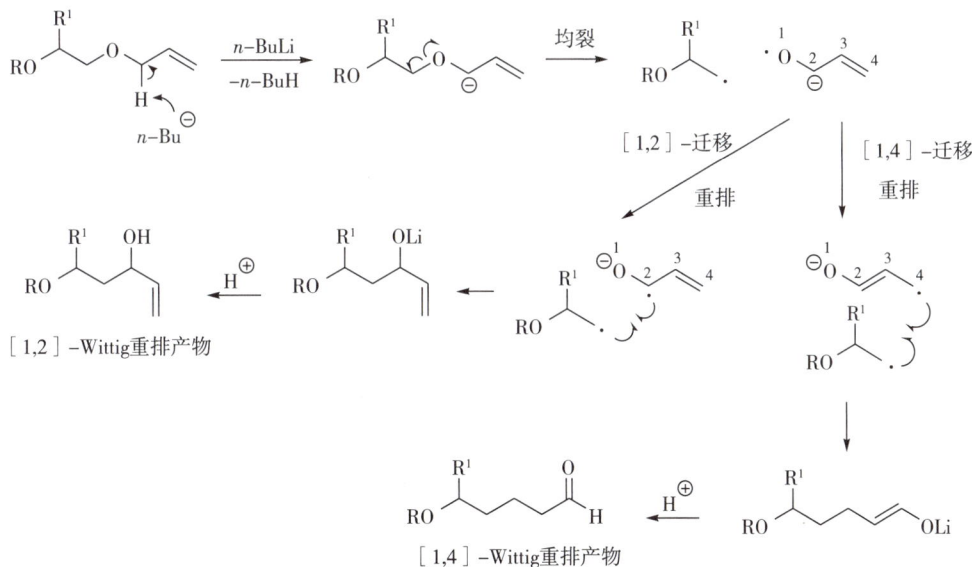

当底物醚属于烯丙基醚时，［1,2］-Wittig 重排反应和［2,3］-Wittig 重排反应也互为竞争反应。在强碱作用下，碳负离子形成后，在低温下有选择性地发生［2,3］-Wittig 重排，且反应速率较快。然而，如果反应体系的温度达到 $-60℃$ 以上，则主要发生［1,2］-Wittig 重排，按照协同机理进行重排反应。因此［2,3］-Wittig 重排必须在低于 $-60℃$ 的温度下进行，以避免竞争性的［1,2］-Wittig 重排。通常，用正丁基锂（n-BuLi）简单地处理烯丙基醚足以引起［2,3］-Wittig 重排。

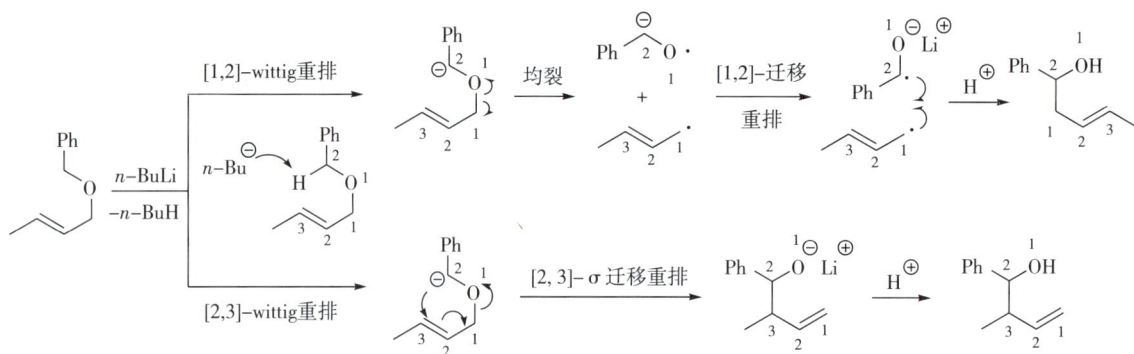

［2，3］–Wittig 重排反应通式：

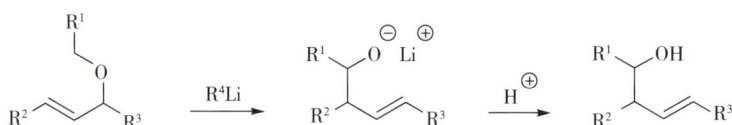

［2，3］–Wittig 重排反应是将一个烯丙基醚转换成一个高烯丙醇（homoallylic alcohols）的协同周环反应。该反应属于协同反应，因此具有较高的立体选择性，可以在合成途径前期用于构建手性中心。

［2，3］–Wittig 重排反应机理：按照周环反应机理和协同机理进行重排。

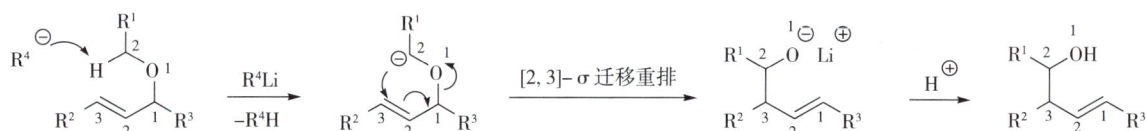

Wittig 重排的第一步强碱作用下的去质子化，受邻近取代基位阻的影响较大，一般优先在距离烷基较远、位阻相对较小的位置进行脱质子。且随着末端烯丙基的烷基取代基的逐渐增大，［1，4］–/［1，2］–迁移的选择性逐步降低，当末端烯烃增大为叔丁基（t–Bu）时，完全抑制了［1，4］–Wittig 重排，而是主要进行［1，2］–Wittig 重排，并有少量的［2，3］–Wittig 重排产物生成。因为末端烯烃上大位阻取代基的影响，降低了烯丙基位上的脱质子活性，而苄位上的脱质子成为其竞争反应，从而经过［2，3］–σ迁移重排得到少量的［2，3］–Wittig 重排产物。

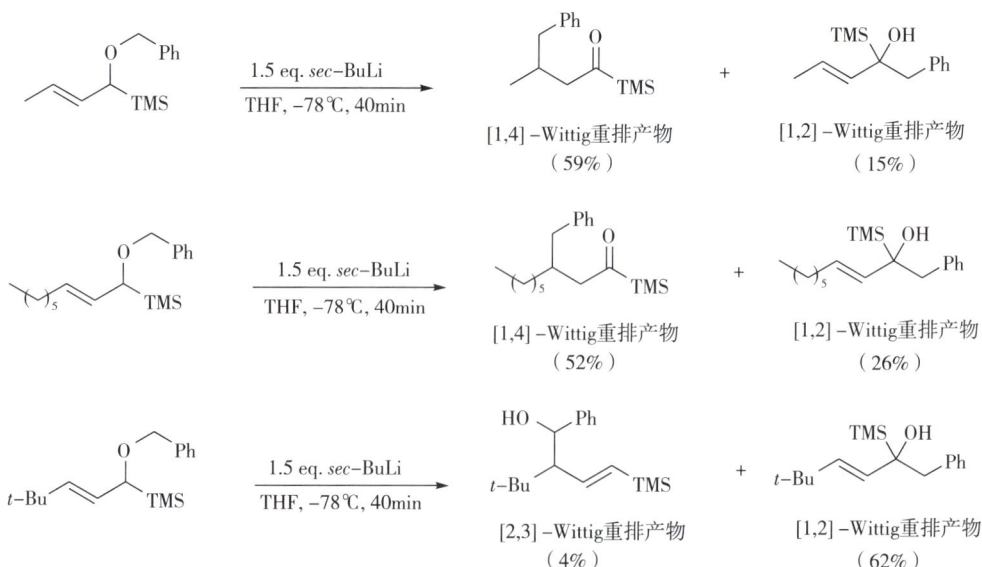

反应机理：

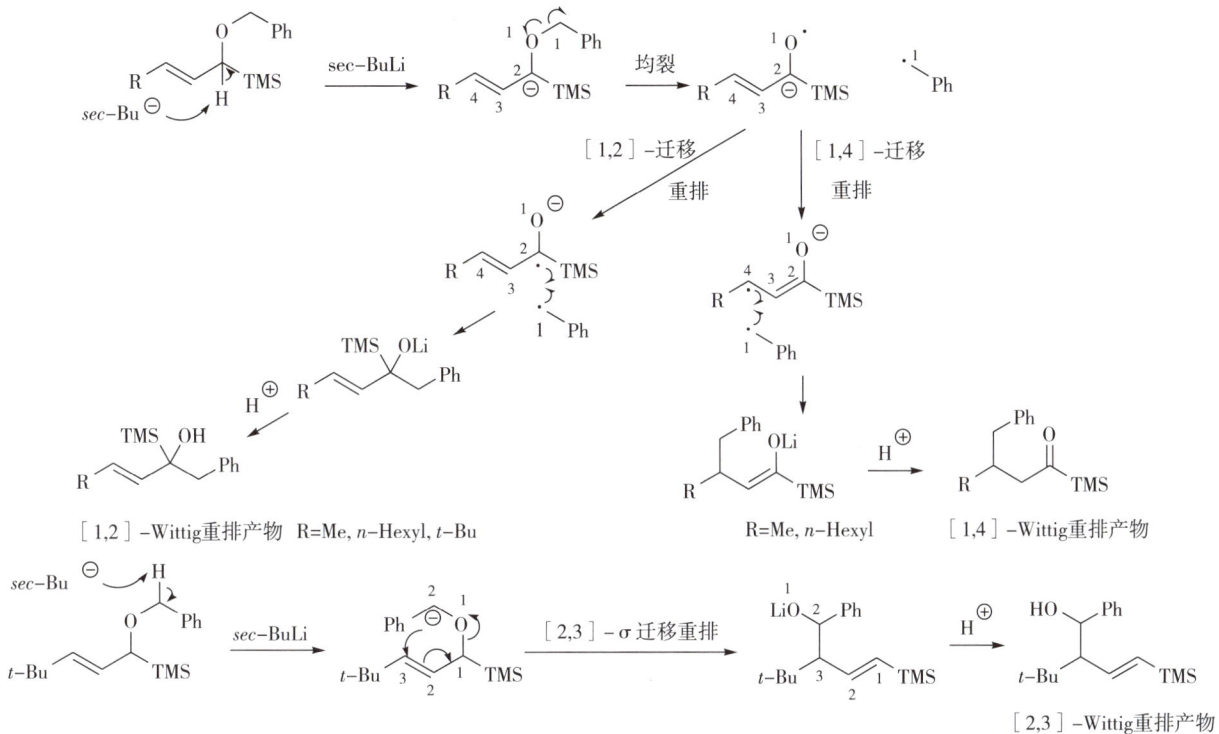

4. 应用实例 内酰胺环具有重要生理活性，其中 β-内酰胺环对维持 β-内酰胺类抗生素（β-lactams）的抗菌活性至关重要。各种 β-内酰胺类抗生素的作用机制均相似，都能抑制胞壁黏肽合成酶，即青霉素结合蛋白（penicillin binding proteins，PBPs），从而阻碍细胞壁黏肽合成，使细菌胞壁缺损，菌体膨胀裂解。除此之外，对细菌的致死效应还应包括触发细菌的自溶酶活性，缺乏自溶酶的突变株则表现出耐药性。动物无细胞壁，不受 β-内酰胺类药物的影响，因而本类药具有对细菌的选择性杀菌作用，对宿主毒性小。2001 年，Amel Garbi 等人研究发现 α-苄氧基-α-三氟甲基-β-内酰胺类化合物在强碱作用下会同时发生［1,2］-Wittig 重排和［2,3］-Wittig 重排反应，得到的两种新的 β-内酰胺类化合物，具有很大的潜在应用价值。

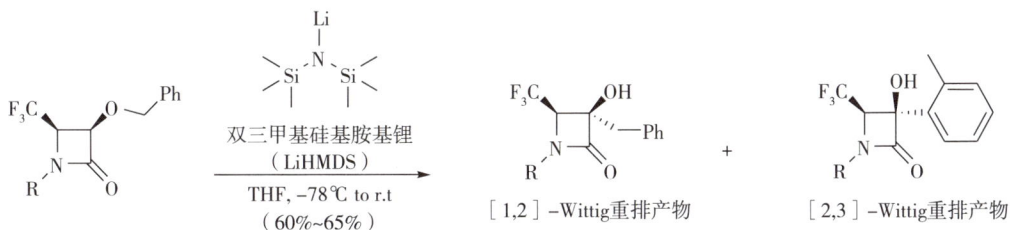

反应机理：

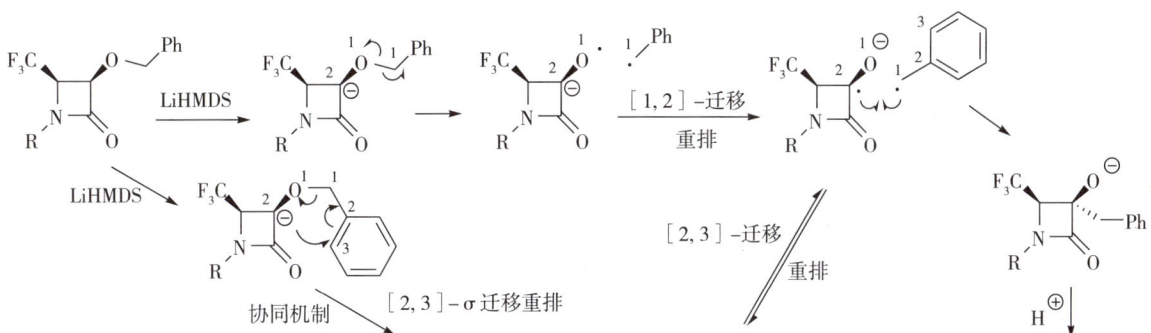

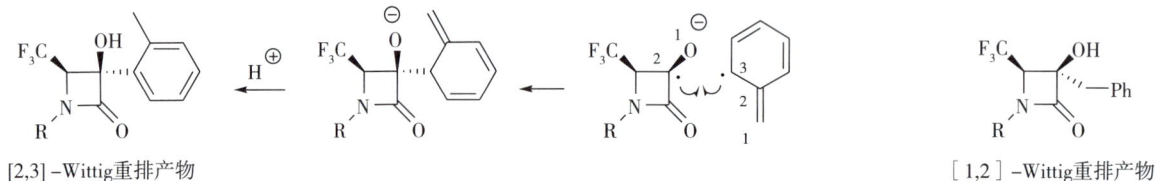

[2,3]-Wittig重排产物

[1,2]-Wittig重排产物

第四节　σ键迁移重排

1. 定义　分子内异构化协同反应中，一个原子或基团从起点原子上的σ键越过共轭的π电子系统，迁移到分子内一个新位置上，同时共轭体系发生转移，形成新的共轭体系和新的σ键，该重排称为σ键迁移重排。

2. σ键迁移重排的命名　σ键迁移重排可用数字i, j予以分类，用"[i,j]-σ迁移重排"表示一个具体的σ迁移的顺序。将要迁移的原来的σ键两端的原子编号为1，向形成新的σ键的原子连续编号为2，3，...。i, j代表形成新的σ键原子的编号，也就是原来的σ键两端分别跨越的原子数量，称作[i,j]-σ迁移重排。

例如，下图所示的Cope重排反应，原来的σ键从两端的两个原子编号为1处断开，均向原子编号为3处迁移，在原子标号为3，3两处产生新的σ键，因此称为[3,3]-σ迁移重排。

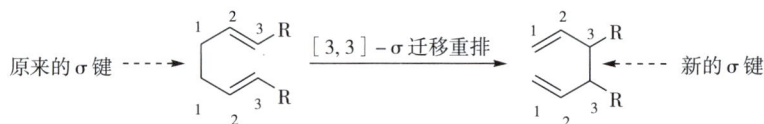

例如，将要迁移的σ键的一端从原子编号为1的碳原子处迁移到原子编号为5的碳原子处，因此该端的新的σ键原子的编号为5。将要迁移的σ键的另一端仍在原子编号为1的氢原子处，没有跨越，因此该端的新的σ键原子的编号为1。故该重排反应称为[1,5]-σ迁移重排。

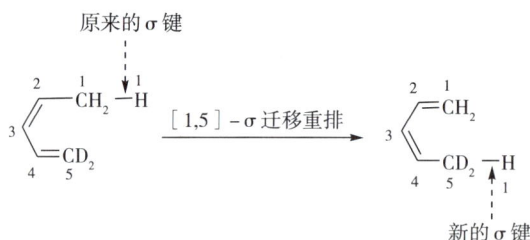

Claisen重排和Cope重排均属于[3,3]-σ迁移重排，是周环反应机理，协同反应历程。

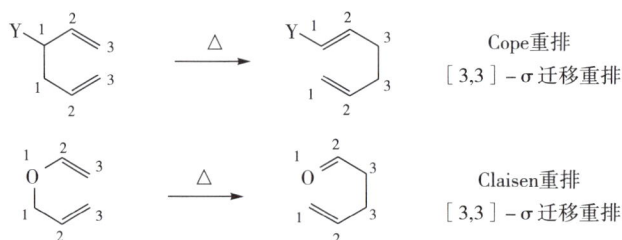

一、Claisen 重排

1. 定义　烯醇或酚等的烯丙基醚当加热时，通过[3,3]-σ迁移发生重排，使得烯丙基自氧原子

（或硫原子、氮原子）迁移到碳原子上，重排形成 γ，δ-不饱和醛（酮）等或邻（对）位烯丙基酚等碳-烯丙基衍生物的反应称为 Claisen 重排（Claisen rearrangement）。

反应通式：

X=O, S, N
R, R¹, R²=H, alkyl, etc.

R=H, alkyl, etc.

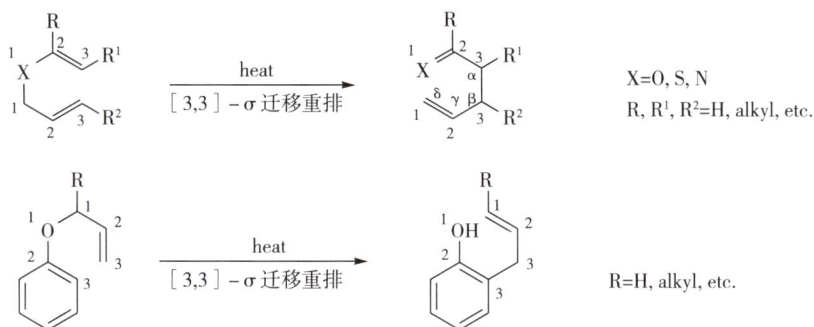

2. 分类 Claisen 重排可分为：脂肪族 Claisen 重排、芳香族 Claisen 重排、硫代 Claisen 重排、氨基 Claisen 重排等。

（1）脂肪族 Claisen 重排

反应机理：

协同反应历程 [3,3]-σ 迁移重排 周环反应机理 R, R¹, R²=H, alkyl, etc.

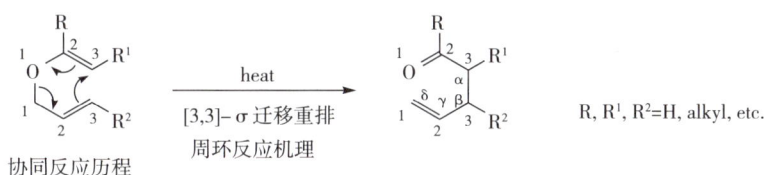

例如，烯丙醇类和乙烯醚反应，得到烯丙基乙烯基醚，不经分离，"一锅法"直接进行加热重排，得 γ，δ-不饱和醛或酮类化合物。

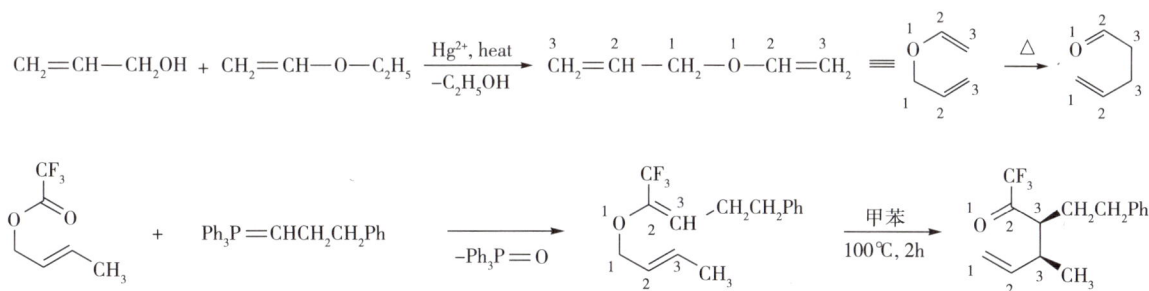

$$CH_2=CH-CH_2OH + CH_2=CH-O-C_2H_5 \xrightarrow[-C_2H_5OH]{Hg^{2+},\ heat} CH_2=CH-CH_2-O-CH=CH_2$$

（2）芳香族 Claisen 重排

反应机理：

协同反应历程 慢 [3,3]-σ 迁移重排 周环反应机理 异构化 快 R=H, alkyl, etc.

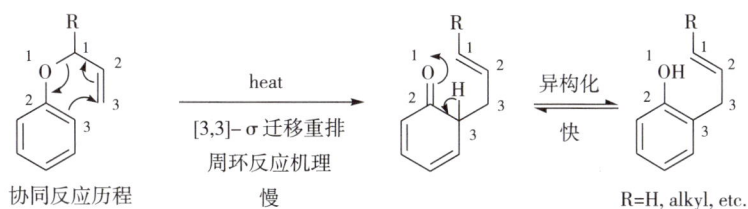

当烯丙基芳基醚的苯环的两个邻位中只有一个烃基取代时，在无取代的苯环邻位一侧，大部分原料经［3,3］-σ 迁移重排（Claisen 重排）得无芳香性的邻二烯酮中间体，再经异构化（芳构化）得主要产物邻位烯丙基酚，这称为邻位 Claisen 重排（ortho Claisen rearrangement）；而在有取代的苯环邻位一侧，少部分原料经［3,3］-σ 迁移重排（Claisen 重排）得无芳香性的邻位重排不稳定邻二烯酮中间体，

并继续发生第二次［3,3］-σ 迁移重排（Cope 重排）得无芳香性的对位取代二烯酮中间体，再经异构化（芳构化）得次要产物对位烯丙基酚，这通常称为对位 Claisen 重排（*para* Claisen rearrangement 或 *para* – Claisen–Cope rearrangement）。

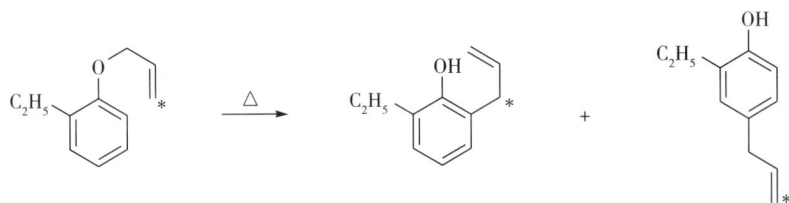

反应机理：

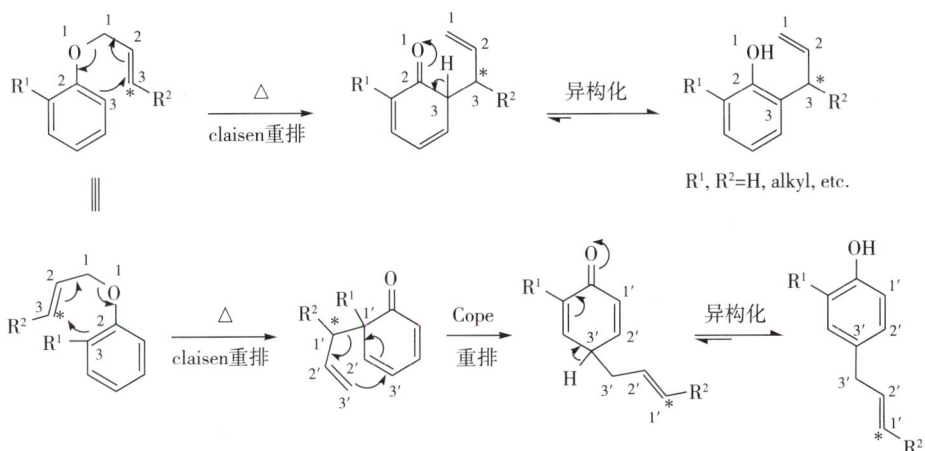

如果芳基烯丙基醚的两个邻位均无烷基取代，通常经邻位 Claisen 重排主要得到邻位烯丙基酚，但是对位 Claisen 重排仍然是邻位 Claisen 重排的竞争反应。

芳香族 Claisen 重排的反应机理，已经被具有[14]C 标记的烯丙基链的 γ-碳原子（标 ∗ 处）的苯基烯丙基醚和 2,6-二甲基苯基烯丙基醚的 Claisen 重排所得产物证实。当发生芳香族邻位 Claisen 重排时，产物邻位烯丙基酚苯环上的烯丙基与其原料的烯丙基全部为倒置的结构，即原料的[14]C-标记的烯丙基链的 γ-碳原子（标 ∗ 处）通过邻位 Claisen 重排后全部与苯环直接相连。当发生芳香族对位 Claisen 重排时，产物对位烯丙基酚苯环上的烯丙基与其原料的烯丙基全部为不倒置的结构，即原料的[14]C-标记的烯丙基链的 γ-碳原子（标 ∗ 处）通过对位 Claisen 重排后全部不与苯环直接相连。

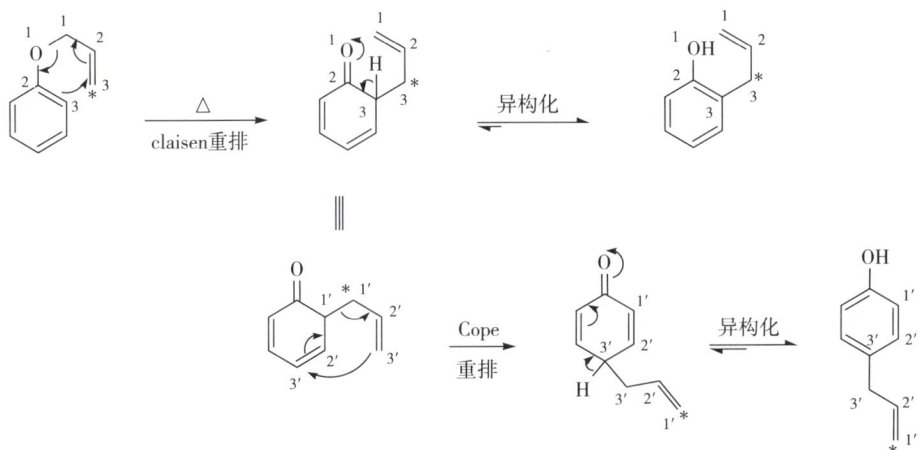

如果芳基烯丙基醚的两个邻位均被取代基占据，则经 Claisen 重排和 Cope 重排两次［3,3］-σ 迁移

得到对位重排产物。因为第一次［3,3］-σ迁移重排（Claisen 重排）得到的是无芳香性的邻位重排不稳定烯酮中间体，故再进行第二次［3,3］-σ迁移重排（Cope 重排）得无芳香性的对位取代二烯酮中间体，最后经异构化（芳构化）得芳香性的对位烯丙基酚。

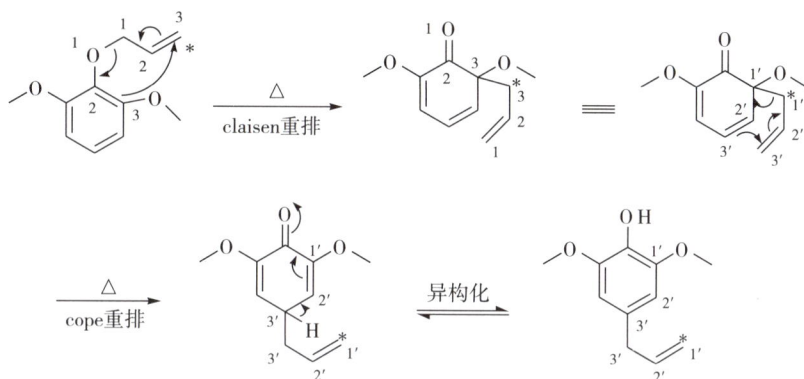

如果芳基烯丙基醚的邻位和对位均被取代基占据，则 Claisen 重排也可重排至间位，得到间位重排产物。其历程为芳基烯丙基醚经［3,3］-σ迁移重排（Claisen 重排）得无芳香性的邻位重排不稳定邻二烯酮中间体，并继续发生［1,2］-σ迁移重排得无芳香性的间位取代 σ-络合物中间体，再经脱质子（芳构化）得间位烯丙基酚

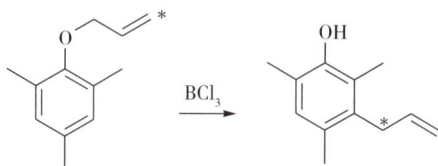

反应机理：

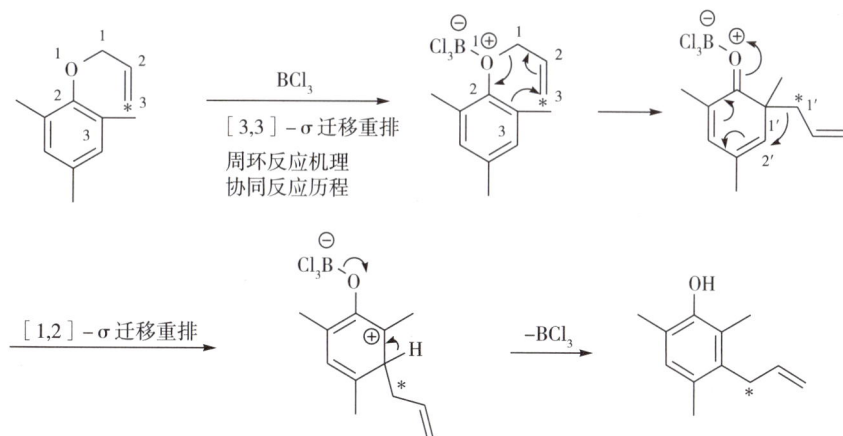

（3）硫代 Claisen（thio-Claisen）重排 将烯丙基乙烯基醚中的氧原子以电子等排体硫原子替代，可以进行类似的 Claisen 重排反应。

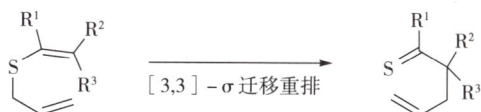

因为硫醛极不稳定，立即水解转变为醛，生成 γ,δ-不饱和醛。

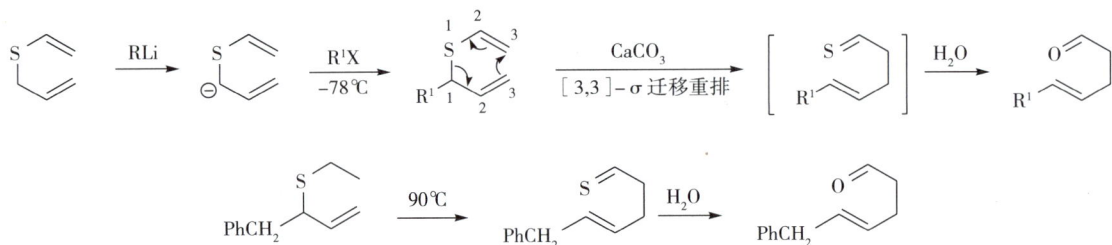

（4）氨基 Claisen（amino-Claisen）重排

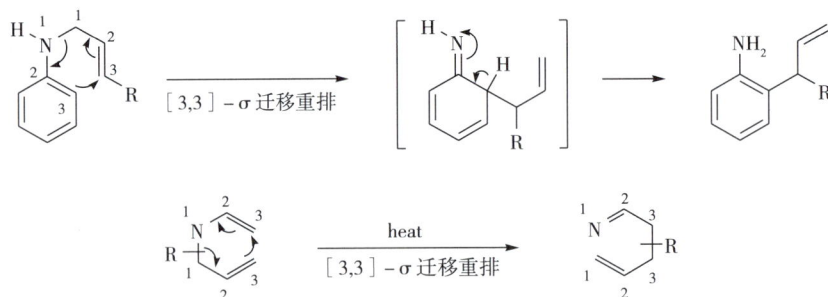

将烯丙基醚中的氧原子用氮原子替代，也能进行类似的 Claisen 重排反应。N-烯丙基烯胺在加热条件下进行 [3,3]-σ 迁移重排的反应被称为氮杂 Claisen 重排（aza-Claisen rearrangement）或氨基 Claisen 重排（amino-Claisen rearrangement）。例如：

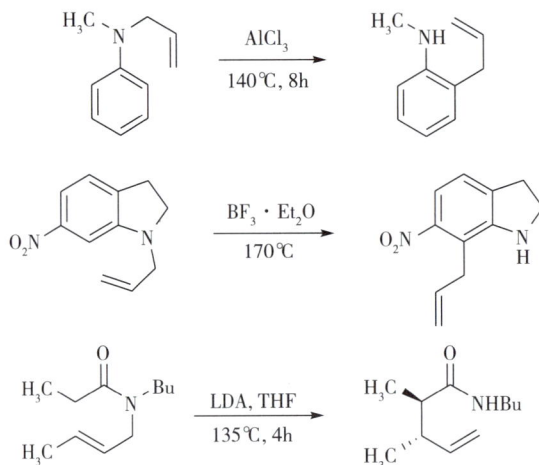

脂肪族和芳香族的氮杂 Claisen 重排（氨基 Claisen 重排）通常需要比含氧原子底物的经典 Claisen 重排反应更剧烈的反应条件（主要是更高的反应温度），因此会产生一些不需要的副产物。

3. 应用实例 烯丙基侧链取代的异黄酮是一类非常独特的天然产物，大部分来源于豆科和桑科植物中。这些烯丙基化的异黄酮化合物除了具有植物抗毒素、抗真菌等活性，还在体外和体内均具有抗炎、抗肿瘤、调血脂等活性。烯丙基侧链取代的异黄酮还可以作为前体，用以合成具有吡喃或呋喃取代基的天然黄酮类化合物。因此，烯丙基化的异黄酮化合物的合成研究具有非常重要的科学意义和应用价值。黄羽扇豆魏特酮（lupiwighteone）属于异戊烯基异黄酮。2003 年，Nigel P. Botting 等报道了黄羽扇豆魏特酮的合成新方法，其中关键的一步即采用了含稀土元素的 Eu（fod）₃，即三（6,6,7,7,8,8,8-七氟-2,2-二甲基-3,5-辛二酮）铕（fod = 6,6,7,7,8,8-七氟-2,2-二甲基-3,5-辛二酮）催化的对位 Claisen 重排（para-Claisen-Cope rearrangement）策略，芳基烯丙基醚衍生物在温和的条件下，60℃下经过 20 小时反应获得了 68% 对位 Claisen 重排产物对位烯丙基酚。

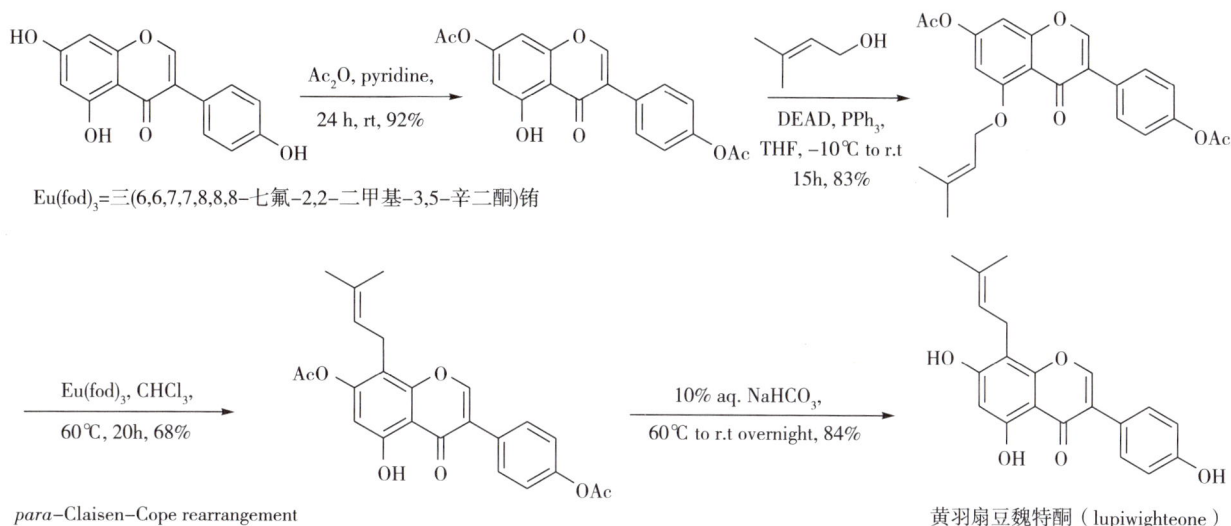

Eu(fod)₃=三(6,6,7,7,8,8,8-七氟-2,2-二甲基-3,5-辛二酮)铕

para-Claisen-Cope rearrangement

黄羽扇豆魏特酮（lupiwighteone）

二、Cope 重排

1. 定义 1,5-二烯类化合物（联二烯丙基）受热或试剂催化时，发生［3,3］-σ 迁移重排，协同异构化得到另一双烯丙基衍生物的反应称 Cope 重排（Cope rearrangement）。

反应通式：

X, Y=H, OH, R, Ar, CN, COR, CO₂R, CH=CH₂, etc.

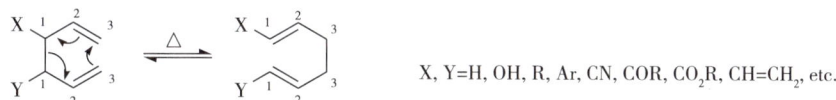

Cope 重排反应是一个可逆反应，当产物热力学更稳定时（比如重排后取代增加，或者共轭结构更稳定等），则反应倾向于生成产物方向。

例如，1,5-二烯类化合物上的取代基 X 和或 Y 是能与重排后形成的新的烯烃共轭的基团时，如芳基、酯基、羰基、腈基、烯基等，则 Cope 重排变得容易，反应温度可较大降低，收率也较高。这可能是因为产物含有共轭双键导致的稳定性增加有关。

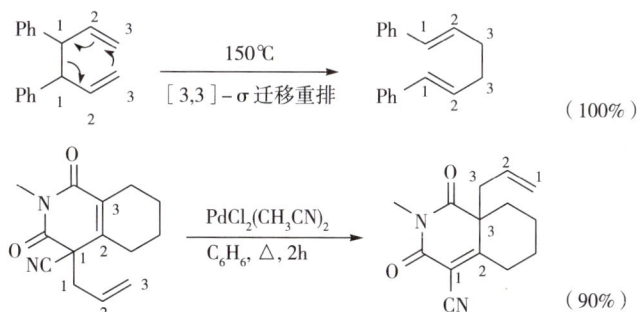

又如，1,5-二烯类化合物上的取代基 X 或 Y 是羟基时，由于其重排中间体烯醇会发生异构化形成更稳定的醛或酮类化合物，因此几乎是不可逆的形成产物，故这类 Cope 重排反应收率也很高，称为氧-Cope 重排（Oxy-Cope Rearrangement）。如果在反应体系内加入强碱（如 NaH、KH 等）或过渡金属化合物等催化剂，能显著降低反应温度，提高反应速度。

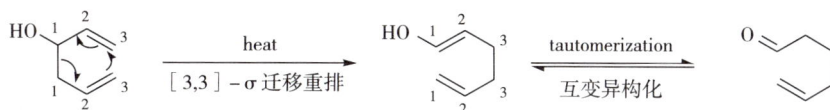

当使用强碱作为催化剂时，通过脱去 1,5-二烯类化合物上取代羟基的质子形成氧负离子，可以使得重排反应发生显著的加速。这被称为阴离子氧-Cope 重排（Anionic Oxy-Cope Rearrangement）。例如，使用醇盐、NaH、KH 和 18-冠醚-6 的组合可以加速反应的进行。由于该反应不需要高温，甚至室温下即可反应，因此特别适用于热不稳定的化合物的 Cope 重排反应。

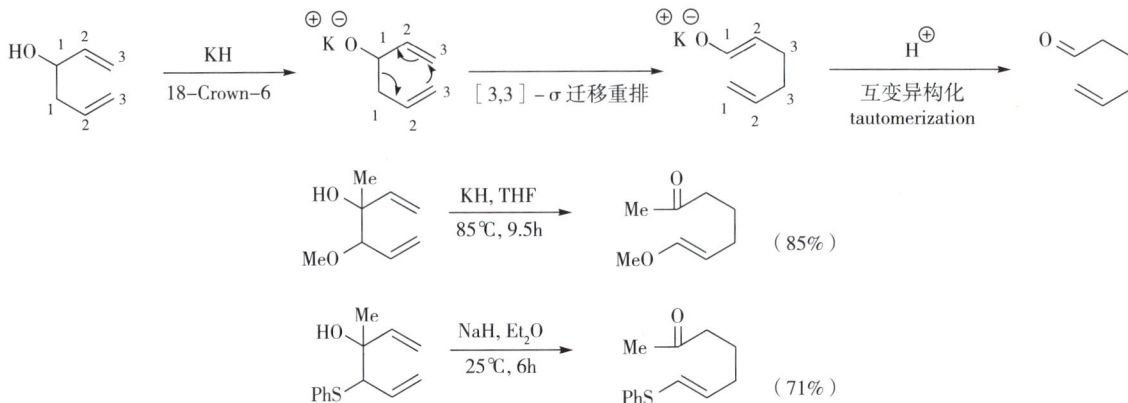

与以上脂肪族阴离子氧-Cope 重排反应相类似，芳香族阴离子氧-Cope 重排反应也能发生 [3,3]-σ 迁移重排，所得到的重排中间体烯醇盐，经过质子化和异构化后形成更稳定的醛或酮类化合物。

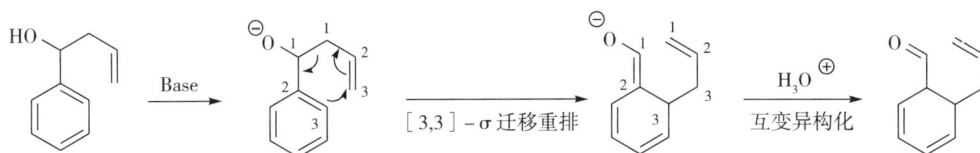

2. 反应机理 Cope 重排（Cope rearrangement）与 Claisen 重排（Claisen rearrangement）的反应机理相类似，Cope 重排可看作是 Claisen 重排中的 O 替换成 CH_2 的重排反应。二者都属于周环反应机理，[3,3]-σ 迁移重排的协同反应历程。

3. Cope 重排的应用

（1）制备七元环和八元环的大环二烯化合物 含有张力较大的小环二烯化合物，可通过 Cope 重排反应生成张力较小的大环二烯化合物。例如：

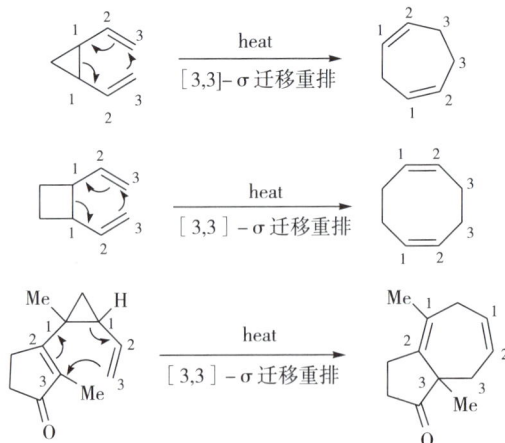

与以上脂肪族小环二烯化合物 Cope 重排反应相类似，芳香族小环二烯化合物也能发生 [3,3]-σ 迁移重排，通过 Cope 重排反应生成张力较小的芳香族大环二烯化合物。

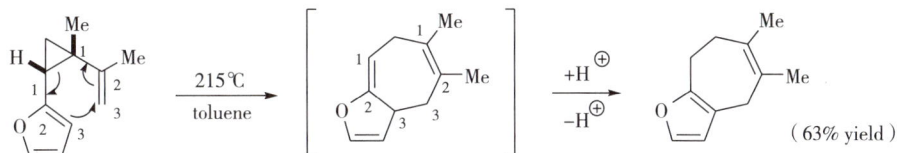

与脂肪族阴离子氧-Cope 重排反应相类似，当使用强碱作为催化剂时，通过脱去芳香族小环二烯化合物上酚羟基的质子形成氧负离子，可以使得阴离子氧-Cope 重排（Anionic Oxy-Cope Rearrangement）反应发生明显的加速，生成张力较小的芳香族大环二烯化合物。

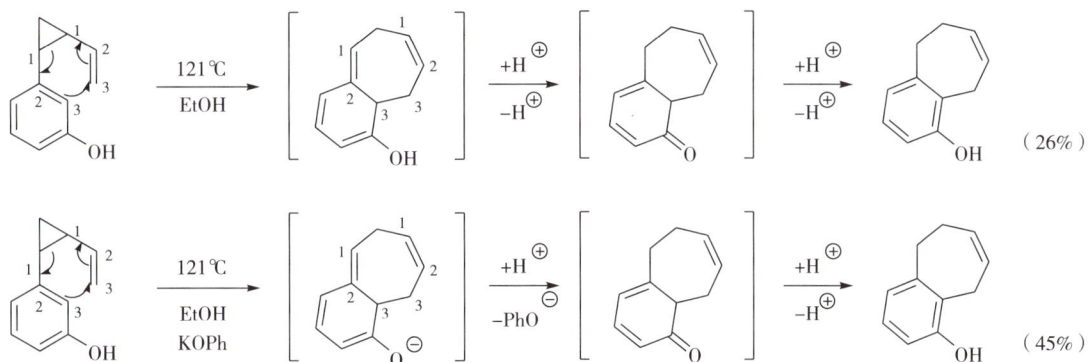

（2）制备不饱和醛、酮或 1,6-二羰基化合物。

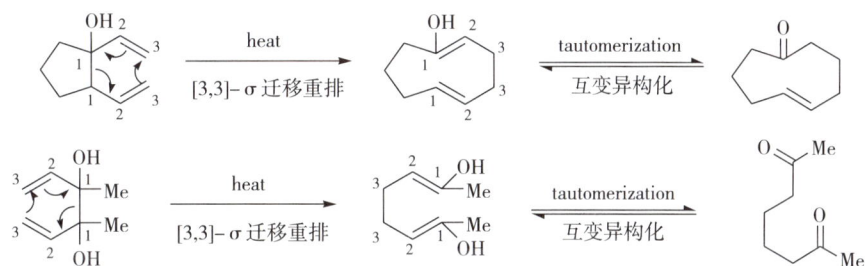

4. 应用实例　自然界中种类繁多、骨架多样、作用机制各异的活性天然产物是新药研发的重要源头。在众多的活性天然产物中，吲哚生物碱类化合物以其独特的多样化复杂结构、显著且各异的生物活性等特点，成为新药发现的重要来源之一。例如：板蓝根、大青叶中的大青素 B，蓼蓝中的靛青苷等；吴茱萸中的吴茱萸碱；萝芙木中的利血平、番木鳖中的士的宁等；长春花中具有抗癌作用的长春碱和长春新碱。因此，吲哚生物碱不仅结构奇特，而且表现出抗菌、抗真菌、抗肿瘤、抗高血压等多种重要的生物活性，具有非常高的研究价值和潜在的应用价值。例如，可以应用［3,3］-σ 迁移重排的 Cope 重排（Cope rearrangement）和芳构化（aromatization）制备各种吲哚生物碱类化合物。

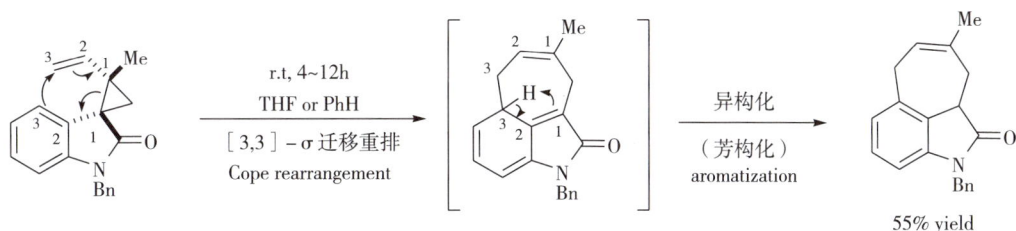

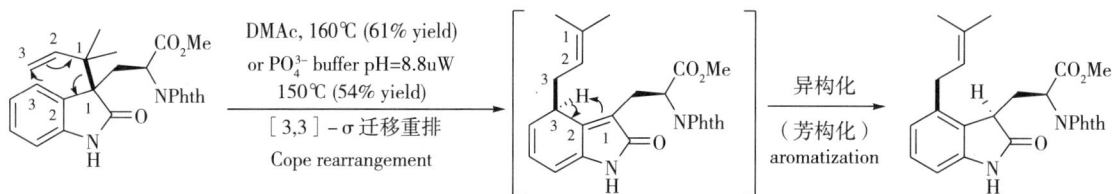

还可以应用串联的［3,3］-σ 迁移重排反应，第一次为苄基 Claisen 重排（Benzyl Claisen rearrangement），第二次为 Cope 重排，最后通过芳构化（aromatization）"一锅法"直接制备传统方法难以获得的 C4-苄基化吲哚生物碱类衍生物。

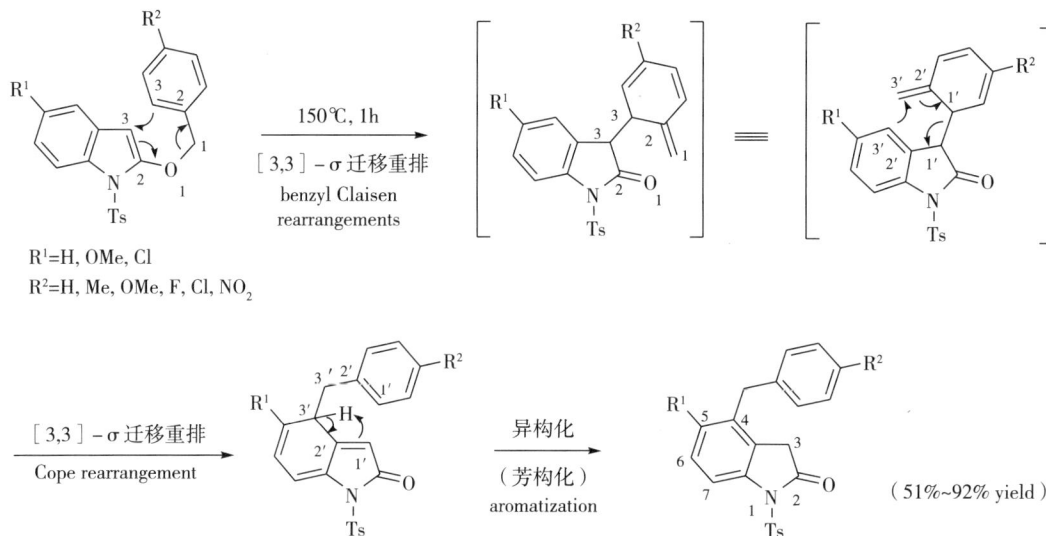

第七章　氧化反应

氧化反应是一类最常用和极其重要的有机化学反应。对于以共价键结合的有机化合物来说，氧化反应可视为碳原子（或其他原子，如氮、磷、硫等）周围的电子云密度降低或失去电子，即碳原子（或其他原子，如氮、磷、硫等）氧化数（或氧化态、氧化值）升高的反应，但若将这样的广义的氧化概念应用于有机合成化学，则许多反应，诸如卤化、硝化、磺化等取代反应都可属于氧化反应之列，因为这些取代基团：—X（卤素）、—NO$_2$、—SO$_3$H 等电负性较大，也会使得与之相连的碳原子周围的电子云密度下降，但这样去广义地定义氧化反应，会引起反应分类上的交叉和重复。为此，习惯上的有机合成化学中的氧化反应是狭义概念的氧化，即专指有机物（如有机药物）分子中的氧原子的增加，氢原子的消除，或者两者兼而有之，不包括形成 C—X、C—N、C—S 键的反应。

第一节　催化氧化与催化脱氢

一、催化氧化

1. 反应历程　其历程为自由基历程，包括链引发、链增长和链终止三个过程。

链引发（亦称诱导期）：

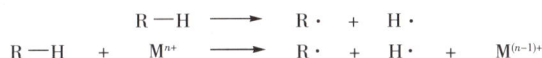

$$R-H \longrightarrow R\cdot + H\cdot$$
$$R-H + M^{n+} \longrightarrow R\cdot + H\cdot + M^{(n-1)+}$$

链增长（连锁反应阶段）：

$$R\cdot + O_2 \longrightarrow R-O-O\cdot$$
$$R-O-O\cdot + R-H \longrightarrow R-O-O-H + R\cdot$$

链终止（烃基过氧化合物形成阶段）：

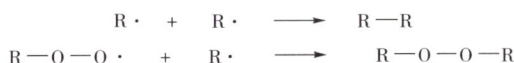

$$R\cdot + R\cdot \longrightarrow R-R$$
$$R-O-O\cdot + R\cdot \longrightarrow R-O-O-R$$

液相催化氧化属于气液非均相反应，氧化过程既可采用间歇方法又可采用连续方法。由于空气中的氧在液相中的溶解度很小，为了有利于气液接触传质，氧化反应器可采用釜式和塔式两种。

2. 影响液相催化氧化的主要因素　催化剂：过渡金属离子。

常用的金属是 Co 和 Mn。最常用的钴盐是水溶性的乙酸钴、油溶性的油酸钴、环烷酸钴等。其用量一般是被氧化物的百分之几到万分之几。

被氧化物结构，活性规律：叔 C—H > 仲 C—H > 伯 C—H。

链终止剂：酚类、胺类、醌类和烯烃等。

烷烃的催化氧化，往往得到的是多种脂肪羧酸的混合物，工业上利用此法生产有机酸。

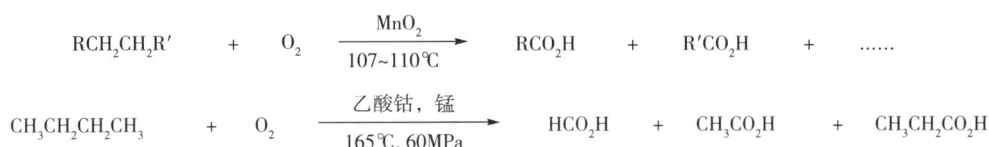

$$RCH_2CH_2R' + O_2 \xrightarrow[107\sim110\text{℃}]{MnO_2} RCO_2H + R'CO_2H + \cdots\cdots$$

$$CH_3CH_2CH_2CH_3 + O_2 \xrightarrow[165\text{℃, 60MPa}]{乙酸钴，锰} HCO_2H + CH_3CO_2H + CH_3CH_2CO_2H$$

催化氧化的应用实例：

例如，氯霉素中间体对硝基苯乙酮的合成：（液相催化氧化）

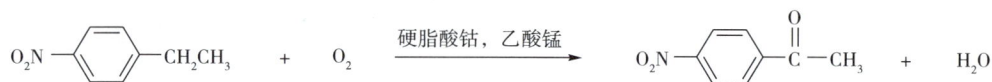

（1）工艺过程

1）原料加入氧化塔，通压缩空气；升温激发反应；反应激发并放热。

2）通水降温，分水，稍冷，将物料放出。

3）加碱中和，冷却析晶；过滤，水洗，干燥，得产品。对硝基苯甲酸钠溶液经酸化处理后，得副产物对硝基苯甲酸。

（2）反应条件及影响因素

1）催化剂　采用乙酸锰和硬脂酸钴，要防止苯胺、酚类、铁盐造成催化剂中毒。

2）反应温度　反应激发时需供给热能产生游离基。激发后，适当降低反应温度。

3）反应压力　用空气氧化法时，适当增加压力可提高反应速率，增加反应收率。

例如，2,6-二叔丁基对苯醌的制备（液相催化氧化）。

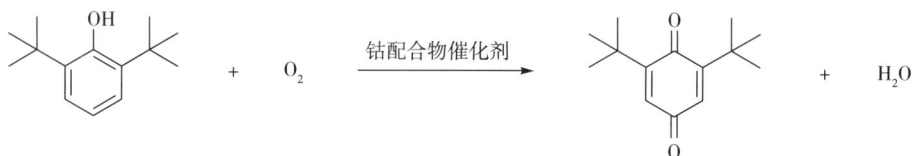

（3）制备方法

1）反应釜中加入原料，升温，加催化剂，鼓入氧气；氧气不再吸收时，停止反应。

2）降温，倒入碎冰和盐酸混合物中，搅拌，沉淀，抽滤。

3）滤饼用盐酸和水冲洗，直至颜色呈黄色，抽滤，干燥。产品水蒸气蒸馏，接收粗产品。蒸馏完毕，抽滤，乙醇重结晶，抽滤，干燥，即得精制品。

二、气相催化氧化

常用的金属催化剂有 Ag，Pt，Pd 等；常见的金属氧化物催化剂有 V_2O_5、MoO_3、Fe_2O_3、WO_3、Sb_2O_3、SeO_2、Cu_2O 等。其中，V_2O_5 是常用的催化剂。

气相催化氧化采用的反应器必须能够及时移走反应热，并控制适宜的反应温度，避免局部过热。工业上常用列管式固定床反应器和流化床反应器。

应用实例：邻苯二甲酸酐的制备（气相催化氧化）。

工艺过程：采用 V_2O_5 为催化剂，反应温度为 375～460℃，邻二甲苯浓度为 40～60g/m^3，进料空速 2000～3000h^{-1}，苯酐选择性以邻二甲苯计为 78%。

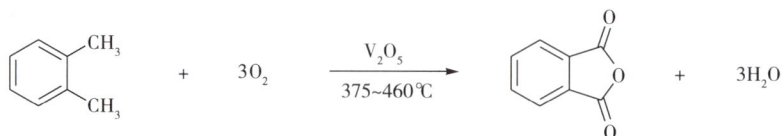

三、脱氢反应

脱氢反应是指有机化合物分子在高温和催化剂或脱氢剂（氧化剂）存在的条件下脱去一对或几对

氢形成不饱和化合物的反应。脱氢反应可以认为是一种消除反应，也可以认为是氧化反应的一种形式。从参与脱氢的化合物来分类，较常见的有羰基的 α,β-脱氢，脂环化合物或部分氢化的芳香化合物的脱氢芳构化和伯醇、仲醇催化脱氢等反应。

1. 催化脱氢　常用的脱氢催化剂有过渡金属催化剂，如铂（Pt）、钯（Pd）、铑（Rh）、硒（Se）、镍（Ni）等。

常用的高沸点溶剂有对甲基异丙基苯、硝基苯、十氢萘等。

例如，脂肪酸酐和芳烃进行 Friedel–Crafts 酰基化反应可制备芳酰脂肪羧酸，经还原后，芳基脂肪羧酸可进一步发生分子内 Friedel–Crafts 酰基化反应得到芳基环酮衍生物（比如 1-萘满酮）。1-萘满酮可再次利用克莱门森（Clemmensen）还原反应生成四氢萘（tetralin），最后经钯-碳或硒催化，脱氢芳构化得到萘（naphthalene）。

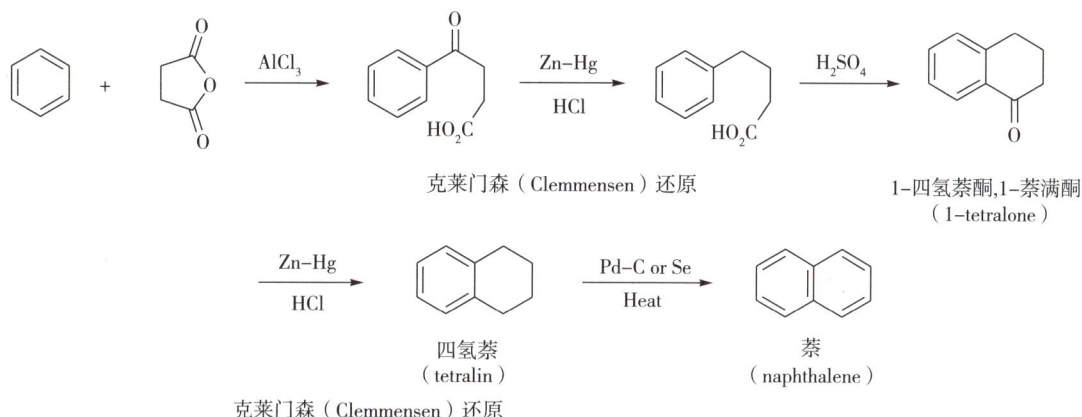

克莱门森（Clemmensen）还原　　　　　　　　　　　　　　　　1-四氢萘酮,1-萘满酮
（1-tetralone）

四氢萘
（tetralin）
萘
（naphthalene）

克莱门森（Clemmensen）还原

蒽（anthracene）和菲（phenanthrene）的合成策略和上述萘的合成方法相似。

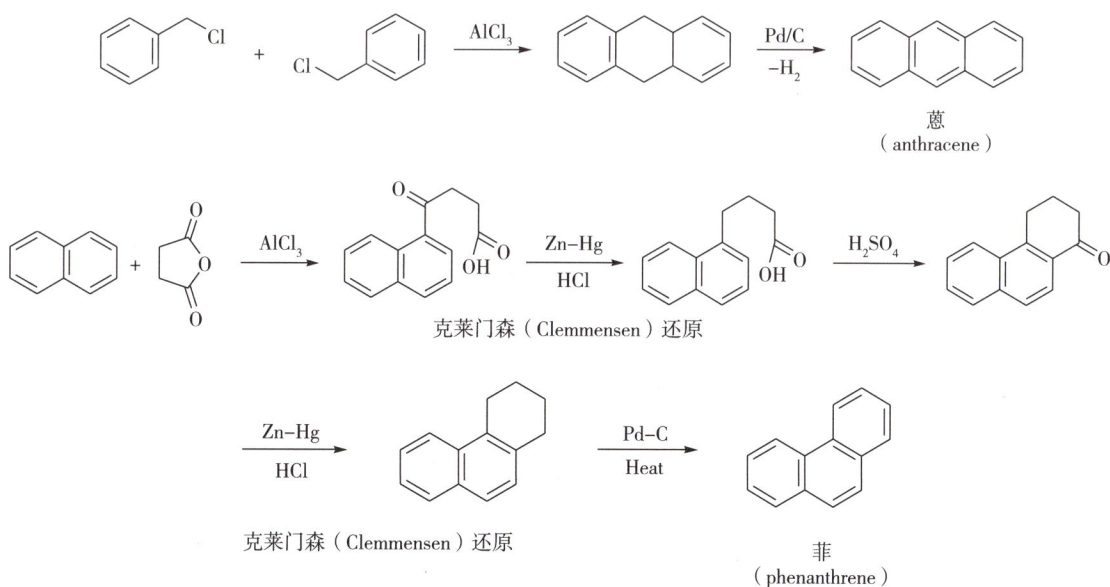

蒽
（anthracene）

克莱门森（Clemmensen）还原

克莱门森（Clemmensen）还原
菲
（phenanthrene）

例如，由金属镁和碘甲烷在无水乙醚中制得的甲基格氏试剂和 1-四氢萘酮回流反应 1 小时，以 92% 收率得到 1-羟基-1-甲基-1,2,3,4-四氢萘，然后在 5% 钯-碳催化下，250～270℃反应 3 小时，最后以 89% 收率脱氢芳构化得到 1-甲基萘。

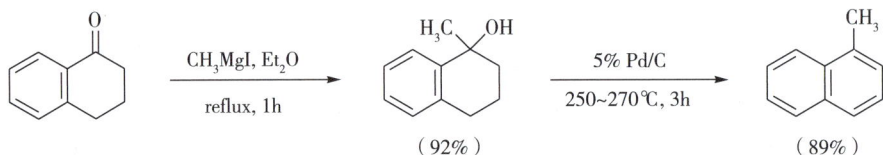

脱氢芳构化的应用实例：西格列他钠（chiglitazar sodium）是我国自主研发并拥有自主知识产权的创新药，是一种全新机制胰岛素增敏剂，用于 2 型糖尿病及代谢综合征，属于全新化学分子体的国家 1 类新药及国家"重大新药创制"专项成果，也是全球第一个获批治疗 2 型糖尿病的过氧化物酶体增殖物激活受体（PPAR）全激动剂。西格列他钠的一种合成方法中，应用了钯－碳催化的脱氢芳构化反应。

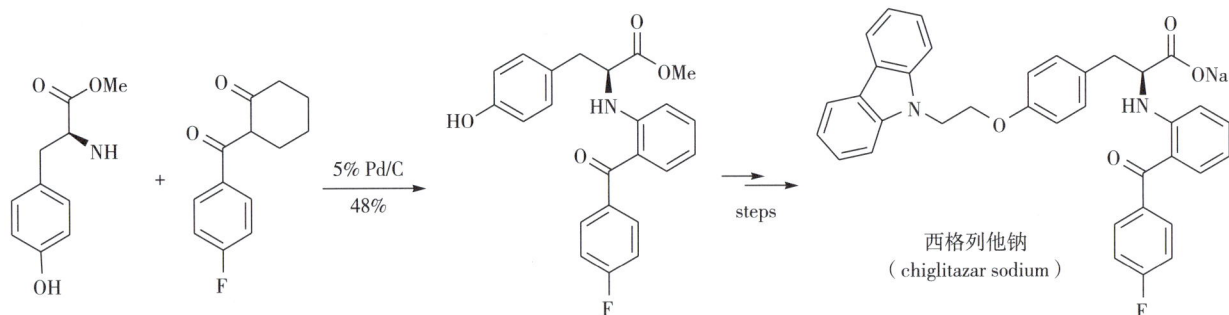

伯醇、仲醇的催化脱氢是工业上制备羰基化合物的重要方法。在催化氢化反应中使用的许多催化剂，比如铜、镍、锌、钡盐、钯、钌等也可以用于醇的催化脱氢反应。常用环己酮、环己烯、乙烯、丙酮等作为氢的受体。例如，医药中间体胆甾-3-酮（cholestanone）的一种合成方法中，二氢胆固醇为原料，应用 Raney Ni 为催化剂，环己酮为氧化剂进行催化脱氢反应制备胆甾-3-酮。

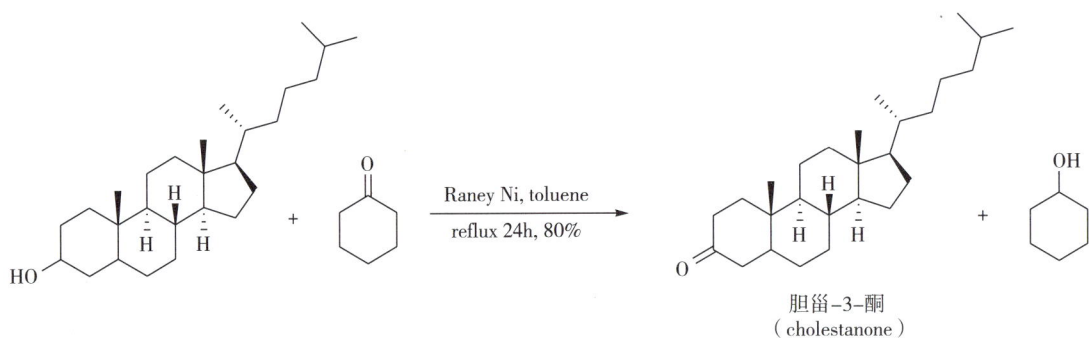

2. 氧化剂脱氢 醌类化合物可作为氢接受体（氧化剂）。例如，2,3-二氯-5,6-二氰苯醌（DDQ，2,3-Dichloro-5,6-dicyanobenzoquinone），作为氢接受体（氧化剂）后得到二氢 DDQ（DDQH$_2$）。DDQ 对空气具有一定稳定性，但是与水接触会放出 HCN，必须在惰性气体保护下的无水环境中操作使用。DDQ 是一个高活性的氧化剂，能够用于脱氢反应制备 α,β-不饱和羰基化合物和芳香化合物。此外，DDQ 还可以氧化活泼亚甲基和羟基，得到相应的羰基化合物。

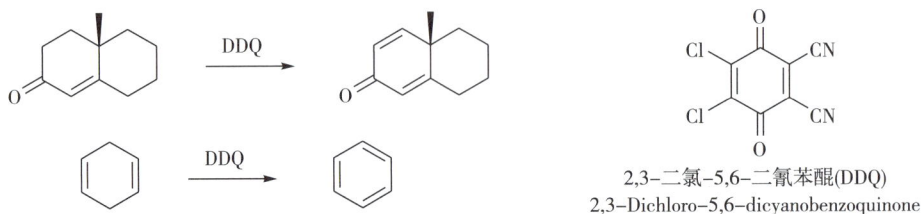

2,3-二氯-5,6-二氰苯醌(DDQ)
2,3-Dichloro-5,6-dicyanobenzoquinone

（78%）

（84%）

（80%）

（90%）

（96%）

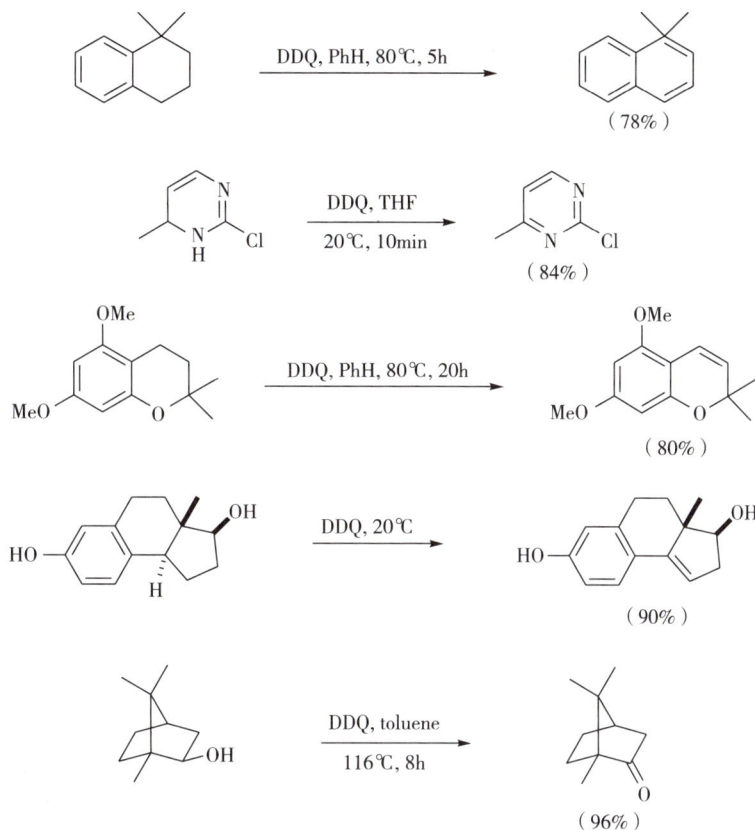

例如，医药中间体对羟基苯甲醛的一种合成方法，应用了 DDQ 在二氧六环（dioxane）中氧化对羟基苄基醇，以 74% 收率得到对羟基苯甲醛和副产物二氢 DDQ（DDQH$_2$）。

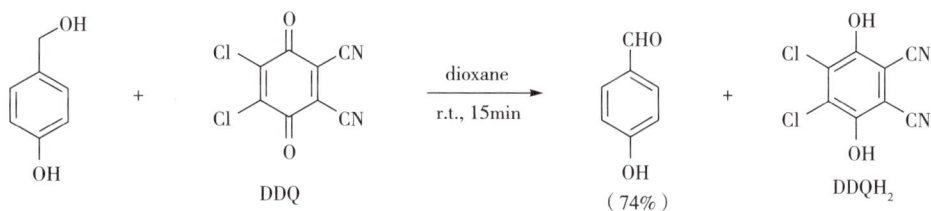

（74%）　　DDQH$_2$

应用实例： 艾地骨化醇（eldecalcitol）是一种用于治疗骨质疏松症的活性维生素 D$_3$ 衍生物。该药的一种合成方法中，以胆固醇（cholesterol）为起始原料，应用了 DDQ 脱氢反应制备 α,β-不饱和羰基化合物关键中间体。

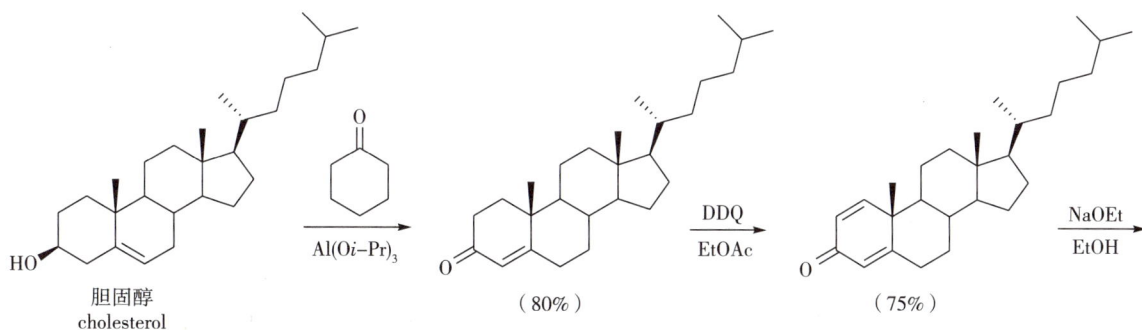

胆固醇
cholesterol　　　　　　（80%）　　　　　　（75%）

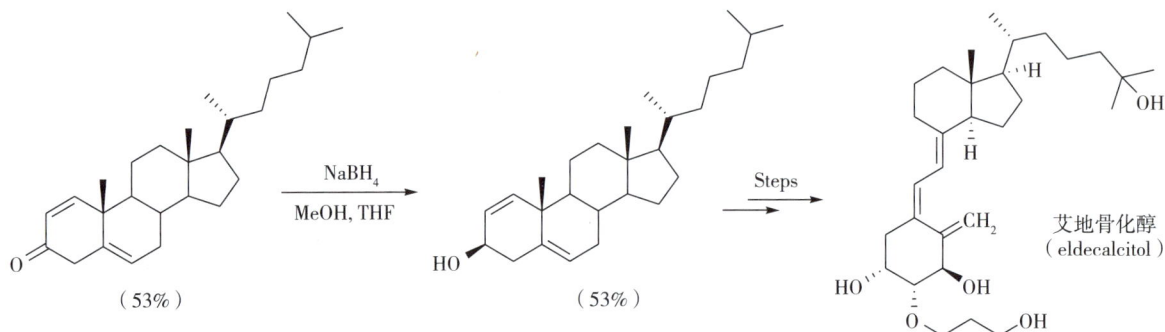

度他雄胺（dutasteride）为雄激素类药，用于治疗良性前列腺增生症、男性型脱发、脂溢性脱发、遗传性脱发（女性及儿童忌服用）。度他雄胺的一种合成方法，应用了 DDQ 和 BSTFA 进行内酰胺的脱氢反应制备 α,β-不饱和羰基化合物关键中间体。

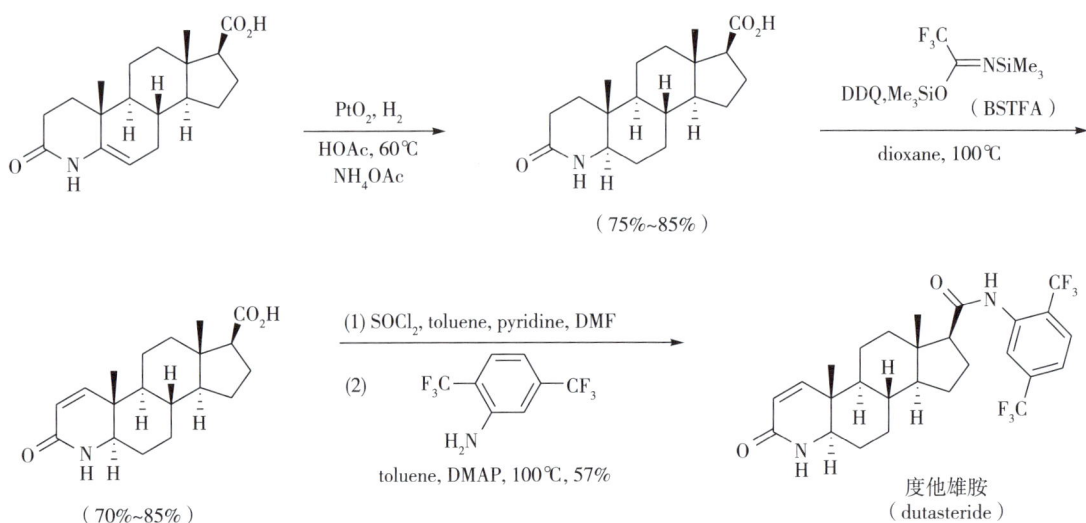

第二节　典型氧化剂氧化法

一、锰化合物氧化剂

锰化合物氧化剂主要有高锰酸钾和二氧化锰。

1. 高锰酸钾　1%～3% 高锰酸钾水溶液，有机相/水相，pH > 12。

（1）氧化烯烃　高锰酸钾可以在温和的条件下将烯烃氧化成 1,2-二醇（邻二醇）。高锰酸钾氧化烯烃的机理属于亲电加成反应机理。首先，高锰酸钾和烯烃生成环状的锰酸酯，再经过水解生成顺式 1,2-二醇。

其中，中间体锰酸酯除了水解生成顺式 1,2-二醇，还可以被进一步氧化。当用水或含水有机溶剂（例如丙酮、乙醇、叔丁醇等）作为溶剂，加入计算量的低浓度（1%～3%）的高锰酸钾，在碱性条件下（pH > 12）进行低温反应，严格控制反应条件可以避免邻二醇进一步的被氧化。当 pH < 12 时，且加大高锰酸钾的用量或提高其浓度，则有利于进一步氧化，生成 α-羟基酮或双键断裂的产物（醛或羧酸等）。

反应机理：

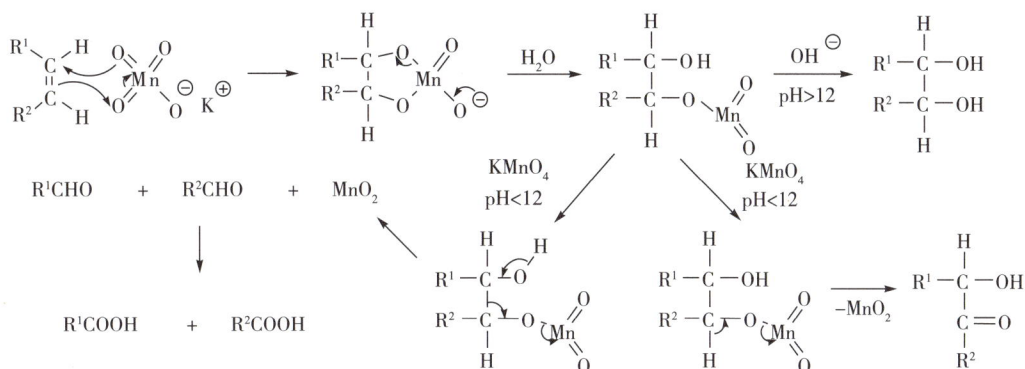

例如：当 pH > 12 时，高锰酸钾适合于不饱和酸的全羟基化，得顺式 1,2-二醇，收率较高。

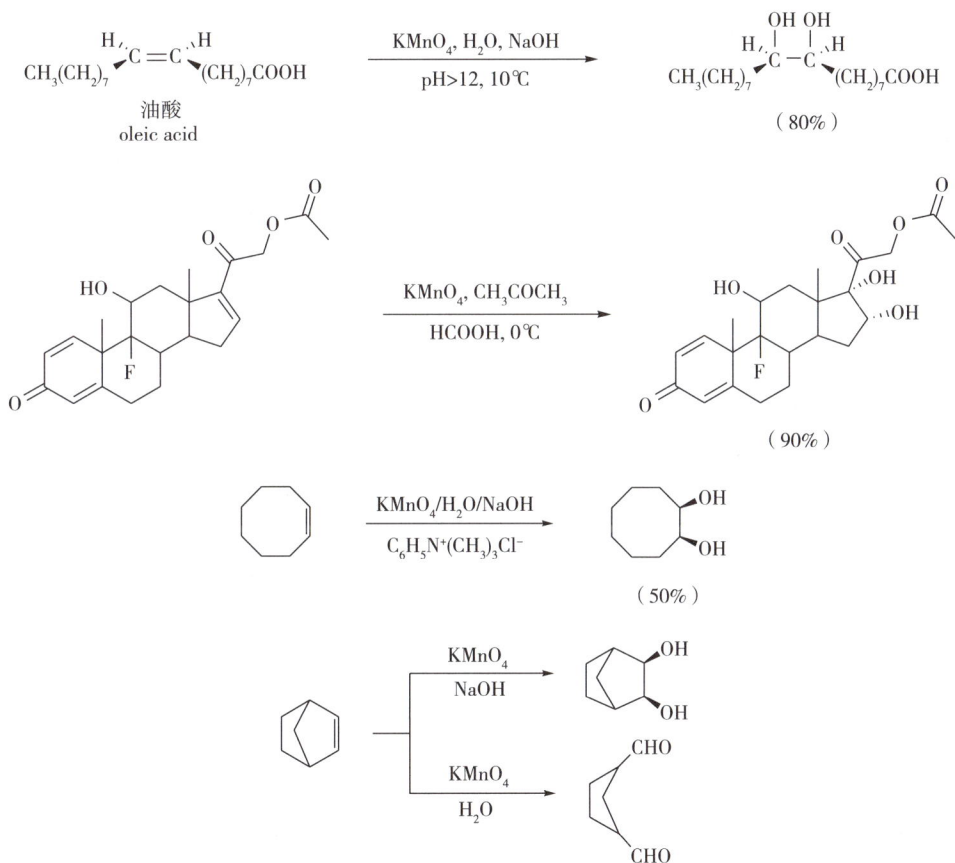

使用高锰酸钾进行烯烃的断裂氧化时，存在以下缺点：氧化选择性低，分子中其他容易氧化的基团可能同时被氧化。反应将产生大量二氧化锰，后处理麻烦，而且吸附产物。

除了高锰酸钾氧化法（pH > 12 时），可将烯键氧化成顺式 1,2-二醇的其他氧化剂还有 OsO_4、Woodward 法等；另外，可将烯键氧化成反式 1,2-二醇的其他氧化剂有有机过氧酸、Prevost 反应等。

四氧化锇（OsO_4）作为氧化剂（制备顺式 1,2-二醇）：氧化机理为四氧化锇与烯键首先进行顺式亲电加成生成五元环状的锇酸酯，再经水解得到顺式 1,2-二醇和锇酸。OsO_4 为氧化剂的特点为在位阻小的面，进行顺式双羟基化。例如，在一些刚性分子中，如甾体化合物，锇酸酯一般在位阻较小的一面形成，且锇酸酯不稳定，常加入叔胺（如吡啶等）形成配合物，用以稳定锇酸酯并催化反应，提高反应速度。因此，吡啶常被用作四氧化锇氧化反应的介质。

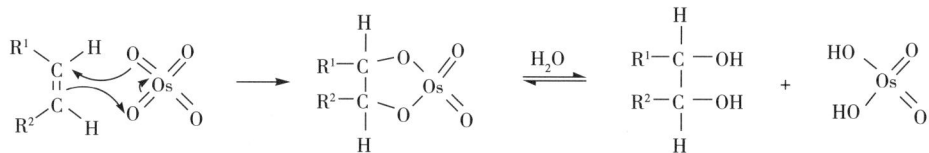

例如：

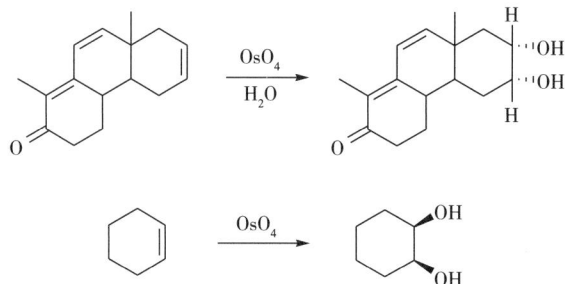

由于锇酸酯水解为可逆反应，所以反应体系内常加入一些还原剂，例如亚硫酸钠、甲醛等将锇酸还原为金属锇。然后反应后处理时再回收金属锇用来再制备四氧化锇。

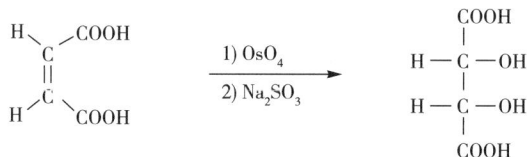

四氧化锇昂贵的价格和剧毒的特性限制了该化合物的应用。因而在实验中常使用催化量的四氧化锇和其他氧化剂，例如氯酸盐（例如 $NaClO_3$、$KClO_3$）、碘酸盐、过氧化氢、N-氧化物（例如 N-甲基吗啉-N-氧化物：N-methyl morpholine-N-oxide，NMO）等共用。反应中四氧化锇首先与烯烃顺式亲电加成生成五元环状的锇酸酯，再经水解得到顺式1,2-二醇和锇酸。其中生成的锇酸会被其他氧化剂氧化成四氧化锇后，继续参与氧化反应。

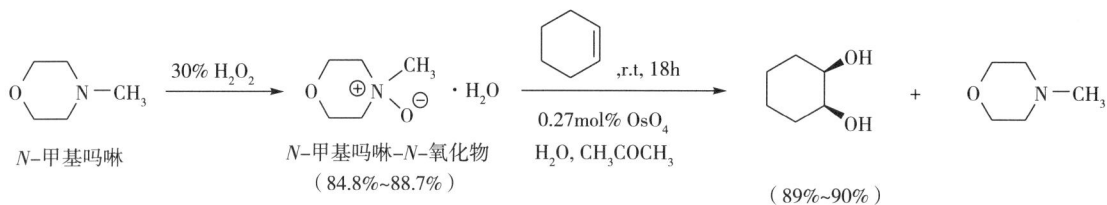

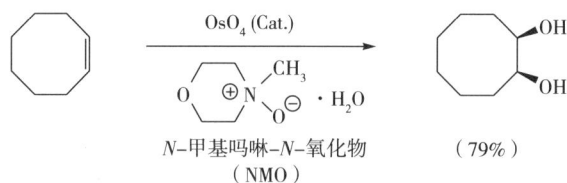

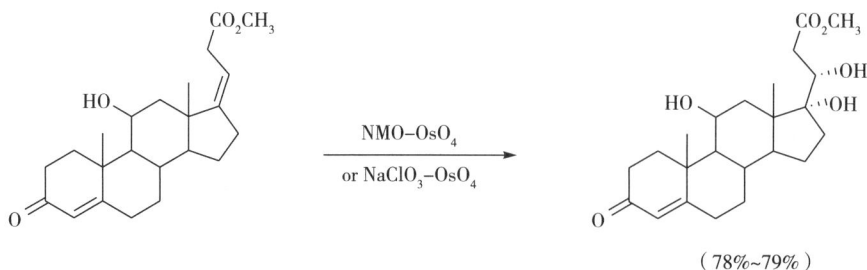

应用实例： 伐仑克林（varenicline）是具有口服活性的尼古丁依赖主要介质 $\alpha_4\beta_2$ 烟碱型乙酰胆碱受体（$\alpha_4\beta_2$ nAChR）的部分激动剂。其同时也是 $\alpha_3\beta_4$ nAChR 和 α_7 nAChR 的完全激动剂。伐仑克林可阻断尼古丁对 nAChR 的直接激动作用，同时以更温和的程度刺激 nAChR，被广泛用作戒烟的辅助手段。伐仑克林还被用于治疗眼干燥症的鼻腔喷雾剂。伐仑克林的一种合成方法中，应用了在 N–甲基吗啉–N–氧化物（NMO）和四氧化锇的共同作用下，氧化烯烃生成顺式 1,2–二醇关键中间体。

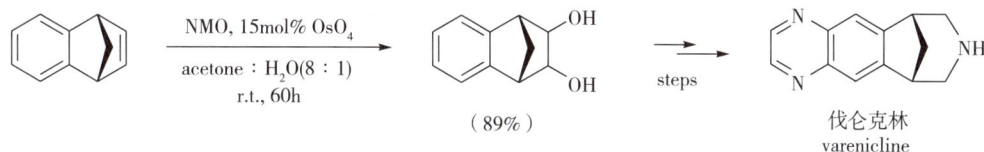

（89%）　伐仑克林 varenicline

将烯烃在碘、苯甲酸银或醋酸银存在下，氧化为邻二醇的反应称为 Woodward–Prevost 反应。产物结构随反应条件不同而异，当有水存在时得到顺式 1,2–二醇的单酯，水解得顺式的 1,2–二醇（Woodward 反应）；在无水条件下，则得到反式 1,2–二醇的双酯化合物，水解得反式的 1,2–二醇（Prevost 反应）。

Woodward 法（I_2 + RCOOAg + H_2O）：制备顺式 1,2–二醇。

反应通式：

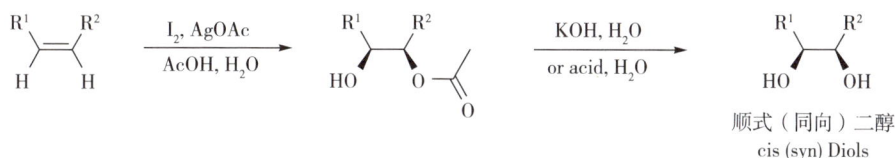

顺式（同向）二醇
cis (syn) Diols

反应机理：

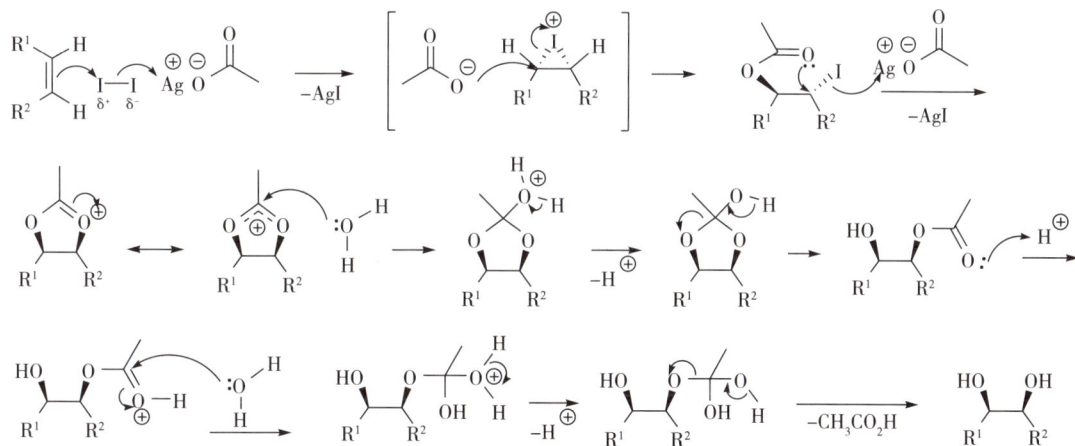

OsO_4 法与 Woodward 法的异同：OsO_4 法和 Woodward 法都可将烯键氧化成顺式 1,2–二醇；所不同的是，OsO_4 为氧化剂的特点为在位阻小的面，进行顺式双羟基化。而 Woodward 法的特点为在位阻大的面，进行顺式双羟基化。

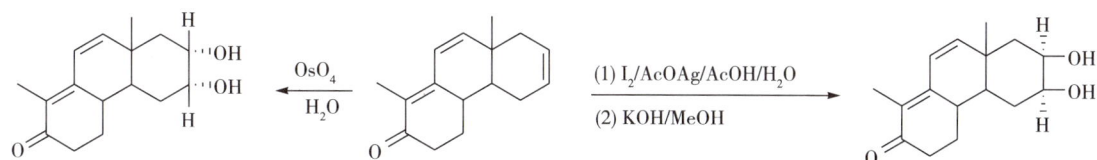

在位阻小的面顺式双羟基化　　　　　　　　　在位阻大的面顺式双羟基化

有机过氧酸法：制备反式 1,2–二醇。

反应机理：

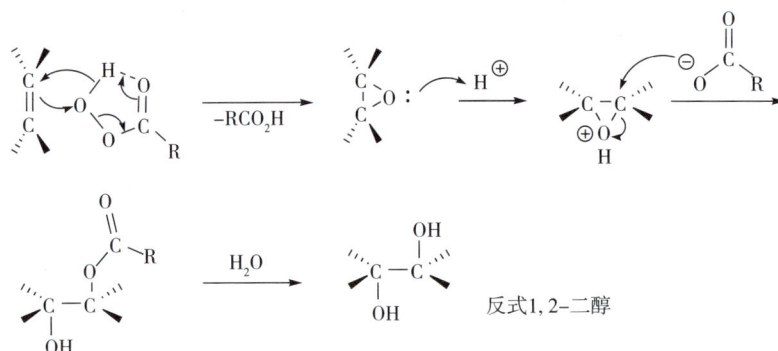

例如：

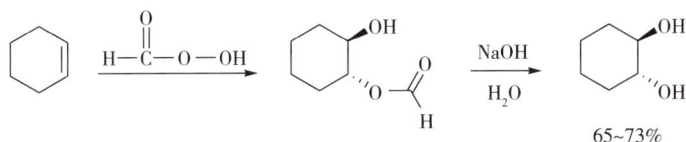

65~73%

Prevost 反应：$I_2 + RCOOAg$（无水），制备反式 1,2-二醇。

反应通式：

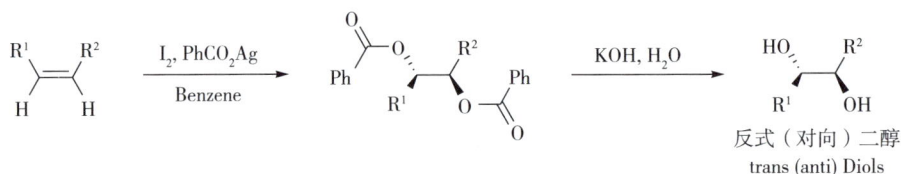

反式（对向）二醇
trans (anti) Diols

反应机理：

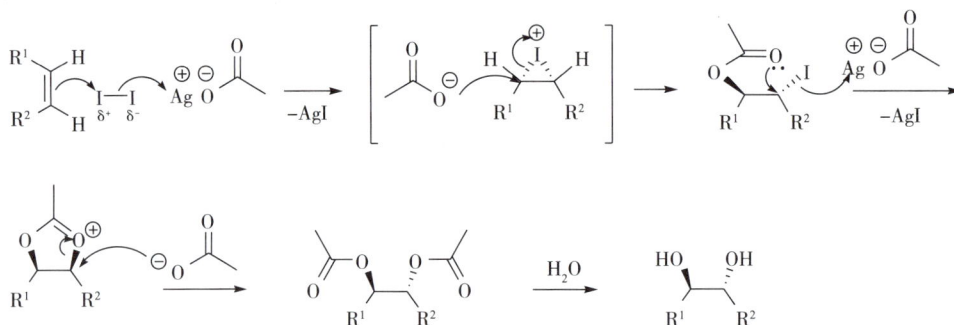

（2）氧化醇　高锰酸钾常直接氧化伯醇为羧酸。

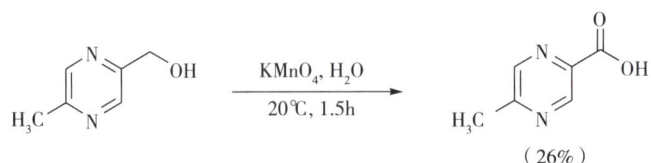

（26%）

在碱性条件下，高锰酸钾容易氧化伯醇成酸，产品单一。

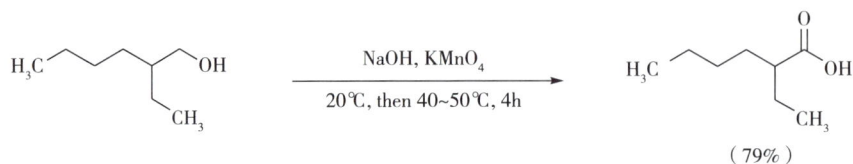

（79%）

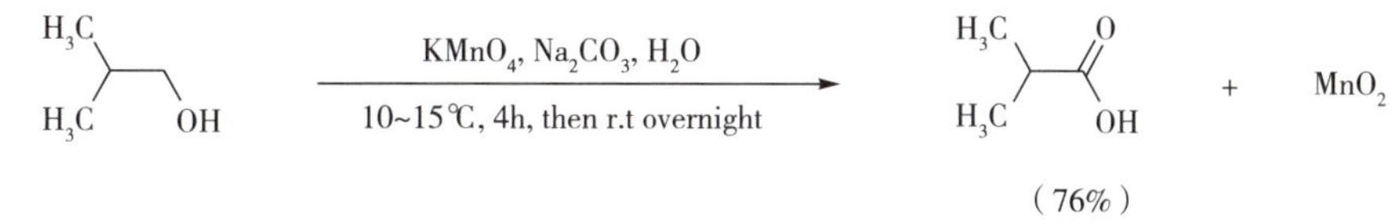

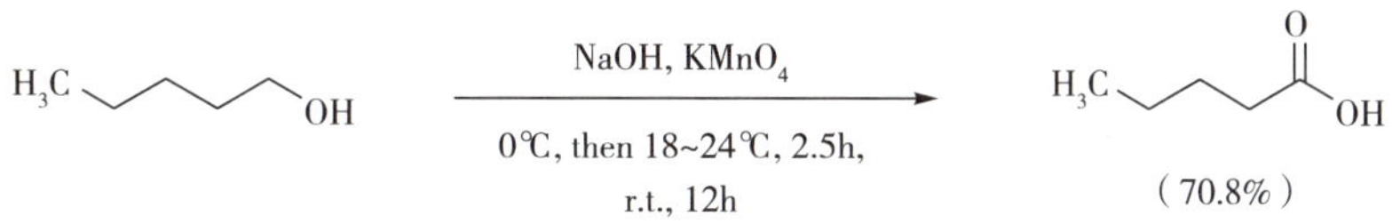

$$\text{(CH}_3\text{)}_2\text{CHCH}_2\text{OH} \xrightarrow[\text{10~15℃, 4h, then r.t overnight}]{\text{KMnO}_4, \text{Na}_2\text{CO}_3, \text{H}_2\text{O}} \text{(CH}_3\text{)}_2\text{CHCOOH} + \text{MnO}_2$$
（76%）

高锰酸钾容易将仲醇氧化为酮，但是当所生成的酮的羰基 α-碳原子上有氢时可被烯醇化，易被氧化断裂，使酮的收率降低，且产物复杂。当氧化所生成的酮的羰基 α-碳原子上没有氢时，用高锰酸钾氧化可高收率得到酮。

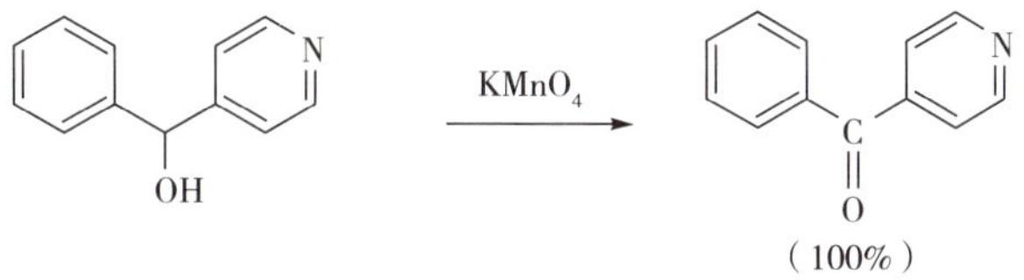

（100%）

（3）烯键的断裂氧化（氧化烯烃，当 pH < 12 时） KMnO₄ 为氧化剂（pH < 12，一般为 7～12 或 9～12）可将烯烃氧化裂解为相应的醛、酮或羧酸等羰基化合物。

反应通式：

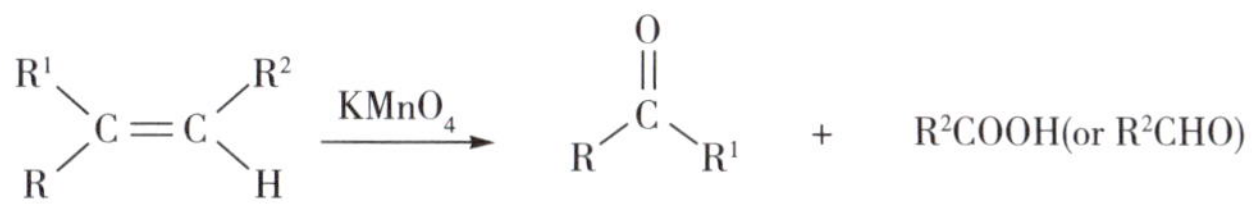

例如：

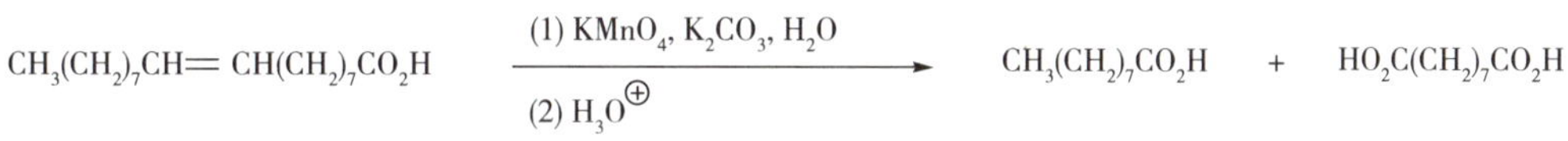

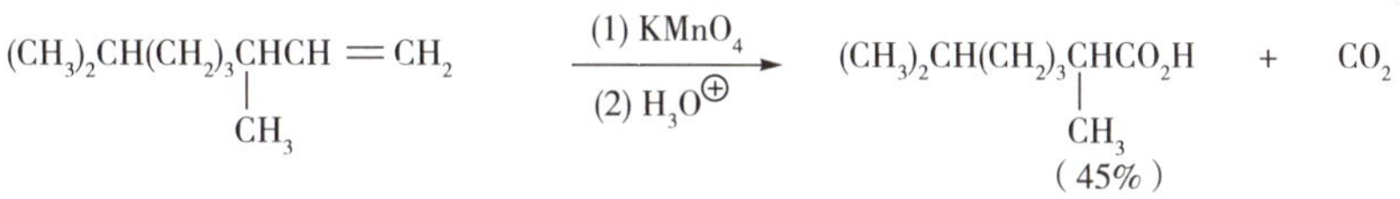

对于环状烯烃也可以用 KMnO₄ 和高锰酸钾四烷铵盐进行断键氧化。
例如：

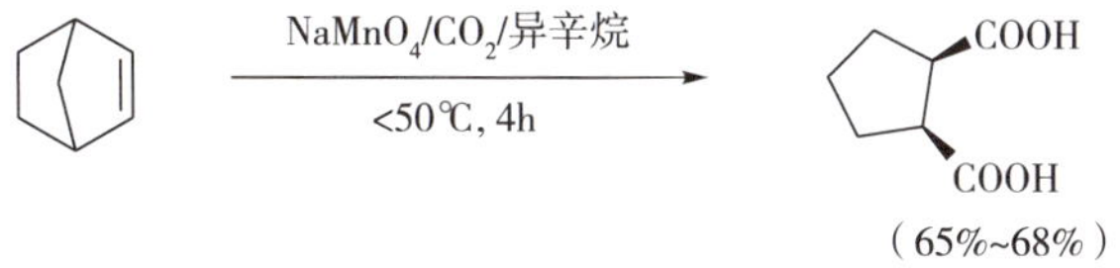

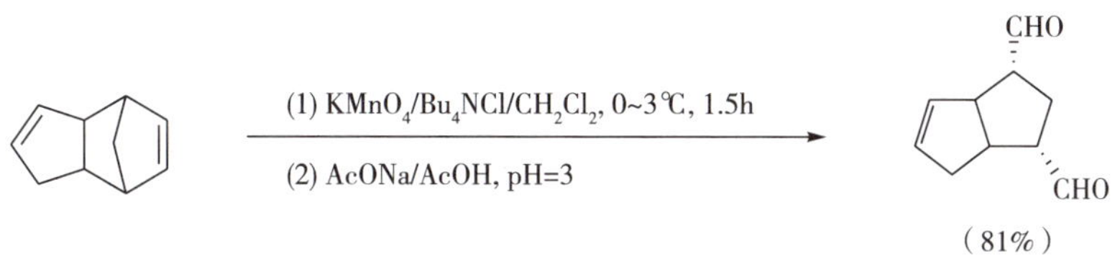

（65%~68%）

（81%）

对于一些不溶于水的烯烃用 KMnO₄ 氧化时，收率很低，加入相转移催化剂，例如冠醚等时，可提高反应收率。

例如：

（97%）

除了高锰酸钾以外，烯键的断裂氧化还可以使用臭氧为氧化剂。臭氧是一种亲电试剂，首先与烯烃形成过氧化物，由于过氧化物具有潜在的危险爆炸性质而不分离出来，可直接将过氧化物氧化或还原断裂成羧酸、醛或酮。碳碳双键在臭氧的作用下先是加成形成环氧化合物，之后生成的环氧化合物经水解、氧化或还原最终裂解生成羰基化合物及其衍生物的反应称为 Criegee 臭氧解（criegee ozonolysis）反应。

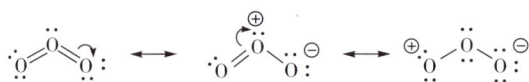

反应机理： 臭氧与烯烃先是发生 1,3-偶极环加成（1,3-dipolar cycloaddition）反应，形成一个 1,2,3-三氧戊烷（1,2,3-trioxolane）的中间产物，即初级臭氧化物。该中间产物不稳定，迅速开环裂解生成羰基氧化物（也称为 Criegee 中间体或 Criegee 两性离子）和醛或酮。羰基氧化物类似于臭氧，是 1,3-偶极化合物，并且通过反向区域化学对羰基化合物进行 1,3-偶极环加成，生成三种可能的次级臭氧化物（1,2,4-三氧杂环戊烷）的混合物。

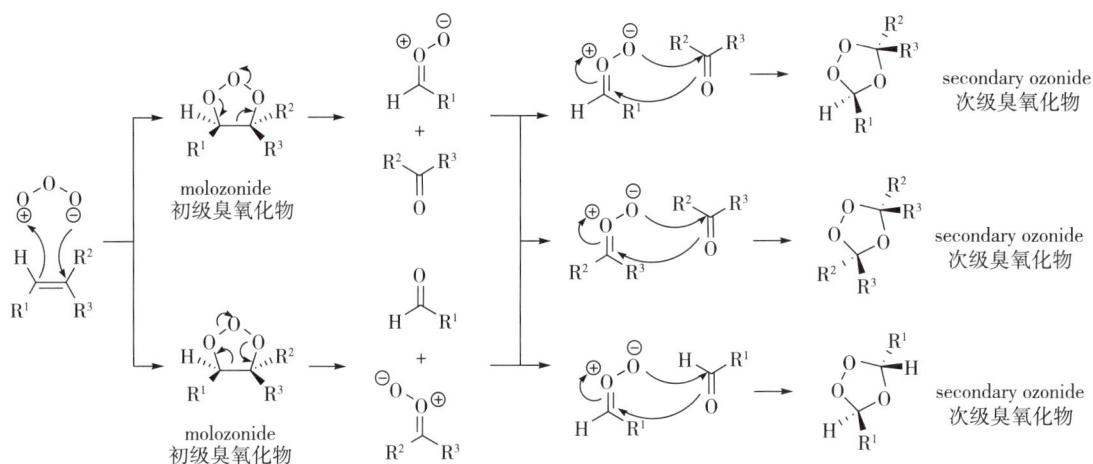

次级臭氧化物可被氧化或还原裂解为羧酸、醛或酮。

当使用过氧化氢、过氧醋酸等氧化剂氧化次级臭氧化物时，生成羧酸或酮。原料为四取代烯烃时，得两分子的酮。原料为三取代烯烃时，得一分子酸和一分子酮。原料为对称二取代烯烃时，得两分子羧酸。

当使用还原剂还原分解次级臭氧化物时，生成醛、酮或醇。常用的还原方法有催化氢化、锌粉和酸、亚磷酸三甲（乙）酯、二甲硫醚、三苯基膦、氢化铝锂、硼氢化钠等。

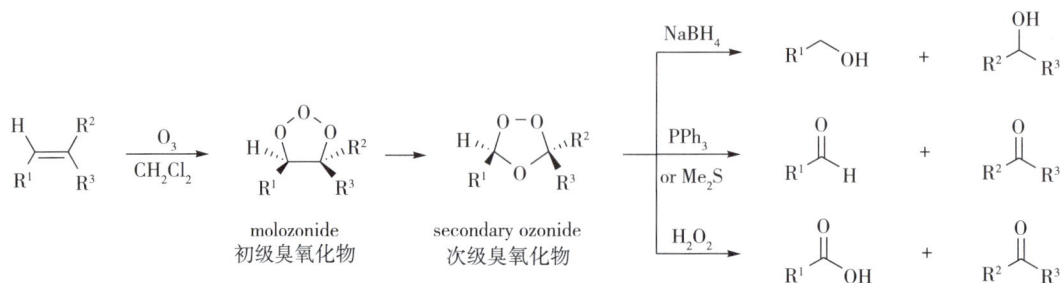

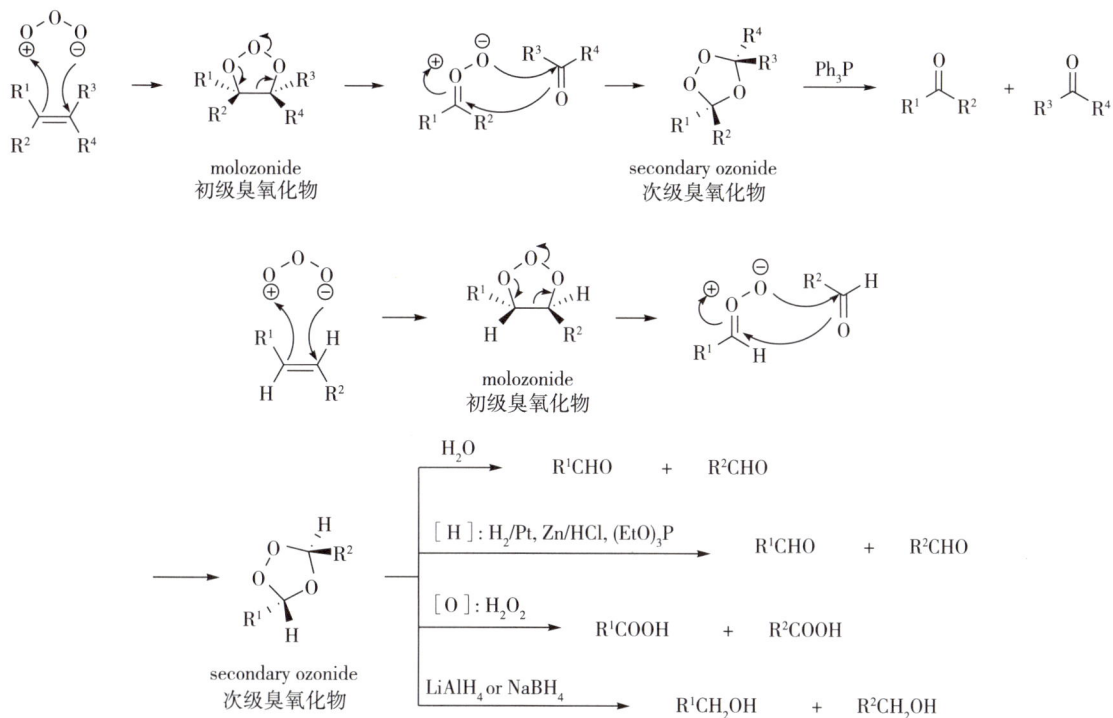

例如：

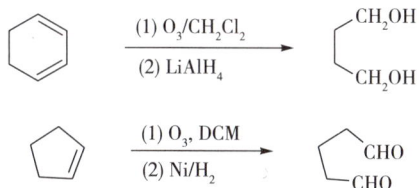

当 O_3 为氧化剂时，且有多个双键共存时，电子密度高、位阻小的双键优先被氧化；而芳（杂）环难反应。

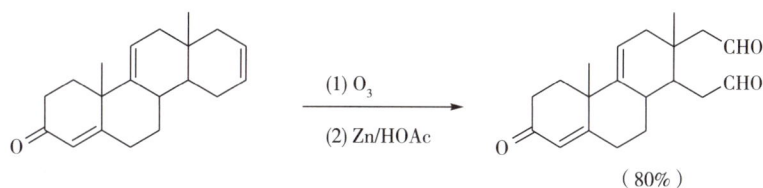

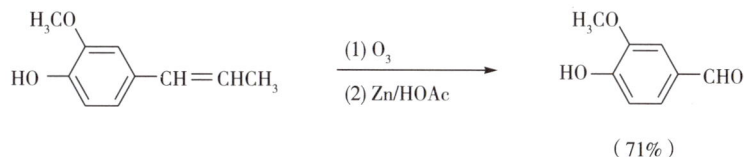

（4）氧化芳烃或芳香氮杂环侧链

1）氧化成羧基　烷基取代芳烃或烷基取代氮杂芳烃的烷基被高锰酸钾氧化生成芳香族羧酸是常用的合成芳香族羧酸的方法。具有 α-H 的烷基芳香族化合物或烷基芳香氮杂环化合物，不管侧链有多长，侧链烷基最终被氧化为羧基。

例如：

$KMnO_4$

CO_2H

1) $KMnO_4$, NaOH, 90℃, 15h

2) HCl

CO_2H
CO_2H

（70%~72%）

1) $KMnO_4$, Py

2) HCl

Cl
Cl
CO_2H
＋
MnO_2

（82%）

$KMnO_4$, H_2O, NaOH

100℃, 1h

CO_2H
Cl
NO_2

（70%）

$KMnO_4$, NaOH, H_2O

70℃, 1h

（40%）

$KMnO_4$, H_2O

70~95℃, 5h

(56.7%)

CO_2H

烟酸（nicotinic acid）

$KMnO_4$, H_2O

70~95℃, 5h

（57%）

CO_2H

异烟酸（isonicotinic acid）

$KMnO_4$, H_2O

70~95℃, 5h

（60.2%）

CO_2H

2-吡啶甲酸（2-picolinic acid）

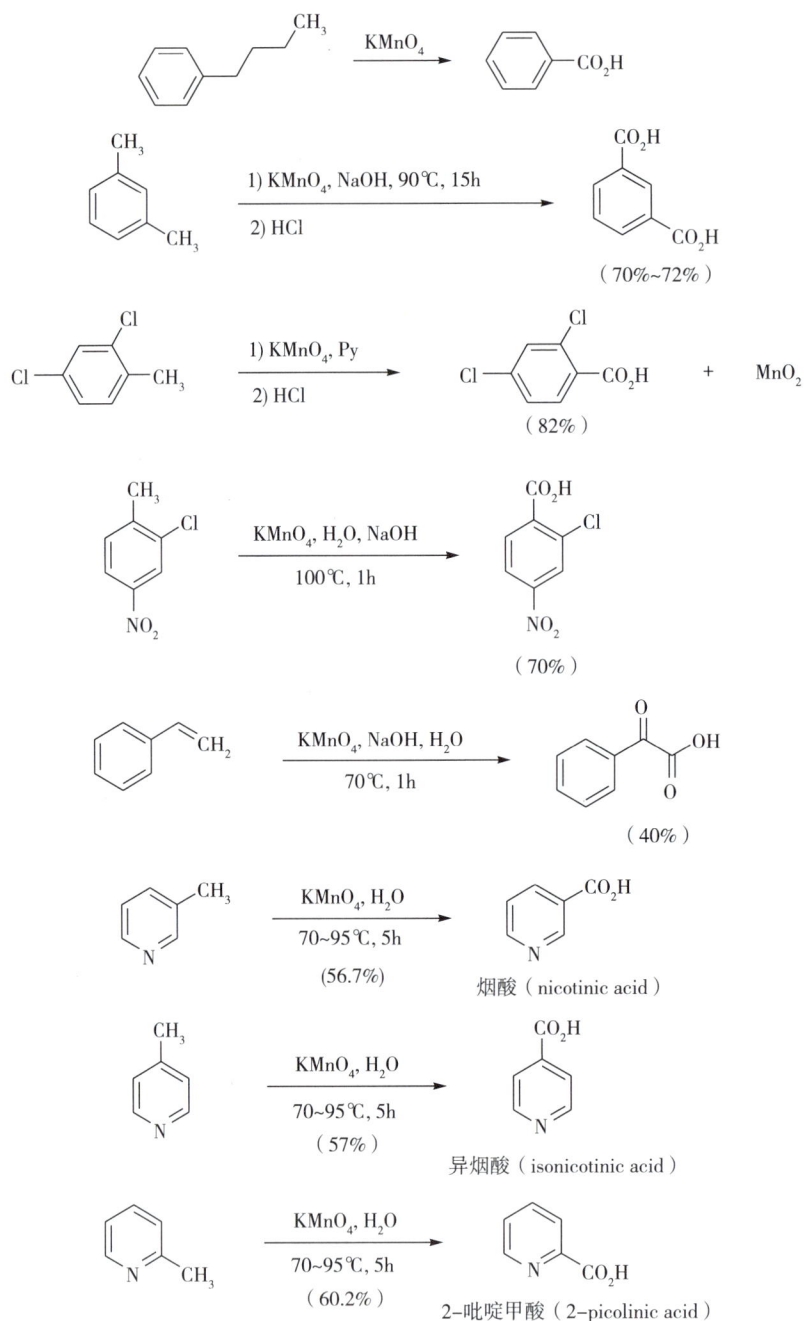

应用实例：贝罗司他（berotralstat）是血浆激肽释放酶抑制剂，可预防 12 岁以上成人和儿科患者的遗传性血管性水肿（hereditary angioedema，HAE）。贝罗司他的一种合成方法中，应用了高锰酸钾将吡唑衍生物的侧链呋喃环，氧化裂解得到羧酸衍生物。

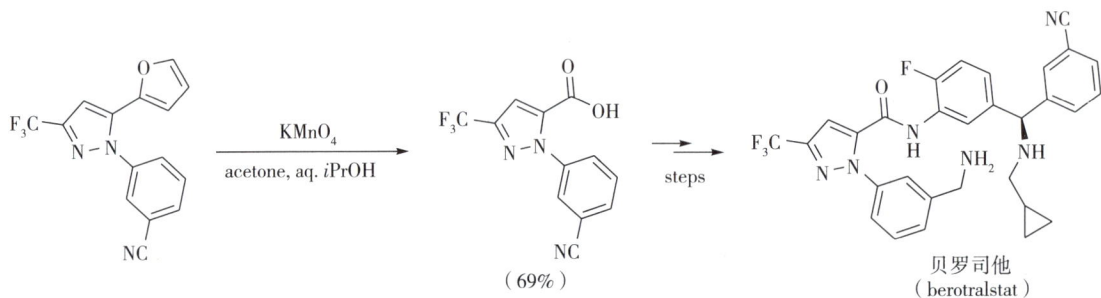

$KMnO_4$

acetone, aq. iPrOH

steps

F_3C

（69%）

贝罗司他
（berotralstat）

2）氧化成羰基化合物　芳香环 α-位上的氢容易被氧化，生成芳香羰基化合物。常用的氧化剂有高锰酸钾、重铬酸钾、硝酸等。

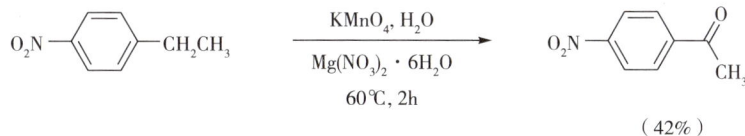

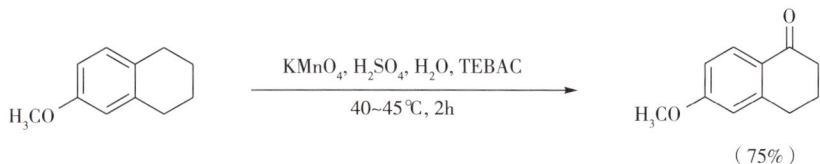

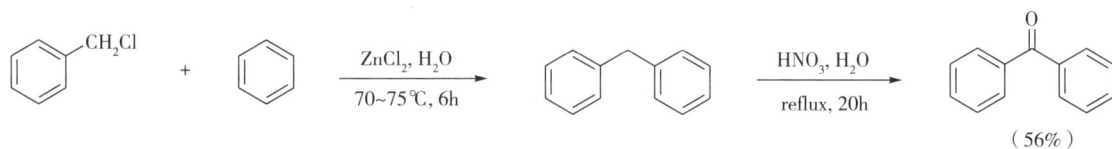

$$O_2N-\underset{}{\bigcirc}-CH_2CH_3 \xrightarrow[\substack{Mg(NO_3)_2 \cdot 6H_2O \\ 60℃, 2h}]{KMnO_4, H_2O} O_2N-\underset{}{\bigcirc}-\overset{O}{\underset{}{C}}-CH_3$$
（42%）

$$H_3CO-\underset{}{\bigcirc\bigcirc} \xrightarrow[40\sim45℃, 2h]{KMnO_4, H_2SO_4, H_2O, TEBAC} H_3CO-\underset{}{\bigcirc\bigcirc}=O$$
（75%）

$$\underset{}{\bigcirc}-CH_2Cl + \underset{}{\bigcirc} \xrightarrow[70\sim75℃, 6h]{ZnCl_2, H_2O} \underset{}{\bigcirc}-CH_2-\underset{}{\bigcirc} \xrightarrow[reflux, 20h]{HNO_3, H_2O} \underset{}{\bigcirc}-\overset{O}{C}-\underset{}{\bigcirc}$$
（56%）

（5）氧化醛

$$3CH_3(CH_2)_5CHO + 2KMnO_4 + H_2SO_4 \xrightarrow[2.5h]{15\sim20℃} 3CH_3(CH_2)_5CO_2H + K_2SO_4 + 2MnO_2 + H_2O$$
（77%）

$$\underset{\overset{|}{OH}}{C_6H_5CH(CH_2)_3CHO} \xrightarrow[r.t.]{KMnO_4, NaOH, H_2O} C_6H_5\overset{O}{C}(CH_2)_3CO_2H$$

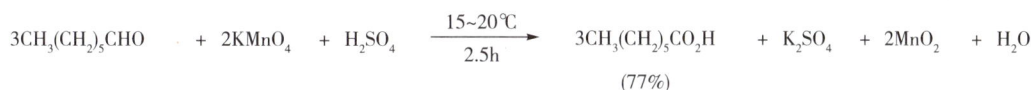

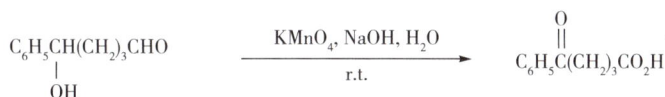

2. 二氧化锰　二氧化锰（MnO_2）作为氧化剂主要有两种存在形式，一种是活性二氧化锰，另一种是二氧化锰与硫酸的混合物，二者都是较温和的氧化剂。

活性二氧化锰的选择性较强，广泛应用于 β,γ-不饱和醇的氧化来制备相应的 α,β-不饱和醛或酮、甾体化合物、生物碱、维生素 A 等天然产物的合成。活性二氧化锰氧化反应条件温和，叔胺等不会被氧化，氧化反应也不影响双键，收率较高，常在室温下进行，反应时间根据二氧化锰的用量和活性大小决定。

活性二氧化锰氧化时常用的溶剂有水、苯、石油醚、三氯甲烷、丙酮、二氯甲烷、乙醚、乙酸乙酯等。

反应时，将活性 MnO_2（新鲜制备的 MnO_2）悬浮于溶液中，加入要氧化的醇，室温下搅拌，过滤，浓缩即可得氧化产物。氧化反应是醇被吸附到二氧化锰的表面进行的。一般市售二氧化锰活性很小或根本就没有活性，因此活性二氧化锰必须新鲜制备，而且一般要在使用前检查其活性。

制备方法：活性二氧化锰的制备方法很多，制备方法不同，氧化活性不同，即使制备方法相同，其活性也不一定相同。常见的制备方法有如下几种。

（1）硫酸锰-高锰酸钾法　将热的硫酸锰溶液与高锰酸钾溶液混合，生成活性二氧化锰。

$$2KMnO_4 + 3MnSO_4 + 2H_2O \longrightarrow 5MnO_2 + K_2SO_4 + 2H_2SO_4$$

可根据需要控制二氧化锰沉淀时的 pH。在碱性条件下沉淀出的二氧化锰活性最高，酸性条件下沉淀的活性次之，中性条件下沉淀的活性较小。

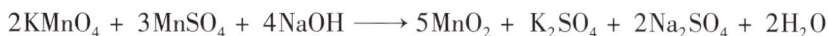

$$2KMnO_4 + 3MnSO_4 + 4NaOH \longrightarrow 5MnO_2 + K_2SO_4 + 2Na_2SO_4 + 2H_2O$$

（2）锰盐热分解法　将碳酸锰、草酸锰或硝酸锰加热到 250～300℃，可得到活性适中的二氧化锰。用稀硝酸洗涤并于 230℃ 干燥，活性可进一步提高。

（3）丙酮高锰酸钾氧化法　将饱和的高锰酸钾丙酮溶液室温下放置 3 ~ 4 天，至紫色完全消失，生成活性二氧化锰。

（4）活性炭还原高锰酸钾法　将活性炭与高锰酸钾溶液一起加热回流，直至紫色完全消失。此法得到的活性二氧化锰适用于胺类及腙类的氧化。

（5）氯化锰四水合物与高锰酸钾法　由氯化锰四水合物与高锰酸钾反应制得。

反应特点：活性二氧化锰氧化有很好的选择性，特别是在同一分子内有烯丙位羟基或苄位羟基和其他羟基共存时，可选择性氧化烯丙位羟基或苄位羟基。因此，通常情况下氧化顺序为，不饱和醇（烯丙醇、炔醇、苄醇）＞饱和醇；仲醇＞伯醇。活性 MnO_2 氧化不饱和醇成不饱和醛、酮，氧化时双键构型不受影响。

例如，11-β-羟基睾丸素的合成中，活性二氧化锰选择性氧化烯丙位羟基，另外两个羟基则不受影响。

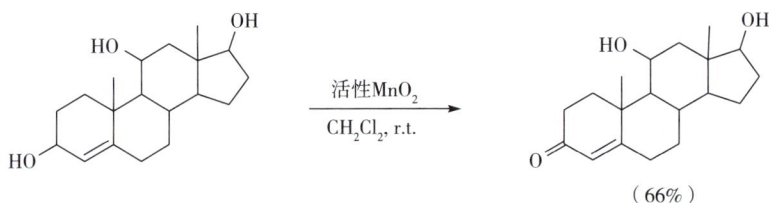

（66%）

例如：

（83%）

（51%~54%）

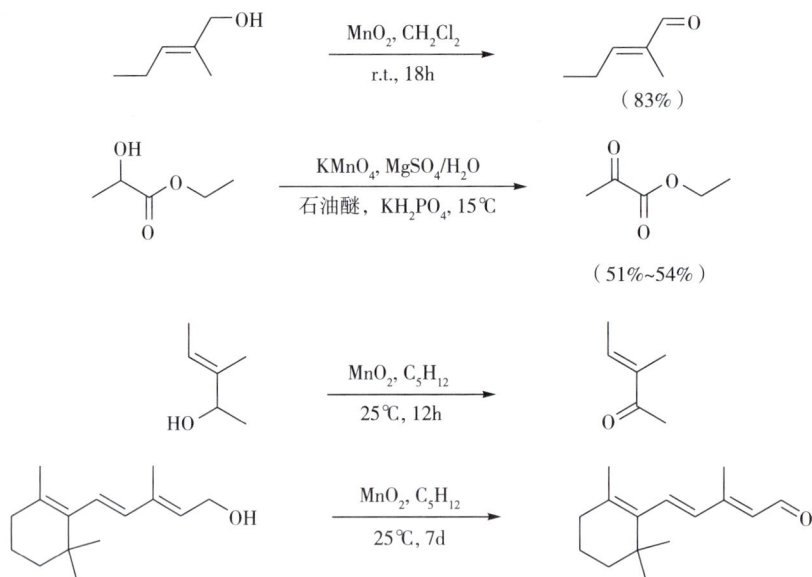

应用实例：阿卡他定（alcaftadine）是一种组胺 H_1 受体拮抗剂，用于预防过敏性结膜炎引起的眼睛刺激。阿卡他定的一种合成方法中，应用了活性二氧化锰氧化伯醇为醛。

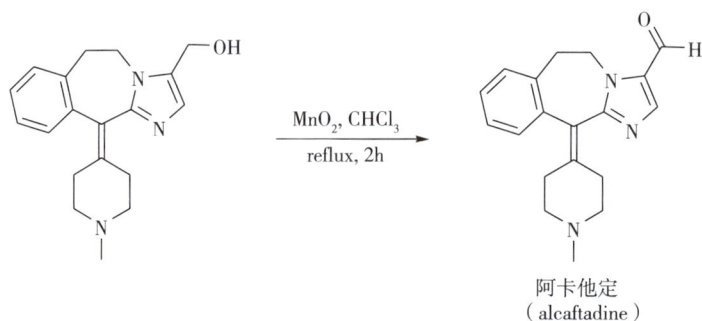

阿卡他定
（alcaftadine）

二氧化锰与硫酸的混合物，主要适用于芳烃侧链，芳胺、苄醇等的氧化。

例如：

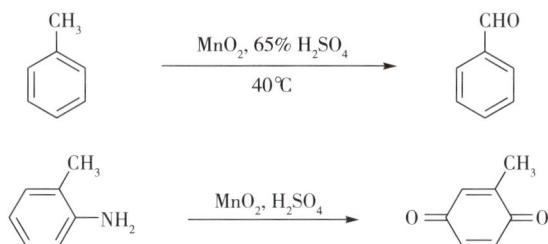

二、铬化合物氧化剂

铬化合物氧化剂常用的为一类六价铬化合物，包括铬酸（chromic acid，H_2CrO_4）、三氧化铬（chromic trioxide，CrO_3）、重铬酸盐（dichromate salt，$Cr_2O_7^{2-}$）、CrO_3–稀 H_2SO_4–丙酮（Jones 试剂）、CrO_3–吡啶配合物（chromium trioxide–pyridine complex）Sarett 试剂和 Collins 试剂、氯铬酸–吡啶鎓盐 PCC（pyridinium chlorochromate）、重铬酸–吡啶鎓盐 PDC（pyridinium dichromate）等。

1. 铬酸为氧化剂　铬酸（chromic acid，H_2CrO_4）可以通过将三氧化铬（chromic trioxide，CrO_3）或重铬酸盐（dichromate salt，$Cr_2O_7^{2-}$）溶解在醋酸或稀硫酸中来制备。因此，铬酸（chromic acid，H_2CrO_4）的实际使用形式为重铬酸盐或三氯化铬的酸性水溶液，重铬酸钾（$K_2Cr_2O_7$）、重铬酸钠（$Na_2Cr_2O_7$）、铬酸（chromic acid，H_2CrO_4）是常用氧化剂。其中重铬酸钠在水中的溶解度比重铬酸钾大，应用更广。重铬酸盐在水溶液中存在的主要形式是由溶液浓度和 pH 决定的。在稀溶液中，以酸性铬酸根离子（$HCrO_4^-$）为主导，当浓度增大时，重铬酸根离子（$HCr_2O_7^-$）更占优势。

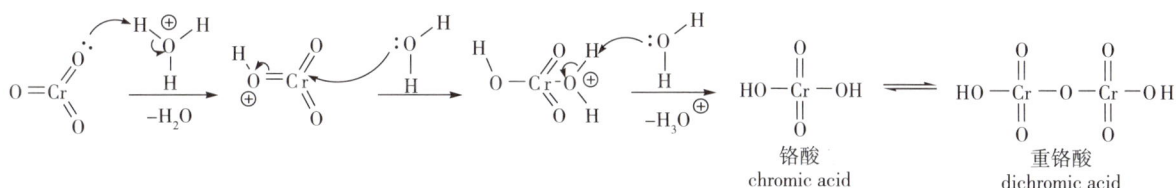

铬酸
chromic acid

重铬酸
dichromic acid

反应通式：

1° alcohol
伯醇

aldehyde
醛

carboxylic acid
羧酸

2° alcohol
仲醇

ketone
酮

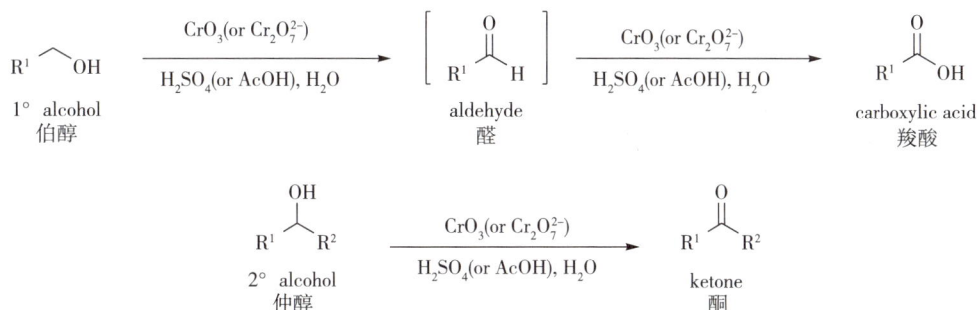

反应机理：伯醇或仲醇和铬酸形成铬酸酯（chromate ester），其在水的存在下，通过分子内酯断裂反应或分子间酯断裂反应，氧化得到相应的羰基化合物。其中，仲醇直接被氧化生成酮，而伯醇首先被氧化成醛，最后被氧化为羧酸，机理与 Jones 氧化（Jones oxidation）相同。

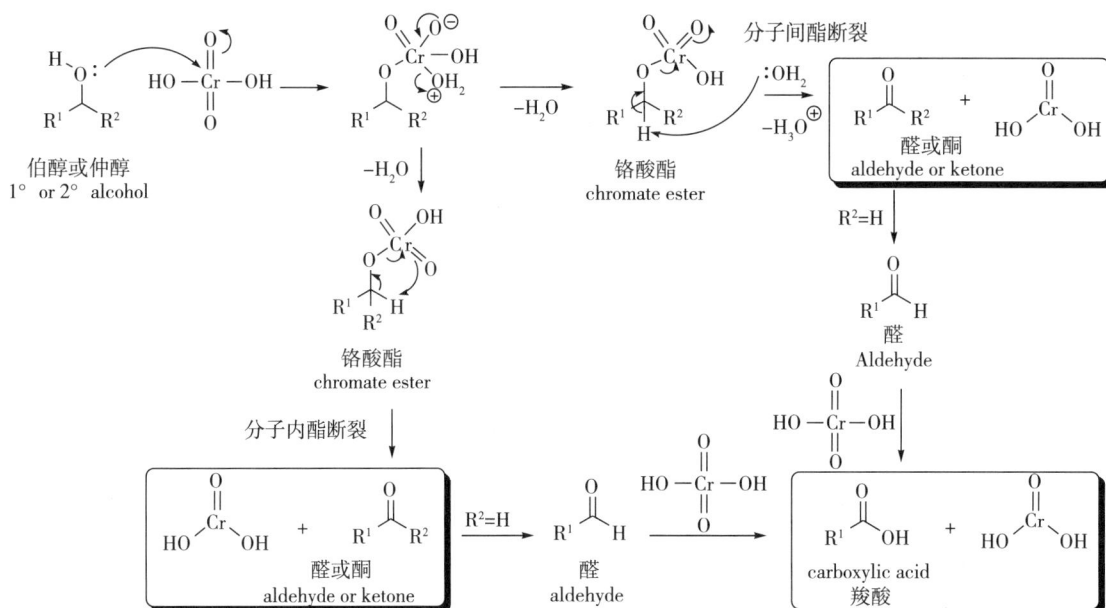

铬酸主要是将仲醇氧化成酮，收率较高。铬酸氧化伯醇时，伯醇经过醛的中间体转化为羧酸，如果醛是挥发性的，有时可以通过蒸馏分离出来。但是用铬酸将伯醇氧化成醛的反应并不常见，主要是因为铬酸很难控制伯醇氧化的程度。伯醇被氧化成醛后很难停留，将继续被氧化成羧酸。另外，醛和醇在酸性条件下可缩合为半缩醛，进而被氧化成酯。因此，铬酸氧化伯醇为醛的效果不太理想。

例如，正丁醇加热至沸腾后，滴加由重铬酸钾、水、浓硫酸配成的溶液，滴加完毕后保持沸腾，进行分馏、干燥、收集，可得正丁醛馏分，但是收率不高，仅为32%。

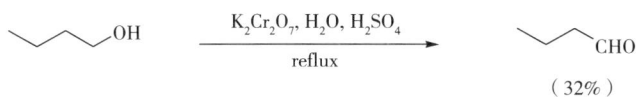

丙醛用类似的方法制备，收率也仅有36%。

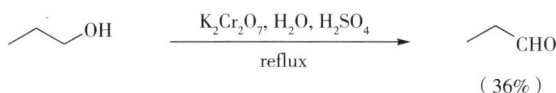

应用实例如下。

（1）氧化醇　铬酸氧化仲醇生成酮比由伯醇制备醛的收率好，尤其适用于一些水溶度较小的酮的制备；若加入少量还原剂如 Mn^{2+}，可除去反应生成的 Cr^{5+} 及 Cr^{4+}，则可以减少副反应，收率更高。

例如：肾上腺皮质激素类药醋酸可的松（cortisone acetate）的合成。

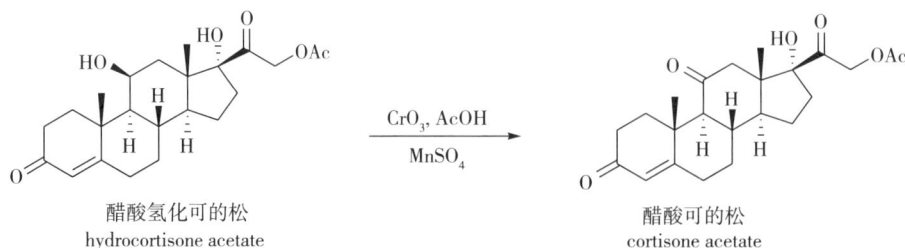

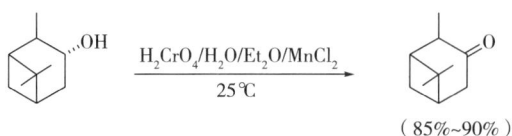

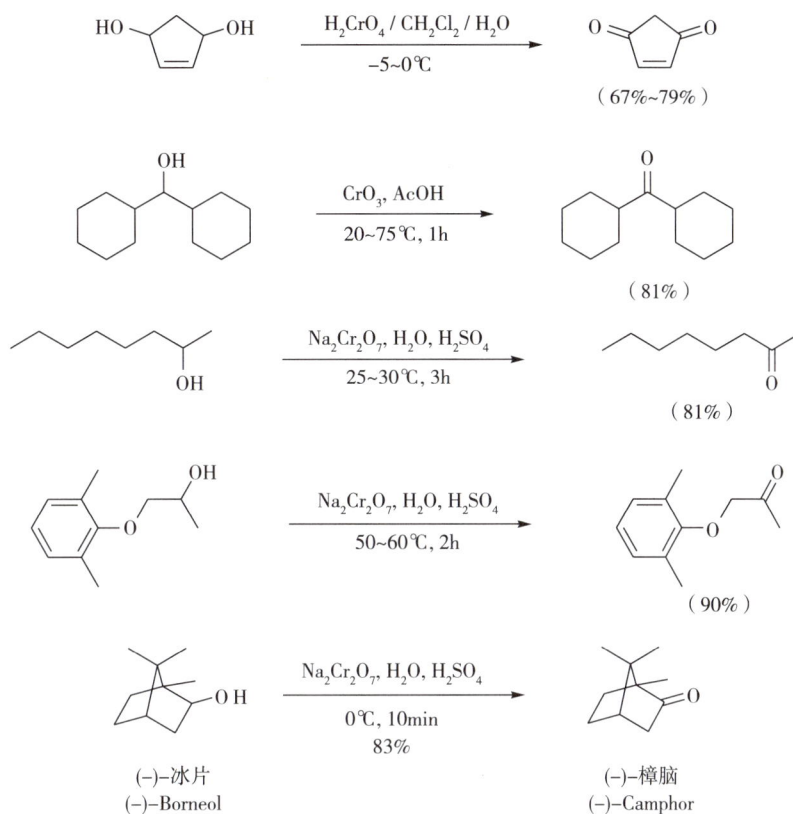

HO—⬠—OH $\xrightarrow[-5\sim0\text{℃}]{H_2CrO_4 / CH_2Cl_2 / H_2O}$ O=⬠=O （67%~79%）

$\xrightarrow[20\sim75\text{℃, 1h}]{CrO_3, \text{AcOH}}$ （81%）

$\xrightarrow[25\sim30\text{℃, 3h}]{Na_2Cr_2O_7, H_2O, H_2SO_4}$ （81%）

$\xrightarrow[50\sim60\text{℃, 2h}]{Na_2Cr_2O_7, H_2O, H_2SO_4}$ （90%）

$\xrightarrow[\substack{0\text{℃, 10min} \\ 83\%}]{Na_2Cr_2O_7, H_2O, H_2SO_4}$

（-）-冰片　　　　　　　　　　　　　（-）-樟脑
（-）-Borneol　　　　　　　　　　　（-）-Camphor

（2）氧化醛

胡椒醛 $\xrightarrow{H_2CrO_4}$ 胡椒酸

糠醛（2-呋喃甲醛）$\xrightarrow{H_2CrO_4}$ 糠酸（呋喃甲酸）

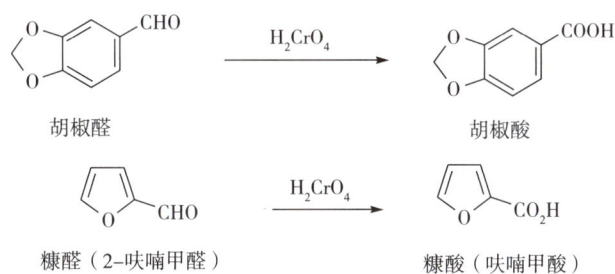

（3）氧化芳烃侧链　重铬酸盐主要用于将芳环侧链的甲基氧化成羧基。

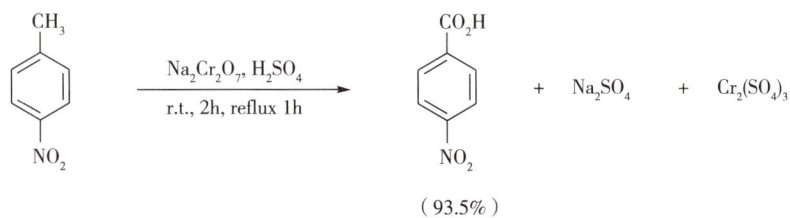

$\xrightarrow[\text{r.t., 2h, reflux 1h}]{Na_2Cr_2O_7, H_2SO_4}$ + Na_2SO_4 + $Cr_2(SO_4)_3$

（93.5%）

2. Jones 试剂　CrO_3-稀 H_2SO_4-丙酮（chromium trioxide and sulfuric acid in acetone）。

Jones 氧化反应通式：

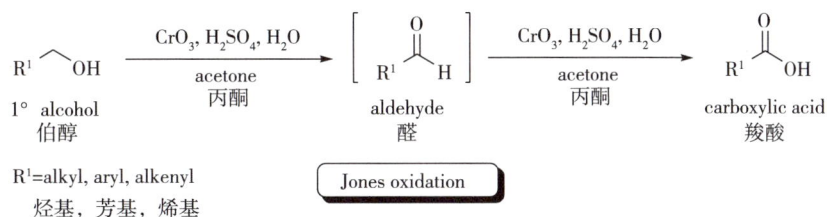

$R^1\!\!-\!\!OH$ $\xrightarrow[\substack{\text{acetone} \\ \text{丙酮}}]{CrO_3, H_2SO_4, H_2O}$ $\left[\ R^1\!\!-\!\!CHO\ \right]$ $\xrightarrow[\substack{\text{acetone} \\ \text{丙酮}}]{CrO_3, H_2SO_4, H_2O}$ $R^1\!\!-\!\!COOH$

1° alcohol　　　　　　　　　　　　aldehyde　　　　　　　　　　carboxylic acid
伯醇　　　　　　　　　　　　　　　　醛　　　　　　　　　　　　　　羧酸

R^1=alkyl, aryl, alkenyl
烃基，芳基，烯基

Jones oxidation

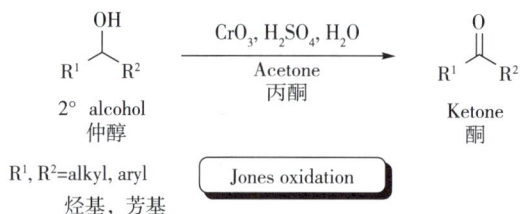

反应机理：Jones 氧化是铬酸氧化的改良方法，该反应是在水溶液中进行的反应。首先三氧化铬与稀硫酸混合形成 Jones 试剂。

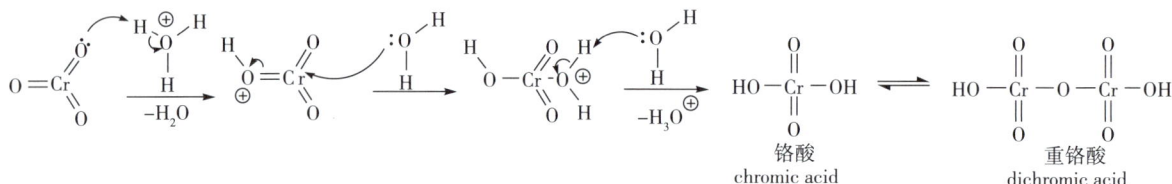

伯醇或仲醇和铬酸形成铬酸酯（chromate ester），其在水的存在下，通过分子内或分子间酯断裂反应，氧化得到相应的羰基化合物。仲醇直接被氧化生成酮，而伯醇首先被氧化成醛，然后在酸催化下，跟水发生水合作用形成醛水合物（aldehyde hydrate）或偕二醇，醛水合物继续被铬酸氧化，最后生成羧酸。因此伯醇为底物时的 Jones 氧化反应，产物很难停留在醛的阶段。铬酸氧化醇后生成偏铬酸副产物。

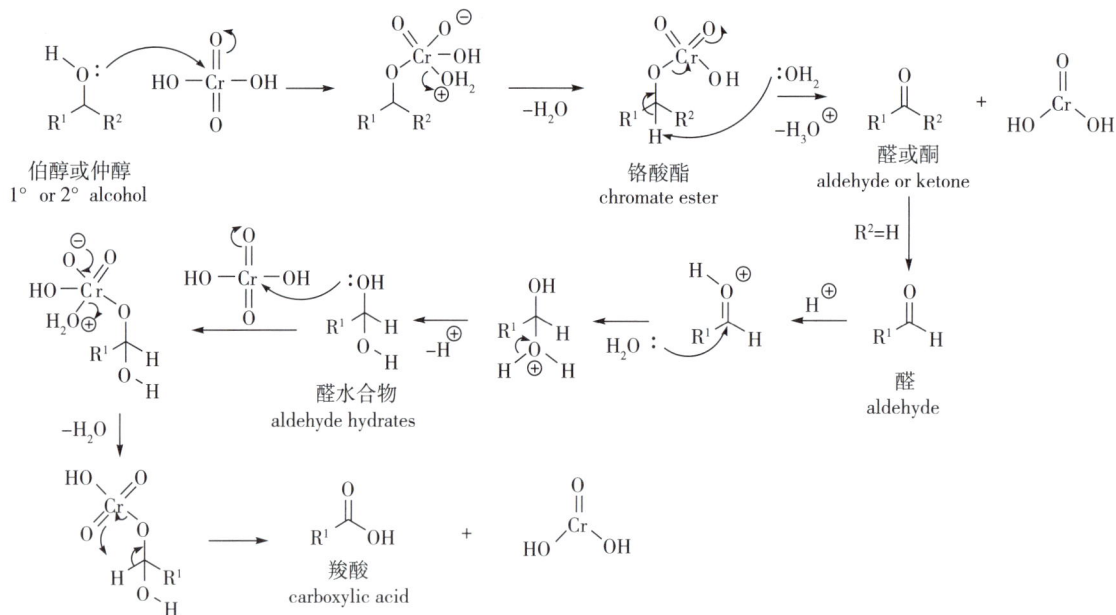

反应特点：①将红色的 Jones 试剂缓慢滴加到醇的丙酮溶液中，反应液由 Cr（Ⅵ）的红色变成 Cr（Ⅲ）的绿色，该反应在短时间就反应完毕，通常加入异丙醇淬灭反应（加异丙醇的目的是破坏过量的铬酸，异丙醇可被过量的铬酸氧化为丙酮）。②体系中有大量丙酮存在，有两个作用：a. 作为溶剂可以溶解大部分有机化合物，b. 可以和过量的氧化剂反应，起到保护作用，使得生成的产物酮不会被进一步过度氧化。③只氧化醇成醛或酮，其他对氧化剂敏感的基团，如缩酮、酯、环氧基、氨基、不饱和键、烯丙位碳氢键等，不会受影响。

缺点：因生成的醛易过度氧化成酸、酯，且副反应众多，故不适合把伯醇氧化为醛。

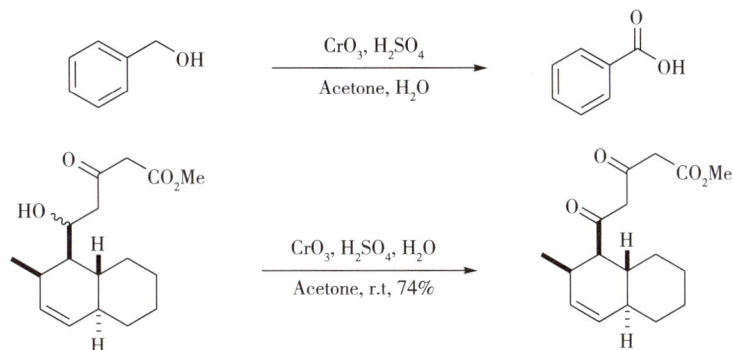

应用实例： 石斛碱（dendrobine）为一种倍半萜生物碱，实验证明该成分具有调节血糖、降低血压、减弱心收缩力、抑制呼吸以及弱的退热止痛等作用。石斛碱的一种全合成方法中，应用了 Jones 氧化。

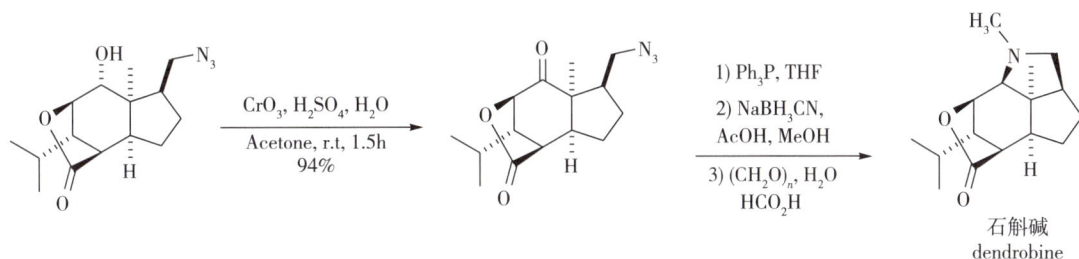

3. CrO₃–吡啶配合物 Sarett 试剂、Collins 试剂；氯铬酸–吡啶鎓盐 PCC、重铬酸–吡啶鎓盐 PDC 等

（1）Sarett 试剂：CrO₃–（pyridine）₂/pyridine（溶剂）　对于特别对酸敏感或其他脆弱的底物，使用强酸性琼斯试剂（Jones reagent）显然不是最好的氧化方法，因此开发了几种微酸性 CrO₃ 衍生氧化剂，其中 Sarett 制备的三氧化铬（或称为铬酐）吡啶配合物 CrO₃–（pyridine）₂，并使用吡啶（pyridine）作为溶剂进行氧化，称为 Sarett 试剂。

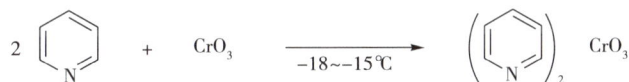

制备方法：Sarett 试剂是将 CrO₃（三氧化铬、铬酐）分批小心地加到过量的吡啶（质量比 CrO₃：吡啶 =1：10）中，逐渐升温到 30℃，即形成黄色的 CrO₃–吡啶配合物的吡啶溶液。注意：千万不能将吡啶加入三氧化铬中，以免引起燃烧。Sarett 试剂易着火，一般是用其吡啶溶液。

Sarett 氧化（Sarett oxidations）反应通式：

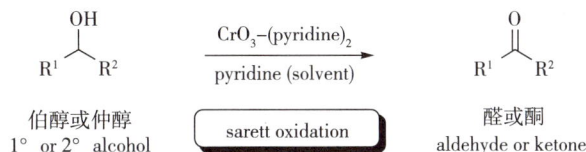

反应特点：氧化伯、仲醇为醛、酮，效果好，对酸敏感的官能团没有影响。

缺点：Sarett 试剂是一种易吸潮的红色结晶，吸水后形成不溶于氯代烷的黄色结晶水合物；Sarett 试剂易着火；反应以吡啶为介质，产物难以分离提纯。

应用实例：

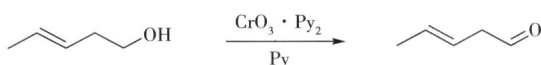

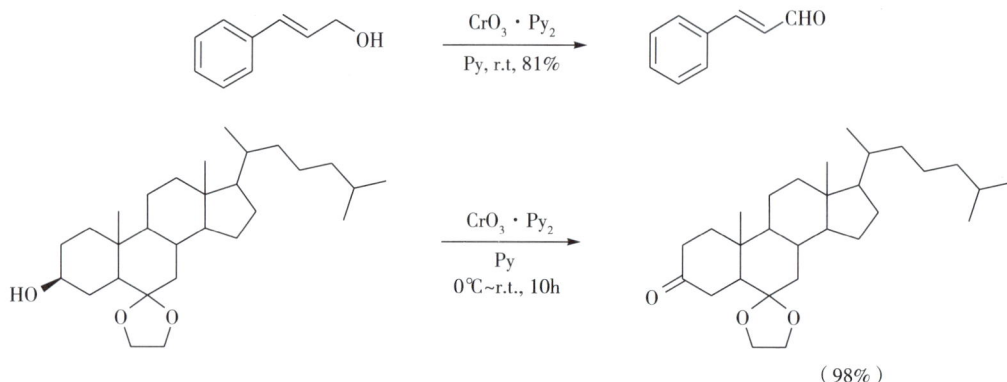

（2）Collins 试剂：CrO$_3$-（pyridine）$_2$/CH$_2$Cl$_2$（溶剂）　由于 Sarett 氧化使用吡啶作为溶剂，导致其后处理和产品分离比较困难。因此 Collins 针对 Sarett 氧化的缺陷，通过使用结晶状的 CrO$_3$-（pyridine）$_2$试剂并溶于二氯甲烷（CH$_2$Cl$_2$）的方法进行了改进。最终，Collins 对 Sarett 氧化的改进得到了 Collins 试剂（CrO$_3$-Py-CH$_2$Cl$_2$），其在室温下氧化速度很快，且能大范围和高度耐受众多的官能团。

Collins 氧化（Collins oxidations）反应通式：

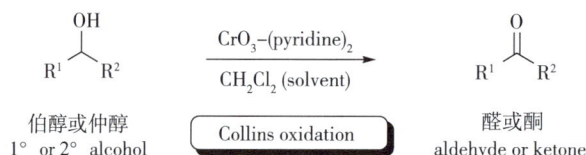

制备方法：将 CrO$_3$-吡啶配合物（CrO$_3$·Py$_2$）从吡啶中分离出来，干燥后再溶于二氯甲烷。

Collins 试剂需在无水条件下使用，氧化伯、仲醇，可得收率较高的醛、酮，对双键、缩醛（酮）、环氧、硫醚等无影响。

反应特点：氧化性与 Sarett 试剂相同，但是产物的分离提纯更简便。

缺点：Collins 试剂性质不稳定、易吸潮、不易保存、易燃、氧化必须在无水条件下进行，试剂消耗量大，一般需要 5 倍当量及以上。

应用实例：

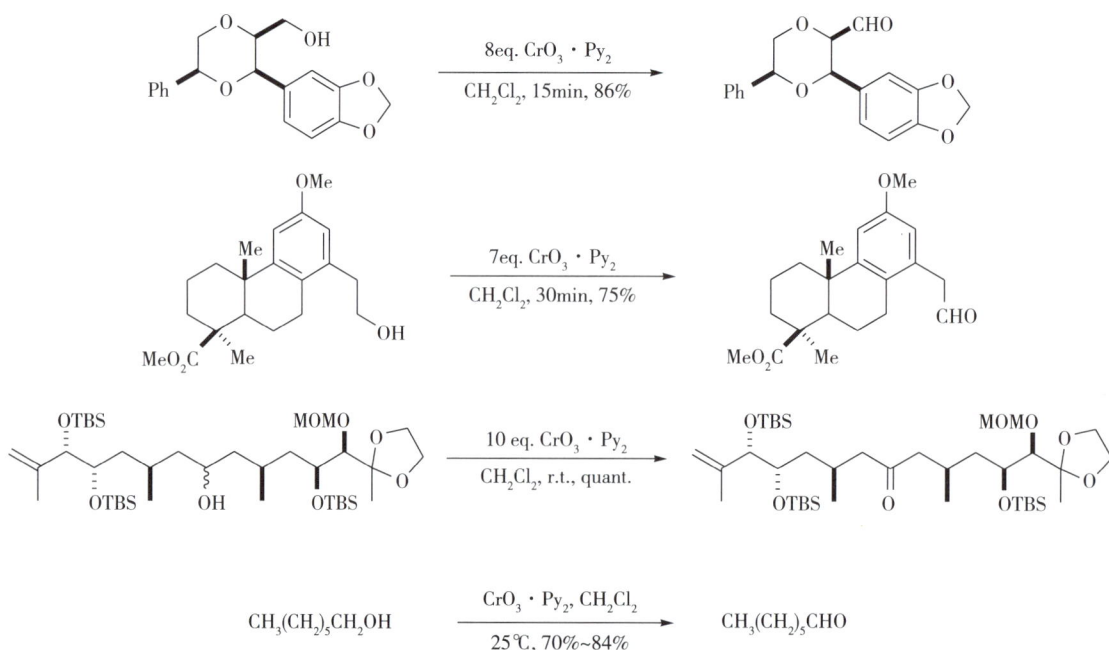

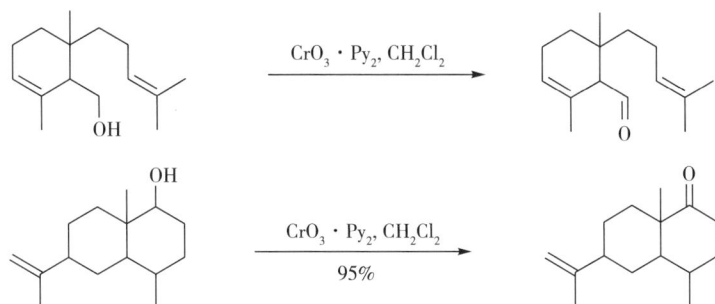

（3）PCC（pyridinium chlorochromate）：氯铬酸-吡啶鎓盐 虽然 Collins 试剂对于酸性敏感的化合物的氧化非常有效，但是由于 Collins 试剂非常容易潮解且在制备中容易燃烧，故这种络合物具有既难于制备又具有一定危险性的缺陷。因此，Corey 等人开发了微酸性的氯铬酸-吡啶鎓盐（PCC）和中性的重铬酸-吡啶鎓盐（PDC）试剂，二者可快速氧化伯醇或仲醇，以及烯丙醇和苄醇，在二氯甲烷中生成相应的醛或酮。在对酸特别敏感的底物的氧化反应中，PCC（对于酸不稳定的化合物的氧化，需加入 AcONa）和 PDC 已广泛替代 Collins 试剂。

当使用氯铬酸-吡啶鎓盐（PCC）氧化时，伯醇或仲醇并没有被进一步氧化成相应的羧酸，因为反应是在有机溶剂中进行的，而不是在水中。如果存在水，碳基就会形成醛水合物（aldehyde hydrates）或酮水合物（ketone hydrates），然后被氧化成羧酸。

PCC 氧化（PCC oxidations）反应通式：

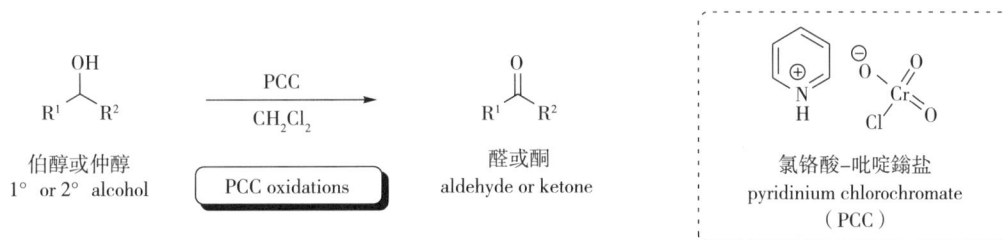

制备方法：6mol/L 盐酸 184ml（1.1mol）中，在搅拌下加入 100g（1mol）三氧化铬（CrO_3）。搅拌 5 分钟形成均匀溶液，并冷却到 0℃。分批并小心地加入 79.1g（1mol）吡啶，并重新冷却到 0℃。将析出的橙黄色晶体进行抽滤，真空干燥，得 PCC 180.8g，产率 84%，所得 PCC 固体不吸潮，可在室温下稳定保存。

例如：

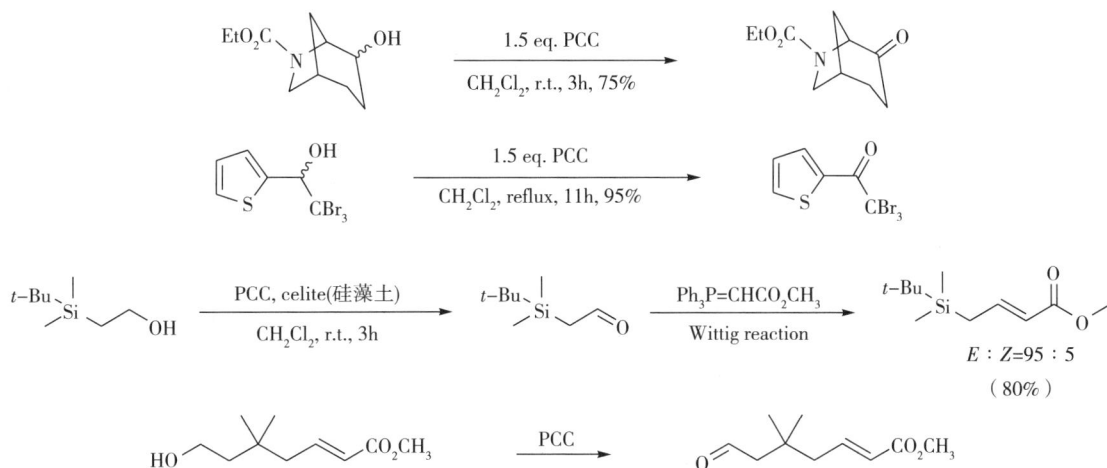

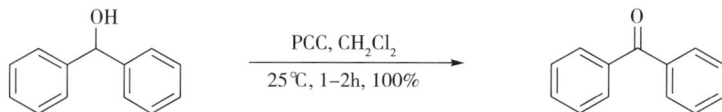

反应特点：氯铬酸-吡啶鎓盐（PCC）呈弱酸性，固体吸潮性不高，可以在室温下长期保存，比较安全，可以大量使用。由此可见，PCC 氧化基本上弥补了 Collins 氧化的所有缺点，成为目前应用最广泛的伯醇或仲醇氧化成醛或酮的方法之一。

缺点：当使用氯铬酸-吡啶鎓盐（PCC）氧化时，反应中容易生成含铬离子的黑褐色胶状物，这给后处理带来了麻烦。解决这一问题的方法是将 PCC 等吸附于硅胶、硅藻土、分子筛、氧化铝等无机载体或树脂等高分子载体上，这样不但使得后处理变简单，而且可控制反应的选择性，并使氧化效率提高。

应用实例：马来酸吡咯替尼（pyrotinib maleate）的一种合成方法中，在醋酸钠存在下，应用氯铬酸-吡啶鎓盐（PCC）在二氯甲烷中将 N-Boc-D-脯氨醇氧化制备关键中间体 N-Boc-D-脯氨醛，详见第五章第三节。

（4）PDC（pyridinium dichromate）：重铬酸-吡啶鎓盐

PDC 氧化（PDC oxidations）反应通式：

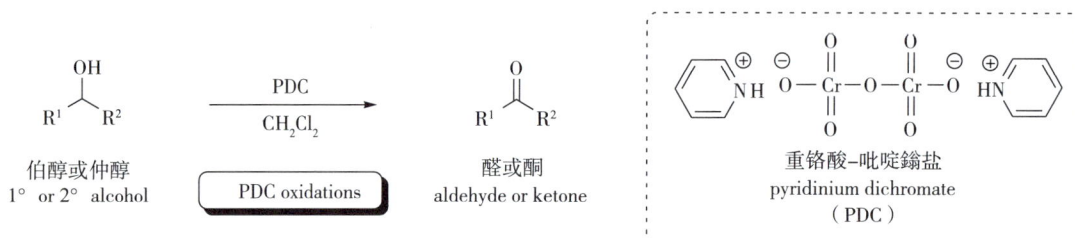

反应特点：重铬酸-吡啶鎓盐（PDC）氧化反应呈中性，且氧化性强于氯铬酸-吡啶鎓盐（PCC）。重铬酸-吡啶鎓盐可以将醇氧化成相应的羧酸，而不是像氯铬酸-吡啶鎓盐那样氧化成醛或酮。

应用实例：

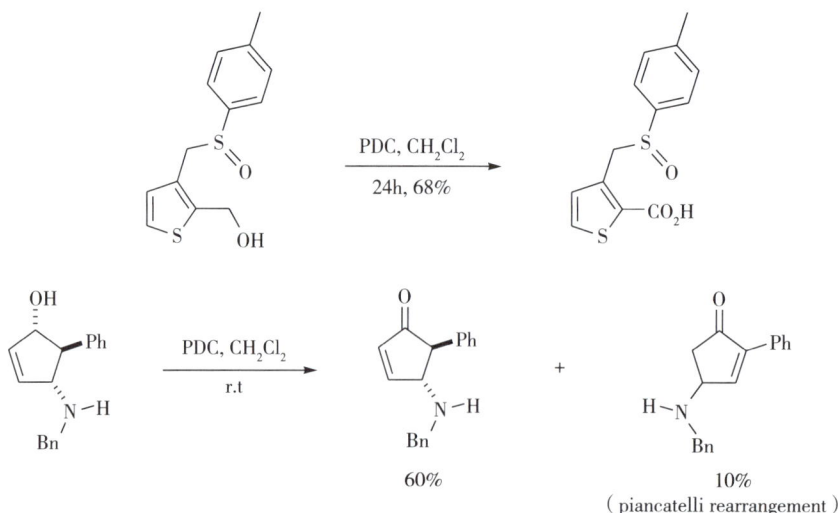

4. CrO$_3$-Ac$_2$O（乙铬混酐）　将三氧化铬分次缓慢地加入醋酐中（注意：加料次序不能颠倒，否则会引起爆炸），生成铬酰醋酸酯（乙铬混酐）。CrO$_3$-Ac$_2$O 主要用于氧化具有甲基侧链的芳烃成为芳醛，且多甲基苯中的甲基都可以氧化成相应的醛。通常在 H$_2$SO$_4$ 或 H$_2$SO$_4$/AcOH 混合物中进行氧化。反应中可能甲基首先被氧化成醛，然后在酸的存在下，过量的醋酐与醛反应生成二醋酸酯，减少或避免了醛基的进一步氧化，最后二醋酸酯水解生成醛，该法是制备芳醛的重要方法之一。

例如：

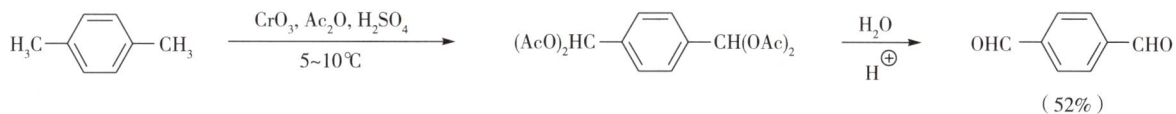

$$H_3C-\!\!\!\bigcirc\!\!\!-CH_3 \xrightarrow[5\sim10℃]{CrO_3, Ac_2O, H_2SO_4} (AcO)_2HC-\!\!\!\bigcirc\!\!\!-CH(OAc)_2 \xrightarrow[H^\oplus]{H_2O} OHC-\!\!\!\bigcirc\!\!\!-CHO$$

（52%）

芳环上取代基的性质和位置对氧化反应有影响，对位给电子基团使氧化速度加快，吸电子基团使氧化速度变慢。

5. 铬酰氯 三氧化铬与干燥的氯化氢反应生成铬酰氯（chromyl chloride），又称为 Étard 试剂，常在惰性溶剂如二硫化碳、四氯化碳、三氯甲烷中使用。

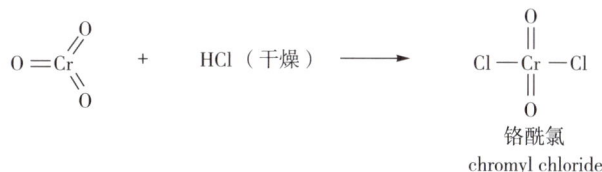

铬酰氯
chromyl chloride

用铬酰氯将与芳香族或杂环相连的甲基氧化成相应的醛的反应称为 Étard 反应（Étard reaction）。与其他氧化剂如高锰酸钾或三氧化铬不同，铬酰氯不会将醛进一步氧化为羧酸。

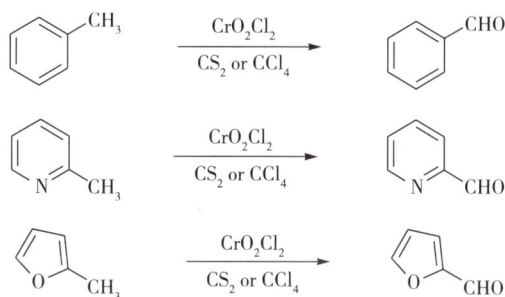

反应机理：Étard 反应机理有离子型和自由基型两类解释。

离子型机理一： 铬酰氯首先形成 1mol 烃和 2mol 铬酰氯组成的 Étard 复合体，再通过水解得到醛。

例如：

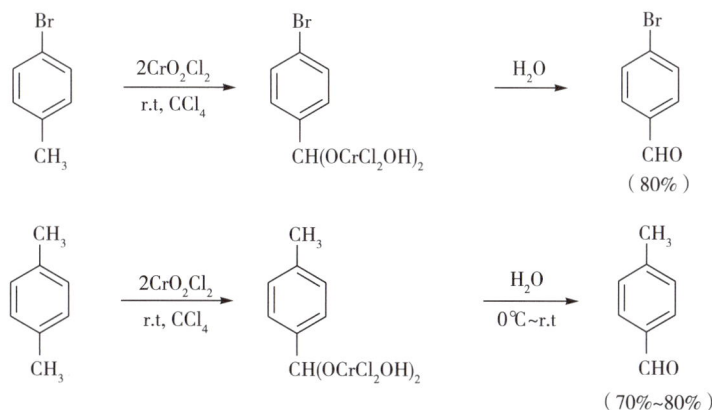

（80%）

（70%~80%）

反应机理：

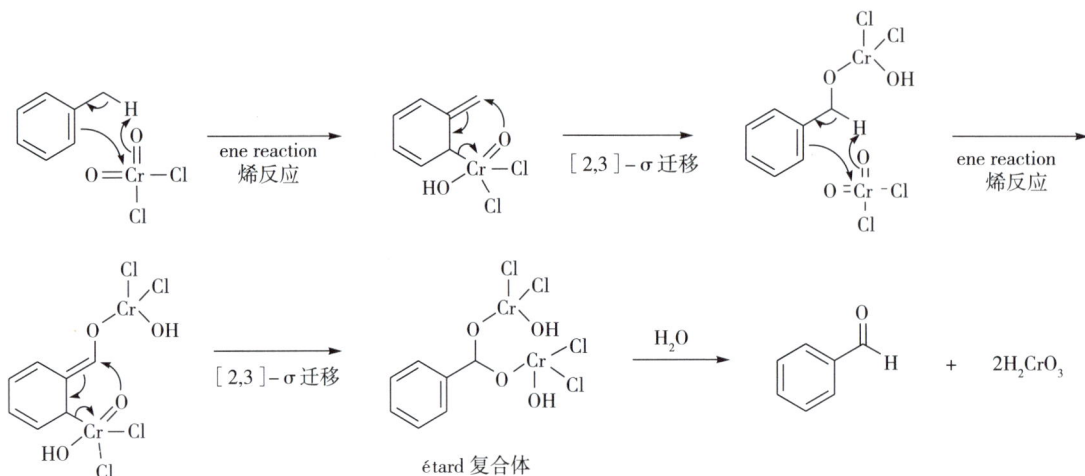

离子型机理二：

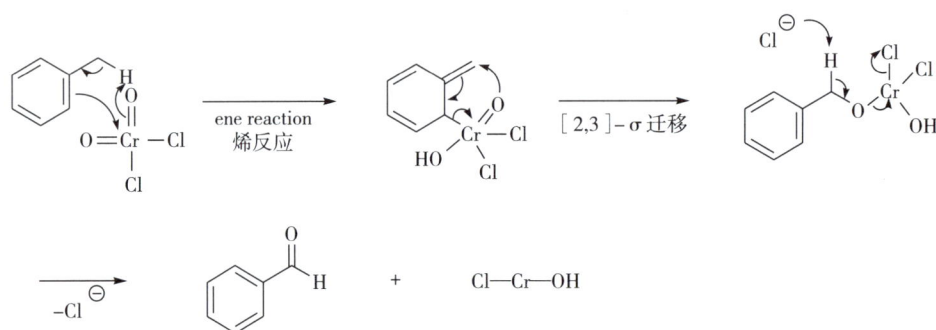

自由基型机理：

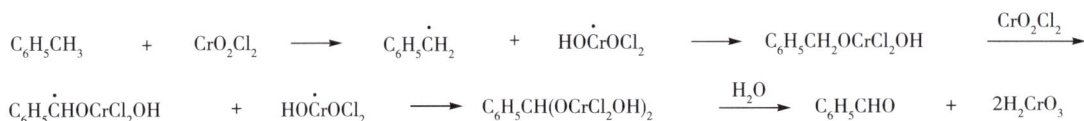

反应特点：氧化苄位甲基成醛基，当芳环上有多个甲基时，铬酰氯仅氧化其中的一个，是制备芳香醛类化合物的重要方法之一。当芳环上甲基的邻位有吸电子基（如硝基）时，收率很低。

应用实例：

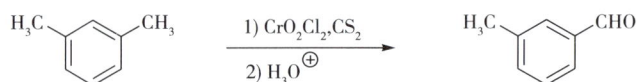

三、过氧化物氧化剂

1. 过氧化氢或烷基过氧化氢

（1）烯烃环氧化

1）α,β-不饱和羰基化合物的环氧化（与羰基共轭的碳碳双键的环氧化），碱性条件下用过氧化氢或叔丁基过氧化氢进行环氧化，可制备 α,β-环氧基酮。

反应通式：

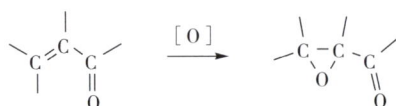

在环氧化反应中，双键的构型可能由不太稳定的构型变为稳定的构型。例如，*Z* 和 *E* 型的 α,β-不饱和羰基化合物，在碱性条件下和过氧化氢反应得到相同的 *E* 构型的环氧化合物。

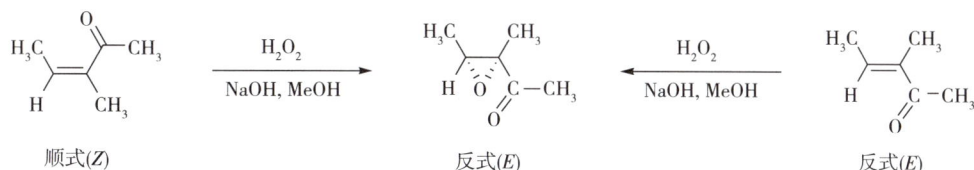

顺式(*Z*)　　　　　　　　反式(*E*)　　　　　　　反式(*E*)

反应机理：

顺式(*Z*)　　　　单键可旋转　　　　　　　　　　　反式(*E*)

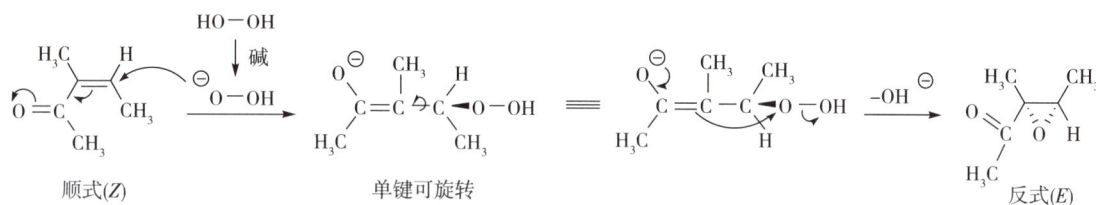

例如，异佛尔酮（isophorone）在氢氧化钠和甲醇溶液中与过氧化氢作用，生成异佛尔酮环氧化合物。

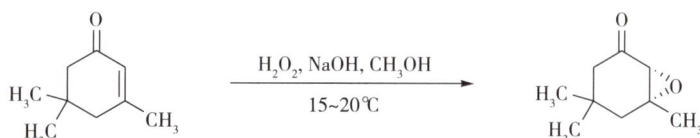

烷基过氧化氢也是常用的氧化剂，例如叔丁基过氧化氢（*t*-BuOOH）也可使异佛尔酮环氧化。叔丁基过氧化氢（tert-butyl hydroperoxide），简称 TBHP，还是一种常用的自由基反应的引发剂。

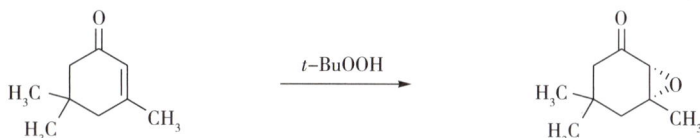

应用实例： 烯烃的环氧化反应，在甾体药物合成中应用较多。

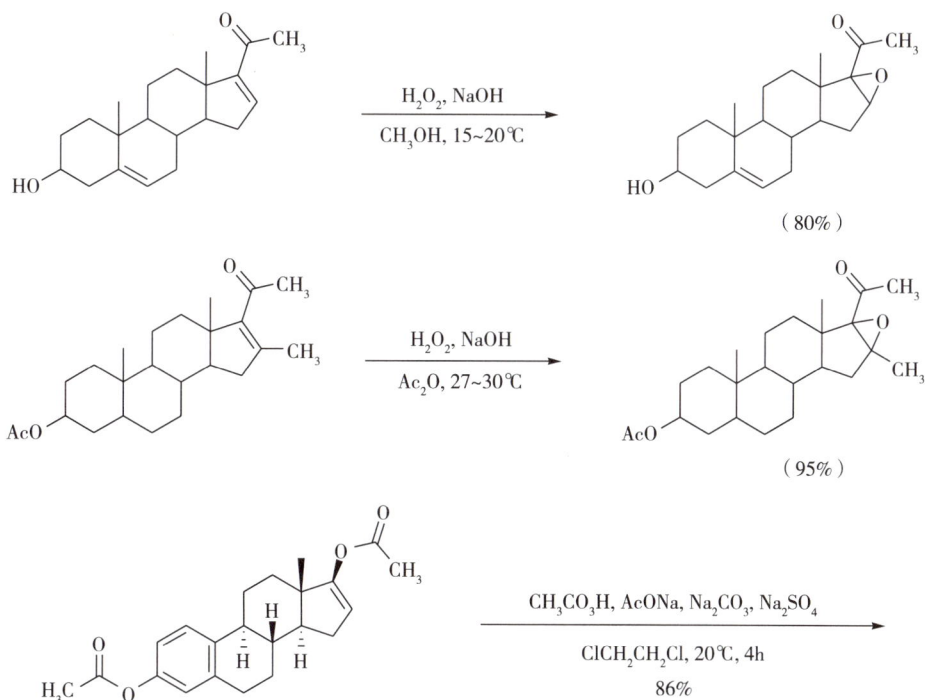

（80%）

（95%）

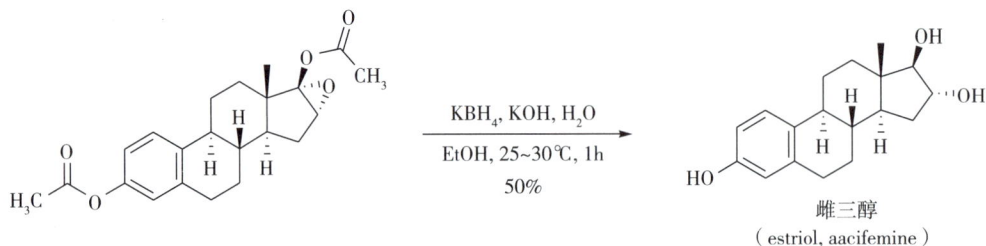

该类环氧化反应具有立体选择性，通常在位阻小的一面成氧环。

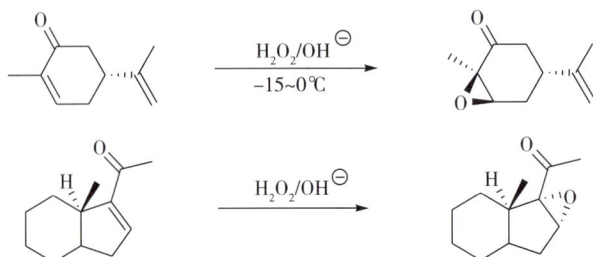

2）不与羰基共轭的双键的环氧化（烯键电子云密度高，易氧化），非官能化烯键的环氧化。

常用催化剂：$Mo(CO)_6$（六羰基钼）。

在过渡金属配合物催化下，烷基过氧化氢或过氧化氢可氧化烯烃生成环氧化合物。当烯键碳原子上连有多个烃基时，可加快环氧化速度。当分子中有多个双键时，往往连有较多烷基的双键优先被环氧化，即取代基较多的双键的环氧化占优势。

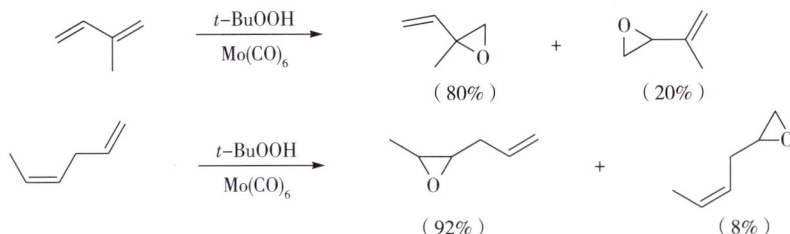

（2）烯烃的二羟基化：生成反式邻二醇

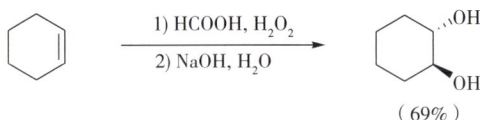

反应机理：

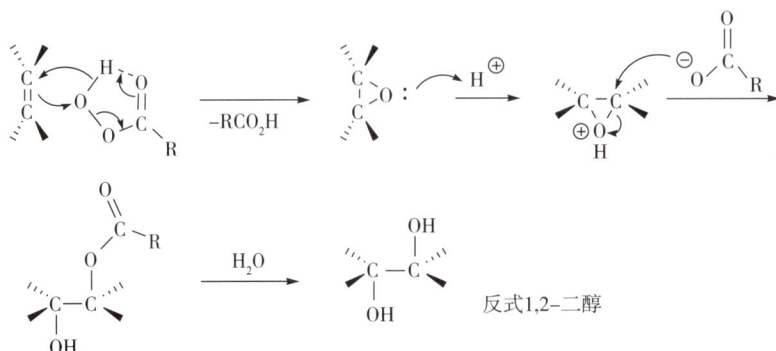

2. 有机过氧酸

（1）烯烃环氧化　向羧酸中加入双氧水即氧化为有机过氧酸。常用的有机过氧酸有过氧甲酸、过氧乙酸、过氧三氟乙酸、过氧苯甲酸、间氯过氧苯甲酸等。有机过氧酸大都不稳定，必须在冷处贮藏及新鲜制备，但间氯过氧苯甲酸是一种稳定的固体过氧酸，是很有效的新型环氧化剂。

过氧酸的环氧化有高度立体选择性，反应过程为协同历程。在反应过程中原烯烃的构型不变，即顺式加成，氧化机理为有机过氧酸从位阻较小的一侧向双键进攻，进行亲电加成，因此生成的环氧环位于位阻较小的一侧，与烯烃分子构型无关。然后环氧化合物再经过水解，可生成反式邻二醇。

反应机理：

例如：

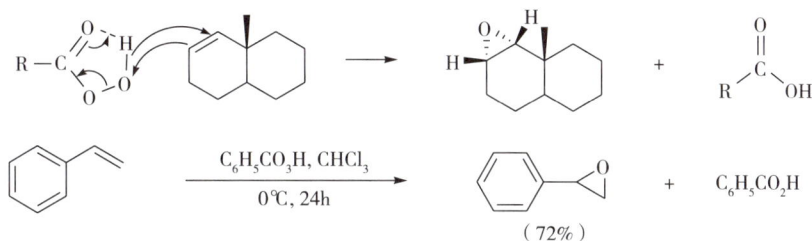

反应特点如下。

1）碳–碳双键电子云密度越高，越易发生环氧化。例如，烯烃上有供电子基时（如烃基等），可使烯键电子云密度增大，可增加环氧化速率，对环氧化反应有利。

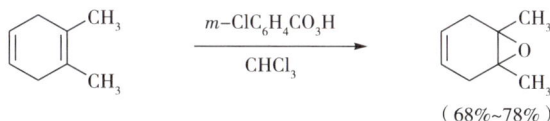

2）形成的环氧环在位阻小的一侧。

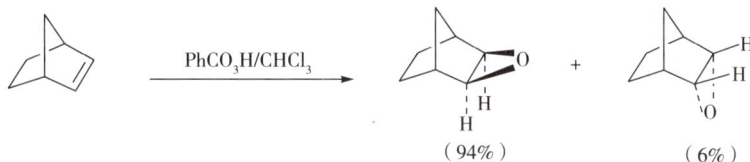

3）顺式加成，成环后不改变原来双键立体构型。

4）电子云密度低的碳–碳双键不易发生环氧化，需用 CF_3CO_3H 氧化。因为当 RCO_3H 中 R 为吸电子基取代基时，有机过氧酸更强，反应速度加快，常见有机过氧酸的强弱顺序为：$CF_3CO_3H > PhCO_3H > CH_3CO_3H$。

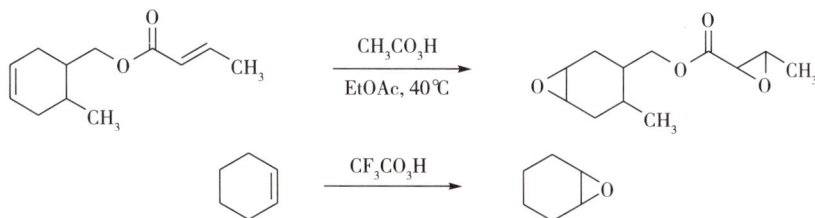

（2）烯烃邻二羟基化　有机过氧酸可将烯烃氧化为环氧化合物（顺式亲电加成），然后环氧化合物再经过水解，最后生成反式邻二醇。

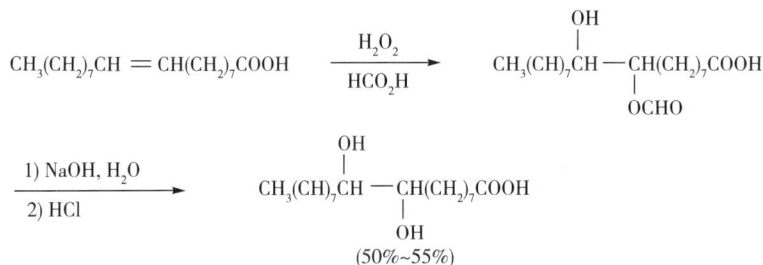

$$CH_3(CH_2)_7CH = CH(CH_2)_7COOH \xrightarrow[HCO_2H]{H_2O_2} CH_3(CH)_7CH-CH(CH_2)_7COOH$$

（OH / OCHO）

$$\xrightarrow[2) HCl]{1) NaOH, H_2O} CH_3(CH)_7CH-CH(CH_2)_7COOH$$

（OH / OH）

（50%~55%）

反应机理：

碱催化：双分子亲核取代反应机理（S_N2 机理）。

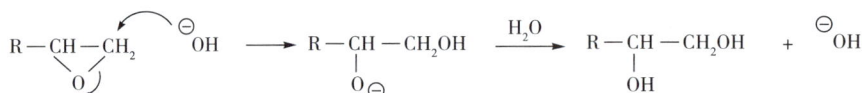

当用碱催化时，经过 S_N2 双分子亲核取代历程，开环单一，立体位阻原因为主，亲核取代反应发生在取代较少的碳原子上，即氢氧根负离子从环氧环的氧原子背面进攻取代较少的碳原子（空间位阻较小的碳原子），环的开裂发生在取代基较少的碳原子一端，从而生成反式邻二醇。

酸催化：单分子亲核取代反应机理（S_N1 机理）。

当用酸催化时，分为两种情况：R 为供电子基或苯时，在 a 处断裂；R 为吸电子基时，得 b 处断裂产物。

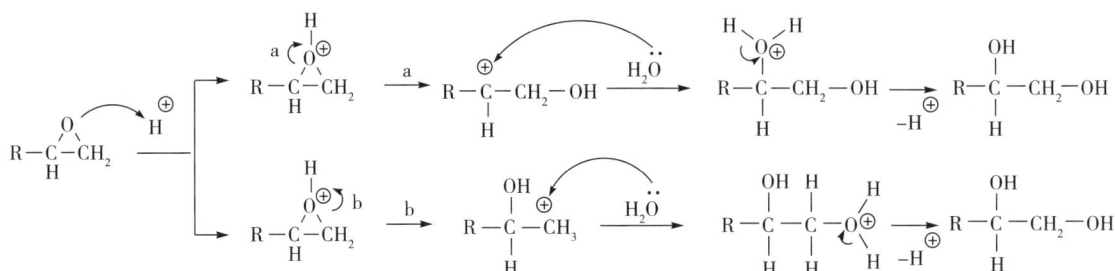

具体历程如上图所示，当用酸催化时，属于单分子亲核取代反应，S_N1 历程。

若 R 为给电子基或苯时，环氧乙烷三元环正离子，先从 a 处断裂，开环方向取决于电子因素（主要考虑碳正离子稳定性），而与空间位阻因素关系不大，因此 C—O 键优先从分子左边的 C—O 键 a 处断裂，形成更稳定的仲碳正离子，接下来亲核试剂也优先进攻左边这个取代较多的碳原子，最后生成邻二醇。

但是 R 为吸电子基时，环氧乙烷三元环正离子，先从 b 处断裂，开环方向还是取决于电子因素（主要考虑碳正离子稳定性），而与空间位阻因素关系不大，因此 C—O 键优先从分子右边的 C—O 键 b 处断裂，形成更稳定的伯碳正离子，接下来亲核试剂也优先进攻右边这个取代较少的碳原子，最后生成邻二醇。

例如：

（80%）

（70%）

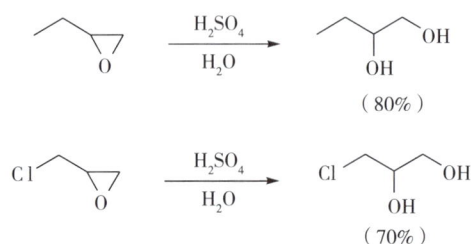

（3）氧化芳香醛、酮 用过氧酸（如过氧乙酸、过氧三氟醋酸、过氧苯甲酸，间氯过氧苯甲酸等）将醛或酮氧化，在烃基与羰基之间插入氧原子重排而成酯；或将环酮氧化重排转化为内酯或羟基酸的反

应称为 Baeyer–Villiger 反应，又称 Baeyer–Villiger 氧化重排（Baeyer–Villiger oxidation or rearrangement）。相关内容亦可参考第六章重排反应的 Baeyer–Villiger 氧化重排。

反应通式：

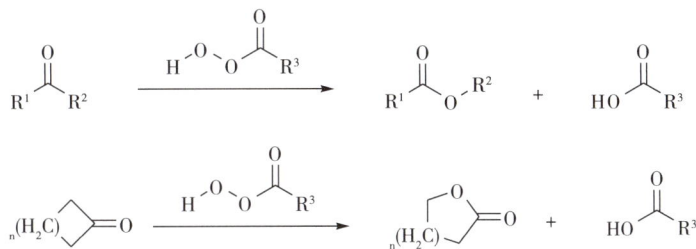

质子酸催化反应机理：

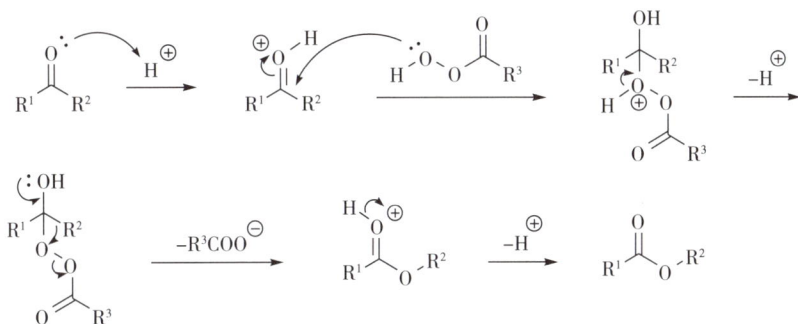

Lewis 酸催化反应机理：

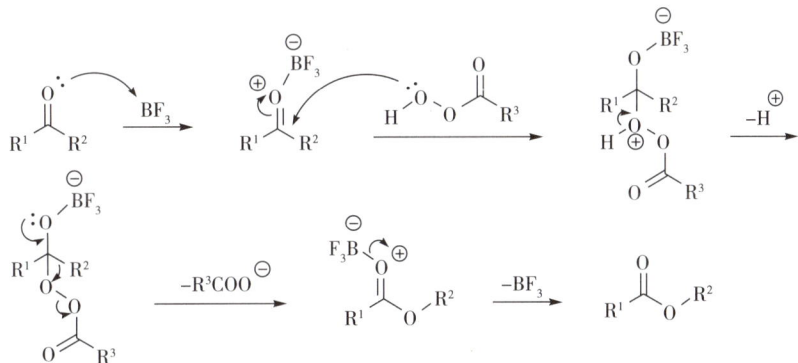

1）醛的氧化

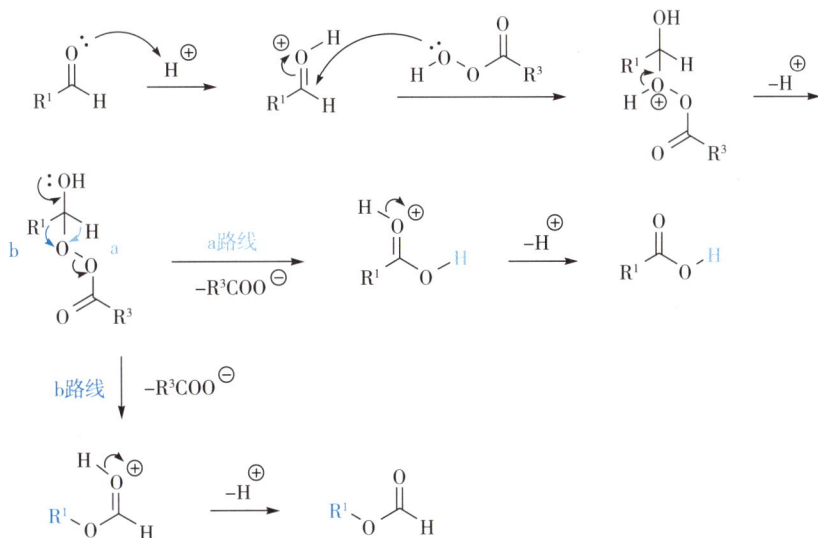

彩图

当 R^1 为带吸电子基团的芳基、给电子基团在间位的芳基、苯基时，按 a 路线重排，H 迁移到氧原子上，得羧酸。

当 R^1 为邻位或对位带给电子基团的芳基时，按 b 路线重排，R^1 迁移到氧原子上，得甲酸酯，可再经水解转换成羟基。

例如：

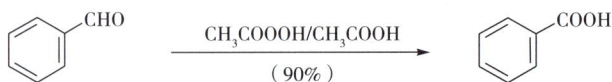

当羰基的邻位或对位有羟基等供电子基团的芳香醛或芳香酮类化合物，与有机过氧酸（或是碱性溶液的 H_2O_2）反应，醛基经甲酸酯阶段或酮羰基经羧酸酯阶段，最后转化成羟基形成苯二酚（benzenediol）衍生物（邻苯二酚、对苯二酚衍生物）的反应称为 Dakin 反应。

反应通式：

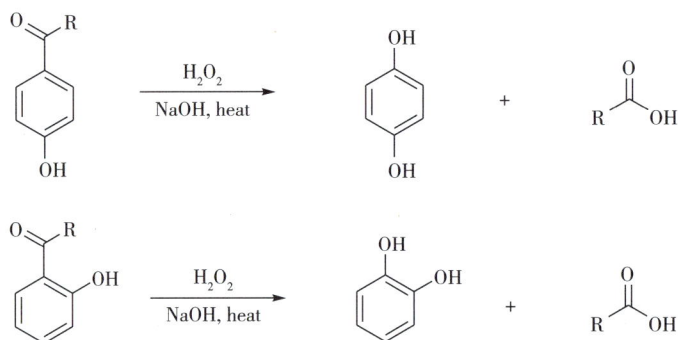

例如：

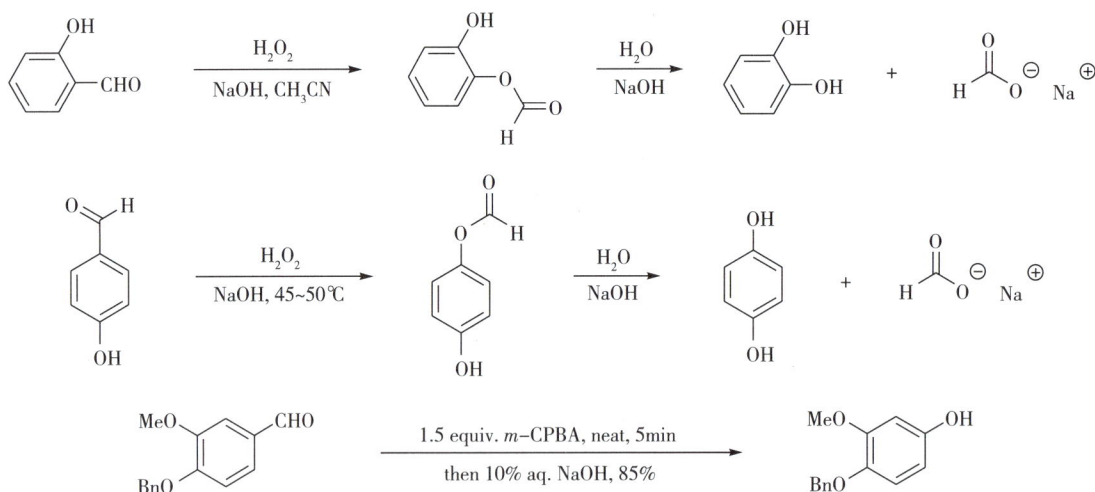

反应机理： Dakin 反应和 Baeyer-Villiger 氧化重排密切相关，可以视为其特例。

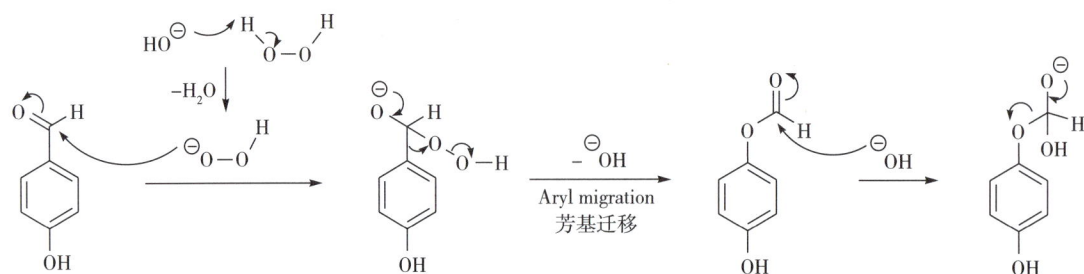

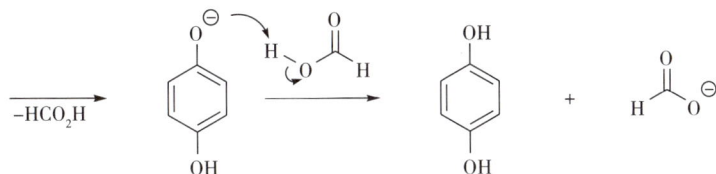

应用实例：Dakin 反应常与 Gattermann–Koch 反应或 Friedel–Crafts 反应相结合运用，可在酚类化合物中引入第二个羟基。

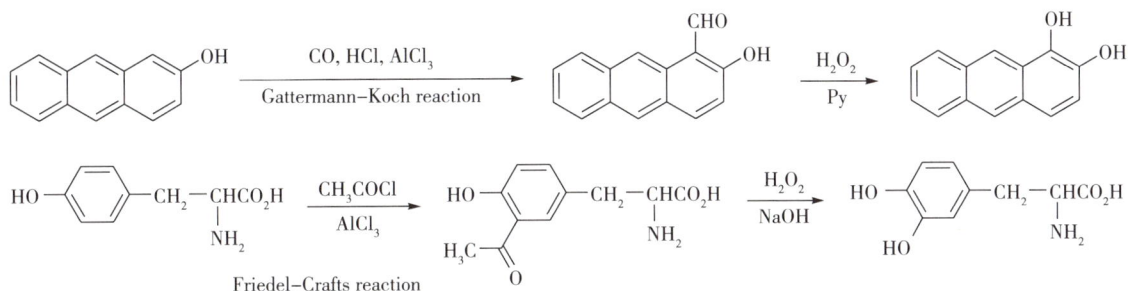

2）酮的氧化

Ⅰ. 拜尔–维利格氧化（Baeyer–Villiger oxidation）

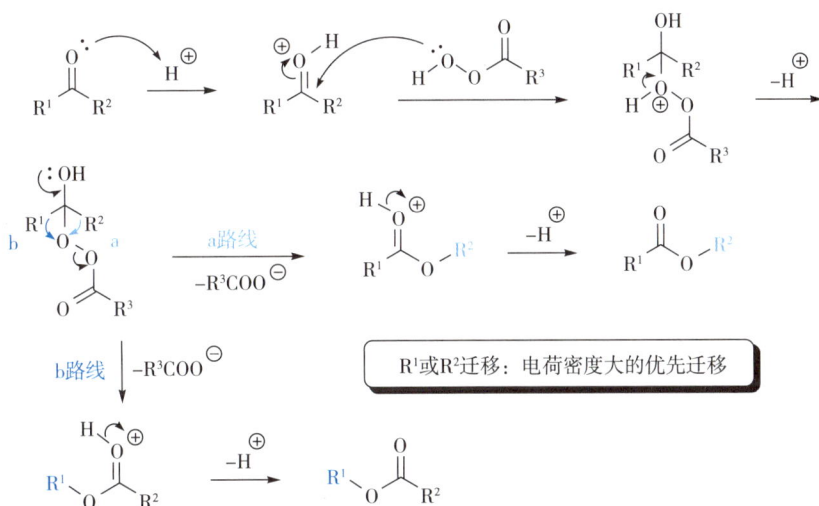

R¹或R²迁移：电荷密度大的优先迁移

迁移基团的迁移能力：不对称酮进行 Baeyer–Villiger 氧化重排时，更能提供电子云的基团优先迁移。迁移基团为烷基时，烷基的迁移顺序为：叔烷基 > 环己基、仲烷基、苄基、苯基 > 伯烷基 > 甲基。

迁移基团为芳环时，芳环的迁移顺序为：给电子基取代芳基 > 苯基 > 吸电子基取代芳基。例如：
$p\text{-}CH_3OC_6H_4\text{-} > p\text{-}CH_3C_6H_4\text{-} > C_6H_5\text{-} > p\text{-}ClC_6H_4\text{-} > p\text{-}NO_2C_6H_4\text{-}$。

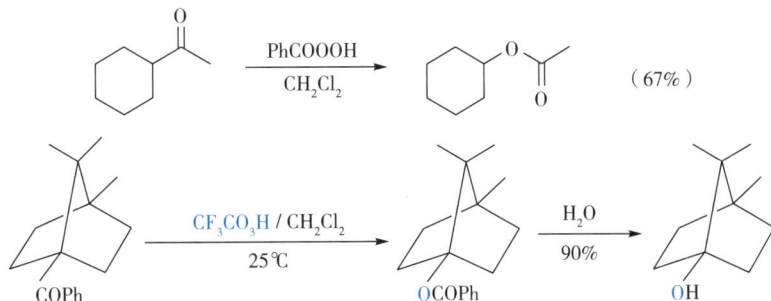

除了过氧酸以外，还可以使用过氧化氢和 Lewis 酸进行 Baeyer–Villiger 氧化重排。

例如：

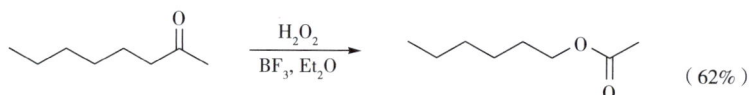

（62%）

酮类与过氧酸作用，经过 Baeyer-Villiger 氧化重排，相当于在烃基和羰基之间插入氧原子得到酯。

例如：

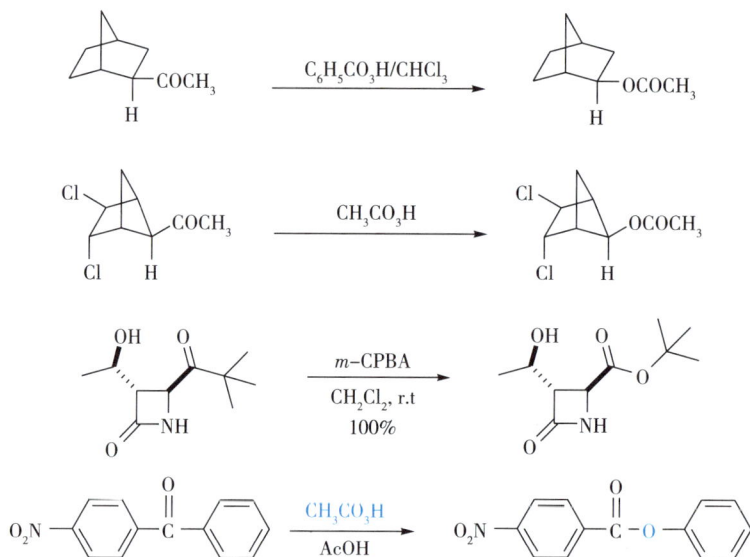

如果是环状酮与过氧酸作用，经过 Baeyer-Villiger 氧化重排，则得到内酯。

例如：

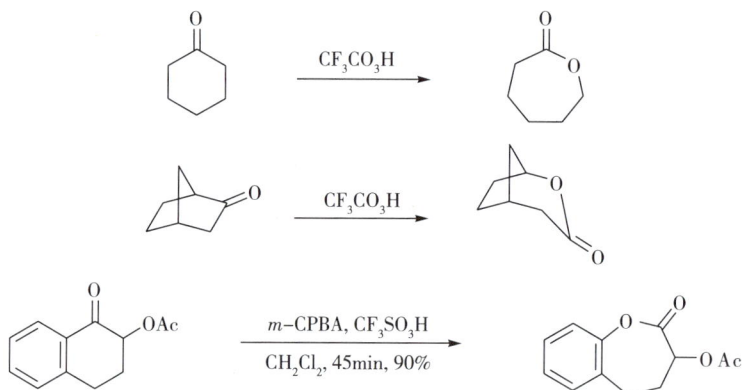

Ⅱ. 卤仿反应（甲基酮的氧化）　详见第二章第三节。

四、含卤氧化剂

1. 次氯酸：氧化成羧酸　甲基酮类化合物可以在次卤酸盐（例如，次氯酸钠等）存在下发生卤仿反应，得到少一个碳的羧酸化合物。

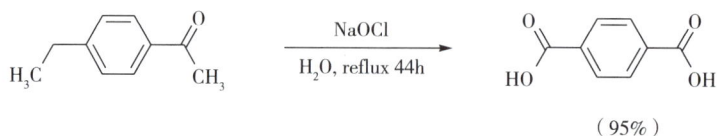

（95%）

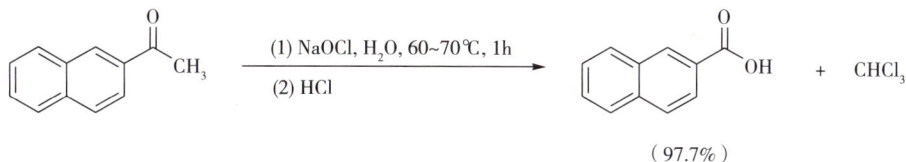

（97.7%）

2. 高碘酸、过碘酸（或过碘酸钠） 氧化 1,2-二醇成醛、酮或羧酸

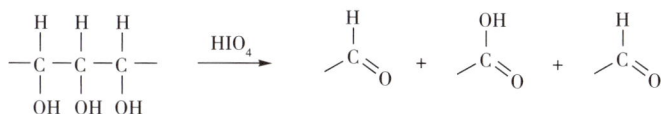

高碘酸 H_5IO_6（或 $HIO_4 + 2H_2O$）、过碘酸（或过碘酸钠）是一类重要的氧化剂，其氧化顺式邻二醇比反式邻二醇容易，而且不氧化刚性环状 1,2-二醇的反式异构体，这说明该氧化可能通过形成环状中间体完成，其氧化 1,2-二醇的反应属于亲电消除反应机理。

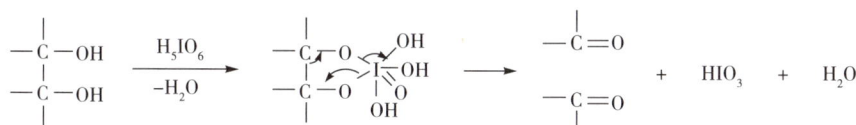

例如：

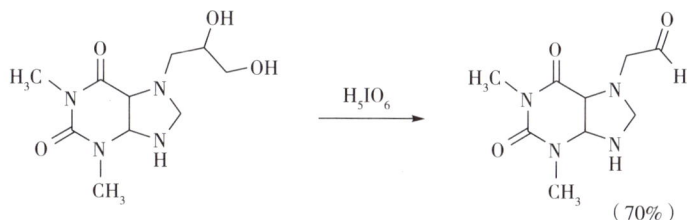

（70%）

应用实例： 伐仑克林的一种合成方法中，应用了过碘酸钠氧化邻二醇，生成具有两个醛基的关键中间体。

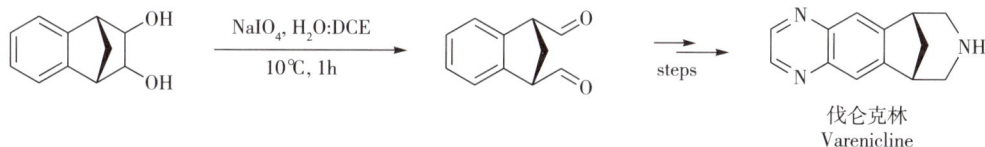

伐仑克林
Varenicline

3. 碘-羧酸银 将烯烃在碘、苯甲酸银或醋酸银存在下，氧化为邻二醇的反应称为 Woodward-Prevost反应。产物结构随反应条件不同而异，当有水存在时得到顺式 1,2-二醇的单酯，水解得顺式的 1,2-二醇（Woodward 反应）；在无水条件下，则得到反式 1,2-二醇的双酯化合物，水解得反式的 1,2-二醇（Prevost 反应）。

Woodward 法（$I_2 + RCOOAg + H_2O$）：制备顺式 1,2-二醇。

反应通式：

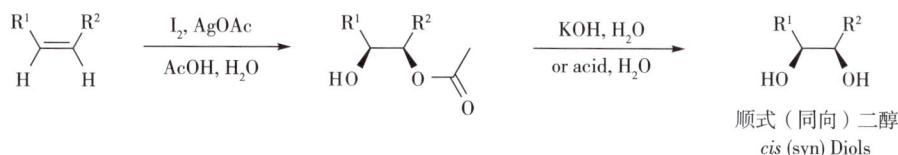

顺式（同向）二醇
cis (syn) Diols

Prevost 反应：$I_2 + RCOOAg$（无水），制备反式 1,2-二醇。

反应通式：

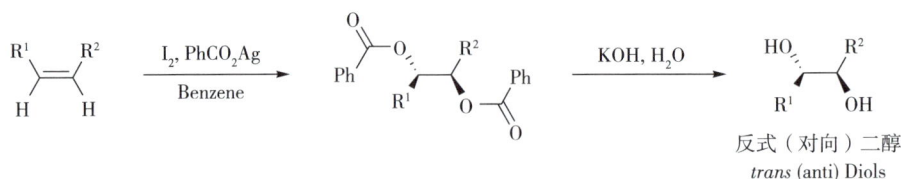

反式（对向）二醇
trans (anti) Diols

五、其他氧化剂

1. 四醋酸铅：Pb（OAc）$_4$

（1）氧化 1,2-二醇（1,2-diols）：碳-碳键断裂，生成醛或酮　在有机溶剂中，使用四醋酸铅 Pb(OAc)$_4$（lead tetraacetate，LTA）氧化裂解邻二醇（1,2-二醇），制备相应的羰基化合物的反应被称为 Criegee 氧化（Criegee oxidation）。顺式邻二醇和苏式二醇的裂解速度比相应的反式邻二醇和赤式二醇要快得多。

反应通式：

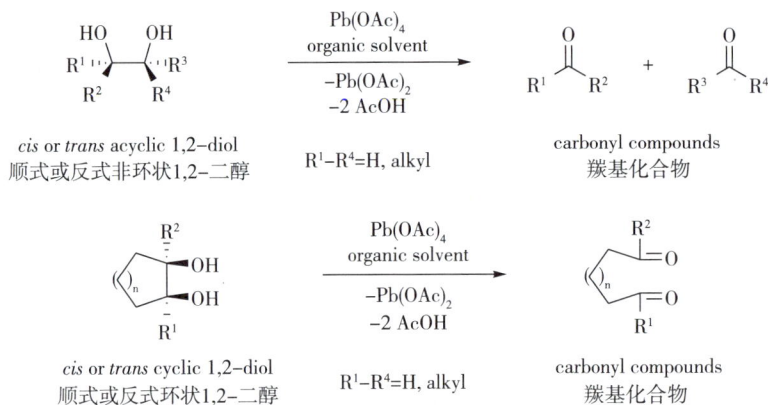

cis or *trans* acyclic 1,2-diol
顺式或反式非环状1,2-二醇

R^1-R^4=H, alkyl

carbonyl compounds
羰基化合物

cis or *trans* cyclic 1,2-diol
顺式或反式环状1,2-二醇

R^1-R^4=H, alkyl

carbonyl compounds
羰基化合物

反应机理：如果两个羟基的氧原子构象足够接近，可以与铅原子形成一个五元环，则反应通过一个环状的五元中间体进行，如下图所示。

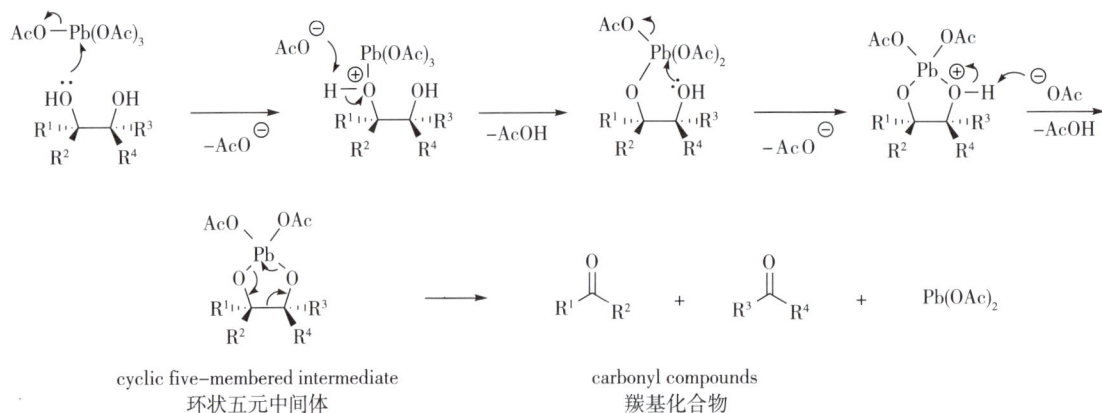

cyclic five-membered intermediate
环状五元中间体

carbonyl compounds
羰基化合物

如果两个羟基不够接近，就不可能形成环状五元中间体的底物（例如，反式二醇或双环反式二醇），那么就有可能采用另一种协同电子位移机理，涉及附着在金属铅原子上的一个醋酸基团，如下图所示。

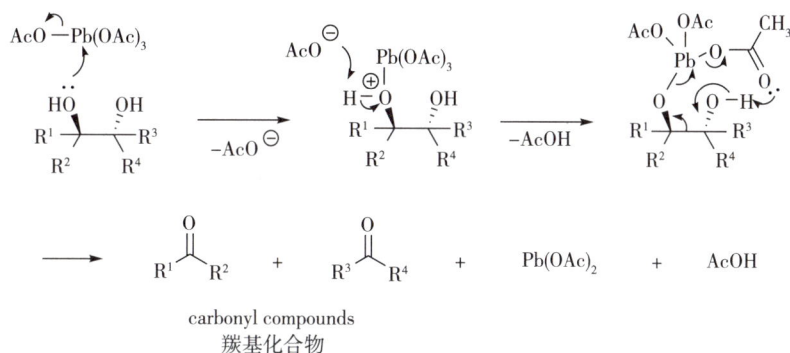

例如：

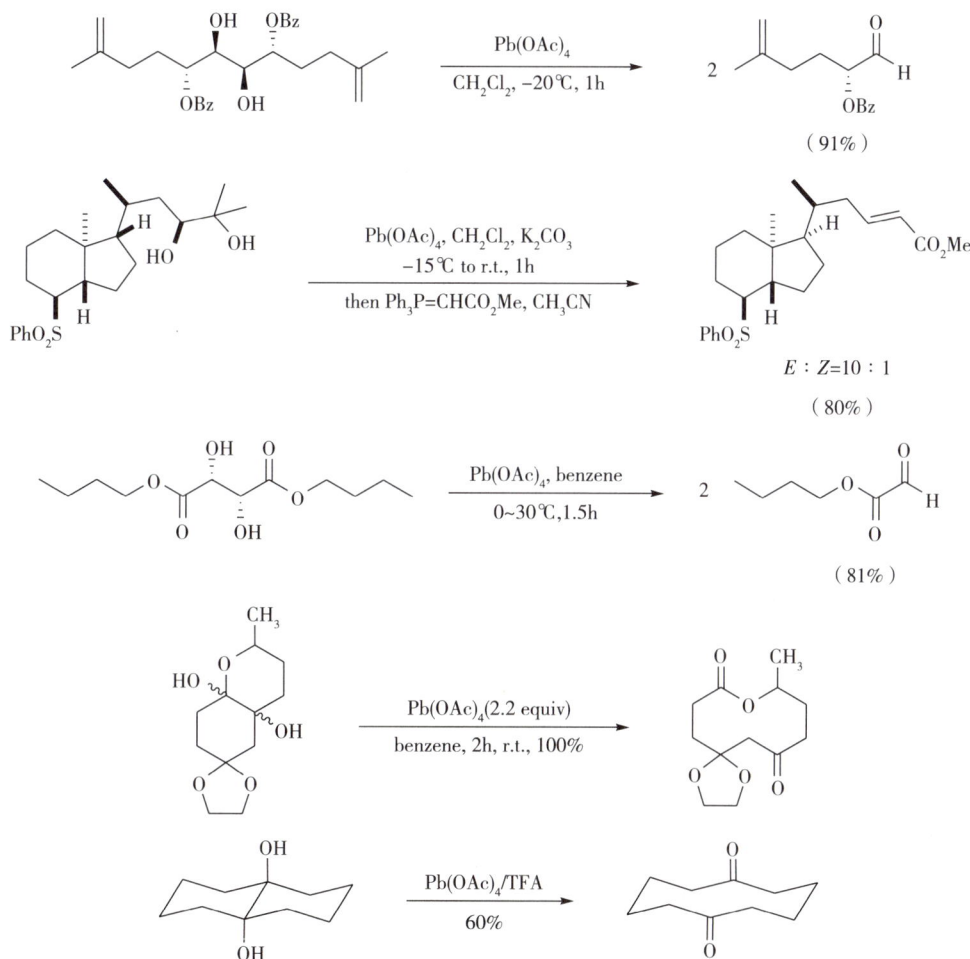

（2）氧化羰基 α 位的活性烃基　羰基 α 位的活性烃基可被氧化为 α-羟基酮，当用四醋酸铅 Pb(OAc)₄（lead tetraacetate，LTA）或醋酸汞作为氧化剂时，首先在羰基 α 位上引入乙酰氧基，然后水解生成 α-羟基酮。

反应通式：

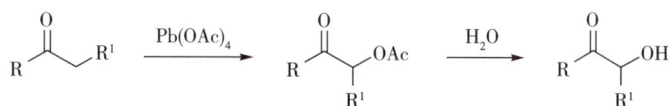

反应机理：四醋酸铅（LTA）氧化羰基 α 位活性 C—H 键，生成 α-醋酸酮酯的机理属于亲核取代反应机理。

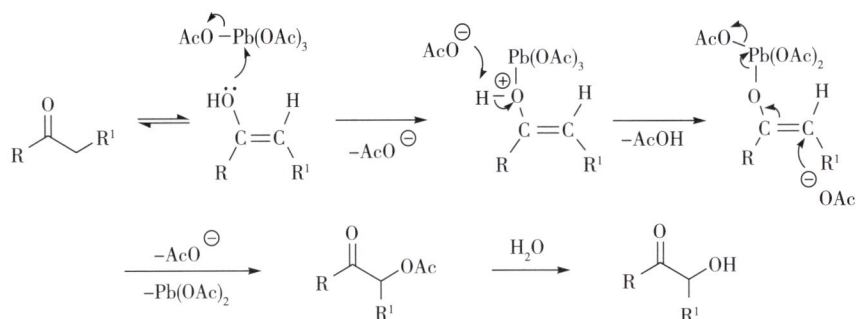

例如：

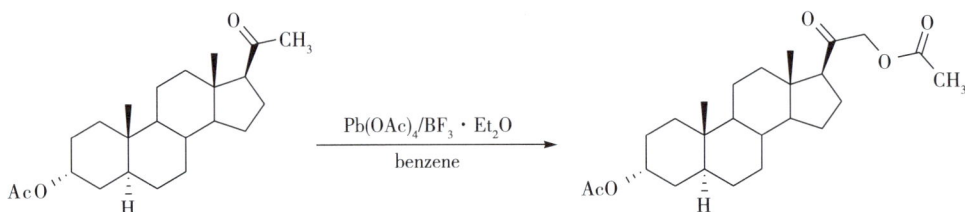

2. 异丙醇铝 仲醇（或伯醇）在异丙醇铝（或叔丁醇铝）等三烷氧基铝催化下，用过量的酮（常用丙酮或环己酮）作为氢的接受体（氧化剂），可被氧化成相应的羰基化合物，该反应称为 Oppenauer 氧化（Oppenauer oxidation）。该反应是 Meerwein – Ponndorf – Verley 还原（Meerwein – Ponndorf – Verley reduction）的逆反应。

反应通式：

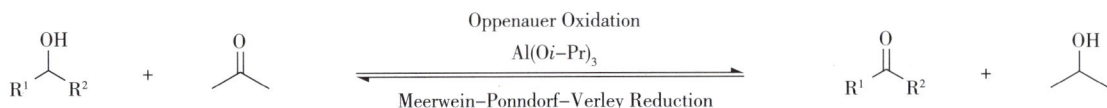

反应机理：

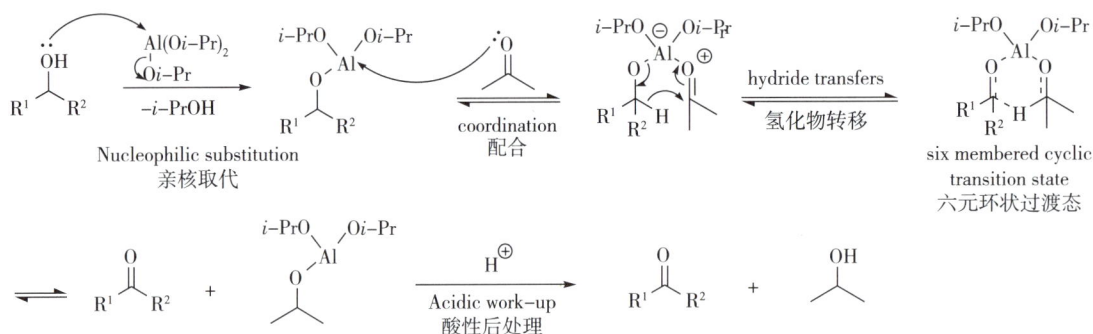

底物仲醇首先和三烷氧基铝（例如异丙醇铝）发生亲核取代反应（nucleophilic substitution reaction）交换离去异丙醇，并生成新的三烷氧基铝。该新的醇铝衍生物的铝原子与丙酮羰基的氧原子以配位键配合（coordination），接下来发生氢化物转移（hydride transfers）：三烷氧基铝上的底物仲醇的氢原子以氢负离子的形式通过形成六元环状过渡态（six membered cyclic transition state）从烷氧基转移到丙酮的羰基碳上，旧的铝-氧键断裂，恢复生成异丙醇铝和氧化产物酮。最后经酸性后处理得到氧化产物酮和异丙醇。

Oppenauer 氧化通常将仲醇和负氢受体（氧化剂，例如丙酮或环己酮最为常用）在烷氧基铝的存在下，常用甲苯和二甲苯等高沸点溶剂一起回流反应。反应过程中将氧化剂，例如丙酮或环己酮等，还原所生成的异丙醇或环己醇等与高沸点溶剂一起连续地蒸出，以促进仲醇的氧化。

应用实例：利用该法将烯丙位的仲醇氧化成 α,β-不饱和酮，对其他基团无影响，但在甾醇氧化反应中，常有双键的移位，以生成 α,β-位的共轭酮，此性质在甾体药物的合成中得到了广泛的应用。

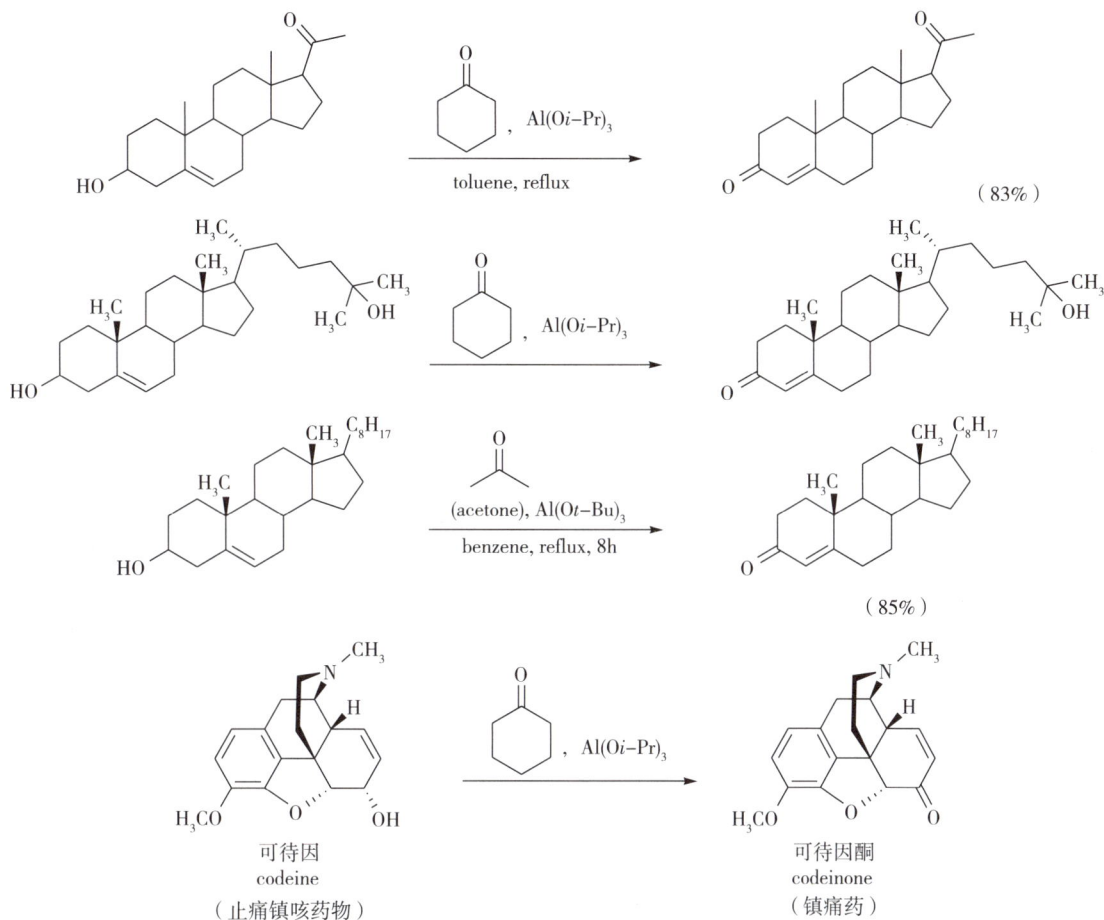

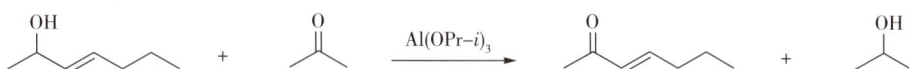

例如，艾地骨化醇（eldecalcitol）的一种合成方法中，以环己酮作为氢的接受体（氧化剂），异丙醇铝为催化剂，应用 Oppenauer 氧化反应，将起始原料胆固醇（cholesterol）氧化成相应的 α,β-不饱和羰基化合物关键中间体，详见第七章第一节。

3. 硝酸铈铵$[(NH_4)_2Ce(NO_3)_6, CAN]$

（1）氧化苄位烃基为羰基　将硝酸铈铵$[(NH_4)_2Ce(NO_3)_6, CAN]$和 50% AcOH 在一起加热，可将甲苯芳烃的苄位 C—H 键氧化成芳醛，常用的酸有高氯酸、醋酸等。通常条件下，多甲基芳烃仅一个甲基被氧化。

例如：

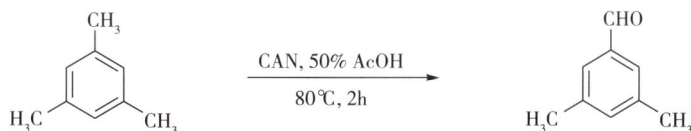

该类氧化中，反应条件的影响非常明显。例如，邻二甲苯在以硝酸铈铵$[(NH_4)_2Ce(NO_3)_6, CAN]$氧化时，50~60℃时即可接近定量地被氧化成邻甲基苯甲醛，而在高温下进行反应，则得到邻甲基苯甲酸。

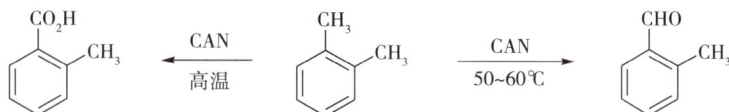

硝酸铈铵$[(NH_4)_2Ce(NO_3)_6, CAN]$可以氧化苄位亚甲基生成相应的酮，反应在酸性介质中进行，一般用硝酸作反应介质，收率较高。

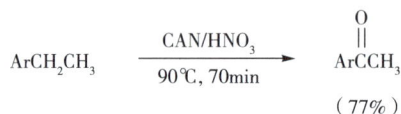

$$ArCH_2CH_3 \xrightarrow[90℃, 70min]{CAN/HNO_3} ArCCH_3 (\overset{O}{\overset{\|}{}})$$
（77%）

（2）氧化苄位烃基为酯或羟基　硝酸铈铵$[(NH_4)_2Ce(NO_3)_6, CAN]$还可以氧化苄位亚甲基，生成羧酸苄酯。

$$C_6H_5CH_3 \xrightarrow[AcOH]{CAN} C_6H_5CH_2OCOCH_3$$
（90%）

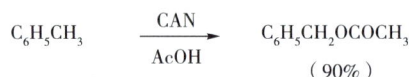

4. 二甲基亚砜（DMSO）及其类似物

（1）二甲基亚砜（DMSO）：Kornblum氧化（Kornblum oxidation）　苯环上具有吸电子基团（electron-withdrawing groups）活化的苄基伯溴代物和芳基酮的α-溴代物等底物溶于DMSO中，可以被高收率地氧化为相应的醛和苯基二羰基化合物。但是苯环上无吸电子基团的苄溴化合物则反应活性很低，甚至脂肪族卤代烷等未活化的底物不能被DMSO氧化。而经过研究和改进，将难反应、低活性的伯或仲脂肪族卤代烷等底物先转化为高活性的对甲苯磺酸酯（tosylates），然后在碱（如碳酸钠等）存在下，在DMSO中加热即可顺利地氧化为相应的醛或酮。这种利用二甲基亚砜（DMSO）作为氧化剂将卤代烷氧化为相应的羰基化合物的反应称为Kornblum氧化。

经典的Kornblum氧化反应通式：

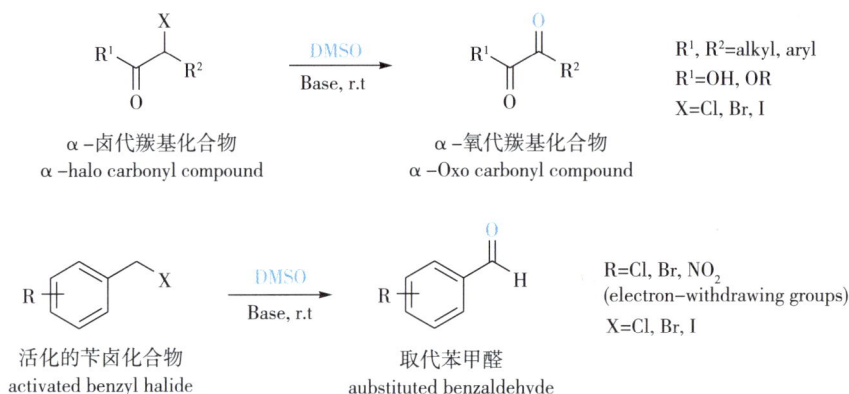

α-卤代羰基化合物 → α-氧代羰基化合物
α-halo carbonyl compound → α-Oxo carbonyl compound
R^1, R^2=alkyl, aryl; R^1=OH, OR; X=Cl, Br, I

活化的苄卤化合物 → 取代苯甲醛
activated benzyl halide → aubstituted benzaldehyde
R=Cl, Br, NO$_2$ (electron-withdrawing groups); X=Cl, Br, I

改进的Kornblum氧化反应通式：

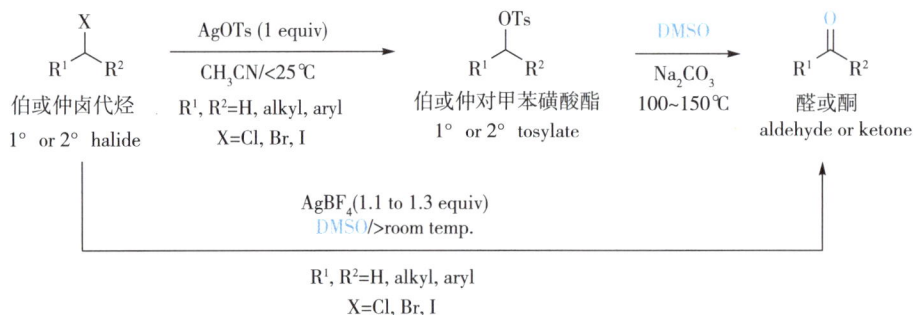

伯或仲卤代烃 → 伯或仲对甲苯磺酸酯 → 醛或酮
1° or 2° halide → 1° or 2° tosylate → aldehyde or ketone
R^1, R^2=H, alkyl, aryl; X=Cl, Br, I

反应机理：当伯或仲卤代烃作为底物时，首先是对甲苯磺酸盐与底物发生第一次S_N2取代反应，生成的对甲苯磺酸酯与DMSO的氧原子发生第二次S_N2取代反应生成烷氧基硫鎓盐（烷氧基锍盐，alkoxy-sulfonium salt），然后在碱的作用下去质子化（deprotonation）得到烷氧基硫叶立德，其通过[2,3]-σ

迁移（［2,3］–sigmatropic shift）生成羰基化合物醛或酮及二甲硫醚（dimethyl sulfide）。

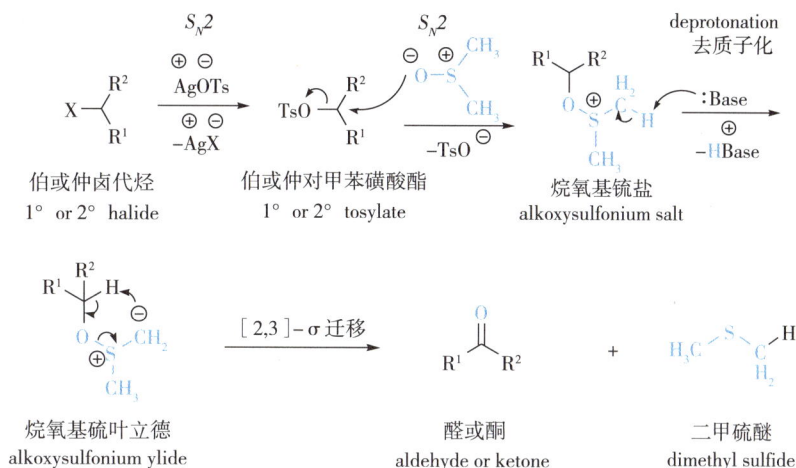

当 α-卤代羰基化合物作为底物时，首先 DMSO 的氧原子进攻羰基化合物的 α-碳，发生 S_N2 取代反应生成烷氧基硫鎓盐（烷氧基锍盐，alkoxysulfonium salt），然后在碱的作用下去质子化（deprotonation）。该去质子化主要发生在酸性更强的 α-碳上而不是在 DMSO 的甲基上，最后得到 α-氧代羰基化合物（α-Oxo carbonyl compound）和二甲硫醚（dimethyl sulfide）。

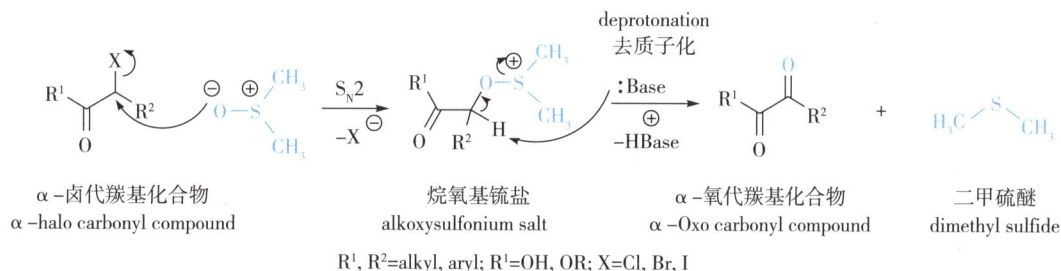

R^1, R^2=alkyl, aryl; R^1=OH, OR; X=Cl, Br, I

反应特点：①Kornblum 氧化反应的一般步骤为，高活性的伯或仲卤代物，在碱存在下，在 DMSO 中加热。②对于低活性的卤代物则需要两步：首先加入对甲苯磺酸的银盐（AgOTs）形成对甲苯磺酸酯（tosylates），然后在碱性条件下，在 DMSO 中加热。③对于伯卤代物氧化得到相应的羰基化合物的产率较高，而仲卤代物常发生消除卤化氢（HX）副反应得到副产物烯烃。④对于有空间位阻的底物（sterically hindered substrates），仅能获得中等收率产物。⑤叔卤代物不发生反应。⑥反应底物的相对反应活性顺序：对甲苯磺酸酯（tosylates）>碘化物（iodide）>溴化物（bromide）>氯化物（chloride）。⑦常用的碱有碳酸钠、碳酸氢钠、DBU、三乙胺、吡啶衍生物等。该反应加碱有两个作用：其一，中和生成的氢卤酸（HX），防止氢卤酸（HX）被 DMSO 氧化为卤素（X_2），从而导致一些副反应；其二，辅助脱质子（deprotonation）形成硫叶立德中间体。⑧对于在 DMSO 中溶解度较差的底物，可以加入一些共溶剂（co-solvent），例如乙二醇二甲醚（DME）等。⑨反应生成的二甲硫醚（dimethyl sulfide）恶臭难闻，需要特殊的后处理。

应用实例：

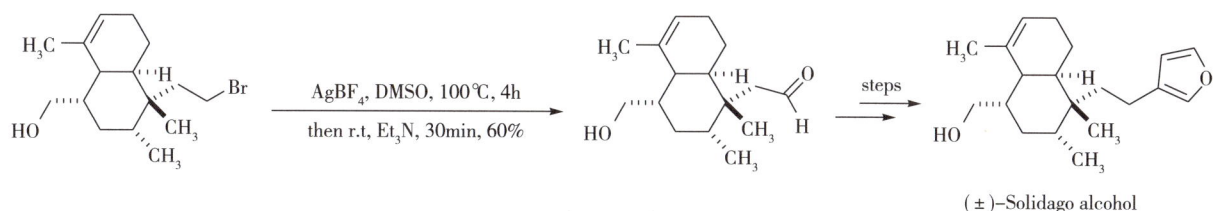

（±）-Solidago alcohol

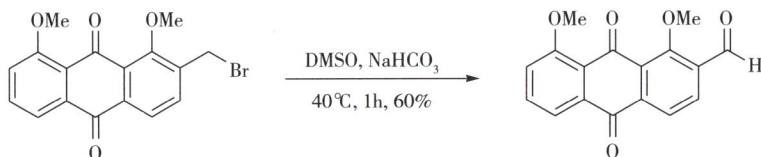

DMSO 可由各种较强的亲电试剂，例如 DCC、Ac_2O、$(COCl)_2$、$(CF_3CO)_2O$（TFAA）、$SOCl_2$等活化，所生成的活性锍盐（sulfonium salt）极易和醇反应形成烷氧基锍盐（alkoxysulfonium salt），最后分解生成醛或酮及二甲硫醚（dimethyl sulfide）。

（2）二甲基亚砜和二烷基碳二亚胺：DMSO-DCC 氧化（pfitznor-Moffatt Oxidation）

在酸的催化下，二环己基碳二亚胺（DCC）和二甲基亚砜（DMSO）将伯醇或仲醇氧化成相应的醛或酮的反应，称为 Pfitzner-Moffatt 氧化（Pfitznor-Moffatt oxidation）或 Moffatt 氧化（Moffatt oxidation）。

反应通式：

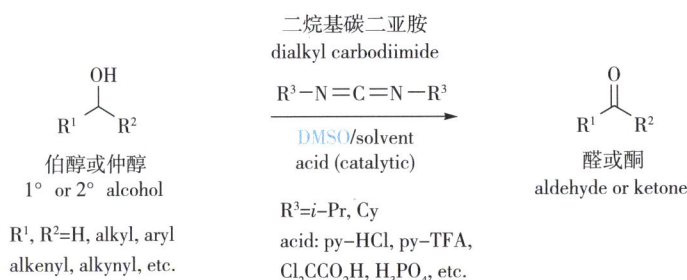

反应机理： 当 R^3＝Cy（环己基）时，以二环己基碳二亚胺（dicyclohexyl carbodiimide，DCC）为例，该反应的机理为：DCC 首先被质子化，DMSO 对质子化的 DCC 缺电子碳中心进行亲核进攻形成活性锍盐（sulfonium salt）。伯醇或仲醇作为一个亲核试剂进攻活性锍盐（sulfonium salt）中缺电子的硫原子，再经去质子化（deprotonation）得到烷氧基硫叶立德（alkoxysulfonium ylide）和副产物1,3-二环己基脲（1,3-dicyclohexylurea，DCU）。最后烷氧基硫叶立德通过［2,3］-σ 迁移（［2,3］-sigmatropic shift）生成羰基化合物醛或酮及二甲硫醚（dimethyl sulfide）。

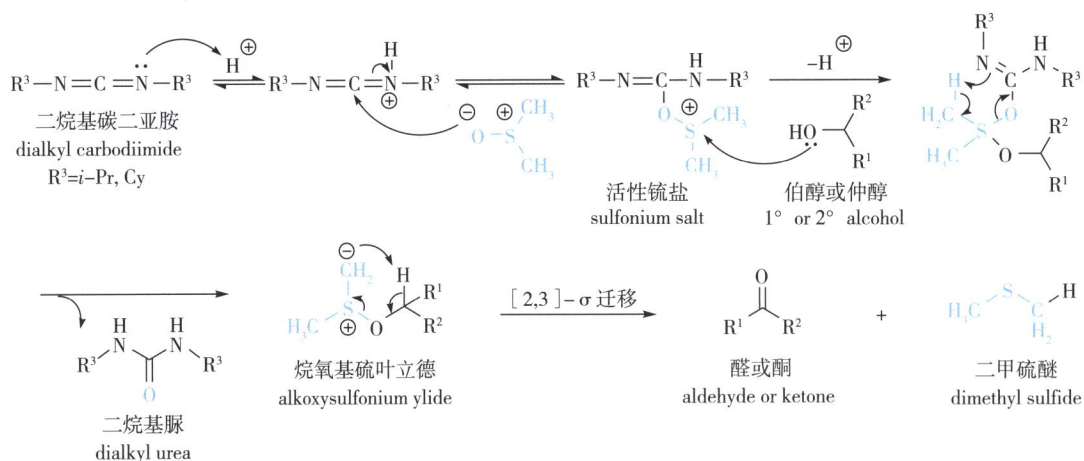

常用的强亲电试剂：二环己基碳二亚胺（DCC），及其副产物：1,3-二环己基脲（DCU）。

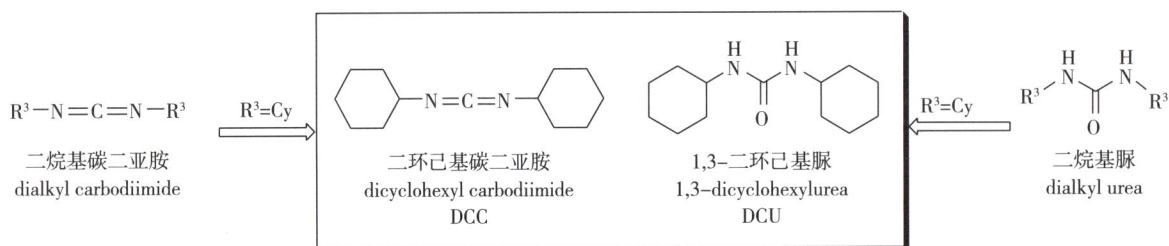

反应特点：①反应条件温和，不会过氧化，试剂易得，操作简便，是铬（Ⅵ）氧化剂（使用 PCC 和 PDC 等）在温和和弱酸性条件下氧化敏感醇底物的良好替代方法；②小试和放大反应的产率都较高；③很少有副反应，有时会生成醇的甲硫基甲醚和 β,γ 不饱和羰基化合物的异构化；④反应的官能团耐受度很好，当为伯醇或仲醇时，R^1，R^2 可以是氢（H）、烃基（alkyl）、芳基（aryl）、烯基（alkenyl）、炔基（alkynyl）等，但叔醇可能会发生消除；⑤二环己基碳二亚胺（dicyclohexyl carbodiimide，DCC）是最常用的的活化试剂，反应中一般会加过量（≥3 倍当量）；⑥DMSO 可以作为反应溶剂，但加入一些惰性的混合溶剂（如乙酸乙酯等）有利于产品的分离；⑦氧化反应仅适用于中等酸性化合物作为催化剂，如磷酸、二氯乙酸或吡啶的强酸盐（例如吡啶-磷酸，吡啶-三氟乙酸等）等，在强有机酸和无机酸的存在下，氧化过程非常缓慢，或者根本不发生氧化反应，而是发生 Pummerer 重排（Pummerer rearrangement），生成醇的甲硫基甲醚副产物；⑧反应会生成二烷基脲（dialkyl urea），该副产物通常难以从产物中除尽，但是可用一些水溶性的（如 EDC 等）或者聚合物固载的碳二亚胺试剂来解决分离纯化的问题，另外过量的 DCC 可以在后处理时加入草酸除去。

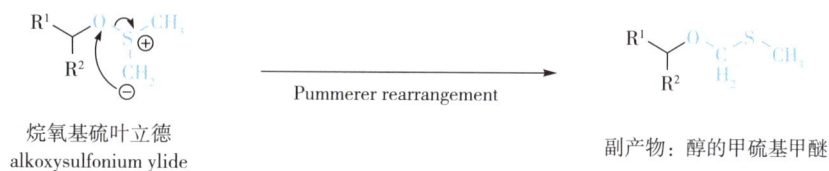

烷氧基硫叶立德
alkoxysulfonium ylide

Pummerer rearrangement

副产物：醇的甲硫基甲醚

应用实例：DMSO-DCC 氧化（Pfitznor-Moffatt oxidation）几乎是在中性条件下进行的，条件温和，被广泛用于带有酸敏保护基的糖类、甾体、生物碱等化合物的氧化，不影响双键（不氧化双键，也不发生双键的移位）、三键、酯、磺酸酯、酰胺、叠氮、苷键等，且反应常在室温下进行，例如：

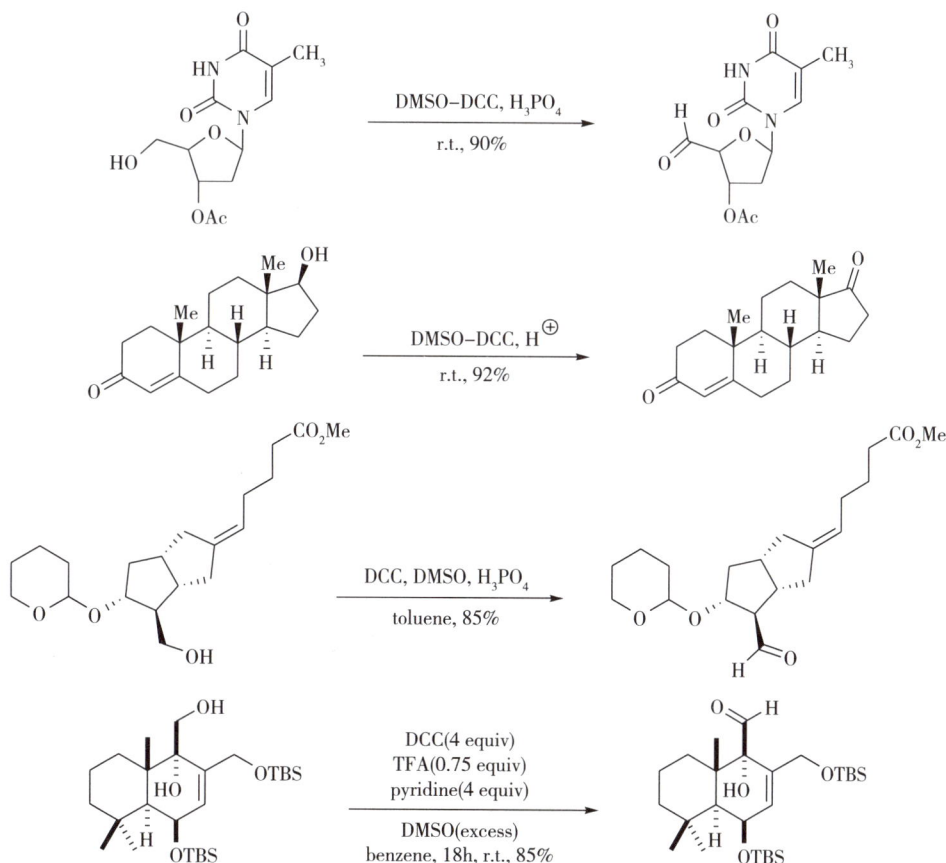

例如：应用 DMSO-DCC 氧化（Pfitznor-Moffatt oxidation）合成了作为血管扩张药和抗血小板药的贝前列素（beraprost）。

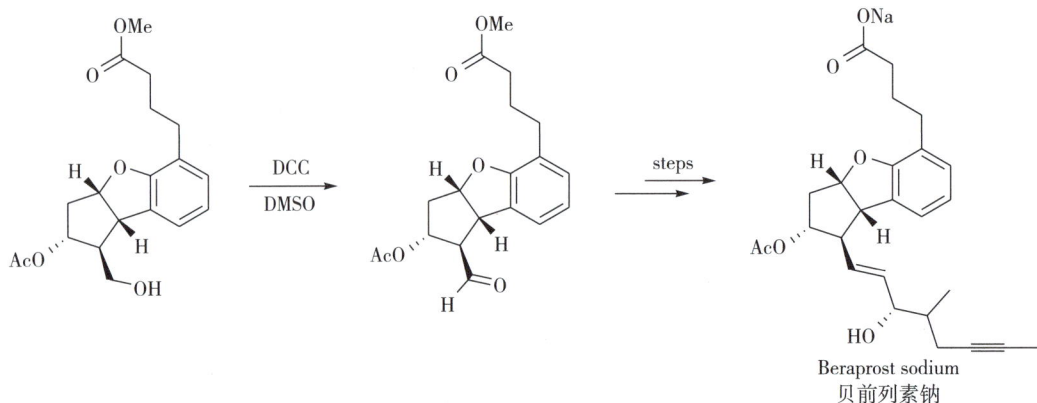

Beraprost sodium
贝前列素钠

（3）二甲基亚砜和乙酸酐：DMSO-Ac₂O（Albright-Goldman 氧化）　用乙酸酐（Ac₂O）代替 DCC 作活化剂，以二甲基亚砜（DMSO）为氧化剂，将伯醇或仲醇氧化成相应的醛或酮的反应，称为 Albright-Goldman 氧化。

反应通式：

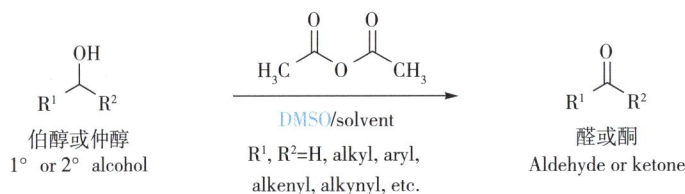

伯醇或仲醇
1° or 2° alcohol

R^1, R^2=H, alkyl, aryl,
alkenyl, alkynyl, etc.

醛或酮
Aldehyde or ketone

反应机理：

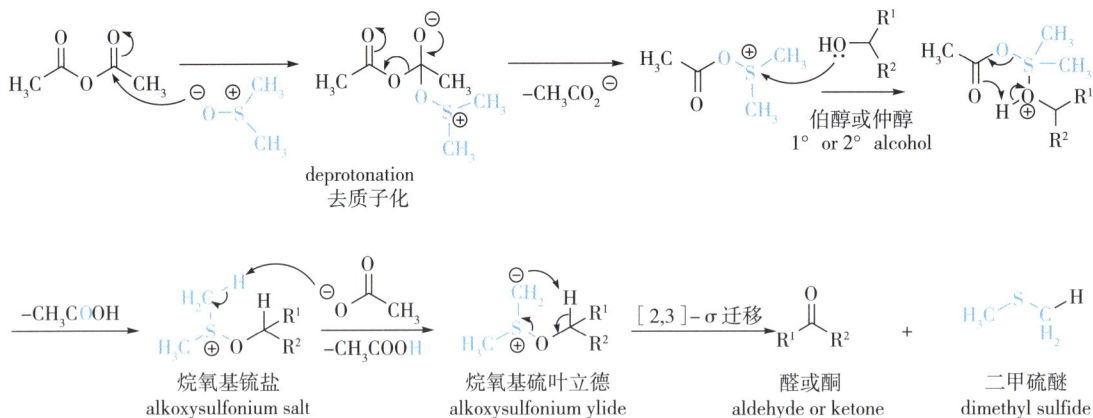

该反应体系中有醋酸根存在，具有一定的碱性，可以进攻平伏键的氢原子。但是由于乙酸酐常与羟基发生乙酰化副反应，尤其是位阻较小的羟基，因此，该氧化反应主要应用于位阻较大的羟基化合物。

应用实例：吲哚生物碱的母核对一般氧化剂相当敏感，采用二甲基亚砜和乙酸酐为氧化剂则仅氧化其羟基而不影响其他官能团和母核。例如，吲哚生物碱育亨宾（yohimbine）可经本法氧化得相应的酮，收率达 80% ~85%。

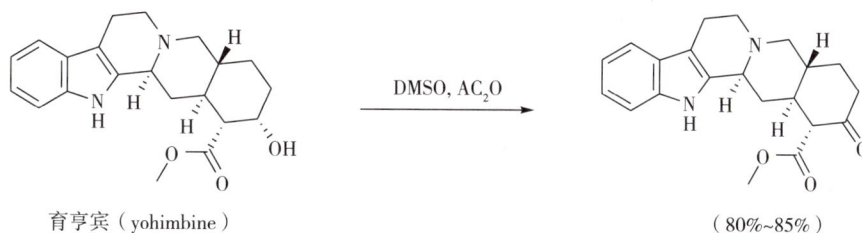

育亨宾（yohimbine）　　　　　　　　　　　　　　　　　　　　（80%~85%）

　　该类反应还可以使用（MeSO₂)₂O（甲磺酸酐）代替 Ac₂O（乙酸酐），在 HMPA（hexamethylphos-phoramide，六甲基磷酰三胺）中反应，可降低副反应发生，提高收率。例如，以睾酮（testosterone）为原料制备甾体激素药中间体雄烯二酮（androstenedione）的合成中，应用了 Albright-Goldman 氧化。

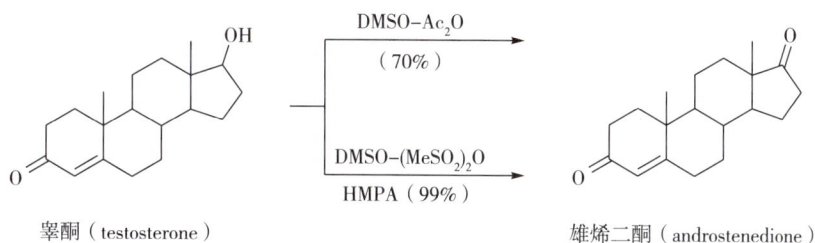

睾酮（testosterone）　　　　　　　　　　　　雄烯二酮（androstenedione）

　　（4）DMSO-（COCl)₂ 或 DMSO-（CF₃CO)₂O-Et₃N：Swern 氧化（Swern oxidation）　以 DMSO（二甲基亚砜）为氧化剂，（COCl)₂（草酰氯）或（CF₃CO)₂O（三氟乙酸酐，TFAA）为活化剂，Et₃N（三乙胺，TEA）为碱，将伯醇或仲醇氧化成相应的醛或酮的反应，称为 Swern 氧化（Swern oxidation）。

反应通式：

伯醇或仲醇
1° or 2° alcohol　　　　R¹,R²=H, alkyl, aryl, alkenyl, alkynyl, etc.　　　　醛或酮
aldehyde or ketone

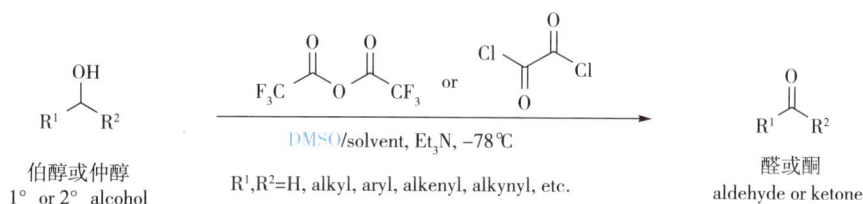

草酰氯活化的反应机理：

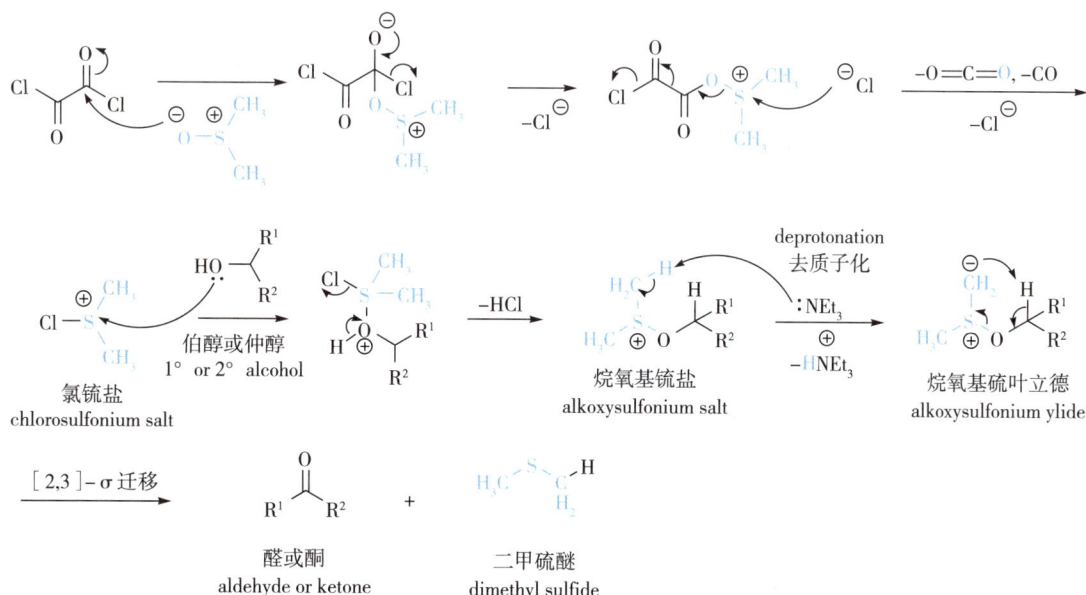

氯锍盐
chlorosulfonium salt　　　伯醇或仲醇
1° or 2° alcohol　　　　　　　　　　　　烷氧基锍盐
alkoxysulfonium salt　　　　　　烷氧基硫叶立德
alkoxysulfonium ylide

[2,3]-σ 迁移　　　　　　　醛或酮　　　　　　　二甲硫醚
　　　　　　　　　aldehyde or ketone　　　　dimethyl sulfide

三氟乙酸酐活化的反应机理：

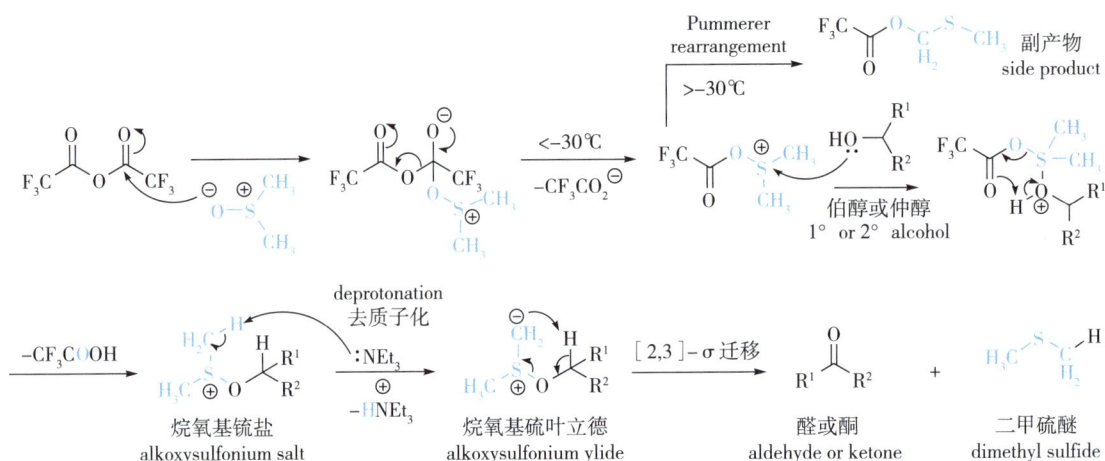

反应特点： ①在没有溶剂存在时，DMSO 和 TFAA 或（COCl）$_2$ 反应非常剧烈，可能会爆炸，因此常加入二氯甲烷作为溶剂稀释，小心操作并控制反应条件；②TFAA 活化时，三氟乙酰氧基二甲基锍盐中间体在超过 -30℃ 时不稳定，发生 Pummerer 重排（Pummerer rearrangement）生成三氟乙酰氧基甲基甲硫醚副产物（side product）；③而（COCl）$_2$ 作为活化剂时，氯锍盐（chlorosulfonium salt）中间体对水敏感，且其稳定温度是低于 -60℃，因此反应常常在 -78℃ 及无水条件下反应；④经典的操作步骤：在低温下，先用 TFAA 或（COCl）$_2$ 活化 DMSO，然后缓慢加入醇，再加入叔胺反应后，缓慢升至室温；⑤加入叔胺，如 DIPEA（N,N-二异丙基乙胺）或 TEA（三乙胺），可以有效的促进烷氧基锍盐（alkoxysulfonium salt）的分解；⑥反应底物的位阻不会影响氧化的效率；⑦用 TFAA 做活化剂时，常常会有醇的三氟乙酸酯副产物，而使用（COCl）$_2$ 活化时无此副反应；⑧对于一些含有对酸敏感基团的底物，加入醇后要尽快加入叔胺；⑨为防止生成的羰基化合物发生 α-差向异构或双键迁移，要避免使用三乙胺，而使用 N,N-二异丙基乙胺或 N-甲基吗啡啉等大位阻的碱，并在低温下淬灭。⑩此反应的缺点是其操作较复杂，副产物中含有恶臭气味的二甲硫醚（dimethyl sulfide），并且在使用草酰氯为活化剂时该反应的副产物中还含有一氧化碳有毒气体，因此该反应须在通风良好的通风橱内进行。

应用实例：

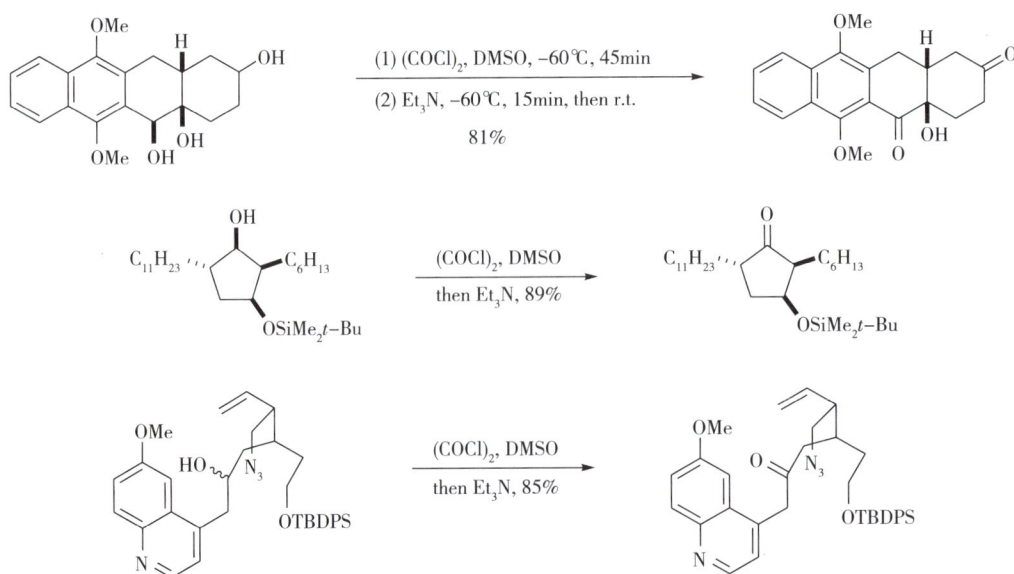

$$\text{1) (COCl)}_2, \text{DMSO, Py, CH}_2\text{Cl}_2$$
$$\text{2) Et}_3\text{N}$$

$$\text{(COCl)}_2\text{(1.2 eq.), DMSO(1.1 eq.)}$$
$$\text{CH}_2\text{Cl}_2, -78℃, 15\text{min}$$
$$\text{then Et}_3\text{N(5 eq.), 96\%}$$

$$\text{(1) DMSO, TFAA}$$
$$\text{(2) Et}_3\text{N}$$

（92%）

$$\text{(COCl)}_2, \text{DMSO}$$
$$\text{then Et}_3\text{N}, -78℃$$
$$90\%$$

$$\text{(COCl)}_2, \text{DMSO}$$
$$\text{then Et}_3\text{N}, -78℃$$
$$89\%$$

Wittig reagent Ph$_3$P=CH$_2$ THF −78~0℃ 63%

Swern oxidation   Wittig reaction

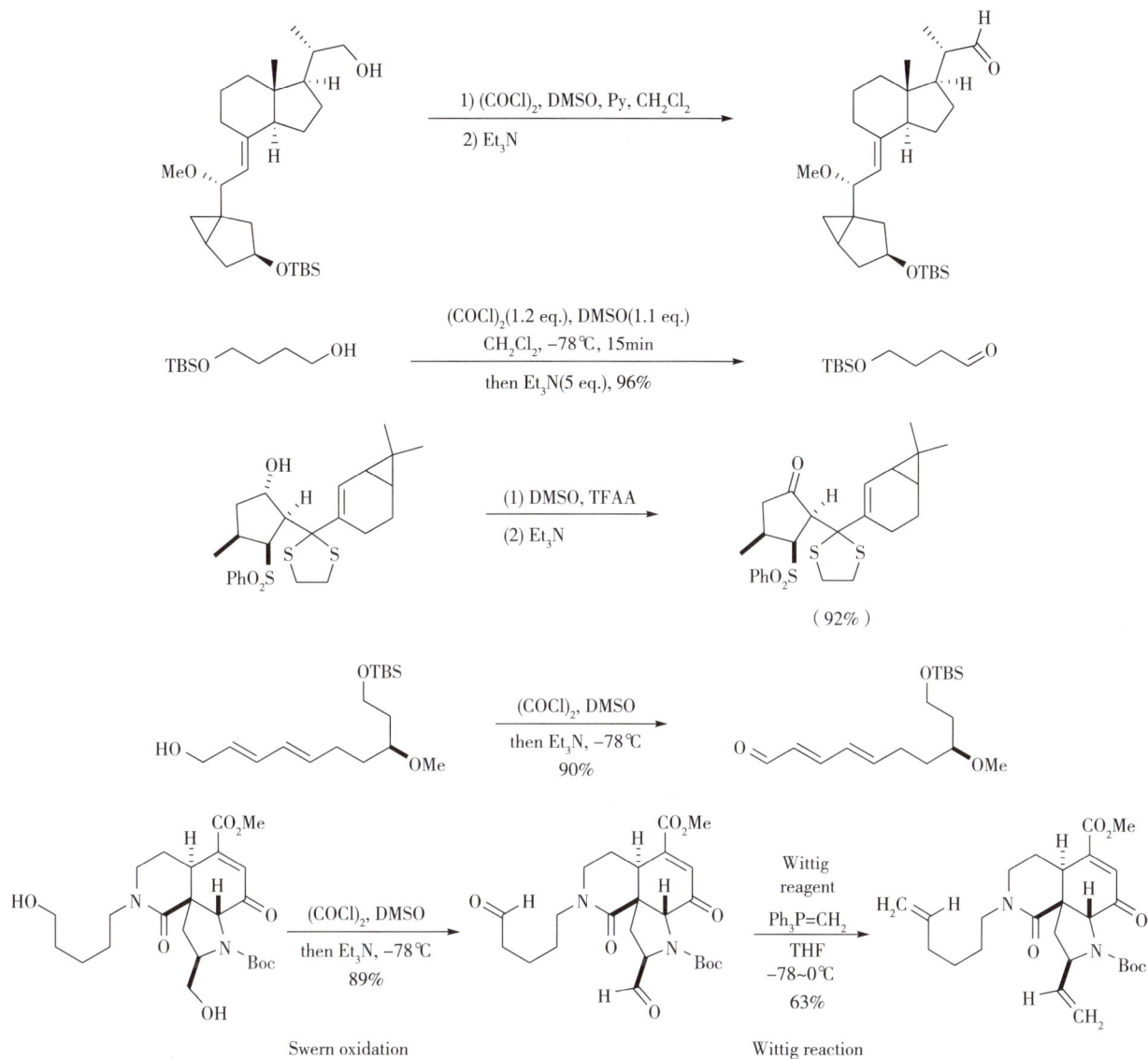

5. 硝酸　稀硝酸的氧化能力强于浓硝酸，故常用稀硝酸（浓度约 70 %）作氧化剂，氧化伯醇为羧酸。用硝酸作氧化剂的优势在于价廉，反应液中无残渣，但缺点也十分明显，如氧化反应激烈，伴有红色氧化氮（NO$_2$）放出，可发生硝化和硝酸酯化的副反应，应用上受到限制。对于不易硝化的伯醇可以用硝酸氧化。

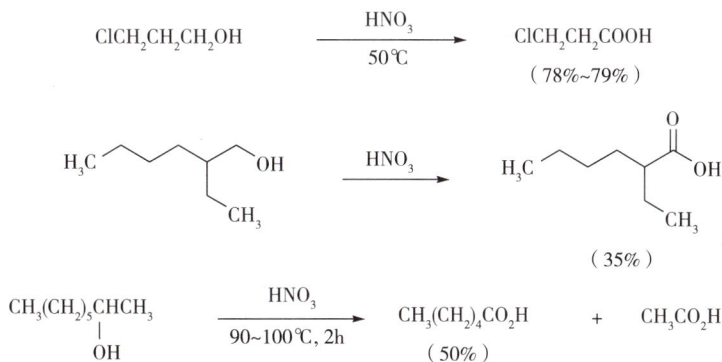

$$\text{ClCH}_2\text{CH}_2\text{CH}_2\text{OH} \xrightarrow{\text{HNO}_3, 50℃} \text{ClCH}_2\text{CH}_2\text{COOH}$$
（78%~79%）

$$\xrightarrow{\text{HNO}_3}$$

（35%）

$$\text{CH}_3\text{(CH}_2\text{)}_5\overset{|}{\underset{\text{OH}}{\text{CH}}}\text{CH}_3 \xrightarrow[90~100℃, 2\text{h}]{\text{HNO}_3} \text{CH}_3\text{(CH}_2\text{)}_4\text{CO}_2\text{H} + \text{CH}_3\text{CO}_2\text{H}$$
（50%）

硝酸可以氧化具有 α-H 的烷基苯，生成芳香族羧酸。

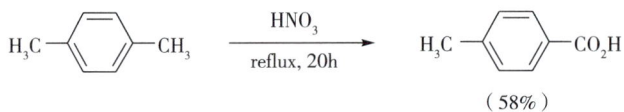

（58%）

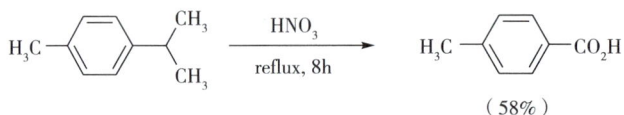

（58%）

6. 氧化银 氧化银（Ag_2O）氧化能力较弱，但选择性好，不影响烯烃，适于醛的氧化。

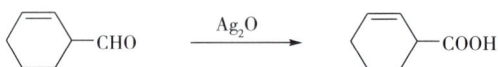

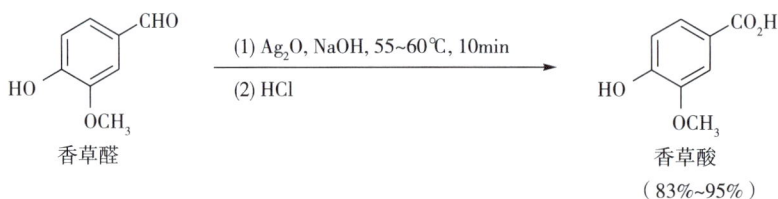

香草醛　　　　　　　　　　　　　　　　　　香草酸
　　　　　　　　　　　　　　　　　　　　　（83%~95%）

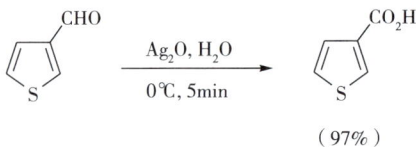

（97%）

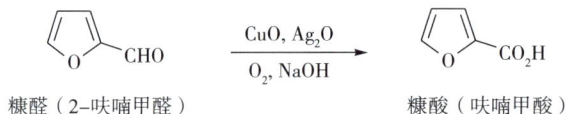

糠醛（2-呋喃甲醛）　　　　　　　　　　糠酸（呋喃甲酸）

第三节　芳烃的氧化反应

一、芳烃的氧化开环

反应通式：

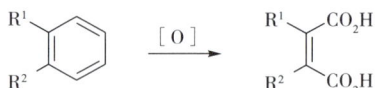

1. $KMnO_4$ 为氧化剂 氧化反应可以看作一种亲电过程，电子云密度较大的芳环更容易被氧化，因此有供电子基的芳环优先被氧化开环，而具有强吸电子基的芳环电子云密度较低（例如连有硝基或含氮原子芳杂环等），比较稳定，故不容易被氧化。一般来说苯环较难被氧化，而稠环芳烃则较易被氧化。

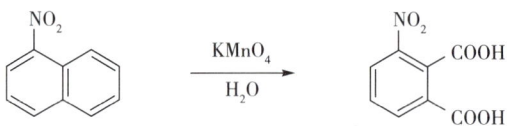

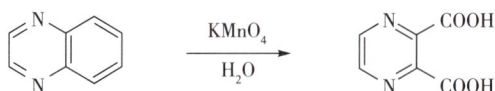

2. O_3 为氧化剂 该反应机理为亲电加成反应机理。

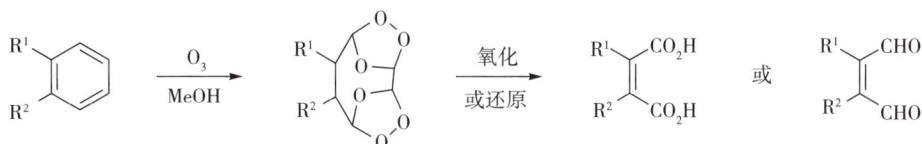

反应物有多个芳环时，供电子基的芳环优先被过量 O_3 氧化开环。

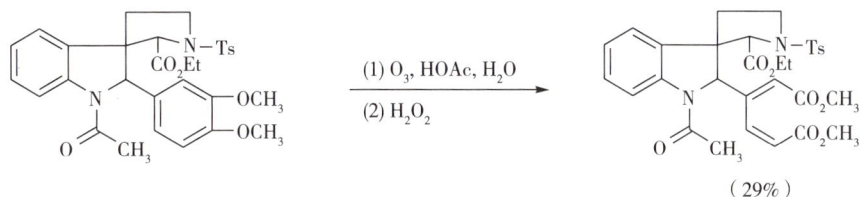

（29%）

当底物为芳稠环时，由于电子云密度高，故萘环较苯环更容易被臭氧氧化，首先生成臭氧化物中间体，再经过不同的处理可得到不同的氧化产物。

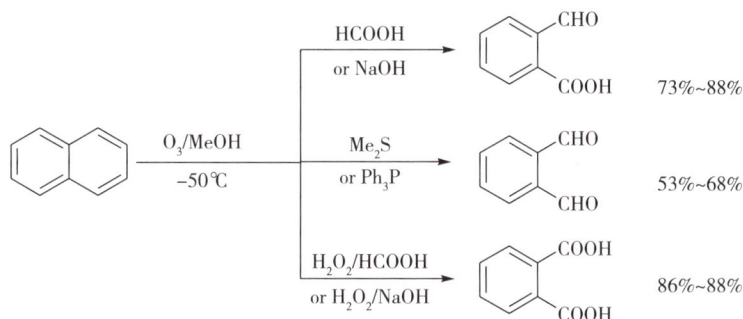

3. 硝酸为氧化剂

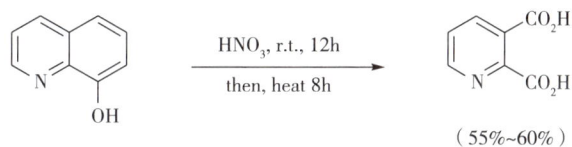

（55%~60%）

4. 过氧化物为氧化剂

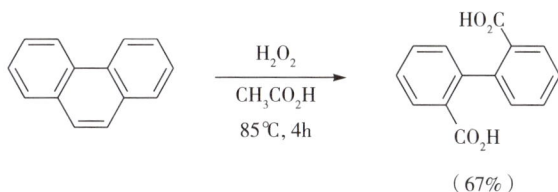

（67%）

二、氧化成醌

醌指分子中含有六元环状共轭不饱和二酮结构的化合物，是芳香族母核的两个氢原子各由一个氧原子所代替而成的化合物。最简单的醌是邻苯醌和对苯醌，还有萘醌、蒽醌、菲醌等，均为有色物质。自然界的花色素、某些染料及辅酶等含有醌型结构。醌有共轭不饱和酮的性质，可发生亲电加成、亲核加成、共轭加成、环加成反应。醌类化合物有抑菌、杀菌等作用，可用来作为防腐剂、有机合成试剂、医药中间体和染料等。

以取代苯酚的氧化为例。

反应通式：

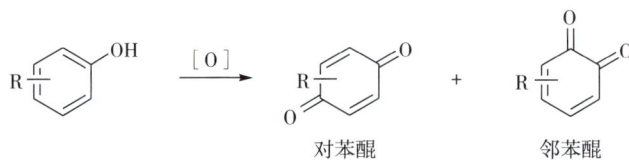

对苯醌   邻苯醌

醌类化合物的主要制备方法为氧化法。酚、芳香胺、蒽、菲、萘等化合物，经氧化反应可以直接得到醌类化合物。常用的氧化剂有 $FeCl_3$，$K_2Cr_2O_7$，$Na_2Cr_2O_7$，CrO_3，AgO_2，Fremy 盐等。其中 Fremy 盐是无机自由基-离子型的亚硝酸二磺酸钾（potassium nitrosodisulfonate，Fremy's radical）或其钠盐，即 $\cdot ON(SO_3K)_2$ 或 $\cdot ON(SO_3Na)_2$。用 Fremy 盐在稀碱性水溶液中将酚或芳胺氧化成醌的反应称为 Teuber 反应（Teuber reaction）。该反应属于自由基消除机理。芳烃的取代基效应对该反应有显著影响。芳环上有吸电子基时会抑制反应，芳环上有给电子基时则会促进反应。当酚羟基的对位无取代基时，酚被氧化成对醌；当酚的对位有取代基而邻位无取代基时，酚被氧化为邻醌；当酚的对位和邻位同时有取代基时，酚仍然被氧化为对醌。

例如：

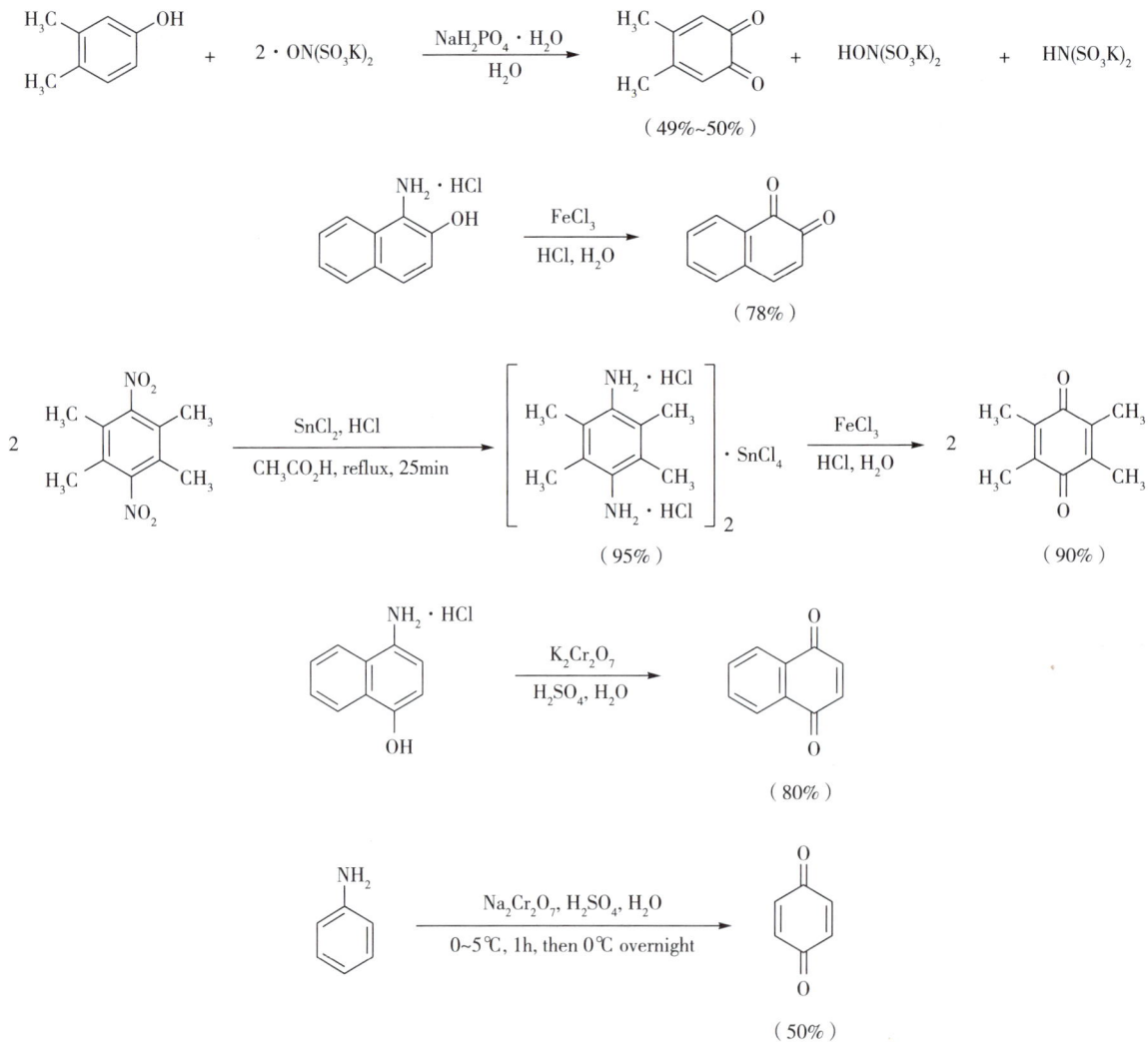

（22%）

（50%）

（95%）

（66%）

（94%）

（60%）

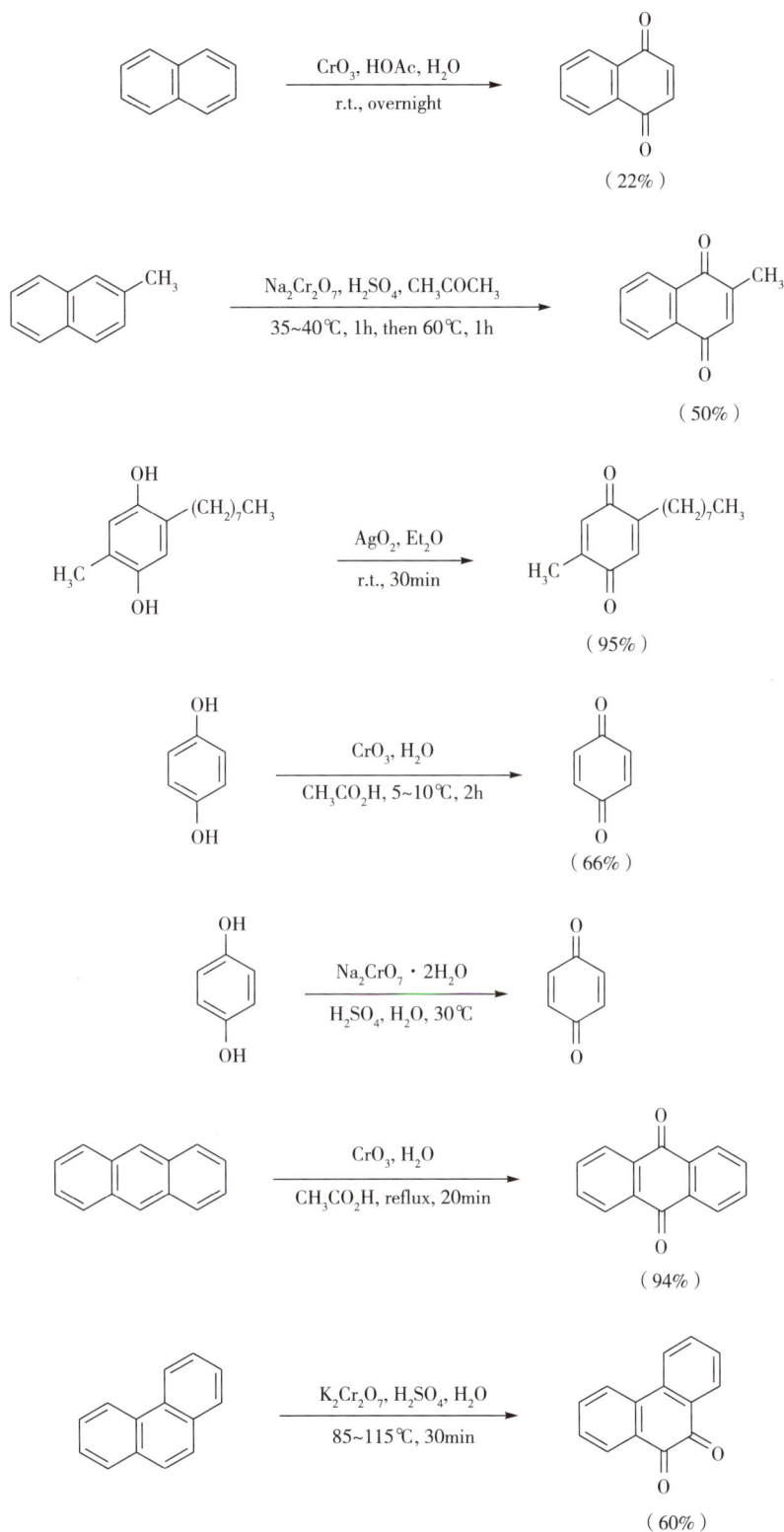

三、芳环的酚羟基化

在芳环上通过氧化引入酚羟基的方法主要是 Elbs 氧化，即过二硫酸钾（$K_2S_2O_8$）在冷碱溶液中将酚类氧化，在原有酚羟基的邻位或对位引入酚羟基。

反应通式：

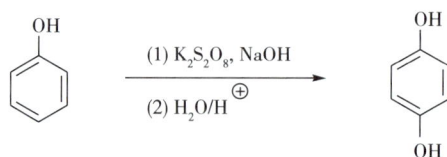

反应机理：Elbs 氧化反应是过硫酸盐的氧原子对苯酚进行亲电取代，水解得到对苯二酚。氧化反应一般发生在酚羟基的对位，因此对位酚羟基化 > 邻位酚羟基化，但当对位有取代基时，则在邻位进行氧化。

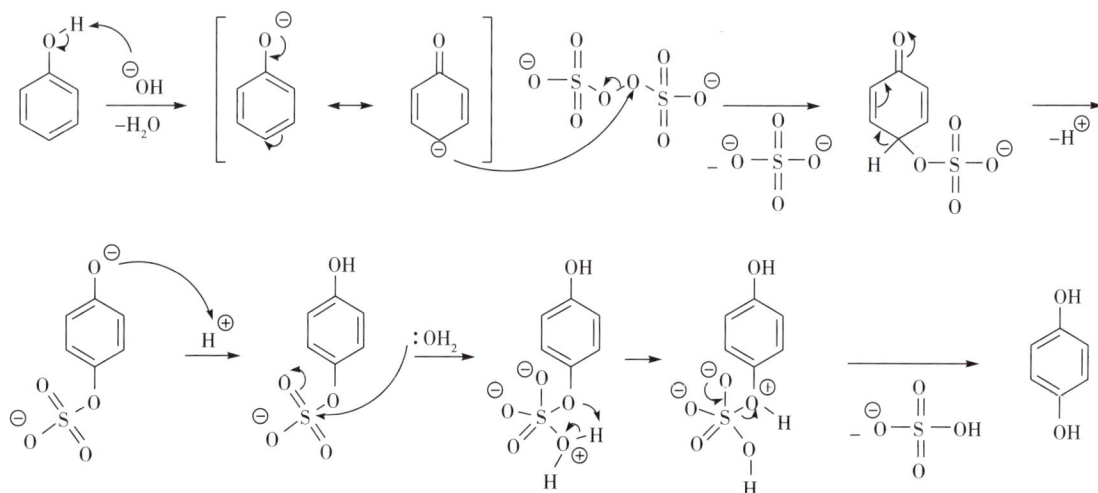

应用实例：

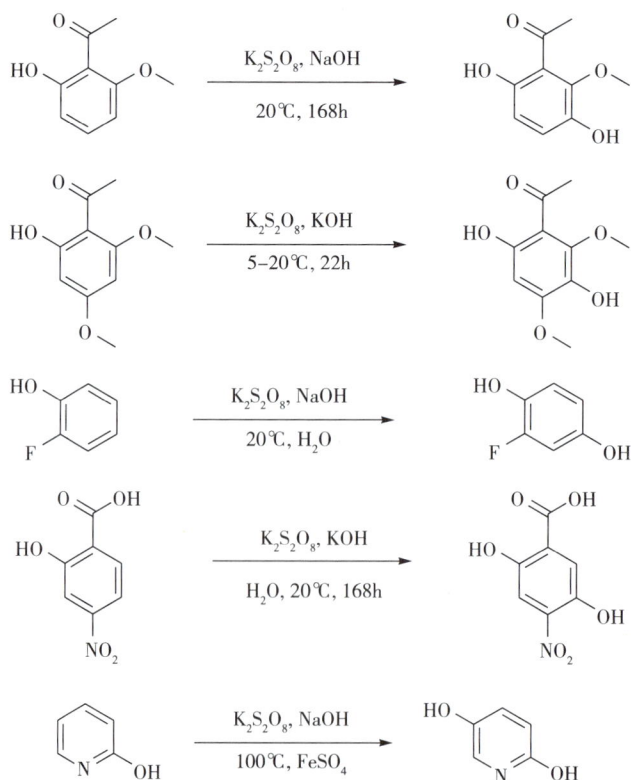

第四节 胺的氧化反应

一、伯胺的氧化

脂肪伯胺的氧化过程（硝基还原的逆过程）：

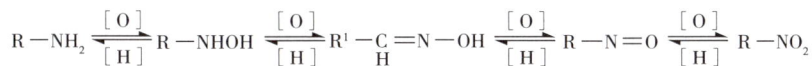

$$R-NH_2 \underset{[H]}{\overset{[O]}{\rightleftharpoons}} R-NHOH \underset{[H]}{\overset{[O]}{\rightleftharpoons}} R^1-\underset{H}{C}=N-OH \underset{[H]}{\overset{[O]}{\rightleftharpoons}} R-N=O \underset{[H]}{\overset{[O]}{\rightleftharpoons}} R-NO_2$$

芳香伯胺的氧化过程：

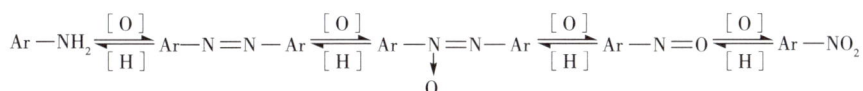

$$Ar-NH_2 \underset{[H]}{\overset{[O]}{\rightleftharpoons}} Ar-N=N-Ar \underset{[H]}{\overset{[O]}{\rightleftharpoons}} Ar-\underset{\downarrow O}{N}=N-Ar \underset{[H]}{\overset{[O]}{\rightleftharpoons}} Ar-N=O \underset{[H]}{\overset{[O]}{\rightleftharpoons}} Ar-NO_2$$

配位键，又称配位共价键，是一种特殊的共价键。当共价键中共用的电子对是由其中一原子独自供应时，就称配位键。配位键形成后，就与一般共价键无异。成键的两原子间共享的两个电子不是由两原子各提供一个，而是来自一个原子。例如 N 和 O 可以形成配位化合物：图中"→"表示配位键。在 N 和 O 之间的一对电子来自 N 原子上的孤对电子。

应用实例：

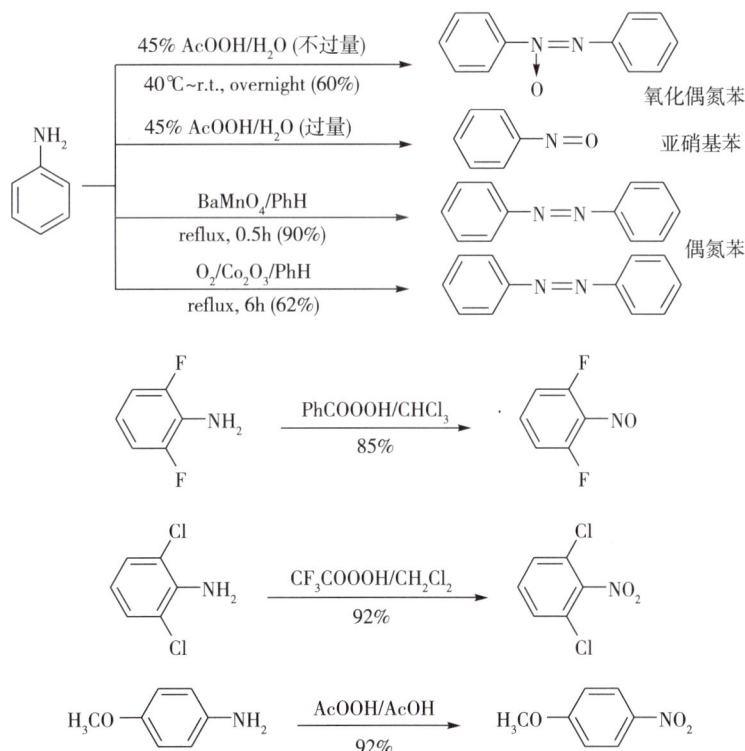

二、仲胺的氧化

仲胺可被过氧化物（例如，H_2O_2）、过氧酸等氧化，产物一般是烃基羟胺、硝酮（nitrone）或氧化胺（amine oxide）以及它们的缩合产物等。

氧化过程：

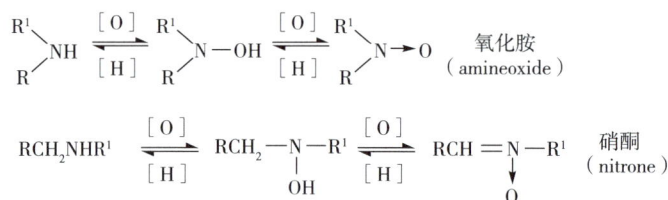

应用实例：

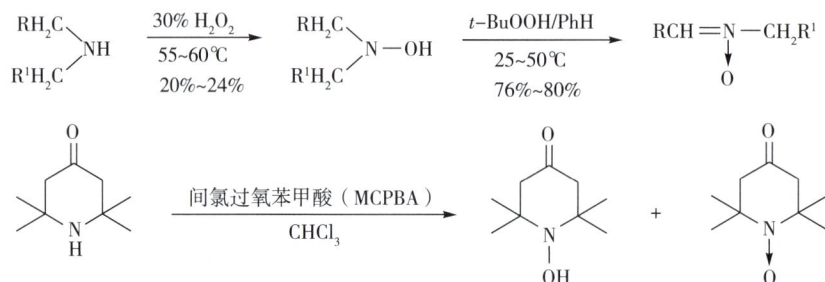

三、叔胺的氧化

选择不同的氧化剂对同一叔胺进行氧化，可获得不同的产物。当氧化剂相同时，不同类型的叔胺将经历不同的氧化方式。

氧化过程：

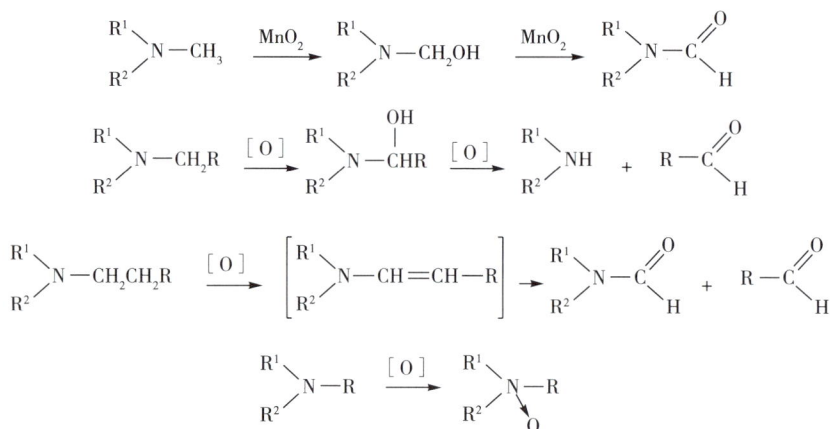

有机过氧酸和叔胺反应的机理类似于双键和过氧酸的环氧化反应。增加过氧酸的亲电性，或者增加叔胺的亲核性，都可加快氧化反应。该反应属于自由基消除反应机理。

例如，过氧化氢或过氧酸可将叔胺氧化为氧化胺。

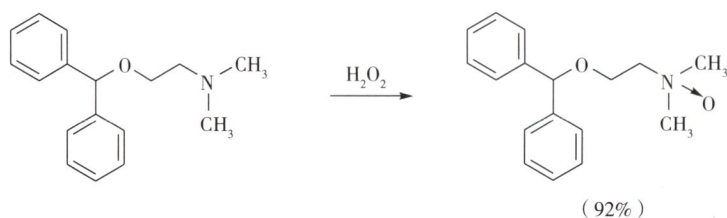

（92%）

第八章　还原反应

广义的还原反应：在化学反应中，使有机物分子中碳原子总的氧化态降低的反应称为还原反应（reduction reaction）。即在还原剂作用下，通过电子转移使得有机物得到电子或使碳上电子云密度增加，即碳的氧化数降低的反应。

直观地讲，能使有机分子中增加氢或减少氧或二者兼而有之的反应均称为还原反应。

例如：

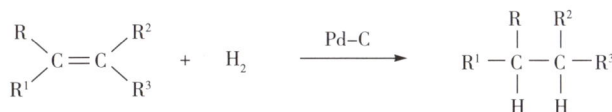

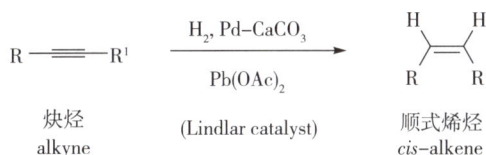

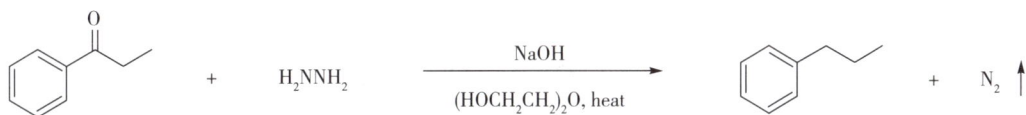

还原反应的分类，根据还原方法的不同，还原反应可分为四大类：①化学还原反应，使用化学物质作为还原剂进行的反应，按反应机理又可分为负氢离子转移还原反应和电子转移还原反应；②催化氢化反应，在催化剂存在下，反应底物与分子氢进行的还原反应；③生物还原反应，利用微生物发酵或活性酶进行的还原；④电化学还原反应，通过电极和固体/液体界面给液体中的离子或分子提供电子使其发生还原反应。（本教材仅介绍化学还原反应和催化氢化反应，生物还原反应和电化学还原反应省略）

第一节　催化氢化反应

在催化剂存在下，反应底物与分子氢进行的还原反应称为催化氢化反应。由于分子氢在常温常压下还原能力弱，所以常常加入催化剂，在一定温度和压力下进行反应。催化剂的作用是降低反应的活化能，改变反应的速度。

一、催化氢化反应类型及特点

催化氢化按反应机理和作用方式可分为三种类型：①催化剂自成一相（固相）的称为非均相催化氢化，其中以气态氢为氢源的称为多相催化氢化；②以有机物为氢源的称为催化转移氢化；③催化剂溶解于反应介质的称为均相催化氢化。

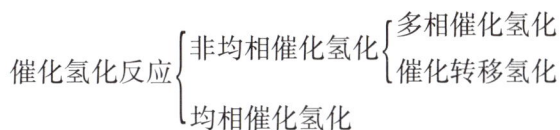

$$\text{催化氢化反应} \begin{cases} \text{非均相催化氢化} \begin{cases} \text{多相催化氢化} \\ \text{催化转移氢化} \end{cases} \\ \text{均相催化氢化} \end{cases}$$

按反应物分子在还原反应中的变化情况，则可分为氢化和氢解。氢化指的是氢分子加成到烯键、炔键、羰基、氰基、硝基等不饱和基团上，使之生成饱和键的反应；而氢解指的是分子中的某些化学键因加氢而断裂，分解成两部分的反应。

1. 多相催化氢化 应用最多。

（1）多相催化氢化的概念 指在有不溶于反应介质的固体催化剂作用下，以气态氢为氢源，还原液相中作用物的反应。

多相催化氢化的一般历程：一般被公认的机理为催化剂加氢机理。首先还原剂氢源（多为气态氢分子）在催化剂表面的活性中心上通过化学吸附被活化。还原底物（如烯烃）也在催化剂表面的活性中心通过化学吸附使 π 键打开形成 σ-络合物而被活化。然后被活化的氢和还原底物发生加成反应。最后脱吸附而生成还原产物，脱吸附的催化剂再进行下一个催化循环。

由于反应物分子中不饱和结构立体位阻较小的一侧容易吸附在催化剂表面，因此不饱和键氢化主要得到顺式加成产物。

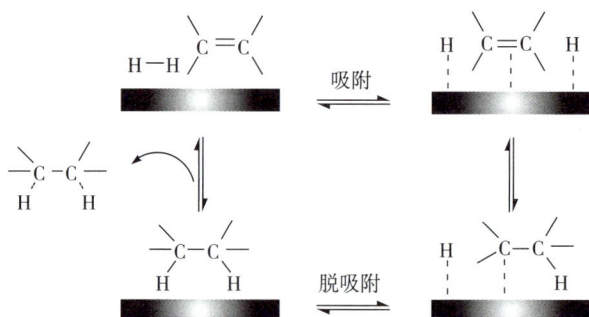

（2）多相催化氢化的特点

优点：范围广，活性高，速度快；选择性好；反应条件温和，操作方便；催化剂易回收，有利于降低成本，经济适用，适合于大规模连续生产，易于自动控制；后处理方便，干净无污染。

缺点：反应条件高温高压，催化剂易中毒，产物易发生重排、分解。

2. 催化转移氢化

（1）催化转移氢化的概念 在催化剂的作用下，以有机化合物为供氢体代替多相催化氢化中的气态氢而进行的催化氢化反应。

常用供氢体有氢化芳烃、不饱和萜类及醇类。例如，环己烯、环己二烯、四氢化萘、α-蒎烯、乙醇、异丙醇、环己醇等。催化转移氢化主要用于还原不饱和键、硝基、氰基等，也可以使苄基、烯丙基及碳-卤键发生氢解，例如：

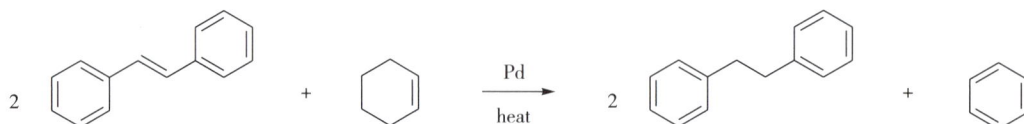

（2）催化转移氢化的特点

优点：反应条件比较温和，安全，不需要耐压的特殊反应设备；操作简便；氢化深度易控制，选择性高，某些还原反应中有独特的选择性。

例如：

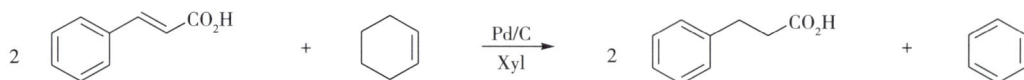

缺点：通用性差，不如加氢绿色，产率较低。

3. 均相催化氢化　多相催化氢化反应尽管非常实用，但仍存在以下缺点：例如，可能引起双键移位；一些官能团容易发生氢解，使产物复杂化等。而均相催化氢化反应能够克服上述缺点，于是发展出新型催化剂——均相催化氢化催化剂。

（1）均相催化氢化的概念　指在能溶解于反应介质中形成均相的催化剂的作用下，以气态氢为氢源，对含有碳–碳、碳–氧不饱和键化合物，以及含硝基、氰基等的化合物进行的催化氢化还原反应。

均相催化氢化对羰基、氰基、硝基、卤素、重氮基、酯基等不加氢，也不氢解苄基和碳–硫键，主要用于选择性地还原一些不饱和键，特别是还原碳–碳重键。

均相催化氢化的机理：通常情况下，均相催化氢化反应涉及四个基本过程：氢的活化、底物的活化、氢的转移和产物的生成。以均相催化剂 $(Ph_3P)_3RhCl$ 为例，均相催化氢化的机理如下图所示。

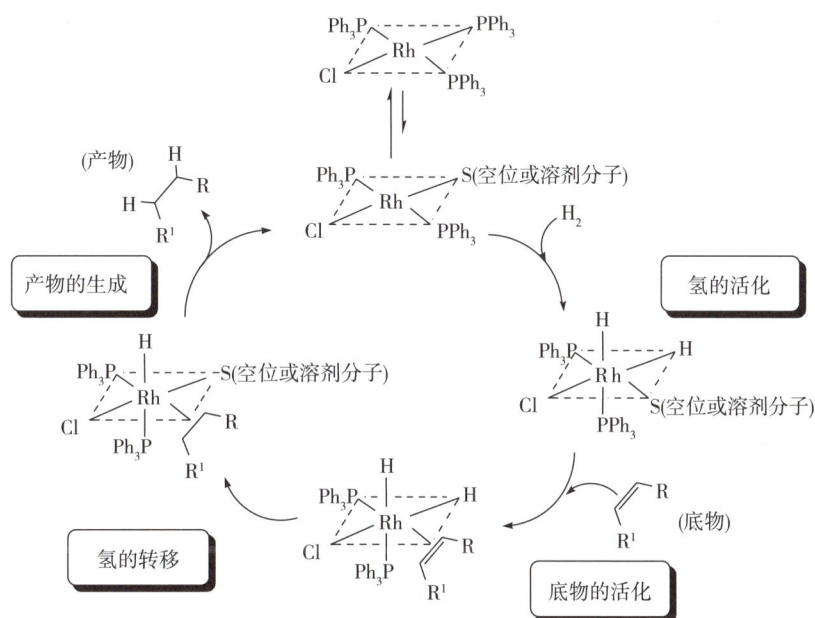

（2）常用催化剂　通常是以有机金属配合物为均相催化氢化还原催化剂，即具有空 d 轨道的第Ⅷ族过渡元素 Rh、Ru、Ir、Co 及 Pt 等的配合物。例如，$(Ph_3P)_3RhCl$（简称 TTC）、$(Ph_3P)_3RuClH$、$[Co(CN)_5]^{3-}$ 等都是常见的配合物催化剂。常见的配体有 Cl、CN、H 等离子和三苯膦、胺、CO、NO 等带有孤电子对的极性分子。这些配体能促进配合物在有机溶剂中的溶解度，使反应体系成为均相而提高催化效率，使反应可以在较低温度、较低压力下进行，并因不发生氢解而有很高的选择性。均相催化氢化用于选择性地还原一些不饱和键，主要是还原碳–碳重键。

例如：三（三苯基膦）氯化铑 $(Ph_3P)_3RhCl$ 可由氯化铑和过量的三苯基膦在乙醇中回流制备得到。

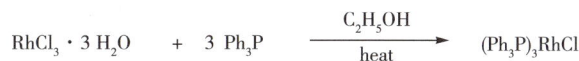

$$RhCl_3 \cdot 3H_2O + 3\,Ph_3P \xrightarrow[\text{heat}]{C_2H_5OH} (Ph_3P)_3RhCl$$

（3）均相催化氢化的优点　①绿色、活性高、选择性高，加氢条件温和，产率高；②对毒剂不敏感，催化剂不易中毒；③副反应少，在药物合成中主要用于碳碳重键的选择性还原，在多数情况下不伴随发生双键异构化、氢解等副反应。均相催化氢化一般对其他可还原官能团均无影响，但是该催化剂可使醛基和酰卤发生脱羰基反应；④均相催化氢化适合应用于不对称合成反应。将含有手性配体的过渡金属配合催化剂，应用于均相不对称氢化反应，通过不对称诱导，用以合成具有光学活性的产物，从而使均相催化氢化具有更大的理论意义和实用价值。

例如：

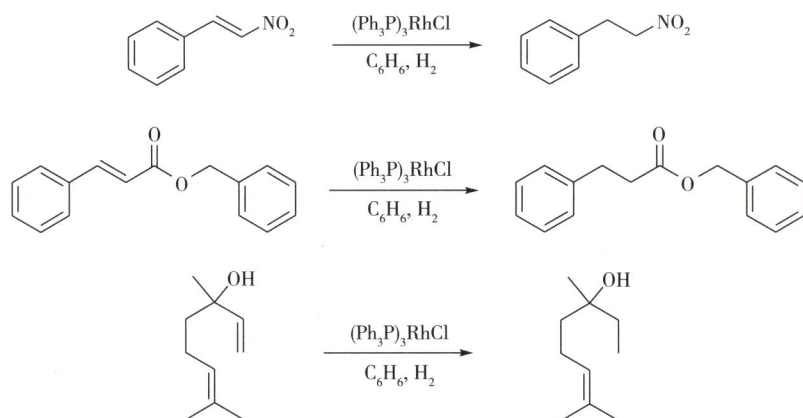

（4）均相催化氢化的缺点　催化剂价格昂贵；因催化剂与溶剂、反应物呈均相，使分离和回收比较困难，不易回收导致催化剂易残留在产品中，影响药品质量和安全。

二、常用催化氢化催化剂

1. 镍催化剂　主要有 Raney Ni、载体镍、还原镍和硼化镍等。

Raney Ni（雷尼镍或兰尼镍），为最常用的氢化催化剂。主要在中性或弱碱性条件下，用于不饱和化合物与氢气的加成反应，例如：烯烃、二烯烃、炔烃、硝基、氰基、芳环（芳杂环、芳稠环）、偶氮化合物、羰基化合物等，一般生成顺式加成产物。也可用于碳-卤键、碳-硫键的氢解。在酸性条件下活性降低，pH < 3 时失去活性。对苯环及羰基的催化活性弱，对于酯基、酰胺基几乎没有催化活性。

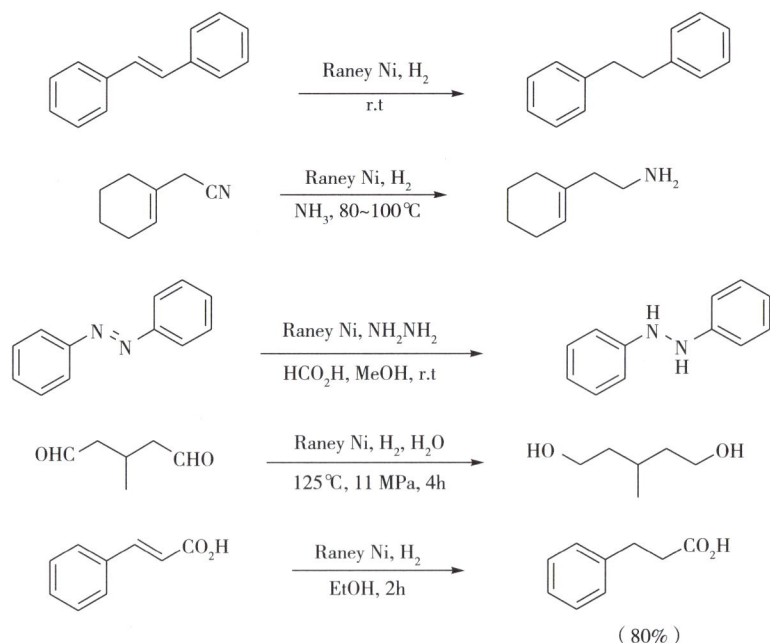

与钯等贵金属催化剂相比较，Raney Ni 具有价格便宜的优点。新制备的 Raney Ni 的骨架中储存有一定量的氢气，在还原少量化合物时无需通入氢气。同时，Raney Ni 有着相对较高的密度，反应结束后很容易通过沉淀法分离，有利于从体系中回收催化剂。

Raney Ni 的制备方法：将铝镍合金粉末加入一定浓度的氢氧化钠溶液中，使合金中的铝形成铝酸钠而除去，而得到比表面很大的多孔状骨架镍，经水洗和醇洗得到催化剂。特别需要注意：Raney Ni 对氢气有很强吸附性，干燥时在空气中易着火。通常保存在水、乙醇或乙醚的液面下，使用过程中也要注意保持 Raney Ni 湿润。参加反应之后的 Raney Ni 不能随意丢弃，应在通风处销毁。

$$Ni-Al + 6NaOH \longrightarrow Ni + 2Na_3AlO_3 + 3H_2 \uparrow$$

醋酸镍的水溶液用硼氢化钠或硼氢化钾还原所得到的催化剂称为 P-1 型硼化镍，而在乙醇溶液中还原得到的催化剂称为 P-2 型硼化镍。

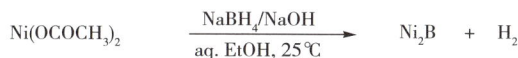

$$Ni(OCOCH_3)_2 \xrightarrow[\text{aq. EtOH, 25℃}]{\text{NaBH}_4/\text{NaOH}} Ni_2B + H_2$$

催化氢化活性方面，P-2 型硼化镍 < P-1 型硼化镍，但 P-2 型硼化镍选择性更好。硼化镍催化剂适用于还原烯类化合物，可选择性地还原末端烯烃，而不影响分子中的非末端双键，不产生双键的异构化。对于烯键的氢化活性顺序：一取代烯 > 二取代烯 > 三取代烯 > 四取代烯；顺式烯 > 反式烯。

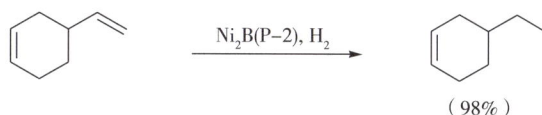

分子中同时含有炔键和烯键时，P-2 型硼化镍可选择性地还原炔键，非端基炔还原生成顺式烯烃。效果优于同为顺式加氢的林德拉催化剂（Lindlar catalyst）。例如：

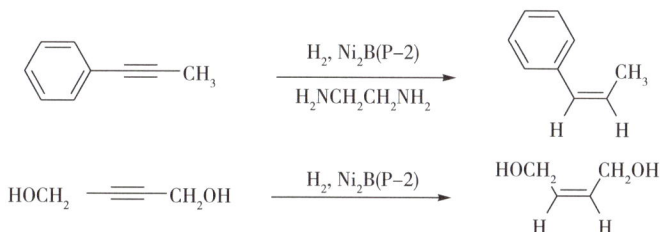

2. 钯催化剂

（1）使用条件　酸性、中性或碱性。

（2）适用范围　炔、烯、肟、硝基及芳环侧链上的不饱和键。

（3）类型　氧化钯、钯黑和载体钯。

1）氧化钯催化剂　将氯化钯与硝酸钠混合均匀，熔融分解，制得氧化钯催化剂。

2）钯黑　钯的水溶性盐类经还原而成的极细金属粉末，呈黑色，故称钯黑（palladium black），常用的还原剂有氢气、甲醛、甲酸、硼氢化钾、肼等。

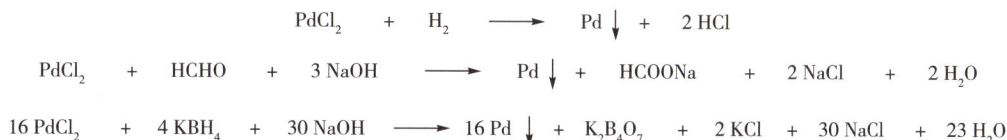

$$PdCl_2 + H_2 \longrightarrow Pd \downarrow + 2HCl$$

$$PdCl_2 + HCHO + 3NaOH \longrightarrow Pd \downarrow + HCOONa + 2NaCl + 2H_2O$$

$$16PdCl_2 + 4KBH_4 + 30NaOH \longrightarrow 16Pd \downarrow + K_2B_4O_7 + 2KCl + 30NaCl + 23H_2O$$

3）载体钯　用钯盐水溶液浸渍或吸附于载体上，再经还原剂（H_2、HCHO、KBH_4 等）处理，使其还原成金属微粒，经洗涤、干燥，可得到载体钯催化剂。使用时，不需活化处理。例如，将钯黑吸附在载体活性炭上称为钯碳（Pd-C）。钯碳中的钯含量通常为 5% ~ 10%。

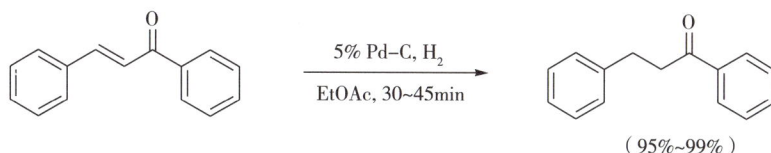

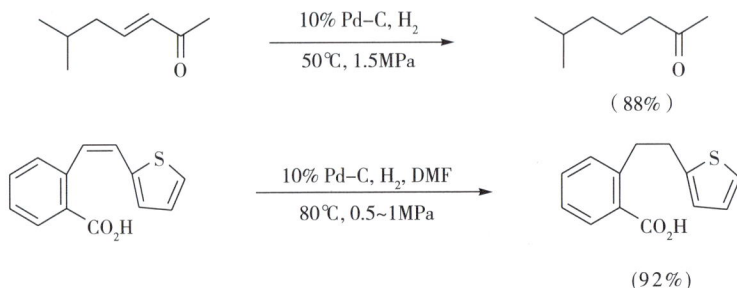

除了活性炭以外，也可用硫酸钡、碳酸钙等为载体，它们的催化活性好，而且可大大减少催化剂的用量。例如，林德拉催化剂由钯吸附在载体（碳酸钙或硫酸钡）上并加入少量抑制剂（醋酸铅或喹啉等）而成，可选择性还原炔为顺式烯烃。罗森蒙德催化剂（Rosenmund catalyst）是附着在硫酸钡上的钯粉并加入活性抑制剂（2,6-二甲基吡啶、喹啉-硫、硫脲等）制成，可催化氢化还原酰氯为醛。

3. 铂催化剂 活性最强。

（1）使用条件 中性或酸性介质中，因碱性物质可使其钝化失活。

（2）适用范围 炔烃、烯烃、羰基、亚胺、肟、芳香硝基及芳环的氢化或氢解，还可用于酯和酰胺的还原，对苯环及共轭双键的还原能力较钯催化剂强。

（3）类型 氧化铂、铂黑和载体铂。

1）氧化铂 将氯铂酸铵与硝酸钠混合均匀后灼热熔融，氧化过程中有大量二氧化氮放出，经洗涤等处理后即得氧化铂催化剂，又称为 Adams 催化剂。使用时，应先通入氢气使其还原为铂黑，然后再投入底物反应。

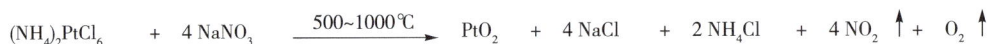

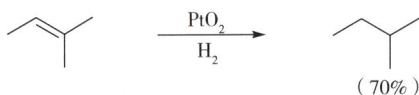

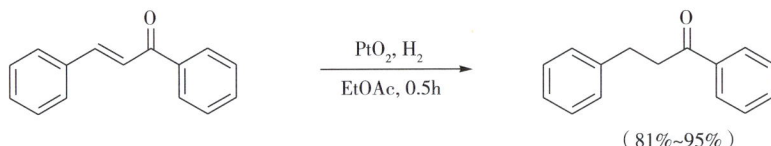

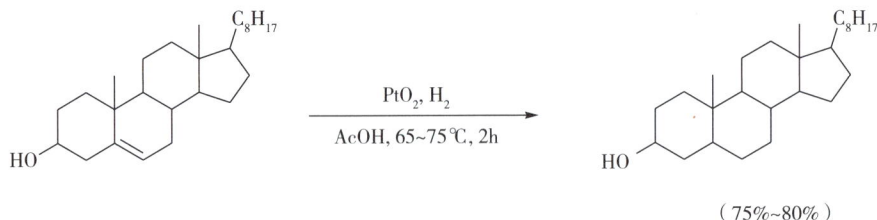

$$(NH_4)_2PtCl_6 \ + \ 4\,NaNO_3 \ \xrightarrow{500\sim1000℃} \ PtO_2 \ + \ 4\,NaCl \ + \ 2\,NH_4Cl \ + \ 4\,NO_2\uparrow + \ O_2\uparrow$$

应用实例：度他雄胺的一种合成方法中，应用了氧化铂对烯烃的催化氢化反应，详见第七章第一节。

2）铂黑 铂黑（platinum black）是铂的水溶性盐经还原制得的极细黑色金属粉末。

制备方法：在水或醋酸溶液中，常温常压下以氢气还原铂酸钠或氯铂酸，即得铂黑。用甲醛或硼氢化钠作还原剂，也能将氯铂酸还原成铂黑。

$$H_2PtCl_6 + 2 H_2 \longrightarrow Pt\downarrow + 6 HCl$$

$$H_2PtCl_6 + 2 NaOH \longrightarrow Na_2PtCl_6 + 2 H_2O$$

$$Na_2PtCl_6 + 2 HCHO + 6 NaOH \longrightarrow Pt\downarrow + 2 HCOONa + 6 NaCl + 4 H_2O$$

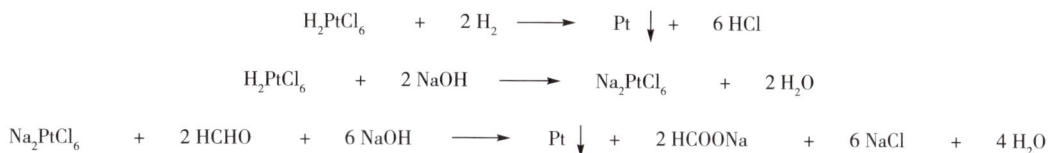

3）载体铂　将铂黑吸附在载体上即制成载体铂。将铂黑吸附在载体活性炭上称为铂碳（Pt-C）。常用的载体铂有铂–碳、铂–石棉等，可增强催化活性并减少催化剂的用量。

铂和钯都属于贵金属，价格昂贵，但作为催化剂，铂和钯催化活性高、反应条件温和、应用范围广，优点十分突出。铂催化剂易中毒，不适用于含硫化合物及有机胺的还原，而钯则较不易中毒，如选用适当的催化活性抑制剂，可得到良好选择性还原能力，多用于复杂分子的选择性还原。例如，林德拉催化剂由钯吸附在载体（碳酸钙或硫酸钡）上并加入少量抑制剂（醋酸铅或喹啉等）而成，可选择性还原炔为顺式烯烃。罗森蒙德催化剂是附着在硫酸钡上的钯粉并加入活性抑制剂（2,6-二甲基吡啶、喹啉–硫、硫脲等）制成，可催化氢化还原酰氯为醛。

4. 铜铬催化剂　$CuO \cdot Cr_2O_3$、$CuO \cdot BaO \cdot Cr_2O_3$ 等统称为铜铬催化剂，为活性优良的催化剂，能使醛、酮、酯、内酯氢化为醇，酰胺氢化为胺，由于价格低廉而广泛应用。

$CuO \cdot Cr_2O_3$ 也可写成 $Cu(CrO_2)_2$，称为亚铬酸铜催化剂，可由铬酸铜铵加热分解制备，对烯键和炔键的催化活性较低，对苯环无活性。为了避免催化剂中的铜被还原，常加入适量的钡化合物作为稳定剂，例如 $CuO \cdot BaO \cdot Cr_2O_3$。

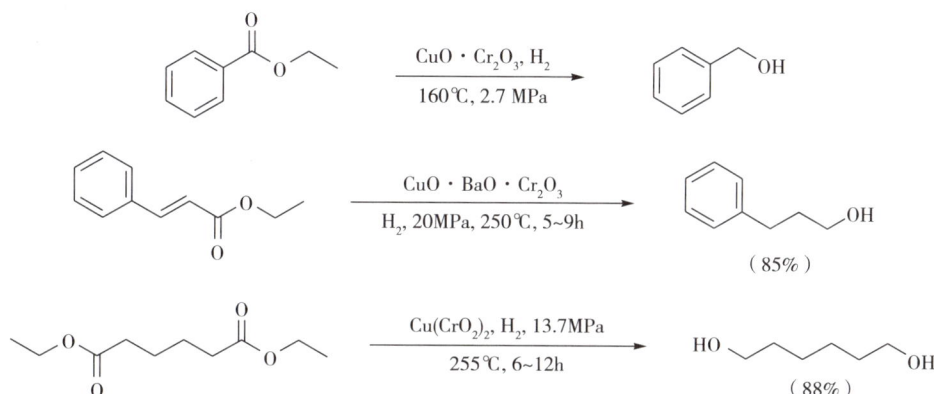

三、多相催化加氢影响因素

1. 作用物的结构　是影响氢化反应的最重要因素。

在作用物分子结构中，炔键活性大于烯键，位阻较小的不饱和键活性大于位阻较大的不饱和键。因此底物烯烃的取代基空间位阻越大，越不易催化氢化。通常，底物烯烃的活性顺序为：

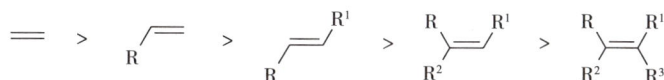

在实际的多相催化加氢反应中，应根据基团所在环境（电子效应和空间效应）的不同，催化剂的类型的选用和反应条件的选择也需相应地做出改变。

例如，不对称多烯可被选择性还原，反应选择性取决于双键的位置（孤立双键还是共轭双键）和取代基的空间位阻。通常情况下，孤立双键的还原活性高于共轭双键；位阻小的双键更易于还原。在抗疟药青蒿素（artemisinin）关键中间体香茅醛（citronellal）的合成中，位阻更小的共轭双键被优先还原。

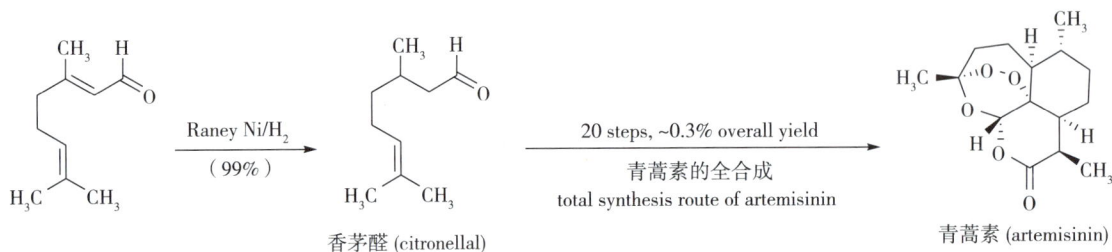

Raney Ni/H₂ （99%）

香茅醛 (citronellal)

20 steps, ~0.3% overall yield
青蒿素的全合成
total synthesis route of artemisinin

青蒿素 (artemisinin)

2. 作用物的纯度 进行催化氢化的作用物要有一定的纯度，以防止催化剂中毒。

（1）催化剂中毒 在催化剂的制备或氢化反应过程中，由于少量物质吸附在催化剂表面上，对活性中心产生遮蔽或破坏作用，使催化剂的活性大大降低，甚至完全丧失，这种现象称为催化剂中毒。

（2）催化剂毒剂 使催化剂中毒的物质称为催化剂毒剂（poisons of catalyst）。包括：①某些金属或非金属及其盐类、离子等，如汞、硫、砷、铋，碘等；②一些含有未共用电子对的非金属；能与催化剂表面形成共价键的分子等，例如有机硫化物和有机胺类等。

（3）催化剂抑制剂 如果催化剂中毒后仅使其活性在某一方面受到抑制，经过适当活化处理可以再生，这种现象称为阻化。使催化剂阻化的物质称为催化剂抑制剂（inhibitors of catalyst）。

应用：催化剂抑制剂可使催化剂在某方面活性降低，使反应速度变慢，对于氢化反应来说不利于催化，但可提高催化反应的选择性。

例如，林德拉催化剂由钯吸附在载体（碳酸钙或硫酸钡）上并加入少量抑制剂（醋酸铅或喹啉等）而成。常用的有 Pd-CaCO₃-PbO/Pb(OAc)₂ 与 Pd-BaSO₄-喹啉两种。林德拉催化剂是催化剂中毒的一种重要应用。其中的 Pb(OAc)₂ 或 PbO 都是含铅的物质，属于重金属。重金属可以让催化剂中毒。当催化剂中毒时，相当于抑制了催化剂的活性，使炔烃不能完全转变为烷烃，而变成烯烃。林德拉催化剂通过"毒化"和"去活"使其还原能力变得非常温和，可高度选择性地将炔键还原至顺式双键。因此，该方法是炔烃还原形成顺式烯烃的一种重要方法。

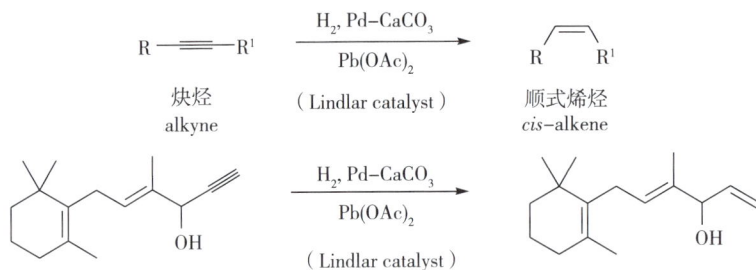

$$R \overset{}{=\!=\!=} R^1$$

炔烃
alkyne

H₂, Pd-CaCO₃
―――――――
Pb(OAc)₂
（Lindlar catalyst）

顺式烯烃
cis-alkene

H₂, Pd-CaCO₃
―――――――
Pb(OAc)₂
（Lindlar catalyst）

3. 催化剂的种类和用量 催化剂的种类不同，其活性和选择性亦不同。更换催化剂，改变反应条件，可以改变基团还原的活性顺序、立体选择性等。

（1）更换催化剂时对反应立体选择性的影响 在多相催化氢化中，炔烃、烯烃和芳烃的加氢往往得到不同比例的几何异构体。一般认为底物分子中不饱和结构空间位阻较小的一面，吸附在催化剂的表面，已吸附在催化剂表面的氢分步转移到底物分子上进行同向加成。例如：在炔类和环烯烃的加氢反应中，由于同向加成，产物以顺式体为主，但是由于向更稳定的反式体转化等因素，所以仍然有一定量的反式体。

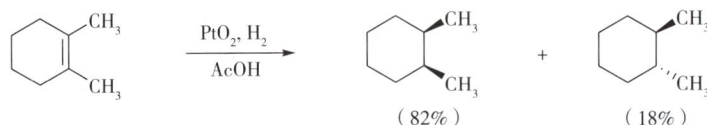

PtO₂, H₂
―――――
AcOH

（82%） + （18%）

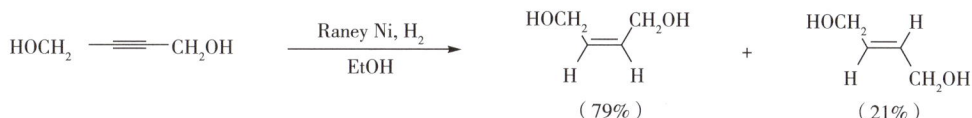

而把催化剂换为 P-2 型硼化镍，不仅能选择性地还原炔键和末端烯键，还能将非端基炔还原生成顺式烯烃，效果优于同为顺式加氢的林德拉催化剂。

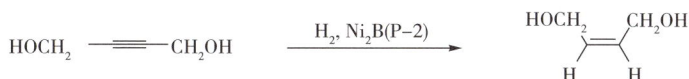

（2）向反应中加入活性抑制剂时对反应的影响　向反应中加入活性抑制剂虽然会使催化剂活性降低，使反应速度变慢，不利于氢化反应。但是在一定条件下却可提高氢化反应的选择性。因此，选用适当的催化活性抑制剂，可得到良好选择性还原能力，多用于复杂分子的选择性还原。

例如，羧酸首先和草酰氯反应制得相应的酰氯，然后再经罗森蒙德还原（Rosenmund reduction），用催化氢化法还原酰氯为醛，该还原属于多相催化氢化机理。该还原中使用的催化剂称为罗森蒙德催化剂，是由附着在活性炭上的钯碳并加入活性抑制剂 2-甲基喹啉（quinaldine）制成。如果不加入活性抑制剂（或称为钝化剂、中毒剂）、不进行钝化，则生成的醛会继续还原成醇等。

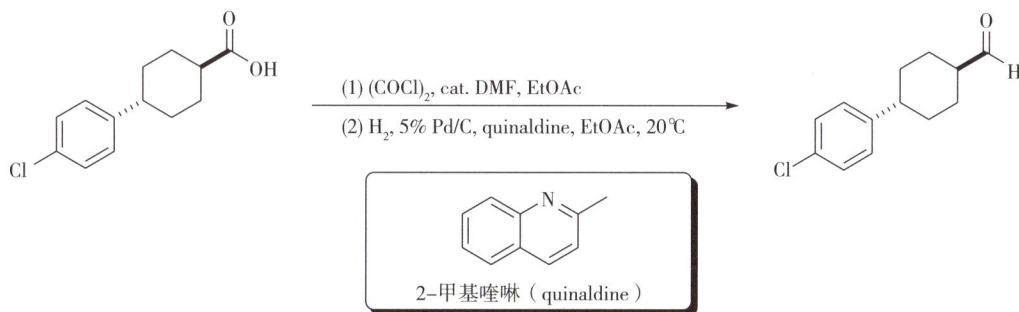

（3）催化剂的用量　通常催化剂对作用物的重量百分数为：Raney Ni 10%～20%，PtO_2 1%～2%，含 5%～10% 钯-碳或铂-碳 1%～10%，钯黑或铂黑 0.5%～1.0%。

4. 溶剂和介质的酸碱度　溶剂的极性、酸碱度、沸点、对底物和产物的溶解度等，都影响着氢化反应的速度和选择性。

（1）溶剂的选择　①溶剂的沸点高于反应温度；②溶剂对产物有较大的溶解度，以利于产物从催化剂表面解吸，使活性中心再发挥催化作用；③溶剂必须有较高的纯度。

常用的溶剂有水、甲醇、乙醇、乙酸乙酯、四氢呋喃、环己烷、N,N-二甲基甲酰胺等。

（2）介质的酸碱度对反应的影响　有机胺或含氮芳杂环的氢化，通常选用醋酸为溶剂，酸性溶剂可使碱性氮原子质子化，从而防止催化剂中毒。反应介质的酸碱度不仅可以影响反应速度和选择性，而且对产物的构型有较大影响。

例如：

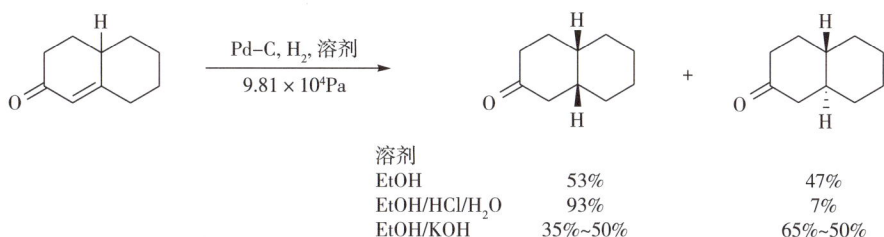

溶剂		
EtOH	53%	47%
EtOH/HCl/H_2O	93%	7%
EtOH/KOH	35%~50%	65%~50%

从上述反应中可以看出，酸碱度不同，产物的顺式和反式异构体比例不同。

5. 温度　与一般的化学反应相同，温度增高，反应速度也相应地加快。但是如果催化剂有足够的活性，增高温度以提高反应速度并不具有重要意义，反而使副反应增多和反应选择性下降。

例如：

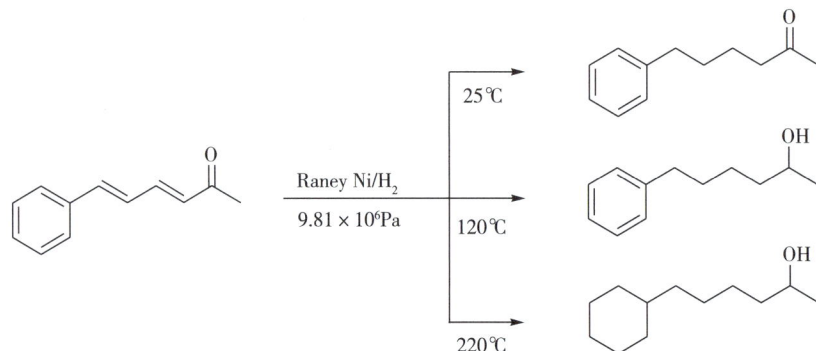

因此，在反应速度达到基本要求的前提下，选用尽可能低的反应温度。

6. 压力　氢气压力增大，氢的浓度增大，可加速反应。

但是反应压力过高，会导致还原选择性下降，出现不应有的副反应，并会引起安全隐患。因此，一般尽可能地选择常压或低压氢化。但是对于某些较难氢化还原的官能团，例如羧酸酯、酰胺、芳环等，常需要在加压或高压下才能顺利还原。

四、多相催化加氢在药物合成中的应用

1. 还原烯、炔烃

（1）烯烃的氢化

常用催化剂：钯、铂或镍。

操作方法：烯烃为气体时可以先与氢气混合，再通过催化剂；

烯烃为液体或固体时，可以溶解在惰性溶剂中，加催化剂后通入氢气。

应用实例：催化氢化法还原烯键的应用非常广泛。例如，雷美替胺的一种合成方法中，应用了Pd/C和H_2还原烯键，详见第四章第三节。

布瑞诺龙的一种合成方法中，也应用了Pd/C，H_2还原烯键，详见第四章第一节。

（2）炔烃的氢化

催化剂：钯、铂、Raney Ni 等，在常温常压下能迅速反应。

注意事项：选用合适的催化剂，控制反应温度、压力和通氢量等，可以使反应停留在烯烃阶段。

例如，前列腺素 E_2-1,15-内酯（PGE_2-1,15-lactone）的一种合成方法中，应用了林德拉催化剂，该试剂最独特的反应是高度选择性地将炔键还原至顺式双键。

林德拉催化剂由钯吸附在载体（碳酸钙或硫酸钡）上并加入少量抑制剂（醋酸铅或喹啉等）而成。常用的有 $Pd-CaCO_3-PbO/Pb(OAc)_2$ 与 $Pd-BaSO_4$-喹啉（quinoline）。

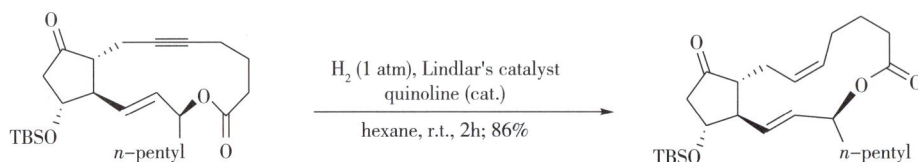

前列腺素E_2-1,15-内酯
PGE_2-1,15-lactone

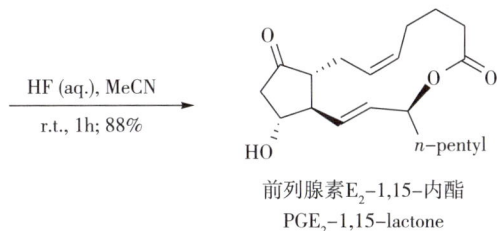

2. 含氮化合物还原，可用于制备胺类化合物

（1）还原硝基化合物　活性镍、钯、二氧化铂、钯-碳等均是还原硝基化合物的常用催化剂，不仅可用于实验室制备，又适合于大规模的工业生产，其优点是价格便宜，后处理简便且无"三废"污染问题。

例如，奥沙拉嗪钠（olsalazine sodium）又名奥柳氮，5,5-偶氮二水杨酸钠，是由一个偶氮键连接两个5-氨基水杨酸所构成的前体药物。结肠中的细菌使重氮键分裂，释放出5-氨基水杨酸；5-氨基水杨酸作用于结肠炎黏膜，抑制前列腺素、白三烯等炎症因子的形成，并减弱细胞膜通透性，主要用于治疗急慢性、溃疡性结肠炎的治疗。奥沙拉嗪钠的一种合成方法中，应用了钯-碳为催化剂，催化氢化还原芳香族硝基化合物为芳胺衍生物。

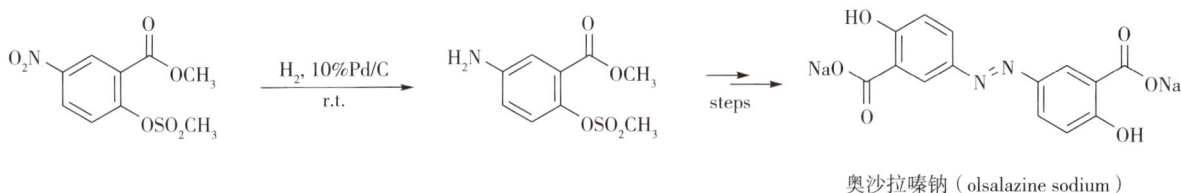

奥沙拉嗪钠（olsalazine sodium）

（2）还原腈　腈类化合物的还原是制备伯胺的常用方法之一。腈的还原主要使用催化氢化法（例如 Pd-C/H_2，Raney Ni/H_2 等）和金属复氢化物（例如 LiAlH_4，KBH_4/Raney Ni，KBH_4/PdCl_2，NaBH_4/ZrCl_2 等）还原法。

催化氢化法反应通式：

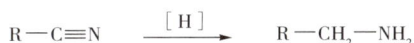

$$R\!-\!C\!\equiv\!N \xrightarrow{[H]} R\!-\!CH_2\!-\!NH_2$$

催化氢化法的反应机理：

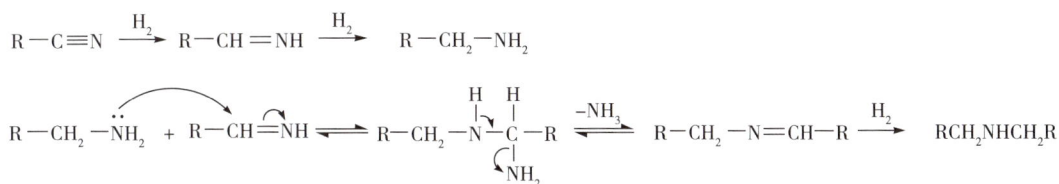

$$R\!-\!C\!\equiv\!N \xrightarrow{H_2} R\!-\!CH\!=\!NH \xrightarrow{H_2} R\!-\!CH_2\!-\!NH_2$$

由以上机理可知，催化氢化还原腈基时，产物除伯胺外，通常还有较多仲胺副产物产生。这是因为还原产物伯胺和腈的还原反应中间体亚胺发生亲核加成副反应，首先生成加成缩合副产物，随后经过脱氨形成新的亚胺副产物，最终加氢还原得到仲胺副产物。为了避免产生仲胺的副反应，可以采用以下方法。

方法一：常温常压下用钯、铂、镍、铑等为催化剂在酸性溶剂中加氢还原，使产物伯胺成为铵盐从而阻止加成副反应的进行。

例如，维生素 B_6 中间体的制备。

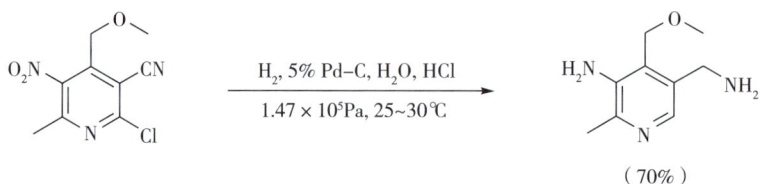

（70%）

方法二：加压下用活性镍作催化剂进行催化氢化，通常在溶剂中加入过量的氨，可使脱氨一步不易进行从而减少副产物仲胺的生成。

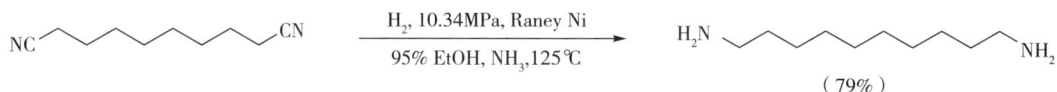

（79%）

例如，阿呋唑嗪（alfuzosin）是一种口服有效的，具有选择性和竞争性的 α_1-肾上腺素受体拮抗剂。阿呋唑嗪能放松前列腺和膀胱颈的肌肉，有助于排尿，用于治疗高血压，治疗良性前列腺增生的某些功能性症状。盐酸阿呋唑嗪（alfuzosin hydrochloride）的一种合成方法中，应用了 Raney Ni 催化氢化还原腈基为伯胺，在溶剂乙醇中加入过量的氨，可使脱氨一步不易进行，从而减少副产物仲胺的生成。

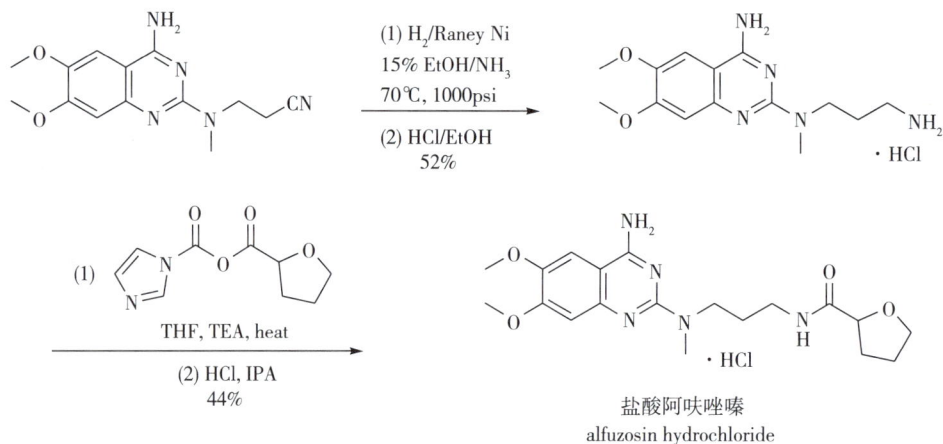

盐酸阿呋唑嗪
alfuzosin hydrochloride

3. 还原醛、酮 例如，工业上由葡萄糖氢化得山梨醇，还有肾上腺素的制备，应用了催化氢化还原反应。

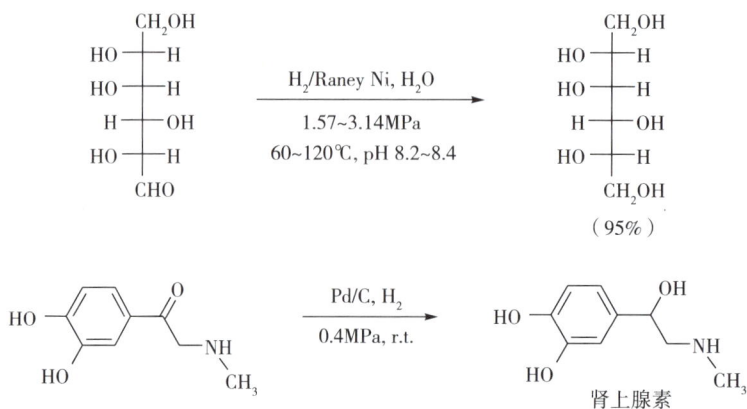

（95%）

肾上腺素

第二节　几种典型还原法

一、金属复氢化物还原剂法

1. 金属复氢化物　第三主族元素硼、铝的电负性均低于氢元素，易以氢负离子的形式和碱金属氢化物形成具有复盐结构的复合负离子，即金属复氢化物（metal hydride）。常用的金属复氢化物有氢化铝锂（LiAlH$_4$）、硼氢化锂（LiBH$_4$）、硼氢化钾（KBH$_4$）、硼氢化钠（NaBH$_4$）等，其中氢化铝锂（LiAlH$_4$，Lithium Aluminum Hydride，LAH）还原能力最强，它是由粉状氢化锂与无水三氯化铝在干燥的醚中反应制备的。

$$4\ LiH\ +\ AlCl_3\ \longrightarrow\ LiAlH_4\ +\ 3\ LiCl$$

还原活性顺序为 LiAlH$_4$ > LiBH$_4$ > NaBH$_4$（KBH$_4$），硼氢化钾（KBH$_4$）、硼氢化钠（NaBH$_4$）还原活性较小，但是选择性更好。

反应机理：

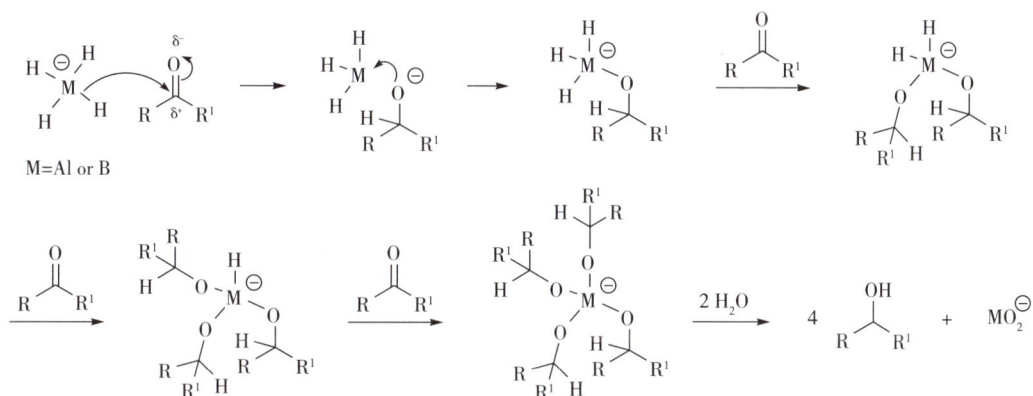

例如，羰基化合物用金属复氢化物还原为醇的反应为氢负离子对羰基的亲核加成，以氢化铝锂为例。

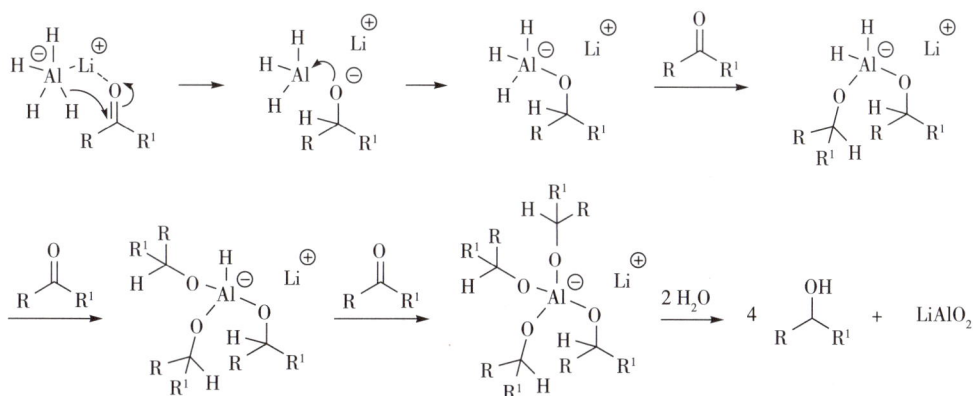

氢化铝锂（LiAlH$_4$）、硼氢化钠（NaBH$_4$）中的氢以负离子形式存在，其还原机理都是负氢离子向被还原化合物分子的转移。由于四氢铝离子（AlH$_4^-$）、四氢硼离子（BH$_4^-$）都有四个可供转移的负氢离子，还原反应可以逐步进行，理论上 1mol 的氢化铝锂（LiAlH$_4$）或硼氢化钠（NaBH$_4$）可还原 4mol 的羰基化合物。因此四氢铝离子（AlH$_4^-$）、四氢硼离子（BH$_4^-$）这种复盐结构的复合负离子都是很强的亲核试剂，可向极性不饱和键（例如羰基、氰基等）中带正电的碳原子进攻，继而发生氢负离子转移到带正电荷的碳原子上形成络合物离子，最后与质子结合完成加氢还原过程。其中，四氢铝离子（AlH_4^-）中的第一个氢原子作用最强，反应最快，其后逐渐减弱。硼氢化钾（KBH_4）、硼氢化钠（$NaBH_4$）的还原机理和氢化铝锂（$LiAlH_4$）相似，但四氢硼离子（BH_4^-）则正好与上述顺序相反，其中的第一个氢原子速度最慢，以后逐渐加快。

（1）反应条件与操作方法

1）氢化铝锂（$LiAlH_4$）：反应条件要求无水；不能使用含有羟基或巯基的化合物作溶剂。$LiAlH_4$性质非常活泼，遇水、醇、酸等含活泼氢的化合物立即分解并放出氢气、剧烈放热、燃烧甚至爆炸，所以反应必须要在无水条件下进行，常用溶剂有无水乙醚或无水四氢呋喃。反应结束的后处理，可加入乙醇、含水乙醚、10%氯化铵水溶液、水、饱和硫酸钠溶液等，以分解未反应的少量氢化铝锂和还原物。分解时应在充分冷却和搅拌下，缓慢滴入计算量的含水溶剂，使生成颗粒状沉淀的偏铝酸锂（$LiAlO_2$）而便于抽滤分离。

$$LiAlH_4 \quad + \quad 2\ H_2O \quad \longrightarrow \quad LiAlO_2 \quad + \quad 4\ H_2 \uparrow$$

如果加水过多，则偏铝酸锂（$LiAlO_2$）将水解成胶状的氢氧化铝，并与水和有机溶剂形成乳化层，致使分离困难和产物损失较大。

氢化铝锂在金属复氢化物中的还原活性是最强的，因其活性强、收率高，比较适合在实验室进行的小规模研究性反应中应用。但是由于氢化铝锂性质十分活泼，对于还原反应操作尤其是无水操作要求非常严格，否则易引发事故，再加上氢化铝锂价格偏贵，由此导致原料和设备成本都较高。药物合成工业上难以大规模使用四氢铝锂进行生产，因此通常选用活性稍低，但价格较便宜、操作更简便（一般不需要无水操作）和相对更安全的硼氢化物，例如硼氢化锂（$LiBH_4$）、硼氢化钾（KBH_4）、硼氢化钠（$NaBH_4$）等。

2）硼氢化钾（钠）：由于KBH_4、$NaBH_4$的还原能力比$LiAlH_4$弱，因此还原的选择性比较强。在羰基化合物的还原中，分子中的硝基、氰基、亚胺基、双键、卤素等可不受影响。例如以下反应中，用硼氢化钾或硼氢化钠还原时只还原酮羰基为醇；而用氢化铝锂时，则酯羰基也同时被还原为醇。

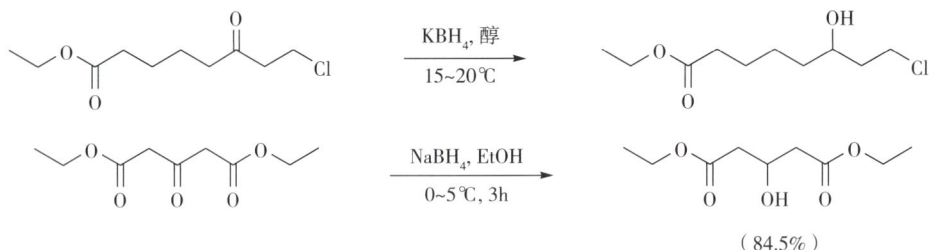

反应条件：可加入少量的碱，有促进反应的作用。

KBH_4、$NaBH_4$比较稳定，可以在水、醇类溶剂中进行还原反应，但是$NaBH_4$易吸潮，KBH_4更常用。当反应温度较高时，可选用异丙醇、二甲氧基乙烷等作溶剂。

反应结束后处理：加稀酸分解还原物并使剩余的硼氢化钾生成硼酸，便于分离。因此，KBH_4、$NaBH_4$不能在强酸性条件下使用，对于有羧基的酸性化合物的还原，应先中和成盐后还原。

$$KBH_4 \quad + \quad HCl \quad + \quad 3\ H_2O \quad \longrightarrow \quad B(OH)_3 \quad + \quad KCl \quad + \quad 4\ H_2 \uparrow$$

（2）应用实例

1）还原醛、酮

反应通式:

$$\underset{R}{\overset{O}{\underset{\|}{C}}} R^1(H) \xrightarrow[\text{m=Li, Na, K, etc.}]{\text{LiAlH}_4 \text{ or mBH}_4} \underset{R}{\overset{OH}{\underset{|}{C}}} R^1(H)$$

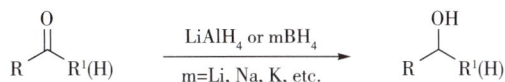

硼氢化物由于其选择性好,操作简便、安全,已成为本类还原的首选试剂。

应用实例:帕克替尼(pacritinib)是一种激酶抑制剂,用于治疗骨髓纤维化和严重血小板减少症患者。帕克替尼的一种合成方法中,应用了硼氢化钠在甲醇中还原芳醛为苄醇衍生物。反应物分子中的硝基和卤素没有受到影响。

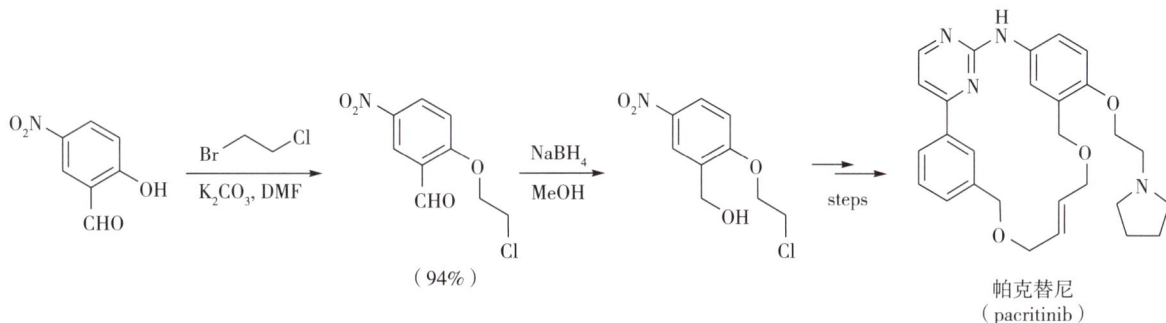

2)还原羧酸及其衍生物:氢化铝锂为常用还原试剂,其反应特点:选择性较差且反应条件要求较高。该试剂一般不与孤立的烯键、炔键发生还原反应。

应用实例:维生素 A(vitamin A)的制备。

维生素A(vitamin A)

2. 硼烷

常用试剂 硼烷(BH$_3$)、乙硼烷(或二硼烷)(B$_2$H$_6$)、BH$_3$/THF、BH$_3$/Me$_2$S(DMS)等。硼烷一般溶于四氢呋喃(tetrahydrofuran,THF)或乙醚(Et$_2$O)、二甲硫醚(Me$_2$S,DMS)等醚类溶剂中使用。

硼烷-四氢呋喃络合物(borane–THF complex)　四氢呋喃(THF)　二硼烷(diborane)　硼烷(borane)　醚(ether)　硼烷-醚络合物(borane–ether complex)

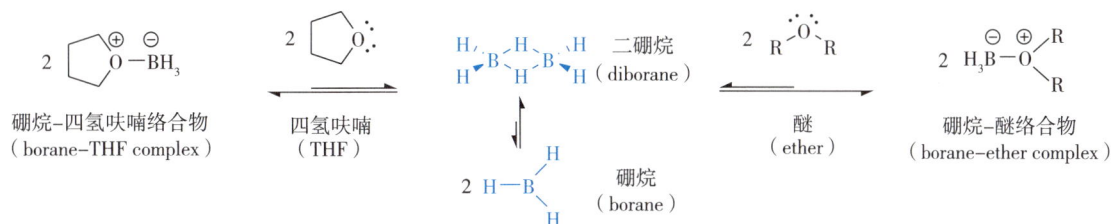

硼烷的制备 乙硼烷(或二硼烷)是硼烷的二聚体,是一种在空气中能自燃的有毒气体,通常是由硼氢化钠和三氟化硼反应或者由硼氢化钠和碘反应制备。

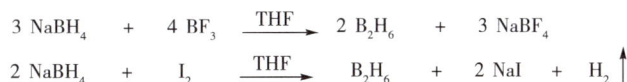

$$3\ \text{NaBH}_4 + 4\ \text{BF}_3 \xrightarrow{\text{THF}} 2\ \text{B}_2\text{H}_6 + 3\ \text{NaBF}_4$$

$$2\ \text{NaBH}_4 + \text{I}_2 \xrightarrow{\text{THF}} \text{B}_2\text{H}_6 + 2\ \text{NaI} + \text{H}_2\uparrow$$

应用特点:以硼烷、乙硼烷为还原剂,对不饱和键化合物,包括烯烃、醛、酮、羧酸及其衍生物、酰胺、腈、肟和环氧化合物的还原反应属于亲电性的氢负离子加成反应。

(1)硼烷对碳-碳不饱和键的还原 由于硼原子为缺电子原子,B$_2$H$_6$的还原作用是硼原子首先进攻富电子中心，呈负电的 H 转移至所形成的缺电子中心，不仅可还原极性键，也可还原碳–碳重键。硼烷与碳–碳不饱和键加成而形成烃基硼烷的反应称为硼氢化反应。例如，硼烷和双键发生硼氢化反应，首先加成得到烃基硼烷，然后加酸水解使得碳–硼键断裂而得到烷烃，从而使不饱和键还原。

硼氢化反应的机理：不对称烯烃与硼烷加成时，反应具有立体和区域选择性，硼原子主要加到烷基取代较少的双键碳上（空间位阻较小的位置），这一加成方式是反马氏规则（anti-Markovnikov's Rule）的。因为硼的电负性（2.0）比氢（2.1）略小，且具有空 p 轨道，表现出亲电性，加之硼烷体积较大，因此加成时硼加到电子云密度较大而空间位阻较小的含氢较多的双键碳上。实验证明，烯烃的硼氢化并不生成碳正离子中间体，反应是通过形成一个四中心过渡态（four-centered transition state）的协同过程（concerted process）进行的。在不饱和烃的硼氢化反应中不会发生重排，因此这是一个典型的顺式加成（syn-addition）反应。硼烷（BH_3）和烯烃共发生三次硼氢化反应，生成三烷基硼烷$[(RCH_2CH_2)_3B]$。

硼氢化–还原反应（不对称烯烃与硼烷的顺式硼氢化加成，再酸水解）的反应机理：

优点：操作简便，产率高。

缺点：不安全，毒性大。

硼烷对碳–碳双键的加成速度，受反应物与硼烷取代基立体位阻的影响，随着烷烃取代基数目增加而降低。下式中还原活性不同，硼烷 > 一烷基硼 > 二烷基硼。

（2）硼烷对羰基化合物及其衍生物的还原　主要包括对醛、酮、羧酸及其衍生物、酰胺、腈、肟和环氧化合物的还原为醇或胺的反应，属于氢负离子的亲电加成反应机理。

反应机理：首先缺电子的硼原子与羰基上的 X 原子（如氧原子）上的未共用电子对相结合，然后硼烷上的氢以氢负离子形式转移到缺电的羰基碳原子上，最后经水解得到醇或胺。

R^1 or R^2=H, alkyl, OR, NR'R", etc.
X=O, NH, NOH, etc.

酰卤类化合物由于卤素的吸电子效应，降低了羰基氧原子上的电子云密度，使硼烷不能与氧原子结合，因此酰卤类化合物不能被硼烷还原。

硼烷还原反应的应用实例如下。

1）利用硼烷与烯烃的加成反应生成烷基取代硼烷后，然后酸水解得到烷烃。

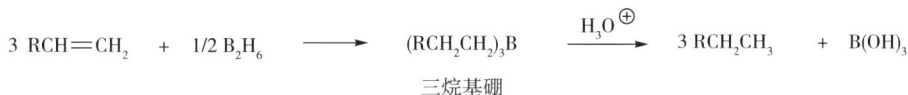

$$3\ RCH{=}CH_2\ +\ 1/2\ B_2H_6\ \longrightarrow\ (RCH_2CH_2)_3B\ \xrightarrow{H_3O^{\oplus}}\ 3\ RCH_2CH_3\ +\ B(OH)_3$$

三烷基硼

非端基炔烃与乙硼烷顺式加成，生成相应的硼烷，再用乙酸分解，得到顺式烯烃。

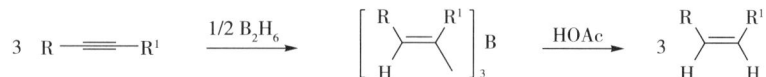

$$3\ R{-}{\equiv}{-}R^1\ \xrightarrow{1/2\ B_2H_6}\ \left[\begin{array}{c}R\quad R^1\\ \diagup\!\!\!\diagdown\\ H\quad\end{array}\right]_3 B\ \xrightarrow{HOAc}\ 3\ \begin{array}{c}R\quad R^1\\ \diagup\!\!\!\diagdown\\ H\quad H\end{array}$$

2）硼氢化-氧化反应生成反马氏规则的醇。利用硼烷与烯烃的顺式加成反应生成烷基取代硼烷后，不经分离，直接进行氧化，即可得到相应的醇，进而可氧化为醛或酮。

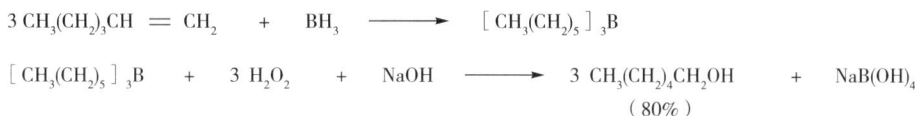

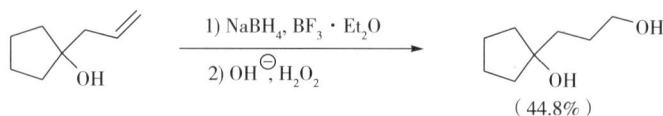

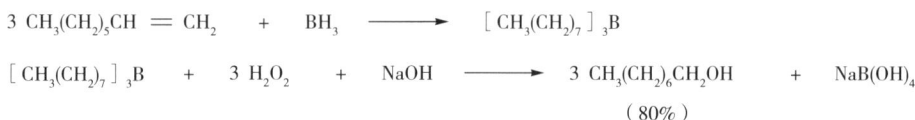

$$3\ CH_3(CH_2)_3CH{=}CH_2\ +\ BH_3\ \longrightarrow\ [CH_3(CH_2)_5]_3B$$

$$[CH_3(CH_2)_5]_3B\ +\ 3\ H_2O_2\ +\ NaOH\ \longrightarrow\ 3\ CH_3(CH_2)_4CH_2OH\ +\ NaB(OH)_4$$
（80%）

（44.8%）

$$3\ CH_3(CH_2)_5CH{=}CH_2\ +\ BH_3\ \longrightarrow\ [CH_3(CH_2)_7]_3B$$

$$[CH_3(CH_2)_7]_3B\ +\ 3\ H_2O_2\ +\ NaOH\ \longrightarrow\ 3\ CH_3(CH_2)_6CH_2OH\ +\ NaB(OH)_4$$
（80%）

非端基炔烃与乙硼烷顺式加成，生成相应的硼烷，再用过氧化氢氧化，得到羰基化合物。

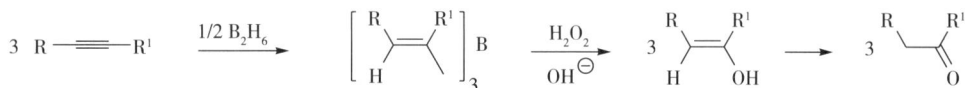

$$3\ R{-}{\equiv}{-}R^1\ \xrightarrow{1/2\ B_2H_6}\ \left[\begin{array}{c}R\quad R^1\\ \diagup\!\!\!\diagdown\\ H\quad\end{array}\right]_3 B\ \xrightarrow[OH^{\ominus}]{H_2O_2}\ 3\ \begin{array}{c}R\quad R^1\\ \diagup\!\!\!\diagdown\\ H\quad OH\end{array}\ \longrightarrow\ 3\ \begin{array}{c}R\quad R^1\\ \diagup\!\!\!\diagdown\\ \quad O\end{array}$$

3）利用硼烷与碳-碳不饱和键的加成反应生成烷基取代硼烷后，可在甲醇钠的甲醇溶液中与碘、溴素等反应，硼原子被卤素取代，得到相应的碘代烷或溴代烷等。不饱和烃的硼氢化-卤解反应是顺式硼氢化加成机理，硼原子优先处于位阻小的空间位置，得反马氏加成产物。

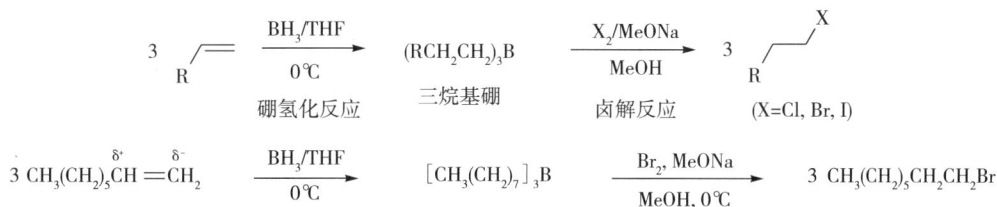

$$3\ \overset{R}{\diagdown}{=}\ \xrightarrow[0℃]{BH_3/THF}\ (RCH_2CH_2)_3B\ \xrightarrow[MeOH]{X_2/MeONa}\ 3\ \overset{X}{\underset{R}{\diagdown\!\!\!\diagup}}$$

硼氢化反应　　　　三烷基硼　　　　卤解反应　　（X=Cl, Br, I）

$$3\ CH_3(CH_2)_5\overset{\delta^+}{CH}{=}\overset{\delta^-}{CH_2}\ \xrightarrow[0℃]{BH_3/THF}\ [CH_3(CH_2)_7]_3B\ \xrightarrow[\text{MeOH, }0℃]{Br_2,\ MeONa}\ 3\ CH_3(CH_2)_5CH_2CH_2Br$$

4）还原羧酸及其衍生物

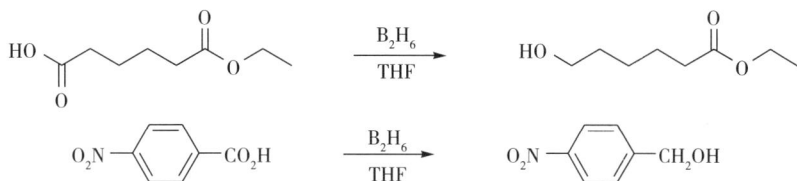

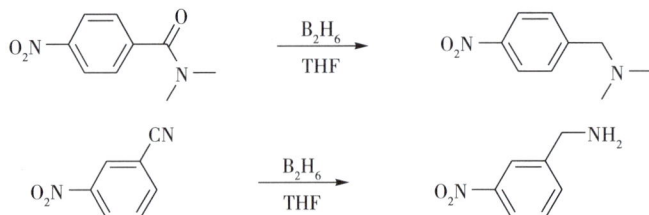

5）还原羰基化合物

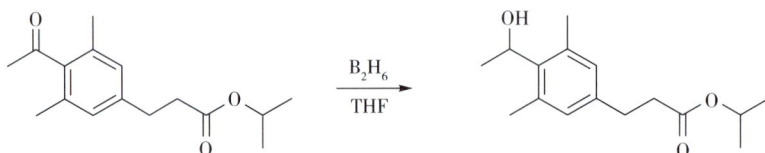

二、活泼金属还原剂

常用活泼金属还原剂有 Li，Na，K，Ca，Mg，Zn，Al，Sn，Fe 等。反应机理属于电子转移还原，还原过程为电子 – 质子的转移过程。

例如，非端基炔烃在液氨（Liq. NH₃）中用金属钠还原，生成反式烯烃。还原剂可以是钠/液氨、锂/液氨，也可以是钠/乙胺、锂/乙胺等。

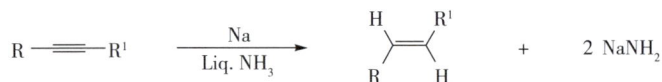

反应机理：

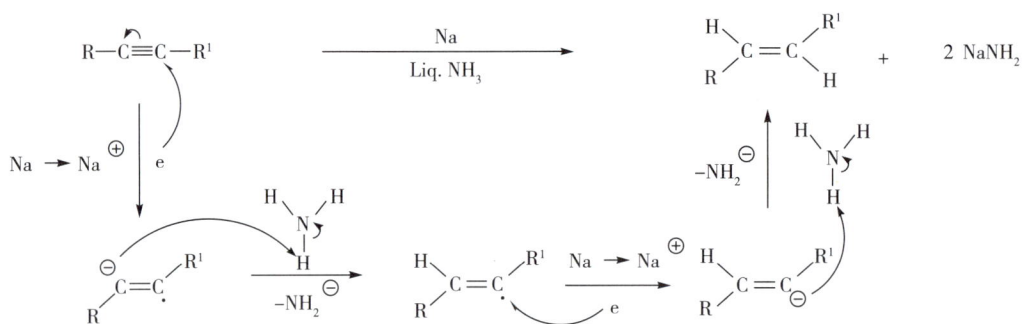

电子转移还原的特点：① 由活泼金属提供电子；② 需要质子溶剂。

电子转移还原的优点：化学选择性和立体选择性好，产率高。

例如：

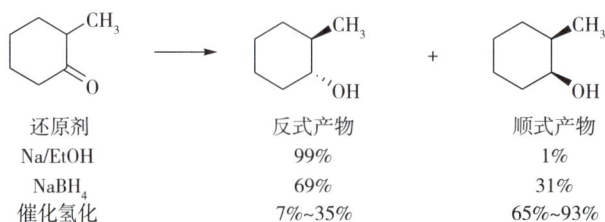

还原剂	反式产物	顺式产物
Na/EtOH	99%	1%
NaBH₄	69%	31%
催化氢化	7%~35%	65%~93%

电子转移还原的缺点：成本较高。

1. 碱金属还原剂

（1）Birch 反应的概念　在液氨-醇体系中，用碱金属（如钠、锂、钾）将芳香族化合物还原成非共轭二烯的反应称为 Birch 反应。

反应通式：

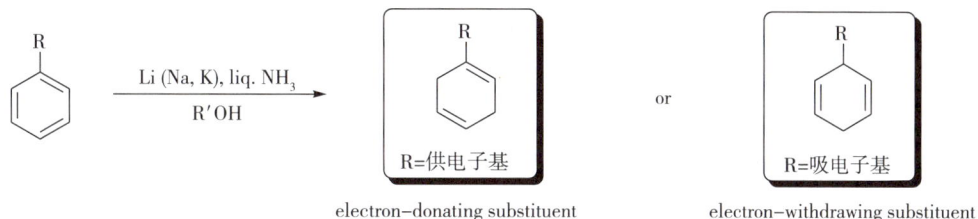

若取代基为供电子基（electron-donating group，EDG）的芳香族化合物，生成 1-取代-1,4-环己二烯；若取代基为吸电子基（electron-withdrawing group，EWG）的芳香族化合物，则生成 1-取代-2,5-环己二烯。当芳环上连有吸电子基时，能加速反应；当芳环上连有供电子基时，则阻碍反应进行。当芳环上同时连有供电子基和吸电子基时，Birch 反应的选择性主要取决于吸电子基。

例如：

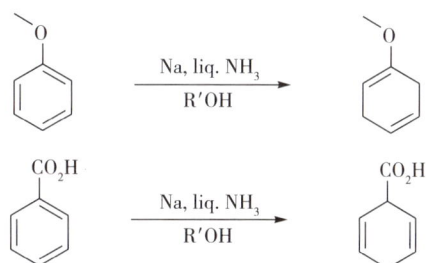

反应机理：Birch 还原的反应历程属于单电子转移，为自由基非链反应。单电子氧化还原反应是形成自由基最常见最简便的方法。单电子转移过程先生成阳离子自由基（氧化）或阴离子自由基（还原），再分解成自由基和离子。例如 Birch 还原反应：通过金属 Li 给出一个电子，形成苯负自由基。

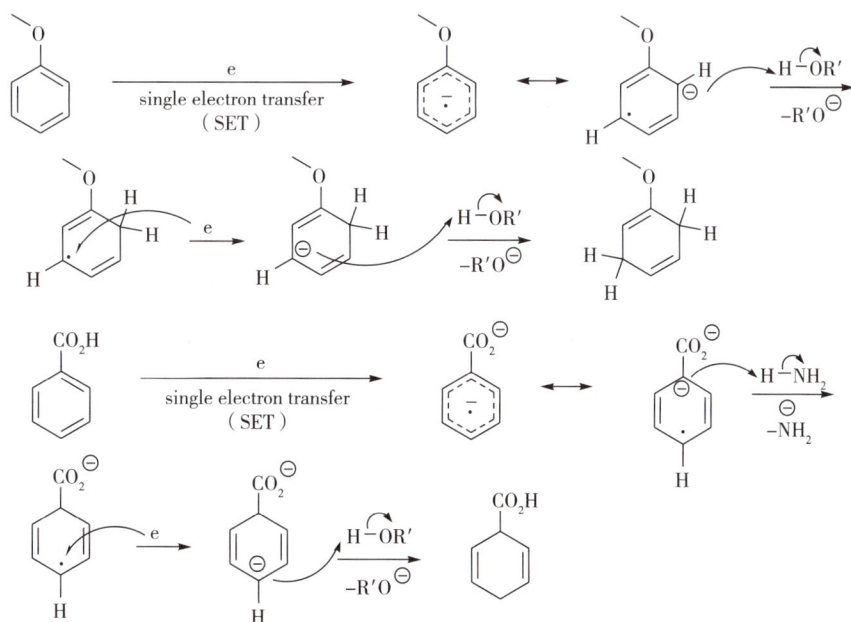

例如：

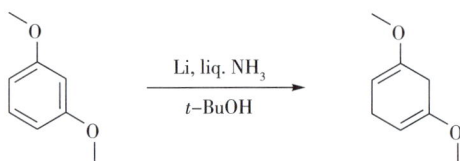

反应机理：

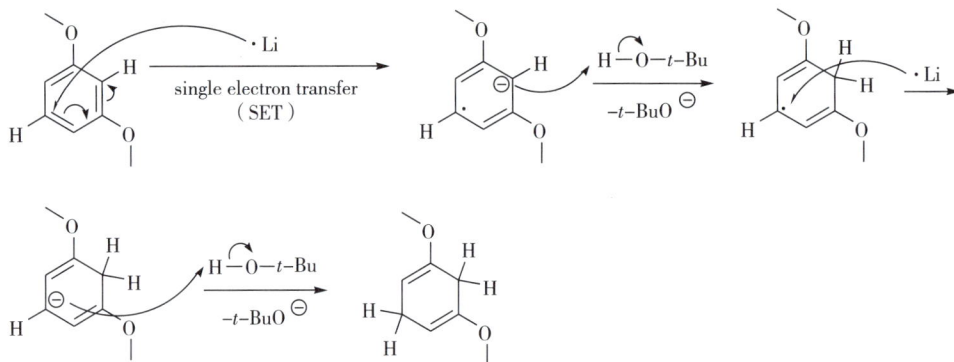

（2）Birch 反应常用的碱金属 钠、锂、钾，其还原活性为：锂 > 钠 > 钾。Birch 反应的官能团耐受性很差，例如苄基醚、醇和碳基等都会被还原并被 H 取代，化合物中的卤素也是如此，容易发生氢解反应。

例如：

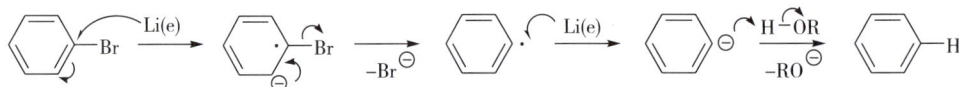

（3）Birch 反应的应用

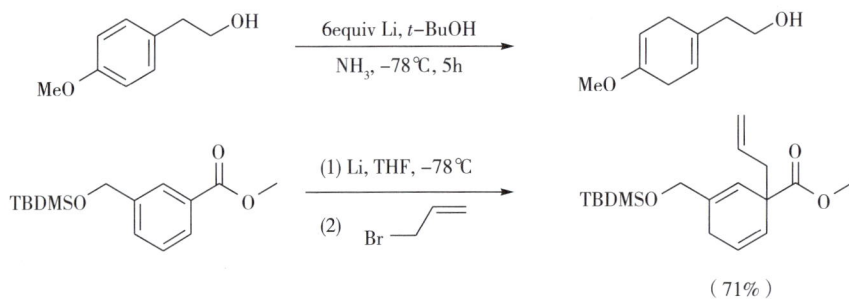

（71%）

例如：口服避孕药炔诺孕酮（norgestrel）的制备。

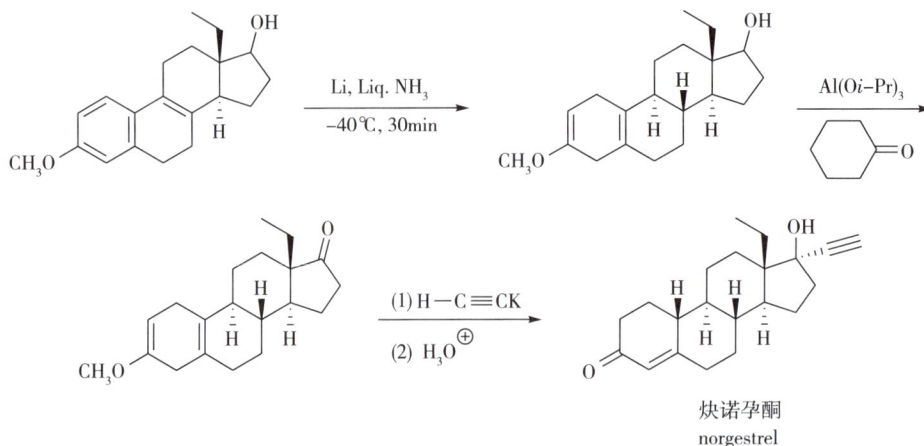

炔诺孕酮
norgestrel

2. 锌及锌汞齐还原剂

（1）Clemmensen 还原　在酸性条件下，用锌汞齐或锌粉还原醛基或酮基为甲基或亚甲基的反应称 Clemmensen 还原（Clemmensen reduction）或 Clemmensen 反应。

锌-汞齐（Zn–Hg）是用锌粒与氯化汞在稀盐酸中反应而制得的，锌可以将 Hg^{2+} 还原为 Hg，然后在锌的表面形成锌-汞齐。

反应通式：

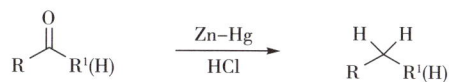

将锌-汞齐与羰基化合物在稀盐酸中回流，或锌粉在醋酸/盐酸中，可将醛基还原成甲基，酮基则被还原成亚甲基。

例如：

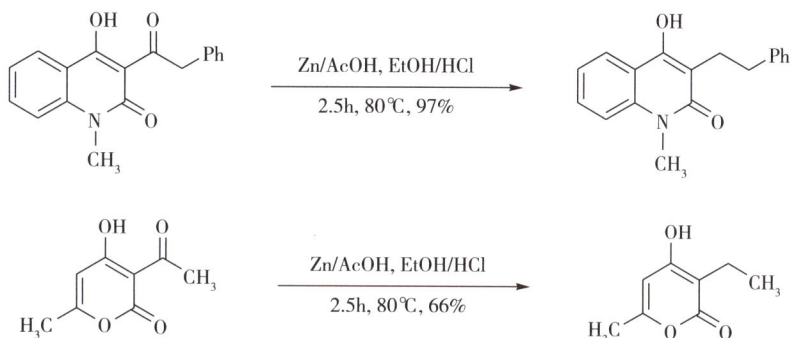

例如，脂肪酸酐和芳烃进行 Friedel–Crafts 酰基化反应可制备芳酰脂肪羧酸，经还原后，芳基脂肪羧酸可进一步发生分子内 Friedel–Crafts 酰基化反应得到芳基环酮衍生物（比如 1–萘满酮）。1–萘满酮可再次利用 Clemmensen 还原反应生成四氢萘（tetralin），最后经钯–碳催化脱氢芳构化得到萘（naphthalene）。

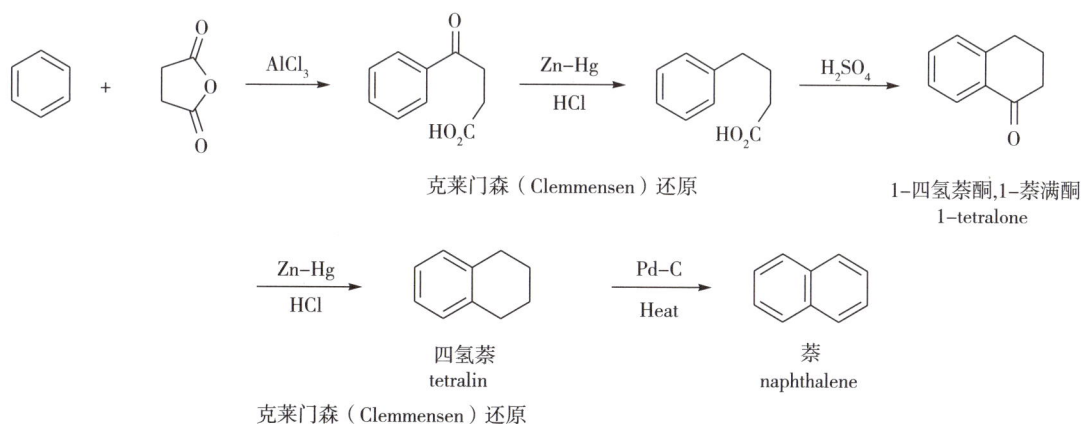

克莱门森（Clemmensen）还原

1–四氢萘酮, 1–萘满酮
1–tetralone

四氢萘
tetralin

萘
naphthalene

克莱门森（Clemmensen）还原

菲（phenanthrene）的合成策略和上述萘的合成方法相似。

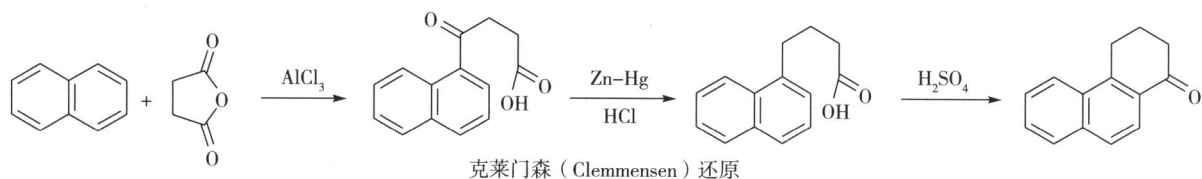

克莱门森（Clemmensen）还原

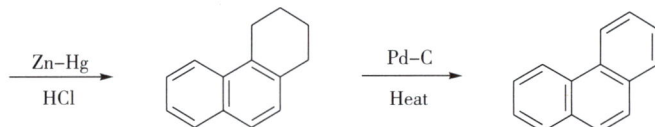

克莱门森（Clemmensen）还原　　　　　　　　　　　菲
phenanthrene

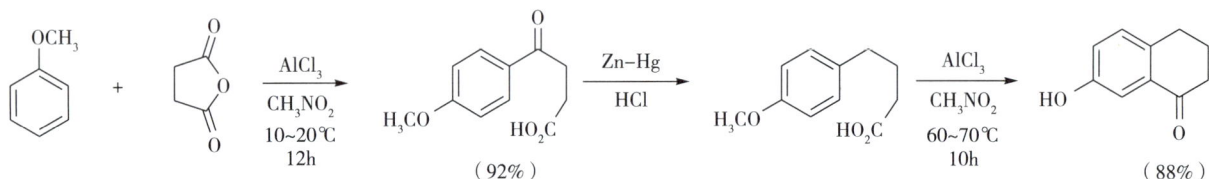

（92%）　　　　　　　　　　　　　　　　　　　　　（88%）

克莱门森（Clemmensen）还原

反应机理：目前还不是完全清楚 Clemmensen 还原（Clemmensen reduction）的反应机理。该反应的机理有三种可能的解释：自由基机理、锌-卡宾机理、碳负离子机理。

自由基机理（radical mechanism）：

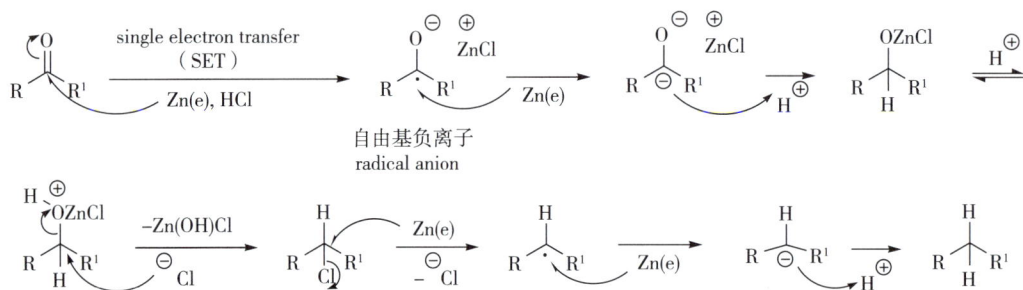

自由基负离子
radical anion

锌-卡宾机理（zinc-carbenoid mechanism）：

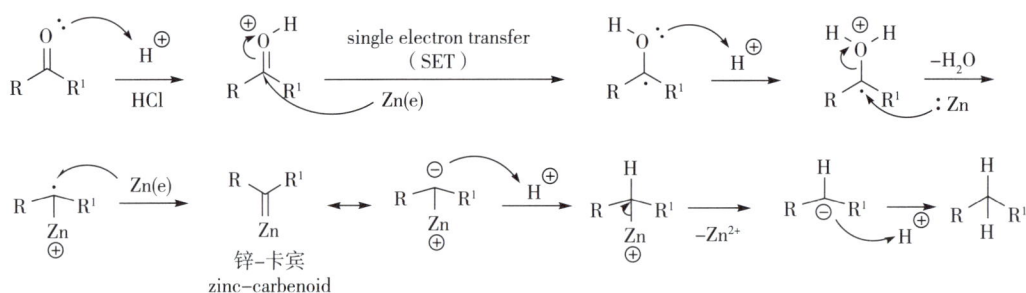

锌-卡宾
zinc-carbenoid

碳负离子机理（carbanionic mechanism）：

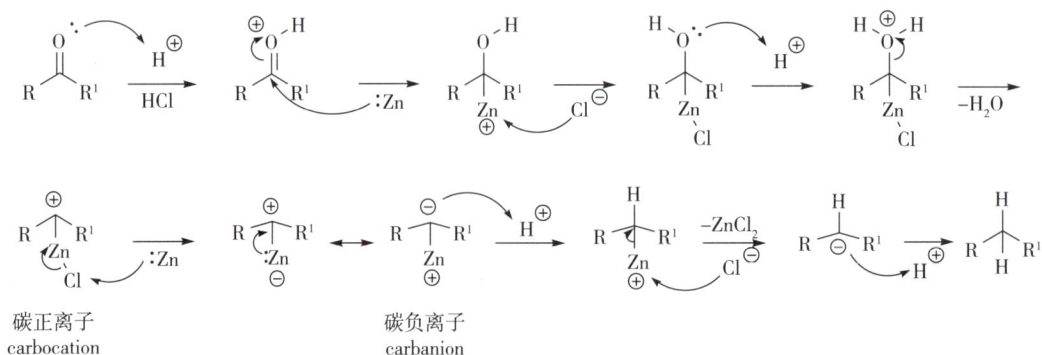

碳正离子　　　　　　　　　　碳负离子
carbocation　　　　　　　　carbanion

反应特点及应用如下。

1）常应用于芳香族羰基化合物的还原，收率较高，底物分子中有羧酸、酯、酰胺等羰基存在时，可不受影响，Clemmensen 还原是在强酸性条件下进行加热回流，因此反应条件比较剧烈，不适用于对酸敏感的化合物的还原。此时则可应用 Wolff-kishner-黄鸣龙反应进行还原。醛或酮在强碱性条件下加热反应，与水合肼（N₂H₄·H₂O）缩合成腙（hydrazone），进而放出氮气分解转变为甲基或亚甲基的反应称 Wolff-kishner-黄鸣龙反应。由于 Clemmensen 还原是在酸性条件下进行的，而 Wolff-kishner-黄鸣龙反应是在碱性条件下进行的，二者正好互补，在药物合成反应中得到了广泛的应用。

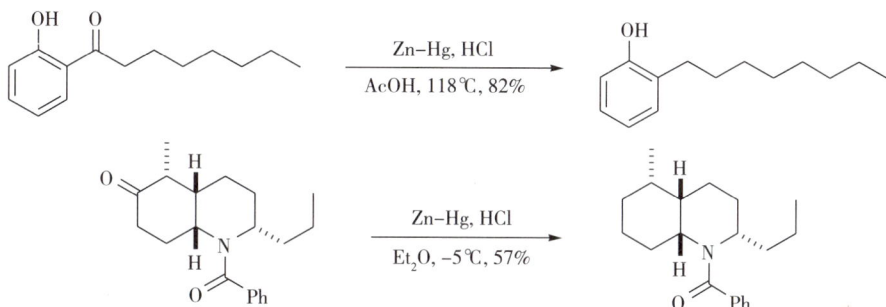

2）α-酮酸及其酯类只能将酮基还原成羟基。

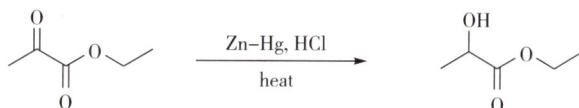

3）β-或 γ-酮酸及其酯类则可将酮基还原为亚甲基，羧酸、酯等不受影响，例如，4-苯基-4-氧代丁酸可在盐酸中被锌-汞齐（Zn-Hg）还原为 γ-苯基丁酸。

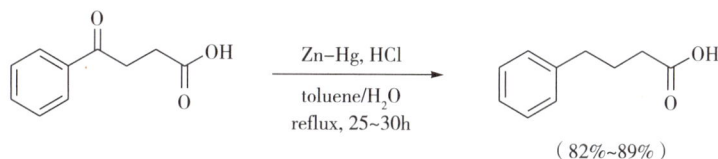

4）脂肪酮、醛或酯环酮的 Clemmensen 还原容易产生树脂化或双分子还原，生成频哪醇（pinacols）等副产物，因此收率较低。其原因主要是在剧烈的反应条件下，生成的负离子自由基的浓度过高而发生相互偶联的结果。例如，用 2-辛酮经 Clemmensen 还原制备正辛烷，收率仅有 58%。

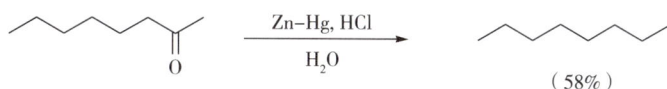

（2）锌-乙酸还原剂　锌-乙酸可以选择性地将酮羰基邻位的乙酰氧基、羟基和卤素进行还原消除，环状酸酐可以被还原成内酯。

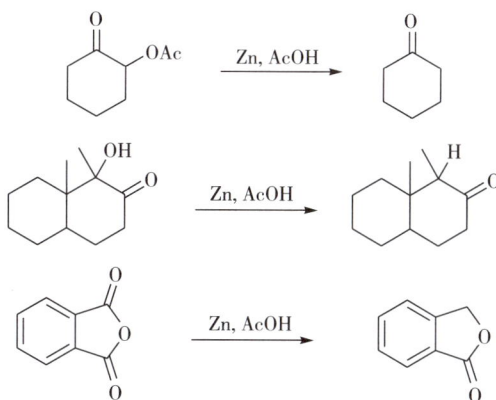

3. 电解质溶液中的铁还原剂 活泼金属（钠、铁、锌等）对羰基（如 Clemmensen 还原）、硝基等含氮化合物以及硫化物或含硫氧化物的还原，均为底物在活泼金属表面进行电子得失的转移过程。其中，活泼金属为电子供体。铁粉在盐类电解质（低价铁盐和氯化铵等）的水溶液中具有强的还原能力，可将芳香族硝基、脂肪族硝基或其他含氮氧功能基（如亚硝基、羟胺等）还原成相应的氨基。以铁/供质子体还原硝基化合物为例，铁粉为电子供体，电子从铁粉表面转移到被还原的硝基上，形成阴离子自由基，经获得质子后脱水，得到还原产物。酸（如硫酸、盐酸、醋酸等）、醇、水等均可作为质子供体。

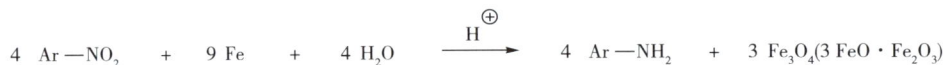

例如：

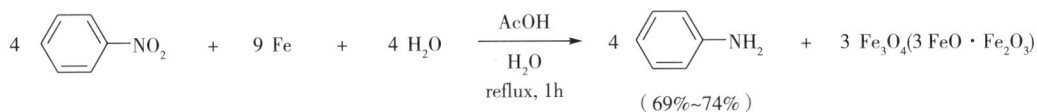

反应机理：

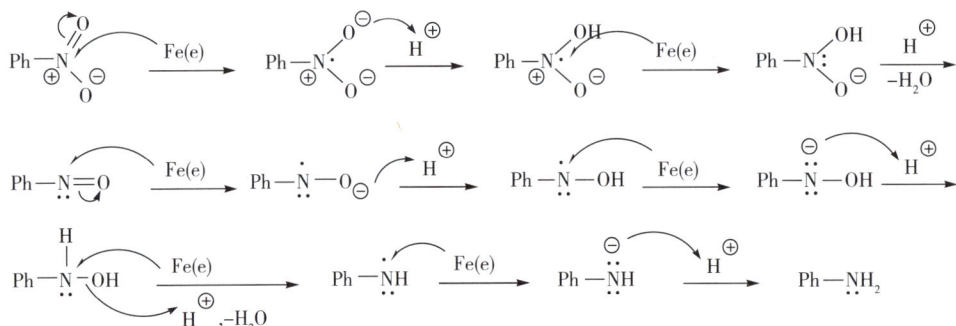

由以上机理可知，1mol 硝基化合物应得到 6 个电子才能还原为氨基化合物，因铁最后氧化生成四氧化三铁（Fe_3O_4 或 $FeO \cdot Fe_2O_3$），俗称铁泥。因此，1mol 硝基化合物还原为氨基化合物，理论上需要2.25mol 铁。

反应特点如下。

（1）铁–酸还原体系是还原硝基的常用方法，还原反应是分步进行的，以硝基苯的还原为例，依次被铁粉还原为亚硝基苯，然后是苯基羟胺，最后得到苯胺。

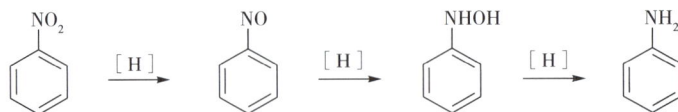

（2）铁粉还原的优点是比较经济且选择性高，一般对卤素、烯烃、羰基等基团无影响，但是会产生大量的铁泥而影响环境。

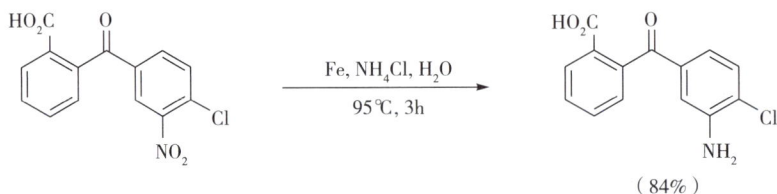

（3）铁粉作为还原剂时，一般含硅的铸铁粉效果较好，而熟铁粉、钢粉或化学纯的铁粉效果较差。因为在碱性条件下，生成的氢氧化铁覆盖在铁粉表面，使反应不能继续进行。但如果铁粉中含有硅，则与碱生成硅酸钠而溶于水，使铁粉的表面积增大，反应就可以顺利进行。

（4）铁-酸还原体系还原芳环上的硝基时，当芳环上有吸电子基时，由于硝基氮原子的亲电性增强，还原较易，还原温度较低。当芳环上有释电子基时，则反应温度较高，这可能是硝基氮原子上的电子云密度较高，不易接受电子的原因。

例如，扑热息痛中间体对氨基苯酚的制备，需在回流状态下进行。

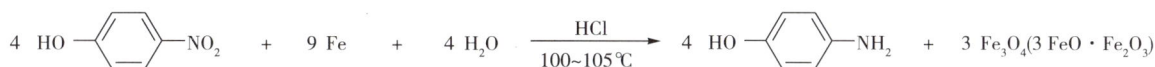

$$4 \ \text{HO}\!-\!\!\langle\!\!\bigcirc\!\!\rangle\!\!-\!\text{NO}_2 \ + \ 9 \ \text{Fe} \ + \ 4 \ \text{H}_2\text{O} \ \xrightarrow[100\sim105\,℃]{\text{HCl}} \ 4 \ \text{HO}\!-\!\!\langle\!\!\bigcirc\!\!\rangle\!\!-\!\text{NH}_2 \ + \ 3 \ \text{Fe}_3\text{O}_4(3 \ \text{FeO}\cdot\text{Fe}_2\text{O}_3)$$

而盐酸普鲁卡因中间体对氨基苯甲酸的制备，在温和的条件下即可反应。

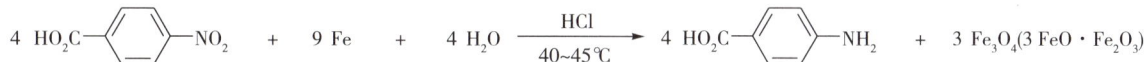

$$4 \ \text{HO}_2\text{C}\!-\!\!\langle\!\!\bigcirc\!\!\rangle\!\!-\!\text{NO}_2 \ + \ 9 \ \text{Fe} \ + \ 4 \ \text{H}_2\text{O} \ \xrightarrow[40\sim45\,℃]{\text{HCl}} \ 4 \ \text{HO}_2\text{C}\!-\!\!\langle\!\!\bigcirc\!\!\rangle\!\!-\!\text{NH}_2 \ + \ 3 \ \text{Fe}_3\text{O}_4(3 \ \text{FeO}\cdot\text{Fe}_2\text{O}_3)$$

又如，由对硝基苯乙醚作为原料，应用铁粉还原法制备对氨基苯乙醚时，需要在95℃到100℃反应3小时，收率94%。

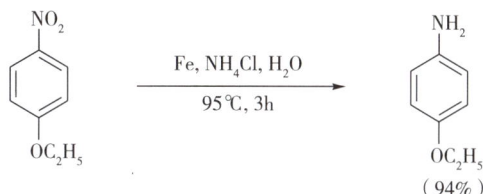

（94%）

由邻硝基苯甲醚作为原料，应用铁粉还原法制备邻氨基苯甲醚时，需要在100～110℃反应1.5小时，收率75%。

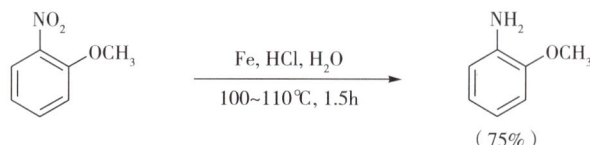

（75%）

（5）用铁粉还原时，常加入少量稀酸，使铁粉表面的氧化铁形成亚铁盐而作为催化电解质。也可以加入亚铁盐、氯化铵等电解质使铁粉活化。低价铁盐如硫酸亚铁、氯化亚铁、醋酸亚铁等也可以作为还原剂，硫酸亚铁常与氨水一起使用，将硝基还原为氨基时，分子中的醛基、羟基等不受影响。

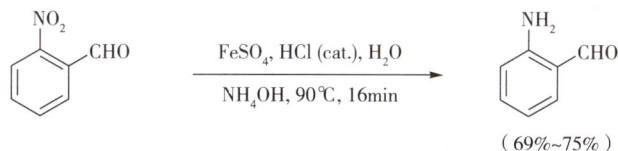

（69%～75%）

应用实例： 局部麻醉药盐酸普鲁卡因（procaine hydrochloride）的一种合成方法。

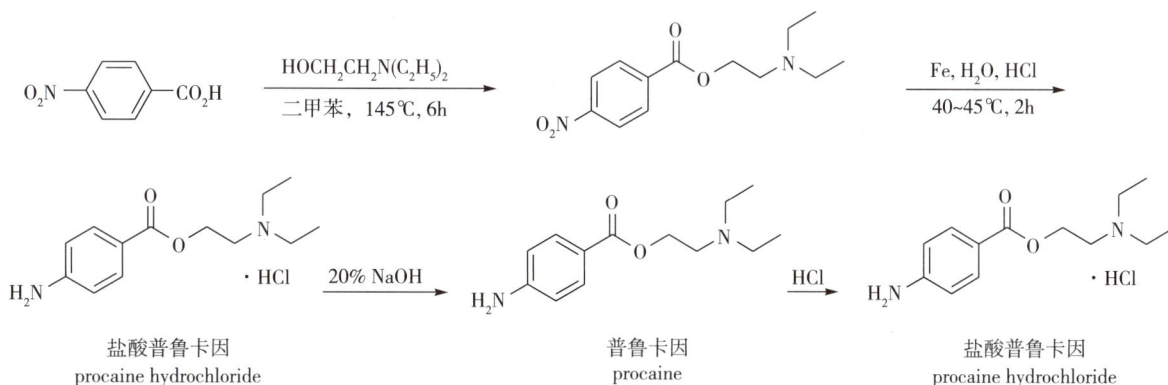

盐酸普鲁卡因　　　　　　　　　　普鲁卡因　　　　　　　　　盐酸普鲁卡因
procaine hydrochloride　　　　　　procaine　　　　　　　procaine hydrochloride

三、硫化物还原剂

含硫化合物大多为温和的还原剂，主要包括硫化物（硫化钠、硫氢化物和多硫化物等）和含氧硫化物（亚硫酸钠、亚硫酸氢钠、连二亚硫酸钠、二氧化硫等）。

1. 常用的含硫化合物还原剂

（1）硫化物为还原剂：硫化钠、硫氢化物和多硫化物等　硫化钠、硫化铵和多硫化钠等可以将硝基还原为胺。多硝基化合物可以进行选择性的还原。钠或铵的硫化物或多硫化物，如硫化钠、硫化铵、硫氢化钠、硫氢化铵和多硫化铵等，可选择性地将多硝基化合物中的一个硝基还原为氨基。反应通常在水或醇介质中进行。

例如：

$$O_2N-\langle\rangle-CH_2CO_2H \ + \ 3\ H_2O \ + \ 3(NH_4)_2S \ \xrightarrow[H_2O]{0\sim50℃} \ H_2N-\langle\rangle-CH_2CO_2NH_4 \ + \ 3\ S \ + \ 5\ NH_4OH$$

$$H_2N-\langle\rangle-CH_2CO_2NH_4 \ \xrightarrow{CH_3CO_2H} \ H_2N-\langle\rangle-CH_2CO_2H \ + \ CH_3CO_2NH_4$$

（83%）

$$\xrightarrow[\text{or } Na_2S_2, H_2O]{NaSH, CH_3OH}$$

$$\xrightarrow{NaSH, CH_3OH}$$

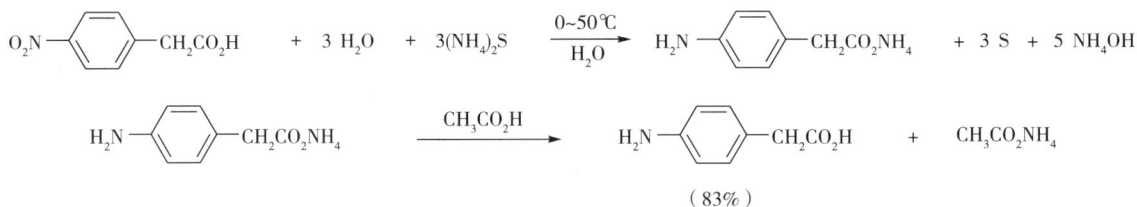

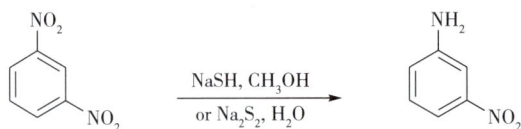

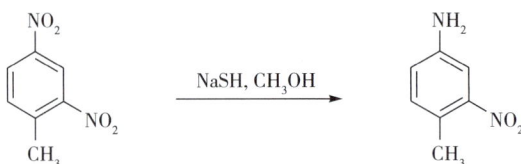

（2）含氧硫化物为还原剂　连二亚硫酸钠（又称次亚硫酸钠、保险粉，$Na_2S_2O_4$）、亚硫酸钠、亚硫酸氢钠等。反应条件比较温和，产物分离比较方便，但收率较低，废水处理比较麻烦。

连二亚硫酸钠是一种能够还原醛、酮、不饱和酮、醌类、双不饱和酸、偶氮类、硝基、亚硝基化合物、重氮基、亚胺、肟、吡啶盐、吡嗪、乙烯砜等的强还原剂，在制药工业中有着广泛的应用。连二亚硫酸钠是一种白色结晶性粉末，在常温干燥下稳定存在，但在潮湿或高温环境下容易发生分解，释放出二氧化硫气体，特别是在酸性溶液中迅速剧烈分解，因此使用时应在碱性条件下现配现用。由于其强还原性，连二亚硫酸钠在遇到氧化剂时会发生剧烈反应，甚至可能导致燃烧或爆炸。因此，在储存和运输过程中，必须避免与氧化剂接触，并保持环境的通风和干燥。

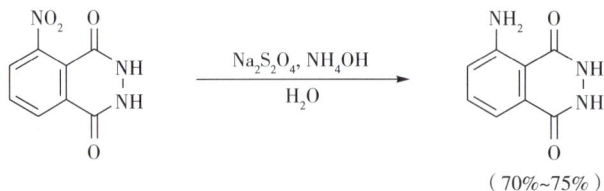

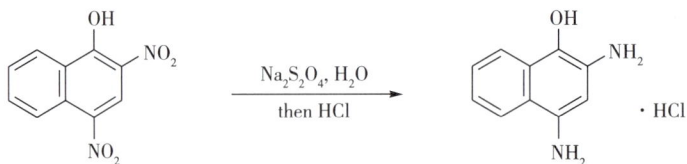

$$\xrightarrow[H_2O]{Na_2S_2O_4, NH_4OH}$$

（70%~75%）

$$\xrightarrow[\text{then HCl}]{Na_2S_2O_4, H_2O}$$

2. 反应特点

（1）被还原物的选择　芳环上含有吸电子基团时，有利于还原反应；芳环上含有给电子基团时，将阻碍还原反应的进行。

（2）反应介质的碱性　硫化钠作还原剂时，由于不断有氢氧化钠生成，因此随着反应的进行，反应体系的 pH 逐渐升高，容易引起硝基化合物的双分子还原，产物带有有色杂质。可在体系中加入氯化铵、硫酸镁、氯化镁、硫酸铝等物质进行中和，降低反应体系的碱性。也可以加入计量的硫使生成二硫化钠，二硫化钠不会引起双分子还原。

$$4\ PhNO_2 + 6\ Na_2S + 7\ H_2O \longrightarrow 4\ PhNH_2 + 3\ Na_2S_2O_3 + 6\ NaOH$$

二硫化钠是由等摩尔的硫化钠和硫在水中加热来制备的，二硫化钠或多硫化钠作还原剂还原硝基时，反应过程无氢氧化钠生成，可避免双分子还原。

$$PhNO_2 + Na_2S_2 + H_2O \longrightarrow PhNH_2 + Na_2S_2O_3$$

（3）多硫化物（例如 Na_2S_x）还原　还原时虽然无碱生成，但是常有乳状的硫析出，有时会造成分离的困难。

$$PhNO_2 + Na_2Sx + H_2O \longrightarrow PhNH_2 + Na_2S_2O_3 + S \downarrow$$

3. 应用实例

（1）多硝基化合物部分还原　采用硫化物进行部分还原的条件比较温和，硫氢化钠或二硫化钠过量 5%～10%，反应温度控制在 40～85℃，一般不超过 100℃，以避免发生硝基的完全还原，有时需要加入无机盐或酸（如硫酸镁、氯化铵、盐酸等）以降低介质的碱性。多硝基化合物部分还原时，处于 —OH 或 —OR 等基团邻位的硝基可被选择性地还原。

例如：

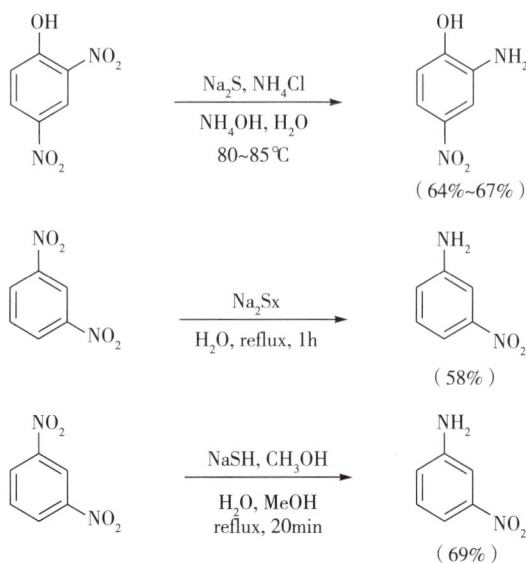

（2）多硝基化合物的完全还原　一般采用硫化钠或二硫化钠为还原剂，过量 10%～20%，反应温度控制在 60～100℃。有时为了还原完全，缩短反应时间，可控制在 125～160℃，在高压釜中进行。

四、其他还原剂

1. 水合肼（$N_2H_4 \cdot H_2O$）还原剂：Wolff-kishner-黄鸣龙反应

（1）概念　醛或酮在强碱性条件下加热反应，与水合肼（$N_2H_4 \cdot H_2O$）缩合成腙（hydrazone），进而放出氮气分解转变为甲基或亚甲基的反应称 Wolff-kishner-黄鸣龙反应（Wolff-Kishner-Huang Minlon reduction）。

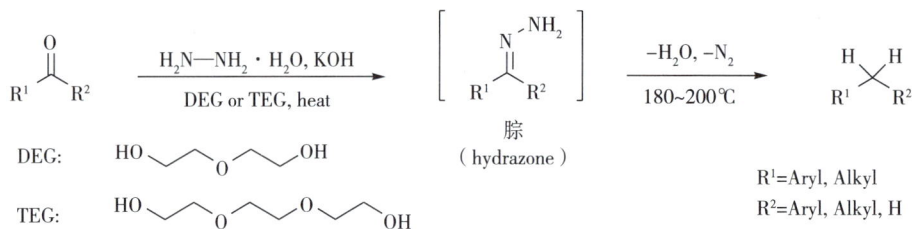

（2）操作步骤　将醛或酮和85%水合肼、氢氧化钾混合，在二聚乙二醇（DEG）或三聚乙二醇（TEG）等高沸点溶剂中，加热蒸出生成的水，然后升温至180～200℃在常压下反应2～4小时，即还原得亚甲基产物。

优点：省去加压反应步骤；收率也有所提高，一般在60%～95%；具有工业生产价值。

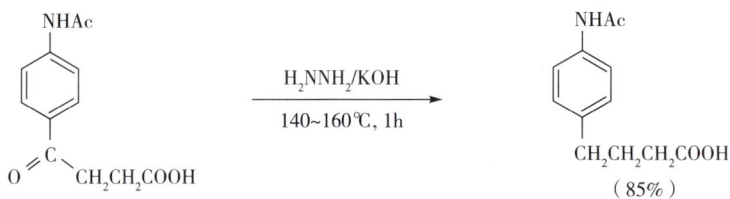

2. 醇铝为还原剂　Meerwein-Ponndorf-Verley 还原反应：将醛或酮（aldehyde or ketone）等羰基化合物和异丙醇铝（aluminum isopropoxide）在异丙醇（iso-propyl alcohol）中共热时，可还原得到相应的伯醇或仲醇（1° or 2° alcohol），同时将异丙醇氧化为丙酮（acetone）。

反应通式：

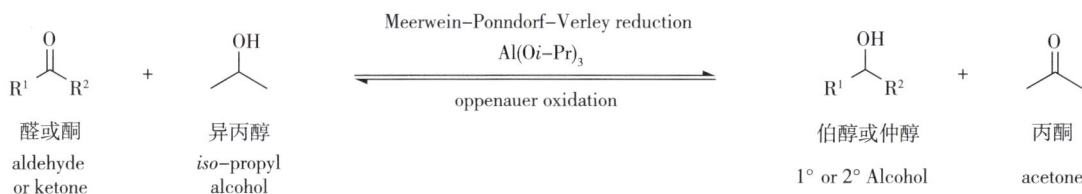

（1）该反应中，如果想提高产率，可采用以下几种办法：①增大还原剂用量；②移出生成的丙酮；③酮类与醇-铝的配比应不少于1∶3。

（2）该反应选择性高，对分子中含有的烯键、炔键、硝基、缩醛、腈基及卤素等可还原基团无影响。

应用实例：在氯霉素的生产过程中，其中间体的合成就采用了异丙醇铝为还原剂。

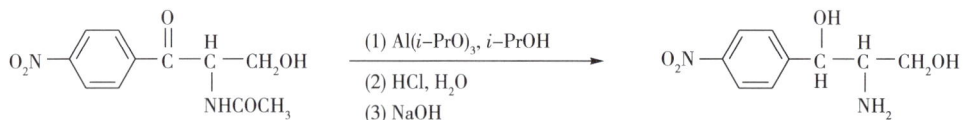

该反应优点：本反应采用的异丙醇铝-异丙醇还原法有较高的选择性，其反应产物是占优势的一对苏型立体异构体（用别的还原方法可能得到4种立体异构体）。而且分子中的硝基不受影响。

（3）制备过程

1）异丙醇铝-异丙醇的制备　将洁净干燥的铝片加入干燥的反应罐内，加入少许三氯化铝及无水异丙醇，升温使反应液回流。此时放出大量热和氢气，温度可达110℃左右。当回流稍缓和后，在保持不断回流的情况下，缓缓加入其余的异丙醇。加毕回流至铝片全部溶解不再放出氢气为止。冷却后，将异丙醇铝-异丙醇溶液压至还原反应罐中。

2）还原反应　将异丙醇铝-异丙醇溶液冷至 35～37℃，加入无水三氯化铝，升温至 45℃左右反应 0.5 小时，使部分异丙醇转变为氯代异丙醇铝。然后加入"缩合物"，于 60～62℃反应 4 小时。

（4）注意事项

1）水分对反应的影响　异丙醇铝的制备及还原反应必须在无水条件下进行。异丙醇铝的水分含量应在 0.2% 以下。

2）异丙醇用量对反应的影响　该还原反应为可逆反应，为使反应向还原反应方向进行，异丙醇大大过量（在本反应中，异丙醇还起溶剂的作用）。

3. 甲酸及甲酸衍生物为还原剂

（1）在过量甲酸及甲酸衍生物（甲酸铵、甲酰胺等）作用下，羰基化合物（醛或酮）与氨或胺类（伯胺或仲胺）的还原胺化反应称为 Leuckart-Wallach 反应。其中甲酸及其衍生物作为氢源，起到还原剂的作用，可用于制备 N-烷基化胺。

反应通式：

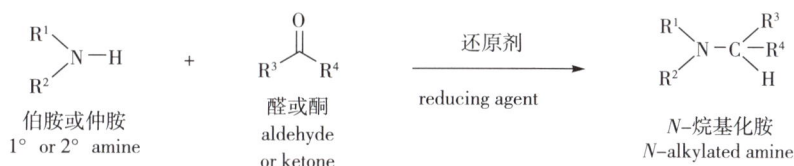

还原剂=甲酸或甲酸衍生物（甲酰胺、甲酸铵等）
reducing agent = formic acid or formic acid derivatives (formamide, ammonium formate, etc.)

（2）反应操作　反应在常压液相条件下进行。脂肪胺先溶于乙醇中。再加入甲酸水溶液，升温至 50～60℃，缓慢加入甲醛水溶液，再加热至 80℃，反应完毕。产物液经中和至强碱性，静置分层，分出粗胺层，经过减压蒸馏得到叔胺。

此法优点为反应条件温和，易于操作控制；缺点是消耗大量甲酸，且对设备有腐蚀性。在骨架镍（例如，Raney Ni）存在下，可用氢代替甲酸，但这种加氢还原需要采用耐压设备。

例如，伐仑克林的一种合成方法中，应用了醛和苄胺在 NaBH(OAc)$_3$ 作用下进行还原胺化反应，得到苄基取代的叔胺关键中间体。

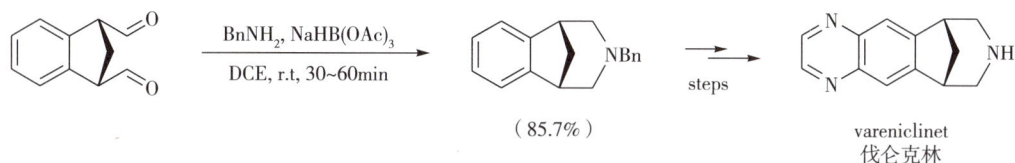

在伐仑克林的 N-甲基化衍生物的一种制备方法中，相类似地应用了甲醛和甲酸作用下进行 Eschweiler-Clarke 还原胺化反应（Eschweiler-Clarke reductive amination）。

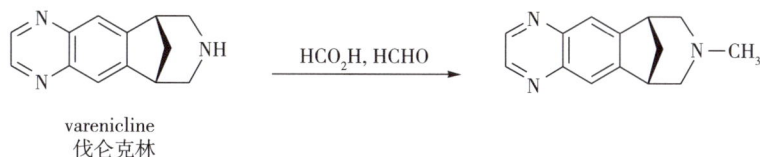

第三节　不饱和烃的还原

一、炔、烯的还原

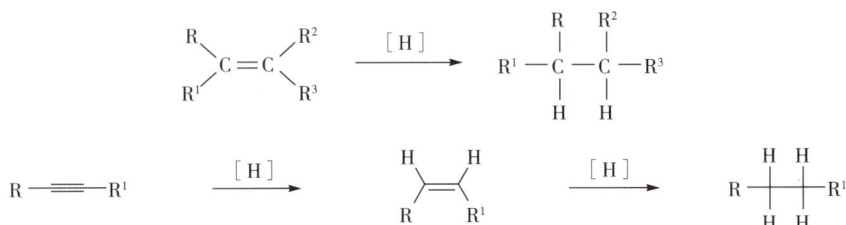

1. 多相催化氢化

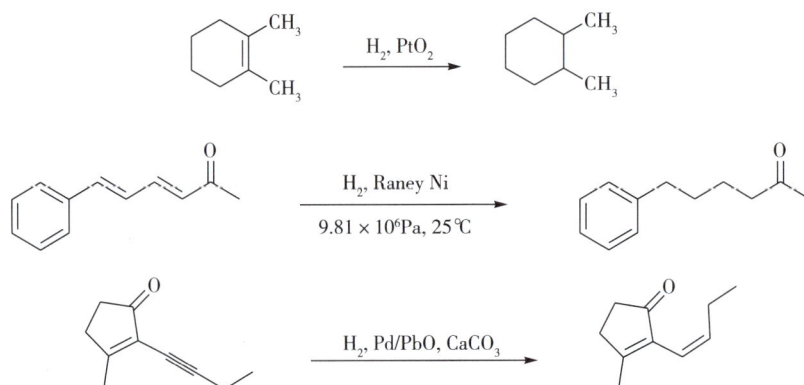

炔、烯多相催化氢化的选择性如下。

（1）化学选择性　例如林德拉催化剂，该试剂最独特的反应是高度选择性地将炔键还原至顺式双键。

林德拉催化剂由钯吸附在载体（碳酸钙或硫酸钡）上并加入少量抑制剂（醋酸铅或喹啉等）而成。常用的有 Pd–CaCO$_3$–PbO/Pb(OAc)$_2$ 与 Pd–BaSO$_4$–喹啉（quinoline）两种，其中钯的含量为 5% ~ 10%。在使用该催化剂的催化氢化反应中，氢对炔键进行顺式加成，生成顺式烯烃。对大多数已知的过渡金属催化剂来讲，不仅使产物停留在烯烃非常困难，而且缺乏立体选择性。而林德拉催化剂通过"毒化"和"去活"使其还原能力变得非常温和，高度选择性地将炔键还原至顺式双键。

反应通式：

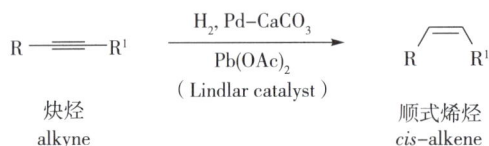

例如：

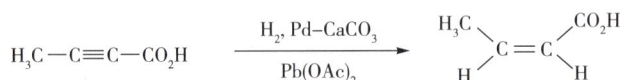

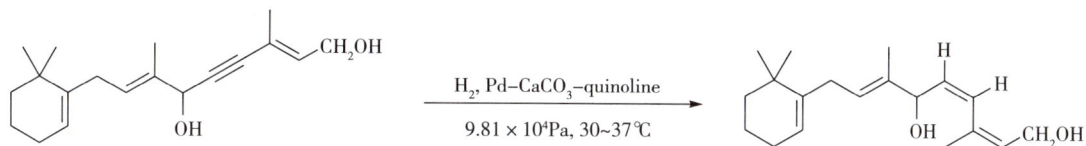

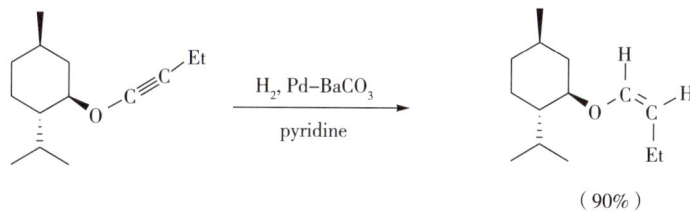

（90%）

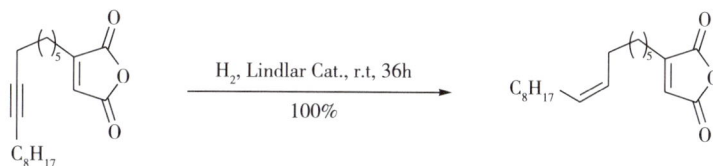

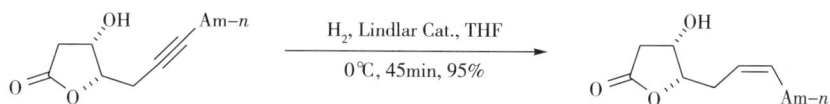

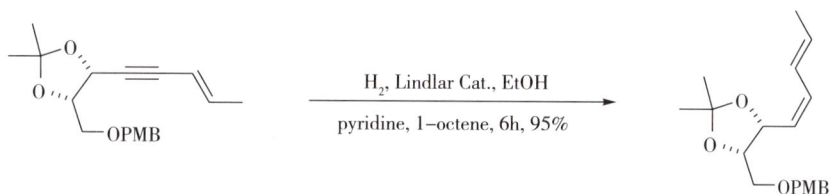

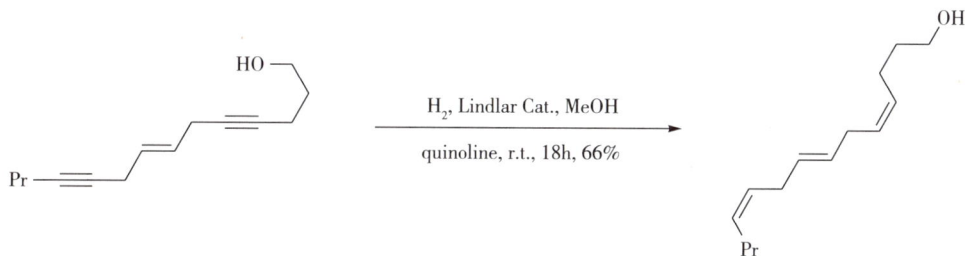

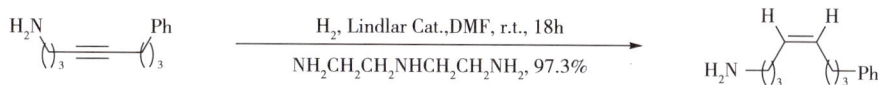

（2）立体选择性

例如：

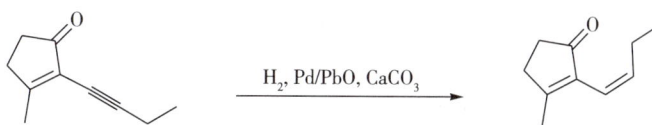

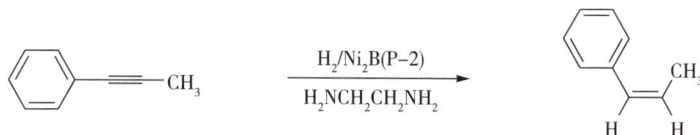

2. 均相催化氢化　具有良好的化学选择性，例如：

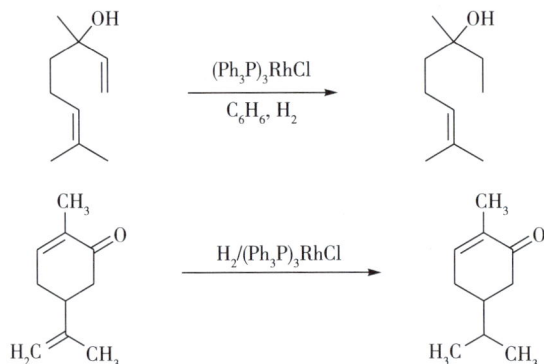

$$\xrightarrow[\text{C}_6\text{H}_6,\ \text{H}_2]{(\text{Ph}_3\text{P})_3\text{RhCl}}$$

$$\xrightarrow{\text{H}_2/(\text{Ph}_3\text{P})_3\text{RhCl}}$$

均相催化氢化不会造成氢解，例如：

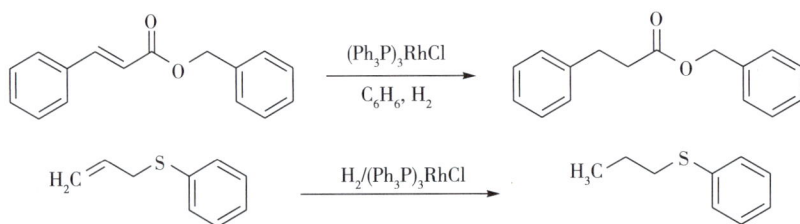

$$\xrightarrow[\text{C}_6\text{H}_6,\ \text{H}_2]{(\text{Ph}_3\text{P})_3\text{RhCl}}$$

$$\xrightarrow{\text{H}_2/(\text{Ph}_3\text{P})_3\text{RhCl}}$$

3. 硼氢化反应　硼烷与碳-碳不饱和键加成而形成烃基硼烷的反应称为硼氢化反应。硼烷和双键发生硼氢化反应，首先加成得到烃基硼烷，然后加酸水解使得碳-硼键断裂而得到烷烃，从而使不饱和键还原。

硼氢化-还原反应（不对称烯烃和硼烷先加成，再酸水解）的反应通式：

$$\text{RCH}{=}\text{CH}_2\ +\ 1/2\ \text{B}_2\text{H}_6\ \longrightarrow\ \underset{\text{一烷基硼}}{\text{RCH}_2\text{CH}_2\text{BH}_2}\ \xrightarrow{\text{RCH}{=}\text{CH}_2}\ \underset{\text{二烷基硼}}{(\text{RCH}_2\text{CH}_2)_2\text{BH}}\ \xrightarrow{\text{RCH}{=}\text{CH}_2}\ \underset{\text{三烷基硼}}{(\text{RCH}_2\text{CH}_2)_3\text{B}}$$

$$\xrightarrow{\text{H}_3\text{O}^{\oplus}}\quad \text{RCH}_2\text{CH}_3\ +\ \text{B(OH)}_3$$

硼氢化-还原反应（不对称烯烃与硼烷的顺式硼氢化加成，再酸水解）的反应机理：

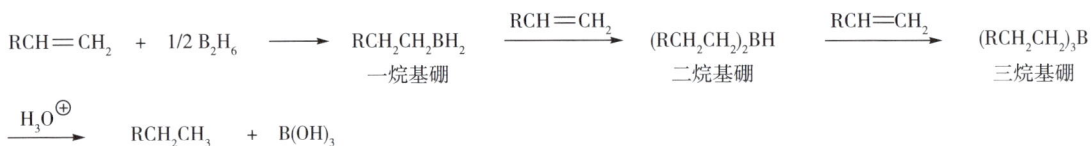

反马氏规则
(anti-Markovnikov's rule)

协同过程
(concerted process)

四中心过渡态
(four-centered transition state)

顺式加成
(syn-addition)

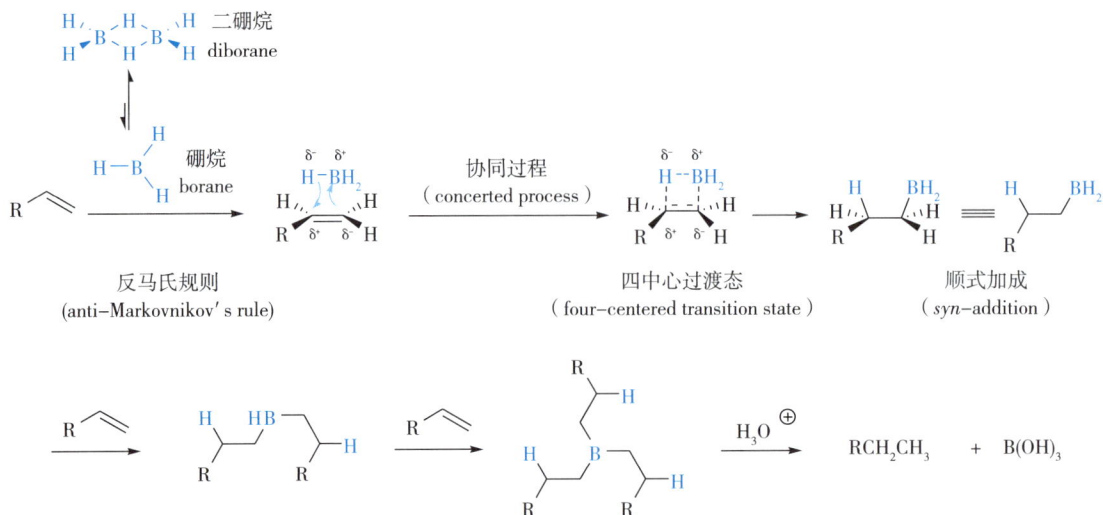

$$\xrightarrow{\text{H}_3\text{O}^{\oplus}}\quad \text{RCH}_2\text{CH}_3\ +\ \text{B(OH)}_3$$

（1）硼氢化反应的影响因素

1）取代基的空间位阻影响还原活性和选择性：硼烷上的取代基体积越大，位阻越大，其还原活性越小，但选择性提高；还原活性顺序为：

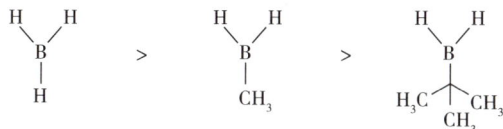

2）取代基数目影响还原活性和选择性：随着硼烷取代基越多，位阻越大，其还原活性越小，但选择性提高；还原活性顺序为：

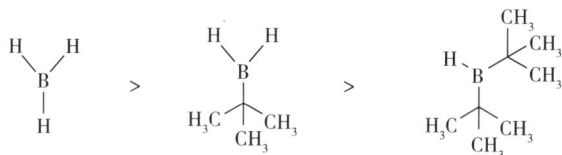

3）硼烷上的 3 个氢有多少能起还原作用，与底物的结构有关。空间位阻小的底物，硼烷上的氢起还原作用的就多。

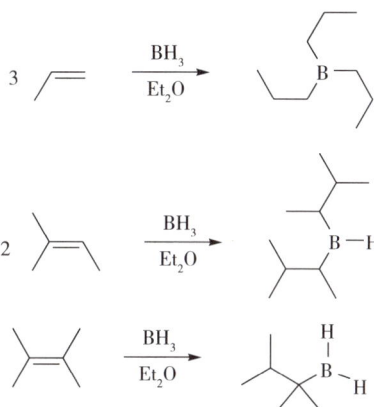

例如：

（85%）

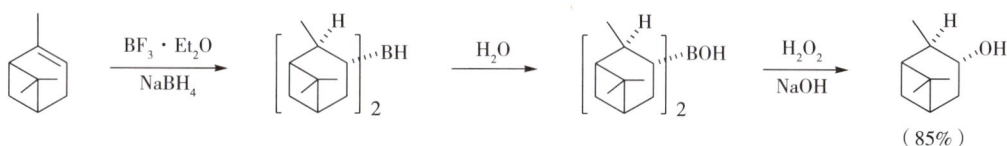

4）负电荷密度越大越有利于硼原子的进攻。

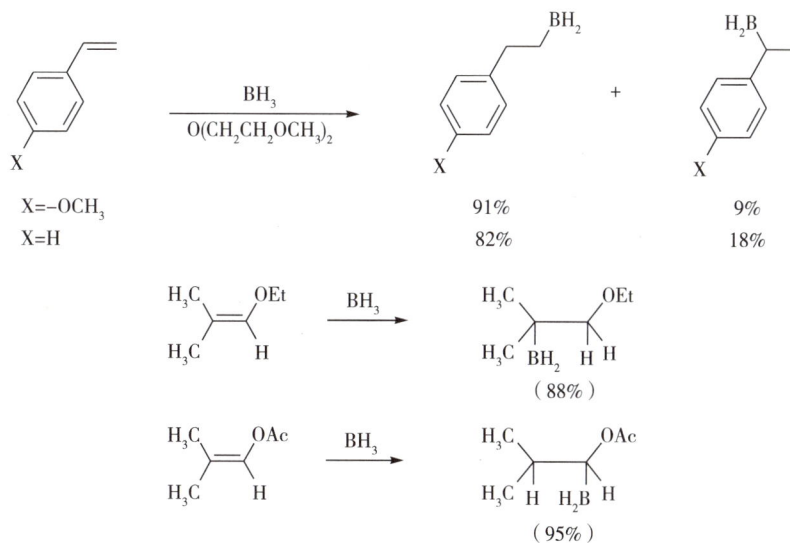

| X=—OCH$_3$ | 91% | 9% |
| X=H | 82% | 18% |

（88%）

（95%）

综上，应用以上规律，可设计和制备各类硼烷的一取代物（一烷基硼）或二取代物（二烷基硼）作为还原剂，可以获得比硼烷更高选择性的硼氢化试剂。

例如，当底物烯烃的碳原子上的取代基数目相等时，则底物烯烃取代基的位阻对硼氢化反应的结果影响较大。当硼氢化试剂为硼烷时，硼原子优先进攻烯烃上位阻较小的位置得到占比为57%的优势产物，而烯烃上位阻较大位置上的硼加成物较少，占比为43%。如果选用位阻很大的二（2-甲基丙基）硼烷为硼氢化试剂，则选择性显著提高，烯烃上位阻较小的位置上的硼加成物（优势产物）占比高达95%。

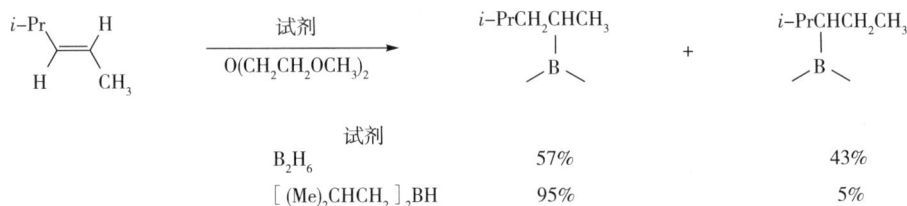

试剂		
B_2H_6	57%	43%
$[(Me)_2CHCH_2]_2BH$	95%	5%

（2）硼氢化反应的应用

1）硼氢化-还原反应

Ⅰ. 烯烃的硼氢化-还原反应

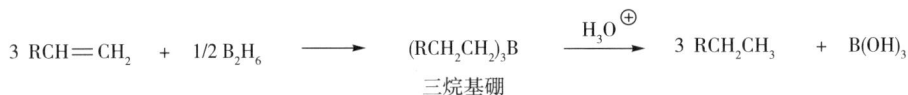

例如：

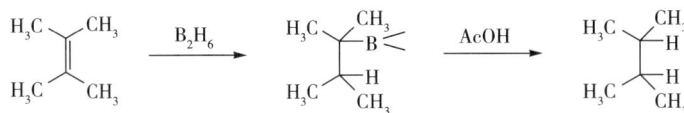

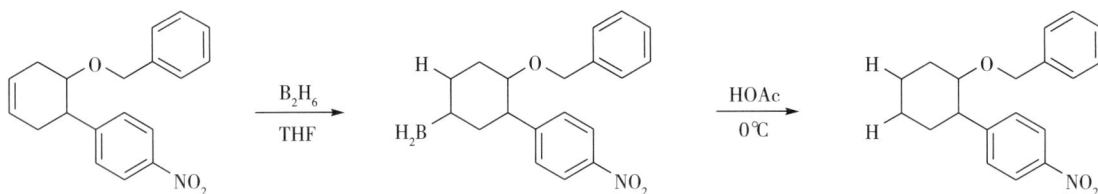

Ⅱ. 炔烃的硼氢化-还原反应

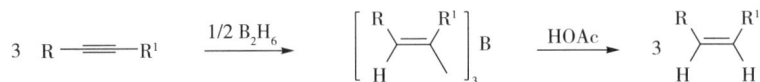

例如：

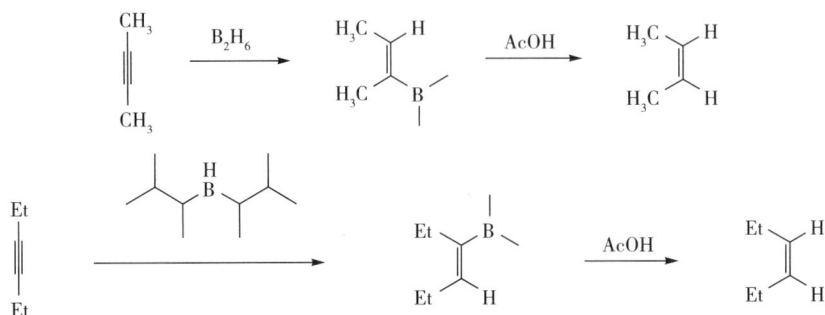

2）硼氢化 - 氧化反应

反应通式：

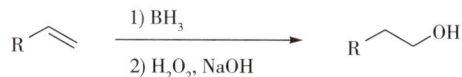

硼烷（BH_3）和烯烃（$RCH=CH_2$）发生三次硼氢化反应生成三烷基硼烷[（RCH_2CH_2）$_3$B]，然后三烷基硼烷[（RCH_2CH_2）$_3$B]能与过氧化氢在碱性条件下发生在发生三次迁移反应，这些迁移反应的机理和 Baeyer-Villiger 氧化/重排反应的机理类似，得到硼酸酯[（RCH_2CH_2O）$_3$B]，最后水解便得到醇（RCH_2CH_2OH）。

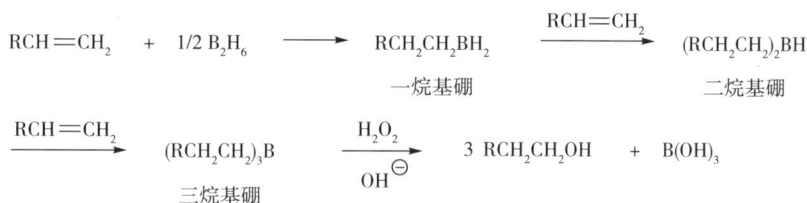

硼氢化-氧化反应的机理：不对称烯烃与硼烷加成时，反应具有立体和区域选择性，硼原子主要加到烷基取代较少的双键碳上（空间位阻较小的位置），这一加成方式是反马氏规则的。因为硼的电负性（2.0）比氢（2.1）略小，且具有空 p 轨道，表现出亲电性，加之硼烷体积较大，因此加成时硼加到电子云密度较大而空间位阻较小的含氢较多的双键碳上。实验证明，烯烃的硼氢化并不生成碳正离子中间体，反应是通过形成一个四中心过渡态的协同过程进行的。在不饱和烃的硼氢化反应中不会发生重排，因此这是一个典型的顺式加成反应。

硼烷（BH_3）和烯烃共发生三次硼氢化反应，所制得的三烷基硼烷中的硼原子是缺电子的，它希望接受一对电子达到八隅体结构。因此，三烷基硼烷在碱性条件下和 H_2O_2 反应，HOO^- 加成到硼上得到一个八电子硼化合物。然而硼原子原来是缺电子的，带部分正电荷，而现在带上了形式负电荷，这是不稳定的，因此硼原子上脱去一个烷基（$RCH_2CH_2—$），迁移到邻近的氧上，过氧键断裂，HO^- 离去。现在硼原子又缺电子了，它还想再接受一对电子变成八隅体，所以再重复 HOO^- 加成、烷基迁移、过氧键断裂、HO^- 离去这些过程，直到所有的 B−C 键都断裂、烷基全部迁移到氧原子上变成硼酸酯为止。最后上述生成的硼酸酯经水解，得到对应的醇（RCH_2CH_2OH）。

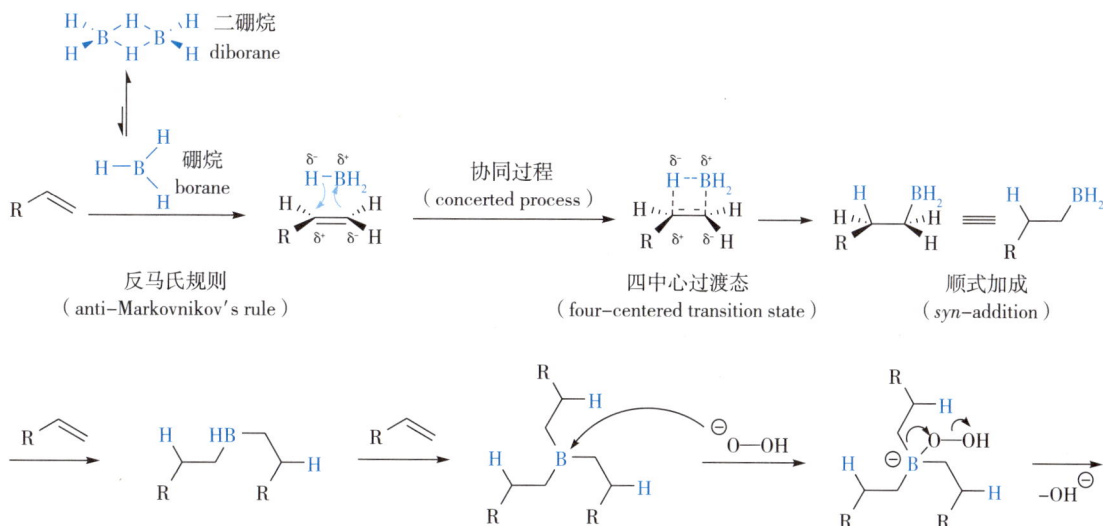

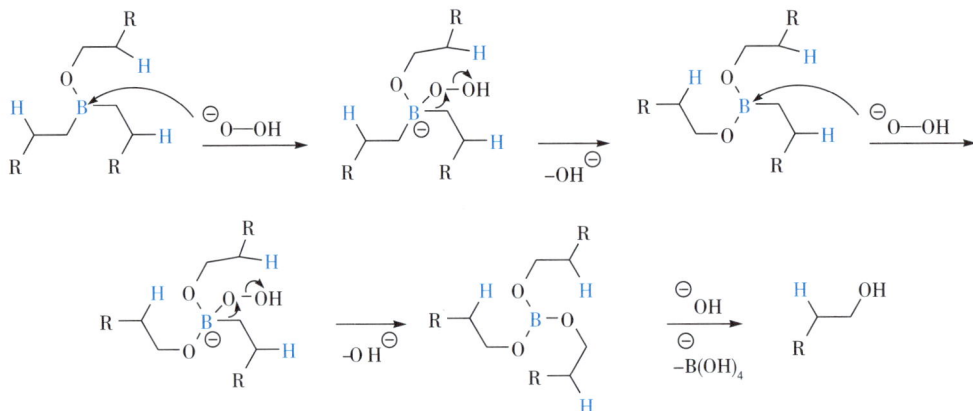

硼氢化－氧化反应的应用如下。

Ⅰ. 烯烃的硼氢化－氧化反应可以制备醇。

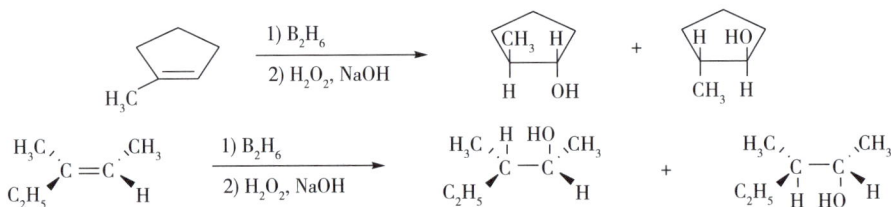

硼氢化－氧化反应除了生成反马氏规则（anti-Markovnikov's Rule）的醇以外，另外一个显著的特点是具有高度的立体选择性，即顺式加成（syn-addition）反应。相当于氢和羟基从双键平面的同侧加到双键碳原子上，而且没有重排现象发生，分子的碳架结构没有发生变化。

例如：

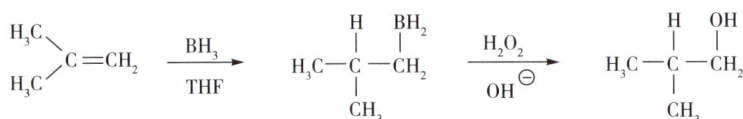

反应机理：

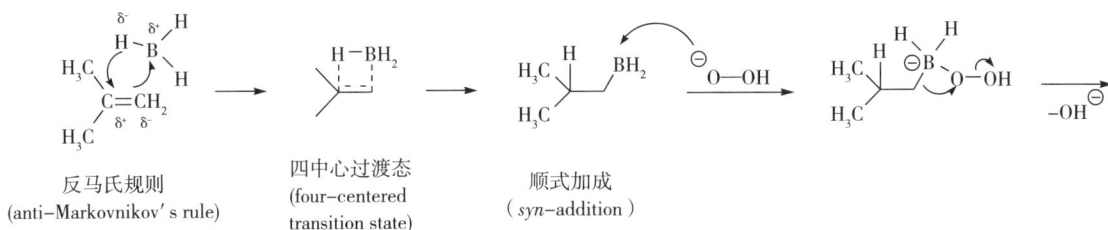

反马氏规则　　　四中心过渡态　　　顺式加成
(anti-Markovnikov's rule)　(four-centered transition state)　(syn-addition)

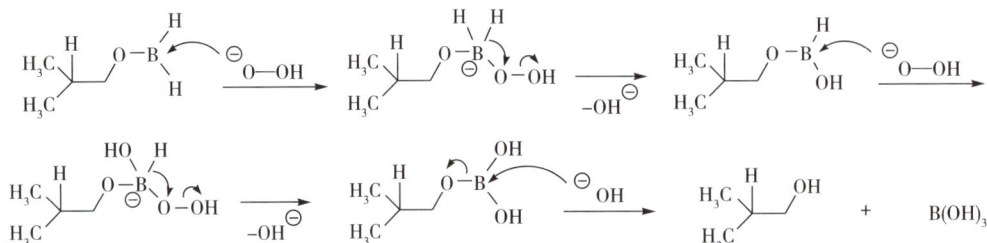

$MOM=CH_3OCH_2-$(甲氧基甲基)

TBS or TBDMS=叔丁基二甲基硅基

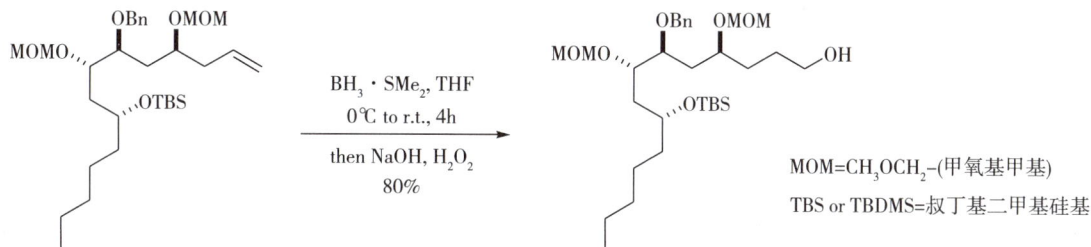

例如，天然产物吲哚生物碱——三脉马钱碱（trinervine）关键中间体的合成中应用了硼氢化-氧化反应。

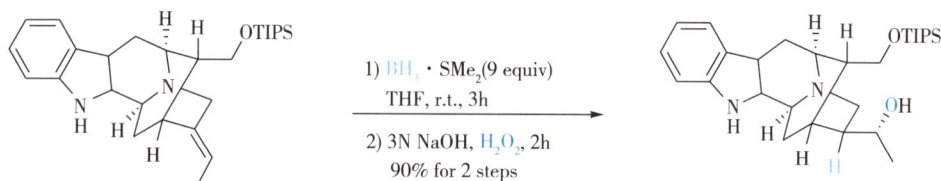

TIPS =三异丙基硅基

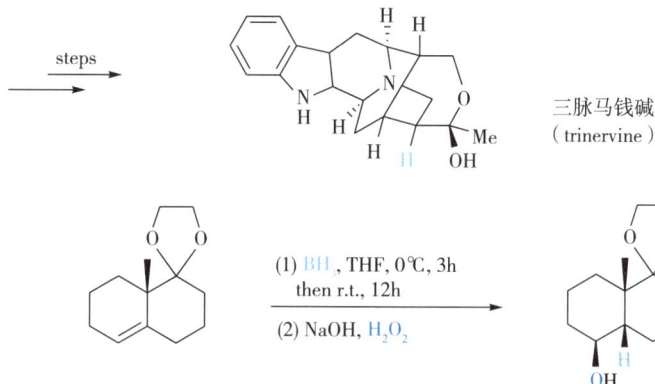

三脉马钱碱
（trinervine）

比拉斯汀（bilastine）是一种非镇静的长效抗组胺药，可选择性地拮抗外周 H_1 受体，主要用于治疗过敏性鼻结膜炎（季节性和常年性）和荨麻疹。比拉斯汀的一种合成方法中，应用了硼氢化-氧化反应制备伯醇中间体。

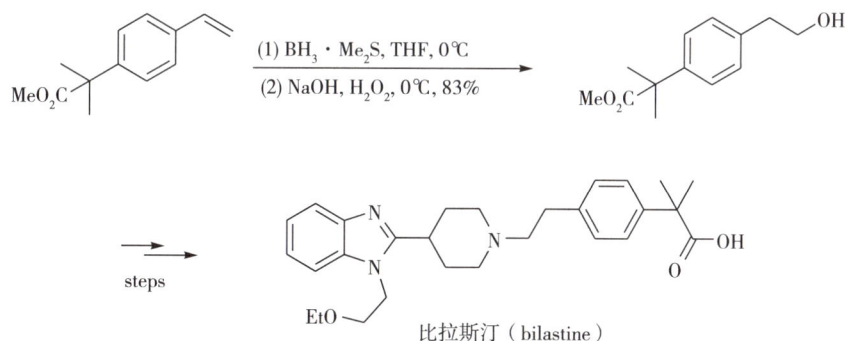

比拉斯汀（bilastine）

Ⅱ. 炔烃的硼氢化-氧化反应可以制备醛或酮。

二、芳烃的还原

1. 催化氢化 芳烃性质稳定，不易被氢化，但在高温高压下也可被还原。

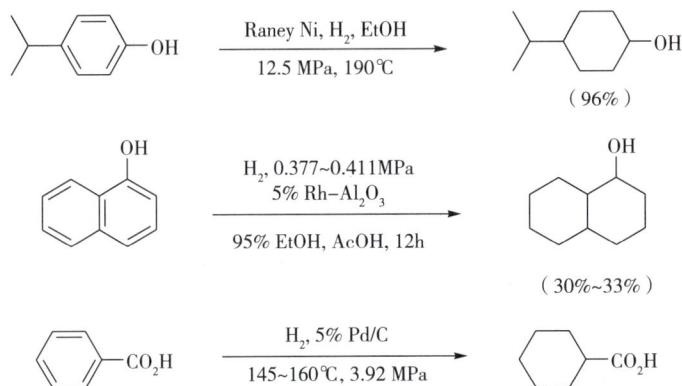

2. Birch 还原 详见本章第二节的活泼金属还原剂。

在液氨-醇体系中，用碱金属（如钠、锂、钾）将芳香族化合物还原成非共轭二烯的反应称为 Birch 反应。

反应通式：

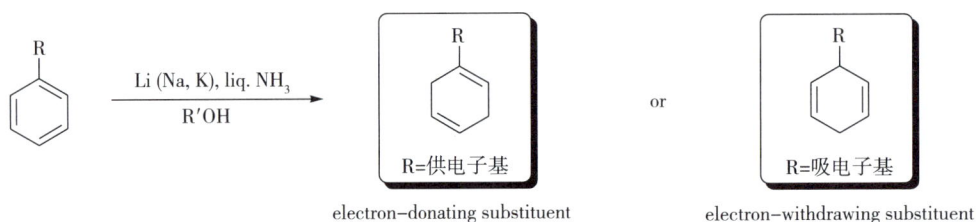

例如：

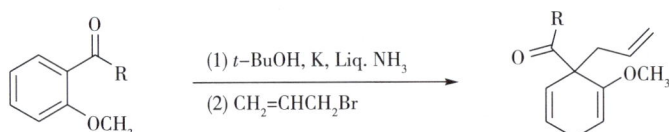

第四节　醛、酮的还原

一、还原成烃

1. Clemmensen 还原 在酸性条件下，用锌汞齐或锌粉还原醛基或酮基为甲基或亚甲基的反应称 Clemmensen 还原（Clemmensen reduction）或 Clemmensen 反应。

反应通式：

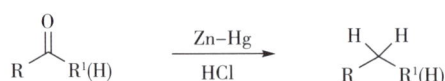

将锌-汞齐与羰基化合物在约5%盐酸中回流，醛基还原成甲基，酮基则还原成亚甲基。

反应特点：不适用于对酸、热不稳定的醛、酮。

2. Wolff-kishner-黄鸣龙还原 醛或酮在强碱性条件下加热反应，与水合肼缩合成腙（hydrazone），进而放出氮气分解转变为甲基或亚甲基的反应称 Wolff-kishner-黄鸣龙反应。Wolff-Kishner-黄鸣龙还原（Wolff-Kishner-Huang Minlon Reduction）是第一个以中国化学家命名的反应。

反应通式：

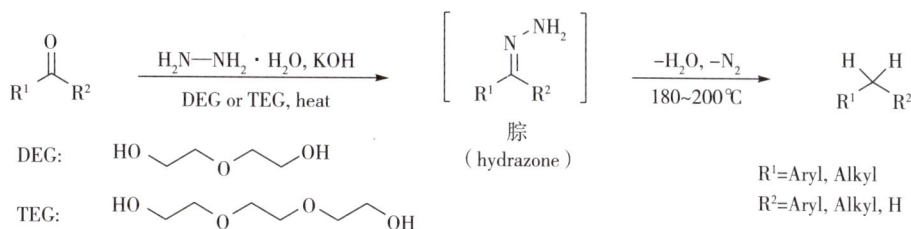

DEG: HO～～O～～OH

TEG: HO～～O～～O～～OH

腙
（hydrazone）

R^1=Aryl, Alkyl
R^2=Aryl, Alkyl, H

发展历史：1911 年，化学家 Nikolai Kishner 将液体腙类化合物逐滴加到镀铂的多孔板与 KOH 混合体系中，加热后（约 200℃）可消除 N_2 得到相应的烷烃产物。一年以后，德国化学家 Ludwig Wolff 又发现，将缩氨基脲溶于乙醇中，并加入乙醇钠作为碱，得到的乙醇溶液置于封管中加热至 180℃，反应经历腙中间体，最终同样得到烷烃产物。由于醛、酮等羰基化合物可与肼（NH_2NH_2）、氨基甲酰肼缩合制备相应的腙与缩氨基脲，所以这两种方法可用于羰基化合物脱氧还原。这样的反应过程便叫作 Wolff–Kishner 还原（Wolff–Kishner Reduction）反应。

无论是 Nikolai Kishner 还是 Ludwig Wolff 发展的方法，反应均需在封管、高压釜等密闭条件下进行，不仅操作不方便，反应过程中还会产生 N_2，体系压力过大则存在安全隐患。为此，人们对这种方法的反应条件进行了改进：将醛、酮等羰基化合物溶于高沸点溶剂，例如乙二醇（Ethylene glycol 或 Glycol，简称 EG，沸点 197.3℃）、丙三醇（甘油，Glycerol 或 Glycerine，沸点 290.9℃）中，并加入 NH_2NH_2 与过量的碱（如金属钠、乙醇钠等），体系加热至回流状态。

此时反应的产率得到明显的提高，也无需在压力体系下进行。但这种反应体系同样存在缺点，其中一个问题便是羰基化合物与肼（NH_2NH_2）缩合会形成水，由此导致体系温度降低，反应时间大大延长，一般需要加热反应 50～100 小时；除此之外，水会额外消耗一部分碱，因而体系中需要加入过量的碱与大量的溶剂。

1946 年，中国化学家黄鸣龙对这一过程进行了改进，羰基化合物与肼（NH_2NH_2）缩合后形成相应的腙中间体，随后蒸馏除去形成的水与剩余的肼（NH_2NH_2），此时不再需要大量的溶剂，体系规模也可进一步缩小。由于体系中大部分的水已除去，反应可进一步升温至约 200℃，反应时间大幅度缩短（3～6 小时），产率也得到进一步提高。除此之外，以往的反应中为了尽可能避免在体系中引入水，需使用 100% 纯度的肼（NH_2NH_2），成本较高且危险性大。黄鸣龙改进的反应条件可以使用廉价且相对安全的水合肼（$NH_2NH_2 \cdot H_2O$），并且还可使用 KOH、NaOH 等水溶性的无机碱，成本进一步降低。相关工作发表在知名化学期刊 *J. Am. Chem. Soc.* 上。

Wolff–Kishner–黄鸣龙还原，水合肼和羰基成腙，然后腙（hydrazone）在碱存在的情况下加热消除 N_2 的反应机理如下：强碱条件下，水合肼进攻羰基成腙，碱攫取腙的末端 N 原子上的 H 与不饱和 C 原子质子化协同进行，其中质子化过程是整个过程的决速步骤。碱进一步攫取双亚胺中间体末端 N 上的 H，并消除一分子 N_2 形成相应的碳负离子物种，该中间体在醇溶剂分子的作用下发生质子化得到最终的甲基或亚甲基化合物。

反应机理：

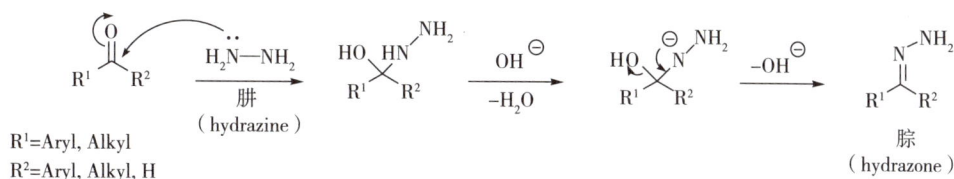

R^1=Aryl, Alkyl
R^2=Aryl, Alkyl, H

肼
（hydrazine）

腙
（hydrazone）

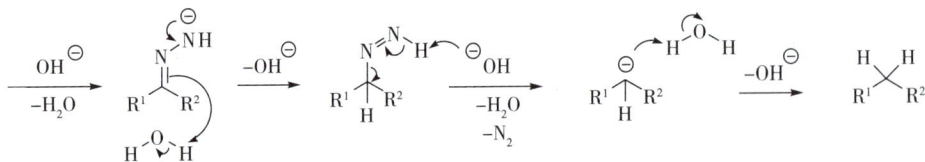

应用实例：

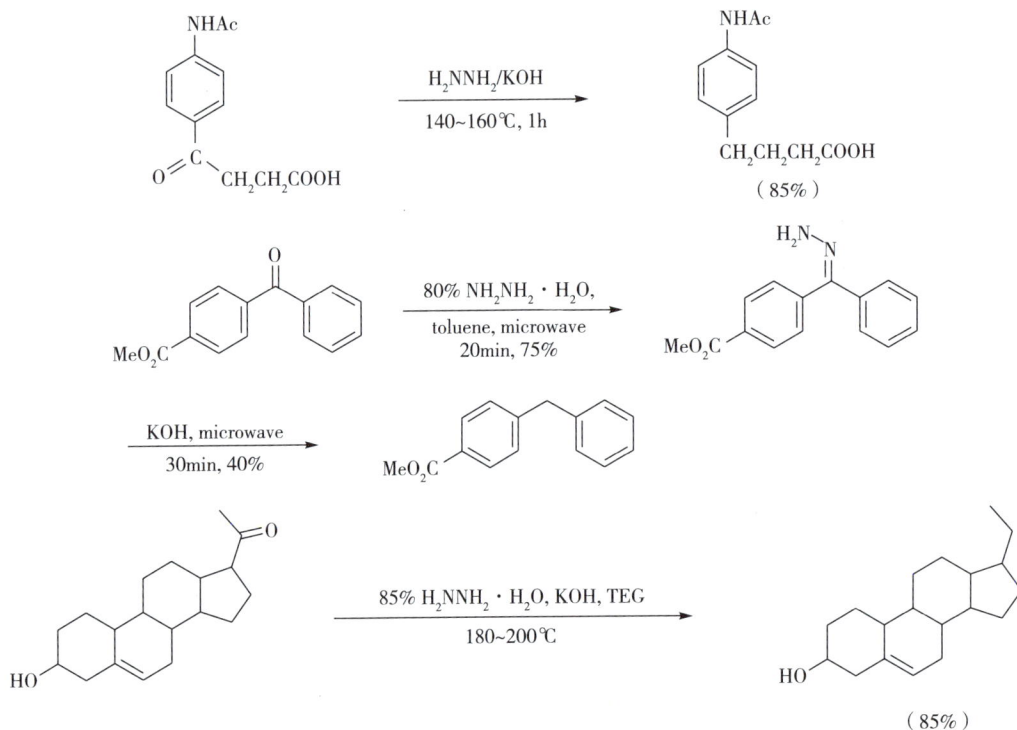

反应特点如下。

（1）可应用于对酸敏感的化合物，弥补 Clemmensen 反应的不足；双键不受影响，适用于难溶于水、立体位阻大、分子量较大化合物（如甾体羰基化合物等）。黄鸣龙改进：加二聚乙二醇（二甘醇，DEG，沸点 245℃）或三聚乙二醇（三甘醇，TEG，沸点 288℃）将生成的水带出，使收率提高许多。

（2）对高温或强碱敏感的基团，不能采用上述强碱条件下加热的方法。例如，部分没有 α-H 的醛类底物在碱存在的情况下很容易发生 Cannizzaro 副反应，可先转变成腙（hydrazone），再在室温下加碱进行放氮反应，完成还原。例如，二苯甲酮先和肼成腙，然后在室温下加入叔丁醇钾的二甲基亚砜溶液中，可在温和的条件下放氮反应。

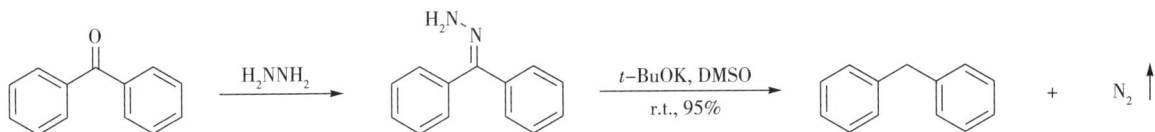

对于高温和强碱较稳定的底物，Wolff-Kishner-黄鸣龙还原有分步法（先成腙再还原）和一锅法两种操作，可以根据实际情况进行选择。例如，5-氯-2,3-二氢吲哚-2-酮可用分步法或一锅法制备。

分步法：

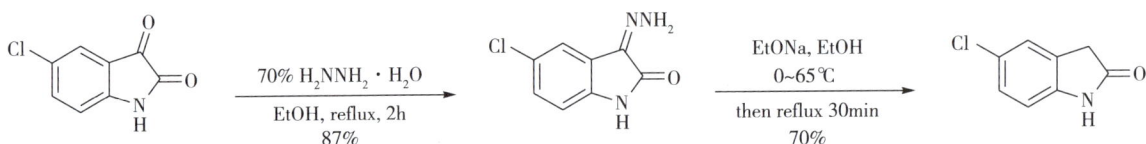

一锅法：

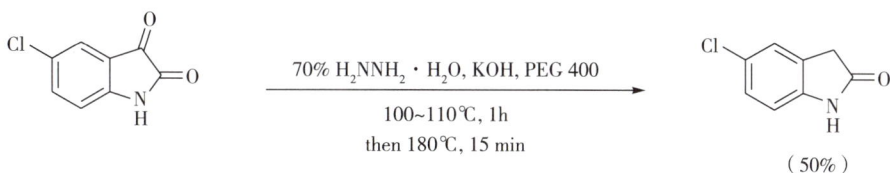

（3）（内）酯、（内）酰胺等在碱性条件下会发生水解的底物不适用于 Wolff–Kishner–黄鸣龙还原。空间位阻较大的底物发生脱氧还原时反应速率较慢，可进一步提高反应温度加速反应进行。α,β-不饱和羰基化合物与肼（NH₂NH₂）反应会形成吡唑啉环化产物，因而需选择与氨基甲酰肼缩合，形成缩氨基脲再参与后续反应。部分芳香族羰基化合物（如二苯甲酮、苯甲醛）参与反应时无需加入碱，在过量水合肼（NH₂NH₂·H₂O）存在的情况下加热即可脱氧还原。

（4）肼还原的特点是分子中的双键、羧基等在还原时不受影响，立体位阻较大的酮也可被还原。但是还原共轭羰基时，有时双键会移位。

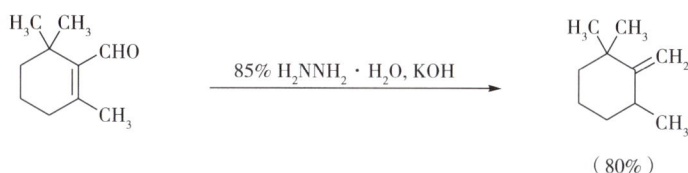

应用实例： 辅酶 Q₁₀ 的一种合成方法，可以用 Wolff–Kishner–黄鸣龙还原，等人名反应进行关键中间体的合成，详见第四章第三节。

抗心绞痛、广谱抗心律失常药盐酸胺碘酮（amiodarone hydrochloride）的一种工业化合成路线是酰化产物再经过 Wolff–Kishner–黄鸣龙还原反应制得 2-丁基苯并呋喃，详见第四章第三节。

二、还原成醇

1. 金属复氢化物还原
反应通式：

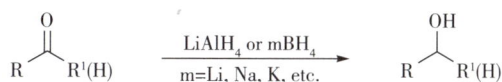

反应机理：

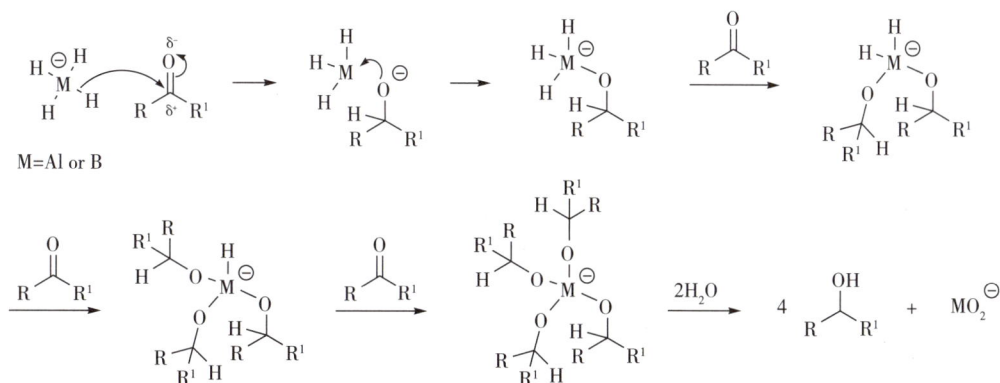

例如，羰基化合物用金属复氢化物还原为醇的反应为氢负离子对羰基的亲核加成，以氢化铝锂锂为例。

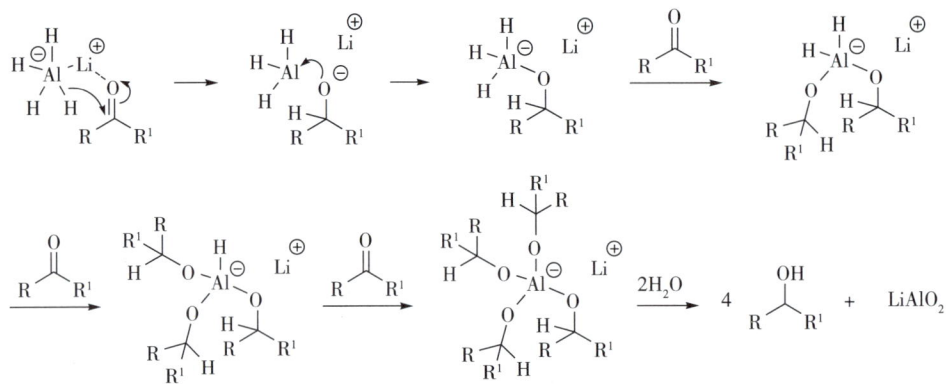

例如：

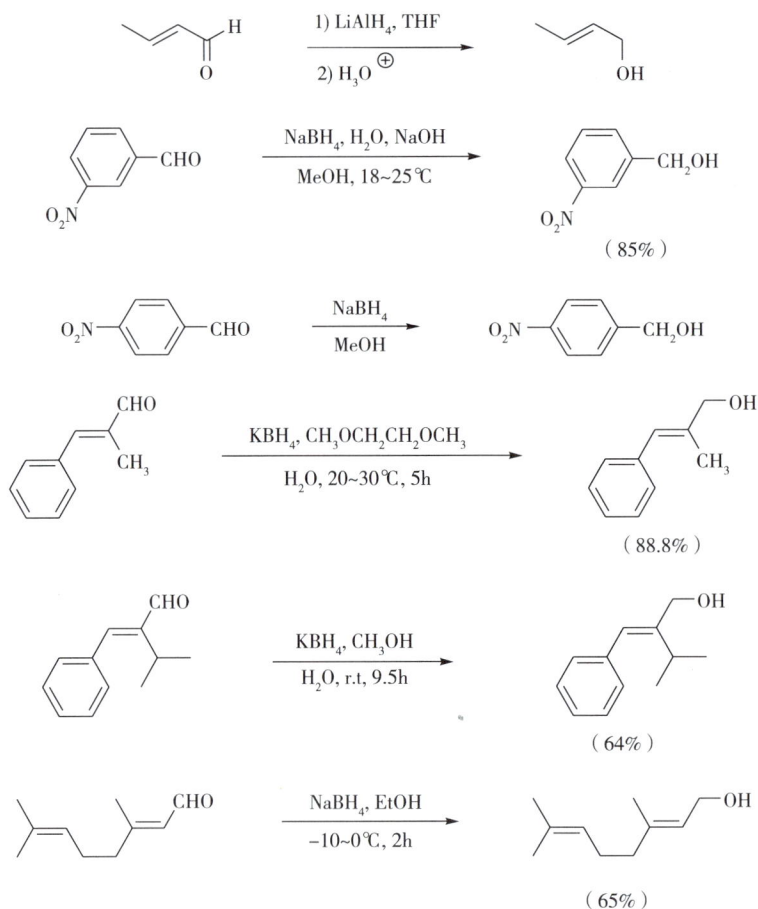

硼氢化钠、硼氢化钾对孤立醛、酮（饱和醛、酮）的还原活性往往大于 α,β-不饱和醛、酮，因此控制硼氢化钠、硼氢化钾的量，可以进行对孤立醛、酮（饱和醛、酮）的选择性还原反应。

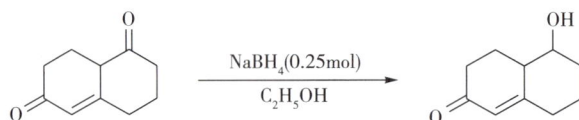

2. 醇铝为还原剂　在异丙醇中，将醛或酮等羰基化合物用异丙醇铝还原为相应的伯醇或仲醇，同时将异丙醇氧化成丙酮的反应称为 Meerwein-Ponndorf-Verley 反应。该反应是仲醇（或伯醇）在三烷氧基铝催化下用酮氧化得到相应的羰基化合物酮（或醛）的 Oppenauer 氧化（Oppenauer oxidation）的逆反应，亦可参考本书的氧化反应相关章节内容。

反应通式：

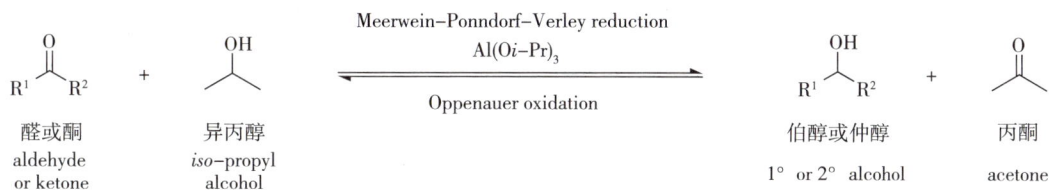

醛或酮   异丙醇   Meerwein–Ponndorf–Verley reduction
aldehyde   iso–propyl $Al(Oi–Pr)_3$
or ketone   alcohol   Oppenauer oxidation

伯醇或仲醇   丙酮
$1°$ or $2°$ alcohol   acetone

反应机理：

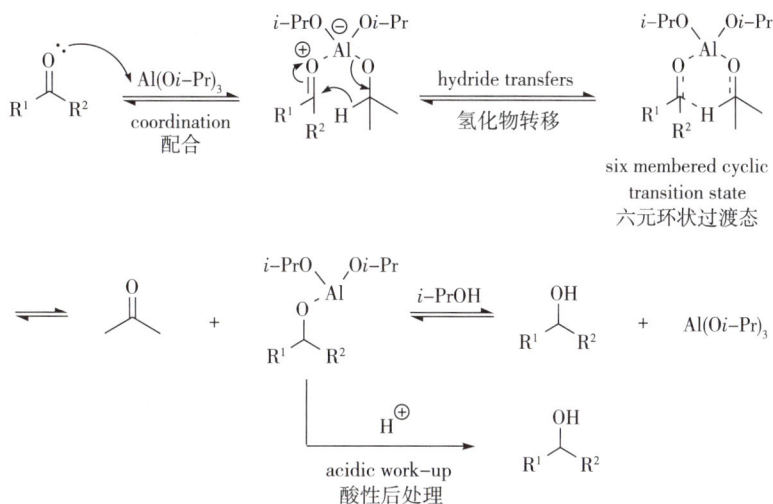

six membered cyclic transition state
六元环状过渡态

i–PrOH

acidic work–up
酸性后处理

异丙醇铝还原羰基化合物时，首先是异丙醇铝的铝原子与羰基的氧原子以配位键配合（coordination），接下来发生氢化物转移（hydride transfers）：异丙基上的氢原子以氢负离子的形式通过形成六元环状过渡态（six membered cyclic transition state）从烷氧基转移到羰基碳上，旧的铝–氧键断裂，生成新的醇铝衍生物和丙酮。最后除去丙酮，经酸性后处理或经异丙醇醇解后得到还原产物醇。

异丙醇铝是脂肪族和芳香族醛、酮类的选择性还原剂，对底物分子中含有的烯键、炔键、硝基、腈基、缩醛、卤素等可还原官能团无影响。

例如：

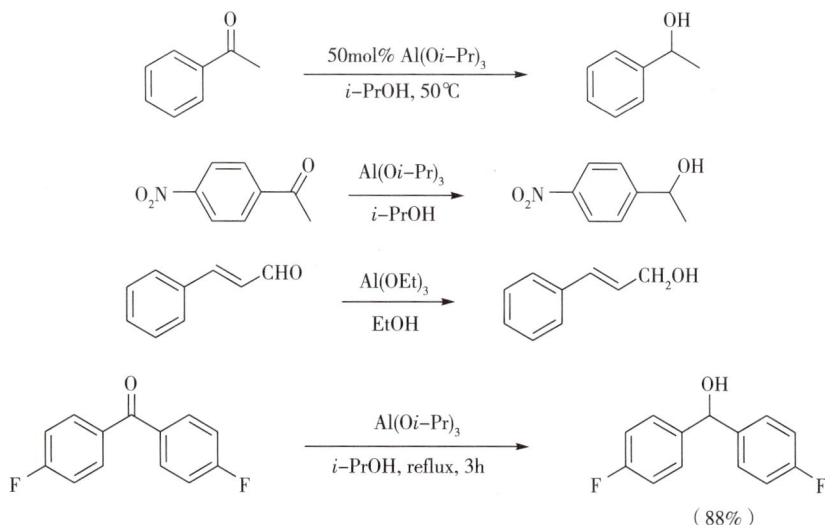

$50mol\%\ Al(Oi–Pr)_3$
$i–PrOH, 50℃$

$Al(Oi–Pr)_3$
$i–PrOH$

$Al(OEt)_3$
$EtOH$

$Al(Oi–Pr)_3$
$i–PrOH, reflux, 3h$

（88%）

应用实例： 阿米醇（ammiol）等医药中间体的合成方法中，应用了 Meerwein–Ponndorf–Verley 反应，在异丙醇中，将醛或酮等羰基化合物用异丙醇铝还原为相应的伯醇或仲醇。

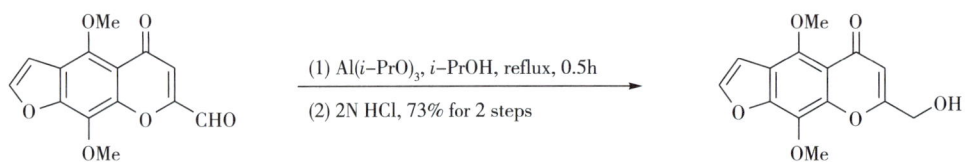

阿米醇（ammiol）

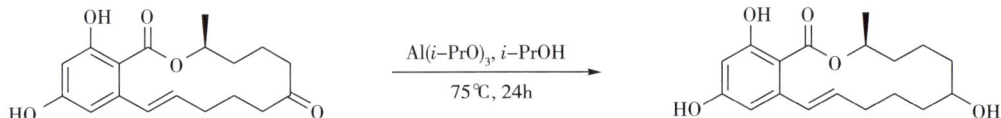

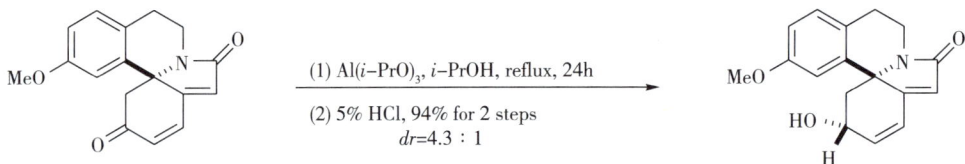

3. 催化氢化还原

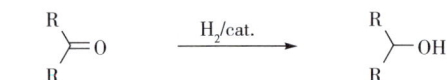

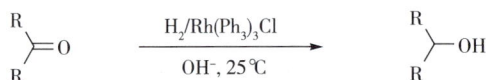

例如：

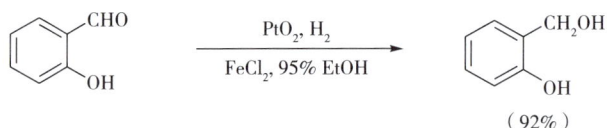

（92%）

三、还原胺化

醛或酮在还原剂的作用下，能够与氨、伯胺、仲胺反应，在氮原子上引入烃基的反应称为还原胺化反应（reductive amination），也称为还原烃化反应或 Borch 还原胺化反应。通过还原胺化反应，可制备伯胺、仲胺、叔胺。反应机理是氨或胺对醛或酮的羰基进行亲核进攻，再经脱水生成亚胺（Schiff 碱），亚胺经还原得到相应的 N-烃化物。

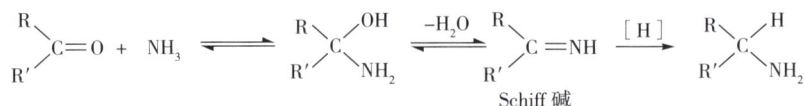

反应中常用的还原剂有催化氢化（常用 Raney Ni、Pd/C 催化剂）；金属钠（或钠汞齐）加乙醇；锌粉；金属复氢化物有 LiAlH$_4$、NaBH$_4$、NaBH$_3$CN、NaBH（OAc）$_3$等；甲酸及甲酸衍生物，例如甲酸、甲酰胺、甲酸铵等。当使用甲酸类（甲酸及甲酸衍生物）为还原剂时，反应称为 Leuckart 胺烷基化反应。其中催化氢化和甲酸类还原法应用较多。

催化氢化法的反应过程：

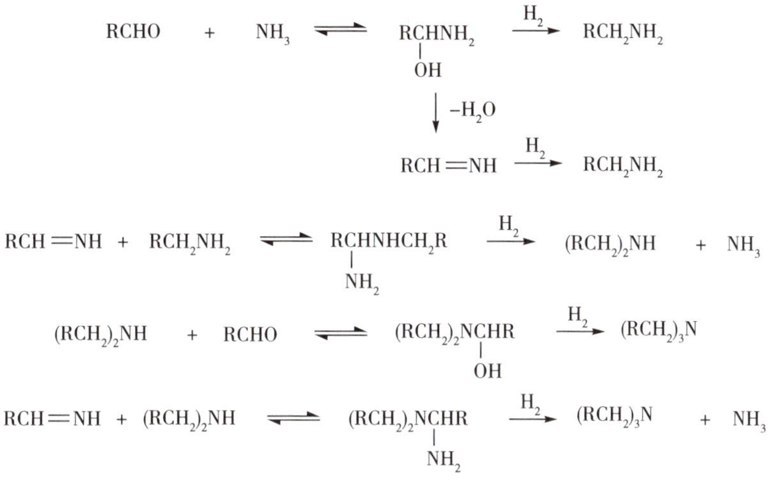

$$RCHO + NH_3 \rightleftharpoons \underset{\underset{OH}{|}}{RCHNH_2} \xrightarrow{H_2} RCH_2NH_2$$

$$\downarrow -H_2O$$

$$RCH{=}NH \xrightarrow{H_2} RCH_2NH_2$$

$$RCH{=}NH + RCH_2NH_2 \rightleftharpoons \underset{\underset{NH_2}{|}}{RCHNHCH_2R} \xrightarrow{H_2} (RCH_2)_2NH + NH_3$$

$$(RCH_2)_2NH + RCHO \rightleftharpoons \underset{\underset{OH}{|}}{(RCH_2)_2NCHR} \xrightarrow{H_2} (RCH_2)_3N$$

$$RCH{=}NH + (RCH_2)_2NH \rightleftharpoons \underset{\underset{NH_2}{|}}{(RCH_2)_2NCHR} \xrightarrow{H_2} (RCH_2)_3N + NH_3$$

例如：

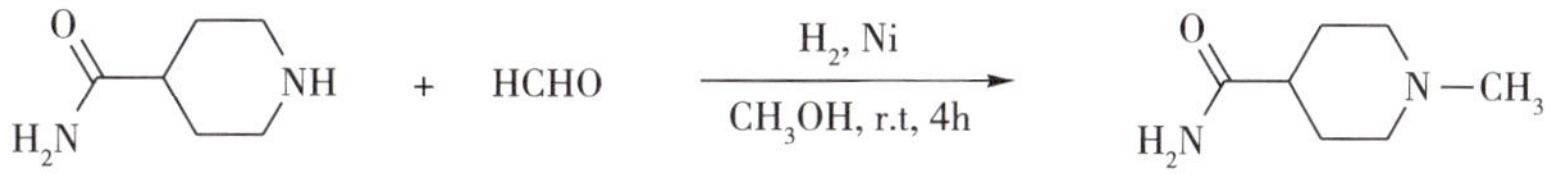

（88%）

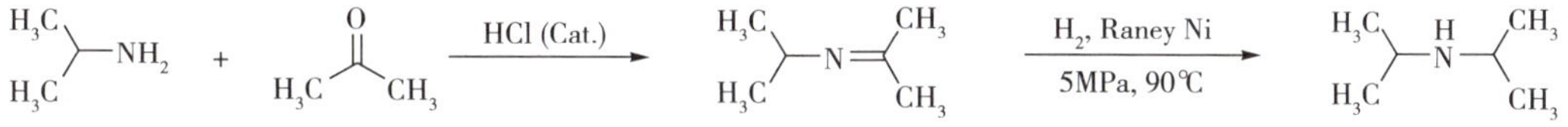

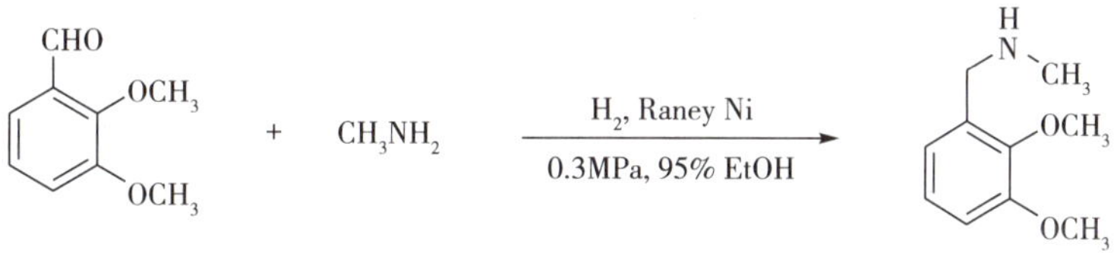

（86%~93%）

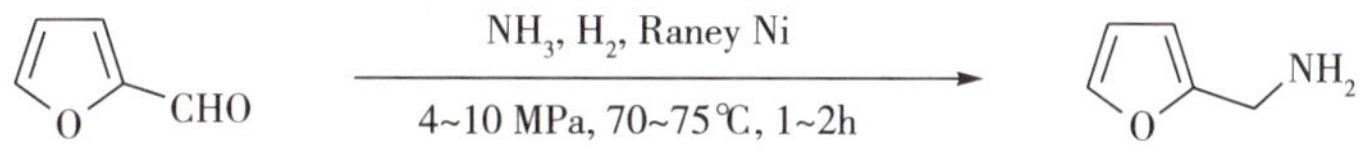

（66%~72%）

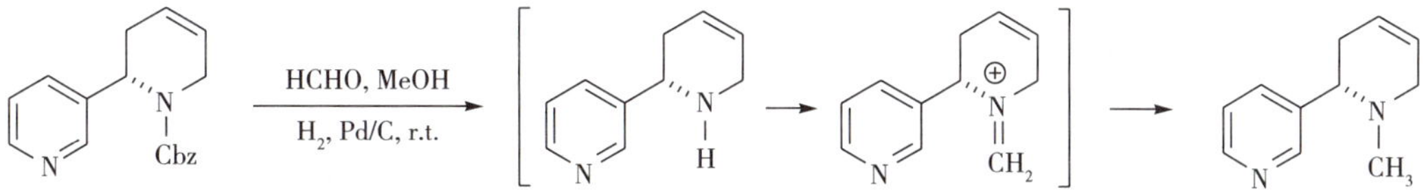

（88%）

(S)-N-Methylanabasine

在过量甲酸及甲酸衍生物（甲酸铵、甲酰胺等）作用下，羰基化合物（醛或酮）与氨或胺类（伯胺或仲胺）的还原胺化反应称为 Leuckart-Wallach 反应。其中甲酸及其衍生物作为氢源，起到还原剂的作用。

甲酸作为还原剂的还原胺化反应通式：

甲酸作为还原剂的还原胺化反应机理：

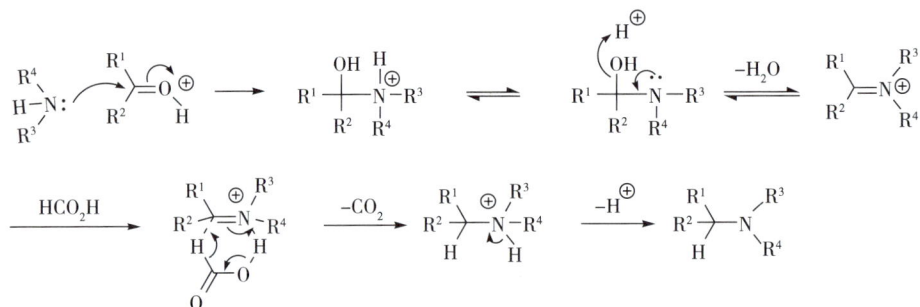

例如：

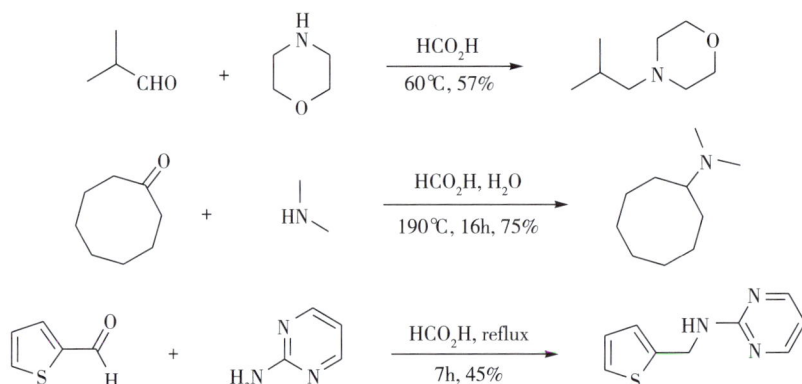

甲酰胺/甲酸体系的还原胺化反应通式：

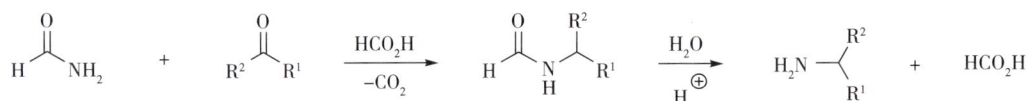

甲酰胺/甲酸体系的还原胺化反应机理：

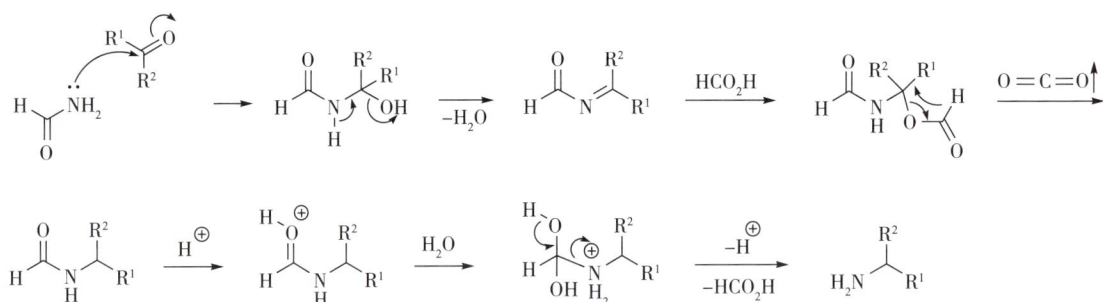

例如：

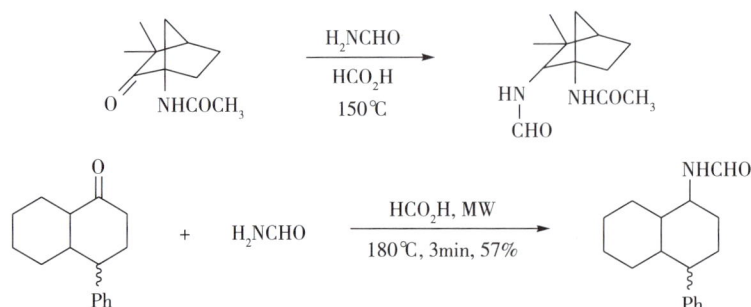

在过量甲酸作用下，甲醛和伯胺或仲胺反应，生成甲基化的胺的反应称为 Eschweiler-Clarke 反应。其中甲酸同样是作为氢源，起到还原剂的作用。

反应通式：

反应机理：

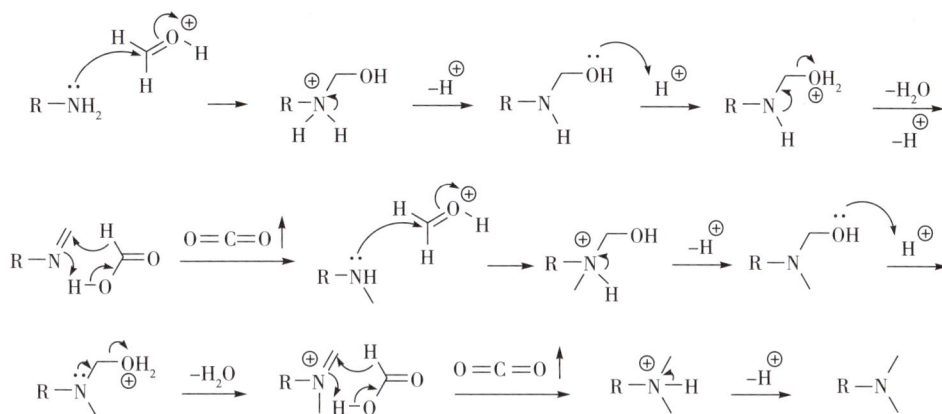

例如：

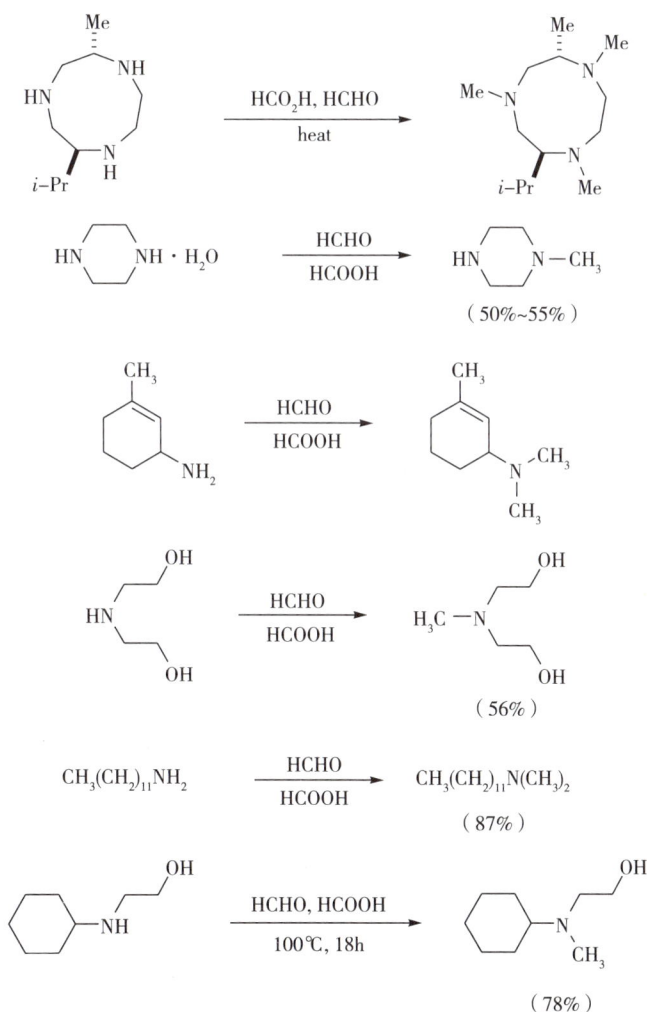

应用实例： 马来酸吡咯替尼（pyrotinib maleate）的一种合成方法中，应用甲酸和多聚甲醛将 *N*-Boc-吡咯烷衍生物的 *N*-Boc 保护基脱除得到吡咯烷仲胺衍生物的同时进行 Eschweiler-Clarke 反应，生成 *N*-

甲基化的吡咯烷叔胺衍生物，再经过碱水解后制备 N-甲基化吡咯烷的不饱和羧酸关键中间体，详见第五章第三节。

金属复氢化物，例如 $LiAlH_4$、$NaBH_4$、$NaBH_3CN$、$NaBH(OAc)_3$ 等也能进行还原胺化反应。

（88%）　（90%）

（81%）　（85%）

（52%～54%）

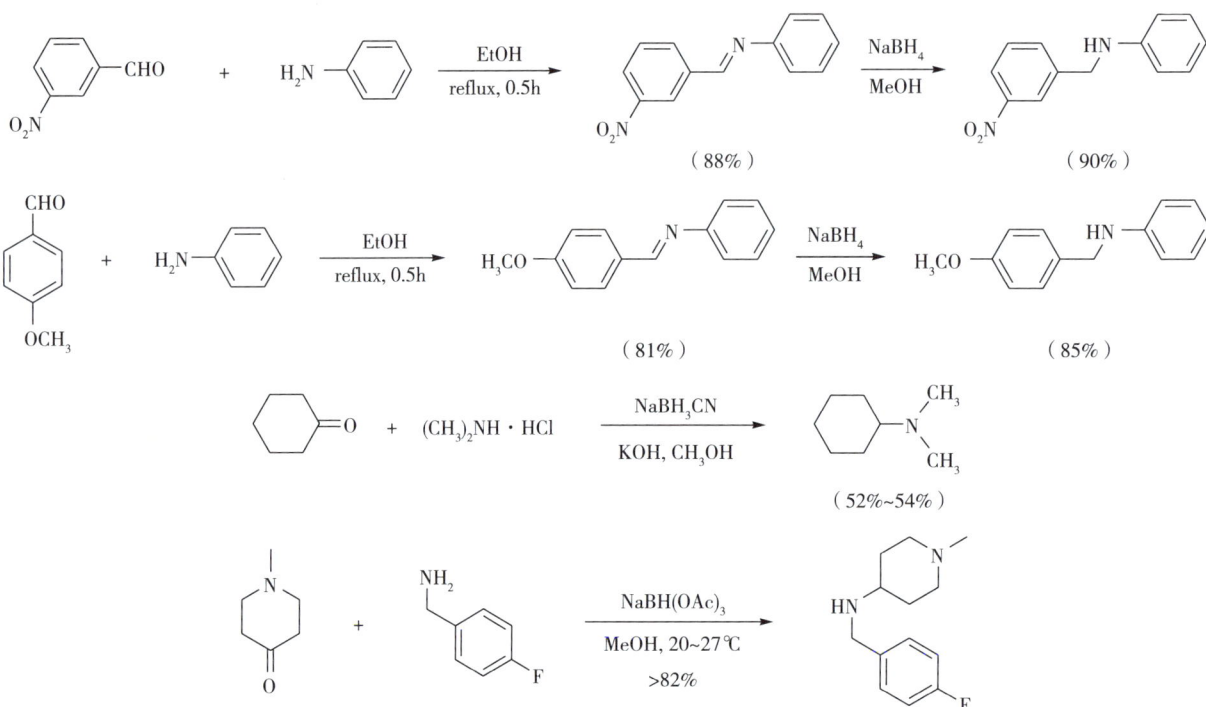

瑞替加滨（retigabine）为一种神经元钾通道开放剂和 γ-氨基丁酸（GABA）增强剂，可降低神经元兴奋性，是一种新型抗癫痫药物。瑞替加滨的一种合成方法中，应用了芳醛和芳胺在 $NaBH_4$ 作用下进行还原胺化反应，得到仲胺关键中间体。

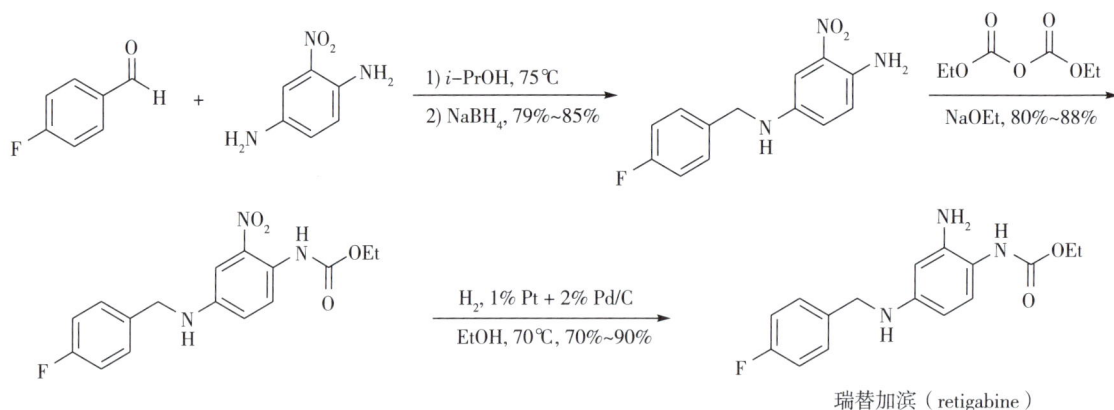

瑞替加滨（retigabine）

莫扎伐普坦（mozavaptan）为新型血管升压素 V_2 受体拮抗剂，可用于低钠血症，抗利尿激素分泌失调综合征（syndrome of inappropriate antidiuretic hormone secretion，SIADH）和充血性心力衰竭。莫扎伐普坦的一种合成方法中，分别应用了 $NaBH_4$ 和 $NaBH_3CN$ 进行还原胺化反应。

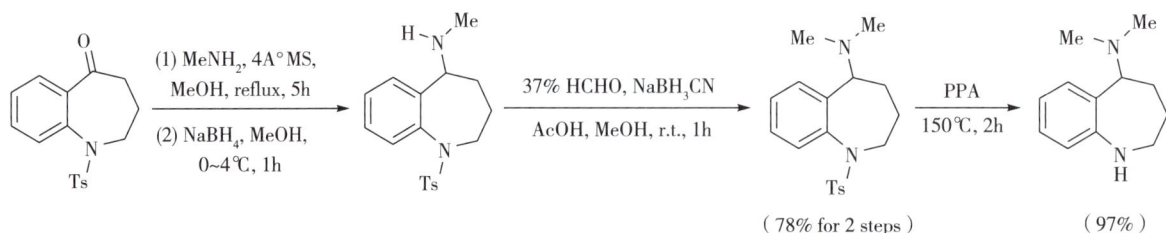

（78% for 2 steps）　（97%）

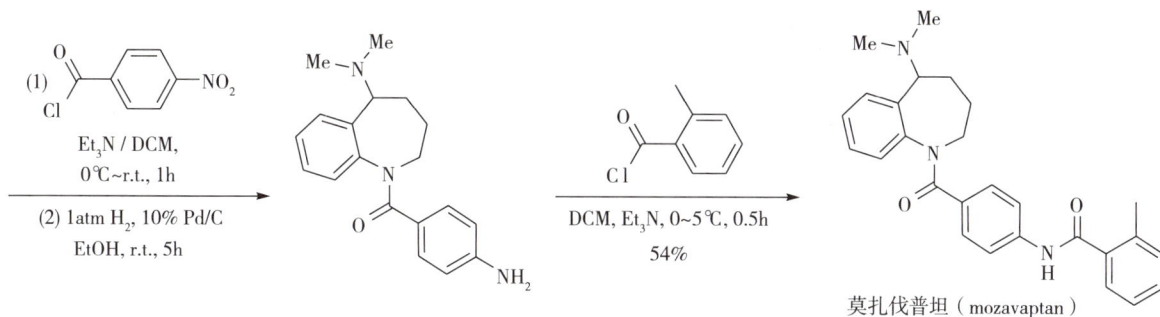

螺环吲哚酮结构是天然产物和生物活性分子中普遍存在的结构单元，而吡咯烷基螺环吲哚酮片段则是大量生物碱和药物的核心骨架。例如，在全合成吲哚生物碱(−)-horsfiline 的最后阶段，尝试使用经典的 Eschweiler–Clarke 甲基化条件（HCO_2H/HCHO/回流）对五元环状仲胺进行 N-甲基化。令人遗憾的是，HCO_2H/HCHO/回流这种剧烈的甲基化条件会导致反应底物的季碳手性中心消旋化。因此，改变反应条件，使用甲醛和采用较温和的 $NaBH_3CN$ 作为还原剂对吡咯烷基的仲胺进行 N-甲基化，可以保持底物的光学活性而避免消旋化。

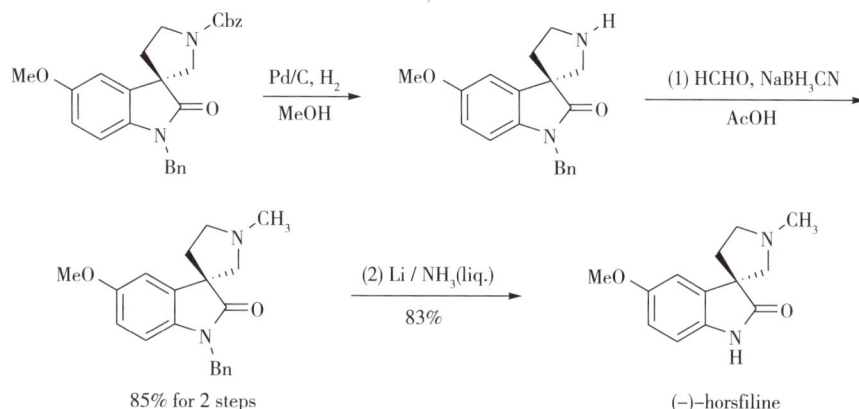

第五节 羧酸及其衍生物的还原

一、酰氯的还原

酰氯在以硫酸钡（barium sulfate）为载体并加入了 2,6-二甲基吡啶（2,6-dimethylpyridine，2,6-lutidine）或喹啉-硫（quinoline–S）或硫脲（thiourea）等活性抑制剂的部分中毒钯催化剂的催化下，氢化还原得到醛的反应，称为罗森蒙德还原（Rosenmund reduction）。

反应通式：

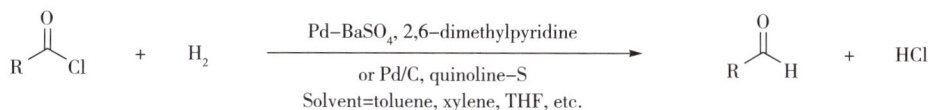

反应机理：

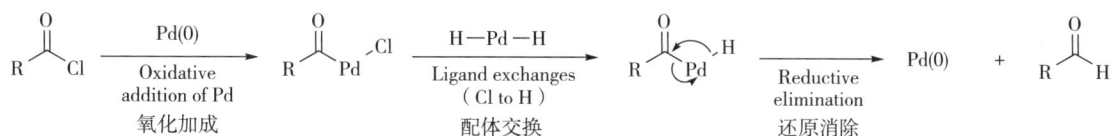

罗森蒙德还原是用催化氢化法还原酰氯为醛的反应，属于多相催化氢化机理。该反应中使用的催化剂称为罗森蒙德催化剂（Rosenmund catalyst），是附着在硫酸钡上的钯粉并加入活性抑制剂（2,6-二甲基吡啶、喹啉–硫、硫脲等）制成。如果不加入活性抑制剂（或称为钝化剂、中毒剂）、不进行钝化，则生成的醛会继续还原成醇等，因此可能的副产物有醇、烷烃、酸酐和酯等。

罗森蒙德还原反应常用的溶剂（solvent）有甲苯（toluene）、二甲苯（xylene）、四氢呋喃（THF）等，反应时控制通入的氢量使略高于理论量，即可使反应停留在醛的阶段，得到收率良好的醛。通常是将酰氯溶于甲苯或二甲苯中，加入催化剂，再通入氢气。反应的尾气通入水中以吸收氯化氢，并不时地用标准碱滴定生成的盐酸以确定还原进行的程度，防止生成的醛进一步被还原为醇。该反应一般应用于制备一元脂肪醛或一元芳香醛，反应条件温和底物分子中的双键、硝基、卤素、酯基等可不受影响，但羟基则需事先进行官能团的保护（如乙酰基保护），碳碳双键虽然不被还原，但是有时会发生双键的重排。

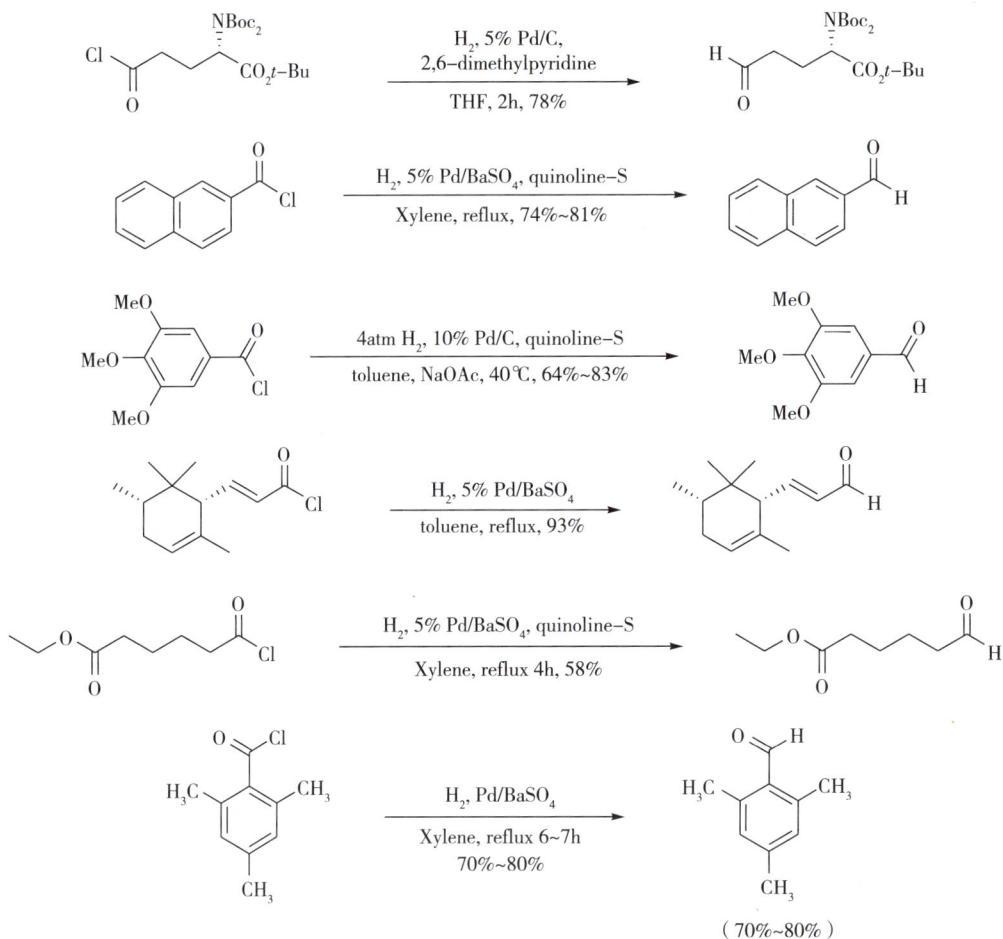

由于从原料羧酸出发可以方便地制备成酰氯，因此罗森蒙德还原反应是以羧酸为原料合成醛的重要方法之一。

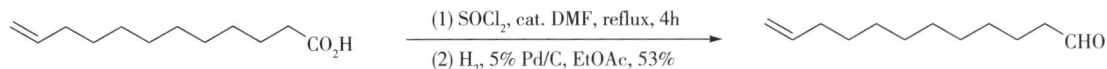

应用实例： 阿托伐醌（atovaquone）是一种独特的羟基–1,4–萘醌，具有广谱抗原虫的活性，用于治疗肺囊虫病、弓形虫病、疟疾和巴贝西虫病，为治疗和预防与艾滋病最常见的机会性感染和死亡原因之一的卡氏肺孢子虫肺炎（pneumocystis pneumonia，PCP）的二线治疗药。在阿托伐醌的一种合成方法中，首先由羧酸制得酰氯，然后应用罗森蒙德还原将酰氯还原为关键中间体醛，其中钯碳和加入的活性

抑制剂 2-甲基喹啉（quinaldine）的选择性氢化尤为关键。

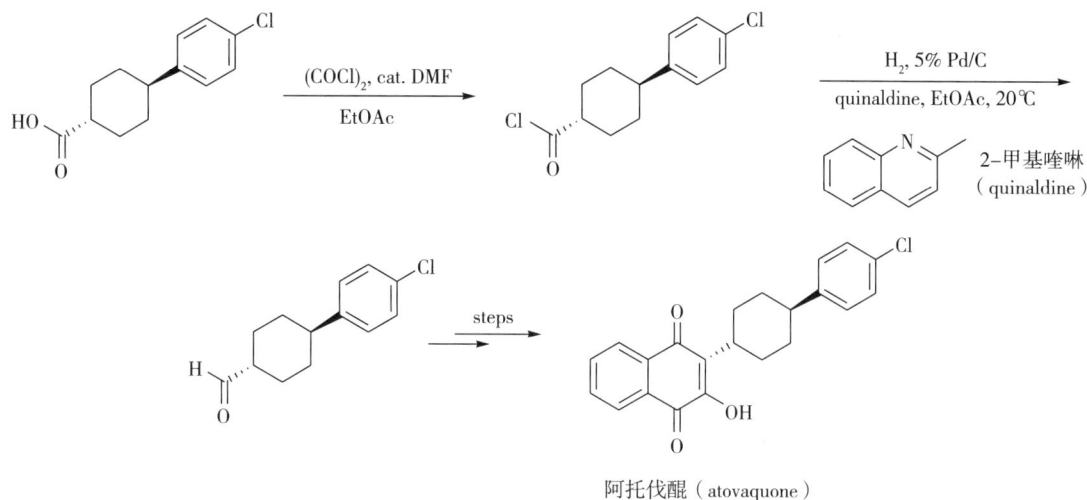

阿托伐醌（atovaquone）

例如，HIV 进入抑制剂候选药物（HIV entry inhibition candidate）AMD070 的一种合成方法，也是由羧酸合成酰氯，再在活性抑制剂 2,6-二甲基吡啶（2,6-dimethylpyridine，2,6-lutidine）、钯碳和氢气共同作用下，应用罗森蒙德还原将酰氯还原为关键中间体醛。

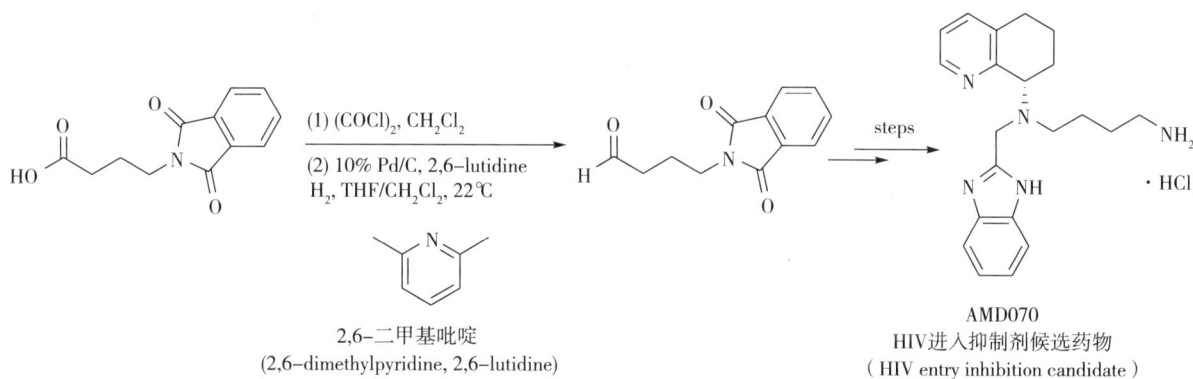

2,6-二甲基吡啶
(2,6-dimethylpyridine, 2,6-lutidine)

AMD070
HIV进入抑制剂候选药物
（HIV entry inhibition candidate）

另外，某些金属氢化物也可用来还原酰氯成醛，其反应机理为氢负离子转移的亲核反应机理。但是一般只能用含有一个氢的复氢化物还原，否则反应生成的醛将继续被复氢化物还原，故含多氢的复氢化物不适合还原酰氯成醛。例如三丁基锡氢（Bu$_3$SnH）、三叔丁氧基氢化铝锂[LiAlH(Ot-Bu)$_3$]可以将酰氯还原为醛。这些金属氢化物在低温下将脂肪酰氯或芳（杂）环酰氯还原为相应的醛，底物分子中的硝基、腈基、酯基、双键、醚键等可不受影响。

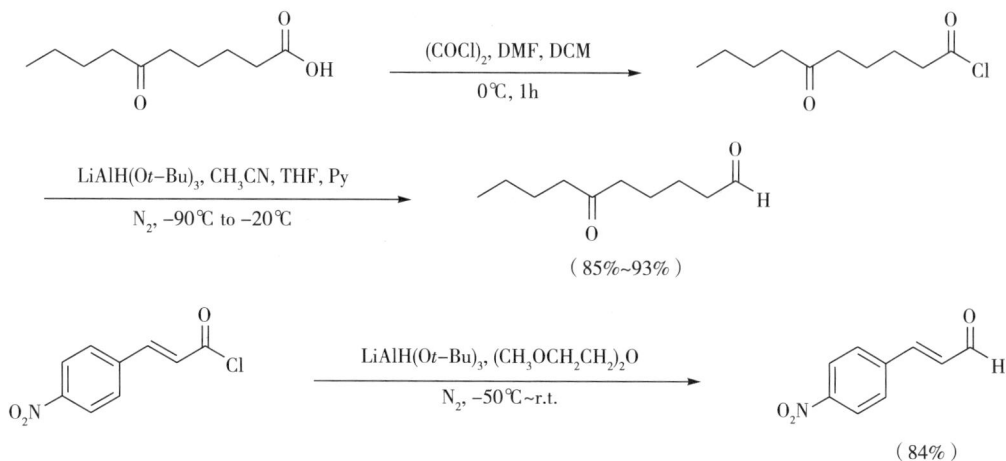

（85%~93%）

（84%）

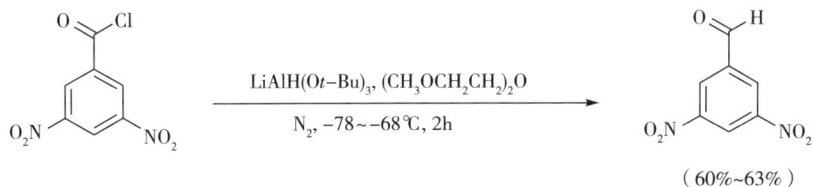

（60%~63%）

　　例如，米诺膦酸（minodronic acid）为第三代含氮芳杂环双膦酸盐，抑制骨吸收的活性强，主要用于治疗骨质疏松症（暂在女性患者中使用），适应证包括女性绝经后骨质疏松症、老年性骨质疏松症、继发性骨质疏松症等。米诺膦酸的一种合成方法中，应用三叔丁氧基氢化铝锂［LiAlH（Ot-Bu）$_3$］将酰氯还原为醛。

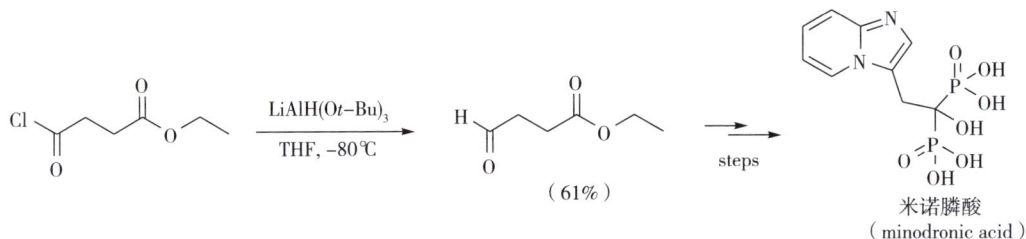

米诺膦酸
（minodronic acid）

二、酯及酰胺的还原

1. 酯还原成醇　常用金属复氢化物或金属钠来还原羧酸酯成醇。
反应通式：

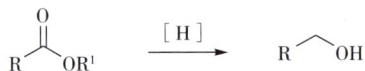

（1）负氢试剂（金属复氢化物）　金属复氢化物中氢化铝锂是广为应用的还原羧酸酯成醇的试剂。

反应机理：金属复氢化物还原羧酸酯成醇，属于氢负离子对羰基的亲核加成机理。

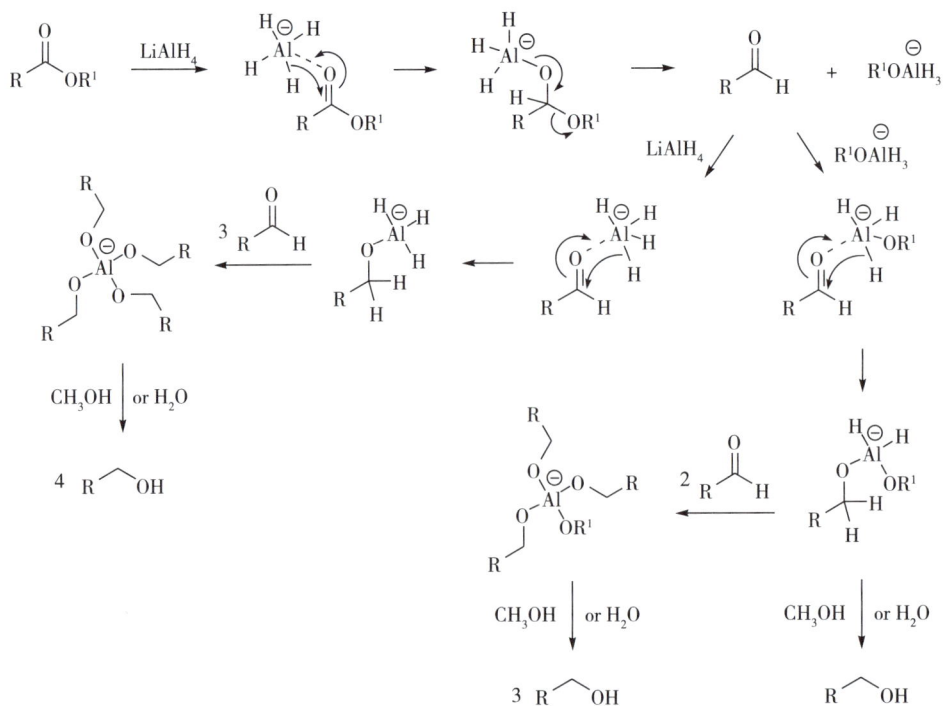

例如：

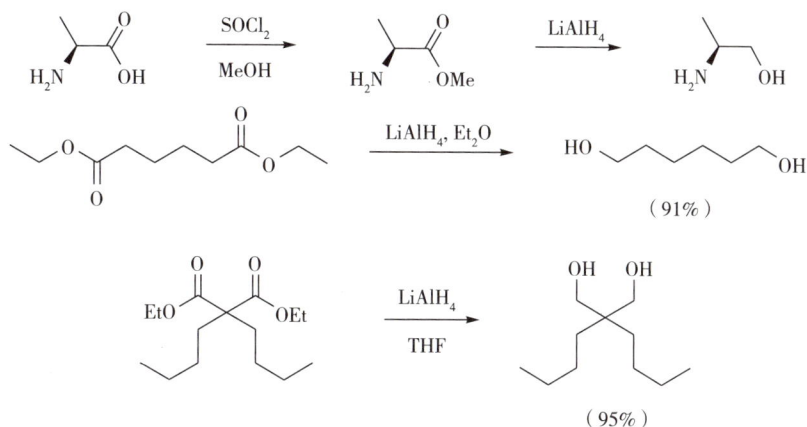

单独使用硼氢化钠或硼氢化钾很难还原羧基、酯基、酰胺等官能团，但在 Lewis 酸的催化下，还原能力大大提高，可顺利还原酯为醇，常用的还原催化体系有 $NaBH_4/BF_3$、$KBH_4/ZnCl_2$、$NaBH_4/CaCl_2$、$NaBH_4/LiCl$ 和 $NaBH_4/AlCl_3$ 等。

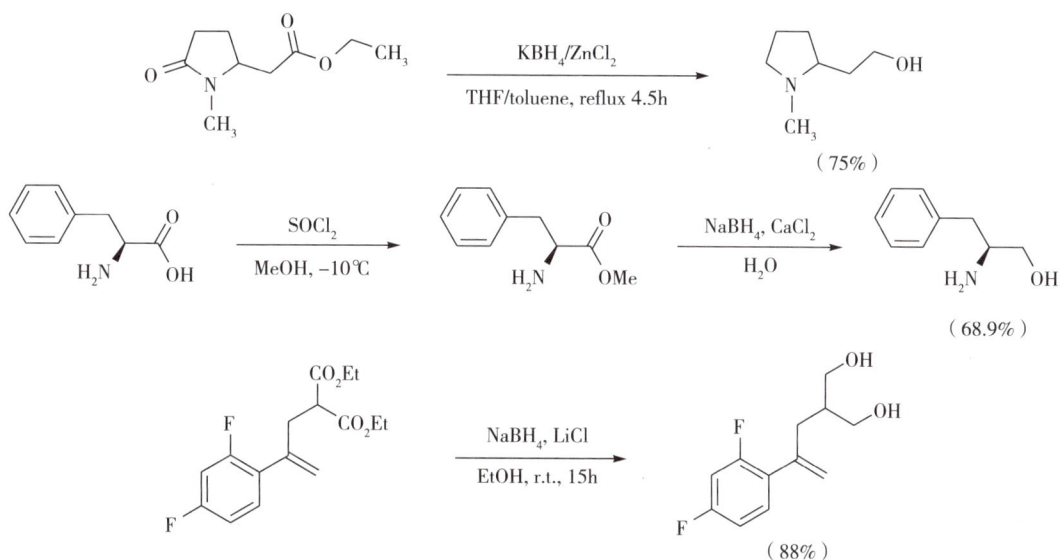

应用实例： 阿托吉泮（atogepant）是一种口服有效且具有选择性的降钙素基因相关肽受体（CGRP）拮抗剂，主要用于预防成人有先兆或无先兆偏头痛急性发作的治疗。阿托吉泮的一种合成方法中，应用了 $NaBH_4/CaCl_2$ 还原酯为醇，制备关键中间体。

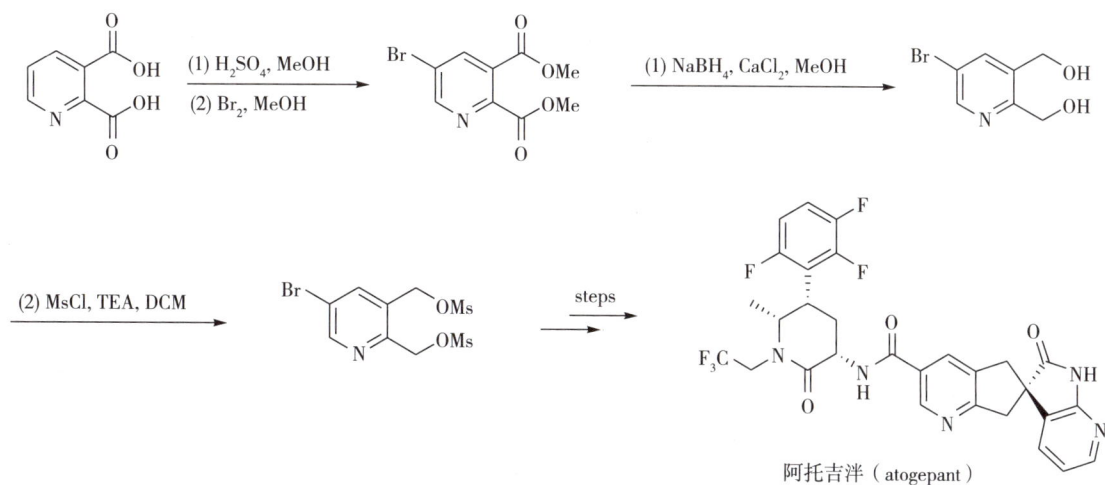

阿托吉泮（atogepant）

NaBH$_4$对简单脂肪族酯类还原作用很弱，但当酯基α-位有吸电子基团取代时，增加了酯羰基碳的电正性，易于被还原。吸电子基团可以是卤素、氧、氮、腈基、硝基等。

例如：

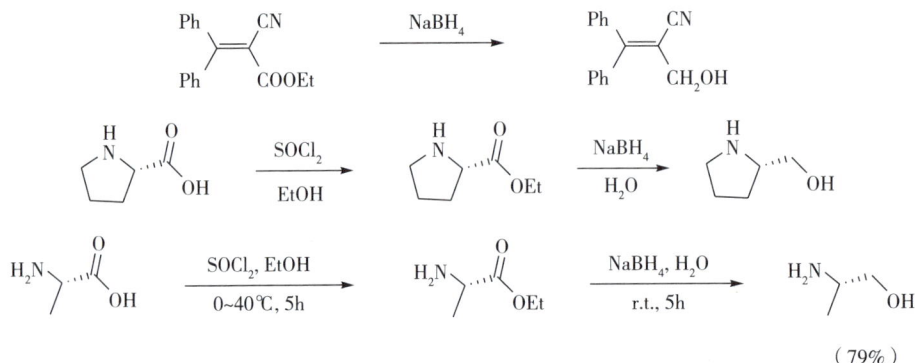

应用实例：索利氨酯（solriamfetol）是一种多巴胺及去甲肾上腺素再摄取抑制剂，用于改善成人发作性睡病或阻塞性睡眠呼吸暂停相关的日间过度嗜睡。索利氨酯的一种合成方法应用了NaBH$_4$对简单脂肪族酯类的还原，首先将D-苯丙氨酸甲酯盐酸盐用碳酸钠，在二氯甲烷和水中解离得到D-苯丙氨酸甲酯，然后应用硼氢化钠将D-苯丙氨酸甲酯还原得到了D-苯丙氨醇。

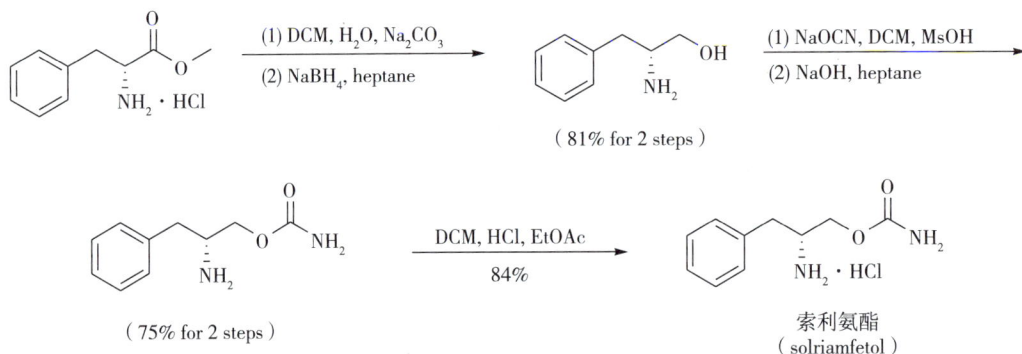

（2）可溶性金属还原（如金属钠）　Bouveault-Blanc反应是将羧酸酯用金属钠和无水醇直接还原生成相应的伯醇的反应，又称为Bouveault-Blanc还原（Bouveault-Blanc Reduction）。

反应通式：

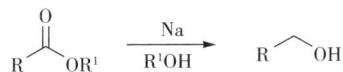

反应机理：

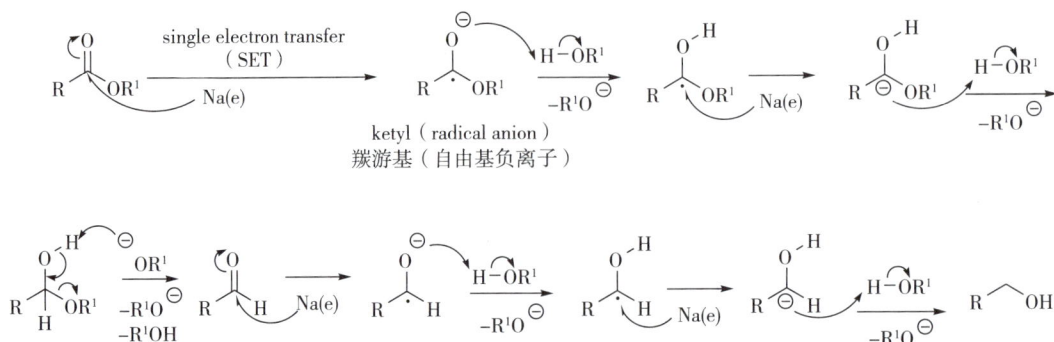

金属钠还原酯为醇的Bouveault-Blanc反应，属于可溶性金属还原，主要用于高级脂肪酸酯的还原。

其反应机理为单电子转移（SET），还原生成了 ketyl（radical anion），即羰游基（自由基负离子）。金属钠作为单电子还原试剂，金属钠每次转移一个电子，因此由酯完全还原成醇需要四个钠原子进行单电子转移（SET）。在该反应中，R^1OH 为质子供体（proton donor）。

例如：

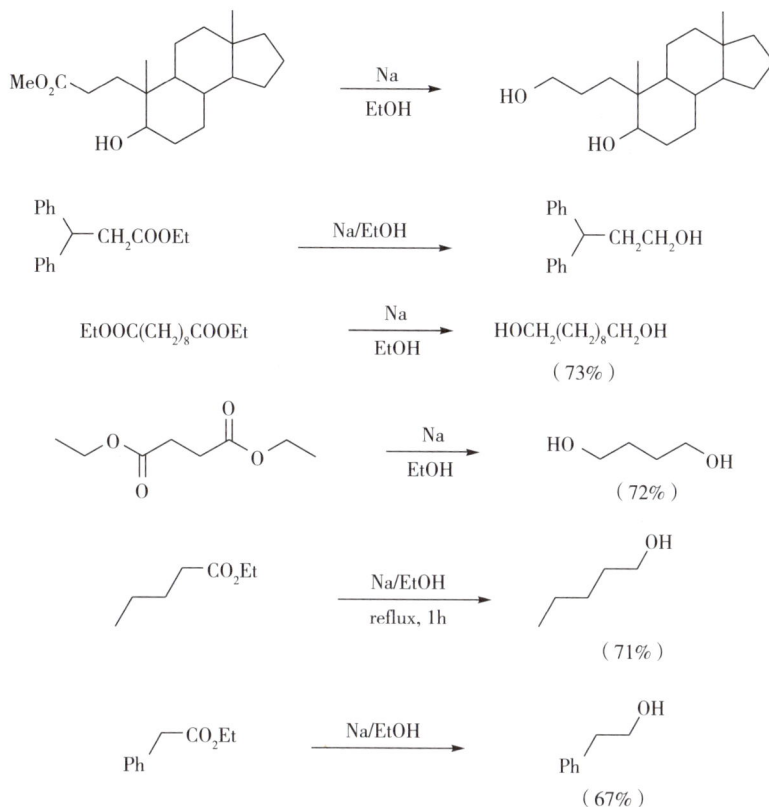

应用实例： 普尼拉明（prenylamine），别名心可定，属于钙通道阻滞剂（calcium channel blockers）或称钙拮抗剂（calcium antagonists）。本品除具有阻滞 Ca^{2+} 内流作用外，还具有抑制磷酸二酯酶和抗交感神经作用，可降低心肌收缩力和松弛血管平滑肌，增加冠脉流量，同时能降低心肌氧耗量，可用于心绞痛的防治。普尼拉明中间体的制备应用了金属钠还原酯为醇的 Bouveault-Blanc 反应。

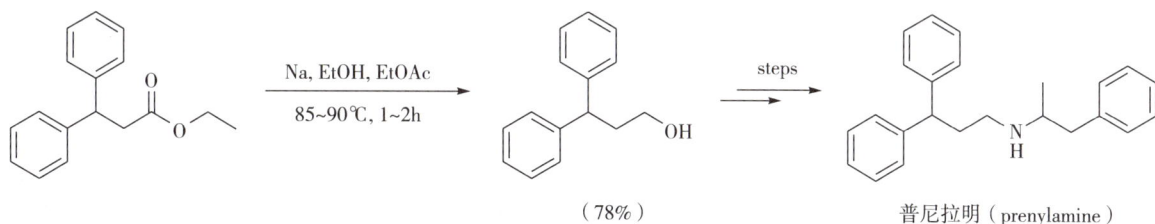

2. 酯的双分子还原偶联反应 羧酸酯在惰性非质子性溶剂如乙醚、甲苯、二甲苯等中与金属钠发生还原偶联反应，生成 α-羟基酮的反应称为偶姻缩合（acyloin condensation）或称酮醇缩合反应。

反应通式：

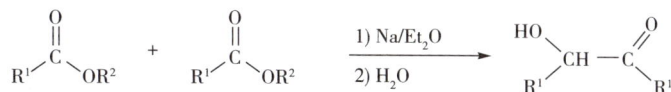

需要特别注意的是，酮醇缩合反应需要在惰性非质子溶剂（如乙醚、甲苯、二甲苯等）中进行，其生成的羰游基（自由基负离子）才能相互偶合，发生二聚（dimerization）生成 α-羟基酮。

例如：

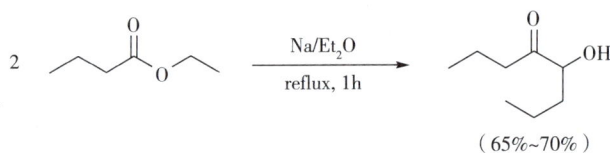

（65%~70%）

如果反应在质子性溶剂中，或有质子供体（proton donor）如醇等的存在下进行，则发生 Bouveault–Blanc 还原（Bouveault–Blanc reduction），将酯进行单分子还原得到醇。另外，由于酮醇及酮醇负离子易于被氧化，因此酮醇缩合反应须在惰性气体中进行。至于芳香酮醇（产物酮醇的 R^1 为芳香取代基时）的制备，一般采用两个芳香醛之间的安息香缩合（benzoin condensation）反应制得。

反应机理： 对于酮醇缩合反应，有两种可能的机理。在一种机理中，钠与酯通过单电子转移（SET）过程，还原生成了 ketyl（radical anion），即羰游基（自由基负离子）。该自由基负离子可二聚（dimerization）为二烷氧基双负离子。消除两个烷氧基负离子可得到二酮（diketone）化合物。接下来继续进行单电子转移还原（电子从金属钠转移到二酮上）可生成新的双自由基负离子，再经过双自由基偶联及酸性条件下后处理生成烯二醇，最后经互变异构（tautomerization）得到酮醇化合物。

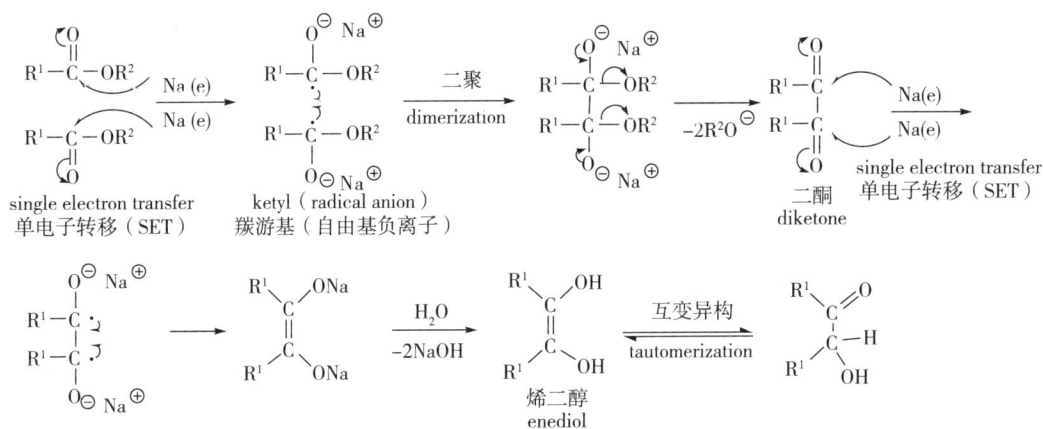

另一种机理则涉及环氧中间体（epoxide intermediate）。

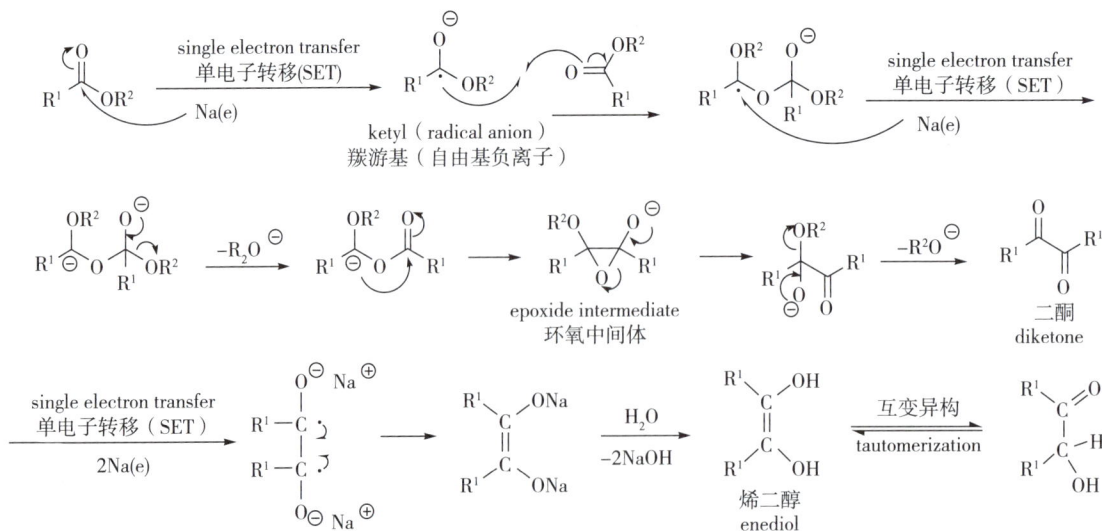

应用实例： 脂肪单酯经偶姻缩合生成对称酮醇化合物，而脂肪二酯则生成环状酮醇（α-羟基环酮）化合物。分子内酮醇缩合反应是制备五元环状或更大环状（最大可制备三十四元环）α-羟基环酮及其

大环衍生物的重要方法之一。

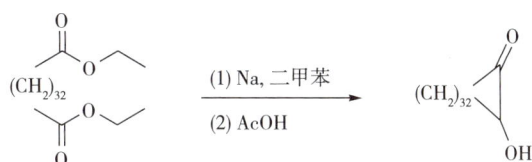

在甾族 α-羟基酮的合成中，可采用均相的钠－液氨－乙醚的还原体系，例如：

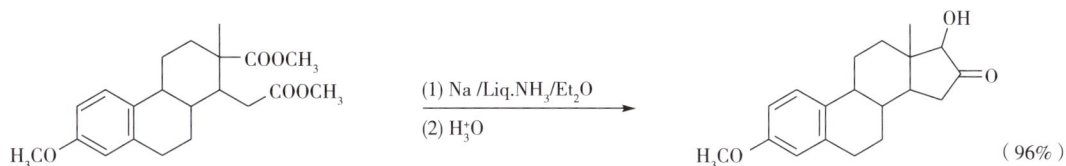

麝香酮（muscone），又名 3-甲基环十五烷酮，是麝香的主要香味成分。动物实验证明本品具有扩张冠状动脉及增加冠脉血流量的作用，对心绞痛有一定疗效。一般于用药（舌下含服、气雾吸入）后 5 分钟内见效，缓解心绞痛的功效与硝酸甘油略相近似。其中间体的合成可以采用酮醇缩合反应。

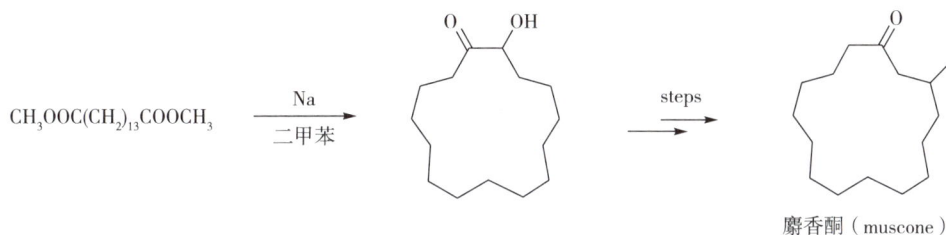

对于制备小环偶姻产物（四元环到六元环），加入（CH₃）₃SiCl（三甲基氯硅烷，trimethylchlorosilane，TMSCl）在超声条件下反应，产率有很大提高。引入 TMSCl 拓宽了此反应的应用范围，阻止了一些碱催化的（如 β-消除，Claisen 缩合或 Dieckmann 缩合等）副反应的进行，从而增加酮醇缩合反应的收率。得到的双硅氧烯烃（bis-silyloxyalkene）或被直接分离，或经简单水解、醇解转化为酮醇化合物。

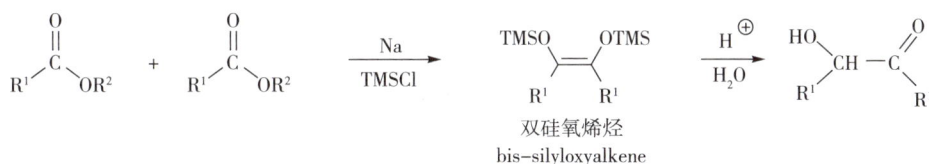

例如：

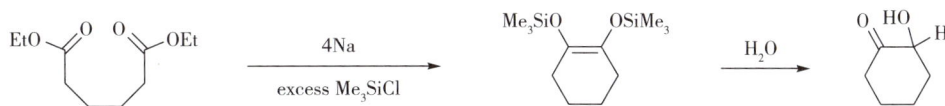

反应机理：

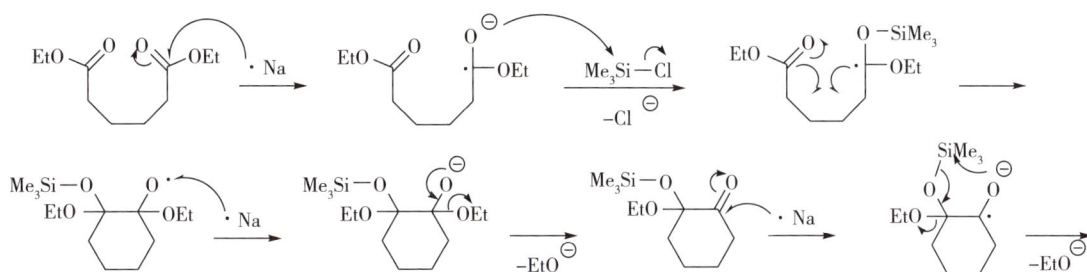

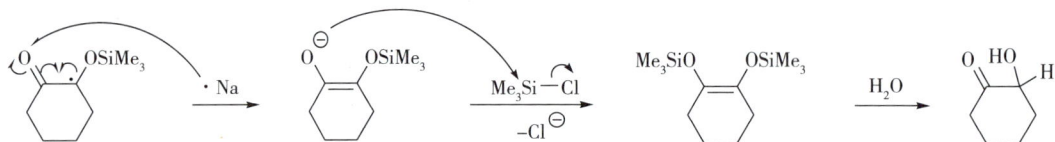

3. 酯、酰胺还原成醛

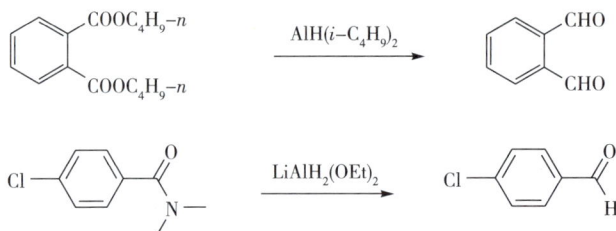

4. 酰胺还原成胺 酰胺还原通常可以得到伯、仲、叔胺。但是在某些反应条件下，也可能伴有碳-氮键的断裂而生成醛。酰胺主要由金属复氢化物经氢负离子对羰基的亲核加成机理或硼烷经氢负离子的亲电加成机理来还原制备胺。

反应通式：

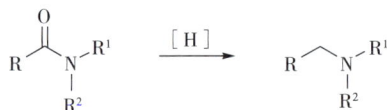

金属复氢化物（以氢化铝锂为例）与酰胺还原，制备胺的反应机理：

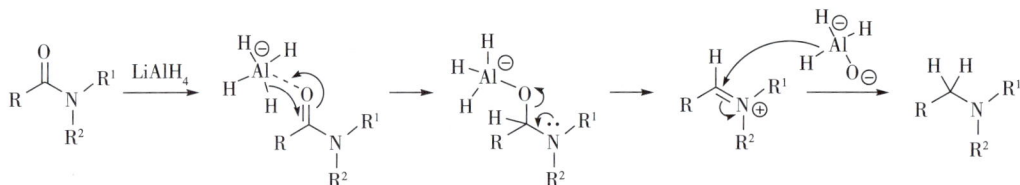

金属复氢化物（以氢化铝锂为例）与酰胺还原，碳-氮键的断裂而生成醛的反应机理：

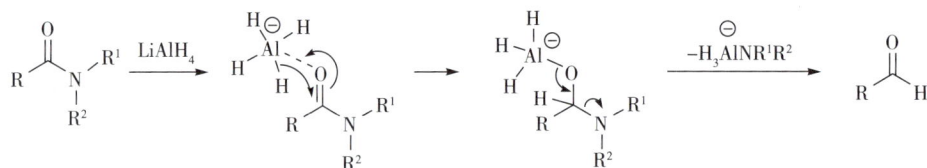

例如：

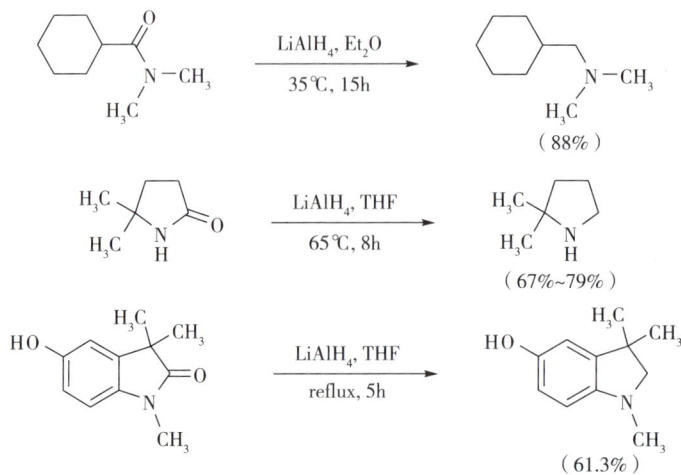

应用实例：在新型广谱高效抗真菌药盐酸阿莫罗芬（amorolfine hydrochloride）的合成中，应用氢化铝锂在无水乙醚中还原酰胺关键中间体为叔胺。

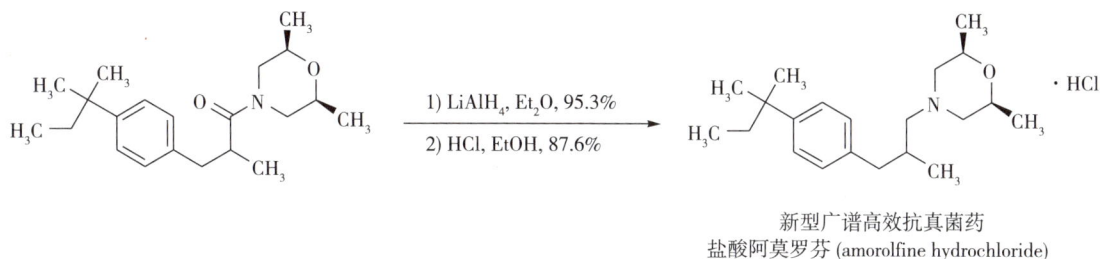

新型广谱高效抗真菌药
盐酸阿莫罗芬 (amorolfine hydrochloride)

癌症恶病质是一种复杂的代谢紊乱综合征，是癌症的常见并发症，以体重下降（尤其是肌肉质量下降）和与癌症相关的厌食为特征，可影响高达 80% 的晚期癌症患者，严重影响患者的生活质量和生存率。阿那莫林或阿纳莫林（adlumiz or anamorelin）是一种新型的癌症恶病质治疗药物，主要用于治疗非小细胞肺癌、胃癌、胰腺癌、结直肠癌等恶性肿瘤患者癌症恶病质。该药通过激活饥饿感受器 Ghrelin 受体，促进胰岛素样生长因子-1（IGF-1）的释放，从而增加食欲、食物摄入和肌肉的增长。这一独特机制使得阿纳莫林成为治疗癌症恶病质的新希望。阿纳莫林的一种合成方法中，应用了氢化铝锂在1,4-二氧六环（1,4-dioxane）中还原 N',N'-二甲基甲酰肼为关键中间体 1,1,2-三甲基肼。

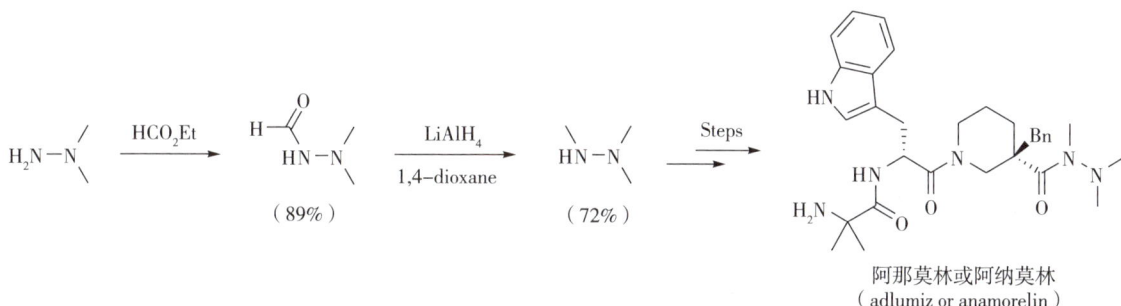

阿那莫林或阿纳莫林
（adlumiz or anamorelin）

乙硼烷是还原酰胺为胺的优良试剂，没有成醛的副反应，且不影响分子中存在的硝基、烷氧羰基、卤素等基团，但如果有碳-碳双键存在，则会同时被还原。还原反应速度顺序为：N,N-二取代酰胺 > N-单取代酰胺 > 无取代酰胺；脂肪族酰胺 > 芳香族酰胺。

硼烷还原酰胺的反应机理：

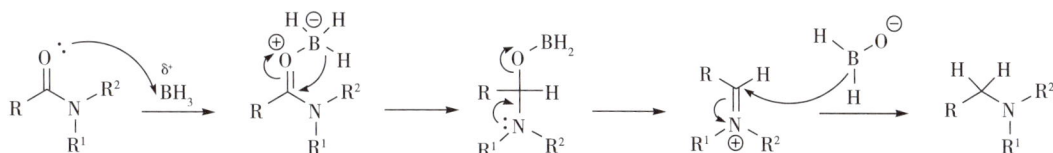

例如：

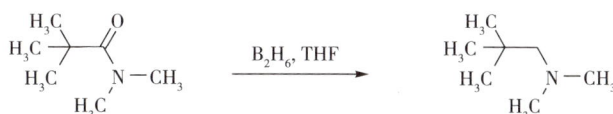

应用实例：去甲文拉法辛（desvenlafaxine）是一种 5-羟色胺(5-HT)-去甲肾上腺素（NE）再摄取抑制剂，用于治疗重度抑郁症（major depressive disorder，MDD）。去甲文拉法辛的一种合成方法中，应用了硼烷-四氢呋喃（BH₃/THF）还原酰胺关键中间体为叔胺。

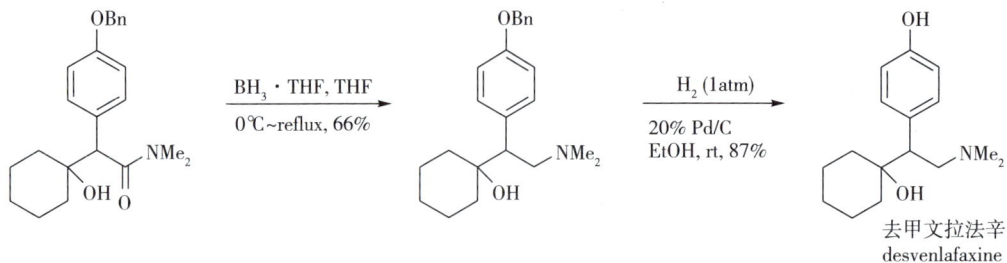

去甲文拉法辛
desvenlafaxine

三、腈的还原

腈类化合物的还原是制备伯胺的常用方法之一。腈的还原主要使用催化氢化法（例如 Pd-C/H$_2$，Raney Ni/H$_2$ 等）和金属复氢化物（例如 LiAlH$_4$，KBH$_4$/Raney Ni，KBH$_4$/PdCl$_2$，NaBH$_4$/ZrCl$_2$ 等）还原法。还能使用硼烷、金属钠/乙醇等还原腈类化合物为伯胺。由于腈易水解为羧酸，故而不宜采用活泼金属与酸的水溶液作为还原体系。

反应通式：

$$R-CN \xrightarrow{[H]} R-CH_2NH_2$$

催化氢化法反应机理：

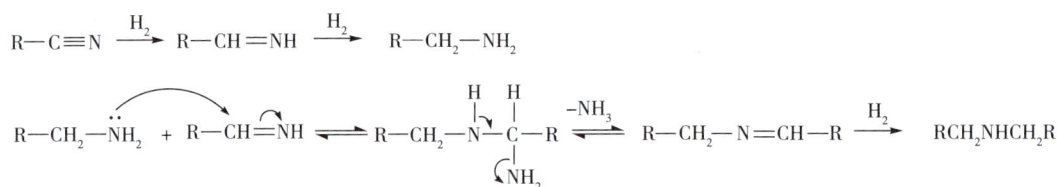

应用实例： 氢化铝锂可以将腈类化合物还原为伯胺。

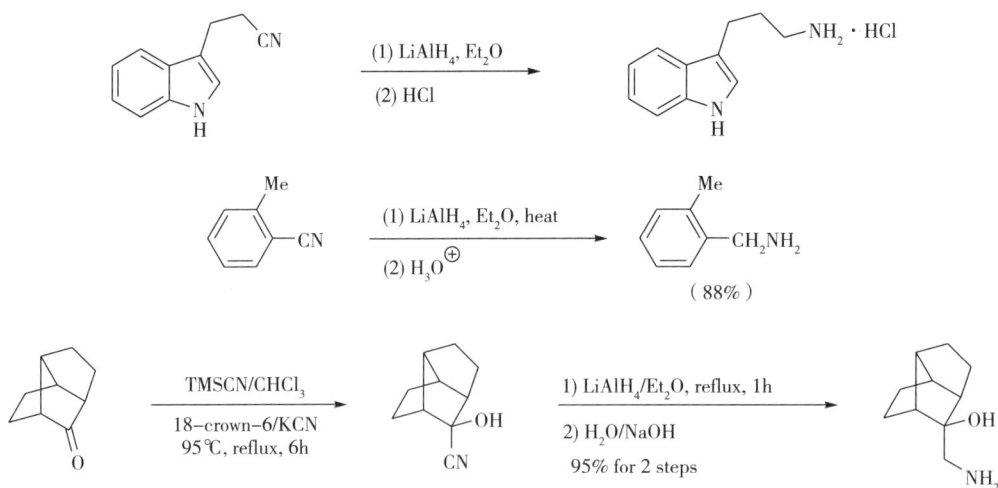

加压下用活性镍作催化剂进行催化氢化，通常在溶剂中加入过量的氨，可使脱氨一步不易进行从而减少副产物仲胺的生成。

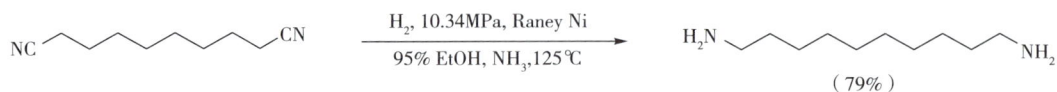

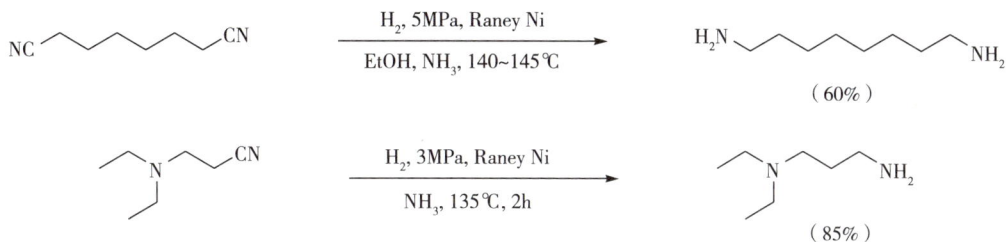

腈类化合物和硝基化合物在活性镍、氯化钯、氯化锆、碘等催化下，才能被硼氢化钠（钾）还原。

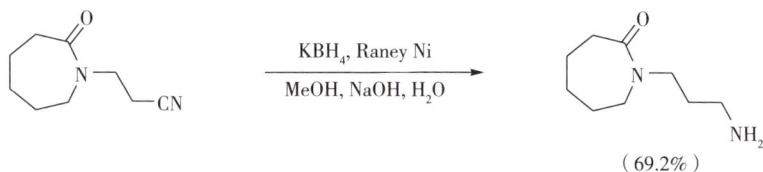

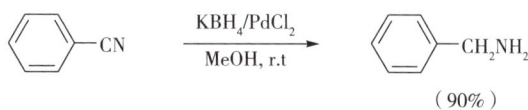

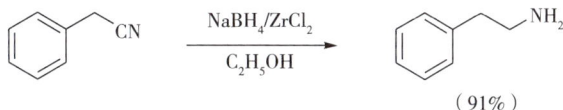

例如，腈类化合物可使用金属钠/乙醇等还原为伯胺。

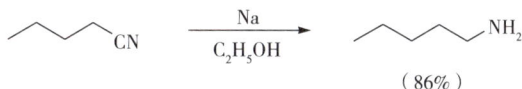

硼烷可以在温和的条件下还原腈为伯胺，底物分子中的硝基、卤素等不受影响。

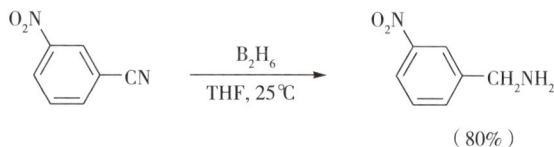

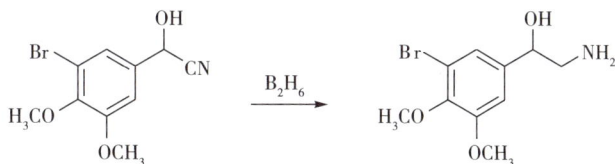

四、羧酸的还原

1. 羧酸的还原 金属氢化物如氢化铝锂、硼烷、硼氢化钠（钾）是实验室中常用的将羧酸还原成相应的伯醇的还原剂。其中氢化铝锂是还原羧酸的最常用试剂。硼烷是选择性的还原羧酸为醇的优良试剂，条件温和，反应速度快，且不影响分子中存在的硝基、烷氧羰基、卤素等基团。

反应通式：

$$R-COOH \xrightarrow{[H]} R-CH_2OH$$

（1）金属复氢化物还原 氢化铝锂是还原羧酸为伯醇的最常用试剂，反应可在十分温和的条件下进行，一般不会停留在醛的阶段，即使位阻较大的羧酸也能获得较好的收率。

例如：

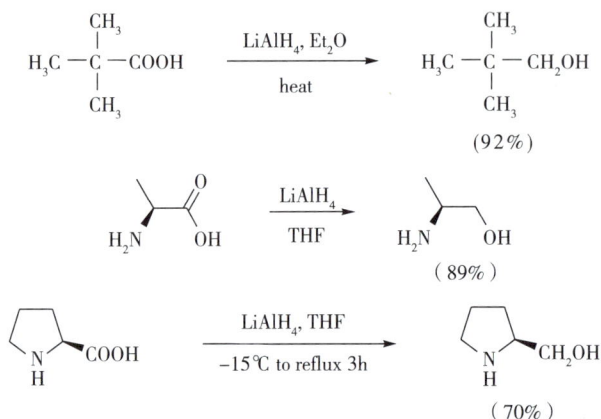

应用实例： 辛波莫德的一种合成方法中，应用了氢化铝锂还原苯甲酸衍生物为苄醇衍生物关键中间体，详见第五章第一节。

（2）**硼烷还原**　硼烷是选择性还原羧酸为醇的优良试剂，反应速度快且条件温和。硼烷还原羧酸的速度为：脂肪羧酸＞芳香羧酸；位阻小的羧酸＞位阻大的羧酸，但是羧酸盐不能被还原。硼烷还原脂肪酸酯的速度通常要慢于羧酸，并且对于芳香酸酯几乎不发生还原反应。这主要是因为芳环和羰基的共轭效应降低了羰基氧上的电子云密度，使得硼烷的亲电进攻难以进行。

反应机理： 在羧酸的还原过程中，可能是先生成三酰氧基硼烷，然后酰氧基中氧原子上未共用的电子与缺电子的硼原子之间可能发生相互作用。生成中间体而使酰氧基硼烷中的羰基较为活泼，进一步按羰基还原的方式，然后硼烷上的氢以氢负离子形式转移到缺电的羰基碳原子上，最后经水解得到相应的伯醇。

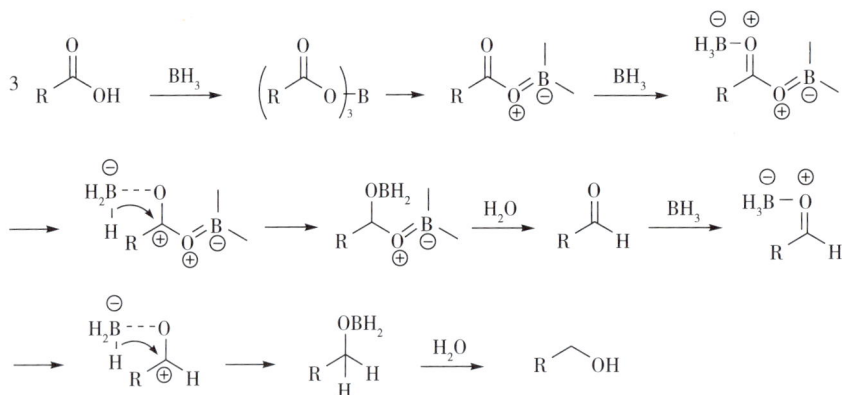

硼烷能还原羧基、双键、羰基、氰基等多种官能团，但硼烷有一个引人注目的反应特性，就是它还原羧基的速度比还原其他基团要快，条件也更温和。如果控制硼烷的用量，并在低温下进行反应，可选择性地还原羧基成相应的醇，而分子中其他易被还原的基团，例如硝基、氰基、酯基、醛或酮的碳基、卤素等均可保留，因此硼烷是选择性还原羧酸为醇的优良试剂。

例如：

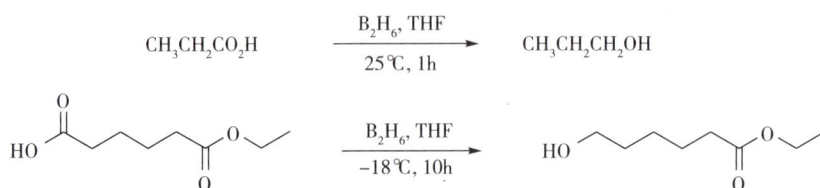

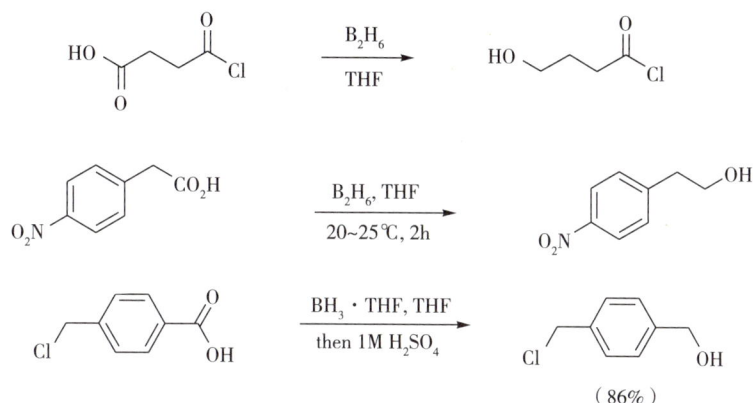

硼烷的来源可以是更容易操作处理的硼烷－四氢呋喃（BH₃/THF）和硼烷－二甲基硫醚（BH₃/Me₂S）等商业化试剂溶液；硼烷也可由硼氢化钠和三氟化硼反应或者由硼氢化钠和碘反应原位制备获得，可用于羧酸、酰胺等的还原反应。

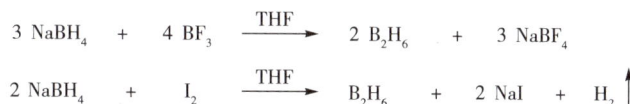

例如：

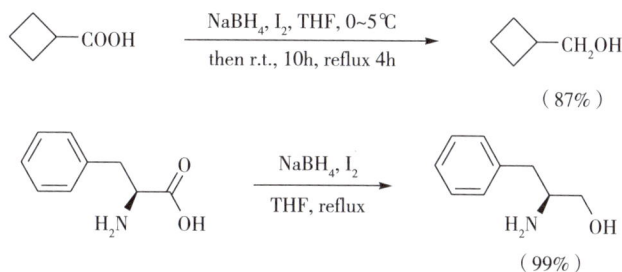

（3）Lewis 酸存在下，硼氢化钠（钾）还原羧酸为醇　硼氢化钠（钾）通常不能用来直接还原羧酸，但是 Lewis 酸的存在可大大提高其还原能力，从而用于羧酸的还原。由于氢化铝锂和硼烷的价格相对要贵，因此工业上大量生产时，一般都应用该方法，比较常用的体系为：NaBH₄/BF₃·Et₂O，KBH₄/BF₃·Et₂O，NaBH₄/ZnCl₂，NaBH₄/AlCl₃，NaBH₄/TiCl₄ 等。

例如：

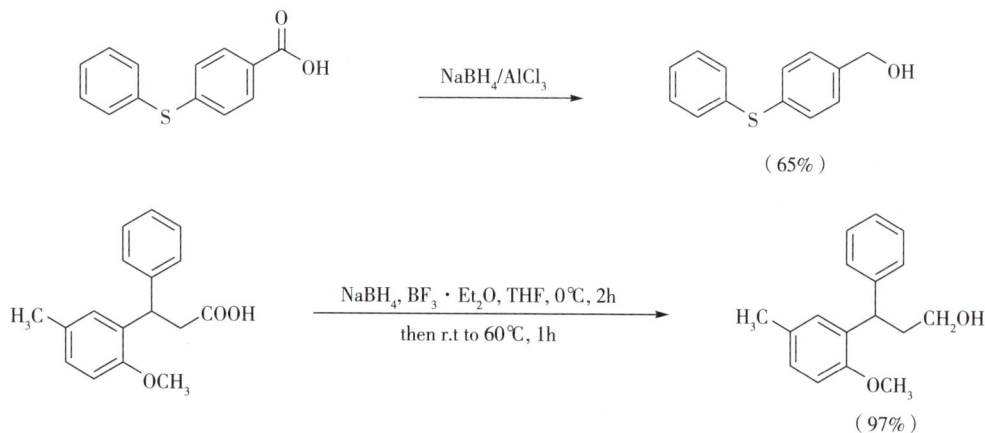

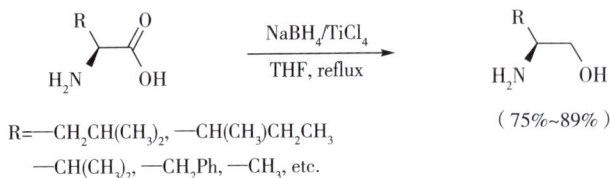

（75%~89%）

R=—CH₂CH(CH₃)₂, —CH(CH₃)CH₂CH₃
—CH(CH₃)₂, —CH₂Ph, —CH₃, etc.

应用实例：本维莫德的一种合成方法中，应用了 KBH₄/BF₃·Et₂O 还原苯甲酸衍生物为相应的苄醇化合物，详见第二章第四节。

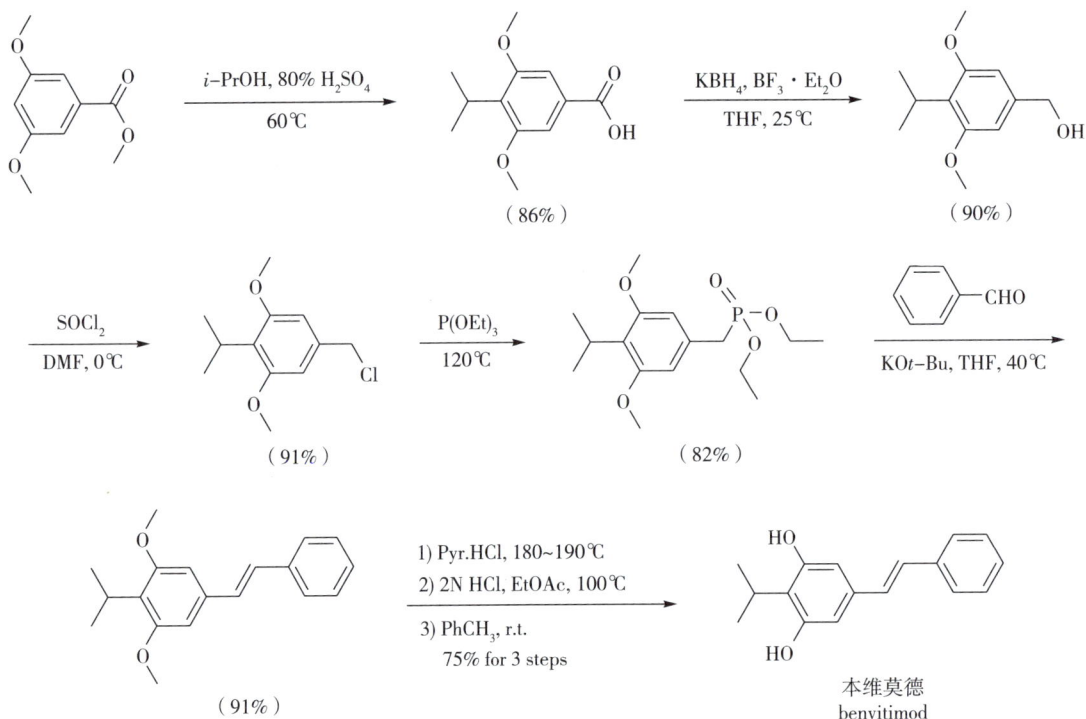

本维莫德
benvitimod

第六节　含氮化合物的还原

一、硝基化合物的还原

1. 金属还原　在酸性条件下，活性金属铁、锌、锡或氯化亚锡（二氯化锡）等是常用的还原剂，由于价廉易得，铁在工业生产中更为常用。

例如：

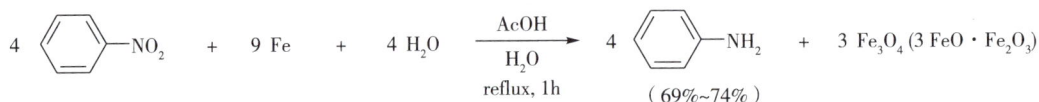

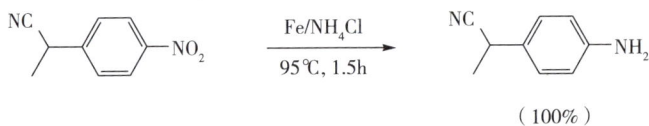

在酸性、碱性或中性条件下，锌粉都具有还原性。根据反应介质的不同，还原的官能团和相应的还原产物也有所不同。

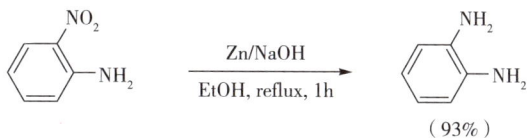

（93%）

锡和氯化亚锡是较强的还原剂可以将硝基还原为氨基，也可将腈还原为胺，但价格较高，故工业上较少使用。

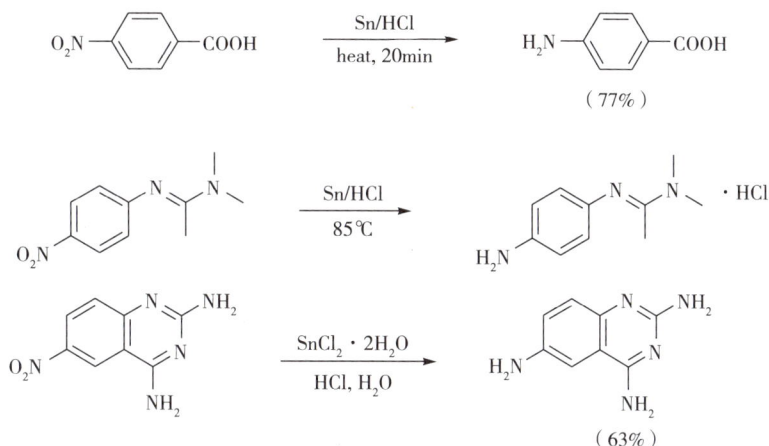

（77%）

（63%）

二氯化锡不还原羰基，因此含醛基或酮羰基的硝基苯可以被还原为氨基芳醛或氨基芳酮。

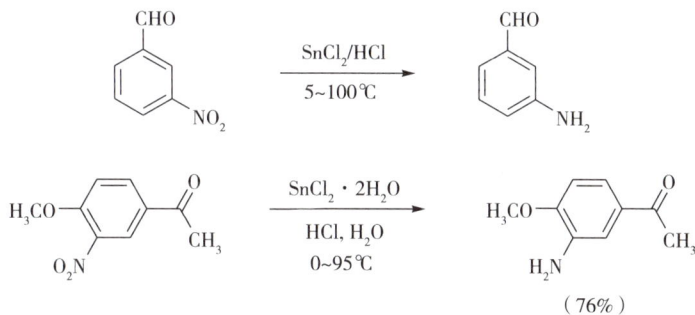

（76%）

用计量的二氯化锡或锡还原多硝基化合物时，可只还原其中的一个硝基，当二氯化锡或锡过量时，则所有硝基都被还原。

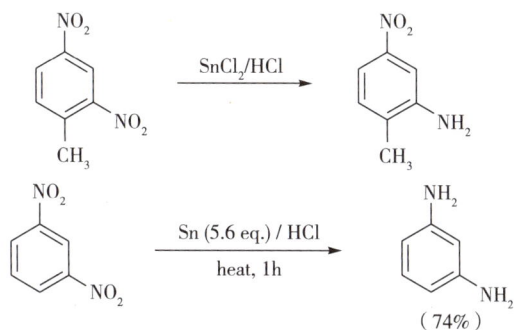

（74%）

2. 含硫化合物还原 含硫还原剂例如硫化钠、硫化铵、亚硫酸氢钠、连二亚硫酸钠（又称次亚硫酸钠、保险粉，$Na_2S_2O_4$）等是在碱性或中性条件下选用的还原剂。此类还原剂的特点是能将多硝基化合物中的部分硝基还原为氨基。

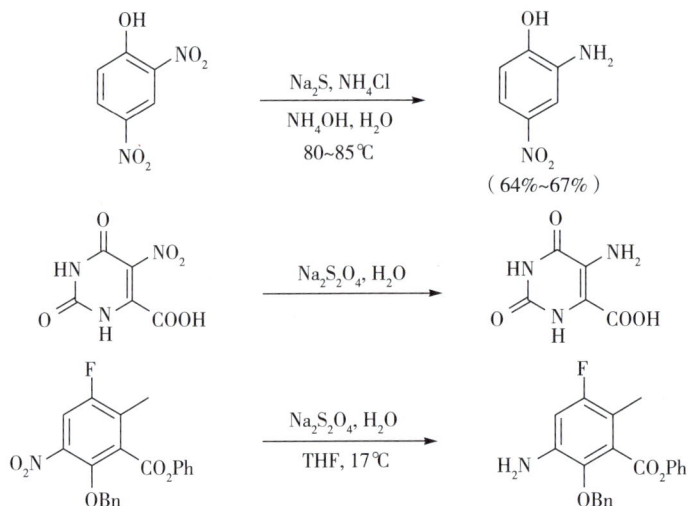

3. 催化氢化

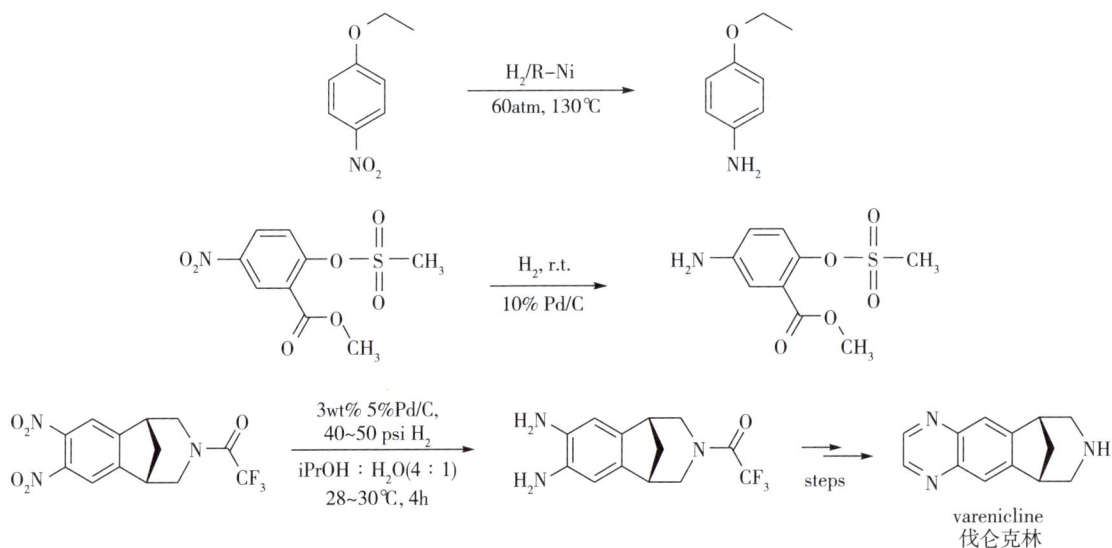

4. 金属氢化物还原

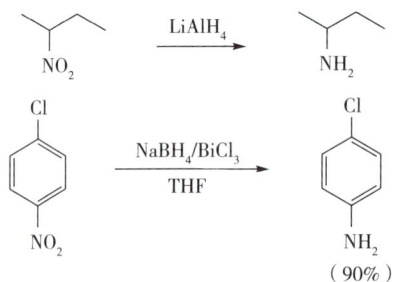

二、肟的还原

醛或酮与羟胺反应成肟，与氨反应成亚甲胺，肟和亚甲胺都可以还原得到胺。该方法是醛或酮转变为相应胺基的有效方法。肟的还原试剂常用的有金属氢化物（氢化铝锂）、硼烷、催化氢化、金属钠、铁等。

反应通式：

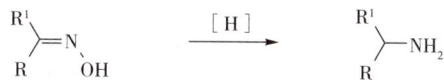

1. 负氢试剂还原

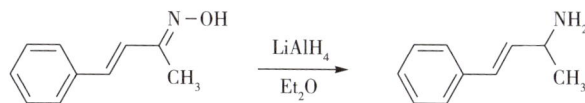

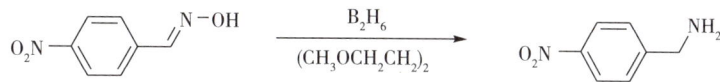

2. 催化氢化

（78%~82%）

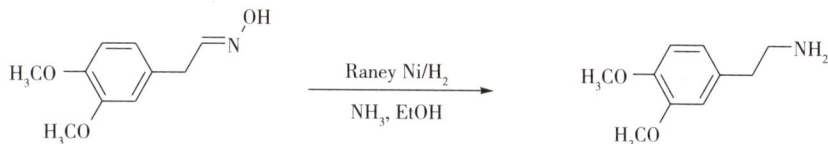

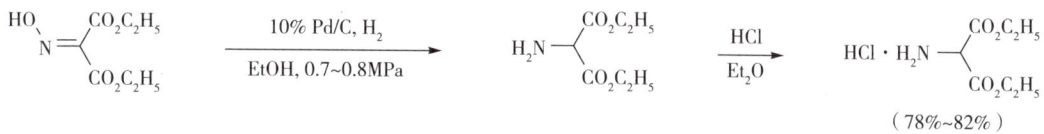

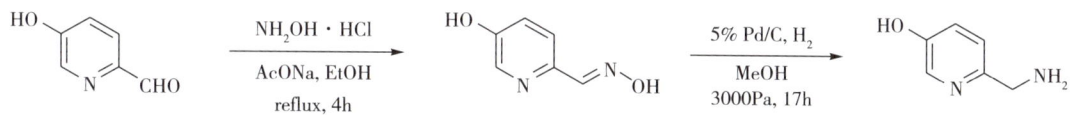

3. 金属还原剂　例如，金属钠或铁可还原肟为伯胺。

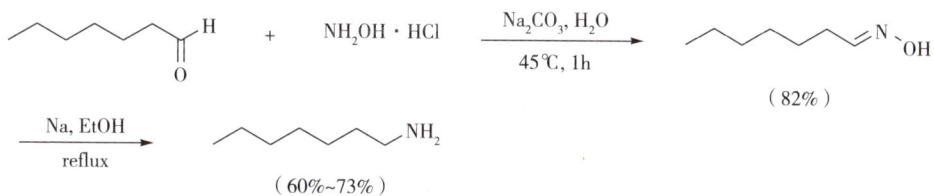

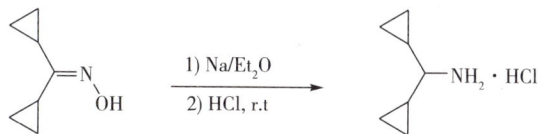

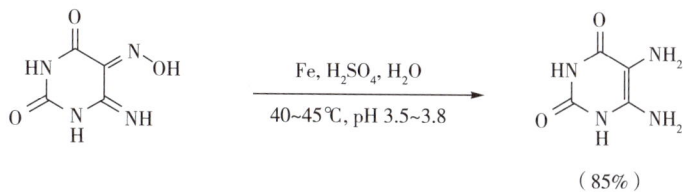

（82%）

（60%~73%）

（85%）

应用实例： 马拉维若的一种合成方法中，应用了金属钠和戊醇还原肟为伯胺。

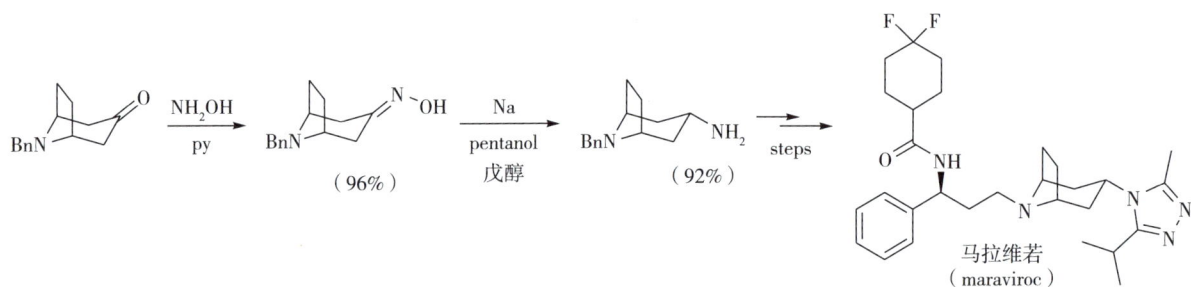

三、叠氮化合物的还原

叠氮化合物可用催化氢化法、金属复氢化物（氢化铝锂、硼氢化钠等）、三烷基膦或三芳基膦（Staudinger 反应）、硅烷等还原为伯胺。

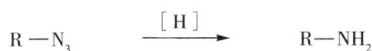

1. Staudinger 反应 有机叠氮化物（organic azides）与三价膦化合物（trivalent phosphorous compounds）如三芳基膦（triarylphosphines）、三烷基膦（trialkylphosphines）等或亚磷酸酯反应，放出氮气得到亚胺基膦烷（膦亚胺或氮杂叶立德）中间体，此中间体再经水解，可得相应的胺和氧化膦（如三苯基氧膦），该反应称为 Staudinger 反应（Staudinger reaction），又称 Staudinger 还原反应。该反应是一种通过叠氮化物还原制备胺的方法。

反应通式：

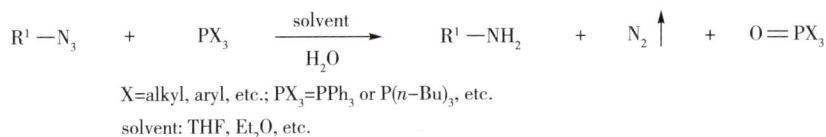

例如：

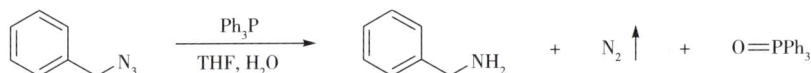

反应机理：

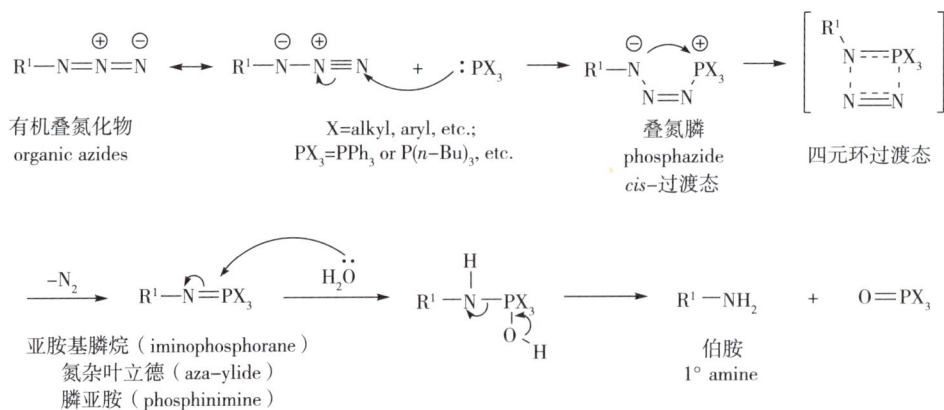

三价膦化合物（trivalent phosphorous compounds）例如三芳基膦（triarylphosphines）、三烷基膦（trialkylphosphines）等首先对有机叠氮化物（organic azides）的端基氮进行亲核加成，形成叠氮膦（phosphazide）的 *cis*-过渡态，再经过一个四元环过渡态，然后放出氮气并产生亚胺基膦烷（iminophosphorane）

或称为氮杂叶立德（aza-ylide）或膦亚胺（phosphinimine），最后亚胺基膦烷水解为伯胺和氧化膦。

应用实例： 含手性伯胺的奎宁衍生物，不对称有机小分子催化剂 9-amino-9-deoxyepiquinine 的合成首先应用 Mitsunobu reaction（光延反应），使用氮亲核试剂（nitrogen nucleophiles）叠氮酸（由叠氮化钠和硫酸反应，在低温下原位制备）将奎宁的仲羟基转化为构型翻转的叠氮基，再运用 Staudinger Reaction（Staudinger 反应）将叠氮基还原为伯胺。

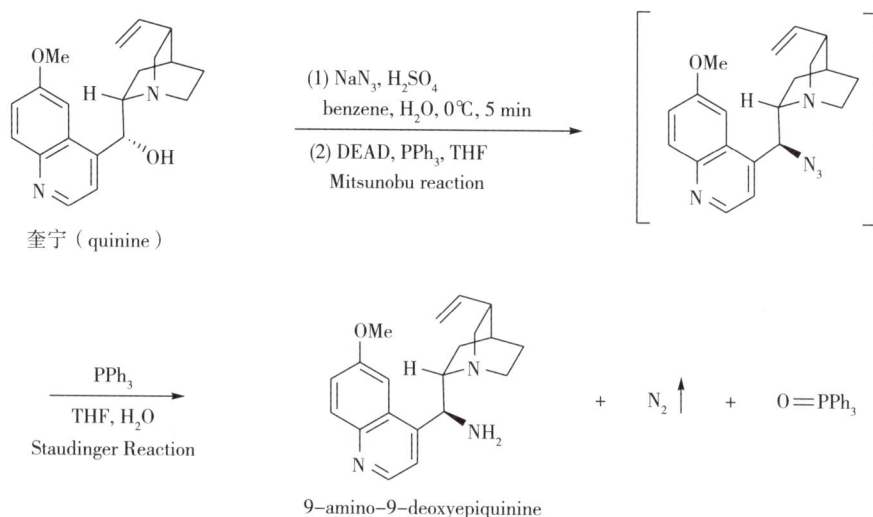

奎宁（quinine）

(1) NaN₃, H₂SO₄
benzene, H₂O, 0℃, 5 min

(2) DEAD, PPh₃, THF
Mitsunobu reaction

PPh₃
THF, H₂O
Staudinger Reaction

9-amino-9-deoxyepiquinine

应用实例： 流感病毒感染所致的急性呼吸道疾病（流感）是一种严重危害人类健康的传染病，在全世界范围流行，患病率和病死率均居高不下。由于流感病毒抗原变异性和特异性的疫苗研制的滞后性，常规的疫苗不能有效地预防流感暴发与流行。因此药物治疗是抵御流感病毒的重要防线。我国目前上市的抗流感病毒药物有三类，分别为神经氨酸酶抑制剂（奥司他韦、扎那米韦、帕拉米韦）、血凝素抑制剂（阿比多尔）和 M2 离子通道阻滞剂（金刚烷胺、金刚乙胺）。其中神经氨酸酶抑制剂（neuraminidase inhibitors，NAIs）对甲型、乙型流感均有效，奥司他韦（oseltamivir）为目前国内主流抗流感病毒药物，一线用药。奥司他韦的一种合成方法，其最后一步反应可采用三苯基膦还原叠氮化合物为相应伯胺化合物的 Staudinger 还原反应。

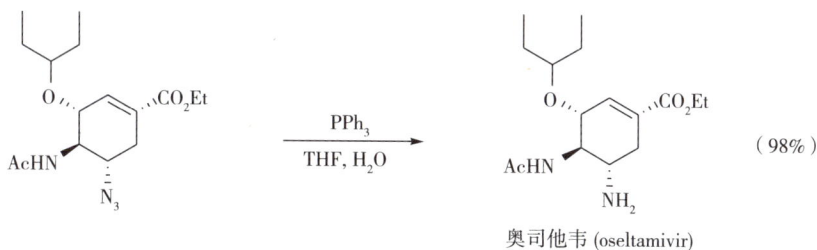

PPh₃
THF, H₂O

（98%）

奥司他韦 (oseltamivir)

2. 金属复氢化物

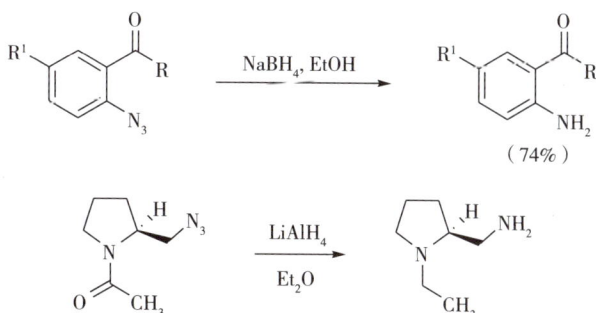

NaBH₄, EtOH

（74%）

LiAlH₄
Et₂O

3. 催化氢化法

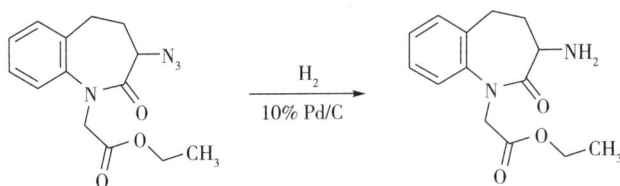

应用实例：加诺沙星（Garenoxacin）的一种合成方法中，应用了催化氢化法（H$_2$，Pd/C）将芳基叠氮化合物还原为芳伯胺，详见第二章第六节。

第七节 氢解反应

一、氢解反应概念

氢解反应通常是指在还原反应中碳–杂键或碳–碳键断裂，由氢取代离去的杂（或碳）原子或基团而生成相应烃的反应。氢解反应主要应用催化氢化法，在某些条件下也可应用化学还原法。氢解反应主要包括脱卤氢解、脱苄氢解、脱硫氢解和开环氢解。

二、几种常用的氢解反应

1. 脱卤氢解（碳–卤键的氢解）
反应通式：

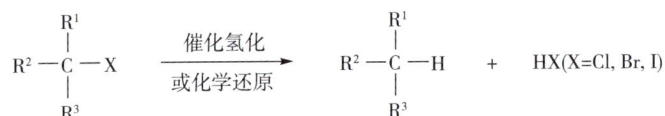

催化氢化法的脱卤氢解反应机理为卤代烃通过氧化加成机理与活性金属催化剂（例如钯）形成有机金属络合物，再按照催化氢化机理反应得到氢解产物和卤化氢。

反应机理：

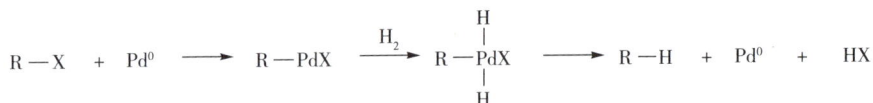

采用化学还原法的脱卤氢解反应机理为电子转移的自由基反应机理。例如，金属锂和卤代烃容易发生脱卤氢解反应。

反应机理：

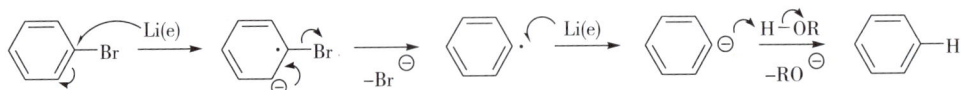

反应特点：卤原子活性和卤原子在分子中所处的位置对卤代烃的氢解活性有决定性的影响，酰卤、α–位有吸电子基的卤原子、苄位或烯丙位卤原子和芳环上电子云密度较小位置的卤原子则易发生氢解。卤素原子氢解活性顺序：I > Br > Cl≫F。

氢解活性顺序通常为：①烃基相同时，碳–碘键 > 碳–溴键 > 碳–氯键≫碳–氟键；②卤素相同时，酰卤、苄位卤原子、烯丙位卤原子易发生氢解，酰卤＞苄位卤原子＞烯丙位卤原子；③α-位有吸电子基的卤原子，例如酮、腈、硝基、羧酸、酯和磺酸基等的α-位卤原子，易发生氢解。

（90%）

芳环上电子云密度较小位置的卤原子也更容易发生氢解。

例如，在不饱和杂环化合物中，相同卤原子的选择性氢解往往与卤原子的位置有关。2-羟基-4,7-二氯喹啉的选择性氢解反应，其分子中有两个氯原子，由于吡啶环上氮原子的吸电子作用，使其4位的电子云密度降低，其相对氢解活性大于7位。最终能选择性地氢解4位的氯原子而生成2-羟基-7-氯喹啉。

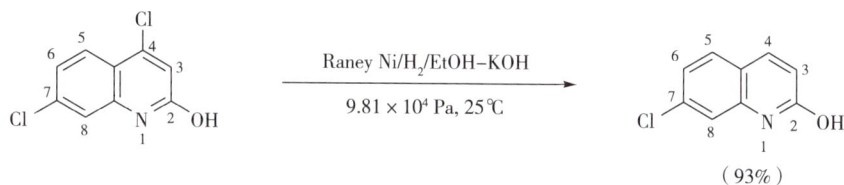

（93%）

应用实例： 催化氢化为脱卤氢解最常用的方法，钯为首选催化剂，在温和的条件下即可催化卤代芳烃或卤代烷烃的脱卤氢解，收率较高。

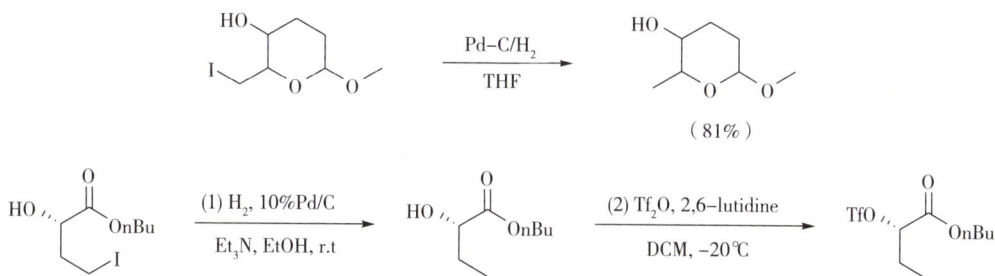

（81%）

雷美替胺的一种合成方法中，应用了 Pd/C 和 H_2 进行脱卤氢解反应，详见第四章第三节。

镍因易受卤素离子的毒化，一般需增大用量比。氢解后的卤素离子，特别是氟离子，可使催化剂中毒，因此一般不用于碳-氟键的氢解。在催化氢化还原过程中，通常需要用碱中和生成的卤化氢，否则氢解反应速率将减慢甚至停滞。

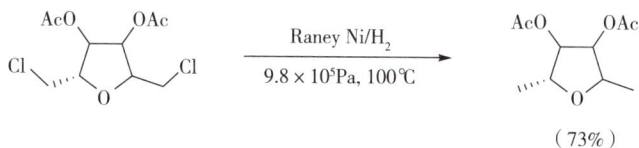

（73%）

卤代烃可被 Zn/HCl，Na/C_2H_5OH、HI、LiAlH$_4$、NaBH$_3$CN、NaBH$_4$ 等还原为烷烃，活泼金属，如金属锂、锌粉、Al-Ni 合金等，在一定条件下，可发生脱卤氢解反应。例如：

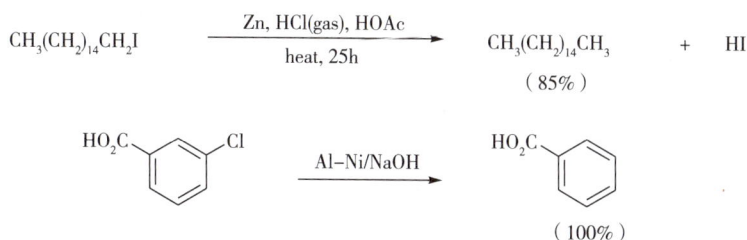

$$CH_3(CH_2)_{14}CH_2I \xrightarrow[\text{heat, 25h}]{\text{Zn, HCl(gas), HOAc}} CH_3(CH_2)_{14}CH_3 \quad + \quad HI$$

（85%）

（100%）

氢化铝锂、硼氢化钠等金属复氢化物，可用于卤代烃的氢解。

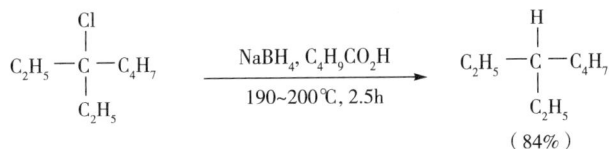

（84%）

例如，艾格列净（pragliflozin）属于钠–葡萄糖协同转运蛋白–2（SGLT2）抑制剂类2型糖尿病治疗药物，作为饮食和运动的辅助剂，用于患有2型糖尿病的成年人改善其血糖控制。艾格列净的一种合成方法中，应用了硼氢化钠进行脱卤氢解反应。

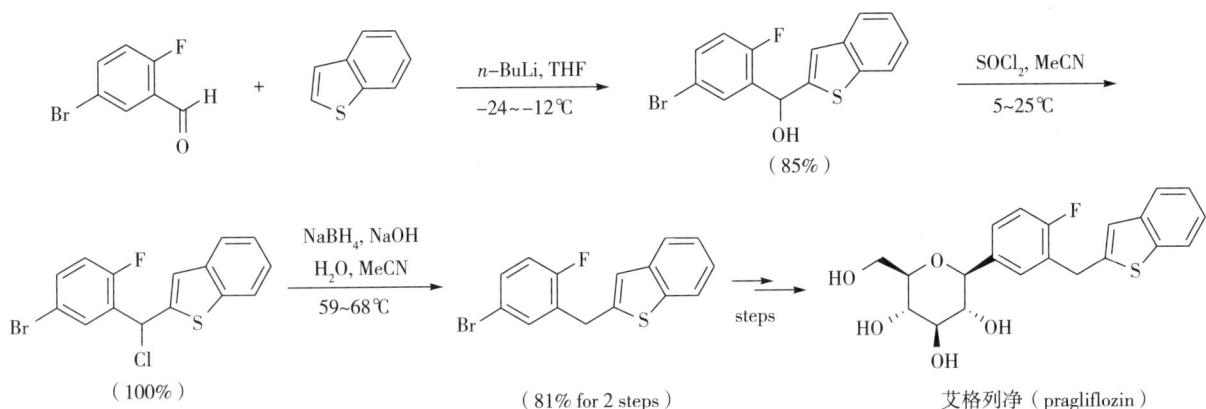

对甲苯磺酸酯也可被氰基硼氢化钠（NaBH₃CN）等还原为烷烃，例如：

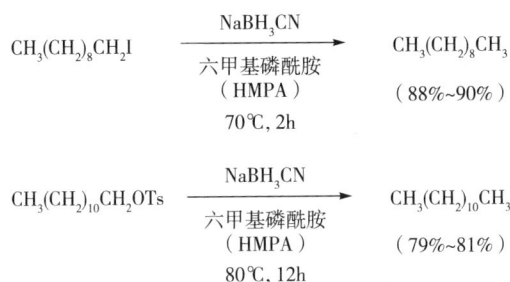

其中，氢化铝锂具有更强的还原能力，可用于C—F键的氢解。

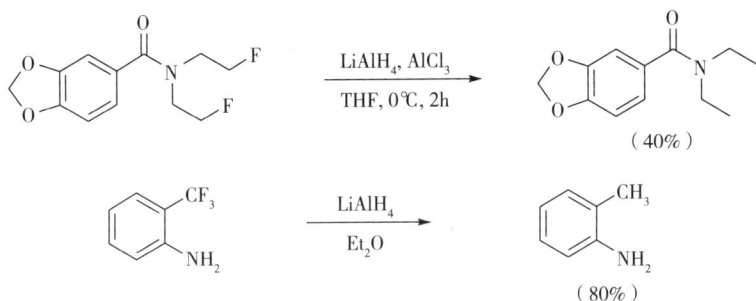

有机锡化物如(n-C₄H₉)₃SnH、(C₆H₅)₃SnH等，可在较温和的条件下，选择性地氢解卤素，而不影响分子中其他易还原的基团。

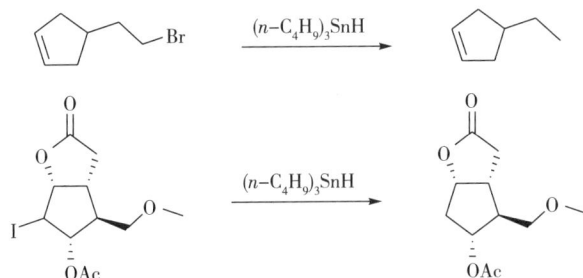

2. 脱苄氢解（碳-氧键、碳-氮键、碳-硫键的氢解） 苄基或取代苄基与氧、氮、硫原子相连而形成的醇、醚酯、苄胺、硫醚等化合物，均可通过氢解反应脱去苄基生成相应的烃、醇、胺等化合物，这类反应称为脱苄反应（debenzylation reaction）。

反应通式：

$$R=H, CH_3, etc.$$
$$X=O, N, S$$
$$R^1=H, CH_3, AcO, etc.$$

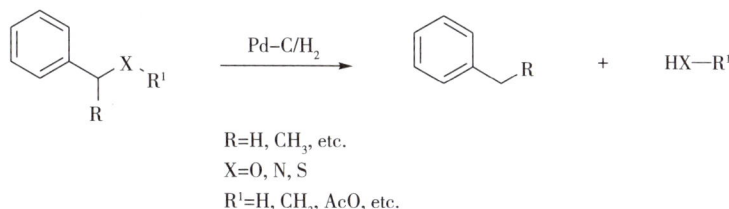

脱苄氢解也主要是应用催化氢化法，在某些条件下也可应用化学还原法，反应机理和脱卤氢解相似。例如，在钯-碳催化下，苄胺、苄醚等化合物的催化脱苄氢解反应。

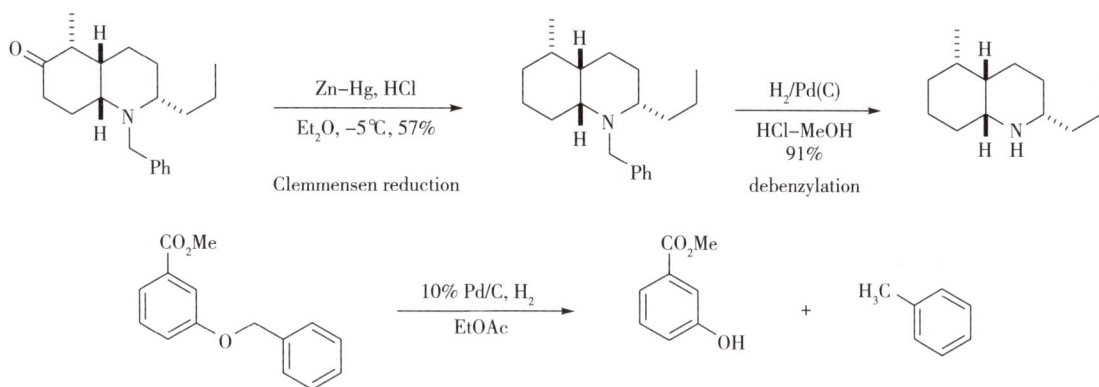

例如，在金属锂和液氨中，苄基醚化合物可发生脱苄氢解生成醇和甲苯。

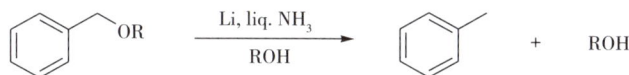

反应机理：

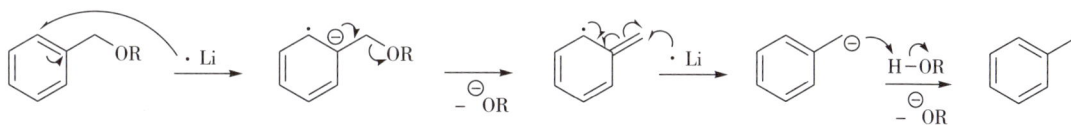

反应特点：反应底物的结构对氢解速率有较大影响，当苄基与氧、氮、卤素（X）相连时，脱苄基活性按下列顺序递减。可利用其活性不同，进行选择性脱苄反应。

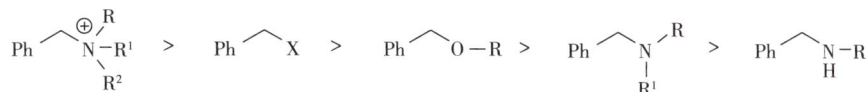

例如，去甲文拉法辛（desvenlafaxine）的一种合成方法中，应用了苄基醚化合物在钯-碳催化下，进行催化脱苄氢解反应，详见第八章第五节。

碳-氮键的氢解活性通常低于碳-卤键和碳-氧键，但苄胺衍生物在钯催化下也易于氢解脱苄。例如，α肾上腺素受体激动剂升压药间羟胺（metaraminol）中间体的制备，镇痛药匹米诺定（piminodine）中间体的制备，都用到了脱苄氢解反应。

间羟胺
（metaraminol）

匹米诺定
（piminodine）

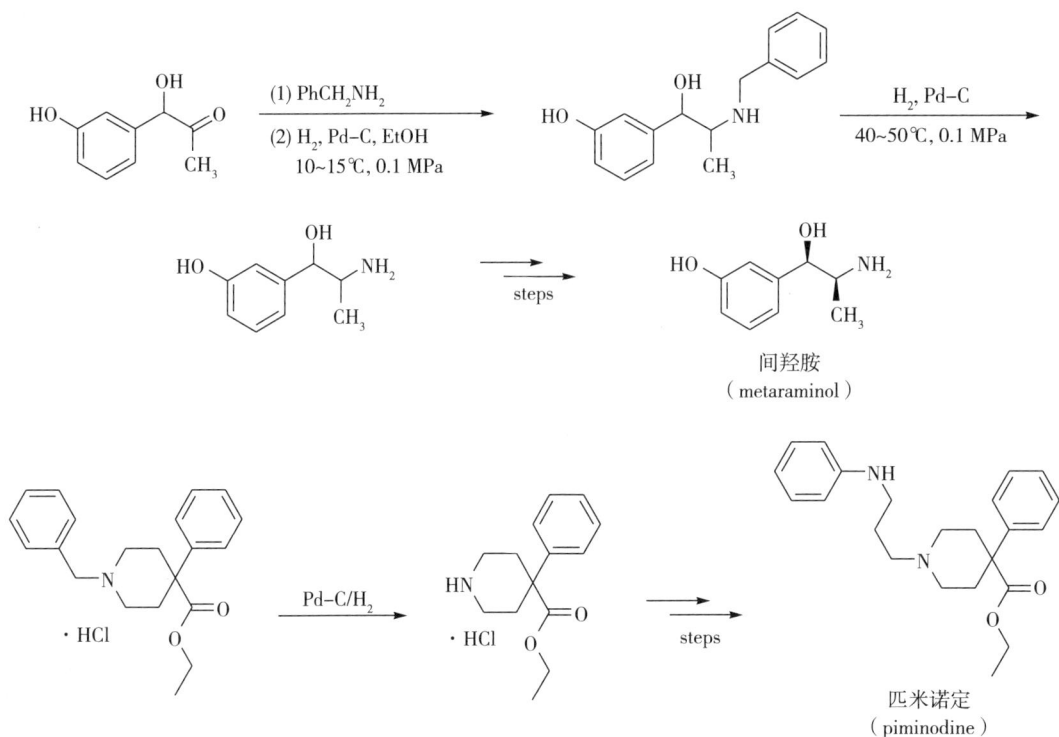

　　在多肽合成及其他复杂天然产物的合成中，可用苄醇作为羧基的保护基。由于苄酯可以在中性条件下脱苄氢解而不至于引起肽键或其他对酸或碱水解敏感结构的变化，故此时苄酯是优于常用的甲酯或乙酯的。例如，在 β-内酰胺抗生素（β-Lactam Antibiotics）的青霉素类（Penicillins）药物的半合成过程中，可以使用苄醇作为羧基的保护基，待其他反应完成后，然后在中性条件下催化氢化脱苄基保护基，得到 6-氨基青霉烷酸（6-Aminopenicillanic acid，6-APA）衍生物，而不会导致对酸或碱都非常敏感的 β-内酰胺环的破裂。

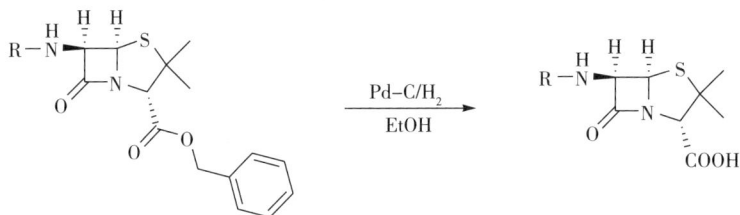

　　氨曲南（aztreonam）是第一个全合成的单环 β-内酰胺类抗生素（monobactams），其中间体的制备运用了苄醚结构保护羟胺上的羟基。待其他反应完成后，随后在中性条件下催化氢化脱苄基保护基，得到羟胺中间体。

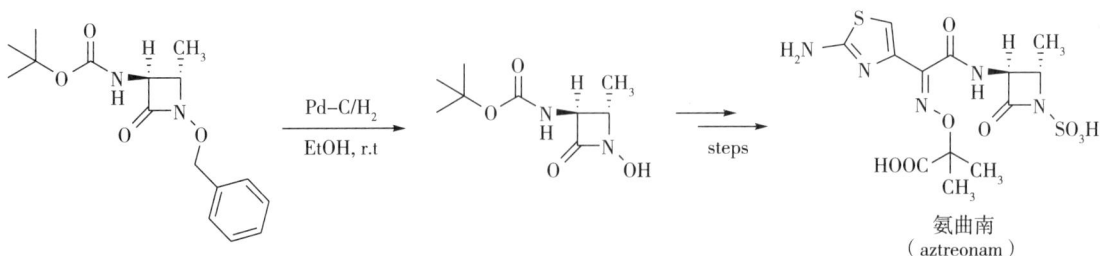

氨曲南
（aztreonam）

　　伐仑克林（varenicline）的一种合成方法中，应用了在 H_2/20wt% $Pd(OH)_2$ 条件下催化氢化脱苄基，得到仲胺关键中间体。

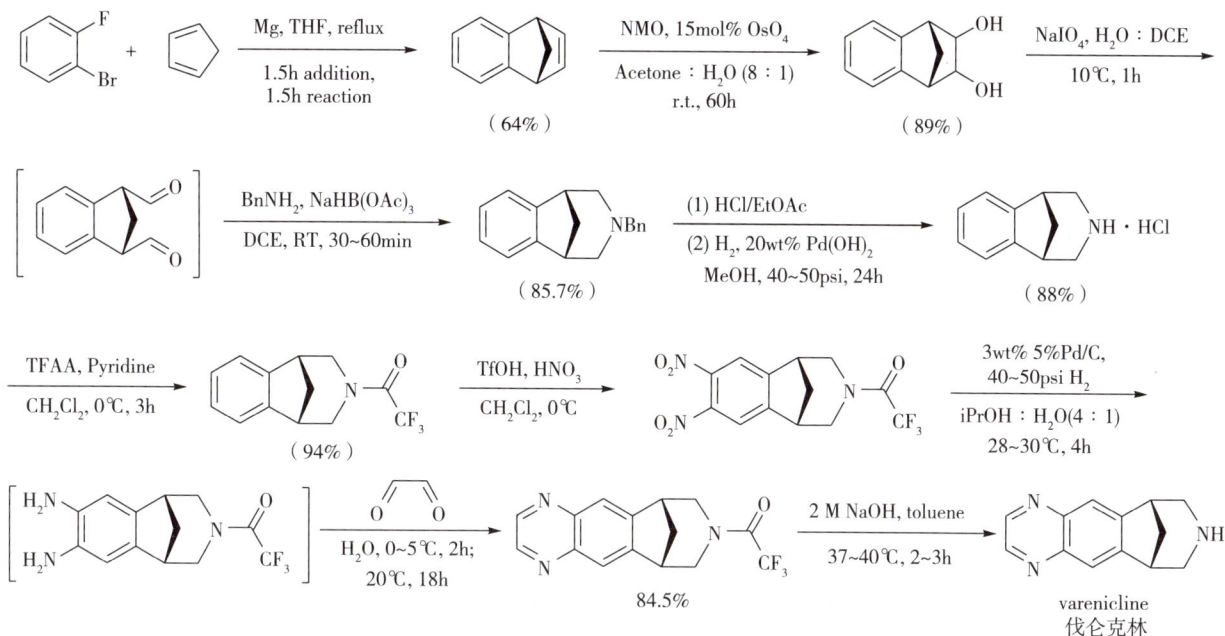

3. 脱硫氢解（碳–硫键的氢解）　雷尼镍（Raney Ni）可以在温和条件下发生脱除氧簇元素反应，例如：脱硫、脱氧及脱硒等。其中应用最多的是使 C—S 键断裂，发生脱硫氢解反应，其底物包括：硫代缩酮、硫代缩醛、硫醇、硫代酮、硫醚、砜、磺酰胺、含硫杂环化合物等。雷尼镍（Raney Ni）是最常用的脱硫氢解催化剂，其反应产物一般为相同碳架结构的烷烃或其衍生物。

反应通式：

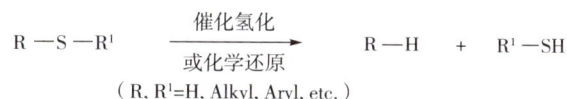

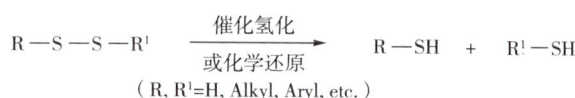

反应机理： 利用催化氢化或化学还原法的脱硫氢解反应机理和脱卤氢解类似。

脱硫氢解反应可以采用化学还原法，例如利用金属复氢化物 $[LiAlH_4/Ti(OiPr)_4，NaBH_4/NiCl_2 等]$、锌-乙酸、三苯基膦、活泼金属还原（$Li/Liq. NH_3$，$Na/nBuOH$ 等）等试剂。

例如：

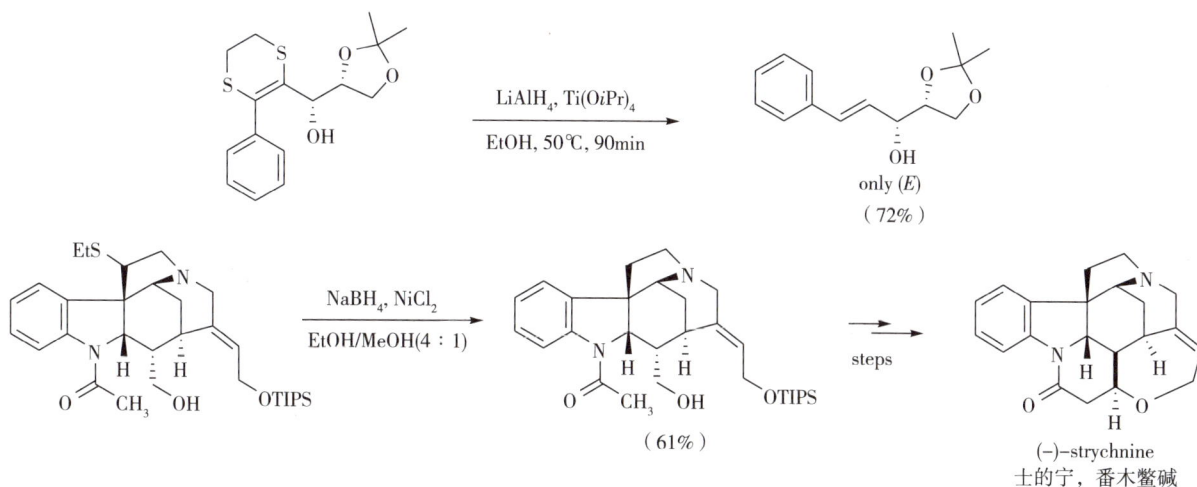

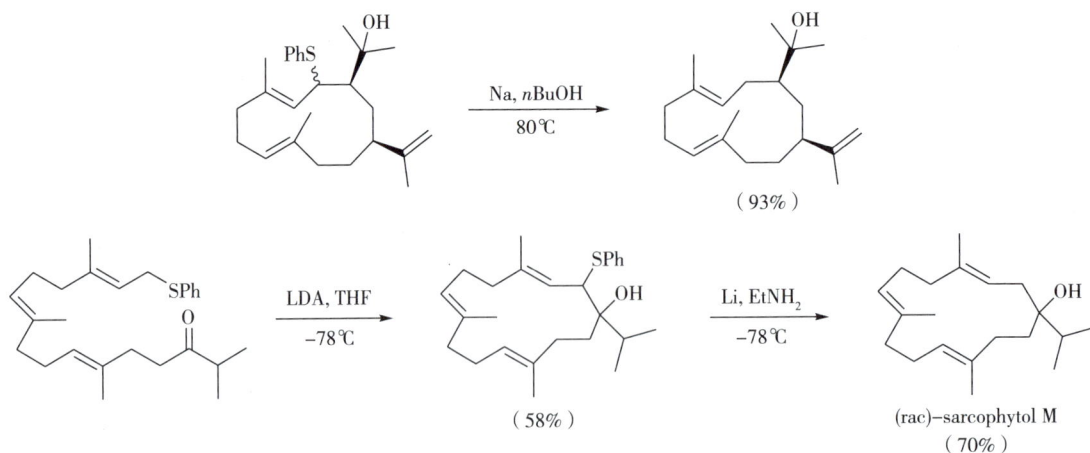

脱硫氢解反应还可以采用催化氢化法，例如，在 Raney – Ni 或硼化镍等的催化下进行还原脱硫（reductive desulfurization）。

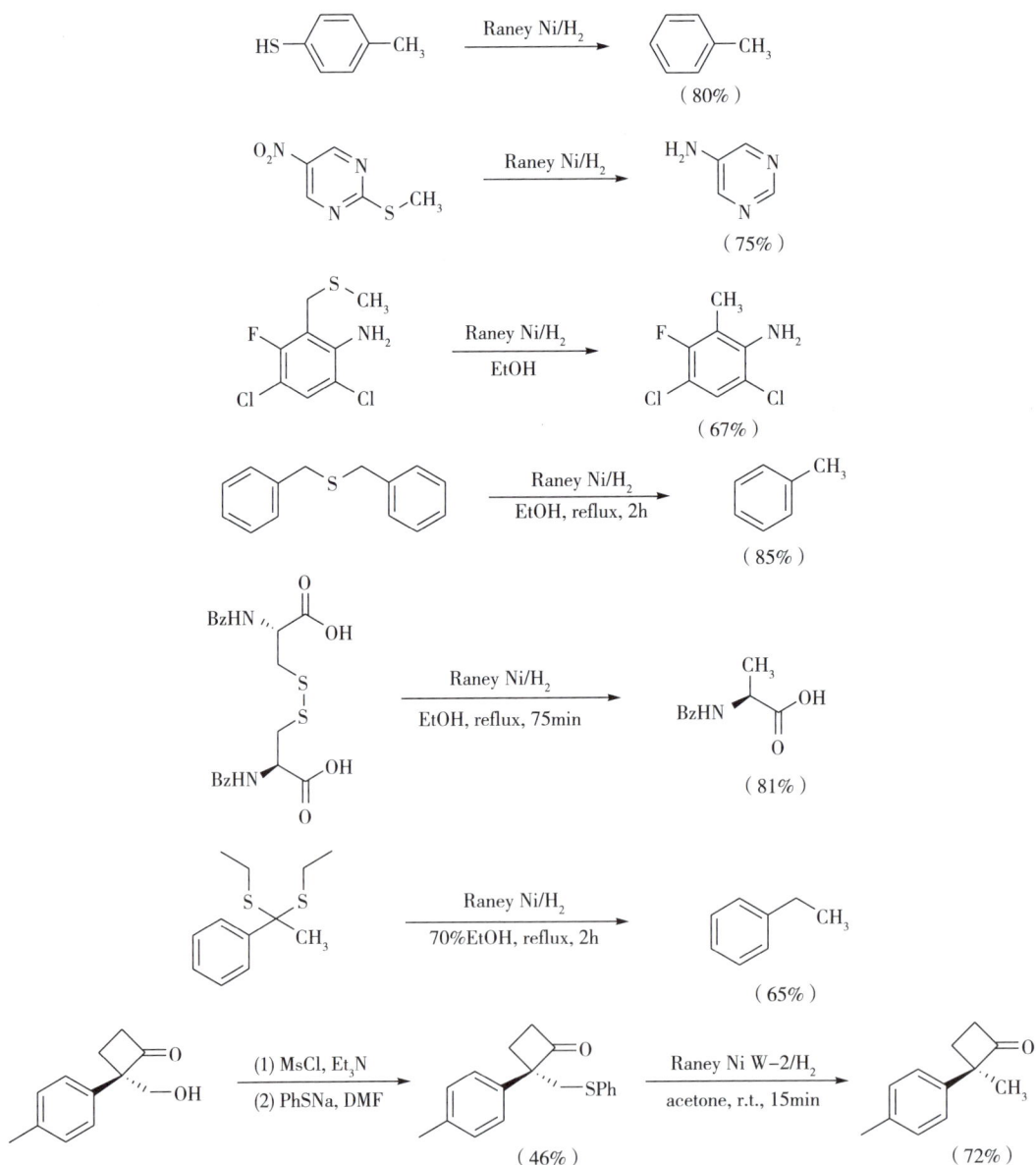

一些含硫杂环化合物可经过催化氢解脱硫开环。

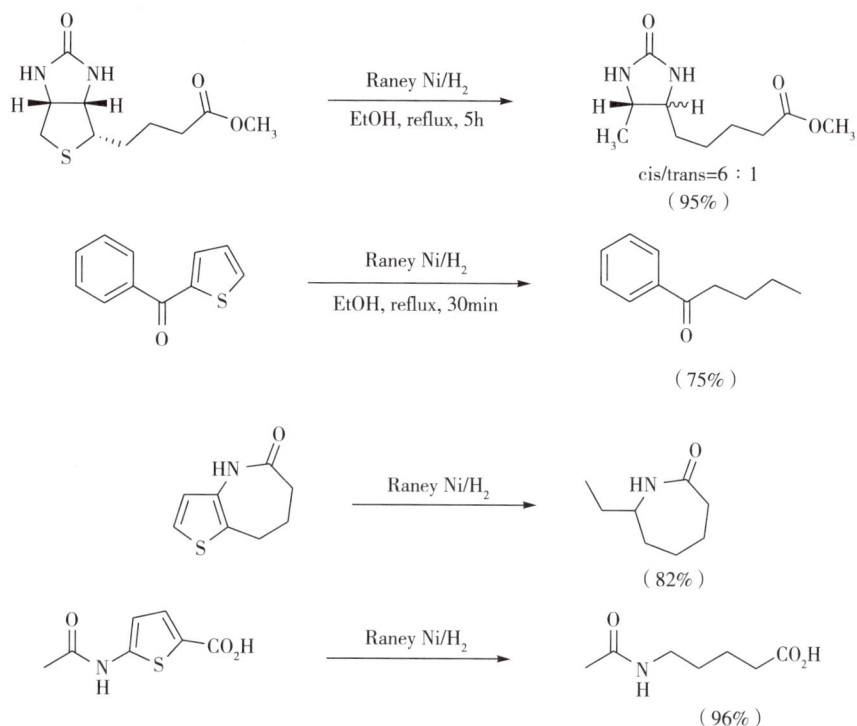

例如，二硫化物可还原氢解为两分子的硫醇，是制备硫醇的重要方法之一。常用 Zn–HOAc、Zn–HCl、金属复氢化物、催化氢化法等还原二硫化物制备相应的硫醇。

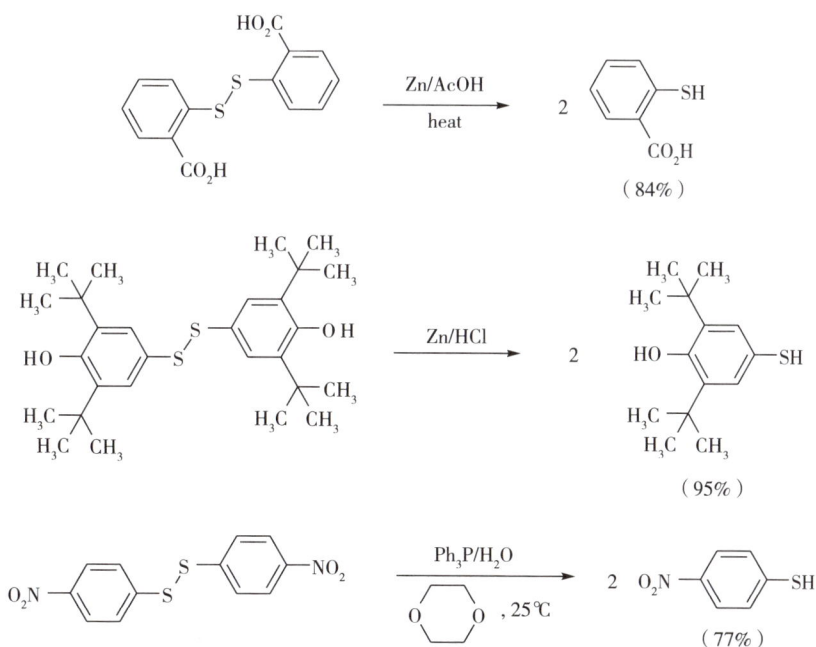

硫代缩酮（醛）经过催化氢化或活泼金属还原可氢解脱硫得到烷烃，该法是间接将羰基转变为次甲基或甲基的一种有效方法。由于 α,β-不饱和酮（α,β-unsaturated ketone）具有更高的形成硫代缩酮（thioketal）反应活性，因此特别适用于对 α,β-不饱和酮及 α-杂原子取代酮的选择性还原，反应条件温和，收率较好。

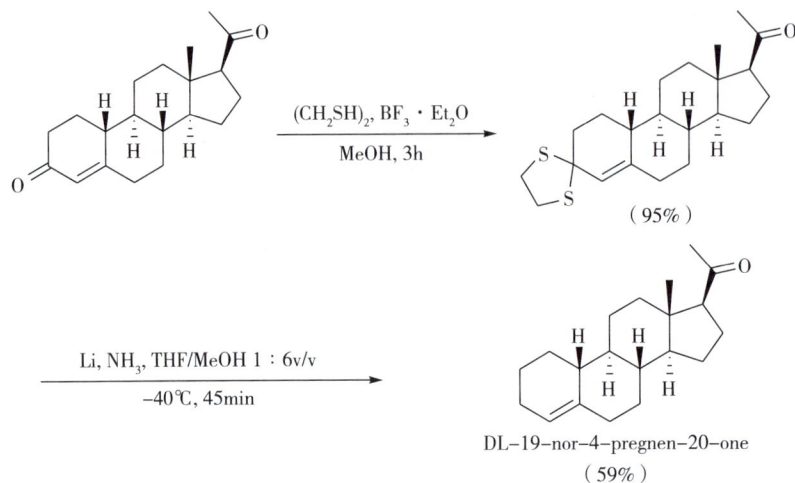

（95%）

DL-19-nor-4-pregnen-20-one
（59%）

当底物分子中同时存在醛和酮时，控制反应条件可以实现醛和乙二硫醇选择性地反应形成硫代缩醛（thioacetal），而酮则不反应，然后硫代缩醛再经过 Raney Ni 脱硫氢解转换为甲基。

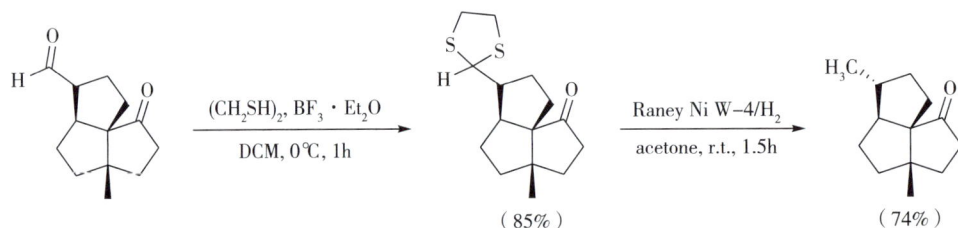

（85%）　　　　　　　　（74%）

应用实例：麝香酮（Muscone）的一种合成方法是在高度稀释的条件下，首先进行长链噻吩羧酸（thiophene-carboxylic acid）的分子内 Friedel-Crafts 酰化反应（intramolecular Friedel-Crafts acylation），生成十四元大环，然后经过还原脱硫（reductive desulfurization）后扩展到十五元环酮的麝香酮。

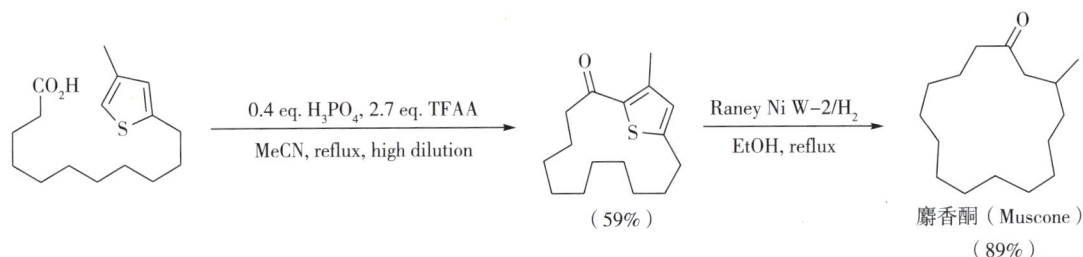

（59%）　　　　　麝香酮（Muscone）
（89%）

4. 开环氢解　　碳环，含氮、氧的杂环化合物可被催化氢化或化学还原氢解开环，分别生成烷烃、伯胺、仲醇。开环氢解的反应机理和脱卤氢解类似。

（1）环氧键的开环

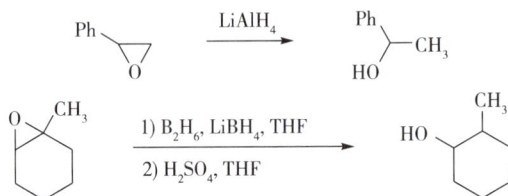

（2）碳环的氢解

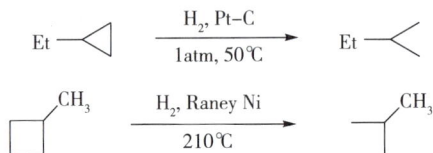

本章小结见表8-1至表8-4。

表8-1　催化氢化的难易顺序表（按由易到难排列）

底物（substrate）	产物（product）	反应活性（reactivity）	反应特点 （reaction characteristics）
RCOCl	RCHO	易	Pd；Rosenmund 还原
RNO$_2$	RNH$_2$	易	Pd, Ni, Pt；Ar—NO$_2$ > R—NO$_2$
RC≡CR	RCH=CHR	易	Lindlar 催化剂或 Ni$_2$B（P-2）
RCHO	RCH$_2$OH	易	Pt 作催化剂，Fe^{2+} 可加速反应
RCH=CHR	RCH$_2$CH$_2$R	易	Pd, Ni, Pt, Ru, Rh；孤立双键>共轭双键
RCOR	RCHOHR	中	Pt, Ru；Cu—Cr, Ni 高温高压
PhCH$_2$X	PhCH$_3$ + HX	中	$\overset{\oplus}{Ph\diagup N}\diagdown R^2 \diagup R$
PhCH$_2$OR	PhCH$_3$ + ROH	中	Ph$\diagup$N$\diagdown$R, Ph$\diagup$N—R > Ph$\diagup$O—R >
PhCH$_2$NRR^1	PhCH$_3$ + RR^{1}NH	中	Ph$\diagup$N$\diagdown$R^1 > Ph$\diagup$N$\diagdown$H—R
RC≡N	RCH$_2$NH$_2$	中	可用 Ni/NH$_3$，Rh，Pd/H$^+$，Pt/H$^+$
(萘)	(四氢萘)	难	Raney Ni 还原芳环活性弱
RCOOR^1	RCH$_2$OH + R^{1}OH	难	Pt, Pd 难；Cu—Cr, Ni 高温高压
RCONHR^1	RCH$_2$NHR^1	难	Cu—Cr；环酰胺>脂肪酰胺
(苯-R)	(环己烷-R)	难	PtO$_2$，RhO$_2$，RuO$_2$；Ni, Pd 高温高压
RCOOH	RCH$_2$OH	很难	Pt, Ni, RhO$_2$, RuO$_2$，高温高压

表8-2　LiAlH$_4$ 还原的难易顺序表（按由易到难排列）

底物（Substrate）	产物（Product）	反应活性（Reactivity）
RCHO	RCH$_2$OH	易
RCOR	RCHOHR	易
RCOCl	RCH$_2$OH	易
内酯（lactone）	二醇（Diol）	易
R$\diagup\triangle\diagdown$R (环氧)	RCH$_2$CHOHR	易
RCOOR^1	RCH$_2$OH + R^{1}OH	易
RCOOH	RCH$_2$OH	易
RCOO$^-$	RCH$_2$OH	中
R^{1}CONR$_2$	R^{1}CH$_2$NR$_2$	中
RC≡N	RCH$_2$NH$_2$	中
RNO$_2$	RNH$_2$	难
ArNO$_2$	ArN=NAr	难
RCH=CHR	—	很难

表 8 – 3　B_2H_6 还原的难易顺序表（按由易到难排列）

底物（substrate）	产物（product）	反应活性（reactivity）
RCOOH	RCH_2OH	易
$RCH=CHR$	$(RCH_2CHR)_3B$	易
RCOR	RCHOHR	易
RCN	RCH_2NH_2	易
R^1CONR_2	$R^1CH_2NR_2$	中
R△R（环氧，O）	RCH_2CHOHR	中
$RCOOR^1$	$RCH_2OH + R^1OH$	难
RCOCl	—	很难

表 8 – 4　还原剂和官能团转换汇总表

底物	还原产物	$NaBH_4$	$LiAlH_4$	催化氢化	活泼金属	B_2H_6
醛	醇	易	易	中等	可用	易
酮	醇	易	易	中等	可用	易
酰氯	醛	很低	中等	易	—	—
	醇	中等	易	易	—	—
酯	醇	—	易	低	可用	低
环氧	醇	—	易	中等	易	可用
羧酸	醇	—	易	很低	—	易
酰胺	胺	—	中等	低	—	易
腈	胺	低	易	易	可用	易
硝基	胺	—	中等	易	易	—
烯	烷烃	—	—	易	—	可用
炔	烯	—	—	易	可用	可用
苯环	环己烷	—	—	可用	—	—

附　录

附录一　药物合成反应中常用的英文缩略语及英文和中文对照表

英文缩略语	英文	中文
a	electron-pair acceptor site	电子对-接受体位置
Ac	acetyl（e. g. AcOH = acetic acid）	乙酰基（如 AcOH = 乙酸）
Acac	acetylacetonate	乙酰丙酮基
Addn	addition	加入
AIBN	α,α′-azobisisobutyronitrile	α,α′-偶氮二异丁腈
Am	amyl = pentyl	戊基
anh	anhydrous	无水的
aq	aqueous	水性的/含水的
Ar	aryl，heteroaryl	芳基，杂芳基
az dist	azeotropic distilation	共沸精馏
9-BBN	9-borabicyclo［3.3.1］nonane	9-硼双环［3.3.1］壬烷
BINAP	(R)-(+)-2,2′-bis(diphenylphosphino)-1,1′-binaphthyl	(R)-(+)2,2′-二(二苯基膦)-1,1′-二萘
Boc	t-butoxycarbonyl	叔丁基羰基
Bu	butyl	丁基
t-Bu	t-butyl	叔丁基
t-BuOOH	tert-butyl hydroperoxide	叔丁基过氧醇
n-BuOTS	n-butyl tosylate	对甲苯磺酸正丁酯
Bz	benzoyl	苯甲酰基
Bzl	benzyl	苄基
Bz$_2$O$_2$	dibenzoyl peroxide	过氧化苯甲酰
CAN	cerium ammonium nitrate	硝酸铈铵
Cat.	catalyst	催化剂
Cb，Cbz	benzoxycarbonyl	苄氧羰基
CC	column chromatography	柱色谱（法）
CDI	N,N′-carbonyldiimidazole	N,N′-碳酰（羰基）二咪唑
Cet	cetyl = hexadecyl	十六烷基
Ch	cyclohexyl	环己烷基
CHPCA	cyclohexaneperoxycarboxylic acid	环己基过氧酸

英文缩略语	英文	中文
conc	concentrated	浓的
Cp	cyclopentyl, cyclopentadienyl	环戊基，环戊二烯基
CTEAB	cetyltriethylammonium bromide	溴代十六烷基三乙基铵
CTMAB	cetyltrimethylammonium bromide	溴代十六烷基三甲基铵
d	dextrorotatory	右旋的
d	electron−pair donor site	电子对−供体位置
△	reflux, heat	回流/加热
DABCO	1,4−diazabicyclo[2.2.2]octane	1,4−二氮杂二环[2.2.2]辛烷
DBN	1,5−diazabicyclo[4.3.0]non−5−ene	1,5−二氮杂二环[4.3.0]壬−5−烯
DBPO	dibenzoyl peroxide	过氧化二苯甲酰
DBU	1,8−diazabicyclo[5.4.0]undec−7−ene	1,8−二氮杂二环[5.4.0]十一碳−7−烯
o−DCB	ortho dichlorobenzene	邻二氯苯
DCC	dicyclohexyl carbodiimide	二环己基碳二亚胺
DCE	1,2−dichloroethane	1,2−二氯乙烷
DCM	dichloromethane	二氯甲烷
DCU	1,3−dicyclohexylurea	1,3−二环己基脲
DDQ	2,3−dichloro−5,6−dicyano−1,4−benzoquinone	2,3−二氯−5,6−二氰基对苯醌
DEAD	diethyl azodicarboxylate	偶氮二羧酸二乙酯
Dec	decyl	癸基，十碳烷基
DEG	diethylene glycol = 3−oxapentane−1,5−diol	二甘醇
DEPC	diethylphosphoryl cyanide	氰代磷酸二乙酯
deriv	derivative	衍生物
DET	diethyl tartrate	酒石酸二乙酯
DHP	3,4−dihydro−2*H*−pyran	3,4−二氢−2*H*−吡喃
DHQ	dihydroquinine	二氢奎宁
DIAD	diisopropyl azodiformate	偶氮二甲酸二异丙酯
DIBAH, DIBAL, DIBAL−H	diisobutylaluminum hydride	氢化二异丁基铝
diglyme	diethylene glycol dimethyl ether	二甘醇二甲醚
dil	dilute	稀释的
diln	dilution	稀释
Diox	dioxane	二噁烷/二氧六烷
DIPEA, DIEA	*N*,*N*−diisopropylethylamine	*N*,*N*−二异丙基乙基胺（Hunig 碱）
DIPT	diisopropyl tartrate	酒石酸二异丙酯
DISIAB	disiamylborane = di−*sec*−isoamylborane	二−仲异戊基硼烷
Dist	distillation	蒸馏
dl	racemic（rac.）mixture of dextro−and leborotatory form	外消旋混合物
DMA	*N*,*N*−dimethylacetamide	*N*,*N*−二甲基乙酰胺
DMAP	4−dimethylaminopyridine	4−二甲氨基吡啶

续表

英文缩略语	英文	中文
DMAPO	4-dimethylaminopyridine oxide	4-二甲氨基吡啶氧化物
DME	1，2-dimethoxyethane = glyme	甘醇二甲醚
DMP	N,N-dimethylpropanamide	N,N-二甲基丙酰胺
DMF	N,N-dimethylformamide	N,N-二甲基甲酰胺
DMS	dimethyl sulfide	二甲硫醚
DMSO	dimethyl sulfoxide	二甲亚砜
Dmso$^-$	anion of DMSO, "dimsyl" anion	二甲亚砜的碳负离子
Dod	dodecyl	十二烷基
DPPA	diphenylphosphoryl azide	叠氮化磷酸二苯酯
DTEAB	decyltriethylammonium bromide	溴代癸基三乙基胺
EDA	ethylene diamine	1,2-乙二胺
EDG	Electron-donating group	供电子取代基；给电子基团；推电子基团
EDTA	ethylene diamine-N,N,N',N'-tetraacetate	乙二胺四乙酸
EWG	Electron-withdrawing group	吸电子取代基；拉电子基团
e. e. （ee）	enantiomeric excess：0% ee = racemization，100% ee = stereospecific reaction	对映体过量
EG	ethylene glycol = 1,2-ethanediol	1,2-亚乙基乙醇，乙二醇
EHS	environment，health，safety	环保，健康，安全
E. I.	electrochem induced	电化学诱导的
equiv	equivalent	等当量的，相当的
Et	ethyl（e. g. EtOH，EtOAc）	乙基（例如：乙醇，乙酸乙酯）
Fmoc	9-fluorenylmethoxycarbonyl	9-芴甲氧羰基
FTIR	fourier transform infrared spectrometer	傅里叶变换红外光谱仪
Gas, g	gaseous	气体的，气相
GC	gas chromatography	气相色谱（法）
Gly	glycine	甘氨酸
Glyme	1,2-dimethoxyethane（=DME）	甘醇二甲醚
h	hour	小时
Hal	halo，halide	卤素，卤化物
Hep	heptyl	庚基
Hex	hexyl	己基
HCA	hexachloroacetone	六氯丙酮
HMDS	hexamethyl disilazane = bis（trimethylsilyl）amine	双（三甲基硅基）胺
HMPA, HMPTA	N,N,N',N',N'',N''-hexamethylphosphoramide = hexamethylphosphotriamide = tris(dimethylamino)phosphinoxide	六甲基磷酰胺
HOBt	hydroxybenzotriazole	1-羟基苯并三唑
$h\nu$	irradiation	光照（紫外光）
HOMO	highest occupied molecular orbital	最高己占分子轨道
HPLC	high-pressure liquid chromatography	高效液相色谱
HRMS	high resolution mass spectra	高分辨质谱

英文缩略语	英文	中文
HTEAB	hexyltriethylammonium bromide	溴代己基三乙基铵
Hunig base	1-(dimethylamino) naphthalene	1-二甲氨基萘
i-	iso-(e. g. *i*-Bu = isobutyl)	异-(如 *i*-Bu = 异丁基)
Im	1*H*-imidazole	1*H*-咪唑
inh	inhibitor	抑制剂
IPC	isopinocamphenyl	异茨烯基
IR	infrared (absorption) spectra	红外(吸收)光谱
KHMDS	potassium bis (trimethylsilyl) amide	双(三甲基硅烷基)氨基钾
L	ligand	配(位)体
L	levorotatory	左旋的
LAH	lithium aluminum hydride	氢化铝锂
LDA	lithium diisopropylamide	二异丙基氨基锂
Leu	leucine	亮氨酸
LHMDS	lithium bis (trimethylsilyl) amide	双(三甲基硅基)氨基锂
Liq	liquid	液体，液相
Ln	lanthanide	镧系元素(稀土金属)
LTA	lead tetraacetate	四乙酸铅
LTBA	lithium tri-tert-butoxyaluminum hydride	三(叔丁氧基)氢化铝锂
LTEAB	lauryltriethylammonium bromide (dodecyltriethylammonium bromide)	溴代十二烷基三乙基铵
LUMO	lowest unoccupied molecular orbital	最低空分子轨道
M	Metal/transition metal complex	金属/过渡金属配位化合物
MBK	methyl isobutyl ketone	甲基异丁基酮
MCPBA	*m*-chloroperoxybenzoic acid	间氯过氧苯甲酸
Me	methyl (e. g. MeOH, MeCN)	甲基
MEM	methoxyethoxymethyl	甲氧乙氧甲基
Mes, Ms	mesyl = methanesulfonyl	甲磺酰基
min	minute	分钟
mol	mole	摩尔(量)
MOM	methoxymethyl	甲氧甲基
MS	mass spectra	质谱
MTBE	methyl tert-butyl ether	甲基叔丁基醚
MW	microwave	微波
n-	normal	正-
NBA	*N*-bromo-acetamide	*N*-溴代乙酰胺
NBP	*N*-bromo-phthalimide	*N*-溴代酞酰亚胺
NBS	*N*-bromo-succinimide	*N*-溴代丁二酰亚胺
NCS	*N*-chloro-succinimide	*N*-氯代丁二酰亚胺
NIS	*N*-iodo-succinimide	*N*-碘代丁二酰亚胺

续表

英文缩略语	英文	中文
NMO	N-methylmorpholine N-oxide	N-甲基吗啉-N-氧化物
NMP	N-methyl-2-pyrrolidinone	N-甲基-2-吡咯烷酮
NMR	nuclear magnetic resonance spectra	核磁共振光谱
Non	nonyl	壬基
Nu	nucleophile	亲核试剂
Oct	octyl	辛基
o. p.	optical purity：0% *o. p.* = racemata，100% *o. p.* = pure enanti- omer	光学纯度
OTEAB	octyltriethylammonium bromide	溴代辛基三乙基胺
p	pressure	压力
PCC	pyridinium chlorochromate	氯铬酸吡啶嗡盐
PDC	pyridinium dichromate	重铬酸吡啶嗡盐
PE	petrol ether = light petroleum	石油醚
PFC	pyridinium fluorochromate	氟铬酸吡啶嗡盐
Pen	pentyl	戊基
Ph	phenyl（PhH = benzene，PhOH = phenol）	苯基（PhH = 苯，PhOH = 苯酚）
Phth	phthaloyl = 1,2-phenylenedicarbonyl	邻苯二甲酰基
Pin	3-pinanyl	3-蒎烷基
polym	polymeric	聚合的
PPA	polyphosphoric acid	多聚磷酸
PPE	polyphosphoric ester	多聚磷酸酯
PPSE	polyphosphoric acid trimethylsilyl ester	多聚磷酸三甲硅酯
PPTS	pyridinium p-toluenesulfonate	对甲苯磺酸吡啶盐
PPY	4-pyrrolidinopyridine	4-吡咯烷基吡啶
Pr	propyl	丙基
Prot	protecting group	保护基
PTC	phase transfer catalysis	相转移催化剂
PTSA	p-toluenesulfonic acid	对甲苯磺酸
Py	pyridine	吡啶
R	alkyl	烷基
rac	racemic	外消旋的
Raney-Ni	raney nickel	雷尼镍
r. t.	room temperature = 20～25℃	室温 = 20～25℃
s-	*sec*-	仲
satd	saturated	饱和的
s	second	秒
sens	sensitizer	敏化剂，增感剂
sepn	separation	分离

续表

英文缩略语	英文	中文
sia	sec-isoamyl = 1,2-dimethylpropyl	仲异戊基
sol	solid	固体
soln	solution	溶液
SPPS	solid phase peptide synthesis	固相肽合成法
STAB	sodium triacetoxyborohydride	三乙酰氧基硼氢化钠
t-	*tert-*	叔-
T	thymine	胸腺嘧啶
TBA	tribenzylammonium	三苄基胺
TBAB	tetrabutylammonium bromide	溴代四丁基铵
TBAHS	tetrabutylammonium hydrogensulfate	四丁基硫酸氢铵
TBAI	tetrabutylammonium iodide	碘代四丁基铵
TBAC	tetrabutylammonium chloride	氯代四丁基铵
TBATFA	tetrabutylammonium trifluoroacetate	四丁胺三氟醋酸盐
TBDMS，TBS	tert-butyldimethylsilyl	叔丁基二甲基硅烷基
TBHP	tert-butyl hydroperoxide	叔丁基过氧化氢
TCC	trichlorocyanuric acid	三氯氰尿酸
TCQ	tetrachlorobenzoquinone	四氯苯醌
TEA	triethylamine	三乙（基）胺
TEBA	triethylbenzylammonium salt	三乙基苄基胺盐
TEBAB	triethylbenzylammonium bromide	溴代三乙基苄基铵
TEBAC	triethyl benzylammonium chloride	氯代三乙基苄基铵
TEG	triethylene-glycol	三甘醇，二缩三（乙二醇）
TEMPO	2,2,6,6-tetramethylpiperidinyl-1-oxide	2,2,6,6-四甲基哌啶氧化物
Tf	trifluoromethanesulfonyl = triflyl	三氟甲磺酰基
TFA	trifluoroacetic acid	三氟醋酸
TFAA	trifluoroacetic anhydride	三氟乙酸酐
TFAc	trifluoroacetyl	三氟乙酰基
TFMeS	trifloromethanesulfonyl = triflyl	三氟甲磺酰基
TFPAA	trifluoroethaneperoxoic acid	三氟过氧乙酸
TFSA，TfOH	trifloromethanesulfonic acid	三氟甲磺酸
THF	tetrahydrofuran	四氢呋喃
THP	tetrahydropyranyl	四氢吡喃基
TLC	thin-layer chromatography	薄层色谱
TMAB	tetramethylammonium bromide	溴代四甲基铵
TMEDA	N,N,N',N'-tetramethyl-ethylenediamine [1,2-bis(dimethyl-amino)ethane]	N,N,N',N'-四甲基乙二胺
TMS	trimethylsilyl	三甲硅烷基
TMSCl	trimethylchlorosilane = Tms chloride	三甲基氯硅烷

续表

英文缩略语	英文	中文
TMSI	trimethylsilyl iodide	碘代三甲基硅烷
TOMAC	trioctadecylmethylammonium chloride	氯代三（十八烷基）甲基铵
p-T-Oac	3-O-acetyl thymidylic acid	3-O-乙酰基胸苷酸
Tol	toluene	甲苯
TOMACl	trioctylmethylammonium chloride	氯代三辛基甲基铵
TPAB	tetrapropylammonium bromide	溴代四丙基铵
TPAP	tetrapropylammonium perruthenate	四丙基铵过钌酸盐
TPS	2,4,6-triisopropylbenzenesulfonyl chloride	2,4,6-三异丙基苯磺酰氯
Tr	trityl	三苯甲基
triglyme	triethylene glycoldimethyl ether	三甘醇二甲醚
Ts	tosyl = 4-toluenesulfonyl	对甲苯磺酰基
TsCl	tosyl chloride（p-toluenesulfonyl chloride）	对甲苯磺酰氯
TsH	4-toluenesulfinic acid	对甲苯亚磺酸
TsOH	4-toluenesulfonic acid	对甲苯磺酸
TsOMe	methyl p-toluenesulfonate	对甲苯磺酸甲酯
TTFA	thalium（3+）trifluoroacetate	三氟乙酸铊（3+）
TTC，$(Ph_3P)_3RhCl$	tris（triphenylphosphine）rhodium chloride	三（三苯基膦）氯化铑
TTN	thalium（3+）trinitrate	三硝酸铊（3+）
Und	undecyl	十一烷基
UV	ultraviolet spectra	紫外光谱
X，Y	mostly halogen，sulfonate，etc（leaving group in substitutions or eliminations）	大多数指卤素，磺酸酯基等（在取代或消除反应中的离去基团）
Xyl	xylene	二甲苯
Z	mostly electron-withdrawing group，e.g. CHO，COR，COOR，CN，NO	大多数指吸电子基，如 CHO，COR，COOR，CN，NO
Z = Cbz	benzoxycarbonyl protecting group	苄氧羰基保护基

附录二　药物分子中的常见杂环化合物

在有机化学中，将非碳原子统称为杂原子（heteroatom），最常见的杂原子是氮原子、硫原子、氧原子。杂环化合物（heterocyclic compounds）是分子中含有杂环结构的有机化合物。构成环的原子除碳原子外，还至少含有一个杂原子。杂环化合物是一类数目庞大的有机化合物，可分为脂杂环、芳杂环两大类。杂环化合物普遍存在于药物分子结构中。

呋喃（furan）　　噻吩（thiophene）　　吡咯（pyrrole）　　异噁唑（isoxazole）　　异噻唑（isothiazole）　　吡唑（pyrazole）　　噁唑（oxazole）　　噻唑（thiazole）　　咪唑（imidazole）

四氢呋喃
（Tetrahydrofuran）

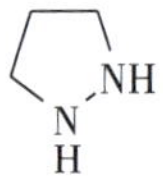

吡唑烷
（pyrazolidine）

1,2,3-三氮唑
（1,2,3-triazole）

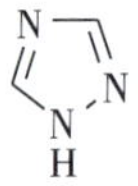

1,2,4-三氮唑
（1,2,4-triazole）

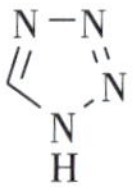

四氮唑
（tetrazole）

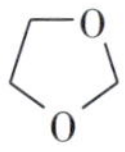

1,3-二氧戊烷
（1,3-Dioxolane）

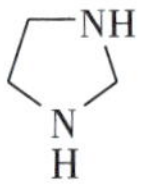

咪唑啉
（imidazolidine）

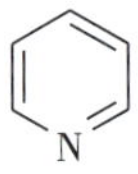

吡啶
（pyridine）

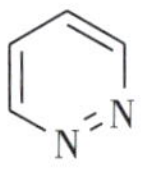

哒嗪
（pyridazine）

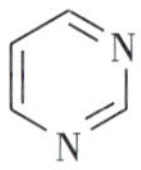

嘧啶
（pyrimidine）

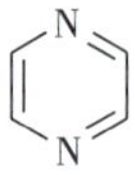

吡嗪
（pyrazine）

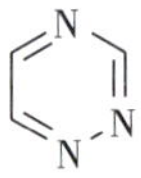

1,2,4-三嗪
（1,2,4-triazine）

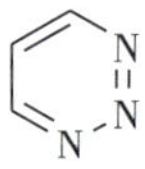

1,2,3-三嗪
（1,2,3-triazine）

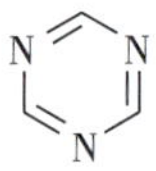

1,3,5-三嗪
（1,3,5-triazine）

1,2,4,5-四嗪
（1,2,4,5-tetrazine）

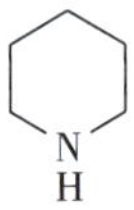

哌啶
（piperidine）

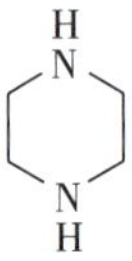

哌嗪
（piperazine）

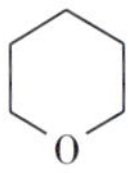

四氢吡喃
（tetrahydropyran）

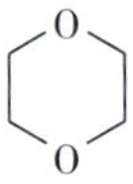

1,4-二氧六环
（1,4-Dioxane）

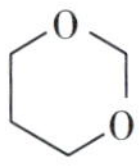

1,3-二氧六环
（1,3-Dioxane）

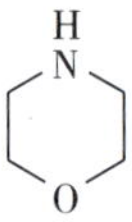

吗啉
（morpholine）

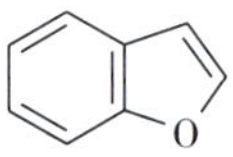

苯并呋喃
（benzofuran）

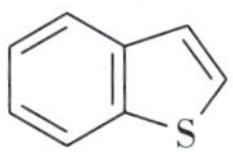

苯并噻吩
（benzothiophene）

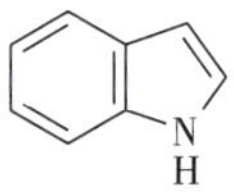

吲哚
（indole）

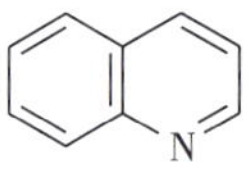

喹啉
（quinoline）

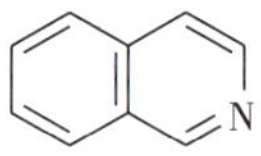

异喹啉
（isoquinoline）

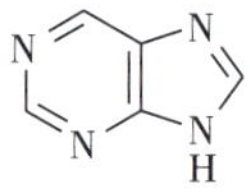

嘌呤
（purine）

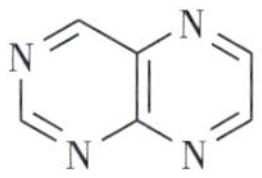

蝶啶
（pteridine）

索引

参考文献

［1］孙昌俊，王秀菊，孙风云．有机化合物合成手册［M］．北京：化学工业出版社，2011．

［2］闻韧．药物合成反应［M］.4 版．北京：化学工业出版社，2017．

［3］翟鑫．药物合成反应［M］.2 版．北京：人民卫生出版社，2023．

［4］徐云根．药物化学［M］.9 版．北京：人民卫生出版社，2023．

［5］László Kürti，Barbara Czakó. Strategic applications of named reactions in organic synthesis［M］. Amsterdam：Elsevier，2005．

［6］Robert B. Grossman. The Art of Writing Reasonable Organic Reaction Mechanisms 3nd edition［M］. Cham：Springer Nature Switzerland AG，2019．

［7］Jie Jack Li．Name Reactions A Collection of Detailed Mechanisms and Synthetic Applications Sixth Edition［M］. Cham：Springer Nature Switzerland AG，2021．

［8］Surya K. De．Applied Organic Chemistry：Reaction Mechanisms and Experimental Procedures in Medicinal Chemistry［M］. Berlin：WILEY-VCH GmbH，2021．